建设工程监理实务（第二版）

广东省建设监理协会　主编

中国建筑工业出版社

图书在版编目（CIP）数据

建设工程监理实务/广东省建设监理协会主编. —2版. —北京：
中国建筑工业出版社，2017.6
ISBN 978-7-112-20807-4

Ⅰ. ①建… Ⅱ. ①广… Ⅲ. ①建筑工程-监理工作
Ⅳ. ①TU712.2

中国版本图书馆 CIP 数据核字（2017）第 116485 号

　　《建设工程监理实务》（第二版）是广东省监理协会在 2014 年组织编写的《建设工程监理实务》（第一版）的基础上，根据最新的法律法规、规范标准，并结合我省建设工程管理要求及实际情况，以及第一版在监理工作使用中发现的一些问题进行了修编。其内容更全面、更准确。

　　全书共分 12 章，内容包括：工程监理基本工作、工程质量控制、工程进度控制、工程造价控制、安全监理工作、工程合同管理、信息及资料管理、沟通与协调、绿色施工、设备采购与监造、监理用表填写实例、新技术在工程建设中的应用。

　　本书可供从事建设工程项目管理、咨询、代建、招标代理、造价咨询等建设工程从业人员和工程类大专院校学生参考。

　　　　责任编辑：杨　杰　岳建光
　　　　责任校对：王宇枢　党　蕾

建设工程监理实务（第二版）
广东省建设监理协会　主编

＊

中国建筑工业出版社出版、发行（北京海淀三里河路 9 号）
各地新华书店、建筑书店经销
北京红光制版公司制版
北京中科印刷有限公司印刷

＊

开本：787×1092 毫米　1/16　印张：44¼　字数：1100 千字
2017 年 6 月第二版　2017 年 8 月第八次印刷
定价：**99.00** 元
ISBN 978-7-112-20807-4
（30465）

编写委员会成员

主　任：孙　成

副主任：李薇娜　杜根生

编　委（按姓氏笔画为序）：

王伟君　刘俊声　刘晓东　孙　成　杜志强

杜根生　李家润　李薇娜　吴学勇　林小琼

易容华　赵海涛　桂　群　倪建国　黄仕安

前　　言

　　《建设工程监理实务》（第二版）是广东省建设监理协会在 2014 年组织编写的《建设工程监理实务》（第一版）的基础上，根据最新的法律法规、规范标准，并结合我省建设工程管理要求及实际情况，以及第一版在监理工作使用中发现的一些问题进行了修编。其内容更全面、更准确。

　　随着全国和我省工程建设投资及工程监理业务不断扩大，监理队伍不断壮大，新成员越来越多，监理人员素质和能力参差不齐，如何使这些新成员能尽快具备规范履行监理岗位职责的能力，是每个工程监理单位乃至整个监理行业都遇到的实际问题，也是摆在我们行业协会面前的一个重要课题。而且，有一些从事工程监理工作多年的监理人员也存在执业行为不规范、工程管理经验不足、解决实际问题的能力不高等问题。为此，本《建设工程监理实务》（第二版）以指导监理员工作实操为主线，阐述了监理人员应掌握的 142 个专题及解决方法，并列举了大量的实际案例和范例，具有很好的针对性和实用性。本书不仅可作为专业监理工程师、监理员的培训教材，也是现场监理人员的工作指导书和身边的"老师"，还可供工程技术人员及工程类的大专院校学生参考。

　　本书的编写得到了有关建设行政主管部门、质量、安全、造价监督机构、广东省建筑业协会领导的高度重视和大力支持，他们对本书的编写提出了许多宝贵的意见和建议；在本书的编写过程中，广州市市政工程监理有限公司、广州建筑工程监理有限公司、广州市东建工程建设监理有限公司、广东工程建设监理有限公司、广东海外建设监理有限公司、广州穗峰建设工程监理有限公司、广东碧桂园职业学院给予了大力支持和帮助；本书编写还参考了相关书籍和资料，在此，一并表示衷心感谢！

　　由于我们水平有限，又缺乏编写经验，书中疏漏和错误之处在所难免，欢迎读者批评指正，以便我们在下次修订时改进。

广东省建设监理协会

《建设工程监理实务》编写委员会

2017 年 4 月 26 日

目　　录

第一章 工程监理基本工作

1 工程监理执业定位

1.1 建设工程及划分

（1）建设工程是指为人类生活、生产提供物质技术基础的各类建筑物和工程设施的统称。建设工程按照自然属性可分为建筑工程、土木工程和机电工程三大类（详见《建设工程分类标准》GB 50359）。

（2）依据《工程监理企业资质管理规定》（建设部令第158号），建设工程划分为房屋建筑工程、冶炼工程、矿山工程、化工石油工程、水利水电工程、电力工程、农林工程、铁路工程、公路工程、港口与航道工程、航天航空工程、通信工程、市政公用工程和机电安装工程共十四个类别；按照其规模大小不同分别划分为一级、二级和三级共三个等级；其设计、施工、监理等须具有相应的资质范围及等级。

1.2 建筑工程及划分

（1）建筑工程属于建设工程中的一个类别，其专指各类房屋建筑及其附属设施和与其配套的线路、管道、设备的安装工程，因此也称为房屋建筑工程，如桥梁、水利枢纽、铁路、港口等工程不属于建筑工程范畴。

（2）依据《建筑工程施工质量验收统一标准》GB 50300，建筑工程是指通过对各类房屋建筑及其附属设施的建造和与其配套的线路、管道、设备等的安装所形成的工程实体。其把具备独立施工条件并能形成独立使用功能的建筑物或构筑物划分为一个单位工程；把一个单位工程按照专业性质或工程部位划为十个分部工程；每个分部工程按照主要工种、材料、施工工艺、设备类别等划分为若干个分项工程；每个分项工程根据施工、质量控制和专业验收的需要，按工程量、楼层、施工段、变形缝等划分为若干个检验批，检验批是指按照相同生产条件或按照规定方式汇总起来供抽样检验用的、由一定数量样本组成的检验体。检验批、分项工程、分部工程和单位工程构成了工程质量验收的质量评价单元，监理人员验收后必须依照相关质量验收标准给出合格或不合格的质量评价结论。

（3）依据《危险性较大的分部分项工程安全管理办法》（建设部建质〔2009〕87号），建筑工程的施工安全措施工程按照专业性质不同划分为：基坑支护及降水工程、土方开挖工程、模板工程及支撑体系、起重吊装及安装拆卸工程、脚手架工程、拆除及爆破工程和其他工程（建筑幕墙安装工程、钢结构、网架和索膜结构安装工程、人工挖扩孔桩工程、地下暗挖、顶管及水下作业工程、预应力工程、采用新技术、新工艺、新材料、新设备及尚无相关技术标准的危险性较大的分部分项工程）共七大类；按照其规模及危险性大小不同划分为：一般安全措施工程、危险性较大的分部分项安全措施工程和超过一定规模的分部分项安全措施工程共三个等级。一般安全措施工程的安全技术管理纳入施工组织设计和监理规划（或安全监理方案）中，施工过程管理纳入项目正常安全管理体系中实施管理；危险性较大的分部分项安全措施工程施工前需施工单位编写安全专项施工方案，项目监理机构须编制安全监理实施细则，施工过程中施工单位需派安全管理人员全过程现场旁站监管，项目监理机构应实施现场监理或旁站；超过一定规模的分部分项安全措施工程施工前，施工单位需编写安全专项施工方案并须经专家论证，项目监理机构需编写安全监理实施细则，施工过程施工单位需派安全管理人员全过程现场旁站监管，项目监理机构应实施现场监理或旁站。

1.3 建筑工程管理

（1）建筑工程质量是指在国家现行的有关法律、法规、技术标准、设计文件和合同中，对工程的安全、适用、经济、环保、美观等特性的综合要求。建筑工程质量管理是指为保证和提高工程质量，运用一整套质量管理体系、手段和方法所进行的指挥和控制组织协调的系统管理活动。质量管理通常包括制定质量方针和质量目标以及质量策划、质量控制、质量保证和质量改进。

（2）施工安全管理是指施工管理者运用经济、法律、行政、技术、舆论、决策等手段，对人、物、环境等管理对象施加影响和控制，排除不安全因素，以达到安全生产目的的活动。

（3）《建设工程质量管理条例》规定从事建设工程活动，必须严格执行基本建设程序，坚持先勘察、后设计、再施工的原则。建筑工程建设基本程序见图1-1-1。

1.4 工程监理执业定位

（1）工程监理法律定位：我国实行建设工程强制监理制度，《中华人民共和国建筑法》（简称建筑法）（主席令第46号）对工程监理做了如下规定：

1）建筑工程监理应当依照法律、行政法规及有关的技术标准、设计文件和建筑工程承包合同，对承包单位在施工质量、建设工期和建设资金使用等方面，代表建设单位实施监督。（监督是指对施工现场或某一特定环节、过程进行监视、督促和管理，使其结果能达到预定目标）

2）工程监理人员认为工程施工不符合工程设计要求、施工技术标准和合同约定的，有权要求建筑施工企业改正。（建筑法赋予了每位监理人员发现施工不符合规定要求可直接向施工单位指出纠正的法定权利、义务和责任）

3）工程监理人员发现工程设计不符合建筑工程质量标准或者合同约定的质量要求的，应当报告建设单位要求设计单位改正。（质量验收标准是合格标准，也是最低标准。设计质量标准可以高于质量验收标准，但设计质量标准不得低于质量验收标准，或高于合同约定质量标准，监理人员有责任检查监督并必须通过建设单位向设计单位指正）

4）工程监理单位应当在其资质等级许可的监理范围内承担工程监理业务，并应根据建设单位的委托，客观、公正地执行监理任务。

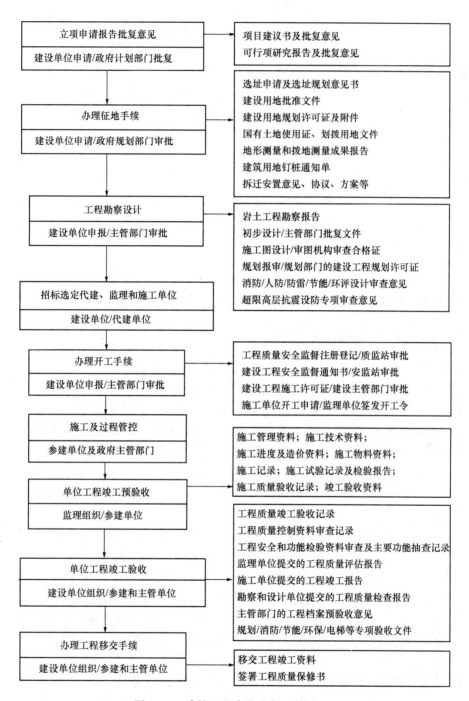

图 1-1-1　建筑工程建设基本程序流程图

（2）工程监理法规定位：

1）《建设工程质量管理条例》（国务院令第 279 号 2000 年实施）第三十六条规定：工程监理单位应当依照法律、法规以及有关技术标准、设计文件和建设工程承包合同，代表建设单位对施工质量实施监理，并对施工质量承担监理责任；

2）《建设工程安全生产管理条例》（国务院令第 393 号 2004 年施行）第十四条规定：工程监理单位应当审查施工组织设计中的安全技术措施或者专项施工方案是否符合工程建设强制性标准。工程监理单位在实施监理过程中，发现存在安全事故隐患的，应当要求施工单位整改；情况严重的，应当要求施工单位暂时停止施工，并及时报告建设单位。施工单位拒不整改或者不停止施工的，工程监理单位应当及时向有关主管部门报告。工程监理单位和监理工程师应当按照法律、法规和工程建设强制性标准实施监理，并对建设工程安全生产承担监理责任。

（3）工程监理行业定位：《建设工程监理规范》（GB/T 50319—2013）对工程监理做了如下规定：

1）建设工程监理是指工程监理单位受建设单位委托，根据法律法规、工程建设标准、勘察设计文件及合同，在施工阶段对建设工程质量、进度、造价进行控制，对合同、信息进行管理，对工程建设相关方的关系进行协调，并履行建设工程安全生产管理法定职责的服务活动。

2）建设工程监理应实行总监理工程师负责制。

3）工程监理单位应公平、独立、诚信、科学地开展建设工程监理与相关服务活动。

1.5　工程监理执业依据和标准

（1）法律依据及主要规定：

1）《中华人民共和国建筑法》是建设工程行业的重要法律，其对设计、施工、监理等各参建单位的法律义务、责任和违法行为及处罚等做了明确的规定。其中第 69 条规定"工程监理单位与建设单位或者建筑施工企业串通，弄虚作假、降低工程质量的，造成损失的，承担连带赔偿责任；构成犯罪的，依法追究刑事责任。"监理人员在职业过程中首先自身行为不得违法，同时要了解掌握对施工单位违法行为的判定，并应作为监理检查监控的首要重点工作内容，如果发现施工单位有违法行为应及时按照规定程序进行处理。

2）《中华人民共和国安全生产法》（主席令第十三号）是建设工程施工安全管理的重要法律依据，其对生产单位生产安全及管理的法律义务、责任和违法行为及处罚等做了明确的规定。其中第 3 条规定"安全生产工作应当以人为本，坚持安全发展，坚持安全第一、预防为主、综合治理的方针"；第 28 条规定"建设项目的安全设施，必须与主体工程同时设计、同时施工、同时投入生产和使用"。施工安全措施工程必须在施工组织设计或安全专项施工方案中进行设计，并在施工前落实到位达到与永久工程施工同时投入使用。

3）《中华人民共和国刑法》第一百三十七条对质量监理违法行量刑规定为："建设单位、设计单位、施工单位、工程监理单位违反国家规定，降低工程质量标准，造成重大安全事故的，对直接责任人员，处五年以下有期徒刑或者拘役，并处罚金；后果特别严重的，处五年以上十年以下有期徒刑，并处罚金。"《刑法修正案六》第 135 条对施工安全监理违法行量刑规定为："安全生产设施或者安全生产条件不符合国家规定，因而发生重大伤亡事故或者造成其他严重后果的，对直接负责的主管人员和其他直接责任人员，处三年以下有期徒刑或者拘役；情节特别恶劣的，处三年以上七年以下有期徒刑。"（"直接负责的主管人员和其他直接责任人员"，是指对安全生产设施或者安全生产条件不符合国家规定负有直接责任的生产经营单位负责人、管理人员、实际控制人、投资人，以及其他对安全生产设施或者安全生产条件负有管理、维护职责的人员。）

（2）行政法规依据及主要规定：

1）行政法规是指国家最高行政机关国务院根据宪法和法律就有关执行法律和履行行政管理职权的问题，以及依据全国人大的特别授权所制定的规范文件的总称。其法律地位和法律效力仅次于宪法和法律，但高于地方性法规和法规性文件。行政法规具有法律效力，违反法规是一种违法行为。监理人员最常用的法规有《建设工程质量管理条例》和《建设工程安全生产管理条例》等。

2）《建设工程质量管理条例》（国务院令第279号）对参建各方的质量管理责任、义务和处罚做了具体的规定，是质量监理的重要依据：

（a）从事建设工程活动，必须严格执行基本建设程序，坚持先勘察、后设计、再施工的原则，建设单位、勘察单位、设计单位、施工单位、工程监理单位依法对建设工程质量负责；

（b）工程监理单位应当依照法律、法规以及有关技术标准、设计文件和建设工程承包合同，代表建设单位对施工质量实施监理，并对施工质量承担监理责任，监理工程师应当按照工程监理规范的要求，采取旁站、巡视和平行检验等形式，对建设工程实施监理；

（c）建设单位、设计单位、施工单位、工程监理单位违反国家规定，降低工程质量标准，造成重大安全事故，构成犯罪的，对直接责任人员依法追究刑事责任。

3）《建设工程安全生产管理条例》（国务院393号令）对参建各方的施工安全管理法律责任、义务及处罚做了具体的规定，是安全监理工作的重要依据，其中第57条规定了工程监理单位有下列行为之一的责令限期改正，逾期未改正的责令停业整顿并处10万元以上30万元以下的罚款，情节严重的降低资质等级直至吊销资质证书，造成重大安全事故构成犯罪的对直接责任人员依照刑法有关规定追究刑事责任，造成损失的依法承担赔偿责任：①未对施工组织设计中的安全技术措施或者专项施工方案进行审查的；②发现安全事故隐患未及时要求施工单位整改或者暂时停止施工的；③施工单位拒不整改或者不停止施工未及时向有关主管部门报告的；④未依照法律、法规和工程建设强制性标准实施监理的。

（3）工程建设标准及主要规定：

1）工程建设标准包括基础标准、管理标准、技术标准、方法标准和产品标准等五大类。按照参建责任单位不同包括设计规范、施工规范、监理规范、检测规范、监测规范等等；按照工程管理不同包括施工质量标准和施工安全标准等。

2）建筑工程施工质量验收标准主要包括：施工工艺标准、建筑工程质量验收统一标准和专业质量验收规范三大类。《建筑工程施工质量验收统一标准》（GB 50300—2013）规定工程质量验收合格条件必须首先符合工程勘察、设计文件的要求，同时要符合《建筑工程施工质量验收统一标准》和专业质量验收规范的规定。而将施工工艺标准归属于施工企业标准，国家制定的有关施工工艺标准（如施工规程、工法、施工技术规范等等），施工企业可以根据自身市场竞争需要采纳或不采纳，但施工企业制定的施工工艺标准不得低于国家标准，施工工艺标准是监理人员对施工过程工序、工艺质量检查验收的重要依据。

3）建设工程施工安全管理的主要标准主要包括《施工企业安全管理规范》和专项工程安全技术规范等。

（4）勘察设计文件依据及主要规定：

1）设计文件是监理工作的重要依据，设计文件必须经审图机构审查合格并经建设单位确认后方可作为监理工作的依据，实施过程中设计有重大修改必须重新报审。

2）质量验收的首要条件是符合勘察设计文件要求，同时要满足施工工艺标准、建筑工程质量验收统一标准和专业质量验收规范标准。

3）勘察文件是地基与基础工程监理的重要依据，也是基坑支护工程和大型施工设备基础工程安全监理工作的重要依据标准。

4）施工组织设计、专项施工方案、安全专项施工方案、监理规划、监理细则等施工质量和施工安全管理技术文件的编制必须符合设计文件的要求，要能够满足设计产品及质量的实现。

5）除基坑支护安全措施工程必须由设计单位编制设计文件外，其他施工安全措施工程在其安全专项施工方案中必须包括设计计算内容及施工图，因此，批准的安全专项施工方案是安全措施工程的设计依据，就像永久工程施工图一样重要的文件，监理单位应严格监督施工单位认真执行。

（5）合同依据及要求：

1）监理单位应依据监理委托合同要求建立安全监理机构及配置安全监理人员和设备，并履行安全监理职责。

2）监理单位必须依照施工承包合同对施工单位实施管控，要达到合同约定的质量标准、安全标准、工期要求等，在处理争议问题是必须依照合同。

3）建筑法规定施工总承包单位对施工安全负总责，所有分包单位进场必须与施工总承包单位签订施工安全协议书并纳入施工总承包单位安全管理体系统一管理，监理单位对分包单位的安全管理必须经过施工总承包单位，分包单位在安全管理上的文件及事件处理必须经施工总承包单位对接监理单位。

（6）规章依据及主要规定：

1）规章是指国务院各部、委员会、中国人民银行、审计署和具有行政管理职能的直属机构，以及省、自治区、直辖市人民政府和较大的市的人民政府所制定的规范性文件称规章。内容限于执行法律、行政法规、地方法规的规定，以及相关的具体行政管理事项。国家行政主管部门（如住建部、安监局）和地方行政主管部门（省建设厅、省安监局）制定的工程监理相关的规章制度也是工程监理执业的重要依据。

2）建设部《关于建设行政主管部门对工程监理企业履行质量责任加强监督的若干意见》（建质〔2003〕167号）规定：监理企业应将在工程监理过程中发现的建设单位、施工单位、工程检测单位违反工程建设强制性标准，以及其他不严格履行其质量责任的行为，及时发出整改通知或责令停工；制止无效的，应报告监督机构。监督机构接到报告后，应及时进行核查并依据有关规定进行处理。

3）住建部《关于落实建设工程安全生产监理责任的若干意见》（建市〔2006〕248号）对建设工程安全监理工作（简称安全监理）的内容、程序和责任等做了全面具体的规定，是安全监理工作的重要依据。其明确了安全监理工作的四项法律职责：

（a）监理单位应对施工组织设计中的安全技术措施或专项施工方案进行审查，而未进行审查的，或施工组织设计中的安全技术措施或专项施工方案未经监理单位审查签字认可，施工单位擅自施工的，监理单位应及时下达工程暂停令，并将情况及时书面报告建设单位，而监理单位未及时下达工程暂停令并报告的，应承担《条例》第五十七条规定的法律责任。

（b）监理单位在监理巡视检查过程中，发现存在安全事故隐患的，应按照有关规定及时下达书面指令要求施工单位进行整改或停止施工，而监理单位发现安全事故隐患没有及时下达书面指令要求施工单位进行整改或停止施工的，应承担《条例》第五十七条规定的法律责任。

（c）施工单位拒绝按照监理单位的要求进行整改或者停止施工的，监理单位应及时将情况向当地建设主管部门或工程项目的行建设单位管部门报告，而监理单位没有及时报告，应承担《条例》第五十七条规定的法律责任。

（d）监理单位未依照法律、法规和工程建设强制性标准实施监理的，应当承担《条例》第五十七条规定的法律责任。监理单位履行了上述规定的职责，施工单位未执行监理指令继续施工或发生安全事故的，应依法追究监理单位以外的其他相关单位和人员的法律责任。

2 项目监理机构设置及管理

2.1 项目监理机构设置原则

（1）项目监理机构是指监理单位派驻工程项目施工现场负责履行委托监理合同的监理组织机构。

（2）项目监理机构的组织形式及资源配置应符合监理合同约定的监理服务内容、范围和期限，并适应工程的类别、规模、技术和管理复杂程度等具体情况。

（3）项目监理机构实行总监负责制，并选派具备相应资格的总监理工程师、总监代表、专业监理工程师和监理员进驻施工现场。项目监理机构工作由项目总监统一指挥分层管理，各层人员合理搭配，职责明确，责权一致，团结协作。

（4）项目监理机构须配置必要的检测仪器设备。

（5）项目监理机构在完成监理合同约定的工作及办理资料、财物等移交手续后，经建设单位同意后可撤离施工现场。

2.2 项目监理机构资源配置基本要求

（1）项目监理机构人员配置：

1）项目监理机构人员配备应考虑的主要因素：当地建设行政主管部门规定要求；建设单位及监理合同要求；工程建设强度（即单位时间内投入项目建设工程资金的数量）；所监理的工程的技术复杂程度；监理人员本身的专业技术水平、资格与资历、身体健康、工作经验和工作责任心等情况。

2）项目监理机构监理人员配置数量、专业、技术管理能力等应符合监理合同约定和监理工作需要。

3）工程监理单位在监理合同签订后，应及时将项目监理机构的组织形式、人员构成及项目总监的任命书面通知建设单位。实施过程中调换项目总监和监理人员应事先征得建设单位同意。

4) 项目总监必须具备国家注册资格，并按照行业规定一名项目总监最多同时可以担任三个项目总监。

5) 项目总监代表须具有工程类注册执业资格或具有中级及以上专业技术职称、3年及以上工程实践经验并经监理业务培训合格。并经监理单位法定代表人同意，由项目总监书面授权，代表项目总监行使其部分职责和权力。

6) 专业监理工程师须具有工程类注册执业资格，或具有中级及以上专业技术职称、两年及以上工程监理实践经验并经监理业务培训合格。并由项目总监授权，负责实施某一专业或某一岗位的监理工作，有相应监理文件签发权。

7) 监理员须具有中专及以上学历、经过监理业务培训并取得培训合格证书。

8) 广东省建设厅转发建设部关于印发《房屋建筑工程施工旁站监理管理办法（试行）》的通知（粤建管字〔2002〕97号）中，对监理人员最低配置数量做了规定。

（2）项目监理机构检测仪器和设施配置：

1) 应配置办公必需的计算机及外部设备、通信设备、复印机、照相机、文件柜等设备。

2) 应根据监理工作需要配备必要的交通工具、食宿等生活设施。

3) 应配置监理工作需要的相关法律、法规、规程规范、标准，以及转发建设主管部门的相关规定、通知等。

4) 应配置监理工作需要的便携式检测仪器，如全站仪、经纬仪、扭力扳手、混凝土回弹仪、质量检测尺、卷尺等。

2.3 项目监理机构组织形式

（1）规模较小的工程项目一般采用直线职能制组织形式，其特点是机构简单，职责分明，关系清晰，执行力高，但要求项目总监具有较高的综合专业技术水平和管理能力（见图1-2-1）。

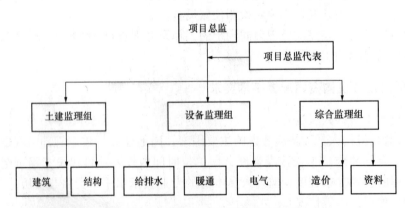

图1-2-1 直线职能式项目监理机构组织

（2）规模较大、具有多个子项目、施工技术复杂或难度较大的项目一般采用矩阵制项目监理机构组织形式，其特点是项目监理机构中包括纵向的职能系统与横向的子项目系统，各职能单元横向联系紧密，对处理各种问题具有较大的机动性和适应性，但项目监理机构内部纵、横向协调工作量大。（见图1-2-2）

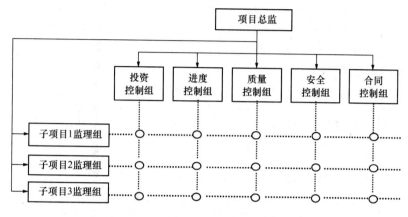

图 1-2-2　矩阵制项目监理机构组织形式

2.4　项目监理机构组建程序

（1）监理单位按照监理合同约定派驻项目总监理工程师（以下简称"项目总监"）。并由监理单位法人代表签发《法定代表人授权书》（省质量统表 GD-B1-21）、《总监理工程师任命书》（省质量统表 GD-B1-23）和《项目监理机构印章使用授权书》（省质量统表 GD-B1-24）报建设单位。

（2）项目总监根据工程类别、规模、环境、条件、施工技术特点、复杂程度和监理合同及要求等情况，确定项目监理组织架构、配置监理人员、监理仪器和设施等。并签发《项目监理机构驻场监理人员通知书》（省质量统表 GD-B1-25）报建设单位。

（3）实施过程中需要调整监理人员，项目总监应签发《项目监理机构监理人员调整通知书》（省质量统表 GD-B1-26）报建设单位。

（4）上述相关表格的格式及填写要求见第十一章填写实例。

2.5　项目监理机构办公室标准化管理

（1）项目监理机构办公室是监理工作的基本场所和对外形象的窗口，应作必要的布置，项目总监应负责安排项目监理机构办公室布置与更新。

（2）项目监理机构办公室上墙资料主要有（但不限于）：

1）建设项目监理机构名称标牌（可张挂于项目监理机构办公室外墙）。

2）监理单位的营业执照、资质证书及质量、环境、职业健康安全管理体系认证证书复印件。

3）监理单位的质量方针与质量目标。

4）工程概况信息栏（项目名称、性质和建设规模；项目建设、勘察、设计、施工单位及主要分包单位、工程质量和安全监督站等单位名称）。

5）住房和城乡建设部《工程建设监理人员工作守则》、《广东省监理行业自律公约》。

6）项目监理机构组织架构。

7）项目监理机构各类人员岗位职责。

8）建设项目总平面图或建筑主要平、立、剖面设计图。

9）经审批的工程总体进度、当月进度计划图表。

10）监理工作程序框图、工作制度。

11）晴雨表、监理人员值班表等。

（3）资料归类存放标识。

（4）监理人员应佩戴带有公司徽章的安全帽和胸牌。

2.6　项目监理机构的管理

（1）项目总监岗位职责：

1）工程监理实行总监负责制。项目总监全面负责项目监理机构的监理工作，根据合同明确各阶段监理工作内容、程序，制定完善的监理工作制度；

2）项目总监以项目监理部内部工作协调和工程建设相关单位的外部协调为自己的工作中心；

3）负责项目监理机构的日常管理，主持监理会议，签发文件和指令；

4）确定监理人员分工和岗位职责，根据项目进展情况做好各专业人员调配，对不适宜的人员应报告公司及时调换；

5）负责组织编写监理规划、安全监理方案和监理细则，审批项目监理实施细则；

6）组织审查承包单位提交的施工组织设计、施工方案等；

7）负责签批工程开工/复工报审表，签发安全隐患整改通知书和工程暂停/复工令；

8）审查签批承包单位的工程款支付申请，签发工程款支付凭证书和竣工结算书；

9）调解建设单位与承包单位的合同争议，处理索赔，审批工程延期；

10）审查施工单位的竣工申请，组织工程竣工预验收，组织编写工程质量评估报告，参与工程竣工验收；

11）确认和审批承包单位选择的分包单位；

12）组织检查施工单位现场质量、安全生产管理体系的建立及运行情况；

13）审查处理工程变更；

14）组织各专业监理工程师严格按照合同要求和公司规定，认真履行工地巡视、旁站、见证等监理职责，全面完成监理工作；

15）组织施工安全定期检查和安全专项检查；

16）组织危险性较大的和超过一定规模的危险性较大的分部分项安全措施工程的验收；

17）组织编写监理月报、监理工作报告、专题报告和项目监理工作总结；

18）对工程项目监理资料的管理负责；

19）主持或参加工程质量安全事故的调查处理；

20）定期向公司汇报监理工作进展情况和所存在的问题；

21）项目总监不能将上述第（4）、（5）、（6）、（7）、（8）、（9）、（10）和（19）项的职责委托给项目总监代表。

（2）项目总监代表岗位职责：

1）项目总监代表负责项目总监指定或交办的监理工作，按项目总监的授权行使项目总监的部分职责和权利。

2）《监理规范》规定项目总监不得将下列工作委托给项目总监代表履行：

（a）组织编制监理规划，审批监理实施细则；

（b）根据工程进展及监理工作情况调配监理人员；

（c）组织审查施工组织设计、（专项）施工方案；

（d）签发工程开工令、暂停令和复工令；

（e）签发工程款支付证书，组织审核竣工结算；

（f）调解建设单位与施工单位的合同争议，处理工程索赔；

（g）审查施工单位的竣工申请，组织工程竣工预验收，组织编写工程质量评估报告，参与工程竣工验收；

（h）参与或配合工程质量安全事故的调查和处理。

（3）专业监理工程师岗位职责：

1）按照项目总监的分工及授权履行岗位职责并对项目总监负责；

2）认真分析研究专业监理工作范围、特点和难点，熟悉相关法规、规范、标准、设计文件、施工方案和监理工作程序；

3）参与编写监理规划，负责编写本专业监理实施细则；

4）负责本专业图纸审核，参加设计交底及图纸会审，审核会审纪要；

5）审查承包单位报送的单位工程开工报告，签署意见后送项目总监审批；

6）审查承包单位报送的施工组织设计、专项施工方案等施工技术和管理文件，并签署专业审查意见后送项目总监审核或审批；

7）对承包单位报送的进场材料/设备/购配件的报验资料（原始凭证、检测报告、质量证明文件等）进行核查签认，有必要时应进行平行检验；

8）认真履行好对施工单位项目管理的检查监管和对施工现场的巡视、旁站和现场监督等职责，并做好相关记录；

9）严格工序交接检查验收，坚持上道工序不经验收不准进行下道工序施工的监理原则；

10）凡隐蔽工程隐蔽前，必须经监理工程师到现场检查验收，并在隐蔽工程记录上填写意见；

11）参加设计变更及工地技术洽商的会议与审查，并报项目总监批准；

12）对承包单位的工程量报审进行审核，签署意见后送造价监理工程师核算费用；

13）负责检验批和分项工程质量验收，并做好验收记录。参加分部工程和竣工验收；

14）对以下行为行使质量否决权，直至建议项目总监签发停工令：

（a）未经检验进行下道工序作业；

（b）擅自采用未经认可的材料、构配件、设备违章施工；

（c）擅自变更设计或按未批准的施工方案施工或不按施工规范施工；

（d）擅自将工程转包或让未同意的分包单位进场作业；

（e）没有可靠的质量保证措施断然施工；

（f）对监理指令未采取有效改正措施及确认，而继续作业；

(g) 其他对工程"四大控制"有严重影响的行为者。

15）确认承包单位施工计划的合理性，掌握承包单位工、料、机供应计划，每天就实际进度与计划进度相比较，找出偏差，分析原因，督促责任单位采取相应措施；

16）认真填写监理日志，并在当天交项目总监签约；

17）审查承包单位的各种报表和技术资料；

18）有权签发工程质量、进度、造价方面的监理整改指令。定期向项目总监提交监理工作实施情况报告；

19）负责本专业区域的施工安全日常巡查和现场监管，对违规违章行为要及时下达口头指令予以制止，对制止无效或重大安全隐患要及时报告项目总监签发整改指令，并负责对项目总监签发的整改指令跟踪督促落实并复查；

20）负责对本专业危险性较大的和超过一定规模的危险性较大的分部分项安全措施工程施工过程实施现场监管，并参加验收；

21）负责编写本专业监理月报有关内容，交项目总监审核；

22）组织、指导、检查和监督本专业监理员的工作，当人员调整时，向项目总监提出报告。

（4）造价监理工程师岗位职责：

1）严格遵守"监理工作人员守则"，对现场工程造价进行控制，对合同进行管理，并对自己的工作负责；

2）熟悉设计图纸和施工承包合同中采用的计费标准及其他计费依据，明确费用额构成，对最易突破的部分和环节采取重点监控措施；

3）根据施工承包合同，预测工程风险及可能发生索赔的诱因，制定防范措施，减少索赔事件的发生；

4）参加设计交底及图纸会审，参加施工组织设计（方案）审查，及时掌握设计变更情况，以便在工程洽商或设计变更前后进行技术经济分析；

5）对分部分项工程进行费用分解，协助建设单位编制造价控制计划；

6）根据承包合同规定、取费标准，对各专业监理工程师审核的进度工程量进行费用核算后，报项目总监签发付款凭证书；

7）针对工程进度和投资完成情况，进行进度、投资的信息采集和对比分析，向项目总监提出控制意见；

（5）监理员岗位职责：

1）在专业监理工程师的指导下开展现场监理工作；

2）检查承包单位投入工程的人力、材料、主要设备及其使用、运行状况，并做好检查记录；

3）复核或从现场直接获取工程计量的有关数据，并签署原始凭证；

4）依据设计文件及有关标准，对承包单位的工艺过程或施工工序进行检查和记录，对加工制作及工序施工质量检查结果进行记录；

5）认真做好旁站监督和见证，发现问题及时指出并向监理工程师报告；

6）做好监理日志和有关监理记录。

（6）资料员岗位职责：

1）负责项目监理机构文件资料的打印、保管、分类装订及建档；

2）负责来往监理文件资料的收发、办理传阅、建立登记台账，来访人员接待，上班时间来电话记录并转告项目监理机构负责人和当事人；

3）负责对项目监理机构财产（仪器、用具、书籍、劳保防护用品、器具及物品等）进行登记、分发和保管；

4）负责建立监理文件资料保管制度和工程信息的电脑查阅系统；

5）负责监理文件资料及《监理日志》和《安全监理日志》的收集、整理和归档工作；

6）督促监理人员保持项目监理机构办公室的整洁和有序；

7）负责项目监理机构人员的考勤工作及请销假登记；

8）完成项目总监交办的其他工作。

3　监理规划的编制

3.1　监理规划和安全监理方案的编审程序

（1）监理规划和安全监理方案在签订建设工程监理合同及收到工程设计文件后，在开工前及召开第一次工地会议前编制完成，并报送建设单位。

（2）安全监理方案应与监理规划同时编制完成，它是监理规划的重要组成部分。

（3）监理规划和安全监理方案由项目总监组织专业监理工程师和安全监理员等监理人员共同编制。

（4）监理规划和安全监理方案须由监理单位企业技术负责人审批签名并加盖监理单位企业法人公章。

（5）监理规划的封面及签名盖章按照省质量统表 GD-B1-27 格式；安全监理方案的封面及签名盖章按照省安全统表 GDAQ4201 格式。

（6）施工过程中遇到工程重大变动时，监理规划和安全监理方案要动态调整。

3.2　监理规划和安全监理方案的编制依据

（1）有关工程建设的现行法律、法规、规范、标准与规定。

（2）建设行政主管部门对该项目建设的批准文件（包括国土和城市规划部门确定的规划及土地使用条件、环保要求、市政管理规定等）。

（3）项目建设有关的合同文件（包括监理合同、工程合同等）。

（4）本项目的施工图设计文件（包括施工图与工程地质、水文勘察成果资料）。

（5）批准的施工组织设计、方案等。

3.3　监理规划的编制内容

监理规划的内容应包括质量控制、进度控制、造价控制和履行安全监理工作责任等内容，应明确项目监理机构的工作目标、程序、方法、制度和措施等，要具有指导性，其内容包括：

（1）工程概况；

（2）监理工作范围、内容、目标；

（3）监理工作依据；

（4）监理组织形式、人员配备及进场计划、监理人员岗位职责；

（5）监理工作制度；

（6）工程质量控制；

（7）工程造价控制；

（8）工程进度控制；

（9）施工安全监理；

（10）合同与信息管理；

（11）组织协调；

（12）监理工作设施。

3.4　安全监理方案的编制内容

安全监理方案的内容应包括对施工单位安全管理的监管和对施工现场安全管理的监管内容，应明确项目安全监理工作目标、明确安全监理工作制度、方法和措施，要具有指导性，其内容包括：

（1）工程项目概况及项目安全监理特点、难点分析；

（2）安全监理工作主要依据；

（3）安全监理工作范围、内容和目标；

（4）项目监理机构安全监理工作组织形式、人员配备及工作任务；

（5）安全监理工作程序、制度、方法和措施；

（6）危险性较大分部分项工程一览表；

（7）安全监理工作用表。

3.5　监理规划和安全监理方案编制注意事项

（1）基本内容构成要完整并力求统一，文字精练、准确。

（2）应结合工程实际情况及特征、规模、类别等情况来编制，避免照抄照搬。

（3）引用有效的法律、法规、标准、规范、规章等，避免作废文件被引用。

（4）所确定的监理工作制度、程序要符合相关法律法规规定。

（5）质量、安全检查验收及评判标准要有法规和规范、规程依据，不允许监理人员擅自降低标准或随意提高标准。

4　第一次工地会议

4.1　会议的组织与主持

（1）第一次工地会议由建设单位组织，在工程正式开工前由建设单位项目负责人主持召开。

（2）参加会议的人员应包括：建设单位项目负责人或项目代表、承包单位法人代表或项目经理、项目监理机构项目总监及其他监理人员。也应邀请质量安全监督站等其他单位人员参加。

（3）参加会议的建设单位项目负责人需带有证明其身份、姓名、职务的证件资料；监理工程师需带证明其身份、姓名、职务及授权委托书等证件资料；承包单位法人代表或项目经理需带有法人身份和资格的有关证明资料。

4.2 会议的监理准备工作

（1）协助建设单位草拟会议通知、会议议程。

（2）协助建设单位准备会议材料。

（3）准备监理方的会议材料。

（4）协助建设单位督促承包单位准备会议材料。

（5）建议建设单位将会议的时间、地点告知质量安全监督机构。

4.3 会议程序与内容

（1）建设单位项目负责人将监理单位及项目总监、承包单位项目经理部及负责人介绍到会同志；

（2）建设单位根据监理合同宣布对项目总监的授权。一般在工程开工前，建设单位应将本项目所委托的工程监理单位名称，监理的范围、内容和权限及对项目总监的任命等书面告知施工单位；

（3）项目总监介绍项目监理机构设置、人员及分工，并就监理规划及监理工作程序、制度、要求等进行交底；

（4）承包单位项目经理介绍驻场机构设置、人员及分工，并提交组织机构图表和项目经理、项目总工程师等人员资质资料由项目监理机构审核；

（5）承包单位介绍施工准备情况，主要包括：履约保证金提交情况，保险办理情况，施工组织设计及进度计划安排情况，施工设备和施工人员准备及进场情况，场地、道路、临水临电、临设准备情况等；

（6）建设单位介绍工程开工准备情况，主要包括：施工场地移交情况，施工图纸情况，工程测量控制点情况，驻场项目监理机构办公设施情况等；

（7）与会者对上述情况进行讨论和补充；

（8）研究确定监理例会召开的周期、地点、参加人员及要求；

（9）项目监理机构负责做好会议签到和会议记录，会后整理形成会议纪要。

4.4 会议纪要

（1）应记录会议的与会单位、会议时间、与会人员（一般另附会议人员签到表）、上述会议程序、议题与内容；

（2）应记录对项目正式开工尚待解决、处理的问题归纳，明确记录其原因、责任，以及解决、处理的措施、条件和完成期限（如问题较多，宜列表阐述），以便在下一次监理例会中检查落实；

（3）会议纪要应当在会议结束后，由监理机构尽快整理完成，经与会单位代表会签后发送相关单位。

5　施工场地移交

5.1　施工场地移交基本条件

（1）建设单位负责完成施工场地拆迁和平整。

（2）建设单位负责按工程规模、进度要求、技术特点，特别是地基基础分部施工必要的机具及塔吊、混凝土泵等大型机具负荷计划情况，在开工前申办并设置好容量合理的现场施工临时用电市政低压电源。

（3）建设单位已负责申办并提供项目施工用水的场内市政给水接驳口（包括施工用水的计量水表等），用水量由工程施工用水、临时消防用水、施工人员生活用水等决定。

（4）建设单位负责提供工程测量永久性基准点。

（5）建设单位负责提供场地及周边的地下设施及管线（电缆、电讯、煤气、供排水管等）布置情况。

（6）建设单位应负责向当地市政管理、水务或环保部门申报施工污（废）水排放指标、排放量、处理要求、期限与排放点，并取得批准。

（7）建设单位负责向当地城市规划勘测部门申办现场测量控制放线，按项目规划设计批准文件（放线手册）在现场取得平面轴线导线点和标高的水准点。

5.2　施工场地移交程序

（1）施工场地由建设单位移交承包单位，并办理书面移交手续。

（2）承包单位对施工场地进行检查，对照红线图和设计图纸测量确认场地初始条件。

（3）建设单位和承包单位办理围墙、临水临电接驳、测量控制基准点和场地资料（地上地下、邻近建筑等）等移交手续。

（4）施工场地应在正式开工前选择合适间距单元施测方格网标高，施测成果应经建设单位、承包单位和监理单位共同确认，作为地基基础、场内道路、园林绿化等分部（分项）工程施工中计算场内土方挖运工程量的依据。

（5）施工场地移交应填写施工场地移交记录，并由建设单位、施工单位和监理单位各方签字确认。

6　分包单位资格审核

6.1　分包单位资格审核基本规定

（1）建筑业企业资质分为施工总承包、专业承包和劳务分包三类。专业承包是指施工总承包单位将其所承包工程中的专业工程发包给具有相应资质的其他专业分包单位完成的活动；劳务分包是指施工总承包单位或专业分包单位将其承包工程中的劳务作业发包给劳务分包单位完成的活动。

（2）专业分包单位和劳务分包单位（统称分包单位）资质资格必须符合《建筑法》、《房屋建筑和市政基础设施工程施工分包管理办法》、《建筑业企业资质等级标准》等相关要求，可以从事资质许可范围相应等级的建设工程承包业务。专业分包资质共约60种、三个等级，其中房屋建筑工程专业承包资质一般包括：地基与基础工程、建筑装修装饰工程、钢结构工程、建筑幕墙工程、建筑机电安装工程、消防设施工程、电子与智能化工程、防水防腐保温工程、古建筑工程、环保工程、特种工程（建筑迁移、加固）等。建筑劳务分包资质共约13种、两个等级。

（3）取得施工总承包资质的企业（简称施工总承包单位），可以承接施工总承包工程，对所承接的施工总承包工程内各专业工程全部自行施工，也可以将专业工程或劳务作业依法分包给具有相应资质的专业分包单位或劳务分包单位；但主体结构的施工必须由施工总承包单位自行完成，禁止分包单位再分包。

（4）取得专业承包资质的企业（也称专业分包单位），可以承接施工总承包企业分包的专业工程和建设单位依法发包的专业工程。专业分包单位可以对所承接的专业工程全部自行施工，也可以将劳务作业依法分包给具有相应资质的劳务分包单位。

（5）取得劳务分包资质的企业（以下简称劳务分包单位），可以承接施工总承包单位或专业分包单位分包的劳务作业。

（6）依据国务院令第393号《建设工程安全生产管理条例》第十七条规定：在施工现场安装、拆卸施工起重机械和整体提升脚手架、模板等自升式架设设施，必须由具有相应资质的单位承担。

（7）按照合同约定，建筑材料、建筑构配件和设备由工程承包单位采购的，发包单位不得指定承包单位购入用于工程的建筑材料、建筑构配件和设备或者指定生产厂、供应商。

（8）专业工程分包除在施工总承包合同中有约定外，必须经建设单位认可；施工总承包单位提前制定分包计划，报项目监理机构和建设单位审核。

（9）施工总承包单位采用招标方式选择分包单位的，应将投标单位名单及资审资料报建设单位和监理单位进行预审，预审文件包括：营业执照、企业资质等级证书、安全生产许可文件、生产许可证、法人委托书、业绩资料等；必要时可组织实地考察；预审合格后总包单位方可组织招标；施工总承包单位应认真审核分包单位资质资料，应对呈报的分包单位资质资料的真实性负责。

（10）不需要招标选定分包单位的，施工总承包单位应按合同约定或建设单位有关要求执行。

（11）分包工程发包人应当在订立分包合同后7个工作日内，将合同送工程所在地县级以上地方人民政府住房城乡建设主管部门备案。

（12）未经监理单位审核同意的分包单位不能进场施工或供货。

（13）施工总承包单位、专业分包单位拟对所承接的工程全部自行施工的，应当使用持有岗位技能证书、与本企业签有劳动合同、并由本企业统一办理养老、医疗、失业、工伤等社会保险的职工组成的自有劳务作业队伍。

6.2　专业分包单位资格审核

（1）在专业分部工程开工前须完成专业分包单位施工资格的审核。

（2）拟委托的专业分包单位按照《专业分包施工单位资格报审表》（省质量统表 GD-C1-317）格式及附件资料一并报施工总承包单位审查合格后，由施工总承包单位报项目监理机构审核。

（3）专业分包施工单位资格报审附件资料及审核：

1）对分包工程要求的发包文件、招标文件等资料；

2）营业执照和建筑专业承包企业资质证书：

（a）核查其有效期、年检、经营范围和注册资金；

（b）建筑专业承包企业资质证书：核查其资质等级、范围与拟承担分包工程是否相符，并核对有效期、年检等；

（c）安全生产许可证：核查其有效期（3 年）；

（d）非本地区单位进入本地施工备案手续；

（e）特种行业施工许可证税务登记证；

（f）国外或境外企业在国内承包工程许可证。

3）工程业绩证明资料：类似工程业绩；

4）本工程项目技术管理人员配置计划文件资料及其执业资格证书：

（a）项目组织管理架构：完整、合理，并符合安全管理要求；

（b）项目负责人：建造师证书和安全生产考核合格证书（B 证）；

（c）专职安全员：专业、数量及安全生产考核合格证书（C 证）；

（d）项目技术负责人：资格证件；

（e）质量检查员：专业、数量及证书；

（f）施工员：证书。

5）主要工种作业人员（包括特种作业人员）的上岗资格证书；

6）分包工程中标文件；

7）分包施工合同等。

（4）专业监理工程师对施工总承包单位申报的《专业分包施工单位资格报审表》及附件资料逐一审核，并在报审表中签署审核意见。如认定该分包单位具备分包条件，则签署"该分包单位具备分包条件，拟同意分包，请项目总监审核"；如认为不具备分包条件应简要指出不符合条件之理由，并签署"拟不同意分包，请项目总监审核"。需要调查核实的将调查报告附报审表后。

（5）项目总监对专业监理工程师的审核意见、调查报告进行审核，如果同意专业监理工程师审查意见，在报审表中签署"同意分包或不同意分包"，如果不同意专业监理工程师审查意见，应简要指明不同意的原因并签认是否同意分包的审核意见；

（6）项目监理机构将审核完成后的《专业分包施工单位资格报审表》及时返还施工总承包单位执行，并抄报建设单位。

（7）在施工过程中，项目监理机构发现存在转包、肢解分包、层层分包等违规情况，应签发《监理工程师通知单》予以制止，同时报告建设单位及有关部门。

（8）项目总监对分包单位资格的确认不解除施工总承包单位应负的责任。

6.3　劳务分包单位资格审核

（1）审核劳务分包单位资质证件：

1）营业执照：核查其有效期、年检、经营范围和注册资金；

2）组织机构代码证；

3）建筑劳务分包企业资质证书：核对资质等级、范围、有效期、年检等；

4）安全生产许可证：核查其有效期（3年）；

5）非本地区单位进入本地施工备案手续；

6）国外或境外企业在国内承包工程许可证。

（2）审核劳务分包单位项目管理架构及人员资格：

1）项目组织管理架构：完整、合理；

2）进场人员：花名册、照片、身份证、上岗证、质量和安全证等；

3）拟分包工程内容和范围：报审表；

4）类似工程业绩证明资料：类似工程业绩（近三年）。

（3）审核程序参照专业分包单位资格审核要求。

6.4　材料供应单位资格审核内容

（1）营业执照：有效期　年检　经营范围　注册资金；

（2）生产商受权证书（或代理协议）：代理内容　有效期；

（3）企业业绩；

（4）中标通知书。

6.5　生产供应单位资格审核内容

（1）营业执照：有效期　年检　经营范围；

（2）资质证书：有效期　级别　经营范围；

（3）生产许可证：有效期　生产范围；

（4）质量保证体系；

（5）企业管理制度；

（6）实验室资质；

（7）技术负责人资质；

（8）企业业绩；

（9）中标通知书。

7　设计交底和图纸会审

7.1　设计交底和图纸会审目的

（1）设计交底是设计单位在设计文件交付施工前，向施工单位、监理单位和建设单位就正确贯彻设计意图，加深对设计文件特点、难点、疑点的理解，掌握关键工程部位的质量管理要求等进行做出详细的设计交底和说明，包括建筑节能专项设计交底。避免因施工中对设计意图不明造成工程差错、延误、变更、返工等。

（2）图纸会审是施工单位、监理单位和建设单位就施工图审阅后存在的有关问题、疑点等，与会向设计单位提出，设计单位给予解释、答复和处理。

7.2 设计交底和图纸会审的主要内容及要求

（1）设计交底及图纸会审的施工图必须经审图机构审查合格，审查的主要内容有：

1）项目的规模、技术复杂程度等与设计单位的资质、资格限制条件相符，设计文件签署合法、有效；

2）施工图内容与工程水文、地质勘察成果等基础技术资料、当地建设技术或行政管理规定等相符；

3）建筑物的稳定性、安全性审查，包括地基基础和主体结构是否安全、可靠；

4）是否符合消防、绿色建筑（节能、环保）、抗震、防雷、卫生、人防等有关强制性标准、规范；

5）施工图内容是否达到规定的深度要求；

6）是否损害公众利益。

（2）设计交底及图纸会审的施工图必须经建设单位审验盖章确认，审验的主要内容有：

1）设计成果符合项目建设前期所设定和批准的功能、标准、效果要求；

2）施工图及设计文件的内容范围、深度符合委托设计合同约定，并满足编制工程量清单、提交工程招标及工程实施使用的要求；

3）在正式接收施工图及设计文件后，建设单位负责按规定办理委托、提交施工图审查机构审查，并根据审查机构的意见责成设计单位进行相应调整、修改或补充；

（3）施工单位收到由监理单位下发的施工图及设计文件后，应组织专业技术人员熟悉施工图及设计文件内容，提出书面审图意见。审查的主要内容有：

1）设计图纸与说明是否齐全，有无分期供图的时间表，确认分期提供的施工图及设计文件或设计所要求的施工工艺技术与工程的进度要求相符；

2）施工图及设计文件所要求在项目现场环境实施的可能与条件，是否有成熟的施工技术与机具设备条件去执行实施施工图设计文件要求，建筑与结构构造是否存在不能施工、不便于施工的技术问题，或容易导致质量、安全、工程费用增加等方面的问题；

3）总平面与施工图的几何尺寸、平面位置、标高等是否一致；

4）几个设计单位共同设计的图纸相互间有无矛盾，建筑结构与各专业图纸本身是否有差错及矛盾；结构图与建筑图的平面尺寸及标高是否一致；建筑图与结构图的表示方法是否清楚；是否符合制图标准；预埋件是否表示清楚；有无钢筋明细表；钢筋的构造要求在图中是否表示清楚。图纸中所列各种标准图册，施工单位是否具备；

5）建筑材料（原材料、构配件、半成品、成品与设备等）来源有无保证，能否代换，图中所要求的条件能否满足，新材料、新技术的应用有无问题；

6）工艺管道、电气线路、设备装置、运输道路与建筑物之间或相互间有无矛盾，布置是否合理；

    7）对施工图及设计文件交代不详、不符、错漏与矛盾等提出质疑；

    8）从施工技术角度提出合理化建议。

（4）项目总监组织项目监理机构人员对经审图机构审查合格并经建设单位盖章确认的施工图及设计文件详细阅图，参照《建筑工程施工图设计文件审查要点》（建质〔2003〕号文发布）提出书面审图意见。审查的主要内容有：

    1）施工图及设计文件的合法性与有效性。施工图及设计文件设计单位的校审、会签应完备，加盖出图专用章，主要建筑、结构、基坑施工图已按规定加盖建筑、结构、岩土注册工程师资格图；交付施工使用的施工图及设计文件必须通过审图机构审查合格，用于备查或办理竣工备案用的施工图及设计文件必须加盖审图机构图章，且均应经建设单位审验同意并加盖建设单位图章。施工过程中，涉及安全功能改变的设计变更必须重新报审图机构审查合格后方可使用；

    2）施工图及设计文件的内容范围与深度。交付施工使用的施工图及设计文件内容范围和深度应满足项目施工的具体条件与要求，分期提供的施工图及设计文件或需深化设计的图纸（如钢结构、幕墙等加工与施工安装详图等）责任要明确；图纸提交期限应满足施工总体部署及施工进度计划；

    3）依照《建筑法》（第三十二条）："工程监理人员发现工程设计不符合建筑工程质量标准或者合同约定的质量要求的，应当报告建设单位要求设计单位改正"。设计的工程质量标准可以高于工程质量验收标准，工程质量验收标准是合格标准，也是最低标准，但设计的工程质量标准不允许低于工程质量验收标准，监理检查发现低于工程质量验收标准的设计问题作为图纸会审的重点；同时，设计的工程质量标准应符合合同约定的工程质量标准，如果设计的工程量标准高于合同约定的工程质量标准，会涉及工程造价变更或造价索赔纠纷，因此也作为监理机构审图的重点；

    4）不同设计单位提供的施工图纸、不同专业施工图间是否有差错及矛盾；

    5）预埋件、预留孔洞的表示是否清楚正确；

    6）设计图纸中采用的各种标准图册，施工单位是否具备；

    7）施工图及设计文件所要求的施工技术、使用的特殊材料应满足施工安全、卫生与环境保护规定；

    8）施工图及设计文件无缺、漏、错、碰等问题。

7.3 设计交底和图纸会审的组织程序及要求

（1）施工承包单位和监理单位接到施工图纸后，立即组织各专业技术人员熟悉和审查设计文件，就有关设计问题通过建设单位向设计单位提出书面意见和建议，为设计交底及图纸会审做好准备。

（2）项目监理机构应协助建设单位事先做好相关准备，如协助提前将各参建单位所提出对图纸的疑问、意见提前提交给设计单位，协助发出书面会议通知等。

（3）设计交底及图纸会审必须在开工前完成，一般在单位工程（或分部、分项工程）开工前10天在现场进行。

（4）设计交底及图纸会审由建设单位主持（项目总监可根据建设单位委托主持），设计单位、施工承包单位和监理单位的主要负责人及有关技术人员参加。

（5）首先由设计单位进行设计交底，就设计意图、重点难点、施工要求、注意事项等进行详细介绍和说明。

（6）施工承包单位、监理单位和建设单位就设计疑问、错误等与设计单位进行交流和澄清。

（7）施工单位负责做好详细会议记录，办理会议签到，整理形成设计交底及图纸会审纪录。《设计交底记录》（省质量统表 GD-C1-321）须由设计单位、施工单位、监理单位和建设单位项目负责人签名并盖章；《施工图设计文件会审记录》（省质量统表 GD-C1-322）须由设计单位设计人员、施工单位项目经理、监理单位项目总监和建设单位项目负责人签名并盖章。

（8）设计交底记录和施工图设计文件会审记录可作为工程施工和监理的依据，但施工图设计文件会审记录只能作为设计变更的附件，不能代替设计文件，对会审中确认的设计错误或需要设计变更的，设计单位应于会后补发设计文件。

8 施工组织设计（方案）审查

8.1 施工组织设计（方案）类型

（1）施工组织总设计：施工组织总设计是以一个建设项目为对象进行编制，用以指导其建设全过程各项全局性施工活动的技术、经济、组织、协调和控制的综合性文件。

（2）单位工程施工组织设计：单位工程施工组织设计是以一个单项或其一个单位工程为对象进行编制，用以指导其施工全过程各项施工活动的技术、经济、组织、协调和控制的综合性文件。依据《建设工程安全生产管理条例》（国务院令 393 号）规定，施工组织设计应包含施工安全技术措施，否则应单独编制施工安全方案。

（3）施工方案：按照《建筑工程施工质量验收统一标准》GB 50300 中分部、分项工程的划分原则，对主要分部分项工程或关键工序或技术复杂的施工过程或采用新技术、新工艺、新材料、新设备的工程或其他专项工程应编制施工方案。

（4）安全专项施工方案：依据《建设工程安全生产管理条例》（国务院令 393 号）、《危险性较大的分部分项工程安全管理办法》（建质〔2009〕87 号）危险性较大的分部分项安全措施工程和超过一定规模的危险性较大的分部分项安全措施工程必须编制保证施工安全的针对性安全专项施工方案。

8.2 施工组织设计（方案）编制内容

（1）施工组织总设计编制应符合《建筑施工组织设计规范》GB/T 50502 规定，其内容应包括：

1）编制依据；

2）工程概况；

3）总体施工部署；

4）施工总进度计划；

5）总体施工准备与资源配置计划；

6）主要施工方法；

7）施工现场平面布置；

8）主要施工管理计划；

9）施工安全技术措施。

（2）单位工程施工组织设计编制应符合《建筑施工组织设计规范》GB/T 50502 规定，其内容应包括：

1）编制依据；

2）工程概况；

3）施工部署；

4）施工进度计划；

5）施工准备与资源配置计划；

6）主要施工方案；

7）施工现场平面布置；

8）施工安全技术措施。

（3）施工方案编制符合《建筑施工组织设计规范》GB/T 50502 规定，内容应包括：

1）工程概况；

2）施工安排；

3）施工进度计划；

4）施工准备与资源配置计划；

5）施工方法及工艺要求；

6）质量标准与措施等。

（4）安全专项施工方案编制内容及要求详见第五章。

8.3 施工组织设计（方案）编报程序

（1）施工组织设计（方案）编制及审批须符合工程建设程序，并应在施工前完成。也可根据需要分阶段编制和审批。

（2）施工组织总设计应由施工总承包单位项目负责人主持组织本单位施工技术、安全、质量等部门的专业技术人员进行编制，由施工总承包单位企业技术负责人审批签名并盖施工总承包单位企业法人公章。

（3）单位工程施工组织设计应由施工单位项目负责人主持组织本单位施工技术、安全、质量等部门的专业技术人员进行编制，由施工单位企业技术负责人或企业技术负责人授权的技术人员审批签名并盖施工单位企业法人公章。

（4）施工方案应由项目技术负责人组织编制及审批，并盖项目章。其中，由专业承包单位施工的分部（分项）工程及专项工程施工方案，由专业承包单位企业技术负责人或企业技术负责人授权的技术人员审批签名并盖专业承包单位企业法人公章后，报施工总承包单位项目技术负责人审核备案；对规模较大或施工技术难度较大的分部（分项）工程施工方案或专项工程施工方案应按照单位工程施工组织设计要求进行审批。

（5）安全专项施工方案的编报程序详见第五章相关要求。

（6）需要组织专家论证评审的施工组织设计、施工方案和安全专项施工方案，应由施工单位组织相关专家评审并修改完善后，最终由施工单位企业技术负责人审批签名并盖企业法人公章。

（7）施工总承包单位或专业承包单位编制的施工组织设计或施工方案按照《施工组织设计（工程方案）封面》（省质量统表 GD-C1-325）格式，并完成内部审批签名和盖章程序后，由施工总承包单位项目经理部按照《施工组织设计（工程方案）报审表》（省质量统表 GD-C1-326）格式，由项目经理签名并盖项目章后报项目监理机构审查。（安全专项施工方案报审程序详见第五章）

（8）在实施过程中，如果发生工程设计重大修改或有关法律、法规、规范和标准实施、修订和废止或主要施工方法有重大调整或主要施工资源配置有重大调整或施工环境有重大改变等情况时，施工组织设计或施工方案应及时进行修改调整，并按照规定程序重新报审。

8.4　施工组织设计（方案）审查、审核和审批程序

（1）项目监理机构应依照《建筑施工组织设计规范》（GB/T 50502）、《建筑施工组织设计管理规范》（DB11/T 363）等相关规定，结合项目勘察设计文件、施工承包合同、项目内外部施工条件等实际情况，先由专业监理工程师对施工组织设计或施工方案进行专业性审查后，再报项目总监审核，并在报审表中签署审查意见。

（2）对涉及工程造价争议或合同中有约定或法规规定必须经建设单位审批的施工组织设计或施工方案，项目总监审核后应报建设单位审批同意后方可实施。

（3）经项目监理机构审查或建设单位审批后，需要补充修改的施工组织设计或施工方案，由项目监理机构退回施工单位项目经理部按照审查意见补充修改后，按照规定程序重新报审。

（4）经项目监理机构审查或建设单位审批通过的施工组织设计（方案），由项目监理机构报送一份给建设单位，其余返回给施工单位组织实施。

（5）安全专项施工方案的审查、审核和审批要求见第五章。

8.5　施工组织设计（方案）监理审查、审核要点

（1）报审程序合法性审查：施工组织设计（方案）的编制及内部审批签名、盖章及报审要符合上述本章 5.4 条的要求。如果不满足报审条件项目监理机构应该在报审表中签署退申理由后及时返还施工单位完善后重新报审。

（2）内容完整性审查：施工组织设计（方案）编制章节及内容要符合本章 5.2 条的要求。

（3）施工组织设计（方案）符合性审查：

1）是否符合相关法律、法规、规程规范、行政规章、施工标准等规定，特别是有无违反强制性标准的内容，强制性标准的要求在施工组织设计（方案）中有无明确及落实。

2）是否结合了工程勘察设计文件、承包合同、内外部施工条件等实际情况编制，如施工质量标准首先要符合设计和合同要求，但不得低于质量验收标准，施工进度计划节点工期要符合合同约定等。

3）是否结合了工程实际情况编制，其内容及深度应满足项目施工管理需要和能够指导施工班组规范施工，要具有针对性和可操作性等。

4）拟定的施工单位项目管理机构人员配备齐全，岗位设置合理，岗位职责明确，专职管理人员和特种作业人员具有相应的资格证书及上岗证；项目组织管理体系、技术管理体系、质量管理及保证体系、安全管理及保证体系要健全，质量保证措施切实可行，现场管理制度完善。

（4）施工部署可行性及合理性审查：

1）施工部署是施工组织设计的纲领性内容，是编制确定施工进度计划、施工准备与资源配置计划、施工方法、施工现场平面布置和主要施工管理计划等内容的总原则，其确定项目施工总目标，包括进度、质量、安全、环境和成本等目标应符合设计要求、合同要求和相关规程规范及标准要求。

2）施工部署应结合工程具体情况，对主要分部分项工程和专项工程的施工做出合理统筹安排，明确项目分阶段（期）施工的合理顺序及空间组织，明确施工过程重要里程碑节点、项目分阶段（期）交付计划和节点工期（阶段划分一般包括地基基础、主体结构、装修装饰和机电设备安装三个阶段）。

3）各施工流水段应根据工程特点及工程量进行合理划分，并应说明划分依据及流水方向，施工顺序应符合工序逻辑关系，确保均衡流水施工。

4）对工程量大、施工技术复杂或对工程质量起关键作用等重点、难点分部（分项）工程要进行全面分析评价，选用合理可行、技术先进的施工方法，并拟定相应的组织管理和施工技术措施。施工重点、难点对于不同工程和不同施工企业具有一定的相对性，如果其施工方法已成为施工企业工法或施工企业施工工艺标准可直接引用。

5）施工总承包单位应明确项目管理组织机构形式及配置，并应符合《建筑施工组织设计规范》（GB/T 50502）、《建筑施工组织设计管理规范》（DB11/T 363）和《施工企业安全生产管理规范》（GB 50656）等相关规定。项目管理组织机构形式宜采用框图表示，并确定项目经理部的工作岗位设置及其岗位职责划分。

6）对于工程施工中开发和使用的新技术、新工艺应做出部署，对新材料和新设备的使用应提出技术及管理要求。

7）对主要分包工程施工单位的选择、资质、能力和管理应提出明确要求。

（5）施工进度计划合理性审查：

1）施工进度计划应依照施工部署的安排进行编制，其节点工期和总工期应符合施工合同要求。

2）施工进度计划应充分结合项目施工技术规律合理确定施工顺序，保证施工的连续性、均衡性和节约性，各工序在时间上和空间上要顺利衔接、连贯平衡、流水作业、切实可行。

3）施工进度计划要充分考虑施工的客观规律，结合项目施工条件，资金、材料、设备、劳动力等资源投入情况，参照工期定额等综合合理确定，要有利于劳动力均衡安排和施工机械设备高效使用。

4）施工进度计划可采用网络图或横道图表示，对于规模较大或较复杂的工程宜采用网络图表示并附必要说明，施工进度计划横道图要表明各项主要工程的工程量及起止时间，以及对应的劳动力和设备投入情况，施工进度计划网络图要明确关键工序和关键线路的设置等。

（6）施工准备和资源配置合理性及保证措施审查：

1）施工准备应包括技术准备、现场准备和资金准备等，资源配置计划应包括劳动力配置计划和物资配置计划等。

2）技术准备包括施工所需技术资料的准备、施工方案编制计划、试验检验及设备调试工作计划、样板制作计划等；主要分部（分项）工程和专项工程在施工前根据工程进展情况分阶段单独编制施工方案，并制定施工方案编制计划；试验检验及设备调试工作计划应符合现行规范、标准相关规定，并能满足工程规模、进度要求；样板制作计划应根据施工合同或招标文件的要求并结合工程特点制定。

3）现场准备应根据现场施工条件和工程实际需要，准备现场生产、生活等临时设施。

4）资金使用计划和资源配置计划应满足施工进度计划实施要求。物资配置计划应包括各施工阶段所需主要工程材料、设备的种类和数量，以及所需主要周转材料、施工机具的种类和数量。

（7）主要施工方案、方法及工艺合理性和可操作性审查：

1）施工组织总设计应对项目涉及的单位（子单位）工程、主要分部（分项）工程和施工安全措施工程等所采用的施工方法进行简要说明。

2）单位工程施工组织设计应按照《建筑工程施工质量验收统一标准》（GB 50300）中分部、分项工程的划分原则，对主要分部、分项工程制定施工方案，并对脚手架工程、起重吊装工程、临时用水用电工程、季节性施工等专项工程所采用的施工方案应进行必要的验算和说明。

3）施工方案应明确分部（分项）工程或专项工程施工方法并进行必要的技术设计核算，对主要分项工程（工序）明确施工工艺要求，对易发生质量通病、施工难度大、技术含量高的分项工程（工序）等应做出重点说明；对开发和使用的新技术、新工艺以及采用的新材料、新设备应通过必要的试验或论证并制定计划；对季节性施工应提出具体要求。

4）安全专项施工方案应明确危险性较大分部分项工程的施工方法、工序要求及工艺标准，依照相关规范进行必要的安全可靠性设计计算并附施工图。

（8）施工现场平面布置合理性审查：

1）施工现场平面布置要符合《建筑施工现场环境与卫生标准》（JGJ 146）、《施工现场临时建筑物技术规范》（JGJ/T 188）、《建设工程施工现场消防技术规范》（GB 50720）等相关规定，满足节能、环保、安全、消防等要求，并遵守当地主管部门和建设单位关于施工现场安全文明施工的相关规定要求。

2）施工现场临时设施布置应便于生产和生活，办公区、生活区和生产区应分开设置并保持安全距离。

3）施工现场加工设施、运输设施、存贮设施、供电设施、供水供热设施、排水排污设施、临时施工道路和办公、生活用房等施工区域的划分和场地的临时占用应符合施工部署和施工流程的要求，减少相互干扰，便于组织运输，减少二次搬运。

4）明确拟建加工设施、存贮设施、办公和生活用房等建（构）筑物的位置、轮廓尺寸、层数和面积，以及相邻的地上、地下既有建（构）筑物及相关环境。要充分利用既有建（构）筑物和既有设施为项目施工服务，降低临时设施的建造费用。

5）施工现场平面布置图应根据工程施工进展情况和施工管理需要分阶段绘制并附必要说明，一般按地基基础、主体结构、装饰装修和机电设备安装等阶段分别绘制。

（9）主要施工管理计划的完整性和可操作性审查：

1）施工管理计划应包括进度管理计划、质量管理计划、安全管理计划、环境管理计划、成本管理计划以及其他管理计划等，并结合项目施工管理需要制定绿色施工管理计划、防火保安管理计划、合同管理计划、组织协调管理计划、创优质工程管理计划、质量保修管理计划以及对施工现场人力资源、施工机具、材料设备等生产要素的管理计划等。各项管理计划的内容应有目标，有组织机构，有资源配置，有管理制度和技术、组织措施等。

2）进度管理计划：对项目施工进度计划进行逐级分解，通过阶段性目标的实现保证最终工期目标的完成；建立施工进度管理的组织机构并明确职责，制定相应管理制度，针对不同施工阶段的特点，制定进度管理的相应措施，包括施工组织措施、技术措施和合同措施等；建立施工进度动态管理机制，及时纠正施工过程中的进度偏差，并制定特殊情况下的赶工措施；根据项目周边环境特点，制定相应的协调措施，减少外部因素对施工进度的影响。

3）质量管理计划：按照项目具体要求确定质量目标并进行目标分解，质量指标应具有可测量性；建立项目质量管理的组织机构并明确职责；制定符合项目特点的技术保障和资源保障措施，通过可靠的预防控制措施，保证质量目标的实现；建立质量过程检查制度，并对质量事故的处理做出相应的规定。

4）安全管理计划：确定项目重要危险源，制定项目职业健康安全管理目标；建立有管理层次的项目安全管理组织机构并明确职责；根据项目特点，进行职业健康安全方面的资源配置；建立具有针对性的安全生产管理制度和职工安全教育培训制度；针对项目重要危险源，制定相应的安全技术措施；对达到一定规模的危险性较大的分部（分项）工程和特殊工种的作业应制定专项安全技术措施的编制计划；根据季节、气候的变化，制定相应的季节性安全施工措施；建立现场安全检查制度，并对安全事故的处理做出相应规定；现场安全管理应符合国家和地方政府部门要求。

9　监理实施细则的编制

9.1　监理实施细则的编审程序

（1）对中型及以上工程项目或专业性较强的工程项目或关键的分项分部工程或采用新技术、新工艺、新材料、新设备的工程应编制质量监理实施细则；对危险性较大的分部分项工程和超过一定规模的危险性较大的分部分项工程必须编制安全监理实施细则。

（2）监理实施细则应在监理规划、安全监理方案审批后，相应分部分项工程施工开始完成编审。

（3）监理实施细则由专业监理工程师负责编写，项目总监审查批准后执行。

（4）在监理工作实施过程中，监理实施细则应根据实际情况进行补充、修改和完善。

9.2　监理实施细则的编制依据

（1）经批准的监理规划、安全监理方案；

（2）相关的法律、法规、工程建设标准及强制性标准；

（3）设计文件、合同文件；

（4）施工组织设计、专项施工方案、安全专项施工方案等。

9.3　监理实施细则的主要内容

（1）质量监理实施细则应符合批准的监理规划的要求，并应结合工程项目的专业特点进行编制并具有可操作性，其内容主要包括：

1）专业工程特点和施工内外部条件；

2）监理工作流程；

3）监理工作的检查、控制要点及目标值

4）监理工作方法及措施；

5）监理人员安排与分工；

6）需要旁站监理的部位、过程及要求；

7）质量验收及要求；

8）相关过程的检查记录表和资料目录；

9）监理日志记录要求。

（2）安全监理实施细则要贯彻"安全第一、预防为主、综合治理"的安全生产方针，应符合批准的监理规划或安全监理方案的要求，并应结合工程项目的专业特点进行编制并具有可操作性，其内容主要包括：

1）危险性较大的分部分项工程特点和施工现场环境状况；

2）安全监理人员安排与分工；

3）安全监理工作方法及措施；

4）针对性的安全监理检查、控制要点；

5）需要现场监理或旁站监理的部位、过程及要求；

6）危险性较大的分部分项工程验收要求；

7）相关过程的检查记录表和资料目录；

8）安全监理日志记录要求。

9.4　监理实施细则的编制要求及注意事项

（1）监理实施细则是针对某一专业或某一方面监理工作的操作性文件，是指导项目监理机构监理人员开展监理工作的作业性文件，应根据项目具体情况和专业特点编制，要做到详细、具体，具有实施性和可操作性。

（2）监理实施细则要始终抓住项目监理的关键点、难点和重点这条主线，充分体现以事前预防控制为重要监控手段。

（3）监理实施细则主要以工作流程（图）、表格等形式来阐述，其控制指标应量化表示，避免过多的文字描述。

（4）监理工作本身不形成实体性产品，其工作效果与服务质量主要通过监理的文件、资料等来体现和评价，因此，监理实施细则应明确设定控制工作的具体目标值、关联的过程性工艺参数与质量指标，结合原材料进场报验、见证取样送检、平行检测、旁站等制定相应的记录表式，在具体工作中执行使用，形成真实、量化、准确、及时、清晰的记录。

10　施工现场质量管理的检查

10.1　施工现场质量管理基本要求

（1）依据《建设工程质量管理条例》，施工单位对建设工程的施工质量负责，施工单位应当建立质量责任制，确定工程项目的项目经理、技术负责人和施工管理负责人，实行总承包的施工总承包单位应当对全部建设工程质量负责。

（2）依照《建筑工程施工质量验收统一标准》（GB 50300）第3.0.1款规定，施工现场应具有健全的质量管理体系、相应的施工技术标准、施工质量检验制度和综合施工质量水平评定考核制度。施工现场质量管理应包括以下内容：

1）项目部质量管理体系；

2）现场质量责任制；

3）主要专业工种操作岗位证书；

4）分包单位管理制度；

5）图纸会审记录；

6）地质勘察资料；

7）施工技术标准；

8）施工组织设计、施工方案编制及审批；

9）物资采购管理制度；

10）施工设施和机械设备管理制度；

11）计量设备配备；

12）检测试验管理制度；

13）工程质量检查验收制度等。

（3）施工单位施工现场质量管理体系的建立，应该遵循《建筑工程施工质量验收统一标准》（GB 50300）"验评分离、强化验收、完善手段、过程控制"的质量管理原则，重点控制管理职责、资源管理、产品实现、测量分析和持续改进等过程。

（4）建立和健全以项目经理为首的工程质量管理系统，对工程质量进行系统检查，并对检查、评定的结果负责，同时作好与建设主管及其公司质检部门的联系协调工作，配备各专业检查人员，监督检查工程质量，保证各分部、分项工程的施工过程中均有质量人员在现场。

（5）项目质量管理组织机构设置及人员配备基本要求：

1）项目经理部根据项目质量目标、质量计划，建立质量保证机构，明确相应的工作程序和质量职责，通过一流的质量管理活动，质量监控体系保证下，确保建筑产品质量达到规定标准。项目质量管理机构应以项目经理为组长，总工程师为副组长，各部门负责人组成的质量管理领导小组，配置满足项目质量管理要求的质检员等质量管理人员，明确各职能部门和各级人员的质量职责，实施全员、全过程、全方位的质量管理。

2）项目质量管理组织机构设置及人员配置应满足项目施工质量管理要求和标书或合同承诺。

3）项目负责人、项目技术负责人、质检员等质量管理人员必须具有相应的资格、专业技能和领导素质。

4）项目技术负责人的任职资格应与所承担项目的规模、技术程度及施工难度相适应。

5）技术、质量管理人员的设置应满足工程规模、复杂程度等需要，有足够数量的技术员、质量检查员、资料员、试验工、放线工等。

6）质量检查员、施工员、资料员、试验工、放线工等应具备相应资格，持证上岗，并具备相应的管理业务水平和技术操作能力。

7）特种作业人员经考试合格后持证上岗。

8）根据工程施工需要，组建工地试验室和测量队。

（6）制定完善的项目质量管理岗位责任制度：

1）现场质量管理过程应以人为中心，建立以工期进度、质量目标为核心的岗位责任制，明确从项目经理至施工员的所有岗位质量管理活动人员的职责和权限；规定各项工作之间的衔接、控制内容和控制措施；明确定期、不定期地检查工程质量控制和质建筑施工现场质量管理的内容。

2）项目经理依据质量目标，制定管理目标，落实岗位责任制。

3）项目经理部由技术负责人编制施工组织设计和质量计划，报公司技术科审批。

4）由工长向班组长做好技术交底，重要部位由技术负责人向工长、班组长交底；凡采用新技术、新材料、新工艺应由公司技术部门预先编制作业指导书。

5）工长、质检员做好分部分项和单位工程检验记录、预检记录、试验报告、评定表等记录，资料员作好整理归档工作。

6）施工员必须首先熟悉图纸、技术说明书、规范、质量检查要点和质量评定标准等，具备行使职能的手段，应认真负责地进行施工管理，重要部位应跟班作业检查，如实记好施工日志，注意累积原始记录。

（7）建立质量技术保障制度：

1）须制定图纸会审和技术交底制度：施工前，认真组织各专业技术人员，熟悉掌握图纸和图纸会审，进行设计及施工技术交底，对操作人员先进行技术交底，用简单明确的文字构成施工任务单，发给各操作人员后再施工。

2）制定施工方案报审制度：各分部分项工程施工前要编制专项施工方案，报批认可后认真执行。

3）制定技术复核制度：项目部专设测量组，负责工程测量控制网的建立和高程控制，对如混凝土工程墙、柱、梁模板位置、截面尺寸、标高等，测量人员检查合格后，填写测量记录表，经复测检查确认无误后，方可继续施工；对如钢筋混凝土工程中的模板工程、钢筋工程等，填写好检查项目，允许偏差、实际偏差等数据，交相关专业的质检员，进行复查，如发现超差或检查表填写数据不真实时，则令其修整、返工，直到合格后，再次申报，重新复查，确认后方可继续施工。

4）制定工程档案质量的保证制度：要配置完整的保证本工程质量管理所用标准、规范规程、标准图集等技术资料；施工过程形成的质量资料要做到及时、真实、完整和可追溯性。

（8）制定完善的施工过程质量管理制度：

1）工程质量形成过程是一个系统过程，质量管理是一个全面、全过程的系统管理工程，质量管理制度要覆盖从投入原材料的质量控制开始，直到工程完成、竣工验收为止的全过程；质量控制的范围要覆盖包括对参与施工的人员的质量控制，对工程使用的原材料、构配件和半成品的质量控制，对施工机械设备的质量控制，对施工建筑施工现场质量管理的内容方法和方案的质量控制，以及对生产技术、劳动环境、管理环境的质量控制等全方位。

2）工程材料质量管理制度：所有甲、乙双方采购的材料设备，都要满足设计、规范标准和合同要求，各种材料进场严格执行材料构（配）件半成品等进场验收制度和见证抽样送检制度，无论是甲供还是自购材料，进场验收不合格一律退货，不得进入工地，监理人员见证抽样送检不合格的材料不得用于施工。

3）制定施工质量技术交底制度：项目技术负责人根据经审批后的施工组织设计、施工方案、作业指导书，对本工程的施工流程、进度安排、质量要求以及主要施工工艺等向项目全体施工管理人员，特别是施工工长、质检人员进行交底；施工工长在熟悉图纸、施工方案或作业指导书的前提下，合理地安排施工工序、劳动力，并向操作人员作好相应的技术交底工作，使班组每一个人都能了解施工流程、施工进度、图纸要求、质量控制标准。

4）须制定工序质量检查验收制度：严格按照有关标准、规程、规范和批准的施工方法进行工序作业，严格执行工长、质检旁站制度，坚持"自检、专业检、交接检"制度，对关键工序和特殊施工工序要从材料进场检验、施工过程检查、重点难点技术攻关、特殊工种持证上岗、所用机械设备的能力检定、工序验收等各个环节予以全过程管控，每一道工序未经验收或检查验收不合格的不准进行下道工序，隐蔽工程未验收合格的不得隐蔽。并推行样板先行引路制度，把问题解决在大面积施工之前，明确和统一每道工序的施工标准，避免质量返工。

5）制定质量检查验收制度：严格执行质量验收程序，坚持质量验收标准，对完成的分部分项工程，按相应的质量评定标准和办法进行检查、验收。

6）现场会议制度：施工现场必须建立、健全和完善现场建筑施工现场质量管理的内容会议制度，及时分析、通报工程质量状况，并协调有关单位间的业务活动，通过现场会议制度实现建设（监理）单位和施工单位现场质量管理部门之间以及施工现场各个专业施工队之间的合理沟通，确保各项管理指令传达的畅通，最终使施工的各个环节在相应管理层次的监督下有序进行。现场会议制度能够使建设项目的各方主体获得有效地沟通，使施工在受控状态下进行，最终达到各个相关方的满意。

10.2　施工现场质量管理的检查

（1）施工单位项目经理部按照《建筑工程施工质量验收统一标准》（GB 50300）中的《施工现场质量管理检查记录》（A.0.1）或《施工现场质量管理检查记录》（省质量统表GD-C1-318）表式及内容要求，完善质量管理体系相关资料，并经项目经理自检合格签名后报项目监理机构检查。

（2）项目总监负责对施工单位申报的《施工现场质量管理检查记录》（省质量统表 GD-C1-318）及相关附件资料进行检查，并签署检查结论性意见。如果检查结果为不合格则返回施工单位按照项目总监检查意见补充完善后重新申报，如果检查结果符合要求后则返回施工单位执行。检查项目及内容主要包括：

1）项目部质量管理体系中各项相关制度的建立是否完善，有无落实；

2）项目部管理架构设置及其人员配备是否满足质量管理要求，有无落实；

3）现场各类人员质量责任制度的建立是否明确到位，有无落实；

4）各类专业技术管理人员的资格证书和主要专业工种操作岗位证书是否有效，人证是否一致；

5）总包对分包单位管理的各项相关制度的是否建立，有无落实；

6）施工图设计文件交底和会审的进程是否符合建设程序，其结果有无落实；

7）地质勘察工作进程及结果是否满足施工要求，以及文件资料是否完备；

8）施工技术标准和质量验收技术标准的选用及配置是否齐全；

9）施工组织设计、施工方案编制及审批是否符合规定要求；

10）物资（产品）采购及现场检查验收相关的管理制度是否建立，有无落实；

11）施工设施和机械设备、机具的配备及其管理制度是否建立，有无落实；

12）自检计量仪器及其附属设备、器具的配置是否满足施工质量管理要求，其相关管理制度是否建立和落实；

13）现场材料，构配件、设备抽样送检的管理制度是否建立和落实；

14）工程实体质量第三方检测的管理制度是否建立和落实；

15）工程质量控制与检查制度、各层次质量验收制度是否建立和落实。

11　开工条件审查及开工令

11.1　开工申请及开工令的签发程序

（1）单位工程开工前，施工总承包单位项目经理部向项目监理机构提交《单位（分部）工程开工报审表》（省质量统表 GD-C1-319）和《工程建设前期法定基建程序文件核查表》（省质量统表 GD-A1-117）及附相关资料，经项目经理签名、盖章后，向项目总监提出开工申请。

（2）项目总监负责对施工单位提交的《单位（分部）工程开工报审表》和《工程建设前期法定基建程序文件核查表》及相关资料进行审核并签署审核意见后，报建设单位负责人签名批准后，最后由项目总监签发《工程开工令》（省质量统表 GD-B1-29）给施工单位执行，同时报送建设单位。

（3）开工报审表和开工令的填写要求参见第十一章实例。

11.2　开工应具备的条件及申请审查内容

（1）开工应具备的法定条件要求：

　1）已获得政府计划部门的立项申请报告批复。

　2）已获得政府规划部门的建设用地规划许可证。

　3）已获得政府规划部门的建设工程规划许可证。

　4）已获得政府规划部门的建设用地批准书或土地使用证。

　5）已获得政府环保部门的环境影响报告书或报告表或登记表批复。

　6）消防设计已获得公安消防部门的审核意见。

　7）施工图设计已获得政府认可的审图机构施工图审查合格证。

　8）民用建筑节能设计已获得政府节能部门的审查备案登记表。

　9）施工中标通知书及施工合同。

　10）监理中标通知书及监理合同。

　11）已办理质量监督手续获得工程质量监督登记表。

　12）已办理安全监督手续获得建设工程安全监督通知书。

　13）已办理施工许可手续获得建设工程施工许可证。依据《建筑法》和《建筑工程施工许可管理办法》（建设部令第18号）规定，未取得施工许可证的建设工程一律不得开工。在开工前，建设单位应当向所在地住房城乡建设主管部门申请领取施工许可证，但对工程投资额在30万元以下或者建筑面积在300平方米以下的建筑工程或按照国务院规定的权限和程序批准开工报告的建筑工程可不申领施工许可证。申请领取施工许可证，应当具备下列条件：

　①已经办理该建筑工程用地批准手续；

　②在城市规划区的建筑工程，已经取得规划许可证；

　③需要拆迁的，其拆迁进度符合施工要求，施工场地已经基本具备施工条件；

　④有满足施工需要的施工图纸及技术资料，施工图设计文件已按规定进行了审查；

　⑤已经依法依规确定施工企业，并签订工程施工合同；施工企业编制的施工组织设计中有根据建筑工程特点制定了保证质量和安全的具体措施，专业性较强的工程项目编制了专项质量、安全施工组织设计等；

　⑥按照规定已委托监理，并编制了监理规划及安全监理方案等；

　⑦按照规定办理了工程质量监督和安全监督手续；

　⑧建设资金已经落实：建设工期不足一年的，到位资金原则上不得少于工程合同价的50%，建设工期超过一年的，到位资金原则上不得少于工程合同价的30%。建设单位应当提供银行出具的到位资金证明，有条件的可以实行银行付款保函或者其他第三方担保；

　⑨法律、行政法规规定的其他条件；

　⑩建设行政主管部门应当自收到申请之日起十五日内，对符合条件的申请颁发施工许可证。建设单位应当自领取施工许可证之日起三个月内开工，因故不能按期开工的，应当向发证机关申请延期；延期以两次为限，每次不超过三个月。既不开工又不申请延期或者超过延期时限的，施工许可证自行废止。

　（2）开工应具备的施工现场条件：

　1）施工现场质量管理体系及制度、架构、人员等已经项目监理机构检查符合要求（详见本章"10 施工现场质量管理的检查"）；

2）开工所必需的施工组织设计、专业施工方案、第三方检测方案等是否按照规定程序审批；

3）施工图设计文件的交底和会审是否按规定完成；

4）施工主要材料、构配件、设备的订货及供应已落实；

5）施工场地"三通一平"及临时设施是否满足开工要求；

6）施工机械设备、机具、工具、计量器具已配置到位；

7）施工操作人员配置已到位；

8）开工的各分项工程施工技术交底已完成；

9）工程基线、标高复核确认已完成等。

12　工地例会及纪要

12.1　工地例会的组织与主持

（1）工地例会由项目总监与建设单位和承包单位共同商定工地例会的时间及有关事项，并以书面形式通知各方。

（2）工地例会由项目总监或项目总监代表或项目总监授权的专业监理工程师组织并主持召开，建设单位和施工单位现场主要负责人及其他主要管理人员参加，可视工程管理需要情况邀请勘察、设计、监测、质量监督部门、安全监督部门等单位参加。

12.2　工地例会的会前准备

（1）工地例会的中心议题是总结上阶段的工作、安排下阶段工作和需要共同协调解决的事项。为了使工地例会开得更有成效，项目监理机构会前要全面了解掌握工程实施情况，对施工管理、施工进度、施工质量、施工安全等进行全面总结和分析评价。

（2）核查并收集上次工地例会决议事项落实情况和监理机构下发的整改事项的落实情况。

（3）项目监理机构内部对会议内容、问题处理对策等情况要进行沟通和统一思想，对与会要协调处理的问题准备好必要依据标准和文件资料等。

（4）对重大争议问题应与参建相关单位进行会前必要的沟通。

（5）了解或收集参建各方需要监理机构协调解决的问题。

（6）督促施工单位准备下列资料：施工进度、施工质量、施工安全情况资料及图表；本月工、料、机情况；本月气象观测资料；实验数据统计表等。

12.3　工地例会的主要内容

（1）检查上次工地例会确定事项的落实情况，分析未落实事项的原因及对策。

（2）检查和对比分析施工进度计划完成情况及进度滞后的原因分析，提出下一阶段进度目标要求及其落实措施。

（3）检查分析施工管理、施工质量、施工安全情况，针对存在的问题提出改进要求及措施。

（4）检查工程量核定及工程款支付情况。

（5）研究未决定的工程变更、延期、索赔、保险等问题。

（6）解决需要协调的有关事项。

12.4　工地例会纪要的编制及签发

（1）项目总监指定专人做好会议记录，记录的内容包括：会议时间、地点、期号、出席会议者的姓名、单位、职务、会议内容及议决事项等。并及时形成会议纪要。

（2）工地例会纪要不仅是项目管理的重要依据性文件、对各方具有约束力，同时也是反映项目监理机构管理水平的重要依据，因此，会议记录的内容要真实、清晰、简明扼要，并要能够充分体现项目监理机构的协调管理能力和专业水平。

（3）工地例会纪要按照《会议纪要》（省质量统表 GD-B1-219）格式，由项目总监签认后及时发到参会各方，参会单位如果对会议纪要有异议可在下次工地例会中提出并在纪要中记载。

（4）会议纪要格式及内容书写参见第十一章填写实例。

12.5　工地例会召开应注意的事项

（1）严明会议纪律、树立会议的权威性：严明会议纪律，明确到会时间、人员、会议程序、发言的方式等，与会人员不得迟到、早退、听电话、讲小话、说方言。

（2）营造和谐务实的会议氛围：项目监理机构应注意坚持守法与"公正、独立、自主"的工作原则和以人为本的项目管理理念，以客观事实为依据，以务实求真为基调，履行好监理第三方协调职责，注意保持参建各方的融洽的工作关系，使各方能同心协力解决问题。

（3）控制会议导向、抓住会议主题：工地例会主持者应注意始终围绕会议的主题，避免会议陷入对无关主题的琐事的过度陈述，还应掌握、控制具体会议过程细节，避免偏离主题而纠缠在细微、次要事情上，主持者可适时利用插话、主题引导等方法进行控制，一定要把握全局、旗帜宣明、客观公正和具有导向性，对所分析、讨论的具体问题要有预测和判断本次会议能否解决的能力，对无把握达成共识的问题不宜在会议上过多讨论。

（4）规范监理行为、追求务实高效：监理工作以法律、法规、合同、设计文件、规范标准为依据，监理工作是一种企业行为，监理意见并不具有强制性法律性，故应特别注意以理服人，表述问题要有根有据，易为相关方所接受。因此，监理人员的意见表述应抓住重点，客观、有理、有据、公正、合理，要以人为本，谦虚自信，以诚相待，对事不对人，把好处理问题的分寸，切忌主观、粗暴而导致与会者之间不必要的争执。

（5）项目监理机构提出需要落实解决的事项或整改指令，必须明确"做什么"、"谁去做"、"措施与条件"、"完成标准及期限"、"不完成的处理措施"等，而不能模棱两可、似是而非，一说了之。

（6）注意安排好会议的范围和内容：有时候参加会议的单位多，会议一定要先讨论涉及面广而深的问题，只涉及部分单位的问题可放到后面来讨论，解决问题要遵守少数服从多数，局部服从全局，次要服从重点的原则。如遇相互矛盾较大，应先引导各方坦诚相见、平等相待、互相体谅的会议氛围中来，然后力求寻找一定的共同与平衡点，以达成局部共识、解决部分问题。监理人员既要熟悉矛盾的表象，又要掌握矛盾的实质，才能发现和找到解决问题的方法。

（7）写好工地例会纪要：会议纪要是会议内容和要求的真实反映，是各方会后的工作依据，因此，会议纪要要真实、准确、全面、及时，并具有可操作性和实效性。特别是对安排事项的责任单位、完成时间、标准要求等描述要清晰准确。

（8）纪要的格式要统一，其起草、审核、签字和发文等要规范。《建设工程监理规范》规定项目监理机构负责起草会议纪要，各方代表签字。

（9）抓好会后落实：项目监理机构除开好会、写好会议纪要外，更要注重会后的跟踪落实，项目总监按照会议确定的事项及落实时间等要求，安排相关监理人员及时跟进督促落实，对无正当理由不按要求落实的单位按照合同、制度等严肃处理，确保会议的实效性，否则容易造成会议成为一种形式，会上说的到，会后做不到，会上讲空话、大话、谎话的不良状态。

13　专题会议及纪要

13.1　专题会议的组织与主持

（1）不宜通过工地例会解决的比较复杂的问题或专业性较强的问题，可及时组织召开专题会议进行研究和协调解决。

（2）参建单位都可以提议召开专题会议，项目监理机构根据情况需要主持或参与专题会议。

（3）项目监理机构组织的专题会议，由项目总监或项目总监代表或项目总监授权的专业监理工程师负责组织和主持召开。

13.2　专题会议纪要编制及签发

（1）专题会议由主持召开单位指定专人做好会议记录，记录的内容包括：会议时间、地点、期号、出席会议者的姓名、单位、职务、会议内容、会议达成的共识及处理意见等。

（2）专题会议记录要内容真实、简明扼要，及时形成会议纪要。

（3）专题会议纪要可参照《会议纪要》（省质量统表 GD-B1-219）格式，由组织单位项目负责人签认后，及时发到参会各方确认和执行。

14　巡　视

14.1　巡视的目的

（1）巡视是指监理人员正施工现场进行定期或不定期的监督检查活动。巡视的目的就是为了及时掌握施工情况，及时发现问题，及时处理问题。

（2）巡视工作由项目总监组织安排监理人员对工地施工过程实行定期和不定期地巡视

检查，通过观察、测量、试验等手段对受监部门进行监控，对工程重点部位、关键工序实施全过程管控。

14.2 巡视的主要内容

（1）检查施工单位的质保系统、安全管理体系是否建立和有效运行。

（2）检查是否按照设计文件、施工方案、规范标准等组织施工。

（3）工程材料是否符合合同和标准要求，是否办理了进场验收，见证送检是否合格。

（4）核查劳动力和机械设备配置情况是否符合施工方案和满足施工需要。

（5）检查施工现场管理人员是否到岗到位履行管理职责。

（6）核查作业工人是否经过三级教育和施工前质量、安全技术交底。

（7）核查特种操作人员是否持证上岗。

（8）检查施工安全措施工程施工情况，对发现的违规违章作业要立即下达口头制止指令，对发现的安全隐患要及时报告项目总监签发安全隐患整改通知或停工整改指令。

（9）检查施工工序质量或工艺质量是否符合相关工艺标准和技术规范。

（10）检查施工进度计划执行情况，对造成工期延误的原因做到及时、准确分析和处理。

（11）检查项目监理机构签发的整改指令、停工令等的落实情况。

14.3 巡视发现问题的处理

（1）对巡视中发现的问题视情节轻重要及时向施工单位发出口头整改指令或书面整改指令。

（2）巡视中要做好相关检查记录，并注意采集保存相关影像资料等。

（3）巡视完成后整理书面的《巡视记录》（省质量统表 GD-B1-215），并发送施工单位整改落实，对巡视检查发现的重大质量、安全问题应签发监理整改书面指令。

（4）巡视记录格式及填写要求见第十一章实例。

15 旁 站

15.1 旁站监理的相关规定

（1）国务院《建设工程质量管理条例》第 38 条规定："监理工程师应当按照工程监理规范的要求，采取旁站、巡视和平行检验等形式，对建设工程实施监理"。

（2）《建设工程监理规范》（GB/T 50319）第 2.0.14 条："旁站是指项目监理机构对工程的关键部位或关键工序的施工质量进行的监督活动"；第 5.1.1 条："项目监理机构应根据建设工程监理合同约定，遵循动态控制原理，坚持预防为主的原则，制定和实施相应的监理措施，采用旁站、巡视和平行检验等方式对建设工程实施监理"；第 5.2.11 条："项目监理机构应根据工程特点和施工单位报送的施工组织设计，确定旁站的关键部位、关键工序，安排监理人员进行旁站，并应及时记录旁站情况"。

（3）建设部《房屋建筑工程施工旁站监理管理办法（试行）》（建市［2002］189 号）

第二条："房屋建筑工程施工旁站监理是指监理人员在房屋建筑工程施工阶段监理中，对关键部位、关键工序的施工质量实施全过程现场跟班的监督活动"。并对旁站监理的关键部位、关键工序及旁站监理工作要求做了具体规定，是旁站监理工作的重要依据。

（4）广东省粤建管字［2002］97号转发了建设部建市［2002］189号《房屋建筑工程施工旁站监理管理办法（试行）》的通知中，对工程项目监理最少人数配置做了规定，以确保旁站监理工作质量。

15.2　旁站监理的关键部位、关键工序

建设部《房屋建筑工程施工旁站监理管理办法（试行）》（建市［2002］189号）第二条规定下列关键部位、关键工序施工质量应实施旁站监理：

（1）基础工程：

1）土方回填；

2）混凝土灌注桩浇筑；

3）地下连续墙、土钉墙；

4）后浇带及其他结构混凝土；

5）防水混凝土浇筑、卷材防水层细部构造处理；

6）钢结构安装。

（2）主体结构工程：

1）梁柱节点钢筋隐蔽过程；

2）混凝土浇筑；

3）预应力张拉；

4）装配式结构安装；

5）网架结构安装；

6）索膜安装。

（3）本办法规定的关键部位、关键工序实施旁站监理的，建设单位应当严格按照国家规定的监理取费标准执行；对于超出本办法规定的范围，建设单位要求监理企业实施旁站监理的，建设单位应当另行支付监理费用，具体费用标准由建设单位与监理企业在合同中约定。

15.3　旁站监理工作规定要求

建设部《房屋建筑工程施工旁站监理管理办法（试行）》（建市［2002］189号）对旁站监理工作要求如下：

（1）监理企业在编制监理规划时，应当制定旁站监理方案，明确旁站监理的范围、内容、程序和旁站监理人员职责等。旁站监理方案应当送建设单位和施工企业各一份，并抄送工程所在地的建设行政主管部门或其委托的工程质量监督机构。

（2）施工企业根据监理企业制定的旁站监理方案，在需要实施旁站监理的关键部位、关键工序进行施工前24小时，应当书面通知监理企业派驻工地的项目监理机构。项目监理机构应当安排旁站监理人员按照旁站监理方案实施旁站监理。

（3）旁站监理在总监理工程师的指导下，由现场监理人员负责具体实施。

（4）旁站监理人员的主要职责是：

1）检查施工企业现场质检人员到岗、特殊工种人员持证上岗以及施工机械、建筑材料准备情况；

2）在现场跟班监督关键部位、关键工序的施工执行施工方案以及工程建设强制性标准情况；

3）核查进场建筑材料、建筑构配件、设备和商品混凝土的质量检验报告等，并可在现场监督施工企业进行检验或者委托具有资格的第三方进行复验；

4）做好旁站监理记录和监理日记，保存旁站监理原始资料。

（5）旁站监理人员应当认真履行职责，对需要实施旁站监理的关键部位、关键工序在施工现场跟班监督，及时发现和处理旁站监理过程中出现的质量问题，如实准确地做好旁站监理记录。凡旁站监理人员和施工企业现场质检人员未在旁站监理记录上签字的，不得进行下一道工序施工。

（6）旁站监理人员实施旁站监理时，发现施工企业有违反工程建设强制性标准行为的，有权责令施工企业立即整改；发现其施工活动已经或者可能危及工程质量的，应当及时向监理工程师或者总监理工程师报告，由总监理工程师下达局部暂停施工指令或者采取其他应急措施。

（7）旁站监理记录是监理工程师或者总监理工程师依法行使有关签字权的重要依据。对于需要旁站监理的关键部位、关键工序施工，凡没有实施旁站监理或者没有旁站监理记录的，监理工程师或者总监理工程师不得在相应文件上签字。在工程竣工验收后，监理企业应当将旁站监理记录存档备查。

15.4　旁站监理工作注意事项

（1）项目总监负责安排监理人员按照旁站监理方案实施旁站监理，旁站监理人员应如实准确地做好旁站记录，凡旁站监理人员未在《旁站记录》上签字的，不得进行下一道工序施工。

（2）旁站监理是项目监理机构对关键部位和关键工序施工过程质量控制的重要方法和手段之一，而不是所有的施工工序或部位都要旁站监理，更不是监理工作的全部。关键部位或关键工序是指施工中涉及结构安全和使用功能的工程部位、工序等，也就是凡是主体结构部位有可能涉及结构安全的部位、隐蔽工程的隐蔽过程、下道工序施工完成后难以检查的重点部位。

（3）旁站监理是一项在施工现场对施工过程的监督检查活动，因此，旁站监理人员应在施工现场进行而不是在办公室或其他场所。且一般情况下根据施工管理需要实施全过程连续旁站或间断性旁站。

（4）旁站监理人员一般以监理员为主，根据具体情况项目总监可安排专业监理工程师实施旁站，必要时项目总监也应参加旁站。

（5）旁站中一般采用目视巡查手段，必要时应使用检测仪器设备辅助完成，如钢筋机械连接质量使用扭力扳手实施过程检验等。

（6）旁站监理人员要坚持预防为主的原则，遵循动态控制原理，做好对各项施工准备条件的监督检查和对施工过程每道工序的监督检查，及时发现问题和解决问题。施工前旁站监理人员应认真检查施工单位现场质检人员到岗、特殊工种人员持证上岗以及施工机械、建筑材料准备情况，核查进场建筑材料、建筑构配件、设备和商品混凝土的质量检验报告等；施工过程中监督施工单位严格按照施工方案和质量标准执行，遏制施工人员习惯性违规、违章、违标作业，严把工艺标准，确保施工质量。

（7）旁站监理人员应做好旁站监理记录和监理日志，保存旁站监理原始资料。

15.5　旁站记录的填写要求

（1）旁站监理记录格式：可按照《房屋建筑工程施工旁站监理管理办法（试行）》（建市〔2002〕189号）规定格式（见表1-15-1），或者按监理规范表 A.0.6 的格式（见表1-15-2）或（省质量统表 GD-B1-213）格式要求填写。

旁站监理记录表　　　　　　　　　　　　　　　　　表 1-15-1

工程名称：　　　　　　　　　　　　　　　　　　　　　　　　编号：

日期及气候：	工程地点：
旁站监理的部位或工序：	
旁站监理开始时间：	旁站监理结束时间：
施工情况：	
监理情况：	
发现问题：	
处理意见：	
备注：	
施工企业：_____ 项目经理部：_____ 质检员（签字）：_____ 日期：年　月　日	监理企业：_____ 项目监理机构：_____ 旁站监理人员（签字）：_____ 日期：年　月　日

旁站记录 表 1-15-2

工程名称： 编号：

旁站的关键部位、 关键工序		施工单位	
旁站开始时间	年 月 日 时 分	旁站结束时间	年 月 日 时 分
施工情况：			
发现的问题及处理意见： 　　　　　　　　　　　　　　　　　旁站监理人员：（签名） 　　　　　　　　　　　　　　　　　日期：年 月 日			

（2）旁站监理记录的内容填写：

1）表头项目名称、编号、气候、旁站部位、起止时间等信息如实填写，便于归档和溯源。

2）施工情况：施工作业内容、主要施工机械、材料、人员情况；完成的工程数量；施工单位质检人员到岗情况、特殊工种人员持证情况；按图施工及执行施工方案和质量标准情况等。

3）监理情况：旁站监理人员到位及检查旁站部位施工质量的情况，包括指旁站人员对施工作业准备和作业中的情况监督检查，以及采用的方法手段，其主要内容一般包括：

① 记录旁站监理人员姓名、人数；

② 检查前道工序、检验批及隐蔽工程是否已验收合格；

③ 在现场跟班监督关键部位、关键工序的施工执行施工方案、工程建设强制性标准和施工质量情况；

④ 核查进场建筑材料、建筑构配件、设备和商品混凝土的质量检验报告及现场抽测商品混凝土坍落度；

⑤ 监督施工单位按专项施工方案及时留置混凝土试件，包括标准养护试块和同条件养护试块等；

⑥ 发现问题：详细记录施工过程中出现的质量问题，必要时可附影像资料。

⑦ 问题处理：记录对施工中出现的质量问题的处理方法、过程、结果等。

（3）旁站记录的管理：应在旁站工作结束结束后及时填写，一式 4 份，交给项目监理机构资料员统一编号，及时整理归档。在工程竣工验收后，应装订成册，及时移交相关单位。（旁站记录填写实例见第十一章相关内容）

16 平 行 检 验

16.1 平行检验的基本规定

（1）《建设工程质量管理条例》（国务院令第 279 号）第 38 条规定："监理工程师应按工程监理规范的要求，采取旁站、巡视和平行检验等形式，对工程实施监理。"

（2）依据《建设工程监理规范》（GB/T 50319），"平行检验是指项目监理机构在施工单位自检的同时，按有关规定、建设工程监理合同约对同一检验项目进行的检测试验活动"。平行检验包括了五层含义：

1）平行检验实施者必须是项目监理机构、监理工程师；

2）实施平行检验的项目监理机构要利用一定的检查或检测手段，这种检验和试验是项目监理机构独自利用自有的试验设备或委托具有试验资质的试验室来完成的；

3）项目监理机构实施的平行检验必须是在承包单位自检的基础上进行的，承包单位必须在自检合格后才能向项目监理机构提出报验申请，项目监理机构对承包单位的自检结果应进行复验，符合要求后予以签字确认；

4）平行检验的检查或检测活动必须是项目监理机构独立进行的；

5）平行检验的检查或检测活动必须按照一定比例进行，主要是针对那些对涉及安全、节能、环境保护和公众利益起决定性作用的"主控项目"和一部分"一般项目"而进行的检验，而对于其他项目则应在承包单位质量控制体系下自己控制验收。由于工程建设项目类别和需要检验的项目非常多，各个检验项目在不同的行业中，其重要程度也各不相同，所以平行检验的频度、比例应符合相应专业的要求和委托监理合同的约定 。

（3）依据《建筑工程施工质量验收统一标准》（GB 50300）和《建设工程质量管理条例》第二十九条的规定，平行检验涵盖了工程从开始到结束各个工序，以及工程中所需的各种工程材料。

（4）目前国家颁布的监理收费标准未包括平行检验费用，监理单位承担房屋建筑与市政工程的监理项目时，如建设单位要求进行平行检验，则应在监理合同中约定由建设单位支付平行检验费用。

16.2 平行检验工作基本要求

（1）平行检验就是在质量全数检查基础上再进行的二次检验，从而能更好地促进施工单位保障工程质量。

（2）平行检验是由项目监理机构及监理工程师独立进行的一种质量检验方式，可以定时或不定时进行，其检查或检测活动必须按照一定比例进行。

（3）平行检验的范围包括对工程实体质量的平行检验和对工程材料的平行检验两大类。施工单位申报的建筑材料、建筑构配件、设备隐蔽工程、检验批、分项工程、分部工程、单位工程的质量是否合格？数据是否真实？施工单位有没有自检？监理能否签字确认等等，需要项目监理机构通过平行检验给予验证。对检验项目中的性能进行测试、检查结果与规范、标准和设计文件要求进行比较，然后才能做出是否合格的监理结论。平行检是项目监理机构对被检验项目自行做出的判断和检查验收，其实质是监理对施工质量的复查，复查施工单位的自检数据是否真实、结论是否正确。这是监理人员实施质量控制最重要的工作方法，也是为竣工阶段项目总监组织监理预验收及编写工程质量评估报告和建设单位组织竣工验收提供最重要的证据。

（4）平行检验的程序是：发现需要检验部位或材料→确定检验方法→实施检验→对检验结果进行合格不合格判定→合格关闭不合格下达整改指令整改后重新检验。

（5）平行检验要形成平行检验记录，其格式按照省质量统表 GD-B1-214 格式填写（参见第十一章实例）。

（6）常见平行检验项目、检验方法和检验比例：

1）项目监理机构可对常见检验项目进行平行检验，其检验项目和检验比例应根据建设工程监理合同约定的要求及建设单位给予的平行检验费用来进行。

2）广州地区项目监理机构可根据《广州市建筑结构实体质量监督抽测办法》（穗建质〔2010〕303 号）进行常见检验项目的平行检验工作（见表 1-16-1）。

常见平行检验项目

表 1-16-1

序号	分项工程	检测（检查）项目	检验方法
1	混凝土工程	混凝土保护层	钢筋扫描仪
		混凝土强度	回弹仪
		构件尺寸	钢尺
		结构板厚	非破损法、局部破损法
		尺寸偏差	量测，钢尺
		楼板厚度	穿孔量测
		层高垂直度	吊线、钢尺
2	钢筋工程	钢筋条数直径	按图检查
		钢筋间距、排拒	按图检查
		保护层厚度	按图检查
		钢筋接头质量、位置	钢尺、目测
		钢筋搭接位置、长度	钢尺、目测
3	轴线、层高	轴线	钢尺或红外线测距仪量测
		层高	
4	抹灰工程	立面垂直度	2m 垂直尺
		表面平整度	2m 靠尺塞尺
		阴阳角方正	直角检测尺
5	门窗工程	门窗槽口宽度、高度	钢尺
		门窗槽口对角线长度差	钢尺
		门窗框正侧面垂直度	垂直检测尺
		其他允许偏差	钢尺
6	防水工程	涂抹层厚度	针刺或取样
		蓄水、淋水试验、雨后	观察

序号	分项工程	检测（检查）项目	检验方法
7	机电安装	线路绝缘电阻	电阻仪
		插座、开关安装	钢尺
		灌水试验	
		漏电保护及相位	

第二章 工程质量控制

1 施工控制测量成果的检查复核

1.1 施工控制测量的主要依据

(1)《工程测量规范》(GB 50026);

(2)《建筑工程施工测量规程》(DBJ 01);

(3)《工程测量基本术语标准》(GB/T 50228);

(4)《高层建筑混凝土结构技术规程》(JGJ 3)等。

1.2 常见的施工控制测量的检查复核种类

(1)民用建筑工程的测量复核:建筑物定位测量、场地平整测量、基础施工测量(如基础放线、土方开挖线位和槽底标高、桩位、桩顶标高等)、楼层轴线检测、结构层平面和楼层标高的复核、垂直度检测、建筑物沉降观测等。

(2)高层建筑工程测量复核:建筑场地控制测量、基础以上的平面与高程控制、建筑物垂直度检测、建筑物施工过程中沉降变形观测等。

(3)工业建筑工程测量复核:厂房控制网测量、桩基施工测量、柱模轴线与高程检测、厂房结构安装定位检测、动力设备基础与预埋螺栓检测。

(4)管线工程测量复核:管网或输配电线路定位测量、地下管线施工检测、架空管线施工检测、多管线交汇点高程检测、线路纵横断面高程抽测、线路坡度检测等。

1.3 施工控制测量成果的检查复核监理工作内容

(1)复核施工单位测量人员的资格证书及测量设备检定证书。

(2)检查、复核平面控制网、高程控制网和临时水准点的测量成果及控制桩的保护措施。

(3)专业监理工程师应审核施工单位的测量依据、测量人员资格和测量成果是否符合规范及标准要求,符合要求的,予以签认。

1.4 施工控制测量前期准备工作的检查复核

(1)施工测量准备工作应包括:施工图审核、测量定位依据、交接与检测、测量方案的编制与数据准备、测量仪器和工具检验校正、施工场地测量等内容。

(2)施工单位应编制测量方案,并由施工单位技术负责人审核确认后,由专业监理工程师审批后执行。

（3）测量前，督促施工单位向项目监理机构申报《工程测试器具（设备）配置核查表》（省质量统表 GD-C1-327），由专业监理工程师对其申报的测量仪器及附属设备器具的合格证、检定（校准）证书的效期性进行核查评价，并签署核查结论，符合要求的方可用于施工测量。

（4）核查施工单位专职测量人员的岗位证书。

（5）核查施工单位是否准备好不同测量内容所用的测量记录表。

1.5 建设工程规划测量放线、移交及保护

（1）建设单位在取得《建设工程规划许可证》后和开工前，向当地规划部门申请规划放线、验线，规划部门对提出的放线坐标桩点内容进行核定及签署意见。

（2）建设单位必须委托经规划部门认可的具有城市规划测量资质的单位依照项目规划设计批准文件（放线手册）在施工现场实地规划测量放线。（一般定位桩点不少于三个，水准点数量不应少于两个）

（3）建设单位自查放样点，并按照施工图自行放样轴线，在开工前通知测量单位和规划部门在施工现场由测量单位现场检测、采集放样点坐标，三方现场办理交桩手续并签名确认。

（4）规划测量放线（平面控制点或建筑红线桩点）是建筑物定位的依据，监理单位协助建设单位认真做好成果资料与现场点位或桩位的交接工作，并妥善做好点位或桩位的保护措施。

（5）开工前建设单位应会同项目监理机构向施工单位提供测量定位近点的依据点、位置、数据，并按规定向施工单位办理移交手续。

（6）施工单位应对建设单位移交的控制桩进行复核，检查测量用的原始点是否被破坏，复核达到测量精度要求后移交各方在《测量控制桩移交与复核记录》上签字认可。如测量控制桩是政府主管部门的直接移交的规划放线成果，也应征得建设单位的签字确认。

1.6 施工过程测量放线成果的检查复核

（1）建筑测量施工控制网（建筑方格网）的检查复核

1）建筑测量施工控制网建立的要求：建筑施工测量控制网，一般布置成正方形或矩形的格网（称建筑方格网），如建立方格网有困难时，采用导线网作为施工控制网。设计和施工放样的建筑坐标系（亦称施工坐标系）的坐标轴与建筑主轴线相一致或平行。

2）专业监理工程师审查、复核建筑施工测量控制网（建筑方格网）可按下面步骤进行：

（a）审查建筑方格网的布置情况：审查建筑方格网的布置是否根据建筑设计总平面图上各建筑物和构筑物布设，并结合现场的地形情况拟定的；方格网布置时，是否将方格网的主轴线应布设在整个场地的中部，并与总平面上所设计的主要建筑物的基本轴线相平行；方格网的转折角是否严格成 90°；方格网的边长的相对精度视工程要求而定，一般为 1/10000～1/20000；控制点用桩的位置应选在不受施工影响并能长期保存处。

（b）重点复核建筑方格网的主轴线：即主轴线的定位是否根据测量控制点来测设的；

计算结果要认真进行复核、对照。

（c）在主轴线测定以后，专业监理工程师可详细测设复核方格网。根据主轴线四个端点通过交会定出方格四个角点（可用混凝土桩标定），构成"田"字形的各个格点作为基本点，再以基本点为基础，按角度交会方法或导线测量方法测设复核方格网中所有角点（可用木桩或混凝土桩标定）。

（d）复核后能达到测量精度要求后有关各方《施工控制网复测记录》上签字认可。

（2）场地平整测量成果的检查复核

1）场地平整测量是施工单位在施工前实测场地地形，按竖向规划进行场地平整，测设场地控制网和对建筑物放线的一项工作。

2）场地平整测量需要在现场测设方格网。

3）监理人员主要复核施工单位测设的方格网及各方格点的标高，并在测设图纸上签署意见。施工单位在平整场地时，据此计算填土与挖土的土方量，作为该土方工程结算的依据。

（3）建筑施工测量定位放线成果的检查复核

1）建筑施工测量定位放线包括基础施工和主体施工测量定位放线。

2）基础施工测量定位放线：主要工作有基槽挖土的放线和抄平、基础施工的放线和抄平。对于基槽挖土，主要检查控制基槽开挖深度，一般可在基槽挖到一定深度后，用水准仪在壁上每隔 2～3m 和拐角处设置一些水平的小木桩（水平桩：标高误差控制±10mm），作为清理槽底和铺设垫层的依据。待土方挖完后，根据控制桩复核基槽宽度和标高，合格后，允许施工单位进行垫层施工。基础施工在轴线投设时，如建筑物精度要求较高，应用经纬仪投点，再按设计尺寸要求进行复核，标高可直接在模板定出标高控制线，专业监理工程师应根据水准点进行复核。

3）建筑主体施工定位放线成果的检查复核：

（a）施工测量的方法是否有针对性及符合规范要求和所用的仪器是否适用、匹配。

（b）主体建筑的平面控制网布设于地坪层（底层），其形式一般为一个矩形或若干个矩形，且布设于建筑物内部，以便逐层向上投影，控制各层的细部（墙、柱、电梯井筒、楼梯等）的施工放样。平面控制点一般为埋设于地坪层地面混凝土上面的一块小铁板，上面划十字线，交点上冲一小孔，代表点位中心。监理工程师应先检查平面控制点点位的选择是否与建筑物的结构相适应。检查要点有：矩形控制网的各边应与建筑轴线相平行；建筑物内部的细部结构（主要是柱和承重墙）不妨碍控制点之间的通视；控制点向上层作垂直投影时，要在各层楼板上设置垂准孔。然后对平面控制网进行复核并测设，一般平面控制网的距离测量精度不应低于 1/10000，矩形角度测设的误差不应大于±10°。同时要求施工单位注意控制点在结构和外墙施工期间妥善保护。

（c）主体建筑施工的高程控制网为建筑场地内的一组水准点。待建筑物基础和地坪层建造完成后，在墙上或柱上从水准点测设"一米标高线"（标高为+1.000m）或"半米标高线"（标高为+0.500m），作为向上各层测设设计高程之用。监理工程师应首先检查建筑场地内的一组水准点数量（不少于 3 个），然后复核测设"一米标高线"或"半米标高线"是否符合要求。

（d）在主体建筑施工中，无论是平面控制点的垂直投影，还是高程传递，对所使用的仪器设备均有一定要求,专业监理工程师应予以控制;垂准仪可以用于各种层次的平面控制点的垂直投影。如用经纬仪(加装直角目镜)作控制点的垂直投影,一般用于 10 层以下的建筑物。高程传递一般可采用钢卷尺垂直丈量法和全站仪天顶测距法进行,对于精度要求高的高层、超高层建筑应使用全站仪进行高程传递。各种仪器使用技术要求应符合《工程测量规范》(GB 50026)规定。

(e)主体建筑结构细部(外墙、承重墙、立柱、电梯井筒、梁、楼板、楼梯等及各种预埋件)测设很重要,特别是复杂的平面结构,专业监理工程师应重点进行控制;首先应审查施工单位编制的测量方案(是否经过计算),再检查其实施情况。同时,专业监理工程师通过计算制定相应监理实施控制细则再予以复核、测设,一般对每层建筑结构细部可根据平面控制点用经纬仪和钢卷尺极坐标法、距离会交法、直角坐标法等复核测设其平面位置,根据一米标高线用水准仪复核测设其标高。

4)审查、复核后达到测量精度要求后各方共同在《工程施工定位放线测量记录》上签字认可。

(4)建筑工程变形测量成果的检查复核

1)建筑工程变形观测点的设置要求:

(a)建筑物沉降观测是建筑工程施工阶段变形观测的重点。建筑物的沉降观测是根据基准点进行的。沉降观测的基准点是 2~3 个埋设于建筑沉降影响范围以外的水准点,与城市水准点连测后,获得基准点的高程,它们之间的高差应经常用水准测量检核,以确定其高程的稳定性。

(b)基准点与沉降观测点不能相距太远,一般应在 100m 范围以内。在变形观测的建筑物上埋设沉降观测点,观测点一般是沿建筑外围均匀布设,埋在荷载有变化的部位、平面形状改变处、沉降缝两侧。有代表性的支柱和基础上,应加设沉降观测点。

(c)在沉降观测中,观测时间、方法和精度要求应严格参照《工程测量规范》(GB 50026)、《建筑变形测量规范》(JGJ 8)标准有关条款要求,为了保证水准测量的精度,观测时,视线长度一般不得超过 50m,前、后视距离要尽量相等。

2)沉降观测成果的检查复核:

(a)检查观测点的数量和位置是否全面反映建筑物的沉降情况。

(b)审查施工单位沉降观测的实施方案:ⓐ使用的测量设备和精度控制;ⓑ施工阶段沉降观测的周期和观测时间。一般建筑,可在基础完工后或地下室砌完后开始观测;大型、高层建筑,可在基础垫层或基础底部完成后开始观测。观测次数与间隔时间应视地基与加荷情况而定。民用建筑可每加高 1~5 层观测一次;工业建筑可按不同施工阶段(如回填基坑、安装柱子和屋架、砌筑墙体、设备安装等)分别进行观测。如建筑物均匀增高,应至少在增加荷载的 25%、50%、75% 和 100% 时各测一次。施工过程中如暂时停工,在停工及重新开工时应各观测一次,停工期间,可每隔 2~3 个月观测一次。

(c)检查基准点、沉降观测点的布设是否符合规定要求。观测点应便于立水准尺、观测能够长期保存和不容易受到破坏。

(d)对施工单位每次沉降观测的数据进行检查复核并签署监理意见,记录格式见《建(构)筑物沉降观测记录》。

（5）工程竣工测量成果的检查复核

1）工程竣工测量内容：在施工过程中，由于种种原因，使建（构）筑物竣工后的位置与原设计位置不完全一致，所以，需要进行竣工测量。竣工测量的内容主要有：

（a）工业厂房及一般建筑物：测定各房角坐标、几何尺寸，各种管线进出口的位置和高程，室内地坪及房角标高，并附注房屋结构层数、面积和竣工时间。

（b）地下管线：测定检修井、转折点、起终点的坐标，井盖、井底、沟槽和管顶等的高程，附注管道及检修井的编号、名称、管径、管材、间距、坡度和流向。

（c）架空管线：测定转折点、结点、交叉点和支点的坐标，支架间距、基础面标高等。

（d）交通线路：测定线路起终点、转折点和交叉点的坐标，路面、人行道、绿化带界线等。

（e）特种构筑物：测定沉淀池的外形和四角坐标，圆形构筑物的中心坐标，基础面标高，构筑物的高度或深度等。

2）工程竣工测量的监理复核：

（a）检查工程竣工测量是否全面反映建（构）筑物竣工后的位置。

（b）注意竣工测量不但测量地面的地物和地貌，还要测量地下各种隐蔽工程，竣工测量的精度一般应该符合竣工图的解析精度。

（c）对施工单位工程竣工测量数据进行检查复核并签署监理意见。

（6）施工测量成果的报验程序：施工测量成果报验依照《工程测量规范》（GB 50026）和《建设工程监理规范》（GB/T 50319）第5.2.7条规定，施工单位填报《施工控制测量成果报验表》（表B.0.5）、《施工层基线复核记录》（省质量统表 GD-C4-629）、《垂直度、标高、高程测量记录》（省质量统表 GD-C4-6210），由专业监理工程师检查、复核合格后签认。

2　计量设备的核查

2.1　计量设备的管理和使用

（1）计量设备指施工中使用的衡器、量具、计量装置等设备。

（2）施工单位应按有关规定定期对计量设备进行检查、检定，确保计量设备的精确性和可靠性。专业监理工程师应审查施工单位定期提交的计量设备的检查和检定报告。

（3）使用人员必须认真学习仪器说明书，熟悉各部分性能、操作方法和日常保养知识，了解各种仪器使用时必须具备的外部环境条件。仪器精度与性能应符合合同条件及规范要求。

（4）根据国家《计量法》的有关规定，计量器具应在检定周期规定的时间范围内使用，超过检定周期不得使用，必须重新检定。

（5）新购仪器、工具，在使用前应到国家法定计量技术检定机构检定。

（6）测量仪器和量具的使用应按有关操作规程进行作业，并应精心保管，加强维护保养，使其保持良好状态。

（7）测量仪器使用时，应采取有效措施，达到其要求的环境条件，条件不具备时，不得架立、使用仪器。仪器架立后人员应专心守护，不得擅自离开。

（8）测量仪器转站，严禁将带支架的仪器横扛肩上。经纬仪、光电测距仪站仪转站必须装箱搬运，行走困难地段所有仪器必须装箱护行搬运。测量收工必须按说明书规定擦拭仪器装箱。携带仪器乘车必须将仪器箱放在座位上，或专人怀抱，不得无人监管任其受振。

（9）项目经理部的测量队应建立仪器总台账、仪器使用及检定台账。并制定仪器设备周期检定计划。

（10）仪器档案由项目档案室或测量队保存原件，复印件随仪器装箱。

（11）仪器使用者负责使用期间的仪器保管，应防止受潮和丢失。

（12）测量仪器应做到专人使用、专人保管。不得私自外借他人使用。

2.2 计量设备的检定规定

根据《中华人民共和国计量法实施细则》和国家质量监督检验检疫总局发布的《计量器具检定周期确定原则和方法》（JJF 1139），各种计量器具都有相对应的检定规程，在检定规程中规定了其检定周期。对于强检器具，其检定周期一般都不会超过一年，有的严格规定不超过半年。属于强制检定的工作计量器具，未按规定申请强制检定或经检定不合格的，或超周期的，不得使用。

（1）检查测量仪器的检定和检校：测量所用的仪器和钢尺，必须根据国家的《计量法实施细则》规定，在使用前7～10天，送当地计量器具检定部门进行检定。检定合格，方可使用。承包人应向计量工程师提交检定合格证的复印件。

（2）经纬仪和水准仪的检定和检校：根据《经纬仪检定规程》和《水准仪检定规程》的规定，经纬仪和水准仪的检定周期根据使用情况，前者为1～3年，后者为1～2年。在该检定周期内，每2～3月还需对主要轴线关系进行检校，以保证观测精确度。

（3）钢尺的检定：根据《钢卷尺检定规程》（JJG 4）规定，钢尺的检定周期为一年。对于精度要求较高的工程，如建筑红线、定位轴线测量、大型工矿建筑、公共建筑、高层建筑，一般应使用Ⅰ级钢尺。

（4）建筑工程检测器具及其他计量器具的有效使用期，可查看所使用的计量器具的检定证书。

（5）应定期检定的计量器具：

1）直尺、钢尺、盒尺、测距仪、水准仪、游标深度尺。

2）砝码、天平、地秤、电子秤、搅拌站的计量系统。

3）实验室的量器、容器。

4）密度计。

5）煤气表、水表、压力表、风压表、氧气表等。

6）液体流量计、气体流量计、蒸汽流量计等。

7）单相电度表、三相电度表、分时记度电度表。

8）绝缘电阻测量仪、接地电阻测量仪等。

9）其他需要检定的器具。

2.3　不合格计量设备的判定

判定为不合格的计量设备必须停止使用，隔离存放，并做明显标记。只有排除不合格原因，并经再次检定确认合格后，方可使用。下列情况应判定为不合格：

（1）已经损坏。

（2）过载或误操作。

（3）显示不正常。

（4）功能出现了可疑。

（5）超过了规定的周检确认时间间隔。

（6）仪表封缄的完整性已被破坏。

2.4　计量设备的核查程序

（1）计量设备使用前，施工单位应向项目监理机构申报《工程测试器具（设备）配置核查表》（省质量统表 GD-C1-327），由专业监理工程师对其申报的计量设备的合格证、检定（校准）证书的效期性进行核查评价，并签署核查结论，符合要求的方可用于施工。

（2）专业监理工程师督促施工单位建立计量设备管理制度和仪器总台账、仪器使用及检定台账。

（3）专业监理工程师检查施工单位计量设备使用情况，不合格设备不得在施工中使用。

（4）项目监理机构应建立监理计量设备使用、检定台账和检定计划，并按时做好检定工作。

3　新材料、新工艺、新技术、新设备的审查

3.1　新材料、新工艺、新技术、新设备的概念

（1）建筑业"四新"技术是指经过鉴定、评估的先进、成熟、适用的应用新材料、新工艺、新技术和新设备。

（2）国家和各地政府相继出台了推广建筑业新技术应用相关政策，在工程建设中推广应用"四新"技术，把工程建成质量优、科技含量高、施工速度快，经济效益好、社会效益和环境效益佳的优良工程。

（3）住建部《关于做好建筑业十项新技术（2010）推广应用的通知》（建质［2010］170号）中的十项新技术属于"四新"技术的范畴，其包括：地基基础和地下空间工程技术；混凝土技术；钢筋及预应力技术；模板及脚手架技术；钢结构技术；机电安装工程技术；绿色施工技术；防水技术；抗震、加固与改造技术和信息化应用技术。具体项目见下表 2-3-1。

建筑业推广应用的十项新技术一览表　　　　　　　表 2-3-1

序号	建筑业推广应用的新技术项目
一、	地基基础和地下空间工程技术
1	灌注桩后注浆技术
2	长螺旋钻孔压灌桩技术
3	水泥粉煤灰碎石桩（CFG桩）复合地基技术
4	真空预压法加固软土地基技术
5	土工合成材料应用技术
6	复合土钉墙支护技术
7	型钢水泥土复合搅拌桩支护结构技术
8	工具式组合内支撑技术
9	逆作法施工技术
10	爆破挤淤法技术
11	高边坡防护技术
12	非开挖埋管施工技术
13	大断面矩形地下通道掘进施工技术
14	复杂盾构法施工技术
15	智能化气压沉箱施工技术
16	双聚能预裂于光面爆破综合技术
二、	混凝土技术
1	高耐久性混凝土
2	高强度高性能混凝土
3	自密实混凝土技术
4	轻骨料混凝土
5	纤维混凝土
6	混凝土裂缝控制技术
7	超高泵送混凝土技术
8	预制混凝土装配整体式结构施工技术
三、	钢筋及预应力技术
1	高强钢筋应用技术
2	钢筋焊接网应用技术
3	大直径钢筋直螺纹连接技术
4	无粘结预应力技术
5	有粘结预应力技术
6	索结构预应力技术
7	建筑用成型钢筋制品加工与配送
8	钢筋机械锚固技术
四、	模板及脚手架技术

序号	建筑业推广应用的新技术项目
1	清水混凝土模板技术
2	钢（铝）框胶合板模板技术
3	塑料模板技术
4	组拼式大模板技术
5	早拆模板施工技术
6	液压爬升模板技术
7	大吨位长行程油缸整体顶升模板技术
8	贮仓筒壁滑模托带仓顶空间钢结构整体安装施工技术
9	插接式钢管脚手架及支撑架技术
10	盘销式钢管脚手架及支撑技术
11	附着升降脚手架技术
12	电动桥式脚手架技术
13	预制箱梁模板技术
14	挂蓝悬臂施工技术
15	隧道模板台车技术
16	移动模架造桥技术
五、	钢结构技术
1	深化设计技术
2	厚钢板焊接技术
3	大型钢结构滑移安装施工技术
4	钢结构与大型设备计算机控制整体顶升与提升安装施工技术
5	钢与混凝土组合结构技术
6	住宅钢结构技术
7	高强度钢材应用技术
8	大型复杂膜结构施工技术
9	模板式钢结构框架组装、吊装技术
六、	机电安装工程技术
1	管线综合布置技术
2	金属矩形风管薄钢板法兰连接技术
3	变风量空调技术
4	非金属复合板风管施工技术
5	大管道闭式循环冲洗技术
6	薄壁金属管道新型连接方式
7	管道工厂化预制技术
8	超高层高压垂吊式电缆敷设技术
9	预分支电缆施工技术

序号	建筑业推广应用的新技术项目
10	电缆穿刺线夹施工技术
11	大型储罐施工技术
七、	绿色施工技术
1	基坑施工封闭降水技术
2	施工过程水回收利用技术
3	预拌砂浆技术
4	外墙自保温体系施工技术
5	粘贴式外墙外保温隔热系统施工技术
6	现浇混凝土外墙外保温施工技术
7	硬泡聚氨酯外墙喷涂保温施工技术
8	工业废渣及（空心）砌块应用技术
9	铝合金窗断桥技术
10	太阳能与建筑一体化应用技术
11	供热计量技术
12	建筑外遮阳技术
13	植生混凝土
14	透水混凝土
八、	防水技术
1	防水卷材机械固定施工技术
2	地下工程预铺反粘防水技术
3	预备注浆系统施工技术
4	遇水膨胀止水胶施工技术
5	丙烯酸盐灌浆液防渗施工技术
6	聚乙烯丙纶防水卷材与非固化型防水粘结料复合防水施工技术
7	聚氨酯防水涂料施工技术
九、	抗震加固与检测技术
1	消能减震技术
2	建筑隔震技术
3	混凝土结构粘贴碳纤维、粘钢和外包钢加固技术
4	钢绞线网片聚合物砂浆加固技术
5	结构无损拆除技术
6	无粘结预应力混凝土结构拆除技术
7	深基坑施工监测技术
8	结构安全性监测技术
9	开挖爆破监测技术
10	隧道变形远程自动监测系统

续表

序号	建筑业推广应用的新技术项目
11	一机多天线 GPS 变形监测技术
十、	信息化应用技术
1	虚拟仿真施工技术
2	高精度自动测量控制技术
3	施工现场远程监控管理及工程远程验收技术
4	工程量自动计算技术
5	工程项目管理信息化实施集成应用及基础信息规范分类编码技术
6	建设工程资源计划管理技术
7	项目多方协同管理信息化技术
8	塔式起重机安全监控管理系统应用技术

3.2　新技术、新材料试验论证的专家审定和监理审查

（1）建设工程勘察、设计文件中规定采用的新技术、新材料，可能影响建设工程质量和安全，又没有国家技术标准的，应当由国家认可的检测机构进行试验、论证，出具检测报告，并经国务院有关部门或者省、自治区、直辖市人民政府有关部门组织的建设工程技术专家委员会审定后，方可使用。

（2）当设计、施工中采用目前尚未经过国家、地方、行业组织评审、鉴定的新材料、新工艺、新技术、新设备时，工程监理单位应要求进行相关试验、论证并出具试验、检测报告，协助建设单位组织专家评审。

（3）工程监理单位对设计单位提出的新材料、新工艺、新技术、新设备进行审查、报审备案时，需注意以下几个方面：

1）审查设计中的新材料、新工艺、新技术、新设备是否受到当前施工条件和施工机械设备能力以及安全施工等因素限制。如有，则组织设计单位、施工单位以及相关专家共同研讨，提出可实施的解决方案。

2）凡涉及新材料、新工艺、新技术、新设备的设计内容宜提前向有关部门报审，避免影响后续验收等工作推进。

3.3　采用不符合工程建设强制性标准的新技术、新工艺、新材料的行政许可

（1）当工程中采用不符合工程强制性标准的新技术、新工艺、新材料时，必须按建设部"关于印发《'采用不符合工程建设强制性标准的新技术、新工艺、新材料核准'行政许可实施细则》的通知"（建标［2005］124号）文件执行。对工程中拟采用不符合工程建设强制性标准的新技术、新工艺、新材料时，应当由该工程的建设单位依法取得行政许可，并按照行政许可决定的要求实施。

（2）所称"不符合工程建设强制性标准"是指与现行工程建设强制性标准不一致的情

况，或直接涉及建设工程质量安全、人身健康、生命财产安全、环境保护、能源资源节约和合理利用以及其他社会公共利益，且工程建设强制性标准没有规定又没有现行工程建设国家标准、行业标准和地方标准可依的情况。

（3）项目监理机构应协助建设单位对"采用不符合工程建设强制性标准的新技术、新工艺、新材料核准"行政许可（简称"三新核准"）事项的申请、办理与监督管理。未取得"三新核准"的不得在工程中采用。

3.4　关于推广应用、限制禁止使用技术

（1）为加强对建设事业"十一五"推广应用新技术的指导，限制、禁止使用技术的管理，积极培育和引导建设技术市场的发展，加快推进建设事业科技进步，依据《建设领域推广应用新技术管理规定》（建设部令第 109 号）、《建设部推广应用新技术管理细则》（建科［2002］222 号）和实施《建设事业"十一五"重点推广技术领域》（建科［2006］315 号）的要求，原建设部颁发了《建设部关于发布建设事业"十一五"推广应用和限制禁止使用技术（第一批）的公告》（建设部公告第 659 号）：

1）公告的技术内容覆盖了建筑节能与新能源利用技术、节地与地下空间利用技术、节水与水资源开发利用技术、节材与材料资源合理利用技术、城镇环境友好技术、新农村建设先进适用技术、新型建筑结构施工技术与施工及质量安全技术、信息化应用技术、城市公共交通技术等 9 个重点推广技术领域，共计 395 项技术，其中推广应用技术 326 项，限制使用技术 37 项，禁止使用技术 32 项。

2）对《技术公告》中的限制使用技术和禁止使用技术，施工图设计审查单位、工程监理单位和工程质量安全监督部门应将其列为审查内容，依照《技术公告》的规定进行审查，房地产开发、设计和施工单位不得违反规定使用。凡违反《技术公告》并违反工程建设强制性标准的，依据《建设工程质量管理条例》和《建设工程安全生产管理条例》对有关单位进行处罚。

3）为促进有关单位准确把握《技术公告》内容和技术要求，建设部确定了每项公告技术的咨询服务单位，《技术公告》实施过程有关单位中可直接咨询同时公布的相应技术咨询服务单位。各技术咨询服务单位应当认真履行职责和义务，准确提供相应的技术咨询。

4）本《技术公告》发布后，《化学建材技术与产品公告》（建设部公告第 27 号）、《建设部推广应用和限制禁止使用技术》（建设部公告第 218 号）即废止。

（2）为贯彻落实《国务院关于印发节能减排综合性工作方案的通知》精神，深入推进建筑节能，做好墙体保温、房屋墙体材料革新以及科技成果推广应用的指导工作，根据《建设领域推广应用新技术管理规定》（建设部令第 109 号）和《建设部推广应用新技术管理细则》（建科［2002］222 号），住房和城乡建设部于 2012 年颁布了《关于发布墙体保温系统与墙体材料推广应用和限制、禁止使用技术的公告》（住建部公告第 1338 号），未列入本《技术公告》的，现阶段普遍应用的技术，不在本《技术公告》调整范围。《建设事业"十一五"推广应用和限制禁止使用技术公告（第一批）》中有与《技术公告》不一致的，按本《技术公告》执行。

4 原材料、构配件及设备的看样定板

4.1 供应商资质审查

（1）若招标文件中建设单位推荐了主要材料设备品牌/生产厂家的目录，核查施工单位投标文件（技术标或经济标主要材料设备汇总一览表）是否从招标文件推荐品牌中选取投标评标。施工单位进场后，所选择和申报的材料设备品牌应严格符合招标文件、投标文件的约定。

（2）若招标文件、投标文件对材料设备品牌和生产厂家均未约定，要求施工单位提供其企业合格供应商名录，施工单位应在合格供应商名录内选择至少三家品牌报建设单位、监理单位和设计单位择优选择，并进行看样定板和资料评审，防止随意采购以保证产品质量。

（3）材料进场第一次申报资料，需提供生产厂家资质文件及供应商资质文件资料。对提供复印件的资料，应注明用于工程的具体数量、工程部位和复印人的姓名、复印日期、施工单位红图章。当质保书上有多种材料时，应指明用于本工程的材料品种、规格和批号等。

（4）必要时可进行材料供应商的考察，出具书面的考察意见。

（5）进场材料应提供质保资料，质保资料各类证书要求及查询、验证途径：

1）需取得《全国工业产品生产许可证》的产品目录，详见国家质量监督检验检疫总局《关于公布实行生产许可证制度管理的产品目录的公告》（2012 年第 181 号公告），查询：国家质监总局网站 www.aqsiq.gov.cn、全国工业产品生产许可证办公室获证企业信息 http：//www.aqsiq.gov.cn/search/gyxkz/。

2）需取得《中国国家强制性认证证书》（3C 认证证书）的产品目录，详见国家认监委 2014 年第 45 号公告《国家认监委关于发布强制性产品认证目录描述与界定表的公告》，查询：中国国家认证认可监督管理委员会网站 www.cnca.gov.cn 或中国强制性产品认证网站 www.cccn.org.cn、认证认可业务信息统一查询平台 http：//cx.cnca.cn/rjwcx/web/cert/index.do。

3）消防产品目录详见《关于印发消防产品目录（2015 年修订本）的通知》（公消 [2015] 4 号），实行强制认证的消防产品目录详见中华人民共和国国家质量监督检验检疫总局质检总局、公安部、国家认证认可监督管理委员会 2014 年第 12 号公告《关于部分消防产品实施强制性产品认证的公告》和公安部消防产品合格评定中心《关于进一步推动消防产品强制性认证工作的通知》（公消评 [2015] 31 号）附表《我国实行强制性产品认证的消防产品目录》。自 2015 年 9 月 1 日起，尚未获得强制性认证证书的生产企业，暂不能使用消防产品身份信息标志，"消防产品生产、销售流向管理系统"端口将对其关闭至企业获得强制性认证证书后。公众可在"消防产品生产、销售流向公开平台" http：//114.112.48.163/CheckUserServlet 进行查询消防产品生产厂家、规格型号、生产日期、用户单位和到货日期、到货数量。具体查询：公安部消防产品合格评定中心 http：//www.cccf.net.cn/、中国消防产品信息网 http：//www.cccf.com.cn/getIndex.do。

4）人民防空专用设备生产安装企业和产品实行目录管理，相关生产企业和产品必须满足《人民防空专用设备生产安装暂行办法》（国人防〔2014〕438号）的要求，方可登入《人民防空专用设备生产安装企业产品目录管理查询系统》，并在中国人民防空网（http：//www.ccad.gov.cn）上公布。

5）在民用机场内为保证航空器飞行和地面运行安全，用于航空器地面保障、航空运输服务等作业的各种专用设备，需取得中国民用航空总局颁发的《民用机场专用设备使用许可证》，具体范围详见《民用机场专用设备使用管理规定》（民航总局令第150号）、《民航局关于印发民用机场专用设备管理规定的通知》（民航发〔2015〕22号）。有关民用机场专用设备信息，查询路径：中国民用航空局-机场司-标准资质 http：//www.caac.gov.cn/dev/jcs/♯bzzz、中国民用航空局-机场司-标准资质-原取证设备信息查询 http：//www.caac.gov.cn/website/licencewebui/licenceN.aspx、中国民用航空局＞机场司＞标准资质＞已通告机场设备信息 http：//www.caac.gov.cn/website/licencewebui/AirportEquipment.aspx。

（6）在广州市的新型墙体、预拌混凝土、预拌砂浆等企业，其资质查询、验证途径：

1）广州市建筑节能与墙材革新管理办公室对新型墙体材料（蒸压加气混凝土砌块、混凝土实心砖、普通混凝土小型空心砌块、轻集料混凝土小型空心砌块、石膏砌块、蒸压泡沫混凝土砖、混凝土多孔砖、建筑隔墙用轻质条板、纤维增强硅酸钙板、纤维水泥板、纤维增强硅酸钙板等）确认证实行年审和备案管理。另对蒸压加气混凝土砌块实施产品标识管理，详见《广州市建筑节能与墙材革新管理办公室关于对蒸压加气混凝土砌块实施产品标识管理的通知》（穗墙建〔2014〕19号）及关于公布标识的通知。根据《关于建立蒸压加气混凝土砌块企业诚信评价体系（试行）的通知》（穗墙建〔2013〕4号）、《关于建立广州市板材类新型墙材企业诚信评价体系（试行）的通知》（穗墙建〔2013〕62号）和《关于建立广州市砌块（除蒸压加气混凝土砌块）类、砖类新型墙材企业诚信评价体系（试行）的通知》（穗墙建〔2013〕63号），广州市建筑节能与墙材革新管理办公室每季度发布新墙材生产企业诚信评价排名，具体查询：http：//www.gzqgb.com/qgb/ArticleBoard.aspx? board_id=1。

2）根据《关于建立预拌商品混凝土生产企业诚信评价体系的通知》（穗建筑〔2012〕1719号），广州市住房和城乡建设委员会建立了预拌商品混凝土生产企业诚信评价体系，对凡取得建设行政主管部门颁发的《建筑业企业资质证书》、在广州市行政区域内供应预拌商品混凝土的生产企业均应纳入诚信动态监管和评价的范围。具体查询：广州建筑市场监督管理平台 http：//www.gzgcjg.com/gzqypjtx/Login.aspx、广州市散装水泥管理办公室 http：//www.gzsnb.com/。

3）根据《广州市城乡建设委员会关于发布〈广州市预拌砂浆企业诚信综合评价办法〉的通知》（穗建筑〔2014〕1277号），建立了预拌商品混凝土生产企业诚信评价体系，对凡取得建设行政主管部门颁发的《建筑业企业资质证书》、在广州市行政区域内供应预拌砂浆的生产企业均应纳入诚信动态监管和评价的范围。根据《关于印发广州市预拌砂浆管理规定的通知》（穗建质〔2014〕533号），预拌砂浆的生产企业和供应企业，应到广州市建筑节能科技协会办理备案，备案证书公示查询网址：广州市散装水泥管理办公室＞企业信息＞企业名录＞砂浆企业和预制构件企业 http：//www.gzsnb.com/qyxx/qyml/sjqy/

2016-03-21/1564.html。

4.2 乙供材料、设备的看样定板

（1）乙供材料、设备看样定板的职责划分

1）建设单位职责：负责组织乙供材料、设备看样工作，最终审批乙供材料、设备合格供应商品牌及价格。建设单位工程部负责组织乙供材料、设备看样定板工作，是该项工作归口管理部门。对乙供材料、设备的资质审查、订货、生产、进场质量检验、安装、调试及工地现场的乙供材料封板材料专用房的管理和保管负全责，并对口联系第三方检测单位对现场乙供材料、设备进行抽检并对不合格品做出处理；建设单位技术部参加乙供材料、设备看样定板工作，负责审查乙供材料、设备型号、规格、技术性能是否满足设计图纸及使用功能要求，对有可能在看样定板中出现的设计变更应严格审查把关，在完善设计变更审批手续后方可进行下一步的乙供材料、设备确认工作流程；建设单位采购合同部门、结算造价部门负责按新增/换算单价管理流程对需重新确定价格的乙供材料、设备进行定价，参加需重新定价的乙供材料看样定板的审批。

2）设计单位职责：参加乙供材料、设备看样定板工作，负责提供乙供材料、设备规格型号、外观等技术性能指标，把好设计技术标准。

3）监理单位职责：协助工程管理部组织具体工作，负责初步审核乙供材料、设备申报资料及施工过程中乙供材料、设备进场见证检验及质量监控工作。

4）施工单位职责：作为乙供材料、设备管理的责任主体，负责按合同文件、设计图纸及本管理办法规定要求申报乙供材料、设备，对乙供材料、设备按计划采购、使用及质量负全责。如未按建设单位下达的计划要求申报或连续三次申报均未能通过审批，建设单位将直接组织设计单位、监理单位确定乙供材料、设备供应商和样板，施工单位必须无条件接受，未经评审通过的乙供材料、设备不得用于工程施工，否则，由此造成的一切后果由施工单位承担。

5）乙供材料、设备管理的责任主体为施工单位，监理单位承担监理责任。

（2）乙供材料、设备看样定板的管理机构

1）为确保乙供材料、设备管理工作的有序推进，切实保证乙供材料、设备的质量，在充分发挥重点办各职能部门管理作用的前提下，建立两级乙供材料、设备管理机构。

2）乙供材料、设备管理工作领导小组（以下简称"领导小组"）：一般由建设单位分管领导任组长，成员由技术、招标采购合同、工程管理、结算造价、监察审计等部门负责人组成。领导小组对乙供材料、设备管理工作进行全面指导、监督，并负责对影响整体工程质量、造价及景观的乙供材料、设备和相对合同文件有重大调整的乙供材料、设备进行审批。

3）乙供材料、设备管理工作组（以下简称"工作组"）：一般由建设单位委派的项目负责人任组长，组员由建设单位分管所在项目的技术、招标采购合同、工程管理、结算造价、监察审计等项目负责人和设计单位、监理单位相关负责人员组成。乙供材料、设备管理工作组负责对非影响工程整体质量、造价及景观和未对合同文件有重大调整的乙供材料、设备进行审批。

4）工程管理部作为牵头部门，组织建设单位相关部门参加乙供材料、设备审批。对

于影响建筑效果、使用功能、涉及重点部位、关键设备等乙供材料、设备，由建设单位工程管理部门组织看样定板工作，技术、招标采购合同、工程管理、结算造价、监察审计等部门参加；对于涉及需重新确定价格的乙供材料、设备，由建设单位工程管理、结算造价、采购合同部门审批；对于其余乙供材料、设备，由建设单位工程管理部、技术部组织审批。

5）乙供材料、设备管理工作组的职责如下：

（a）按要求对施工单位上报材料的供应商进行符合性、强制性标准审查；

（b）对乙供材料、设备的标准、规格、型号、系列是否满足设计要求及与投标时相比是否有变化进行审查；

（c）对乙供材料、设备看样定板中是否需要进行设计变更进行审核；

（d）对乙供材料、设备看样定板中是否需要进行重新定价进行审核；

（e）对符合要求的乙供材料、设备进行定板及封板。组织施工单位进行对装饰装修效果有重大影响的乙供材料、设备（如外立面、重点区域等）的样板区（段）的施工，由工作组或工作领导小组时行定板及封板；

（f）必要时组织相关各方开展市场调查，考察乙供材料、设备生产企业或供应商等工作。

（3）乙供材料、设备看样定板工作程序

1）乙供材料、设备选定原则：同一类型的材料（特别是设备）在施工单位投标时，可不限于选用同一档次的一个合格品牌。对于乙供材料、设备，应采用投标选用品牌。若改变投标品牌，应按以下顺序优先采用：招标文件推荐品牌、中国名牌、国家免检产品、省名牌，并按规定程序和流程进行申报，并获批准后方可使用。

2）乙供材料、设备看样定板计划、资料

（a）施工单位在收到施工图纸（含设计变更）后按合同约定限期内向监理单位及乙供材料、设备管理工作组上报乙供材料、设备看样定板计划并附《乙供材料、设备清单明细表》。

（b）对所有乙供材料、设备，施工单位必须按照施工图设计质量标准要求并结合投标文件，按每一种乙供材料、设备分别填写《乙供材料、设备选用/变更审批表》并附材料样板（对装修装饰效果有重大影响，先进行样板间（段）的施工）和各材料供应商资料。

（c）各材料供应商需提供的资料（包括但不限于以下条款）：

a）产品质量检测报告（提供复印件，要求清晰，必要时要求提供原件）：要求（1）两年内的检测报告（建议是产品的型式检验报告或地市级以上政府监督抽查报告），（2）检测机构必须具有 CMA 或 CNAL 认证；

b）涉及消防、要求具有防火性能等级的产品必须提供消防检测报告书（提供复印件，要求清晰，必要时提供原件）；

c）要求强制性认证的产品一定要有认证证书（提供复印件，要求清晰）；

d）要求许可生产的产品需获得生产许可证（提供复印件，要求清晰）；

e）涉及环保要求的产品需提供环保认证证书及相关检测报告（复印件，必要时提供原件）；

　f）由材料供货厂家提供供货承诺及联系人信息；

　g）如为代理商则需提供生产厂家授权委托书；

　h）企业信誉证明；

　i）计划使用产品名目，产品质量、技术要求；

　j）近三年内相同产品在重大工程的业绩；

　k）产品的使用说明、安装指导、调试、服务承诺及供货保证措施；

　l）材料报价（需确定材料价格时密封提交财务审价部）；

　m）本工程将用材料或设备的总量

　注：a～f 为必须提供资料；g～m 为尽量提供的支持证明资料。

　（4）乙供材料、设备看样定板具体流程：每一种乙供材料、设备均应按表 2-4-1 进行特性判定和分类，然后视情况进入不同的流程：

表 2-4-1

判别标准	乙供材料、设备特性	乙供材料、设备流程选择
是否符合招标文件推荐品牌		
是否符合投标品牌		
是否涉及设计变更		
是否涉及重新定价		
是否涉及装饰、装修或建筑效果的重大改变		

　➢ 直接选用投标品牌招标文件中已有推荐品牌时：

　（a）直接选用投标品牌看样定板流程见图 2-4-1：

　（b）选用投标品牌以外但属于招标文件推荐品牌：施工单位选用投标品牌以外的招标文件推荐品牌时，应书面说明原因，并且附上原投标品牌厂家不能供货书面说明原件。如属投标品牌厂家漫天要价、延误交货、付款条件严重偏离市场行为、质量低劣等违约责任，经建设单位及监理核查，将视情节轻重，对投标品牌厂家予以警告、限期改正，直至取消招标文件推荐品牌资格处罚。如属施工单位一再压价，价格低于投标品牌厂家成本价或不按合同支付材料款，造成投标品牌厂家无法正常生产，工作组经核查属实，则不同意更换品牌，由此造成工期延误由施工单位承担合同责任。如经工作组核查，确因投标品牌厂家生产供货能力有限，无法满足工期要求，可批准增加招标文件推荐品牌，但施工单位应按合同约定承担更换增加品牌的相应责任。招标文件推荐品牌内的更换审批由工作组组长负责，必要时报领导小组审批。审批同意后按直接选用投标品牌审批程序执行。

　（c）选用招标文件推荐品牌以外的材料、设备：原则上不允许采用招标文件推荐品牌以外的材料、设备，必须更换时除按上述"选用投标品牌以外但属于招标文件推荐品牌"要求进行处理外，必须保证所更换品牌质量不低于投标品牌，材料价格不高于投标承诺价，更换的品牌必须由工作组组长审批（必要时报领导小组审批）之后方可进行下步的乙供材料、设备确认工作。

　➢ 招标文件无推荐品牌时：

　（a）直接选用投标品牌的：施工单位直接选用投标品牌的，按上述条款执行。

　（b）已有投标品牌，但选用非投标品牌的：施工单位在投标时已报有投标品牌但实

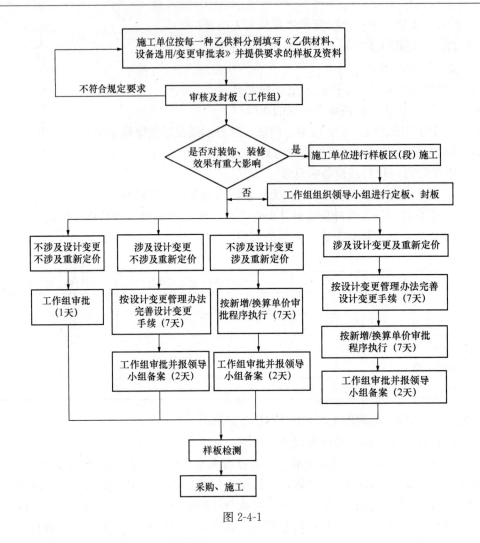

图 2-4-1

际选用非投标品牌的，按上述条款执行。

（c）无投标品牌的：由施工单位自行申报 3～5 家品牌，且每家必须分别填写《乙供材料、设备选用/变更审批表》并提按要求的样板及资料，按上述程序执行，在封板时由乙供材料、设备管理工作组择优选择其中一家。

（5）乙供材料、设备看样定板评审办法

1）工作组自接到申报 2 天内完成评审工作，评审工作采用集中办公会审形式进行，所有相关单位的负责人（或授权人）及工作组组长必须参加，会议由工作组组长主持（必要时由领导小组组长主持），否则该评审会议应另择时召开。工作组在会议结束时应同时完成《乙供材料、设备选用/变更审批表》表中"工作组"一栏中各项的签名确认工作。监理单位应在集中会审前完成施工单位提交的《乙供材料、设备选用/变更审批表》的审核并加具意见。

2）土建类（建筑装饰类）材料和涉及建筑装饰效果的机电类材料原则上应以样板观感、尺寸及技术要求或参数两个方面进行同步控制，其他机电类材料可以技术参数（涉及与弱电系统有关的技术参数必须有弱电施工单位的技术负责人认可）、外形尺寸为主进行控制。

3）如涉及重新定价，施工单位应提供几家符合设计要求的同档次材料、设备并合理报价，先根据厂商报价和市场询价，财务审价部会同相关部门与施工方协商确定材料、设备单价后再定板。

4）重要的土建类材料和机电类材料原则上应事前进行考察、调查，原则上在一周内完成。涉及重要装修装饰效果的评审工作必须在完成样板间（段）后由工作组组长（必要时由领导小组组长）主持进行评审。

5）为维护乙供材料、设备评审工作严肃性，具体要求如下：

（a）施工单位申报乙供材料、设备准备不充分不组织审批；

（b）送审乙供材料、设备样板不得出现任何商标 LOGO；

（c）样板只可在评审现场完成评审；

（d）设计人员只负责对技术参数的解释，无否决权；

（e）任何人不得借助乙供材料、设备评审机会，提高乙供材料、设备级别和品质。

（f）评审意见分为以下三种：同意使用，所供资料经审查是真实、可信，满足设计要求，企业没有不良质量记录，供应能力能满足工程需要；不同意使用，所供资料经审查是不真实或不可信，具有造假的事实，资料证明产品不满足设计要求，企业无法提供必须要求提供的资料（第十五条 2.B 的 a～i 部分），企业有不良的质量记录且影响较大；供应能力不能满足工程需要；待查，企业提供的资料不足，设计单位提供的技术条件资料不能对产品进行判断是否符合工程使用要求或缺少判断技术依据，相关单位在三天内必须补齐所有相关材料并进行再次评审。

（6）乙供材料、设备的封板

1）经评审确定为合格材料供应商和合格产品的材料样板由工作组组长组织设计单位、施工监理、施工单位进行封板，并由监理单位保存原始资料，作为施工单位采购进货及验收的依据。具备封板条件的材料设备均需由施工单位设置现场封板仓库封板留样，并由监理单位保管至竣工验收，如因丢失损坏"样品"而造成损失，应追究责任人和监理的责任。

2）材料的封板操作：

（a）首先对产品进行分类控制：对于体积不大的各类产品可直接进行封板（洁具产品必须封板）；对于较大的机电材料可进行实物封样或图片封样，并给出技术说明（包括产品照片、规格型号、关键元配件、原材料的明细表及对应技术参数、产品内部结构图、产品成品的技术参数）文件作为材料封板的补充和文字保证（建设单位保存一份）；对于一些系统性产品（如电梯、弱电类大型系统）无法进行实物封板的，要用图片、文字进行约定，在施工过程中进行产品一致性检查（主要依据相片、文字约定，对材料的外观、型号规格尺寸、关键元配件的各种技术信息、材料内部结构布局等等进行逐一确定），竣工后进行产品质量检查验收。

（b）现场乙供材料、设备的封板工作应高度予以重视，要求各项目工地现场应专门设置单独的房间用于定板后的封板留样，并由工程管理部门负责管理和保管。请质安验评部做好每次乙供材料、设备看样定板的监督检查和存档工作。

（7）如建设单位颁布有成熟的乙供材料、设备看样定板管理办法，应按其管理办法或规定执行。

5 工程材料、构配件及设备的进场验收

5.1 原材料、构配件及设备进场验收基本要求

（1）凡用于工程上的材料、构配件、设备，无论是由建设单位采购的还是由施工单位采购的，都应经施工单位检查合格后向项目监理机构申请办理进场验收手续。

（2）《建设工程质量管理条例》第十四条规定："按照合同约定，由建设单位采购建筑材料、建筑构配件和设备的，建设单位应当保证建筑材料、建筑构配件和设备符合设计文件和合同要求。建设单位不得明示或者暗示施工单位使用不合格的建筑材料、建筑构配件和设备"。

（3）施工单位对拟进场的材料、构配件、设备及相关质量证明文件等认真检查合格后，填报《工程材料、构配件、设备报审表》（表 B.0.6）及产品清单、质量质量证明文件和自查结果等附件资料一并报项目监理机构，由专业监理工程师审查验收合格后方可进场。

5.2 进场材料、构配件和设备质量证明文件的核查

（1）核查数量清单，包括名称、来源和产地、用途、批号、规格等资料。

（2）核查材料、构配件、设备的生产厂家产品生产许可证（复印件）。

（3）建设工程材料必须有相应的出厂合格证或质量证明文件，以及一年内由省、省会市或有 CAL 认证的地级市以上的法定检验单位出具的质量检验报告（个别产品按其行业要求检验周期在一年以上的，从其行业要求）。使用单位应当取得前款规定材料的原件；取得相应复印件的，必须加盖生产企业或其授权（委托）的代理企业的印章；对于实行生产许可或强制性产品认证的材料，还应取得相应证书复印件（加盖生产企业印章），其信息可在国家质量监督检验检疫总局网站查询。

（4）核查材料、构配件、设备出厂时的质量检验证明书、合格证：一般要原件，如系复印件，则应盖供货单位公章，并注明原件存放处。

（5）使用预拌混凝土和预拌砂浆的，使用单位应取得符合有关标准和规定要求的原材料检验报告。

（6）对新材料、新产品应提交有关政府监督部门出具的核查鉴定证书。

（7）对需要政府监督部门检验后才能出厂的产品，如锅炉、压力容器、起重、电梯、消防等产品，有关政府监督部门出具的产品质量检验证明文件。对地方政府质监部门确认为"免检"的产品，其出厂质量证明文件应齐全，不能免检。

（8）对进口的材料、构配件和设备应报送原产地证明、进口商检证明和装箱清单等文件，由建设单位、施工单位、供货单位、监理单位及其他有关单位进行联合检查。

5.3 进场材料、构配件和设备的数量与外观检查

（1）核查数量是否与供货清单一致，有无备品、备件和配件，与订货合同是否相符；

（2）外观上有无拆损、变形、脱漆、腐蚀、包装破损等现象；

（3）外形几何尺寸与设计图纸是否相符等；

（4）对未经监理人员进场验收或验收不合格的工程材料、构配件、设备不允许进场使用，项目监理机构应签发监理通知单要求施工单位限期清退撤出现场。

6　工程材料、构配件及设备的见证取样送检

依据《建设工程质量检测管理办法》（建设部令第 141 号），工程质量检测试验包括对进入施工现场的建筑材料、构配件的见证取样检测试验（见证取样送检）和对涉及结构安全项目的设备性能、施工质量和使用功能的专项抽样检测试验（专项检测）。工程质量检测试验是施工质量验收的前置条件和必要条件。

见证取样送检是指在建设单位或工程监理单位人员的见证下，由施工单位的现场试验人员对工程中涉及结构安全的试块、试件和材料在现场随机抽取样本，并送至经过省级以上建设行政主管部门对其资质认可和质量技术监督部门对其计量认证的质量检测单位进行检测的活动。

6.1　见证取样送检的相关依据

（1）《建设工程质量管理条例》（国务院令第 279 号）；

（2）《建设工程质量检测管理办法》（建设部令第 141 号）；

（3）《建筑工程检测试验技术管理规范》（JGJ 190）；

（4）《房屋建筑工程和市政基础设施工程实现见证取样和送检的规定》（建设部建建〔2000〕211 号）；

（5）《建筑工程施工质量验收统一标准》（GB 50300）；

（6）相关专业工程施工设计规范、技术规范和质量验收规范；

（7）《房屋建筑工程和市政基础设施工程质量安全检测管理规定》（广东省粤建管字〔2003〕97 号）；

（8）《广东省混凝土结构实体检验技术导则（试行）》（广东省质监总站粤建监站函〔2007〕74 号）；

（9）《广东省建设工程质量管理条例》（省人大 2013 年第 4 号公告）；

（10）《建设工程内部装修防火材料见证取样和抽样检验工作》（粤公通字〔2010〕177号）的通知。

6.2　见证取样送检的基本规定

（1）建筑工程常用的主要材料、半成品、成品、建筑构配件、器具和设备应进行进场检验。进场检验是指对进入施工现场的建筑材料、构配件、设备及器具，按照相关标准的要求进行检验，并对其质量、规格及型号是否符合要求做出确认的活动。检验是指对被检验项目的特征、性能进行量测、检查、实验等，并将结果与标准规定的要求进行比较，以确定项目每项性能指是否合格的活动。

（2）凡涉及安全、节能、环境保护和主要使用功能的重要材料、产品，应按照专业工

程施工规范、验收规范和设计文件等规定进行复试，并应经监理工程师检查认可。复试是指建筑材料、设备等进入施工现场后，在外观质量检查和质量证明文件核查符合要求的基础上，按照有关规定从施工现场抽取试样送至实验室进行检验的活动。

(3)《建筑工程施工质量验收统一标准》（GB 50300）第3.0.4条规定：符合下列条件之一时，可按照专业验收规范的规定适当调整抽样复验、试验数量，调整后的抽样复验、试验方案应由施工单位编制，并报监理单位审核确认：

1) 同一项目中由相同施工单位施工的多个单位工程，使用同一生产厂家的同品种、同规格、同批次的材料、构配件、设备；

2) 同一施工单位在施工现场加工的成品、半成品、构配件用于同一项目中的多个单位工程；

3) 在同一项目中，针对同一抽样对象已有检验成果的可以重复利用。

(4) 广东省《房屋建筑工程和市政基础设施工程质量安全检测管理规定》（粤建管字［2003］97号）规定：涉及结构安全的试块、试件以及有关建筑材料的质量检测实行有见证取样送检制度和政府监督抽检制度。未经见证取样送检一律不得作为竣工验收资料。

6.3 见证取样送检工作管理基本要求

(1) 见证取样送检工作应按照《建筑工程检测试验技术管理规范》（JGJ 190）等标准执行。

(2) 施工单位必须按照工程设计要求、施工技术标准和合同约定，对建筑材料、建筑构配件、设备和商品混凝土进行检验，检验应当有书面记录和专人签字；未经检验或者检验不合格的，不得使用。用于承重结构的混凝土试块、砌筑砂浆试块、钢筋及连接接头试件、砖和混凝土小型砌块、拌制混凝土和砌筑砂浆的水泥、混凝土掺加剂、地下或屋面或厕浴间使用的防水材料、国家规定必须实行见证取样和送检的其他试块、试件和材料等必须见证取样送检。

(3) 施工人员对涉及结构安全的试块、试件以及有关材料，应当在建设单位或者工程监理单位监督下现场取样，并送具有相应资质等级的质量检测单位进行检测。涉及结构安全的试块、试件和材料见证取样和送检的比例不得低于有关技术标准中规定应取样数量的30%。

(4) 建设工程材料进场检验的取样方法、取样数量、取样频次应当严格执行有关标准、规范。对同一类材料按同样方法取样、检验的，可以将常规见证检验和监督见证检验的检验频次合并计算。应当进行监督见证检验的建设工程材料一般包括：钢筋及连接接头试件、水泥、砖和砌块、预拌砂浆、防水材料、混凝土、给排水塑料管材（管件）、电线（电缆）、断路器、漏电保护器等。

(5) 单位工程中的同一检测项目，采用同一种检测方法时，应当委托同一检测机构承担。政府监督检测机构和服务性检测机构在受理委托检测时，应对试样有见证取样或监督抽查送检有效性进行确认，经确认后的检测项目，其检测报告应加盖"有见证检验"或"监督抽检"印章。

(6) 检测机构应具有独立法人资格和相应的资质证书。检测资质分为专项检测机构资质和见证取样检测机构资质，检测机构资质证书有效期为3年。

（7）取样人员应在试样或其包装上做出标识、封志，并对试样的代表性和真实性负责。标识和封志应标明工程名称、取样部位、取样日期、样品名称和样品数量，并由见证人员和取样人员签字。见证人员应制作见证记录，并将见证记录归入施工技术档案。

（8）见证取样的试块、试件和材料送检时，应由送检单位填写委托单，委托单应有见证人员和送检人员签字。

（9）检测单位应检查委托单及试样上的标识和封志，确认无误后方可进行检测。

（10）见证人员应由建设单位或该工程的监理单位具备建筑施工试验知识及资格的专业技术人员担任，并应由建设单位或该工程的监理单位填写《见证检验见证人授权委托书》通知施工单位、检测单位和负责该项工程的质量监督机构。见证人员发生变化时，监理单位应通过建设单位通知检测机构和监督机构，见证人员的更换不得影响见证取样和送检工作。（广州地区的建设工程材料进场检验见证人员应由监理单位或建设单位中取得《见证员证书》的专业技术人员担任，并由建设单位以书面形式授权委派。单位工程见证人员不得少于 2 人。市建设行政主管部门负责组织见证人员的培训及发证工作。）

（11）未委托监理的工程由建设单位按照要求配备见证人员。

（12）需要见证取样送检的项目，施工单位应在取样送检前 24 小时通知见证人员，见证人员应按时到场进行见证。

（13）项目监理机构应按照施工单位制定的《建筑材料见证取样及送检计划》及时安排见证人员到场，对试验人员的取样和送检过程进行见证，督促、检查试验人员做好样品的成型、保养、存放、封样、送检全过程工作。并对见证过程做出记录，设置专门建筑材料见证取样及送检登记台账。

（14）质量检测取样应当严格执行有关工程建设标准和国家有关规定，在建设单位或者工程监理单位监督下现场取样。提供质量检测试样的单位和个人，应当对试样的真实性负责。

（15）见证人员应对取样送检的全过程进行见证，并填写见证记录，试验人员或取样人员应当在见证记录上签字。

（16）见证人员应核查见证检测的检测项目、数量和比例是否满足有关规定。

（17）下列情况检测机构不得接收试样：

1）见证记录无见证人员签字，或签字的见证人员未告知检测机构；

2）检测试样的数量、规格等不符合检测标准要求；

3）封样标识和封志损坏或信息不全；

4）封样标识和封志上没有试验人员和见证人员签字。

（18）检测完成获得检测报告后，由施工总承包单位向项目监理机构提交《确认检测合格报告报审表》（省质量统表 GD-C1-3219），专业监理工程师对其进行审查并签署确认意见。对检验不合格的建设工程材料应在监理人员见证下进行封存和处理，并做好记录。

6.4 见证取样送检的程序

（1）建设单位应在材料送检前将见证人员授权委托书（见下表）及见证人员亲笔签名字样及试样封装方法等资料送工程质量检测单位留存，以便其在收取试样时予以比照核对。属于监督见证检验的，还应当将工程质量监督机构监督员亲笔签名字样送工程质量检测单位留存。

（2）见证人员应当对取样及送检全过程进行见证，采取各种必要措施保证取样送检的真实性（包括在试样上做出见证标识、见证封志等），如实填写见证记录（见下表），并将见证记录归入施工技术档案。

（3）属于监督见证检验的，工程质量监督机构监督员按照监督计划执行，材料见证检验应填写监督见证检验通知书（见下表）。

见证检验见证人授权委托书

现授权下列人员负责以下工程的建设工程材料见证取样和送检工作。

见证员信息

姓名	单位名称	见证员证件编号	联系电话	本人签名

工程信息

工程名称	
工程编码	（交易中心提供，一般为 14 位数字）
监督登记号	（监督站提供）

建设单位驻场代表（签字）：

建设单位（盖章）：

建设单位（委托单位）地址：××××   日期：年 月 日

附件：见证员证件（复印件加盖工作单位章）

见证记录

工程名称：＿＿＿＿＿＿＿＿＿＿＿

取样部位：＿＿＿＿＿＿＿＿＿＿＿

样品名称：＿＿＿＿＿＿＿＿＿＿＿取样数量：＿＿＿＿＿＿＿＿＿＿＿＿

取样地点：＿＿＿＿＿＿＿＿＿＿＿取样日期：＿＿＿＿＿＿＿＿＿＿＿

见证记录：＿＿＿＿＿＿＿＿＿＿＿

取样人签字：＿＿＿＿＿＿＿＿＿＿＿＿＿＿

见证人签字：（见证单位章）＿＿＿＿证件编号：＿＿＿＿＿＿＿＿＿＿＿

填写本记录日期：年 月 日

监督见证检验通知书

我站对工程的建设工程材料进行监督抽样，现通知你单位核对试样，并进行监督见证检验。

监督见证检验项目	试样规格数量	取样日期

监督员（签字）：   见证人（签字）：＿＿＿＿＿＿＿＿＿＿＿

联系电话：＿＿＿＿＿＿＿＿＿取样人（签字）：＿＿＿＿＿＿＿＿＿＿

　　　　　　　　　　　＿＿＿＿＿＿＿＿＿＿建设工程质量（安全）监督站

　　　　　　　　　　　　　　　　　　　日期：年 月 日

（4）建设单位应制作送检委托单，委托单应当设置见证人员、施工单位现场试验人员签名栏及见证情况判定栏，并由见证人员和施工单位现场试验人员签名。

（5）现场试验人员应根据施工需要及有关标准的规定，将标识后的试样及时送至检测单位进行检测试验。

（6）现场试验人员应正确填写委托单，有特殊要求时应注明。

（7）办理委托后，现场试验人员应将检测单位给定的委托编号在试样台账上登记。

（8）工程质量检测单位应当在接收试样时检查送检委托单、见证人员的授权委托书、见证员证书、试样封装方法（含见证标识、见证封志）的有效性；属于监督见证检验的，还应当检查工程质量监督机构监督见证检验通知书、监督标识、监督封志；确认有效后方可收样。否则应拒绝收样并报告工程质量监督机构。

（9）工程质量检测单位应在报告中反映见证人员单位、姓名。属于常规见证检验的，还应注明"常规见证检验"，不得有"仅对来样负责"的说明。属于监督见证检验的，还应注明"监督见证检验"以及工程质量监督机构及监督员姓名。未注明见证人员姓名的检验报告，不得作为工程质量控制资料和竣工验收资料。

（10）工程质量检测单位应当建立不合格检验报告台账，发生不合格检验项目的，应同步有效上传到"质量检测监管系统"，并于 24 小时内通知建设单位、监理单位和工程质量监督机构。

（11）工程质量检测单位应当将送检委托单、见证检验通知书等委托检验的原始资料一并存档。

6.5　见证取样送检的试样与标识

（1）进场材料的检测试样必须从施工现场随机抽取，严禁在现场外制取。

（2）施工过程质量检测试样，除确定工艺参数可制作模拟试样外，必须从现场相应的施工部位制取。

（3）工程实体质量与使用功能检测应依据相关标准抽取检测试样或确定检测部位。

（4）试样应有唯一性标识，并应符合下列规定：

1）试样应按照取样时间顺序连续编号，不得空号、重号；

2）试样标识的内容应根据试样的特性确定，宜包括：名称、规格（或强度等级）、制取日期等信息；

3）试样标识应字迹清晰、附着牢固。

（5）试样的存放、搬运应符合相关标准的规定。

（6）试样交接时，应对试样的外观、数量等进行检查确认。

（7）施工现场应按照单位工程分别建立下列试样台账：

1）钢筋试样台账；

2）钢筋连接接头试样台账；

3）混凝土试件台账；

4）砂浆试件台账；

5）需要建立的其他试样台账。

（8）现场试验人员制取试样并做出标识后，应按试样编号顺序登记试样台账。

（9）检测试验结果为不合格或不符合要求时，应在试样台账中注明处置情况。

（10）试样台账应作为施工资料保存。

6.6　见证取样送检的检测试验报告

（1）现场试验人员应及时获取检测试验报告，核查报告内容。当检测试验结果为不合格或不符合要求时，应及时报告施工项目技术负责人、监理单位及有关单位的相关人员。

（2）检测试验报告的编号和检测试验结果应在试样台账上登记。

（3）现场试验人员应将登记后的检测试验报告移交有关人员。

（4）对检测试验结果不合格的报告严禁抽撤、替换或修改。

（5）检测试验报告中的送检信息需要修改时，应由现场试验人员提出申请，写明原因，并经施工项目技术负责人批准。涉及见证检测报告送检信息修改时，尚应经见证人员同意并签字。

（6）对检测试验结果不合格的材料、设备和工程实体等质量问题，施工单位应依据相关标准的规定进行处理，监理单位应对质量问题的处理情况进行监督。

（7）检测报告：检测报告经检测人员签字、检测机构法定代表人或者其授权的签字人签署，并加盖检测机构公章或者检测专用章后方可生效。检测报告经建设单位或者工程监理单位确认后，由施工单位归档。见证取样检测的检测报告中应当注明见证人单位及姓名。

6.7　见证取样送检的范围和比例

（1）见证取样送检的材料范围、抽样方法及抽样样数量首先满足设计文件要求，并必须符合专业工程施工质量验收规范和《建筑工程施工质量验收统一标准》（GB 50300—2013）第3.0.9条检验批抽样数量规定要求，如果专业工程施工质量验收规范抽样数量低于《建筑工程施工质量验收统一标准》第3.0.9条规定时，依照第3.0.9条执行。同时也应符合施工承包合同约定和各级行政主管部门及工程质量监督机构相关规定。

（2）一般须见证送检的材料范围包括：

1）水泥/砂/石/轻集料/粉煤灰/添加剂等性能检测；

2）混凝土/砂浆配合比及强度检测；

3）钢筋/连接件/钢绞线/锚具等力学性能检验；

4）结构用碳纤维等力学性能检验；

5）钢材/连接件/紧固件/焊接材料/焊缝力学性能、化学性能、探伤检测；

6）防火涂料等力学性能、化学性能检测；

7）墙体砖及砌块强度检验；

8）饰面木板/花岗岩/瓷砖等甲醛、放射性、吸水率检测；

9）玻璃/石材/铝塑板/隔热型材/密封胶等强度及性能检测；

10）门窗/绝热板/保温砂浆/墙体粘结材料/风机盘管机组/电线电缆等强度及隔热性能检测；

11）防水卷材/片材/膨胀胶/密封胶等性能检测；

12）给排水管材/管件/胶粘剂/阀门等性能检测；

13）电气电线电缆/家用插座/漏电开关及断路器。

（3）原材料、构配件及试件抽查项目、规则和取样参照表 2-6-1。

建筑工程原材料、构配件及试件抽查项目、规则和取样一览表　　　　　表 2-6-1

序号	样品名称		相关标准规范代号	试验项目	检验批划分及取样
1	水泥	硅酸盐水泥 普通硅酸盐水泥 矿渣硅酸盐水泥 粉煤灰硅酸盐水泥 火山灰硅酸盐水泥 复合硅酸盐水泥	GB 175—2007	必试：安定性/凝结时间/强度 其他：细度/烧失量/三氧化硫/碱含量/氯化物/放射性	散装水泥：（1）对同一水泥厂生产同期出厂的同品种、同强度等级、同一出厂编号的水泥为一验收批，但一验收批的总量不得超过500t。（2）随机从不少于3个车罐中各取等量水泥，经混拌均匀后，从中称取不少于12kg的水泥作为试样。 袋装水泥：（1）对同一水泥厂生产同期出厂的同品种、同强度等级、同一出厂编号的水泥为一验收批，但一验收批的总量不超过200t。（2）随机从不少于20袋中各取等量水泥，经混拌均匀后，再从中称取不少于12kg的水泥作为试样
		砌筑水泥	GB/T 3183—2003	必试：安定性/凝结时间/强度/保水率 其他：细度/三氧化硫/放射性	
		中热硅酸盐水泥 低热硅酸盐水泥 低热矿渣硅酸盐水泥	GB 200—2003	必试：安定性/凝结时间/强度 其他：水化热氧化镁/碱含量/三氧化硫/烧失量/比表面积	袋装水泥和散装水泥应分别进行编号和取样。每一编号为一取样单位。水泥出厂不超过600t为一编号。取样方法按GB 12573—2008进行。取样应有代表性，可连续取，亦可从20个以上不同部位取等量样品，总量至少14kg
		高铝水泥	GB/T 201—2015	必试：强度/凝结时间/细度 其他：化学成分	（1）同一水泥厂、同一类型、同一编号的水泥，每120t为一取样单位，不足120t也按一取样单位计。（2）取样应有代表性，可从20袋中各取等量样品，总量至少15kg 注：取样后超过45天使用时间必须重新取样试验
		快硬硫铝酸盐水泥	JC 933—2003	必试：比表面积/凝结时间/强度	每一编号为一取样单位。取样方法按GB 12573—2008进行。取样应有代表性。可以连续取，亦可从20个以上不同部位取等量样品，总量至少12kg
		快硬铁铝酸盐水泥			

续表

序号	样品名称		相关标准规范代号	试验项目	检验批划分及取样
2	掺合料	粉煤灰	GB/T 1596—2005	必试：细度/烧失量/需水量化 其他：含水量/三氧化硫	（1）连续供应相同等级的不超过 200t 为一验收批，每批取试样一组（不小于 1kg）；（2）散装灰取样，从不同部位取 15 份试样，每份 1～3kg，混合拌匀按四分法缩出 1kg 送试（平均样）。（3）袋装灰取样，从每批任抽 10 袋，每袋不少于 1kg，按上述方法取平均样 1kg 送试
		天然沸石粉	JG/T 3048—1998	必试：细度/需水量比/吸铵值 其他：水泥胶砂/28 天抗压强度比	（1）以相同等级的沸石粉每 120t 为一验收批。每一验收批抽取一组（不少于 1kg）；（2）袋装粉取样时，应从每批中任抽 10 袋，每袋中各取不得少于 1kg，按四分法缩取平均试样。（3）散装沸石粉取样时，应从不同部位取十份试样，每份不少于 1kg。然后缩取平均试样
		用于水泥和混凝土中的粒化高炉矿渣粉	GB/T 18046—2008	必试：比表面积/活性指数/流动度比/三氧化硫/含水量 其他：密度/氯离子/烧失量	取样方法按 GB 12573—2008 进行。取样应有代表性可连续取，亦可从 20 个以上不同部位取等量样品，总量至少 20kg。试样应混合均匀，按四分法缩取出比试验所需量大一倍的试样（称平均样）
3	砂		JGJ 52—2006	必试：筛分析/含泥量/泥块含量 其他：密度/有害物质含量/坚固性/碱活性检验/含水率	（1）以同一产地、同一规格每 400m³ 或 600t 为一验收批，不足 400m³ 或 600t 也按一批计。每一验收批取样一组（20kg）。（2）当质量比较稳定、进场材料较大时，可定期检验。（3）取样部位应均匀分部，在料场上从 8 个不同部位抽取等量试样（每份 11kg）。然后用四分法缩至 20kg。取样前先将取样部位表面铲除
4	碎石或卵石		JGJ 52—2006	必试：筛分析/含泥量/泥块含量/针片状颗粒含量/压碎指标 其他：密度/有害物质含量/坚固性/碱活性含量/含水率	（1）以同一产地、同一规格每 400m³ 或 600t 为一验收批，不足 400m³ 或 600t 也按一批计。每一验收批取样一组。（2）当质量比较稳定、进场材料较大时，可定期检验。（3）一组试验样 40kg（最大粒径 10、16、20mm）或 80kg（最大粒径 31.5、40mm），取样部位应均匀分布，在料堆上从五个不同的部位抽取大致相等的试样 15 份（料堆的顶部、中部、底部），每份 5～40kg，然后缩分到 40kg 或 80kg 送试

序号	样品名称		相关标准规范代号	试验项目	检验批划分及取样
5	混凝土拌合用水		JGJ 63—2006	必试：pH 值/氯离子含量 其他：不溶物/硫化物含量	采集的水样应具有代表性。取样方法按 JGJ63—89 的规定。取样数量：水质分析水样不得少于 5L；测定水泥凝结时间用水样不得少于 1L；测定砂浆强度用水样不得少于 2L；测定混凝土强度用水样不得少于 15L
6	轻集料	轻集料	GB/T 17431.1—2010 GB/T 17431.2—2010	必试：筛分析/堆积密度/吸水率/筒压强度/粒型系数 其他：软化系数/有害物质含量/烧失量	(1) 以同一品种，同一密度等级，每 200m² 为一验收批，不足 200m² 也按一批计；(2) 试样可以从料堆由上到下不同部位，不同方向任选 0 点（袋装料应从 10 袋中抽取）应避免取离析的及面层的材料；(3) 初次抽取的试样应不少于 10 份，其总料量应多于试验用料量的 1 倍。拌合均匀后，按四分法缩分到试验所需的用料量；轻粗集料为 50L（以必试项目计），轻细集料为 10L（以必试项目计）
		轻细集料	GB/T 17431.1—2010 GB/T 17431.2—2010	必试：晒分析/堆积密度 其他：软化系数/有害物质含量/烧失量	
7	石灰	建筑石灰	JC/T 479—2013	必试：CaO + MgO 含量/未消化残渣含量/CO_2 含量/产浆量 其他：—	(1) 以同一厂家，同一类别，同一等级不超过 100t 为一验收批。(2) 从不同部位选取，取样点不少于 25 个，每个点不少于 2kg，缩分至 4kg
		建筑生石灰粉	JC/T 479—2013	必试：CaO + MgO 含量/细度/CO_2 含量 其他：—	(1) 以同一厂家，同一类别，同一等级不超过 100t 为一验收批。(2) 从样本随机抽取 10 袋样品，总量不少于 3kg，缩分至 300g
		建筑消石灰	JC/T 481—2013	必试：CaO + MgO 含量/细度/游离水/体积安定性 其他：—	(1) 以同一厂家，同一类别，同一等级不超过 100t 为一验收批。(2) 从样本随机抽取 10 袋样品，总量不少于 1kg，缩分至 250g
8	建筑石膏		GB/T 9776—2008	必试：细度/凝结时间 其他：抗折强度/标准稠度用水量	(1) 以同一生产厂家，同等级的石膏 200t 为一验收批，不足 200t 也按一批计。(2) 样品经四分法缩分至 0.2kg 送试

续表

序号	样品名称	相关标准规范代号	试验项目	检验批划分及取样
9	烧结普通砖	GB/T 5101—2003	必试：强度 其他：抗风化性能/泛霜/石灰爆裂/放射性物质	（1）每15万块为验收批，不足15万块也按一批计。（2）每一验收批随机抽取强度试验试样一组（10块）
	烧结多孔砖	GB 13544—2011 GB 50203—2011	必试：强度等级 其他：抗风化性能高/泛霜/石灰爆裂/吸水率/孔洞排列及其结构	（1）每5万块为一验收批，不足5万块也按一批计。（2）每一验收批随机抽取强度试验试样一组
	烧结空心砖、空心砌块	GB/T 13545—2014	必试：强度等级 其他：密度/抗风化性能/泛霜/石灰爆裂/吸水率/放射性/孔洞排列及其结构	（1）每15万块为一验收批，不足15万块也按一批计。（2）每批从尺寸偏差和外观质量检验合格的砖中，随机抽取抗压强度试验试样一组（10块）
	粉煤灰砖	JC/T 239—2014	必试：抗压强度/抗折强度 其他：干燥收缩/抗冻性	（1）每10万块为一验收批，不足10万块也按一批计。（2）每一验收批随机抽取试样一组（20块）
	粉煤灰砌砖	JC 238—1991（96）	必试：抗压强度 其他：密度/炭化/抗冻/干缩	（1）每200m³为一验收批，不足200m³也按一批计。（2）每批从尺寸偏差和外观质量检验合格的砌块中，随机抽取试样一组（3块），将其切割成边长200mm的立方体试件进行抗压强度试验
	蒸压灰砂砖	GB 11945—1999	必试：抗压强度/抗折强度 其他：密度/抗冻	（1）每10万块为一验收批，不足10万块也按一批计。（2）每一验收批随机抽取试样一组（10块）
	蒸压灰砂空心砖	JC/T 637—1996	必试：抗压强度 其他：抗冻性	（1）每10万块为一验收批，不足10万块也按一批计。（2）从外观合格的砖样中，用随机抽取法抽取2组10块（NF砖为2组20块）进行抗压强度试验和抗冻性试验。 注：NF规格尺寸为240×115×53（mm）
	普通混凝土小型空心砌块	GB 8239—1997	必试：强度等级 其他：空心率/含水率/抗冻性/抗渗性/相对吸水率	（1）每1万块为一验收批，不足1万块也按一批计。（2）每批从尺寸偏差和外观质量检验合格的砌块中随机抽取抗强度等级试样一组（5块）。 注：掺工业废渣需检验抗冻性、放射性
	轻集料混凝土小型空心砌块	GB 15229—2002 GB/T 4111—1997	必试：强度等级 其他：密度等级/干缩率/抗冻性/吸水率/炭化系数/软化系数/放射性/相对含水率	

续表

序号	样品名称		相关标准规范代号	试验项目	检验批划分及取样
9	砌墙砖和砌块	蒸压加气混凝土砌块	GB/T 11968—2006	必试：强度级别/干体积密度 其他：干燥收缩/抗冻性/导热性	（1）同品种、同规格、同等级的砌块，以1000块为一验收批，不足1000块也按一批计。（2）每批从尺寸偏差和外观质量检验合格的砌块中随机抽取砌块、制作3组试件进行立方体抗压强度试验，制作3组试件做干体积密度检验
10	钢材	碳素结构钢	GB 700—2006	必试：拉伸试验（屈服点、抗拉强度、伸长率）/弯曲试验 其他：断面收缩率/硬度/冲击/化学成分	（1）同一厂别，同一炉罐号、同一规格、同一交货状态每60t为一验收批，不足60t也按一批计。（2）每一验收批取一组试件（拉伸2个、弯曲2个）。在任选两根钢筋切取
		钢筋混凝土用热轧带肋钢筋	GB 1499—2007 GB/T 2975—1998 GB/T 2101—2008		（1）同一厂别，同一炉罐号、同一规格、同一交货状态，每60t为一验收批，不足60t也按一批计。（2）每一验收批取一组试件（拉伸2个、弯曲2个）。在任选的两根钢筋切取
		钢筋混凝土用热轧光圆钢筋	GB 13013—1991 GB/T 2975—1998 GB/T 2101—2008		
		钢筋混凝土用余热处理钢筋			
		低碳钢热轧圆盘条	GB/T 701—2008 GB/T 2975—1998 GB/T 2101—2008	必试：拉伸试验（屈服点、抗拉强度、伸长度）/弯曲试验 其他：化学成分	（1）同一厂别，同一炉罐号，同一规格，同一交货状态，每60t为一验收批，不足60t也按一批计。（2）每一验收批取一组试件（拉伸1个、弯曲2个）。取自不同盘
		冷轧带肋钢筋	GB 13788—2008 GB/T 2975—1998 GB/T 2101—2008	必试：拉伸试验（屈服点、抗拉强度、伸长度）/弯曲试验 其他：松弛率/化学成分	（1）同一牌号，同一生产工艺，同一规格，同一交货状态，每60t为一验收批，不足60t也按一批计。（2）每一验收批取拉伸试件1个（逐盘），弯曲试件2个（每批），松弛试件1个（定期）。（3）在每（任）盘中的任意一端截去500mm后切取
		冷轧扭钢筋	JC 3046—1998 GB/T 2975—1998 GB/T 2101—2008	必试：拉伸试验/弯曲试验/重量节距/扎扁厚度 其他：—	（1）同一牌号、同一规格、同一台轧机，同一台班每10t为一验收批，不足10t也按一批计。（2）每批取弯曲试件1个，拉伸试件2个，节距、厚度3个。（3）取样部位应距钢筋端部不小于500mm，试件长度宜取偶数倍节距，且不应小于4倍节距，同时不小于500mm

75

序号	样品名称	相关标准规范代号	试验项目	检验批划分及取样
10 钢材	预应力混凝土用钢丝	GB/T 5223—2002 GB/T 2103—2008	必试：抗拉强度/断后伸长率/弯曲试验 其他：扭转/断面收缩率/松弛率	（1）每批由同一牌号，同一规格，同一加工状态的钢丝组成，每批重量不大于60t。（2）在每（任一）盘中任意一端截取，抗拉强度1根/盘，断后伸长率1根/盘，弯曲试验1根/盘；扭转试验1根/盘，断面收缩率1根/盘，松弛率不少于1根/每合同批
	中强度预应力混凝土用钢丝	YB/T 156—1999 GB/T 2103—2008 GB/T 10120—96	必试：抗拉强度/伸长率/反复弯曲 其他：规定非比例伸长应力/松弛率	（1）每批由同一批号，同一规格，同一强度等级，同一生产工艺制度的钢丝组成，每批重量不大于60t。（2）每盘钢丝的两端取样进行抗拉强度、伸长率、反复弯曲的检验。（3）规定非比例伸长应力和松弛率试验，每季度抽检一次，每次不少于3根
	预应力混凝土用钢棒	YB/T 111—1997	必试：抗拉强度/伸长率/平直度 其他：规定非比例伸长应力/松弛率	（1）钢棒应成批验收，每批由同一牌号，同一外形，同一公称截面尺寸，同一热处理制度加工的钢棒组成。（2）不论交货状态是盘卷或直条，试样均在端部取样，各试验项目取样数量均为1根。（3）批量划分按交货状态和公称直径而定（盘条≤13mm，批量为≤5盘）；（直条≤13mm，批量为≤1000条；>13mm～<26mm，批量为≤200条；≥26mm，批量为≤100条）。 注：以上批量划分仅适用于必试项目
	预应力混凝土用钢铰线	GB/T 5224—2003	必试：整根钢铰线的最大力/规定非比例延伸力/最大总伸长率/尺寸 其他：伸直性/表面/应力松弛性能	（1）应力用钢绞线应成验收批，每批由同一牌号、同一规格、同一生产工艺捻制的钢绞线组成，每批重量不大于60t。（2）在每（任）盘卷中任意一端截取，整根钢绞线的最大力3根/每批，规定非比例延伸力3根/每批，最大总伸长率3根/每批，尺寸逐盘卷，应力松弛性能不小于1根/每合同批，伸直性3根/每批
	预应力混凝土用低合金钢丝	YB/T 038—93 YB/T 111—1997	必试：（1）拔丝用盘条抗拉强度/伸长率/冷弯 （2）钢丝抗拉强度/伸长率/反复弯曲/应力松弛 其他：—	（1）丝盘条：见表10-（5）（低碳热轧圆盘条）（2）钢丝：①每批钢丝应由同一牌号，同一形状，同一尺寸，同一交货状态的钢丝组成。②从每批中抽查5%，但不少于5盘进行形状、尺寸和表面检查。③从上述检查合格的钢丝中抽取5%，优质钢抽取10%，不少于3盘，拉伸试验每盘一个（任意端）；不少于5盘，反复弯曲试验每盘一个（任意端去500mm）

序号	样品名称		相关标准规范代号	试验项目	检验批划分及取样
10	钢材	一般用途低碳钢材丝	GB/T 343—94 GB/T 2103—2008	必试：抗拉强度/180度弯曲试验次数/伸长率（标距 100mm） 其他：—	（1）每批钢丝应由同一尺寸、同一锌层级别、同一交货状态的钢丝组成。（2）从每批中抽查 5%，但不少于 5 盘进行形状、尺寸和表面检查。（3）从上述检验合格的钢丝中抽取 5%，优质钢抽取 10%，不少于 3 盘，拉伸试验、反复弯曲试验每盘各一个（任意端）
11	焊接	钢筋电阻点焊	GB 502—2002 JGJ/T 27—2001 JGJ 18—2003		在工程开工正式焊接之前，参与该项施焊的焊工应进行现场条件下的焊接工艺试验，并经试验合格后，方可正式生产。试验结果因质量检验与验收时的要求。抽取试件数量及要求如下： ①凡钢筋牌号、直径及尺寸相同的焊接骨架和焊接网应视为同一类制品、且每 300 件为一批，一周内不足 300 件的也按 300 件为一批计；②外观检查应按同一类型制品分批检查，每批抽查 5%，且不得少于 5 件；③力学性能检验的试件，应从每批成品中切取；切取过试件的制品，应补焊过同牌号、同直径的钢筋，其每边的搭接长度不应小于 2 个孔格的长度；当焊接骨架所切取试件的尺寸小于规定的试件尺寸，或受力钢筋直径大于 8mm 时，可在生产过程制作模拟焊接试验网片（JGJ 18—2003 网 5.2.1-b），从中切取试件；④由几种直径钢筋组合的焊接骨架或焊接网，应对每种组合的焊点作为力学性能检验；⑤热轧钢筋的焊点应作剪切试验，试件应为 3 件；冷轧带肋钢筋焊点除作剪切试验外，尚应对纵向和横向冷轧带肋钢筋作拉伸试验，试件应各为一个。剪切试件纵筋长度应大于或等于 290mm，横筋长度应大于或等于 50mm；拉伸试件纵筋长度应大于或等于 300mm；⑥焊接网剪切试件应沿同一横向钢筋随机切取；⑦切取试件时，应使制品中的纵向钢筋成为试件的受拉钢筋

续表

序号	样品名称	相关标准规范代号	试验项目	检验批划分及取样
11	焊接	钢筋闪光对焊接头	GB 5204—2002 JGJ/J 27—2001 JGJ 18—2003	必试：抗拉强度/抗剪强度/弯曲试验	（1）同一台班内，由延议焊工完成的300个同牌号、同直径钢筋焊接接头应作为一批。同一台班内焊接的接头数量较少，可在一周内累计计算；累计仍不足300个接头，也可按一批计。（2）力学性能试验时，试件应从每批接头中随机切取6个试件，其中3个做拉伸试验，3个做弯曲试验。（3）焊接等长预应力钢筋（包括螺丝杆与钢筋时，可按生产时同条件制作模拟试件）。（4）螺丝端杆接头可只做拉伸试样。（5）封闭环式箍筋闪光对焊接头，以600个同牌号、同规格的接头作为一批，只做拉伸试验
		钢筋电弧焊接头		必试：拉伸试验	（1）在现浇混凝土结构中，应以300个同牌号、同型式接头作为一批；在房屋结构中，应在不超过二楼层中300个同牌号钢筋、同型式接头作为一批。每批随机切取3个接头，做拉伸试验。（2）在装配式结构中，可按生产条件制作模拟试件，每批3个，做拉伸试验。（3）钢筋与钢板电弧搭接焊接头可只进行外观检查。 注：在同一批中若有几种不同直径的钢筋焊接接头，应在最大直径钢筋接头中切取三个试件。以下电渣压力焊接头、气压焊接头取样均同
		钢筋电渣压力焊接头		必试：拉伸试验	在现浇钢筋混凝土结构中，应以300个同牌号钢筋接头作为一批；在房屋结构中，应在不超过二楼层中300个同牌号钢筋接头作为一批。当不足300个接头时，仍应作为一批。每批随机切取3个接头做拉伸试验
		钢筋气压焊接头		必试：拉伸试验/弯曲试验（梁、板的水平筋连接）	在现浇钢筋混凝土结构中，应以300个同牌号钢筋接头作为一批；在砌体结构中，应在不超过二楼层中300个接头时，仍应作为一批。在柱、墙的竖向钢筋连接中，应从每批接头中随机切取3个接头进行拉伸试验；在梁、板的水平钢筋连接中，应另外切取3个试件做弯曲试验

序号	样品名称		相关标准规范代号	试验项目	检验批划分及取样
	焊接	预埋件钢筋T型接头		必试：拉伸试验	预埋件钢筋T型接头的外观检查，应从同一台班内完成的同一类型预埋件中抽查5％，且不少于10件。当进行力学性能检验时，应以300件同类型预埋件作为一批。一周内连续焊接时，可累计计算。当不足300件时，亦应按一批计算。应从每批预埋件中随机切取3个接头做拉伸试验，试件的钢筋长度应大于或等于200mm，钢板的长度和宽度均应大于或等于60mm（见JGJ 18—2003图5.7.2）
11	机械连接	锥螺纹接头套筒挤压接头镦粗直螺纹接头滚轧直螺纹接头熔融金属充填接水泥灌浆充填接头	GB 50204—2002JGJ 107—2003JGJ 108—96JGJ 109—96JGJ/T 3057—1999	必试：抗拉强度	接头的施工现场检验： 　　1. 钢筋连接工程开始前及施工过程中，应对每批进场钢筋进行接头工艺检验，工艺检验应符合下列要求：（1）每种规格钢筋的接头试件不应少于3根；（2）钢筋母材抗拉强度试件不应少于3根，且应取自接头试件的同一根钢筋。 　　2. 接头的现场检验按验收批进行。同一施工条件下采用同一批材料的同等级、同型式、同规格的接头每500个为一验收批。不足500个接头也按一批计。 　　3. 每一验收批必须在工程结构中随机截取3个接头试件做抗拉拔强度试验。 　　4. 现场连续检验10个验收批抽样试件抗拉强度试验一次合格率为100％时，验收批接头数量可以扩大1倍
12	防水材料	（1）青防水卷材：石油沥青纸胎油毡油纸/石油沥青玻璃纤维胎油毡/石油沥青玻璃布胎油毡/铝箔面油毡	GB 50207—2002GB 50208—2002GB 326—2007GB/T 14686—2008JC/T 84—1996JC/T 504—2007	必试：纵向拉力/耐热度/柔度/不透水性其他：—	（1）以同一生产厂的同一品种、同一等级的产品，大于1000卷抽5卷，100—499卷抽4卷，100卷以下抽2卷，进行规格尺寸和外观质量检验。在外观质量检验合格的卷材中，任取一卷作物理性能试验。（2）将试样卷材切除距外层卷头2500mm顺纵向截取600mm的2块全幅卷材送试

序号	样品名称	相关标准规范代号	试验项目	检验批划分及取样
12	防水材料	（2）高聚物改性沥青防水卷材：改性沥青聚乙烯胎防水卷材/弹性体改性沥青防水卷材/塑性体改性沥青防水卷材/沥青复合胎柔性防水卷材/自粘橡胶沥青防水卷材/聚合物改性沥青复合防水卷材	GB 50207—2002 GB 50208—2002 JC/T 633—1996 GB 18242—2008 GB 18243—2008 JC/T 690—2008 JC/T 840-53—2001	必试：拉力最大拉力时延伸率/不透水性/柔度/耐热度	（1）以同一生产厂的同一品种、同一等级的产品，大于1000卷抽5卷，100-499卷抽4卷，100卷以下抽2卷，进行规格尺寸和外观质量检验。在外观质量检验合格的卷材中，任取一卷作物理性能试验。（2）将试样卷材切除距外层卷头2500mm后，顺纵向切取600mm的2块全幅卷材送试
		（3）合成高分子防水卷材：聚氯乙烯防水卷材/氯化聚乙烯防水卷材/三元丁橡胶防水卷材/氯化聚乙烯—橡胶共防水卷材/高分子防水卷材（第一部分片材）	GB 50207—2002 GB 50208—2002 GB 12952—2003 GB 12953—2007 JC/T 645—1996 JC/T 684—1997 GB 18173.1—2006	必试：断裂拉伸强度扯断伸长率/不透水性/低温弯折性 其他：胶粘剂性能	（1）以同一生产厂的同一品种、同一等级的产品，大于1000卷抽5卷，100—499卷抽4卷，100卷以下抽2卷，进行规格尺寸和外观质量检验。在外观质量检验合格的卷材中，任取一卷作物理性能试验。（2）将试样卷材切除距外层卷头300mm后顺纵向切取1500mm的全幅卷材2块，一块作物理性能检验用，另一块备用
		（4）沥青基防水涂料：溶剂型橡胶沥青防水涂料/水性沥青基防水涂料	GB 50207—2002 GB 50208—2002 JC/T 852—1999 JC 408—91	必试：固体含量/不透水性/低温柔度/耐热性/延伸度	（1）同一生产厂每5t产品为一验收批，不足5t也按一批计。（2）随机抽取，抽样数应不低于$\sqrt{n}/2$（n是产品的桶数）。（3）从已检的桶内不同部位，取相同量的样品，混合均匀后取两份样品，分别装入样品容器中，样品容器应留有约5%的空隙，盖严，并将样品容器外部擦干净立即作好标志。一份试验用，一份备用
		（5）合成高分子材料：①聚氨脂防水材料	GB 50207—2002 GB 50208—2002 GB 3186—2006 GB/T 19250—2003	必试：断裂延伸率/拉伸强度/低温柔性（或低温弯折性）/不透水性（或抗渗性）/潮湿基面粘结强度 其他：—	（1）同一生产厂，以甲组份每5t为一验收批，不足5t也按一批计算。乙组份按产品重量配比相应增加。（2）每一验收批按产品的配比分别取样，甲乙组份样品总重为2kg。（3）搅拌均匀后的样品，分别装入干燥的样品容器中，样品容器内应留有5%的空隙，密封并作好标志

序号	样品名称	相关标准规范代号	试验项目	检验批划分及取样
12	防水材料	②聚合物乳液建筑防水材料 JC/T 864—2008	必试：断裂延伸率/拉伸强度/低温柔性（或低温弯折性）/不透水性（或抗渗性）/潮湿基面粘结强度 其他：—	(1) 同一生产厂每 5t 产品为一验收批，不足 5t 也按一批计。(2) 随机抽取，抽样数应不低于 $\sqrt{n}/2$（n 是产品的桶数）。从已检的桶内不同部位，取相同量的样品，混合均匀后取两份样品，分别装入样品容器中，样品容器应留有约 5% 的空隙，盖严，并将样品容器外部擦干净立即作好标志。一份试验用，一份备用
		③聚合物水泥防水涂料 JC/T 894—2001 GB 12573—1999	必试：断裂延伸率/拉伸强度/低温柔性/不透水性（或抗渗性）	(1) 同一生产厂每 10t 产品为一验收批，不足 10t 也按一批计。(2) 产品的液体组份取样同上 (2)。(3) 配套固体组份的抽样按 GB 12973—1999 中的袋装水泥的规格进行，两组份共取 5kg 样品
		(6) 无机防水材料： ①水泥基渗透结晶型防水涂料 ②无机防水堵漏材料 GB 50207—2002 GB 50208—2002 GB 3186—82 GB 18445—2001 JC 900—2002	必试：抗折强度/湿基面粘结强度/抗渗压力	(1) 同一生产厂每 10t 产品为一验收批，不足 10t 也按一批计。(2) 在 10 个不同的包装中随机取样，每次取样 10kg。(3) 取样后应充分拌合均匀，一分为二：一份送试，另一份密封保存一年，以备复验或仲裁用
		(7) 密封材料： ① 建筑石油沥青 ② 建筑防水沥青嵌缝油膏 GB 50207—2002 GB 50208—2002 GB 3186—2006 GB 494—1998 GB/T 11147—89 SH0146—92 JC 207—1996	必试：软化点/针入度/延度 其他：溶解度/蒸发损失/蒸发后针入度	(1) 以同一产地，同一品种，同一标号，每 20t 为一验收批，不足 20t 也按一批计，每一验收批取样 2kg。(2) 在料堆上取样时，取样部位应均匀分布，同时应不少于五处，每处取洁净的等量试样共 2kg 作为检验和留样用
			必试：耐热性（屋面）/低温柔性/拉伸粘结性/施工温度	(1) 以同一生产厂、同一标号的产品每 2t 为一验收批，不足 2t 也按一批计。(2) 每批随机抽取 3 件产品，离表皮大约 50mm 处各取样 1kg，装于密封容器内，一份作试验用，另两分留作备用

序号	样品名称	相关标准规范代号	试验项目	检验批划分及取样
12	防水材料	(8) 合成高分子密封材料：①聚氨酯建筑封膏②聚硫建筑密膏③丙烯酸酯建筑密封膏④聚氯乙烯建筑防水接缝材料	JC 482—1992 (96) JC 483—2006 JC 483—2006 JC 798—1997	必试：拉伸粘结性/低温柔性 其他：密度恢复率	(1) 以同一生产厂、同等级、同类型产品每 2t 为一验收批，不足 2t 也按一批计，每批随机抽取试样 1 组，试样量不少于 1kg（屋面每 1t 为一验收批）。(2) 随机抽取，抽样数应不低于 $\sqrt{n}/2$（n 是产品的桶数）。(3) 从已抽检的桶内不同部位，相同量的样品，混合均匀后 A、B 组各 2 份，分别装入样品容器中，样品容器应留有 5% 的空隙，盖严，并将样品容器外部擦干净，立即作好标志。一份试验用，一份备用
		⑤建筑用硅酮结构密封胶	GB 16776—2005	必试：拉伸粘结性（注：作为幕墙工程用的必试项目为：拉伸粘结性（标准条件下）/邵氏硬度/相容性试验） 其他：下垂度/热老化	(1) 以同一生产厂、同一类型、同一品种的产品，每 2t 为一验收批，不足 2t 也按一批计。(2) 随机抽样，抽取量应满足检验需用量（约 0.5kg）。从原包装双组份结构胶中取样后，应立即另行密封包装
		⑥高分子防水卷材胶黏剂	JC 863—2000 GB/T 12954—91	必试：剥离强度 其他：粘度/适用期剪切状态下的粘合性	(1) 以同一生产厂、同一类型、同一品种的产品，每 5t 为一验收批，不足 5t 也按一批计。(2) 根据不同的批量，从每批中随机抽取下表规定的容器个数，用适当的取样器，从每个容器内（预先搅拌均匀）取等量的试样。试样总量约 1.0L，并经充分混合，用于各项试验。 表见下 注：试样和试验材料使用前，在试验条件下放置试件应不少于 12h

批量大小（容器个数）	抽取个数（最小数）
2～8	2
9～27	3
28～64	4
65～125	5
126～216	6
217～343	7
344～512	8
513～729	9
730～1000	10

续表

序号	样品名称	相关标准规范代号	试验项目	检验批划分及取样
12	防水材料	(9) 高分子材料止水带	GB 18173.2—2002	必试：拉伸强度/扯断伸长率/撕裂强度	(1) 以同一生产厂、同月生产、同标记的产品为一验收批。(2) 在外观检验合格的样品中，随时抽取足够的试样，进行物理检验
		(10) 高分子防水材料（遇水膨胀橡胶）	GB 18173.3—2002	必试：拉伸强度/扯断伸长率/体积膨胀倍数	
		(11) 油毡瓦	JC/T 503—1992(96)	必试：耐热度/柔度 其他：—————	(1) 以同一生产厂、同一等级的产品，每500捆为一验收批，不足500捆也按一批计。(2) 从外观、重量、规格、尺寸、允许偏差合格的油毡瓦中，任取2片时间进行物理性能试验
13	混凝土外加剂	(1) 普通减水剂	GB 8076—2008	钢筋锈蚀，28天抗压强度，减水率	(1) 掺量大于1%（含1%）的同品种、同一编号的外加剂，每100t为一验收批，不足100t也按一批计。掺量小于1%的同品种、同一编号的外加剂，每50t为一验收批，不足50t也按一批计。(2) 从不少于三个点取等量样品混匀。(3) 取样数量不少于0.2t水泥所需要
		(2) 高效减水剂		钢筋锈蚀/28天抗压强度/减水率	
		(3) 早强减水剂		钢筋锈蚀/1天、28天抗压强度/减水率	
		(4) 缓凝减水剂	GB 8076—2008	钢筋锈蚀/凝结时间差/28天抗压强度比/减水率	(1) 掺量大于1%（含1%）的同品种、同一编号的外加剂，每100t为一验收批，不足100t也按一批计。掺量小于1%的同品种、同一编号的外加剂，每50t为一验收批，不足50t也按一批计。(2) 从不少于三个点取等量样品混匀。(3) 取样数量，不少于0.2t水泥所需要
		(5) 引气减水剂		钢筋锈蚀/28天抗压强度比/减水率/含水率	
		(6) 缓凝高效减水剂		钢筋锈蚀/凝结时间差/28天抗压强度比/减水率	
		(7) 缓凝剂		钢筋锈蚀/凝结时间差/28天抗压强度比	
		(8) 引气剂		钢筋锈蚀/28天抗压强度比/减水率/含气量	
		(9) 早强剂		钢筋锈蚀/1天、28天抗压强度比	
		(10) 泵送剂	JC 473—2001	必试：钢筋锈蚀/28天抗压强度比/坍落度保留值/压力泌水率比	(1) 以同一生产厂、同品种、同一编号的泵送剂每50t为一验收批，不足50t也按一批计。(2) 从10个容器中取等量样品混匀。(3) 取样数量，不少于0.5t水泥所需要

83

序号	样品名称		相关标准规范代号	试验项目	检验批划分及取样
13	混凝土外加剂	（11）防水剂	JC 474—2008	净浆安定性/钢筋锈蚀/28天抗压强度比/透水压力比（渗透高度比）	（1）生产500t以上的防水剂每50t为一验收批，500t以下的防水剂每30t为一验收批，不足50t或30t也按一批计。（2）取样数量不少于0.2t水泥所需要
		（12）防冻剂	JC 475—2004	钢筋锈蚀/-7、-7+28天抗压强度比	（1）以同一生产厂、同品种、同一编号的防冻剂每50t为一验收批，不足50t也按一批计。（2）取样数量不少于0.15t水泥所需要
		（13）膨胀剂	JC 476—2001	抗压/抗折强度/限制膨胀率/凝结时间	（1）以同一生产厂、同品种、同一编号的膨胀剂，每200t为一验收批，不足200t也按一批计。（2）从20个不同部位中取等量
		（14）喷射用速凝剂	JC 477—2005	钢筋锈蚀/28天抗压强度比/凝结时间	（1）以同一生产厂、同品种、同一编号的膨胀剂每60t为一验收批，不足60t也按一批计。（2）从16个不同点取等样试样混匀。取样数量不少于4kg
14	普通混凝土		GB 50204—2002 GB 50010—2002 GB J80—85 GB J81—85 JGJ 55—2000 GB J107—87 GB 50209—2002	必试：稠度/抗压强度/结构实体检验（包括同条件养护试件强度和结构实体保护层厚度，按GB 50204—2002规定执行）。其他：轴心抗压/静力受压弹性模量劈裂抗拉强度/抗折强度/长期性能和耐久性能检验/碱含量/氯化物含量/放射性	1.试块的位置：（1）每拌制100盘且不超过100m³的同配合比的混凝土、取样不得少于一次；（2）每工作班拌制的同一配合比的混凝土不足100盘时，取样不得少于一次；（3）当一次连续浇筑超过1000m³时，同一配合比混凝土每200m³混凝土，取样不得一次；（4）每一楼层，同一配合比的混凝土，取样不得少于一次；（5）冬期施工还应留置，转常温试块和临界强度试块；（6）对预拌混凝土，当一个分项工程连续供应相同配合比的混凝土量大于1000m³时，其交货检验的试样，每200m³混凝土取样不得少于一次。2.建筑地面的混凝土，以同一配合比，同一强度等级，每一层或每1000m²为一检验批，不足1000m²也按一批计。（1）取样方法及数量：用于检查结构构件混凝土质量的试件，应在混凝土浇筑地点随机取样制作，每组试件所用的拌合物应从同一盘搅拌混凝土或同一车运送的混凝土中取出，对于预拌混凝土还应在卸料过程中卸料量的1/4—3/4之间取样，每个试样量应满足混凝土质量检验项目所需用量的1.5倍，但不少于0.2m³。（2）每次取样应至少留置一组标准养护试件，同条件养护试件的留置组数应根据实际需要确定

序号	样品名称	相关标准规范代号	试验项目	检验批划分及取样
15	高强度混凝土	GB 50204—2002 CECS104—99 GB J107—87 GB J—85 GB J—85	必试：工作性（坍落度、扩展度、拌合物流速）/抗压强度 其他：同普通混凝土	同普通混凝土
16	轻集料混凝土	JGJ 51—2002 J 215—2002	必试：干表观密度/抗压强度/稠度 其他：长期性能/耐久性能/静力受压/弹性模量/导热系数	1. 同普通混凝土 2. 混凝土干表观密度试验，连续生产的预制构件厂及预拌混凝土同配合比的混凝土每月不少于4次；单项工程每100m³混凝土至少一次，不足100m³也按100m³计
17	回弹法检测混凝土抗压强度	JGJ/T 23—2001		1. 结构或构件混凝土强度检测可采用下列两种方式，其适用范围及结构或构件数量应符合下列规定：（1）单个检测：适用于单个结构或构件的检测；（2）批量检测：适用于在相同的生产工艺条件下，混凝土强度等级相同，原材料、配合比、成型工艺、养护条件基本一致，且龄期相近的同类结构或构件，按批进行检测的构件，抽取数量不得少于同批构件总数的30%且构件数量不得少于10件。抽检构件时应随机抽取并使所选构件具有代表性。 2. 每一结构或构件的测区应符合下列规定：（1）每一结构或构件的测区数不应少于10个，对某一方向小于4.5m且另一方向尺寸小于0.3m的构件，其测区数量可适当减少，但不应小于5个；（2）相邻两测区的间距应控制在2m以内，测区离构件端部或施工缝边缘的距离不宜大于0.5m，且不宜小于0.2m；（3）测区应选在使回弹仪处于水平方向检测混凝土浇筑侧面。当不能满足这一要求时，可是回弹仪处于非水平方向检测混凝土侧面、表面或底面；（4）测区宜选在构件的两个对称可侧面上，也可选在一个可侧面上，且应均匀分布。在构件的重要部位及薄弱部位必须布置测区，并应避开预埋件。（5）测区的面积不宜大于0.04m²。（6）检测面应为混凝土表面，并清洁、平整、不应有疏松层、浮浆、油垢、涂层以及蜂窝、麻面，必要时可用砂轮清出疏松层和杂物，且不应有残留的粉末或碎屑；（7）对弹击时产生颤动的薄壁、小型构件应进行固定。 3. 结构或构件的测区应标有清晰的编号，必要时应在记录纸描述测区布置示意图和外观质量情况

续表

序号	样品名称	相关标准规范代号	试验项目	检验批划分及取样
18	砂浆	JGJ 70—2009 JGJ 98—2000 GB 50203—2002 JC 860—2000 GB 50209—2002	必试：稠度/抗压强度 其他：分层度/拌合物密度/抗冻性	砌筑砂浆：（1）以同一砂浆强度等级、同一配合比、同种原材料每一楼层或250m³砌体（基础砌体可按一个楼层计）为一个取样单位，每取样单位标准养护试块的留置不得少于一组（每组6块）。（2）干拌砂浆：同强度等级每400t为一验收批，不足400t也按一批计。每批从20个以上的不同部位取等量样品。总质量不少于15kg，分成两份，一份送试，一份备用。建筑地面用水泥砂浆：建筑地面用水泥砂浆，以每一层或1000m²一检验批，不足1000m²也按一批计。每批砂浆至少取样一组。当改变配合比时也应相应地留置试块
19	砌体工程现场检测	GB/T 50315—2000		（1）当检测对象为整栋建筑物或建筑物的一部分时，应将其划分为一个或若干个可以独立进行分析的结构单元，每一结构单元划分为若干个检测单元。（2）每一检测单元内，应随机选择6个构件（单片墙体柱）作为6个测区，当一个检测单元不足6个测区时，应将每个构件作为一个测区。（3）每一测区应随机布置若干个测点，各种检测方法的测点数，应符合下列要求：①原位轴压法、偏顶法、原位单剪法、筒压法：测点数不应少于1个。②原位单砖双剪法、推出法、砂浆片剪法、回弹法、点荷法、射钉法：测点数不应少于5个。注：回弹法的测位，相当于其他检测方法的测点
20	陶瓷砖	1. 干压陶瓷砖（瓷质砖） 2. 干压陶瓷砖（炻瓷砖） 3. 干压陶瓷砖（细炻砖） GB/T 4100.1-3—1999 GB 50210—2001 GB/T 3810—2006	必试：吸水率（用于外墙）/热稳定性/抗冻（寒冷地区） 其他：（用于铺地）耐磨性/摩擦系数/抗冻性	1. 以同一生产厂、同种产品、同一级别、同一规格，实际的交货量大于5000m²为一批，不足5000m²也按一批计。2. 各试验项目所需试件数量及判定规则等按GB/T 3810.1规定执行。吸水率试验试样：每种类型的砖用10块整砖测试。3. 如每块砖的表面积大于0.04m²时，只需用5块整砖作测试，如每块砖的表面积大于0.16m²时，至少在3块整砖的中间部位切割最小边长为100mm的5块试样。如每块砖质量小于50g，则需足够数量的砖使每种测试品达到50～100g。砖的边长大于200mm可切割成小块，但割下的每一块应计入测量值内。多边形和其他非矩形砖，其长和宽按矩形计算。4. 抗冻性测定测定试样：使用不少于10块整砖，其最小面积为0.25m²。砖应没有裂纹、釉裂、针孔、磕碰等缺陷。如果必须用有缺陷的砖进行试验，在试验前用永久性的染色剂对缺陷做记号，试验后检查这些缺陷。将试样砖在110℃±5℃的干燥箱内烘干至恒重（即相隔24h，连续两次称量之差值小于0.01%）。记录每块砖的干质量

序号	样品名称		相关标准规范代号	试验项目	检验批划分及取样
21	彩色面陶瓷墙地面	彩色釉面陶瓷墙地砖	GB 1947—89 GB 50210—2001 GB/T 3810.1—2006	必试：吸水率（用于外墙）/抗冻性（寒冷地区） 其他：耐磨/耐化学腐蚀	1. 以同一生产厂的产品每 500m² 为一验收批，不足 500m² 也按一批计。2. 按（GB 3810—99）规定随机抽取。吸水率、耐急冷急热性、抗冻、耐磨性试样，也可以从表面质量、尺寸偏差合格的试样中抽取。（吸水率 5 个试件，耐急冷急热性 10 各试件、抗冻、耐磨 5 个试件、弯曲 10 个试件）
	陶瓷锦砖	瓷棉砖	JC 456—2005	必试：吸水率/耐急冷急热性 其他：脱纸时间	1. 以同一生产厂，同品种，同色号的产品 25～300 箱为一验收批，小于 25 箱时，由供需双方商定。2. 从验收批中抽取 3 箱，然后再从 3 箱中抽取规定的样本量。吸水率，耐急冷急热试件各 5 个
22	石材	天然花岗石板材	JC 205—1992（96） GB 50210—2001 GB 50325—2001 GB 50327—2001	必试：放射性元素含量（室内用板材）/石材幕墙工程：弯曲强度/冻融循环 其他：吸水率/耐久性/耐磨性/镜面光泽度/体积密度	1. 以同一生产地、同一品种、等级、规格的板材每 200m³ 为一验收批，不足 200m³ 的单一工程部位的板材也按一批计。 2. 外观质量，尺寸偏差检验合格的板材中抽取 2%，数量不足 10 块的抽 10 块。镜面光泽度的检验从以上抽取的板材中取 5 块进行。体积密度、吸水率取 5 块（50mm×50mm×板材厚度）
		天然大理石	JC 79—2001		以同一产地、同一品种、等级规格的板材每 100m³ 为一验收批，不足 100m³ 的单一工程部位的板材也按一批计
23	铝塑复合板		GB/T 17748—2008 GB 50210—2001	必试：铝合金板与夹层的剥离强度（用于外墙）	（1）同一生产厂的同一等级、同一品种、同一规格的产品 3000m² 为一验收批，不足 3000m² 也按一批计。（2）从每批产品种随机抽取 3 张进行检验
24	陶瓷墙地砖粘结剂		JC/T 547—2005 JGJ 110—2008 JGJ 126—2000 GB 12954—91 GB 50210—2001	必试：————— 其他：拉伸胶结强度达到 0.17MPa 的时间间隔/压剪胶接强度/防霉性	（1）同一生产时间，同一配料工艺条件下制得的成品。A 类成品每 30t 为一验收批，不足 30t 也按一验收批。其他类产品每 3t 为一验收批，不足 3t 也按一批计。每批抽取 4kg 样品，充分混匀。（2）取样后将样品一分为二，一份送试，一份备用。（3）取样方法按（GB 12954—91）进行

续表

序号	样品名称	相关标准规范代号	试验项目	检验批划分及取样
25	外墙饰面粘结	JGJ 126—2000 JGJ 110—2008 GB 50210—2001	必试：粘结强度	(1) 现场镶贴外部饰面砖工程：每300m² 同类墙体取一组试样，每组3个试件，每一楼层不得小于一组，不足300m² 同类墙体，每两楼层取一组试样，每组3个试件。(2) 带饰面砖的预制墙板，每生产100块制版墙取一组试样，不足100块制板也取一组试样。每组在3块板中各取2个试件
26	外门窗	GB 8485—2008 GB 7106—2002 GB 7107—2002 GB 7108—2002 GB 50210—2001 GB 13685—92 GB 13686—92	必试：抗风压性能/空气渗透性能/雨水渗透性能/保温性能	(1) 每个检验批至少抽查5%，并不少于3樘，不足3樘应全部检查；高层建筑的外窗，每个检验批至少抽查10%，并不得少于6樘，不足6樘时应全数检查。采用随机抽样的方法选取试件，如果是专门制作的送检样品，必须在检查报告中加以说明。(2) 试件为生产厂家检验合格准备出厂的产品，不得加设任何附件或采用其他改善措施
27	装饰单面贴面人造板	GB/T 15104—2006 GB 50210—2001 GB 50327—2001 GB 50325—2001	必试：甲醛释放量 其他：浸渍玻璃强度/表面胶合强度	(1) 同一生产厂、同品种、同规格的板材每1000 张为一验收批，不足1000张也按一批计。(2) 抽样时应在具有代表性的板垛中随机抽取，每一验收批抽样1张，用于物理化学性能试验
28	细木工程	GB 5849—2006 GB 50206—2002 GB 50210—2001	必试：甲醛释放量 其他：含水率/横向静曲强度/胶合强度	(1) 同一生产厂、同类别、同树种生产的产品为一验收批。(2) 物理力学性能检验试件应在具有代表性的板垛中随机抽取。(3) 批量范围≤1200块时，抽样数1块；1201-3200抽样数2块；>3200抽样数3块
29	层板胶合木	GB 50210—2001 GB 50206—2002 GB/T 50—2001	必试：甲醛释放量 其他：含水率/指形接头的弯曲强度/胶缝的抗剪强度/耐久性（脱胶试验）	每10m³ 的产品中检验1个全截面试件

续表

序号	样品名称	相关标准规范代号	试验项目	检验批划分及取样
30	实木复合地板	GB/T 18103—2000	必试：甲醛释放量 其他：含水率/浸渍剥离静曲强度/弹性模量/表面耐磨、表面耐污染、漆膜附着力	物理力学性能检验：同一规格、同一类产品，根据产品批量大小随机抽取。每2块地板组成一组。试件制取位置、尺寸、规格及数量按下图和表中的要求进行。部分试件制取示意图见标准。理化性能抽样方案表：实木复合地板理化性能试件、数量表（每组试件数量） 表见下 注：（1）在初检和复检抽样数中，任意两块地板组成一组。（2）制取浸渍剥离试件时，试件表面只允许一条拼接线，且拼接线应尽量居中
31	中密度纤维板	GB/T 11718—2009 GB/T 17657—1999	必试：甲醛释放量 其他：弹性模量/握螺钉力/密度/含水率/吸水厚度膨胀率/内结合强度/静曲强度	物理力学性能及甲醛释放量的测定，应在每批产品中，任意抽取0.1%（但不得少于一张）的样板进行测试
32	耐酸砖	GB 8488—2001	必试：—————— 其他：弯曲强度/耐急热急冷性/耐酸度/吸水率	（1）以同一生产厂，同一规格的5000～30000块为一验收批，不足5000块，由供需双方协商验收。（2）每一验收批，随机抽样：弯曲强度试验取5块（每块砖上截取一个130mm×20mm×20mm，尺寸偏差为±1mm）耐急热急冷试验，取3块边棱完整的砖进行，耐酸度试验取弯曲强度试验后的碎块或从检验用砖上敲取碎块约200g（除釉面）

实木复合地板理化性能试件、数量表：

检验项目	试件尺寸（mm）	数量	编号	提交检查批成品板数量（块）	初检抽样数（块）
浸渍剥离	75.0×75.0	6	1	≤1000	2	4
含水率	75.0×75.0	4	2		
甲醛释放量	20.0×20.0	约300g		≥1001	4	8

序号	样品名称	相关标准规范代号	试验项目	检验批划分及取样
33	回填土	GB 50202—2002 GB 50007—2002 JGJ 79—2002	必试：压实系数（干密度、含水量、击实试验、求最大干密度和最优含水量）	（1）在压实填土的过程中，应分别取样检验土的干密度和含水率：基坑和室内回填土，每土层按 $100\sim500\text{m}^2$ 取样一组，但每层土不少于一组；基槽、管沟按每土层 $20\sim50\text{m}$ 取样一组，但每土层不少于一组，独立基础回填土抽查独立基础总数 10%，但不少于 5 个。对灰土、砂和砂石、土工合成粉煤地基等，每单位工程不应少于 3 点；1000m^2 以上的工程每 100m^2 至少有 1 点，3000m^2 以上的工程，每 300m^2 至少有 1 点。每一独立基础下至少有 1 点。（2）场地平整每 $100-400\text{mm}^2$ 取 1 点，但不应少于 10 点；长度，密度，边坡为每 20m 取 1 点，每边不应少于 1 点。注：当用环刀取样时，取样点应位于每层 2/3 的深度处。当用环刀取样时，取样点应位于每层 2/3 的深度处
34	不发火集料及混凝土	GB 50209—2002	必试：不发火性	（1）粗骨料：从不少于 50 个试件中选出做不发生火花的试件 10 个（应该是不同表面，不同色，不同结晶体，不同硬度）。每个试件重 50-250g。准确度应达到 1g。（2）粉状骨料：应将这些细粒材料用胶结料（水泥或沥青）制成块状材料进行试验。试件数量同上。（3）不发火水泥砂浆、水磨石、水泥混凝土的试验用试件同上
35	聚氯乙烯卷材地板	GB 11982.1—2005 GB 50209—2002	必试：———— 其他：耐磨层厚度/PVC 层厚度/加热长度变化率	（1）同一生产厂，同一配方，工艺，规格，色彩，图案的产品，每 500m^2。为一验收批，不足 500m^2 也按一批计。（2）每一验收批随机抽取 3 卷，用于外观质量及尺寸偏差的检验，并在合格的样品中抽 1 卷，用于物理性能检验。从距卷头一端 300mm 处，截取全幅地板 800mm^2 块，一块送试，一块备用
36	半硬质聚氯乙烯块状塑料地板	GB 4085—1983 GB 50209—2002	必试：———— 其他：磨热膨胀系数/加热重量损失率/加热长度变化率/磨耗量/残余凹陷度/吸水长度变化率	（1）以同一生产厂，同一配方，工艺，规格的塑料地板每 1000m^2 为一验收批，不足 1000m^2 也按一批计。（2）每批中随机抽取 5 箱，每箱抽取 2 块作为试件

续表

序号	样品名称	相关标准规范代号	试验项目	检验批划分及取样
37	管件材料			
	建筑排水用硬聚氯乙烯管材	GB/T 5836.1—2006 GB 2828—2003	必试：落锤冲击试验/扁平试验 其他：纵向回缩率/拉伸屈服强度/断裂伸长率/维卡软化温度	（1）同一生产厂，同一原料，配方和工艺的情况下生产的同一规格的管材为一验收批，每30t为一验收批，不足30t也按一批计。（2）在计数合格的产品中随机抽取3根试件，进行纵向回缩率和扁平试验。（3）抽样方案见下表（37-1） 批量范围 N / 样本大小 n：≤150 / 8；151-280 / 13；281-500 / 20；501-1200 / 32；1201-3200 / 50；3201-10000 / 80
	建筑排水用硬聚氯乙烯管件	GB/T 5836.2—2006	必试：烘箱试验/坠落试验 其他：维卡软化	（1）同一生产厂，同一原料，配方和工艺的情况下生产的同一规格的管件，每5000件为一验收批，不足5000件也按一批计。（2）抽样方案见表37-1（注：表中10000改为5000）
	给水用硬聚氯乙烯（PVC－U）管材	GB/T 10002.1—2006	必试：液压试验/生活饮用给水管材的卫生性能 其他：纵向回缩率/二氯甲烷浸渍	（1）同一原料、配方和工艺情况下生产的同一规格管材为一批，每批数量不超过100t。不足100t也按一批计。（2）抽样方案见表37-1
	铝塑复合压力管	GB/T 18997.1—2003 GB/T 18997.2—2003	必试：静液压强度/爆破压力/扩径试验/卫生性能（生活饮用给水） 其他：结构尺寸/管环径向拉力/复合强度/气密性和通气性/交联度/耐化学性/耐气体组分	（1）同一原料、配方和工艺连续生产的同一规格产品，每90km作为一个检验批。以上述生产方式七天产量作为一个检验批。不足七天产量，也作为一个检验批。（2）抽样方案见下表37-2进行纵向回缩率和扁平试验。（3）抽样方案见下表（37-2） 批量范围 N / 样本大小 n：≤90 / 5；91-150 / 8；151-280 / 13；281-500 / 20；501-1200 / 32；1201-3200 / 50；3201-10000 / 80

续表

序号	样品名称		相关标准规范代号	试验项目	检验批划分及取样
37	管件材料	冷热水用聚丙烯管材	GB/T 18742.2—2002	必试：静液压试验/卫生性能（生活饮用水）其他：纵向回缩率/简支梁冲击试验/规格及尺寸	（1）同一原料、配方和工艺连续生产的同一规格管材作为一批，每批数量不超过50t，不足50t也按一批计。（2）抽样方案见表37-3： 	批量范围 N	样本大小 n	 	<25	2	 	26-50	8	 	51-90	8	 	91-150	8	 	151-280	13	 	281-500	20	 	501-1200	32	 	1201-3200	50	 	3201-10000	80	
		冷热水用交联聚乙烯（PE-X）管材	GB/T 18992.2—2003	必试：耐静液压/卫生性能（生活饮用水）其他：纵向回缩率/交联度	（1）同一原料、配方和工艺连续生产的管材作为一批，每批数量为15t，不足15t按一批计。一次交付可由一批或多批组成，交付时应注明批号，同一交付批号产品为一个交付检验批。（2）抽样方案见表37-3
38	阀门	水暖用内螺纹连接阀门	GB/T 8468—1998 GB/T 13927—2008	必试：壳体及密封性能/阀门最大允许压力/装配质量 其他：阀板位置/外观质量/标志/启闭灵活性	（1）交货检验按 GB 2828 规定的方法进行。（2）必试项目检验数量：随机抽取 3 个同规格产品进行检验
39	电器	电线电缆	GB 5023—2008	必试：规格型号/导体电阻/电缆电压/绝缘电阻/抗拉强度	（1）交货检验按 GB 2828 规定的方法进行。（2）必试项目宜检验数量：随机取同一规格同一型号20m进行检验
		开关	GB 10979—1989 GB 16915.1—2003	必试：外观质量/爬电距离和电气间隙/通断能力/操作/动作	（1）交货检验按 GB 2828 规定的方法进行。（2）必试项目宜检验数量：随机取同一规格同一型号 9 个进行检验

序号	样品名称		相关标准规范代号	试验项目	检验批划分及取样
39	电器	插座	GB 2099—1996 GB 16915.1—2003	必试：防触电保护/绝缘电阻/插头拔出力	（1）交货检验按 GB 2828 规定的方法进行。（2）必试项目宜检验数量：随机取同一规格同一型号 6 个进行检验
		建筑用绝缘电工套管及配件	JG/T 3001—1992 JG 3050—1998	必试：抗压性能/冲击韧性/弯扁性能/阻燃性能/耐热性能/弯曲性能/电气性能/跌落性能 其他：外观/规格尺寸	一组型式检验的硬座套管应有 6 根制造长度取中 3 根以备制样，半硬质和波纹套管，取 36m 制样时每隔 3m 取 3m 以备制样
40	采暖散热器	灰铸铁翼型散热器	JG 4—2002	必试：水压试验/同侧进出口中心距/垂直度/平面度/同轴度 其他：尺寸/质量/化学分析	一组型式检验的硬座套管应有 6 根制造长度取中 3 根以备制样，半硬质和波纹套管，取 36m 制样时每隔 3m 取 3m 以备制样
		铝制柱翼型散热器	JG 143—2002	必试：压力试验/中心距偏差/平面度 其他：螺纹质量/涂层质量及其他	
41	绝热用聚苯乙烯泡沫塑料		GB/T 10801.2—2002	绝热用模塑聚苯乙烯泡沫塑料必试：压缩强度/表观密度/导热系数/尺寸稳定性/水蒸气透过系数/吸水率/熔接性/燃烧性能 绝热用挤塑聚苯乙烯泡沫塑料必试：压缩强度/吸水率/透湿系数/尺寸稳定性/绝热性能	（1）绝热用模塑聚苯乙烯泡沫塑料同一规格的产品数量不超过 2000m³ 为一批。（2）绝热用挤塑聚苯乙烯泡沫塑料以出厂的同一类别、同一规格的产品 300m³ 为一批
42	卫生陶瓷		GB/T 6952—2005	必试：————— 其他：冲击功能/吸水率/抗龟裂试验/水封试验/污水排放试验	（1）同一厂家、同种产品、同一级别 500～3000 件为一验收批，不足 500 件也按一批计。（2）每批随机抽取 3 件用于冲击功能试验，3 件用于污水排放试验，其他试验项目各取 1 件

序号	样品名称		相关标准规范代号	试验项目	检验批划分及取样
43	预制混凝土构件		GB 50204—2002	必试：筋混凝土构件和允许出现裂缝的预应力混凝土构件：承载力/挠度/裂缝宽度 要求不出现裂缝的预应力混凝土构件：承载力/挠度/抗裂检验	对成批生产的构件，应按同一工艺正常生产的不超过1000件且不超过3个月的同类型产品为一批。当连续检验10批且每批的结构性能检验结果均符合本规范规定的要求时，对同一工艺正常生产的构件，可改为不超过2000件且不超过3个月的同类型产品为一批。在每批中应随机抽取一个构件作为试件进行检验
44	混凝土瓦		JC 746—1999	必试：承载力/吸水率/抗渗性能 其他：尺寸偏差/外观质量/质量偏差	(1) 试样应随机抽取。尺寸偏差和外观质量检验的试样在产品成品堆场抽取。承载力检验与抗冻性检验的试样龄期应不少于28d。 (2) 必试项目检验数量：2000～50000块，取样13块；50001～100000块，取样17块；100001～150000块，取样23块；>150000块，取样30块
45	隔墙条板	住宅内隔墙轻质条板	JG/T 3029—1995	必试：面密度/抗冲击/抗压强度/相对含水率/干燥收缩值/吊挂力/抗折 其他：放射性/耐火极限/空气声计/权隔声量/燃烧性能	(1) 检验按GB 2828中正常检查，采用二次抽样方案。(2) 批量范围151～280，样本为8；281～500，样本为13；501～1200，样本为20；1201～3200，样本为32；3201～10000，样本为50；10001～35000，样本为80。 注：掺有工业废渣的板需做放射性试验
		硅镁加气混凝土空心轻质隔墙板	JC 80—1997		
		工业废渣混凝土空心隔墙条板	JG 3063—1999		
		玻璃纤维增强水泥轻质多孔隔墙条板	JC 666—1997		
46	玻璃纤维增强水泥（GRC）外墙内保温板		JC/T 893—2001	必试：气干面密度/抗折荷载/抗冲击性/主断面热阻/面板干缩率/热桥面积率	(1) 检验按GB 2828中正常检查，采用二次抽样方案。(2) 批量范围151～280，样本为8；281～500，样本为13；501～1200，样本为20；1201～3200，样本为32；3201～10000，样本为50；10001～35000，样本为80。 注：掺有工业废渣的板需做放射性试验

注：此表内容仅供参考，请以最新相关规范为准。

7 工程质量专项检测

7.1 专项检测的相关依据

(1)《建设工程质量管理条例》(国务院令第 279 号);

(2)《建设工程质量检测管理办法》(建设部令第 141 号);

(3)《建筑工程检测试验技术管理规范》(JGJ 190);

(4)《房屋建筑和市政基础设施工程质量监督管理规定》(住房和城乡建设部令第 5 号);

(5)《建筑工程施工质量验收统一标准》(GB 50300);

(6)相关专业工程施工设计规范、技术规范和质量验收规范;

(7)《房屋建筑工程和市政基础设施工程质量安全检测管理规定》(广东省粤建管字〔2003〕97 号);

(8)《广东省混凝土结构实体检验技术导则(试行)》(广东省质监总站粤建监站函〔2007〕74 号);

(9)《广东省建设工程质量管理条例》(省人大 2013 年第 4 号公告);

(10)《建设工程内部装修防火材料见证取样和抽样检验工作》(粤公通字〔2010〕177 号)的通知。

7.2 专项检测工作的基本要求

(1)《建筑工程质量验收统一标准》规定:工程检测是施工质量控制的重要手段,是质量评价的重要依据;对涉及结构安全的试块、试件、材料,应按照规定进行见证取样检测和对涉及结构安全和使用功能的重要分部工程的专项抽样检测是工程质量验收合格的必要条件;有关安全、节能、环境保护和主要使用功能的重要分部工程应在验收前按规定进行抽样检验,抽样检验结果应符合相应规定;涉及安全、节能、环境保护和主要使用功能的地基与基础、主体结构和设备安装等分部工程应进行有关的见证检验或抽样检验;当工程质量控制部分资料缺失时,应委托有资质的检测机构按有关标准进行相应的实体检验或抽样试验。

(2)专项检测是指具有工程质量结构安全和使用功能的专项检测资质的检测机构接受委托(由政府委托的监督抽测和建设单位委托的第三方检测),依据国家有关法律、法规和工程建设强制性标准,对涉及工程结构安全、设备性能、使用功能等项目的施工质量进行抽样检测试验的活动。

(3)检测机构资质分为甲、乙、丙三个等级,资质证书有效期三年。其资质类别及检测范围:A 类资质可承接工程综合性检测、鉴定;B 类资质可承接工程专项检测(含建筑物室内环境质量检测,建筑施工起重机械、机具安全性能检测,建筑施工安全防护用品质量检测);C 类资质可承接工程材料检测。

(4)政府监督检测机构和社会服务性检测机构跨地区、跨行业承接检测任务,需到工程所在地建设行政主管部门办理备案手续。省外监督检测机构和社会服务性检测机构进入本省开展检测业务，应向省建设行政主管部门或其委托的机构备案。

（5）涉及结构安全的试块、试件以及有关建筑材料的质量检测实行有见证取样送检制度和政府监督抽检制度（100％）。未经见证取样送检一律不得作为竣工验收资料。

（6）单位工程中的同一检测项目，采用同一种检测方法时，应当委托同一检测机构承担。政府监督检测机构和服务性检测机构在受理委托检测时，应对试样有见证取样或监督抽查送检有效性进行确认，经确认后的检测项目，其检测报告应加盖"有见证检验"或"监督抽检"印章。

（7）第三方检测（社会服务性检测机构）基本要求

1）第三方检测是指经省级建设行政主管部门批准设立，具有独立法人资格、取得建设工程质量安全检测资质证书，为社会提供工程质量安全检测技术服务的机构。第三方检测机构不能承担司法仲裁、质量安全鉴定和施工机械设备准用检测业务。

2）建设单位组织检测单位编制监督抽测方案，并经建设单位、勘察设计单位、监理单位、施工单位（含总包单位和专业分包单位）审核并会签确认。且建设单位须将检测方案报工程质量监督机构备案，领取备案登记表。

3）建设单位应当组织施工、监理等单位向实施监督抽测的检测单位提供检测所必需的工程设计文件、施工技术资料及现场检测条件。

4）检测单位应实施现场检测，并出具检测报告。

5）建设单位应在地基与基础、主体结构分部（子分部）工程质量验收前及时将监督抽测报告发送建设工程质量监督机构、设计、监理、施工等单位。

6）检查结果没有达到规范和设计要求的，必须对构件所在的检验批按相关规范进行批量检测，并将检测结果提供给原设计单位对结构安全进行复核，其复核意见还应由原施工图审查机构进行审查出具意见。

（8）政府监督检测基本要求

1）政府监督检测是指监督检测机构在项目质量监督员的见证下，对进入施工现场的建筑材料、构配件或工程实体等，按照规定的比率进行取样送检或实地检测的行为。

2）涉及工程主体结构安全和主要使用功能的主要建筑材料、建筑构配件及工程实体质量抽测，监督机构可采用便携式检测仪器检测或在监督人员见证下由具有相应资质的工程质量检测单位进行检测。

3）政府监督检测机构是指经地级以上市建设行政主管部门批准设立，并取得省建设行政主管部门核发的检测机构资质证书，且隶属于地级以上市或县建设行政主管部门的建设工程质量安全监督检测机构。政府监督检测机构可承担工程质量安全检测和鉴定活动，其结果可作为工程质量评定、质量安全纠纷仲裁、工程质量安全鉴定和施工起重机械准用的依据。

4）建筑工程结构实体质量监督抽样检测由建设单位负责委托，结构实体监督抽检方案由质监站组织建设各方在工程开工后制定，并作为监督计划的一部分内容。

5）政府监督检测机构和服务性检测机构应按省建设行政主管部门规定的统一格式出具检测报告，检测报告必须具有试验员、校核人及技术负责人签字，加盖计量认证章（CMA章）和检测报告专用章。

6）工程质量验收前应进行结构实体质量政府监督抽检，检测结果将作为工程质量验收前评价工程结构实体质量的重要依据。未进行结构实体抽测的工程，不得办理主体结构分部（子分部）工程质量验收。《广东省混凝土结构实体检验技术导则（试行）》（粤建监站函〔2007〕74号）规定：广东省行政区域内新建、扩建、改建的房屋建筑工程，在地基与基础、主体结构分部（子分部）工程质量验收前应进行混凝土结构实体质量监督抽测，抽测结果作为工程竣工验收技术档案资料的重要组成部分。

7）凡检测结果达不到规范和设计要求的工程，则应对不合格构件所在的检验批进行批量检测，如批量检测结果仍然达不到设计要求，则按规范要求进行全面结构实体检测，然后由原设计单位对结构质量进行全面复核评估，其评估意见应由原审图机构进行审查，并出具意见。若复核后未能满足结构安全使用要求的，由原设计单位提出补强加固处理方案，补强加固设计文件必须经过审图机构审查同意后方可组织实施。

（9）企业内部检测是指建筑施工企业、预制构件厂、预拌混凝土搅拌站等建筑业企业内设的试验室（简称企业试验室）。其出具的试验室数据可作为工程质量安全的控制检验指标，但不作为工程竣工验收的依据。

7.3 专项检测项目及要求

（1）依据《建设工程质量检测管理办法》（建设部令第141号），专项检测项目及内容包括：

1）地基基础工程检测：地基及复合地基承载力静载检测；桩的承载力检测；桩身完整性检测；锚杆锁定力检测。

2）主体结构工程现场检测：混凝土、砂浆、砌体强度现场检测；钢筋保护层厚度检测；混凝土预制构件结构性能检测；后置埋件的力学性能检测。

3）建筑幕墙工程检测：建筑幕墙的气密性、水密性、风压变形性能、层间变位性能检测；硅酮结构胶相容性检测。

4）钢结构工程检测：钢结构焊接质量无损检测；钢结构防腐及防火涂装检测；钢结构节点、机械连接用紧固标准件及高强度螺栓力学性能检测；钢网架结构的变形检测。

（2）专项检测项目及内容除应符合设计文件、施工承包合同约定和各级行政主管部门及工程质量监督机构相关规定外，还必须符合《建筑工程施工质量验收统一标准》（GB 50300）和各专业工程施工质量验收规范、产品标准的要求：

1）《建筑地基基础工程施工质量验收规范》（GB 50202）提出了对地基（桩体或墙体）的强度、承载力和桩体（桩身）完整性、土方回填的压实度、锚杆锁定力等进行实体检验的规定；

2）《混凝土结构工程施工质量验收规范》（GB 50204）提出了对结构实体混凝土强度、钢筋保护层厚度、结构为止与尺寸偏差进行实体检验的规定；

3）《钢结构工程施工质量验收规范》（GB 50205）提出了对设计要求全熔透的一级和二级焊缝采用超声波（或射线）、对焊接球节点网架和螺栓球节点网架焊缝采用超声波、对圆管T/K/Y形节点相贯线焊缝采用超声波检验内部缺陷的要求，提出了对焊缝表面、螺栓球或焊接球成型后表面、管加工成型后表面采用磁粉或渗透探伤方法检测表面缺陷的要求，提出了对焊接球成型后采用超声波检测仪检测壁厚减薄量的要求，提出了检测空间网架结构或网格结构挠度、检测高强度螺栓连接副施工质量的要求。

4)《建筑节能工程施工质量验收规范》（GB 50411）提出了对围护结构的外墙节能构造（做法、材料、厚度）、严寒（寒冷、夏热冬冷地区）的外窗气密性、传热系数以及对系统节能性能（采暖、通风与空调、配电与照明工程）进行现场实体检测的要求。

5)《民用建筑工程室内环境污染控制规范》（GB 50325）提出了对室内环境污染物（氡、甲醛、苯、氨、总挥发性有机化合物 TVOC）浓度、对集中中央空调的室内新风量进行现场检测的要求。

6)《建筑装饰装修工程质量验收规范》（GB 50210）对预埋件（后置锚固件）抗拔强度、饰面板（砖）粘结强度以及幕墙的抗风压性能、平面变形性能、空气渗透性能和雨水渗漏性能提出了现场检测要求。

7)《建筑给水排水及采暖工程施工质量验收规范》GB 50242，提出了对给水系统管道进行水质检测的要求。

（3）工程质量专项检测项目、方法、数量及要求参见表 2-7-1～表 2-7-15。

基坑支护工程专项检测要求 表 2-7-1

检测项目	检测方法、数量及要求	检测依据
土壤氡浓度或土壤表面氡析出率检测	（1）检测范围与工程地质勘察范围相同，场地未开挖，检测前 24h 内现场无降雨和无积水，建筑垃圾已清理；（2）采用测氡仪进行现场测量，采样深度 60～80cm，抽气次数视现场试验情况而定，抽气 1.5L，高压 3min、测量 3min，然后计算氡浓度；（3）布点应覆盖基础工程范围，间距 10m 网格，各网格交叉点即为测试点（当遇较大石块时，可偏离±2m），布点数不能少于 16 点，且在勘察范围外测 10 个对比点	GB 50325—2010《民用建筑工程室内环境污染控制规范》
混凝土灌注桩桩身质量检测	（1）重点抽检地质复杂、施工异常或质量存在疑问的桩；（2）采用低应变动测法检测桩身结构完整性，数量不少于总桩数的 10%，且不得少于 10 根；（3）当低应变动测法判定的桩身缺陷可能影响桩的水平承载力时应用钻芯法进行补充检测，检测数量不小于总桩数的 2%，且不得少于 3 根	DBJ 15-60—2008《广东省标准建筑地基基础检测规范》
混凝土地下连续墙墙身结构完整性	（1）临时支护结构采用声波透射法、钻芯法检测，检测数不少于总槽数的 10%，且不得少于 3 个槽段；（2）永久结构采用声波透射法、钻芯法检测，检测数不少于总槽数的 20%，且不得少于 3 个槽段	
搅拌桩墙身完整性	应在设计开挖龄期采用钻芯法检测，并取样做抗压强度试验，检测数量不少于总桩数的 1%，且不得少于 5 根	
支护锚杆验收试验	（1）基本试验通过极限抗拔试验，测得锚杆极限抗拔承载力，抽样数量为与工程锚杆地质条件、杆体材料、锚杆设计参数、施工工艺相同的 3 根锚杆；（2）锚杆承载力用抗拔验收试验法，抽检数量为锚杆总数的 5%，且不得少于 6 根；（3）锚杆锁定质量监测通过在锚头安装测试元件进行检测，监测数量不少于 10%，且不得少于 6 根，若发现锁定锚固力达不到设计要求，应重新张拉	CECS22：2005《岩土锚杆（索）技术规程》；DBJ 15-60—2008《广东省标准建筑地基基础检测规范》；DBJ 15-31—2003《建筑地基基础设计规范》

续表

检测项目	检测方法、数量及要求	检测依据
土钉墙质量检测	（1）土钉抗拔力试验：在同一条件下试验数量不少于土钉总数的1%，且不得少于10根；（2）墙面喷射混凝土厚度应采用钻孔法检测，抽检钻孔数为每100m²墙面积一组，每组不得少于3个点	DBJ 15—60—2008《广东省标准建筑地基基础检测规范》
逆作拱墙	钻芯法：抽检钻孔数为每100m²墙面积一组，每组不得少于3个点	

注：1. 在基坑支护质量检测之前，应制定检测方案，由参建各方主体确认，并报建设工程安全监督站备案后实施；2. 当检测结果不合格的数量大于或等于抽检数的30%时，按不合格数量加倍复测，其检测方法由安全监督部门组织设计、监理等人员根据实际情况确定，并根据检测结果提出处理意见。

地基基础工程实体检测要求　　　　表 2-7-2

检测项目		检测方法、数量及要求	检测依据
试验桩极限承载力		静载试验：应满足设计要求，且在同一条件下不应少于3根；但预计工程桩总数小于50根时，检测数量不应小于2根	JGJ 106—2014《建筑基桩检测技术规范》
人工挖孔桩力层、承载力、摩阻力		岩基原位荷载试验、桩侧摩阻力试验：同条件下总桩数的1%，且不少于3根。	DBJ 15—31—2003《建筑地基基础设计规范》
打入式预制试验桩桩身应力		高应变法：在相同施工工艺和相近地基条件下，试验桩数量不应少于3根。仅在设计文件对控制打桩过程的桩身应力、确定沉桩工艺参数、选择沉桩设备、选择桩端持力层等有具体要求时进行试验	JGJ 106—2014《建筑基桩检测技术规范》
预制桩	桩身质量	低应变法或高应变法：抽检数量不少于总桩数的20%，且每个柱下承台不得少于1根	《建筑地基基础检测规范》DBJ 15—60—2008、JGJ 106—2014
	承载力	1. 下列情况之一的应采用静载荷试验：（1）地基设计等级为甲级；（2）地质条件复杂、桩施工质量可靠性低；（3）属于本地区采用的新桩型或新工艺；（4）挤土群桩施工产生挤土效应。抽检数量不少于桩总数的1%，且不少于3根；当桩总数在50根以内时，不少于2根。2. 除1所列情形之外应采用高应变法：抽检数量不低于8%且不少于10根。地基基础设计等级为甲级和地质条件较复杂的乙级管桩基础工程，抽检数量应增加至9%且不少于10根	

检测项目		检测方法、数量及要求	检测依据
钢桩	桩身质量	高应变法：抽检数量不应少于总桩数的 5%，且不得少于 10 根	
	承载力	静载试验：抽检数量不应少于总桩数的 1%，且不得少于 3 根，当总桩数在 50 根以内时，不得少于 2 根	
小直径混凝土灌注桩	桩身质量	低应变法或高应变法：地基基础设计等级为甲级或地质条件复杂、成桩质量可靠性较低的灌注桩，抽检数量不少于桩总数的 30%，且不少于 20 根；其他抽检桩数不少于总桩数的 20%，且不少于 10 根。除上述规定外，每个柱下承台抽检数量还不得少于 1 根	
	承载力	静载试验或高应变法：1. 有下列情况之一应采用静载荷试验：(1) 地基设计等级为甲级；(2) 地质条件复杂、桩施工质量可靠性低；(3) 属于本地区采用的新桩型或新工艺；(4) 挤土群桩施工产生挤土效应；(5) 桩身存在明显缺陷，采用完整性检测方案难于确定其对桩身承载力的影响程度。抽检数量不少于桩总数的 1%，且不少于 3 根；当桩总数在 50 根以内时，不少于 2 根。2. 除 1 所列情形之外应采用高应变法抽检，抽检数量不少于桩总数的 5% 且不少于 5 根	DBJ 15—60—2008《广东省标准建筑地基基础检测规范》JGJ 106—2014《建筑地基基础设计规范》
大直径混凝土灌注桩（$D \geqslant$ 800mm）	桩身质量	低应变法、高应变法、声波透射或钻芯法：1. 对于桩径 ≥ 1500mm 的柱下桩，每个承台下的桩应采用钻芯法或声波透射法抽检，抽检数量不少于该承台下桩总数的 30% 且不少于 1 根；其中，钻芯法抽检的数量不少于桩总数的 5%（复杂岩溶区域宜适当增加）；2. 对于桩径 < 1500mm 的柱下桩、非柱下桩，应采用钻芯法或声波透射法抽检，抽检数量不少于该承台相应桩总数的 30% 且单位工程不少于 20 根；其中，钻芯法抽检的数量不少于桩总数的 5%；3. 对未抽检到的其余桩，宜采用低应变法或高应变法检测	
	承载力	静载试验、高应变法或钻芯法：1. 采用静载试验或高应变法，按本表小直径混凝土灌注承力检测数量桩执行。2. 当确因试验设备或现场条件等限制，难以采用静载试验、高应变法抽测时，对端承型嵌岩桩（含嵌岩型摩擦端承桩、端承桩），可采用钻芯法对不同直径桩的成桩质量、桩底沉渣、桩端持力层进行鉴别，抽检数量不少于总桩数的 10% 且不少于 10 根。钻芯法抽检的数量可计入桩身质量抽检数量；如采用深层平板荷载试验或岩基平板荷载试验，检测应符合《建筑地基基础设计规范》（GB 50007）和《建筑桩基技术规范》（JGJ 94）的有关规定，检测数量不应少于总桩数的 1%，且不应少于 3 根	
承受竖向抗拔力或水平力的桩	桩身质量	低应变法、高应变法、声波透射法或钻芯法：根据桩型，分别按本表预制桩、小直径混凝土灌注桩、大直径混凝土灌注桩桩身质量检测数量执行	
	承载力	静载试验：不应少于有竖向抗拔或水平承载力设计要求的桩总数的 1%，且不少于 3 根，当总桩数少于 50 根时，检测数量不应少于 2 根。当确因试验设备或现场条件等限制，难以进行单桩竖向抗拔、水平承载力检测时，应由设计单位根据勘察、施工、其他检测等情况进行抗拔或水平承载力的复核验算；验算合格的，可以不进行静载试验	

检测项目		检测方法、数量及要求		检测依据
抗浮锚杆	承载力	静载试验（抗拔）：抽检数量不少于锚杆总桩数的 5%，且不少于 6 根		DBJ 15—60—2008 第 3.3.11 条
天然土地基（含全风化、强风化岩）	地基土性状	标准贯入试验、圆锥动力触探试验等：在平板荷载试验前进行。抽检数量为每 200m2 不少于 1 个孔，且总数不得少于 10 孔，每个独立柱基下不得少于 1 孔，基槽每 20 延米不得少于 1 孔		DBJ 15—60—2008 第 3.2.1、3.2.6 条
	承载力	平板载荷试验：抽检数量为每 500m² 不少于 1 个点，且总数不得少于 3 点；对于各类岩石均应进行抽检；对于复杂场地或重要建筑地基还应增加抽检数量		DBJ 15—60—2008 第 3.2.5、3.2.1 条
岩石地基	岩土性状或地基承载力	钻芯法或岩基载荷试验：1. 应采用钻芯法，抽检数量不得少于 6 孔，钻孔深度应满足设计要求，每孔截取一组三个芯样试件；对于各类岩石均应进行抽检；地质条件复杂的工程还应增加抽样孔数。2. 地基基础设计等级为甲级、乙级或岩石芯样无法制作成芯样试件的，还应进行岩石载荷试验；对于各类岩基均应进行抽检，抽检点数不得少于 3 点		
处理地基	土工试验	换填地基（含灰土地基、砂和砂石地基、土工合料、粉煤灰地基）、不加填料振冲加密处理地基 标准贯入试验、圆锥动力触探试验、静力触探试验等	抽检数量为每 200m² 不少于 1 个孔，且总数不得少于 10 孔，每个独立柱基下不得少于 1 孔，基槽每 20 延米不得少于 1 孔。对于换填地基还必须分层进行压实系数检测，可选择《土工试验方法标准》GB/T 50123 中的环刀法、灌砂法或其他方法进行检测，抽检数量：对大基坑每 50~100m² 不少于 1 点，对基槽每 10~20m 不少于 1 点，每个独立柱基下不得少于 1 点	DBJ 15—60—2008
		预压地基：十字板剪切试验和室内土工试验		
		强夯处理地基：原位测试和室内土工试验		
		注浆地基：标准贯入试验、钻芯法		
	承载力	载荷试验：抽检数量为每 500m² 不少于 1 个点，且总数不得少于 3 点；对于各类地基均应进行抽检，对于复杂场地或重要建筑地基还应增加抽检数量		
复合地基	桩体质量	水泥土搅拌桩、高压喷射桩：单桩竖向抗压载荷试验和钻芯法	抽检数量不少于总桩（墩）数的 0.5%~1%，且不得少于 3 根。当采用标准贯入试验、圆锥动力触探试验等方法时，单位工程抽检数量应为总桩（墩）数的 0.5%~1%，且不得少于 3 根；当采用单桩竖向抗压荷载试压、钻芯法时，单位工程抽检数量应不少于总桩数的 0.5%，且不得少于 3 根	
		砂石桩：圆锥动力触探试验等，宜进行单桩荷载试验		
		强夯置换地基：圆锥动力触探试验等		

续表

检测项目		检测方法、数量及要求		检测依据
复合地基	桩体质量	振冲桩桩：圆锥动力触探试验或单桩载荷试验	对碎石桩桩体质量检测，应采用重型动力触探	DBJ 15—60—2008
		水泥粉煤灰碎石桩：低应变法或钻芯法	采用低应变法的，抽检数量不应少于总桩数的10%	
	承载力	平板载荷试验：抽检数量不应少于总桩（墩）数的0.5%～1%，且不得少于3点；可选择多桩（墩）复合地基平板载荷试验或单桩（墩）复合地基平板载荷试验，也可一部分试验点选择多桩（墩）复合地基平板载荷试验而另一部分试验点选择单桩（墩）复合地基平板载荷试验，但试验点的总数不得低于总桩（墩）数的0.5%，且不得少于3点；对不同布桩形式或有不同承载力设计要求的各处地基均应进行抽检		
基础承台	钢筋保护层	钢筋混凝土基础、桩基础承台钢筋：现场钢筋雷达扫描钢筋保护层厚度，单位工程抽检数量不宜少于构件总数的10%		
	混凝土强度	扩展基础、柱下条形基础、筏形基础、桩基础承台混凝土：回弹法或钻芯法：单位工程抽检数量不应少于构件总数的10%，且不应少于3个构件。当采用钻芯法检测时，每个所抽检的构件钻取芯样孔不应少于3个，每孔截取1个芯样试件，对于截面尺寸较小的构件不应少于2个孔		
基础回填	压实系数	侧壁、承台、基坑（槽）回填：分层取样检验回填土的干密度和含水量，求得压实系数。也可采用环刀法、灌砂法、灌水法检测压实系数。1. 对基坑分层每50～100m² 抽查不少于1个检测点；对基槽每10～20m抽查不少于1个检测点；每个独立柱基不应少于1个检测点。2. 采用标贯或动力触探检验垫层施工质量时，分层检验点的间距应小于4m。2. 求得的压实系数应符合设计要求和DBJ 15—31—2003 表 13.1.2《压实填土的质量控制》、GB 50007—2011 表 6.3.7		DBJ 15—31—2003《建筑地基基础设计规范》、GB 50007—2011《建筑地基基础设计规范》

注：1. 本表规定的检测数量均是按单位工程做出要求。2. "基桩自平衡法静载荷试验"不具随机性，其结果不作为该批工程桩承载力验收的依据。3. 结构实体质量监督抽测的方法和数量可计算在内。4. 设计等级为甲级的地基基础工程采用两种或以上的方法进行检测的，宜由两家或以上的工程质量检测机构进行检测。5. 单位工程的同一检测项目采用同一检测方法的，原则上只能由同一家工程质量检测机构完成检测工作。6. 对地基基础检测结果有异议的，应进行验证检测；地基基础检测结果不满足原设计要求的，应按照有关规定研究确定处理方案或扩大抽检的方法及数量。验证检测发现不符合设计要求或首次扩大抽检后，应当研究确定处理方案或进一步抽检的方法和数量。7. 地基基础检测（含验证检测、扩大检测）以及对不符合原设计的处理必须由建设单位会同勘察、设计、施工、监理、检测等单位制定方案，在报送工程质量监督机构后实施。

混凝土结构工程专项检测要求		表 2-7-3
检测项目	检测方法、数量及要求	检测依据
梁板内简支预制受弯构件结构性能检验	1. 检测项目及要求：（1）钢筋混凝土构件和允许出现裂缝的预应力构件：承载力、挠度、裂缝宽度。（2）不允许出现裂缝的预应力构件：承载力、挠度、抗裂试验。（3）对大型构件及有可靠应用经验的构件，可只进行裂缝宽度、抗裂和挠度试验。（4）对进场时不做结构性能检验的预制构件，应采取以下措施：施工单位或监理单位代表驻厂监督制作过程；当无驻厂监督时，预制构件进场时应对其主要受力钢筋的数量、规格、间距及混凝土强度进行实体检验。2. 检测数量：（1）每批进场不超过 1000 个同类型预制构件为一批，在每批应随机抽取一个构件进行检验。（2）同类型是指同一钢种、同一混凝土强度等级、同一生产工艺和同一结构形式。（3）抽取构件时，宜从设计荷载最大、受力最不利或生产数量最多的预制构件中抽取	《混凝土结构工程施工质量验收规范》GB 50204—2015：9.2.2
混凝土结构实体检验	1. 检测项目及要求：（1）选取涉及混凝土结构安全的有代表性的部位进行。（2）检测项目包括混凝土强度、钢筋保护层厚度、结构位置与尺寸偏差及合同约定的项目，必要时可检测其他项目。（3）除结构位置与尺寸偏差项目以外，其他实体检测项目应由具有资质的检测机构完成。（4）结构实体混凝土强度应按不同强度等级分别检验，检验方法宜采取同条件养护试件方法；当未取得同条件养护试件强度或同条件养护试件强度不符合要求时，可采用回弹－钻芯法进行检验。 2. 检测数量：（1）同条件养护试件取样与留置要求：所对应的结构构件或结构部位，应由施工、监理等各方共同选定，且取样应均匀分布与工程施工周期内；应在混凝土浇筑入模处见证取样；应留置在靠近相应结构构件的适当位置，并应采用相同的养护方法；同一强度等级的同条件养护试件不宜少于 10 组，且不应少于 3 组。每连续两层楼取样不应少于 1 组；每 2000m³ 取样不得少于 1 组。（2）回弹－钻芯构件抽取和检测的要求：同一混凝土强度等级的构件，抽取构件最小数量应符合 GB 50201—2015 表 D.0.1 的规定，并应均匀分布；不宜抽取截面高度小于 300mm 的梁和边长小于 300mm 的柱；应按 JGJ/T 23《回弹法检测混凝土抗压强度技术规程》对所抽取的每个构件，选取不少于 5 个测区进行回弹，楼板构件的回弹应在板底进行；对同一强度等级的构件，应按每个构件的最小测区平均回弹值进行排序，选取最低的三个测区对应的部位各钻取 1 个芯样试件。（3）钢筋保护层厚度检验的构件选取和检测的具体要求：均匀分布选取；对悬挑梁，应抽取构件数量的 5%且不少于 10 个构件进行检测，但悬挑梁数量少于 10 个时，应全数检测；对悬挑板，应抽取构件数量的 10%且不少于 20 个构件进行检测，当悬挑板数量少于 20 个时，应全数检测；对非悬挑的梁板类构件，应各抽取构件数量的 2%且不少于 5 个构件进行检测；对选定的梁类构件，应对全部纵向受力钢筋的保护层厚度进行检测；对选定的板类构件，应抽取不少于 6 根纵向受力钢筋的保护层厚度进行检测；对每根钢筋，应选择具有代表性的不同部位 3 点取平均值。（4）结构实体位置与尺寸检查检验的规定：均匀分布；梁柱应抽检构件数量的 1%，且不应少于 3 个构件；墙板应按有代表性的自然间抽取 1%，且不少于 3 间；层高应按有代表性的自然间抽取 1%，且不少于 3 间	《混凝土结构工程施工质量验收规范》GB 50204—2015：10.1

检测项目	检测方法、数量及要求	检测依据
回弹法检测混凝土抗压强度	1. 检测项目及要求：（1）抽检构件时，应随机抽取并使所选构件具有代表性；（2）每一构件测区数为 10 个，均匀分布于构件两个对称可测面上，在构件的重要部位及薄弱部位必须布置测区，并应避开预埋件；（3）每一测区大小为 20cm×20cm；（4）测区应选在使回弹仪处于水平方向检测混凝土浇筑侧面，当不能满足这一要求时，可使回弹仪处于非水平方向检测混凝土浇筑侧面、表面或底面；5 相邻两测区的间距应控制在 2m 以内，测区离构件端部或施工缝边缘的距离不宜大于 0.5m，且不宜小于 0.2m。 2. 检测数量：（1）单个检测：适用于单个结构或构件的检测；（2）批量检测：适用于在相同的生产工艺条件下，混凝土强度等级相同，原材料、配合比、成型工艺、养护条件基本一致且龄期相近的同类结构或构件。按批进行检测的构件，抽检数量不得少于同批构件总数的 30% 且构件数量不得少于 10 件；（3）对某一方向尺寸小于 4.5m 且另一方向尺寸小于 0.3m 的构件，其测区数量可适当减少，但不应少于 5 个	《回弹法检测混凝土抗压强度技术规程》 JGJ/T 23—2011
超声回弹综合法检测混凝土强度	1. 检测项目及要求：（1）提供安全可靠的施工现场。（2）提供工程概况，需检测混凝土构件的设计强度、浇注日期及设计图纸等。（3）委托方应对检测面即混凝土表面清洁、平整，不应留有疏松层、浮浆、油垢、涂层以及蜂窝、麻面，必要时可用砂轮清除疏松层和杂物，且不应有残留粉末和碎屑。 2. 检测数量：（1）按单个构件检测时，应在构件上均匀布置测区，每个构件上测区数量不应少于 10 个；（2）批量检测：适用于在相同的生产工艺条件下，混凝土强度等级相同，原材料、配合比、成形工艺、养护条件基本一致且龄期相近的同类结构或构件。按批进行检测的构件，抽检数量不得少于同批构件总数的 30% 且构件数量不得少于 10 件；（3）对某一方向尺寸少于 4.5m 且另一方向尺寸小于 0.3m 的构件，其测区数量可适当减少，但不应少于 5 个	《超声回弹综合法检测混凝土强度技术规程》 （CECS02：2005）
钻芯法检测混凝土抗压强度	1. 检测项目及要求：（1）结构或构件受力较小的部位；（2）混凝土质量有代表性的部位；（3）便于安放和操作钻芯机的部位；（4）避开主筋、预埋件和其他管线的部位，也应尽量避开其他的钢筋的位置。2. 检测数量：（1）按单个构件检测时，每个构件的钻芯数量不应小于 3 个，对于较小构件可取 2 个；（2）对构件的局部区域进行检测时，应由检测单位指定钻芯位置和数量	《钻芯法检测混凝土强度技术规程》 CECS03：2007
钢筋探测（间距、保护层厚度）	检测构件由监理（建设）、施工等各方根据结构构件的重要性共同选定。检测数量由监督或监理单位确定或根据《建筑结构检测技术标准》（GB/T 50344—2004）中表 3.3.13 的规定确定	
混凝土中钢筋锈蚀状况检测	由设计或监理根据构件的重要性及受力性能进行确定。检测数量由监督单位或监理单位确定	《建筑结构检测技术标准》 GB/T 50344—2004

检测项目	检测方法、数量及要求	检测依据
超声法检测混凝土缺陷	1. 检测项目及要求：（1）被测部位应具有一对（或两对）相互平行的测试面；（2）委托方应对检测面即混凝土表面清洁、平整，不应留有疏松层、浮浆、油垢、涂层以及蜂窝、麻面，必要时可用砂轮清除疏松层和杂物，且不应有残留粉末和碎屑。（3）测试范围除应大于有怀疑的区域外，还应有同条件的正常混凝土进行对比，且对比点不应少于20点；（4）提供工程概况，原设计采用的混凝土强度等级、成型日期、混凝土原材料情况；混凝土质量状况和施工中存在的问题。搭架并提供工人协助检测方检测。（5）结构或构件类型、外形尺寸及数量，有关结构或构件设计图、竣工图等。 2. 检测数量：检测数量和检测位置由委托单位确定，提前一天通知检测单位及有关准备工作	《超声法检测混凝土缺陷技术规程》（CECS21：2000）
超声法检测钢管混凝土缺陷	1. 检测项目及要求：（1）在钢管内部预埋声测钢管（或塑料管），管的内径宜为35～50mm，各段声测管宜用外加套管连接并保持通直，管的下端应封闭，上端应加塞子。（2）声测管预埋数量：钢管直径≤0.8m时不得少于两根管；0.8m＜钢管直径≤1.6m时不得少于三根管，按等边三角形布置；＞1.6m以上时不得少于四根管，按正方形布置，声测管之间应保持平行。＞1.6m以上，宜增加预埋管数量。（3）提供工程概况，原设计采用的混凝土强度等级、成型日期、混凝土原材料情况；混凝土质量状况和施工中存在的问题。搭架并提供工人协助检测方检测。（4）结构或构件类型、外形尺寸及数量，有关结构或构件设计图、竣工图等。 2. 检测数量：（1）检测数量由委托单位确定；（2）受检柱的混凝土强度至少达到设计强度的70％，且不少于15MPa	《超声法检测混凝土缺陷技术规程》（CECS21：2000）

钢结构工程专项检测要求   表 2-7-4

检测对象	检测方法、数量及要求	检查依据
钢结构（钢管混凝土）焊缝内部质量	1. 检测项目及要求：全熔透一级焊缝、全熔透二级焊缝内部质量检测，优先采用超声波无损探伤方法进行内部质量缺欠检验，但超声波探伤不能对缺欠作出判断时应采用射线探伤检测。 2. 检测数量：（1）焊缝质量等级属一级的无损检测探伤比例为100％；焊缝质量等级属二级的无损检测探伤比例为20％。（2）分部工程验收时对全熔透一级、二级焊缝内部缺欠、外观缺欠、焊缝尺寸按焊缝条数随机抽检3％不少于3处3％见证随机抽检。（3）对工厂制作焊缝，按每条焊缝计算百分比，且探伤检测长度不小于200mm，当焊缝长度不足200mm时，应整条；焊缝进行探伤。（4）对现场安装焊缝，按同一类型、同一施焊条件的焊缝条数计算百分比，探伤长度应不小于200mm且不少于1条焊缝	GB 50205—2001；GB 50628—2010
承受静荷载的钢结构（钢管混凝土）焊缝内部质量	1. 检测项目及要求：（1）无损检测应在外观检测合格后进行。Ⅲ、Ⅳ类钢材及焊接难度等级为C、D级时，应以焊接完成24h后无损检测结果作为验收依据；钢材标称屈服强度不小于690MPa或供货状态为调质状态时，应以焊接完成48h后无损检测结果作为验收依据。（2）用超声波和射线两种方法检验同一条焊缝，必须达到各自的质量要求，方可判定合格。 2. 检测数量：（1）当外观检测发现裂纹时应对该批次同类焊缝进行100％表面检测，当外观检测怀疑有裂纹时对怀疑的部位进行表面检测。（2）焊缝质量等级属一级的，无损检测探伤比例为100％；焊缝质量等级属二级的，无损检测探伤比例为20％	GB 50661—2011《钢结构焊接规范》

检测对象	检测方法、数量及要求	检查依据
承受疲劳荷载进度钢结构内部质量	1. 检测项目及要求：（1）无损检测应在外观检查合格后进行。Ⅰ、Ⅱ类钢材及焊接难度等级为A、B级时，应以焊接完成24h后无损检测结果作为验收依据；Ⅲ、Ⅳ类钢材及焊接难度等级为C、D级时，应以焊接完成48h后无损检测结果作为验收依据。（2）用超声波和射线两种方法检验同一条焊缝，必须达到各自的质量要求，方可判定合格。（3）当外观检测发现裂纹时，应对该批次同类焊缝进行100%表面检测；当外观检测怀疑有裂纹时，应对怀疑的部位进行表面检测。 2. 检测数量：（1）对全熔透一、二级横向对接焊缝，焊缝全长范围内超声波检测比例为100%，板厚大于46mm时应双面双侧检测；对二级纵向对接焊缝，焊缝两端各1000mm范围内按100%比例进行超声波检测，板厚大于46mm时应双面双侧检测；对二级角焊缝，两端螺栓孔部位并延长500mm范围，板梁主梁及纵、横梁跨中1000mm范围内，按100%比例进行超声波检测，板厚大于46mm时应双面单侧检测。（2）板厚不大于30mm（含较薄板计）的对接焊缝，除对上述部位、按上述比例进行超声波检测外，还应采用射线检测抽检其接头数量的10%且不少于一个焊接接头。（3）板厚大于30mm的对接焊缝，除对上述部位、按上述比例进行超声波检测外，还应增加接头数量的10%且不少于一个焊接接头，按检验等级为C级、质量等级不低于一级的超声波检测，检测时焊缝余高应磨平，使用的探头折射角应有一个为45°，探伤范围应为焊缝两端各500mm。焊缝长度大于1500mm时，中部应加探500mm。当发现超标缺欠时应加倍检验	GB 50661—2011《钢结构焊接规范》
网架结构节点承载力试验	1. 检测项目及要求：（1）对建筑结构安全等级为一级，跨度40m及以上的公共建筑钢网架结构，且设计有要求时，应进行节点承载力试验。（2）焊接球节点应按设计指定规格的球及其匹配的钢管焊接成试件，进行轴心拉、压载力试验，其试验破坏荷载值大于或等于1.6倍设计承载力为合格。（3）螺栓球节点应按设计指定规格的球最大螺栓孔螺纹进行抗拉强度保证荷载试验，当达到螺栓的设计承载力时，螺孔、螺纹及封板仍保好无损为合格。 2. 检测数量：每项试验做3个试件	
钢结构防腐涂料厚度检测	1. 检测项目及要求：用干漆膜测厚仪检查。2. 检测数量：每个构件检测5处，每处的数值为3个相距50mm测点涂层干漆膜厚度的平均值；每检验批按构件数抽查10%，且每同类构件不应少于3件	GB 50205—2001
钢结构防腐涂料附着力检测	1. 检测项目及要求：当钢结构处在有腐蚀介质环境或外露且设计有要求时，应进行涂层附着力测试，在检测处范围内，当涂层完整程度达到70%以上时，涂层附着力达到合格质量标准的要求。2. 检测数量：按构件数抽查1%，且不少于3件，每件测3处	
防火涂料厚度检测	1. 检测项目及要求：用涂层厚度测量仪、测针和钢尺检查检查。测量方法应符合国家现行标准《钢结构防火涂料应用技术规程》（CECS24：90）的规定及GB 50205—2001附录F。2. 检测数量：每检验批按构件数抽查10%，且每同类构件不应少于3件	

	砌体结构工程专项检测要求	表 2-7-5
检测项目	检测方法、数量及要求	检查依据
砂浆强度 (贯入法)	1. 检测项目及要求：（1）应以面积不大于 25m² 的棚体构件为 1 个构件。（2）原材料试验资料，砂楽品种，设计强度等级和配合比浇注日期。（3）凿开批荡层，使待测灰缝砂浆暴露并经打磨平整后检测。 2. 检测数量：不大于 250m³ 砌体为一批，抽检数量不应少于砌体总构件数的 30%，且不少于 6 个构件，同楼层，同品种，同等级，龄期相近	《贯入法检测砌筑砂浆抗压强度技术规程》JGJ/T 136—2001
砂浆强度 (回弹法)	1. 检测项目及要求：（1）原材料试验资料，砂浆品种，设计强度等级和配合比浇注日期。（2）测位处的粉刷层、勾缝砂浆、污物等应清除干净；弹击点处的砂浆表面，应仔细打磨平整，并除去浮灰。 2. 检测数量：每个测位内均匀布置 12 个弹击点。选定弹击点应避开砖的边缘、气孔或松动的砂浆。相邻两弹击点的间距不应小于 20mm	《砌体工程现场检测技术标准》GB/T 50315—2011
原位轴压法	1. 检测项目及要求：（1）原材料试验资料，砂浆品种，设计强度等级和配合比浇注日期。（2）检测时，在墙体上开凿两条水平槽孔，安放原位压力机。本方法适用于推定 240mm 厚普通砖砲体的抗压强度；（3）2 测试部位宜选在墙体中部距楼、地面 1m 左右的高度处，槽间砌体每侧的墙体宽度不应小于 1.5m。同一墙体上，测点不宜多于 1 个，且宜选在沿墙体长度的中间部位，多于 1 个时，其水平净距不得小于 2.0m；（4）3 测试部位不得选在挑梁下、应力集中部位以及墙梁的墙体计算高度范围内。 2. 检测数量：每一检测单元内，应随机选择 6 个构件（单片墙体、柱），作为 6 个测区。当一个检测单元不足 6 个构件时，应将每个构件作为一个测区。每一测区不少于 1 个测点	《砌体工程现场检测技术标准》GB/T 50315—2011

	混凝土后锚固件专项检测要求	表 2-7-6
检测项目	检测方法、数量及要求	检测依据
后置锚固件（带肋钢筋、全螺纹螺杆和机械、化学锚栓）抗拔性能检测不适用于砌体、轻骨料、特种混凝土基材	1. 检测项目及要求：（1）现场抗拔承载力试验，应在锚固件外观检查合格的基础上进行抗拔承载力检测。（2）对重要结构构件、悬挑结构和构件、锚固设计参数和质量存疑、仲裁性检验应采用破坏性检验方法。（3）现场不能进行原位破坏性试验操作时，可采用同条件浇筑的同强度等级混凝土块体作为基体进行锚固和试验，但应征得设计和监理同意。（4）检测时机为锚固胶说明书标示的固化时间当天，但不得超过 7d。 2. 检测数量：（1）锚固质量现场检验抽样时，应以同品种、同规格、同强度等级的锚固件安装于锚固部位基本相同的同类构件为一检验批，并应从每一检验批所含的锚固件中进行抽样。（2）现场破坏性检测宜选择锚固区以外的同条件、易修复和易补种的位置，应按每一检验批锚固件总数的 1‰且不少于 5 件进行随机抽样。若锚固件为植筋且数量不超过 100 件时，可选取 3 件进行检测。（3）锚筋的非破坏性检验：对重要结构构件及生命线工程的非结构构件，应按同一检验批锚筋总数的 3% 且不少于 5 件抽样检验；对一般结构构件，应按每一检验批锚筋总数的 1% 且不少于 3 件抽样检验；对非生命线工程的非结构构件，应按每一检验批锚筋总数的 1‰ 且不少于 3 件抽样检验。（4）锚栓锚固质量的非破坏性检验：1）对重要结构构件及生命线工程的非结构构件，当检验批锚栓总数不大于 100 时，应按锚栓总数的 20% 且不少于 5 件抽样；当每批检验批锚栓总数不大于 500 时，应按锚栓总数的 10% 抽样；当每检验批锚栓总数不大于 1000 时，应按锚栓总数的 7% 抽样；当每检验批锚栓总数不大于 2500 时，应按锚栓总数的 4% 抽样；当每检验批锚栓总数达 5000 及以上时，应按锚栓总数的 3% 抽样；当每检验批锚栓总数介于两者数量之间时，可按现行内插法确定抽样数量。2）对一般结构构件应按重要结构构件抽样量的 50% 且不少于 5 件随机抽样。3）对非生命线工程的非结构构件，应按每检验批锚栓总数的 1‰ 且不少于 5 件抽样	GB 50550—2010《建筑结构加固工程施工质量验收规范》第 19.4.1、20.3.1。JGJ 145—2013《混凝土结构后锚固技术规程》第 9.6.4、9.6.5

检测项目	检测方法、数量及要求	检测依据
无机材料后锚固筋（光圆或带肋钢筋）抗拔承载力（不适用于轻骨料、特种混凝土）	检测数量：（1）现场检验取样时以同一规格型号、基本相同的施工条件和受力状态的锚筋为同一检验批。（2）破坏性检验应按同一检验批锚筋总数的1‰且不少于3根进行随机抽检。（3）锚筋的非破坏性检验：对重要结构构件及生命线工程的非结构构件，应按同一检验批锚筋总数的3‰不少于5根抽样检验；对一般结构构件及其他非结构构件，应按每一检验批锚筋总数的2‰且不少于5根抽样检验	JGJ/T 271—2012《混凝土结构工程无机材料后锚固技术规程》第6.2.1

建筑幕墙工程专项检测要求　　　　　　　　　表 2-7-7

检测项目	检测方法、数量及要求	检测依据
幕墙工程四性检验（抗风压、空气渗透、雨水渗漏及平面变形性能）	1. 检测方法及要求：（1）试件规格、型号和材料等应与生产厂家所提供图样一致，试件的安装应符合设计要求，不得加设任何特殊附件或采取其他措施，试件应干燥；（2）试件宽度至少应包括一个承受设计荷载的垂直承力构件。试件高度至少应包括一个层高，并在垂直方向上要有两处或以上与承重结构相连接。试件的组装和安装时的受力状况应和实际使用情况相符；（3）试件应包括典型的垂直接缝、水平接缝和可开启部分，并使试件上可开启部分占试件总面积的比例与实际工程接近；（4）单元式幕墙至少应包括一个与实际工程相符的典型十字缝，并有一个完整单元的四边形成与实际工程相同的接缝。 2. 检测数量：（1）幕墙抗风压性能、水密性能、气密性能为型式、交验收检验必检项目；幕墙平面内变形性能为型式检验必检项目，当有抗震设防要求或用于多层、高层钢结构时为必检项目。（2）幕墙四性试验样品应具有代表性，工程中不同结构类型的幕墙可分别或以组合形式进行必检项目的检验。每个工程应按主要支承结构或面板材料进行抽取样品。（3）对于应用高度不超过24m，且总面积不超过300m² 的建筑幕墙，交验收检验是的幕墙四性试验项目可采用同类产品的型式试验结果，但型式试验的样品必须能够代表该工程幕墙、型式试验样品性能指标应不低于该工程幕墙的性能指标。（4）当幕墙面积大于300m² 时，或者处于临街、人流比较密集的场所，不同型式、不同构造或不同材质的幕墙应分别单独进行试验	GB 50210—2001《建筑装饰装修工程质量验收规范》；GB/T 21086—2007《建筑幕墙》；《建筑幕墙气密、水密、抗风压性能检测方法》GB/T 15227—2007；《建筑幕墙平面内变形性能检测方法》GB/T 18250—2000
外墙金属窗、塑料窗抗风压性能、空气渗透性能和雨水渗漏性能	1. 检测方法及要求：（1）送检的样品数量3樘，安装附框并固定和密封，不得附有任何多余的零配件或采用特殊的组装工艺或改善措施。（2）提供试件的立面、剖面图和相关的工程设计值。样品任一方向尺寸大于3m的，需由委托方自行安装在幕墙箱体上。 2. 检查数量：（1）检验批划分：同一品种、结构类型和规格尺寸的门，每50樘应划分为一个检验批，不足50樘应按一个检验批计；同一品种、结构类型和规格尺寸的窗，每100樘应划分为一个检验批，不足100樘应按一个检验批计。（2）检测抽样比例：门、高层建筑外窗，每个检验批至少抽查10‰，且不得少于6樘；窗，每个检验批应至少按5‰比例抽样，且不得少于3樘。（3）一次抽检的门、窗中，如有1樘检测不合格，则应另外抽取双倍数量重新检验。如二次抽检的樘数中仍有1樘不合格，则该批门窗安装质量为不合格	DBJ 15—30—2002《铝合金门窗工程设计、施工及验收规范》；GB/T 7106—2008《建筑外门窗气密、水密、抗风压性能分级及检测方法》；《铝合金门窗》GB/T 8478—2008；《钢塑共挤门窗》JG/T 207—2007；《钢门窗》GB/T 20909—2007

检测项目	检测方法、数量及要求	检测依据
门窗现场检测（气密性能、水密性能、抗风压性能、现场淋水、撞击性能）	1. 检测方法及要求：到现场进行检测，检测数量三樘，提供试件的立面、剖面图和相关的工程设计值，外窗及连接部位安装完毕达到正常使用状态。 2. 检查数量：试件选取同窗型、同规格、同型号三樘为一组	《建筑外窗气密、水密、抗风压性能现场检测方法》JG/T 211—2007；《建筑门窗工程检测技术规程》JGJ/T 205—2010；《公共建筑节能检测标准》JGJ/T 177—2009

建筑装饰装修工程专项检测要求　　　　表 2-7-8

检测项目	检测方法、数量及要求	检测依据
外墙饰面砖样板件的粘结强度检测	1. 检查方法及要求：（1）利用红外成像仪进行普查，应用粘接强度抗拔仪进行粘接强度检测。（2）委托方应安排人员在检测部位用手提切割机按标准块尺寸（45mm×95mm 或 40mm×40mm）沿饰面砖表面切至基面（混凝土或砖墙体），每个饰面砖试样切割时，要有两条边是沿灰缝切割。 2. 检查数量：（1）带饰面砖的预制墙板：每 1000m² 同类带饰面砖的预制墙板作为一个检验批，不足 1000m² 按 1000m² 计，每批应取 1 组，每组应为 3 块板，每块板引制取 1 个试样对饰面砖粘结强度进行检验。（2）饰面砖：每 1000m² 同类墙体饰面砖作为一个检验批，不足 1000m² 按 1000m² 计，每批应取取 1 组试样，每组 3 个试样，每相邻的三个楼层应至少抽取 1 组试样，试样应随机抽取，取样间距不得小于 500mm。（3）采用水泥胶粘剂粘贴外墙饰面砖时，可按胶粘剂使用说明书的规定时间或在粘贴外墙饰面砖 14d 及以后进行其粘结强度检验。粘贴后 28d 以内检验结果达不到标准要求或有争议时，应以 28～60d 内约定时间检验的粘结强度为准	GB 50210—2001《建筑装饰装修工程质量验收规范》第 8.1.2、8.1.7 《建筑工程饰面砖粘接强度》（JGJ 110—2008）第 3.0.2、3.0.3、3.0.5、3.0.6、3.0.7 条
室内环境污染物浓度（甲醛、氨、苯、TVOC、氡总挥发性有机化合物浓度）	1. 检测方法及要求：（1）检测应在工程完工至少 7 天后、交付使用之前进行。（2）甲醛、苯、氨、TVOC 检测：对采用集中空调的民用建筑工程，应在空调正常运转的条件下进行；采用自然通风的工程，应在对外门窗关闭 1h 后检测；固定式家具应保持正常使用状态。（3）氡浓度检测：采用集中空调的工程，应在空调正常运转条件下检测；对采用自然通风的工程，应在房间的对外门窗关闭 24h 后进行。 2. 检查数量：（1）抽检每个建筑单体有代表性的房间室内环境污染物浓度，抽检数量不得少于房间总数的 5%，每个建筑单体不得少于 3 间；当房间总数少于 3 间时，全数检测。（2）民用建筑工程验收时，凡进行了样板间室内环境污染物浓度检测且检测结果合格的，抽检数量减半，且不得少于 3 间。（3）室内环境污染物浓度检测点数按房间面积设置：1）房间使用面积<50m² 时，设 1 个检测点；2）房间使用面积≥50<100m² 时，设 2 个检测点；3）房间使用面积≥100<500m² 时，设不少于 3 个检测点；4）房间使用面积≥500<1000m² 时，设不少于 5 个检测点；5）房间使用面积≥1000<3000m² 时，设不少于 6 个检测点；6）房间使用面积≥3000m² 时，每 1000m² 设不少于 3 个检测点。（4）当室内环境污染物浓度检测结果不合格时，应查找原因并采取措施进行处理。处理后，可对不合格项进行再次检测；再次检测时，抽检量应增加一倍，且应包含同类型房间及原不合格房间。再次检测结果全部复核规范要求时，方可判定室内环境质量合格	GB 50210—2001《建筑装饰装修工程质量验收规范》第 13.0.9 条 GB 50325—2010（2013 年版）《民用建筑工程室内环境污染控制规范》6 验收

建筑电气工程专项检测要求　　　　　　　　　　表 2-7-9

检测项目	检测方法、数量及要求	检测依据
防雷检测	防雷接地电阻投入使用前进行检测	《建筑电气工程施工质量验收规范》GB 50303—2015、《电气装置安装工程电气设备交接试验标准》GB 50150—2006
发电机组现场负载试验	投入使用前100%进行检测；委托时需提供产品出厂合格证、技术资料及自检报告等；现场需要调试人员配合	GB/T 2820—2009《往复式内燃机驱动的交流发电机组》第5、6部分
室内照明测量	总数的20%抽检，数量不得小于10套，总数小于10套时全部检测	《照明测量方法》GB/T 5700—2008；《公共场所照度测定方法》GB/T 18204.21—2000
低压配电电源质量（谐波电流、谐波电压和不平衡度）	全数	《建筑电气工程施工质量验收规范》GB 50303—2015、GB 50411—2007《建筑节能工程施工质量验收规范》
室外道路照明工程检测（平均照度、照明功率密度、照度均匀度、环境比）	1. 检查要求：（1）照明图纸；（2）LED灯及其他灯具需要开启不少30min；（3）与交通部门协助疏导交通，确保安全生产；（4）应安排熟悉图纸及设计施工情况的相关负责人员全程见证检测并提供必要的协助。 2. 检测数量：按路段区域抽检10%	《城市道路照明设计标准》CJJ 45—2006 《照明测量方法》GB/T 5700—2008

给水排水管道工程专项检测要求　　　　　　　　　　表 2-7-10

检测项目	检测方法、数量及要求	检测依据
压力管道水压试验	1. 检测要求：（1）提供设计图纸和设计说明书；（2）提供水泵。（3）提供自来水水源。2. 检测数量：按设计规定或委托方要求抽取管段试验，水压试验的管段长度不宜大于1.0km	《给水排水管道工程施工及验收规范》GB 50268—2008
无压力管道闭水试验	1. 检查要求：（1）提供设计图纸和设计说明书。（2）提供工作用水。2. 检测数量：按设计规定或委托方要求抽取管段试验，无压力管道的闭水试验，条件允许时可一次试验不超过5个连续井段	《给水排水管道工程施工及验收规范》GB 50268—2008
无压力管道闭气试验	1. 检测要求：（1）提供设计图纸和设计说明书。（2）做好管道密封措施。2. 检测数量：按设计规定或委托方要求抽取管段试验每两个井之间的井段（混凝土管道）	《给水排水管道工程施工及验收规范》GB 50268—2008
排水管道电视检测（CCTV）与评估	1. 检测要求：（1）提供设计图纸和设计说明书。（2）提供工作用水、电；做好管道清污工作。2. 检测数量：按设计规定或委托方要求抽取管段试验每两个井之间的井段，且每个井段之间距离不大于150m	《城镇排水管道检测与评估技术规程》CJJ 181—2012

续表

检测项目	检测方法、数量及要求	检测依据
给水排水构筑物满水试验	1. 检测要求：（1）提供设计图纸和设计说明书；（2）提供水泵。（3）提供自来水水源。 2. 检测数量：水池、泵站、闸室等水处理构筑物、贮水调蓄构筑物，施工完毕后必须进行满水试验	《给水排水构筑物工程施工及验收规范》GB 50141—2008
给水排水构筑物气密性试验	1. 检测要求：（1）提供设计图纸和设计说明书。（2）提供工作用水、电。2. 检测数量：消化池满水试验合格后，应进行气密性试验	《给水排水构筑物工程施工及验收规范》GB 50141—2008

建筑节能工程专项检测要求　　　　　表 2-7-11

检测对象	检测项目	检测比例	检测要求	检测依据
围护结构现场实体节能检验	外墙外保温系统节能构造（墙体保温材料的种类、保温层厚度、构造做法）	钻芯法检测：每个单位工程的每种节能做法的外墙至少抽查3处，每处取3个芯样。取样部位宜均匀分布，不宜在同一个房间外墙上取2个或2个以上芯样	1. 围护结构施工完成后，当外墙采用外保温或内保温系统构造时，应对外墙节能构造进行现场试验，检验结果不符合要求时，则直接对外墙的传热系数进行现场检测。 2. 外墙节能构造的现场实体检验应在监理单位或建设单位人员见证下，委托有资质的检测机构实施。检测位置由建设单位会同监理单位确定部位。 3. 当检测结果不符合设计要求和验收标准规定时，应扩大一倍数量抽样，对不符合要求的项目或参数再次抽检。仍然不符合要求时，应给出"不合格"的结论。 4. 对检测不合格的围护结构节能保温做法应查找原因，经计算或评估对节能的影响程度后采取技术措施加以弥补或消除后重新检测，合格后方可验收	《广东省建筑节能工程施工质量验收规范》DBJ 15—65—2009；《建筑节能工程施工质量验收规范》GB 50411—2007；《居住建筑节能检测标准》JGJ/T 132—2009；《公共建筑节能检测标准》JGJ/T 177—2009；《建筑物围护结构传热系数及采暖供热量检测方法》GB/T 23483—2009。
	传热系数	每个单位工程的每种节能做法的外墙至少抽查1处；宜在受检围护结构施工完成至少12个月后进行。检测时间宜选在最冷月，且应避开气温剧烈变化的天气		

续表

检测对象	检测项目	检测比例	检测要求	检测依据
通风与空调系统节能性能	室内温度	居住建筑每户抽测卧室或起居室1间，其他建筑按空调房间总数抽测10%	冬季不得低于设计计算温度2℃，且不应高于1℃；夏季不得高于设计计算温度2℃，且不应低于1℃	《广东省建筑节能工程施工质量验收规范》DBJ 15—65—2009；《建筑节能工程施工质量验收规范》GB 50411—2007
	各风口的风量	按风管系统数量抽查10%，且不得少于1个系统	≤15%	
	通风与空调系统的总风量	按风管系统数量抽查10%，且不得少于1个系统	≤10%	
	风机单位风量耗功率	抽检比例不应少于空调机组总数的10%；不同风量的空调机组检测数量不应少于1台		
	空调机组的水流量	按系统数量抽查10%，且不得少于1个系统	≤20%	
	空调机组冷冻水供回水温差	按系统数量抽查10%，且不得少于1个系统	≥4.0℃	
	空调系统冷热水、冷却水总流量	全数	≤10%	
	冷却水泵效率	全数		
	冷冻水泵效率	全数		
	冷却塔性能	全数		
	冷水机组	对于2台及以下（含2台）同型号机组，应至少抽取1台；对于3台及以上（含3台）同型号机组，应至少抽取2台		
配电与照明节能系统性能	平均照度与照明功率密度	按同一功能区不少于2处，功率密度应低于规定值	≤10%	DBJ 15—65—2009《广东省建筑节能工程施工质量验收规范》；GB 50411—2007《建筑节能工程施工质量验收规范》
	三相照明配电干线各相负荷平衡比	全数		
	电源质量	全数		

续表

检测对象	检测项目	检测比例	检测要求	检测依据
空调系统冷、热源和辅助设备及其管网节能性能	供热系统室外管网的水力平衡度	每个热源与换热站均不少于1个独立的供热系统	0.9～1.2	GB 50411—2007《建筑节能工程施工质量验收规范》
	供热系统的补水率	每个热源与换热站均不少于1个独立的供热系统	0.5%～1%	
	室外管网的热输送效率	每个热源与换热站均不少于1个独立的供热系统	≥0.92	

智能建筑工程专项检测要求   表 2-7-12

检测对象	检测项目	检测数量规定	检测依据标准或规范
智能化系统集成	通用要求	在被集成系统检测完成后检测完成后进行。应在服务器和客户端分别进行，检测点应包括每个被集成子系统	GB 50339—2013《智能建筑工程质量验收规范》
	接口功能	各接口应全数检测	
	集中监视、储存和统计功能	按照 GB 50339—2013 4.0.5-3 每个被集成系统的抽检数量宜为系统信息点数的5%，且抽检点数不应少于20点，当信息点数少于20点时应全部检测	
	报警监视及处理功能	每个被集成系统的抽检数量不应少于该系统报警信息点数的10%	
	控制与调节功能	各集成系统全部检测。应在服务器与客户端分别输入设置参数进行检测	
	联动配置与管理功能	各被集成系统全部检测	
	权限管理功能	全数检测	
	冗余功能	全数检测	
	文件报表生存和打印功能	应逐项检测	
	数据分析功能	各被集成系统全部检测	
信息接入系统		根据设计要求确定	GB 50339—2013《智能建筑工程质量验收规范》；GB/T 2887—2011《计算机场地通用规范》；SJ/T 10694—2006《电子产品制造与应用系统防静电检测通用规范》

续表

检测对象	检测项目	检测数量规定	检测依据标准或规范
用户电话交换系统		根据设计要求确定	GB 50339—2013《智能建筑工程质量验收规范》；YD/T 5077—2005《固定电话交换设备安装工程验收规范》
信息网络系统	计算机网络系统（含无线局域网）	(1) 连通性检测：应按接入层设备总数的 10% 进行抽样测试，且抽样数不应少于 10 台；接入层设备少于 10 台的应全部检测；(2) 传输时延和丢包率：对于核心层的骨干链路、汇聚层到核心层的上联链路应进行全部检测；对于接入层到汇聚层的上联链路应按不低于 10% 的比例进行抽样测试，且抽样数不应少于 10 条；上联链路数不足 10 条的应全部检测；(3) 路由检测、组播功能、QoS 功能、容错功能、网络管理功能：全数检测	GB 50339—2013《智能建筑工程质量验收规范》；GB/T 21671—2008《基于以太网技术的局域网系统验收测评规范》；YD/T 1287—2003《具有路由功能的以太网交换机测试方法》；CECS182：2005《智能建筑工程检测规程》
	无线局域网功能	应按无线接入点总数的 10% 进行抽样测试，抽样数不应少于 10 个；无线接入点少于 10 个的，应全部测试	
	网络安全系统	按照 GB 50339—20137.3 网络安全系统宜包括结构安全、访问控制、安全审计、边界完整性检查、入侵防范、恶意代码防范和网络设备防护等安全保护能力的检测；CECS182：2005 5.3.2 应用系统应全数检测	
综合布线系统	工程电气性能测试、光纤特性测试（缆线接线图、缆线长度、近端串扰损耗、衰减量、回波损耗、等效远端串扰损耗、相邻线对综合近端串扰、综合等效远端串扰损耗、时延和时延差、近端串扰衰减比、光纤长度、光纤链路衰减）	(1) 竣工验收抽验时，双绞线电缆链路、光纤信道抽检比例必须大于或等于 10%；同时抽检数必须大于或等于 100（信息点或线对）。(2) 抽样点必须包括最远布线点；(3) 标签和标识按 10% 抽检；(4) 系统软件功能全部检测；(5) 电子配线架应检测管理软件中显示的链路连接关系与链路的物理连接的一致性，按 10% 抽检。(6) 光缆布线必须全部检测	GB 50339—2013《智能建筑工程质量验收规范》；GB 50312—2007《综合布线工程验收规范》；GB 50311—2007《综合布线系统工程设计规范》；YD/T1013—1999《综合布线系统电气特性通用测试方法》
公共广播系统	系统功能性检测（电声性能、最高输出电压、输出信噪比、声压级、频宽）、前端设备	主机设备全数检测，末端设备应按 10% 抽检	GB 50339—2013《智能建筑工程质量验收规范》；GB 50526—2010《公共广播系统工程技术规范》；GB 50526—2010《公共广播系统工程技术规程》；GB/T 4959—1995《厅堂扩声特性测量方法》；GB/T 9396—1996《扬声器主要性能测试方法》；GB/T 14475—1993《号筒扬声器测量方法》

续表

检测对象	检测项目	检测数量规定	检测依据标准或规范
会议系统	扩声、视频显示、灯光、同声传译、讨论、表决、集中控制、摄像、录播、签到管理等系统功能	根据设计要求	GB 50339—2013《智能建筑工程质量验收规范》GB/T 50525—2010；《视频显示屏系统工程测量规范》
信息引导和发布系统	显示性能、断电后恢复供电后的自动恢复功能、终端设备远程控制等系统功能	根据设计要求	GB 50339—2013《智能建筑工程质量验收规范》；GB 50464—2008《视频显示系统工程技术规范》
时钟系统	母钟与时标信号接收器同步、母钟对子钟同步校时等	根据设计要求	GB 50339—2013《智能建筑工程质量验收规范》；QB/T 4054—2010《时间同步系统》
信息化应用系统	设备功能、应用软件功能、应用软件性能、信息系统安全	根据设计要求	
设备监控系统	暖通空调监控系统	冷热源的监测参数应全部检测；空调、新风机组的监测参数应按总数的20%抽检，且不少于5台，不足5台时应全部检测；各种类型传感器、执行器应按10%抽检，且不应少于5只，不足5只时应全部检测	GB 50339—2013《智能建筑工程质量验收规范》
	变配电监测系统	对高低压配电柜的运行状态、变压器的温度、储油罐的液位、各种备用电源的工作状态和联锁控制功能等应全部检测；各种电气参数检测数量应按每类参数抽20%，且数量不应少于20点，数量少于20点时应全部检测	
	公共照明监控系统检测	应按照明回路总数的10%抽检，数量不应少于10路，总数少于10路时应全部检测	
	给排水监控系统	给水和中水监控系统应全部检测；排水监控系统应抽检50%，且不得少于5套，总数少于5套时应全部检测	GB 50339—2013《智能建筑工程质量验收规范》；GB 50268—2008《给水排水管道工程施工及验收规范》
	电梯和自动扶梯系统	启停、上下行、位置、故障等运行状态显示功能全数检测	
	能耗监测系统	能耗数据的显示、记录、统计、汇总及趋势分析等功能全数检测	GB 50339—2013《智能建筑工程质量验收规范》
	中央管理工作站	中央管理工作站功能应全部检测，操作分站应抽检20%，且不得少于5个，不足5个时应全部检测	

检测对象	检测项目	检测数量规定	检测依据标准或规范
设备监控系统	建筑设备监控系统实时性（命令响应时间和报警信号响应时间）	应抽检10%且不得少于10台，少于10台时应全部检测	
	可靠性（系统运行的抗干扰性能、电源切换时系统运行的稳定性）	全数检测。在系统正常运行时，启停现场设备或投切备用电源，进线系统检测	GB 50339—2013《智能建筑工程质量验收规范》
	可维护性（应用软件的在线编程和参数修改功能、设备和网络通信故障的自检测功能）	全数检测。通过模拟修改参数和设置故障办法检测	
安全技术防范系统	功能检测、前端设备检测	（1）安全防范综合管理、入侵报警、视频安防监控、出入口控制、电子巡查、停车库（场）管理等子系统功能、联动功能应按设计要求逐项检测；（2）视频监控系统摄像机、入侵报警系统探测器、门禁系统出入口识读设备、巡更系统电子巡查信息识读器等设备抽检的数量不应低于20%，且不应少于3台，数量少于3台时，应全部检测	GB 50339—2013《智能建筑工程质量验收规范》；GB 50348—2004《安全防范工程技术规范》；CECS182：2005《智能建筑工程检测规程》
应急响应系统	功能检测	按设计要求逐项进行功能检测。且应在火灾自动报警、安全技术防范、智能化集成和其他关联智能化系统检测合格后进行	GB 50339—2013《智能建筑工程质量验收规范》
机房工程	供配电系统输出电能质量、不间断电源的供电时延、静电防护、机房环境、防雷与接地、空调系统等系统的检测	根据设计要求确定	GB 50339—2013《智能建筑工程质量验收规范》；GB/T 14549—2008《电能质量公用电网谐波》；GB 50462—2008《电子信息系统机房施工及验收规范》
防雷与接地		根据设计要求确定。检测接地装置及连接点安装、接地电阻阻值、接地导体（规格敷设及连接方法）、等电位联结带（规格、联结方法和安装位置）、屏蔽设施安装、电涌保护器（性能参数、安装位置、安装方式等）	GB 50339—2013《智能建筑工程质量验收规范》

建筑工程沉降观测和边坡监测 表 2-7-13

监测项目	监测目的	监测点布设	监测频率	委托方配合	规范或文件依据
建筑沉降观测	对地基基础设计等级为甲级建筑物、复合地基或软弱地基上的地基基础设计等级为乙级建筑物、基础有严重质量问题并经工程处理的建筑物、加层或扩建建筑物、受深基坑开挖等施工影响的临近建筑物、受场地地下水等环境因素变化影响的建筑物、采用新型基础或新型结构的建筑物和设计要求进行沉降观测的建筑物，在施工期间及施工期间应进行沉降变形观测直至基础沉降达到稳定标准。监测建筑物在施工过程及使用过程中各主要受力构件的沉降量，推算基础或构件的倾斜度和基础相对弯曲度	沉降观测点的布设应能全面反映建筑及地基变形特征，并顾及地质情况及建筑结构特点。点位宜选设在下列位置：1. 建筑的四角、核心筒四角、大转角处及沿外墙每 10～20m 处或每隔 2～3 根柱基上；2. 高低层建筑、新旧建筑、纵横墙等交接处的两侧；3. 建筑裂缝、后浇带和沉降缝两侧、基础埋深相差悬殊处、人工地基与天然地基接壤处、不同结构的分界处及填挖方分界处；4. 对于宽度大于等于 15m 或小于 15m 而地质复杂以及膨胀土地区的建筑，应在承重内隔墙中部设内墙点，并在室内地面中心及四周设地面点；5. 邻近堆置重物处、受振动有显著影响的部位及基础下的暗浜（沟）处；6. 框架结构建筑的每个或部分柱基上或沿纵横轴线上；7. 筏形基础、箱形基础底板或接近基础的结构部分之四角处及其中部位置；8. 重型设备基础和动力设备基础的四角、基础形式或埋深改变处以及地质条件变化处两侧；9. 对于电视塔、烟囱、水塔、油罐、炼油塔、高炉等高耸建筑，应设在沿周边与基础轴线相交的对称位置上，点数不少于 4 个	建筑施工阶段的观测应符合下列规定：1. 普通建筑可在基础完工后或地下室砌完后开始观测，大型、高层建筑可在基础垫层或基础底部完成后开始观测；2. 观测次数与间隔时间应视地基与加荷情况而定。民用高层建筑可每加高 1～5 层观测一次，工业建筑可按回填基坑、安装柱子和屋架、砌筑墙体、设备安装等不同施工阶段分别进行观测。若建筑施工均匀增高，应至少在增加荷载的 25%、50%、75% 和 100% 时各测一次；3. 施工过程中若暂停工，在停工时及重新开工时应各观测一次。停工期间可每隔 2～3 个月观测一次。建筑使用阶段：1. 观测次数，应视地基土类型和沉降速率大小而定。除有特殊要求外，可在第一年观测 3～4 次，第二年观测 2～3 次，第三年后每年观测 1 次，直至稳定为止；2. 在观测过程中，若有基础附近地面荷载突然增减、基础四周大量积水、长时间连续降雨等情况，均应及时增加观测次数。当建筑突然发生大量沉降、不均匀沉降或严重裂缝时，应立即进行逐日或 2～3d 一次的连续观测；3. 建筑沉降是否进入稳定阶段，应由沉降量与时间关系曲线判定。当最后 100d 的沉降速率小于 0.01～0.04mm/d 时可认为已进入稳定阶段。具体取值宜根据各地区地基土的压缩性能确定	资料：1. 工程概况；2. 工程地质勘察报告；3. 管线布置平面图；4. 设计监测点平面图和监测要求；5. 设计图纸；6. 现场负责监测工作的业主、监理及施工单位联系人。现场配合：1. 现场应三通一平；2. 提供水、电接口	DBJ 15—31—2003《建筑地基基础设计规范》第 13.2.9、JGJ 8—2007《建筑变形测量规范》第 5.5.5 建筑变形测量规程 JGJ 8—2007

续表

监测项目	监测目的	监测点布设	监测频率	委托方配合	规范或文件依据
边坡监测	水平位移、竖向位移	设置监测点，并采用全站仪、水准仪监测	边坡工程施工过程中，应严格记录气象条件、挖方、填方、堆载等情况。爆破施工时，应监控爆破对周边环境的影响。土石方工程完成后，尚应对边坡的水平位移和竖向位移进行监测，直到变形稳定为止，且不得少于 3 年		GB 50007—2011《建筑地基基础设计规范》第 10.3.6、DBJ 15—31—2003《建筑地基基础设计规范》第 13.2.7

室外工程土工试验、无机结合料稳定材料试验   表 2-7-14

检测项目	取样批量规定	取样方法	送检要求	检测依据的标准或规程
土工（稠度、界限含水率、天然密度、固结、剪切、颗粒分析、渗透、天然坡度角）	（1）初步勘察取样应符合下列要求：取样的勘探孔宜在平面上均匀分布，其数量可占勘探孔总数的 1/4～1/2；每孔的数量及竖向间距，应按地层特点和土的均匀程度确定，每层土均应取样，数量不得少于 6 个/孔；（2）详细勘探取样应符合下列要求：取样布点按勘探孔总数的 1/2～2/3，对安全等级为一级的建筑物，每幢不得少于 3 孔；每孔的数量及竖向间距在主要受力层为且不得少于 6 个/孔。（特殊土质参考《岩土工程勘察规范》）	应根据试样不同等级选用不同类型的取土器，并参照《岩土工程勘察规范》第八章的技术要求	各级土样应妥善密封，防止湿度变化，并避免曝晒或冰冻，在运输中应避免振动，保存时间不宜超过三周。送检时提供详细的孔位号及每孔试样详细的水平标高	《土工试验方法标准》GB/T 50123—1999；《公路土工试验规程》JTGE 40—2007
击实试验	每种类型的土质取样 1～3 组进行试验	每组取土 30kg	送检时提供土质类型或者回填点位置及编号等相关信息	《土工试验方法标准》GB/T 50123—1999；《公路土工试验规程》JTGE 40—2007
承载比试验	无机结合料基层施工质量控制：每 3000m²1 次，据观察，异常时随时增加试验；素土：每一种土质抽检 1 组	在需检测的土壤中直接取样。每组样品 50kg	送检时提供土质类型或者回填点位置及编号等相关信息	《公路土工试验规程》JTGE 40—2007
无机结合料稳定土击实	每种类型的土质取样 1～3 组进行试验	每组取样不少于 60kg	送检时提供土质类型或者回填点位置及编号等相关信息	《公路工程无机结合料稳定材料试验规程》JTGE 51—2009

续表

检测项目	取样批量规定	取样方法	送检要求	检测依据的标准或规程
无机结合料稳定土无侧限抗压强度	基层、底基层：每种无机结合料稳定土每层每 2000m² 取样 1 组进行试验	细粒土：6 个 050×50 试件；中粒土：9 个 0100×100 试件；粗粒土：13 个 0150×150 试件。（委托成型）无机结合料稳定石屑（石粉），每组取样 20kg。无机结合料稳定碎石，每组取样 90kg	送检时提供土质类型或者回填点位置及编号等相关信息	《公路工程无机结合料稳定材料试验规程》JTGE 51—2009

绿化工程专项检测 表 2-7-15

检测项目	取样批量规定	取样方法	委托方现场配合工作	检测依据的标准或规范
土壤分析（水分检测全氮检测全磷检测、全钾检测有机质检测 PH 检测、全盐量检测（电导率）、水解性氮、速效钾、有效磷、总孔隙度、容重、土壤颗粒组成及质地名称）	客土：每 500m³ 为一个检验批，不少于 2 批次；原土：每 5000m³ 为一个检验批，不少于 2 批次	（1）用蛇形取样法采集混合土样（即 S 形）在确定的采样点上用小土钻采取 5～10 个土样，然后将样品集中起来混合均匀，用四分法分取，每个土样宜为 1kg。（2）采样深度应按如下规定：种植草本植物，采集 0～30cm 的土样；种植木本植物，采集 0～30cm、30～60cm 两层土样；种植乔木，还应采集 80～150cm 的土样	要求施工方提供工程概况、绿化工程图纸；现场有施工人员协助取样；如见证取样，监理方需有监理人员在现场见证取样	《广东城市绿化工程施工和验收规范》DB 44/T 581—2009；园林种植土 DB 440100/T 106—2006；土壤水分测定法 NY/T 52—1987 LY/T 1213—1999；土壤全氮测定法 NY/T 53—1987 LY/T 1228—1999；土壤全磷测定法 NY/T 88—1988 LY/T 1232—1999；土壤全钾测定法 NY/T 87—1988 LY/T1 234—1999；土壤有机质测定法 NY/T 85—1988 NY/T 1121.6—2006 LY/T 1237—1999；森林土壤 PH 的测定 NY/T 1121.2—2006 LY/T 1239—1999；森林土壤水溶性盐分分析 LY/T 1251—1999；森林土壤水解性氮的测定 LY/T 1229—1999；森林土壤速效钾的测定 NY/T 889—2004 LY/T 1236—1999；森林土壤有效磷的测定 NY/T 1121.7—2006 LY/T 1233—1999；森林土壤水分—物理性质的测定 LY/T 1215—1999；土壤检测第 4 部分：土壤容重的测定 NY/T 1121.4—2006；森林土壤颗粒组成的测定 NY/T 1121.3—2006 LY/T 1225—1999

续表

检测项目	取样批量规定	取样方法	委托方现场配合工作	检测依据的标准或规范
森林土壤水质（pH值、全盐量、总碱度、总酸度、总硬度、硫酸根离子、氯离子）	如果不是自来水需进行检测；同一水质、同一地点，抽取两个样	地表水在水域中部位置取样；地下水直接用容器采集；再生水在取水管道终端接取；在5个不同的取样点随机取样5L为一个样；装水容器先用抽样的水冲洗两遍后再装水	要求施工方提供工程概况；现场有施工人员协助取样；如见证取样，监理方需有监理人员在现场见证取样	农田灌溉水质标准 GB 5084—2005；水质 pH 值的测定玻璃电极法 GB 6920—1986；森林土壤水化学分析 LY/T 1275—1999
肥料（复混肥中钾含量、游离水含量、有效磷含量、总氮含量；有机肥全氮含量、全钾含量、全磷含量、有机物含量、有机质含量、酸碱度、水分含量、速效磷含量、速效钾含量）	同一批次有机肥不少于两个样；无机肥同一厂家、同种批号，每500kg抽一个样；少于500kg按500kg标准抽样，每点不少于两个样	有机肥料一般应将肥料混合均匀后，选取10～20点，每个干的样品抽1.5kg左右，湿样5kg。无机肥料抽取1kg左右	要求施工方提供工程概况、绿化工程图纸；现场有施工人员协助取样；如见证取样，监理方需有监理人员在现场见证取样	有机肥料 NY 525—2012；复混肥料中钾含量的测定—四苯硼酸钾重量法 GB/T 8574—2010；复混肥料中游离水含量的测定—真空烘箱法 GB/T 8576—2010；复混肥料中有效磷含量测定 GB/T 8573—2010；复混肥料中总氮含量的测定—蒸馏后滴定法 GB/T 8572—2010；有机肥料有机物总量的测定 NY/T304—1995 有机肥料速效磷含量的测定 NY/T 300—1995；有机肥料速效钾含量的测定 NY/T 301—1995
植物营养成分（粗灰分、全氮、全磷、全钾）	同一批次植物样品不少于两个样	植物样品一般应混合均匀，每个干的样品抽1.5kg左右，湿样5kg左右	要求施工方提供工程概况、绿化工程图纸；现场有施工人员协助取样；如见证取样，监理方需有监理人员在现场见证取样	森林植物与森林枯枝落叶层粗灰分的测定 LY/T 1268—1999；森林植物与森林枯枝落叶层全氮的测定 LY/T 1269—1999；森林植物与森林枯枝落叶层全硅、铁、铝、钙、镁、钾、钠、磷、硫、锰、铜、锌的测定 LY/T 1270—1999；森林植物与森林枯板落叶层全氮、磷、钾、钠、钙、镁的测定 LY/T 1271—1999
植物病虫害检验	植物种植后，应对整体植物材料进行病虫害检验	普查：全线踏查；定点调查样地：地被面积不少于调查总面积的1%～5%，乔木、灌木总株数少于30株的全数调查，总株数大于30株的调查数应不少于30株	要求施工方提供工程概况、绿化工程图纸、苗木清单；现场有施工人员协助病虫害调查；如见证取样，监理方需有监理人员在现场见证	城市绿化工程施工和验收规范 DB 440100/T 114—2007；园林植物保护技术规范 DB 440100/T 47—2010；园林绿化用植物材料 DB 440100/T 105—2006；进出境植物苗木检疫规程 SN/T 1157—2002；广东城市绿化工程施工和验收规范 DB 44/T 581—2009；城市绿化和园林绿地用植物材料木本苗 CJ/T 24—1999

续表

检测项目	取样批量规定	取样方法	委托方现场配合工作	检测依据的标准或规范
苗木规格（胸径、地径、基径、树高、灌高、净干高、冠幅）	绿化工程植物进场，应进行苗木规格检验	普查：全线踏查	要求施工方提供工程概况、绿化工程图纸、苗木清单；现场有施工人员协助苗木规格调查；如见证取样，监理方需有监理人员在现场见证	园林绿化用植物材料 DB 440100/T 105—2006；城市绿化和园林绿化用植物材料木本苗 CJ/T 24—1999；广东城市绿化工程施工和验收规范 DB 44/T 581—2009

8　施工质量样板引路

8.1　施工质量样板引路基本规定

（1）《广东省房屋建筑工程竣工验收技术资料统一用表》（2016 版）将制作工程实物质量样板纳入质量管理及质量验收的必须程序，并要求先做实物质量样板并经监理验收确认形成《实物质量样板验收记录》（GD-C1-329）。

（2）广东省住建设厅《广东省房屋建筑工程质量样板引路工作指引（试行）》的通知（粤建质函［2010］485 号）对我省推行建筑工程质量样板引路做了具体规定。

（3）工程质量样板引路是工程施工质量管理的一种行之有效的做法，全面推行工程质量样板引路这一做法，使之成为施工质量管理的一项措施，有利于加强对工程施工重要工序、关键环节的质量控制，消除工程质量通病，提高工程质量的整体水平。

（4）实行房屋建筑工程质量样板引路的目的：由于多数施工现场未按一定程序和要求制作用于指导施工的实物质量样板，使得技术交底、岗前培训、质量检查、质量验收等方面都缺乏统一直观的判定尺度。为解决这一问题，将逐步在全省房屋建筑工程施工中推行工程质量样板引路的做法，使之成为工程施工质量管理的一项工作制度，即根据工程实际和样板引路工作方案制作实物质量样板，配上反映相应工序等方面的现场照片、文字说明，使技术交底和岗前培训内容比较直观、清晰，易于了解掌握，同时也提供了直观的质量检查和质量验收的判定尺度，从而有利于消除工程质量通病，有效地促进工程施工质量整体水平的提高。

（5）房屋建筑工程质量样板引路方案的制订：每项房屋建筑工程开工前，施工总承包企业要根据工程的特点、施工难点、工序的重点、防治工程质量通病措施等方面的需要，组织参与编制和实施该工程施工组织设计和专项施工方案的相关技术管理人员，研究制订工程质量样板引路的工作方案。工作方案内容应包括：工程概况与特点、需制作实物质量样板的工序和部位（含样板间）、制作实物质量样板的技术要点与具体要求、将质量样板用于指导施工和质量验收的具体安排、相关人员的工作职责以及根据工程项目特点所制订的其他相关内容。工作方案经企业有关部门批准和送项目总监理工程师审批后实施，并报送建设单位、监理企业、工程质量监督站。实行专业分包的，分包企业应在施工总承包企业的指导下，制定相关的工程质量样板引路工作方案，经施工总承包企业同意后送项目总监理工程师审批后实施。

（6）制作房屋建筑工程实物质量样板的工序、部位可根据工程实际从以下方面选择：

1）混凝土结构工程：柱、剪力墙、梁、板、楼梯等钢筋的制作、安装、固定；受力纵筋连接（焊接、机械连接等）外观质量；模板安装中支撑体系、安装和加固方法、防止胀模、漏浆的技术措施；模板的垃圾出口孔制作；楼面柱根部清除浮浆、凿毛；混凝土施工缝、后浇带、楼面收光处理及养护。

2）砌体工程：有代表性的部位的砌体的砌筑方法；有代表性的门窗洞口的处理；填充墙底部、顶部的处理；构造柱、圈梁、过梁的处理。

3）屋面工程：屋面防水、隔热；屋面排水；屋面细部。

4）门窗和幕墙工程：有代表性的门窗安装；门窗洞的细部处理；有代表性的幕墙单元安装。

5）装饰装修工程：外墙防水；外墙饰面；内墙抹灰；内墙饰面砖铺贴；天花安装；厨、厕间防水；有代表性的装饰装修细部。

6）建筑节能工程：有关标准规定需制作样板的部位。

7）给排水工程：穿楼板管道套管安装；卫生间给排水支管安装；卫生间洁具安装；屋面透气管安装；管井立管安装。

8）建筑电气工程：成套配电柜、控制柜的安装；照明配电箱的安装；开关插座、灯具安装；电气、防雷接地；线路铺设；金属线槽、桥架铺设。

9）通风空调工程：标准层风管制作安装；标准层水管安装；风机盘管、风口、风阀、百叶安装；风管、水管保温。

10）制作实物质量样板的工序、部位，不限于以上内容，还包括建设单位、施工和监理企业认为需要制作实物质量样板的其他工序、部位。

（7）工程质量样板引路工作的主要原则：

1）制作实物质量样板应本着因地制宜、减少费用、直观明了的原则，尽可能结合工程实体进行制作；如需另行制作造成费用增加较多，由施工企业与建设单位协商解决。

2）在施工现场光线充足的区域设置样板集中展示区，展示独立制作的质量样板，建筑材料和配件样板，以及文字说明材料等。

3）要保证实物质量样板符合有关技术规范和施工图设计文件的要求，质量样板需经施工企业相关部门（或委托该工程项目技术负责人）复核确认，建设单位和监理单位同意后方可用于技术交底、岗前培训和质量验收。

4）各级住房和城乡建设行政主管部门要加强对工程质量样板引路工作的指导和推动，工程质量监督站需结合质量监督工作计划，加强对施工现场制作实物质量样板以及按照样板进行施工的情况的抽查，及时纠正存在的问题。

（8）《广东省房屋建筑工程竣工验收技术资料统一用表》（2016版）将质量样板验收纳入质量验收必须程序。

（9）质量样板的质量标准不得低于施工质量验收标准，并应符合设计、合同约定的质量标准。

8.2 施工质量样板引路工作管理要求

（1）项目经理对贯彻执行质量样板引路工作负总责，负责制定质量样板引路工作管理制度、安排方案编制与报审和实物样板的制作等。

（2）施工质量样板引路应纳入施工单位项目质量管理体系并制定具体管理制度，项目监理机构质量管理体系审查是一并核查。

（3）每项房屋建筑工程开工前，由施工总承包企业项目技术负责人具体负责组织参与编制和实施该工程施工组织设计和专项施工方案的相关技术管理人员，研究制订工程质量样板引路的工作专项方案。并经企业有关部门批准和送项目总监审批后实施，并报送建设单位、监理企业、工程质量监督站。实行专业分包的，分包企业应在施工总承包企业的指导下，制定相关的工程质量样板引路工作方案，经施工总承包企业同意后送项目总监审批后实施。

（4）施工质量样板引路工作专项方案应根据设计文件、施工承包合同、质量验收标准、工程特点、施工难点、工序重点和防治工程质量通病措施等方面的规定和需要编制，其内容应包括：工程概况与特点、需制作实物质量样板的工序和部位（含样板间）、制作实物质量样板的技术要点与具体要求、将质量样板用于指导施工和质量验收的具体安排、相关人员的工作职责，以及根据工程项目特点所制订的其他相关内容。

（5）施工质量实物样板的制作及验收确认应在其工序、部位施工前完成。

（6）实物样板制作完成后，由施工单位项目技术负责人组织专业工长和专业质检员自检验收达标后签名确认，并填写《质量样板验收记录》（省质量统表 GD-C1-329）报项目监理机构，由专业监理工程师组织建设单位、施工单位相关人员进行验收并签名确认。

（7）在其工序、部位施工前，施工单位应依照实物样板对相关施工质量管理人员和作业人员进行施工质量管理交底和施工技术交底及岗前培训，施工班组严格按照质量样板标准施工作业。

（8）项目监理机构应将质量样板引路工作纳入监理规划和监理细则中，专业监理工程师要认真审查审批质量样板工作专项方案，并对实物样板制作过程实施全过程监控。

（9）严格执行先样板后施工和坚持样板标准的质量管理原则。监理人员对施工过程执行样板标准情况进行监督。

（10）广东省优工程质量样板引路工作实物样板项目类别及验收要求见下表 2-8-1。

建筑工程（省优工程）样板引路汇总表 表 2-8-1

序号	分部工程	子分部工程	分项工程（工序）	样板引路验收	
				监理机构	建设单位
1	地基与基础	有支护土方	地下连续墙、锚杆、水泥土桩	参加	参加
		地基处理	水泥搅拌桩	参加	参加
		桩基	预应力离心管桩	参加	参加
		地下防水	防水工程	参加	参加
		混凝土基础	模板、钢筋、混凝土，后浇带	参加	参加
		砌体基础	混凝土砌块砌体	参加	
		钢结构	钢结构安装，钢结构涂装	参加	参加

续表

序号	分部工程	子分部工程	分项工程（工序）	样板引路验收	
				监理机构	建设单位
2	主体结构	混凝土结构	模板、钢筋、混凝土，预应力、现浇结构，装配式结构	参加	参加
		砌体结构	混凝土小型空心砌块砌体，填充墙砌体	参加	
		钢结构	钢结构安装，钢结构涂装	参加	参加
3	建筑装饰装修	地面	面层	参加	参加
		抹灰	一般抹灰，装饰抹灰	参加	
		门窗	木门窗安装，钢塑共挤门窗安装	参加	参加
		吊顶	暗龙骨吊顶，明龙骨吊顶	参加	参加
		饰面板（砖）	饰面板安装，饰面砖粘贴	参加	参加
		幕墙	玻璃幕墙，金属幕墙，石材幕墙	参加	参加
		涂饰	内外墙涂饰	参加	
		细部	橱柜制作与安装，窗帘盒、窗台板和暖气罩制作与安装，门窗套制作与安装，护栏和扶手制作与安装，花饰制作与安装	参加	
4	建筑屋面	卷材防水屋面	保温层，找平层，卷材防水层	参加	参加
		涂膜防水屋面	保温层，找平层，涂膜防水层	参加	参加
		刚性防水屋面	细石混凝土防水层，密封材料嵌缝	参加	参加
		隔热屋面	架空屋面，蓄水屋面，种植屋面	参加	参加
5	建筑给水、排水及采暖	室内给水系统	给水管道及配件安装	参加	
		室内排水系统	排水管道及配件安装，雨水管道及配件安装	参加	
		室内热水供应系统	管道及配件安装	参加	
		卫生器具安装	卫生器具安装，卫生器具给水配件安装，卫生器具排水管道安装	参加	参加
6	建筑电气	室外电气	电线、电缆穿管和线槽敷设，接地装置安装	参加	
		电气照明安装	电线、电缆导管和线槽敷设，专用灯具安装，插座、开关	参加	
		防雷及接地安装	接地装置安装，避雷引下线和变配电室接地干线敷设，建筑物等电位连接，接闪器安装	参加	参加
		综合布线系统	缆线敷设和终接，机柜、机架、配线架的安装	参加	

续表

序号	分部工程	子分部工程	分项工程（工序）	样板引路验收	
				监理机构	建设单位
7	通风与空调	送排风系统	风管与配件安装	参加	
		防排烟系统	风管与配件安装	参加	
		空调风系统	风管与配件制作，部件制作，风管系统安装	参加	
8	交叉作业	多工种、多工序、跨专业	土建、机电	参加	参加

9　施　工　质　量　验　收

9.1　施工质量验收基本规定

（1）施工现场应具有健全的质量管理体系、相应的施工技术标准、施工质量检验制度和综合施工质量水平评定考核制度。施工现场质量管理可按《施工现场质量管理检查记录》GD-C1-318 的要求进行检查记录。

（2）未实行监理的建筑工程，建设单位相关人员应履行《建筑工程施工质量验收统一标准》（GB 50300）涉及的监理职责。

（3）建筑工程的施工质量控制应符合下列规定：

1）建筑工程采用的主要材料、半成品、成品、建筑构配件、器具和设备应进行进场检验。凡涉及安全、节能、环境保护和主要使用功能的重要材料、产品，应按各专业工程施工规范、验收规范和设计文件等规定进行复验，并应经监理工程师检查认可；

2）各施工工序应按施工技术标准进行质量控制，每道施工工序完成后，经施工单位自检符合规定后，才能进行下道工序施工。各专业工种之间的相关工序应进行交接检验，并应记录；

3）对于监理单位提出检查要求的重要工序，应经监理工程师检查认可，才能进行下道工序施工。

（4）符合下列条件之一时，可按相关专业验收规范的规定适当调整抽样复验、试验数量，调整后的抽样复验、试验方案应由施工单位编制，并报监理单位审核确认。

1）同一项目中由相同施工单位施工的多个单位工程，使用同一生产厂家的同品种、同规格、同批次的材料、构配件、设备；

2）同一施工单位在现场加工的成品、半成品、构配件用于同一项目中的多个单位工程；

3）在同一项目中，针对同一抽样对象已有检验成果可以重复利用。

（5）当专业验收规范对工程中的验收项目未作出相应规定时，应由建设单位组织监理、设计、施工等相关单位制定专项验收要求。涉及安全、节能、环境保护等项目的专项验收要求应由建设单位组织专家论证。

（6）建筑工程施工质量应按下列要求进行验收：

1) 工程质量验收均应在施工单位自检合格的基础上进行；

2) 参加工程施工质量验收的各方人员应具备相应的资格；

3) 检验批的质量应按主控项目和一般项目验收；

4) 对涉及结构安全、节能、环境保护和主要使用功能的试块、试件及材料，应在进场时或施工中按规定进行见证检验；

5) 工序交接的隐蔽工程在隐蔽前应由施工单位通知监理单位进行验收，并应形成验收文件，验收合格后方可继续施工；

6) 对涉及结构安全、节能、环境保护和使用功能的重要分部工程，应在验收前按规定进行抽样检验；

7) 承担见证取样检测及有关结构安全检测的单位应具有相应资质；

8) 工程的观感质量应由验收人员现场检查，并应共同确认。

(7) 建筑工程施工质量验收合格应符合下列规定：

1) 符合工程勘察、设计文件的要求；

2) 符合《建筑工程施工质量验收统一标准》（GB 50300—2013）和相关专业验收规范的规定。

(8) 检验批的质量检验，可根据检验项目的特点在下列抽样方案中选取：

1) 计量、计数或计量-计数的抽样方案；

2) 一次、二次或多次抽样方案；

3) 对重要的检验项目，当有简易快速的检验方法时，选用全数检验方案；

4) 根据生产连续性和生产控制稳定性情况，采用调整型抽样方案；

5) 经实践证明有效的抽样方案。

(9) 检验批抽样样本应随机抽取，满足分布均匀、具有代表性的要求，抽样数量应符合有关专业验收规范的规定。当采用计数抽样时，最小抽样数量应符合下表 2-9-1 的要求。

(10) 计量抽样的错判概率 α 和漏判概率 β 可按下列规定采取：

1) 主控项目：对应于合格质量水平的 α 和 β 均不宜超过 5%；

2) 一般项目：对应于合格质量水平的 α 不宜超过 5%，β 不宜超过 10%。

检验批最小抽样数量一览表

表 2-9-1

检验批的容量	最小抽样数量	检验批的容量	最小抽样数量
2～15	2	151～280	13
16～25	3	281～500	20
26～90	5	501～1200	32
91～150	8	1201～3200	50

注：明显不合格的个体可不纳入检验批，但应进行处理，使其满足有关专业验收规范的规定，对处理的情况应予以记录并重新验收。

9.2　隐蔽工程验收

(1) 隐蔽工程验收是指将被其他分项工程所隐蔽的分项工程或分部工程，在隐蔽前所进行的检查或验收，是施工过程中实施技术性复核检验的一个内容，是防止质量隐患、保证工程项目质量的重要措施，是质量控制的一个关键过程。

（2）隐蔽工程验收的作用。隐蔽工程通常可以理解为："需要覆盖或掩盖以后才能进行下一道工序施工的工程部位"或者"下一道工序施工后，将上一道工序的施工部位覆盖，无法对上一道工序的部位直接进行质量检查，上一道工序的部位即称之为隐蔽工程"。

（3）常见隐蔽工程部位或工序：

1）基础施工前地基检查和承载力检测。

2）基坑回填土前对基础质量的检查。

3）混凝土浇筑前对模板、钢筋安装的检查。

4）混凝土浇筑前对敷设在墙体、楼板内的线管的检查。

5）防水层施工前对基层的检查。

6）幕墙施工挂板前对龙骨系统的检查。

7）避雷引下线及接地引下线的连接。

8）覆盖前对埋设在楼地面的电缆的检查。

9）封闭前敷设暗井道、吊顶、楼板垫层内的设备管道。

10）主体结构各部位的钢筋工程、结构焊接和防水工程等。以及容易出现质量通病的部位等。

（4）隐蔽工程验收工作程序和组织

1）隐蔽工程施工完成后在隐蔽以前施工单位应当先进行自检，自检合格后，填写《隐蔽工程验收记录》（省质量统表 GD-C4-611 通用表或专项隐蔽验收记录）及自检记录，通知专业监理工程师共同进行隐蔽工程验收。

2）专业监理工程师应在规定时间内到现场检查验收，并在《隐蔽工程验收记录》上签述验收意见，验收合格方可准予隐蔽并进入下一道工序施工。验收不合格的施工单位整改并自检合格后重新报验。

（5）隐蔽工程验收注意事项

1）隐蔽工程验收后，要办理验收手续和签证，列入工程档案。未经验收或验收不合格，不得进行下一道工序施工。隐蔽工程未经检查、验收、签证而自行封闭、掩盖时，总监有权下达停工令。

2）重要隐蔽工程验收，要求除应有文字记录外，施工单位应在监理单位见证下拍摄不少于一张照片留存于施工技术资料中。拍摄的照片应注明拍摄时刻、拍摄人、拍摄地点，以及对应的工程部位和检验批。应在监理人员的见证下拍摄影像资料。

3）隐蔽工程是"验收"不是"检查"，《统一标准》中对"检查"与"验收"的含意有明确的区分：第三方参加叫"验收"，施工单位叫"检查"或"检查评定"。

4）隐蔽工程验收的"文字记录"应有验收的详细内容；例如：隐蔽工程所在的部位、数量、质量情况、检测试验数据和结论、返修情况等。

9.3 工序交接验收

（1）工程施工预检指工程未施工前的复核性预先检查，避免基准失误给工程质量带来危害。常见的施工预检有：

1）测量复核：定位、基础、轴线、场地控制、高程、楼层标高、沉降变形观测、管网等等。

2）混凝土工程：模板尺寸、位置、支撑锚固件，预留孔洞、钢筋安装、混凝土的配合比等。

3）电气工程：变配电位置、高低压进出口方向、电缆沟位置标高等。

（2）复核预检通过，专业监理工程师签字认可，否则指令施工单位返工整改。

（3）工序间交接检查验收：交接检查指前道工序完工后，经专业监理工程师检查，认可质量合格并签字确认后，才能交给下一道工序施工。施工单位应填写《专业工种/工序之间交接验收记录》（省质量统表 GD-C4-612）或《工种中间交接验收记录》（省质量统表 GD-C4-613）并通知专业监理工程师验收签署验收结论，检查验收合格后方可交接及进入下道工序施工。

9.4 检验批验收

（1）检验批的概念及划分

1）依据《建筑工程施工质量验收统一标准》（GB 50300），检验批是指按相同的生产条件或按规定的方式汇总起来供抽样检验用的，由一定数量样本组成的检验体（材料、设备、构配件或具体施工、安装项目）。即把每个分项工程按照施工次序或便于质量验收或为了控制关键工序质量的需要划分为若干个检验批。

2）检验批是建筑工程验收的最小单位，是分项工程乃至建筑工程质量验收的基础。由于其质量基本均匀一致，因此可以作为检验的基础单位，并按批验收。

3）检验批可根据施工、质量控制和专业验收的需要，按工程量、楼层、施工段、变形缝进行划分。

4）多层及高层建筑工程中主体分部的分项工程可按楼层或施工段来划分检验批，单层建筑工程的分项工程可按变形缝等划分检验批；地基基础分部工程中的分项工程一般划分为一个检验批，有地下室的基础工程可按不同地下楼层划分检验批；屋面分部工程中的分项工程按不同楼层屋面可划分为不同的检验批；其他分部工程中的分项工程，一般按楼面划分检验批；对于工程量较少的分项工程可统一划分为一个检验批。安装工程一般按一个设计系统或设备组别划分为一个检验批。室外工程统一划分为一个检验批。散水、台阶、明沟等含在地面检验批中。

5）检验批在施工及验收前，施工单位应按照向项目监理机构申报《分项工程质量验收检验批划分方案》（省质量统表 GD-C1-3212）和《检验批质量验收抽样检验计划方案》（省质量统表 GD-C1-3213），并经专业监理工程师审查签名确认后执行。

（2）检验批质量验收合格应符合下列规定：

1）主控项目的质量经抽样检验均应合格。

2）一般项目的质量经抽样检验合格。当采用计数抽样检验时，合格点率应符合相关专业验收规范的规定，且不得存在严重缺陷。

3）具有完整的施工操作依据、质量检查和验收记录。且检验批验收记录应具有现场验收检查原始记录。

（3）检验批质量验收注意事项：

1) 检验批的质量控制资料要完整，要能反映检验批从材料到最终验收的各施工工序的操作依据、检查情况及保证质量所必须的管理制度等施工过程质量控制的确认。

2) 需要见证检验的项目、内容、程序、抽样数量要符合国家、行业和地方有关规范的规定。

3) 为了使检验批的质量符合安全和功能的基本要求，达到保证建筑工程质量的目的，各专业工程质量验收规范已分别对各检验批的主控项目、一般项目的子项合格质量标准给予了明确的规定。

4) 检验批的质量主要取决于对主控项目和一般项目的检验结果。主控项目是建筑工程中对安全、节能、环境保护和主要使用功能起决定性作用的检验项目，因此必须全部符合有关专业工程验收规范的规定。这意味着主控项目不允许有不符合要求的检验结果，即这种项目的检查具有否决权。鉴于主控项目对基本质量的决定性影响，从严要求是必须的。

5) 施工单位自检合格后，填写《工程验收/检测报审表》（省质量统表 GD-C1-3215）及《检验批现场验收检查测试原始记录》（省质量统表 GD-C4-614）和《检验批验收记录》（省质量统表）报项目监理机构，由专业监理工程师组织施工单位专业工长进行验收。对涉及桩基、承台、防水、地下室底板、顶板、屋面板、幕墙、建筑节能等检验批验收时，应通知工程质量监督机构派员参加。

6) 专业监理工程师对《检验批验收记录》中的主控项目和一般项目的最小和实际抽样数量及检查记录进行逐项检查，检查合格在检查结果一栏中签署符合要求，验收合格后在监理单位验收结论一栏签署"同意施工单位评定结果，验收合格，同意进行下道工序施工"。

9.5 分项工程验收

（1）分项工程概念及划分

1) 依据《建筑工程施工质量验收统一标准》（GB 50300），把每个分部工程按照主要工种、材料、施工工艺、设备类别等划分为若干个分项工程。即分项工程可按照主要工种、材料、施工工艺、设备类别进行划分。

2) 分项工程可由一个或若干检验批组成，检验批可根据施工及质量控制和专业验收需要按楼层、施工段、变形缝等进行划分。将分项工程划分成检验批进行验收有利于及时纠正施工中出现的质量问题，确保工程质量，也符合施工实际需要。

3) 建筑工程分项工程划分应按照《建筑工程施工质量验收统一标准》附录 B 及相关专业验收规范执行，当其未涵盖的分项工程和检验批，可由建设单位组织监理、施工等单位协商确定。

4) 施工前，施工单位应制定《子分部（子系统）所属分项工程划分方案》（省质量统表 GD-C1-3211），并由专业监理工程师审核通过后执行。

（2）分项工程质量验收合格应符合以下规定：

1) 分项工程所含检验批的质量均应验收合格。

2) 分项工程所含的检验批的质量验收记录应完整。

（3）分项工程质量验收程序：

1）分项工程质量验收是在所有检验批验收合格后进行的，实际是归纳整理，没有实质性的现场检查验收内容。

2）分项工程应由施工单位项目专业技术负责人组织自检合格后，编写《分部（子分部、分项）工程施工小结》（省质量统表 GD-C1-3112），并填写《工程验收/检测报审表》（省质量统表 GD-C1-3215）及《分项工程质量验收记录》（省质量统表 GD-C5-721）报项目监理机构，由专业监理工程师组织相关人员逐项审查验收并签署验收综合结论。

（4）分项工程质量验收验收注意事项：

1）验收是否已经覆盖所有检验批和检验批部位的内容，不得有遗漏。

2）核查检验批验收时材料和其他质量检测报告是否齐全。混凝土/砂浆试块强度的龄期是否达到规范要求。

3）分项工程的所有施工记录、检验批验收等资料应与工程施工同步。

4）涉及基础、防水、地下室底板、顶板、屋面板、幕墙、建筑节能等重要分项工程验收时应通知工程质量监督机构派员参加。

9.6　分部工程质量验收

（1）分部工程概念及划分：

1）依据《建筑工程施工质量验收统一标准》（GB 50300），把一个建筑单位工程按照专业性质或工程部位并能够独立组织施工划为十个分部工程。其包括：地基与基础分部工程、主体结构分部工程、建筑装饰装修分部工程、建筑屋面分部工程、建筑给排水及供暖分部工程、通风与空调分部工程、建筑电气分部工程、智能建筑分部工程、建筑节能分部工程和电梯分部工程。

2）分部工程的划分应按专业性质、工程部位确定。当分部工程量较大且较复杂时，为了便于验收，可将其中相同部分的工程或能够形成独立专业体系的工程划分成若干个子分部工程。

3）建筑工程分部及子分部工程的划分应按照《建筑工程施工质量验收统一标准》（GB 50300—2013）附录 B 执行。

4）施工前，施工单位应制定《分部（系统）所属子分部（和子系统）工程划分方案》（省质量统表 GD-C1-3210），并由专业监理工程师审核通过后执行。

（2）分部工程质量验收合格应符合下列规定：

1）所含分项工程的质量均应验收合格。

2）质量控制资料应完整。

3）有关安全、节能、环境保护和主要使用功能的抽样检验（测）结果应符合相应规定。

4）观感质量验收应符合要求。

（3）分部工程的验收程序：

1）分部工程的验收在其所含各分项工程验收合格的基础上进行。

2）施工单位在完成分部（子分部）工程施工并经自验收合格后，编写《分部（子分部、分项）工程施工小结》（省质量统表 GD-C1-3112），并填写《工程验收/检测报审表》（省质量统表 GD-C1-3215）及《（专业工程）分部工程质量验收记录》、《分部工程施工技术管理和质量控制资料核查记录》、《分部工程安全和功能检验资料核查及主要功能抽查记录》、《分部工程观感质量检查评定记录汇总表》(见省质量统表),如果省质量统表中无专项工程分部验收表的可使用《子分部(系统、子系统)工程质量验收记录》(省质量统表 GD-C5-7311)或《分部(子分部)工程质量验收记录》(省质量统表 GD-C5-7312)通用表式),报项目监理机构,由项目总监组织分包单位、施工总承包单位和设计单位项目负责人等相关人员共同验收,对分部及分项工程质量控制资料、安全功能检验资料逐项核查,对观感质量做出评价并签署综合验收结论。

3)观感质量验收不单是外观质量,还有可运动的,可打开的等都要检查。参加观感质量验收人员应具备相应的资格,人数不应少于 3 人,验收后做出评价:质量较好,符合验收标准规定可评为"好";没有较明显达不到要求的评为"一般";观感质量达不到要求,或有明显缺陷,但不影响安全和使用功能的应评为"差"。如果评价差,能整改的尽量整改,确实难整改的,只要不影响结构安全和使用功能的,可协商解决,综合评价仍为合格工程。

4)地基与基础、主体结构及建筑节能分部工程验收时,工程的勘察、设计单位项目负责人和施工单位技术、质量部门负责人应参加相应分部工程验收。同时邀请工程质量监督机构人员参加。

5)勘察、设计单位项目负责人和施工单位技术、质量部门负责人应参加地基与基础分部工程的验收。

6)设计单位项目负责人和施工单位技术、质量部门负责人应参加主体结构、节能分部工程的验收。

(4)分部工程质量监督检查要点见表 2-9-2。

分部工程质量监督检查要点一览表　　　　　　　　　　　　表 2-9-2

重要分部及工序		监督检查要点
地基	天然地基或地基处理	1. 检查土壤氡浓度检测报告;2. 检查原材料三证(产品合格证、出厂检验报告、进场复验报告);3. 计量工具使用情况;4. 检查施工记录;5. 检查地基检测报告;6. 基坑验槽
	地基中间验收登记	1. 抽查工程质量控制及施工技术资料;2. 检查土壤氡浓度检测报告;3. 现场关检。4. 检测报告出具后 10d 内完成中间验收登记
	混凝土基础:模板、钢筋、混凝土	1. 检查原材料三证(产品合格证、出厂检验报告、进场复验报告);2. 计量工具使用情况;3. 混凝土配合比、强度;4. 原材料、试件见证取样送检报告;5. 钢筋骨架的几何尺寸、焊接接头、钢筋保护层;6. 检查混凝土外观质量、尺寸、观感
	砌体结构:砖砌体	1. 检查原材料三证(产品合格证、出厂检验报告、进场复验报告);2. 砂浆配合比、强度;3. 原材料、试件见证取样送检报告;4. 砂浆饱满度不得小于 80%
	中间(地基基础)验收登记	1. 抽查工程质量控制及施工技术资料;2. 检查无机建筑材料(砂、石、砖、水泥、混凝土、预制件、墙体材料等)有害物质指标的抽检报告或进场复验报告;3. 抽测受力构件、几何尺寸、质量观感、混凝土强度、钢筋规格、钢筋保护层、砂浆强度;4. 试件龄期 R28d 后 10d 完成中间验收登记

重要分部及工序		监督检查要点
主体结构	混凝土结构：模板、钢筋、混凝土、现浇结构	1. 检查原材料三证（产品合格证、出厂检验报告、进场复验报告）；2. 计量工具使用情况；3. 混凝土配合比、强度；4. 原材料、试件见证取样送检报告；5. 钢筋骨架的几何尺寸、焊接接头、钢筋保护层、沉降观测；6. 检查混凝土外观质量、尺寸、观感
	砌体结构：砖砌体	1. 检查原材料三证（产品合格证、出厂检验报告、进场复验报告）；2. 砂浆配合比、强度；3. 原材料、试件见证取样送检报告；4. 砂浆饱满度不得小于80%
	中间（主体结构）验收登记	1. 抽查工程质量控制及施工技术资料；2. 检查无机建筑材料（砂、石、砖、水泥、混凝土、预制件、墙体材料等）有害物质指标的抽检报告或进场复验报告；3. 抽测受力构件、几何尺寸、质量观感、混凝土强度、钢筋规格、钢筋保护层、砂浆强度；4. 试件龄期R28d后10d完成中间验收登记
围护结构节能		1. 抽查节能信息公示情况；2. 检查节能工程施工方案的编制、审批及执行情况；3. 检查节能材料进场管理台账的建立情况和材料复检情况；4. 检查节能按图施工情况
	中间验收登记	1. 抽查工程质量控制及施工技术资料；2. 检查节能材料复检报告和节能检测报告；3. 检查按图施工情况；4. 检测报告出具后10d内完成中间验收登记
设备节能	中间验收登记	1. 抽查工程质量控制及施工技术资料；2. 检查节能材料复检报告和节能检测报告；3. 检查按图施工情况；4. 检测报告出具后10d内完成中间验收登记
给排水	专项验收	1. 检查材料出厂合格证、试验报告及进场复验报告；2. 抽查工程质量控制及施工技术资料；3. 抽查隐蔽验收；4. 现场观检
电气	低压配电中间验收登记	1. 检查材料出厂合格证、试验报告及进场复验报告；2. 抽查工程质量控制及施工技术资料；3. 抽查隐蔽验收；4. 现场观检。5. 抽测电气接地电阻等
放雷接地	专项验收	1. 抽查工程质量控制及施工技术资料；2. 检查材料出厂合格证、试验报告及进场复验报告；3. 抽查隐蔽验收；4. 现场观检
电梯	专项验收	1. 检查电梯合格证及其他材料合格证；2. 抽查工程质量控制及施工技术资料；3. 电梯安全装置检测报告、运行记录

9.7 住宅工程质量分户验收

（1）住宅工程工质量分户验收的概念

根据住建部《关于做好住宅工程质量分户验收工作的通知》（建质〔2009〕291号）文件的规定，住宅工程质量分户验收，是指建设单位组织施工、监理等单位，在住宅工程各检验批、分项、分部工程验收合格的基础上，在住宅工程竣工验收前，依据国家有关工程质量验收标准，对每户住宅及相关公共部位的观感质量和使用功能等进行检查验收，并出具验收合格证明的活动。

按《广东省住房和城乡建设厅关于住宅工程质量分户验收的管理办法》（粤建质

[2015] 8 号），住宅工程质量分户验收（以下简称分户验收）是指在住宅工程分项、分部工程质量验收合格基础上，依据经审查合格的施工图设计文件和国家及省现行的工程质量验收标准规范，对每户住宅及相关公共部位的工程外在质量是否合格和使用功能状态是否达到设计要求进行观察和必要的测试并予以确认。

分户验收是单位工程竣工验收的基础和前提，分户验收的证明文件应作为工程竣工技术资料的重要组成部分。

分户验收合格后，建设单位必须按户出具《住宅工程质量分户验收汇总表》（省质量统表 GD-E1-95），并在工程竣工验收合格后与《住宅质量保证书》（省质量统表 GD-E1-921）、《住宅使用说明书》（省质量统表 GD-E1-922）一起，交给产权所有人住户。

（2）关于住宅分户验收现行法规文件

1）《关于实施住宅工程质量分户验收工作的指导意见》（建质质函 [2006] 17 号）。

2）住建部《关于做好住宅工程质量分户验收工作的通知》（建质 [2009] 291 号）。

3）《关于进一步强化住宅工程质量管理和责任的通知》（建市 [2010] 68 号）。

4）广东省建设厅《关于实行住宅工程质量分户验收的指导意见》（粤建管字 [2008] 96 号）。

5）《广东省住房和城乡建设厅关于住宅工程质量分户验收的管理办法》（粤建质 [2015] 8 号）

6）《关于印发〈广州市住宅工程质量分户验收管理办法〉的通知》（穗建质 [2010] 306 号）。

（3）分户验收应具备的条件

分户验收应在住宅工程竣工验收前进行，必须确保工程地基基础和主体结构安全可靠，各分部工程（含节能分部工程）符合规范和设计要求，并已办理相关验收手续后方可实施。

住宅工程具备以下条件的，方可进行分户验收：

1）已完成设计和合同约定的全部工程内容，各分部工程（含节能分部工程）质量验收合格，符合规范和设计要求。

2）施工单位已向建设单位提交分户验收申请。

3）各户套内分项工程具备以下质量验收条件：

（a）已完成套内设计和合同约定的工程内容；

（b）套内各分项工程质量验收合格；

（c）所涉及的套内工程质量技术资料完整；

（d）套内分项工程安全和功能检验资料及主要功能抽查记录均符合要求；

（e）水、电接通。

（4）分户验收的依据

分户验收应依据《中华人民共和国建筑法》、《建设工程质量管理条例》、国家现行的建筑工程施工质量验收标准规范、省发布的有关工程质量管理规定、《广东省住宅工程质量通病防治技术措施二十条》、经审查合格的施工图设计文件以及施工合同的有关要求进行。

分户验收依据的国家现行有关工程建设标准主要包括住宅建筑规范、混凝土结构工程施工质量验收、砌体工程施工质量验收、建筑装饰装修工程施工质量验收、建筑地面工程施工质量验收、建筑给水排水及采暖工程施工质量验收、建筑电气工程施工质量验收、建筑节能工程施工质量验收、智能建筑工程质量验收、屋面工程质量验收、地下防水工程质量验收等标准规范。

（5）分户验收的组织实施

分户验收由施工单位提出申请，建设单位组织实施，建设单位作为住宅工程分户验收的第一责任人，负责成立分户验收组，实施分户验收工作。分户验收组必须包括下列人员：建设单位项目负责人、总监理工程师、施工单位项目负责人、设计单位项目负责人，组长由建设单位项目负责人担任。施工单位项目相关质量、技术人员参加，对所涉及的部位、数量按分户验收内容进行检查验收。已经预选物业公司的项目，物业公司应当派人列席参加分户验收。

建设、施工、监理等单位应严格履行分户验收职责，对分户验收的结论进行签认，不得简化分户验收程序。对于经检查不符合要求的，施工单位应及时进行返修，监理单位负责复查。返修完成后重新组织分户验收。

工程质量监督机构要加强对分户验收工作的监督检查，发现问题及时监督有关方面认真整改，确保分户验收工作质量。对在分户验收中弄虚作假、降低标准或将不合格工程按合格工程验收的，依法对有关单位和责任人进行处罚，并纳入不良行为记录。

（6）分户验收程序

1）施工总承包单位在完成施工合同所约定的住宅套内全部施工内容，并经自检合格，可向建设单位提交分户验收的书面申请。

2）建设单位根据现场的实际情况编制《住宅工程质量分户验收方案》（省质量统表GD-C5-741），成立分户验收组，对住宅逐套进行检查验收。

3）分户验收应使用专门的检测仪器、工具，以实测实量、外观检查的方式，对住宅工程的观感质量和使用功能所含各项内容按照国家现行质量验收标准的规定进行检查验收，并按每套的施工质量状况如实填写《住宅工程分户验收观感质量检查验收表》（省质量统表 GD-C5-742）和《住宅工程质量分户验收现场实测记录表》（省质量统表 GD-C5-743），并做出验收结论。

4）对住宅工程套内观感质量和使用功能不符合规范或设计文件要求的，监理（建设）单位应书面责成施工单位整改，并对整改情况进行复查。

5）分户验收全部合格后，建设单位项目负责人、总监理工程师、施工单位项目负责人和项目设计人员应在《住宅工程质量分户验收汇总表》（省质量统表 GD-E1-95）上分别签字并加盖单位公章。

《住宅工程分户验收观感质量检查验收表》（省质量统表 GD-C5-742）和《住宅工程质量分户验收现场实测记录表》（省质量统表 GD-C5-743）应存于物业管理公司或建设单位，以备建设单位或住户查询。

《住宅工程质量分户验收汇总表》（省质量统表 GD-E1-95）属于工程竣工验收技术资料的重要组成部分。住宅工程竣工验收时，竣工验收组应对其进行核查。

分户验收不合格，不能进行住宅工程整体竣工验收。同时，住宅工程整体竣工验收前，施工单位应制作工程标牌，将工程名称、竣工日期和建设、勘察、设计、施工、监理单位全称镶嵌在该建筑工程外墙的显著部位。

（7）分户验收的内容

分户验收应以单位工程中每套住宅为基本检查单元，以工程观感质量和使用功能质量为主要验收对象，以相应分部、分项工程的检验批为主要验收内容。主要包括以下检查内容：

1）地面、墙面和顶棚面层质量。

地面主要检查空鼓、裂缝、渗水（有防水要求部位）、坡度（有排水要求部位）；墙面主要检查空鼓、裂缝、渗水（有防水要求部位）、起皮；顶棚主要检查空鼓、裂缝、渗水（有防水要求部位）、起皮。

2）门窗安装质量。

主要检查防脱落措施、开关灵活到位、与墙体间密封防水（有防水要求门窗）、窗台、窗檐排水措施。

3）栏杆、护栏的整体安装质量。

主要检查高度、竖杆间距、安装是否牢固。

4）阳台、露台、厨房、厕浴间、窗台的防水工程质量。

5）给水排水系统安装质量。

主要检查：入户给水管位置、标高，给水压力，卫生器具、盥洗器具安装位置和通水，检查口位置、标高。

6）室内主要空间尺寸。

主要检查净开间、净高。

7）室内电气工程安装质量。

主要检查配电箱漏电保护、开关插座位置、开关插座接线、开关插座防水、防潮、防溅（有防护要求部位）。

8）建筑节能和采暖工程质量。

9）合同和其他有关规定要求分户检查的内容。

包括但不限于公共走道净高、邮政信报箱。

（8）分户验收的监督

县级以上住房城乡建设行政主管部门委托的工程质量监督机构对分户验收实行监督抽查，发现存在如下情形之一的，责令重新进行分户验收，并由住房城乡建设行政主管部门对有关单位和责任人依法处理，并作为不良行为记录。

1）未进行分户验收或分户验收不合格就进行单位工程质量验收的；

2）未按照规定的组织形式、验收程序、验收项目进行分户验收的；

3）在分户验收中弄虚作假、降低标准或将不合格工程按合格工程验收的。

9.8 单位工程竣工预验收

（1）单位工程概念及划分：

1）依据《建筑工程施工质量验收统一标准》（GB 50300），单位工程是指具备独立施工条件并能形成独立使用功能的建筑物或构筑物。

2）对于建筑规模较大的单位工程，可将其能形成独立使用功能的部分划分为一个或多个子单位工程。

（2）单位工程质量验收合格应符合下列规定：

1）所含分部工程的质量均应验收合格；

2）质量控制资料应完整；

3）所含分部工程中有关安全、节能、环境保护和主要使用功能的检验资料应完整；

4）主要使用功能的抽检结果应符合相关专业验收规范的规定；

5）观感质量应符合要求。

（3）单位工程竣工预验收程序及要求：

1）根据《建筑工程施工质量验收统一标准》（GB 50300—2013）第 6.0.5 条：单位工程完工后，施工单位应组织有关人员进行自检。总监理工程师应组织各专业监理工程师对工程质量进行竣工预验收。存在施丁质量问题时，应由施工单位整改。整改完毕后，由施工单位向建设单位提交工程竣工报告，申请工程竣工验收。

2）项目监理机构应按照《建设工程监理规范》（GB/T 50319—2013）第 5.2.18 条，审查施工单位提交的单位工程竣工验收报审表及竣工资料，组织工程竣工预验收。存在问题的，应要求施工单位及时整改；合格的，总监理工程师应签认单位工程竣工验收报审表。

3）工程竣工预验收由总监理工程师组织各专业监理工程师、施工单位项目经理、项目技术负责人等相关人员参加。工程预验收除参加人员与竣工验收不同外，其方法、程序、要求等均应与工程竣工验收相同。

4）单位工程完成并达到竣工验收条件，施工单位应首先依据验收规范、设计图纸等组织有关人员进行自检，对检查发现的问题进行必要的整改。并编写《单位工程施工总结》（省质量统表 GD-C1-3111）。

5）施工单位向项目监理机构提交《单位（子单位）工程竣工验收报审表》（省质量统表 GD-E1-91）及附件资料申请竣工预验收，由项目总监审查签署意见后执行。

6）项目总监组织各专业监理工程师对竣工资料及各个专业工程的质量情况进行全面检查，将检查问题汇总交施工单位并督促落实整改。完成整改后，经项目监理机构对竣工资料及现场实物全面检查验收。验收合格后，项目总监对单位工程质量作出评价并在竣工验收记录中签署竣工验收结论。

（4）工程档案的预验收的检查内容：

1）依据《建设工程文件归档规范》（GB/T 50328—2014）规定："城建档案管理机构应对工程文件的立卷归档工作进行监督、检查、指导。在工程竣工验收前，应对工程档案进行预验收，验收合格后，必须出具工程档案认可文件"。

2）专业监理工程师应在工程管理资料送城建档案管理部门之前对资料进行认真审核，要求施工单位对档案资料存在问题进行整改。档案预验收一般在规划验收前进行。

3）工程档案预验收应具备的条件：

（a）工程档案文件材料（除有关专项验收文件外）按有关规定已基本收集齐全。

（b）工程档案文件材料已开展初步整理工作，形成案卷目录及卷内目录。

（c）已经形成声像档案、电子档案。

4）工程档案预验收的主要内容包括：

（a）工程档案是否整理立卷，立卷是否符合城建档案有关规定。

（b）工程档案文件资料签字、盖章手续是否完备，竣工图编制是否符合要求。

（c）是否按标准形成声像档案、电子档案。

（d）立案时提供的档案包括：前期文件、各分部验收记录、各专业竣工图各一卷，已经产生的竣工验收文件。

（5）工程质量的预验收的检查内容：

1）检查各分部分项工程施工质量是否满足设计图纸和施工验收规范的要求，观感质量是否符合要求。

2）主要使用功能是否达到设计文件、相关专业验收规范的规定要求。

3）对照施工承包合同、设计文件，核查施工是否存在漏项缺项。

4）机电设备的使用和运转是否正常。

5）质量控制资料是否完整。

6）所含分部工程中有关安全、节能、环境保护和主要使用功能的检验资料应完整。涉及安全、节能、环境保护和主要使用功能的分部工程应进行检验、检测资料的复查。不仅要全面检查其完整性（不得有漏检缺项），而且对分部工程验收时补充进行的见证抽样检验报告也要复核。这种强化验收的手段体现了对安全和主要使用功能的重视。使用功能的检查是对建筑工程和设备安装工程最终质量的综合检验，也是用户最为关心的内容。因此，在分项、分部工程验收合格的基础上，竣工验收时再作全面检查。抽查项目是在检查资料文件的基础上由参加验收的各方人员商定，并用计量、计数的抽样方法确定检查部位。检查要求按有关专业工程施工质量验收标准的要求进行。

7）最后，还须由参加验收的各方人员共同进行观感质量检查。检查的方法、内容、结论等在分部工程的相应部分中阐述，最后共同确定是否通过验收。

8）建筑工程质量验收时，工程质量控制资料应齐全完整。当部分资料缺失时，应委托有资质的检测机构按有关标准进行相应的实体检验或抽样试验。

9.9　单位工程竣工验收

（1）单位工程竣工验收的条件：

1）已完成工程设计和合同约定的各项内容。

2）《单位（子单位）工程竣工验收报审表》（省质量统表 GD-E1-91）：施工单位在工程完工后对工程质量进行了检查，确认工程质量符合有关法律、法规和工程建设强制性标准，符合设计文件及合同要求，并提出单位（子单位）工程竣工验收报审表。该报审表应经总承包施工单位法定代表人、技术负责人、项目负责人审核签字。

3）完整的技术档案和施工管理资料，工程使用的主要建筑材料、建筑构配件和设备的出厂合格证和进场试验报告齐全。施工单位提交《单位（子单位）工程质量控制资料核查记录》（省质量统表 GD-E1-92），并经总监理工程师审核签字。

4）有关质量检测和功能性试验、整体观感的验收资料齐全。施工单位提交《单位（子单位）工程安全和功能检验资料核查及主要功能抽查记录》（省质量统表 GD-E1-93）、《单位（子单位）工程观感质量检查记录》（省质量统表 GD-E1-94），并经总监理工程师审核签字。

5) 对于住宅工程，进行分户验收并验收合格，建设单位、监理单位、施工单位项目负责人共同签署了《住宅工程质量分户验收汇总表》（省质量统表 GD-E1-95）。

6) 建设单位已按合同约定支付工程款。并提交《已按合同约定支付工程款证明》（省质量统表 GD-E1-96）。

7) 施工单位已签署《房屋建筑工程质量保修书》（省质量统表 GD-E1-910）。

8) 勘察、设计文件质量检查报告：勘察、设计单位对勘察、设计文件及施工过程中由设计单位签署的设计变更通知书进行了检查，并分别提出《勘察文件质量检查报告》（省质量统表 GD-E1-97）、《设计文件质量检查报告》（省质量统表 GD-E1-98）。质量检查报告应经该项目勘察、设计单位项目负责人和勘察、设计单位技术负责人审核签字。

9)《单位工程质量评估报告》（省质量统表 GD-E1-99）：对于委托监理的工程项目，监理单位对工程进行了质量评估，具有完整的监理资料，并提出工程质量评估报告。工程质量评估报告应经总监理工程师、监理单位法定代表人审核签字。

10) 竣工预验收时提出的质量问题已经整改完成。《单位（子单位）工程预验收质量问题整改报告核查表》（省质量统表 GD-E1-911）已经施工单位、监理单位、建设单位项目负责人签署。

11) 建设行政主管部门及工程质量监督机构责令整改的问题全部整改完毕。《建设主管部门及工程质量监督机构责令整改报告核查表》（省质量统表 GD-E1-912）已经施工单位、建设单位、监理单位项目负责人签署。

12) 法律、法规规定的其他条件。

（2）工程质量竣工验收程序：

1) 工程完工后，施工单位应按照国家现行的有关验收规范、标准和设计文件、合同要求全面检查所承建工程的质量，编制《单位工程施工总结》（省质量统表 GD-C1-3111），填写《单位（子单位）工程竣工验收报审表》（省质量统表 GD-E1-91），经该工程总承包施工单位法定代表人和技术负责人、项目负责人签字（盖注册章）并加盖单位公章，提交监理单位核查并经总监理工程师签署意见并加盖注册章、单位公章后，报送建设单位。

2) 监理单位应具备完整的监理资料，并对监理的工程质量进行评估编制《单位工程质量评估报告》（省质量统表 GD-E1-99），经总监理工程师、法定代表人审核签名并加盖公章后，提交给建设单位。

3) 勘察、设计单位对工程项目是否满足勘察、设计文件及设计变更内容进行检查，并向建设单位提出《勘察文件质量检查报告》（省质量统表 GD-E1-97）、《设计文件质量检查报告》（省质量统表 GD-E1-98）。该报告应经该项目勘察、设计项目负责人和单位负责人审核签名并加盖公章后，提交给建设单位。

4) 对具备竣工验收条件的工程，建设单位组织勘察、设计、施工、监理等单位组成验收组，制定验收方案并形成工程竣工验收计划。对于重大工程和技术复杂工程，根据需要可邀请有关专家参加验收组。

（a）验收方案包括以下主要内容，并经各参建单位项目负责人签字确认：工程概况、验收依据、验收的时间和地点、验收分组情况及名单、验收各分组职责及分工、验收主持人和参建单位主汇报人、验收的程序、内容和组织形式。

（b）建设、勘察、设计、施工、监理等单位组成的验收组应包括以下人员：监理、施工、设计、勘察等各单位与工程施工许可文件相符的项目负责人，施工单位的技术负责人，装饰装修、建筑幕墙、钢结构、地基基础等主要分包单位项目负责人。对于重大工程和技术复杂工程，根据需要邀请有关专家。

5）建设单位应当在工程竣工验收 7 个工作日前将验收方案、工程竣工验收计划（包括验收的时间、地点及验收组名单）书面通知负责监督该工程的工程质量监督机构。

6）建设单位组织工程竣工验收：

（a）建设单位组织勘察、设计、施工、监理等有关单位人员进行工程竣工验收，核对参加竣工验收的人员资格；

（b）建设、勘察、设计、施工、监理单位分别汇报工程合同履约情况和在工程建设各个环节执行法律、法规和工程建设强制性标准的情况；

（c）审阅建设、勘察、设计、施工、监理单位的工程档案资料，并签署审查意见；

（d）实地查验工程质量，并签署查验意见；

（e）对工程勘察、设计、施工、设备安装质量和各管理环节等方面做出全面评价，形成经验收组人员签署的工程竣工验收意见，由建设单位提出《单位（子）工程质量竣工验收记录》（省质量统表 GD-E1-913）、《单位（子）单位工程竣工验收报告》（省质量统表 GD-E1-914），监理单位、施工单位、勘察单位、设计单位与建设单位一起共同签署意见。

（f）参与工程竣工验收的建设、勘察、设计、施工、监理等各方不能形成一致意见时，应当协商提出解决的方法，待意见一致后，重新组织工程竣工验收。必要时，可请当地建设行政主管部门或工程质量监督机构协调处理。

（g）负责监督该工程的工程质量监督机构应当对工程竣工验收的组织形式、验收程序、执行验收标准等情况进行现场监督，发现有违反建设工程质量管理规定行为的，责令改正，并将对工程竣工验收的监督情况作为工程质量监督报告的重要内容。

（h）工程竣工验收合格后，施工单位对竣工验收法定文件进行整理，将《单位工程竣工验收法定文件核查表》（省质量统表 GD-E1-915）报送给监理单位总监理工程师核查后签署，然后将《单位工程竣工验收法定文件核查表》（省质量统表 GD-E1-915）及所有附件移交给建设单位。

（i）建设单位应当自工程竣工验收合格之日起 15 日内，向工程所在地的县级以上地方人民政府建设主管部门提交《单位（子单位）工程竣工验收备案表》（省质量统表 GD-E1-916），并附经总监理工程师签署审查意见的《单位工程竣工验收备案法定文件核查表》GD-E1-924）。

（3）竣工验收会议筹备工作：

单位工程质量竣工验收会议虽然是由建设单位主持召开，但项目监理机构要协助建设单位做好会议的筹备工作。主要事项有：

1）拟订竣工验收方案和竣工验收计划。

2）拟订竣工验收会议议程。

3）拟订竣工验收会议通知。

4）拟订竣工验收初步意见（包括验收小组意见）。

5）准备监理单位的竣工验收会议材料。

6）督促施工单位准备竣工验收会议材料。

7）协助建设单位督促勘察单位、设计单位准备竣工验收会议材料。

8）建议建设单位将竣工验收会议的时间、地点告知安全、质量监督机构。

9.10 质量验收不合格时的处理

当建筑工程施工质量不符合要求时，应按下列规定进行处理：

（1）经返工重做或返修的检验批，应重新进行验收。返修是对施工质量不符合标准规定的部位采取的整修等措施。返工是对施工质量不符合标准规定的部位采取的更换、重新制作、重新施工等措施。

（2）经有资质的检测机构检测鉴定能够达到设计要求的检验批，应予以验收。

（3）经有资质的检测机构检测鉴定达不到设计要求、但经原设计单位核算认可能够满足结构安全和使用功能的检验批，可予以验收。

（4）经返修或加固处理的分项、分部工程，虽然改变外形尺寸但仍能满足安全及使用功能要求时，可按技术处理方案和协商文件的要求予以验收。

（5）通过返修或加固处理仍不能满足安全或重要使用要求的分部工程及单位（子单位）工程，严禁验收。

10　建筑工程专项验收和备案

建筑工程除须依照《建筑工程施工质量验收统一标准》（GB 50300）办理十个分部工程及分项工程的验收外，按照政府相关文件规定，对规划、消防、人防、环保等、电梯等专项工程还必须经政府主管部门进行专项验收。即专项工程完工后，施工单位必须按照专项验收的要求内容进行自检验收，并经监理单位、建设单位验收合格后，由建设单位向政府主管部门申请专项验收及备案，并经政府相关主管部门验收后须取得验收合格证、验收意见批文、验收备案意见书或验收意见书。

10.1 建设工程规划专项验收要求

（1）建设单位应委托规划勘测单位进行规划验收测量验线，建设单位备齐相关资料和竣工图等提前交规划行政主管部门，向城市规划行政主管部门办理规划验收。

（2）规划验收时一般需提交的资料如下：

1）批前公示情况说明（原件正本（收取）1份）；

2）建设单位名称变更的有效证明文件；

3）工程竣工图电子报批文件（电子件1份）；

4）工程竣工图（原件正本（收取）3份）；

5）设计单位的资质证书；

6）申请函（原件正本（收取）1份）；

7）《行政处罚决定书》及行政处罚执结证明；

8）历史规划批复文件中要求在验收时提交的有关资料；

9）立案申请表（原件正本（收取）1份）；

　　10）《建设工程规划许可证》；

　　11）代理人身份证明；

　　12）《建设工程档案预验收认可书》（原件正本（收取）1份）；

　　13）具有相应资质的技术审查机构出具的《广州市建设工程规划验收测量记录册》（原件正本（收取）1份）；

　　14）授权委托书（原件正本（收取）1份）；

　　15）申请人身份证明。

10.2　消防工程专项验收要求

　　（1）依据《中华人民共和国消防法》（主席令第六号，2009年施行）、《建设工程消防监督管理规定》（公安部令第119号，2012年施行）等规定，建筑工程消防报审、验收程序、验收内容、验收计划应经公安消防局同意，施工单位需备齐竣工图及相关资料，由建设单位向公安消防局办理验收手续。其报审受理范围：

　　1）大型人员密集场所的建筑工程：

　　（a）建筑总面积大于20000m²的体育场馆、会堂，公共展览馆、博物馆的展示厅；

　　（b）建筑总面积大于15000m²的民用机场航站楼、客运车站候车室、客运码头候船厅；

　　（c）建筑总面积大于10000m²的宾馆、饭店、商场、市场；

　　（d）建筑总面积大于2500m²的影剧院，公共图书馆的阅览室，营业性室内健身、休闲场馆，医院的门诊楼，大学的教学楼、图书馆、食堂，劳动密集型企业的生产加工车间，寺庙、教堂；

　　（e）建筑总面积大于1000m²的托儿所、幼儿园的儿童用房，儿童游乐厅等室内儿童活动场所，养老院、福利院，医院、疗养院的病房楼，中小学校的教学楼、图书馆、食堂，学校的集体宿舍，劳动密集型企业的员工集体宿舍；

　　（f）建筑总面积大于500m²的歌舞厅、录像厅、放映厅、卡拉ok厅、夜总会、游艺厅、桑拿浴室、网吧、酒吧，具有娱乐功能的餐馆、茶馆、咖啡厅。

　　2）特殊建设工程：

　　（a）设有以上所列的人员密集场所的建设工程；

　　（b）国家机关办公楼、电力调度楼、电信楼、邮政楼、防灾指挥调度楼、广播电视楼、档案楼；

　　（c）本条第一项、第二项规定以外的单体建筑面积大于40000m²或者建筑高度超过50m的公共建筑；

　　（d）国家标准规定的一类高层住宅建筑；

　　（e）城市轨道交通、隧道工程，大型发电、变配电工程；

　　（f）生产、储存、装卸易燃易爆危险物品的工厂、仓库和专用车站、码头，易燃易爆气体和液体的充装站、供应站、调压站。

　　（2）申报建设工程消防验收应当提供下列材料：

　　1）《建设工程消防验收申报表》；

　　2）工程竣工验收报告；

3）消防产品质量合格证明文件，即消防产品认证（认可）证书、发证检验报告、出厂合格证等；

4）具有防火性能要求的建筑构件、建筑材料、装修材料符合国家标准或者行业标准的证明文件、出厂合格证，即型式检验报告、阻燃制品标识使用证书和检验报告、室内装修装饰材料见证取样和抽样检验报告等；

5）建设工程消防验收测试报告（暂不需提供，可要求提供由具备相应资格的消防设施专业承包企业出具的消防设施调试检验报告）；

6）施工、工程监理、检测单位的合法身份证明和资质等级证明文件复印件；

7）建设单位的工商营业执照等合法身份证明文件；

8）法律、行政法规规定的其他材料，主要包括建设工程消防设计审核意见书、竣工图纸、消防产品供货证明、申请人委托代理人提出申请的提供授权委托书和被委托人身份证复印件、消防设施竣工自测报告（《广东省公安机关消防机构建设工程消防验收测试工作制度》规定的建设工程必须提供）等。

（3）对于消防验收不合格需要申请复验的建设工程，可凭《建设工程消防验收申请表》（可为第一次申报时填写表格的复印件）、针对验收不合格有关内容整改合格申请复验的申请，以及有关整改资料及证明文件直接进行申报。

（4）建设工程消防验收办理程序见图 2-10-1：

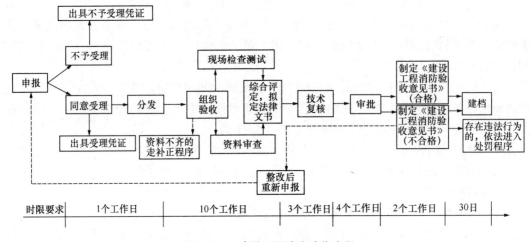

图 2-10-1　建设工程消防验收流程

10.3　人防工程专项验收和备案要求

（1）人防工程专项验收要求

1）人防工程专项验收依据当地人防办公室的规定，人防工程专项竣工验收由建设单位负责组织实施，人防主管部门负责人防工程专项竣工验收的监督管理工作。（注：广州市按《广州市人民防空办公室〈广州市人民防空工程专项竣工验收备案管理暂行规定〉的通知》要求办理）

2）人防工程验收准备工作：

（a）工程按照设计文件、合同要求完工后，施工单位应自行进行质量检查并及时整理工程技术资料，填写《人民防空工程质量控制资料核查记录》，经该工程监理单位审核后，向建设单位申请办理工程竣工验收手续。

（b）人民防空工程的监理单位应当按照有关法律、法规、强制性标准、设计文件和监理合同，公正、独立、自主地开展监理工作。

（c）人民防空工程的勘察设计单位必须按照人民防空工程建设强制性标准和可行性研究报告确定的任务、投资进行勘察设计，并对勘察设计的质量负责。设计单位填写《人民防空工程设计质量检查报告》。

3）人防工程竣工验收应符合下列条件：

（a）完成工程设计和合同约定的各项内容；

（b）有完整的工程技术档案和施工管理资料；

（c）有工程使用的主要建筑材料、建筑构配件和设备的产品质量出厂检验合格证明和技术标准规定的进场试验报告；

（d）有勘察、设计、施工、工程监理等单位分别签署的质量合格文件；

（e）施工单位签署的质量保修书；

（f）人民防空工程经验收合格的，方可交付使用。

4）人防工程竣工验收的组织：

（a）建设单位收到施工单位报告后，对符合竣工验收要求的工程，应组织设计、施工、监理等单位和其他有关方面的专家组成验收组，制定验收方案。

（b）勘察设计、施工、防护设备安装、监理单位分别向验收组汇报工程合同履约情况和在工程建设各个环节执行法律、法规、工程建设强制性标准情况；验收组审阅建设、勘察设计、施工、监理单位的工程档案资料；实地查验工程质量；对工程设计、工程施工质量及防护设备安装等方面做出全面评价，形成经验收组成员签署的《人民防空工程验收记录》；

（c）参与竣工验收的建设、勘察设计、施工、监理等各方不能形成一致意见时，应当协商提出解决办法，待意见一致后，重新组织竣工验收。

（2）人防工程专项验收备案要求

1）人防工程竣工验收实行备案制度。人防工程符合以下全部条件的单位可以提出申请验收备案：

（a）工程结构完好、内部整洁，无渗漏水；

（b）防护密闭设备、设施性能良好，供电、供水、排风、排水系统工作正常，平战转换按要求落实，符合设计要求的人防防护战术技术要求；

（c）金属、木质部件无锈蚀或者损坏；

（d）内部装饰材料应当符合防火技术规范要求；

（e）进出口道路畅通，孔口伪装设施完好；

（f）防护区与非防护区结合部的穿墙管线密闭处理符合要求；

（g）关键部位和隐蔽工程的施工记录、竣工资料齐全、合格；

（h）法律法规规定的其他条件。

2）人防工程竣工验收合格之日起15个日内，由建设单位到出具《防空地下室建设意见书》的人民防空主管部门办理备案手续，需提交的资料见表2-10-1：

人防工程专项验收备案需提交资料一览表　　　　表 2-10-1

序号	材料名称	份数	材料形式	备　注
1	建设单位授权委托证明书	1	原件正本	在线填写和打印
2	人防工程专项竣工验收备案申请表	2	原件正本	在线填写和打印
3	防空地下室建设质量现场检查表	1	原件正本	建设单位在入案前，应与行政服务中心窗口约定时间进行项目现场检查，检查通过后，人防主管部门当场核发
4	《防空地下室建设意见书》	2	复印件	加盖公章。由人防主管部门核发
5	人民防空工程设计文件的专项审查意见	2	复印件	加盖公章
6	人民防空工程竣工图纸资料	2	原件正本	含建筑、结构、通风、给排水、电气等专业
7	人民防空工程质量控制资料核查记录	2	原件正本	建设单位应委托有资质的第三方检测单位出具含有防空地下室顶板、侧墙、底板、门框墙厚度及钢筋分布等指标的检测报告； 建设单位应委托有资质的测绘单位出具人防工程面积测量报告
8	人民防空工程设计质量检查报告	2	原件正本	
9	人民防空工程质量监督报告	2	复印件	加盖公章
10	人民防空工程（含防护设备安装）质量验收记录	2	原件正本	
11	人民防空工程专项竣工验收备案表	2	原件正本	
12	平战转换预案	2	原件正本	
13	工程质量保修书	2	原件正本	施工单位签署
14	设备安装质量保修书	2	原件正本	防护设备安装单位签署

　　3）人防工程专项验收备案网上办理流程：

　　（a）申请。建设单位在网上填写《人防工程专项竣工验收备案申请表》，备齐资料后，向业务受理窗口送交申请材料。

　　（b）受理。民防办进行项目现场查勘，填写《防空地下室建设质量现场检查表》。（注现场查勘时间不计入审批流程的时限）

　　（c）审查。民防办按规定联审批时限办结。

　　（d）证件制作与送达。建设单位到业务窗口领取《人防工程专项竣工验收备案意见书》。

　　（e）备案机关在收齐竣工验收备案文件 10 个工作日内，经检查发现有下列情况的，应当责令停止使用，重新组织竣工验收：工程验收程序不符合规定要求；竣工验收备案文件内容不齐全，或采用虚假证明文件；发现有违反国家法律、法规和工程建设强制性标准的行为，或存在影响结构安全和使用功能的隐患；其他影响备案有效性的情况。

（f）备案机关责令停止使用，建设单位应重新组织竣工验收的工程。未经重新组织验收合格的，不得交付使用。

（g）备案机关在收齐备案文件后 10 个工作日内未发现有（d）中规定情况的，应当在《人民防空工程竣工验收备案表》上签署意见，并出具《人防工程专项竣工验收备案意见书》。

10.4　环保专项验收要求

（1）依据《中华人民共和国环境保护法》（第四十一条）、《建设项目环境保护管理条例》（国务院第 253 号令）（第二章）、《建设项目环境保护设施竣工验收管理规定》（国家环保总局 13 号令），建设项目开工前，需先获得环保部门对项目环境影响评价文件的批复意见后，才能开展项目防治污染设施的施工，完工后应委托环保监测机构对规定的监测项目进行测试及提供合格监测报告并具备验收条件后，建设单位可向环保主管部门申请验收。

（2）环保专项验收应符合以下全部条件：

1）建设前期环境保护审查、审批手续完备，技术资料与环境保护档案资料齐全。

2）环境保护设施及其他措施等已按批准的环境影响报告书（表）或者环境影响登记表和设计文件的要求建成或者落实，环境保护设施经负荷试车检测合格，其防治污染能力适应主体工程的需要。

3）环境保护设施安装质量符合国家和有关部门颁发的专业工程验收规范、规程和检验评定标准。

4）具备环境保护设施正常运转的条件，包括：经培训合格的操作人员、健全的岗位操作规程及相应的规章制度，原料、动力供应落实，符合交付使用的其他要求。

5）污染物排放符合环境影响报告书（表）或者环境影响登记表和设计文件中提出的标准及核定的污染物排放总量控制指标的要求。

6）各项生态保护措施按环境影响报告书（表）规定的要求落实，建设项目建设过程中受到破坏并可恢复的环境已按规定采取了恢复措施。

7）环境监测项目、点位、机构设置及人员配备，符合环境影响报告书（表）和有关规定的要求。

8）环境影响报告书（表）提出需对环境保护敏感点进行环境影响验证，对清洁生产进行指标考核，对施工期环境保护措施落实情况进行工程环境监理的，已按规定要求完成。

9）环境影响报告书（表）要求建设单位采取措施削减其他设施污染物排放，或要求建设项目所在地方政府或者有关部门采取"区域削减"措施满足污染物排放总量控制要求的，其相应措施得到落实。

（3）环保专项验收所需材料：

1）环境影响评价文件电子件 1 份，复印件 1 份；

2）环境影响评价文件批复意见（复印件 1 份）；

3）项目主体工程、环保设施现场照片电子件 1 份，复印件 1 份；

4）已挂"排污口标志牌"的现场照片电子件 1 份，复印件 1 份；

5）验收监测或调查报告（表）（原件正本（收取）1份，电子件1份）；

6）建设项目工程竣工环保"三同时"验收登记表（原件正本（收取）1份，电子件1份）；

7）排污口规范化回执（原件正本（收取）1份，电子件1份）；

8）污染治理设施维修保养制度（原件正本（收取）1份，电子件1份，复印件1份）；

9）污染治理设施管理岗位责任制度电子件1份，复印件1份。

10）如果属于以下情况的，还需增加相应材料（见表2-10-2）：

表 2-10-2

例外情形	情况描述	材料（资料名称）	份数
情况1	编制环境影响报告表或编制环境影响报告书的项目	建设项目竣工环境保护验收申请	原件正本（收取）1份，电子件1份
情况2	环评批复要求安装在线监测仪器的	在线监测仪器比对监测报告	电子件1份，复印件1份
		在线监测仪器与当地环保部门的联网证明	
情况3	环评批复要求编制环境风险应急预案的	环境风险应急预案、环境风险应急预案备案表	
情况4	环评批复要求开展施工期环境监理工作的	施工期环境监理报告	
情况5	填写环境影响登记表的项目	项目竣工环境保护验收申请登记卡	原件正本（收取）2份，电子件1份
情况6	危险废物委托有资质单位处置的	危险废物处置协议、危险废物接收单位的资质、危险废物转移联单	电子件1份，复印件1份
情况7	委托办理的	授权委托书	原件正本（收取）1份，电子件1份
情况8	项目建设地点在市政集水范围内的	城市排水许可证	电子件1份，复印件1份
		竣工图纸（包括项目建筑图及污染治理工程图）	

注：建设项目排水向市政集水排放时，排水许可证向水务行政主管部门办理。

10.5 卫生防疫专项验收要求

（1）依据《公共场所卫生管理条例实施细则》（第二十二条、第二十六条）、《公共场所卫生管理条例》（第四条、第八条）、《广东省卫生厅关于公共场所卫生许可证发放的管理办法》（第四条），卫生防疫专项验收又称公共场所建设项目竣工卫生验收审查，由建设单位向卫生防疫管理部门（广州市是广州市疾病预防控制中心）申请办理验收手续。

（2）卫生防疫专项验收必须符合以下全部条件：

1）选址：必须符合相关法律法规的有关卫生要求，项目毗邻有否有毒有害场所或扩散性污染源并取得的卫生学预评价；

2）具有合法的生产经营场所；

3）所申报的设备、工艺布局流程、各功能间布局是否达到申报项目的相应卫生要求；

4）各类卫生防护设施、卫生设备符合相关卫生法律法规要求和相关国家标准的要求；

5）空调系统、防噪声、防粉尘系统、油烟排放和通风排气系统、给排风系统的设计及所选用的材料符合相关法律法规要求和国家标准要求；

6）项目中所选用的建筑材料、装饰材料及有关卫生防护材料必须符合国家有关法律法规和标准的要求；

7）能按《建设项目设计卫生审查认可书》所认可的方案建设施工。

（3）卫生防疫专项验收所需资料：

1）申请表（原件正本（收取）1份）；

2）申请报告（原件正本（收取）1份）；

3）建设项目设计卫生审查认可书（原件正本（核验）1份，复印件1份）；

4）检验报告（原件正本（核验）1份，复印件1份）。主要指集中空调通风系统检测、二次供水设施及水质检测。

5）如果属于以下情况的，还需增加相应资料：

（a）情况1：法定代表人委托他人申请的，需提供法定代表人/负责人委托书（原件正本（收取）1份，原件正本（核验）1份，复印件1份）

（b）情况2：大型项目（指面积大于或等于3万平方米的项目）需提供竣工卫生学评价报告（原件正本（核验）1份，复印件1份）

（4）卫生防疫专项验收网上办理流程

1）网上申办：申请人在卫生和计划生育委员会网上办事窗口录入申请表格。

2）受理：申请人确认信息录入后5日内带齐事项要求材料到政务窗口核对，符合要求予以受理。

3）审查：卫生和计划生育委员会对提交材料进行审查。

4）特别规定程序（现场审核）：对业务现场进行技术符合性审核。

5）决定：对材料符合的进行审批。

6）发证：根据提交材料时候的需求，证件窗口自取还是快递寄送。

10.6 电梯安装工程专项验收要求

（1）依据《中华人民共和国特种设备安全法》（第三十三条）、《特种设备安全监察条例》（第二十五条）、《广东省特种设备安全条例》（第二十二条）、《广东省电梯使用安全条例》（第九条），电梯安装调试、经质量技术监督局特种设备检验所验收检验合格后，建设单位在电梯投用前或投入使用30日内应向质量技术监督检验主管部门申请领取《特种设备使用登记证》。

（2）申请特种设备的使用登记应当具备下列条件：

1）申请人是该特种设备的使用管理人；

2）申请人按照规定聘用取得相应资格的人员从事该特种设备的管理、作业工作；

3）该特种设备的设计、制造、安装、改造等符合特种设备有关法律法规、安全技术规范和标准的要求。

（3）申请特种设备的使用登记所需资料：

1）特种设备使用登记表（电梯使用登记表）（原件正本（收取）2份，电子件1份）；

2）申请人组织结构代码或其他身份证明（原件正本（核验）1份，复印件1份）；

3）《特种设备使用安全管理制度目录或安全责任承诺书》（原件正本（收取）2份）；

4）维修保养合同或其他有效维修保养证明文件（如自行保养承诺书）（原件正本（核验）1份，复印件1份）；

5）使用单位安全管理人员和操作人员的《特种设备作业人员证》（原件正本（核验）1份，复印件1份）；

6）《验收检验报告书》及《安全检验合格标志》（原件正本（核验）1份，复印件1份）；

7）《电梯层门钥匙使用管理制度》（复印件2份）；

8）广州市特种设备安装（移装、改造、维修）告知（原件正本（核验）1份，复印件1份）；

9）产品质量合格证明（原件正本（收取）1份，复印件1份）；

10）安装监督检验报告原件（原件正本（收取）1份，复印件1份）。

10.7　防雷专项验收要求

（1）根据《国务院关于优化建设工程防雷许可的决定》（国发〔2016〕39号），将气象部门承担的房屋建筑工程和市政基础设施工程防雷装置设计审核、竣工验收许可，整合纳入建筑工程施工图审查、竣工验收备案，统一由住房城乡建设部门监管。取消气象部门对防雷专业工程设计、施工单位资质许可；新建、改建、扩建建设工程防雷的设计、施工，可由取得相应建设、公路、水路、铁路、民航、水利、电力、核电、通信等专业工程设计、施工资质的单位承担；建设工程防雷许可具体范围划分，待公布，在建设工程防雷许可具体范围公布以前，防雷装置竣工验收暂由建设单位向气象行政主管部门办理。

（2）防雷专项验收办理依据：

1）《国务院对确需保留的行政审批项目设定行政许可的决定》（国务院令412号）附件：国务院决定对确需保留的行政审批项目设定行政许可的目录；

2）《气象灾害防御条例》（2010年国务院令第570号）第二十三条

3）《国务院关于优化建设工程防雷许可的决定》（国发〔2016〕39号）

4）《防雷装置设计审核和竣工验收规定》（中国气象局令21号）第七条、第十五条

5）《防雷减灾管理办法（修订）》（中国气象局令24号）

6）《广东省防御雷电灾害管理规定》

7）《广东省人民政府第四轮行政审批事项调整目录》（粤府令142号）

（3）防雷专项验收所需资料：

1）《防雷装置竣工验收申请书》原件（原件正本（收取）1份）；

2）《防雷装置设计核准意见书》复印件（复印件1份）；

3）施工单位的资质证和施工人员的资格证复印件原件备查（原件正本（核验）1份，复印件1份）；

4）防雷竣工图纸等技术资料原件（原件正本（收取）1份）；

5）送件清单（原件正本（收取）1份）；

6）授权委托书及经办人身份证复印件（原件正本（收取）1份）；

7）如果属于以下情况的，还需增加相应资料：

（a）情况1：属于预约现场验收流程的，需提交（容缺材料）《新建建筑物防雷装置竣工验收检查表》原件（原件正本（收取）1份）；

（b）情况2：在"防雷装置设计核准"审批流程所提供的材料中含SPD设计的需提交：防雷产品出厂合格证复印件和安装记录表原件（复印件1份）。

（4）防雷专项验收办理流程：

1）申请：申请单位通过网上录入相关资料并到所在地区政务服务中心综合受理窗口提交申请资料。

2）受理：申请资料齐全且符合法定形式的，窗口工作人员决定受理并出具受理通知；申请资料不齐全或者不符合法定形式的，窗口工作人员当场一次告知申请人需要补正的全部内容。

3）现场验收：相关业务人员联系申请单位进行防雷装置现场验收。

4）审核：气象行政主管部门（防雷减灾办公室）业务科室对申请材料进行审核。

5）批准：气象行政主管部门（防雷减灾办公室）分管领导根据审核意见做出许可决定。

6）办结：申请流程办结并通知申请人，窗口人员对符合许可条件的发放《防雷装置验收意见书》，不符合的颁发《防雷装置整改意见书》，并通知申请人，意见书将以EMS的方式送达，申请人也可选择到窗口取件。

10.8　燃气工程专项验收要求

（1）依据《城镇燃气管理条例》（国务院令第583号）（第十五条）、《广东省燃气管理条例》（第十三条第二款），燃气管道和设施经具有资质的施工单位应安装调试自检后，应报燃气公司主管部门验收领取燃气管道和设施验收合格证；建设单位向燃气公司主管部门办理验收手续。

（2）对工业、商业及公福用户燃气工程专项验收所需资料：

1）《用气申请表》；

2）《用气数据信息表》；

3）申请用气建筑的《房产证》或《建设用地规划许可证》；

4）《建设工程规划许可证》；

5）《授权委托书》；

6）《产权单位证明》；

7）《关于收悉〈管道燃气开户程序〉和告知函的回复函》；

8）营业执照或工商局《个人名称预先核准通知书》、红线图、总平面图、厨房布置图等。

（3）燃气工程办理新开户程序：

1）客户委托燃气公司组织管道工程建设的办事程序：

（a）客户致电燃气公司客户服务中心或到营业部申报。

（b）燃气公司与客户进行现场勘察，符合供用气条件的，客户委托燃气公司代建燃气管道工程，与燃气公司签订相关建设合同及提交资料。

（c）工程竣工验收后，客户与燃气公司签订《管道燃气供用气合同》，并准备好适配气源的燃气具及相关配件，燃气公司按合同约定通气点火。

2）客户自行委托有相关资质的单位进行管道工程建设的受理流程：

（a）建设前，项目业主（或代业主）须向燃气集团提出用气申请，得到受理并取得《管道燃气用气申请受理书》后方可组织该项目建设实施工作。

（b）用气申请时，应由项目业主（或代业主）法定代表人（非法人经营单位由经营负责人，政府或部队单位由单位负责人）或其授权人，备齐书面文件资料前往燃气集团办理。用气申请时，应提交下列书面文件资料：

法人代表证明（非法人单位无需提供）；

工商营业执照或组织机构代码证（政府或部队单位无需提供）；

项目业主（或代业主）法定代表人（或非法人经营单位经营负责人、政府单位负责人）亲自办理申请的，提供身份证原件和复印件；部队单位负责人亲自办理的提供军官证原件和复印件；

项目业主（或代业主）法定代表人（或非法人经营单位负责人、政府、部队单位负责人）授权本单位他人代为办理的，应出具项目业主（或代业主）法定代表人（或非法人经营单位经营负责人、政府、部队单位负责人）授权书，授权书应由法定代表人（或非法人经营单位负责人、政府、部队单位负责人）签字并加盖单位公章，并应写明被授权单位和被授权人；业主法定代表人（或非法人经营单位负责人、政府单位负责人）身份证复印件；属部队单位的提供负责人军官证复印件；

项目业主（或代业主）法定代表人（或非法人经营单位负责人、政府、部队单位负责人）授权施工单位代为办理的，被授权单位应出具接受授权确认书，接受授权确认书应由法定代表人签字并加盖单位公章，并应写明是否愿意接受授权和明确本单位用气申请代办人员名称；被授权单位法定代表人身份证复印件、用气申请代办人员身份证原件和复印件；

用气地点所在建筑已办理产权的提供《房地产权证》；未办理产权证的则提供《建设工程规划许可证》和《建设用地批准书》；政府单位物业、部队单位物业确实不能提供《房地产权证》的，应提供物业归属证明；

租赁物业的用气申请人申请用气时还应提供物业业主同意其申请用气证明书；

《管道燃气用气申请表》；

《项目代建合同》（适用于代业主名义办理的用气申请）。

（4）设计委托与设计管理：

1）项目业主（或代业主）亲自办理设计委托工作，并以业主（或代业主）名义与设计公司签订《设计合同》或出具《设计委托书》的，在与设计公司签订《设计合同》或出具《设计委托书》（设计委托书应由项目业主（或代业主）法人代表（或非法人经营单位负责人、政府、部队单位负责人）签署并加盖公章）时，应同时提供下列书面文件资料：

（a）《管道燃气用气申请受理书》；

（b）非项目业主（或代业主）法人代表（或非法人经营单位负责人、政府、部队单位负责人）亲自办理设计委托工作的，应出具项目法人代表（或非法人经营单位负责人、政府、部队单位负责人）签署的授权书，授权书应由法定代表人（或非法人经营单位负责人、政府、部队单位负责人）签字并加盖单位公章，明确办理设计委托工作人员名称；

（c）设计委托办理人员身份证原件和复印件；

（d）用气需求及与设计有关的其他资料。

2）项目业主（或代业主）委托施工单位办理委托设计工作，并以施工单位名义与设计公司签订《设计合同》或出具《设计委托书》的，在与设计公司签订《设计合同》或出具《设计委托书》（设计委托书应由施工单位法人代表签署并加盖公章）时，应同时提供下列书面文件资料：

（a）《管道燃气用气申请受理书》；

（b）项目业主（或代业主）与施工单位签订的《施工合同》，且《施工合同》已明确包括设计工作，如无法提供《施工合同》，则应出具项目业主（或代业主）授权书，明确授权施工单位办理设计委托事项，授权书应由项目业主（或代业主）法人代表（或非法人经营单位负责人、政府、部队单位负责人）签署并加盖公章；

（c）非施工单位法人代表亲自办理设计委托工作的，应出具施工单位法人代表签署的授权书，授权书应由法定代表人签字并加盖单位公章，明确办理设计委托工作人员名称；

（d）设计委托办理人员身份证原件和复印件；

（e）用气需求及与设计有关的其他资料。

（5）燃气工程竣工验收合格后，客户备齐设计、监理、施工的资质材料及竣工资料，向燃气公司提出工程复验申请。复检合格后，燃气公司与客户签订《管道燃气供用气合同》，客户准备好适配气源的燃气具及相关配件，燃气公司按合同约定通气点火。

10.9　水土保持设施专项验收要求

（1）验收依据：

1）《中华人民共和国水土保持法》第 27 条；

2）《中华人民共和国水土保持法实施条例》（国务院令第 120 号）第 14 条；

3）《开发建设项目水土保持设施验收管理办法》（水利部令第 16 号公布、水利部令第 24 号修改）；

4）《水土保持生态环境监测网络管理办法》（水利部令第 12 号）。

（2）验收条件：

1）验收及受理条件：

（a）生产建设项目完工后，建设单位应当向水土保持方案审批部门申请水土保持设施验收。水土保持设施验收的范围应当与批准的水土保持方案及批复文件一致。

（b）分期建设、分期投入生产或者使用的生产建设项目，其相应的水土保持设施应当进行分期验收。

（c）水土保持设施验收工作的主要内容为：检查水土保持设施是否符合设计要求、施工质量，投入使用和管理维护责任落实情况，评价水土流失防治效果，对存在问题提出处理意见等。

2）验收合格条件：

（a）生产建设项目水土保持方案审批手续完备，水土保持工程设计、施工、监理、财务支出、水土流失监测报告等资料齐全；

（b）水土保持设施按批准的水土保持方案报告书和设计文件的要求建成，符合主体工程和水土保持的要求；

（c）治理程度、拦渣率、植被恢复率、水土流失控制量等指标达到了批准的水土保持方案和批复文件的要求及国家和地方的有关技术标准；

（d）水土保持设施具备正常运行条件，且能持续、安全、有效运转，符合交付使用要求。水土保持设施的管理、维护措施落实。

（3）验收程序：

1）申请：生产建设项目完成后，建设单位应当先会同水土保持方案编制单位，依据批复的水土保持方案报告书（表）、设计文件的内容和工程量，对水土保持设施完成情况进行检查，编制水土保持方案实施工作总结报告和水土保持设施竣工验收技术报告。符合验收条件的，可提出水土保持设施竣工验收申请。

2）受理：申请材料由行政许可窗口统一收件；申请材料齐全且符合法定形式的，予以受理。

3）专家验收：水务行政主管部门会同项目主管部门组织验收专家组和建设单位、水土保持方案编制单位、设计单位、施工单位、监理单位、监测报告编制单位等进行现场验收。验收结论由验收专家组做出。

4）许可决定及期限：对验收合格的项目，水土保持主管部门办理验收合格手续，作为生产建设项目竣工验收的重要依据之一。

5）对验收不合格的项目，水土保持主管部门应当责令建设单位限期整改，整改完毕后建设单位重新申请验收，直至验收合格。水土保持设施未经验收或者验收不合格的，生产建设项目不得进行竣工验收。

6）许可决定送达：申请人到行政许可服务窗口领取许可决定。

（4）验收需要提交的申请材料：

1）生产建设单位提交的生产建设项目水土保持设施验收申请文件或申请表（1份，同时送项目所在地区县水行政主管部门1份）。

2）水土保持方案实施工作总结报告（15份，同时送项目所在地区县水行政主管部门2份）。

3）水土保持设施竣工验收技术报告（15份，同时送项目所在地区县水行政主管部门2份）。

4）水土保持工程监理报告和水土保持工程监测报告（15份，同时送项目所在地区县水行政主管部门2份）。

5）需要先进行技术评估的生产建设项目，建设单位还应提交有相应资质机构编制的技术评估报告（15份，同时送项目所在地区县水行政主管部门2份）。

（5）验收其他注意事项：

1）生产建设项目水土保持设施经验收合格后，该项目方可正式投入生产或者使用。水土保持设施经验收不合格的，生产建设项目不得投产使用。

2）水土保持设施验收合格并交付使用后，建设单位或经营管理单位应当加强对水土保持设施的管理和维护，确保水土保持设施安全、有效运行。

3）生产建设项目水土保持设施验收的有关费用，由项目建设单位承担。

4）生产建设项目所在地的区县一级水行政主管部门，应当对验收合格的水土保持设施运行情况进行监督检查。

10.10 白蚁防治专项验收及备案要求

（1）依据《城市房屋白蚁防治管理规定》（建设部令第72号），白蚁预防工程竣工后，由白蚁防治单位、项目建设单位和工程监理单位依照国家、省、市颁布的白蚁防治工程质量检验评定标准进行验收；白蚁防治单位应当在验收后三十日内到住房和城乡建设主管部门办理验收备案手续。

（2）验收条件：

1）验收备案证明、项目合同资料一致；

2）药物质检证明合格；

3）施工方案符合技术规范要求；

4）合同金额、包治年限符合要求；

5）所有申请资料公章完备；

6）符合法定条件。

（3）验收所需资料：

1）项目验收备案申请书（原件正本（收取）1份）；

2）房屋白蚁防治工程质量验收备案证明（原件正本（收取）4份）；

3）现场施工记录表（原件正本（收取）1份）；

4）使用药物质检证明（复印件1份）；

5）施工方案（原件正本（收取）1份）；

6）项目合同复印件（原件正本（收取）1份，复印件1份）。

（4）验收备案办理流程：

1）申请：申请人可自行选择通过广东省网上办事大厅预约申请，或到现场直接取号申请。

2）受理：申请人凭申请号前往住建主管部门窗口现场递交资料，窗口接收资料后，资料符合要求的，给予受理并发放受理回执。

3）审查：住建主管部门在规定审批时限内对提交资料进行审查。

4）决定：对资料符合的进行审批，并在网上返回。对于审批通过的申请，白蚁主管机构发放房屋白蚁防治工程质量验收备案证明。

5）取证：申请人收到办结通知后，前往资料提交的窗口领取办理结果（申请人选择快递领取的，办理结果将通过快递送达申请人）。

10.11 建设工程档案专项验收要求

（1）建设工程档案验收是建设工程竣工验收的重要组成部分，未经档案验收或档案验收不合格的工程项目不得进行或通过竣工验收。建设工程档案验收办理的主要依据有：

1）《中华人民共和国档案法》；

2）国家档案局、国家发展和改革委员会联合印发的《重大建设项目档案验收办法》（档发〔2006〕2号文）第六条第三项；

3)《城建档案业务管理规范》(CJJ/T 158—2011);

4)《广东省档案条例》第二十条。

(2) 申请项目档案验收应具备下列条件:

1) 项目主体工程和辅助设施按照设计建成,能满足生产或使用的需要;

2) 已通过工程档案预验收;

3) 全部工程档案文件、声像材料按有关规定已收集齐全、整理完毕;建设单位组织各参建单位对项目档案工作做预检,预检获通过;

4) 建设单位向城市建设档案管理机构移交属进馆范围的全部单位工程项目档案,取得城建档案管理机构档案验收认可书;

5) 建设单位向项目档案工作专项验收组织部门提交一式两份《重点建设项目档案工作预检登记表》,验收组织部门审核通过;

6) 建设单位按验收组织部门通知的时间到市档案局窗口报送申报材料,申报材料经验收组织部门审核合格并受理申请。

(3) 建设工程档案验收的组织:

1) 国家发展和改革委员会组织验收的项目,由国家档案局组织项目档案的验收;

2) 国家发展和改革委员会委托中央主管部门(含中央管理企业,下同)、省级政府投资主管部门组织验收的项目,由中央主管部门档案机构、省级档案行政管理部门组织项目档案的验收,验收结果报国家档案局备案;

3) 省以下各级政府投资主管部门组织验收的项目,由同级档案行政管理部门组织项目档案的验收;

4) 国家档案局对中央主管部门档案机构、省级档案行政管理部门组织的项目档案验收进行监督、指导。项目主管部门、各级档案行政管理部门应加强项目档案验收前的指导和咨询,必要时可组织预检。

(4) 建设工程档案验收组的组成:

1) 国家档案局组织的项目档案验收,验收组由国家档案局、中央主管部门、项目所在地省级档案行政管理部门等单位组成。

2) 中央主管部门档案机构组织的项目档案验收,验收组由中央主管部门档案机构及项目所在地省级档案行政管理部门等单位组成。

3) 省级及省以下各级档案行政管理部门组织的项目档案验收,由档案行政管理部门、项目主管部门等单位组成。

4) 凡在城市规划区范围内建设的项目,项目档案验收组成员应包括项目所在地的城建档案接收单位。

5) 项目档案验收组人数为不少于 5 人的单数,组长由验收组织单位人员担任。必要时可邀请有关专业人员参加验收组。

(5) 建设工程档案验收所需资料:

1) 重点建设项目档案工作专项验收申请表(电子件 1 份);

2) 项目档案工作报告(电子件 1 份);

3) 项目档案质量审核情况报告(电子件 1 份);

4) 广东省重大建设项目档案验收评分表(电子件 1 份);

5）单位信息登记表（电子件1份）；

6）工程档案预验收阶段存在问题的整改报告（原件1份）；

7）规划、消防、水务、环保、民防、气象、卫生等专业部门验收意见（除规划部门验收意见为复印件1份外，其他为1份原件）；

8）城建档案移交目录册（原件2份）、纸质档案（原件1份）、电子档案和声像档案（光盘）。

（6）建设工程档案验收的主要内容：

1）工程档案在预验收过程提出的意见是否整改完善。

2）完成的各专项（质量技术监督、消防、规划、环保、民防等）验收文件是否按城建档案部门的有关规定组卷。

3）工程档案（纸质档案、电子档案、声像档案）是否符合城建档案有关规定。

（7）建设工程档案验收的程序见图2-10-2：

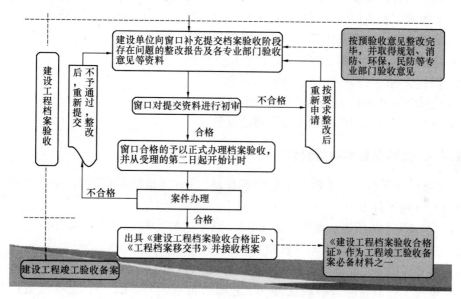

图 2-10-2　建设工程档案验收程序

11　单位工程竣工验收备案

11.1　竣工验收备案基本要求

建设工程竣工验收备案制度是加强政府监督管理，防止不合格工程流向社会的一个重要手段。建设单位应依据《建设工程质量管理条例》和建设部有关规定，到县级以上人民政府建设行政主管部门或其他有关部门备案。否则，不允许投入使用。

11.2　竣工验收备案办理主要依据

（1）住房和城乡建设部关于修改《房屋建筑工程和市政基础设施工程竣工验收备案管

理暂行办法》的决定（2009 年 10 月 19 日住房和城乡建设部令第 2 号）。

（2）《关于修改〈城市建设档案管理规定〉的决定》（建设部令 2001 年第 90 号）。

（3）建设部《城市建设档案管理规定》（建设部令 1997 年第 61 号）。

（4）住房和城乡建设部《关于废止和修改部分规章的决定》（住房和城乡建设部令 2011 年第 9 号）。

11.3 竣工验收备案的条件

（1）建设单位已按规定的程序和条件组织工程竣工验收，且验收合格。

（2）工程已取得规划、消防、环保、民防等部门的验收合格意见或准许使用文件。尚未取得上述文件并选择并联审批模式的，建设单位可同步申请办理规划、消防、环保、民防等专业验收事项，按相应的办事指南分别提交申请资料。

（3）取得城建档案验收合格证明文件。

（4）参加竣工验收的工程质量监督机构已对竣工验收的参加人员资质、组织、程序、执行标准规范情况、工程实体质量等进行审核，评价为符合要求。

（5）施工质量控制资料、安全和功能质量齐全可靠。

（6）需提交的竣工验收备案文件基本齐全。

（7）已采用正式的供水、供电或供气系统。

（8）法规、规章规定的其他文件资料已具备。

11.4 竣工验收备案所需资料

（1）《单位（子单位）工程竣工验收备案表》（省质量统表 GD-E1-916）（原件正本（收取）4 份，电子件 1 份）；

（2）《工程竣工前质量检查情况通知书》（原件正本（核验）1 份，复印件 1 份）；

（3）施工许可证（原件正本（核验）1 份，复印件 1 份）；

（4）施工图设计文件审查意见（原件正本（核验）1 份，复印件 1 份）；

（5）单位工程质量综合验收文件（工程验收报审表 GD-E1-91、工程质量评估报告 GD-E1-99、勘察文件质量检查报告 GD-E1-97、设计文件质量检查报告 GD-E1-98、单位（子单位）工程质量竣工验收记录 GD-E1-913）（原件正本（核验）1 份，复印件 1 份）；

（6）房屋建筑工程质量保修书 GD-E1-910（原件正本（收取）1 份）；

（7）住宅质量保证书 GD-E1-921 和住宅使用说明书 GD-E1-922（原件正本（收取）2 份）；

（8）市政基础设施的有关质量检测和功能性试验资料 GD-E1-917（原件正本（核验）1 份，复印件 1 份）；

（9）单位（子单位）工程竣工验收报告 GD-E1-914（原件正本（收取）1 份，原件正本（核验）8 份，复印件 8 份）；

（10）燃气工程验收文件（原件正本（核验）1 份，复印件 1 份）；

（11）电梯验收合格证明和使用登记证（原件正本（核验）1 份，复印件 1 份）；

（12）建设工程规划验收合格证（省质量统表 GD-E1-918）（原件正本（核验）1 份，复印件 1 份）；

（13）建筑工程消防验收合格意见书（省质量统表 GD-E1-919）（原件正本（核验）1份，复印件 1 份）；

（14）民防工程验收证明（原件正本（核验）1 份，复印件 1 份）；

（15）环保验收合格意见（省质量统表 GD-E1-920）（原件正本（核验）1 份，复印件 1 份）；

（16）建设工程档案验收文件（原件正本（核验）1 份，复印件 1 份）；

（17）单位工程施工安全评价书（原件正本（核验）1 份，复印件 1 份）；

（18）建设工程质量监督报告（原件正本（核验）1 份，复印件 1 份）；

（19）预拌砂浆使用报告（原件正本（核验）1 份，复印件 1 份）；

（20）城市基础设施配套费缴费证明书（规划验收增加面积缴费证明）（原件正本（核验）1 份，复印件 1 份）。

11.5　竣工验收备案的流程

（1）建设单位应当自工程竣工验收合格之日起 15 日内，依照《房屋建筑和市政基础设施工程竣工验收备案管理办法》（2009 年 10 月 19 日住房和城乡建设部令第 2 号）规定，向工程所在地的县级以上地方人民政府建设主管部门（备案机关）备案。

（2）工程已完成设计和合同约定的全部内容；建设行政主管部门及其委托的工程质量监督机构，规划、消防和环保等部门责令整改的问题全部整改完毕。建设单位取得市建设工程质量监督机构的《工程竣工前质量检查情况通知书》。

（3）建设单位进行网上申报填写《房屋建筑工程和市政基础设施工程竣工验收备案表》后打印。

（4）建设单位到区县以上政府政务中心市建委办事窗口提交资料申请受理，

（5）备案单位收到建设单位备案申请材料后，符合受理条件的，向建设单位发出《竣工验收阶段申请受理决定通知书》。

（6）备案单位受理备案事项后，将工程竣工验收备案信息告知规划、消防、环保、防雷、民防、白蚁防治专业主管部门，专业主管部门实行并联审批，同步开展验收审批工作。

（7）备案单位在 5 个工作日内收齐专业部门的验收意见后，对专业验收合格的工程，通知建设单位组织工程竣工验收，该阶段不计入备案单位办理时间。建设单位凭《建设工程规划验收合格证》申请办理城市基础设施配套费多退少补手续。

（8）建设单位组织完成竣工验收工作后，按城市档案管理的有关规定整理工程档案，向城市档案管理机构申请出具建设工程档案验收文件。

（9）工程竣工验收合格后，建设单位向备案单位补充提交《建设工程竣工验收报告》和档案验收文件。

（10）经办人初审，对案件进行实质性审查。

（11）审核。复核程序，对经办人申请情况进行复核。

（12）审批批准，决定是否同意备案。

（13）窗口发案，将结果送达给申请人。

12 施工质量评价及创优

12.1 主要质量奖项

（1）各地市（广州市为例）级主要质量评优奖项

1）广州市建设工程结构优质奖；

2）广州市建设工程优质奖；

3）广州市建设工程"五羊杯"奖；

4）广州市建筑装饰优质工程奖。

（2）广东省级主要质量评优奖项

1）广东省建设工程优质工程奖；

2）广东省建设工程结构优质奖；

3）广东省建设工程金匠奖（该奖项为综合奖项，获得条件是：工程同时获得"广东省建设工程优质奖"和"广东省安全文明施工工地"称号的项目）；

4）广东省市政优良样板工程；

5）广东省土木工程詹天佑故乡杯。

（3）国家级主要质量评优奖项

1）中国土木工程詹天佑奖；

2）国家优质工程金银奖；（分别由各地市建筑业联合会和广东省建筑业协会推荐参评项目，中国施工企业管理协会具体组织评选，各地市建筑业联合会协助复评）

3）中国钢结构金奖；

4）中国建设工程鲁班奖；（由广东省建筑业协会推荐参评项目，中国建筑业协会具体组织评选，广东省建筑业协会和各地市建筑业联合会协助复评）

5）全国市政金杯示范工程。

12.2 质量奖项评选主要依据

（1）广州市质量奖项评选主要依据

1）《广州市建设工程质量评优办法》（穗建联［2014］05号）。

2）《广州市工程质量评优实施细则》。

3）广州市建设工程质量评优指导手册（2015）。

（2）广东省质量奖项评选主要依据

1）《广东省建设工程优质奖评选办法》（粤建协［2012］24号）。

2）《广东省建设工程优质结构奖评审办法》（试行）（粤建协［2014］55号）。

（3）国家级质量奖项评选主要依据

1）《关于印发〈中国建设工程鲁班奖（国家优质工程）评选办法（2017年修订）〉的通知》（建协［2017］2号）。

2）《关于印发〈中国建设工程鲁班奖（国家优质工程）复查工作细则（试行）〉的通知》（建协［2011］19号）。

3）《国家优质工程审定办法》（中施企协字［2013］4号）。

4）中国建筑金属结构协会《关于发布〈中国钢结构金奖审定与管理办法〉及〈评选程序及资料要求〉的通知》（中建金协（2013）20号）、《中国钢结构金奖审定与管理办法》（2013版）。

12.3 质量评优奖项相关文件查询指引（见表2-12-1）

质量评优奖项相关文件查询指引一览表　　　　　　　　　　　表2-12-1

序号	奖项或事项	路 径	链 接
1	广州市属项目评优具体申报程序和办事指引、评优文件和办法、程序指导、历年获奖工程名单	广州市建筑业联合会首页＞评优评选＞优质工程	http：//www.gcia.org.cn/yzgc/list_97.aspx
2	广州市建设工程质量评优指导手册（2015）	/	http：//www.gcia.org.cn/yzgc/info_97.aspx?itemid=1493&lcid=34
3	广东省优质工程评选办法、评优信息、创优成果	广东省建筑业协会首页＞协会工作＞行业评优	http：//www.gdcia.org/work/10.aspx
4	历年鲁班奖获奖工程、AAA级安全文明标准化工地、绿色施工示范工程、建筑业新技术应用示范工程、鲁班奖创优评选办法	中国建筑业协会首页＞协会工作＞创优争先	http：//www.zgjzy.org/WorkList.aspx?id=19
5	国家优质工程奖金银奖的评选办法、项目	中国施工企业管理协会首页＞工程质量	http：//www.cacem.com.cn/quality/
6	中国钢结构金奖	中国建筑金属结构协会主办的中国建筑钢结构网	http：//www.ccmsa.org.cn/jin-jiang.html

注：其他奖项请登录相关协会网页查询。

12.4 奖项申报条件及流程

评优奖项主要参评主体是施工单位，监理单位作为参建单位予以配合。奖项申报条件及流程详见表2-12-2：

质量奖项申报流程一览表　　　　　　　　　　　表2-12-2

级别	奖项	申报时间	参评条件	主办部门	主要申报流程
市级奖	广州市建设工程结构优质奖	报质监登记后30d内，并告知所属工程质量监督机构	建立工程质量目标，并符合相应的工程规模	房屋建筑工程：广州市建筑业联合会；市政工程：广州市市政工程协会	施工单位向相应协会提出申请并提交申请表及相关材料→将其中一份申请表转交监督机构备案→协会根据质量目标和工程进度安排专家组前往工地检查评价→主体结构封顶后将实体检测结果原件和复印件送协会核对→计算得分排名，得出评选结果→网上公示→网上公布

级别	奖项	申报时间	参评条件	主办部门	主要申报流程
市级奖	广州市建设工程优质奖	约每年1月中旬开始	已参加了广州市建设工程结构优质奖（优良）评选的项目，并在结构检价中获得75分以上优良等级的，才能获得推荐参评工程优质奖资格	房屋建筑工程：广州市建筑业联合会；市政工程：广州市市政工程协会	施工单位向相应协会提出申请并提交申请表及相关材料→协会对申报工程进行资格初审→工程相关的施工技术资料送专家组审查→专家组对工程实体进行鉴定、计算得分排名，得出评选结果→网上公示→网上公布
	广州市建设工程"五羊杯"奖	不另外申报，从当年度广州市建设工程优质奖项目中择优产生	工程项目需要获得广州市建设工程结构优质奖和通过广州市建设工程优质奖评选，并且在评选年度的实物评价中取得平均分以上工程项目，面积达到10000平方米以上		广州市建设工程质量五羊杯奖产生，是从当年度广州市建设工程优质奖项目中择优产生，不需要企业另行申报
	广州市建筑装饰优质工程奖	装饰装修工程开工之日起十五日以内，并告知所属工程质量监督机构。监理单位与施工单位同时申报	建立工程质量目标，并符合相应的工程规模	广州市建筑装饰行业协会	施工单位与监理单位同时向市装饰行业协会提出申请并提交申请表及相关材料→专家组对工程初审→专家组队工程进行复审→计算得分排名，得出评选结果→网上公示→网上公布
省级奖	广东省建设工程优质工程奖	每年1~4月	参加广州市建设工程优质奖评选，并获得通过；同时被专家组推荐，经市建设工程质量评优办公室和领导小组同意，获得参加广东省建设工程优质奖评选的资格。获得五羊杯奖的工程，自动获得参加广东省建设工程优质奖评选的资格	广东省建筑业协会	施工单位将申报表及相关资料交至广州市建筑业联合会核对并报送广东省建筑业协会→将相关的工程资料送专家组审查→专家组对工程实体进行鉴定→计算得分排名，得出评选结果→网上公示→网上公布
	广东省建设工程金匠奖	不另外申报	需要同时获得"广东省建设工程优质奖"和"广东省建设工程结构优质奖"以及"广东省房屋市政工程安全生产文明施工示范工地"称号的工程	广东省建筑业协会	不另外申报，申报广东省建设工程优质奖评选时注意填写相关信息并提供获奖证书复印件到省协会
	广东省市政优良样板工程	每年5~6月份	获得工程所在地市优良样板工程的项目，同时被专家组推荐	广东省市政行业协会	每年6月20日前由施工单位向协会提出申请并提交申请表及相关材料→公示申报项目→审核申报资料→公示符合申报条件的项目→专家组进行现场评审工作→计算得分排名，得出评选结果→网上公示→网上公布

续表

级别	奖项	申报时间	参评条件	主办部门	主要申报流程
省级奖	广东省土木工程詹天佑故乡杯	每年3月1日到5月31日为申报时间,具体申报截止日期以当年受理申报相关通知的要求为准	项目必须经竣工验收并使用一年以上,无工程质量问题,用户反馈良好;由地市一级或以上相关行业主管部门或行业学会(协会)推荐或广东省土木建筑学会的"单位会员"可自荐参评工程一项	广东省土木建筑学会	申报单位将申报书报至土木建筑学会→审核申报材料→专家现场实地考察→专家投票得出初评结果→指导委员会对初评结果进行审定→公示评选结果→公布评选结果
国家奖	中国土木工程詹天佑奖	约每年6月	工程必须是已经完成竣工验收并经过一年以上使用核验;由各省市土木建筑学会推荐或中国土木工程学会的"单位会员"可自荐参评工程	中国土木工程学会	申报单位向学会提交"参选工程推荐申报书"及相关申报材料→评选委员对评选材料进行审查(有必要时需实地考察)→投票得出评审结果→网上公示→公布评选结果
国家奖	国家优质工程奖	约每年4~6月	已同时获得省部级(含)以上的工程质量奖和优秀设计奖的工程项目;应通过竣工验收并投入使用一年以上四年以内。其中,住宅项目竣工后投入使用满三年,入住率在90%以上。由各省市建筑业协会推荐参评	中国施工企业管理协会	申报单位向协会提交《国家优质工程申报表》及相关申报材料→审核申报材料→专家组现场考察→投票得出获奖工程→网上公示→公布评选结果
国家奖	中国钢结构金奖	每两年一届;每年评选一次	经地方行业组织或有关主管部门(政府、集团或总公司)择优推荐后参加评选	中国建筑金属结构协会	申报单位将申报材料提交至协会→协会审核申报材料→专家组现场核查得出核查意见及评分→审定委员会根据核查意见及评分评议,投票得出结果→网上公示→公布评选结果
国家奖	中国建设工程鲁班奖	鲁班奖每两年评选一次	工程项目已完成竣工验收备案,并经过一年使用没有发现质量缺陷和质量隐患;由省建筑业协会在获得广东省建设工程优质工程的项目中,择优推荐为鲁班奖候选工程项目	中国建筑业协会	申报单位将申报材料报至协会→协会对申报材料进行审核→协会秘书处对申报工程进行初审,并将初审结果告知推荐单位→专家组对通过初审的工程进行复查并提交复查报告→评审委员会通过听取复查组汇报、观看工程录像、审查申报资料、质询评议,最终以投票方式评出入选鲁班奖工程→网上公示→公布评选结果

级别	奖项	申报时间	参评条件	主办部门	主要申报流程
国家奖	全国市政金杯示范工程	每年评选一次，申报工作于每年八月三十一日结束	申报参评的工程项目，必须是竣工后经过一年使用期检验，且已备案或验收；由省市政工程协会在获得广东省市政优良样板工程的项目中，择优推荐为全国市政金杯示范工程候选项目	中国市政工程协会	申报单位向省市政协会申报→省市政协会审核申报材料并出具评审意见→省市政协会将评审意见及申报材料报中国市政工程协会→专家组对申报工程进行现场复查并出具复查报告→评审委员会根据复查报告等材料评议，投票得出中选工程项目→网上公示→公布评选结果

13　工程质量问题或事故处理

13.1　工程质量问题或事故的定义

（1）根据国际标准化组织（ISO）和我国有关质量、质量管理和质量保证标准的定义，凡工程产品质量没有满足某个规定的要求，就称之为质量不合格。

（2）根据《工程建设重大事故报告和调查程序规定》（1989 年建设部第 3 号令）和建设部关于《工程建设重大事故报告和调查程序规定》有关问题的说明（建建工字第 55 号），凡是工程质量不合格必须进行返修、加固或报废处理由此造成直接经济损失低于 5000 元的称为质量问题；直接经济损失在 5000 元（含 5000 元）以上称为工程质量事故。

（3）住建部《关于做好房屋建筑和市政基础设施工程质量事故报告和调查处理工作的通知》（建质［2010］111 号）第一条规定：工程质量事故，是指由于建设、勘察、设计、施工、监理等单位违反工程质量有关法律法规和工程建设标准，使工程产生结构安全、重要使用功能等方面的质量缺陷，造成人身伤亡或者重大经济损失的事故。

13.2　工程质量事故等级划分

依据建设部《关于做好房屋建筑和市政基础设施工程质量事故报告和调查处理工作的通知》（建质［2010］111 号）规定，根据工程质量事故造成的人员伤亡或者直接经济损失，工程质量事故分为 4 个等级：

（1）特别重大事故，是指造成 30 人以上死亡，或者 100 人以上重伤，或者 1 亿元以上直接经济损失的事故；

（2）重大事故，是指造成 10 人以上 30 人以下死亡，或者 50 人以上 100 人以下重伤，或者 5000 万元以上 1 亿元以下直接经济损失的事故；

（3）较大事故，是指造成 3 人以上 10 人以下死亡，或者 10 人以上 50 人以下重伤，或者 1000 万元以上 5000 万元以下直接经济损失的事故；

（4）一般事故，是指造成 3 人以下死亡，或者 10 人以下重伤，或者 100 万元以上 1000 万元以下直接经济损失的事故。

本等级划分所称的"以上"包括本数，所称的"以下"不包括本数。

13.3 工程质量事故的处理程序

（1）事故的报告

1）工程质量事故发生后，事故现场有关人员应当立即向工程建设单位负责人报告；工程建设单位负责人接到报告后，应于 1h 内向事故发生地县级以上人民政府住房和城乡建设主管部门及有关部门报告。监理工程师应立即通知本公司主管领导。情况紧急时，事故现场有关人员可直接向事故发生地县级以上人民政府住房和城乡建设主管部门报告。

2）住房和城乡建设主管部门接到事故报告后，应当依照下列规定上报事故情况，并同时通知公安、监察机关等有关部门：

（a）较大、重大及特别重大事故逐级上报至国务院住房和城乡建设主管部门，一般事故逐级上报至省级人民政府住房和城乡建设主管部门，必要时可以越级上报事故情况。

（b）住房和城乡建设主管部门上报事故情况，应当同时报告本级人民政府；国务院住房和城乡建设主管部门接到重大和特别重大事故的报告后，应当立即报告国务院。

（c）住房和城乡建设主管部门逐级上报事故情况时，每级上报时间不得超过 2 小时。

（d）事故报告应包括下列内容：事故发生的时间、地点、工程项目名称、工程各参建单位名称；事故发生的简要经过、伤亡人数（包括下落不明的人数）和初步估计的直接经济损失；事故的初步原因；事故发生后采取的措施及事故控制情况；事故报告单位、联系人及联系方式；其他应当报告的情况。

（e）事故报告后出现新情况，以及事故发生之日起 30 日内伤亡人数发生变化的，应当及时补报。

（2）事故的调查

1）住房和城乡建设主管部门应当按照有关人民政府的授权或委托，组织或参与事故调查组对事故进行调查，并履行下列职责：

（a）核实事故基本情况，包括事故发生的经过、人员伤亡情况及直接经济损失；

（b）核查事故项目基本情况，包括项目履行法定建设程序情况、工程各参建单位履行职责的情况；

（c）依据国家有关法律法规和工程建设标准分析事故的直接原因和间接原因，必要时组织对事故项目进行检测鉴定和专家技术论证；

（d）认定事故的性质和事故责任；

（e）依照国家有关法律法规提出对事故责任单位和责任人员的处理建议；

（f）总结事故教训，提出防范和整改措施；

（g）提交事故调查报告。

2）事故调查报告应当包括下列内容：

（a）事故项目及各参建单位概况；

（b）事故发生经过和事故救援情况；

（c）事故造成的人员伤亡和直接经济损失；

（d）事故项目有关质量检测报告和技术分析报告；

（e）事故发生的原因和事故性质；

(f) 事故责任的认定和事故责任者的处理建议；

(g) 事故防范和整改措施；

(h) 事故调查报告应当附具有关证据材料。事故调查组成员应当在事故调查报告上签名。

(3) 事故的处理

工程质量事故按不同等级由相关政府行政主管部门归口管理。监理人员应熟悉处理工程质量事故的基本程序，在事故处理过程中履行好自己的职责。

1) 发生较大及以上工程质量事故或因质量事故已导致施工人员死亡、重伤时，项目监理机构应配合有关部门做好以下工作：

(a) 项目总监应下发《工程暂停令》，要求停止关联部位和下道工序施工，配合施工单位严格保护事故现场，采取有效措施抢救人员和财产，防止事故扩大。因抢救人员、疏导交通等原因，需要移动现场物件时，应当做出标志，绘制现场简图并做出书面记录，妥善保存现场重要痕迹、物证，有条件的可以拍照或录像。

(b) 收集有关资料：有关合同及合同文件；与事故有关的施工图和技术文件；与施工、事故有关的资料：如材料检验报告、试件试验报告、隐蔽工程验收记录、施工记录和验收记录、施工日志、监理日志等；设计、施工、检测等单位对事故的分析意见和要求。

(c) 积极配合协助调查组工作，客观地提供相关证据。

(d) 组织相关单位研究调查组提出的处理意见，并对相关单位的技术处理方案予以审核签认，应确保技术处理方案可靠、可行，保证结构安全和使用功能。

(e) 签发复工令，监理施工单位技术处理方案施工全过程，并会同设计、建设等有关单位检查验收。

2) 发生一般工程质量事故且未因质量事故导致人身伤亡时，其处理程序和方法：

(a) 及时下达《工程暂停令》，责令施工单位报送工程质量事故报告。

(b) 审查施工单位报送的施工处理方案、措施，必要时召开参建单位代表参加的专题会议，讨论研究施工处理方案及处理措施的可行性或补充设计修改图纸，审查同意后签发工程复工令。

(c) 对事故的处理过程和处理结果进行跟踪检查和验收。

(d) 根据"四不放过"原则，对事故进行处理。事故处理的"四不放过"原则：事故原因没有查清不放过；事故责任者没有严肃处理不放过；广大职工没有受到教育不放过；防范措施没有落实不放过。

(e) 及时督促施工单位向建设单位、监理机构提交有关事故的书面报告，并应将完整的质量事故处理记录整理归档。

(4) 工程质量事故处理方案：工程质量事故的处理方案根据质量事故的不同情况可分为修补处理、返工处理和不做处理三种，监理工程师应对处理方案做出正确的审核结论。对一时难以做出结论的事故，在不影响安全的原则下，可以进一步观测、检查，以后再作处理。

(5) 工程质量事故处理完后，监理工程师应收集有关资料、文件，存档备查。主要包括：

1) 工程质量事故调查报告；

2) 施工单位的工程质量事故报告和监理工程师的书面指令。包括：事故的详细情况、发生时间、地点（或部位）、工程项目名称、事故发生的经过、伤亡人数、直接经济损失的初步估计、事故发生原因的初步判断、事故发生后采取的措施、事故控制情况；事故的观测记录（如变化规律、稳定情况等），与事故有关的施工图纸、文件，与施工有关的资料（如施工记录、材料检测与试验报告、混凝土或砂浆试块强度报告等）；有关实测、试验、验算资料。

3）造成的经济损失及分析资料；

4）设计、建设、监理、施工等单位对质量事故的要求和意见和鉴定验收意见；

5）事故处理后对今后使用、观测检查的要求。

14 地基与基础工程质量控制

14.1 水泥土搅拌桩质量控制

（1）水泥土搅拌桩施工质量监理控制要点

1）专项施工方案的审查；

2）轴线桩位布置尺寸、桩数以及桩顶、桩底标高的控制；

3）水泥品种、强度等级、外加剂的品种；

4）水泥浆的水灰比、水泥用量、水泥浆拌制数量、水泥浆搁置时长、外加剂掺量；

5）搅拌提升时间、提升速度、搅拌下沉时间、下沉速度、搅拌深度控制；

6）成桩直径、搭接长度控制；

7）桩位中心位移控制、桩体垂直度控制、桩体强度控制；

8）施工对周边土体挤压影响控制；

9）芯浆液强度试块制作监督；

10）非原位试验、土体测斜管测点数量及深度的控制；

11）搅拌桩施工过程监理必须进行检查监控内容见表 2-14-1；

搅拌桩质量监理必须检查的内容一览表　　　　表 2-14-1

检查项目	检查内容
原始报表检查	1. 泥搅拌桩施工桩机日工作量统计台账；2. 泥搅拌桩水泥调拨台账；3. 水泥搅拌施工情况日报表；4. 旁站监理工作安排台账
桩距、桩径	1. 施工放样；2. 桩位及桩间距；3. 搅拌桩钻头质量及规格；4. 钻杆长度及钻进深度
喷灰（浆）量	1. 钻进时电流量；2. 喷灰（浆）量；3. 停灰（浆）时间及停灰（浆）面高程

（2）浆液配制

1）水泥浆液配制是水泥土搅拌桩施工质量控制的重点，水泥强度等级、规格要符合设计要求，进场质保资料必须齐全有效，并严格按照要求见证取样复试（使用散装水泥按500t/次频率抽检，不足的按一批抽检）。

2）水泥浆液的配制严格按照设计要求控制水灰比；水泥在加入前须先行过筛，加入的水应有定量容器量测且水质要满足建筑施工用水标准要求，使用浆液搅拌机制浆，每次搅拌不宜少于 3min。

3）制备好的水泥浆不得停置时间过长，浆液发生初凝时应作废浆处理严禁使用。浆液在灰浆搅拌机中要不断搅拌，直至送浆，浆液不得发生离析，泵送必须连续。

4）单桩水泥掺量根据试桩确定，对水泥及外加剂的掺量要求施工单位安排专人记录，监理组随时抽查相关记录数据，确保单桩水泥掺量达到设计要求，保证成桩质量。

（3）搅拌桩施工过程质量控制要点

1）水泥土搅拌桩施工时应保持桩机底盘的水平和立柱导向架垂直，孔位放样误差小于 5cm，钻孔深度误差小于 +10cm，-5cm，桩身垂直度误差不大于 1/200。

2）采用"二喷二搅"施工工艺，第一次喷浆量控制在 60%，第二次喷浆量控制在 40%；严格控制每桶搅拌桶的水泥用量及液面高度，用水量采取总量控制，严禁桩顶漏喷现象发生，确保桩顶水泥土的强度。

3）土体应充分搅拌，严格控制钻孔下沉、提升速度，使原状土充分破碎有利于水泥浆与土均匀拌和。

4）水泥搅拌桩在下沉和提升过程中均应注入水泥浆液，同时严格控制下沉和提升速度。一般提升搅拌速度控制在 0.8～1.0m/min、下沉钻进速度≤0.5m/min，具体的搅拌头下沉及提升速度根据成桩试验参数来控制，但必须满足设计要求。

5）预搅下沉时不宜冲水，当遇到硬土层下沉太慢时，方可适当冲水，但应用缩小水灰比或增加灰浆量等方法来弥补冲水对桩体强度的影响；也可适当冲稀灰浆助沉。

6）搅拌头刀片长度：搅拌头刀片长度应等于桩的设计直径；每班上班开机前，应先量测搅拌头刀片长度是否达到要求。搅拌头刀片有磨损时应及时加焊，防止桩径偏小，桩径偏差不得大于 0.04D（D 为桩径）。

7）为了保证桩端的质量，当灰浆到达喷浆口时，搅拌头不要提升，在桩端喷浆坐底 30 秒钟，使浆液完全到达桩端。最后一次喷浆程序完成后必须在桩底部分适当持续搅拌注浆。

8）根据设计深度在机架上标出深度标志，下沉到桩底标高后，即可喷浆搅拌提升。停浆面应高出桩顶设计标高 500mm。桩底标高的允许偏差为 +50mm。

9）施工过程中，如遇到停电或特殊情况造成停机导致成墙工艺中断时，均应将搅拌机下降至停浆点以下 0.5m 处，待恢复供浆时再喷浆钻搅，以防止出现不连续墙体；如因故停机时间较长，宜先拆卸输浆管路，妥为清洗，以防止浆液硬结堵管。

10）发现管道堵塞，应立即停泵处理。待处理结束后立即把搅拌钻具上提和下沉 1.0m 后方能继续注浆，等 10～20s 恢复向上提升搅拌，以防断桩发生。

11）止水用需搭接的相邻两桩施工间隔不宜超过 12h，施工过程中一旦超过 12h 出现冷缝，则采取在冷缝处围补桩处理。

12）做好每次成桩的原始记录。

13）搅拌桩施工过程监理需检查的内容：见表 2-14-2。

搅拌桩施工过程抽查环节及检查内容 　　　　　　　　　　表 2-14-2

抽查环节	检查内容
搅拌头刀片长度	由于搅拌头的刀片大多没镶合金块，很易磨损，值班监理在成桩前抽查刀片的长度，发现长度不足，应立即要求给以补足。若磨损很剧，应要求在刀片上安装镶合金块

166

续表

抽查环节	检查内容
水泥用量	值班监理人员抽查每次拌制的水泥投入量、罐数以及灰浆流量计，发现问题，立即要求整改。如多次发生水泥投入量不够，发"监理工程通知单"，强制性要求把每根桩所需用的水泥量全部到位
灰浆密度	值班监理检查时，要亲自测试灰浆密度，每桩一次。若不符合要求时，要求调整至合格。如多次发生灰浆密度不合格，要求施工单位安装密度仪
喷浆提升速度	值班监理在检查时，要亲自观察喷浆提升的速度，如速度超标时，要求施工单位的搅拌桩机提升速度调到设计要求的速度
喷浆下沉速度	值班监理在检查时，要亲自观察喷浆下沉的速度，如速度超标时，要求施工单位的搅拌桩机提升速度调到设计要求的速度

（4）搅拌桩质量通病及预防措施：见表 2-14-3

搅拌桩质量通病及预防措施

表 2-14-3

通 病	原 因	预防措施
桩径偏小	（1）粉土或粉砂层搅拌时，搅拌头刀片易磨损。 （2）没有在每班上班开机前，先量测搅拌头刀片的长度	（1）要求施工单位在搅拌头刀片上镶合金块或刀片略加长。（2）要求施工单位在每班上班开机前，先量测搅拌头刀片长度，作为制度执行；（3）值班监理人员经常检查搅拌头刀片的长度，发现长度不足，要求立即给予补足
桩体强度偏小，达不到设计要求的强度	施工操作人员对灰浆水灰比掌握不准确，往往偏大（灰浆密度偏小），泵送不易堵管	（1）建议安装密度仪，时刻发现灰浆密度偏小，可立即调整至符合要求；（2）如无密度仪时，要求施工单位加强检测灰浆密度工作，值班监理加强抽测力度
	（1）施工操作人员有时疏忽，但不排除偷懒现象，致使水泥的投入量不足	（1）要求操作人员加强质量意识教育，建立奖惩制度；（2）监理人员随时抽查每拌的水泥投入量，发现投入量不足，立即要求整改；多次发现要求施工单位把每根桩所需用的水泥量全部到位
加载时地基出现沉降	（1）桩端没有坐浆，灰浆没有完全浸透桩端泥土，桩端土已被搅拌头长的一轴搅松，且无充分的灰浆与之搅拌均匀	桩端喷浆应坐底 30s
	（2）桩端没有增加搅拌时间，水泥土搅拌不均匀，桩端水泥土强度差	桩端喷浆搅拌时间应大于 30s
	（3）停浆后恢复输浆前没有把搅拌头下降（提升）0.5m，致使该段处浆量不足，甚至发生断桩	因故停浆时，要求施工单位必须按规定在恢复输浆前，应把搅拌头下降（提升）0.5m，再喷浆搅拌提升

（5）搅拌桩地基的质量检验标准：见下表 2-14-4

搅拌桩地基质量检验标准   表 2-14-4

检查项目		允许偏差或允许值		检查方法
		单位	数值	
主控项目	水泥及外掺剂质量	设计要求		查产品合格证书及复试报告
	水泥用量	设计要求		查看流量计、检查浆液罐数
	桩体强度	设计要求		按规定方法
	地基承载力	设计要求		按规定方法
一般项目	搅拌头提升速度	m/min	设计要求	量搅拌头上升距离及时间
	桩底标高	mm	+50	测搅拌头深度
	桩顶标高	mm	+100；−50	水准仪（最上部 500mm 不计入）
	桩位偏差	mm	设计要求 40mm	用钢尺量
	桩径		<0.04D	用钢尺量（D 为桩径）
	垂直度	%	设计要求≤0.5%	经纬仪
	搭接	mm	设计要求 250mm	用钢尺量

14.2 地下连续墙质量控制

（1）材料质量控制

1）水泥：应优先选用 42.5 或 52.5 强度等级的普通硅酸盐水泥或矿渣硅酸盐水泥。出厂应有产品合格证和检测报告，进场应见证取样试验。

2）石子：石子最大粒径不应大于导管内径的 1/6 和钢筋最小间距的 1/4，且不大于31.5mm，含泥量小于 2%，针片状含量不大于 5%，压碎指标值不小于 10%，石料的抗压强度不应小于所配制混凝土强度的 1.3 倍。

3）砂子：应采用粗砂或中砂，其细度模数应控制在 2.3～3.2 范围内。不得采用细砂。

4）钢筋：其品种、规格、级别应符合设计要求，出厂应有材质报告和出厂合格证，进场后应见证取样复试。钢筋表面应平直，无损伤，表面不得有裂纹、油污、颗粒状或片状老锈。

5）编制的钢筋笼尺寸符合设计要求，并绑扎或焊接牢固。

6）膨润土、黏土：拌制泥浆使用的膨润土，细度应为 200～250 目，膨润率 5～10倍，使用前应取样进行泥浆配合比试验。如采用黏性土制浆时，其黏粒含量应大于 50%，塑性指数大于 20，含砂量小于 5%。

7）掺合料：分散剂、增黏剂等选择和配方须经试验确定。

（2）施工过程工序质量控制要点：见表 2-14-5

地下连续墙施工过程工序质量控制一览表　　表 2-14-5

序号	工序	工序质量控制标准	岗位职责分工		质量管理控制要点及标准
			施工单位	相关单位	
1. 技术准备	图纸会审及设计交底	按图施工及设计交底	技术部组织各部门参加	监理参加	技术部组织桩队、工程部、质量部等部门对图纸技术要求进行学习及交底，对槽深、沉渣、收槽标准、钢筋笼制作等设计要求要吃透、掌握
	专项施工方案	编制专项施工方案、吊装方案	技术部组织各部门参加	监理审查业主审批	技术部负责方案的编报，监理对方案的可行性和操作性进行审查审核，业主审批后执行
	施工交底技术	工艺标准及管理要求	技术部组织各部门参加	监理见证	技术部组织桩队、工程部、质量部等管理人员及机长参加，依据设计、规范和批准的施工方案，进行全面细致的施工技术交底，明确每一个工艺环节的施工工艺流程、质量标准和管理要求
2. 施工准备	施工场地	成槽前必须对导墙外、成槽机行走范围和起重吊装钢筋笼行走的区域进行地面硬化，以防塌槽	桩队执行工程部监管质量部验收安全部验收	监理核查	安全部检查场地平整度及承载力是否满足机械设备平稳施工及槽坑安全；铺设 6m 宽临时环形通路，道路下部用 2m 厚砖渣换填，上部浇筑 200mm 厚强度等级为 C30 的混凝
	施工机械	按照施工方案要求	桩队执行工程部监管安全部验收	监理核查	检查旋挖机、清孔设备、履带吊机、钢筋笼加工设备等是否按照施工方案进场，是否满足施工及安全要求，并办理进场验收登记
	泥浆池	按照施工方案要求	桩队执行工程部监管安全部验收	监理核查	安全部验收泥浆池是否按照方案设置三级沉淀池，防护措施是否完善。质量部测试泥浆比重是否满足要求。监理见证
	检测仪器	全站仪/超声波测壁仪/泥浆测试仪/测绳/卷尺/坍落度筒	桩队工程部质量部监理部	监理核查	桩队和工程部需配备全站仪、测绳、超声波检测仪、卷尺、坍落度筒等；质量部须配备泥浆测试仪、卷尺；监理部须配备全站仪、测绳卷尺
	主要材料	钢筋按照合同品牌，设计规格；混凝土按照设计强度等级及配合比要求	材料部组织工程部监督质量部验收技术部送检	监理做好材料进场验收和见证送检	钢筋及连接件严格执行进场验收和见证送检，取得合格检测报告方可使用；审核混凝土配合比及质量证明文件，实测坍落度，做好试件及见证送检

序号	工序	工序质量控制标准	岗位职责分工		质量管理控制要点及标准
			施工单位	相关单位	
3	槽位放线	按照设计坐标	桩队执行工程部复核	监理复测	桩队放线、工程部复测，技术部复核
4	导墙施工	纵轴±10mm；内墙垂直度5‰；平整度3mm	桩队执行工程部监管质量部自检	监理复测	监理复测导墙与抗侧力墙中心线是否合一；测量导墙净宽是否大于设计厚度40～60mm并与施工方案相符
5	槽机就位注入泥浆	设备按施工方案泥浆含砂率≤3%；泥浆比重1.05～1.1	桩队执行工程部监管质量部验收安全部验收	监理复核	成槽机须附带垂直度仪表及自动纠偏装置，工程部复核控制技术参数；质量部测试泥浆比重，监理见证
6	槽段成槽	垂直度＜1/400 槽深：0～+100mm 槽长：-50～+50mm 槽宽：≥设计宽度 轴线：±50mm	桩队执行工程部监管质量部验收	监理验收业主参加勘察验收设计验收	采用声波地下连续墙检测仪侵入泥浆里实时监测槽宽、垂直度、坍塌状况等；槽深采用标定好的测绳测量，每幅根据其宽度测2～3点，同时根据导墙实际标高控制挖槽的深度，以保证地下连续墙的设计深度；业主通知勘察单位项目技术负责人确认槽底岩性
7	清除沉渣置换泥浆	先液压抓斗清除渣土后气举反循环清沉渣，清槽时间1.5～3h；沉渣厚度：＜100mm清后泥浆比重≤1.15；清后泥浆含砂率≤4%	桩队执行工程部旁站质量部自验	监理旁站监理复测监理验收	挖槽每5m检查1次泥浆质量；先液压抓斗每50cm左右移动清除渣土，再用反循环泥浆清碴；清后进行泥浆置换，槽内泥浆液面不得低于导墙顶面以下0.3m，以防造成槽壁塌落。清槽后对泥浆进行分离出，处理后1h内槽底泥浆比重＜1.15，沉渣＜10cm；反循环清孔时间1.5～3h，工程部、监理旁站；质量部测清后泥浆比重及含砂率符合要求，监理见证；清孔结束后超过4h未灌注混凝土应重新清孔。成槽沉渣厚度采用测锤法，在混凝土浇筑前进行。每个单元槽沉渣厚度检测至少3次，取3次数据平均值为最终结果

序号	工序	工序质量控制标准	岗位职责分工		质量管理控制要点及标准
			施工单位	相关单位	
8	钢筋笼制作及吊装	按设计要求制作 主筋间距±10mm 箍筋间距±20mm 钢筋笼长±10mm 按方案吊装 安放高度±5mm 保护层厚度70mm 保护层偏差±3	桩队执行 工程部监管 质量部验收 安全部监管	监理验收	钢筋笼制作质量部自检合格报监理验收；钢筋笼履带吊整根吊装，安全部旁站监督；钢筋笼吊装就位后质量部自检验收合格报监理验收
9	灌注混凝土	混凝土标号及坍落度按设计；导管距槽底30～40cm；导管入混凝土1.5～6m；导管混凝土面高差≤0.5m；浇捣间歇≤30min；超灌高度：0.5m	桩队执行 工程部监管 质量部验收	监理旁站	混凝土材料孔口验收：混凝土配合比、强度等级、坍落度（每班不少于5次）等质量部进行检测，监理见证；初灌量须满足导管入混凝土0.8～1.2m；设专职人员测量导管内外混凝土高差保持1.5～6m；每幅槽段混凝土总量在200m³以内应留置二组抗压强度试件，超出部分每100m³增加一组

（3）地下连续墙质量检查验收标准：见表 2-14-6～表 2-14-9。

地下连续墙泥浆的性能指标   表 2-14-6

项次	项目	性能指标	检验方法
1	密度	1.05～1.25	密度计
2	黏度	18～25s	500cc/700cc漏斗法
3	含砂率	<4%	水洗
4	胶体率	>98%	量杯法
5	失水量	<30mL/30min	失水量仪
6	泥皮厚度	1～3mm/min	失水量仪
7	稳定性	≤0.02g/cm²	
8	静切力	10min 为 50～100mg/cm²	静切力仪
		1min 为 20～30mg/cm²	
9	pH 值	7～9	试纸

槽段开挖质量标准及检查方法   表 2-14-7

序号	项目	单位	质量标准	检查方法
1	槽壁垂直度	/	<1/150	槽机上的监测系统
2	槽深	mm	0～＋100	测绳，同一槽段深度一致
3	槽长	mm	－50～＋50	卷尺，沿轴线方向
4	槽宽	mm	不小于设计宽度	卷尺
5	槽段中心线偏差	mm	±50	

地连墙墙体验收标准及检查方法 表 2-14-8

项目	序	检查项目		允许偏差或允许值		检查方法
				单位	数值	
主控项目	1	墙体强度		设计要求		查试件记录或取芯试压
	2	垂直度	永久结构		1/300	测声波测槽仪或槽机上的
			临时结构		1/150	监测系统
一般项目	1	导墙尺寸	宽度	mm	W+40	用钢尺，W 为墙设计厚度
			墙面平整度	mm	<5	用钢尺量
			导墙平面位置	mm	±10	用钢尺量
	2	沉渣厚度	永久结构	mm	≤100	重锤测或沉积物测定仪测
			临时结构	mm	≤200	
	3	槽深		mm	+100	重锤仪
	4	混凝土坍落度		mm	180～220	坍落度测定器
	5	钢筋笼尺寸		见下表		见下表
	6	地下墙表面平整度	永久结构	mm	<100	此为均匀黏土层，松散及易
			临时结构	mm	<150	坍土层由设计决定
			插入式结构	mm	<20	
	7	永久结构预埋件位置	水平向	mm	≤10	用钢尺量
			垂直向	mm	≤20	水准仪

地下连续墙钢筋笼验收标准及检查方法 表 2-14-9

项 目		质量标准	检查方法及要求
主控项目	主筋间距	允许偏差±10mm	全部检查；用钢尺量
	主筋间距	允许偏差±100mm	全部检查；用钢尺量
一般项目	钢筋材质	满足设计要求	进场验收，见证送检
	箍筋间距	允许偏差±20mm	全部检查；用钢尺量
	钢筋笼直径	许偏差±10mm	全部检查；用钢尺量
钢筋加工	受力钢筋长度	许偏差±10mm	全部检查；用钢尺量
	弯起钢筋尺寸	许偏差±20mm	全部检查；用钢尺量
	箍筋螺旋筋尺寸	许偏差±5mm	全部检查；用钢尺量
钢筋笼安装	受力钢筋位置	许偏差±20mm	全部检查；用钢尺量
	箍筋螺旋筋间距	许偏差0，—20mm	全部检查；用钢尺量

14.3 旋挖混凝土灌注桩施工质量控制

（1）旋挖混凝土灌注桩施工准备要求

1）技术准备：由技术部负责、工程部、质量部和桩队等部门共同参与，根据设计、工程特点和试桩情况，编制完善旋挖钻专项施工方案和现阶段临时用电专项施工方案，并在施工前组织桩队和全部管理人员参加施工方案的讨论和技术交底，保证相关管理人员和工人掌握熟悉施工工艺技术要求、质量标准和安全操作规程。

2）测量定位：对每一根桩初始定位、放置护筒后和下钢筋笼后均采用全站仪准确定位并报监理复核。桩定位点拉十字线钉放四个控制桩，以四个控制桩为基准埋设钢护筒。

3）护筒的埋设：为了保护孔口防止坍塌，形成孔内水头和定位导向，护筒的埋设是旋挖作业中的关键，根据试桩情况确定护筒长度，护筒内径为设计桩径＋20cm，上部开设2个溢浆孔，护筒埋设时，由人工、机械配合完成，主要利用钻机旋挖斗将其静力压入土中，其顶端应高出地面20cm，并保持水平，埋设深度6m，护筒中心与桩位中心的偏差不得大于50mm。护筒埋设要保持垂直，倾斜率应小于0.5％。开钻前对护筒桩位再次复测并做好测量记录，放样数据报监理复核及备案。

4）材料检验：对所需钢筋、混凝土材料必须按照规定抽样送检，并先检验后使用。

5）场地准备：对场地低洼泥浆、杂物要换除、夯密实、回填砖渣处理，确保钻机置于坚实的填土上，以免产生不均匀沉陷。

6）临电准备：按照临电方案，沿基坑周边每50m设置一个配电箱，确保用电安全及时便利。

7）护壁泥浆：采用高品质的商品泥浆。施工中采用泥浆处理系统，确保泥浆的质量和回收，减少环境污染。

8）设备准备：根据试桩情况，280旋挖机钻进速度太慢，不能满足进度计划要求，改用360大功率旋挖机。试桩二次清孔采用的3pn泥浆泵抽出式泥浆正循环清孔效果差、时间长，改用气举反循环清孔。

9）检测仪器准备：全站仪、泥浆检测三件套、测绳、检孔器等。

（2）旋挖混凝土灌注桩施工过程工序质量控制要点：见表2-14-10。

旋挖混凝土灌注桩施工过程工序质量控制要点一览表　　　　　表2-14-10

序号	工艺环节	工艺质量控制标准	岗位职责分工		质量管理控制要点
			施工单位	相关单位	
1 施工准备	图纸及会审	按图施工	技术部组织各部门参加	监理	技术部组织桩队、工程部、质量部等部门对图纸技术要求进行学习及交底，对桩深、沉渣、收桩标准、钢筋笼制作等设计要求要吃透、掌握
	专项施工方案	依据设计和规范编制专项施工方案	技术部组织各部门参加	监理审查业主审批	技术部负责方案的编报，监理对方案的可行性和操作性进行审查审核，业主审批后执行
	施工交底技术	工艺标准及管理要求	技术部组织各部门参加	监理见证	技术部组织桩队、工程部、质量部等管理人员和机长参加，依据设计、规范和批准的施工方案，进行全面细致的施工技术交底，明确每一个工艺环节的施工工艺流程、质量标准和管理要求

序号	工艺环节	工艺质量控制标准	岗位职责分工		质量管理控制要点
			施工单位	相关单位	
1 施工准备	场地平整和泥浆	按照施工方案要求	桩队执行 工程部监管 质量部验收 安全部验收	监理核查	安全部检查场地平整度及承载力是否满足桩机平稳施工；泥浆池是否按照方案设置及三级沉淀要求，泥浆池防护措施是否完善。质量部测试泥浆比重是否满足要求。监理见证
	施工机械准备	按照施工方案要求	桩队执行 工程部监管 安全部验收	监理核查	检查旋挖机、清孔设备、履带吊机、钢筋笼加工设备等是否按照施工方案进场，是否满足施工及安全要求，并办理进场验收登记
	检测仪器准备	全站仪/测绳/检孔器/泥浆三件套/卷尺	桩队 工程部 质量部 监理部	监理核查	桩队和工程部需配备全站仪、测绳、卷尺；质量部须配备检孔器、泥浆三件套、卷尺；监理部须配备全站仪、卷尺
	钢筋笼材料	合同品牌 设计规格	材料部组织 工程部监督 质量部验收 技术部送检	监理核验 见证送检	材料部向监理申报钢筋材料、连接件进场验收；质量证明文件等 技术部会同监理进行钢筋、机械连接件见证送检；合格检测报告
2	桩位放线	按照设计坐标	桩队执行 工程部复核	监理复测	桩队放线、工程部复测，技术部复核；十字定位
3	埋设护筒	护筒与桩位中心偏差≤100mm；护筒高度≥6m；筒口高出地面≥300mm	桩队执行 工程部监管	监理复测坐标	护筒埋设就位后，质量部测量护筒垂直度，工程部复测桩位坐标，监理复核测量坐标
4	桩机就位 注入泥浆	钻头与护筒中心偏差≤50mm；桩机技术参数输入；泥浆比重：1.05～1.2	桩队执行 工程部监管 质量部验收 安全部验收	监理复核	工程部复核桩机控制技术参数；质量部测试泥浆比重，监理见证
5	旋挖钻进 一次清孔 桩孔验收	泥浆含砂率≤4%；泥浆比重1.09～1.20；桩偏斜≤1%；孔深按设计标高；孔深偏差+300mm；沉渣：≤50mm	桩队执行 工程部监管 质量部验收	监理验收 业主参加 勘察验收 设计验收	平钻头原位正反转7～8次修平孔底及回收大块沉渣；平钻头提高20～50cm保持慢速空转，泥浆压入正循环清孔30min；工程部、监理旁站；质量部：测绳测孔深、检孔器测桩偏斜度、泥浆含砂率；监理通知业主及勘察单位项目技术负责人确认桩深

序号	工艺环节	工艺质量控制标准	岗位职责分工		质量管理控制要点
			施工单位	相关单位	
6	钢筋笼制作及吊装	制作：主筋间距±10mm；箍筋间距±20mm；钢筋笼长±10mm；钢筋笼直径±5mm 吊装：按方案；	桩队执行工程部监管质量部验收安全部监管	监理验收	钢筋笼制作质量部自检合格报监理验收；钢筋笼履带吊整根吊装，安全部旁站监督；钢筋笼吊装就位后质量部自检验收合格报监理验收
7	二次清孔	气举反循环清孔清空时间1.5～3h清后泥浆含砂率≤8%；清后泥浆比重≤1.25；沉渣：≤50mm	桩队执行工程部监管质量部验收	监理验收	气举反循环清孔时间1.5～3h；工程部、监理旁站；质量部：测清后泥浆比重及含砂率符合要求；监理见证；清孔结束后超过4h未灌注混凝土应重新清孔
8	灌注水下混凝土	导管距孔底30～40cm；混凝土符合设计要求；混凝土坍落度180～220mm 保持导管入混凝土2～6m	桩队执行工程部监管质量部验收	监理旁站	混凝土材料孔口验收：混凝土配合比、强度等级、坍落度、扩散度等质量部进行检测，监理见证；初灌混凝土量须满足导管入混凝土0.8～1.2m；设专职人员测量导管内外混凝土高差，保持2～6m；混凝土灌注至设计桩顶标高＋一倍桩径长度；每根桩留设一组标养试块
9	技术资料	省质量统表	桩队执行工程部监管质量部验收	监理确认	钢筋、机械连接件、混凝土等材料进场验收手续和见证送检资料；工程部做好成孔施工记录监理签名确认，不得事后不签；工程部做好孔桩隐蔽验收记录，并由勘察单位项目技术负责人、总包单位技术负责人和总监签名确认；工程部做好钢筋笼制作检验批验收记录和钢筋笼安装隐蔽验收记录并由监理人员签名确认；质量部做好对泥浆的测试及护臂泥浆质量检查记录并由监理人员签名确认；监理人员做好混凝土浇捣旁站记录

（3）旋挖混凝土灌注桩质量检查验收标准：见表2-14-11～表2-14-13。

灌注桩的平面位置和垂直度的偏差　　　　　表 2-14-11

序号	成孔方法		桩径允许偏差（mm）	垂直度允许偏差（％）	桩位允许偏差（mm）	
					1～3 根、单排桩基垂直于中心线方向和群桩基础的边桩	条形桩基沿中心线方向和群桩基础的中间桩
1	泥浆护壁灌注桩	$D \leqslant 1000mm$	±50	<1	$D/6$，且不大于 100	$D/4$，且不大于 50
		$D > 1000mm$	±50		$100 + 0.01H$	$150 + 0.01H$
2	套管成孔灌注桩	$D \leqslant 500mm$	−20	<1	70	150
		$D > 500mm$			100	150
3	干成孔灌注桩		−20	<1	70	150
4	人工挖孔桩	混凝土护壁	±50	<0.5	50	150
		钢套管护壁	±50	<1	100	200

注：①桩允许偏差的负值是指个别断面；②采用复打、反插法施工的桩，其桩径允许偏差不受上表限制；③H 为施工现场地面标高与桩顶设计标高的距离，D 为设计桩径。

灌注桩桩孔允许偏差及检测方法　　　　　表 2-14-12

序号	项 目		允许偏差	检测方法
1	孔径 d	$d \leqslant 1000mm$	±50	用井径仪
		$d > 1000mm$	±50	
2	孔深		−0/+300mm	钻具或冲击钢绳长度
3	垂直度		<1%	用测斜仪
4	孔底沉淤或虚土厚度	端承桩	≤50mm	用核定的标准测绳测定
		摩擦桩	≤100mm	
		抗拔、抗水平力桩	≤200mm	
5	桩位	1～3 根单排桩基垂直于中心线方向和群桩基础边桩	$d \leqslant 1000mm$	$d/6$ 且$\not>$100mm	基坑开挖后重新放出纵横轴线，对照轴线用钢尺检测
			$d > 1000mm$	$100 + 0.01H$	
		条形桩基沿中心线方向和群桩基础中间桩	$d \leqslant 1000mm$	$d/4$ 且$\not>$150mm	
			$d > 1000mm$	$150 + 0.01H$	

注：①桩径允许偏差的负值是指个别断面；②H 为施工现场地面标高与桩顶设计标高的距离；d 为设计桩径；③本表数值均适用于承重桩，对围护桩宜适当放宽，参看有关规定。

混凝土灌注桩质量检验标准　　　　　表 2-14-13

项目	检查项目	允许偏差及允许值		检查方法
		单位	数值	
主控项目	桩位	按表 6-16 规定		开挖前量护筒，开挖后量桩中心
	孔深	mm	+300	只深不浅，用重锤测
	桩体质量检验	按基桩检测技术规范		按基桩检测技术规范
	混凝土强度	设计要求		试件报告
	承载力	按基桩检测技术规范		按基桩检测技术规范

续表

项目	检查项目		允许偏差及允许值		检查方法
			单位	数值	
一般项目	垂直度		按表6-17规定		测套管，干施工时吊铅球
	桩径				井径仪，干施工时用钢尺量
	泥浆比重		1.15～1.20		距孔底500mm处取样，比重计测
	泥浆面标高		m	0.5～1.0	目测
	沉渣厚度	端承桩	mm	≤50	用沉渣仪或重锤测量
		摩擦桩	mm	≤150	
	混凝土坍落度	水下灌注	mm	160～220	坍落度仪
		干施工	mm	70～100	
	钢筋笼安装深度		mm	±100	用钢尺量
	混凝土充盈系数		>1		查每根桩的实际灌注量
	桩顶标高		mm	+30，−50	水准仪

（4）桩基工程的检验及抽测要求

1）根据《建设工程质量检测管理办法》（2005年建设部令第141号）、《建筑桩基检测技术规范》（JGJ 106）、《建筑桩基技术规范》（JGJ 94）、《建筑工程检测试验技术管理规范》（JGJ 190）、《广东省桩基质量检测技术规定》（粤建科［2000］137号）等规定，工程桩应进行承载力检验。对于地基基础设计等级为甲级或地质条件复杂，成桩质量可靠性低的灌注桩，应采用静荷载试验的方法进行检验，检验桩数不应少于总数的1%，且不少于3根，当总桩数少于50根时，可不少于2根。

2）对桩身质量进行检验，设计等级为甲级或地质条件复杂，成桩质量可靠性低的灌注桩，抽检数量不应少于总数的30%，且不少于10根；对混凝土预制桩及地下水位以上且终孔后经过核验的灌注桩，检验数量不应少于总桩数的10%，且不得少于10根，每个柱子承台下不得少于1根。

3）所有的主控项目应全部检验；对于一般项目，除已明确规定外。其他可按20%抽查，但混凝土灌注桩应全部检查。

4）检测合格并经施工单位自检确认符合设计要求和有关规范、规程以及资料齐全后，方可进行桩基础工程验收。

14.4 预应力管桩施工质量控制

预应力管桩按混凝土强度等级预应力混凝土管桩（PC）和高强度预应力混凝土管桩（PHC）。PC管桩混凝土强度等级不低于C50，PHC管桩混凝土强度等级不低于C80。管桩按其抗弯性能分为A、AB、B、C类四个等级。C类桩的极限弯矩值要求最大，B类次之，AB类更次之。预应力管桩的施工方式有锤击式和静压式等。

（1）预应力管桩施工施工准备

1）整平场地，清除桩基范围内的高空、地面、地下障碍物；架空高压线距打桩架不得小于10m；修设桩机进出、行走道路，做好排水措施。

2）按图纸布置进行测量放线，定出桩基轴线，先定出中心，再引出两侧，并将桩的准确位置测设到地面，每一个桩位打一个小木桩；并测出每个桩位的实际标高，场地外设2~3个水准点，以便随时检查之用。

3）正式施工前应先试桩，试桩量不少于2根，以确定收锤标准（贯入度及桩长），并校验打桩设备和施工工艺技术措施是否符合要求。

4）检查桩的质量，将需用的桩按平面布置图堆放在打桩机附近，不合格的桩不能运至打桩现场。

5）检查打桩机设备及起重工具；铺设水电管网，进行设备架立组装和试打桩。在桩架上设置标尺或在桩的侧面画上标尺，以便能观测桩身入土深度。

6）打桩场地建（构）筑物有防震要求时，应采取必要的防护措施。

7）学习、熟悉桩基施工图纸，并进行会审；做好技术交底，特别是地质情况、设计要求、操作规程和安全措施的交底。

（2）预应力管桩施工质量监控重点

1）对施工单位的开工申请报告和施工组织设计进行审批，审核重点是按工程地质、水文地质条件、邻近建筑物基础和地上、地下管线情况及施打位置有否旧基础管线等障碍物，以制定可靠的加固、迁改和排障等安全和技术措施，审核施打顺序及桩机行走路线是否符合要求。对可能受打桩施工影响范围内的建（构）筑物，应由有资质的鉴定单位对其作出鉴定，做好记录。

2）督促施工单位做好施工准备。处理施工场地内影响打桩的上空及地下障碍物；平整及处理施工场地，达到地面平整、排水畅通、打桩机来回行走不陷机的要求。

3）检查进场的施工设备是否符合现场的施工技术要求和环境要求，如：打桩锤重、桩机型号、设备噪声、主杆高度、垂直度等；检查打桩设备的安装和调试。

4）严格做好管桩进场时的质量验收工作，对管桩的出厂质保资料、管桩直径、管壁厚度、端头钢板及混凝土外观质量等进行检查，管桩主要尺寸及外观质量应符合规范有关要求，把好材料进场关。

5）复核施工单位的放线手册，检查坐标计算的正确性。复核施工单位基线、控制点及桩位放线的准确性。督促总包单位认真复测每一个桩的位置和标高；按一级建筑方格网的要求（测角中误差为5″、边长相对中误差≤1/30000）对基线、控制网中的各个控制点进行复测；采用坐标法对桩位放线进行抽检，桩位放线偏差控制在1cm内；现场施打时重新核查一遍具体桩位的准确性。

6）监控打桩顺序：根据基础设计标高宜先深后浅；根据桩的规格宜先大后小、先长后短；具体施工顺序根据审批后的施工方案进行控制。

7）检查桩身的垂直度：桩锤、桩帽及桩身应在同一垂线上，偏差不得超过1%，采用吊垂线的方法同时从两个相垂直的方向进行控制。

8）严格按规范检查预应力管桩接桩的焊接质量：要求应同时对称施焊，分两层焊接，每层焊完后检查清渣质量，焊完后检查焊缝高度与厚度并要求自然冷却8min才能继续施打，严禁用水冷却。

9）掌握收锤标准：通常情况下，设计按摩擦桩受力的，应保证有效桩长来实现；设计按端承桩受力的，应保证最后贯入度（即最后三阵锤的平均打入深度）来实现；特殊地质情况还有通过打入最后 1m 桩的锤击数和打桩总锤击数来实现收锤标准。

10) 严格控制贯入度及送桩深度：严格检查最后三阵锤的贯入度，每阵锤的贯入度均须达到设计的要求值才能停止施打；对送桩超过 2m 时，要求接桩后继续施打，严禁送桩超 2m。

11) 对贯入度出现异常现象、桩头出现裂缝、端头板松动等情况及时通知设计人员，分析原因并做出处理；群桩施打时，督促施工单位做好隆起观测工作，将隆起值汇报给设计，由设计确定处理方案。

12) 应在复打结束后，才允许用专用切割机切割超高桩头。

13) 监督封底混凝土的浇捣，保证满足设计高度和密实度。

14) 如遇到下列情况时，应通知设计等有关人员处理：贯入度突变；桩头混凝土剥落、破碎；桩身突然倾斜、跑位；地面明显隆起，邻桩上浮或位移过大；桩身回弹曲线不规则。

15) 群桩上浮可按下列程序和方法进行处理：

（a）用低应变动测法检测每根桩的桩身和接头的完整性；

（b）用高应变动测法抽检单桩竖向抗压承载力，抽检数量不宜少于桩总数的 1% 且不得少于 5 根；

（c）当大多数桩的送桩深度不超过 2m 且场地条件较好时，可采用复打（压）措施；

（d）当大多数桩的送桩深度超过 2m 且上覆土层为厚淤泥层时，宜采用补打桩等措施。

16) 为减少打桩引起的振动和挤土的影响，宜采用下列一种或多种技术措施：

（a）合理安排打桩顺序，可安排跳打；

（b）采用"重锤低击"法施工；

（c）引孔；

（d）设置袋装砂井或塑料排水板；

（e）设置非封闭式地下隔离墙；

（f）开挖地面防挤（振）沟；

（g）控制每天沉桩数量。

17) 管桩基础的基坑开挖应符合下列规定：

（a）严禁在同一基坑范围内的施工现场边打桩边开挖基坑；

（b）饱和黏性土、粉土地区的基坑开挖，宜在打桩全部完成并相隔 15d 后进行；

（c）开挖深基坑时应制订合理的施工顺序和技术措施报监理工程师审批，防止主体挤压引起的桩身位移的倾斜甚至断裂；并注意保持基坑边坡或围护结构的稳定；

（d）挖土应分层均匀进行且每根桩桩周土体高差不宜大于 1m；

（e）当基坑深度范围内有较厚的淤泥等软弱土层时，软土部分及其以下土方宜采用人工开挖；必要时，桩与桩之间应采用构件连接；

（f）基坑顶部边缘地带不得堆土或堆放其他重物；当基坑支护结构设计已考虑挖土机等附加荷载时才允许挖土机在基坑边作业。

18) 打桩完成后，桩头高出地面部分应小心保护，不得碰撞和振动，送桩留下的桩孔应及时回填或覆盖；截桩头应采用专用截桩器，严禁用横锤敲打，以免造成断桩和产生横向裂纹。严禁施工机械碰撞或将桩头用作拉锚点；管桩顶应灌注不低于 C30 的填芯混凝土，灌注深度不得少于 $2d$，且不得小于 $1.2m$。

19）下列管桩工程应在承台完成后的施工期间及使用期间进行沉降变形观测直到沉降达到稳定标准：设计等级为甲级的管桩基础工程；地质条件较复杂的设计等级为乙级的管桩工程；桩端持力层为遇水易软化的风化岩层的管桩基础工程。

15 建筑防水工程质量控制

15.1 防水工程基本概念

（1）建筑防水工程是建筑工程技术的重要组成部分，建筑防水的作用是防止雨水、地下水、建筑物给排水、腐蚀性液体以及空气中的湿气等对建筑物某部位的侵入和渗漏，保证建筑物具有良好、安全的使用环境、使用条件和使用年限。

（2）建筑防水技术是一项综合技术性很强的系统工程，涉及防水工程的技巧、防水材料的质量、防水施工技术的高低以及防水工程的全过程，包括与基础工程、主体工程、装饰工程等的配合和在应用过程的管理水平等。

（3）建筑物需要进行防水处理的部位主要有：屋面、外墙面、窗户、厕浴间与厨房的楼地面和地下室。

（4）建筑工程防水技术按构造做法可分为结构构件自防水和防水层防水两大类。防水层的做法按照材料的不同分为刚性材料防水和柔性材料防水。刚性材料防水是采用涂抹防水砂浆、浇筑渗入防水剂的混凝土或预应力混凝土等做法；柔性防水材料是采用铺设防水卷材、涂抹防水涂料等做法。

15.2 防水材料的分类和特点

（1）防水卷材

1）高聚物改性沥青卷材：以合成高分子聚合物（如 SBS、APP、APAO、丁苯胶、再生胶）改性沥青为涂盖层、纤维织物或纤维毡为胎体，粉状、粒状、片状或薄膜材料为覆面材料制成的可卷曲片状防水材料。高聚物改性沥青卷材主要品种有：SBS 改性沥青热熔卷材、APP 改性沥青热熔卷材、APAO 改性沥青热熔卷材、再生胶改性沥青热熔卷材等。

2）合成高分子卷材：以合成橡胶、合成树脂或两者共混体为基料，加入适量的化学助剂和填充料，经不同工序加工而成的卷曲片状防水材料；或将上述材料与合成纤维等复合形成两层或两层以上可卷曲的片状防水材料称为合成高分子防水卷材。

3）金属防水卷材：以铅、锡、锑等金属材料经熔化、浇筑、辊压成片状可卷曲的防水材料，PSS 合金防水卷材具有耐腐蚀、不燃、不老化、强度高、耐高低温、防水性能可靠、对基层要求低等优点。

4）保温防水一体的防水材料：聚氨酯硬泡体等防水保温材料是具有防水和保温隔热复合功能新型防水材料。可用于平屋面、斜屋面、墙体和金属网架结构和异形屋面的防水保温。有很好的防水性能和优良的技术特点。

（2）防水涂料

防水涂料是以沥青、合成高分子等为主体，在常温下呈无定形的流态或半固态，涂布在建筑物表面，通过溶剂挥发或反应固化后能形成坚韧防水膜的材料的总称。防水涂料按主要成膜物质可分为沥青类、合成高分子类、水泥类四种。按涂料的液态类型，可分为溶剂类、水乳型、反应型三种。按涂料的组分可分为单组分和双组分两种。

1）沥青类防水涂料：沥青类防水涂料有溶剂型和水乳型，主要品种有冷底子油、沥青胶、水性沥青基，主要的成膜物质是沥青。

2）高聚物改性沥青类防水材料：高聚物改性沥青防水材料以高聚物改性沥青为基料，制成水乳型或溶剂型防水涂料，有再生胶改性沥青防水涂料、水乳型氯丁橡胶沥青防水涂料、SBS橡胶改性沥青防水涂料等。

3）聚合物水泥基防水涂料（JS复合防水涂料）：由有机液料（由聚丙烯酸酯、聚醋酸乙烯乳液及各种添加剂组成）和无机粉料（由高铝高铁水泥、石英粉及各种添加剂组成）复合而成的双组分防水涂料，涂覆后形成高强的防水涂膜。

（3）防水密封材料

建筑防水密封材料又称嵌缝材料，分为定形（密封条）和不定形（密封膏或密封胶）两类。嵌入建筑接缝中，可以防尘、防水、隔气，具有良好的粘附性、耐老化和温度适应性，收缩而不破坏。常用建筑密封材料有：有机硅酮密封膏、聚硫密封膏、聚氨酯密封膏、苯乙酸酯密封膏、氯丁橡胶密封膏、聚氯乙烯接缝材料、改性沥青油膏等。

（4）刚性防水材料

以提高混凝土或砂浆自身防水能力为目的，在混凝土或砂浆拌合料中加入无机或有机成分，施工后与混凝土或砂浆混成一体，形成刚性不透水的整体。

1）防水混凝土：普通混凝土掺入防水复合液，破坏混凝土内部的毛细管道，达到终止渗漏的效果，适宜于地下室主体结构自防水；补偿收缩混凝土（UEA），通过局部产生自压应力，达到防渗漏的目的，适宜于地下室主体结构的自防水和后浇带的混凝土施工。

2）防水砂浆：聚合物水泥防水砂浆；掺外加剂或 掺合料的水泥防水砂浆。

15.3　屋面防水工程施工

屋面工程房屋建筑的一项重要的分部工程，其包括屋面结构层以上的屋面找平层、隔气层、防水层、保温隔热层、保护层和使用面层。屋面防水的基本原则是防排结合、板块分格、刚柔共济、互不制约、多道设防、整体密封。混凝土屋面的防水等级和防水要求见表2-15-1。

混凝土屋面的防水等级和防水要求　　　　　　　　　　　　　表 2-15-1

项　目		屋面防水等级			
		Ⅰ	Ⅱ	Ⅲ	Ⅳ
功能性质	建筑类别	特别重要或有特殊要求的建筑	重要建筑和高层建筑	一般工业民用建筑	临时建筑
	防水层耐用年限	≥25 年	≥15 年	≥10 年	≥5 年

项 目		屋面防水等级			
		Ⅰ	Ⅱ	Ⅲ	Ⅳ
防水措施	防水层选用材料	宜用高档卷材或涂料、细石防水混凝土等组合	宜用中档卷材或涂料、细石防水混凝土等组合	宜用中档卷材或涂料与刚性防水层组合	宜用中档卷材或涂料
	设防要求	三道或以上防水设防，有一道是高分子卷材，或2mm厚以上高分子涂料	二道防水设防，有一道是中高档防水卷材	一道防水设防，或两种材料复合使用	一道防水设防

（1）卷材防水屋面及施工质量控制要点

1）卷材防水屋面构造：卷材防水屋面是指采用粘结胶粘贴卷材或采用带底面粘结胶的卷材进行热熔或冷粘贴于屋面基层进行防水的屋面，其典型构造层次如图 2-15-1 所示，具体构造层次，根据设计要求而定。

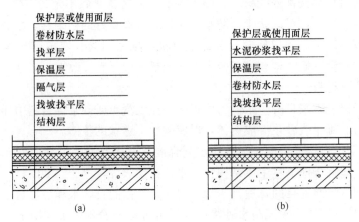

图 2-15-1　卷材防水屋面构造层次示意图
（a）正置式屋面；（b）倒置式屋面

2）卷材防水屋面常用材料

（a）常用防水卷材：常用防水卷材有沥青防水卷材、高聚物改性沥青防水卷材和高分子防水卷材。

（b）基层处理剂：基层处理剂是为了增强防水材料与基层之间的粘结力，在防水层施工前，预先涂刷在基层上的稀质涂料。常用的基层处理剂有冷底子油及高聚物改性沥青卷材和合成高分子卷材配套的底胶，它与卷材的材性应相容，以免与卷材发生腐蚀或粘结不良。

（c）冷底子油：屋面工程采用的冷底子油是由 10 号或 30 号石油沥青溶解于柴油、汽油、二甲苯或甲苯等溶剂中而制成的溶液。可用于涂刷在水泥砂浆、混凝土基层或金属配件的基层上作基层处理剂，它可使基层表面与卷材沥青胶结料之间形成一层胶质薄膜，以此来提高其胶结性能。

（d）卷材基层处理剂：用于高聚物改性沥青和合成高分子卷材的基层处理，一般采用合成高分子材料进行改性，基本上由卷材生产厂家配套供应。部分卷材的配套基层处理剂如表 2-15-2 所示。

卷材与配套的卷材基层处理剂　　　　　　　　　表 2-15-2

卷材种类	基层处理剂
高聚物改性沥青卷材	改性沥青溶液、冷底子油
三元乙丙丁基橡胶卷材	聚氨酯底胶甲：乙：二甲苯＝1：1.5：1.5～3
氯化聚乙烯-橡胶共混卷材	抓丁胶 BX-12 胶粘剂
增强氯化聚乙烯卷材	3 号胶：稀释剂＝1：0.05
氯磺化聚乙烯卷材	氯丁胶沥青乳液

　　（e）胶粘剂：沥青胶结材料（玛蹄脂）一般采用两种或三种牌号的沥青按一定配合比熔合，经熬制脱水后，掺入适当品种和数量的填充料，配制成沥青胶结材料（玛蹄脂）。合成高分子卷材胶粘剂用于粘贴卷材的胶粘剂可分为卷材与基层粘贴的胶粘剂及卷材与卷材搭接的胶粘剂。胶粘剂均由卷材生产厂家配套供应，常用合成高分子卷材配套胶粘剂参见表 2-15-3。合成高分子胶粘剂的粘结剥离强度不应小于 15N/10mm，浸水后粘结剥离强度保持率不应小于 70％。

部分合成高分子卷材的胶粘剂　　　　　　　　　表 2-15-3

卷材名称	基层与卷材胶粘剂	卷材与卷材胶粘剂	表面保护层涂料
三元乙丙-丁基橡胶卷材	CX-404 胶	丁基粘结剂 A、B 组分（1：1）	水乳型醋酸乙烯-丙烯酸酯共聚，油溶型乙丙橡胶和甲苯溶液
氯化聚乙烯卷材	BX-12 胶粘剂	BX-12 组分胶粘剂	水乳型醋酸乙烯-丙烯酸酯共混，油溶型乙丙橡胶和甲苯溶液
LYX-603 氯化聚乙烯卷材	LYX-603-3（3 号胶）甲、乙组分	LYX-603-2 （2 号胶）	LYX-603-1 （1 号胶）
聚氯乙烯卷材	FL-5 型（5～15℃时使用）FL-15 型（15～40℃时使用）		

　　（f）粘结密封胶带：用于合成高分子卷材与卷材间搭接粘结和封口粘结，分为双面胶带和单面胶带。双面粘结密封胶带的技术性能见表 2-15-4。

双面粘结密封胶带技术性能　　　　　　　　　表 2-15-4

名称	粘结剥离强度（N/cm）（7d 时）		剪切（N/mm）	耐热度（℃）	低温柔性（℃）	粘结剥离强度保持率		
	23℃	−40℃				耐水性 70℃7d	5％酸 7d	碱 7d
双面粘结密封胶带	9～19.5	38.5	4.4	80℃2h	−40	80％	76％	90％

　　（g）防水卷材及胶粘剂的进场检验、储运、保管：不同品种、标号、规格和等级的

产品应分别堆放。应储存在阴凉通风的室内，避免雨淋、日晒和受潮，严禁接近火源和热源，储存环境温度不得高于45℃。材料进场后要对卷材按规定取样复验，同一品种、牌号和规格的卷材。抽验的数量为：每1000卷抽取5卷；每500～1000卷抽取4卷；100～499卷抽3卷；100卷以下抽2卷。将检验的卷材开卷进行规格和外观质量检验。在外观质量检验合格的卷材中，任取1卷作物理性能检验，全部指标达到标准规定时即为合格。其中有1项指标达不到要求，应在受检产品中加倍取样复检，全部达到标准规定为合格。复检时有1项不合格，则判定该产品不合格。不合格的防水材料严禁在建筑工程中使用。

3）防水卷材屋面施工

（a）卷材防水层施工的一般工艺流程：基层、保温层和找平层施工→基层表面清理、修补→喷、涂基层处理剂→节点附加增强处理→定位、弹线、试铺→铺贴卷材→收头处理、节点密封→清理、检查、修整→保护层施工。

（b）铺贴方向：卷材的铺贴方向应根据屋面坡度和屋面是否有振动来确定。当屋面坡度小于3％时，卷材宜平行于屋脊铺贴；屋面坡度在3％～15％时，卷材可平行或垂直于屋脊铺贴；屋面坡度大于15％或受振动时，沥青卷材、高聚物改性沥青卷材应垂直于屋脊铺贴，合成高分子卷材可根据屋面坡度、屋面有否受振动、防水层的粘结方式、粘结强度、是否机械固定等因素综合考虑采用平行或垂直屋脊铺贴。上下层卷材不得相互垂直铺贴。屋面坡度大于25％时，卷材宜垂直屋脊方向铺贴，并应采取固定措施，固定点还应密封。

（c）施工顺序：防水层施工时，应先做好节点、附加层和屋面排水比较集中部位（如屋面与水落口连接处、檐口、天沟、檐沟、屋面转角处、板端缝等）的处理，然后由屋面最低标高处向上施工。铺贴天沟、檐沟卷材时，宜顺天沟、檐口方向，减少搭接。铺贴多跨和有高低跨的屋面时，应按先高后低、先远后近的顺序进行。大面积屋面施工时，为提高工效和加强管理，可根据面积大小、屋面形状、施工工艺顺序、人员数量等因素划分流水施工段。施工段的界线宜设在屋脊、天沟、变形缝等处。搭接方法及宽度要求：铺贴卷材应采用搭接法，上下层及相邻两幅卷材的搭接缝应错开。平行于屋脊的搭接缝应顺流水方向搭接；垂直于屋脊的搭接缝应顺年最大频率风向（主导风向）搭接。叠层铺设的各层卷材，在天沟与屋面的连接处应采用叉接法搭接，搭接缝应错开；接缝宜留在屋面或天沟侧面，不宜留在沟底。坡度超过25％的拱形屋面和天窗下的坡面上，应尽量避免短边搭接，如必须短边搭接时，在搭接处应采取防止卷材下滑的措施。如预留凹槽，卷材嵌入凹槽并用压条固定密封。高聚物改性沥青卷材和合成高分子卷材的搭接缝宜用与它材性相容的密封材料封严。各种卷材的搭接宽度应符合表2-15-5的要求。

卷材搭接宽度 表2-15-5

搭接方向	短边搭接宽度（mm）		长边搭接宽度（mm）	
铺贴方法 卷材种类	满粘法	空铺、点粘 条粘法	满粘法	空铺、点粘 条粘法
沥青防水卷材	100	150	70	100
高聚物改性沥青防水卷材	80	100	80	100

续表

搭接方向		短边搭接宽度（mm）		长边搭接宽度（mm）	
卷材种类	铺贴方法	满粘法	空铺、点粘条粘法	满粘法	空铺、点粘条粘法
合成高分子防水卷材	胶粘剂	80	100	80	100
	胶粘带	50	60	50	60
	单焊缝	60，有效焊接宽度不小于 25			
	双焊缝	80，有效焊接宽度 10×2+空腔宽			

（d）卷材与基层的粘贴方法：卷材与基层的粘结方法可分为满粘法、条粘法、点粘法和空铺法等形式。通常都采用满粘法，而条粘、点粘和空铺法更适合于防水层上有重物覆盖或基层变形较大的场合，是一种克服基层变形拉裂卷材防水层的有效措施，设计中应明确规定，选择适用的工艺方法。空铺法铺贴卷材防水层时，卷材与基层仅在四周一定宽度内粘结，其余部分采取不粘结的施工方法；条粘法：铺贴卷材时，卷材与基层粘结面不少于两条，每条宽度不小于 150mm；点粘法：铺贴卷材时，卷材或打孔卷材与基层采用点状粘结的施工方法。每平方米粘结不少于 5 点，每点面积为 100mm×100mm。无论采用空铺、条粘还是点粘法，施工时都必须注意：距屋面周边 800mm 内的防水层应满粘，保证防水层四周与基层粘结牢固；卷材与卷材之间应满粘，保证搭接严密。

（e）高聚物改性沥青卷材施工方法有冷粘法、热熔法和自粘法。冷粘法施工用毛刷将胶粘涂在基层或卷材上，然后直接铺贴卷材，使卷材与基层、基层与基层粘热熔法利用火焰加热器熔化。热熔型防水卷材底层的热熔胶进行粘贴。自粘法采用带有自粘胶的卷材，不用热施工，也不需要涂胶结材料而进行粘结。

（f）合成高分子卷材的主要品种有三元乙丙橡胶防水卷材、氯化乙烯—橡胶共混防水卷材、氯化聚乙烯防水卷材和聚氯乙烯防水卷材等。其施工工艺流程同前。施工方法有冷粘法、自粘法和热风焊接法。卷材铺设完毕，经检查合格后，应立即进行保护层的施工，及时保护防水层免受损伤。保护层的施工质量对延长防水层使用年限有很大影响。

（2）涂膜防水屋面及施工质量控制要点

1）常用的防水涂料：有沥青基防水涂料、高聚物改性沥青防水涂料和合成高分子防水涂料、施工时根据涂料品种和屋面构造形式的需要，可在涂料中增设胎体增强材料。如聚酯无纺布、化纤无纺布、玻纤网格布等。防水涂料应贮存于清洁、密闭的塑料桶或内衬塑料桶的铁桶中，容器表面应有明显标志，内容包括：生产厂名、厂址、产品名称、标记、净重、商标、生产日期或生产批号、有效日期、运输和贮存条件。不同规格、品种和等级的防水涂料应分别存放。存放时应保证通风、干燥，防止日光直接照射。水乳型涂料贮存和保管环境温度不应低于 0℃，溶剂型涂料贮存和保管环境温度不宜低于 −10℃。防水涂料运输时应防冻，防止雨淋、暴晒、挤压、碰撞，胎体材料贮运、保管环境应干燥、通风，并远离火源。

2）材料进场抽检：进场的防水涂料和胎体增强材料应进行抽样复验，不合格的产品不得使用。同一规格、品种的防水涂料，每 10t 为一批，不足 10t 按一批抽样；胎体增强材料，每 3000m² 为一批，不足 3000m² 按一批抽样。高聚物改性沥青防水涂料应检验其固体含量、耐热度、柔性、不透水性和延伸率；合成高分子防水涂料应检验其固体含量、拉伸强度、断裂延伸率、柔性和不透水性；胎体增强材料应检验其拉力和延伸率。

3）涂膜防水屋面施工

（a）基层处理：找平层宜设宽20mm的分格缝，并嵌填密封材料。分格缝应留设在板端缝处，其纵横缝的最大间距：水泥砂浆或细石混凝土找平层，不宜大于6m；沥青砂浆找平层，不宜大于4m。基层转角处应抹成圆弧形，其半径不小于50mm。要求平整度，保证涂膜防水层厚度，保证涂膜防水层的防水可靠性和耐久性。涂膜防水层的找平层应有足够的强度，尽可能避免裂缝的产生，出现裂缝应进行修补。涂膜防水层的找平层宜采用掺膨胀剂的细石混凝土，强度等级不低于C20，厚度不少于30mm，宜为40mm。

（b）分格缝及节点处理：分格缝应在浇筑找平层时预留，分格应符合设计要求，与板端缝或板的搁置部位对齐，均匀顺直，嵌填密封材料前清扫干净。分格缝处应铺设带胎体增强材料的空铺附加层，其宽度为200～300mm。天沟、檐沟、檐口等部位，均应加铺有胎体增强材料的附加层，宽度不小于200mm。水落口周边应作密封处理，管口周围500mm范围内应加铺有胎体增强材料的附加增强层，涂膜伸入水落口的深度不得小于50mm。泛水处应加铺有胎体增强材料的附加层，此处的涂膜附加层宜直接涂刷至女儿墙压顶下，压顶应采用铺贴卷材或涂刷涂料等作防水处理。涂膜防水层的收头应用防水涂料多遍涂刷或用密封材料封固严密。

（c）涂膜防水层施工工艺：基层表面清理、修整→喷涂基层处理剂（底涂料）→特殊部位附加增强处理→涂布防水涂料及铺贴胎体增强材料→清理与检查修整→保护层施工。

（d）涂膜防水层的施工也应按"先高后低，先远后近"的原则进行。遇高低跨屋面时，一般先涂布高跨屋面，后涂布低跨屋面；相同高度屋面，要合理安排施工段，先涂布距上料点远的部位，后涂布近处；同一屋面上，先涂布排水较集中的水落口、天沟、檐沟、檐口等节点部位，再进行大面积涂布。

（e）涂膜防水层施工前，应先对水落口、天沟、檐沟、泛水、伸出屋面管道根部等节点部位进行增强处理，一般涂刷加铺胎体增强材料的涂料进行增强处理。

（f）需铺设胎体增强材料时，如坡度小于15％可平行屋脊铺设；坡度大于15％应垂直屋脊铺设，并由屋面最低标高处开始向上铺设。胎体增强材料长边搭接宽度不得小于50mm，短边搭接宽度不得小于70mm。采用二层胎体增强材料时，上下层不得互相垂直铺设，搭接缝应错开，其间距不应小于幅宽的1/3。

（g）在涂膜防水屋面上如使用两种或两种以上不同防水材料时，应考虑不同材料之间的相容性（即亲合性大小、是否会发生侵蚀），如相容则可使用，否则会造成相互结合困难或互相侵蚀引起防水层短期失效。

（h）涂料和卷材同时使用时，卷材和涂膜的接缝应顺水流方向，搭接宽度不得小于100mm。

4）涂膜防水屋面施工过程质量控制

（a）涂膜防水层施工前，应仔细检查找平层质量，如找平层存在质量问题，应及时进行修补并进行再次验收，合格后才能进行下道工序施工。

（b）细部节点及附加增强层应严格按设计要求设置和施工，完成后应按设计的节点做法进行检查验收，构造和施工质量均应达到设计和《屋面工程质量验收规范》GB

50207 的要求。

(c) 每遍防水涂层涂布完成后均应进行严格的质量检查，对出现的质量问题应及时进行修补，合格后方可进行下一遍涂层的涂布。

(d) 涂膜防水层完成后，应在雨后或进行淋水、蓄水检验，并进行表观质量的检查，合格后再进行保护层的施工。

(e) 保护层施工时应有成品保护措施，保护层的施工质量应达到有关规定的要求。

(3) 刚性防水屋面及施工质量控制要点

1) 刚性防水屋面材料要求：宜采用普通硅酸盐水泥或硅酸盐水泥；当采用矿渣硅酸盐水泥时应采取减少泌水性的措施；水泥的强度等级不低于 32.5MPa，不得使用火山灰质硅酸盐水泥。宜采用中砂或粗砂，含泥量不大于 2%。石子宜采用质地坚硬，最大粒径不超过 15mm，级配良好，含泥量不超过 1% 的碎石或砾石。水应采用不含有害物质的洁净水。混凝土水灰比不应大于 0.55；每立方米混凝土水泥最小用量不应小于 330kg；含砂率宜为 35%～40%；灰砂比应为 1:2～1:2.5，混凝土强度等级不应低于 C20；并宜掺入外加剂。普通细石混凝土、补偿收缩混凝土的自由膨胀率应为 0.05%～0.1%。

2) 隔离层施工：刚性防水层和结构层之间应脱离，即在结构层与刚性防水层之间增加一层低强度等级砂浆、卷材、塑料薄膜等材料，起隔离作用，使结构层和刚性防水层变形互不受约束，以减少因结构变形使防水混凝土产生的拉应力，减少刚性防水层的开裂。

3) 分格缝留置：分格缝应设置在结构层屋面板的支承端、屋面转折处（如屋脊）、防水层与突出屋面结构的交接处，并应与板缝对齐。纵横分格缝间距一般不大于 6m，或"一间一分格"，分格面积不超过 36m² 为宜。现浇板与预制板交接处，按结构要求留有伸缩缝、变形缝的部位。分格缝宽宜为 10～20mm。

4) 细石混凝土防水层施工：混凝土的浇捣按"先远后近、先高后低"的原则进行。一个分格缝范围内的混凝土必须一次浇捣完成，不得留施工缝。细石混凝土防水层厚度不小于 40mm。应配双向钢筋网片，间距 100～200mm，在分缝处断开。钢筋网片放在混凝土中上部，保护层厚度不小于 10mm。材料及混凝土质量要严格保证，经常检查是否按配合比准确计量，每工作班进行不少于两次的坍落度检查，并按规定制作检验的试块。加入外加剂时，应准确计量，投料顺序得当，搅拌均匀。混凝土搅拌应采用机械搅拌，搅拌时间不少于 2min。混凝土运输过程中应防止漏浆和离析。混凝土浇筑时，用平板振动器振实，在用滚筒滚压至表面平整。泛浆后用铁抹子压实抹平，并要确保防水层的设计厚度和排水坡度。铺设、振动、滚压混凝土时必须严格保证钢筋间距及位置的准确。混凝土收水初凝后，及时取出分格缝隔板，用铁抹子第二次压实抹光，并及时修补分格缝的缺损部分，做到平直整齐；待混凝土终凝前进行第三次压实抹光，要求做到表面平光，不起砂、起皮、无抹板压痕为止，抹压时，不得洒干水泥或干水泥砂浆。待混凝土终凝后，必须立即进行养护，应优先采用表面喷洒养护剂养护，也可用蓄水养护法或稻草、麦草、锯末、草袋等覆盖后浇水养护，养护时间不少于 14d，养护期间保证覆盖材料的湿润，并禁止闲人上屋面踩踏或在上继续施工。

(4) 屋面防水工程质量要求

1) 防水层不得有渗漏和积水现象。

2) 使用材料必须符合质量标准和设计要求，进场材料应按规定检验合格。

3）找平层表面应平整，不得有酥松、起砂、起皮现象。

4）保温层的厚度、含水量和表观密度应符合设计要求。

5）天沟、檐沟、泛水和变形缝等构造，应符合设计要求。

6）卷材铺贴方法和搭接顺序应符合设计要求，搭接宽度正确，接缝严密，不得有周折、鼓泡和翘边现象。

7）涂膜防水层的厚度应符合设计要求，涂层无裂纹、皱折、流淌、鼓泡和露胎体现象。

8）刚性防水层屋面坡度应准确，排水系统应通畅。刚性防水层厚度符合要求，表面平整度不超过 5mm，不得起砂、起壳和裂缝。防水层内钢筋位置应准确。分格缝应平直，位置正确表面应平整、压光，不起砂，不起皮，不开裂。

9）嵌缝密封材料应嵌填密实，盖缝卷材应粘贴牢固，无脱开现象。

（5）屋面防水工程隐蔽验收

在施工过程中应做好隐蔽工程质量检查和验收，隐蔽验收有以下内容：

1）卷材、涂膜防水层的基层。

2）密封防水处理部位。

3）天沟、檐沟、泛水和变形缝细部做法。

4）卷材、涂膜防水层的搭接宽度和附加层。

5）刚性保护层与卷材、涂膜防水层之间设置的隔离层。

15.4 地下结构防水工程

（1）地下结构防水等级、要求及其适用范围见表 2-15-6。

地下工程防水等级及其适用范围 表 2-15-6

防水等级	标　准	适用范围
一级	不允许渗水，结构表面无湿渍	人员长期停留的场所；因有少量湿渍会使物品变质、失效的贮物场所及严重影响设备正常运转和危及工程安全运营的部位；极重要的战备工程
二级	不允许漏水，结构表面可有少量湿渍；工业与民用建筑：总湿渍面积不应大于总防水面积（包括顶板、墙面、地面）的 1/1000；任意 100m² 防水面积上的湿渍不超过 1 处，单个湿渍的最大面积不大于 0.1m²；其他地下工程：总湿渍面积不应大于总防水面积的 6/1000；任意 100m² 防水面积上的湿渍不超过 4 处，单个湿渍的最大面积不大于 0.2m²	人员经常活动的场所；在有少量湿渍的情况下不会使物品变质、失效的贮物场所及基本不影响设备正常运转和工程安全运营的部位；重要的战备工程
三级	有少量漏水点，不得有线流和漏泥砂；任意 100m² 防水面积上的漏水点数不超过 7 处，单个漏水点的最大漏水量不大于 2.5L/d，单个湿渍的最大面积不大于 0.3m²	人员临时活动的场所；一般战备工程

防水等级	标　　准	适用范围
四级	有漏水点，不得有线流和漏泥砂；整个工程平均漏水量不大于 2L/m²·d；任意 100m² 防水面积的平均漏水量不大于 4L/m²·d	对渗漏水无严格要求的工程

（2）混凝土结构自防水

混凝土结构自防水是以工程结构自身混凝土的密实性而具有防水能力的混凝土或钢筋混凝土结构形式来实现防水功能，它兼具承重、围护、防水功能。是地下防水工程首选的一种主要形式。混凝土结构自防水不能用于以下情况：允许裂缝开展宽度大于 0.2mm 的结构、遭受剧烈振动或冲击的结构、环境温度高于 80℃ 的结构，以及可致耐蚀系数小于0.8 的侵蚀介质中使用的结构。

1）防水混凝土材料

（a）普通防水混凝土：普通防水混凝土宜采用普通硅酸盐水泥、硅酸盐水泥、火山灰质硅酸盐水泥、粉煤灰硅酸盐水泥，水泥强度不应低于 32.5 级。若选用矿渣硅酸盐水泥，则必须掺用高效减水剂。石子最大粒径不宜大于 40mm；泵送混凝土，石子最大粒径应为输送管径的 1/4；石子吸水率不应大于 1.5%；含泥量不得大于 1%、泥块含量不得大于0.5%；水泥用量：最少不得少于 300kg/m³；当掺有活性掺合料时，不得少于 280kg/m³。砂率：宜为 35%～45%；泵送混凝土的砂率可为 45%。灰砂比：宜为 1∶2～1∶2.5。水灰比：不得大于 0.55。坍落度：不宜大于 50mm。对于预拌混凝土，其入泵坍落度宜控制为 100～140mm；入泵前坍落度每小时损失值不应大于 30mm，总损失值不应大于 60mm。

（b）外加剂防水混凝土：外加剂防水混凝土根据工程结构和施工工艺等对防水混凝土的具体要求，适宜地选用相应的外加剂配制而成的混凝土。

➢引气剂防水混凝土：在混凝土拌合物中掺入适量的引气剂配制而成的混凝土。在混凝土拌合物中加入引气剂后，可以显著地改善混凝土的和易性；还可以使毛细管的形状及分布发生改变，切断渗水通路，从而提高了混凝土的密实性和抗渗性；常用的引气剂有松香酸钠（松香皂）、松香热聚物；另外还有烷基磺酸钠、烷基苯磺酸钠等。

➢减水剂防水混凝土：是在混凝土拌合物中掺入适量的减水剂配制而成的混凝土。掺入减水剂使在坍落度不变的条件下，减少了拌合用水量；由于高度分散的水泥颗粒更能充分水化，使水泥石结构更加密实，从而提高了混凝土的密实性和抗渗性。减水剂防水混凝土适用于一般工业与民用建筑的防水工程，也适用于大型设备基础等大体积混凝土，以及不同季节施工的防水工程。常用的减水剂有木质素磺酸钙、多环芳香族磺酸钠、糖蜜等。

➢三乙醇胺防水混凝土：是在混凝土拌合物中随拌合水掺入定量的三乙醇胺防水剂配制而成的。它抗渗性能良好，且具有早强和强化作用，施工简便、质量稳定，有利于提高模板周转率、加快施工进度和提高劳动生产率。

➢氯化铁防水混凝土：是在混凝土中掺入适量的氯化铁防水剂配制而成的。氯化铁防水剂改善混凝土内部孔隙结构，堵塞和切断贯通的毛细孔道，改善混凝土内部的孔隙结构，增加了密实性，使混凝土具有良好的抗渗性。

➢补偿收缩混凝土：补偿收缩混凝土是用膨胀水泥或在普通混凝土中掺入适量膨胀剂

配制而成的一种微膨胀混凝土。补偿收缩混凝土以其优异特性在建筑工程中获得广泛应用，适用于一般工业与民用建筑的地下防水结构，水池、水塔等构筑物，以及修补、堵漏、后浇带等。

➤新型防水混凝土：近年来，逐步发展的纤维抗裂防水混凝土、高性能防水混凝土、聚合物水泥防水混凝土分别以其各自的特性，显著提高混凝土的密实性和抗裂性，成为新型的防水混凝土。主要有：纤维抗裂防水混凝土是在防水混凝土中掺入一定量的纤维而组成的刚性复合材料；钢纤维抗裂防水混凝土是在防水混凝土拌合物中掺入钢纤维组合而成的复合材料；自密实高性能防水混凝土属高性能混凝土的一部分，它具备高强度、高耐久性、和高工作性等性能。其特点是具有很高的流动性，在不振捣或少振捣的情况下，可以自动流满模型，且不离析、不泌水。它可以避免因振捣不足而造成的孔洞、蜂窝、麻面等质量缺陷，且体积收缩小、抗渗性能高，适用于浇筑量大、体积大、密筋、形状复杂或浇筑困难的地下防水工程；聚合物水泥混凝土是将聚合物（聚醋酸乙烯乳液—白乳胶、氯丁橡胶、丙烯酸醋等）掺入水泥砂浆或混凝土；聚合物加入混凝土或砂浆中，形成弹性网膜将混凝土、砂浆中的孔隙结构填塞，并经化学作用加大了聚合物同水泥水化产物的粘结强度，从而有效地对混凝土和砂浆进行改性。不仅增加了混凝土和砂浆的抗压强度，还使抗拉强度和抗弯强度获得较大提高，增强混凝土和砂浆的密实度，减少了裂缝，因而使抗渗性获显著提高，且增加了适应变形的能力，适用于地下建（构）筑物防水，以及游泳池、水泥库、化粪池等防水工程。

2）防水混凝土施工

（a）防水混凝土所用模板除满足一般要求外，应注意模板拼缝严密，支撑牢固。不宜采用螺栓或钢丝贯穿混凝土墙规定模板，以防止由于螺栓或钢丝贯穿混凝土墙面而引起渗漏水，影响防水效果。如需用螺栓贯穿混凝土墙固定模板时，应采取止水措施。一般做法有工具式螺栓、螺栓加焊水环、螺栓加堵头等方式。图 2-15-2 为工具式螺栓防水做法。

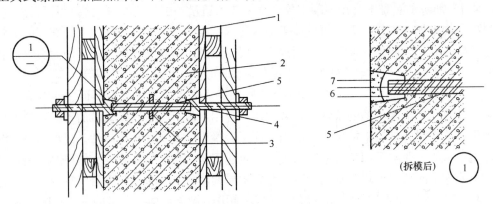

图 2-15-2　工具式螺栓的防水做法示意图

1—模板；2—结构混凝土；3—止水环；4—工具式螺栓；

5—固定模板用螺栓；6—嵌缝材料；7—聚合物水泥砂浆

（b）防水混凝土的品种、强度、抗渗等级和厚度应由结构设计确定，使用变形钢筋迎水面保护层厚度应≥50mm，钢筋间距宜≤150mm，施工缝处应用钢板止水带方式，后浇带内钢筋宜用焊接连接，所有穿墙管道应在混凝土浇筑前预埋。

(c) 严格按照相应品种混凝土的技术要求来施工，各种原材料须符合规范标准，经过检验试验合格；严格按照确定的施工配合比投料和搅拌，浇筑过程细致认真，经充分养护拆模后外观检查应均匀密实，无蜂窝、麻面、孔洞、露筋等缺陷，若发现有局部渗漏须用压力灌浆的方法进行修补，至各部位无渗漏现象；留有隐蔽工程的验收记录，混凝土强度、抗渗性能检测报告合格。

(d) 应严格做好模板安装验收、施工缝、预埋铁件、穿墙管道、止水带、后浇带的施工。防水混凝土的养护时间不得少于14d。拆模后结构表面与周围温差不应过大，应及时进行填土。

（3）水泥砂浆防水层施工

1）水泥砂浆防水层可分为：刚性多层做法防水层（或称普通水泥砂浆防水层）和掺外加剂的水泥砂浆防水层（常用外加剂有氧化铁防水剂、膨胀剂和减水剂）两种。胶凝材料使用普通硅酸盐水泥、矿渣硅酸盐水泥、火山灰质硅酸盐水泥；水泥强度等级不应低于32.5级；骨料选用坚硬洁净粗砂。

2）水泥砂浆防水层施工必须进行基层处理，基层处理包括清理、浇水、刷洗、补平工序，是基层表面保持潮湿、清洁、平整、坚实、粗糙。

3）刚性防水砂浆施工：目前砂浆防水常使用的方法为人工抹压方法，机械湿喷法采用的较少。大量的人工抹压方法，主要依靠施工人员的现场操作来实现，抹面的平整度和密实性与操作人员的操作技巧有关。

4）特殊部位的施工：结构阴阳角处的防水层，均需抹成圆角，阴角直径5cm，阳角直径1cm。防水层的施工缝需留斜坡阶梯形槎，槎子的搭接要依照层次操作顺序层层搭接。留槎的位置一般留在地面上，亦可留在墙面上，所留的槎子均需离阴阳角20cm以上(图2-15-3)。

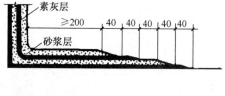

图 2-15-3 防水层接槎处理

（4）卷材防水层防水层施工

1）柔性防水层应铺设在混凝土结构的迎水面上，从地下室底板垫层至外墙外侧和顶板上，在外围形成封闭的防水罩。柔性防水层可使用防水卷材或防水涂料，按设计规定的品种、厚度施工。

2）用防水卷材做柔性防水层，有两种施工方法：外防外贴法（图2-15-4）和外防内贴法（图2-15-5）。一般情况下宜采用外防外贴法，当施工条件受限制时才用外防内贴法。

3）外防外贴法，是指地下室基坑开挖后，地下室四周留有足够的施工工作面，外墙混凝土浇筑完，拆除模板后，先用水泥砂浆对外墙的外表面做找平抹光，然后再在其表面粘贴防水卷材，加上保护膜（墙），最后回填不透水的黏性土，如图2-15-4所示。

4）外防内贴法，是指地下室基坑若用地下连续墙（或排桩）做支护，墙内直建造地下室，地下连续墙（或排桩）内侧没有留出施工空间，基坑做完后先用水泥砂浆对地下连续墙的内表面做找平抹灰，然后在墙的抹灰面上铺贴防水卷材层，再浇筑地下室混凝土墙体，如图2-15-5所示。

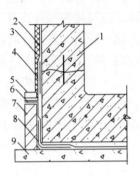

图 2-15-4 外防外贴法

1—结构墙体；2—卷材防水层；3—柔性保护层；4—柔性附加防水层；5—防水层搭接部位保护；6—防水层搭接部位；7—保护墙；8—柔性防水加强层；9—混凝土垫层

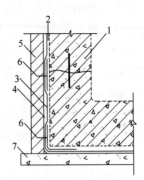

图 2-15-5 外防内贴法

1—结构墙体；2—砂浆保护层；3—柔性防水层；4—砂浆找平层；5—保护墙；6—柔性防水层；7—混凝土垫层

5）通常是在地下室底板混凝土垫层上做柔性防水层和防水保护层，然后做防水混凝土底板，等到做墙板时再用外防外贴法或外防内贴法来做墙面防水层。

6）地下室顶板的防水层如同混凝土平屋面防水层的做法。

7）柔性防水层都有一定的厚度，地下室的水平底（面）板与垂直墙面相交处是应力集中的地方，为了保证防水层不被损坏，不能做成直拐角，要做成圆弧形拐角，此处的防水层还要加强（图 2-15-6）。

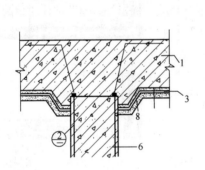

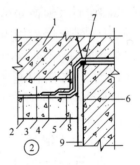

图 2-15-6 桩头的防水构造

1—结构底板；2—底板防水层；3—细石混凝土保护层；4—聚合物水泥防水砂浆；5—水泥基渗透结晶型防水涂料；6—桩的锚固钢筋；7—遇水膨胀橡胶止水条；8—混凝土垫层；9—基桩

15.5 外墙面防水施工

（1）外墙面防水的防水等级和防水要求：见表 2-15-7。

外墙面防水的防水等级和防水要求   表 2-15-7

项 目	外墙防水设防等级	
	Ⅰ级	Ⅱ级
防水层合理使用年限	15 年	10 年

续表

项　　目		外墙防水设防等级	
		Ⅰ级	Ⅱ级
建筑物类别		1. 轻质、空心砖，混凝土外墙； 2. 高度≥24m 的建筑； 3. 用条形砖饰面； 4. 当地基本风压≥0.6kPa	1. 高度<24m 的建筑； 2. 低层砖混结构外墙； 3. 当地基本风压<0.6kPa
找平层	抗裂要求	下列各项复合使用	
	抗裂措施	1. 不同材质交接处挂钢丝网； 2. 外墙面满挂钢丝网； 3. 找平层掺抗裂合成纤维或外加剂	
防水层	设防要求	一至两道防水层	一道防水层
	防水措施	1. 找平层：聚合物水泥砂浆、聚合物抗裂合成纤维水泥砂浆、掺外加剂水泥砂浆； 2. 防水层：聚合物水泥砂浆 5～8mm、聚合物水泥防水涂料 1～1.2mm； 3. 防水保护层：外墙涂料或面砖	1. 找平层：聚合物水泥砂浆、聚合物抗裂合成纤维水泥砂浆、掺外加剂水泥砂浆； 2. 防水层：聚合物水泥砂浆 3～5mm、聚合物水泥防水涂料 0.8～1mm； 3. 防水保护层：外墙涂料或面砖

（2）外墙面防水的特点：外墙面是指建筑物围护外墙的外表面，包括女儿墙面、各向墙体面、门窗洞口外周边、阳台栏板、突出墙面的腰线、檐口等。这些部位主要起装饰作用，不承受荷载，受气候影响大，热胀冷缩反复出现，不同材料交接面多，较容易产生裂缝和渗漏。

（3）外墙面防水的构造和施工要求：

1）突出墙面的腰线、檐板、窗楣板的上部都应做防水处理，设置不少于 5％的向外排水坡，下部应做滴水线，板面与墙面交接处应做成 50mm 的圆角；

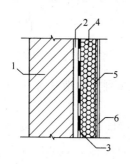

图 2-15-7　保温外墙防水构造（一）

1—墙体；2—找平层；3—防水层；4—保温层；
5—抹面层（带玻纤网）；6—饰面层

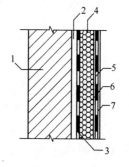

图 2-15-8　保温外墙防水构造（二）

1—墙体；2—找平层；3—第一道防水层；4—保温层；
5—抹面层（带玻纤网）；6—第二道防水层；7—饰面层

2）空心砌块外墙的门窗洞口周边 200mm 内的砌体应用实心块体或用混凝土填实；外墙面上的空调口、通风口等各种洞口，其底面应向室外倾斜，坡度≥5％，或采取防止雨水倒灌的措施；

193

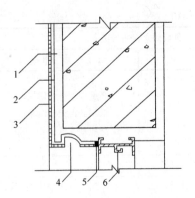

图 2-15-9　窗楣细部构造
1—找平层；2—防水层；3—饰面层；
4—滴水线；5—密封材料；6—窗框

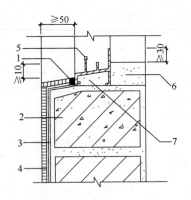

图 2-15-10　窗台细部构造
1—密封材料；2—封底砌块；3—防水层；
4—饰面层；5—窗框；6—内窗台；
7—灌浆材料

3）外墙上各类预埋件、安装螺栓、穿墙套管都应预留预埋，不得后装；其与外墙的交接处，应预留凹槽并填入密封材料；

4）外墙上若有变形缝必须做防水处理，伸缩缝、沉降缝、抗震缝可按图 2-15-11、图 2-15-12 的做法；

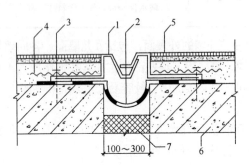

图 2-15-11　外墙沉降或抗震缝
1—金属板材盖板；2—卷材防水层；3—射钉或
螺栓固定；4—钢板网；5—饰面；6—混凝土墙
或柱；7—背衬材料

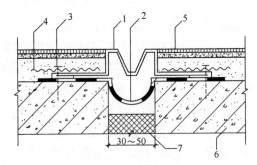

图 2-15-12　外墙伸缩缝
1—金属板材盖板；2—卷材防水层；3—射钉或
螺栓固定；4—钢板网；5—饰面；6—混凝土
墙或柱；7—背衬材料

5）女儿墙宜采用现浇钢筋混凝土，若用砌体应设混凝土构造柱和压顶梁；女儿墙及阳台栏板上表应向内侧找坡，坡度≥6％；

6）外墙面的找平层应按上表所列的抗裂措施做，同时还应注意：水泥砂浆强度应≥M7.5，与墙面的粘结强度应≥0.6MPa，宜用聚合物水泥砂浆；若墙面光滑，应先刷一道聚合物水泥浆再做找平层；应留分格缝，竖向间距≤6m，水平间距≤4m，可留在楼层或洞口、柱边，缝宽 8～10mm，缝内填耐候密封胶。

7）外墙面的防水层应按上表所列的防水措施做，同时还应注意：用聚合物水泥砂浆做防水层时，应按找平层对应处做法和设分格缝；采用憎水性的外墙涂料时表面不得再做其他饰面；门窗洞口四周宜用≥5mm 的聚合物水泥砂浆做防水增强层。

8）外墙面的饰面层，若贴墙面砖应用非憎水的粘结力强的水泥砂浆或其他特种砂浆；

应按照找平层和防水层的相应位置设置分格缝和进行密封处理；宜用聚合物水泥砂浆或专用砂浆勾缝。

9）外墙上的窗台的最高点应比内窗台低不少于 10mm，且应向外排水；窗框的内缘应高出内窗台面不少于 30mm；窗框不应外平安装，而应居中或缩进 50mm 以上安装，框与窗洞之间宜用灌浆材料灌满密实。

10）外墙面防水施工的工艺流程：墙面清理、修整→水泥砂浆填平补齐→养护→按设计要求铺挂加强网→安装门窗框→用聚合物水泥砂浆嵌填饱满→墙面充分湿润→抹找平层聚合物水泥砂浆→抹第一层聚合物水泥防水砂浆（不大于 3mm 厚）→抹第二层聚合物水泥防水砂浆（不大于 3mm 厚）→贴外墙饰面砖或面层抹灰→分隔缝嵌填密封材料→检查修整→养护→验收。

15.6　厨房、卫生间防水施工

（1）厨房、卫生间的防水等级和防水要求：见表 2-15-8。

厨房、卫生间的防水等级和防水要求　　　　　　　　　　表 2-15-8

项目	厨房、卫生间防水的设防等级	
	Ⅰ级	Ⅱ级
防水层合理使用年限	15 年	10 年
建筑类别	重要公共建筑、重要民用建筑和高层建筑的厨房、卫生间	一般民用建筑的厨房、卫生间
防水层的层数	两道防水层	一道防水层
地面防水措施	选择下列刚、柔各一道措施：①≥2mm，②≥2mm，③≥7mm，④≥0.8mm，⑤≥40mm，⑥≥20mm	选择下列中的一道措施：①≥1.5mm，②≥1.5mm，③≥5mm，④≥0.8mm，⑤≥40mm，⑥≥15mm
墙面防水措施	找平层：⑥≥20mm，防水层：②≥2mm，或③≥5mm	找平层：⑥≥15mm，防水层：②≥1.5mm，或③≥5mm

注：表 2-15-8 中符号代表的材料为：①合成高分子防水涂料，②聚合物水泥防水涂料，③聚合物水泥防水砂浆，④水泥基渗透结晶型防水涂料，⑤细石防水抗裂混凝土，⑥掺外加剂或掺合料防水砂浆。

（2）厨房、卫生间防水的特点：对有水侵蚀的厨房、卫生间、淋浴室等房间，设备多、水管道多、用水频繁，处于高湿环境，容易发生渗漏水现象。如施工处理不当，容易发生渗漏水，影响正常使用，有碍建筑物美观，严重的破坏建筑结构，降低建筑物使用寿命。

（3）厨房、卫生间的防水构造和施工要求：厨房、卫生间的楼板应采用现浇混凝土结构，在楼板与面层之间设置防水层一道。常用材料有卷材防水、防水砂浆或涂料防水层。且应将现浇混凝土从楼板边做至相连接的墙面上，比厨卫间的楼地面不少于 150mm 高；地面应有 1‰～3‰ 的排水坡度，坡向地漏口，地漏口不能距墙跟太近，宜净间距 50～80mm，标高应比相邻地面低 5～20mm；穿过厨卫间楼地面的管道须预埋套管，套管内径

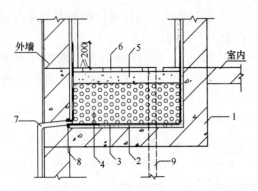

图 2-15-13　下沉式厕、浴、厨房防水排水构造
1—下沉式箱体；2—找平层；3—防水层；4—填充层；
5—混凝土找平层；6—饰面层；7—箱底排水管；
8—密封材料；9—地面排水管

应比管道外径大 10～20mm，套管上口比完成后的地面应高出 20～50mm，管道安装后管与管套之间的间隙先用阻燃密实材料填充，然后用防水密封胶封边，管套周边应加大排水坡度（图 2-15-13）。

（4）厨卫间墙面防水的设防高度应不少于 1.8m，宜设防到墙顶；地面应全部设防，且地面防水层应压过墙面防水层 200mm 以上，以便对拐角处进行加强；地面和墙面的防水和装饰应采用水硬性材料（如水泥砂浆等），不得采用气硬性材料（如石灰砂浆等），更不能掺有黏土。安装完成后先试水，确认管道接口、卫生器具接口不漏水，才做装饰表面。

（5）厨卫间内安装设备用到的固定件、钉孔，是最容易渗漏的部位，须采用高性能的浅色的密封材料做密封处理；厨卫间的门窗长期处于潮湿环境，其与墙体、地面连接的部位须进行密封处理，其余外露部分也应进行防水密封。

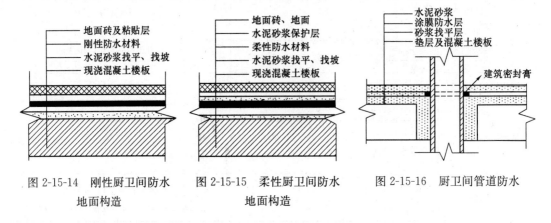

图 2-15-14　刚性厨卫间防水地面构造　　图 2-15-15　柔性厨卫间防水地面构造　　图 2-15-16　厨卫间管道防水

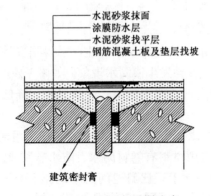

图 2-15-17　厨卫间地漏防水

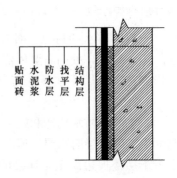

图 2-15-18　厨卫间墙面防水

16 混凝土结构工程质量控制

16.1 混凝土结构工程质量控制标准

（1）混凝土结构工程质量控制相关规范和标准：见表 2-16-1、表 2-16-2。

混凝土结构工程质量控制相关规范和标准 表 2-16-1

分类	标准和规范名称	标准代号
设计施工及验收	混凝土结构设计规范（2015 年版）	GB 50010—2010（2015 年版）
	混凝土电视塔结构技术规范	GB 50342—2003
	混凝土结构耐久性设计规范	GB/T 50476—2008
	钢管混凝土结构技术规范	GB 50936—2014
	钢筋混凝土升板结构技术规范	GBJ 130—90
	高层建筑混凝土结构技术规程	JGJ 3—2010
	轻骨料混凝土结构技术规程（附条文说明）	JGJ 12—2006
	冷拔低碳钢丝应用技术规程	JGJ 19—2010
	预应力筋用锚具、夹具和连接器应用技术规程	JGJ 85—2010
	无粘结预应力混凝土结构技术规程	JGJ 92—2016
	冷轧带肋钢筋混凝土结构技术规程	JGJ 95—2011
	冷轧扭钢筋混凝土构件技术规程	JGJ 115—2006
	组合结构设计规范	JGJ 138—2016
	混凝土结构后锚固技术规程	JGJ 145—2013
	混凝土异形柱结构技术规程	JGJ 149—2006
	清水混凝土应用技术规程	JGJ 169—2009
	混凝土泵送施工技术规程	JGJ/T 10—2011
	补偿收缩混凝土应用技术规程	JGJ/T 178—2009
	高强混凝土应用技术规程	JGJ/T 281—2012
	自密实混凝土应用技术规程	JGJ/T 283—2012
	双钢筋混凝土构件设计与施工规程	CECE26：90
	钢管混凝土结构技术规程	CECS28：2012
	纤维混凝土结构技术规程	CECS38：2004
	建筑工程预应力施工规程	CECS180：2005
	钢管混凝土叠合柱结构技术规程	CECS188：2005
	高性能混凝土应用技术规程	CECS207：2006
	大体积混凝土施工规范	GB 50496—2009
	混凝土结构工程施工规范	GB 50666—2011
	建筑工程施工质量验收统一标准	GB 50300—2013
	混凝土结构工程施工质量验收规范	GB 50204—2015
	钢管混凝土工程施工质量验收规范	GB 50628—2010
	钢筋混凝土筒仓施工与质量验收规范	GB 50669—2011

续表

分类	标准和规范名称	标准代号
材料	钢筋混凝土用钢 第1部分：热轧光圆钢筋	GB 1499.1—2008
	钢筋混凝土用钢 第2部分热轧带肋钢筋	GB 1499.2—2007
	建筑材料放射性核素限量	GB 6566—2010
	建筑材料及制品燃烧性能分级	GB 8624—2012
	混凝土结构防火涂料	GB 28375—2012
	混凝土外加剂应用技术规范	GB 50119—2013
	混凝土质量控制标准	GB 50164—2011
	钢筋混凝土用钢 第3部分：钢筋焊接网	GB/T 1499.3—2010
	预拌混凝土	GB/T 14902—2012
	钢筋混凝土用环氧涂层钢筋	GB/T 25826—2010
	混凝土强度检验评定标准	GB/T 50107—2010
	钢筋机械连接用套筒	JG/T 163—2013
	混凝土结构工程用锚固胶	JG/T 340—2011
	钢筋连接用套筒灌浆料	JG/T 408—2013
	钢筋焊接及验收规程	JGJ 18—2012
	普通混凝土用砂、石质量及检验方法标准	JGJ 52—2006
	普通混凝土配合比设计规程	JGJ 55—2011
	钢筋机械连接技术规程	JGJ 107—2010
	钢筋焊接接头试验方法标准	JGJ/T 27—2014
	混凝土耐久性检验评定标准	JGJ/T 193—2009
模板	组合钢模板技术规范	GB/T 50214—2013
	建筑工程大模板技术规程	JGJ 74—2003
	钢框胶合板模板技术规程	JGJ 96—2011
	液压爬升模板工程技术规程	JGJ 195—2010
检测	普通混凝土长期性能和耐久性能试验方法标准	GB/T 50082—2009
	混凝土结构试验方法标准	GB/T 50152—2012
	建筑结构检测技术标准	GB/T 50344—2004
	混凝土结构现场检测技术标准	GB/T 50784—2013
	早期推定混凝土强度试验方法标准	JGJ/T 15—2008
	回弹法检测混凝土抗压强度技术规程	JGJ/T 23—2011
	混凝土中钢筋检测技术规程	JGJ/T 152—2008
	钻芯法检测混凝土强度技术规程	JGJ/T 384—2016
	超声回弹综合法检测混凝土强度技术规程	CECS02：2005
	钻芯法检测混凝土强度技术规程	CECS03：2007
	超声法检测混凝土缺陷技术规程	CECS21：2000
	拔出法检测混凝土强度技术规程	CECS69：2011

续表

分类	标准和规范名称	标准代号
加固	混凝土结构加固设计规范	GB 50367—2013
	建筑结构加固工程施工质量验收规范	GB 50550—2010
	喷射混凝土加固技术规程	CECS161：2004
	房屋裂缝检测与处理技术规程	CECS293：2011
	建（构）筑物托换技术规程	CECS295：2011
	建筑抗震加固技术规程	JGJ 116—2009
	混凝土结构后锚固技术规程	JGJ 145—2013
	建筑物倾斜纠偏技术规程	JGJ 270—2012
	混凝土结构工程无机材料后锚固技术规程	JGJ/T 271—2012
	建筑结构体外预应力加固技术规程	JGJ/T 279—2012
	混凝土结构加固用聚合物砂浆	JG/T 289—2010

混凝土结构工程质量控制相关标准强制性条文　　表 2-16-2

标准名称	条款	标准强制性条文内容
混凝土结构工程施工质量验收规范 GB 50204—2015	4.1.2	模板及支架应根据安装、使用和拆除工况进行设计，并应满足承载力、刚度和整体稳固性要求
	5.2.1	钢筋进场时，应按国家现行相关标准的规定抽取试件作屈服强度、抗拉强度、伸长率、弯曲性能和重量偏差检验，检验结果应符合相应标准的规定。检查数量：按进场批次和产品的抽样检验方案确定。检验方法：检查质量证明文件和抽样检验报告
	5.2.3	对按一、二、三级抗震等级设计的框架和斜撑构件（含梯段）中的纵向受力普通钢筋应采用 HRB335E、HRB400E、HRB500E、HRBF335E、HRBF400E 或 HRBF500E 钢筋，其强度和最大力下总伸长率的实测值应符合下列规定：1 抗拉强度实测值与屈服强度实测值的比值不应小于 1.25；2 屈服强度实测值与屈服强度标准值的比值不应大于 1.30；3 最大力下总伸长率不应小于 9%。检查数量：按进场的批次和产品的抽样检验方案确定。检验方法：检查抽样检验报告
	5.5.1	钢筋安装时，受力钢筋的牌号、规格和数量必须符合设计要求。检查数量：全数检查。检验方法：观察，尺量
	6.2.1	预应力筋进场时，应按国家现行相关标准的规定抽取试件作抗拉强度、伸长率检验，其检验结果应符合相应标准的规定。检查数量：按进场的批次和产品的抽样检验方案确定。检验方法：检查质量证明文件和抽样检验报告
	6.3.1	预应力筋安装时，其品种、规格、级别和数量必须符合设计要求。检查数量：全数检查。检验方法：观察，尺量
	6.4.2	对后张法预应力结构构件，钢绞线出现断裂或滑脱的数量不应超过同一截面钢绞线总根数的 3%，且每根断裂的钢绞线断丝不得超过一丝；对多跨双向连续板，其同一截面应按每跨计算。检查数量：全数检查。检验方法：观察，检查张拉记录

标准名称	条款	标准强制性条文内容
混凝土结构工程施工质量验收规范 GB 50204—2015	7.2.1	水泥进场时，应对其品种、代号、强度等级、包装或散装编号、出厂日期等进行检查，并应对水泥的强度、安定性和凝结时间进行检验，检验结果应符合现行国家标准《通用硅酸盐水泥》GB 175等的相关规定。检查数量：按同一厂家、同一品种、同一代号、同一强度等级、同一批号且连续进场的水泥，袋装不超过200t为一批，散装不超过500t为一批，每批抽样数量不应少于一次。检验方法：检查质量证明文件和抽样检验报告
	7.4.1	混凝土的强度等级必须符合设计要求。用于检验混凝土强度的试件应在浇筑地点随机抽取。检查数量：对同一配合比混凝土，取样与试件留置应符合下列规定：1 每拌制100盘且不超过100m³时，取样不得少于一次；2 每工作班拌制不足100盘时，取样不得少于一次；3 连续浇筑超过1000m³时，每200m³取样不得少于一次；4 每一楼层取样不得少于一次；5 每次取样应至少留置一组试件。检验方法：检查施工记录及混凝土强度试验报告
钢管混凝土工程施工质量验收规范 GB 50628—2010	3.0.4	钢管、钢板、钢筋、连接材料、焊接材料及钢管混凝土的材料应符合设计要求和国家现有有关标准的规定
	3.0.6	焊工必须经考试合格并取得合格证书，持证焊工必须在其考试合格项目及合格证规定的范围内施焊
	3.0.7	设计要求全焊透的一、二级焊缝应采用超声波探伤进行焊缝内部缺陷检验，超声波探伤不能对缺陷作出判断时，应采用射线探伤检验。其内部缺陷分级及探伤应符合现行国家标准《钢焊缝手工超声波探伤方法和探伤结果分级》GB 11345、《金属熔化焊焊接接头射线照相》GB/T 3323的有关规定。一、二级焊缝的质量等级及缺陷分级应符合GB 50628—2010表3.0.7的规定
	4.5.1	钢管混凝土柱和钢筋混凝土梁连接节点核心区的构造及钢筋的规格、位置、数量应符合设计要求
	4.7.1	钢管内混凝土的强度等级应符合设计要求
混凝土结构工程施工规范 GB 50666—2011	4.1.2	模板及支架应根据施工过程中的各种工况进行设计，应具有足够的承载力和刚度，并应保证其整体稳固性
	5.1.3	当需要进行钢筋代换时，应办理设计变更文件
	5.2.2	对有抗震设防要求的结构，其纵向受力钢筋的性能应满足设计要求；当设计无具体要求时，对按一、二、三级抗震等级设计的框架和斜撑构件（含梯段）中的纵向受力钢筋应采用HRB335E、HRB400E、HRB500E、HRBf335E、HRBf400E或HRBf500E钢筋，其强度和最大力下总伸长率的实测值应符合下列规定：1 钢筋的抗拉强度实测值与屈服强度实测值的比值不应小于1.25；2 钢筋的屈服强度实测值与屈服强度标准值的比值不应大于1.30；3 钢筋的最大力下总伸长率不应小于9%
	6.1.3	当预应力筋需要代换时，应进行专门计算，并应经原设计单位确认
	6.4.10	预应力筋张拉中应避免预应力筋断裂或滑脱。当发生断裂或滑脱时，应符合下列规定：1 对后张法预应力结构构件，断裂或滑脱的数量严禁超过同一截面预应力筋总根数的3%，且每束钢丝或钢绞线不得超过一根；对多跨双向连续板，其同一截面应按每跨计算；2 对先张法预应力构件，在浇筑混凝土前发生断裂或滑脱的预应力筋必须予以更换

续表

标准名称	条款	标准强制性条文内容
混凝土结构工程施工规范 GB 50666—2011	7.2.4	混凝土细骨料中氯离子含量应符合下列规定：1）对钢筋混凝土，按干砂的质量百分率计算不得大于0.06%；2）对预应力混凝土，按干砂的质量百分率计算不得大于0.02%
	7.2.10	未经处理的海水严禁用于钢筋混凝土和预应力混凝土拌制和养护
	7.6.3	原材料进场复验应符合下列规定：1应对水泥的强度、安定性、凝结时间及凝结时间进行检验。同一生产厂家、同一品种、同一等级且连续进场的水泥袋装不超过200T为一检验批，散装不超过500T为一检验批
	7.6.4	当在使用中对水泥质量有怀疑或水泥出厂超过三个月（快硬硅酸盐水泥超过一个月）时，应进行复验，并应按复验结果使用
	8.1.3	混凝土运输、输送、浇筑过程中严禁加水；混凝土运输、输送、浇筑过程中散落的混凝土严禁用于结构浇筑
钢管混凝土结构技术规范 GB 50936—2014	3.1.4	抗震设计时，钢管混凝土结构的钢材应符合下列规定：1钢材的屈服强度实测值与抗拉强度实测值的比值不应大于0.85；2钢材应有明显的屈服台阶，且伸长率不应小于20%；3钢材应有良好的可焊性和合格的冲击韧性
	9.4.1	钢管混凝土结构中，混凝土严禁使用含氯化物类的外加剂
混凝土质量控制标准 GB 50164—2011	6.1.2	混凝土拌合物在运输和浇筑成型过程中严禁加水
混凝土外加剂应用技术规范 GB 50119—2013	2.1.2	严禁使用对人体产生危害、对环境产生污染的外加剂
	3.1.3	含有六价铬盐、亚硝酸盐和硫氰酸盐成分的混凝土外加剂，严禁用于饮水工程中建成后与饮用水直接接触的混凝土
	3.1.4	含有强电解质无机盐的早强型普通减水剂、早强剂、防冻剂和防水剂，严禁用于下列混凝土结构：1与镀锌钢材或铝铁相接触部位的混凝土结构；2有外露钢筋预埋铁件而无防护措施的混凝土结构；3使用直流电源的混凝土结构；4距高压直流电源100m以内的混凝土结构
	3.1.5	含有氯盐的早强型普通减水剂、早强剂、防水剂和氯盐类防冻剂，严禁用于预应力混凝土、钢筋混凝土和钢纤维混凝土结构
	3.1.6	含有硝酸铵、碳酸铵的早强型普通减水剂、早强剂和含有硝酸铵、碳酸铵、尿素的防冻剂，严禁用于办公、居住等有人员活动的建筑工程
	3.1.7	含有亚硝酸盐、碳酸盐的早强型普通减水剂、防冻剂和含亚硝酸盐的阻锈剂，严禁用于预应力混凝土结构
	6.2.3	下列结构中严禁采用含有氯盐配制的早强剂及早强减水剂：1预应力混凝土结构；2相对湿度大于80%环境中使用的结构、处于水位变化部位的结构、露天结构及经常受水淋、受水流冲刷的结构；3大体积混凝土；4直接接触酸、碱或其他侵蚀性介质的结构；5经常处于温度为60℃以上的结构，需经蒸养的钢筋混凝土预制构件；6有装饰要求的混凝土，特别是要求色彩一致的或是表面有金属装饰的混凝土；7薄壁混凝土结构，中级和重级工作制吊车的梁、屋架、落锤及锻锤混凝土基础等结构；8使用冷拉钢筋或冷拔低碳钢丝的结构；9骨料具有碱活性的混凝土结构

标准名称	条款	标准强制性条文内容
混凝土外加剂应用技术规范 GB 50119—2013	6.2.4	在下列混凝土结构中严禁采用含有强电解质无机盐类的早强剂及早强减水剂：1 与镀锌钢材或铝铁相接触部位的结构，以及有外露钢筋预埋铁件而无防护措施的结构；2 使用直流电源的结构以及距高压直流电源100m以内的结构
	7.2.2	含亚硝酸盐、碳酸盐的防冻剂严禁用于预应力混凝土结构
轻骨料混凝土技术规程 JGJ 51——2002	5.1.5	在轻骨料混凝土配合比中加入化学外加剂或矿物掺和料时，其品种、掺量和对水泥的适应性，必须通过试验确定
	5.3.6	计算出的轻骨料混凝土配合比必须通过试配予以调整
普通混凝土用砂、石质量及检验方法标准 JGJ 52—2006	1.0.3	对于长期处于潮湿环境的重要混凝土结构所用的砂、石，应进行碱活性检验
	3.1.10	砂中氯离子含量应符合下列规定：1 对于钢筋混凝土用砂，其氯离子含量不得大于0.06%（以干砂的质量百分率计）；2 对于预应力混凝土用砂，其氯离子含量不得大于0.02%（以干砂的质量百分率计）
普通混凝土配合比设计规程 JGJ 55—2011	6.2.5	对耐久性有设计要求的混凝土应进行相关耐久性试验验证
混凝土用水标准 JGJ 63—2006	3.1.7	未经处理的海水严禁用于钢筋混凝土和预应力混凝土
清水混凝土应用技术规程 JGJ 169—2009	3.0.4	处于潮湿环境和干湿交替环境的混凝土，应选用非碱活性骨料
	4.2.3	对于处于露天环境的清水混凝土结构，其纵向受力钢筋的混凝土保护层最小厚度应符合 JGJ 169—2009 表4.2.3的规定
《钢筋焊接及验收规程》 JGJ 18—2011	3.0.6	凡施焊的各种钢筋、钢板均应有质量证明书；焊条、焊丝、氧气、溶解乙炔、液化石油气、二氧化碳气体、焊剂应有产品合格证。钢筋进场（厂）时，应按现行国家标准《混凝土结构工程施工质量验收规范》GB 50204 中的规定，抽取试件作力学性能检验，其质量必须符合有关标准的规定
	4.1.3	在钢筋工程开工正式焊接之前，参与该项施焊的焊工应进行现场条件下的焊接工艺试验，并经试验合格后，方可正式生产。试验结果应符合质量检验与验收时的要求
	5.1.7	钢筋闪光对焊接头、电弧焊接头、电渣压力焊接头、气压焊接头、箍筋闪光对焊接头、预埋件钢筋T形接头的拉伸试验时，应从每一检验批接头中随机切取3个接头进行试验并应按下列规定对试验结果进行评定。 （1）符合下列条件之一，应评定该检验批接头拉伸试验合格：1）3个试件均断于钢筋母材，呈延性断裂，其抗拉强度大于或等于钢筋母材抗拉强度标准值。2）2个试件断于钢筋母材，呈延性断裂，其抗拉强度大于或等于钢筋母材抗拉强度标准值；另一试件断于焊缝，呈脆性断裂，其抗拉强度大于或等于钢筋母材抗拉强度标准值的1.1倍。注：试件断于热影响区，呈延性断裂，应视作与断于钢筋母材等同；试件断于热影响区，呈脆性断裂，应视作与断于焊缝等同。 （2）符合下列条件之一，应进行复验：1）2个试件断于钢筋母材，呈延性断裂，其抗拉强度大于或等于钢筋母材抗拉强度标准值；另一试件断于焊缝或热影响区，呈脆性断裂，其抗拉强度小于钢筋母材抗拉强度标准值的1.1倍。2）1个

标准名称	条款	标准强制性条文内容
	5.1.7	试件断于钢筋母材，呈延性断裂，其抗拉强度大于或等于钢筋母材抗拉强度标准值；另2个试件断于焊缝或热影响区，呈脆性断裂。（3）若3个试件均断于焊缝，呈脆性断裂；应评定该检验批接头拉伸试验不合格。（4）复验时，应切取6个试件进行试验。试验结果，若有4个或4个以上试件断于钢筋母材，呈延性断裂，其抗拉强度大于或等于钢筋母材抗拉强度标准值，另2个或2个以下试件断于焊缝，呈脆性断裂，其抗拉强度大于或等于钢筋母材抗拉强度标准值的1.1倍，应评定该检验批接头拉伸试验复验合格。（5）可焊接余热处理钢筋RRB400W焊接接头拉伸试验结果，其抗拉强度应符合同级别热轧带肋钢筋抗拉强度标准值540MPa的规定。（6）预埋件钢筋T形接头拉伸试验结果，3个接头试件的抗拉强度均大于或等于表5.1.7的规定值时，应评定该检验批接头试验合格。若有1个接头试件抗拉强度小于表5.1.7的规定值时，应进行复验。复验时，应切取6个试件进行试验。复验结果，其抗拉强度均大于或等于表5.1.7的规定值时，应评定该检验批接头拉伸试验复验合格
《钢筋焊接及验收规程》JGJ 18—2011	5.1.8	钢筋闪光对焊接头、气压焊接头进行弯曲试验时，应从每一检验批接头中随机切取3个试件。焊缝应处于弯曲中心点，弯心直径和弯曲角应符合JGJ 18—2011表5.1.8的规定。（应将受压面的金属毛刺和镦粗凸起部分消除，且应与钢筋的外表齐平。弯曲试验可在万能试验机、手动或电动液压弯试验器上进行）。应按下列规定对试验结果进行评定：（1）当试验结果，弯曲至90°，有2个或3个试件外侧（含焊缝和热影响区）未发生宽度达到0.5mm的裂纹，应评定该检验批接头弯曲试验合格。（2）当有2个试件发生宽度达到0.5mm的裂纹，应进行复验。（3）当有3个试件发生宽度达到0.5mm的裂纹时，应评定该检验批接头弯曲试验不合格。4.复验时，应切取6个试件进行试验。复验结果，当不超过2个试件发生宽度达到0.5mm的裂纹时，应评定该检验批接头弯曲试验复验合格
	6.0.1	从事钢筋焊接施工的焊工必须持有钢筋焊工考试合格证，并应按照合格证规定的范围上岗操作
	7.0.4	焊接作业区防火安全应符合下列规定：（1）焊接作业区和焊机周围6m以内，不得堆放装饰材料、油料、木材、氧气瓶、溶解乙炔气瓶、液化石油气瓶等易燃、易爆物品。（2）除必须在施工工作面焊接外，钢筋应在专门搭设的能防雨、防潮、防晒的工房内焊接；工房的屋顶应有安全防护和排水设施，地面应干燥，应有防止飞溅的金属火花伤人的设施。（3）高空作业的下方和焊接火星所及范围内，应彻底清除易燃、易爆物品。（4）焊接作业区应配置足够的灭火设备，如水池、沙箱、水龙带、消防栓、手提灭火器
钢筋机械连接技术规程	3.0.5	Ⅰ级、Ⅱ级、Ⅲ级接头的抗拉强度必须符合JGJ 107—2010表3.0.5的规定
	7.0.7	对接头的每一验收批，必须在工程结构中随机截取3个接头试件作抗拉强度试验，按设计要求的接头等级进行评定。当3个接头试件的抗拉强度均符合本规程JGJ 107—2010表3.0.5中相应等级的强度要求时，该验收批应评为合格。如有1个试件的抗拉强度不符合要求，应再取6个试件进行复检。复检中如仍有1个试件的抗拉强度不符合要求，则该验收批应评为不合格

标准名称	条款	标准强制性条文内容
《钢筋锚固板应用技术规程》 JGJ 256—2011	3.2.3	钢筋锚固板试件的极限拉力不应小于钢筋达到极限强度标准值时的拉力 $f_{stk}A_s$
	6.0.7	对螺纹连接钢筋锚固板的每一验收批，应在加工现场随机抽取 3 个试件作抗拉强度试验，并应按本规程第 3.2.3 条的抗拉强度要求进行评定。3 个试件的抗拉强度均应符合强度要求，该验收批评为合格。如有 1 个试件的抗拉强度不符合要求，应再取 6 个试件进行复检。复检中如仍有 1 个试件的抗拉强度不符合要求，则该验收批应评为不合格
	6.0.8	对焊接连接钢筋锚固板的每一验收批，应随机抽取 3 个试件，并按本规程第 3.2.3 条的抗拉强度要求进行评定。3 个试件的抗拉强度均应符合强度要求，该验收批评为合格。如有 1 个试件的抗拉强度不符合要求，应再取 6 个试件进行复检。复检中如仍有 1 个试件的抗拉强度不符合要求，则该验收批应评为不合格
《预应力筋用锚具、夹具和连接器应用技术规程》 JGJ 85—2010	3.0.2	锚具的静载锚固性能，应由预应力筋—锚具组装件静载试验测定的锚具效率系数（η_a）和达到实测极限拉力时组装件中预应力筋的总应变（ε_{apu}）确定。锚具效率系数（η_a）不应小于 0.95，预应力筋总应变（ε_{apu}）不应小于 2.0%。锚具效率系数应根据试验结果并按下式计算确定：$\eta_a = f_{apu}/\eta_p \cdot f_{pm}$（3.0.2）；式中：（$\eta_a$）—预应力筋—锚具组装件静载试验测定的锚具效率系数；f_{apu}——预应力筋—锚具组装件的实测极限拉力（N）；f_{pm}-预应力筋的实际平均极限抗拉力（N），由预应力筋试件实测破断荷载平均值计算确定；η_p-预应力筋的效率系数，其值应按下列规定取用：预应力筋-锚具组装件中预应力筋为 1 至 5 根时，$\eta_p = 1$；6 至 12 根时，$\eta_p = 0.99$；13 至 19 根时，$\eta_p = 0.98$；20 根及以上时，$\eta_p = 0.97$。预应力筋—锚具组装件的破坏形式应是预应力筋的破断，锚具零件不应碎裂。夹片式锚具的夹片在预应力筋拉应力未超过 $0.85f_{ptk}$ 时不应出现裂纹
无粘结预应力混凝土结构技术规程 JGJ 92—2016	4.1.1	无粘结预应力混凝土结构构件，除应根据使用条件进行承载力计算及变形、抗裂、裂缝宽度和应力验算外，尚应按具体情况对施工阶段进行验算。对无粘结预应力混凝土结构设计，应按照承载能力极限状态和正常使用极限状态进行荷载效应组合，并计入预应力荷载效应确定。对承载能力极限状态，当预应力效应对结构有利时，预应力分项系数应取 1.0；不利时应取 1.2。对正常使用极限状态，预应力分项系数应取 1.0
	4.2.1	根据不同耐火极限的要求，无粘结预应力筋的混凝土保护层最小厚度应符合 JGJ 92—2016 的规定
	4.2.3	在无粘结预应力混凝土结构的混凝土中不得掺用氯盐。在混凝土施工中，包括外加剂在内的混凝土或砂浆各组成材料中，氯离子总含量以水泥用量的百分率计，不得超过 0.06%
	6.3.7	无粘结预应力筋张拉过程中应避免预应力筋断裂或滑脱，当发生断裂或滑脱时，其数量不应超过结构同一截面无粘结预应力筋总根数的 3%，且每束无粘结预应力筋中不得超过 1 根钢丝断裂；对于多跨双向连续板，其同一截面应按每跨计算

标准名称	条款	标准强制性条文内容
《建筑工程大模板技术规程》 JGJ 74—2003	3.0.2	组成大模板各系统之间的连接必须安全可靠
	3.0.4	大模板的支撑系统应能保持大模板竖向放置的安全可靠和在风荷载作用下的自身稳定性。地脚调整螺栓长度应满足调节模板安装垂直度和调整自稳角的需要，地脚调整装置应便于调整，转动灵活
	3.0.5	大模板钢吊环应采用 Q235A 材料制作并应具有足够的安全储备，严禁使用冷加工钢筋。焊接式钢吊环应合理选择焊条型号，焊缝长度和焊缝高度应符合设计要求；装配式吊环与大模板采用螺栓连接时必须采用双螺母
	6.1.6	吊装大模板时应设专人指挥，模板起吊应平稳，不得偏斜和大幅度摆动。操作人员必须站在安全可靠处，严禁人员随同大模板一同起吊
	6.1.7	吊装大模板必须采用带卡环吊钩。当风力超过 5 级时应停止吊装作业
	6.5.1	大模板的拆除应符合下列规定：6 起吊大模板前应先检查模板与混凝土结构之间所有对拉螺栓、连接件是否全部拆除，必须在确认模板和混凝土结构之间无任何连接后方可起吊大模板，移动模板时不得碰撞墙体
	6.5.2	大模板的堆放应符合下列要求：(1) 大模板现场堆放区应在起重机的有效工作范围之内，堆放场地必须坚实平整，不得堆放在松土、冻土或凹凸不平的场地上。(2) 大模板堆放时，有支撑架的大模板必须满足自稳角要求；当不能满足要求时，必须另外采取措施，确保模板放置的稳定。没有支撑架的大模板应存放在专用的插放支架上，不得倚靠在其他物体上，防止模板下脚滑移倾倒。(3) 大模板在地面堆放时，应采取两块大模板板面对板面相对放置的方法，且应在模板中间留置不小于 600mm 的操作间距；当长时期堆放时，应将模板连接成整体
《滑动模板工程技术规范》 GB 50113—2005	5.1.3	滑模装置设计计算必须包括下列荷载：(1) 模板系统、操作平台系统的自重（按实际重量计算）；(2) 操作平台上的施工荷载，包括操作平台上的机械设备及特殊设施等的自重（按实际重量计算），操作平台上施工人员、工具和堆放材料等；(3) 操作平台上设置的垂直运输设备运转时的额定附加荷载，包括垂直运输设备的起重量及柔性滑道的张紧力等（按实际荷载计算）；垂直运输设备刹车时的制动力；(4) 卸料对操作平台的冲击力，以及向模板内倾倒混凝土时混凝土对模板的冲击力；(5) 混凝土对模板的侧压力；(6) 模板滑动时混凝土与模板之间的摩阻力，当采用滑框倒模施工时，为滑轨与模板之间的摩阻力；(7) 风荷载
	6.3.1	支承杆的直径、规格应与所使用的千斤顶相适应，第一批插入千斤顶的支承杆其长度不得少于 4 种，两相邻接头高差不应小于 1m，同一高度上支承杆接头数不应大于总量的 1/4。当采用钢管支承杆且设置在混凝土体外时，对支承杆的调直、接长、加固应作专项设计，确保支承体系的稳定
	6.4.1	用于滑模施工的混凝土，应事先做好混凝土配比的试配工作，其性能除应满足设计所规定的强度、抗渗性、耐久性以及季节性施工等要求外，尚应满足下列规定：混凝土早期强度的增长速度，必须满足模板滑升速度的要求
	6.6.9	在滑升过程中，应检查操作平台结构、支承杆的工作状态及混凝土的凝结状态，发现异常时，应及时分析原因并采取有效的处理措施
	6.6.1	混凝土出模强度应控制 0.2～0.4MPa 或混凝土贯入阻力值在 0.30～1.05kN/cm² ；采用滑框倒模施工的混凝土出模强度不得小于 0.2MPa
	6.7.1	按整体结构设计的横向结构，当采用后期施工时，应保证施工过程中的结构稳定并满足设计要求
	8.1.6	混凝土出模强度的检查，应在滑模平台现场进行测定，每一工作班不应少于一次；当在一个工作班上气温有骤变或混凝土配合比有变动时，必须相应增加检查次数

注：本表仅供参考，具体规定以最新的相关规范规定为准。

16.2 混凝土结构工程施工质量控制要点

（1）混凝土结构工程施工质量控制基本规定

1）工程材料、设备、构配件的进场验收

（a）混凝土结构工程采用的材料、构配件、器具及半成品应按进场批次进行检验。属于同一工程项目且同期施工的多个单位工程，对同一厂家生产的同批材料、构配件、器具及半成品，可统一划分检验批进行验收。（GB 50300—2013：第3.0.9条"允许多个单位工程材料检验批合并验收"；第3.0.4条"同一项目中由相同施工单位施工的多个单位工程，使用同一生产厂家的同品种、同规格、同批次的材料、构配件、设备"，"同一施工单位在现场加工的成品、半成品、构配件用于同一项目的多个单位工程，可按相关专业验收规范的规定调整抽样复验、试验数量"）。

（b）获得认证的产品或来源稳定且连续三批均一次检验合格的产品，进场验收时检验批的容量可按GB 50204—2015的有关规定扩大一倍，且检验批容量仅可扩大一倍。扩大检验批后的检验中，出现不合格情况时，应按扩大前的检验批容量重新验收，且该产品不得再次扩大检验批容量。（GB 50300—2013第3.0.8条：产品认证是第三方就产品满足规定要求给予书面保证的活动，其中第三方为获得政府批准并且有评定能力的认证机构）。

2）检验批的验收

（a）检验批抽样样本应随机抽取，并应满足分布均匀、具有代表性的要求。

（b）检验批的质量验收应包括实物检查和资料检查，并应符合下列规定：

➤ 主控项目的质量经抽样检验均应合格。

➤ 一般项目的质量经抽样检验应合格；一般项目当采用计数抽样检验时，除GB 50204—2015各章有专门规定外，其合格点率应达到80%及以上，且不得有严重缺陷。

➤ 应具有完整的质量检验记录，重要工序应具有完整的施工操作记录。

（c）不合格检验批的处理应符合下列规定：

➤ 材料、构配件、器具及半成品检验批不合格时不得使用；

➤ 混凝土浇筑前施工质量不合格的检验批，应返工、返修，并应重新验收；

➤ 混凝土浇筑后施工质量不合格的检验批，应按GB 50204—2015有关规定进行处理。

3）分部工程、分项工程的验收

（a）混凝土结构子分部工程的质量验收，应在钢筋、预应力、混凝土、现浇结构和装配式结构等相关分项工程验收合格的基础上，进行质量控制资料检查、观感质量验收及GB 50204—2015第10.1节规定的结构实体检验。

（b）分项工程的质量验收应在所含检验批验收合格的基础上，进行质量验收记录检查。

（2）模板分项工程施工质量控制要点：见表2-16-3。

模板分项工程施工质量控制要点一览表 表2-16-3

项目	监控内容	模板分项工程质量控制要求
基本规定	单位和人员资质	（1）模板和支撑体系施工单位应具有"模板脚手架"专业承包资质。（2）架子工应取得建筑施工特种作业人员操作资格证书；模板工应经培训和考核合格

项目	监控内容	模板分项工程质量控制要求
基本规定	专项方案	模板工程应编制施工方案。爬升式模板工程、工具式模板工程及高大模板支架工程的施工方案，应按有关规定进行技术论证。（此条规定与《关于印发〈危险性较大的分部分项工程安全管理办法〉的通知》（建质〔2009〕87 号）的规定，规定高大模板工程应进行专家论证的相关规定略有差别，建质〔2009〕87 号的规定为对安全性进行论证，本规定为对方案的实施性、技术性进行论证。）
	模板和支架拆除	模板及支架的拆除应符合《混凝土结构工程施工规范》GB 50666 的规定。尤其应注意模板的拆除顺序、底模的拆除时机
主控项目	仪器标定	支架扣件连接螺栓拧紧扭矩扳手在使用前应经过校准合格
	模板和支架材料	模板及支架用材料的技术指标应符合国家现行有关标准的规定。进场时应抽样检验模板和支架材料的外观、规格和尺寸。必要时应对支架用钢管、扣件进行见证取样送检复验
	模板及支架的安装质量	现浇混凝土结构模板和支架的安装质量，应符合国家现行有关标准的规定和施工方案的要求。检验方法和数量应符合有关标准的规定，并按省安全统表形成书面验收记录
	后浇带处的模板和支架	后浇带处的模板及支架应独立设置。并经全数检查和验收
	土层上支架立杆或竖向模板	支架竖杆或竖向模板安装在土层上时，应符合下列规定：（1）土层应坚实、平整，其承载力或密实度应符合施工方案；（2）应有防水、排水措施；对冻胀性土，应有预防冻融措施；（3）支架竖杆下应有底座或垫板。检查数量：全数检查。检验方法：观察；检查土层密实度检测报告、土层承载力验算或现场检测报告
一般项目	通用要求	（1）模板的接缝应严密；（2）模板内不应有杂物、积水或冰雪等；（3）模板与混凝土的接触面应平整、清洁；（4）用作模板的地坪、胎膜等应平整、清洁，不应有影响构件质量的下沉、裂缝、起砂或起鼓；（5）对清水混凝土及装饰混凝土构件，应使用能达到设计效果的模板。检查数量：全数检查
	隔离剂	隔离剂的品种和涂刷方法应符合施工方案的要求。隔离剂不得影响结构性能及装饰施工；不得沾污钢筋、预应力筋、预埋件和混凝土接槎处；不得对环境造成污染。检查数量：全数检查
	拱度	模板的起拱应符合现行国家标准《混凝土结构工程施工规范》GB 50666 的规定，并应符合设计及施工方案的要求。检查数量：在同一检验批内，对梁，跨度大于 18m 时应全数检查，跨度不大于 18m 时应抽查构件数量的 10%，且不应少于 3 件；对板，应按有代表性的自然间抽查 10%，且不应少于 3 间；对大空间结构，板可按纵、横轴线划分检查面，抽查 10%，且不应少于 3 面
	多层连续支模	浇混凝土结构多层连续支模应符合施工方案的规定。上下层模板支架的竖杆宜对准。竖杆下垫板的设置应符合施工方案的要求。检查数量：全数检查

续表

项目	监控内容	模板分项工程质量控制要求
一般项目	预埋件和预留洞口	固定在模板上的预埋件和预留孔洞不得遗漏，且应安装牢固。有抗渗要求的混凝土结构中的预埋件，应按设计及施工方案的要求采取防渗措施。预埋件和预留孔洞的位置应满足设计和施工方案的要求。当设计无具体要求时，其位置偏差应符合 GB 50204—2015 表 4.2.9 的规定。检查数量：在同一检验批内，对梁、柱和独立基础，应抽查构件数量的 10%，且不应少于 3 件；对墙和板，应按有代表性的自然间抽查 10%，且不应少于 3 间；对大空间结构，墙可按相邻轴线间高度 5m 左右划分检查面，板可按纵、横轴线划分检查面，抽查 10%，且均不应少于 3 面
	模板安装允许偏差	现浇结构模板安装的偏差及检验方法应符合 GB 50204—2015 表 4.2.10 的规定，的规定。检查数量：在同一检验批内，对梁、柱和独立基础，应抽查构件数量的 10%，且不应少于 3 件；对墙和板，应按有代表性的自然间抽查 10%，且不应少于 3 间；对大空间结构，墙可按相邻轴线间高度 5m 左右划分检查面，板可按纵、横轴线划分检查面，抽查 10%，且均不应少于 3 面
		预制构件模板安装的偏差及检验方法应符合 GB 50204—2015 表 4.2.11 的规定。检查数量：首次使用及大修后的模板应全数检查；使用中的模板应抽查 10%，且不应少于 5 件，不足 5 件时应全数检查

（3）钢筋分项工程施工质量控制要点：见表 2-16-4～表 2-16-8。

钢筋分项工程质量控制基本要求　　　　　　　　　　　表 2-16-4

监控内容	钢筋分项工程质量控制基本要求
人员资质	从事钢筋焊接施工的焊工必须持有钢筋焊工考试合格证，并应按照合格证规定的范围上岗操作
机械连接接头型式检验	（1）在下列情况下应进行机械连接接头的型式检验：确定接头性能等级时；材料、工艺、规格进行改动时；型式检验报告超过 4 年时。（2）型式检验应有具有资质的第三方检测结构实施，应出具检测报告。（3）在选择机械连接接头生产供应单位时由其提交
机械连接接头工艺试验	（1）钢筋连接工程开始前，应对不同钢筋生产厂的进场钢筋进行接头工艺试验；施工过程中，更换钢筋生产厂时，应补充进行工艺试验。（2）对工艺试验的基本要求：每种规格钢筋的接头试件不应少于 3 根
焊接工艺试验	（1）在钢筋工程开工正式焊接之前，参与该项施焊的焊工应进行现场条件下的焊接工艺试验，并经试验合格后，方可正式生产。试验结果应符合质量检验与验收时的要求。（2）试验的焊接接头应在外观检查合格后随机切取试件取样送有资质的检测机构进行力学性能检测，并形成工艺试验报告
焊接工艺试验	（1）在钢筋工程开工正式焊接之前，参与该项施焊的焊工应进行现场条件下的焊接工艺试验，并经试验合格后，方可正式生产。试验结果应符合质量检验与验收时的要求。（2）试验的焊接接头应在外观检查合格后随机切取试件取样送有资质的检测机构进行力学性能检测，并形成工艺试验报告
仪器和工具校准	机械连接接头安装用扭矩扳手和校准用扭矩扳手应区分使用，校核用扭矩扳手应每年校核一次，锥螺纹连接校核用扭矩扳手的准确度级别应选用 5 级，直螺纹连接校核用扭矩扳手的准确度级别可选用 10 级

监控内容	钢筋分项工程质量控制基本要求
隐蔽验收	浇筑混凝土之前，应进行钢筋隐蔽工程验收。验收应包括下列主要内容：（1）纵向受力钢筋的牌号、规格、数量、位置；（2）钢筋的连接方式、接头位置、接头质量、接头面积百分率、搭接长度、锚固方式及锚固长度；（3）箍筋、横向钢筋的牌号、规格、数量、间距、位置，箍筋弯钩的弯折角度及平直段长度；（4）预埋件的规格、数量和位置

钢筋分项工程材料质量控制要点一览表　　　　　　　表 2-16-5

项目	监控内容	材料质量控制要求
基本规定	人员资质	从事钢筋焊接施工的焊工必须持有钢筋焊工考试合格证，并应按照合格证规定的范围上岗操作
	机械连接接头型式检验	（1）在下列情况下应进行机械连接接头的型式检验：确定接头性能等级时；材料、工艺、规格进行改动时；型式检验报告超过 4 年时。（2）型式检验应由具有资质的第三方检测结构实施，应出具检测报告。（3）在选择机械连接接头生产供应单位时由其提交
	机械连接接头工艺试验	（1）钢筋连接工程开始前，应对不同钢筋生产厂的进场钢筋进行接头工艺试验；施工过程中，更换钢筋生产厂时，应补充进行工艺试验。（2）对工艺试验的基本要求：每种规格钢筋的接头试件不应少于 3 根
	焊接工艺试验	（1）在钢筋工程开工正式焊接之前，参与该项施焊的焊工应进行现场条件下的焊接工艺试验，并经试验合格后，方可正式生产。试验结果应符合质量检验与验收时的要求。（2）试验的焊接接头应在外观检查合格后随机切取试件取样送有资质的检测机构进行力学性能检测，并形成工艺试验报告
	焊接工艺试验	（1）在钢筋工程开工正式焊接之前，参与该项施焊的焊工应进行现场条件下的焊接工艺试验，并经试验合格后，方可正式生产。试验结果应符合质量检验与验收时的要求。（2）试验的焊接接头应在外观检查合格后随机切取试件取样送有资质的检测机构进行力学性能检测，并形成工艺试验报告
	仪器和工具校准	机械连接接头安装用扭矩扳手和校准用扭矩扳手应区分使用，校核用扭矩扳手应每年校核一次，锥螺纹连接校核用扭矩扳手的准确度级别应选用5级，直螺纹连接校核用扭矩扳手的准确度级别可选用10级
	隐蔽验收	浇筑混凝土之前，应进行钢筋隐蔽工程验收。验收应包括下列主要内容：（1）纵向受力钢筋的牌号、规格、数量、位置；（2）钢筋的连接方式、接头位置、接头质量、接头面积百分率、搭接长度、锚固方式及锚固长度；（3）箍筋、横向钢筋的牌号、规格、数量、间距、位置，箍筋弯钩的弯折角度及平直段长度；（4）预埋件的规格、数量和位置
主控项目	抽样检验检验批组批方案	（1）钢筋、成型钢筋进场检验，当满足下列条件之一时，其检验批容量可扩大一倍：1）获得认证的钢筋、成型钢筋；2）同一厂家、同一牌号、同一规格的钢筋，连续三批均一次检验合格；3）同一厂家、同一类型、同一钢筋来源的成型钢筋，连续三批均一次检验合格。（2）成型钢筋的类型包括箍筋、纵筋、焊接网、钢筋笼等

续表

项目	监控内容	材料质量控制要求
主控项目	钢筋进场检验项目	（1）钢筋进场时，应按国家现行相关标准的规定抽取试件作屈服强度、抗拉强度、伸长率、弯曲性能和重量偏差检验，检验结果应符合相应标准的规定。检查数量：按进场批次和产品的抽样检验方案确定。（2）检验方法：检查质量证明文件和抽样检验报告
	成型钢筋进场项目	成型钢筋进场时，应抽取试件作屈服强度、抗拉强度、伸长率和重量偏差检验，检验结果应符合国家现行有关标准的规定。对由热轧钢筋制成的成型钢筋，当有施工单位或监理单位的代表驻厂监督生产过程，并提供原材钢筋力学性能第三方检验报告时，可仅进行重量偏差检验。检查数量：同一厂家、同一类型、同一钢筋来源的成型钢筋，不超过30t为一批，每批中每种钢筋牌号、规格均应至少抽取1个钢筋试件，总数不应少于3个。检验方法：检查质量证明文件和抽样检验报告
	抗震设防等级的钢筋进场力学要求	对按一、二、三级抗震等级设计的框架和斜撑构件（含梯段）中的纵向受力普通钢筋应采用 HRB335E、HRB400E、HRB500E、HRBF335E、HRBF400E 或 HRBF500E 钢筋，其强度和最大力下总伸长率的实测值应符合下列规定：（1）抗拉强度实测值与屈服强度实测值的比值不应小于1.25；（2）屈服强度实测值与屈服强度标准值的比值不应大于1.30；3 最大力下总伸长率不应小于9％。（3）检查数量：按进场的批次和产品的抽样检验方案确定。检验方法：检查抽样检验报告
一般项目	钢筋外观质量	钢筋应平直、无损伤，表面不得有裂纹、油污、颗粒状或片状老锈。检查数量：全数检查。检验方法：观察
	成型钢筋外观质量	成型钢筋的外观质量和尺寸偏差应符合国家现行有关标准的规定。检查数量：同一厂家、同一类型的成型钢筋，不超过30t为一批，每批随机抽取3个成型钢筋。检验方法：观察，尺量
	预埋件、锚固板、套筒外观质量	钢筋机械连接套筒、钢筋锚固板以及预埋件等的外观质量应符合国家现行有关标准的规定。检查数量：按国家现行有关标准的规定确定。检验方法：检查产品质量证明文件；观察，尺量

钢筋分项工程钢筋加工质量控制要点一览表　　　　　　表 2-16-6

项目	监控内容	钢筋加工质量控制要求
主控项目	弯曲半径	钢筋弯折的弯弧内直径应符合下列规定：光圆钢筋，不应小于钢筋直径的2.5倍；335MPa级、400MPa级带肋钢筋，不应小于钢筋直径的4倍；500MPa级带肋钢筋，当直径为28mm以下时不应小于钢筋直径的6倍，当直径为28mm及以上时不应小于钢筋直径的7倍；箍筋弯折处尚不应小于纵向受力钢筋的直径。检查数量：同一设备加工的同一类型钢筋，每工作班抽查不应少于3件。检验方法：尺量
	主筋弯折后的平直段长度	纵向受力钢筋的弯折后平直段长度应符合设计要求。光圆钢筋末端做180°弯钩时，弯钩的平直段长度不应小于钢筋直径的3倍。检查数量：同一设备加工的同一类型钢筋，每工作班抽查不应少于3件。检验方法：尺量

续表

项目	监控内容	钢筋加工质量控制要求
主控项目	箍筋、拉筋的末端加工	箍筋、拉筋的末端应按设计要求做弯钩，并应符合下列规定：（1）对一般结构构件，箍筋弯钩的弯折角度不应小于90°，弯折后平直段长度不应小于箍筋直径的5倍；对有抗震设防要求或设计有专门要求的结构构件，箍筋弯钩的弯折角度不应小于135°，弯折后平直段长度不应小于箍筋直径的10倍；（2）圆形箍筋的搭接长度不应小于其受拉锚固长度，且两末端弯钩的弯折角度不应小于135°，弯折后平直段长度对一般结构构件不应小于箍筋直径的5倍，对有抗震设防要求的结构构件不应小于箍筋直径的10倍；（3）梁、柱复合箍筋中的单肢箍筋两端弯钩的弯折角度均不应小于135°，弯折后平直段长度应符合本条第1款对箍筋的有关规定。（4）检查数量：同一设备加工的同一类型钢筋，每工作班抽查不应少于3件
主控项目	钢筋调直	（1）盘卷钢筋调直后应进行力学性能和重量偏差检验，其强度应符合国家现行有关标准的规定，其断后伸长率、重量偏差应符合GB 50204—2015表5.3.4的规定。力学性能和重量偏差检验应符合下列规定：应对3个试件先进行重量偏差检验，再取其中2个试件进行力学性能检验；检验重量偏差时，试件切口应平滑并与长度方向垂直，长度不应小于500mm长度和重量的量测精度分别不应低于1m和1g。（2）采用无延伸功能的机械设备调直的钢筋，可不进行本条规定的检验。（3）检查数量：同一设备加工的同一牌号、同一规格的调直钢筋，重量不大于30t为一批，每批见证抽取3个试件。检验方法：检查抽样检验报告
一般项目	外形尺寸	（1）钢筋加工的形状、尺寸应符合设计要求，其偏差应符合GB 50204—2015表5.3.5的规定。（2）检查数量：同一设备加工的同一类型钢筋，每工作班抽查不应少于3件。检验方法：尺量

钢筋分项工程钢筋连接质量控制要点一览表 　　　　表2-16-7

项目	监控内容	钢筋连接质量控制要求
主控项目	连接方式	钢筋的连接方式应符合设计要求；检查数量：全数检查
主控项目	接头性能	（1）钢筋采用机械连接或焊接连接时，钢筋机械连接接头、焊接接头的力学性能、弯曲性能应符合国家现行有关标准的规定。接头试件应从工程实体中截取。（2）检查数量：按《钢筋机械连接技术规程》JGJ 107和《钢筋焊接及验收规程》JGJ 18的规定确定，检验方法：检查质量证明文件和抽样检验报告
主控项目	机械连接扭矩或压痕	（1）钢筋采用机械连接时，螺纹接头应检验拧紧扭矩值，挤压接头应量测压痕直径，检验结果应符合现行行业标准《钢筋机械连接技术规程》JGJ 107的相关规定。（2）检查数量：按现行行业标准《钢筋机械连接技术规程》JGJ 107的规定确定。检验方法：采用专用扭力扳手或专用量规检查
一般项目	接头位置	（1）钢筋接头的位置应符合设计和施工方案要求。有抗震设防要求的结构中，梁端、柱端箍筋加密区范围内不应进行钢筋搭接。接头末端至钢筋弯起点的距离不应小于钢筋直径的倍。（2）检查数量：全数检查。检验方法：观察，尺量
一般项目	接头位置	（1）钢筋机械连接接头、焊接接头的外观质量应符合现行行业标准《钢筋机械连接技术规程》JGJ 107和《钢筋焊接及验收规程》JGJ 18的规定；（2）检查数量：按现行行业标准《钢筋机械连接技术规程》JGJ 107和《钢筋焊接及验收规程》JGJ 18的规定确定

211

续表

项目	监控内容	钢筋连接质量控制要求
一般项目	机械（焊接）连接接头面积百分率	（1）当纵向受力钢筋采用机械连接接头或焊接接头时，同一连接区段内纵向受力钢筋的接头面积百分率应符合设计要求；当设计无具体要求时，应符合下列规定：1）受拉接头，不宜大于50%；受压接头，可不受限制；2）直接承受动力荷载的结构构件中，不宜采用焊接；当采用机械连接时，不应超过50%。（2）检查数量：在同一检验批内，对梁、柱和独立基础，应抽查构件数量的10%，且不应少于3件；对墙和板，应按有代表性的自然间抽查10%，且不应少于3间；对大空间结构，墙可按相邻轴线间高度5m左右划分检查面，板可按纵横轴线划分检查面，抽查10%，且均不应少于3面。检验方法：观察，尺量。（注：（1）接头连接区段是指长度为35d且不小于500mm的区段，d为相互连接两根钢筋的直径较小值。（2）同一连接区段内纵向受力钢筋接头面积百分率为接头中点位于该连接区段内的纵向受力钢筋截面面积与全部纵向受力钢筋截面面积的比值。）
	绑扎搭接接头面积百分率	（1）当纵向受力钢筋采用绑扎搭接接头时，接头的设置应符合下列规定：1）接头的横向净间距不应小于钢筋直径，且不应小于25mm；2）同一连接区段内，纵向受拉钢筋的接头面积百分率应符合设计要求，当设计无具体要求时，应符合下列规定：(a)梁类、板类及墙类构件，不宜超过25%；基础筏板，不宜超过50%。(b)柱类构件，不宜超过50%。(c)当工程中确有必要增大接头面积百分率时，对梁类构件不应大于50%。（2）检查数量：在同一检验批内，对梁、柱和独立基础，应抽查构件数量的10%，且不应少于3件；对墙和板，应按有代表性的自然间抽查10%，且不应少于3间；对大空间结构，墙可按相邻轴线间高度5m左右划分检查面，板可按纵横轴线划分检查面，抽查10%，且均不应少于3面。检验方法：观察，尺量。（注：1接头连接区段是指长度为1.3倍搭接长度的区段。搭接长度取相互连接两根钢筋中较小直径计算。2同一连接区段内纵向受力钢筋接头面积百分率为接头中点位于该连接区段长度内的纵向受力钢筋截面面积与全部纵向受力钢筋截面面积的比值。）
	箍筋构造要求	（1）梁、柱类构件的纵向受力钢筋搭接长度范围内箍筋的设置应符合设计要求；当设计无具体要求时，应符合下列规定：1）箍筋直径不应小于搭接钢筋较大直径的1/4；2）受拉搭接区段的箍筋间距不应大于搭接钢筋较小直径的5倍，且不应大于100mm；3）受压搭接区段的箍筋间距不应大于搭接钢筋较小直径的10倍，且不应大于200mm；4）当柱中纵向受力钢筋直径大于25mm时，应在搭接接头两个端面外100mm范围内各设置二道箍筋，其间距宜为50mm。（2）检查数量：在同一检验批内，应抽查构件数量的10%，且不应少于3件。检验方法：观察，尺量

钢筋分项工程钢筋安装质量控制要点一览表　　　　　　　表 2-16-8

项目	监控内容	钢筋安装质量控制要求
主控项目	钢筋关键技术要求	钢筋安装时，受力钢筋的牌号、规格和数量必须符合设计要求；检查数量：全数检查。检验方法：观察，尺量
	安装位置和锚固	钢筋应安装牢固。受力钢筋的安装位置、锚固方式应符合设计要求；检查数量：全数检查。检验方法：观察，尺量
一般项目	安装偏差及保护层	（1）钢筋安装偏差及检验方法应符合 GB 50204—2015 表5.5.3的规定，受力钢筋保护层厚度的合格点率应达到90%及以上，且不得有超过表中数值1.5倍的尺寸偏差。（2）检查数量：在同一检验批内，对梁、柱和独立基础，应抽查构件数量的10%，且不应少于3件；对墙和板，应按有代表性的自然间抽查10%，且不应少于3间；对大空间结构，墙可按相邻轴线间高度5m左右划分检查面，板可按纵、横轴线划分检查面，抽查10%，且不应少于3面

（4）预应力分项工程质量控制要点：见表 2-16-9～表 2-16-13。

预应力工程质量控制基本要求　　　　　　　　　　　　表 2-16-9

监控内容	预应力工程质量控制基本要求
仪器校准	预应力筋张拉机具及压力表应定期维护。张拉设备和压力表应配套标定和使用，标定期限不应超过半年
专项方案	预应力工程应编制安全专项施工方案。具体要求详见《关于印发〈危险性较大的分部分项工程安全管理办法〉的通知》（建质〔2009〕87 号）的规定
抽样检验检验批组批方案	预应力筋、锚具、夹具、连接器、成孔管道的进场检验，当满足下列条件之一时，其检验批容量可扩大一倍：1) 获得认证的产品；2) 同一厂家、同一品种、同一规格的产品，连续二批均一次检验合格
隐蔽验收	浇筑混凝土之前，应进行预应力隐蔽工程验收。隐蔽工程验收应包括下列主要内容：1) 预应力筋的品种、规格、级别、数量和位置；2) 成孔管道的规格、数量、位置、形状、连接以及灌浆孔、排气兼泌水孔；3) 局部加强钢筋的牌号、规格、数量和位置；4) 预应力筋锚具和连接器及锚垫板的品种、规格、数量和位置

预应力工程材料质量控制要点　　　　　　　　　　　　表 2-16-10

项目	监控内容	预应力工程材料质量控要求
主控项目	预应力筋	预应力筋进场时，应按国家现行相关标准的规定抽取试件作抗拉强度、伸长率检验，其检验结果应符合相应标准的规定。检查数量：按进场的批次和产品的抽样检验方案确定。检验方法：检查质量证明文件和抽样检验报告
	预应力钢绞线	无粘结预应力钢绞线进场时，应进行防腐润滑脂量和护套厚度的检验，检验结果应符合现行行业标准《无粘结预应力钢绞线》JG 161 的规定。经观察认为涂包质量有保证时，无粘结预应力筋可不作油脂量和护套厚度的抽样检验。检查数量：按现行行业标准《无粘结预应力钢绞线》JG 161 的规定确定。检验方法：观察，检查质量证明文件和抽样检验报告
	锚具、夹具和连接器	预应力筋用锚具应和锚垫板、局部加强钢筋配套使用，锚具、夹具和连接器进场时，应按现行行业标准《预应力筋用锚具、夹具和连接器应用技术规程》JGJ 85 的相关规定对其性能进行检验，检验结果应符合该标准的规定。锚具、夹具和连接器用量不足检验批规定数量的 50%，且供货方提供有效的检验报告时，可不作静载锚固性能检验。检查数量：按现行行业标准《预应力筋用锚具、夹具和连接器应用技术规程》JGJ 85 的规定确定。检验方法：检查质量证明文件、锚固区传力性能试验报告和抽样检验报告
	无粘结预应力筋用锚具系统防水性能	处于三 a、三 b 类环境条件下的无粘结预应力筋用锚具系统，应按现行行业标准《无粘结预应力混凝土结构技术规程》JGJ 92 的相关规定检验其防水性能，检验结果应符合该标准的规定。检查数量：同一品种、同一规格的锚具系统为一批，每批抽取 3 套。检验方法：检查质量证明文件和抽样检验报告
	孔道灌浆封堵材料	孔道灌浆用水泥应采用硅酸盐水泥或普通硅酸盐水泥，水泥、外加剂的质量应分别符合 GB 50204—2015 第 7.2.1 条、第 7.2.2 条的规定；成品灌浆材料的质量应符合现行国家标准《水泥基灌浆材料应用技术规范》GB/T 50448 的规定。检查数量：按进场批次和产品的抽样检验方案确定。检验方法：检查质量证明文件和抽样检验报告

续表

项目	监控内容	预应力工程材料质量控要求
一般项目	预应力筋	(1)预应力筋进场时，应进行外观检查，其外观质量应符合下列规定：1)有粘结预应力筋的表面不应有裂纹、小刺、机械损伤、氧化铁皮和油污等，展开后应平顺、不应有弯折；2)无粘结预应力钢绞线护套应光滑、无裂缝，无明显褶皱；轻微破损处应外包防水塑料胶带修补，严重破损者不得使用。(2)检查数量：全数检查。检验方法：观察
	锚具、夹具和连接器	预应力筋用锚具、夹具和连接器进场时，应进行外观检查，其表面应无污物、锈蚀、机械损伤和裂纹。检查数量：全数检查。检验方法：观察
	预应力成孔管道	(1)预应力成孔管道进场时，应进行管道外观质量检查、径向刚度和抗渗漏性能检验，其检验结果应符合下列规定：1)金属管外观应清洁，内外表面应无锈蚀、油污、附着物、孔洞；金属波纹管不应有不规则褶皱，咬口应无开裂、脱扣；钢管焊缝应连续；2)塑料波纹管的外观应光滑、色泽均匀，内外壁不应有气泡、裂口、硬块、油污、附着物、孔洞及影响使用的划伤；3)径向刚度和抗渗漏性能应符合现行行业标准《预应力混凝土桥梁用塑料波纹管》T/T 529 或《预应力混凝土用金属波纹管》JG 225 的规定。(2)检查数量：外观应全数检查；径向刚度和抗渗漏性能的检查数量应按进场的批次和产品的抽样检验方案确定。检验方法：观察，检查质量证明文件和抽样检验报告

预应力工程制作与安装质量控制要点 表 2-16-11

项目	监控内容	预应力工程制作与安装质量控制要求
主控项目	预应力筋主要技术要求	预应力筋安装时，其品种、规格、级别和数量必须符合设计要求。检查数量：全数检查。检验方法：观察，尺量
	预应力筋安装位置	预应力筋的安装位置应符合设计要求。检查数量：全数检查。检验方法：观察，尺量
一般项目	预应力筋端部锚具的制作质量	预应力筋端部锚具的制作质量应符合下列规定：1)钢绞线挤压锚具挤压完成后，预应力筋外端露出挤压套筒的长度不应小于1mm；2)钢绞线压花锚具的梨形头尺寸和直线锚固段长度不应小于设计值；3)钢丝镦头不应出现横向裂纹，镦头的强度不得低于钢丝强度标准值的98%。检查数量：对挤压锚，每工作班抽查5%，且不应少于5件；对压花锚，每工作班抽查3件；对钢丝镦头强度，每批钢丝检查6个镦头试件。检验方法：观察，尺量，检查镦头强度试验报告
	预应力筋或成孔管道的安装质量	预应力筋或成孔管道的安装质量应符合下列规定：1)成孔管道的连接应密封；2)预应力筋或成孔管道应平顺，并应与定位支撑钢筋绑扎牢固；3)当后张有粘结预应力筋曲线孔道波峰和波谷的高差大于300mm，且采用普通灌浆工艺时，应在孔道波峰设置排气孔；4)锚垫板的承压面应与预应力筋或孔道曲线末端垂直，预应力筋或孔道曲线末端直线段长度应符合GB 50204—2015 表6.3.4规定。检查数量：第1~3款应全数检查；第4款应抽查预应力束总数的10%，且不少于5束。检验方法：观察，尺量
	预应力筋或成孔管道定位控制点的竖向位置偏差	预应力筋或成孔管道定位控制点的竖向位置偏差应符合GB 50204—2015 表6.3.5的规定，其合格点率应达到90%及以上，且不得有超过表中数值1.5倍的尺寸偏差。检查数量：在同一检验批内，应抽查各类型构件总数的10%，且不少于3个构件，每个构件不应少于5处。检验方法：尺量

预应力工程张拉和放张质量控制要点　　　　　　表 2-16-12

项目	监控内容	预应力工程张拉和放张质量控制要求
主控项目	张拉或放张对混凝土强度要求	（1）预应力筋张拉或放张前，应对构件混凝土强度进行检验。同条件养护的混凝土立方体试件抗压强度应符合设计要求，当设计无具体要求时应符合下列规定：1）应达到配套锚固产品技术要求的混凝土最低强度且不应低于设计混凝土强度等级值的75％；2）对采用消除应力钢丝或钢绞线作为预应力筋的先张法构件，不应低于30MPa。（2）检查数量：全数检查。检验方法：检查同条件养护试件抗压强度试验报告
	后张法预应力构件断丝数量	（1）对后张法预应力结构构件，钢绞线出现断裂或滑脱的数量不应超过同一截面钢绞线总根数的3％，且每根断裂的钢绞线断丝不得超过一丝；对多跨双向连续板，其同一截面应按每跨计算。（2）检查数量：全数检查。检验方法：观察，检查张拉记录
	预应力值允许偏差	（1）先张法预应力筋张拉锚固后，实际建立的预应力值与工程设计规定检验值的相对允许偏差为±5％。（2）检查数量：每工作班抽查预应力筋总数的1％，且不应少于3根。检验方法：检查预应力筋应力检测记录
一般项目	预应力张拉质量	（1）预应力筋张拉质量应符合下列规定：1）采用应力控制方法张拉时，张拉力下预应力筋的实测伸长值与计算伸长值的相对允许偏差为±6％；2）最大张拉应力应符合现行国家标准《混凝土结构工程施工规范》GB 50666 的规定。（2）检查数量：全数检查。检验方法：检查张拉记录
	张拉后预应力筋的位置偏差	（1）先张法预应力构件，应检查预应力筋张拉后的位置偏差，张拉后预应力筋的位置与设计位置的偏差不应大于5mm，且不应大于构件截面短边边长的4％。（2）检查数量：每工作班抽查预应力筋总数的3％，且不应少于3束；检验方法：尺量
	张拉端预应力筋的内缩量	（1）锚固阶段张拉端预应力筋的内缩量应符合设计要求；当设计无具体要求时，应符合 GB 50204—2015 表 6.4.6 的规定。（2）检查数量：每工作班抽查预应力筋总数的3％，且不少于3束。检验方法：尺量

预应力工程灌浆及封锚质量控制要点　　　　　　表 2-16-13

项目	监控内容	预应力工程灌浆及封锚质量要求
主控项目	预留孔道封堵	预留孔道灌浆后，孔道内水泥浆应饱满、密实。 检查数量：全数检查。检验方法：观察，检查灌浆记录
	灌浆料性能	（1）灌浆用水泥浆的性能应符合下列规定：1）3h 自由泌水率宜为 0，且不应大于1％，泌水应在 24h 内全部被水泥浆吸收；2）水泥浆中氯离子含量不应超过水泥重量的 0.06％；3）当采用普通灌浆工艺时，24h 自由膨胀率不应大于 6％；当采用真空灌浆工艺时，24h 自由膨胀率不应大于 3％。（2）检查数量：同一配合比检查一次。检验方法：检查水泥浆性能试验报告
	灌浆料强度	（1）现场留置的灌浆用水泥浆试件的抗压强度不应低于 30MPa。试件抗压强度检验应符合下列规定：1）每组应留取 6 个边长为 70.7mm 的立方体试件，并应标准养护 28d。2）试件抗压强度应取 6 个试件的平均值；当一组试件中抗压强度最大值或最小值与平均值相差超过 20％时，应取中间 4 个试件强度的平均值。（2）检查数量：每工作班留置一组；检验方法：检查试件强度试验报告

续表

项目	监控内容	预应力工程灌浆及封锚质量要求
主控项目	锚具的封闭保护措施	（1）锚具的封闭保护措施应符合设计要求。当设计无具体要求时，外露锚具和预应力筋的混凝土保护层厚度不应小于：一类环境时 20mm，二 a、二 b 类环境时 50mm，三 a、三 b 类环境时 80mm。（2）检查数量：在同一检验批内，抽查预应力筋总数的 5%，且不应少于 5 处。检验方法：观察，尺量
一般项目	后张法预应力筋锚固后外露长度	（1）后张法预应力筋锚固后，锚具外预应力筋的外露长度不应小于其直径的 1.5 倍，且不应小于 30mm。（2）检查数量：在同一检验批内，抽查预应力筋总数的 3%，且不应少于 5 束。检验方法：观察，尺量

（5）混凝土分项工程施工质量控制要点：见表 2-16-14～表 2-16-17。

混凝土工程质量控制基本要求　　　　　　表 2-16-14

监控内容	混凝土工程质量控制基本要求
单位资质	预拌混凝土供应商应具有"预拌混凝土专业承包资质"
配合比试验	混凝土开盘生产前，应进行配合比设计、对比试验，形成相对稳定的配比
预拌混凝土出厂前质量控制	（1）预拌混凝土的原材料质量、制备等应符合现行国家标准《预拌混凝土》GB/T 14902 的规定。（2）大批量、连续生产的同一配合比混凝土，混凝土生产单位应提供基本性能试验报告
材料抽样检验检验批组批方案	水泥、外加剂进场检验，当满足下列条件之一时，其检验批容量可扩大一倍：1）获得认证的产品；2）同一厂家、同一品种、同一规格的产品，连续三次进场检验均一次检验合格
混凝土强度评定及检验批划分	（1）混凝土强度应按现行国家标准《混凝土强度检验评定标准》GB/T 50107 的规定分批检验评定。划入同一检验批的混凝土，其施工持续时间不宜超过 3 个月。（2）检验评定混凝土强度时，应采用 28d 或设计规定龄期的标准养护试件。试件成型方法及标准养护条件应符合现行国家标准《普通混凝土力学性能试验方法标准》GB/T 50081 的规定。采用蒸汽养护的构件，其试件应先随构件同条件养护，然后再置入标准养护条件下继续养护至 28d 或设计规定龄期。（3）混凝土有耐久性指标要求时，应按现行行业标准《混凝土耐久性检验评定标准》JGJ/T 193 的规定检验评定
评定不合格处理	当混凝土试件强度评定不合格时，应委托具有资质的检测机构按国家现行有关标准的规定对结构构件中的混凝土强度进行检测推定，并应按 GB 50204—2015 第 10.2.2 条的规定进行处理

混凝土原材料质量控制要点　　　　　　表 2-16-15

项目	监控内容	混凝土原材料质量控制要求
主控项目	水泥技术要求	（1）水泥进场时，应对其品种、代号、强度等级、包装或散装编号、出厂日期等进行检查，并应对水泥的强度、安定性和凝结时间进行检验，检验结果应符合现行国家标准《通用硅酸盐水泥》GB 175 等的相关规定。（2）检查数量：按同一厂家、同一品种、同一代号、同一强度等级、同一批号且连续进场的水泥，袋装不超过 200t 为一批，散装不超过 500t 为一批，每批抽样数量不应少于一次；检验方法：检查质量证明文件和抽样检验报告
	外加剂技术要求	（1）混凝土外加剂进场时，应对其品种、性能、出厂日期等进行检查，并应对外加剂的相关性能指标进行检验，检验结果符合现行国家标准《混凝土外加剂》GB 8076 和《混凝土外加剂应用技术规范》GB 50119 等的规定。（2）检查数量：按同一厂家、同一品种、同一性能、同一批号且连续进场的混凝土外加剂，不超过 50t 为一批，每批抽样数量不应少于一次。检验方法：检查质量证明文件和抽样检验报告

续表

项目	监控内容	混凝土原材料质量控制要求
一般项目	矿物掺合料技术要求	（1）混凝土用矿物掺合料进场时，应对其品种、技术指标、出厂日期等进行检查，并应对矿物掺合料的相关技术指标进行检验，检验结果应符合国家现行有关标准的规定。（2）检查数量：按同一厂家、同一品种、同一技术指标、同一批号且连续进场的矿物掺合料，粉煤灰、石灰石粉、磷渣粉和钢铁渣粉不超过200t为一批，粒化高炉矿渣粉和复合矿物掺合料不超过500t为一批，沸石粉不超过120t为一批，硅灰不超过30t为一批，每批抽样数量不应少于一次。检验方法：检查质量证明文件和抽样检验报告
	骨料技术要求	（1）混凝土原材料中的粗骨料、细骨料质量应符合现行行业标准《普通混凝土用砂、石质量及检验方法标准》JGJ 52的规定，使用经过净化处理的海砂应符合现行行业标准《海砂混凝土应用技术规范》JGJ 206的规定，再生混凝土骨料应符合现行国家标准《混凝土用再生粗骨料》GB/T 25177和《混凝土和砂浆用再生细骨料》GB/T 25176的规定。（2）检查数量：按现行行业标准《普通混凝土用砂、石质量及检验方法标准》JGJ 52的规定确定。检验方法：检查抽样检验报告
	拌制及养护用水技术要求	（1）混凝土拌制及养护用水应符合现行行业标准《混凝土用水标准》JGJ 63的规定。采用饮用水时，可不检验；采用中水、搅拌站清洗水、施工现场循环水等其他水源时，应对其成分进行检验。（2）检查数量：同一水源检查不应少于一次；检验方法：检查水质检验报告

混凝土拌合物质量控制要点　　　　　　　　　　　　　　表 2-16-16

项目	监控内容	混凝土拌合物质量控制要求
主控项目	进场	（1）预拌混凝土进场时，其质量应符合现行国家标准《预拌混凝土》GB/T 14902的规定。（2）检查数量：全数检查；检验方法：检查质量证明文件
	离析	（1）混凝土拌合物不应离析。（2）检查数量：全数检查。检验方法：观察
	氯离子含量和碱总含量	（1）混凝土中氯离子含量和碱总含量应符合现行国家标准《混凝土结构设计规范》GB 50010的规定和设计要求。（2）检查数量：同一配合比的混凝土检查不应少于一次；检验方法：检查原材料试验报告和氯离子、碱的总含量计算书
	开盘鉴定	（1）首次使用的混凝土配合比应进行开盘鉴定，其原材料、强度、凝结时间、稠度等应满足设计配合比的要求。（2）检查数量：同一配合比的混凝土检查不应少于一次。检验方法：检查开盘鉴定资料和强度试验报告
一般项目	稠度	（1）混凝土拌合物稠度应满足施工方案的要求。（2）检查数量：对同一配合比混凝土，取样应符合下列规定：1）每拌制100盘且不超过100m³时，取样不得少于一次；2）每工作班拌制不足100盘时，取样不得少于一次；3）连续浇筑超过1000m³时，每200m³取样不得少于一次；4）每一楼层取样不得少于一次；检验方法：检查稠度抽样检验记录
	耐久性检验	（1）混凝有耐久性指标要求时，应在施工现场随机抽取试件进行耐久性检验，其检验结果应符合国家现行有关标准的规定和设计要求。（2）检查数量：同一配合比的混凝土，取样不应少于一次，留置试件数量应符合现行国家标准《普通混凝土长期性能和耐久性能试验方法标准》GB/T 50082和《混凝土耐久性检验评定标准》JGJ/T 193的规定。检验方法：检查试件耐久性试验报告
	含抗冻气量检验	（1）混凝土有抗冻要求时，应在施工现场进行混凝土含气量检验，其检验结果应符合国家现行有关标准的规定和设计要求。（2）检查数量：同一配合比的混凝土，取样不应少于一次，取样数量应符合现行国家标准《普通混凝土拌合物性能试验方法标准》GB/T 50080的规定。检验方法：检查混凝土含气量试验报告

混凝土施工质量控制要点 　　表 2-16-17

项目	监控内容	混凝土施工质量控制要求
主控项目	强度等级	（1）混凝土的强度等级必须符合设计要求。用于检验混凝土强度的试件应在浇筑地点随机抽取。（2）检查数量：对同一配合比混凝土，取样与试件留置应符合下列规定：1）每拌制 100 盘且不超过 100m³ 时，取样不得少于一次；2）每工作班拌制不足 100 盘时，取样不得少于一次；3）连续浇筑超过 1000m³ 时，每 200m³ 取样不少于一次；4）每一楼层取样不得少于一次；5）每次取样应至少留置一组试件。（3）检验方法：检查施工记录及混凝土强度试验报告
一般项目	后浇带和施工缝的留设及处理	（1）后浇带的留设位置应符合设计要求。后浇带和施工缝的留设及处理方法应符合施工方案要求。（2）检查数量：全数检查。检验方法：观察
	养护	（1）混凝土浇筑完毕后应及时进行养护，养护时间以及养护方法应符合施工方案要求。（2）检查数量：全数检查。检验方法：观察，检查混凝土养护记录

（6）现浇结构分项工程施工质量控制要点：见表 2-16-18～表 2-16-20。

现浇结构分项工程施工质量控制基本规定 　　表 2-16-18

监控内容	混凝土现浇结构工程质量控制基本要求
质量验收	现浇结构质量验收应符合下列规定：（1）现浇结构质量验收应在拆模后、混凝土表面未作修整和装饰前进行，并应做出记录；（2）已经隐蔽的不可直接观察和量测的内容，可检查隐蔽工程验收记录；（3）修整或返工的结构构件或部位应有实施前后的文字及图像记录
外观缺陷判定	现浇结构的外观质量缺陷应由监理单位、施工单位等各方根据其对结构性能和使用功能影响的严重程度按 GB 50204—2015 表 8.1.2. 确定
外观、形位偏差	装配式结构现浇部分的外观质量、位置偏差、尺寸偏差验收应符合本章要求

现浇结构工程外观质量控制要点 　　表 2-16-19

项目	监控内容	现浇结构工程外观质量控制要求
主控项目	严重缺陷及处理	（1）现浇结构的外观质量不应有严重缺陷。对已经出现的严重缺陷，应由施工单位提出技术处理方案，并经监理单位认可后进行处理；对裂缝或连接部位的严重缺陷及其他影响结构安全的严重缺陷，技术处理方案尚应经设计单位认可。对经处理的部位应重新验收。（2）检查数量：全数检查；检验方法：观察，检查处理记录
一般项目	一般缺陷及处理	（1）现浇结构的外观质量不应有一般缺陷。对已经出现的一般缺陷，应由施工单位按技术处理方案进行处理。对经处理的部位应重新验收。（2）检查数量：全数检查；检验方法：观察，检查处理记录

现浇结构工程位置和尺寸质量控制要点 　　表 2-16-20

项目	监控内容	现浇结构工程位置和尺寸质量控制要求
主控项目	重要部位超差后的处理	（1）现浇结构不应有影响结构性能或使用功能的尺寸偏差；混凝土设备基础不应有影响结构性能或设备安装的尺寸偏差。对超过尺寸允许偏差且影响结构性能或安装、使用功能的部位，应由施工单位提出技术处理方案，并经监理、设计单位认可后进行处理。对经处理的部位应重新验收。（2）检查数量：全数检查；检验方法：量测，检查处理记录

续表

项目	监控内容	现浇结构工程位置和尺寸质量控制要求
一般项目	一般结构形位偏差	(1) 现浇结构的位置和尺寸偏差及检验方法应符合 GB 50204—2015 表 8.3.2 的规定。(2) 检查数量：按楼层、结构缝或施工段划分检验批。在同一检验批内，对梁、柱和独立基础，应抽查构件数量的 10%，且不应少于 3 件；对墙和板，应按有代表性的自然间抽查 10%，且不应少于 3 间；对大空间结构，墙可按相邻轴线间高度 5m 左右划分检查面，板可按纵、横轴线划分检查面，抽查 10%，且均不应少于 3 面；对电梯井，应全数检查
	设备基础形位偏差	(1) 现浇设备基础的位置和尺寸应符合设计和设备安装的要求。其位置和尺寸偏差及检验方法应符合 GB 50204—2015 表 8.3.3 的规定。(2) 检查数量：全数检查

(7) 装配式结构分项工程施工质量控制要点：见表 2-16-21～表 2-16-23。

装配式结构分项工程施工质量控制基本规定 表 2-16-21

监控内容	混凝土现浇结构工程质量控制基本要求
隐蔽验收项目	装配式结构连接部位及叠合构件浇筑混凝土之前，应进行隐蔽工程验收。隐蔽工程验收应包括下列主要内容：1) 混凝土粗糙面的质量，键槽的尺寸、数量、位置；2) 钢筋的牌号、规格、数量、位置、间距，箍筋弯钩的弯折角度及平直段长度；3) 钢筋的连接方式、接头位置、接头数量、接头面积百分率、搭接长度、锚固方式及锚固长度；4) 预埋件、预留管线的规格、数量、位置
接缝	装配式结构的接缝施工质量及防水性能应符合设计要求和国家现行有关标准的规定

装配式结构工程预制构件质量控制要点 表 2-16-22

项目	监控内容	装配式结构工程预制构件质量控制要求
主控项目	进场检验	(1) 预制构件的质量应符合 GB 50204—2015、国家现行有关标准的规定和设计的要求。(2) 检查数量：全数检查。检验方法：检查质量证明文件或质量验收记录
	结构性能检验或监造	(1) 专业企业生产的预制构件进场时，预制构件结构性能检验应符合下列规定：1) 梁板类简支受弯预制构件进场时应进行结构性能检验，并应符合下列规定：(a) 结构性能检验应符合国家现行有关标准的有关规定及设计的要求，检验要求和试验方法应符合 GB 50204—2015 附录 B 的规定。(b) 钢筋混凝土构件和允许出现裂缝的预应力混凝土构件应进行承载力、挠度和裂缝宽度检验；不允许出现裂缝的预应力混凝土构件应进行承载力、挠度和抗裂检验。(c) 对大型构件及有可靠应用经验的构件，可只进行裂缝宽度、抗裂和挠度检验。(d) 对使用数量较少的构件，当能提供可靠依据时，可不进行结构性能检验。2) 对其他预制构件，除设计有专门要求外，进场时可不做结构性能检验。3) 对进场时不做结构性能检验的预制构件，应采取下列措施：(a) 施工单位或监理单位代表应驻厂监督生产过程。(b) 当无驻厂监督时，预制构件进场时应对其主要受力钢筋数量、规格、间距、保护层厚度及混凝土强度等进行实体检验。(2) 检验数量：同一类型预制构件不超过 1000 个为一批，每批随机抽取 1 个构件进行结构性能检验；检验方法：检查结构性能检验报告或实体检验报告。(注："同类型"是指同一钢种、同一混凝土强度等级、同一生产工艺和同一结构形式。抽取预制构件时，宜从设计荷载最大、受力最不利或生产数量最多的预制构件中抽取。)
	外观质量及形位偏差	(1) 预制构件的外观质量不应有严重缺陷，且不应有影响结构性能和安装、使用功能的尺寸偏差。(2) 检查数量：全数检查。检验方法：观察，尺量；检查处理记录
	预留设施	(1) 预制构件上的预埋件、预留插筋、预埋管线等的规格和数量以及预留孔、预留洞的数量应符合设计要求。(2) 检查数量：全数检查。检验方法：观察

219

续表

项目	监控内容	装配式结构工程预制构件质量控制要求
一般项目	标识	预制构件应有标识。检查数量：全数检查。检验方法：观察
	一般缺陷	(1)预制构件的外观质量不应有一般缺陷。(2)检查数量：全数检查。检验方法：观察，检查处理记录
	形位偏差	(1)预制构件尺寸偏差及检验方法应符合 GB 50204—2015 表 9.2.7 的规定；设计有专门规定时，尚应符合设计要求。施工过程中临时使用的预埋件，其中心线位置允许偏差可取 GB 50204—2015 表 9.2.7 中规定数值的 2 倍。(2)检查数量：同一类型的构件，不超过 100 个为一批，每批应抽查构件数量的 5%，且不应少于 3 个
	粗糙面、键槽	(1)预制构件的粗糙面的质量及键槽的数量应符合设计要求。(2)检查数量：全数检查。检验方法：观察

装配式结构工程安装与连接质量控制要点 表 2-16-23

项目	监控内容	装配式结构工程安装与连接质量控制要求
主控项目	临时固定措施	预制构件临时固定措施应符合施工方案的要求。检查数量：全数检查。检验方法：观察
	钢筋套筒灌浆连接	(1)钢筋采用套筒灌浆连接时，灌浆应饱满、密实，其材料及连接质量应符合国家现行行业标准《钢筋套筒灌浆连接应用技术规程》JGJ 355 的规定。(2)检查数量：按国家现行行业标准《钢筋套筒灌浆连接应用技术规程》JGJ 355 的规定确定。检验方法：检查质量证明文件、灌浆记录及相关检验报告
	钢筋焊接连接	(1)钢筋采用焊接连接时，其接头质量应符合现行行业标准《钢筋焊接及验收规程》JGJ 18 的规定。(2)检查数量：按现行行业标准《钢筋焊接及验收规程》JGJ 18 的有关规定确定；检验方法：检查质量证明文件及平行加工试件的检验报告
	钢筋机械连接	(1)钢筋采用机械连接时，其接头质量应符合现行行业标准《钢筋机械连接技术规程》JGJ 107 的规定。(2)检查数量：按现行行业标准《钢筋机械连接技术规程》JGJ 107 的规定确定；检验方法：检查质量证明文件、施工记录及平行加工试件的检验报告
	预制构件采用焊接、螺栓连接	(1)预制构件采用焊接、螺栓连接等连接方式时，其材料性能及施工质量应符合国家现行标准《钢结构工程施工质量验收规范》GB 50205 和《钢筋焊接及验收规程》JGJ 18 的相关规定。(2)检查数量：按国家现行标准《钢结构工程施工质量验收规范》GB 50205 和《钢筋焊接及验收规程》JGJ 18 的规定确定；检验方法：检查施工记录及平行加工试件的检验报告
	装配式结构后浇混凝土技术要求	(1)装配式结构采用现浇混凝土连接构件时，构件连接处后浇混凝土的强度应符合设计要求。(2)检查数量：按 GB 50204—2015 第 7.4.1 条的规定确定。检验方法：检查混凝土强度试验报告
	严重外观缺陷及超标形位偏差	(1)装配式结构施工后，其外观质量不应有严重缺陷，且不应有影响结构性能和安装、使用功能的尺寸偏差。(2)检查数量：全数检查。检验方法：观察，量测；检查处理记录

续表

项目	监控内容	装配式结构工程安装与连接质量控制要求
一般项目	一般外观缺陷	装配式结构施工后，其外观质量不应有一般缺陷。 检查数量：全数检查。检验方法：观察，检查处理记录
	一般形位偏差	装配式结构施工后，预制构件位置、尺寸偏差及检验方法应符合设计要求；当设计无具体要求时，应符合 GB 50204—2015 表 9.3.9 的规定。预制构件与现浇结构连接部位的表面平整度应符合 GB 50204—2015 表 9.3.9 的规定。 检查数量：按楼层、结构缝或施工段划分检验批。在同一检验批内，对梁、柱和独立基础，应抽查构件数量的 10%，且不应少于 3 件；对墙和板，应按有代表性的自然间抽查 10%，且不应少于 3 间；对大空间结构，墙可按相邻轴线间高度 5m 左右划分检查面，板可按纵、横轴线划分检查面，抽查 10%，且均不应少于 3 面

17 砌体工程质量控制

17.1 砌体工程监理主要依据

（1）砌体工程质量控制相关规范和标准：见表 2-17-1。

砌体工程质量控制相关规范和标准一览表　　　　表 2-17-1

分类	序号	标准和规范名称	标准代号
设计施工及验收	1	砌体结构设计规范	GB 50003—2011
	2	建筑抗震设计规范	GB 50011—2010
	3	混凝土小型空心砌块建筑技术规程	JGJ/T 14—2011
	4	蒸压加气混凝土应用技术规程	JGJ/T 17—2008
	5	预拌砂浆应用技术规程	JGJ/T 223—2010
	6	砌体结构工程施工规范	GB 50924—2014
	7	建筑工程施工质量验收统一标准	GB 50300—2013
	8	砌体结构工程施工质量验收规范	GB 50203—2011
材料	9	蒸压加气混凝土砌块	GB/T 11968—2006
	10	承重混凝土多孔砖	GB 25779—2010
	11	预拌砂浆	GB/T 25181—2010
	12	建筑砂浆基本性能试验方法标准	JGJ/T 70—2009
	13	砌筑砂浆配合比设计规程	JGJ/T 98—2010
检测	14	建筑结构检测技术标准	GB/T 50344—2004
	15	砌体基本力学性能试验方法标准	GB/T 50129—2011
	16	砌体工程现场检测技术标准	GB/T 50315—2011
加固	17	砌体结构加固设计规范	GB 50702—2011
	18	建筑结构加固工程施工质量验收规范	GB 50550—2010
	19	喷射混凝土加固技术规程	CECS161：2004
	20	房屋裂缝检测与处理技术规程	CECS293：2011
	21	建筑抗震加固技术规程	JGJ 116—2009
	22	建筑物倾斜纠偏技术规程	JGJ 270—2012

说明：JGJ 建筑行业标准，CECS 工程建设标准化协会标准，GB 中国国家标准。

（2）砌体工程质量控制相关标准强制性条文：见表 2-17-2。

砌体工程质量控制相关标准强制性条文一览表　　　　表 2-17-2

标准名称	条款号	标准强制性条文内容
《建筑抗震设计规范》GB 50011—2010	3.9.6	钢筋混凝土构造柱和底部框架—抗震墙房屋中的砌体抗震墙，其施工应先砌墙后浇构造柱和框架梁柱
《墙体材料应用统一技术规范》GB 50574—2010	3.1.4	墙体不应采用非蒸压硅酸盐砖（砌块）及非蒸压加气混凝土制品
	3.1.5	应用氯氧镁墙材制品时应进行吸潮返卤、翘曲变形及耐水性试验，并应在其试验指标满足使用要求后用于工程
	3.2.1	1. 非烧结含孔块材的孔洞率、壁及厚度等应符合表 3.2.1 的要求；（注：1）承重墙体的混凝土多孔砖的孔洞应垂直于铺浆面。当孔的长度与宽度比不小于 2 时，外壁的厚度不应小于 18mm；当孔的长度与宽度比小于 2 时，壁的厚度不应小于 15mm。2）承重含孔块材，其长度方向的中部不得设孔，中肋厚度不宜小于 20mm。）2. 蒸压加气混凝土砌块不应有未切割面，其切割面不应有切割附着屑
	3.2.2	块体材料强度等级应符合下列规定：1）产品标准除应给出抗压强度等级外，尚应给出其变异系数的限值；2）承重砖的折压比不应小于表 3.2.2-1 的要求；（注：1）蒸压普通砖包括蒸压灰砂实心砖和蒸压粉煤灰实心砖；2）多孔砖包括烧结多孔砖和混凝土多孔砖。）
	3.4.1	设计有抗冻性要求的墙体时，砂浆应进行冻融试验，其抗冻性能应与墙体块材相同
《砌体结构工程施工质量验收规范》GB 50203—2011	4.0.1	水泥使用应符合下列规定：1）水泥进场时应对其品种、等级、包装或散装仓号、出厂日期等进行检查，并应对其强度、安定性进行复验，其质量必须符合现行国家标准《通用硅酸盐水泥》GB 175 的有关规定。2）当在使用中对水泥质量有怀疑或水泥出厂超过三个月（快硬硅酸盐水泥超过一个月）时，应复查试验，并按复验结果使用
	5.2.1	砖和砂浆的强度等级必须符合设计要求
	5.2.3	砖砌体的转角处和交接处应同时砌筑，严禁无可靠措施的内外墙分砌施工。在抗震设防烈度为 8 度及 8 度以上地区，对不能同时砌筑而又必须留置的临时间断处应砌成斜槎，普通砖砌体斜槎水平投影长度不应小于高度的 2/3，多孔砖砌体的斜槎长高比不应小于 1/2。斜槎高度不得超过一步脚手架的高度
	6.1.8	承重墙体使用的小砌块应完整、无破损、无裂缝
	6.1.10	小砌块应将生产时的底面朝上反砌于墙上
	6.2.1	小砌块和芯柱混凝土、砌筑砂浆的强度等级必须符合设计要求
	6.2.3	墙体转角处和纵横交接处应同时砌筑。临时间断处应砌成斜槎，斜槎水平投影长度不应小于斜槎高度。施工洞口可预留直槎，但在洞口砌筑和补砌时，应在直槎上下搭砌的小砌块孔洞内用强度等级不低于 C20（或 Cb20）的混凝土灌实
	7.1.10	挡土墙的泄水孔当设计无规定时，施工应符合下列规定：1）泄水孔应均匀设置，在每米高度上间隔 2m 左右设置一个泄水孔；2）泄水孔与土体间铺设长宽各为 300mm、厚 200mm 的卵石或碎石作疏水层
	7.2.1	石材及砂浆强度等级必须符合设计要求

续表

标准名称	条款号	标准强制性条文内容
《砌体结构工程施工质量验收规范》GB 50203—2011	8.2.1	钢筋的品种、规格、数量和设置部位应符合设计要求
	8.2.2	构造柱、芯柱、组合砌体构件、配筋砌体剪力墙构件的混凝土及砂浆的强度等级应符合设计要求
	10.0.4	冬期施工所用材料应符合下列规定：1）石灰膏、电石膏等应防止受冻，如遭冻结，应经融化后使用；2）拌制砂浆用砂，不得含有冰块和大于10mm的冻结块；3）砌体用块体不得遭水浸冻
《建筑电气照明装置施工与验收规范》GB 50617—2010	3.0.6	在砌体和混凝土结构上严禁使用木楔、尼龙塞或塑料塞安装固定电气照明装置
《建筑装饰装修工程质量验收规范》GB 50210—2001	5.1.11	建筑外门窗的安装必须牢固。在砌体上安装门窗严禁用射钉固定
《纤维石膏空心大板复合墙体结构技术规程》JGJ 217—2010	3.2.1	纤维石膏空心大板复合墙体的全部空腔内细石混凝土的浇筑应采取切实有效的密实成型措施，不得存在对混凝土强度有影响的缺陷，混凝土强度等级不应小于C20

17.2 砌体工程质量控制

（1）砌体工程质量控制一般要求：见表2-17-3。

砌体工程质量控制基本规定   表 2-17-3

监控内容	砌体工程质量控制基本要求
施工方案	砌体结构工程施工前，应编制砌体结构工程施工方案
检验批划分	砌体结构工程检验批的划分应同时符合下列规定：1 所用材料类型及同类型材料的强度等级相同；2 不超过250m³砌体；3 主体结构砌体一个楼层（基础砌体可按一个楼层计）；填充墙砌体量少时可多个楼层合并
砌体工程验收	1. 砌体结构工程检验批验收时，其主控项目应全部符合本规范的规定；一般项目应有80%及以上的抽检处符合本规范的规定；有允许偏差的项目，最大超差值为允许偏差值的1.5倍。 2. 砌块结构分项工程中检验批抽检时，各抽检项目的样本最小容量除有特殊要求外，按不应小于5确定
质量控制等级	砌体施工质量控制等级分为三级，并应按GB 50203—2011表3.0.15划分
测量控制	1. 砌体结构的标高、轴线，应引自基准控制点。 2. 砌筑完基础或每一楼层后，应校核砌体的轴线和标高。在允许偏差范围内，轴线偏差可在基础顶面或楼面上校正，标高偏差宜通过调整上部砌块灰缝厚度校正。 3. 搁置预制梁、板的砌体顶面应平整，标高一致。 4. 砌筑墙体应设置皮数杆。【本条系新增加条文。使用皮数杆对保证砌块灰缝的厚度均匀、平直和控制砌块高度及高度变化部位的位置十分重要。】

续表

监控内容	砌体工程质量控制基本要求
原材料	砌体结构工程所用的材料应有产品合格证书、产品性能型式检验报告，质量应符合国家现行有关标准的要求。块体、水泥、钢筋、外加剂尚应有材料主要性能的进场复验报告，并应符合设计要求。严禁使用国家明令淘汰的材料
砌筑环境条件	雨天不宜在露天砌筑墙体，对下雨当日砌筑的墙体应进行遮盖。继续施工时，应复核墙体的垂直度，如果垂直度超过允许偏差，应拆除重新砌筑
临时施工荷载	(1) 砌体施工时，楼面和屋面堆载不得超过楼板的允许荷载值。(2) 当施工层进料口处施工荷载较大时，楼板下宜采取临时支撑措施
工作面清理	伸缩缝、沉降缝、防震缝中的模板应拆除干净，不得夹有砂浆、块体及碎渣等杂物
砌筑顺序	(1) 基底标高不同时，应从低处砌起，并应由高处向低处搭砌。当设计无要求时，搭接长度 L 不应小于基础底的高差 H，搭接长度范围内下层基础应扩大砌筑（GB 50203—2011 图 3.0.6）；(2) 砌体的转角处和交接处应同时砌筑，当不能同时砌筑时，应按规定留槎、接槎
最大自由高度	尚未施工楼面或屋面的墙或柱，其抗风允许自由高度不得超过 GB 50203—2011 表 3.0.12 的规定。如超过表中限值时，必须采用临时支撑等有效措施
日砌筑高度	正常施工条件下，砖砌体、小砌块砌体每日砌筑高度宜控制在 1.5m 或一步脚手架高度内；石砌体不宜超过 1.2m
设计预留孔洞、沟槽	(1) 设计要求的洞口、沟槽、管道应于砌筑时正确留出或预埋，未经设计同意，不得打凿墙体和在墙体上开凿水平沟槽。(2) 宽度超过 300mm 的洞口上部，应设置钢筋混凝土过梁。(3) 不应在截面长边小于 500mm 的承重墙体、独立柱内埋设管线
临时施工洞口	(1) 在墙上留置临时施工洞口，其侧边离交接处墙面不应小于 500mm，洞口净宽度不应超过 1m。(2) 抗震设防烈度为 9 度地区建筑物的临时施工洞口位置，应会同设计单位确定。(3) 临时施工洞口应做好补砌
脚手眼	(1) 不得在下列墙体或部位设置脚手眼：1120mm 厚墙、清水墙、料石墙、独立柱和附墙柱；(2) 过梁上与过梁成 60°角的三角形范围及过梁净跨度 1/2 的高度范围内；(3) 宽度小于 1m 的窗间墙；(4) 门窗洞口两侧石砌体 300mm，其他砌体 200mm 范围内；转角处石砌体 600mm，其他砌体 450mm 范围内；(5) 梁或梁垫下及其左右 500mm 范围内；(6) 设计不允许设置脚手的部位；(7) 轻质墙体；(8) 夹心复合墙外叶墙。(9) 脚手眼补砌时，应清除脚手眼内掉落的砂浆、灰尘；脚手眼处砖及填塞用砖应湿润，并应填实砂浆
拉结钢筋防腐	砌体结构中钢筋（包括夹心复合墙内外叶墙间的拉结件或钢筋）的防腐，应符合设计规定
再砌筑	在墙体砌筑过程中，当砌筑砂浆初凝后，块体被撞动或需移动时，应将砂浆清除后再铺浆砌筑

(2) 砌筑砂浆质量控制要点：见表 2-17-4。

砌筑砂浆质量控制要点　　　　　　　　　　表 2-17-4

监控内容	砌筑砂浆质量控制要求
水泥技术要求	(1) 水泥使用应符合下列规定：1) 水泥进场时应对其品种、等级、包装或散装仓号、出厂日期等进行检查，并应对其强度、安定性进行复验，其质量必须符合现行国家标准《通用硅酸盐水泥》GB 175 的有关规定。2) 当在使用中对水泥质量有怀疑或水泥出厂超过三个月（快硬硅酸盐水泥超过一个月）时，应复查试验，并按复验结果使用。3) 不同品种的水泥，不得混合使用。(2) 抽检数量：按同一生产厂家、同品种、同等级、同批号连续进场的水泥，袋装水泥不超过 200t 为一批，散装水泥不超过 500t 为一批，每批抽样不少于一次。(3) 检验方法：检查产品合格证、出厂检验报告和进场复验报告

续表

监控内容	砌筑砂浆质量控制要求
砂浆技术要求	砂浆用砂宜采用过筛中砂，并应满足下列要求：1) 不应混有草根、树叶、树枝、塑料、煤块、炉渣等杂物；2) 砂中含泥量、泥块含量、石粉含量、云母、轻物质、有机物、硫化物、硫酸盐及氯盐含量（配筋砌体砌筑用砂）等应符合现行行业标准《普通混凝土用砂、石质量及检验方法标准》JGJ 52 的有关规定；3) 人工砂、山砂及特细砂，应经试配能满足砌筑砂浆技术条件要求
掺和物技术要求	拌制水泥混合砂浆的粉煤灰、建筑生石灰、建筑生石灰粉及石灰膏应符合下列规定：1) 粉煤灰、建筑生石灰、建筑生石灰粉的品质指标应符合现行行业标准《粉煤灰在混凝土及砂浆中应用技术规程》JGJ 28、《建筑生石灰》JC/T 479、《建筑生石灰粉》JC/T 480 的有关规定；2) 建筑生石灰、建♯生石灰粉熟化为石灰膏，其熟化时间分别不得少于 7d 和 2d；沉淀池中储存的石灰膏，应防止干燥、冻结和污染，严禁采用脱水硬化的石灰膏；建筑生石灰粉、消石灰粉不得替代石灰膏配制水泥石灰砂浆；3) 石灰膏的用量，应按稠度 120mm±5mm 计量，现场施工中石灰膏不同稠度的换算系数，可按 GB 50203—2011 表 4.0.3 确定
水的要求	拌制砂浆用水的水质，应符合现行行业标准《混凝土用水标准》JGJ 63 的有关规定
配合比	砌筑砂浆应进行配合比设计。当砌筑砂浆的组成材料有变更时，其配合比应重新确定。砌筑砂浆的稠度宜按 GB 50203—2011 表 4.0.5 的规定采用
砂浆替换	施工中不应采用强度等级小于 M5 水泥砂浆替代同强度等级水泥混合砂浆，如需替代，应将水泥砂浆提高一个强度等级
外加剂技术要求	在砂浆中掺入的砌筑砂浆增塑剂、早强剂、缓凝剂、防冻剂、防水剂等砂浆外加剂，其品种和用量应经有资质的检测单位检验和试配确定。所用外加剂的技术性能应符合国家现行有关标准《砌筑砂浆增塑剂》JG/T 164、《混凝土外加剂》GB 8076、《砂浆、混凝土防水剂》JC/T 474 的质量要求
延续时间	现场拌制的砂浆应随拌随用，拌制的砂浆应在 3h 内使用完毕；当施工期间最高气温超过 30℃时，应在 2h 内使用完毕。预拌砂浆及蒸压加气混凝土砌块专用砂浆的使用时间应按照厂方提供的说明书确定
储存条件	砌体结构工程使用的湿拌砂浆，除直接使用外必须储存在不吸水的专用容器内，并根据气候条件采取遮阳、保温、防雨雪等措施，砂浆在储存过程中严禁随意加水
试块留置	(1) 砌筑砂浆试块强度验收时其强度合格标准应符合下列规定：1) 同一验收批砂浆试块强度平均值应大于或等于设计强度等级值的 1.10 倍；2) 同一验收批砂浆试块抗压强度的最小一组平均值应大于或等于设计强度等级值的 85%。(2) 抽检数量：每一检验批且不超过 250m³ 砌体的各类、各强度等级的普通砌筑砂浆，每台搅拌机应至少抽检一次。验收批的预拌砂浆、蒸压加气混凝土砌块专用砂浆，抽检可为 3 组。(3) 检验方法：在砂浆搅拌机出料口或在湿拌砂浆的储存容器出料口随机取样制作砂浆试块（现场拌制的砂浆，同盘砂浆只应作 1 组试块），试块标养 28d 后作强度试验。预拌砂浆中的湿拌砂浆稠度应在进场时取样检验。【注：1 砌筑砂浆的验收批，同一类型、强度等级的砂浆试块不应少于 3 组；同一验收批砂浆只有 1 组或 2 组试块时，每组试块抗压强度平均值应大于或等于设计强度等级值的 1.10 倍；对于建筑结构的安全等级为一级或设计使用年限为 50 年及以上的房屋，同一验收批砂浆试块的数量不得少于 3 组；2 砂浆强度应以标准养护，28d 龄期的试块抗压强度为准；3 制作砂浆试块的砂浆稠度应与配合比设计一致。】
实体检测	当施工中或验收时出现下列情况，可采用现场检验方法对砂浆或砌体强度进行实体检测，并判定其强度：1) 砂浆试块缺乏代表性或试块数量不足；2) 对砂浆试块的试验结果有怀疑或有争议；3) 砂浆试块的试验结果，不能满足设计要求；4) 发生工程事故，需要进一步分析事故原因。

（3）砖砌体分项工程质量控制：见表 2-17-5。

砖砌体工程质量控制要点

表 2-17-5

项目	监控内容	砖砌体工程质量控制要求
基本要求	使用环境限制	有冻胀环境和条件的地区，地面以下或防潮层以下的砌体，不应采用多孔砖
	砌块混用	不同品种的砖不得在同一楼层混砌
	多孔砖	多孔砖的孔洞应垂直于受压面砌筑。半盲孔多孔砖的封底面应朝上砌筑
	砌块龄期	砌体砌筑时，混凝土多孔砖、混凝土实心砖、蒸压灰砂砖、蒸压粉煤灰砖等块体的产品龄期不应小于 28d
	砌块外观	用于清水墙、柱表面的砖，应边角整齐，色泽均匀
	砌块含水率及润湿	砌筑烧结普通砖、烧结多孔砖、蒸压灰砂砖、蒸压粉煤灰砖砌体时，砖应提前 1d～2d 适度湿润，严禁采用干砖或处于吸水饱和状态的砖砌筑，块体湿润程度宜符合下列规定： 1 烧结类块体的相对含水率 60%～70%； 2 混凝土多孔砖及混凝土实心砖不需浇水湿润，但在气候干燥炎热的情况下，宜在砌筑前对其喷水湿润。其他非烧结类块体的相对含水率 40%～50%
	竖向灰缝	竖向灰缝不应出现瞎缝、透明缝和假缝
	铺浆长度	采用铺浆法砌筑砌体，铺浆长度不得超过 750mm；当施工期间气温超过 30℃时，铺浆长度不得超过 500mm
	临时间断处补砌	砖砌体施工临时间断处补砌时，必须将接槎处表面清理干净，洒水湿润，并填实砂浆，保持灰缝平直
	丁砌	240mm 厚承重墙的每层墙的最上一皮砖，砖砌体的阶台水平面上及挑出层的外皮砖，应整砖丁砌
	拱式过梁	弧拱式及平拱式过梁的灰缝应砌成楔形缝，拱底灰缝宽度不宜小于 5mm，拱顶灰缝宽度不应大于 15mm，拱体的纵向及横向灰缝应填实砂浆；平拱式过梁拱脚下面应伸入墙内不小于 20mm；砖砌平拱过梁底应有 1% 的起拱
	过梁模板支架拆除时机	砖过梁底部的模板及其支架拆除时，灰缝砂浆强度不应低于设计强度的 75%
主控项目	夹心复合墙的砌筑	夹心复合墙的砌筑应符合下列规定：1）墙体砌筑时，应采取措施防止空腔内掉落砂浆和杂物；2）拉结件设置应符合设计要求，拉结件在叶墙上的搁置长度不应小于叶墙厚度的 2/3，并不应小于 60mm；3）保温材料品种及性能应符合设计要求。保温材料的浇注压力不应对砌块强度、变形及外观质量产生不良影响
	砖和砂浆强度	（1）砖和砂浆的强度等级必须符合设计要求。（2）抽检数量：每一生产厂家，烧结普通砖、混凝土实心砖每 15 万块，烧结多孔砖、混凝土多孔砖、蒸压灰砂砖及蒸压粉煤灰砖每 10 万块各为一验收批，不足上述数量时按 1 批计，抽检数量为 1 组。砂浆试块的抽检数量执行本规范第 4.0.12 条的有关规定。（3）检验方法：查砖和砂浆试块试验报告
	灰缝砂浆饱满度	（1）砌体灰缝砂浆应密实饱满，砖墙水平灰缝的砂浆饱满度不得低于 80%；砖柱水平灰缝和竖向灰缝饱满度不得低于 90%。（2）抽检数量：每检验批抽查不应少于 5 处；检验方法：用百格网检查砖底面与砂浆的粘结痕迹面积，每处检测 3 块砖，取其平均值

项目	监控内容	砖砌体工程质量控制要求
主控项目	斜槎（抗震设防）	砖砌体的转角处和交接处应同时砌筑，严禁无可靠措施的内外墙分砌施工。在抗震设防烈度为 8 度及 8 度以上地区，对不能同时砌筑而又必须留置的临时间断处应砌成斜槎，普通砖砌体斜槎水平投影长度不应小于高度的 2/3，多孔砖砌体的斜槎长高比不应小于 1/2。斜槎高度不得超过一步脚手架的高度。 抽检数量：每检验批抽查不应少于 5 处。 检验方法：观察检查
	直槎（非抗震设防）	非抗震设防及抗震设防烈度为 6 度、7 度地区的临时间断处，当不能留斜槎时，除转角处外，可留直槎，但直槎必须做成凸槎，且应加设拉结钢筋，拉结钢筋应符合下列规定：1 每 120mm 墙厚放置 1Φ6 拉结钢筋（120mm 厚墙应放置 1Φ6 拉结钢筋）；2 间距沿墙高不应超过 500mm，且竖向间距偏差不应超过 100mm；3 埋入长度从留槎处算起每边均不应小于 500mm，对抗震设防烈度 6 度、7 度的地区，不应小于 1000mm；4 末端应有 90°弯钩（GB 50203—2011 图 5.2.4）。 抽检数量：每检验批抽查不应少于 5 处。检验方法：观察和尺量检查
一般项目	组砌工艺要求	砖砌体组砌方法应正确，内外搭砌，上、下错缝。清水墙、窗间墙无通缝；混水墙中不得有长度大于 300mm 的通缝，长度 200～300mm 的通缝每间不超过 3 处，且不得位于同一面墙上。砖柱不得采用包心砌法。 抽检数量：每检验批抽查不应少于 5 处。检验方法：观察检查。砌体组砌方法抽检每处应为 3～5m
	灰缝尺寸	（1）砖砌体的灰缝应横平竖直，厚薄均匀，水平灰缝厚度及竖向灰缝宽度宜为 10mm，但不应小于 8mm，也不应大于 12mm。（2）抽检数量：每检验批抽查不应少于 5 处。检验方法：水平灰缝厚度用尺量 10 皮砖砌体高度折算；竖向灰缝宽度用尺量 2m 砌体长度折算
	尺寸和位置偏差	砖砌体尺寸、位置的允许偏差及检验应符合表 5.3.3 的规定

（4）混凝土小型空心砌块砌体工程质量控制：见表 2-17-6。

混凝土小型空心砌块砌体工程质量控制要点　　　　表 2-17-6

项目	监控内容	混凝土小型空心砌块砌体工程质量控制要求
一般规定	排块图	施工前，应按房屋设计图编绘小砌块平、立面排块图，施工中应按排块图施工
	龄期	施工采用的小砌块的产品龄期不应小于 28d
	外观	砌筑小砌块时，应清除表面污物，剔除外观质量不合格的小砌块
	砂浆选用	砌筑小砌块砌体，宜选用专用小砌块砌筑砂浆
	防潮层、设备安装部位砌块处理	（1）底层室内地面以下或防潮层以下的砌体，应采用强度等级不低于 C20（或 Cb20）的混凝土灌实小砌块的孔洞。（2）在散热器、厨房和卫生间等设备的卡具安装处砌筑的小砌块，宜在施工前用强度等级不低于 C20（或 Cb20）的混凝土将其孔洞灌实
	润湿及含水率	砌筑普通混凝土小型空心砌块砌体，不需对小砌块浇水湿润，如遇天气干燥炎热，宜在砌筑前对其喷水湿润；对轻骨料混凝土小砌块，应提前浇水湿润，块体的相对含水率宜为 40%～50%。雨天及小砌块表面有浮水时，不得施工

项目	监控内容	混凝土小型空心砌块砌体工程质量控制要求
一般规定	承重墙	承重墙体使用的小砌块应完整、无破损、无裂缝
	砌筑方法	小砌块墙体宜逐块坐（铺）浆砌筑
	砌筑工艺（对孔、错缝、反砌、刮平）	（1）小砌块墙体应孔对孔、肋对肋错缝搭砌。单排孔小砌块的搭接长度应为块体长度的1/2；多排孔小砌块的搭接长度可适当调整，但不宜小于小砌块长度的1/3，且不应小于90mm。墙体的个别部位不能满足上述要求时，应在灰缝中设置拉结钢筋或钢筋网片，但竖向通缝仍不得超过两皮小砌块。（2）每步架墙（柱）砌筑完后，应随即刮平墙体灰缝。（3）小砌块应将生产时的底面朝上反砌于墙上
	芯柱砌筑工艺	芯柱处小砌块墙体砌筑应符合下列规定：1）每一楼层芯柱处第一皮砌块应采用开口小砌块；2）砌筑时应随砌随清除小砌块孔内的毛边，并将灰缝中挤出的砂浆刮净
	芯柱混凝土	芯柱混凝土宜选用专用小砌块灌孔混凝土。浇筑芯柱混凝土应符合下列规定：1）每次连续浇筑的高度宜为半个楼层，但不应大于1.8m；2）浇筑芯柱混凝土时，砌筑砂浆强度应大于1MPa；3）清除孔内掉落的砂浆等杂物，并用水冲淋孔壁；4）浇筑芯柱混凝土前，应先注入适量与芯柱混凝土成分相同的去石砂浆；5）每浇筑400～500mm高度捣实一次，或边浇筑边捣实
	小砌块复合夹心墙的砌筑	小砌块复合夹心墙的砌筑应符合GB 50203—2011第5.1.14条的规定：1）墙体砌筑时，应采取措施防止空腔内掉落砂浆和杂物；2）拉结件设置应符合设计要求，拉结件在叶墙上的搁置长度不应小于叶墙厚度的2/3，并不应小于60mm；3）保温材料品种及性能应符合设计要求。保温材料的浇注压力不应对砌块强度、变形及外观质量产生不良影响
主控项目	材料强度	（1）小砌块和芯柱混凝土、砌筑砂浆的强度等级必须符合设计要求。（2）抽检数量：每一生产厂家每1万块小砌块为一验收批，不足1万块按一批计，抽检数量为1组；用于多层以上建筑的基础和底层的小砌块抽检数量不应少于2组。砂浆试块的抽检数量应执行GB 50203—2011第4.0.12条的有关规定。检验方法：检查小砌块和芯柱混凝土、砌筑砂浆试块试验报告
	砂浆饱满度	砌体水平灰缝和竖向灰缝的砂浆饱满度，按净面积计算不得低于90%。抽检数量：每检验批抽查不应少于5处。检验方法：用专用百格网检测小砌块与砂浆粘结痕迹，每处检测3块小砌块，取其平均值
	临时间断处	墙体转角处和纵横交接处应同时砌筑。临时间断处应砌成斜槎，斜槎水平投影长度不应小于斜槎高度。施工洞口可预留直槎，但在洞口砌筑和补砌时，应在直槎上下搭砌的小砌块孔洞内用强度等级不低于C20（或Cb20）的混凝土灌实。抽检数量：每检验批抽查不应少于5处。检验方法：观察检查
	芯柱	小砌块砌体的芯柱在楼盖处应贯通，不得削弱芯柱截面尺寸；芯柱混凝土不得漏灌。抽检数量：每检验批抽查不应少于5处。检验方法：观察检查
一般项目	灰缝厚度（宽度）	砌体的水平灰缝厚度和竖向灰缝宽度宜为10mm，但不应小于8mm，也不应大于12mm。抽检数量：每检验批抽查不应少于5处。检验方法：水平灰缝厚度用尺量5皮小砌块的高度折算；竖向灰缝宽度用尺量2m砌体长度折算
	砌块形位偏差	小砌块砌体尺寸、位置的允许偏差应按GB 50203—2011第5.3.3条的规定执行

（5）石砌体分项工程质量控制：见表 2-17-7。

石砌体工程质量控制要点

表 2-17-7

项目	监控内容	石砌体工程质量控制要求
一般规定	石材材质要求	石砌体采用的石材应质地坚实，无裂纹和无明显风化剥落；用于清水墙、柱表面的石材，尚应色泽均匀；石材的放射性应经检验，其安全性应符合现行国家标准《建筑材料放射性核素限量》GB 6566 的有关规定
	外观	石材表面的泥垢、水锈等杂质，砌筑前应清除干净
	基础	砌筑毛石基础的第一皮石块应坐浆，并将大面向下；砌筑料石基础的第一皮石块应用丁砌层坐浆砌筑
	转角、交接、洞口、顶部处理	毛石砌体的第一皮及转角处、交接处和洞口处，应用较大的平毛石砌筑。每个楼层（包括基础）砌体的最上一皮，宜选用较大的毛石砌筑
	缝隙处理	毛石砌筑时，对石块间存在较大的缝隙，应先向缝内填灌砂浆并捣实，然后再用小石块嵌填，不得先填小石块后填灌砂浆，石块间不得出现无砂浆相互接触现象
	毛石挡土墙分层高度	砌筑毛石挡土墙应按分层高度砌筑，并应符合下列规定：每砌 3～4 皮为一个分层高度，每个分层高度应将顶层石块砌平；两个分层高度间分层处的错缝不得小于 80mm
	灰缝厚度	毛石、毛料石、粗料石、细料石砌体灰缝厚度应均匀，灰缝厚度应符合下列规定：毛石砌体外露面的灰缝厚度不宜大于 40mm；毛料石和粗料石的灰缝厚度不宜大于 20mm；料石的灰缝厚度不宜大于 5mm
	挡土墙泄水孔	挡土墙的泄水孔当设计无规定时，施工应符合下列规定：1) 泄水孔应均匀设置，在每米高度上间隔 2m 左右设置一个泄水孔；2) 泄水孔与土体间铺设长宽各为 300mm、厚 200mm 的卵石或碎石作疏水层
	挡土墙回填土	挡土墙内侧回填土必须分层夯填，分层松土厚度宜为 300mm。墙顶土面应有适当坡度使流水流向挡土墙外侧面
	料石挡土墙	料石挡土墙，当中间部分用毛石砌筑时，丁砌料石伸入毛石部分的长度不应小于 200mm
	毛石和实心砖的组合墙	在毛石和实心砖的组合墙中，毛石砌体与砖砌体应同时砌筑，并每隔 4～6 皮砖用 2～3 皮丁砖与毛石砌体拉结砌合；两种砌体间的空隙应填实砂浆
	毛石墙和砖墙相接	毛石墙和砖墙相接的转角处和交接处应同时砌筑。转角处、交接处应自纵墙（或横墙）每隔 4～6 皮砖高度引出不小于 120mm 与横墙（或纵墙）相接
主控项目	材质强度	（1）石材及砂浆强度等级必须符合设计要求。（2）抽检数量：同一产地的同类石材抽检不应少于 1 组。砂浆试块的抽检数量执行 GB 50203—2011 第 4.0.12 条的有关规定。检验方法：料石检查产品质量证明书，石材、砂浆检查试块试验报告
	砂浆饱满度	砌体灰缝的砂浆饱满度不应小于 80%。抽检数量：每检验批抽查不应少于 5 处。检验方法：观察检查
一般项目	形状位置偏差	石砌体尺寸、位置的允许偏差及检验方法应符合 GB 50203—2011 表 7.3.1 的规定。抽检数量：每检验批抽查不应少于 5 处
	组砌形式	（1）石砌体的组砌形式应符合下列规定：1) 内外搭砌，上下错缝，拉结石、丁砌石交错设置；2) 毛石墙拉结石每 0.7m² 墙面不应少于 1 块。（2）检查数量：每检验批抽查不应少于 5 处。检验方法：观察检查

（6）配筋砌体分项工程质量控制：见表 2-17-8。

配筋砌体工程质量控制要点 　　　　　　　　　表 2-17-8

项目	监控内容	石砌体工程质量控制要求
一般规定	适用范围	配筋砌体工程除应满足本章要求和规定外，尚应符合 GB 50203—2011 第 5 章（砖砌体工程）及第 6 章（小砌块砌体工程）的要求和规定
	砂浆、混凝土选用	施工配筋小砌块砌体剪力墙，应采用专用的小砌块砌筑砂浆砌筑，专用小砌块灌孔混凝土浇筑芯柱
	钢筋位置	设置在灰缝内的钢筋，应居中置于灰缝内，水平灰缝厚度应大于钢筋直径 4mm 以上
主控项目	钢筋的技术要求	钢筋的品种、规格、数量和设置部位应符合设计要求。 检验方法：检查钢筋的合格证书、钢筋性能复试试验报告、隐蔽工程记录
	混凝土和砂浆强度	构造柱、芯柱、组合砌体构件、配筋砌体剪力墙构件的混凝土及砂浆的强度等级应符合设计要求。抽检数量：每检验批砌体，试块不应少于 1 组，验收批砌体试块不得少于 3 组。检验方法：检查混凝土和砂浆试块试验报告
	构造柱与墙体的连接工艺	（1）构造柱与墙体的连接应符合下列规定：1）墙体应砌成马牙槎，马牙槎凹凸尺寸不宜小于 60mm，高度不应超过 300mm，马牙槎先退后进，对称砌筑；马牙槎尺寸偏差每一构造柱不应超过 2 处；2）预留拉结钢筋的规格、尺寸、数量及位置应正确，拉结钢筋应沿墙高每隔 500mm 设 2φ6，伸入墙内不宜小于 600mm，钢筋的竖向移位不应超过 100mm，且竖向移位每一构造柱不得超过 2 处；3）施工中不得任意弯折拉结钢筋。（2）抽检数量：每检验批抽查不应少于 5 处。检验方法：观察检查和尺量检查
	钢筋连接方式、锚固和搭接长度	配筋砌体中受力钢筋的连接方式及锚固长度、搭接长度应符合设计要求。 检查数量：每检验批抽查不应少于 5 处。检验方法：观察检查
一般项目	构造柱尺寸偏差	构造柱一般尺寸允许偏差及检验方法应符合 GB 50203—2011 表 8.3.1 的规定。 抽检数量：每检验批抽查不应少于 5 处
	拉结钢筋防腐	设置在砌体灰缝中钢筋的防腐保护应符合 GB 50203—2011 第 3.0.16 条的规定，且钢筋防护层完好，不应有肉眼可见裂纹、剥落和擦痕等缺陷。 抽检数量：每检验批抽查不应少于 5 处。检验方法：观察检查
	网状配筋	（1）网状配筋砖砌体中，钢筋网规格及放置间距应符合设计规定。每一构件钢筋网沿砌体高度位置超过设计规定一皮砖厚不得多于一处。（2）抽检数量：每检验批抽查不应少于 5 处。检验方法：通过钢筋网成品检查钢筋规格，钢筋网放置间距采用局部剔缝观察，或用探针刺入灰缝内检查，或用钢筋位置测定仪测定
	钢筋安装位置偏差	钢筋安装位置的允许偏差及检验方法应符合 GB 50203—2011 表 8.3.4 的规定。 抽检数量：每检验批抽查不应少于 5 处

（7）填充墙砌体分项工程质量控制：见表 2-17-9。

填充墙砌体工程质量控制要点　　　　　　　　　　　　　表 2-17-9

项目	监控内容	填充墙砌体工程质量控制要求
一般规定	产品龄期和含水率	砌筑填充墙时，轻骨料混凝土小型空心砌块和蒸压加气混凝土砌块的产品龄期不应小于 28d，蒸压加气混凝土砌块的含水率宜小于 30％
	运输、贮存要求	烧结空心砖、蒸压加气混凝土砌块、轻骨料混凝土小型空心砌块等的运输、装卸过程中，严禁抛掷和倾倒；进场后应按品种、规格堆放整齐，堆置高度不宜超过 2m。蒸压加气混凝土砌块在运场及堆放中应防止雨淋
	砌前润湿	（1）吸水率较小的轻骨料混凝土小型空心砌块及采用薄灰砌筑法施工的蒸压加气混凝土砌块，砌筑前不应对其浇（喷）水湿润；在气候干燥炎热的情况下，对吸水率较小的轻骨料混凝土小型空心砌块宜在砌筑前喷水湿润。（2）采用普通砌筑砂浆砌筑填充墙时，烧结空心砖、吸水率较大的轻骨料混凝土小型空心砌块应提前 1d～2d 浇（喷）水湿润。蒸压加气混凝土砌块采用蒸压加气混凝土砌块砌筑砂浆或普通砌筑砂浆砌筑时，应在砌筑当天对砌块砌筑面喷水湿润。块体湿润程度宜符合下列规定：烧结空心砖的相对含水率 60％～70％；吸水率较大的轻骨料混凝土小型空心砌块、蒸压加气混凝土砌块的相对含水率 40％～50％。
	厨卫反坎设置	在厨房、卫生间、浴室等处采用轻骨料混凝土小型空心砌块、蒸压加气混凝土砌块砌筑墙体时，墙底部宜现浇混凝土坎台，其高度宜为 150mm
	砌筑时机	填充墙砌体砌筑，应待承重主体结构检验批验收合格后进行。填充墙与承重主体结构间的空（缝）隙部位施工，应在填充墙砌筑 14d 后进行
	拉结筋设置	填充墙拉结筋处的下皮小砌块宜采用半盲孔小砌块或用混凝土灌实孔洞的小砌块；薄灰砌筑法施工的蒸压加气混凝土砌块砌体，拉结筋应放置在砌块上表面设置的沟槽内
	混砌限制	蒸压加气混凝土砌块、轻骨料混凝土小型空心砌块不应与其他块体混砌，不同强度等级的同类块体也不得混砌。（注：窗台处和因安装门窗需要，在门窗洞口处两侧填充墙上、中、下部可采用其他块体局部嵌砌；对与框架柱、梁不脱开方法的填充墙，填塞填充墙顶部与梁之间缝隙可采用其他块体。）
主控项目	材料强度	烧结空心砖、小砌块和砌筑砂浆的强度等级应符合设计要求。 抽检数量：烧结空心砖每 10 万块为一验收批，小砌块每 1 万块为一验收批，不足上述数量时按一批计，抽检数量为 1 组。砂浆试块的抽检数量执行本规范第 4.0.12 条的有关规定。检验方法：查砖、小砌块进场复验报告和砂浆试块试验报告
	填充墙砌体应与主体结构	填充墙砌体应与主体结构可靠连接，其连接构造应符合设计要求，未经设计同意，不得随意改变连接构造方法。每一填充墙与柱的拉结筋的位置超过一皮块体高度的数量不得多于一处。 抽检数量：每检验批抽查不应少于 5 处。检验方法：观察检查
	拉结锚固钢筋荷载	填充墙与承重墙、柱、梁的连接钢筋，当采用化学植筋的连接方式时，应进行实体检测。锚固钢筋拉拔试验的轴向受拉非破坏承载力检验值应为 6.0kN。抽检钢筋在检验值作用下应基材无裂缝、钢筋无滑移宏观裂损现象；持荷 2min 期间荷载值降低不大于 5％。检验批验收可按 GB 50203—2011 表 B.0.1 通过正常检验一次、二次抽样判定。填充墙砌体植筋锚固力检测记录可本规范表 C0.1 填写。 抽检数量：按表 9.2.3 确定。检验方法：原位试验检查

项目	监控内容	填充墙砌体工程质量控制要求
一般项目	尺寸、位置偏差	填充墙砌体尺寸、位置的允许偏差及检验方法应符合 GB 50203—2011 表 9.3.1 的规定。 抽检数量：每检验批抽查不应少于 5 处
	砂浆饱满度	填充墙砌体的砂浆饱满度及检验方法应符合 GB 50203—2011 表 9.3.2 的规定。抽检数量：每检验批抽查不应少于 5 处
	拉结钢筋或网片的位置	填充墙留置的拉结钢筋或网片的位置应与块体皮数相符合。拉结钢筋或网片位置于灰缝中，埋置长度应符合设计要求，竖向位置偏差不应超过一皮高度。抽检数量：每检验批抽查不应少于 5 处。检验方法：观察和用尺量检查
	搭砌长度	砌筑填充墙时应错缝搭砌，蒸压加气混凝土砌块搭砌长度不应小于砌块长度的 1/3；轻骨料混凝土小型空心砌块搭砌长度不应小于 90mm；竖向通缝不应大于 2 皮。抽检数量：每检验批抽查不应少于 5 处。检验方法：观察检查
	灰缝厚度、宽度	填充墙的水平灰缝厚度和竖向灰缝宽度应正确，烧结空心砖、轻骨料混凝土小型空心砌块砌体的灰缝应为 8～12mm；蒸压加气混凝土砌块砌体当采用水泥砂浆、水泥混合砂浆或蒸压加气混凝土砌块砌筑砂浆时，水平灰缝厚度和竖向灰缝宽度不应超过 15mm；当蒸压加气混凝土砌块砌体采用蒸压加气混凝土砌块粘结砂浆时，水平灰缝厚度和竖向灰缝宽度宜为 3～4mm。 抽检数量：每检验批抽查不应少于 5 处。检验方法：水平灰缝厚度用尺量 5 皮小砌块的高度折算；竖向灰缝宽度用尺量 2m 砌体长度折算

（8）砌体工程冬期施工质量控制要点：见表 2-17-10。

砌体工程冬期施工质量控制要点　　　　　　　　　　表 2-17-10

监控内容	砌体工程冬期施工质量控制要求
适用条件	当室外日平均气温连续 5d 稳定低于 5℃时，砌体工程应采取冬期施工措施。 注：1）气温根据当地气象资料确定；2）冬期施工期限以外，当日最低气温低于 0℃时，也应按本章的规定执行
方案	砌体工程冬期施工应有完整的冬期施工方案
材料	冬期施工所用材料应符合下列规定：1）石灰膏、电石膏等应防止受冻，如遭冻结，应经融化后使用；2）拌制砂浆用砂，不得含有冰块和大于 10mm 的冻结块；3）砌体用块体不得遭水浸冻
试块	冬期施工砂浆试块的留置，除应按常温规定要求外，尚应增加 1 组与砌体同条件养护的试块，用于检验转入常温 28d 的强度。如有特殊需要，可另外增加相应龄期的同条件养护的试块
基础防冻	地基土有冻胀性时，应在未冻的地基上砌筑，并应防止在施工期间和回填土前地基受冻
润湿	冬期施工中砖、小砌块浇（喷）水湿润应符合下列规定：1）烧结普通砖、烧结多孔砖、蒸压灰砂砖、蒸压粉煤灰砖、烧结空心砖、吸水率较大的轻骨料混凝土小型空心砌块在气温高于 0℃条件下砌筑时，应浇水湿润；在气温低于、等于 0℃条件下砌筑时，可不浇水，但必须增大砂浆稠度；2）普通混凝土小型空心砌块、混凝土多孔砖、混凝土实心砖及采用薄灰砌筑法的蒸压加气混凝土砌块施工时，不应对其浇（喷）水湿润；3）抗震设防烈度为 9 度的建筑物，当烧结普通砖、烧结多孔砖、蒸压粉煤灰砖、烧结空心砖无法浇水湿润时，如无特殊措施，不得砌筑

续表

监控内容	砌体工程冬期施工质量控制要求
砂浆用沙、水的温度	拌合砂浆时水的温度不得超过80℃，砂的温度不得超过40℃
砂浆使用温度	采用砂浆掺外加剂法、暖棚法施工时，砂浆使用温度不应低于5℃
砌筑基面、块体温度	采用暖棚法施工，块体在砌筑时的温度不应低于5℃，距离所砌的结构底面0.5m处的棚内温度也不应低于5℃
养护时间	在暖棚内的砌体养护时间，应根据暖棚内温度，按GB 50203—2011表10.0.11确定
砂浆强度	采用外加剂法配制的砌筑砂浆，当设计无要求，且最低气温等于或低于—15℃时，砂浆强度等级应较常温施工提高一级
砂浆氯离子限制	配筋砌体不得采用掺氯盐的砂浆施工

18 钢结构工程质量控制

18.1 钢结构工程质量控制主要依据

（1）钢结构工程相关规范和标准：见表2-18-1。

钢结构工程相关规范和标准   表2-18-1

分类	序号	标准和规范名称	标准代号
设计施工及验收	1	建筑工程施工质量验收统一标准	GB 50300—2013
	2	钢结构设计规范	GB 50017—2003
	3	冷弯薄壁型钢结构技术规范	GB 50018—2002
	4	钢结构工程施工质量验收规范	GB 50205—2001
	5	钢结构现场检测技术标准	GB/T 50621—2010
	6	钢管混凝土工程施工质量验收规范	GB 50628—2010
	7	钢结构焊接规范	GB 50661—2011
	8	钢结构工程施工规范	GB 50755—2012
	9	空间网格结构技术规程	JGJ 7—2010
	10	钢结构高强度螺栓连接技术规程	JGJ 82—2011
	11	高层民用建筑钢结构技术规程	JGJ 99—2015
	12	组合结构设计规范	JGJ 138—2016
	13	建筑钢结构防腐蚀技术规程	JGJ/T 251—2011
	14	钢结构防火涂料应用技术规范	CECS24：90
	15	钢管混凝土结构技术规程	CECS28：2012
	16	门式刚架轻型房屋钢结构技术规程局部修订（2012版）	CECS102：2002
	17	钢管混凝土叠合柱结构技术规程	CECS188：2005
	18	建筑钢结构防火技术规范	CECS200：2006
	19	组合楼板设计与施工规范	CECS273：2010

续表

分类	序号	标准和规范名称	标准代号
防腐与涂装	20	建筑用钢结构防腐涂料	JG/T 224—2007
	21	钢结构防火涂料	GB 14907—2002
	22	涂覆涂料前钢材表面处理表面清洁度的目视评定　第1部分：未涂覆过的钢材表面和全面清除原有涂层后的钢材表面的锈蚀等级和处理等级	GB/T 8923.1—2011
	23	涂覆涂料前钢材表面处理表面清洁度的目视评定　第2部分：已涂覆过的钢材表面局部清除原有涂层后的处理等级	GB/T 8923.2—2008
	24	涂敷涂料前钢材表面处理表面清洁度的目视评定　第3部分：焊缝、边缘和其他区域的表面缺陷的处理等级	GB/T 8923.3—2009
	25	涂覆涂料前钢材表面处理喷射清理后的钢材表面粗糙度特性　第一部分：用于评定喷射清理后钢材表面粗糙度的ISO表面粗糙度比较样块的技术要求和定义	GB/T 13288.1—2008
	26	涂覆涂料前钢材表面处理喷射清理后的钢材表面粗糙度特性　第2部分：磨料喷射清理后钢材表面粗糙度等级的测定方法比较样块法	GB/T 13288.2—2008
	27	涂覆涂料前钢材表面处理喷射清理后的钢材表面粗糙度特性　第5部分：表面粗糙度的测定方法复制带法	GB/T 13288.5—2009
	28	涂覆涂料前钢材表面处理表面清洁度的评定试验　第3部分：涂覆涂料前钢材表面的灰尘评定（压敏粘带法）	GB/T 18570.3—2005
	29	色漆和清漆漆膜厚度的测定	GB/T 13452.2—2008
	30	磁性基体上非磁性覆盖层覆盖层厚度测量磁性法	GB/T 4956—2003
	31	色漆和清漆漆膜的划格试验	GB/T 9286—1998
	32	色漆和清漆拉开法附着力试验	GB/T 5210—2006
钢材与检测	33	钢及钢产品　交货一般技术标准	GB/T 17505—2016
	34	热轧钢板表面质量的一般要求	GB/T 14977—2008
	35	钢板和钢带包装、标志及质量证明书的一般规定	GB/T 247—2008
	36	热轧钢板和钢带的尺寸、外形、重量及允许偏差	GB/T 709—2006
	37	冷轧钢板和钢带的尺寸、外形、重量及允许偏差	GB/T 708—2006
	38	结构用冷弯空心型钢尺寸、外形、重量及允许偏差	GB/T 6728—2002
	39	钢和铁化学成分测定用试样的取样和制样方法	GB/T 20066—2006
	40	钢的成品化学成分允许偏差	GB/T 222—2006
	41	钢铁及合金化学分析方法	GB/T 223—2009
	42	碳素钢和中低合金钢火花源原子发射光谱分析方法（常规法）	GB/T 4336—2016
	43	钢及钢产品力学性能试验取样位置及试样制备	GB/T 2975—1998
	44	金属材料弯曲试验方法	GB/T 232—2010
	45	金属管　弯曲试验方法	GB/T 244—2008

续表

分类	序号	标准和规范名称	标准代号
钢材与检测	46	金属管 压扁试验方法	GB/T 246—2007
	47	金属材料室温拉伸试验方法	GB/T 228.1—2010
	48	金属材料夏比摆锤冲击试验方法	GB/T 229—2007
	49	栓钉焊接技术规程	CECS226：2007
	50	钢的弧焊接头缺陷质量分级指南	GB/T 19418—2003
	51	金属熔化焊接头缺欠分类及说明	GB 6417.1—2005
	52	焊接预热温度、道间温度及预热维持温度的测量指南	GB/T 18591—2001
	53	焊缝及熔敷金属拉伸试验方法	GB/T 2652—2008
	54	焊接接头冲击试验方法	GB/T 2650—2008
	55	焊接接头拉伸试验方法	GB/T 2651—2008
	56	焊接接头硬度试验方法	GB/T 2654—2008
	57	焊接接头弯曲试验方法	GB/T 2653—2008
无损检测	58	焊缝无损检测 超声检测技术、检测等级和评定	GB/T 11345—2013
	59	焊缝无损检测 超声检测 焊缝中的显示特征	GB/T 29711—2013
	60	焊缝无损检测 超声检测 验收等级	GB/T 29712—2013
	61	金属熔化焊焊接接头射线照相	GB/T 3323—2005
	62	无损检测 焊缝磁粉检测	JB/T 6061—2007
	63	无损检测 焊缝渗透检测	JB/T6062—2007
	64	钢结构超声波探伤及质量分级法	JG/T 203—2007
	65	厚钢板超声检测方法	GB/T 2970—2016

说明：JB 机械行业标准，HG 化工行业标准，JGJ 建筑行业标准，TB 铁路行业标准，GJB 船舶行业标准，GY 广电行业标准，CECS 工程建设标准化协会标准，GB 中国国家标准，ISO 国际标准。

（2）适用于的相关现行标准强制性条文：见表 2-18-2。

钢结构工程相关标准强制性条文 表 2-18-2

标准名称	条款号	标准强制性条文内容
《钢结构设计规范》GB 50017—2003	1.0.5	在钢结构设计文件中，应注明建筑结构的设计使用年限、钢材牌号、连接材料的型号（或钢号）和对钢材所要求的力学性能、化学成分及其他的附加保证项目。此外，还应注明所要求的焊缝形式、焊缝质量等级、端面刨平顶紧部位及对施工的要求
	3.1.2	承重结构应按下列承载能力极限状态和正常使用极限状态进行设计：1）承载能力极限状态包括：构件和连接的强度破坏、疲劳破坏和因过度变形而不适于继续承载，结构和构件丧失稳定，结构转变为机动体系和结构倾覆。2）正常使用极限状态包括：影响结构、构件和非结构构件正常使用或外观的变形，影响正常使用的振动，影响正常使用或耐久性能的局部损坏（包括混凝土裂缝）
	3.1.3	设计钢结构时，应根据结构破坏可能产生的后果，采用不同的安全等级。一般工业与民用建筑钢结构的安全等级应取为二级，其他特殊建筑钢结构的安全等级应根据具体情况另行确定

续表

标准名称	条款号	标准强制性条文内容
《钢结构设计规范》GB 50017—2003	3.1.4	按承载能力极限状态设计钢结构时，应考虑荷载效应的基本组合，必要时尚应考虑荷载效应的偶然组合。按正常使用极限状态设计钢结构时，应考虑荷载效应的标准组合，对钢与混凝土组合梁，尚应考虑准永久组合
	3.1.5	计算结构或构件的强度、稳定性以及连接的强度时，应采用荷载设计值（荷载标准值乘以荷载分项系数）；计算疲劳时，应采用荷载标准值
	3.2.1	设计钢结构时，荷载的标准值、荷载分项系数、荷载组合值系数、动力荷载的动力系数等，应按现行国家标准《建筑结构荷载规范》GB 50009 的规定采用。结构的重要性系数 γ_0 应按现行国家标准《建筑结构可靠度设计统一标准》GB 50068 的规定采用，其中对设计使用年限为 25 年的结构构件，γ_0 不应小于 0.95。（注：对支撑轻屋面的构件或结构（檩条、屋架、框架等），当仅有一个可变荷载且受荷投影面积超过 60m² 时，屋面均布活荷载标准值应取为 0.3kN/m²。）
	3.3.3	承重结构采用的钢材应具有抗拉强度、伸长率、屈服强度和硫、磷含量的合格保证，对焊接结构尚应具有碳当量的合格保证。焊接承重结构以及重要的非焊接承重结构采用的钢材还应具有冷弯试验的合格保证
	3.4.1	钢材的强度设计值，应根据钢材厚度或直径按表 3.4.1-1 采用。钢铸件的强度设计值应按表 3.4.1-2 采用。连接的强度设计值应按表 3.4.1-3 至表 3.4.1-5 采用
	3.4.2	计算下列情况的结构构件或连接时，第 3.4.1 条规定的强度设计值应乘以相应的折减系数。 （1）单面连接的单角钢：1）按轴心受力计算强度和连接乘以系数 0.85； 2）按轴心受压计算稳定性：等边角钢乘以系数 0.6+0.0015λ，但不大于 1.0；短边相连的不等边角钢乘以系数 0.5+0.0025λ，但不大于 1.0；长边相连的不等边角钢乘以系数 0.70；λ 为长细比，对中间无联系的单角钢压杆，应按最小回转半径计算，当 λ<20 时，取 λ=20；（2）无垫板的单面施焊对接焊缝乘以系数 0.85；（3）施工条件较差的高空安装焊缝和铆钉连接乘以系数 0.9；（4）沉头和半沉头铆钉连接乘以系数 0.8。（注：当几种情况同时存在时，其折减系数应连乘。）
	8.1.4	结构应根据其形式、组成和荷载的不同情况，设置可靠的支撑系统。在建筑物每一个温度区段或分期建设的区段中，应分别设置独立的空间稳定的支撑系统
	8.3.6	对直接承受动力荷载的普通螺栓受拉连接应采用双螺帽或其他能防止螺帽松动的有效措施
	8.9.3	柱脚在地面以下的部分应采用强度等级较低的混凝土包裹（保护层厚度不应低于 50mm），并应使包裹的混凝土高出地面不小于 150mm。当柱脚底面在地面以上时，柱脚底面应高出地面不小于 100mm
	8.9.5	受高温作用的结构，应根据不同情况采取下列防护措施：1）当结构可能受到炽热熔化金属的侵害时，应采用砖或耐热材料做成的隔热层加以保护；2）当结构的表面长期受辐射热达 150℃ 以上或在短时间内可能受到火焰作用时，应采取有效的防护措施（如加隔热层或水套等）
	9.1.3	按塑性设计时，钢材的力学性能应满足强屈比 $f_u/f_y \geq 1.2$，伸长率 $\delta_s \geq 15\%$，相应于抗拉强度 f_u 的应变 ε_u 不小于 20 倍屈服点应变 ε_y

续表

标准名称	条款号	标准强制性条文内容
《钢结构工程施工质量验收规范》GB 50205—2001	4.2.1	钢材、钢铸件的品种、规格、性能等应符合现行国家产品标准和设计要求。进口钢材产品的质量应符合设计和合同规定标准的要求
	4.3.1	焊接材料的品种、规格、性能等应符合现行国家产品标准和设计要求
	4.4.1	钢结构连接用高强度大六角头螺栓连接副、扭剪型高强度螺栓连接副、钢网架用高强度螺栓、普通螺栓、铆钉、自攻钉、拉铆钉、射钉、锚栓(机械型和化学试剂型)、地脚螺栓等紧固标准件及螺母、垫圈等标准配件,其品种、规格、性能等应符合现行国家产品标准和设计要求。高强度大六角头螺栓连接副和扭剪型高强度螺栓连接副出厂时应分别随箱带有扭矩系数和紧固轴力(预拉力)的检验报告
	5.2.2	焊工必须经考试合格并取得合格证书。持证焊工必须在其考试合格项目及其认可范围内施焊
	5.2.4	设计要求全焊透的一、二级焊缝应采用超声波探伤进行内部缺陷的检验,超声波探伤不能对缺陷作出判断时,应采用射线探伤,其内部缺陷分级及探伤方法应符合现行国家标准《钢焊缝手工超声波探伤方法和探伤结果分级法》GB 1345 或《钢熔化焊对接接头射线照相和质量分级》GB 3323 的规定。一级、二级焊缝的质量等级及缺陷分级应符合规范的规定
	6.3.1	钢结构制作和安装单位应按规范的规定分别进行高强度螺栓连接摩擦面的抗滑移系数试验和复验,现场处理的构件摩擦面应单独进行摩擦面抗滑移系数试验,其结果应符合设计要求
	10.3.4	单层钢结构主体结构的整体垂直度和整体平面弯曲的允许偏差应符合规范的规定
	11.3.5	多层及高层钢结构主体结构的整体垂直度和整体平面弯曲的允许偏差应符合规范的规定
	15.2	涂料、涂装遍数、涂层厚度均应符合设计要求。当设计对涂层厚度无要求时,涂层干漆膜总厚度:室外应为 $150\mu m$,室内应为 $125\mu m$,其允许偏差为 $-25\mu m$。每遍涂层干漆膜厚度的允许偏差为 $-5\mu m$
《钢结构焊接规范》GB 50661—2011	4.0.1	钢结构焊接工程用钢材及焊接材料应符合设计文件的要求,并应具有钢厂和焊接材料厂出具的产品质量证明书或检验报告,其化学成分、力学性能和其他质量要求应符合国家现行有关标准的规定
	5.7.1	承受动载需经疲劳验算时,严禁使用塞焊、槽焊、电渣焊和气电立焊接头
	6.1.1	除符合本规范第 6.6 节规定的免予评定条件外,施工单位首次采用的钢材、焊接材料、焊接方法、接头形式、焊接位置、焊后热处理制度以及焊接工艺参数、预热和后热措施等各种参数的组合条件,应在钢结构构件制作及安装施工之前进行焊接工艺评定
	8.1.8	抽样检验按以下规定进行结果判定:1)抽样检验的焊缝数不合格率小于 2%时,该批验收合格;2)抽样检验的焊缝数不合格率大于 5%时,该批验收不合格;3)抽样检验的焊缝数不合格率为 2%～5%时,应加倍抽检,且必须在原不合格部位两侧的焊缝延长线各增加一处,在所有抽检焊缝中不合格率不大于 3%时,该批验收合格,大于 3%时,该批验收不合格;4)批量验收不合格时,应对该批余下的全部焊缝进行检验;5)检验发现 1 处裂纹缺陷时,应加倍抽查,在加倍抽检焊缝中未再检查出裂纹缺陷时,该批验收合格;检验发现多处裂纹缺陷或加倍抽查又发现裂纹缺陷时,该批验收不合格,应对该批余下焊缝的全数进行检查

续表

标准名称	条款号	标准强制性条文内容
《钢结构工程施工规范》GB 50755—2012	11.2.4	钢结构吊装作业必须在起重设备的额定起重量范围内进行
	11.2.6	用于吊装的钢丝绳、吊装带、卸扣、吊钩等吊具应经检查合格，并应在其额定许用荷载范围内使用
《钢管混凝土工程施工质量验收规范》GB 50628—2010	3.0.4	钢管、钢板、钢筋、连接材料、焊接材料及钢管混凝土的材料应符合设计要求和国家现行有关标准的规定
	3.0.6	焊工必须经考试合格并取得合格证书，持证焊工必须在其考试合格项目及其合格证规定的范围内施焊
	3.0.7	设计要求全焊透的一、二级焊缝应采用超声波探伤进行内部缺陷的检验，超声波探伤不能对缺陷作出判断时，应采用射线探伤检验。其内部缺陷分级及探伤应符合现行国家标准《钢焊缝手工超声波探伤方法和探伤结果分级法》GB 1345、《金属熔化焊焊接接头射线照相》GB/T B3323 的规定。一级、二级焊缝的质量等级及缺陷分级应符合表 3.0.7 的规定
	4.5.1	钢管混凝土柱与钢筋混凝土梁连接节点核心区的构造及钢筋的规格、位置、数量应符合设计要求
	4.7.1	钢管内混凝土的强度等级应符合设计要求
《钢结构高强度螺栓连接技术规程》JGJ 82—2011	3.1.7	在同一连接接头中，高强度螺栓连接不应与普通螺栓连接混用。承压型高强度螺栓连接不应与焊接连接并用
	4.3.1	每一杆件在高强度螺栓连接节点及拼接接头的一端，其连接的高强度螺栓数量不应少于 2 个
	6.1.2	高强度螺栓连接副应按批配套进场，并附有出厂质量保证书。高强度螺栓连接副应在同批内配套使用
	6.2.6	高强度螺栓连接处的钢板表面处理方法及除锈等级应符合设计要求。连接处钢板表面应平整、无焊接飞溅、无毛刺、无油污。经处理后的摩擦型高强度螺栓连接的摩擦面抗滑移系数应符合设计要求
	6.4.5	在安装过程中，不得使用螺纹损伤及沾染脏物的高强度螺栓连接副，不得用高强度螺栓兼作临时螺栓
	6.4.8	安装高强度螺栓时，严禁强行穿入。当不能自由穿入时，该孔应用铰刀进行修整，修整后孔的最大直径不应大于 1.2 倍螺栓直径，且修孔数量不应超过该节点螺栓数量的 25%。修孔前应将四周螺栓全部拧紧，使板迭密贴后再进行铰孔。严禁气割扩孔
《空间网格结构技术规程》JGJ 7—2010	3.1.8	单层网壳应采用刚性节点
	3.4.5	对立体桁架、立体拱架和张弦立体拱架应设置平面外的稳定支撑体系
	4.3.1	单层网壳以及厚度小于跨度 1/50 的双层网壳均应进行稳定性计算
	4.4.1	对用做屋盖的网架结构，其抗震验算应符合下列规定：1 在抗震设防烈度为 8 度的地区，对于周边支承的中小跨度网架结构应进行竖向抗震验算，对于其他网架结构均应进行竖向和水平抗震验算；2 在抗震设防烈度为 9 度的地区，对各种网架结构应进行竖向和水平抗震验算
	4.4.2	对于网壳结构，其抗震验算符合下列规定：1) 在抗震设防烈度为 7 度的地区，当网壳结构的矢跨比大于或等于 1/5 时，应进行水平抗震验算；当矢跨比小于 1/5 时，应进行竖向和水平抗震验算。2) 在抗震设防烈度为 8 度或 9 度的地区，对各种网壳结构应进行竖向和水平抗震验算

续表

标准名称	条款号	标准强制性条文内容
《索结构技术规程》 JGJ 257—2012	5.1.2	索结构应分别进行初始预拉力及荷载作用下的计算分析,计算中均应考虑几何非线性影响
	5.1.5	在永久荷载控制的荷载组合作用下,索结构中的索不得松弛;在可变荷载控制的荷载组合作用下,索结构不得因个别索的松弛而导致结构失效
《型钢混凝土组合结构技术规程》 JGJ 138—2001	1.0.2	本规程适用于非地震区和抗震设防烈度为6度至9度的多、高层建筑和一般构筑物的型钢混凝土组合结构的设计与施工,型钢混凝土组合结构构件应由混凝土、型钢、纵向钢筋和箍筋组成
	4.2.6	型钢混凝土组合结构构件的抗震设计,应根据设防烈度、结构类型、房屋高度按表4.2.6采用不同的抗震等级,并应符合相应的计算和抗震构造要求
	5.4.5	型钢混凝土框架梁中箍筋的配置应符合国家标准《混凝土结构设计规范》GB 50010的规定;考虑地震作用组合的型钢混凝土框架梁,梁端应设置箍筋加密区,其加密区长度、箍筋最大间距和箍筋最小直径应满足表5.4.5要求
	6.2.1	型钢混凝土框架柱中箍筋的配置应符合国家标准《混凝土结构设计规范》GB 50010的规定;考虑地震作用组合的型钢混凝土框架柱,柱端箍筋加密区长度、箍筋最大间距和箍筋最小直径应满足表6.2.1要求

注:门式钢架结构可参考 GB 50018—2002 冷弯薄壁型钢结构技术规范。

18.2 钢结构工程质量控制要点:见表 2-18-3~表 2-18-13。

钢结构焊接分项工程质量控制要点 　　　　　　　　表 2-18-3

监控内容	钢结构焊接工程质量控制要求
焊接材料	(1) 焊接材料的品种规格性能等应符合现行国家产品标准和设计要求。(2) 重要钢结构采用的焊接材料应进行抽样复验,复验结果符合现行国家标准。(3) 焊接材料管理必须规范:焊条外观不应有药皮脱落焊芯生锈等缺陷焊剂不应受潮结块,焊剂不得受潮结块,焊丝表面不得被油或其他赃物污损
工程材料、设备进场查验	(1) 检查焊接材料的质量合格证明文件中文标志及检验报告等。(2) 重要钢结构采用的焊接材料应进行抽样复验,复验时焊接材料的抽样和试件的焊接应在监理工程师的见证下进行,焊接完成后由监理对试板封样或直接送到制定的实验室进行试样加工、检测。现场使用的焊接材料生产批号应与已经复验合格的焊接材料批号一致。(3) 对焊接材料应到焊接材料库及二级库进行抽查,看专用库房存放条件是否满足通风干燥且室温不低于5℃的要求,并分类摆放、标识清晰,并设置专人保管、烘焙、发放及回收。(4) 烘焙后的焊条应保管在100℃~150℃的恒温箱内,药应无脱落及裂纹。(5) 现场使用的焊条应保管在保温桶内,且通电保温,使用时随用随取
仪器标定	焊接过程中所使用的测温仪、电压表、电流表、流量计、转速计等仪器设备均应经过检测率定合格
人员资质	现场随机抽查焊接人员均应经过培训考试持证上岗,并在考试合格项目及有效期内进行焊接

监控内容	钢结构焊接工程质量控制要求
材料匹配	焊条、焊丝、焊剂、电渣焊熔嘴等焊接材料与母材的匹配应符合设计要求及国家现行行业标准《建筑钢结构焊接技术规程》JGJ 81 的规定。焊条、焊剂、药芯焊丝、熔嘴等在使用前，应按其产品说明书及焊接工艺文件的规定进行烘焙和存放
焊前检查	重点监控定位焊接质量是否牢靠和规范、焊缝坡口形状与尺寸/对接错边量/焊接部位清理/预热温度、焊接环境及防风防雨措施、低温施工措施、厚薄板对接的削坡过渡、焊前根部间隙超标时的处理情况、引弧熄弧板是否规范
焊接中检查	检查焊接工艺参数（预热温度、焊接电流、电压、气体流量、层间温度等），严格控制线能量，严格控制中间焊道外观质量及焊缝清理打磨、停止焊接后的预热维持温度、焊接顺序及变形控制措施，严格监控焊工引弧熄弧操作及摆动是否规范，严格监控清根焊接及临时辅助件的焊接与拆除
组合焊缝的尺寸	T形接头、十字接头、角接接头等要求熔透的对接和角对接组合焊缝，其焊脚尺寸不应小于 $t/4$；设计有疲劳验算要求的吊车梁或类似构件的腹板与上翼缘连接焊缝的焊脚尺寸为 $t/2$，且不应大于 10mm 焊脚尺寸的允许偏差为 0～4mm
圆管、矩形管 TYK 形相贯接头焊缝计算厚度	按照焊规 GB 50661 及美国 AWSD1.1-2000 的相关要求根据局部两面夹角 Ψ、坡口角度、支管厚度的大小，按相贯接头趾部、侧部、跟部各区和局部细节情况分别计算取值并在焊接中进行监控
焊缝表面缺陷	焊缝表面不得有漏焊、裂纹、焊瘤等缺陷。一级、二级焊缝不得有表面气孔、夹渣、弧坑裂纹、电弧擦伤等缺陷。且一级焊缝不得有咬边、未焊满、根部收缩等缺陷
焊缝的外观质量	外观检查时机必须按照 GB 50661—2011 第 7.2.1 款要求，二级、三级焊缝外观质量标准应符合规范的有关规定
预热和后热处理	对于需要进行焊前预热或焊后热处理的焊缝，其预热温度或后热温度应符合国家现行有关标准的规定或通过工艺试验确定。预热区在焊道两侧每侧宽度均应大于焊件厚度的 1.5 倍以上且，不应小于 100mm；后热处理应在焊后立即进行，保温时间应根据板厚按每 25mm 板厚 1h 确定
凹形角焊缝	对承受动载荷和需要经过疲劳验算的焊缝：焊成凹形的角焊缝，焊缝金属与母材间应平缓过渡；加工成凹形的角焊缝，不得在其表面留下切痕
焊缝的观感	焊缝感观应达到：外形均匀、成型较好，焊道与焊道、焊道与基本金属间过渡较平滑，焊渣和飞溅物基本清除干净
焊缝内部质量	无损检测在外观检查合格后，进行按 GB 50205—2001、GB 50661—2011 并参照美国 AWSD1.1-2000、日本 JISZ3060 进行检测
焊缝返修	严格安装 GB 50661—2011 第 6.6 章节进行，且同一部位返修次数不宜超过两次，超过两次应制订可靠返修方案经总工审批后报监理工程师认可
监理签名验收表格	钢（铝合金）结构焊缝外观质量检查记录 GD-C4-6225 钢结构焊接检验批质量验收记录 GD-C4-71179

焊钉焊接分项工程质量控制要点

表 2-18-4

监控内容	焊钉焊接工程质量控制要求
焊钉、瓷环尺寸	焊钉及焊接瓷环的规格尺寸及偏差应符合现行国家标准圆柱头焊钉 GB 10433 中的规定
工程材料、设备进场查验	(1) 按量抽查 1% 且不应少于 10 套，用钢尺和游标卡尺量测。(2) 对焊钉应抽样送检进行机械性能和弯曲试验复验，合格后方可使用。并监控现场使用的焊接材料生产批号应与已经复验合格的焊接材料批号一致
人员资质	现场随机抽查焊接人员均应经过培训考试持证上岗，并在考试合格项目及有效期内进行焊接
仪器标定	焊接过程中所使用的测温仪、电压表、电流表、流量计、转速计等仪器设备均应经过检测率定合格
焊前检查	重点监控焊接部位清理、焊接环境及防风防雨措施、焊接磁环的烘焙是否到位、焊钉的布置尺寸是否符合蓝图要求、焊钉是否和主焊缝重合
焊接中检查	检查焊接工艺参数（焊接电流、电压、提升时间等）
焊后弯曲试验	焊钉焊接后应进行弯曲试验检查，其焊缝和热影响区不应有肉眼可见的裂纹
焊缝外观质量	焊钉根部焊脚应均匀，焊脚立面的局部未熔合或不足 360 的焊脚应进行修补
监理签名验收表格	钢（铝合金）结构焊缝外观质量检查记录 GD-C4-6225 焊钉（栓钉）焊接工程检验批质量验收记录 GD-C5-71180

紧固件连接分项工程质量控制要点

表 2-18-5

监控内容	紧固件连接工程质量控制要求
高强度螺栓、普通螺栓、锚栓、地脚螺栓等紧固标准件及其标准配件	(1) 品种、规格、性能、材质等应符合现行国家产品标准和设计要求。(2) 螺栓副包装箱上的标识：应该有批号、规格、数量，有生产日期并在 6 个月质量保证期内。(3) 螺栓副配套性：螺栓、螺母、垫圈应在同批内配套供货及使用。(4) 螺栓副表面质量：螺栓表面应清洁无油无锈蚀及沾污，螺纹完整无损伤，标识完整清晰。(5) 螺栓副出厂文件：高强度大六角头螺栓连接副和扭剪型高强度螺栓连接副出厂时应分别随箱带有完整的材质证明、质量保证书、扭矩系数和紧固轴力（预拉力）的检验报告。(6) 螺栓裂纹检查：用 10 倍放大镜及磁粉探伤检查无裂纹。(7) 螺栓副的存放：应在干燥室内存放并具有防潮防锈防污措施。(8) 螺栓副的批量：同一生产批号的螺栓副批量不大于 3000 套。(9) 螺栓及螺母标识：在螺栓头及螺母表面应有生产厂家认证标识
工程材料、设备进场查验	(1) 检查产品的质量合格证明文件中文标志及检验报告等。(2) 高强度大六角头螺栓连接副应按规范的规定检验其扭矩系数。(3) 钢结构制作和安装单位应按规范的规定分别进行高强度螺栓连接摩擦面的抗滑移系数试验和复验，现场处理的构件摩擦面应单独进行摩擦面抗滑移系数试验，其结果应符合设计要求。(4) 扭剪型高强度螺栓连接副应按规范的规定检验预拉力，其检验结果应符合规范的规定。(5) 高强度螺栓连接副应按包装箱配套供货包装箱上应标明批号规格数量及生产日期螺栓螺母垫圈外观表面应涂油保护不应出现生锈和沾染赃物螺纹不应损伤。(6) 高强度螺栓连接副应按包装箱配套供货包装箱上应标明批号规格数量及生产日期螺栓螺母垫圈外观表面应涂油保护不应出现生锈和沾染赃物螺纹不应损伤
仪器标定	电测轴力计、油压轴力计、电阻应变仪、扭矩扳手等计量器具，应在试验前进行标定，其误差不得超过 2%。检验所用的扭矩扳手其扭矩精度误差应该不大于 3%
抗滑移系数复验	抗滑移系数试验值必须大于设计值，在施工中将要用到的高强度螺栓连接副中每生产批抽取 3 套螺栓副，试验方法按 GB 50205—2001 附录 B 第 B.0.5 条

续表

监控内容	紧固件连接工程质量控制要求
扭矩系数或紧固轴力复验	(1) 大六角头高强度螺栓连接副扭矩系数复验用螺栓应在施工现场待安装的螺栓批中随机抽取，每批应抽取 8 套连接副进行复验。每套连接副只应做一次试验，不得重复使用。在紧固中垫圈发生转动时，应更换连接副，重新试验。试验结果扭矩系数平均值及标准偏差应符合规范和标准要求。(2) 扭剪型高强度螺栓连接副紧固轴力应在施工现场待安装的螺栓批中随机抽取，每批应抽取 8 套连接副进行复验。试验结果紧固轴力平均值及变异系数应符合规范和标准要求
螺栓穿孔率	100% 且自由穿入，孔内及板叠处无钻屑
组装时连接处	对口错边不大于 1.0mm，连接面端面无凸起
摩擦面状态	有涂层保护时清洁并有防护措施，非涂层应保持干燥、整洁，不应有飞边、毛刺、焊接飞溅物、焊疤、氧化皮、皮污垢等
初拧、复拧扭矩	高强度螺栓连接副的施拧顺序和初拧、复拧扭矩应符合设计要求和国家现行行业标准《钢结构高强度螺栓连接技术规程》JGJ 82—2011 的规定
终拧扭矩	(1) 高强度大六角头螺栓连接副终拧完成 1h 后、48h 内应进行终拧扭矩检查，检查结果应符合规范的规定。检验方法详细见 JGJ 82—2011。(2) 扭剪型高强度螺栓连接副终拧后，除因构造原因无法使用专用扳手终拧掉梅花头者外，未在终拧中拧掉梅花头的螺栓数不应大于该节点螺栓数的 5%。对所有梅花头未拧掉的扭剪型高强度螺栓连接副应采用扭矩法或转角法进行终拧并作标记，且按规范的规定进行终拧扭矩检查
连接外观质量	高强度螺栓连接副终拧后，螺栓丝扣外露应为 2~3 扣，其中允许有 10% 的螺栓丝扣外露 1 扣或 4 扣
扩孔	高强度螺栓应自由穿入螺栓孔。高强度螺栓孔不应采用气割扩孔，扩孔数量应征得设计同意，扩孔后的孔径不应超过 $1.2d$（d 为螺栓直径）
网架螺栓紧固	螺栓球节点网架总拼完成后，高强度螺栓与球节点应紧固连接，高强度螺栓拧入螺栓球内的螺纹长度不应小于 $1.0d$（d 为螺栓直径），连接处不应出现有间隙、松动等未拧紧情况
监理签名验收表格	高强度螺栓连接副施工质量检查记录 GD-C4-6226 紧固件连接检验批质量验收记录 GD-C5-71181 高强度螺栓连接检验批质量验收记录 GD-C5-71182

钢零部件加工分项工程质量控制要点 表 2-18-6

监控内容	钢零部件加工质量控制要求
钢板、型钢	(1) 钢材的品种规格性能等应符合现行国家产品标准和设计要求。钢材应满足《建筑抗震设计规范》（GB 50011—2010）的要求，钢材的强屈比复验值不应该小于 1.2（即屈服强度实测值与抗拉强度实测值的比值不应大于 0.83）。(2) 对钢板应按验收标准进行抽样复验，复验结果应符合现行国家标准。厚度方向断面收缩率的复验，仍按批号进行检验。延伸率应大约 20% 且具有明显屈服台阶。(3) 钢材表面质量除应符合国家有关标准外，且应符合下列要求：锈蚀等级应符合 GB 8923 的 C 级及 C 级以上；锈蚀麻点缺陷深度不得大于钢板厚度负偏差的一半；断口及边缘不应有分层及夹渣缺陷。(4) 对有厚度方向性能要求的钢板，应逐张进行超声波检验，检验方法按国家规范《厚钢板超声波检验方法》（GB/T 2970）执行。(5) 对使用于销轴的圆钢，亦应在加工前进行超声波探伤检测

续表

监控内容	钢零部件加工质量控制要求
铸钢节点	（1）焊接结构中铸钢节点的材料品种和性能，应符合设计要求和有关技术标准。（2）铸钢节点的铸件材料应具有屈服强度、抗拉强度、伸长率、断面收缩率、冲击功、表面硬度和碳、锰、硅、磷、硫等含量的保证，焊接铸钢还应有碳当量合格的保证。（3）铸钢节点，应按设计要求及相关标准的规定进行热处理，热处理后的材料力学指标应符合设计要求及相应标准的规定。热处理返工次数不得超过两次。（4）铸钢节点与其他构件的连接部位，即支管的焊接坡口部位向外延伸 150mm 区域，以及耳板上销轴连接孔四周 150mm 区域，应进行100%超声波探伤检测。铸钢节点本体的其他部位如具备超声波探伤条件的，也应进行100%的超声波检测。超声波检测应按现行国家标准《铸钢件超声波探伤及质量评级方法》（GB/T 7233）的规定执行。上述检测部位的超声波探伤评定等级应符合Ⅱ级的规定。其他部位应符合Ⅲ级的规定。对不可进行超声波探伤的盲区或目视检测存在疑义时，可采用磁粉或渗透探伤进行检测。磁粉或渗透探伤合格级别在节点与其他构件连接部位为Ⅱ级，在其他部位为Ⅲ级。（5）铸钢节点部件，应按规定预留加工余量。（6）铸钢节点可用机械、加热的方法进行矫正，矫正后的表面不得有明显的凹痕或其他损伤。（7）铸钢件表面不应有飞边、毛刺、氧化物、粘砂和锈斑和裂纹等缺陷。（8）铸钢节点的修补应在最终热处理前完成，对修补处应在热处理后进行外观检测、无损检测
钢拉杆	（1）钢拉杆的材质、规格、强度等级、性能应符合 GB/T 20934—2007 标准及设计要求。（2）钢拉杆连接件的承载能力应不低于杆体的最低承载能力。（3）复验组批规则：对应同一批号原材料，按同一热处理制度制作的同一规格杆体，（4）组装数量不超过 50 套的钢拉杆为一批。（5）尺寸和外观验收：按 GB/T 20934—2007 标准要求，若不符合要求，允许返修后复验。（6）成品拉力试验：按 GB/T 20934—2007 标准，钢拉杆承受 K 倍（设计无要求时取 0.85）时，钢拉杆的计算残余变形率不大于 0.2%。完全卸载后各部件应转动灵活。成品拉力试验取样两套复验，若不符合要求，允许加倍抽样复验，如果仍有一套不符合要求时，则需逐套检验。（7）非标钢拉杆：当设计采用非标钢拉杆时，监理应从原材料开始从源头按 GB/T 20934—2007 第 9.1 款对钢拉杆进行跟踪检查和验收
钢拉索	（1）钢拉索所用钢丝应符合《桥梁缆索用热镀锌钢丝》（GB/T 17101）的要求。（2）钢拉索外包保护层应符合《建筑缆索用高密度聚乙烯塑料》（CJ/T 3078）的要求。（3）钢拉索锚固索夹应符合《铸钢节点应用技术规程》（CECS235：2008）的要求。（4）监理应按《斜拉桥热挤聚乙烯高强度钢丝拉索技术条件》（GB/T 18365—2001）参与钢拉索的原材料检验、半成品检验和成品常规检验。（5）钢拉索是否进行静载性能试验、疲劳试验等非常规检验，由设计决定
销轴	（1）销轴材质、规格、性能、热处理状态应符合设计要求。（2）销轴原材料进场后，应对全部原材料进行超声波探伤并取样复验。理化性能应符合 GB 3077 的要求。（3）销轴调质处理后，镀锌前，应对全部销轴进行超声波探伤检测和磁粉检测，超声波探伤质量合格级别为《锻轧钢棒超声波检验方法》（GB/T 4162）中的 A 级，磁粉检测按《承压设备无损检测》（JB 4730—2005）执行，质量合格等级为Ⅱ级。4. 调质处理后，应取样进行力学性能分析

监控内容	钢零部件加工质量控制要求
材料备进场查验	(1) 对钢材、铸钢及拉杆、拉索的品种规格性能应进行全数检查核对。主要检查产品的质量合格证明文件、中文标识及检验报告等。(2) 对钢材、铸钢及拉杆、拉索的表面外观质量应进行全数检查。铸钢节点不得残留飞边、毛刺、氧化物、粘砂、锈斑和裂纹等缺陷。(3) 对钢板厚度及允许偏差、型钢的规格尺寸及允许偏差应用钢尺和游标卡尺每一品种、规格的钢材抽查 5 处。(4) 对铸钢节点的无损检测及热处理后检测，必须全数检查探伤报告、热处理曲线及施工记录、热处理后检测报告。(5) 钢拉杆相同组件应保证互换性；钢拉杆取样时应随机抽取整套钢拉杆，成品拉力试验复验时应整体一次进行，当试验机能力受限制，亦可分段进行，但应保证每个组件均经受拉力试验。(6) 钢拉索原材料检验：钢丝进厂应按 GB/T 2103 进行验收，检查包装、数量、重量和钢丝外观等。使用前应进行每批 5% 的抽样检测，检测项目为抗拉强度、规定非比例伸长应力和伸长率。并具有质量保证书。锚固索夹的理化性能应符合《铸钢节点应用技术规程》(CECS235：2008) 的要求，并应逐件进行超声波或磁粉探伤检测。锚固索夹应具有互换性。(7) 成品拉索的常规检验：1) 外观检验：外观面保持完好，不应有深于 1mm 的划痕。2) 成品拉索索长：经换算的拉索索长允许偏差小于等于 20mm（索长 L 小于 100m 时），或小于等于 $L/5000$（索长大于 100m 时）。3) 成品拉索超张拉检验：成品拉索应按 GB/T 18365—2001 逐根进行超张拉检验，合格方能出厂交付使用。4) 弹性模量检测：每种规格型号成品拉索至少有一根在超张拉检验后做弹性模量检测，弹性模量一般不应小于 1.90×10^5 MPa
仪器标定	加工过程中所使用的钢卷尺、经纬仪、测温仪等仪器设备均应经过检测率定合格
放样划线	(1) 宽度和长度、对角线相对差、对应边相对差、矢高（曲线部分）。(2) 相邻管节的纵缝距离，应大于板厚的 5 倍，且不应小于 200mm；同一节钢管上的纵向焊缝不得多于 2 道，其间距不得小于 200mm。应该避免不出现十字焊缝。(3) 钢板号料时应预留焊接收缩量和切割、边缘加工、冷热成型、压头预弯等加工余量。(4) 钢板划线后，应采用油漆、冲眼等标志分别标出切割线、检查线、中心线、零件的编号、坡口角度和尺寸等符号。(5) 在钢管、钢板上严禁用钢锯、凿子或钢印做标记，也不得在卷板外表面打冲眼。但下列情况可采用轻微冲眼作标记，深度不得超过 0.3mm：在卷板内侧表面，用于校核划线准确性的冲眼；卷板后的外表面
切割和切割面质量	(1) 钢材切割面或剪切面，应无裂纹、夹渣、分层和大于 1mm 的缺棱。目视检测有怀疑时，可辅以无损检测。(2) 严格控制气割的零件宽度/长度、切割面平面度、割纹深度、局部缺口深度允许偏差。(3) 严格控制零件宽度/长度、边缘缺棱、型钢端部垂直度机械剪切的允许偏差
预弯压头	监理重点控制压头后钢板的弧度。压制后用样板检验（专用样板必须用 3mm 厚度的不锈钢板制作）检查后切割两侧余量后开破口
卷管	重点控制管成型后大小端弧度间隙、端面平面度及标记、管口垂直度、常温卷制管的径厚比是否在规范要求范围内。(1) 卷管：滚压线的确定是锥管瓦片卷弧的关键技术。(2) 矫正：卷弧完毕后，将管段或瓦片吊放在钢平台上，对管段小头端和大头端的弧度进行检查，局部超标采用火焰矫正方法进行矫正。卷制时，不得采用锤击方法矫正钢板。(3) 检验：对管段或瓦片纵缝对口错边、管端椭圆度、管口平面度及弧度进行检查，应符合标准。完成压制或卷制后，应将管段以自由状态垂直立于平台上并用样板检查其弧度，样板与管内壁的间隙应要求。(4) 检查定位焊接质量符合规范要求

续表

监控内容	钢零部件加工质量控制要求
直缝管折弯成型加工	重点控制管成型后管口直径偏差、椭圆度、端面平面度及标记、管口垂直度、常温制管的径厚比是否在规范要求范围内。(1) 预弯：重点监控弯边的弯边的直边段小于 0.5 倍板厚度、预弯段与圆弧样板间隙。(2) 折弯成型：重点监控上下模具及折弯面是否清理干净，避免在管内壁产生压痕缺陷；对厚度大于 25mm 的厚板，应该采用弧长 250mm 的宽圆弧模具压制，以保证成型后无折弯痕迹，减少折弯造成的应力集中，减少管节内部的残余应力。(3) 成型收口：重点监控管坯脱模开口在 70～95mm；采用钢管成型机模具分段步进强制整圆、使开口缩小至 40mm 左右以方便后工序焊接、减少成型钢管的应力。(4) 合缝预焊：重点监控错边量、对接坡口及间隙。(5) 内焊：重点监控双弧双丝焊接预热温度、焊接位置、焊接线能量。(6) 外焊：重点监控三丝埋弧焊接预热温度、焊接位置、焊接线能量。(7) 无损检测：要求同上。(8) 校直：在龙门移动式校直上进行，保证直线度在 0.6L/1000 ≯ 4mm。(9) 成型精整：重点监控管端直径偏差及圆度。 端面加工：重点监控管端垂直度、平面度及坡口形状尺寸
弯管	(1) 弯管前的准备：监控纵向焊缝应尽量避开受拉边、是否预留切割余量、待弯管是否存在重皮/表面裂纹等超标缺陷。(2) 中频热煨弯：重点监控管弯曲后曲率半径、加热温度及终止弯曲温度、冷却方式、弯曲是否连续进行、非自然冷却（即强制冷却）的低合金钢弯管的温度、加热速率、保温时间、冷却速率等热处理工艺。(3) 冷压弯曲加工：重点监控压膜尺寸是否合适、两端是否有工艺直段、每刀压下量是否合适避免出现可见褶皱。冷弯曲的最小曲率半径和最大弯曲矢高是否符合规范。(4) 弯曲后的质量检查：卧放调平弯管，对照地阳线检查验收管口平面度、垂直度、直径偏差及曲率半径，重点检查验收管口剪刀差及 A 值；弯管构件的外观质量，应不得有裂纹、过烧、分层等缺陷且表面应圆滑、无明显皱褶，且凹凸深度不应大于 1mm
矫正	重点监控冷矫正时的环境温度、热矫正时的加热温度及热矫正后的冷却方式、矫正后零部件或构件的表面外观质量和主要几何尺寸偏差。冷矫正的最小曲率半径和最大弯曲矢高是否符合规范。热矫正时，温度冷却到室温前，不得锤击母材
成型	重点监控热加工成型时的加热温度、终止加工温度及热成型后的冷却方式、成型后零部件或构件的表面外观质量和主要几何尺寸偏差。冷弯曲的最小曲率半径和最大弯曲矢高是否符合规范
边缘加工	重点监控加工余量、边缘加工后允许偏差、边缘加工后表面光洁度和粗糙度
锁口和制孔	重点监控钻孔精度（孔公称直径偏差、粗糙度）、孔距偏差、孔群中心偏差及螺栓孔的堵孔补焊是否规范
桁架用钢管件加工	重点监控钢管长度、端面对管轴的垂直度、管口曲线、坡口形状尺寸偏差
螺栓球、焊接球加工	(1) 螺栓球不得有过烧裂纹及褶皱。圆度、同一轴线上两铣平面平行度、铣平面距中心距离、相邻两螺栓孔中心线夹角、两铣平面与螺栓孔轴线垂直度、球直径、螺纹直径等尺寸偏差应符合规范及标准要求。(2) 焊接球焊缝应进行无损检验其质量应符合设计要求，当设计无要求时，应符合规范中规定的二级质量标准。焊接球其对接坡口应采用机械加工，对接焊缝表面应打磨平整。焊接球直径、圆度、壁厚减薄量、半球对口错边量等加工偏差应符合规范及标准要求。(3) 钢板压成半圆球后，表面不应有裂纹、折皱。(4) 应加强监控热加工及锻压成型时的加热温度、终止加工温度及热成型后的冷却方式
销轴机加工、热处理及防腐	(1) 重点监控销轴原材料是否符合 GB 30077 及设计要求。(2) 重点监控销轴机加工及调质处理后、镀锌前的外观质量，几何尺寸精度，调质处理后的内部质量无损检测及力学性能检测结果是否符合设计要求。(3) 重点监控销轴镀锌后的厚度和锌附着量、外观、附着性、均匀性
监理签名验收表格	钢（铝合金）结构制作质量检查记录 GD-C4-6223 钢零部件加工检验批质量验收记录 GD-C5-71183

钢构件组装工程质量控制要点　　　　　　　　　表 2-18-7

项目	监控内容	钢构件组装工程质量控制要求
钢构件组装	仪器标定	过程中所使用的钢卷尺、经纬仪、测温仪等仪器设备均应经过检测率定合格
	定位焊	(1) 定位焊应与正式焊缝具有相同的质量要求，预热温度应高于正式施焊预热温度。(2) 定位焊缝厚度不宜超过设计焊缝厚度的 2/3，定位焊的长度宜大于 40mm，间距宜在 500～600mm，并应填满弧坑。定位焊强度应保证焊缝在正式焊接过程中不开裂
	焊接 H/T 形钢组装	(1) 接缝错开：焊接 H/T 形钢的翼缘板拼接缝和腹板拼接缝的间距不应小于 200mm。翼缘板拼接长度不应小于 2 倍板宽；腹板拼接宽度不应小于 300mm，长度不应小于 600mm。横向加劲板与翼缘板之间的焊缝应避免与纵向主焊缝交叉。(2) 几何尺寸精度：焊接 H 形钢的允许偏差应符合 GB 50205—2001 的规定。重点控制长度、旁弯、扭曲、端面垂直度/平面度、翼缘板倾斜度、局部不平度等指标。(3) 顶紧接触面接触面积：用 0.3mm 塞尺检查，其塞入面积应小于 25%，边缘间隙不用大于 0.8mm。顶紧接触面应有 75% 以上的面积紧贴。顶紧接触面的粗糙度不得大于 $R_a12.5\mu m$
	矩形管组装	(1) 接缝错开：焊接矩形管构件腹板工厂拼接位置与翼缘板工厂拼接位置之间的水平距离，不应小于 200mm。矩形管的翼缘板现场对接接口与腹板现场对接接口错开距离宜大于 500mm。横向加劲板与翼缘板之间的焊缝应避免与纵向主焊缝交叉。(2) 几何尺寸精度：组装允许偏差应符合 GB 50205—2001 的规定。重点控制长度、旁弯、扭曲、端面垂直度/平面度/对角线差、翼缘板倾斜度、局部不平度等指标。(3) 顶紧接触面接触面积：用 0.3mm 塞尺检查，其塞入面积应小于 25%，边缘间隙不用大于 0.8mm。顶紧接触面应有 75% 以上的面积紧贴。顶紧接触面的粗糙度不得大于 $R_a12.5\mu m$。
	圆管锥形管组装	(1) 接缝错开：矩形管的翼缘板现场对接接口与腹板现场对接接口错开距离宜大于 500mm；横向加劲板与管壁之间的焊缝应避免与纵向主焊缝重叠和交叉；组装时应避免出现十字焊缝，相邻管段的纵向焊缝距离应大于 5 倍板厚，且不应小于 200mm；环缝间距应不小于两倍焊缝热影响区的宽度。(2) 几何尺寸精度：组装允许偏差应符合 GB 50205 的规定。重点控制长度、直径、旁弯、端面垂直度/平面度/椭圆度、锥度、错边等指标。(3) 顶紧接触面接触面积：用 0.3mm 塞尺检查，其塞入面积应小于 25%，边缘间隙不用大于 0.8mm。顶紧接触面应有 75% 以上的面积紧贴。顶紧接触面的粗糙度不得大于 $R_a12.5\mu m$
	隐蔽工程	对隐蔽部位的几何尺寸、焊缝外观及内部质量探伤、防腐应加强监控，严格保证验收和检测流程
	桁架组装或拼装	重点监控几何尺寸精度：1) 桁架结构杆件轴线交点错位的允许偏差，不得大于 3.0mm。2) 管口中心点相对三位坐标允许偏差，不得大于 3.0mm。3) 节间长度、上下弦杆中心线高度（桁架高度）、桁架宽度允许偏差，不得大于 2.0mm。4) 主桁架间中心距允许偏差，不得大于 3.0mm。5) 组装或拼装单元长度 S 允许偏差：$-7.0～+3.0mm$ $(S\leqslant24m)$；$-10.0～+5.0mm$，$(S>24m)$。6) 桁架旁弯允许偏差，不大于 $S/5000mm$。7) 桁架下扰度允许偏差，设计要求起拱时为 $\pm1/5000mm$，设计不要求起拱时为 $0～+10mm$。8) 桁架节段面扭曲：不大于每米桁架长度 1mm，且累计不大于 5mm
	端部铣平	重点监控铣平面垂直度、平面度及防锈保护措施

续表

项目	监控内容	钢构件组装工程质量控制要求
钢构件组装	安装焊缝坡口	重点监控坡口角度、钝边是否符合要求，安装焊缝坡口面及附件母材外观是否存在超标缺陷
	构件外形尺寸	对柱/梁/桁架受力支托（支承面）表面至第一个安装孔距离、多节柱铣平面至第一个安装孔距离、实腹梁两端最外侧安装孔距离、构件连接处的截面几何尺寸、柱/梁连接处的腹板中心线偏移、受压构件（杆件）弯曲矢高等主控项目应按 GB 50205 全数验收检查，对一般项目按规范要求抽查
	安装定位标记	重点监控安装定位标记、安装点线，构件标识是否清晰完整
钢构件预拼装	支承或平台	预拼装所用的支承凳或平台应测量找平，且应具有足够的强度，以保证构件点上支承后不下陷，比变形
	仪器标定	过程中所使用的钢卷尺、经纬仪、测温仪等仪器设备均应经过检测率定合格
	地样线	所放设的地样线长度、宽度、对角线允许偏差不大于 2.0mm
	胎架	胎架支撑强度应满足工艺要求，胎架标高应符合线型图的要求
	验收状态	构件是否处于无约束状态，临时固定及拉紧装置是否拆除
	螺栓穿孔率	100% 且自由穿入，孔内及板叠处无钻屑
	预拼装精度	重点监控总长、旁弯、接口错变量、扭曲、拱度、坡口间隙等指标符合 GB 50205 要求
	标记	重点监控安装定位标记、安装点线，构件标识是否清晰完整
钢构件现场拼装	支承或平台	预拼装所用的支承凳或平台应测量找平，且应具有足够的强度，以保证构件点上支承后不下陷，比变形
	仪器标定	过程中所使用的钢卷尺、经纬仪、测温仪等仪器设备均应经过检测率定合格
	地样线	所放设的地样线长度、宽度、对角线允许偏差不大于 2.0mm
	胎架	胎架支撑强度应满足工艺要求，胎架标高应符合线型图的要求
	验收状态	构件是否处于无约束状态，临时固定及拉紧装置是否拆除
	螺栓穿孔率	100% 且自由穿入，孔内及板叠处无钻屑
	预拼装精度	重点监控总长、旁弯、接口错变量、扭曲、拱度、坡口间隙等指标符合 GB 50205 要求
	标记	重点监控安装定位标记、安装点线，构件标识是否清晰完整
验收表格	监理签认	钢（铝合金）结构隐蔽工程质量验收记录 GD-C4-627 钢构件组装检验批质量验收记录 GD-C5-71184 钢构件预拼装检验批质量验收记录 GD-C5-71185 钢构件预拼装检验批质量验收记录 GD-C5-71185

钢结构安装工程质量控制要点　　　　　　　　　　表 2-18-8

监控内容	钢结构安装工程质量控制要求
构件材料	钢构件应符合设计要求和规范的规定。运输、堆放和吊装等造成的钢构件变形及涂层脱落，应进行矫正和修补。按构件数抽查 10% 且不应少于 3 个

续表

监控内容	钢结构安装工程质量控制要求
基础验收	(1) 建筑物定位轴线基础上柱的定位轴线和标高地脚螺栓（锚栓）应符合设计要求和规范规定。(2) 多层建筑以基础顶面直接作为柱的支承面，或以基础顶面预埋钢板或支座作为柱的支承面时，其支承面、地脚螺栓（锚栓）位置的允许偏差应符合规范的规定。(3) 多层建筑采用坐浆垫板时，坐浆垫板的允许偏差应符合规范的规定。(4) 当采用杯口基础时，杯口尺寸的允许偏差应符合规范的规定
钢柱的安装精度	柱子安装的允许偏差应符合规范的规定
顶紧接触面	设计要求顶紧的节点，接触面不应少于70%紧贴，且边缘最大间隙不应大于0.8mm
垂直度和侧向弯曲	钢主梁次梁及受压杆件的垂直度和侧向弯曲矢高的允许偏差应符合规范的规定
主体结构尺寸	多层及高层钢结构主体结构的整体垂直度和整体平面弯曲的允许偏差应符合规范的规定
构件安装精度	钢构件安装的允许偏差应符合规范的规定
主体结构的高度	主体结构总高度的允许偏差应符合规范的规定
现场组对精度	多层及高层钢结构中现场焊缝组对间隙的允许偏差应符合规范的规定
结构表面	钢结构表面应干净结构主要表面不应有疤痕泥沙等污垢
施工记录	大型构件吊装记录 GD-C4-6227
	钢（铝合金）结构安装质量检查记录 GD-C4-6224
	基座、埋件交接记录 GD-C4-6221
	钢（铝合金）结构构件（整体）侧向弯曲测量记录 GD-C4-6230
质量验收	型钢混凝土组合结构型钢隐蔽工程质量验收记录 GD-C4-624
	多层及高层钢结构安装检验批质量验收记录 GD-C5-71187
	单层钢结构安装检验批质量验收记录 GD-C5-71186

空间网格结构安装工程质量控制要点　　　　　　　　　表 2-18-9

项目	监控内容	空间网格结构安装工程质量控制要求
材料	焊接球	(1) 焊接球及制造焊接球所采用的原材料，其品种、规格、性能等应符合现行国家产品标准和设计要求。(2) 焊接球焊缝应进行无损检验其质量应符合设计要求，当设计无要求时，应符合规范中规定的二级质量标准
	螺栓球	(1) 螺栓球及制造螺栓球节点所采用的原材料，其品种、规格、性能等应符合现行国家产品标准和设计要求。(2) 螺栓球不得有过烧裂纹及褶皱
	封板、锥头、套筒	(1) 封板锥头和套筒及制造封板锥头和套筒所采用的原材料，其品种、规格、性能等应符合现行国家产品标准和设计要求。(2) 封板锥头套筒外观不得有裂纹过烧及氧化皮
	橡胶垫	钢结构用橡胶垫的品种规格性能等应符合现行国家产品标准和设计要求
	查验	(1) 焊接球应检查产品的质量合格证明文件中文标志及检验报告等，超声波探伤或检查检验报告。(2) 螺栓球应检查产品的质量合格证明文件中文标志及检验报告等，并用10倍放大镜观察和表面探伤。(3) 封板、锥头、套筒应检查产品的质量合格证明文件中文标志及检验报告等，并用放大镜观察检查和表面探伤。(4) 橡胶垫检查产品的质量合格证明文件中文标志及检验报告等

续表

项目	监控内容	空间网格结构安装工程质量控制要求
施工	基础验收	（1）钢网架结构支座定位轴线的位置，支座锚栓的规格应符合设计要求。（2）支承面顶板的位置、标高、水平度以及支座锚栓位置的允许偏差应符合规范的规定
	支座	（1）支承垫块的种类、规格、摆放位置和朝向，必须符合设计要求和国家现行有关标准的规定。橡胶垫块与刚性垫块之间或不同类型刚性垫块之间不得互换使用。（2）网架支座锚栓的紧固应符合设计要求
	拼装精度	拼装单元的允许偏差应符合规范的规定
	节点承载力试验	对建筑结构安全等级为一级，跨度40m及以上的公共建筑钢网架结构，且设计有要求时，应按下列项目进行节点承载力试验，其结果应符合以下规定：（1）焊接球节点应按设计指定规格的球及其匹配的钢管焊接成试件，进行轴心拉压、承载力试验，其试验破坏荷载值大于或等于1.6倍设计承载力为合格。（2）螺栓球节点应按设计指定规格的球最大螺栓孔螺纹进行抗拉强度保证荷载试验，当达到螺栓的设计承载力时，螺孔、螺纹及封板仍完好无损为合格
	结构挠度	钢网架结构总拼完成后及屋面工程完成后应分别测量其挠度值且所测的挠度值，不应超过相应设计值的1.15倍
	焊接球精度	（1）焊接球直径圆度壁厚减薄量等尺寸及允许偏差应符合规范的规定。（2）焊接球表面应无明显波纹及局部凹凸不平不大于1.5mm
	螺栓球螺纹精度	螺栓球螺纹尺寸应符合现行国家标准普通螺纹基本尺寸GB 196中粗牙螺纹的规定，螺纹公差必须符合现行国家标准普通螺纹公差与配合GB 197中6H级精度的规定
	结构表面	钢网架结构安装完成后，其节点及杆件表面应干净，不应有明显的疤痕、泥沙和污垢。螺栓球节点应将所有接缝用油腻子填嵌严密，并应将多余螺孔封口
	安装精度	钢网架结构安装完成，后其安装的允许偏差应符合规范的规定
验收表	监理签认	网架工程挠度测量记录 GD-C4-6229 钢网架制作检验批质量验收记录 GD-C5-71188 钢网架安装检验批质量验收记录表 GD-C5-71189

压型金属板工程质量控制要点　　　　　　　　　　表 2-18-10

项目	监控内容	压型金属板工程质量控制要求
材料	压型金属板	（1）金属压型板及制造金属压型板所采用的原材料，其品种、规格、性能等应符合现行国家产品标准和设计要求。（2）压型金属泛水板、包角板和零配件的品种、规格以及防水密封材料的性能应符合现行国家产品标准和设计要求
	材料查验	（1）检查产品的质量合格证明文件中文标志及检验报告等。（2）压型金属板成型后其基板不应有裂纹。（3）有涂层镀层压型金属板成型后，涂镀层不应有肉眼可见的裂纹剥落及擦痕等缺陷。（4）压型金属板的规格尺寸及允许偏差、表面质量、涂层质量等应符合设计要求和规范的规定。（5）压型金属板成型后表面应干净不应有明显凹凸和皱褶

项目	监控内容	压型金属板工程质量控制要求
施工过程质量控制	外观	基板表面不允许裂纹、干净且无皱褶凹痕
	几何精度	波高、侧弯及允许偏差
	防腐质量	涂镀层不可见裂纹、剥落、擦痕，厚度符合设计及标准要求
	安装进场验收	外观（基板表面不允许裂纹、干净且无皱褶凹痕）；几何形状精度（波高、侧弯及允许偏差）；防腐质量（涂镀层不可见裂纹、剥落、擦痕，厚度符合设计及标准要求）
	现场安装	压型金属板、泛水板和包角板等应固定可靠、牢固，防腐涂料涂刷和密封材料敷设应完好，连接件数量、间距应符合设计要求和国家现行有关标准规定
	搭接	压型金属板应在支承构件上可靠搭接，搭接长度应符合设计要求，且不应小于规范所规定的数值
	端部锚固	组合楼板中压型钢板与主体结构（梁）的锚固支承长度应符合设计要求，且不应小于50mm，端部锚固件连接应可靠，设置位置应符合设计要求
	安装质量	压型金属板安装应平整、顺直，板面不应有施工残留物和污物。檐口和墙面下端应呈直线，不应有未经处理的错钻孔洞
	安装精度	压型金属板安装的允许偏差应符合规范的规定
验收	监理签名	压型金属板检验批质量验收记录 GD-C5-71190

防腐涂料涂装工程质量控制要点 表 2-18-11

项目	监控内容	防腐涂料涂装工程质量控制要求
材料	防腐涂料	（1）钢结构防腐涂料、稀释剂和固化剂等材料的品种、规格、性能等应符合现行国家产品标准和设计要求。（2）防腐涂料的型号、名称、颜色及有效期应与其质量证明文件相符。开启后，不应存在结皮、结块、凝胶等现象
	进场查验	（1）检查产品的质量合格证明文件中文标志及检验报告等。（2）开工前，防腐涂料产品应进行型式检验，合格后方可投入使用
施工质量控制	仪器标定	审查测温仪、干湿度计、热电偶等设备仪器的标定
	材料核查	现场巡视时中间检查所使用的涂层涂料品种、色标号是否符合设计要求
	喷砂前结构处理	为了保证在钢材表面上的涂料发挥最佳保护性能，一定要进行钢结构缺陷处理。处理的内容包括：（1）自由边：钢材自由边上的尖角毛刺，用砂轮打磨至 $R > 2mm$ 的圆角。（2）切割边：切割边的峰谷差超过 1mm 时，打磨到 1mm 以下，对坚硬的熔渣表面要进行打磨处理。（3）咬边：焊缝上深为 0.8mm 以上的咬口，进行补焊处理。（4）飞溅：焊接产生的飞溅要打磨光顺。（5）翘皮：钢材表面的翘皮（起鳞），用砂轮磨除。（6）焊缝：焊缝接头，以及表面有 2mm 以上的凸出或有锋利突出时，砂轮打磨光顺。（7）火焰切割面：但是由于非常坚硬不利于喷砂，要先打磨掉表层
	表面净化	在喷砂除锈前，要对钢结构表面先进行除油处理。除油根据 SSPCSP1 进行。油脂只有定性没有定量的检测方法。（1）最简易的油脂检测方法是在表面洒水的"洒水法"（非标准）。如果没有油脂存在，水滴会在表面很快地扩散开来，如果有油脂存在，则会留存在表面形成水珠状。（2）使用粉笔划过表面也可以简便地测试油脂的存在。存在油脂的地方，粉笔痕迹后收缩变窄

项目	监控内容	防腐涂料涂装工程质量控制要求
施工质量控制	喷砂预处理	对油漆防腐清洁度必须达到 Sa2.5 级（使钢材表观洁净的喷射清理在不放大的情况下进行观察时，表面应无可的油脂和污垢，并且氧化皮、铁锈、油漆涂层和异物。该表面应具有均匀的金属色泽，粗糙度应控制在 Rz40～70μm。喷砂后要尽快进行热喷涂，根据不同的区域，间隔时间要尽可能短，最长不超过 4h。抛丸处理可以采用钢砂和钢丸，开放式喷砂可以采用非金属磨料，如铜矿渣作为喷砂用磨料。不能采用石英砂或河砂等作为为喷射用磨料。石英砂或河砂除了对工人带来"矽肺"的危害外，由于硬度低，易粉碎，往往达不到表面处理的要求，并且很容易在表面形成"夹渣"，严重影响涂层性能
	除灰	喷砂后准备涂漆的钢材表面要清洁、干燥，无油脂，保持粗糙度和清洁度直到第一度涂层喷涂。所有灰尘要求彻底清理，根据 ISO 8502－3 灰尘要求低于 2 级。表面处理后，钢材表面在返黄前，就要涂漆。如果钢材表面有可见返锈现象，变湿或者被污染，要求重新清理到规定的级别
	涂装	（1）外表面电弧喷涂及热喷涂结束，检验合后，应该尽快喷涂封闭涂层，通常在 2 小时以内，最长不要超过 8h。（2）环境控制：测量并记录温度、相对湿度和底材温度。底材温度要高于露点温度 3℃以上，相对湿度要低于 85%。（3）涂料混合调配：混合涂料分两个包装，记着一定要按比例混合一套涂料，一套涂料混合好后，必须在规定的混合使用寿命内用完。先使用机械搅拌器搅拌基料 A 组分，把全部的固化剂倒入基料中，机械搅拌均匀。（4）熟化时间：双组份混合后，要放置熟化一定时间后才能使用（熟化时间参见产品说明书）。（5）混合使用时间：如果超过规定的混合使用时间，涂料将不可以再使用。随着温度的升高，混合使用时间会缩短。（6）干燥和重涂：超过干燥重涂间隔，上道涂层表面应进行拉毛处理。（7）稀释剂：稀释剂的添加要在涂料两个组分混合好后进行，不同的温度、操作工艺、施工设备等，稀释剂的添加量均有所不同，以达到合适的喷涂黏度。喷涂移枪速度要快，漆膜厚度不宜过厚，以恰好封闭住金属喷涂层表面为宜，表面均匀平整，无流挂，气泡，漏喷等缺陷，为后道中间涂层形成良好基底。（8）喷涂：根据产品参数要求选用高压无气喷涂或有气喷涂，刷涂和辊涂仅适用于预涂、补修和小面积的涂装。正式喷涂前，用刷涂的方法对边角、焊缝等不易喷涂的部位先进行预涂。（9）湿膜控制：喷涂时时要求用湿膜测厚仪随时测量，控制喷漆厚度。根据体积固体分，一定的湿膜厚度可以推算出相应的干膜厚度。加入稀释剂后，要相应地增加喷涂湿膜厚度，才能达到规定的干膜厚度
	支承墩位处理及补涂	严格监控对喷涂时的构件支承墩位重复进行表面净化、喷砂、除灰、热喷涂操作，监控要点同上
	修补	对于缺陷或破损处的油漆修补配套，原则上，缺陷或破损到哪一道漆就从哪一道漆补起。用纸砂轮盘磨去破损、松散的涂层，要求对漆膜破损处的每一道油漆都打磨成至少 2cm 宽的斜坡，如果破损处已见钢材，则要打磨处理到 St3 的标准。用清洁的干布擦拭打磨表面，确保需补漆前的表面洁净无灰尘污染。局部小范围的修补采取刷涂施工的方式进行，对于修补处漆膜和四周的搭接部位能过渡得更加平顺；为了尽可能减轻刷涂造成的刷痕而影响外观，要求使用羊毛刷进行施工操作，在油漆硬干后，用砂纸进行表面打磨处理以消除明显的刷痕。其他监控要点同上

项目	监控内容	防腐涂料涂装工程质量控制要求
施工质量控制	外观	外观无流挂、针孔、褶皱、起皮、漏底、气泡等缺陷
	厚度	涂料、涂装遍数、涂层厚度均应符合设计要求。当设计对涂层厚度无要求时，涂层干漆膜总厚度：室外应为 $150\mu m$ 室内应为 $125\mu m$ 其允许偏差为 $-25\mu m$ 每遍涂层干漆膜厚度的允许偏差为 $-5\mu m$
	附着力	当钢结构处在有腐蚀介质环境或外露且设计有要求时，应进行涂层附着力测试，在检测处范围内，当涂层完整程度达到 70% 以上时，涂层附着力达到合格质量标准的要求
	涂层厚度	涂料、涂装遍数、涂层厚度均应符合设计要求。当设计对涂层厚度无要求时，涂层干漆膜总厚度：室外应为 $150\mu m$ 室内应为 $125\mu m$ 其允许偏差为 $-25\mu m$ 每遍涂层干漆膜厚度的允许偏差为 $-5\mu m$
	附着力测试	当钢结构处在有腐蚀介质环境或外露且设计有要求时，应进行涂层附着力测试，在检测处范围内，当涂层完整程度达到 70% 以上时，涂层附着力达到合格质量标准的要求
	标志	涂装完成后构件的标志标记和编号、安装定位标记及点线保护应清晰完整
验收	监理签名	防腐漆（膜）厚度及附着力检查记录 GD-C4-6231 防腐涂料涂装检验批质量验收记录 GD-C5-71191

防火涂料涂装工程质量控制要点　　　　　　表 2-18-12

项目	监控内容	防火涂料涂装工程质量控制要求
材料	防火涂料	（1）钢结构防火涂料的品种和技术性能应符合设计要求，并应经过具有资质的检测机构检测符合国家现行有关标准的规定。（2）防火涂料的型号、名称、颜色及有效期应与其质量证明文件相符。开启后，不应存在结皮、结块、凝胶等现象
	材料进场查验	（1）检查产品的质量合格证明文件中文标志及检验报告等。（2）钢结构防火涂料的粘结强度、抗压强度应符合国家现行标准钢结构防火涂料应用技术规程 CECS24：90 的规定。检验方法应符合现行国家标准建筑构件防火喷涂材料性能试验方法 GB 9978 的规定
施工质量控制	涂装基层验收	防火涂料涂装前钢材表面除锈及防锈底漆涂装应符合设计要求和国家现行有关标准的规定
	涂层厚度	薄涂型防火涂料的涂层厚度应符合有关耐火极限的设计要求。厚涂型防火涂料涂层的厚度，80% 及以上面积应符合有关耐火极限的设计要求，且最薄处厚度不应低于设计要求的 85%
	表面裂纹	薄涂型防火涂料涂层表面裂纹宽度不应大于 0.5mm；厚涂型防火涂料涂层表面裂纹宽度不应大于 1mm
	涂层表面质量	防火涂料不应有误涂、漏涂，涂层应闭合无脱层、空鼓、明显凹陷、粉化松散和浮浆等外观缺陷，乳突已剔除
验收	监理签名	防火涂层厚度检查记录 GD-C4-6232 防火涂料涂装检验批质量验收记录 GD-C5-71192

钢管混凝土结构工程质量控制要点　　　　　　　　　　表 2-18-13

项目	监控内容	钢管混凝土结构工程质量控制要求
一般规定	施工和检测单位资质	钢管混凝土工程的施工应由具备相应资质的企业承担。钢管混凝土工程施工质量检测应由具备工程结构检测资质的机构承担
	图纸审核确认	钢管混凝土施工图设计文件应经具有施工图设计审查许可证的机构审查通过。施工单位的深化设计文件应经原设计单位确认
	施工方案和措施	钢管混凝土工程施工前，施工单位应编制专项施工方案，并经监理（建设）单位确认。当冬期、雨期、高温施工时，应制定季节性施工技术措施。钢管混凝土构件吊装与钢管内混凝土浇筑顺序应满足结构强度和稳定性的要求
	材料要求	钢管、钢板、钢筋、连接材料、焊接料及钢管混凝土的材料应符合设计要求和国家现行有关标准的规定
	焊工资质	焊工必须经考试合格并取得合格证书，持证焊工必须在其考试合格项目及合格证规定的范围内施焊
	焊缝检测	设计要求全焊透的一、二级焊缝应采用超声波探伤进行焊缝内部缺陷检验，超声波探伤不能对缺陷作出判断时，应采用射线探伤检验。其内部缺陷分级及探伤应符合现行国家标准《钢焊缝手工超声波探伤方法和探伤结果分级》GB 11345、《金属熔化焊焊接接头射线照相》GB/T 3323 的有关规定。一、二级焊缝的质量等级及缺陷分级应符合 GB 50628—2010 表 3.0.7 的规定
	钢管构件制作焊接和涂装	焊接、零部件加工、防腐和防火涂装。钢管构件的制作应符合现行国家标准《钢结构工程施工质量验收规范》GB 50205 的有关规定。构件出厂应按规定进行验收检验，并形成出厂验收记录。要求预拼装的应进行预拼装，并形成记录。钢管构件安装完成后应按设计要求进行防腐、防火涂装。其质量要求和检验方法应符合现行国家标准《钢结构工程施工质量验收规范》GB 50205 的有关规定
	混凝土浇筑试验	钢管内混凝土施工前应进行配合比设计，并宜进行浇筑工艺试验；浇筑方法应与结构形式相适应
钢管构件进场	主控项目 构件进场验收	钢管构件进场应进行验收，其加工制作质量应符合设计要求和合同约定。检查数量：全数检查。检验方法：检查出厂验收记录
	构配件数量	钢管构件进场应按安装工序配套核查构件、配件的数量。检查数量：全数检查。检验方法：按照安装工序清单清点构件、配件数量
	加劲肋板、栓钉及管壁开孔等规格数量	钢管构件上的钢板翅片、加劲肋板、栓钉及管壁开孔的规格和数量应符合设计要求。检查数量：同批构件抽查 10%，且不少于 3 件。检验方法：尺量检查、观察检查及检查出厂验收记录
	一般项目 构件外观	钢管构件不应有运输、堆放造成的变形、脱漆等现象。检查数量：同批构件抽查 10%，且不少于 3 件。检验方法：观察检查
	构件尺寸	钢管构件进场应抽查构件的尺寸偏差，其允许偏差应符合表 4.1.5 的规定。检查数量：同批构件抽查 10%，且不少于 3 件。检验方法：见 GB 50628—2010 表 4.1.5
	验收 监理签名	钢管构件进场验收检验批质量验收记录 GD-C5-71193

项目	监控内容		钢管混凝土结构工程质量控制要求
现场拼装	主控项目	缀件	钢管混凝土构件现场拼装时，钢管混凝土构件各种缀件的规格、位置和数量应符合设计要求。检查数量：全数检查。检验方法：观察检查、尺量检查
		拼装方式、程序、施焊方法	钢管混凝土构件拼装的方式、程序、施焊方法应符合设计及专项施工方案要求。检查数量：全数检查。检验方法：观察检查、检查施工记录
		焊材匹配	钢管混凝土构件焊接的焊接材料应与母材相匹配，并应符合设计要求和现行国家标准《钢结构工程施工质量验收规范》GB 50205 的有关规定。检查数量：全数检查。检验方法：检查施工记录
		拼装焊缝内部质量	钢管混凝土构件拼装焊接焊缝质量应符合设计要求和现行国家标准《钢结构工程施工质量验收规范》GB 50205 的有关规定。设计要求的一、二级焊缝应符合本规范第3.0.7条的规定。检查数量：全数检查。检验方法：检查施工记录及焊缝检测报告
	一般项目	拼装场地要求	钢管混凝土构件拼装场地的平整度、控制线等控制措施应符合专项施工方案的要求。检查数量：全数检查。检验方法：观感检查、尺量检查
		拼装焊缝外部质量	钢管混凝土构件现场拼装焊接二、三级焊缝外观质量应符合 GB 50628—2010 表4.2.6 的规定。检查数量：同批构件抽查 10%，且不少于 3 件。检验方法：观察检查、尺量检查
		焊缝余高和错边	钢管混凝土构件对接焊缝和角焊缝余高及错边允许偏差应符合 GB 50628—2010 表4.2.7 的规定。检查数量：同批构件抽查 10%，且不少于 3 件。检验方法：焊缝量规检查
		拼装尺寸偏差	钢管混凝土构件现场拼装允许偏差应符合表 4.2.8 的规定。检查数量：同批构件抽查 10%，且不少于 3 件。检验方法：见 GB 50628—2010 表 4.2.8
	验收	监理签名	钢管混凝土构件现场拼装检验批质量验收记录 GD-C5-71194
柱脚锚固	主控项目	埋入式柱脚	埋入式钢管混凝土柱柱脚的构造、埋置深度和混凝土强度应符合设计要求。检查数量：全数检查。检验方法：观察检查、尺量检查、检查混凝土试件强度报告
		端承式柱脚	端承式钢管混凝土柱柱脚的构造及连接锚固件的品种、规格、数量、位置应符合设计要求。柱脚螺栓连接与焊接的质量应符合设计要求和现行国家标准《钢结构工程施工质量验收规范》GB 50205 的有关规定。检查数量：全数检查。检验方法：观察检查，检查柱脚预埋钢板验收记录
	一般项目	埋入式柱脚管内锚固筋	埋入式钢管混凝土柱柱脚有管内锚固钢筋时，其锚固筋的长度、弯钩应符合设计要求。检查数量：全数检查。检验方法：检查施工记录、隐蔽工程验收记录
		端承式柱脚灌浆	端承式钢管混凝土柱柱脚安装就位及锚固螺栓拧紧后，端板下应按设计要求及时进行灌浆。检查数量：全数检查。检验方法：观察检查，检查施工记录
		柱脚安装偏差	钢管混凝土柱柱脚安装允许偏差应符合 GB 50628—2010 表4.3.5 的规定。检查数量：同批构件抽查 10%，且不少于 3 处。检验方法：尺量检查
	验收	监理签名	钢管混凝土柱柱脚锚固检验批质量验收记录 GD-C5-71195

续表

项目	监控内容		钢管混凝土结构工程质量控制要求
构件安装	主控项目	吊装和浇筑顺序	钢管混凝土构件吊装与混凝土浇筑顺序应符合设计和专项施工方案要求。检查数量：全数检查。检验方法：观察检查，检查施工记录
		基座和下节柱混凝土强度	钢管混凝土构件吊装前，基座混凝土强度应符合设计要求。多层结构上节钢管混凝土构件吊装应在下节钢管内混凝土达到设计要求后进行。检查数量：全数检查。检验方法：检查同条件养护试块报告
		吊点、临时支撑、测量标记	钢管混凝土构件吊装前，钢管混凝土构件的中心线、标高基准点等标记应齐全；吊点与临时支撑点的设置应符合设计及专项施工方案要求。检查数量：全数检查。检验方法：观察检查
		校正和加固	钢管混凝土构件吊装就位后，应及时校正和固定牢固。检查数量：全数检查。检验方法：观察检查
		焊接与紧固件连接	钢管混凝土构件焊接与紧固件连接的质量应符合设计要求和现行国家标准《钢结构工程施工质量验收规范》GB 50205 的有关规定。检查数量：全数检查。检验方法尺量检查，检查高强度螺栓终拧扭矩记录、施工记录及焊缝检测报告
		垂直度	钢管混凝土构件垂直度允许偏差应符合表 4.4.6 的规定。检查数量：同批构件抽查 10%，且不少于 3 件。检验方法：见 GB 50628—2010 表 4.4.6
	一般项目	杂物清理和管口保护	钢管混凝土构件吊装前，应清除钢管内的杂物，钢管口应包封严密。检查数量：全数检查。检验方法：观察检查
		安装允许偏差	钢管混凝土构件安装允许偏差应符合 GB 50628—2010 表 4.4.8 的规定。检查数量：同批构件抽查 10%，且不少于 3 件。检验方法：见 GB 50628—2010 表 4.4.8
	验收	监理签名	钢管混凝土构件安装检验批质量验收记录 GD-C5-71196
柱与钢筋混凝土梁连接	主控项目	节点区构造和钢筋规格、数量、位置	钢管混凝土柱与钢筋混凝土梁连接节点核心区的构造及钢筋的规格、位置、数量应符合设计要求。检查数量：全数检查。检验方法：观察检查，检查施工记录和隐蔽工程验收记录
		贯通型节点外壁处理	钢管混凝土柱与钢筋混凝土梁采用钢管贯通型节点连接时，在核心区内的钢管外壁处理应符合设计要求，设计无要求时，钢管外壁应焊接不少于两道闭合的钢筋环箍，环箍钢筋直径、位置及焊接质量应符合专项施工方案要求。检查数量：全数检查。检验方法：观察检查，检查施工记录
		非贯通型节点	钢管混凝土柱与钢筋混凝土梁连接采用钢管柱非贯通型节点连接时，钢板翅片、厚壁连接钢管与加劲肋板的规格、数量、位置与焊接质量应符合设计要求。检查数量：全数检查。检验方法：观察检查、尺量检查和检查施工记录
	一般项目	梁纵向钢筋通过钢管混凝土柱核心区构造	梁纵向钢筋通过钢管混凝土柱核心区应符合下列规定：(1)梁的纵向钢筋位置、间距应符合设计要求；(2)边跨梁的纵向钢筋的锚固长度应符合设计要求；(3)梁的纵向钢筋宜直接贯通核心区，且连接接头不宜设置在核心区。(4)检查数量：全数检查。检验方法：观察检查、尺量检查和检查隐蔽工程验收记录

项目	监控内容		钢管混凝土结构工程质量控制要求
柱与钢筋混凝土梁连接	一般项目	梁纵向钢筋的净距、弯折度	通过梁柱节点核心区的梁纵向钢筋的净距不应小于40mm，且不小于混凝土骨料粒径的1.5倍。绕过钢管布置的纵向钢筋的弯折度应满足设计要求。检查数量：全数检查。检验方法：观察检查、尺量检查
		连接允许偏差	钢管混凝土柱与钢筋混凝土梁连接允许偏差应符合GB 50628—2010 表4.5.6的规定。检查数量：全数检查。检验方法：见GB 50628—2010 表4.5.6
	验收	监理签名	钢管混凝土柱与钢筋混凝土梁连接检验批质量验收记录 GD-C5-71197
钢管内钢筋骨架接	主控项目	钢筋骨架的钢筋品种、规格、数量	钢管内钢筋骨架的钢筋品种、规格、数量应符合设计要求。检查数量：全数检查。检验方法：观察检查、卡尺测量、检查产品出厂合格证和检查进场复测报告
		钢筋加工、钢筋骨架成形和安装质量	钢筋加工、钢筋骨架成形和安装质量应符合《混凝土结构工程施工质量验收规范》GB 50204的规定。检查数量：按每一工作班同一类加工形式的钢筋抽查不少于3件。检验方法：观察检查、尺量检查
		钢筋的位置、锚固长度及与管壁之间的间距	受力钢筋的位置、锚固长度及与管壁之间的间距应符合设计要求。检查数量：全数检查。检验方法：观察检查、尺量检查
	一般项目	钢筋骨架尺寸和安装允许偏差	钢筋骨架尺寸和安装允许偏差应符合表4.6.4的规定。检查数量：同批构件抽查10%，且不少于3件。检验方法：见GB 50628—2010 表4.6.4
	验收	监理签名	钢管内钢筋骨架检验批质量验收记录 GD-C5-71198
钢管内混凝土浇筑	主控项目	强度等级	钢管内混凝土的强度等级应符合设计要求。检查数量：全数检查。检验方法：检查试件强度试验报告
		工作性能和收缩性	钢管内混凝土的工作性能和收缩性应符合设计要求和国家现行有关标准的规定。检查数量：全数检查。检验方法：检查施工记录
		浇筑延续时间、施工缝	钢管内混凝土运输、浇筑及间歇的全部时间不应超过混凝土的初凝时间，同一施工段钢管内混凝土应连续浇筑。当需要留置施工缝时应按专项施工方案留置。检查数量：全数检查。检验方法：观察检查、检查施工记录
		密实度	钢管内混凝土浇筑应密实。检查数量：全数检查。检验方法：检查钢管内混凝土浇筑工艺试验报告和混凝土浇筑施工记录
	一般项目	钢管对接焊口与混凝土施工缝	钢管内混凝土施工缝的设置应符合设计要求，当设计无要求时，应在专项施工方案中作出规定，且钢管柱对接焊口的钢管应高出混凝土浇筑施工面500mm以上，以防钢管焊接时高温影响混凝土质量。施工缝处理应按专项施工方案进行。检查数量：全数检查。检验方法：观察检查、检查施工记录
		浇筑方法	钢管内的混凝土浇筑方法及浇灌孔、顶升孔、排气孔的留置应符合专项施工方案要求。检查数量：全数检查。检验方法：观察检查、检查施工记录

续表

项目	监控内容		钢管混凝土结构工程质量控制要求
钢管内混凝土浇筑	一般项目	浇筑前后检查	钢管内混凝土浇筑前，应对钢管安装质量检查确认，并应清理钢管内壁污物；混凝土浇筑后应对管口进行临时封闭。检查数量：全数检查。检验方法：观察检查、检查施工记录
		混凝土养护	钢管内混凝土灌筑后的养护方法和养护时间应符合专项施工方案要求。检查数量：全数检查。检验方法：检查施工记录
		浇灌孔、顶升孔、排气孔封堵和防腐	钢管内混凝土浇筑后，浇灌孔、顶升孔、排气孔应按设计要求封堵，表面应平整，并进行表面清理和防腐处理。检查数量：全数检查。检验方法：观察检查
	验收	监理签名	钢管内混凝土浇筑检验批质量验收记录 GD-C5-71199

19 建筑幕墙工程质量控制

19.1 建筑幕墙工程质量控制主要依据：见表 2-19-1、表 2-19-2。

建筑幕墙工程质量控制规范和标准一览表 　　　　表 2-19-1

分类	标准和规范名称	标准代号
幕墙用建筑结构	建筑工程施工质量验收统一标准	GB/T 50300—2013
	钢结构设计规范	GB 50017—2003
	冷弯薄壁型钢结构技术规范	GB 50018—2002
	钢结构工程施工质量验收规范	GB 50205—2001
	钢结构现场检测技术标准	GB/T 50621—2010
	工程测量规范	GB 50026—2007
	钢结构焊接规范	GB 50661—2011
	钢结构工程施工规范	GB 50755—2012
	空间网格结构技术规程	JGJ 7—2010
	钢结构高强度螺栓连接技术规程	JGJ 82—2011
	混凝土结构后锚固技术规程	JGJ 145—2013
	高层建筑混凝土结构技术规程	JGJ 3—2010
	高层民用建筑钢结构技术规程	JGJ 99—2015
	预应力筋用锚具、夹具和连接器	GB/T 14370—2015
建筑幕墙与门窗	玻璃幕墙工程技术规范	JGJ 102—2003
	玻璃幕墙工程质量检验标准	JGJ/T 139—2001
	铝合金结构工程施工质量验收规范	GB 50576—2010
	玻璃幕墙光热性能	GB/T 18091—2015

分类	标准和规范名称	标准代号
建筑幕墙与门窗	点支式玻璃幕墙工程技术规程	CECS 127—2001
	人造板材幕墙工程技术规范	JGJ 336—2016
	建筑玻璃点支承装置	JG/T 138—2010
	吊挂式玻璃幕墙支承装置	JG 139—2001
	建筑采光设计标准	GB 50033—2013
	建筑门窗术语	GB/T 5823—2008
	建筑幕墙	GB/T 21086—2007
	建筑幕墙气密、水密、抗风压性能检测方法	GB/T 15227—2007
	建筑幕墙抗震性能振动台试验方法	GB/T 18575—2001
	建筑幕墙层间变形性能分级及检测方法	GB/T 18250—2015
	建筑外门窗保温性能分级及检测方法	GB/T 8484—2008
	建筑外窗采光性能分级及检测方法	GB/T 11976—2015
	建筑门窗空气声隔声性能分级及检测方法	GB/T 8485—2008
	建筑外门窗气密、水密、抗风压性能分级及检测方法	GB/T 7106—2008
	金属与石材幕墙工程技术规范	JGJ 133—2001
	构件式玻璃幕墙	13J 103—2
	铝合金门窗	GB/T 8478—2008
	硫化橡胶或热塑性橡胶撕裂强度的测定（裤形、直角形和新月形试样）	GB/T 529—2008
	自动门	JG/T 177—2005
幕墙用钢材及不锈钢	彩色涂层钢板及钢带	GB/T 12754—2006
	彩色涂层钢板及钢带试验方法	GB/T 13448—2006
	热强钢焊条	GB/T 5118—2012
	低合金高强度结构钢	GB/T 1591—2008
	钢结构高强度螺栓连接技术规程	JGJ 82—2011
	钢丝绳术语、标记和分类	GB/T 8706—2006
	钢丝绳铝合金压制接头	GB/T 6946—2008
	耐候结构钢	GB/T 4171—2008
	合金结构钢	GB/T 3077—2015
	金属材料拉伸试验　第1部分：室温试验方法	GB/T 228.1—2010
	金属材料弯曲试验方法	GB/T 232—2010
	金属及其他无机覆盖层钢铁上经过处理的锌电镀层	GB/T 9799—2011
	金属材料维氏硬度试验　第1部分：试验方法	GB/T 4340.1—2009
	金属材料维氏硬度试验　第2部分：硬度计的检验与校准	GB/T 4340.2—2012
	金属材料维氏硬度试验　第3部分：标准硬度块的标定	GB/T 4340.3—2012
	冷拔异型钢管	GB/T 3094—2012

分类	标准和规范名称	标准代号
幕墙用钢材及不锈钢	连续热镀锌钢板及钢带	GB/T 2518—2008
	碳素结构钢	GB/T 700—2006
	碳素结构钢和低合金结构钢热轧薄钢板和钢带	GB 912—2008
	碳素结构钢和低合金结构钢热轧厚钢板和钢带	GB 3274—2007
	碳素结构钢冷轧钢带	GB 716—91
	优质碳素结构钢	GB/T 699—2015
	重要用途钢丝绳	GB 8918—2006
	不锈钢棒	GB/T 1220—2007
	不锈钢冷轧钢板和钢带	GB/T 3280—2015
	不锈钢热轧钢板和钢带	GB/T 4237—2015
铝型材及板材	变形铝及铝合金化学成分	GB/T 3190—2008
	变形铝及铝合金牌号表示方法	GB/T 16474—2011
	变形铝及铝合金状态代号	GB/T 16475—2008
	铝合金建筑型材 第1部分：基材	GB 5237.1—2008
	铝合金建筑型材 第2部分：阳极氧化型材	GB 5237.2—2008
	铝合金建筑型材 第3部分：电泳涂漆型材	GB 5237.3—2008
	铝合金建筑型材 第4部分：粉末喷涂型材	GB 5237.4—2008
	铝合金建筑型材 第5部分：氟碳漆喷涂型材	GB 5237.5—2008
	铝合金建筑型材 第6部分：隔热型材	GB 5237.6—2012
	铝及铝合金阳极氧化氧化膜厚度的测量方法 第1部分：测量原则	GB/T 8014.1—2005
	铝及铝合金阳极氧化氧化膜厚度的测量方法 第2部分：质量损失法	GB/T 80142.2—2005
	铝及铝合金阳极氧化氧化膜厚度的测量方法 第3部分：分光束显微镜法	GB/T 8014.3—2005
	铝及铝合金阳极氧化膜与有机聚合物膜 第1部分：阳极氧化膜	GB/T 8013.1—2007
	一般工业用铝及铝合金板、带材 第3部分：尺寸偏差	GB/T 3880.3—2012
	铝及铝合金彩色涂层板、带材	YS/T 431—2009
	铝及铝合金挤压棒材	GB/T 3191—2010
	铝及铝合金加工产品包装、标志、运输、贮存	GB/T 3199—2007
	一般工业用铝及铝合金板、带材 第1部分：一般要求	GB/T 3880.1—2012
	铝幕墙板 第1部分：板基	YS/T 429.1—2014
	铝幕墙板 第2部分：有机聚合物喷涂铝单板	YS/T 429.2—2012
	建筑幕墙用铝塑复合板	GB/T 17748—2016
	铝塑复合板用铝带	YS/T 432—2000
	铝及铝合金拉制圆线材	GB/T 3195—2008

分类	标准和规范名称	标准代号
玻璃	镀膜玻璃 第1部分：阳光控制镀膜玻璃	GB/T 18915.1—2013
	镀膜玻璃 第2部分：低辐射镀膜玻璃	GB/T 18915.2—2013
	防弹玻璃	GB 17840—1999
	平板玻璃	GB 11614—2009
	建筑玻璃可见光透射比、太阳光直接透射比、太阳能总透射比、紫外线透射比及有关窗玻璃参数的测定	GB/T 2680—94
	建筑玻璃应用技术规程	JGJ 113—2015
	建筑用安全玻璃 第1部分：防火玻璃	GB 15763.1—2009
	建筑用安全玻璃 第2部分：钢化玻璃	GB 15763.2—2005
	建筑用安全玻璃 第3部分：夹层玻璃	GB 15763.3—2009
	建筑用安全玻璃 第4部分：均质钢化玻璃	GB 15763.4—2009
	建筑装饰用微晶玻璃	JC/T 872—2000
	压花玻璃	JC/T 511—2002
	中空玻璃	GB/T 11944—2012
石材	干挂饰面石材及其金属挂件 第1部分：干挂饰面石材	JC 830.1—2005
	干挂饰面石材及其金属挂件 第2部分：金属挂件	JC 830.2—2005
	建筑装饰用天然石材防护剂	JC/T 973—2005
	天然板石	GB/T 18600—2009
	天然大理石荒料	JC/T 202—2011
	天然大理石建筑板材	GB/T 19766—2005
	天然花岗石荒料	JC/T 204—2011
	天然花岗石建筑板材	GB/T 18601—2009
	天然石材统一编号	GB/T 17670—2008
	天然石材术语	GB/T 13890—2008
	岩石平板	GB/T 20428—2006
粘结与密封材料	金属板用建筑密封胶	JC/T 884—2016
	非结构承载用石材胶粘剂	JC/T 989—2016
	干挂石材幕墙用环氧胶粘剂	JC 887—2001
	硅酮建筑密封胶	GB/T 14683—2003
	混凝土建筑接缝用密封胶	JC/T 881—2001
	建筑表面用有机硅防水剂	JC/T 902—2002
	建筑密封材料术语	GB/T 14682—2006
	建筑用防霉密封胶	JC/T 885—2016
	建筑用硅酮结构密封胶	GB 16776—2005
	聚氨酯建筑密封胶	JC/T 482—2003
	硫化橡胶或热塑性橡胶压缩永久变形的测定第1部分：在常温及高温条件下	GB/T 7759.1—2015

分类	标准和规范名称	标准代号
粘结与密封材料	幕墙玻璃接缝用密封胶	JC/T 882—2001
	橡胶制品的公差　第1部分：尺寸公差	GB/T 3672.1—2002
	橡胶制品的公差　第2部分：几何公差	GB/T 3672.2—2002
连接紧固件	封闭型平圆头抽芯铆钉 11 级	GB/T 12615.1—2004
	封闭型平圆头抽芯铆钉 30 级	GB/T 12615.2—2004
	封闭型平圆头抽芯铆钉 06 级	GB/T 12615.3—2004
	封闭型平圆头抽芯铆钉 51 级	GB/T 12615.4—2004
	紧固件机械性能螺栓、螺钉和螺柱	GB/T 3098.1—2010
	紧固件机械性能 螺母	GB/T 3098.2—2015
	紧固件机械性能自攻螺钉	GB/T 3098.5—2016
	紧固件机械性能不锈钢螺栓、螺钉和螺柱	GB/T 3098.6—2014
	紧固件机械性能不锈钢螺母	GB/T 3098.15—2014
	紧固件机械性能抽芯铆钉	GB/T 3098.19—2004
	开口型沉头抽芯铆钉 30 级	GB/T 12617.2—2006
	开口型沉头抽芯铆钉 12 级	GB/T 12617.3—2006
	开口型沉头抽芯铆钉 10、11 级	GB/T 12617.1—2006
	开口型沉头抽芯铆钉 51 级	GB/T 12617.4—2006
	开口型沉头抽芯铆钉 20、21、22 级	GB/T 12617.5—2006
	开口型平圆头抽芯铆钉 10、11 级	GB/T 12618.1—2006
	开口型平圆头抽芯铆钉 30 级	GB/T 12618.2—2006
	开口型平圆头抽芯铆钉 12 级	GB/T 12618.3—2006
	开口型平圆头抽芯铆钉 51 级	GB/T 12618.4—2006
	开口型平圆头抽芯铆钉 20、21、22 级	GB/T 12618.5—2006
	开口型平圆头抽芯铆钉 40、41 级	GB/T 12618.6—2006
	平垫圈 C 级	GB/T 95—2002
	大垫圈 A 级	GB/T 96.1—2002
	大垫圈 C 级	GB/T 96.2—2002
	平垫圈 A 级	GB/T 97.1—2002
	平垫圈倒角型 A 级	GB/T 97.2—2002
	平垫圈用于螺钉和垫圈组合件	GB/T 97.4—2002
	平垫圈用于自攻螺钉和垫圈组合件	GB/T 97.5—2002
	小垫圈 A 级	GB/T 848—2002
	特大垫圈 C 级	GB/T 5287—2002
	十字槽盘头自钻自攻螺钉	GB/T 15856.1—2002
	十字槽沉头自钻自攻螺钉	GB/T 15856.2—2002
	十字槽沉头螺钉　第1部分：4.8 级	GB/T 819.1—2016

分类	标准和规范名称	标准代号
连接紧固件	十字槽沉头螺钉第2部分：8.8级、不锈钢及有色金属螺钉	GB/T 819.2—2016
	十字槽半沉头螺钉	GB/T 820—2015
	十字槽半沉头自攻螺钉	GB 847—1985
	十字槽沉头自攻螺钉	GB 846—1985
	十字槽盘头螺钉	GB/T 818—2016
	十字槽盘头自攻螺钉	GB 845—1985
	螺纹紧固件应力截面积和承载面积	GB/T 16823.1—1997
	六角头螺栓全螺纹C级	GB/T 5781—2016
	六角头自攻螺钉	GB 5285—1985
	封闭型沉头抽芯铆钉11级	GB/T 12616.1—2004
	混凝土用膨胀型、扩孔型建筑锚栓	JG 160—2004
	紧固件公差螺栓、螺钉、螺柱和螺母	GB/T 3103.1—2002
	1型六角螺母C级	GB/T 41—2016
	六角头螺栓	GB/T 5782—2016
	六角头螺栓C级	GB/T 5780—2016
	开槽圆柱头螺钉	GB/T 65—2016
防火、防雷、抗震	地震震级的规定	GB 17740—1999
	防火玻璃框架系统设计施工及验收规范	DBJ/ 111027—2013
	钢结构防火涂料	GB 14907—2002
	钢结构防火涂料应用技术规范	CECS24：90
	建筑设计防火规范	GB 50016—2014
	工程抗震术语标准	JGJ/T 97—2011
	建筑材料及制品燃烧性能分级	GB 8624—2012
	建筑工程抗震设防分类标准	GB 50223—2008
	建筑物防雷设计规范	GB 50057—2010
	中国地震烈度表	GB/T 17742—2008
	自然排烟系统设计施工及验收规范	DB/ 11—1025—2013
其他幕墙材料	擦窗机	GB/T 19154—2003
	高处作业吊篮	GB/T 19155—2003
	建筑用岩棉绝热制品	GB/T 19686—2015
	绝热材料及相关术语	GB/T 4132—2015
	绝热用玻璃棉及其制品	GB/T 13350—2008
	绝热用模塑聚苯乙烯泡沫塑料	GB/T 10801.1—2002
	绝热用挤塑聚苯乙烯泡沫塑料（XPS）	(XPS) GB/T 10801.2—2002
	绝热用岩棉、矿渣棉及其制品	GB/T 11835—2007
	矿物棉及其制品试验方法	GB/T 5480—2008

建筑幕墙工程相关标准强制性条文 表 2-19-2

标准名称	条款编号	标准强制性条文内容
《钢结构工程施工质量验收规范》GB 50205—2001	4.2.1	钢材、钢铸件的品种、规格、性能等应符合现行国家产品标准和设计要求。进口钢材产品的质量应符合设计和合同规定标准的要求
	4.3.1	焊接材料的品种、规格、性能等应符合现行国家产品标准和设计要求
	4.4.1	钢结构连接用高强度大六角头螺栓连接副、扭剪型高强度螺栓连接副、钢网架用高强度螺栓、普通螺栓、铆钉、自攻钉、拉铆钉、射钉、锚栓（机械型和化学试剂型）、地脚螺栓等紧固标准件及螺母、垫圈等标准配件，其品种、规格、性能等应符合现行国家产品标准和设计要求。高强度大六角头螺栓连接副和扭剪型高强度螺栓连接副出厂时应分别随箱带有扭矩系数和紧固轴力（预拉力）的检验报告
	5.2.2	焊工必须经考试合格并取得合格证书。持证焊工必须在其考试合格项目及其认可范围内施焊
	5.2.4	设计要求全焊透的一、二级焊缝应采用超声波探伤进行内部缺陷的检验，超声波探伤不能对缺陷作出判断时，应采用射线探伤，其内部缺陷分级及探伤方法应符合现行国家标准《钢焊缝手工超声波探伤方法和探伤结果分级法》GB 1345 或《钢熔化焊对接接头射线照相和质量分级》GB 3323 的规定。一级、二级焊缝的质量等级及缺陷分级应符合规范的规定
	6.3.1	钢结构制作和安装单位应按规范的规定分别进行高强度螺栓连接摩擦面的抗滑移系数试验和复验，现场处理的构件摩擦面应单独进行摩擦面抗滑移系数试验，其结果应符合设计要求
	10.3.4	单层钢结构主体结构的整体垂直度和整体平面弯曲的允许偏差应符合规范的规定
	11.3.5	多层及高层钢结构主体结构的整体垂直度和整体平面弯曲的允许偏差应符合规范的规定
	12.3.4	钢网架结构总拼完成后及屋面工程完成后应分别测量其挠度值，且所测的挠度值不应超过相应设计值的 1.15 倍
	15.2	涂料、涂装遍数、涂层厚度均应符合设计要求。当设计对涂层厚度无要求时，涂层干漆膜总厚度：室外应为 $150\mu m$，室内应为 $125\mu m$，其允许偏差为 $-25\mu m$。每遍涂层干漆膜厚度的允许偏差为 $-5\mu m$
	14.3.3	薄涂型防火涂料的涂层厚度应符合有关耐火极限的设计要求。厚涂型防火涂料涂层的厚度，80% 及以上面积应符合有关耐火极限的设计要求，且最薄处厚度不应低于设计要求的 85%

标准名称	条款编号	标准强制性条文内容
《钢结构焊接规范》GB 50661—2011	4.0.1	钢结构焊接工程用钢材及焊接材料应符合设计文件的要求，并应具有钢厂和焊接材料厂出具的产品质量证明书或检验报告，其化学成分、力学性能和其他质量要求应符合国家现行有关标准的规定
	5.7.1	承受动载需经疲劳验算时，严禁使用塞焊、槽焊、电渣焊和气电立焊接头
	6.1.1	除符合本规范第6.6节规定的免予评定条件外，施工单位首次采用的钢材、焊接材料、焊接方法、接头形式、焊接位置、焊后热处理制度以及焊接工艺参数、预热和后热措施等各种参数的组合条件，应在钢结构构件制作及安装施工之前进行焊接工艺评定
	8.1.8	抽样检验应按以下规定进行结果判定：1）抽样检验的焊缝数不合格率小于2%时，该批验收合格；2）抽样检验的焊缝数不合格率大于5%时，该批验收不合格；3）抽样检验的焊缝数不合格率为2%～5%时，应加倍抽检，且必须在原不合格部位两侧的焊缝延长线各增加一处，在所有抽检焊缝中不合格率不大于3%时，该批验收合格，大于3%时，该批验收不合格；4）批量验收不合格时，应对该批余下的全部焊缝进行检验；5）检验发现1处裂纹缺陷时，应加倍抽查，在加倍抽检焊缝中未再检查出裂纹缺陷时，该批验收合格；检验发现多处裂纹缺陷或加倍抽查又发现裂纹缺陷时，该批验收不合格，应对该批余下焊缝的全数进行检查
《钢结构工程施工规范》GB 50755—2012	11.2.4	钢结构吊装作业必须在起重设备的额定起重量范围内进行
	11.2.6	用于吊装的钢丝绳、吊装带、卸扣、吊钩等吊具应经检查合格，并应在其额定许用荷载范围内使用
《混凝土结构后锚固技术规程》(JGJ 145—2013)	4.3.15	未经技术鉴定或设计许可，不得改变后锚固连接的用途和使用环境
《玻璃幕墙工程技术规范》JGJ 102—2003	3.1.4	隐框和半隐框玻璃幕墙，其玻璃与铝型材的粘结必须采用中性硅酮结构密封胶；全玻幕墙和点支承幕墙采用镀膜玻璃时，不应采用酸性硅酮结构密封胶粘结
	3.1.5	硅酮结构密封胶和硅酮建筑密封胶必须在有效期内使用
	3.6.2	硅酮结构密封胶使用前，应经国家认可的检测机构进行与其相接触材料的相容性和剥离粘结性试验，并应对邵氏硬度、标准状态拉伸粘结性能进行复验。检验不合格的产品不得使用。进口硅酮结构密封胶应具有商检报告
	4.4.4	人员流动密度大、青少年或幼儿活动的公共场所以及使用中容易受到撞击的部位，其玻璃幕墙应采用安全玻璃；对使用中容易受到撞击的部位，尚应设置明显的警示标志
	5.1.6	幕墙结构构件应按下列规定验算承载力和挠度：(5.1.6-1)和(5.1.6-2)
	5.5.1	主体结构或结构构件，应能够承受幕墙传递的荷载和作用。连接件与主体结构的锚固承载力设计值应大于连接件本身的承载力设计值
	5.6.2	硅酮结构密封胶应根据不同的受力情况进行承载力极限状态验算。在风荷载、水平地震作用下，硅酮结构密封胶的拉应力或剪应力设计值不应大于其强度设计值 f_1，f_1 取 $0.2N/mm^2$ 在永久荷载作用下，硅酮结构密封胶的拉应力或剪应力设计值不应大于其强度设计值 f_2，f_2 应取 $0.01N/mm^2$

续表

标准名称	条款编号	标准强制性条文内容
《玻璃幕墙工程技术规范》JGJ 102—2003	6.2.1	横梁截面主要受力部位的厚度，应符合下列要求：1）截面自由挑出部位（图6.2.1a）和双侧加劲部位（图6.2.1b）的宽厚比 b_0/t 应符合表6.2.1的要求；2）当横梁跨度不大于 1.2m 时，铝合金型材截面主要受力部位的厚度不应小于2.0mm；当横梁跨度大于 1.2m 时，其截面主要受力部位的厚度不应小于2.5mm。型材孔壁与螺钉之间直接采用螺纹受力连接时，其局部截面厚度不应小于螺钉的公称直径；3）钢型材截面主要受力部位的厚度不应小于2.5mm
	6.3.1	立柱截面主要受力部位的厚度，应符合下列要求：1）铝型材截面开口部位的厚度不应小于 3.0mm，闭口部位的厚度不应小于 2.5mm；型材孔壁与螺钉之间直接采用螺纹受力连接时，其局部厚度尚不应小于螺钉的公称直径；2）钢型材截面主要受力部位的厚度不应小于3.0mm；3）对偏心受压立柱，其截面宽厚比应符合本规范第6.2.1条的相应规定
	7.1.6	全玻幕墙的板面不得与其他刚性材料直接接触。板面与装修面或结构面之间的空隙不应小于8mm，且应采用密封胶密封
	7.3.1	全玻幕墙玻璃肋的截面厚度不应小于12mm，截面高度不应小于100mm
	7.4.1	采用胶缝传力的全玻幕墙，其胶缝必须采用硅酮结构密封胶
	8.1.2	采用浮头式连接件的幕墙玻璃厚度不应小于6mm；采用沉头式连接件的幕墙玻璃厚度不应小于8mm。安装连接件的夹层玻璃和中空玻璃，其单片厚度也应符合上述要求
	8.1.3	玻璃之间的空隙宽度不应小于10mm，且应采用硅酮建筑密封胶嵌缝
	9.1.4	除全玻幕墙外，不应在现场打注硅酮结构密封胶
	10.7.4	当高层建筑的玻璃幕墙安装与主体结构施工交叉作业时，在主体结构的施工层下方应设置防护网；在距离地面约3m高度处，应设置挑出宽度不小于6m的水平防护网
《金属与石材幕墙工程技术规范》JGJ 133—2001	3.2.2	花岗石板材的弯曲强度应经法定检测机构检测确定，其弯曲强度不应小于8.0MPa
	3.5.2	同一幕墙工程应采用同一品牌的单组分或双组分的硅酮结构密封胶，并应有保质年限的质量证书；用于石材幕墙的硅酮结构密封胶还应有证明无污染的试验报告
	3.5.3	同一幕墙工程应采用同一品牌的硅酮结构密封胶和硅酮耐候密封胶配套使用
	4.2.3	幕墙构架的立柱与横梁在风荷载标准值作用下，钢型材的相对挠度不应大于 $L/300$（L 为立柱或横梁两支点间的跨度），绝对挠度不应大于15mm；铝合金型材的相对挠度不应大于 $L/180$，绝对挠度不应大于20mm
	4.2.4	幕墙在风荷载标准值除以阵风系数后的风荷载值作用下，不应发生雨水渗漏。其雨水渗漏性能应符合设计要求

标准名称	条款编号	标准强制性条文内容
《金属与石材幕墙工程技术规范》JGJ 133—2001	5.2.3	作用于幕墙上的风荷载标准值应按下式计算，且不应小于 1.0kN/m^2：$W_k=\beta g_z\mu_z\mu_s\omega_0$（5.2.3）
	5.5.2	钢销式石材幕墙可在非抗震设计或6度、7度抗震设计幕墙中应用，幕墙高度不宜大于20m，石板面积不宜大于 1.0m^2。钢销和连接板应采用不锈钢。连接板截面尺寸不宜小于 $40\text{mm}\times40\text{mm}$。钢销与孔的要求应符合本规范第6.3.2条的规定
	5.6.6	横梁应通过角码、螺钉或螺栓与立柱连接，角码应能承受横梁的剪力。螺钉直径不得小于4mm，每处连接螺钉数量不应少于3个，螺栓不应少于2个。横梁与立柱之间应有一定的相对位移能力
	5.7.2	上下立柱之间应有不小于15mm的缝隙，并应采用芯柱连结。芯柱总长度不应小于400mm。芯柱与立柱应紧密接触。芯柱与下立柱之间应采用不锈钢螺栓固定
	5.7.11	立柱应采用螺栓与角码连接，并再通过角码与预埋件或钢构件连接。螺栓直径不应小于10mm，连接螺栓应按现行国家标准《钢结构设计规范》（GB 50017）进行承载力计算。立柱与角码采用不同金属材料时应采用绝缘垫片分隔
	6.1.3	用硅酮结构密封胶黏结固定构件时，注胶应在温度15℃以上30℃以下、相对湿度50%以上且洁净、通风的室内进行，胶的宽度、厚度应符合设计要求
	6.3.2	钢销式安装的石板加工应符合下列规定：1）钢销的孔位应根据石板的大小而定。孔位距离边端不得小于石板厚度的3倍，也不得大于180mm；钢销间距不宜大于600mm；边长不大于1.0m时每边应设两个钢销，边长大于1.0m时应采用复合连接；2）石板的钢销孔的深度宜为22～33mm，孔的直径宜为7mm或8mm，钢销直径宜为5mm或6mm，钢销长度宜为20～30mm；3）石板的钢销孔处不得有损坏或崩裂现象，孔径内应光滑、洁净
	6.5.1	金属与石材幕墙构件应按同一种类构件的5%进行抽样检查，且每种构件不得少于5件。当有一个构件抽检不符合上述规定时，应加倍抽样复验，全部合格后方可出厂
	7.2.4	金属、石材幕墙与主体结构连接的预埋件，应在主体结构施工时按设计要求埋设。预埋件应牢固，位置准确，预埋件的位置误差应按设计要求进行复查。当设计无明确要求时，预埋件的标高偏差不应大于10mm，预埋件位置差不应大于20mm
	7.3.4	金属板与石板安装应符合下列规定：1）应对横竖连接件进行检查、测量、调整；2）金属板、石板安装时，左右、上下的偏差不应大于1.5mm；3）金属板、石板空缝安装时，必须有防水措施，并应有符合设计要求的排水出口；4）填充硅酮耐候密封胶时，金属板、石板缝的宽度、厚度应根据硅酮耐候密封胶的技术参数，经计算后确定
	7.3.10	幕墙安装施工应对下列项目进行验收：1）主体结构与立柱、立柱与横梁连接节点安装及防腐处理；2）幕墙的防火、保温安装；3）幕墙的伸缩缝、沉降缝、防震缝及阴阳角的安装；4）幕墙的防雷节点的安装；5）幕墙的封口安装

标准名称	条款编号	标准强制性条文内容
《点支式玻璃幕墙工程技术规程》（CECS 127—2001）	3.2.1	点支式玻璃幕墙采用的玻璃，必须经过钢化处理
	3.3.4	在任何情况下，不得使用过期的硅酮密封胶
	4.4.1	点支式玻璃幕墙的防火设计应按《建筑设计防火规范》GBJ 16、《高层民用建筑设计防火规范》GB 50045 的有关规定执行
	4.4.3	点支式玻璃幕墙应形成墙身防雷系统，并与主体结构防雷体系可靠接通。幕墙的防雷设计应符合《建筑物防雷设计规范》GB 50057 的规定
	5.2.1	幕墙支承结构及其与主体结构的连接应具有符合要求的承载力和刚度
	5.2.2	无抗震设防要求的点支式玻璃幕墙结构体系，应保证在风荷载作用下玻璃面板不破损。有抗震设防要求的点支式玻璃幕墙结构体系，应保证在设防烈度地震作用下幕墙经修理后仍可使用。在罕遇地震作用下幕墙的支承结构体系不得塌落
	5.3.2	点支式玻璃幕墙应按各荷载和作用效应的最不利组合进行设计
	5.3.6	作用在点支式玻璃幕墙中玻璃面板和支承装置上的风荷载标准值应按下式计算，且取值不应小于 1.0kN/m^2：$W_k=\beta g_z\mu_z\mu_s\omega_0$（5.3.6-1）作用在点支式玻璃幕墙中支承结构上的风荷载标准值应按下式计算：$W_k=1.1\beta_z\mu_z\mu_s\omega_0$（5.3.6-2）（式中：$W_k$—作用在幕墙上的风荷载标准值（$\text{kN/m}^2$）；$\beta g_z$—阵风系数，按现行国家标准《建筑结构荷载规范》GB 50009 采用；β_z—风振系数，按现行国家标准《建筑结构荷载规范》GB 50009 采用；μ_s—风荷载体型系数，按现行国家标准《建筑结构荷载规范》GB 50009 采用或根据风洞试验结果确定；μ_z—风压高度变化系数，按现行国家标准《建筑结构荷载规范》GB 50009 采用；ω_0—基本风压（kN/m^2），根据现行国家标准《建筑结构荷载规范》GB 50009 采用。）
	5.4.1	玻璃的强度设计值可规范表 5.4.1 采用
	5.4.3	牌号为 1Crl8Ni9Ti 和 0Crl8Ni9 和 1Crl8Ni9 的不锈钢，其强度设计值应采用 180N/mm²。适用于支承结构的其他牌号的不锈钢，其强度设计值可取第 3.1.1 条中现行国家标准规定的屈服强度 $f_{0.2}$ 除以 1.15
	5.5.1	玻璃面板在荷载组合作用下最大应力应满足：$\delta<f_g$（5.5.1）（式中 f_g—玻璃的弯曲强度设计值，按表 5.4.1 取用。当按式（5.5.2）计算玻璃面板的最大应力 δ 时，f_g 取大面强度；当按式（5.5.4）计算玻璃边缘的挤压应力 δ_t 时，f_g 取边缘强度。）
	5.7.1	杆件体系支承结构中的结构构件，应根据现行国家标准《钢结构设计规范》GB 50017、《冷弯薄壁型钢结构技术规范》GB 50018 进行设计，分别进行强度计算、整体稳定和局部稳定计算，并验算刚度
	5.7.3	拉索、拉杆设计应符合下列规定：1）点支式玻璃幕墙应采用低松弛不锈钢丝绳拉索和奥氏体不锈钢拉杆。2）钢丝绳拉索严禁焊接。3）点支式玻璃幕墙钢拉索的抗拉力设计值应按现行国家标准规定的最小整索破断拉力值除以 2.5 取用，即：$N_t=N_{tk}/2.5$（式中 N_{tk}—现行国家标准规定的最小整索破断拉力值（kN）；N_t—钢拉索的抗拉力设计值（kN）。）4）带螺纹的钢拉杆进行强度设计时，应根据螺纹根部的净截面计算应力
	6.5.3	钢丝绳性能应符合现行国家标准《钢丝绳》GB/T 8918 的规定。钢丝绳从索具中的拔出力不得小于钢丝绳 90% 的破断力，应由生产厂提交测试合格报告及质量保证书

续表

标准名称	条款编号	标准强制性条文内容
《建筑玻璃应用 技术规程》 JGJ 113—2015	8.2.2	屋面玻璃或雨篷玻璃必须使用夹层玻璃或夹层中空玻璃，其胶片厚度不应小于 0.76mm
	9.1.2	地板玻璃必须采用夹层玻璃，点支承地板玻璃必须采用钢化夹层玻璃。钢化玻璃必须进行均质处理
《人造板材幕墙工程 技术规范》 JGJ 336—2016	5.5.1	幕墙应与主体结构可靠连接。连接件与主体结构的锚固承载力设计值应大于连接件本身的承载力设计值
《铝合金结构工程施 工质量验收规范》 GB 50576—2010	14.4.1	当铝合金材料与不锈钢以外的其他金属材料或含酸性、碱性的非金属材料接触、紧固时，应采用隔离材料
	14.4.2	隔离材料严禁与铝合金材料及相接触的其他金属材料产生电偶腐蚀
《建筑设计防火规范》 GB 50016—2014 （与幕墙相关的条文）	6.2.5	除本规范另有规定外，建筑外墙上、下层开口之间应设置高度不小于 1.2m 的实体墙或挑出宽度不小于 1.0m、长度不小于开口宽度的防火挑檐；当室内设置自动喷水灭火系统时，上、下层开口之间的实体墙高度不应小于 0.8m。当上、下层开口之间设置实体墙确有困难时，可设置防火玻璃墙，但高层建筑的防火玻璃墙的耐火完整性不应低于 1.00h，多层建筑的防火玻璃墙的耐火完整性不应低于 0.50h。外窗的耐火完整性不应低于防火玻璃墙的耐火完整性要求。住宅建筑外墙上相邻户开口之间的墙体宽度不应小于 1.0m；小于 1.0m 时，应在开口之间设置突出外墙不小于 0.6m 的隔板。实体墙、防火挑檐和隔板的耐火极限和燃烧性能，均不应低于相应耐火等级建筑外墙的要求
	6.2.6	建筑幕墙应在每层楼板外沿处采取符合本规范第 6.2.5 条规定的防火措施，幕墙与每层楼板、隔墙处的缝隙应采用防火封堵材料封堵

19.2　幕墙工程质量控制要点

建筑幕墙按幕墙面板所使用的材料可分为玻璃幕墙、金属幕墙、石材幕墙与人造板材幕墙；按幕墙施工工艺可分为单元式幕墙、半单元式幕墙和构件式幕墙；按幕墙的结构形式可分为有框幕墙（包括明框幕墙、隐框幕墙和半隐框幕墙）、无框幕墙（包括全玻幕墙、点支式幕墙）。幕墙工程施工质量控制要点见表 2-19-3～表 2-19-6。

玻璃幕墙工程质量控制要点　　　　　　　　　　　　　表 2-19-3

项目	监控内容	玻璃幕墙工程质量控制要求
玻璃幕墙材料	铝合金材料	（1）铝合金型材应符合《铝合金建筑型材》（GB/T 5237.1～5237.5—2008）、《铝合金建筑型材　第 6 部分：隔热型材》（GB/T 5237.6—2012）、《变形铝及铝合金化学成分》（GB/T 3190—2008）中的规定，型材尺寸允许偏差应达到高精级或超高精级。（2）幕墙工程的施工现场，应进行铝合金型材壁厚、硬度和表面质量的检验。（3）用于横梁、立柱等主要受力杆件，其截面受力部位的铝合金型材壁厚的实测值不得小于 3mm。（4）玻璃幕墙工程使用的铝合金 6063T5 型材的韦氏硬度值不得小于 8，使用的铝合金 6063AT5 型材的韦氏硬度值不得小于 10。（5）铝合金型材的表面应清洁，色泽应均匀；表面不应有皱纹、裂纹、起皮、腐蚀斑点、气泡、电灼伤、流痕、发黏以及膜（涂）层脱落等质量缺陷存在

项目	监控内容	玻璃幕墙工程质量控制要求
玻璃幕墙材料	钢材	(1) 钢材的品种规格性能等应符合现行国家产品标准和设计要求。(2) 玻璃幕墙所用不锈钢材的技术要求应符合国家标准《不锈钢冷轧钢板和钢带》（GB/T 3280）中的规定。(3) 钢管、型钢应按验收标准进行抽样复验，复验结果应符合现行国家标准。(4) 幕墙工程用钢材表面应进行表面热浸镀锌处理、无机富锌涂料处理或采取其他有效的防腐措施，当采用热浸镀锌处理时，钢材表面的膜厚应大于 $45\mu m$；当采用静电喷涂处理时，钢材表面的膜厚应大于 $40\mu m$。(5) 支承结构用碳素钢和低合金高强度结构钢采用氟碳漆喷涂或聚氨酯漆喷涂时，涂膜的厚度不宜小于 $35\mu m$；在空气污染严重及海滨地区，涂膜厚度不宜小于 $45\mu m$。(6) 点支承玻璃幕墙用的不锈钢绞线应符合现行国家标准《冷顶锻用不锈钢丝》GB/T 4232、《不锈钢丝》GB/T 4240、《不锈钢丝绳》GB/T 9944 的规定。(7) 钢材的表面不得有裂纹、气泡、结疤、泛锈、夹杂和折叠等质量缺陷。(8) 预埋钢板及连接件应符合设计要求及《普通碳素钢技术条件》（GB 700）的要求
	玻璃	(1) 幕墙玻璃应符合《建筑用安全玻璃》（GB 15763.1）（GB 15763.2）（GB 15763.3～15763.4）中的规定。幕墙所用的玻璃，应进行厚度、边长、外观质量、应力和边缘处理情况的检验。玻璃的应力检验指标应符合下列规定：①玻璃幕墙所用玻璃的品种，应符合设计要求，一般应选用质量较好的安全玻璃。②用于幕墙的钢化玻璃和半钢化玻璃的表面应力，如果采用钢化玻璃，其表面应力应大于或等于 95MPa；如果采用半钢化玻璃，其表面应力应大于 24MPa，小于或等于 69MPa。(2) 玻璃幕墙用中空玻璃。除应符合现行国家标准《中空玻璃》GB/T 11944 的有关规定外，尚应符合下列规定：①中空玻璃气体层厚度不应小于 9mm；②中空玻璃应采用双道密封。一道密封应采用丁基热熔密封胶。隐框、半隐框及点支承玻璃幕墙中空玻璃的二道密封应采用硅酮结构密封胶；明框玻璃幕墙用中空玻璃的二道密封宜采用聚硫类中空玻璃密封胶，也可采用硅酮密封胶。二道密封应采用专用打胶机进行混合、打胶；③中空玻璃的间隔铝框可采用连续折弯型或插角型，不得使用热熔型间隔胶条。④中空玻璃加工过程应采取措施，消除玻璃表面可能产生的凹、凸现象。(3) 幕墙玻璃应进行机械磨边处理，磨轮的目数应在 180 目以上。点支承幕墙玻璃的孔、板边缘均应进行磨边和倒棱。磨边应细磨，倒棱宽度不宜小于 1mm。(4) 钢化玻璃宜经过二次热处理。(5) 玻璃幕墙的夹层玻璃，应采用干法加工合成，夹片宜采用聚乙烯醇缩丁醛（PVB）胶片；夹层玻璃合片时，应严格控制温、湿度。(6) 玻璃幕墙的单片低辐射镀膜玻璃，应使用在线热喷涂低辐射镀膜玻璃；离线镀膜的低辐射镀膜玻璃宜加工成中空玻璃使用，且镀膜面应朝向中空气体层。(7) 有防火要求的幕墙玻璃，应根据防火等级要求，采用单片防火玻璃或其制品。(8) 玻璃幕墙的采光用彩釉玻璃，釉料宜采用丝网印刷
	密封材料	(1) 密封材料的检验，主要包括硅酮结构胶的检验、密封胶的检验、其他密封材料和衬垫材料的检验等。(2) 硅酮结构密封胶应符合《建筑用硅酮结构密封胶》（GB 16776）的规定；有国家指定检测机构出具的硅酮结构胶相容性和剥离黏结性试验报告。(3) 硅酮建筑密封胶应符合《硅酮建筑密封胶》（GB/T 14683）的规定。(4) 玻璃幕墙的橡胶制品，宜采用三元乙丙橡胶、氯丁橡胶及硅橡胶
	其他配件	(1) 玻璃幕墙所用的其他配件，主要包括五金件、转接件、连接件、紧固件、滑撑、限位器、门窗及其他配件。(2) 玻璃幕墙中与铝合金型材接触的五金件，应采用不锈钢材料或铝合金制品，否则应加设绝缘的垫片。(3) 玻璃幕墙中所用的五金件，除不锈钢外，其他钢材均应进行表面热浸镀锌或其他防腐处理，未经处理的不得用于工程

续表

项目	监控内容	玻璃幕墙工程质量控制要求
玻璃幕墙材料	进场查验	（1）检查材料的质量合格证明文件中文标志及检验报告等。（2）材料应进行抽样复验，复验时材料的抽样应在监理工程师的见证下进行，由监理对试件封样或直接送到指定的实验室进行试样检测。现场使用的材料生产批号应与已经复验合格的材料批号一致
施工过程质量控制	仪器标定	检查使用的测量仪器、卡尺、卷尺等仪器设备均应经过检测率标定合格
	人员资质	现场随机抽查幕墙骨架加工焊接人员均应经过培训考试持证上岗，并在考试合格项目及有效期内进行焊接
	材料	幕墙所用铝合金、钢材、不锈钢材、玻璃、密封胶、配件等材料应符合现行的国家标准和行业标准，所有材料应有出厂合格证和质量保证书；幕墙材料应有足够的耐气候性。玻璃幕墙中所用的金属材料和零附件除不锈钢外，钢材应进行表面热浸镀锌处理，铝合金材料应进行表面阳极氧化处理；玻璃幕墙设计应采用不燃性和难燃性材料，幕墙施工必须按设计要求采用不燃性和难燃性材料，防火密封造应采用合格的防火密封材料；玻璃幕墙所用的硅酮结构密封胶和硅酮建筑密封胶，在正式使用前要进行相容性和密封性试验，同时必须在规定的有效期内使用；全玻璃幕墙和点支承幕墙采用镀膜玻璃时，不得采用酸性硅酮结构密封胶；材料进场应见证送检合格后才能用在工程上
	铝合金构件加工	铝合金型材在截料之前，应进行校直调整。横梁长度允许偏差为±0.5mm，立柱长度允许偏差为±1.0mm，端头斜度的允许偏差为−15′；截料的端头不应有加工变形，孔位的允许偏差为±0.5mm，孔距的允许偏差为±0.5mm，累计偏差不应大于1.0mm。铆钉的通孔尺寸偏差，应符合国家标准《紧固件铆钉用通孔》（GB/T 152.1）中的规定；沉头螺钉的沉头尺寸偏差，应符合国家标准《紧固件沉头螺钉用沉孔》（GB/T 152.2）中的规定；圆柱头、螺栓的沉孔尺寸偏差，应符合国家标准《紧固件圆柱头、螺栓的沉孔》（GB/T 152.3）中的规定；铝合金构件弯加工后的表面应光滑，不得有褶皱、凹凸和裂纹等质量缺陷
	钢构件加工	平板型预埋件锚板边长的允许偏差为±5mm，一般锚筋长度的允许偏差为±10mm，两面为整块锚板的穿透式预埋件的锚筋长度的允许偏差为±5mm，均不允许负偏差。圆锚筋中心线的允许偏差为±5mm，锚筋与锚板面垂直度的允许偏差为$L/30$（L为锚固钢筋的长度，单位为mm）；槽型预埋件的表面及槽内应进行防腐处理，加工时要求其长度、宽度和厚度的允许偏差分别为+10mm、+5mm和+3mm，不允许出现负偏差；槽口的允许偏差为+5mm，也不允许出现负偏差；钢筋中心线允许偏差为+1.5mm；锚筋与槽板垂直度的允许偏差为$L/30$（L为锚固钢筋的长度，单位为mm）；玻璃幕墙连接件和支承件外观应平整，不得有裂纹、毛刺、凹凸、翘曲、变形等缺陷；连接件和支承件加工尺寸的高、长允许偏差为+5，−2mm，孔距±1.0mm，孔宽+1.0，0mm，壁厚+0.5mm，−0.2mm，边距+1.0，0mm；钢型材立柱及横梁的加工精度，应符合现行国家标准《钢结构工程施工质量验收规范》（GB 50205）中的有关规定；点支承玻璃幕墙的支承钢结构加工应合理划分拼装单元；管桁架应按计算的相关线，采用数控机床切割加工。钢构件拼装单元的节点位置允许偏差为±2.0mm；构件长度和拼装单元长度的允许正、负偏差，均可取长度的1/2000。管件连接焊缝应沿全长连续、均匀、饱满、平滑、无气泡和夹渣；支管的壁厚小于6mm时，可以不切坡口；角焊缝的焊脚高度不宜大于支管壁厚的2倍。分单元组装的钢结构，应当进行预拼装；拉杆和拉索应进行拉断试验，拉索下料前应进行调直预张拉，张拉力可取其破断拉力的50%，张拉持续时间一般为2h。截断后的钢索应采用挤压机进行套筒固定；拉杆与端杆不宜采用焊接连接，拉杆和拉索结构应在工作台上进行拼装，防止表面损伤；钢构件的焊接和螺栓连接，应符合现行国家标准《钢结构设计规范》（GB 50017）及行业标准《建筑钢结构焊接技术规程》（JGJ 81）中的规定

项目	监控内容	玻璃幕墙工程质量控制要求
施工过程质量控制	幕墙玻璃加工	玻璃的品种、规格、颜色、光学性能及安装方向，应符合设计要求；单片钢化玻璃尺寸允许偏差应符合《建筑用安全玻璃 第2部分：钢化玻璃》（GB 15763.2）的规定，中空玻璃尺寸允许偏差应符合《中空玻璃》（GB/T 11944）的规定，夹层玻璃的加工精度要求，其尺寸允许偏差应符合《建筑用安全玻璃 第3部分：夹层玻璃》（GB 15763.3）的规定；玻璃经过弯曲加工后，其每米弦长内拱高的允许偏差为±3.0mm，且玻璃的曲边应顺滑一致；玻璃直边的弯曲度，拱形时不应超过0.5%，波形时不应超过0.3%；全玻璃幕墙的玻璃加工，其玻璃的边缘应呈倒棱并细磨，采用钻孔安装时，孔边缘应进行倒角处理，并且不应出现崩边现象；点支承玻璃加工，玻璃面板及其孔洞边缘均应倒棱和磨边处理，倒棱宽度不宜小于1mm，磨边宜磨细；玻璃切角、钻孔、磨边应在钢化前进行；玻璃加工的边长允许偏差为±1.0mm，对角线差≤2.0mm 钻孔位置±0.8mm，孔径±1.0mm，钻孔轴与玻璃平面垂直度±12'；中空玻璃开孔后，开孔处应采取多道密封措施。夹层玻璃、中空玻璃的钻孔，可采用大孔与小孔相对的方式；玻璃上进行开孔时，其尺寸应符合下列要求：圆孔的直径不应小于板厚，且不应小于5mm；孔边缘至板边距离不小于圆孔直径，不小于30mm，方孔孔宽不应小于25mm；孔边缘至板边距离不小于孔宽和板厚之和；角部倒圆半径不小于2.5mm。中空玻璃在进行合成加工时，应考虑制作处和安装处不同气压的影响，应采取防止玻璃大面积变形的措施；明框玻璃幕墙组件型材槽口加工尺寸的允许偏差在构件长度≤2000mm 允许偏差±2.0mm，构件长度＞2000mm 允许偏差±2.5mm，组件对边尺寸的允许偏差在构件长度≤2000mm 允许偏差≤2.0mm，构件长度＞2000mm 允许偏差≤3.0mm，组件对角线尺寸的允许偏差在构件长度≤2000mm 允许偏差≤3.0mm，构件长度＞2000mm 允许偏差≤3.5mm，相邻构件装配间隙≤0.5mm，同一平面度差≤0.5mm；明框玻璃幕墙组件的导气孔及排水孔的设置，应符合设计的要求，组装时应保证导气孔及排水孔通畅；半隐框、隐框玻璃幕墙面板及铝框清洁时，玻璃和铝框黏结表面的尘埃、油污及其他污物，应分别使用带溶剂的擦布和干擦布清除干净；应在清洁后的1h内进行注胶；在硅酮结构密封胶注胶前，必须取得合格的相容性检验报告；双组分硅酮结构密封胶还应进行混匀性蝴蝶试验和拉断试验；采用硅酮结构密封胶黏结板块时，不应使硅酮结构密封胶长期处于受力状态；硅酮结构密封胶组件在固化并达到足够承载力前不应搬动；隐框玻璃幕墙装配组件的注胶必须饱满，不得出现气泡，胶缝表面应平整光滑；隐框玻璃幕墙组件框长宽的尺寸偏差±2.5mm，框接缝高度差≤0.5mm；框内侧对角线差及组件对角线差当长边≤2000mm 时允许偏差≤2.5mm，当长边＞2000mm 时允许偏差≤3.5mm，框组装间隙≤0.5mm，组件周边玻璃与铝框的位置差±1.0mm，结构组件平面度≤3.0mm，组件的厚度±1.5mm；隐框玻璃幕墙采用悬挑玻璃时，玻璃的悬挑尺寸应符合设计要求，且不宜超过50mm。单元式玻璃幕墙在加工之前，对各板块进行编号，并注明加工和运输的日期，安装方向和顺序；单元板块的构件连接应当牢固，构件连接处的缝隙应采用硅酮建筑密封胶密封；单元板块的吊挂件和支撑件应具备一定的可调整范围，并应采用不锈钢螺栓将吊挂件与立柱固定牢固，固定螺栓不得少于2个；单元板块应用硅酮建筑密封胶进行密封，但密封胶不宜外露；明框单元板块在搬动、运输和吊装的过程中，应采取必要的技术措施，以防止玻璃出现滑动或变形；单元板块在组装完毕后，对工艺孔应进行封堵，通气孔及排水孔应畅通；当采用自攻螺钉连接单元组件时，每处的螺钉不应少于3个，螺钉的直径不应小于4mm。玻璃幕墙的耐候密封应采用硅酮建筑密封胶；点支承幕墙和全玻幕墙使用非镀膜玻璃时，其耐候密封可采用酸性硅酮建筑密封胶，其性能应符合国家现行标准《幕墙玻璃接缝用密封胶》JC/T 882 的规定。夹层玻璃板缝间的密封，宜采用中性硅酮建筑密封胶

项目	监控内容	玻璃幕墙工程质量控制要求
施工过程质量控制	单元式幕墙安装	(1) 单元式玻璃幕墙施工吊装机具准备应检查是否符合下列要求：根据单元板块的实际情况选择适当的吊装机具，并与主体结构连接牢固；在正式吊装前，对吊装机具进行全面质量和安全检验，试吊装合格后方可正式吊装；吊装机具在吊装中应对单元板块不产生水平分力，吊装的运行速度应可准确控制，并具有可靠的安全保护措施；在吊装机具运行的过程中，应具有防止单元板块摆动的措施，确保单元板块的安全。(2) 单元构件的运输应检查是否符合下列要求：在正式运输前，应对单元板块进行顺序编号，并做好成品保护工作；在装卸及运输过程中，应采用有足够承载力和刚度的周转架，并采用衬垫弹性垫，保证板块相互隔开及相对固定，不得相互挤压和串动；对于超过运输允许尺寸的单元板块，需采取特殊的运输措施；单元板块在装入运输车时，应按照安装的顺序摆放平衡，不得造成板块或型材变形。(3) 在场内堆放单元板块时应检查是否符合下列要求：应根据单元板块的实际情况，设置专用的板块堆放场地，并应有安全保护措施；单元板块应依照安装先出后进的原则按编号排列放置，不得无次序地乱堆乱放；单元板块宜存放在周转架上，而不能直接进行叠层堆放，同时也不宜频繁装卸。(4) 单元板块起吊和就位应检查是否符合下列要求：吊点和挂点均应符合设计要求，吊点一般情况下不应少于2个。必要时可增设吊点加固措施并进行试吊；在起吊单元板块时，应使各个吊点均匀受力，起吊过程应保持单元板块平稳、安全；单元板块的吊装升降和平移，应确保单元板块不产生摆动、不撞击其他物体；同时保证板块的装饰面不受磨损和挤压；单元板块在就位时，应先将其挂在主体结构的挂点上，板块未固定前，吊具不得拆除。(5) 单元板块校正及固定应按下列规定进行：单元板块就位后，应及时进行校正，使其位置控制在允许偏差内；单元板块校正后，应及时与连接部位进行固定，并按规定进行隐蔽工程验收；单元板块的固定经过检查合格后，方可拆除吊具，并应及时清洁单元板块的槽口；安装施工中如果因故暂停安装，应将对插槽口等部位进行保护；安装完毕后的单元板块应及时进行成品保护
	全玻玻璃幕墙安装	全玻玻璃幕墙在安装前，应认真清洁镶嵌槽；中途因故暂停施工时，应对槽口采取可靠的保护措施；安装过程中，应随时检测和调整面板、"玻璃肋"水平度和垂直度，使墙面安装平整；每块玻璃的"吊夹"应位于同一平面，"吊夹"的受力应均匀；全玻玻璃幕墙玻璃两边嵌入槽口深度及预留空隙应符合设计要求，左右空隙尺寸应相同；全玻玻璃幕墙的玻璃面积、重量均很大，吊装安装宜采用机械吸盘安装，并应采取必要的安全措施
	点支承玻璃幕墙安装	(1) 点支承玻璃幕墙支承结构的安装应符合下列要求：钢结构安装过程中，制孔、组装、焊接和涂装等工序，均应符合现行国家标准《钢结构工程施工质量验收规范》(GB 50205) 中的有关规定；有型钢结构构件的吊装，应单独进行吊装设计，在正式吊装前应进行试吊，完全合格后方可正式吊装；钢结构在安装就位、调整合格后，应及时进行紧固，并应进行隐蔽工程验收；钢构件在运输、存放和安装过程中损坏的涂层及未涂装的安装连接部位，应当按照《钢结构工程施工质量验收规范》(GB 50205) 中的有关规定进行补涂。(2) 张拉杆、索体系中，拉杆和拉索预拉力的施工应符合下列要求：钢拉杆和钢拉索安装时，必须按设计要求施加预拉力，并应设置预拉力调节装置；预拉力宜采用测力计测定；采用扭力扳手施加预拉力时，应事先对扭力扳手进行标定；施加预拉力应以张拉力为控制量；拉杆、拉索的预拉力应分次、分批对称进行张拉；在张拉的过程中，应对拉杆、拉索的预拉力随时调整；张拉前必须对构件、锚具等进行全面检查，并应签发张拉通知单，张拉通知单应包括张拉日期、张拉分批次数、每次进行张拉控制力、张拉用机具、测力仪器及使用安全措施和注意事项，同时应建立张拉记录

项目	监控内容	玻璃幕墙工程质量控制要求
验收	监理签名	钢（铝合金）结构隐蔽工程质量验收记录 GD-C4-627 钢（铝合金）结构制作质量检查记录 GD-C4-6223 钢（铝合金）结构安装质量检查记录 GD-C4-6224 钢（铝合金）结构焊缝外观质量检查记录 GD-C4-6225 钢（铝合金）结构构件（整体）侧向弯曲测量记录 GD-C4-6230 幕墙隐蔽工程质量验收记录 GD-C4-639 幕墙节能工程隐蔽工程质量验收记录 GD-C4-6313 幕墙构件制作加工记录 GD-C4-6358 幕墙抗渗漏淋水试验记录 GD-C4-6359 玻璃幕墙结构胶粘结剥离试验记录 GD-C4-6360 密封胶、密封材料和衬垫材料检查记录 GD-C4-6361 幕墙注胶检查记录 GD-C4-6362 幕墙防雷接地电阻测试记录 GD-C4-6363 焊接材料检验批质量验收记录 GD-C5-711101 钢结构焊接检验批质量验收记录 GD-C5-71179 幕墙节能工程检验批质量验收记录 GD-C5-711240 玻璃幕墙安装检验批质量验收记录 GD-C5-711195 铝合金幕墙结构支承面检验批质量验收记录 GD-C5-711123 铝合金幕墙结构总拼和安装检验批质量验收记录 GD-C5-711124 阳极氧化检验批质量验收记录 GD-C5-711125

金属幕墙工程质量控制要点　　　　　　　　　　　　　表 2-19-4

项目	监控内容	金属幕墙工程质量控制要求
材料	金属材料	（1）金属幕墙采用的铝合金型材应符合《铝合金建筑型材》（GB/T 5237.1～5237.5)）中规定的高精级和《铝及铝合金阳极氧化膜与有机聚合物膜》（GB/T 8013.1～8013.3）的规定；（2）铝合金的表面处理层厚度和材质，应符合国家标准《铝合金建筑型材》（GB/T 5237.2～5237.5）的有关规定；（3）幕墙采用的铝合金板材的表面处理层厚度和材质，应符合行业标准《建筑幕墙》（JGB/T 21086）中的有关规定；（4）金属幕墙所选用的不锈钢材料，宜采用奥氏体不锈钢材；不锈钢材的技术要求和性能试验方法，应符合国家现行标准的规定；（5）金属幕墙所选用的钢材的技术性能，应当符合金属幕墙的设计要求，性能试验方法应符合现行国家标准的规定，并应有产品出厂合格证书；（6）当钢结构幕墙的高度超 40m 时，钢构件应当采用高耐候性结构钢，并应在其表面涂刷防腐涂料；（7）金属幕墙所选用的标准五金件材料，应当符合设计要求，并应有产品出厂合格证书；（8）钢构件采用冷弯薄壁型钢时，除应符合现行国家标准《冷弯薄壁型钢结构技术规范》（GBJ 18）的有关规定外，其壁厚不得小于 3.5mm，表面处理应符合本规范有关规定。（9）铝合金金属幕墙应根据幕墙面积、使用年限及性能要求，分别选用铝合金单板、铝塑复合板、铝合金蜂窝板；铝合金板材应达到国家相关标准及设计的要求，并有出厂合格证；（10）铝合金板材（铝单板、铝塑复合板、蜂窝铝板）表面进行氟碳树脂处理时，应符合下列规定：氟碳树脂含量不应低于 75%；海边及严重酸雨地区，可采用三道或四道氟碳树脂涂层，其厚度应大于 $40\mu m$；其他地区，可采用两道氟碳树脂涂层，其厚度应大于 $25\mu m$；氟碳树脂涂层应无起泡、裂纹、剥落等现象；（11）铝合金单板的技术指标应符合国家标准《铝及铝合金轧制板材》（GB/T 3880）、《变形铝及铝合金牌号表示方法》（GB/T 16474）和《变形铝及铝合金状态代号》（GB/T 16475）中的规定。幕墙用纯铝单

续表

项目	监控内容	金属幕墙工程质量控制要求
材料	金属材料	板厚度不应小于 2.5mm，高强合金铝单板不应小于 2mm。(12) 铝塑复合板的上下两层铝合金板的厚度均应为 0.5mm，其性能应符合现行国家标准《铝塑复合板》(GB/T 17748) 规定的外墙板的技术要求；铝合金板与夹心层的剥离强度标准值应大于 7N/mm。(13) 幕墙选用普通型聚乙烯铝塑复合板必须符合现行国家标准《建筑设计防火规范》(GB 50016) 的规定。(14) 厚度为 10mm 的蜂窝铝板应由 1mm 厚的正面铝合金板、0.5～0.8mm 厚的背面铝合金板及铝蜂窝粘结而成；厚度在 10mm 以上的蜂窝铝板，其正背面铝合金板厚度均应为 1mm
	密封材料	(1) 金属幕墙应采用硅酮结构密封胶，单组分和双组分的硅酮密封胶应用高模数中性胶，并有保质年限的质量证书。(2) 硅酮结构密封胶应符合《建筑用硅酮结构密封胶》(GB 16776) 的规定；有国家指定检测机构出具的硅酮结构胶相容性和剥离黏结性试验报告。(3) 硅酮建筑密封胶应符合《硅酮建筑密封胶》(GB/T 14683) 的规定。(4) 幕墙采用的橡胶制品宜采用三元乙丙橡胶、氯丁橡胶；密封胶条应为挤出成型，橡胶块应为压模成型
	进场查验	(1) 检查材料的质量合格证明文件中文标志及检验报告等。(2) 材料应进行抽样复验，复验时材料的抽样应在监理工程师的见证下进行，由监理对试板封样或直接送到指定的实验室进行试样检测。现场使用的材料生产批号应与已经复验合格的材料批号一致
施工过程质量控制	人员资质	现场随机抽查钢骨架焊接人员应经过培训考试持证上岗，并在考试合格项目及有效期内进行焊接
	仪器	检查过程中所使用的测量仪器、卡尺、卷尺等仪器设备均应经过检测率标定合格
	材料	金属幕墙所用的材料应符合现行的国家标准和行业标准，所有的材料应有出厂合格证和质量保证书；幕墙中所用的金属材料和零附件除不锈钢外，钢材应进行表面热浸镀锌处理，铝合金材料应进行表面阳极氧化处理；所有金属材料的物理力学性能应符合设计要求；金属幕墙应当采用不燃性和难燃性材料；幕墙采用的结构硅酮密封胶，除应符合有关标准外，还应有接触材料相容性试验的合格报告。橡胶条应有成分化验报告和保质年限证书
	金属板的加工	(1) 单层铝板的加工质量检查要点：单层铝板进行折弯加工时，折弯外圆弧半径不应小于板材厚度的 1.5 倍；单层铝板加劲肋的固定可以采用电栓钉，但应确保铝板外表面不变形、不褪色，固定应当确保牢固；单层铝板的固定耳子应符合设计要求。固定耳子可以采用焊接、铆接或在铝板上直接冲压而成，并做到位置准确、调整方便、固定牢固；单层铝板构件四周应采用铆接、螺栓或胶粘与机械连接相结合的形式固定，构件刚度满足、固定牢固。(2) 铝塑复合板的加工质量检查要求：在割铝塑复合板内层铝板和聚乙烯塑料时，应保留不小于 0.3mm 厚的聚乙烯塑料，不得划伤外层铝板的内表面；在铝塑复合板加工的过程中，严禁与水接触；打孔、切口等外露的聚乙烯塑料及角缝，应采用中性硅酮耐候密封胶来加以密封。(3) 蜂窝铝板的加工质量检查要求：根据组装要求决定切口的尺寸和形状，在切除铝芯时不得划伤蜂窝铝板外层铝板的内表面；各部位外层的铝板上，应保留 0.3～0.5mm 的铝芯；蜂窝铝板直角构件的加工，折角处应弯成圆弧状，角缝隙应采用硅酮耐候密封胶密封；蜂窝铝板大圆弧角构件的加工，圆弧部位应填充防火材料；蜂窝铝板边缘的加工，应将外层铝板折合 180°，并将铝芯包封
	吊挂件安装件	金属幕墙的吊挂件、安装件检查要点：金属幕墙使用的吊挂件、支撑件，应当采用铝合金件或不锈钢件，并应具备一定可调整范围；吊挂件与预埋件的连接应采用穿透螺栓；铝合金立柱的连接部位的局部壁厚不得小于 5mm

项目	监控内容	金属幕墙工程质量控制要求
施工过程质量控制	金属幕墙安装	金属幕墙安装前，应对构件加工精度进行检验，检验合格后方可进行安装；预埋件安装必须符合设计要求，安装牢固，严禁出现歪、斜、倾现象。安装位置偏差应控制在允许范围以内；幕墙立柱与横梁安装应严格控制水平度、垂直度以及对角线长度，达到要求后方可进行下一步工序；金属板安装时，应检查相邻玻璃面的水平度、缝隙宽度、垂直度及大面平整度；进行密封前应对密封面进行清扫，并在胶缝两侧的金属板上粘贴保护胶带，防止注入胶污染周围的板面；注胶应均匀、密实、饱满，胶缝表面应光滑；同时应注意注胶方法，防止气泡产生；进行金属幕墙清扫时，应选用合适的清洗溶剂，清扫工具禁止使用金属物品，防止损坏金属幕墙的金属板或构件表面；金属面板加工和安装时，检查金属板面的压延纹理方向，通常成品保护膜上印有安装方向的标记，否则会出现纹理不顺、色差较大等现象，严重影响装饰效果和安装质量；固定金属面板的压板、螺钉，其规格、间距要符合规范和设计要求，并要拧紧不松动；金属板件的四角如果未经焊接处理，应当用硅酮密封胶来进行嵌填，保证密封、防渗漏效果
	防火保温材料安装	（1）金属幕墙所用的防火材料和保温材料，必须是符合设计要求和现行标准规定的合格材料。施工前，应对防火和保温材料进行质量复验，不合格的材料不得用于工程。每层楼板与石材幕墙之间不能有空隙，应用 1.5mm 厚镀锌钢板和防火岩棉形成防火隔离带，不得采用铝板。（2）防火层的密封材料应采用防火密封胶；防火密封胶应有法定检测机构的防火检验报告。（3）幕墙保温层施工后，保温层最好应有防水、防潮保护层，以便在金属骨架内填塞固定后严密可靠
	幕墙防雷	幕墙结构中应自上而下地安装防雷装置，与主体结构的防雷装置可靠连接；导线应在材料表面的保护膜除掉部位进行连接
验收	监理签名	钢（铝合金）结构隐蔽工程质量验收记录 GD-C4-627 钢（铝合金）结构制作质量检查记录 GD-C4-6223 钢（铝合金）结构安装质量检查记录 GD-C4-6224 钢（铝合金）结构焊缝外观质量检查记录 GD-C4-6225 幕墙隐蔽工程质量验收记录 GD-C4-639 幕墙节能工程隐蔽工程质量验收记录 GD-C4-6313 幕墙构件制作加工记录 GD-C4-6358 幕墙抗渗漏淋水试验记录 GD-C4-6359 玻璃幕墙结构胶粘结剥离试验记录 GD-C4-6360 密封胶、密封材料和衬垫材料检查记录 GD-C4-6361 幕墙注胶检查记录 GD-C4-6362 幕墙防雷接地电阻测试记录 GD-C4-6363 焊接材料检验批质量验收记录 GD-C5-711101 钢结构焊接检验批质量验收记录 GD-C5-71179 幕墙节能工程检验批质量验收记录 GD-C5-711240 金属幕墙安装检验批质量验收记录 GD-C5-711196 铝合金幕墙结构支承面检验批质量验收记录 GD-C5-711123 铝合金幕墙结构总拼和安装检验批质量验收记录 GD-C5-711124 阳极氧化检验批质量验收记录 GD-C5-711125

石材幕墙工程质量控制要点 表 2-19-5

项目	监控内容	石材幕墙工程质量控制要求
材料	钢材	（1）石材幕墙所选用的钢材的技术性能，应当符合幕墙的设计要求，性能试验方法应符合现行国家标准的规定，并应有产品出厂合格证书；（2）当钢结构幕墙的高度超 40m 时，钢构件应当采用高耐候性结构钢，并应在其表面涂刷防腐涂料；（3）石材幕墙所选用的标准五金件材料，应当符合设计要求，并应有产品出厂合格证书；（4）钢构件采用冷弯薄壁型钢时，除应符合现行国家标准《冷弯薄壁型钢结构技术规范》（GB 50018）的有关规定外，其壁厚不得小于 3.5mm，表面处理应符合本规范有关规定
	石材	（1）石材幕墙所用的材料应符合现行的国家标准和行业标准，所有的材料应有出厂合格证和质量保证书。（2）石材幕墙材料应有足够的耐气候性，物理力学性能应符合设计要求。（3）石材幕墙中所用的金属材料和零附件除不锈钢外，钢材应进行表面热浸镀锌处理，铝合金材料应进行表面阳极氧化处理。（4）石材幕墙设计采用不燃性和难燃性材料；施工时必须按设计要求控制材料的质量。（5）石材含有放射性物质应符合行业标准的规定。（6）幕墙石材宜用火成岩石，石材的吸水率应小于 0.80%。（7）用于幕墙的花岗石板材弯曲强度，应经法定检测机构进行检测确定，其弯曲强度不应小于 8.0MPa。（8）石材进场应开箱检查技术性能，重点检查主要包括是否有破碎、缺楞角、崩边、变色、局部污染、表面坑洼、明暗裂缝、有无风化及进行外形尺寸边角和平整度测量、表面荔枝面形态深浅等。对存在明显缺陷及隐伤的石材不得用在工程上
	密封材料	（1）石材幕墙应采用中性硅酮结构密封胶，并有保质年限的质量证书。（2）硅酮结构密封胶应符合《建筑用硅酮结构密封胶》（GB 16776）的规定；有国家指定检测机构出具的硅酮结构胶相容性和剥离黏结性试验报告。（3）硅酮建筑密封胶应符合《硅酮建筑密封胶》（GB/T 14683）的规定。（4）石材幕墙采用的结构硅酮密封胶，除应符合有关标准外，还应有接触材料相容性试验的合格报告及证明无污染的实验报告
	进场查验	（1）检查材料的质量合格证明文件中文标志及检验报告等。（2）材料应进行抽样复验，复验时材料的抽样应在监理工程师的见证下进行，由监理对试板封样或直接送到指定的实验室进行试样检测。现场使用的材料生产批号应与已经复验合格的材料批号一致
施工过程质量控制	人员	现场随机抽查钢骨架焊接人员应经过培训考试持证上岗，并在考试合格项目及有效期内进行焊接
	仪器	检查过程中所使用的测量仪器、卡尺、卷尺等仪器设备均应经过检测率标定合格
	幕墙石板加工制作	石板的连接部位应无崩坏、暗裂纹等缺陷；其他部位崩边不大于 5mm×20mm，或缺角不大于 20mm 时可修补后使用；但每层修补的石板块数不应大于 2%，且宜用于立面不明显的部位。石板的长度、宽度、厚度、直角、异型角、半圆弧形状、异型材及花纹图案造型、石材的外形尺寸，均应符合设计要求。石板外表面的色泽应符合设计要求，花纹图案应按样板进行对比检查。石板的四周不得有明显的色差。火烧石应按样板检查其火烧后的均匀程度，火烧石不得出现暗裂纹、崩裂等质量缺陷。石板加工的编号应与设计中的编号一致，不得因加工而造成混乱。石板应结合其组合形式，并应确定工程中使用的基本形式后进行加工。石板加工尺寸的允许偏差，应符合国家标准《天然花岗石建筑板材》（GB/T 18601）和行业标准《天然大理石建筑板材》（GB/T 19766）中的有关规定
	钢销式安装的石板加工	钢销的孔位应根据石板的大小而定，孔距距离边端不得小于石板厚度的 3 倍，也不得大于 180mm；钢销的间距不宜大于 600mm，边长不大于 1.0m 时，每边应设两个钢销，边长大于 1.0m 时，应采用复合连接。石板所加工的钢销孔的深度宜为 22~33mm，孔的直径宜为 7mm 或 8mm，钢销直径宜为 5mm 或 6mm，钢销的长度宜为 20~30mm。石板所加工的钢销孔，不得有损坏或崩裂现象；孔径内应光滑、洁净

项目	监控内容	石材幕墙工程质量控制要求
施工过程质量控制	短槽式安装的石板加工	每块石板的上下边应各开 2 个短平槽，短平槽的长度不应小于 100mm，在有效长度内槽的深度不宜小于 15mm；开槽宽度宜为 6mm 或 7mm；不锈钢支撑板的厚度不宜小于 3.0mm，铝合金支撑板的厚度不宜小于 4.0mm。弧形槽的有效长度不应小于 80mm。两短槽边距石板两端部的距离，不应小于石板厚度的 3 倍，且不应小于 85mm，也不应大于 180mm。石板开槽后不得出现有损坏或崩裂的现象；槽口应打磨成为 45°的倒角；槽内应当光滑、洁净
	通槽式石板加工	石板的通槽宽度宜为 6mm 或 7mm，不锈钢支撑板的厚度不宜小于 3mm，铝合金支撑板的厚度不宜小于 4mm。石板开槽后不得出现有损坏或崩裂的现象；槽口应打磨成为 45°的倒角；槽内应当光滑、洁净
	石板幕墙转角的组装	石板幕墙的转角宜采用不锈钢支撑件或铝合金型材专用件进行组装，当石板幕墙转角采用不锈钢支撑件组装时，不锈钢支撑件的厚度不应小于 3mm。当石板幕墙转角采用铝合金型材专用件组装时，铝合金型材的壁厚一般不应小于 5mm，连接部位的铝合金型材壁厚不应小于 5mm
	单元石板幕墙的加工组装	有防火要求的全石板幕墙单元，应当将石板、防火板及防火材料按设计要求组装在铝合金型材框上。有可视部分的混合幕墙单元，应当将玻璃板、石板、防火板及防火材料按设计要求组装在铝合金型材框上。幕墙单元内石板之间可采用铝合金 T 形连接件进行连接，T 形连接件的厚度应根据石板的尺寸及重量经计算后确定，其最小厚度不应小于 4mm。幕墙单元内，边部石板与金属框架的连接，可采用铝合金 L 形连接件进行连接，其厚度应根据石板的尺寸及重量经计算后确定，其最小厚度也不应小于 4mm
	石材幕墙安装	石材幕墙安装前，应对构件加工精度进行认真检验，必须达到设计要求及规范标准方可安装。预埋件的安装必须符合设计要求，安装牢固可靠，不应出现歪斜、倾倒质量缺陷。安装位置的偏差应控制在允许范围以内。石材板材安装时应拉线控制相邻板材面的水平度、垂直度及大面平整度；用木模板控制缝隙的宽度，如出现误差应均分在每一条缝隙中，防止误差的积累。密封工作前，应对要密封面进行认真清扫，并在胶缝两侧的石板上粘贴保护胶带，防止注入胶液污染周围的板面；注胶应均匀、密实、饱满，胶缝表面应光滑；同时应注意采用正确的注胶方法，避免产生浪费。石材幕墙进行清扫时，应当选用合适的清洗溶剂，清扫工具禁止使用金属物品，以防止磨损石板表面或构件表面
验收	监理签名	钢（铝合金）结构隐蔽工程质量验收记录 GD-C4-627 钢（铝合金）结构制作质量检查记录 GD-C4-6223 钢（铝合金）结构安装质量检查记录 GD-C4-6224 钢（铝合金）结构焊缝外观质量检查记录 GD-C4-6225 幕墙隐蔽工程质量验收记录 GD-C4-639 幕墙节能工程隐蔽工程质量验收记录 GD-C4-6313 幕墙构件制作加工记录 GD-C4-6358 幕墙抗渗漏淋水试验记录 GD-C4-6359 密封胶、密封材料和衬垫材料检查记录 GD-C4-6361 幕墙注胶检查记录 GD-C4-6362 幕墙防雷接地电阻测试记录 GD-C4-6363 焊接材料检验批质量验收记录 GD-C5-711101 钢结构焊接检验批质量验收记录 GD-C5-71179 幕墙节能工程检验批质量验收记录 GD-C5-711240 石材幕墙安装检验批质量验收记录 GD-C5-711197

注：人造板材幕墙工程可参照石材幕墙工程监理方法，这里不作细述。

幕墙工程质量通病与预防措施　　　　　　　　　　　　　表 2-19-6

质量通病	监理方法与预防措施
幕墙预埋件强度不足	（1）检查预埋件的数量、间距、螺栓直径、锚板厚度、锚固长度等，应按设计规定制作和预埋。（2）查预埋件所用的钢板是否按图采用 Q235 钢板，钢筋采用Ⅰ级钢筋或Ⅱ级钢筋，不得采用冷加工钢筋。（3）直锚筋与锚板的连接，应采用 T 形焊接方式；当锚筋直径不大于 20mm 时，宜采用压力埋弧焊。（4）预埋件加工完毕后，应当逐个进行检查验收，不合格者不得用于工程
幕墙预埋件漏放和偏位	（1）预埋件施工之前，要求施工单位按照设计图纸在安装墙面上进行放线，准确定出每个预埋件的位置；在正式施工时，要再次进行校核，无误后方可安装。（2）安装的过程中，巡视检查每个预埋件的安装情况，发现问题及时纠正。（3）要求施工单位做好专项技术交底，交代预埋件的规格、型号、位置，安装要有专人负责，混凝土浇筑既要细致插捣密实，又不得碰撞预埋件产生位移，并随时办理隐蔽工程验收检查手续
连接件与预埋件锚固不合格	（1）玻璃幕墙深化设计或图纸会审时，要对各连接部位画出节点大样图，以便工人按图施工；对材料的规格、型号、焊缝等技术要求都应注明。（2）在进行连接件与预埋件之间的锚固或焊接时，检查是否严格按《玻璃幕墙工程技术规范》（JGJ 102）中的要求安装；焊缝的高度、长度和宽度，是否符合设计和图纸要求。（3）检查焊工持证上岗情况，连接件与预埋件锚固处的焊接质量，必须符合《钢筋焊接及验收规范》（JGJ 18）中的有关规定。（4）检验焊接件的质量，并应符合下列要求：焊缝受热影响时，其表面不得有裂纹、气孔、夹渣等缺陷。（5）焊缝"咬边"深度不得超过 0.5mm，焊缝两侧咬边的总长度不应超过焊缝长度的 10%。焊缝几何尺寸应符合设计要求
幕墙有渗漏水现象	（1）检查幕墙结构安装牢固程度，各种框架结构、连接件、玻璃和密封材料等，不得因风荷载、地震、温度和湿度变化而发生螺栓松动、密封材料损坏等现象。（2）检查所用的密封胶的牌号是否符合设计要求，是否有相容性试验报告。密封胶液是否在保质期内使用。（3）检查硅酮结构密封胶液是否在封闭、清洁的专用车间内打胶，禁止在现场注胶；硅酮结构密封胶在注胶前，应要求将基材上的尘土、污垢清除干净，注胶时速度不宜过快，以免出现针眼和堵塞等现象，底部应用无黏结胶带分开，以防三面黏结，出现拉裂现象。（4）检查幕墙所用橡胶条，是否按照设计规定的材料和规格选用，镶嵌是否达到平整、严密，接口处是否用密封胶液填实封严；开启窗安装的玻璃应与幕墙在同一水平面上，不得出现凹入现象。（5）复核玻璃幕墙设计泄水通道、雨水的排水口留置，保持排水系统畅通，减少水向幕墙内渗透的机会。（6）在填嵌密封胶之前，要将接触处擦拭干净，再用溶剂擦擦后方可嵌入密封胶，厚度应大于 3.5mm，宽度要大于厚度的 2 倍。（7）检查幕墙的比较复杂周边构造、压顶及开启部位等是否按严格设计节点大样图操作，并应及时检查施工质量，凡有密封不良、材质较差等情况，应及时加以调整。（8）分层进行抗雨水渗漏性能的喷射水试验，检验幕墙的施工质量，发现问题及时整改
幕墙玻璃发生自爆碎裂	（1）检查玻璃原片的质量应符合现行标准的要求，必须有出厂合格证。当设计必须采用大面积玻璃时，应采取相应的技术措施，以减小玻璃中央与边缘的温差。（2）在进行玻璃切割加工时，应按规范规定留出每边与构件槽口的配合距离。玻璃切割后，边缘应磨边、倒角、抛光处理完毕再加工。（3）幕墙玻璃安装时，应设置弹性定位垫块，使玻璃与框有一定的间隙。（4）检查特别注意避免保温材料与玻璃接触，在安装完玻璃后，做好产品保护，防止镀膜层破损。（5）隐框式玻璃幕墙，在安装中应特别注意玻璃的间隙，玻璃的拼缝宽度不宜小于 15mm。（6）在"夹件"与玻璃接触处，必须设置一定厚度的弹性垫片，以免刚性"夹件"同脆性玻璃直接接触受外力影响时，造成玻璃的碎裂。（7）玻璃幕墙采用钢化玻璃时，应对玻璃进行钢化防爆处理

续表

质量通病	监理方法与预防措施
幕墙构件安装接合处漏放垫片	(1)《玻璃幕墙工程技术规范》(JGJ 102) 中规定，在接触部位应设置相应的垫，防止不同金属材料相接触时产生电化学腐蚀。一般采用1mm厚的绝缘耐热硬质有机材料垫片，在幕墙设计中不可出现遗漏。(2)《玻璃幕墙工程技术规范》(JGJ 102) 规定：在连幕墙立柱与横梁两端之间接处要设置一面有胶一面无胶的弹性橡胶垫片或尼龙制作的垫片，以适应和消除横向温度变形及噪声的要求。弹性橡胶垫片应有20％～35％的压缩性，一般用邵尔 A 型75～80橡胶垫片，安装在立柱的预定位置，并应安装牢固，其接缝要严密。(3) 监理工程师在幕墙施工巡视过程中，检查施工单位是否按设计要求放置垫片，如有出现漏放，应及时纠正
幕墙工程防火不符合要求	(1) 图纸会审时，复核幕墙设计是否符合《建筑设计防火规范》(GB 50016) 中的有关规定。(2) 防火层的衬板应采用经过防腐处理、厚度不小于1.5mm的钢板，不得采用铝板。(3) 防火层中所用的密封材料，应当采用防火密封胶。(4) 玻璃幕墙与每层楼板、隔墙处的缝隙，应用防火或不燃烧材料填嵌密实，防火层用隔断材料等，缝隙用防火保温材料填塞，表面缝隙用密封胶封闭严密；(5) 防火层与玻璃不得直接接触，同时一块玻璃不应跨两个防火区。(6) 幕墙窗间墙与窗槛墙的填充材料，应采用不燃烧材料，当外墙采用耐火极限不低于1h的不燃烧材料时，其墙内填充材料可采用难燃烧材料。防火隔层应铺设平整，锚固要牢固可靠。(7) 监理工程师在巡视过程中，应检查防火层施工是否符合上述要求。合格后方可进行面板施工
幕墙的拼缝不合格	(1) 玻璃幕墙正式测量放线前，应对土建标准标志进行复验，确认无误后作为玻璃幕墙的测量基准。高层建筑的测量应在风力不大于4级的情况下进行，定时对玻璃幕墙的垂直度及立柱位置进行测量核对。(2) 玻璃幕墙的分格轴线的确定，应与主体结构施工测量轴线紧密配合，其误差应及时进行调整，不得产生积累。(3) 立柱与连接件安装固定后应达到如下标准：立柱安装标高差不大于3mm；轴线前后的偏差不大于2mm，左右偏差不大于3mm；相邻两根立柱安装标高不应大于3mm，距离偏差不应大于2mm，同层立柱的最大标高偏差不应大于5mm。(4) 幕墙横梁安装应弹好水平线，并按线将横梁两端的连接件及垫片安装在立柱的预定位置安装牢固。保证相邻两根横梁的水平高差不应大于1mm，同层标高的偏差：当一幅幕墙的宽度小于或等于35m时，不应大于5mm；当一幅幕墙的宽度大于35m时，不应大于7mm。立柱与横梁安装完毕后，应用经纬仪和水准仪对立柱和横梁进行校核检查、调整，使它们均符合设计要求
玻璃幕墙出现结露现象	(1) 加工制作中空玻璃要在洁净干燥的专用车间内进行；所用的玻璃间隔的橡胶一定要干净、干燥，并安装正确，间隔条内要装人适量的干燥剂。(2) 中空玻璃的密封要采用双道密封，密封胶要正确涂覆，厚薄均匀，转角处不得有漏涂缺损现象。(3) 幕墙设计要根据当地气候条件和室内功能要求，科学合理地确定幕墙的热阻，选用合适的幕墙材料，如选用中空玻璃等
金属板面不平整，接缝不平齐	(1) 监理工程师要检查金属幕墙连接件的安装是否按照设计和施工规范的要求进行，确保连接件安装牢固平整、位置准确、数量满足。(2) 检查金属面板的加工质量，确保金属面板表面平整、尺寸准确、符合要求。(3) 金属面板的加工、运输、保管、吊装和安装中，要注意对金属面板成品的保护，不使其受到损伤

质量通病	监理方法与预防措施
密封胶开裂，出现渗漏	(1) 注入密封胶之前，检查需黏结的金属板材缝隙清洁，尤其是黏结面，清洁后要加以干燥和保持。(2) 较深的胶缝应根据实际情况填充聚氯乙烯发泡材料，一般宜采用小圆棒形状的填充料，避免胶造成三面粘结。(3) 注入密封胶后，做好成品保护，并创造良好环境，使其完全硬化
铝合金板材厚度不足	(1) 幕墙面板订货前应考察铝合金面板生产厂家其生产设备、生产能力，应有可靠的质量控制措施，确认原材料产地、型号、规格，并封样备查；铝合金面板进场后，监理工程师要检查生产合格证和原材料产地证明，均应符合设计和购货合同的要求，同时查验面板厚度应符合下列要求：(2) 单层铝板的厚度不应小于 2.5mm，并应符合现行国家标准《一般工业用铝及铝合金板、带材》(GB/T 3880.1) 中的有关规定。(3) 铝塑复合板的上下两层铝合金板的厚度均应为 0.5mm，其性能应符合现行国家标准《铝塑复合板》(GB/T 17748) 中规定的外墙板的技术要求；铝合金与夹芯板的剥离强度标准值应大于 $7N/mm^2$。(4) 蜂窝铝板的总厚度为 10～25mm，其中厚度为 10mm 的蜂窝铝板，正面铝合金板厚度应为 1mm，背面铝合金板厚度为 0.5～0.8mm；厚度在 10mm 以上的蜂窝铝板，正面铝合金板的厚度均应为 1mm
铝塑复合板的外观质量不符合要求	(1) 铝塑复合板的加工要在封闭、洁净的生产车间内进行，要有专用生产设备，设备要定期进行维修保养，并能满足加工精度的要求。(2) 铝塑复合板安装工人应岗前培训，熟练掌握生产工艺，并严格按工艺要求进行操作。(3) 铝塑复合板的外观应非常整洁，涂层不得有漏涂或穿透涂层厚度的损伤。铝塑复合板正反面外应有塑料的外露。铝塑复合板装饰面不得有明显压痕、印痕和凹凸等残迹。铝塑复合板的外观缺陷应符合规范的要求
石材的加工制作不符合要求	监理工程师应检查石材加工制作是否符合下列规定：1) 石材的连接部位应无崩边、暗裂等缺陷；其他部位的崩边不大于 5mm×20mm 或缺角不大于 20mm 时，可以修补合格后使用，但每层修补的石材板块数不应大于 2%，且不得用于立面明显部位。2) 石材的长度、宽度、厚度、直角、异型角、半圆弧形状、异型材及花纹图案造型、石材的外形尺寸等，应符合设计要求。3) 石材外表面的色泽应符合设计要求，花纹图案应按预定的材料样板检查，石材四周围不得有明显的色差。4) 石材板块加工采用火烧石，应按材料样板检查火烧后的均匀程度，石材板块不得有暗裂、崩裂等质量缺陷。5) 石材板块加工完毕后，应当进行编号存放。其编号应与设计图纸中的编号一致，以免出现混乱。6) 石材板块加工的尺寸允许偏差，应当符合现行国家标准《天然花岗石建筑板材》(GB/T 18601) 中的要求
石材安装不合格	监理工程师应检查石材安装是否符合下列规定：1) 安装石板的不锈钢连接件与石板之间应用弹性材料进行隔离。石板槽孔间的孔隙应用弹性材料加以填充，不得使用硬性材料填充。2) 安装石板的连接件应当能独自承受一层石板的荷载，避免采用既托上层石板，同时又勾住下层石板的构造，以免上下层石板荷载的传递。当采用上述构造时，安装连接件弯钩或销子的槽孔应比弯钩、销子略宽和深，以免上层石板的荷载通过弯钩、销子顶压在下层石板的槽、孔底上，而将荷载传递给下层石板

20 建筑给水排水工程质量控制

20.1 建筑给水排水工程质量控制依据：见表 2-20-1。

建筑给水排水工程质量控制相关规范和标准   表 2-20-1

分类	标准和规范名称	标准代号
设计规范及材料标准	室外排水设计规范	GB 50014—2006（2014 年版）
	建筑灭火器配置设计规范	GB 50140—2005
	固定消防灭火系统设计规范	GB 50338—2003
	消防给水及消火栓系统设计规范	GB 50974—2014
	建筑给水排水设计规范	GB 50015—2003（2009 年版）
	给水排水工程埋地钢管管道结构设计规程	CECS141：2002
	自动喷水灭火系统设计规范	GB 50084—2001
	室外给水设计规范	GB 50013—2006
	管道直饮水系统技术规程	CJJ 110—2006
	给水排水工程管道结构设计规范	GB 50332—2002
	教育建筑电气设计规范	JGJ 310—2013
	民用建筑节水设计标准	GB 50555—2010
施工验收规范	给水排水管道工程施工及验收规范	GB 50268—2008
	建筑给水排水及采暖工程施工质量验收规范	GB 50242—2002
	气体灭火系统施工及验收规范	GB 50263—2007
	泡沫灭火系统施工及验收规范	GB 50281—2006
	自动喷水灭火系统施工及验收规范	GB 50261—2005

20.2 建筑给水排水管道安装的前准备工作要求：见表 2-20-2。

建筑给水排水管道安装的前准备工作要求   表 2-20-2

施工阶段	管道安装的前准备工作要求
土建施工阶段	（1）主体结构的施工阶段，当排出管和引入管穿越建筑物时，监理工程师应跟踪检查施工单位是否按照要求预留了孔洞，设置了套管。（2）检查、复测相关设备基础、预埋件、预留孔（洞），做到准确无误；（3）地下室或地下构筑物外墙有管道穿过的，应采取防水措施；对有严格防水要求的建筑物，必须采用柔性防水套管
安装准备阶段	（1）在排水系统的排出管及给水系统引入管穿越建筑物基础处、地下室或地下构筑物外墙处，应跟踪检查是否按设计及施工规范要求预留了孔洞和设置了合格的套管，并要求管道安装完成后其上部净空不得小于建筑物的沉降量，一般不宜小于 150mm。（2）安装在一般楼板处的套管，其顶部高出装饰地 20mm 即可，而安装在卫生间及厨房内的套管其顶部应高出装饰地面 50mm，套管底部应与楼板底面平安装在墙壁内的套管，其两端应与饰面平面

20.3 室内给水管道安装的质量控制要点：见表 2-20-3、表 2-20-4。

室内给水管管材的监控要点 表 2-20-3

管材名称及产品标准	特点及应用	质量监控要点
PPR 管：GB/T 18742—2002《冷热水用塑料管道系统—PPR 第二部分管材、第三部分管件》	（1）特点：耐腐蚀、不结垢、无毒、卫生、耐热性好、可回收、安装方便；（2）适用：冷热水系统、采暖系统、直饮水系统、化学工业管道；（3）连接：热熔	（1）硬度低、刚性差，在搬运、施工中应加以保护。（2）5℃以下存在一定低温脆性，对已安装的管道不能重压、敲击。（3）长期受紫外线照射易老化降解，安装在户外或阳光直射处必须包扎深色防护层。（4）线膨胀系数较大，在明装或非直埋暗敷布管时必须采取防止管道膨胀变形的技术措施
ABS 管：GB/T 20207.1—2006《丙烯腈—丁二烯—苯乙烯（ABS）压力管道系统 第1部分：管材》	（1）特点：抗老化、适用温度宽、寿命长、无毒；（2）适用：给排水管、直饮水、冰水、集排污水管、流体处理、游泳池等；（3）连接：冷胶溶解、螺纹、法兰	（1）大多数采用冷胶溶解连接管道，接口质量控制的关键：接口按规定打毛、胶水涂刷均匀、胶水用量准确、承插深度符合要求。（2）线膨胀系数较大、刚度小，严格控制支架最小间距。（3）直管段过长需要安装补偿器，以消除管道伸缩而产生的应力
衬塑钢管：CJ/T 136—2007	（1）特点：防腐、不能完全解决管件连接部位对水质污染问题；（2）适用：高层给水管和消防管材，内衬塑钢管冷水型适用0℃~55℃，热水型适用0℃~75℃；（3）连接：专用卡环、卡箍、丝扣	消防工程施工中大量采用衬塑钢管，连接方式采用卡箍式，安装时要注意以下几点：1）管材材质、外形尺寸、管口变形大小。2）压槽质量和卡箍本身质量、尺寸超差大小。3）必须保证每片卡箍全部入槽
铜管：GB/T 18033《无缝铜水管和铜气管》、GB/T 11618《铜管接头》、CJ/T 117《建筑用铜管管件》、CECS 171：2004《给水铜管技术规程》	（1）特点：坚固耐磨、承压、寿命长、不结垢、铜析出易超标、价格偏高；（2）适用：建筑给水（热水）、地暖、净水；（3）连接：钎焊（＜22承插或套管；DN≥22对口焊接）、法兰连接、沟槽连接、卡套连接、卡压连接	（1）建筑给水铜管应采用 TP2 牌号铜管；（2）铜管不得浇注在钢筋混凝土内（包括楼板和墙体）。除硬钎焊连接的铜管外，采用其他连接方式的铜管均不得暗设在墙内或地面垫层内。（3）当热水铜管直线段长度大于 10m 时，应采取补偿措施：管径大于 DN40 时宜采用波纹伸缩节；管径不大于 DN40 时宜采用管道自然补偿
薄壁不锈钢管：CJ/T 151—2002《薄壁不锈钢水管》；CECS 153：2003《给水薄壁不锈钢管技术规程》	（1）特点：安全卫生、强度高、耐蚀性好、坚固耐用、寿命长、免维护、美观；（2）适用：制药化工、建筑冷水、热水、饮用净水；（3）连接：环压式、卡凸式、卡压式、氩弧焊式	（1）薄壁不锈钢管材管道暗敷时，应在管外壁缠绕防腐胶带或采用覆塑薄壁不锈钢管。（2）管道应合理配置伸缩补偿装置与支架（固定支架和活动支架），以控制管道的伸缩方向或补偿。（3）管材、管件应由供货商统一供货。不同牌号材质不锈钢之间不宜焊接

室内给水管道安装工程质量监控要点 表 2-20-4

监控内容	室内给水管道安装工程质量监控要求
管材	（1）检查管材的型号、规格是否符合设计及产品规范的要求；（2）检查饮用水系统的给水管，管材与配件是否必须达到饮水卫生标准
连接方式	检查连接方式是否正确、拆卸维修是否方便，镀锌钢管管径≤100mm 螺纹连接，管径>100mm 法兰或卡套式专用管件连接；给水立管和装有 3 个或 3 个以上配水点的支管始端，应安装可拆卸的连接件
冷热管的布置	冷、热水管道同时安装应符合下列规定：1）上、下平行安装时热水管应在冷水管上方。2）垂直平行安装时热水管应在冷水管左侧
水表	安装螺翼式水表，表前与阀门应有不小于 8 倍水表接口直径的直线管段
坡度	检查给水管道的坡向、坡度是否符合要求，水平管道应有 2‰～5‰ 的坡度坡向泄水装置
监理签名验收	复合材料给水管材检验报告 GD-C3-5150 塑料给水管材检验报告 GD-C3-5151 塑料给水管件检验报告 GD-C3-5152 阀门/配件安装前检查试验记录 GD-C4-642 管道/管件现场焊接（熔接）检查记录 GD-C4-643 管道系统冲洗/吹扫记录给水管道系统通水试验记录 GD-C4-644 给水系统消毒和取样送检记录 GD-C4-565 管道系统压力试验记录 GD-C4-646 给水管道系统通水试验记录 GD-C4-6410 离心式水泵安装检测记录 GD-C4-6411 水泵试运转测试记录 GD-C4-6412 给水管道及配件安装检验批质量验收记录 GD-C5-7121 给水设备安装检验批质量验收记录 GD-C5-7122

20.4 室内排水管道安装的质量控制：见表 2-20-5、表 2-20-6。

室内排水管管材的监控要点 表 2-20-5

管材名称及产品标准	特点及应用	质量监控要点
硬聚氯乙烯管（PVC-U）：GB/T 5836.1—2006《建筑排水用硬聚氯乙烯管材》	（1）特点：重量轻、耐腐蚀、不结垢、不污染水质、寿命长、强度低、耐热性差。（2）适用：建筑室内外排水、雨水管；（3）连接：d_n≤63mm：承插式粘结连接；d_n>63mm 承插式弹性橡胶密封圈柔性连接	（1）防止臭气外逸。UPVC 管内壁光滑，抽吸作用很大。在组成存水弯时，中间一段短管的长度应经计算确定，一般水封高度在 50～100mm 之间。（2）施工时，排水立管最下端应设支墩，并将弯头包起来，使水流落到实处，降低冲击声。（3）管路在楼层处固定，应每层设一伸缩节，管路上有合流部设于合流三通上部并固定；无合流每隔 4m，设一伸缩节
硬聚氯乙烯内螺旋管（PVC-U）：CECS94：2002 建筑排水用硬聚氯乙烯内螺旋管管道工程技术规程	（1）特点：排水量大、噪声低、减压性能好；（2）适用：建筑物内的排水立管；（3）连接：螺母挤压密封圈接头连接	（1）螺母挤压胶圈密封接头。这种接头是一种滑动接头，可以起伸缩的作用，因此应按规程考虑管子插入适当的预留间隙。（2）UPVC 螺旋管排水系统为了保证螺旋管水流螺旋状下落，立管不能与其他立管连通

续表

管材名称及产品标准	特点及应用	质量监控要点
柔性铸铁排水管:《排水用柔性接口铸铁管及管件》GB/T 12772—1999;《建筑排水用卡箍式铸铁管及管件》CJ/T 177—2002;《建筑排水用柔性接口承插式铸铁管及管件》CJ/T 178—2003	(1)特点:强度高、噪声低、寿命长、阻燃防火、柔性抗震、可再生循环利用;(2)适用:管径 DN50～300mm 压力不大于 0.3MPa 的生活排水管道、雨水管道、无侵蚀工业废水管道和雨落管。(3)连接:法兰承插式接口、卡箍式接口	(1)柔性接口排水铸铁直管和管件的内、外表面在出厂前应涂覆防腐材料(如树脂漆、防锈漆、沥青漆等),涂层应均匀并粘结牢固;(2)建筑排水柔性接口卡箍式铸铁管与塑料管或钢管连接时,如两者外径相等,可采用标准卡箍和标准橡胶密封圈;如两者外径不等,应采用刚性接口转柔性接口专用过渡件或采用由生产厂家特制的异径非标卡箍和异径非标橡胶密封圈

室内排水管道安装工程质量监控要点　　　　表 2-20-6

监控内容	室内排水管道安装质量监控要求					
坡向、坡度	检查生活污水管道的坡度,是否符合下表要求					
	铸铁管道			塑料管道		
	管径(mm)	标准坡度(‰)	最小坡度(‰)	管径(mm)	标准坡度(‰)	最小坡度(‰)
	50	35	25	50	25	12
	75	25	15	75	15	8
	100	20	12	110	12	6
	125	15	10	125	10	5
	150	10	7	160	7	4
	200	8	5			
检查口或清扫口	检查是否在生活污水管道上设置的检查口或清扫口,并应符合下列规定:1)在立管上应每隔一层设置一个检查口,但在最底层和有卫生器具的最高层必须设置。检查口中心高度距操作地面一般为1m,允许偏差±20mm。暗装立管,在检查口处应安装检修门。2)在连接2个及2个以上大便器或3个及3个以上卫生器具的污水横管上应设置清扫口。3)在转角小于135°的污水横管上,应设置检查口或清扫口。4)污水横管的直线管段,应按设计要求的距离设置检查口或清扫口					
固定点间距	检查金属排水管道的固定点是否符合要求,吊钩或卡箍应固定在承重结构上固定件间距:横管不大于2m;立管不大于3m。楼层高度小于或等于4m,立管可安装1个固定件。立管底部的弯管处应设支墩或采取固定措施					
水封	检查地漏的水封高度,不得小于50mm					
监理签名验收	塑料排水管材检验报告 GD-C3-5153 塑料排水管件检验报告 GD-C3-5154 PVC-U 塑料管道用胶粘剂检验报告 GD-C3-5155 室内排水管道通球试验记录 GD-C4-651 室内排水管道灌水和通水试验记录 GD-C4-652 排水管道及配件安装检验批质量验收记录 GD-C5-7124 雨水管道及配件安装检验批质量验收记录 GD-C5-7125					

20.5　室外给排水管道安装质量控制：见表 2-20-7～表 2-20-9。

室外给水管管材的监控要点　　　　　　　　　　　表 2-20-7

管材名称及产品标准	特点及应用	室外给水管材质量监控要求
硬聚氯乙烯管（PVC-U）：GB/T 10002.1—2006《给水用硬聚氯乙烯（PVC-U）管材》和 GB/T 10002.2—2003《给水用硬聚氯乙烯（PVC-U）管件》	（1）特点：重量轻、耐腐蚀、不结垢、不污染水质、寿命长、强度低、耐热差。（2）适用：室内供水、中水、埋地给水、城市供水、水处理厂水、园林灌溉。（3）连接：橡胶圈承插柔性连接	（1）管道设置阀门、消火栓、伸缩器、减压阀、排气阀等附属构件时，其重量不得由管道支承，必须设置混凝土、砌砖等刚性支墩。（2）管道插入长度必须预留由温差产生的伸缩量，伸缩量必须按施工闭合温差计算确定，一般情况下可按 15～25mm 预留温差产生的伸缩量。（3）已粘结好的接头，应避免受力，须静置固化一定时间，待粘结牢固后，方可继续进行安装。（4）沟底不得有突出的尖硬物，必要时可铺设 100mm 厚中粗砂垫层
高密度聚乙烯给水管 HDPE：《给水用聚乙烯（PE）管材》GB/T 13663—2000《建筑给水聚乙烯类管道工程技术规程》CJJ/T 98—2003	（1）特点：耐腐蚀、卫生、寿命长、耐低温；（2）适用建筑内外（埋地）给水管，用于输送 40℃ 以下的压力输水和生活用水。（3）连接：DN≥63 对接热熔；DN≤160 电熔连接；DN＞160 法兰连接	（1）市政饮用水管材必须是黑管纵向上至少带三条蓝色色条；其他用途管可以为蓝色或黑色；（2）管道埋设时最小管顶覆土深度应符合下列要求：①埋设在车行道下时，不应小于 0.80m。②埋设在人行道下时，不应小于 0.60m；（3）当横穿车行道达不到设计深度时，应采取敷设钢制套管的措施进行保护。（4）塑料管道不得露天架空敷设，必须时应有保温和防晒措施
钢丝网骨架塑料复合给水管：《钢丝网骨架塑料（聚乙烯）复合管材及管件》CJ/T 189—2007	（1）特点：强度高、耐温好、刚性、耐冲击、热膨胀小、不会快速开裂、双面防腐；（2）适用：建筑给水、饮用水、消防水、热网回水、煤气、天然气输送、公路埋地排水、灌溉；（3）连接：电熔连接	（1）铺管时沟槽内不得存水，宜在铺管时随铺随挖。凹槽长度可按接口长度确定，深度可采用 50～100mm，宽度不宜小于管道外径。在接口完成后，立即用中粗砂将凹槽部分回填密实。（2）当敷管必须切割管材长度时，应采用机械方法切割。切割端面应平整，且应与管道轴线垂直。严禁用明火烧割。（3）管道改变管径部位或接出支管时，必须采用配套管件。严禁在管道、管件上开孔接管
球墨铸铁给水管《水及煤气管道用球墨铸铁管、管件和附件》GB/T 13295—2003	（1）特点：壁薄、轻度高、耐压、耐冲击、耐腐蚀、耐抗震；（2）适用：室外给水、消防给水；（3）连接：承插胶圈接口、承插法兰胶圈接口	（1）管子需要截短时，插口端加工成坡口形状，割管必须用球墨铸铁管专用切割机，严禁采用气焊切割。（2）上胶圈之前注意，不能把润滑剂涂刷在承口内表面，避免导致接口失败

室外排水管管材的监控要点   表 2-20-8

管材名称及产品标准	特点及应用	室外排水管管材质量监控要求
HDPE 双壁波纹管：《埋地用聚乙烯双壁波纹管材》；GB/T 19472.1—2004	（1）特点：抗压强、过流大、耐腐蚀、零渗漏、不结垢、适应沉降、寿命长、重量轻；（2）适用：市政排水、排污、地下渗水管网、地下管线保护套管。（3）连接：电熔、承插式热熔、直接热熔、弹性密封橡胶圈	（1）插口应顺水流方向而承口是逆水流方向；（2）调整后的管材断面应垂直平整；（3）接口作业时应先将承口和插口内外工作清理干净，检验橡胶圈是否配套完好；（4）插口的中心轴线必须对准承口的中心轴线
混凝土管（CP）和钢筋混凝土管 RCP；《混凝土和钢筋混凝土排水管》GBT 11836—1999	（1）特点：成本低、强度高、稳定性、抗震好；（2）适用：污水处理、排水工程、工业、建筑、市政、水利、公路、城市地下管网。（3）连接：钢丝网混凝土抹带、承插式口连接、≥d1200 柔性企口接口连接	采用抹带接口时，应符合下列规定：（1）当管径小于或等于 500mm 时，抹带可一次完成；当管径大于 500mm 时，应分二次抹成，抹带不得有裂纹。（2）钢丝网应在管道就位前放入下方，抹压砂浆时应将钢丝网抹压牢固，钢丝不得外露。（3）抹带厚度不得小于管壁的厚度，宽度宜为 80～100mm

室外给排水管道安装工程质量监控要点   表 2-20-9

监控内容	室外给排水管道安装质量监控要求
工序检查	检查室外管道施工的程序：沟槽开挖、沟槽处理、下管及连接、试验、回填
开挖尺寸	检查槽底宽、槽深、分层开挖高度、各层边坡及层间留台宽度等是否符合要求，满足管道结构施工，确保施工质量和安全，并尽可能减少挖方和占地
管路交叉	检查管道交叉时的施工处理是否符合要求：1）给水管道与污水管道在不同标高平行敷设，其垂直间距在 500mm 以内时，给水管管径小于或等于 200mm 的，管壁水平间距不得小于 1.5m；管径大于 200mm 的，不得小于 3m。2）新建给排水管道与既有管道交叉部位的回填压实度应符合设计要求，并应使回填材料与被支承管道贴紧密实
检查井	（1）检查管道接口法兰、卡扣、卡箍等应安装在检查井或地沟内，井壁距法兰、承口的距离：管径≤450mm 时，不得小于 250mm；管径＞450mm 时，不得小于 350mm；（2）排水检查井、化粪池的底板及进、出水管的标高，必须符合设计，其允许偏差为 ±15mm。（3）井室的砌筑应按设计或给定的标准图施工。井室的底板标高在地下水位以上时，基层应为素土夯实；在地下水位以下时，基层应打 100mm 厚的混凝土底板。砌筑应采用水泥砂浆，内表面抹灰后应严密不透水。（4）检查井盖施工质量是否符合要求：在通车路面上下或小区道路下的各种井室，必须使用重型井圈和井盖，井盖上表面应与路面相平，允许偏差为 ±5mm，不得直接放在井室的砖墙上，砖墙上应做不小于 80mm 厚的细石混凝土垫层。绿化带上和不通车的地方可采用轻型井圈天井盖，井盖的上表面应高出地坪 50mm，并在井口周围以 2% 的坡度向外做水泥砂浆护坡
防腐	检查镀锌钢管、钢管的埋地管是否做防腐处理，层数和种类是否符合要求
装置	检查塑料给水管道上的水表、阀门等设施其重量或启闭装置，当管径≥50mm 时是否设独立的支承装置
铸铁管	（1）检查排水铸铁管安装质量：采用水泥捻口时，油麻填塞应密实，接口水泥应密实饱满，其接口面凹入承口边缘且深度不得大于 2mm；（2）检查排水管道的坡度是否符合设计要求，严禁无坡或倒坡；承插接口的排水管道安装时，要求管道和管件的承口应与水流方向相反

续表

监控内容	室外给排水管道安装质量监控要求
覆土厚度	检查覆土厚度：设给水管埋地敷设时，管顶的覆土埋深不得小于 50mm，穿越道路部位的埋深不得小于 700mm
监理签名验收	室外排水管道灌水和通水试验记录 GD-C4-653 室外给水管网给水管道安装检验批质量验收记录 GD-C5-71218 室外排水管网排水管沟与井池检验批质量验收记录 GD-C5-71220 室外排水管网排水管道安装检验批质量验收记录 GD-C5-71221

20.6　卫生器具的质量控制：见表 2-20-10。

卫生器具安装工程质量监控要点　　　　　　　　　表 2-20-10

监控内容	卫生器具安装质量监控要求			
卫生器具的安装	(1) 排水栓和地漏的安装应平正、牢固，低于排水表面，周边无渗漏。地漏水封高度不得小于 50mm；(2) 卫生器具安装的允许偏差和检验方法：			
	项次	项目	允许偏差（mm）	检验方法
	1	坐标　单独器具	10	拉线、吊线和尺量检查
		坐标　成排器具	5	
	2	坐标　单独器具	±15	
		坐标　成排器具	±10	
	3	器具水平度	2	用水平尺和尺量检查
	4	器具垂直度	3	吊线和尺量检查
卫生器具给水配件安装	(1) 卫生器具给水配件应完好无损伤，接口严密，启闭部分灵活。(2) 对卫生器具给水配件质量进行控制，主要是保证外观质量和使用功能。(3) 浴盆软管淋浴器挂钩的设计，如设计无要求，应距地面 1.8m			
卫生器具排水管道安装	(1) 与排水横管连接的各卫生器具的受水口和立管均应采取妥善可靠的固定措施；(2) 管道与楼板的接合部位应采取牢固可靠的防渗、防漏措施。(3) 卫生器具的排水管道接口应紧密不漏，其固定支架、管卡支撑位置应正确、牢固，与管道的接触应平整			
监理签名验收	卫生器具满水和通水试验记录 GD-C4-654 卫生器具安装检验批质量验收记录 GD-C5-7128 卫生器具给水配件安装检验批质量验收记录 GD-C5-7129 卫生器具排水管道安装检验批质量验收记录 GD-C5-71210			

20.7　消防系统质量控制

消防系统包括：室外消火栓系统、室内消火栓系统、自动喷水灭火系统、泡沫、粉末灭火系统、气体灭火系统、水喷雾灭火系统、固定消防炮灭火系统、固定冷却水系统。消防系统质量控制要点见表 2-20-11。

消防系统质量监控要点   表 2-20-11

系统	监控内容	消防系统质量监控要求
室内消防栓系统	间距	消火栓的间距是否符合要求：高层建筑不应大于 30m，裙房不应大于 50m，且消火栓的间距应保证同层任何部位有两个消火栓的水枪充实水柱同时到达
	试验栓	室内消火栓系统安装完成后应取屋顶层（或水箱间内）试验消火栓和首层取二处消火栓做试射试验，试验用消火栓栓口处应设置压力表。消火栓的水枪充实水柱不应小于 10m，高层建筑不应小于 13m
	安装	检查消火栓的安装是否符合要求：栓口应朝外，并不应安装在门轴侧；栓口中心距地面为 1.1m，允许偏差±20mm；其出水方向宜向下或与设置消火栓的墙面成 90°角；阀门中心距箱侧面为 140mm，距箱后内表面为 100mm，允许偏差±5mm；消火栓箱体安装的垂直度允许偏 3mm
	启动按钮	临时高压给水系统（平时不能满足水灭火设施所需的系统工作压力和流量，火灾时能直接自动启动消防水泵以满足水灭火设施所需的压力和流量的系统）的每个消火栓处应设直接启动消防水泵的按钮，并应设有保护按钮的设施
室外消防栓系统	间距	检查室外消火栓的数量及流量是否符合要求：建筑室外消火栓保护半径不应大于 150m，每个室外消火栓的出流量宜按 10~15L/s
	位置	（1）检查地下式消火栓设置位置是否正确：顶部进水口或顶部出水口应正对井口，与消防井盖底面的距离不应大于 0.4m。（2）消火栓应沿消防车道均匀布置，布置在路边靠高层民用建筑一侧，消火栓距路边的距离不宜大于 2m；消火栓周围应留有消防队员的操作场地，故距建筑外墙的距离不宜小于 5m，消火栓距被保护建筑物不宜超过 40m
	水泵接合器	（1）自动喷水灭火系统、水喷雾灭火系统、泡沫灭火系统和固定消防炮灭火系统等水灭火系统，均应设置消防水泵接合器。水泵接合器应设在室外，且距室外消火栓或消防水池的距离不宜小于 15m，并不宜大于 40m。（2）墙壁消防水泵接合器的安装高度距地面宜为 0.7m；与墙面上的门、窗、孔、洞的净距离不应小于 2.0m
自动喷水灭火系统	标示	检查消防管的标示：配水干管、配水管应做红色或红色环圈标志。红色环圈标志，宽度不应小于 20mm，间隔不宜大于 4m
	安装	（1）安装时应先安装水源控制阀、报警阀，然后进行报警阀辅助管道的连接，水源控制阀、报警阀与配水干管的连接，应使水流方向一致。（2）报警阀组安装的位置应距室内地面高度宜为 1.2m，两侧与墙的距离不应小于 0.5m，正面与墙的距离不应小于 1.2m；报警阀组凸出部位之间的距离不应小于 0.5m，安装报警阀组的室内地面应有排水设施；（3）水流指示器应使电器元件部位竖直安装在水平管道上侧，其动作方向应和水流方向一致
气体灭火系统	灭火剂储存装置	（1）泄压装置的泄压方向不应朝向操作面。低压二氧化碳灭火系统的安全阀应通过专用的泄压管接到室外；（2）储存装置上压力计、液位计、称重显示装置的安装位置应便于人员观察和操作。（3）储存容器的支、框架应固定牢靠，并应做防腐处理。（4）储存容器宜涂红色油漆，正面应标明设计规定的灭火剂名称和储存容器的编号
	灭火剂输送管道	（1）采用法兰连接时，衬垫不得凸入管内，其外边缘宜接近螺栓，不得放双垫或偏垫。连接法兰的螺栓，直径和长度应符合标准，拧紧后，凸出螺母的长度不应大于螺杆直径的 1/2 且保有不少于 2 条外露螺纹。（2）已防腐处理的无缝钢管不宜采用焊接连接，与选择阀等个别连接部位需采用法兰焊接连接时，应对被焊接损坏的防腐层进行二次防腐处理。（3）管道穿过墙壁、楼板处应安装套管。套管公称直径比管道公称直径至少应大 2 级，穿墙套管长度应与墙厚相等，穿楼板套管长度应高出地板 50mm。管道与套管间的空隙应采用防火封堵材料填塞密实。当管道穿越建筑物的变形缝时，应设置柔性管段

续表

系统	监控内容	消防系统质量监控要求
气体灭火系统	喷嘴	（1）检查喷嘴是否符合设计要求，逐个核对其型号、规格及喷孔方向。（2）安装在吊顶下的不带装饰罩的喷嘴，其连接管管端螺纹不应露出吊顶；安装在吊顶下的带装饰罩的喷嘴，其装饰罩应紧贴吊顶
验收	监理签名	消火栓试射试验记录 GD-C4-657；消防喷头安装前检查试验记录 GD-C4-6579；自动喷水灭火系统联动试验记录 GD-C4-6580；自动喷水灭火系统竣工质量检查验收记录 GD-C4-6581；气体灭火系统灭火剂储存容器进场测试记录 GD-C4-6582；气体灭火系统阀驱动装置进场测试记录 GD-C4-6583；气体灭火系统模拟启动/喷气/切换操作试验记录 GD-C4-6584；气体灭火系统施工过程质量检查验收记录 GD-C4-6585；泡沫灭火系统调试记录 GD-C4-6586；泡沫灭火系统施工过程质量检查验收记录 GD-C4-6587；消防水箱安装和消防水池施工检验批质量验收记录 GD-C5-712125；消防水泵接合器安装检验批质量验收记录 GD-C5-712126；消防水泵和稳压泵安装检验批质量验收记录 GD-C5-712127；消防气压给水设备安装检验批质量验收记录 GD-C5-712128；管网安装检验批质量验收记录 GD-C5-712129；报警阀组安装检验批质量验收记录 GD-C5-712130；其他组件安装检验批质量验收记录 GD-C5-712131；冲洗检验批质量验收记录 GD-C5-712132；水压试验检验批质量验收记录 GD-C5-712133；气压试验检验批质量验收记录 GD-C5-712134；喷头安装检验批质量验收记录 GD-C5-712135；水源测试检验批质量验收记录 GD-C5-712136；消防水泵调试检验批质量验收记录 GD-C5-712137；稳压泵调试检验批质量验收记录 GD-C5-712138；报警阀组调试检验批质量验收记录 GD-C5-712139；联动试验检验批质量验收记录 GD-C5-712140；排水装置调试检验批质量验收记录 GD-C5-712141；泡沫灭火系统施工过程质量检查验收记录 GD-C5-71219；室外消火栓系统安装检验批质量验收记录 GD-C5-71219；室内消火栓系统安装检验批质量验收记录 GD-C5-7123

20.8 建筑给排水工程的系统试验要求：见表 2-20-12。

消防系统质量监控要点   表 2-20-12

系统	试验类型		试验要求
室内给水系统	给水管道压力试验		管道系统试验压力均为工作压力的 1.5 倍，但不得小于 0.6MPa。金属及复合管：观测 10min，压力降不应大于 0.02MPa，然后降到工作压力进行检查，应不渗不漏；塑料管给水系统：稳压 1h，压力降不得超过 0.05MPa，然后在工作压力的 1.15 倍，稳压 2h，压力降不宜超过 0.03MPa
	水箱水压试验		检验方法：满水试验静置 24h 观察，不渗不漏；水压试验在试验压力下 10min 压力不降，不渗不漏。敞口水箱是无压的，作满水试验检验其是否渗漏即可。而密闭水箱（罐）是与系统连在一起的，其水压试验应与系统相一致，即以其工作压力的 1.5 倍作水压试验
	阀门	试验数量	试验应在每批（同牌号、同型号、同规格）数量中抽查 10%，且不少于一个。对于安装在主干管上起切断作用的闭路阀门，应逐个作强度和严密性试验
		强度试验	阀门的强度试验压力为公称压力的 1.5 倍。最短试验持续时间：管径≤50mm，15 秒；管径 65～200mm，60 秒；管径 250～400mm，180 秒
		严密性试验	阀门的严密性试验压力为公称压力的 1.1 倍。最短试验持续时间：1）金属密封：管径≤50mm，15 秒；管径 65～200mm，30 秒；管径 250～400mm，60 秒。2）非金属密封：管径≤50mm，15 秒；管径 65～200mm，15 秒；管径 250～400mm，30 秒

系统	试验类型	试验要求
室内排水系统	灌水试验	隐蔽前必须做灌水试验，灌水高度应不低于底层卫生器具的上边缘或底层地面高度。检验方法：满水15min水面下降后，再灌满观察5min，液面不降，管道及接口无渗漏为合格
	通球试验	排水主立管及水一干管管道均应做通球试验，通球球径不小于排水管道管径的2/3，通球率必须达到100%
卫生器具	满水、通水试验	检验方法：满水后各连接件不渗不漏；能通水试验给、排水畅通
室外给水	压力试验	试验压力均为工作压力的1.5倍，但不得小于0.6MPa。金属管：10min，压力降不应大于0.05MPa，然后降到工作压力进行检查，应不渗不漏；塑料管给水系统：稳压1h，压力降不得超过0.05MPa，然后在工作压力的1.15倍，稳压2h，压力降不宜超过0.03MPa
室外排水	灌水和通水试验	检验方法：按排水检查井分段试验，试验水头应以试验段上游管顶加1m，时间不小于30min，逐段观察，排水应畅通，无堵塞，管接口无渗漏
室内、外消防栓	压力试验	管道系统试验压力均为工作压力的1.5倍，但不得小于0.6MPa。观测10min，压力降不应大于0.02MPa，然后降到工作压力进行检查，应不渗不漏
自动喷水灭火系统	闭式喷头密封性试验	试验数量：每批中抽查1%，但不得少于5只，试验压力：3.0MPa，3min。当两只及两只以上不合格时，不得使用该批喷头。当仅有一只不合格时，应再抽查2%
	报警阀渗漏试验	试验压力应为额定工作压力的2倍，保压时间不应小于5min。阀瓣处应无渗漏
	系统水压强度试验	当系统设计工作压力等于或小于1.0MPa时，水压强度试验压力应为设计工作压力的1.5倍，并不应低于1.4MPa，当系统设计工作压力大于1.0MPa时，水压强度试验压力应为该工作压力加0.4MPa。水压强度试验的测试点应设在系统管网的最低点，达到试验压力后，稳压30min后，管网应无泄漏、无变形，且压力降不应大于0.05MPa
	系统水压严密试验	水压严密性试验应在水压强度试验和管网冲洗合格后进行。试验压力应为设计工作压力，稳压24h，应无泄漏

21 通风与空调工程质量控制

21.1 通风与空调工程质量控制主要依据：见表2-21-1。

建筑通风与空调工程质量控制相关规范和标准　　　表2-21-1

分类	标准和规范名称	标准代号
设计施工及验收	建筑工程施工质量验收统一标准	GB 50300—2013
	工业建筑供暖通风与空气调节设计规范	GB 50019—2015
	洁净厂房设计规范	GB 50073—2013
	人民防空地下室设计规范	GB 50038—2005
	汽车库、修车库、停车场设计防火规范	GB 50067—2014
	人民防空地下室设计规范	GB 50038—2005
	通风与空调工程施工质量验收规范	GB 50243—2016

注：下称"验收规范"指的是《通风与空调工程施工质量验收规范》。

21.2 相关检查记录及签证要点：见表 2-21-2。

通风与空调工程质量控制相关检查记录及签证要点   表 2-21-2

分类	检查记录及签证要点
规定要点	设计文件合法性
	施工承包单位资质合法性
	施工单位施工现场管理体系符合相关规范
	材料、成品、半成品和设备的进场签证
	分项施工工序质量记录
	施工过程中发现设计文件差错及时提出修改意见或更正建议，并形成书面文件及归档
	与通风与空调系统有关的土建工程施工完毕后，应有建设或总承包、监理、设计及施工单位共同会检
	施工质量的验收，应按验收规范对应分项的具体条文规定执行。子分部中的各个分项，可根据施工工程的实际情况一次验收或数次验收
	隐蔽工程，在隐蔽前必须经监理人员验收及认可签证
	从事管道焊接施工的焊工，必须具备操作资格证书和相应类别管道焊接的考核合格证书
	竣工的系统调试，应在建设和监理单位的共同参与下进行，施工企业应具有专业检测人员和符合有关标准规定的测试仪器
	分项工程检验批验收合格质量应符合下列规定：1）类别具有施工单位相应分项合格质量的验收记录；2）类别主控项目的质量抽样检验应全数合格；3）类别一般项目的质量抽样检验，除有特殊要求外，计数合格率不应小于 80％，且不得有严重缺陷

21.3 通风与空调工程常用材料和设备：见表 2-21-3。

通风与空调工程质量控制相关检查记录及签证要点   表 2-21-3

类别	名称	种类及选用
风管材料	金属风管	种类：镀锌钢板风管、一般薄钢板、铝板风管、不锈钢板风管；用途：空调及通风、排烟风道、除尘风道
	非金属板	种类：硬质聚氯乙烯塑料板风管、玻璃钢板风管；用途：输送腐蚀性气体的通风系统
	复合材料风管	种类：双面铝箔绝热板风管、铝箔玻璃纤维板风管；用途：空调及一般通风系统
风管辅助材料	垫料	种类包括：橡胶板、石棉橡胶板、石棉绳、软聚氯乙烯板；适用于风管之间、风管与设备之间的连接
	紧固件	螺栓、螺母、铆钉、垫圈等
风管管件	弯头	改变通风管道方向
	来回弯（之字弯）	跨越或避让其他管道
	三通	通风管道的分流或汇集
	静压箱	空气动力出口舒缓空气动压，同时起到消声效果

续表

类别	名称	种类及选用
风管管件	法兰盘	风管之间及风管与配件的延长连接，加强风管强度
	柔性短管	空气动力出口或回风与风管的连接，起到杜绝震动传递到风管上
	消音器	减少动力源的噪声传递到空气输送的下方
	调节阀（防火阀）	调节输送空气流量（防止火灾烟气漫延）
	风口	使输送空气在室内形成较好的空气场，让空气流动更均匀
常见的通风与空调设备	送、排风系统	轴流风机、离心风机、新风换气机、排气扇、消声器、风口
	防、排烟系统	加压送风轴流风机（离心风机）、排烟离心风机（专用排烟离心风机）、防火阀、风口
	除尘系统	除尘器、轴流风机、离心风机、消声器、风量调节阀、风口、排气罩（柜）
	空调系统	空气处理机（空调风柜）、风机盘管、全热（显热）交换机、电加热器、加湿器、防火阀、消声器、风量调节阀、风口
	净化空调系统	净化专用空气处理机、FFU风机过滤单元、风淋室、传递窗、风帘机、余压阀、防火阀、消声器、风量调节阀、风口
	制冷系统	分体式空调机、变频多联空调系统、水冷空调单元机组、压缩机、冷凝器、冷水蒸发器（冷风机）、热泵热水机组
	空调水系统	水泵、冷却塔、冷水机组、除垢仪、分水器、集水器、蓄冷罐、膨胀水箱、恒压灌

21.4 通风与空调安装工程质量控制要点：见表2-21-4。

通风与空调安装工程质量控制要点　　　　　　　　表2-21-4

监控内容	通风与空调安装工程质量控制要点
风管制作安装	（1）低压系统P≤500接缝，和接管连接处严密；中压系统500<P≤1500，接缝和接管连接处增加密封措施；高压系统P>1500，所有的拼接缝和接管连接处，均应采取密封措施。（2）使用材料正确性：按其材料、系统类别和使用场所对风管的材质、规格、强度、严密性与成品外观质量等项的验收。（3）按其材料、系统类别和使用场所对风管的材质、规格、强度、严密性与成品外观质量等项的验收。（4）风管制作质量的验收，按设计图纸与验收规范的规定执行。工程中所选用的外购风管，还必须提供相应的产品合格证明文件或进行强度和严密性的验证，符合要求的方可使用。（5）通风管道规格的验收，风管以外径或外边长为准，风道以内径或内边长为准。（6）镀锌钢板及各类含有复合保护层的钢板，应采用咬口连接或铆接，不得采用影响其保护层防腐性能的焊接连接方法。（7）风管的密封，应以板材连接的密封为主，可采用密封胶嵌缝和其他方法密封。密封胶性能应符合使用环境的要求，密封面宜设在风管的正压侧。（8）一般风量调节阀按设计文件和风阀制作的要求进行验收，其他如风口、排气罩、消声器（或调节阀不是现场制作时）按外购产品质量进行验收。（9）风管系统安装后，必须进行严密性检验，合格后方能交付下道工序。风管系统严密性检验以主、干管为主。在加工工艺得到保证的前提下，低压风管系统可采用漏光法检测。（10）风管系统吊、支架采用膨胀螺栓等胀锚方法固定时，必须符合其相应技术文件的规定。（11）细节按"验收规范"的主控项目和一般项目进行逐条监理及验收

监控内容	通风与空调安装工程质量控制要点
空调设备安装	（1）监理对象：仅限于工作压力不大于 5kPa 类别的通风机与空调设备安装质量的监理。（2）检查装箱清单、设备说明书、产品质量合格证书和产品性能检测报告等随机文件，进口设备还应具有商检合格的证明文件，并形成验收文字记录；（3）设备就位前应对其基础进行验收，合格后方能安装。（4）设备的搬运和吊装必须符合产品说明书的有关规定，并应做好设备的保护工作，防止因搬运或吊装而造成设备损伤。（5）细节按"验收规范"的主控项目和一般项目进行逐条监理及验收
空调制冷系统安装	（1）监理对象：适用于空调工程中工作压力不高于 2.5MPa，工作温度在 $-20\sim150℃$ 的整体式、组装式及单元式制冷设备（包括热泵）、制冷附属设备、其他配套设备和管路系统安装工程施工质量的检验和验收。（2）制冷设备、制冷附属设备、管道、管件及阀门的型号、规格、性能及技术参数等必须符合设计要求。设备机组的外表应无损伤、密封应良好，随机文件和配件应齐全。（3）与制冷机组配套的蒸汽、燃油、燃气供应系统和蓄冷系统的安装，还应符合设计文件、有关消防规范与产品技术文件的规定。（4）设备的搬运和吊装必须符合产品说明书的有关规定，并应做好设备的保护工作，防止因搬运或吊装而造成设备损伤。（5）制冷机组本体的安装、试验、试运转及验收还应符合现行国家标准《制冷设备、空气分离设备安装工程施工及验收规范》GB 类别 50274 类别有关条文的规定。（6）细节按"验收规范"的主控项目和一般项目进行逐条监理及验收
空调水系统管道与设备安装	（1）监理对象：适用于空调工程水系统安装子分部工程，包括冷（热）水、冷却水、凝结水系统的设备（不包括末端设备）、管道及附件施工质量的检验及验收。（2）镀锌钢管应采用螺纹连接。当管径大于 $DN100$ 类别时，可采用卡箍式、法兰或焊接连接，但应对焊缝及热影响区的表面进行防腐处理。（3）从事金属管道焊接的企业，应具有相应项目的焊接工艺评定，焊工应持有相应类别焊接的焊工合格证书。（4）空调用蒸汽管道的安装，应按现行国家标准《建筑给水排水及采暖工程施工质量验收规范》GB 50242 类别的规定执行。（5）细节按"验收规范"的主控项目和一般项目进行逐条监理及验收
防腐与绝热工程	（1）风管与部件及空调设备绝热工程施工应在风管系统严密性检验合格后进行。（2）空调工程的制冷系统管道，包括制冷剂和空调水系统绝热工程的施工，应在管路系统强度与严密性检验合格和防腐处理结束后进行。（3）普通薄钢板在制作风管前，宜预涂防锈漆一遍。（4）支、吊架的防腐处理应与风管或管道相一致，其明装部分必须涂面漆；（5）油漆施工时，应采取防火、防冻、防雨等措施，并不应在低温或潮湿环境下作业。明装部分的最后一遍色漆，宜在安装完毕后进行。（6）细节按"验收规范"的主控项目和一般项目进行逐条监理及验收
系统调试	（1）系统调试所使用的测试仪器和仪表，性能应稳定可靠，其精度等级及最小分度值应能满足测定的要求，并应符合国家有关计量法规及检定规程的规定。（2）通风与空调工程的系统调试，应由施工单位负责、监理单位监督，设计单位与建设单位参与和配合。系统调试的实施可以是施工企业本身或委托给具有调试能力的其他单位。（3）系统调试前，承包单位应编制调试方案，报送专业监理工程师审核批准；调试结束后，必须提供完整的调试资料和报告。（4）通风与空调工程系统无生产负荷的联合试运转及调试，应在制冷设备和通风与空调设备单机试运转合格后进行。空调系统带冷（热）源的正常联合试运转不应少于 8h，当竣工季节与设计条件相差较大时，仅做不带冷（热）源试运转。通风、除尘系统的连续试运转不应少于 2h。（5）净化空调系统运行前应在回风、新风的吸入口处和粗、中效过滤器前设置临时用过滤器（如无纺布等），实行对系统的保护。净化空调系统的检测和调整，应在系统进行全面清扫，且已运行 24h 类别及以上达到稳定后进行。洁净室洁净度的检测，应在空态或静态下进行或按合约规定。室内洁净度检测时，人员不宜多于 3 类别人，均必须穿与洁净室洁净度等级相适应的洁净工作服。（6）细节按"验收规范"的主控项目和一般项目进行逐条监理及验收

续表

监控内容	通风与空调安装工程质量控制要点
分部工程验收	通风与空调工程竣工验收时，应检查竣工验收的资料，一般包括下列文件及记录：（1）图纸会审记录、设计变更通知书和竣工图；（2）主要材料、设备、成品、半成品和仪表的出厂合格证明及进场检（试）验报告；（3）隐蔽工程检查验收记录；（4）工程设备、风管系统、管道系统安装及检验记录；（5）管道试验记录；（6）设备单机试运转记录；（7）系统无生产负荷联合试运转与调试记录；（8）分部（子分部）工程质量验收记录；（9）观感质量综合检查记录；（10）安全和功能检验资料的核查记录
	（1）观感质量检查应包括以下项目：1）风管表面应平整、无损坏；接管合理，风管的连接以及风管与设备或调节装置的连接，无明显缺陷；2）风口表面应平整，颜色一致，安装位置正确，风口可调节部件应能正常动作；3）各类调节装置的制作和安装应正确牢固，调节灵活，操作方便。防火及排烟阀等关闭严密，动作可靠；4）制冷及水管系统的管道、阀门及仪表安装位置正确，系统无渗漏；5）风管、部件及管道的支、吊架型式、位置及间距应符合本规范要求；6）风管、管道的软性接管位置应符合设计要求，接管正确、牢固，自然无强扭；7）通风机、制冷机、水泵、风机盘管机组的安装应正确牢固；8）组合式空气调节机组外表平整光滑、接缝严密、组装顺序正确，喷水室外表面无渗漏；9）除尘器、积尘室安装应牢固、接口严密；10）消声器安装方向正确，外表面应平整无损坏；11）风管、部件、管道及支架的油漆应附着牢固，漆膜厚度均匀，油漆颜色与标志符合设计要求；12）绝热层的材质、厚度应符合设计要求；表面平整、无断裂和脱落；室外防潮层或保护壳应顺水搭接、无渗漏。（2）检查数量：风管、管道各按系统抽查10%，且不得少于1个系统。各类部件、阀门及仪表抽检5%，且不得少于10件。检查方法：尺量、观察检查
	（1）净化空调系统的观感质量检查还应包括下列项目：1）空调机组、风机、净化空调机组、风机过滤器单元和空气吹淋室等的安装位置应正确、固定牢固、连接严密，其偏差应符合本规范有关条文的规定；2）高效过滤器与风管、风管与设备的连接处应有可靠密封；3）别净化空调机组、静压箱、风管及送回风口清洁无积尘；4）装配式洁净室的内墙面、吊顶和地面应光滑、平整、色泽均匀、不起灰尘，地板静电值应低于设计规定；5）送回风口、各类末端装置以及各类管道等与洁净室内表面的连接处密封处理应可靠、严密。（2）检查数量：按数量抽查20%，且不得少于1个。检查方法：尺量、观察检查
	通风与空调工程的竣工验收，是在工程施工质量得到有效监控的前提下，施工单位通过整个分部工程的无生产负荷系统联合试运转与调试和观感质量的检查，按本规范要求将质量合格的分部工程移交建设单位的验收过程

22 建筑电气工程质量控制

22.1 建筑电气工程质量控制依据：见表 2-22-1。

建筑电气工程质量控制相关规范和标准　　　　　　　　表 2-22-1

分类	标准和规范名称	标准代号
设计规范及材料标准	用电安全导则	GB/T 13869—2008
	3～110kV 高压配电装置设计规范	GB 50060—2008

续表

分类	标准和规范名称	标准代号
设计规范及材料标准	住宅建筑电气设计规范	JGJ 242—2011
	城市道路照明设计标准	CJJ 45—2015
	低压配电设计规范	GB 50054—2011
	灯具分布光度测量的一般要求	GB/T 9468—2008
	电气安全标志	GB/T 29481—2012
	电线电缆用无卤低烟阻燃电缆料	GB/T 32129—2015
	定额电压 200kV 交联聚乙烯绝缘电力电缆及附件：实验方法和要求	GB/T 18890.1—2015
	民用建筑电气设计规范	JGJ 16—2008
	教育建筑电气设计规范	JGJ 310—2013
	体育建筑电气设计规范	JGJ 354—2014
施工验收规范	建筑电气工程施工质量验收规范	GB 50462—2015
	电子会议系统工程与质量验收规范	GB 51043—2014
	电气装置安装工程 电气设备交接试验标准	GB 50150—2016
	建设工程施工现场供用电安全规范	GB 50194—2014
	电气装置安装工程 盘、柜及二次回路接线施工及验收规范	GB 50171—2012
	电气装置安装工程 旋转电机施工及验收规范	GB 50170—2012
	电气装置安装工程 母线装置施工及验收规范	GB 50149—2010
	电气装置安装工程 接地装置施工及验收规范	GB 50169—2016
	建筑电气照明装置施工及验收规范	GB 50617—2010
	建筑物防雷工程施工及质量验收规范	GB 50601—2010

22.2 电气工程主要设备进场、材料、成品和半成品进场验收

（1）电气工程用电线、电缆的型号及用途：见表 2-22-2。

电线、电缆的型号及用途　　　　　　表 2-22-2

类别	型号	名称	使用范围
电线	BV	铜芯塑料硬线	动力照明固定布线用，可明敷、暗敷
	BVV	铜芯聚氯乙烯绝缘聚氯乙烯护套圆形电线	动力照明固定布线用，可明敷、暗敷
	BX	铜芯橡皮线	宜于室内明敷或穿管敷设
	BXR	铜芯橡皮软线	室内作电气设备活动部分的连接线
	BVR	铜芯聚氯乙烯绝缘软电线	适用于室内作仪表、开关等活动部分的连接线

类别	型号	名称	使用范围
电缆	RVVP	铜芯聚氯乙烯绝缘屏蔽聚氯乙烯护套软电缆	应用于楼宇自动化控制系统、防盗报警系统、消防系统、三表自抄系统、通信、音频、音响系统、仪表、电子设备及自动化装置等需防干扰线路的连接
	VV	铜芯聚氯乙烯绝缘聚氯乙烯护套电力电缆	敷设在室内、隧道及管道中或户外托架敷设，不承受压力和机械外力
	VV22	铜芯聚氯乙烯绝缘钢带铠装聚氯乙烯护套电力电缆	敷设在室内、隧道、电缆沟及直埋土壤中，电缆能承受压力及其他外力
	YJV	交联聚乙烯绝缘聚氯乙烯护套电力电缆	敷设在室内、隧道及管道中或户外托架敷设，不承受压力和机械外力
	BBTRZ	铜芯铜护套氧化镁绝缘重载防火电缆	应用于主干线路、消防线路、逃生救援系统，如应急照明、火灾监测、报警系统、电梯系统、排烟系统，以及控制线路等

注：电线电缆型号组成与顺序如下：(1)［1：类别、用途］［2：导体］［3：绝缘］［4：内护层］［5：结构特征］［6：外护层或派生］［7：使用特征］，1～5 项和第 7 项用拼音字母表示，高分子材料用英文名的第一位字母表示，每项可以是 1～2 个字母；第 6 项是 1～3 个数字，第 7 项是各种特殊使用场合或附加特殊使用要求的标记，在"一"后以拼音字母标记。(2)型号中省略原则：电线电缆产品中铜是主要使用的导体材料，故铜芯代号 T 省写。(3)例如"ZRYJV22 类别－1KV，3×2.5"实例分析：1) ZR—表示燃烧特性，燃烧特性有阻燃（ZR，又分 ABC 三级，如 ZB），耐火（NH，也分 ABC 三级，如 NA），无卤（W），低烟（D）。2) YJ—绝缘层材质，常见的有：Y 表示聚乙烯（化学简称 PE），YJ 表示交联聚乙烯（XLPE），V 表示聚氯乙烯（PVC）；3) V—外护套材质，常见的有聚氯乙烯（PVC），聚乙烯（PE）。4) 22—前一个数字表示铠装层材质：0 表示无铠装，2 表示钢带铠装，3 表示细钢丝铠装，4 表示粗钢丝铠装；后一个数字表示外护套材质：0 表示无护套，1 表示纤维缠包，2 表示聚氯乙烯外护套，3 表示聚乙烯外护套。22 表示"护套在钢带外"。5) 1KV—额定电压等级，标准格式应写作 0.6/1KV，0.6KV 表示导体对"地"的电压，1KV 表示导体各"相"间的电压。6) 3×2.5 称为规格，3 表示芯数，即电缆由三根绝缘线芯绞合而成；2.5 表示导体的"标称截面"。

（2）电气工程进场材料抽检检测要求：见表 2-22-3。

电气工程进场材料抽检检测要求　　　　　　　　　　表 2-22-3

检测项目		检验频次
母线槽、导管、绝缘导线、电缆	现场抽样检测	同厂家、同批次、同型号、同规格的每批至少抽取 1 个样本
	有异议送样检测	同厂家、同批次、同型号、同规格的每批至少抽取 2 个样本，且不得少于 2 个规格
灯具、插座、开关	现场抽样检测	同厂家、同材质、同类型的，应各抽检 3%
	有异议送样检测	同厂家、同材质、同类型的，500 个（套）及以下时抽检 2 个（套），但应各不少于 1 个（套），500 个（套）以上时抽检 3 个（套）
自带蓄电池的灯具		应按 5% 抽检，且均不应少于 1 个（套）

注：1. 对于由同一施工单位的同一建设项目的多个单位工程，当使用同一生产厂家、同材质、同批次、同类型的主要设备、材料、成品和半成品时，其抽检比例宜合并计算；2. 当抽检结果出现不合格，可加倍抽样检测，仍不合格时，则要设备、材料、成品和半成品应判定为不合格品，不得使用；3. 主要设备、材料、成品和半成品进场验收。

（3）电气工程材料监理检查内容及要求：见表2-22-4。

电气工程材料监理检查内容及要求 表2-22-4

序号	名称	监理检查内容
1	变压器、变电所、高压电器及电瓷制品	（1）合格证、技术文件、出厂试验记录；（2）外观检查：附件齐全、绝缘件完好，充油部分不应渗漏，充气高压设备气压指示正常
2	高压柜、蓄电池柜、UPS柜、EPS柜、低压柜、控制柜（台、箱）	（1）合格证、技术文件、出厂试验记录；（2）外观检查：设备内元器件完好，接线无脱焊，蓄电池柜内电池壳体应无碎裂、漏液，充油、充气设备无泄漏
3	照明灯具及附件	（1）合格证，新型气体放电灯应有随带技术文件；太阳能灯具应有功能性试验报告：短路、过载、反向放电、极性反接保护。（2）外观检查：I类灯具应有专用的PE端子；固定灯具带电部件及提供防触电保护的部位应为绝缘材料，且应耐燃烧和防引燃；内部接线应为铜芯绝缘导线，其截面积不应小于0.5mm²。（3）自带蓄电灯具应现场检测最少持续时间。（4）绝缘性能检测：灯具绝缘电阻值不小于2MΩ，绝缘导线的绝缘层不应小于0.6mm
4	开关、插座、接线盒和风扇及其附件	（1）合格证，防爆产品有防爆标志和防爆合格证；（2）外观检查：外观完整、无碎裂、零件齐全；（3）电气和机械性能进行现场抽样检测：不同极性带电部件间的电气间隙和爬电距离不小于3mm；绝缘电阻值不小于5MΩ；（4）对开关、插座、接线盒及其面板等塑料绝缘材料的耐非正常热、耐燃和耐漏电起痕性有异议时，按批抽样送有资质的试验室检测
5	电线、电缆	（1）合格证；（2）外观检查：包装完好，绝缘层完整无损，厚度均匀。电缆无压扁、扭曲，铠装不松卷。耐热、阻燃的电线、电缆外护层有明显标识和制造厂标；（3）检查绝缘性能：线间和线对地间的绝缘电阻值必须大于0.5MΩ；（4）检查标称截面积和电阻值：电阻值应符合国家标准《电缆的导体》GB/T 3956的有关规定类别
6	母线槽	（1）合格证和随带安装技术文件：CCC型式试验报告中的技术参数应符合设计要求，导体规格及相应温升应与CCC型式试验报告一致；耐火母线槽还应提供型式报告，其耐火时间符合设计要求；保护接地导体与外壳可靠连接，其截面积符合相关规定；当外壳兼作保护接地导体时，CCC型式试验报告和产品结构应符合国家现行产品标准；（2）外观检查；（3）母线槽组对前，每段母线的绝缘电阻应经测试合格，且绝缘电阻值不应小于20MΩ
7	监理签认的材料报告	电线检验报告 GD-C3-5157 电缆检验报告 GD-C3-5158 断路器检验报告 GD-C3-5159 带过电流保护的漏电动作断路器检验报告 GD-C3-5160 漏电动作断路器检验报告 GD-C3-5161 照明开关检验报告 GD-C3-5162 插座检验报告 GD-C3-5163

22.3　建筑电气工程保护导体的质量控制要点

（1）低压供电设备的接地形式及适用范围：见下表 2-22-5。

低压供电设备的接地形式及适用范围　　　　　　　表 2-22-5

接地方式		原理	适用范围
TT		 电源侧配电变压器中性点直接接地，负荷侧设备不带电的金属外壳直接与大地连接，但与电源侧配电变压器中性点没有直接电气连接	（1）电气设备的外壳与电源的接地无电气联系，适用于对电位敏感的数据处理设备和精密电子设备；（2）故障时对地故障电压不会蔓延；（3）接地短路时，由于受电流接地电阻和电气设备接地电阻的限制，短路电流较小，可减小危险
TN	TN-C	 是用工作零线兼作接零保护线，可以称作保护中性线	（1）TN-C 方案易于实现，节省了一根导线，且保护电器可节省一极，降低设备的初期投资费用。（2）发生接地短路故障时，故障电流大，可采用一过流保护电器瞬时切断电源，保证人员生命和财产安全
	TN-S	 把工作零线 N 和专用保护线 PE 严格分开的供电系统；零线断线也不影响 PE 保护线路功能，同时不限制漏电保护器的使用	TN-S 系统对预防触电事故和保障系统正常运行更为安全可靠。用于工业与民用建筑等低压供电系统，施工临时用电

续表

接地方式		原理	适用范围
TN	TN-C-S	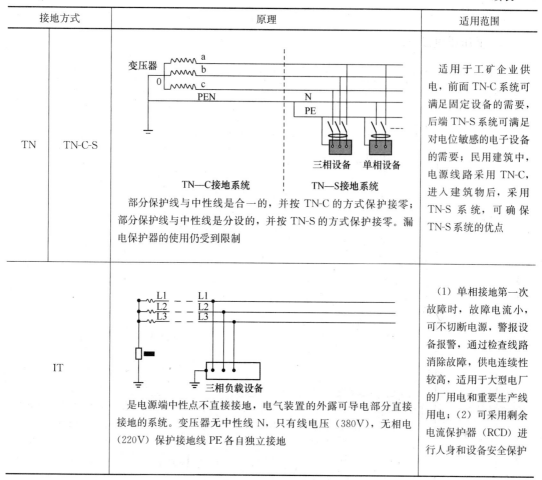TN—C接地系统　　TN—S接地系统 部分保护线与中性线是合一的，并按 TN-C 的方式保护接零；部分保护线与中性线是分设的，并按 TN-S 的方式保护接零。漏电保护器的使用仍受到限制	适用于工矿企业供电，前面 TN-C 系统可满足固定设备的需要，后端 TN-S 系统可满足对电位敏感的电子设备的需要；民用建筑中，电源线路采用 TN-C，进入建筑物后，采用 TN-S 系统，可确保 TN-S 系统的优点
IT		三相负载设备 是电源端中性点不直接接地，电气装置的外露可导电部分直接接地的系统。变压器无中性线 N，只有线电压（380V），无相电（220V）保护接地线 PE 各自独立接地	（1）单相接地第一次故障时，故障电流小，可不切断电源，警报设备报警，通过检查线路消除故障，供电连续性较高，适用于大型电厂的厂用电和重要生产线用电；（2）可采用剩余电流保护器（RCD）进行人身和设备安全保护

（2）保护导体工程质量控制要点

保护导体由保护联结导体、保护地线导体和接地导体组成，起安全保护作用的导体。在《建筑电气工程施工质量验收规范》（GB 50303—2015）强制性条文中大多数都是对保护导体的要求，可见保护导体的连接对人身的安全至关重要，在施工监理过程中必须更加密切关注保护导体的施工和验收，其质量控制要点见表 2-22-6。

保护导体工程施工质量监控要点　　　　　　表 2-22-6

监控项目	施工要求	监理质量控制要求
电气设备	外露可导电部分应单独与保护导体相连接，不得串联连接，连接导体的材质、截面积应符合设计要求。（说明：与电气设备连接的保护导体应为保护导体干线，在建筑物电气设备集中的场所，可在矩形的钢或铜母线做保护导体干线上钻孔后，将外露可导电部用连接导体与钢或铜母线保护导体干线直接连接。）	（1）连接导体坚持从干线引出，分别与电气设备、器具以及其他单独个体连接；（2）区分接地干线与支线，目视检查设备、器具以及其他单独个体的接地端子是否有 2 根（含 2 根）以上的连接导体，如有的话，则有可能存在串联现象，要求整改

续表

监控项目	施工要求	监理质量控制要求
电动机电加热器及电动执行机构	外露可导电部分必须与保护导体可靠连接说明：可靠连接是指与保护导体干线单独连接且应采用锁紧装置紧固，以确保使用安全	(1) 检查电动机外壳是否可靠接地、接地线接在带标识的专用接地螺栓；(2) 设计无规定时接地线截面积按电源线截面积的 1/3 选择，最小不得小于 1.5mm^2；最大不大于 25mm^2
母线槽	外露可导电部分应与保护导体可靠连接，并应符合下列规定：1) 每段母线槽的金属外壳间应连接可靠，且母线槽全长与保护导体可靠连接不应少于 2 处；2) 分支母线槽的金属外壳末端应与保护导体可靠连接；3) 连接导体的材质、截面积应符合设计要求	(1) 检查保护导体引入位置：必须是保护导体干线引入；(2) 检查母线槽外壳跨界：在母线槽组对安装过程中，先将母线槽金属外壳间用锁紧螺栓相互连接牢固，母线槽整段完成后再将母线槽与保护导体用锁紧螺栓做紧固连接
金属梯架、托盘或槽盒	金属梯架、托盘或槽盒本体之间的连接应牢固可靠，与保护导体的连接应符合下列规定：1) 梯架、托盘和槽盒全长不大于 30m 时，不应少于 2 处与保护导体可靠连接，全长大于 30m 时，每隔 $20\sim30\text{m}$ 应增加一个连接点，起始端和终点端均应可靠接地。2) 非镀锌梯架、托盘和槽盒本体之间连接板的两端应跨接保护联结导体，保护联结导体的截面积应符合设计要求。3) 镀锌梯架、托盘和槽盒本体之间不跨接保护联结导体时，连接板每端不应少于 2 个有防松螺帽或防松垫圈的连接固定螺栓	(1) 检查保护导体连接的可靠性。包括螺栓锁紧连接和非镀锌钢材的焊接连接两种连接方法；(2) 检查是否正确选择保护导体的截面积。电缆外的保护导体或不与相导体共处于同一外护物内的保护导体，其截面积应符合下列规定：1) 有机械损伤防护时，铜导体不应小于 2.5mm^2。2) 无机械损伤防护时，铜导体不应小于 4mm^2
金属导管	金属导管应与保护导体可靠连接。1) 镀锌导管类别间不得熔焊连接，连接处的两端宜采用专用接地卡固定保护联结导体；2) 非镀锌导管连接处的两端应熔焊连接；3) 采用机械连接时，当导管的连接处的接触电阻值符合相关要求，可不设置保护联结导体	(1) 以专用接地跨接的两卡间边线为铜芯软导线，截面积不小于 4mm^2；以熔焊焊接的保护联结导体宜为圆钢，直径不小于 6mm，搭接长度应为圆钢直径的 6 倍；(2) 机械连接仅可采用紧定式和扣压式
金属电缆支架	必须与保护导体可靠连接金属电缆支架（说明：通常与保护导体做熔焊连接，采用金属电缆支架敷设是与采用电缆梯架、托盘、槽盒敷设不同的另外一种敷设方式。金属支架与电缆直接接触，为外露可导电部分，所以必须与保护导体可靠连接。）	(1) 熔焊连接施工时应先将金属支架安装完，然后沿金属支架敷设保护导体并将金属支架与保护导体进行熔焊连接。(2) 核对确认金属电缆支架应与保护导体干线直接连接、熔焊焊缝应饱满、焊缝无咬肉

续表

监控项目	施工要求	监理质量控制要求
普通灯具	普通灯具的Ⅰ类灯具外露可导电部分必须采用铜芯软导线与保护导体可靠连接,连接处应设置接地标识,铜芯软导线的截面积应与进入灯具的电源线截面积相同	(1)检查专用接地螺栓的符合性、检查接地线的截面积,接地线与保护导体干(支)线的连接应采用导线连接器或缠绕搪锡连接。(2)目视检查合格、用专用工具检查接地铜芯软导线连接可靠紧固
景观照明灯具	景观照明灯具安装应符合下列规定:1)在人行道等人员来往密集场所安装的落地式灯具,当无围拦防护时,灯具距地面高度应大于2.5m;2)金属构架及金属保护管应分别与保护导体采用焊接或螺栓连接,连接处应设置接地标识	(1)区别灯具性质是否属于景观照明灯具,注意安装场所及其防护措施。(2)目视检查合格、用工具拧紧检查连接处已紧固或必要时进行接地导通抽测合格为判定依据
接地装置	接地干线应与接地装置可靠连接(说明:变配电室及电气竖井内接地干线是沿墙或沿竖井内明敷的接地导体,其连接应可靠,连接应采用熔焊连接或螺栓搭接连接,熔焊焊缝应饱满、焊缝无咬肉,螺栓连接应紧固,锁紧装置齐全。)	(1)接地干线与接地装置连接应采用熔焊连接和螺栓搭接连接,同时应检测接地装置的接地电阻。(2)接地干线与接地装置采用熔焊连接的应三面施焊,采用螺栓搭接连接的应不少于2个防松螺帽,并用力矩扳手拧紧
插座	插座接线应符合下列规定:1)单相三孔、三相四孔及三相五孔插座的保护接地导体(PE)应接在上孔。插座的保护接地导体端子不得与中性导体端子连接。同一场所的三相插座,其接线的相序应一致;2)保护接地导体(PE)在插座之间不得串联连接	(1)插座接线前应判定接入导线的性质,PE线、相线、中性线区分清楚,三相的导线相序应鉴别清楚,并按本规定进行导线连接。(2)以专用检验器或仪表抽测接线正确性为判定依据
柜、台、箱	(1)金属框架及基础型钢可靠连接;(2)对于装有电器的可开启门,门和金属框架的接地端子间应选用截面积不小于4mm^{2}的黄绿绝缘铜芯软导线连接。(3)低压成套配电柜、控制柜(屏、台)和动力、照明配电箱(盘)应有可靠的电击保护。柜(屏、台、箱、盘)内保护导体应有裸露的连接外部保护导体的端子,并应可靠连接	保护导体的最小截面积符合要求: {{TABLE}}

保护导体的最小截面积表:

相导体截面积(mm^2)	保护导体最小截面积
≤16	s
>16,且≤35	16
>35	1/2

续表

监控项目	施工要求	监理质量控制要求
电缆的金属外壳	电力电缆的铜屏蔽层和铠装护套及矿物绝缘电缆的金属护套和金属配件应采用铜绞线或镀锡铜编织线与保护导体连接,截面积不应小于右面的规定	电缆终端保护联结导体截面积要求: 相导体截面积(mm²) / 保护联结导体截面积 ≤16 / s >16,且≤120 / 16 ≥150 / 25
监理签名验收表格	线路/设备/装置/器具绝缘电阻测试记录 GD-C4-6413 供配电线路绝缘电阻测试记录 GD-C4-6414 接地电阻测试记录 GD-C4-6415 线路(装置)直流电阻测试记录 GD-C4-6416 低压配电系统接地故障回路阻抗测试记录 GD-C4-658 接地装置安装检验批质量验收记录 GD-C4-71250 接地干线敷设检验批质量验收记录 GD-C4-71251 防雷引下线及接闪器安装检验批质量验收记录 GD-C4-71252 建筑物等电位联结检验批质量验收记录 GD-C4-71253 电缆头制作、导线连接和线路绝缘测试检验批质量验收记录 GD-C4-71245 接地线检验批质量验收记录 GD-C4-71299	

22.4 梯架、托盘、槽盒及电线(缆)敷设质量控制要点:见表2-22-7。

梯架、托盘、槽盒及电线(缆)敷设质量控制要点　　　　表2-22-7

监控部位	施工要求	监理质量检查监控要点
梯架托盘槽盒	水平安装的支架间距宜为 1.5~3.0m,垂直安装的间距不应大于2m。采用金属吊架固定时,圆钢直径不得小于 8mm,并应由防晃支架,在分支处或端部 0.3~0.5m 处应有固定支架。然后,将外露可导电部分用连接导体与钢或铜母线保护导体干线直接连接	(1)梯架、托盘、槽盒的型号、规格是否符合要求。(2)支、吊架间距均匀,固定牢靠。(3)梯架、托盘、槽盒安装是否平滑顺直
柔性导管	刚性导管经柔性导管与电气设备、器具连接,柔性导管的长度在动力工程中不大于 0.8m,在照明工程中不大于 1.2m	(1)柔性导管材料厚度是否符合要求;(2)柔性导管是否采用专用附件;(3)柔性导管是否超长
剔槽埋设	当绝缘导管在砌体上剔槽埋设时,应采用强度等级不小于 M10 的水泥砂浆抹面保护,保护层厚度大于 15mm	(1)剔槽深度;(2)修补水泥砂浆强度;(3)保护层厚度

续表

监控部位	施工要求	监理质量检查监控要点
管槽内穿	（1）交流单芯电缆或分相后的每相电缆不得单独穿于刚导管内，固定用的夹具和支架不应形成闭合磁路。特别是采用分支电缆头或单芯矿物质绝缘电缆在进、出配电柜（箱）时，要防止分支处电缆芯线单根固定时，采用的夹具和支架形成闭合磁路。（2）不同回路、不同电压等级和交流与直流的电线，不应穿于同一导管内；同一交流回路的电线应穿于同一金属导管内，且管内电线不得有接头。（3）同一路径无妨干扰要求的线路，可敷设于同一金属管或金属槽盒内。1）金属导轨或金属槽盒内导线额总截面积不宜超过其截面积的40%，且金属槽盒内载流量导线不宜超过30根；2）控制、信号等非电力回路导线敷设于同一金属导管或金属槽盒内时，导线的总截面积不宜超过其截面积的50%。3）导线和分支接头的总截面积不应超过该点槽盒内截面积的75%。	（1）护套线位置：宜在平顶下50mm处沿建筑物表面敷设；（2）电线、电缆过缩缝处的状况：线两端应规定牢固，并适当留有余量。（3）电线辐射状况：电线在线槽内有一定余量，不得有接头。（4）电线绑扎状况：电线按回路编号分段绑扎，绑扎间距不赢大于2m。（5）导线的型号、规格：包装、制造标准、绝缘性能、导电性能和阻燃性能。（6）预埋线管状况：管内是否积水，杂物是否清理干净，经确认后方可穿线
电缆穿墙	当电缆通过墙、楼板或室外敷设穿导管保护时，导管的内径不应小于电缆外径的1.5倍	（1）电缆穿墙是否安装保护导管；（2）导管内径是否符合要求
导线与电器设备的连接	（1）截面积在10mm² 及以下的单股铜芯线和单股铝芯线直接与设备、器具的端子连接；（2）截面积在2.5mm² 及以下的多股铜芯线接续端子或拧紧搪锡后再与设备、器具的端子连接；（3）截面积大于2.5mm² 的多股铜芯线，除设备自带插接式端子外，应接续端子后与设备或器具的端子连接；多股铜芯线与插接式端子连接前，端部拧紧搪锡；（4）每个设备和器具的端子接线不多于2根电线	（1）电气设备配管状况：室外露天进线管要做防水弯头。（2）在设备接线盒内裸露的不同相导线间与导线对地间最小距离要符合下列要求： | 额定电压	最小净距（m）
---	---
500～1200	14
≤500	10
对漏电距离应不小于	15～20	
防火封堵	（1）布线系统通过地板、墙壁、屋顶、顶板、隔墙等建筑构件时，其孔隙应按等同建筑构件耐火等级的规定封堵；（2）电缆敷设采用的导管和槽盒材料，当导管和槽盒内部截面积等于大于710mm² 时，应从内部封堵；（3）电缆防火封堵的材料，应按耐火等级要求，采用防火胶泥、耐火隔板、填阻火包或防火帽	（1）孔洞是否封堵；（2）防火材料是否符合要求；（3）大于710mm² 的线槽，是否从内部封堵
监理签名验收表格	梯架、托盘和槽盒安装检验批质量验收记录 GD-C4-71239 导管敷设检验批质量验收记录 GD-C4-71240 电缆敷设检验批质量验收记录 GD-C4-71241 管内穿线和槽盒内敷线检验批质量验收记录 GD-C4-71242 塑料护套线直敷布线检验批质量验收记录 GD-C4-71243	

22.5 配电柜、控制柜、配电箱安装工程质量控制要点：见表 2-22-8。

配电柜、控制柜、配电箱安装工程质量控制要点 表 2-22-8

监控部位	规范要求	监理质量控制要点
配电室土建要求	（1）配电室屋顶承重构件的耐火等级不应低于二级，其他部分不应低于三级。（2）配电室长度超过 7m 时，应设 2 个出口，并宜布置在配电室两端。当配电室双层布置时，楼上配电室的出口应至少设一个通向该层走廊或室外的安全出口。配电室的门均应向外开启，但通向高压配电室的门应为双向开启门。（3）配电室内的电缆沟，应采取防水盒排水措施。配电室的地面宜高出本层地面 50mm 或设置防水门槛。（4）配电室的门、窗关闭应密合；与室外相通的洞、通风孔应防止鼠、蛇类等小动物进入网罩。（5）配电室内除本室需用的管道外，不应有其他的管道通过	（1）做好中间验收，对土建施工是否符合图纸要求进行核查；（2）检查配电室是否有排水管、给水管穿过
配电设备的安全要求	（1）落地式配电箱的底部宜抬高，高出地面的高度室内不应低于 50mm，室外不应低于 200mm；其底座周围应采取封闭措施，并应能防止鼠、蛇类等小动物进入箱内。（2）同一配电室内相邻的两段母线，当任一段母线有一级负荷时，相邻的两端母线之间应采取防火措施；（3）高压及低压配电设备设在同一室内，且其中一侧柜有裸露的母线时，两者之间的净距不应小于 2m。（4）成排布置的配电屏，其长度超过 6m 时，类别屏后的通道应设 2 个出口，并宜布置在通道的两端，当两出口之间的距离超过 15m 时，其间尚应增加出口	（1）检查配电设备安装位置，是否能够防止鼠、蛇类等小动物进入箱内。（2）检查配电设备的安装精度：垂直度允许偏差千分之 1.5、相互间隙 <2mm、成列盘面偏差不应大于 5mm
柜箱盘安装	（1）柜、箱、盘间线路的线间和线对地间绝缘电阻值，馈电线路必须大于 0.5MΩ；二次回路必须大于 1MΩ。二次回路耐压试验电压 1000V，当绝缘电阻值大于 10MΩ 时，用 2500V 兆欧表摇测 1min，应无闪络击穿现象；（2）照明配电箱（盘）安装应符合下列规定：1）箱（盘）内配线整齐，无铰接现象。导线连接紧密，不伤芯线，不断股。垫圈下螺丝两侧压的导线截面积相同，同一端子上导线连接不多于 2 根，防松垫圈等零件齐全；2）箱（盘）内开关动作灵活可靠，带有漏电保护的回路，漏电保护装置动作电流不大于 20mA，动作时间不大于 0.1s。3）照明箱（盘）内，分别设置零线（N）和保护地线（PE 线）汇流排，零线和保护地线经汇流排配出。（3）柜、屏、台、箱、盘内检查试验应符合下列规定：1）控制开关及保护装置的规格、型号符合设计要求；2）闭锁装置动作准确、可靠；3）主开关的辅助开关切换动作与主开关动作一致；4）柜、屏、台、箱、盘上的标识器件标明被控设备编号及名称，或操作位置，接线端子有编号，且清晰、工整、不易脱色。5）回路中的电子元件不应参加交流工频耐压试验；50V 及以下回路不可做交流工频耐压试验。（4）柜、屏、台、箱、盘间配线：电流回路绝缘导线应采用额定电压不低于 450V/750V；对于铜芯绝缘电线或电缆的导体截面积不小于 2.5mm² 的，其他回路不小于 1.5mm² 的铜芯绝缘电线或电缆。（5）柜、箱、盘面板上的电器连接导线符合下列规定：1）采用多股铜芯软电线，敷设长度留有适当裕量；2）线束有外套塑料管等加强绝缘保护层；3）与电器连接时，部绞紧，且有不开口的终端端子或搪锡，不松散、断股；4）可转动部位的两端用卡子固定；（6）电涌保护器（SPD）的连接导线应平直、足够短，且不宜大于 0.5m	（1）检查柜、屏、台、箱、盘内检查试验是否符合下列规定：1）控制开关及保护装置的规格、型号符合设计要求；2）闭锁装置动作准确、可靠；3）主开关的辅助开关切换动作与主开关动作一致；4）柜、屏、台、箱、盘上的标识器件标明被控设备编号及名称，或操作位置，接线端子有编号，且清晰、工整、不易脱色。5）回路中的电子元件不应参加交流工频耐压试验；50V 及以下回路不可做交流工频耐压试验。（2）检查柜、屏、台、箱、盘间配线：电流回路绝缘导线应采用额定电压不低于 450V/750V；对于铜芯绝缘电线或电缆的导体截面积不小于 2.5mm² 的，其他回路不小于 1.5mm² 的铜芯绝缘电线或电缆。（3）检查柜、箱、盘面板上的电器连接导线是否符合下列规定：1）采用多股铜芯软电线，敷设长度留有适当余量；2）线束有外套塑料管等加强绝缘保护层；3）与电器连接时，部绞紧，且有不开口的终端端子或搪锡，不松散、断股；4）可转动部位的两端用卡子固定。（4）电涌保护器（SPD）的连接导线应平直、足够短，且不宜大于 0.5m
监理签名验收	变压器、箱式变电所安装检验批质量验收记录 GD-C4-71232 成套配电柜、控制柜（台、箱）和配电箱（盘）安装检验批质量验收记录 GD-C4-71233 安装场地检查检验批质量验收记录 GD-C4-71245	

22.6 母线槽安装工程质量控制要点：见表 2-22-9。

母线槽安装工程质量控制要点　　　　　　　　　　　　表 2-22-9

监控部位	规范要求				监理质量控制要点
封闭插接式母线安装	（1）母线与外壳同心，允许偏差为±5mm；（2）当段与段连接时，两相邻母线及外壳对准，连接后不使母线及外壳受额外应力；（3）母线的连接方法符合产品技术文件要求。（4）水平或垂直敷设的母线固定点应每段设置一个，且每层不少于一个，距拐点0.4～0.6m设置一个支架。（5）穿越楼板的孔洞应设置高度不小于50mm的防水台				（1）检查母线型号、规格、电压是否符合设计要求、外观完好；（2）检查绝缘子安装情况：安装在同一平面或垂直面上的支柱绝缘子或穿墙套管的顶面，应位于同一平面上，中心线位置符合设计要求，母线直线段的支柱绝缘子安装中心线在同一直线上；（3）检查母线安装状况：应矫正平直，切断面平整，组装总截面不小于母线截面积的1.2倍
母线的相序排列与涂色	<table><tr><td rowspan="2">相类</td><td rowspan="2">色类别标</td><td colspan="3">母线安装位置</td></tr><tr><td>垂直安装</td><td>水平安装</td><td>引下线</td></tr><tr><td>L1</td><td>黄</td><td>上</td><td>后（内）</td><td>左</td></tr><tr><td>L2</td><td>绿</td><td>中</td><td>中</td><td>中</td></tr><tr><td>L3</td><td>红</td><td>下</td><td>前（外）</td><td>右</td></tr><tr><td>N</td><td>全长黄绿线、终端用淡蓝或全长淡蓝、终端用黄绿线</td><td>最下</td><td>最外</td><td>最右</td></tr><tr><td>PE</td><td>绿/黄</td><td></td><td></td><td></td></tr></table>				
验收	母线槽安装检验批质量验收记录 GD-C4-71238				

22.7 照明装置安装工程质量控制要点：见表 2-22-10。

照明装置安装工程质量控制要点　　　　　　　　　　　　表 2-22-10

序号	灯具类型	质量监控要点
1	特殊场所	变电所内，高低压配电设备及裸母线的正上方不应安装灯具，灯具与裸母线的水平净距不应少于 1m
2	大型灯具	质量大于 10kg 的灯具，其固定装置应按 5 倍灯具重量的恒定局部载荷作强度试验，历时15min，应无明显变形
3	室外灯具	室外安装的壁灯应在灯具底部有泄水孔，绝缘台与墙面接线盒盒口之间应有防水措施。当设计无要求时，灯具底部距地不应小于 2.5m
4	悬吊式灯具	（1）带提升架的软线吊灯在灯线展开后，灯具下沿应高于工作台面 0.3m；（2）质量大于0.5kg的软线吊灯，应增设吊链（绳）；（3）质量大于3kg的吊灯，应固定在吊钩上，吊钩的圆钢直径不应小于灯具挂销直径，且不应小于6mm；（4）采用钢管做灯具吊杆时，钢管应有防腐措施，其内径不应小于10mm，壁厚不应少于1.5mm
5	嵌入式灯具	（1）灯具的边框应紧贴安装面；（2）多边形灯具应固定在专设的框架或专用吊链（杆）上，固定用的螺钉不少于 4 个；（3）接线盒向灯一个采用导管保护，电线不得外露，导管与灯具壳体应采用专用接头连接。当采用金属软管时，其长度不宜大于 1.2m
6	质量验收	普通灯具安装检验批质量验收记录 GD-C4-71246 专用灯具安装检验批质量验收记录 GD-C4-71247 开关、插座、风扇安装检验批质量验收记录 GD-C4-71248 灯具支吊装置过载试验记录 GD-C4-659

22.8 电气工程检测与试验质量控制要点：见表 2-22-11。

项目	监控内容	质量控制要点
试运行应具备的条件	设备接地	设备的可接近裸露导体接地（PE）或接（PEN）连接完成，经检查合格
	绝缘电阻	（1）在触电断开位置时，测量部位接在同极的进线与出线端之间；（2）在触电闭合位置时，测量部位接在不同极的带电部件之间，以测量各带电部分与金属外壳的绝缘电阻值
	电动执行	电动执行机构的动作方向及指示，应与工艺装置的设计要求保持一致
	交流工频耐压试验和保护装置	（1）柜、屏、台、箱、盘间二次回路交流工频耐压试验，当绝缘电阻值大于 10MΩ 时，用 2500V 兆欧表摇测 1min，应无闪络击穿现象；当绝缘电阻值在 1～10MΩ 时，做 1000V 交流工频耐压试验，时间 1min，应无闪络击穿现象。（2）空载试运行前，控制回路模拟动作试验合格，盘车或手动操作，电气部分与机械部分的转动或动作协调一致
	低压电器交接试验	<table><tr><td>试验内容</td><td>试验标准或条件</td></tr><tr><td>绝缘电阻</td><td>用 500V 兆欧表摇测，绝缘电阻值大于等于≥1MΩ；潮湿场所，绝缘电阻值大于等于≥0.5MΩ</td></tr><tr><td>低压电器动作</td><td>除产品另有规定外，电压、液压或气压在额定值的 85%～110% 范围内能可靠动作</td></tr><tr><td>脱扣器整定值</td><td>整定值误差不得超过产品技术条件的规定</td></tr><tr><td>电阻器和变阻器的直流电阻差值</td><td>符合产品技术条件规定</td></tr></table>
试运行	试控制回路	（1）断开电动设备的电源，接通控制电源，检查：电压、信号灯、继电器等工作是否正常。（2）操作各种开关、按钮、继电器、接触器是否正常。（3）人工模拟各种保护元件、保护装置是否动作准确、可靠；（4）检查各种行程开关；（5）检查电气联锁功能是否符合设计要求
	试主回路	（1）接通电动设备的电源，检查油压及各润滑部分是否正常。（2）点动电动设备，检查起、制动是否正常；运动速度、旋转方向是否正确；空载电流是否正常；（3）按照先点动，后起动；先空载，后负载；先低速，后高速的原则进行试运行
	试运行	（1）电动机应试通电，检查转向和机械转动有无异常情况；可空载试运行的电动机，时间一般为 2h，记录空载电流，且检查机身和轴承的温升。（2）交流电动机在空载状态下可启动次数及间隔时间应符合产品技术条件的要求；无要求时，连续启动 2 次的时间间隔不应小于 5min，再次启动应在电动机冷却至正常温下

续表

项目	监控内容	质量控制要点
照明通电试运行	通电前检查	（1）灯具回路控制应与照明配电箱及回路的标识一致；（2）电线绝缘电阻测试前电线的接续完成；（3）复查总电源开关至各照明回路进线电源开关接线，检查照明箱（盘）、灯具、开关、插座的绝缘电阻测试；（4）通电前电气器具及线路绝缘电阻应测试合格，成套灯具的带电部分对地绝缘电阻值不应小于2MΩ。当照明线路装有剩余电流保护器（RCD）时，剩余电流保护器应检测合格，检查漏电保护器接线是否正确，严禁将专用保护零线（PE）接入漏电保护器。（5）备用电源或事故照明电源作空载自动投切试验前，应拆除负荷，空载自动投切试验合格，才能做有载自动投切试验
	通电试运行	分回路试通电：将各回路灯具等用电设备开关全部置于断开位置；逐次合上各分回路电源开关；分回路逐次合上灯具的开关，检查开关与灯具控制顺序相对应，风扇的转向及调速开关是否正常；检查插座相序是否正确。 系统通电连续试运行：公用建筑照明系统通电连续试运行时间应为24h；民用住宅照明系统通电连续试运行时间应为8h；所有照明灯具均应开启，且每2h记录运行状态1次，连续试运行时间内无故障；对设计有照度要求的场所，试运行时应检测照度，并应负责恶化设计要求
检测试验	照度与功率密度值测量（详见节能）	（1）检查并记录测量场所的照明设备类型、功率及数量。（2）用功率表测量测量场所各回路照明设备的输入功率，用皮尺测量区域面积。用测量场所的照明总输入功率和面积计算照明功率密度。（3）照度测点布置：1）平面布置在照度测量的区域划分成矩形网格，网格宜为正方形，在网格的中心点测量照度，按实际面积选取网格的大小，测点间距一般在0.5~10m间选择。2）垂直布置根据测试场所功能按标准测量要求选择测点离地面高度。（4）照度测量条件：1）白炽灯和卤钨灯应燃点15min以上；2）气体放电灯类光源应燃点40min以上；3）测量时宜额定电压下进行，实测电压偏差应在相关标准规定范围内；4）测量应在没有天然光和其他非被测光源影响下进行。5）结果判定：平均照度值不得小于设计值的90%；功率密度值不得大于设计值
	低压配电电源质量检测	（1）使用三相电能质量分析仪在低压配电房输入端测量。根据被测电源类别，选择适合的电压导线和电流钳，分别连接到电能质量分析仪及被测量的电路上，确认接线正确后即可自动进行连续在线测量及记录，其中测量的谐波次数为20次。（2）结果判定：1）供电电压偏差：三相供电电压允许偏差为标称系统电压的±7%；单相220V为+7%、-10%。2）公共电网谐波电压限值：380V的电网标称电压，电压总谐波畸变率为5%，奇次谐波（1~25次）含有率为4%，偶次（2~24次）谐波含有率为2%。3）三相电压不平衡度允许值为2%，短时不得超过4%
验收	监理签名	电气装置送电检测调试记录 GD-C4-6417 机组单台或并机投切转换及联锁控制调试记录 GD-C4-6419 电气设备试验和试运行检验批质量验收记录 GD-C4-71234 电动机、电加热器及电动执行机构检查接线检验批质量验收记录 GD-C4-71245 电气照明系统运行试验记录 GD-C4-6420 建筑物照明通电试运行检验批质量验收记录 GD-C5-71249

23 智能建筑工程质量控制

23.1 智能建筑工程系统分类：见表 2-23-1。

智能建筑工程系统分类 表 2-23-1

序号	分类名称	序号	分类名称
1	信息接入系统	10	信息导引及发布系统
2	用户电话交换系统	11	时钟系统
3	信息网络系统	12	信息化应用系统
4	综合布线系统	13	建筑设备监控系统
5	移动通信室内信号覆盖系统	14	火灾自动报警系统
6	卫星通信系统	15	安全技术防范系统
7	有线电视及卫星电视接收系统	16	应急响应系统
8	公共广播系统	17	智能化集成系统
9	会议系统		

23.2 智能建筑综合布线工程质量监控

（1）智能建筑综合布线工程质量控制相关规范和标准：见表 2-23-2。

智能建筑综合布线工程质量监控相关规范和标准 表 2-23-2

分类	标准和规范名称	标准代号
设计施工及验收	综合布线系统工程设计规范	GB 50311—2016
	综合布线系统工程验收规范	GB 50312—2016
	智能建筑工程质量验收规范	GB 50339—2013
	建筑电气工程施工质量验收规范	GB 50303—2011
	通信管道工程施工及验收规范	GB 50374—2006
	用户建筑综合布线	ISO/IEC 11801
	商业建筑电信布线标准	EIA/TIA 568
	商业建筑电信布线安装标准	EIA/TIA 569
	商业建筑通信基础结构管理规范	EIA/TIA 606
	商业建筑通信接地要求	EIA/TIA 607
	信息系统通用布线标准	EN 50173
	信息系统布线安装标准	EN 50174

（2）智能建筑综合布线工程质量控制要点：见表 2-23-3。

智能建筑综合布线工程质量控制要点 表 2-23-3

阶段	监控项目	质量控制要点
施工前检查	环境要求	地面、墙面、门、电源插座及接地装置、机房面积、预留孔洞、施工电源、地板铺设、建筑物人口设施等进行检查
	器材检验	外观、型式、规格、数量核查;电缆及连接器件电气性能测试;光纤及连接器件特性测试;测试仪表和工具的检验
	安全防火要求	检查消防器材、危险物的堆放、预留孔洞防火措施
设备安装	电信间、设备间、设备机柜、机架	检查规格、外观、安装垂直、水平度;)油漆不得脱落标志完整齐全;各种螺丝必须紧固;抗震加固措施;接地措施
	配线模块及 8 位模块式通用插座	规格、位置、质量检查;各种螺丝必须拧紧;标志齐全;安装符合工艺要求;屏蔽层可靠连接
电光缆布放(楼内)	电缆桥架及线槽	安装位置正确,符合工艺要求;符合布放缆线工艺要求;接地
	缆线暗敷	缆线规格、路由、位置核查;符合布放缆线工艺要求;接地
电光缆布放(楼间)	架空缆线	核查吊线规格、架设位置、装设规格、吊线垂度、缆线规格、卡、挂间隔;缆线的引入符合工艺要求
	管道缆线	核查使用管孔孔位、缆线规格、缆线走向、缆线的防护设施的设置质量
	埋式缆线	缆线规格、敷设位置、深度;缆线的防护设施的设置质量;回土夯实质量
	通道缆线	缆线规格、安装位置,路由;土建设计符合工艺要求
	其他	通信线路与其他设施的间距;进线室设施安装、施工质量
缆线终接	8 位模块式插座	符合工艺要求
	光纤连接器件	符合工艺要求
	各类跳线	符合工艺要求
	配线模块	符合工艺要求
系统测试	电气性能测试	检查连接图、长度、衰减、近端串音、近端串音功率和、衰减串音比、衰减串音比功率和、等电平远端串音、等电平远端串音功率和、回波损耗、传播时延、传播时延偏差、插入损耗、直流环路电阻;设计中特殊规定的测试内容;屏蔽层的导通
	光纤特性测试	检查衰减、长度
	系统性能检测	(1) 系统性能检测中对绞电缆布线链路、光纤信道应全部检测,竣工验收需要抽验时,抽样比例不低于 10%,抽样点应包括最远布线点。(2) 如果一个被测项目的技术参数测试结果不合格,则该项目判为不合格。如果某一被测项目的检结果与相应规定的差值在仪表准确度范围内,则该被测项目应判为合格。(3) 按本规范附录 B 的指标要求,采用 4 对绞电缆作为水平电缆或主干电缆,所组成的链路或信道有一项指标测试结果不合格,则该水平链路、信道或主干链路判为不合格。(4) 主干布线大对数电缆中按 4 对对绞线对测试,指标有一项不合格,则判为不合格。(5) 如果光纤信道测试结果不满足本规范附录 C 的指标要求,则该光纤信道判为不合格。(6) 未通过检测的链路、信道的电缆线对或光纤信道可在修复后复检

续表

阶段	监控项目	质量控制要点
管理系统	管理系统级别	符合设计要求
	标识符与标签	检查专用标识符类型及组成、标签设置、标签材质及色标；综合布线管理系统检测，标签和标识按 10% 抽检，系统软件功能全部检测。检测结果符合设计要求，则判为合格
	记录和报告	记录信息、报告、工程图纸
系统竣工验收	竣工检测	（1）对绞电缆布线全部检测时，无法修复的链路、信道或不合格线对数量有一项超过被测总数的 1%，则判为不合格。光缆布线检测时，如果系统中有一条光纤信道无法修复，则判为不合格。（2）对绞电缆布线抽样检测时，被抽样检测点（线对）不合格比例不大于被测总数的 1%，则视为抽样检测通过，不合格点（线对）应予以修复并复检。被抽样检测点（线对）不合格比例如果大于 1%，则视为一次抽样检测未通过，应进行加倍抽样，加倍抽样不合格比例不大于 1%，则视为抽样检测通过。若不合格比例仍大于 1%，则视为抽样检测不通过，应进行全部检测，并按全部检测要求进行判定。（3）全部检测或抽样检测的结论为合格，则竣工检测的最后结论为合格；全部检测的结论为不合格，则竣工检测的最后结论为不合格
	工程验收评价	系统工程安装质量检查，各项指标符合设计要求，则被检项目检查结果为合格；被检项目的合格率为 100%，则工程安装质量判为合格

23.3 智能建筑火灾自动报警系统工程质量控制

（1）火灾自动报警系统工程质量控制相关规范和标准：见表 2-23-4。

火灾自动报警系统工程质量监控相关规范和标准　　表 2-23-4

分类	标准和规范名称	标准代号
设计施工及验收	建筑设计防火规范	GB 50016—2014
	火灾自动报警系统设计规范	GB 50116—2013
	建筑电气工程施工质量验收规范	GB 50303—2011
	人民防空工程设计防火规范	GB 50098—2009
	自动喷水灭火系统设计规范［2005 年版］	GB 50084—2001
	火灾自动报警系统施工及验收规范	GB 50166—2007

注：下称"本规范"指的是《火灾自动报警系统施工及验收规范》。

（2）火灾自动报警系统一般性介绍：见表 2-23-5。

火灾自动报警系统一般介绍　表 2-23-5

子分部	分项工程			
	材料	探测类设备	控制器类设备	其他设备
设备材料进场检验	电缆电线管材	点型火灾探测器、线型感温火灾探测器、红外光束感烟、火灾探测器、空气采样式火灾探测器、点型火焰探测器、图像型火灾探测器、可燃气体探测器等	火灾报警控制器、消防联动控制器、区域显示器、气体灭火控制器、可燃气体报警控制器等	手动报警按钮、消防电话、消防应急广播、消防设备应急电源、系统备用电源、消防控制中心图形显示装置
安装与施工	电缆电线管材	点型火灾探测器、线型感温火灾探测器、红外光束感烟火灾探测器、空气采样式火灾探测器、点型火焰探测器、图像型火灾探测器、可燃气体探测器等	火灾报警控制器、消防联动控制器、区域显示器、气体灭火控制器、可燃气体报警控制器等	手动报警按钮、消防电气控制装置、火灾应急广播扬声器和火灾警报装置、模块、消防专用电话、消防设备应急电源、系统接地等
系统调试		点型火灾探测器、线型感温火灾探测器、红外光束感烟火灾探测器、空气采样式火灾探测器、点型火焰探测器、图像型火灾探测器、可燃气体探测器等	火灾报警控制器、消防联动控制器、区域显示器、气体灭火控制器、可燃气体报警控制器等	手动报警按钮、消防电话、火灾应急广播扬声器、消防设备应急电源、系统备用电源和消防中心图形显示装置
系统验收		点型火灾探测器、线型感温火灾探测器、红外光束感烟、火灾探测器、空气采样式火灾探测器、点型火焰探测器、图像型火灾探测器、可燃气体探测器等	火灾报警控制器、消防联动控制器、区域显示器、气体灭火控制器、可燃气体报警控制器等	手动报警按钮、消防电话、消防应急广播、消防设备应急电源、系统备用电源、消防控制中心图形显示装置等

（3）火灾自动报警系统质量控制要点：见表 2-23-6。

火灾自动报警系统质量控制要点　表 2-23-6

阶段	质量控制要点
施工准备	（1）施工必须由具有相应资质等级的施工单位承担。（2）应按设计要求编写施工方案。（3）施工现场应具有必要的施工技术标准、健全的施工质量管理体系和工程质量检验制度，并应按本规范附录 B 的要求填写有关记录。（4）设计单位应向施工、建设、监理单位明确相应技术要求；（5）系统设备、材料及配件齐全并能保证正常施工；（6）施工现场及施工中使用的水、电、气应满足正常施工要求。（7）应对设备、材料及配件进行现场检查，检查不合格者不得使用
施工过程	（1）各工序应按施工质量标准进行质量控制，每道工序完成后，应进行检查，检查合格后方可进入下道工序。（2）相关各专业工种之间交接时，应进行检验，并经监理工程师签证后方可进入下道工序。（3）系统安装完成后，施工单位应按相关专业调试规定进行调试。（4）系统调试完成后，施工单位应向建设单位提交质量控制资料和各类施工过程质量检查记录。（5）施工过程质量检查应由监理工程师组织施工单位人员完成。（6）施工过程质量检查记录应按本规范附录 C 的要求填写
质量验收	（1）分部工程质量验收应由建设单位项目负责人组织施工单位项目负责人、监理工程师和设计单位项目负责人等进行，并按本规范附录 E 的要求填写火灾自动报警系统工程验收记录。（2）火灾自动报警系统质量控制资料应按本规范附录 D 的要求填写

24 电梯安装工程质量控制

24.1 电梯组成系统：见表 2-24-1。

电梯组成系统及设备   表 2-24-1

电梯组成系统	设备及器件
曳引系统	曳引机、曳引钢丝绳
导向系统	导轨、导轨架、导靴、导向轮、反绳轮
轿厢系统	轿厢、轿厢架
门系统	轿厢门、层门、开关门机构、安全保护装置、门锁装置
重量平衡系统	对重装置、重量补偿装置
电力拖动系统	曳引电动机供电系统、速度反馈装置、电动机调速装置
电气控制系统	操纵装置、位置显示装置、控制屏（柜）、平层装置、选层器
安全保护系统	限速器、安全钳、缓冲器、端站保护装置、电气安全保护装置

24.2 电梯安装工程质量控制要点

　　根据《特种设备安全监察条例》（国务院令第 549 号）第十七条规定：特种设备安装、改造、维修的施工单位应当在施工前将拟进行的特种设备安装、改造、维修情况书面告知直辖市或者设区的市的特种设备安全监督管理部门，告知后即可施工。鉴于目前多选用电力驱动的曳引式或强制式电梯，本节主要说明其安装工程质量的监理工作。电梯安装工程质量控制要点见表 2-24-2。

电梯安装工程质量控制要点   表 2-24-2

监控项目	质量控制要点
土建交接	（1）核对井道尺寸是否符合要求：和电梯土建布置图所要求的一致，允许偏差应符合下列规定：1）当电梯行程高度小于等于 30m 时为 0～＋25mm；2）当电梯行程高度大于 30m 且小于等于 60m 时为 0～＋35mm；3）当电梯行程高度大于 60m 且小于等于 90m 时为 0～＋50mm；4）当电梯行程高度大于 90m 时，允许偏差应符合土建布置图要求。（2）复核轿厢、井道、机房的尺寸；（3）复核井道内隔梁和预埋件、牛腿是否符合设计要求；（4）井道内应设置永久性电气照明，井道内照度应不得小于 50lx，井道最高点和最低点 0.5m 以内应各装一盏灯，再设中间灯，并分别在机房和底坑设置一控制开关
驱动主机	（1）承重钢梁预埋是否正确：埋入端长度应超过墙厚中心至少 20mm，且支承长度不应小于 75mm。（2）曳引轮、导向轮在空载或满载情况下对垂直线的偏差均不大于 2mm。采用悬臂式曳引轮或链轮时，防护应符合标准规定。轮槽不应有严重不均匀磨损，磨损不应改变槽形。（3）切断制动器电流至少应由两个独立的电气装置实现。当电梯停止时，如果其中一个接触器的主触点未打开，最迟到下一次运行方向改变时，应防止电梯再运行

续表

监控项目	质量控制要点
导轨安装	（1）导轨支架安装的方法：地脚螺栓法、膨胀螺栓法、预埋钢板法、对穿螺栓法。（2）导轨安装要求：1）每列导轨工作面每 5m 铅垂线测量值间的相对最大偏差均应不大于下列数值：轿厢导轨和设有安全钳的 T 型对重导轨为 1.2mm；不设安全钳的 T 型对重导轨为 2mm。2）两列导轨顶面间的距离偏差：轿厢导轨为 0～2mm，对重导轨 0±3mm。至少取井道中的上、中、下三点，用卷尺测量。3）每根导轨至少有 2 个导轨支架，其间的距离不大于 2.5m；如间距大于 2.5m 应有计算依据。支架或地脚螺栓埋入墙体应牢固。焊接支架，其焊缝应是连续的，并应双面焊牢
门系统安装	（1）层门地坎至轿厢地坎之间的水平距离偏差为 0～＋3mm，且最大距离严禁超过 35mm；（2）每个层门都应有紧急开锁装置，并能用钥匙打开层门，开锁后能自动复位。（3）动力操纵的水平滑动门在关门开始的 1/3 行程之后，阻止关门的力严禁超过 150N。（4）层门锁钩必须动作灵活，在证实锁紧的电气安全装置动作之前，锁紧元件的最小啮合长度为 7mm。（5）层门与轿门的锁闭应满足如下要求：1）在正常运行和轿厢未停止在开锁区域内，层门应不能打开；2）如果一个层门或轿门（在多扇门中的任一扇门）打开，电梯应不能正常启动或继续正常运行；（6）消防开关动作后，此时外呼和内选信号无效，轿厢应直接回到指定撤离层，将轿门打开
安全部件安装	（1）限速器张紧装置与其限位开关相对位置安装应正确。（2）安全钳与导轨的间隙应符合产品设计要求。（3）轿厢在两端站平层位置时，轿厢、对重的缓冲器撞板与缓冲器顶面间的距离应符合土建布置图要求。轿厢、对重的缓冲器撞板中心与缓冲器中心的偏差不应大于 20mm。（4）液压缓冲器柱塞铅垂度不应大于 0.5%，充液量应正确
悬挂装置随行电缆补偿装置	（1）绳头组合必须安全可靠，且每个绳头组合必须安装防螺母松动和脱落的装置。（2）钢丝绳严禁有死弯。（3）当轿厢悬挂在两根钢丝绳或链条上，且其中一根钢丝绳或链条发生异常相对伸长时，为此装设的电气安全开关应动作可靠。（4）随行电缆严禁有打结和波浪扭曲现象。（5）每根钢丝绳张力与平均值偏差不应大于 5%。（6）随行电缆的安装应符合下列规定：（7）随行电缆在运行中应避免与井道内其他部件干涉。当轿厢完全压在缓冲器上时，随行电缆不得与底坑地面接触。（8）补偿、链、缆等补偿装置的端部应固定可靠。（9）对补偿绳的张紧轮，验证补偿绳张紧的电气安全开关应动作可靠。张紧轮应安装防护装置
安全保护验收	（1）安全装置：断相、错相保护装置功能；短路、过载保护装置动力电路、控制电路、安全电路必须有与负载匹配的短路保护装置；动力电路必须有过载保护装置。（2）限速器：限速器上的轿厢（对重、平衡重）下行标志必须与轿厢（对重、平衡重）的实际下行方向相符。限速器铭牌上的额定速度、动作速度必须与被检电梯相符。（3）安全钳、缓冲器、门锁装置：必须与其型式试验证书相符。（4）上、下极限开关必须是安全触点，在端站位置进行动作试验时必须动作正常
安全开关动作检查	检查包括：限速器绳张紧开关；液压缓冲器复位开关；有补偿张紧轮时，补偿绳张紧；当额定速度大于 3.5m/s 时，补偿绳轮防跳开关；轿厢安全窗（如果有）开关；安全门、底坑门、检修活板门（如果有）的开关；对可拆卸紧急操作装置所需要的安全开关； 悬挂钢丝绳（链条）为两根时，防松动安全开头
曳引能力试验	（1）轿厢在行程上部范围空载上行及行程下部范围载有 125% 额定载重下行，分别停层 3 次以上，轿厢必须可靠地制停（空载上行工况应平层）。轿厢载有 125% 额定载重以正常运行速度下行时，切断电动机与制动器供电，电梯必须可靠制动。（2）当对重完全压在缓冲器上，且驱动主机按轿厢上行方向连续运转时，空载轿厢严禁向上提升。（3）电梯安装后应进行运行试验；轿厢分别在空载、额定载荷工况下，按产品设计规定的每小时启动次数和负载持续率各运行 1000 次（每天不少于 8h），电梯应运行平稳、制动可靠、连续运行无故障

监控项目	质量控制要点
平层准确度检验	（1）额定速度小于等于0.63m/s且小于等于1.0m/s的交流双速电梯，应在±30mm的范围内；（2）额定速度大于0.63m/s且小于等于1.0m/s的交流双速电梯，应在±30mm的范围内；（3）其他调速方式的电梯，应在±15mm的范围内
运行速度检验	当电源为额定频率和额定电、轿厢载有50%额定载荷时，向下运行至行程中段（除去加速加减速段）时的速度，不应大于额定速度的105%，且不应小于额定速度的92%
验收程序	（1）安装单位自检：按上述的验收标准进行验收。（2）监理、建设单位、施工单位组织分部验收。（3）电梯公司校验和调试，依据为：特种设备安全监察条例（国务院令第549号）第十九条电梯的制造、安装、改造和维修活动，必须严格遵守安全技术规范的要求。电梯制造单位委托或者同意其他单位进行电梯安装、改造、维修活动的，应当对其安装、改造、维修活动进行安全指导和监控。电梯的安装、改造、维修活动结束后，电梯制造单位应当按照安全技术规范的要求对电梯进行校验和调试，并对校验和调试的结果负责。（4）向特种设备检验检测机构申报检验检测，合格后取得验收检验报告和《安全检验合格》标志办理特种设备使用登记：特种设备在投入使用前，特种设备使用单位应当向直辖市或者设区的市的特种设备安全监督管理部门登记。登记标志应当置于或者附着于该特种设备的显著位置
监理签名验收	电梯安装设备进场验收检验批质量验收记录 GD-C5-712142 电梯安装土建交接检验检验批质量验收记录 GD-C5-712143 电梯安装驱动主机检验批质量验收记录 GD-C5-712144 电梯安装导轨检验批质量验收记录 GD-C5-712145 电梯安装门系统检验批质量验收记录 GD-C5-712146 电梯安装轿厢检验批质量验收记录 GD-C5-712147 电梯安装对重检验批质量验收记录 GD-C5-712148 电梯安装安全部件检验批质量验收记录 GD-C5-712149 电梯安装悬挂装置、随行电缆、补偿装置检验批质量验收记录 GD-C5-712150 电梯安装电气装置检验批质量验收记录 GD-C5-712151 安装整机安装验收检验批质量验收记录 GD-C5-712152 电梯安装液压系统检验批质量验收记录 GD-C5-712153 电梯安装悬挂装置、随行电缆检验批质量验收记录 GD-C5-712154 曳引（强制）电梯安装整机安装验收检验批质量验收记录 GD-C5-712155 自动扶梯、自动人行道设备进场验收检验批质量验收记录 GD-C5-712156 自动扶梯、自动人行道整机安装验收检验批质量验收记录 GD-C5-712157 自动扶梯、自动人行道整机安装验收检验批质量验收记录 GD-C5-712158 电梯建筑检验报告（特检机构出具，无表式）GD-C5-712142

25　建筑节能工程质量控制

25.1　建筑节能工程的概念

（1）建筑节能是指在居住建筑和公共建筑的规划、设计建造和使用的过程中，通过执行建筑节能标准，提高建筑围护结构热工性能，采用节能型用能系统和可再生能源利用系统，切实降低建筑能源消耗的活动。

（2）建筑节能具体是指在建筑物的规划、设计、新建（改建、扩建）、改造和使用过程中，执行节能标准，采用节能型的技术、工艺、设备、材料和产品，提高保温隔热性能和采暖供热、空调制冷制热系统效率，加强建筑物用能系统的运行管理，利用可再生能源，在保证室内热环境质量的前提下，减少供热、空调制冷制热、照明、热水供应的能耗。

（3）全面的建筑节能，就是建筑全寿命过程中每一个环节节能的总和。是指建筑在选址、规划、设计、建造和使用过程中，通过采用节能型的建筑材料、产品和设备，执行建筑节能标准，加强建筑物所使用的节能设备的运行管理，合理设计建筑围护结构的热工性能，提高采暖、制冷、照明、通风、给排水和管道系统的运行效率，以及利用可再生能源，在保证建筑物使用功能和室内热环境质量的前提下，降低建筑能源消耗，合理、有效地利用能源。全面的建筑节能是一项系统工程，必须由国家立法、政府主导，对建筑节能做出全面的、明确的政策规定，并由政府相关部门按照国家的节能政策，制定全面的建筑节能标准；要真正做到全面的建筑节能，还须由设计、施工、各级监督管理部门、开发商、运行管理部门、用户等各个环节，严格按照国家的节能政策和节能标准的规定，全面地贯彻执行各项节能措施，从而使每一位公民真正树立起全面的建筑节能观，将建筑节能真正落到实处。

25.2 建筑节能工程质量要求与特点

（1）强制性：国家批准发布《民用建筑节能管理规定》（建设部令第 143 号）、《民用建筑工程节能质量监督管理办法》（建质［2006］192 号）、《建筑节能工程施工质量验收规范》（GB 50411）、广东省发布《广东省建筑节能工程施工质量验收规范》（DBJ 15－65）等一批重要强制性标准。将建筑节能工程作为工程评优的主要内容，未执行节能强制性标准的工程项目不得参加优秀工程设计、国家工程优质奖的评选。

（2）系统性：建筑节能系统性表现在：实现设计建造节能与检测验收节能的一致、检测验收节能与实际运行节能相一致，节能建筑的设计、施工、使用与节能要求相统一。

（3）相关性：建设、施工、设计、监理单位和施工图审查机构、工程质量检测机构等单位都应当遵守国家有关建筑节能的法律法规和技术标准，履行合同约定义务，并依法对民用建筑工程节能质量负责。

（4）差异性：节能工程受机构类型、质量要求、施工方法等因素的影响，还受自然条件即所在项目所处地域以及资源、环境承载力的影响，建筑节能质量控制存在差异性，应根据实际情况选择合理的节能设计方案和施工方案，实现节能建筑质量控制目标。

25.3 建筑节能工程主要质量控制环节

施工阶段应注意节能图纸及变更审查、节能材料把关、节能施工质量过程控制和节能工程验收 4 个环节。

（1）工程施工所依据的节能设计图纸必须经过审图机构审查，节能设计变更也要经过审图机构同意。

（2）节能材料把关，主要有三个方面：外观检查、质量证明文件核查和进场材料复验。复验项目应按照《建筑节能工程施工质量验收规范》（GB 50411）等规范执行。

（3）节能施工质量过程控制的方法主要有：一是监督施工单位按照审查批准的施工方案施工，施工质量应达到设计要求和标准规定；二是应加强隐蔽工程验收和检验批质量验收。

（4）节能验收应该进行检验批验收、分项工程验收和实体检验，合格后再进行节能分部工程验收。

25.4 建筑节能施工过程质量控制

（1）建筑节能工程施工过程质量控制内容

1）审核节能工程使用材料的符合性：建筑节能工程使用的材料、设备等，必须符合设计要求及国家有关标准的规定。严禁使用国家明令禁止使用与淘汰的材料和设备。专业监理工程师应按以下规定对材料和设备进行进场验收：

（a）对材料和设备的品种、规格、包装、外观和尺寸进行检查验收，确认后形成相应的验收记录。

（b）应按下列要求审核承包单位报送的拟进场的建筑节能工程材料、构配件、设备报审表（包括墙体材料、保温材料、门窗部品、采暖空调系统、照明设备等）及其质量证明资料，具体如下：质量证明资料（保温系统和组成材料质保书、说明书、型式检验报告、复验报告，如现场搅拌的粘结胶浆、抹面胶浆等，应提供配合比通知单）是否合格、齐全，是否与设计和产品标准的要求相符，产品说明书和产品标识上注明的性能指标是否符合建筑节能标准。是否使用国家明令禁止、淘汰的材料、构配件、设备。有无建筑材料备案证明及相应验证要求资料。按照委托监理合同约定及建筑节能标准有关规定的比例，进行平行检验或见证取样，送样检测。对未经监理人员验收或验收不合格的建筑节能工程材料、构配件、设备，不得在工程上使用或安装；对国家明令禁止、淘汰的材料、构配件、设备，监理人员不得签认，并应签发监理通知单，书面通知承包单位限期将不合格的建筑节能工程材料、构配件、设备撤出现场。当承包单位采用建筑节能新材料、新工艺、新技术、新设备时，应要求承包单位报送相应的施工工艺措施和证明材料，组织专题论证，经审定后予以签认。核查材料和设备的质量证明文件，确认后纳入工程技术档案。进入施工现场用以节能工程的材料和设备均应具有出厂合格证、中文说明书及相关性能检测报告；定型产品和成套技术应有型式检验报告，进口材料和设备应按规定进行出入境商品检验。

（c）严格建筑节能材料的验收。近几年节能新材料层出不穷，不可避免造成材料质量千差万别，以假乱真的事件也屡屡发生。作为专业监理工程师应严格把好节能材料的进场质量，对节能材料的品种规格、包装、外观等进行检查验收，核查质量证明文件，对国家规定要复试的及时见证取样复试，对材料燃烧性能等级和阻燃处理应符合国家防火规范要求，检查建筑节能材料是否符合国家有害物质限量的限定，节能材料不得对室内外环境造成污染。对涉及建筑节能的建筑材料（材料、构配件和设备）进场后，专业监理工程师要根据设计图纸和《建筑节能工程施工质量验收规范》（GB 50411—2007）、《广东省建筑节能工程施工质量验收规范》（DBJ 15—65）的规定，按附录 A《建筑节能工程进场材料和设备的复验项目》内容督促施工单位做取样送检工作，并对照附录 F（节能产品性能参数）和建筑节能设计参数查验送检结果是否合格。对未经监理人员验收或验收不合格的工程材料、构配件、设备，监理人员应拒绝签认，并应签发监理通知单，书面通知承包单位限期将不合格的工程材料、构配件、设备撤出现场。

(d) 对节能工程材料和设备应按照有关规定在现场抽样复验。复验应为见证取样送检。建筑节能工程的质量检测，应委托有资质的检测机构在监理人员的见证下实施。建筑节能工程见证取样送检的进场材料和设备项目见表 2-25-1。

建筑节能工程进场材料和设备的复验项目　　　　　　　　　　表 2-25-1

序号	节能分项	复验项目
1	墙体	（1）保温材料的导热系数、密度、抗压强度或压缩强度；（2）粘结材料的粘结强度；（3）增强网的力学性能、抗腐蚀性能
2	幕墙	（1）保温材料：导热系数、密度；（2）幕墙玻璃：可见光透射比、传热系数、遮阳系数、中空玻璃露点；（3）隔热型材：抗拉强度、抗剪强度
3	门窗	（1）严寒、寒冷地区：气密性、传热系数和中空玻璃露点；（2）夏热冬冷地区：气密性、传热系数、玻璃遮阳系数、可见光透射比、中空玻璃露点；（3）夏热冬暖地区：气密性、玻璃遮阳系数、可见光透射比、中空玻璃露点
4	屋面	保温隔热材料的导热系数、密度、抗压强度或压缩强度
5	地面	保温材料的导热系数、密度、抗压强度或压缩强度
6	采暖	（1）散热器的单位散热量、金属热强度；（2）保温材料的导热系数、密度、吸水率
7	通风与空调	（1）风机盘管机组的供冷量、供热量、风量、出口静压、噪声及功率；（2）绝热材料的导热系数、密度、吸水率
8	空调与采暖系统冷、热源及管网	绝热材料的导热系数、密度、吸水率
9	配电与照明	电缆、电线截面和每芯导体电阻值

2）设计变更不得降低建筑节能效果。当设计变更涉及建筑节能效果时，应经原施工图设计审查单位审查，并经项目监理机构或建设单位确认。

3）建筑节能工程采用的新技术、新设备、新材料、新工艺，应要求承包单位按照有关规定进行评审、鉴定及备案。施工前应对新的或首次采用的施工工艺进行评价，并制定专门的施工技术方案。

4）项目监理机构应按照经审查批准的施工方案要求进行检查，对建筑节能施工中墙体、屋面等部分的隐蔽部分进行旁站并及时验收，督促施工方及时报送建筑节能检验批、分项资料，并对施工方已完部分进行现场验收，符合要求的予以签认。对于施工过程中存在的重大问题，专业监理工程师应及时下达监理通知单，要求施工方限时整改，以确保节能施工过程的质量。

5）项目监理机构应督促施工单位做好相关工序的施工或安装记录，定期检查承包单位的直接影响建筑节能工程质量的施工、计量等设备的技术状况。

6）总监应安排监理人员对建筑节能工程施工过程进行巡视和检查。节能构造施工、构件安装、设备安装、系统调试时，项目监理机构应核查施工质量，进行隐蔽工程验收，符合设计要求时才能进入下一道工序。对建筑节能隐蔽工程的隐蔽过程、下道工序施工完成后难以检查的重点部位，专业监理工程师应安排监理员进行旁站。

7）建筑节能工程施工过程中，项目监理机构应对以下项目进行核查，并应将核查的结果作为判定建筑节能分项工程验收合格与否的依据：

（a）施工图纸中建筑节能工程设计是否经施工图审查机构审查合格，完工后的工程实体是否与经审查的图纸一致（含涉及建筑节能效果的工程变更）；

（b）有关节能材料、构件、配件、设备的质量证明文件（包括必要的进场复试报告）；

（c）施工、安装是否与经审批的专项施工方案一致；

（d）施工过程质量控制技术资料；

（e）当墙体节能工程的保温层采用预埋或后置锚固件固定时，锚固件数量、位置、锚固深度和拉拔力应符合设计要求。后置锚固件应进行锚固力现场拉拔试验；

（f）围护结构实体检验报告；

（g）建筑节能工程现场检测项目资料；

（h）系统节能效果检验报告；

（i）对建筑节能施工过程中出现的质量缺陷，专业监理工程师应及时下达监理通知，要求承包单位整改，并检查整改结果。

8）监理人员发现建筑节能施工存在重大质量隐患，可能造成质量事故或已经造成质量事故，应通过总监及时下达工程暂停令，要求承包单位停工整改。整改完毕并经监理人员复查，符合规定要求后，总监应及时签署工程复工报审表。总监下达工程暂停令和签署工程复工报审表，宜事先向建设单位报告。

9）对需要返工处理或加固补强的建筑节能工程质量事故，总监应及时要求施工单位按建设工程质量事故处理程序进行操作，责令承包单位报送质量事故调查报告和经设计单位等相关单位认可的处理方案，向建设单位及本监理单位提交有关质量事故的书面报告，项目监理机构应对质量事故的处理过程和处理结果进行跟踪检查和验收，并应将完整的质量事故处理记录整理归档。

10）重视节能保温成品保护。节能保温材料普遍具有轻质、易破损等特点。项目监理机构有责任提醒施工方重视并做好保温部分成品的保护工作，对于有下道工序的部分及时进行验收，避免给施工方造成不必要的损失，对已损坏的部分应要求施工方及时整改到位。

（2）建筑节能工程施工过程质量控制要点

1）施工图会审及节能设计交底：熟悉节能设计要求，领会设计意图。

2）审查施工单位报送的建筑节能专项施工方案：节能专项施工方案是指导施工队伍工作的关键性文件，总监和专业工程师要认真审批，监理员应熟悉方案。

3）专业监理工程师应编制建筑节能监理细则，明确节能工程监理的工作流程和控制要点。

4）进场材料与设备的报验，应由专业监理工程师或委托监理员对进场节能材料按照相关规定进行查验。

5）严格控制设计变更，加强过程中的质量检查，参加隐蔽工程验收、检验批验收和分项工程验收。

6）隐蔽工程验收必须到场检验，并有详细的文字记录和必要的图像资料。

7）检验批和分项工程验收中，其主控项目必须全部合格，一般项目至少应有80%的检查点合格，其他检查点不得有严重缺陷和超过允许偏差1.5倍的偏差。

8）节能工程监理需要旁站监理的关键工序、关键部位，应根据实际工程情况在旁站方案中加以明确。

9）对实体检验进行监理：实体检验时监理人员必须到场见证，并对检验方法、抽样数量和抽样部位等进行确认。

10）总监应参加并主持节能分部工程质量验收，验收合格后在节能分部工程验收记录上签字。

（3）建筑节能材料和关键部位监理重点

1）墙体、屋面和地面使用的保温隔热材料的导热系数、密度、抗压强度或压缩强度、燃烧性能应符合设计要求。

2）严寒和寒冷地区外墙热桥部位，应按设计要求采取节能保温等隔断热桥措施。

3）建筑外窗的气密性、保温性能、中空玻璃露点、玻璃遮阳系数和可见光透射比应符合节能设计要求。

4）采暖系统的制式，应符合设计要求；散热设备、阀门、过滤器、温度计及仪表应按设计要求安装齐全，不得随意增减和更换；室内温度调控装置、热计量装置、水力平衡装置以及热力入口装置的安装位置和方向应符合设计要求，并便于观察、操作和调试。

5）低压配电系统选择的电缆、电线截面不得低于设计值，进场时应对其截面和电阻值进行见证取样送检。电阻值应符合规定。

（4）建筑节能工程现场检验监理工作

1）围护结构现场实体检验：对已完工程进行实体检验，是检验工程质量的有效手段之一，围护结构对于建筑节能意义重大，围护结构现场实体检验项目包括：围护结构的外墙节能构造检验及严寒、寒冷、夏热冬冷、夏热冬暖地区的外窗气密性检测。

2）系统节能性能检测：采暖、通风与空调、配电与照明系统应进行节能性能检测，检测项目包括室内温度、供热系统室外管网的水力平衡度、供热系统的补水率、室外管网的热输送效率、各风口的风量、空调机组的水流量、空调系统冷热水、冷却水总流量、平均照度与照明功率密度。

3）建筑节能第三方检测委托单位：建筑节能第三方检测由建设单位委托具有相应资质的检测单位进行，第三方检测单位在工程实体现场对各类检测完成后，应出具正式书面检测报告。施工单位对不符合要求的项目应限期完成整改工作，项目监理机构应对第三方检测工作和整改工作，进行过程监控并做好相应监理日志及旁站记录。

（5）建筑节能工程质量通病防控

1）图纸深度不够，部分图纸缺少细节，难以指导施工；

2）擅自变更节能设计；

3）节能材料复验的抽样地点不在施工现场，或复验结果不符合要求，或抽样的批次不足；

4）工程围护结构、风水、电、控等设备及控制系统节能第三方检测工作没有委托；

5）外窗现场气密性检测和墙体节能构造实体检验不符合验收规范的规定等。

25.5　建筑节能分部工程验收

（1）建筑节能工程验收工作要求

1）按照现行国家及省的建筑节能施工质量验收规范规定，建筑节能实施中必须要重视和加强施工过程工程质量的验收工作，每当检验批及隐蔽工序施工完成后，施工方要组织自验收，自检合格的要及时督促施工单位按照《广东省建筑节能施工质量验收规范》中附录C〈建筑节能工程的相关质量验收表〉的系列验收表和《广东省建筑工程竣工验收技术资料统一用表》（2016年版）相关表格，完整填写好各类表格内容，完善施工单位各类人员签名手续后报监理机构进行现场验收。

2）对承包单位报送的建筑节能隐蔽工程，检验批和分项工程质量验评资料进行审核，符合要求后予以签认，对承包单位报送的建筑节能分部工程和单位工程质量验评资料进行审核和现场检查，应审核和检查建筑节能施工质量验评资料是否齐全，符合要求后予以签认。业监理工程师接到建筑节能检验批及隐蔽工序施工质量验收申请后，应视该验收项目内容的重要性，及时请示总监意见，并会同建设单位现场代表履行验收手续。对关键的隐蔽工序节能验收是否邀请项目质检机构参与验收也要及时进行沟通。不合格的建筑节能施工质量不得作为合格工程验收。

3）总监应组织监理人员对承包单位建筑节能工程技术资料进行审查，对其存在的问题要督促承包单位整改完善；建筑节能工程监理资料也应及时整理归档、并要真实完整、分类有序。组织建筑节能分部工程验收工作时应关注以下几点：

（a）协助建设单位委托建筑节能测评单位进行的建筑节能能效测评。

（b）审查承包单位报送的建筑节能工程竣工资料的完整性、符合性。

（c）组织对包括建筑节能工程在内的预验收，对预验收中存在的问题，督促承包单位进行整改，整改完毕后签署建筑节能工程竣工报验单。

（d）出具《建筑节能施工质量监理评估报告》，工程监理单位在监理质量评估报告中必须明确执行建筑节能标准和设计要求的情况。

（e）签署建筑节能实施情况意见，工程监理单位在《建筑节能备案登记表》上签署建筑节能实施情况意见，并加盖监理单位印章。

4）项目监理机构应在建筑节能分项工程完成后，由专业监理工程师主持分项工程验收工作；在单位工程验收前由总监主持建筑节能工程分部的施工质量验收工作。节能工程按照节能设计及节能规范完成所有施工内容后，项目总监应及时组织建设单位、设计、施工等项目负责人进行节能分部预验收。对预验收中存在的问题，监理发出监理通知单，督促施工方限期整改，整改合格后报建设单位进行验收。监理相应出具节能评估报告，最后由建设单位组织设计、施工、监理、质量监督等部门进行验收并办理有关验收手续。

5）工程监理单位在监理质量评估报告中必须明确执行建筑节能标准和设计要求的

情况。

本工程在建筑节能施工过程中，对保证工程质量采取的措施；以及对出现的建筑节能施工质量缺陷或事故，采取的整改措施等。可从以下几方面对工程质量进行评价：

（a）对进场的建筑节能工程材料/构配件/设备（包括墙体材料、保温材料、门窗部品、采暖空调系统、照明设备等）及其质量证明资料审核情况；

（b）对建筑节能施工过程中关键节点旁站、日常巡视检查，隐蔽工程验收和现场检查的情况；

（c）对承包单位报送的建筑节能检验批、分项、分部工程质量验收资料进行审核和现场检查的情况；

（d）对建筑节能工程质量缺陷或事故的处理意见。

6）核定结论：本建筑节能分部工程是否已按设计图纸全部完成施工；工程质量是否符合设计图纸、国家及本市强制性标准和有关标准、规范的要求；工程质量控制资料是否齐全等。综合以上情况，核定该建筑节能分部工程施工质量合格或不合格。

7）签署建筑节能实施情况意见：工程监理单位在《建筑节能备案登记表》上签署建筑节能实施情况意见，并加盖监理单位印章。

（2）节能分部工程验收条件

1）建筑节能分部工程的质量验收，应在检验批、分项工程全部验收合格的基础上，进行外墙节能构造实体检验，严寒、寒冷和夏热冬冷地区的外窗气密性现场检测，以及系统节能性能检测和系统联合试运转与调试，确认建筑节能工程质量达到验收条件后方可进行。

2）检验批、分项、子分部验收全部合格，其分项工程和检验批的验收应单独填写验收记录，节能验收资料应单独组卷。

3）围护结构现场实体检验与系统节能性能检测、试运行。包括：

（a）外墙节能构造实体检验；

（b）严寒、寒冷和夏热冬冷地区的外窗气密性现场检测；

（c）系统节能性能检验；

（d）系统联合试运转与调试。

（3）节能工程验收技术资料

1）设计文件、图纸会审记录、设计变更和洽商；

2）主要材料、设备和构件的质量证明文件、进场检验记录、进场核查记录、进场复验报告、见证试验报告；

3）隐蔽工程验收记录和相关影像资料；

4）分项工程质量验收记录；检验批验收记录；

5）建筑围护结构节能构造现场实体检验记录；

6）严寒、寒冷和夏热冬冷地区的外窗气密性现场检测报告；

7）风管及系统严密性检验记录；

8）现场组装的组合式空调机组的漏风测试记录；

9）设备单机试运转及调试记录；

10）系统联合试运转与调试记录；

11）系统节能性能第三方检验报告；

12）其他对工程质量有影响的重要技术资料。

25.6 建筑节能工程施工质量管理检查内容：见表 2-25-2。

<table>
<tr><td colspan="2" align="center">建筑节能工程施工质量管理检查表</td><td align="right">表 2-25-2</td></tr>
<tr><td>检查项目</td><td align="center">施 工 要 求</td><td align="center">监理要求</td></tr>
<tr><td>方案编制</td><td>建筑节能工程施工前，施工单位应编制建筑节能工程施工技术方案并经审查批准</td><td>总监必须对节能专项施工方案进行审查签认</td></tr>
<tr><td>设计变更</td><td>任何设计变更均不得降低建筑节能效果；当设计变更涉及建筑节能效果时，该项变更应经原施工图设计审查机构审查；在建筑节能设计变更实施前应办理设计变更手续，并获得监理或建设单位的确认</td><td>监理单位在建筑节能设计变更实施前应确认</td></tr>
<tr><td>进场验收核查复验</td><td>（1）节能工程的材料、构件等进场验收，保温隔热材料和粘结材料等的进场复验符合验收规定；（2）幕墙保温材料、幕墙玻璃、隔热型材的复验及性能检测；（3）建筑外门窗及玻璃的进场验收、外门窗及中空玻璃的复验及性能检测；（4）散热器复验及性能检测；（5）风机盘管机组复验及性能检测；（6）照明光源、灯具及其附属装置的进场验收，低压配电系统选择的电缆、电线的截面和每芯导体电阻值的复验及性能检测</td><td>审核所有资料合格并签认；保温隔热材料和粘结材料见证取样送试；幕墙材料、玻璃、隔热型材见证取样送试及型式检验报告审核签认；外窗及中空玻璃见证取样送试及型式检验报告的审核；散热器、风机盘管机组见证取样送试；低压配电系统选择电缆、电线见证取样送试</td></tr>
<tr><td rowspan="2">墙体</td><td>保温隔热材料的厚度；保温板材与基层及各构造层之间的粘结或连接及与基层的粘结强度拉拔试验；保温浆料与基层及各层之间的粘结必须牢固，不应脱层、空鼓和开裂保温层采用后置锚固件应进行锚固力现场拉拔试验</td><td rowspan="2">按照设计文件及规范验收合格，并签认；施工中存在问题，有整改通知未验收</td></tr>
<tr><td>预制保温板浇筑混凝土墙体保温板、保温浆料作保温层、保温砌块砌筑、预制保温墙板、隔汽层的设置及做法符合设计及验收规定</td></tr>
<tr><td>幕墙</td><td>（1）密封条、单元幕墙板块之间的密封处理、开启扇关闭、保温材料厚度及安装质量符合验收规定。（2）遮阳设施的安装、热桥部位的隔断热桥措施、幕墙隔汽层、冷凝水的收集和排放质量符合验收规定</td><td>按照设计文件及规范验收合格，并签认；施工中存在问题，有整改通知未验收</td></tr>
<tr><td>门窗</td><td>外门窗框或副框与洞口之间的间隙填充、外窗遮阳设施、天窗安装质量符合验收规定</td><td>按照设计文件及规范验收合格，并签认；施工中存在问题，有整改通知未验收</td></tr>
<tr><td>屋面</td><td>保温隔热层的敷设及热桥部位的保温隔热措施、通风隔热架空层、采光屋面、屋面的隔汽层质量符合验收规定</td><td>按照设计文件及规范验收合格，并签认；施工中存在问题，有整改通知未验收</td></tr>
</table>

续表

检查项目	施 工 要 求	监理要求
地面	(1) 基层处理、地面保温层、隔离层、保护层、有防水要求的地面保温层及表面防潮层、保护层符合设计要求，并应按施工方案施工。(2) 严寒、寒冷地区的建筑首层直接与土壤接触的地面、采暖地下室与土壤接触的外墙、毗邻不采暖空间的地面以及底面直接接触室外空气的地面应按设计要求采取保温措施	按照设计文件及规范验收合格，并签认；施工中存在问题，有整改通知未验收
采暖	设备、阀门及附件，温控、计量及水力平衡装置安装质量，散热器的数量及安装方式；散热器外表面涂刷符合验收规定	按照设计文件及规范验收合格，并签认；施工中存在问题，有整改通知未验收
采暖	散热器恒温阀安装位置、低温热水地面辐射供暖系统防潮层和绝热层的做法及绝热层的厚度、温控装置的传感器安装高度、热力入口装置质量、方向、水力平衡装置应运行调试及标志、采暖系统保温层和防潮层的施工质量，采暖系统隐蔽工程验收采暖系统与热源联合试运转及调试符合验收规定。设备、阀门及附件，温控、计量及水力平衡装置安装质量、风管严密性检验和漏风量测试记录、组合式空调机组、柜式空调机组、新风机组、单元式空调机组的安装质量、风机盘管安装质量；风机规格、数量和及安装符合验收规定	按照设计文件及规范验收合格，并签认；施工中存在问题，有整改通知未验收
通风与空调节能工程	(1) 带热回收功能的双向换气装置和集中排风系统中的排风热回收装置的安装质量、电动两通调节阀、水力平衡阀、冷（热）量计量装置等自控阀门与仪表安装符合验收规定。(2) 空调风管系统及水系统管道及部件的绝热层和防潮层、冷热水管道与支、吊架之间应设置绝热衬垫符合验收规定。(3) 通风与空调系统隐检、通风机和空调机组等设备的单机试运转和调试应及时，总风量与设计风量的允许偏差符合规范规定	按照设计文件及规范验收合格，并签认；施工中存在问题，有整改通知未验收
空调与采暖系统冷热源及管网	材料设备进场验收、绝热材料等复验及性能检测，隐蔽工程验收、设备、阀门及附件，温控、计量及水力平衡装置安装质量符合验收规定	审核所有资料合格，并签认；材料不合格，退场并未使用，绝热材料的见证取样送试及型式检验
空调与采暖系统冷热源及管网	(1) 冷热源侧的电动两通调节阀、水力平衡阀及冷（热）量计量装置等自控阀门与仪表安装，锅炉、热交换器、电机驱动压缩机的蒸气压缩循环冷水（热泵）机组、蒸汽或热水型溴化锂吸收式冷水机组及直燃型溴化锂吸收式冷（温）水机组等设备的安装符合验收规定。(2) 冷却塔水泵等辅助设备安装、空调冷热源水系统管道及配件绝热层和防潮层及保护层、冷热源机房、换热站内部空调冷热水管道与支、吊架之间绝热衬垫，空调与采暖系统冷热源和辅助设备及其管道和管网系统试运转及调试符合验收规定	按照设计文件及规范验收合格，并签认；施工中存在问题，有整改通知未验收
配电与照明	低压配电系统调试，低压配电电源质量检测，测试并记录照明系统的照度和功率密度值符合验收规定	按照设计文件及规范验收合格，并签认；施工中存在问题，有整改通知未验收

续表

检查项目	施 工 要 求	监理要求
验收	分项工程质量验收记录；必要时应核查检验批验收记录	按照设计文件及规范验收合格，并签认；施工中存在问题，有整改通知未验收
	建筑围护结构节能构造现场检验记录，严寒、寒冷和夏热冬冷地区外窗气密性现场检测报告	对现场实体检验旁站、见证、记录及签认
	风管及系统严密性检验记录，现场组装的组合式空调机组的漏风量测试记录，设备单机试运转及调试记录，系统联合试运转及调试记录，系统节能性能检验报告，施工方案等重要技术资料	按照设计文件及规范验收合格，并签认；施工中存在问题，有整改通知未验收
设备节能性能检测	室内温度；供热系统室外管网水力平衡度；供热系统补水率；室外管网热输送效率；各风口风量；通风与空调系统总风量；空调机组水流量；空调系统冷热水、冷却水总流量；平均照度与照明功率密度	对现场实体检验旁站、见证、记录及签认

第三章 工程进度控制

1 工程进度控制概述

1.1 工程进度控制定义

（1）建设工程进度控制，就是通过采取有效措施，在满足工程安全、质量和造价要求的前提下，力求使工程实际工期不超过计划工期目标。即依据施工合同工期要求，按照施工阶段的工作内容、工作程序、持续时间和衔接关系编制进度计划付诸实施的过程。

（2）在计划实施的过程中经常检查实际进度是否按计划要求进行，对出现的偏差分析原因，采取纠正措施或调整、修改原计划，直到工程竣工，交付使用。进度控制的最终目的是确保项目进度目标的实现，建设项目进度控制的总目标是建设工期。

（3）建设工程监理主要服务于工程的施工阶段，以下所述工程进度控制就是指监理对施工阶段进度的控制。

（4）项目监理机构在工程施工阶段进度控制的主要任务是：审查施工单位提交的进度计划、协助建设单位编制和实施由建设单位负责供应的材料和设备供应进度计划；做好施工进度动态控制工作、协调各相关单位之间的关系、预防并处理好工期索赔。

（5）项目监理机构在工程施工阶段进度控制的重点是：资源配置计划的检查、进度检查、进度偏差原因分析与纠偏措施、阶段性计划的调整与修改、工期索赔处理。

1.2 工程进度控制的基本原则

（1）在确保工程安全，包括结构安全和施工现场安全的原则下，控制工程进度。

（2）确保建设工程质量符合工程强制性标准的前提下，控制工程进度。

（3）综合考虑建设工程质量、投资、进度三大目标之间的密切联系、相互制约的关系，需要多目标决策，努力在"质量优、投资省、工期短"之间寻求匹配。

（4）按照施工合同规定的工期目标控制工程总进度计划，即在满足工程质量和造价要求的前提下，力求使工程实际工期不超过计划工期目标。

（5）监理应监督、跟踪掌握施工现场的实际进度情况。

（6）采用动态的控制方法，对工程进度主动控制。

1.3 工程进度控制的影响因素

（1）项目监理机构需要对影响进度的各种因素进行全面的分析，对进度要实施主动控制和动态控制，督促检查施工单位事前制定预防措施，事中采取有效方法，事后进行妥善补救，缩小实际进度与计划进度的偏差。

（2）影响工程进度的因素很多，主要有人为因素，技术因素，材料与构配件因素，机械设备因素，资金因素，岩土工程条件因素，气象因素，其他因素（社会、政治等）。从产生的根源和责任可以分成建设单位的因素、勘察设计单位的因素、施工单位的因素、监理单位的因素、其他单位的因素（材料设备供应商、政府主管部门、检测单位）和社会因素、自然条件因素等。

（3）建设单位的因素：

1）施工工期目标制定不合理。建设单位（特别是房地产商）常常为了自身利益盲目压缩工期。

2）项目报建及施工许可手续未及时办理盲目违法开工。

3）建设单位提供的场地条件不及时或不能满足正常施工需要。

4）提供控制性坐标点、高程点资料不准确或错误。

5）边设计边施工或施工过程中设计频繁修改变更。

6）项目建设资金不足，不能按合同约定支付进度款。

7）施工承包合同争议引起的谈判、纠纷甚至仲裁或诉讼。例如：采用初步设计图招标导致的争议；招标文件中工程量清单漏项的处理；工作内容及工程量的增减、材料设备供应方式及供应价格的变化等。

8）甲供料不及时、不合格，指定分包商等。

9）建设单位管理水平不高，工程管理人员流动频繁，导致施工问题不及时。

10）业主单位对监理授权不明确，致使监理人员不能发挥其管理作用。

（4）勘察设计单位的因素

1）勘察资料不准确、错误或遗漏，影响设计和岩土工程施工。

2）不能按设计合同的约定及时提供施工所需的图纸；图纸"缺、漏、碰、错"等质量问题多而严重，因设计原因导致工程变更量大。

3）因采用不成熟的新材料、新设备、新工艺或技术方案不当而修改设计。

4）与各专业设计院协调配合工作不及时、不到位，致使出现图纸不配套的情况，造成施工中出现边施工、边修改的局面。

5）不能及时解决在施工过程出现的设计问题，不能按时参加各种验收工作。

（5）承包商的因素

1）项目经理部配置的管理人员素质及数量不能满足施工需要，经验不足、管理水平低，工程组织管理混乱。施工作业计划不周，工序安排不合理，各专业、各工序间交接、配合产生矛盾，导致窝工和相关作业脱节。

2）恶意低价竞标或违法分包、转包造成的劳动力组织困难，施工作业人员素质及数量不能满足施工需要，尤其是特种作业人员资格、水平等不符合要求。

3）施工用机械设备配置不合理，不能根据施工现场情况及时调配施工机具。

4）施工单位采购的材料、构配件供应不及时，材料的数量、型号及技术参数错误，供货质量不合格。

5）总承包单位综合协调管理能力不足，导致各施工单位之间相互配合不及时、不到位。

6）承包商（分包商）自有资金不足或资金安排不合理，挪用项目资金，不能及时支付劳动力工薪及材料供应款。

7）施工单位不遵守政府主管部门规定或不执行业主、监理的正确指令造成停工或导致发生质量安全事故。

（6）监理单位的因素

1）项目监理机构配置的监理人员的数量、资格、专业能力、经验、健康状况以及职业素养等不能满足工程监理需要，导致管理协调力度不够，不能及时发现工程进度问题，不能及时审核施工单位报审的文件等，进而影响监理对工程进度的控制。

2）监理人员不规范执业行为影响。

（7）其他因素：

1）政府主管部门各种手续办理程序复杂、效率低下；主管人员越权或不作为。

2）第三方监测、检测单位不能及时提供检测报告等或不规范执业。

3）恶劣气候（台风、暴雨、洪水）和地震、地质灾害等。

4）特殊地质条件影响，如地质断层、岩溶、流沙等。

5）战争遗留的弹药、地下文物的保护与处理。

6）重大政治活动、社会活动影响，如重大国际会议、体育运动会、高考与中考期间施工限制、市容整顿等限制，导致交通管制、交通中断，影响材料进场。

7）城市供水、供电、供气系统发生故障而停止供应。

2　进度控制方法与流程

2.1　进度控制的方法

（1）审核、批准：监理机构应及时审核施工单位报送的技术文件、报表和报告，并督促施工单位限期整改完善后批准实施。监理审批的进度文件主要有：

1）审批施工单位的开工/复申请，下达开工令；

2）审核施工总进度计划、阶段性进度计划、年进度计划、季进度计划、月进度计划、周进度计划，以及审核进度调整计划；

3）审批复工报审表、工程延期申请表；

4）审批施工单位报送的有关进度报告，包括施工现场工程量签证、月工程量完成报审表、工程进度款申请表等。

（2）检查、分析和处理：

1）进度控制的重点在于通过对进度计划实施过程的跟踪督促、检查分析，及时发现问题和解决问题，实现工程进度的动态管理。

2）检查进度计划执行的开始时间、完成时间、持续时间、各工序之间的衔接、完成的实物工作量，以及劳动力、材料设备的投入等，对比计划及时发现进度偏差，分析原因，提出进度调整的方案和措施，督促施工单位及时调整施工进度计划及劳动力、材料设备、资金等投入。

3）监理机构应定期或不定期组织进度协调会，分析进度偏差的原因，提出纠偏措施，明确责任，督促各方及时解决影响工程进度控制的问题，确保进度计划的实现，并形成会议纪要，为事后处理索赔提供证据材料。

4）针对施工过程中存在影响进度计划实施的问题签发监理工程师通知单、监理工作联系单，督促施工单位、建设单位及设计单位及时整改或处理。

5）监理人员要定期或不定期向建设单位报告工程进度情况，提醒需业主及时协调解决的事宜，降低工程延期和索赔的风险。

6）监理工程师应及时收集、整理有关工程进度方面的资料，包括会议纪要、监理指令、现场照片、天气记录等，以及业主、施工、设计等单位的文件，为公正、合理地处理工期、费用索赔提供证据。

2.2 进度控制流程（见图 3-2-1）

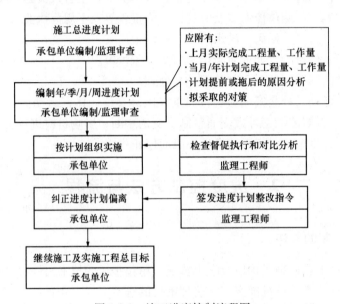

图 3-2-1 施工进度控制流程图

3 进度控制的内容

3.1 施工准备阶段进度控制的内容

（1）监理合同签订后，收集项目资料，了解工程概况、工程特点、难点，向建设单位提供有关工期的信息和咨询，协助其进行工期目标设定；协助建设单位与中标施工单位进行合同谈判，约定工期提前和工期延误的奖罚条款。

（2）监理规划中应包含有施工进度控制方案，其主要内容有：

1）施工进度控制目标分解；

2）施工进度控制的主要工作内容；

3）监理人员对进度控制的职责分工；

4）进度控制工作流程；

5）进度控制的方法（包括进度检查周期、数据采集方式、进度报表格式、统计分析方法等）；

6）进度控制的具体措施（包括组织措施、技术措施、合同措施等）；

7）施工进度控制目标实现的风险分析。

（3）审核施工单位报送的场地施工总平面布置图，对影响施工进度的问题及时要求整改。

（4）审核施工单位报送的施工总进度计划，提出合理的修改意见，经总监理工程师审核通过后报建设单位批准。

（5）检查施工准备工作：提醒并协助建设单位按施工合同的要求及时提供施工条件；检查督促施工单位按合同要求完成施工准备工作：临设的搭建，组织劳动力、原材料、施工机具进场，施工单位进行施工测量放线，项目监理机构应对承包单位报送的测量放线控制成果及保护措施进行检查。

（6）熟悉工程设计文件，参加建设单位主持的图纸会审和设计交底会议。

（7）参加由建设单位主持召开的第一次工地会议，进一步落实建设单位的工程开工准备情况以及施工单位的施工准备情况。

（8）下达工程开工令：项目监理机构应严格审查施工单位报送的开工申请，核查开工准备情况，当施工单位的准备（如临建搭设、测量放线等）和建设单位提供的施工条件（如施工许可证的取得）满足要求时，总监理工程师应及时签发工程开工令，明确开工时间。一般的施工承包合同约定开工令发布时间就是合同工期的起算点。

3.2 施工实施阶段进度控制的内容

（1）审核施工单位报送的阶段性进度计划，包括年、季、月进度计划，分项工程进度计划，以及劳动力、原材料、施工机具进场计划等，阶段性进度计划应符合总进度计划目标的要求，要关注各分包工程进度计划之间的衔接。

（2）监理工程师要加强现场巡视，及时了解并处理施工现场存在的影响进度计划执行的问题，督促施工单位及时整改，同时协调好影响进度的建设单位、设计单位等外部问题。

（3）监理工程师应定期或不定期对工程进度进行专项检查，及时核查施工单位提交的月度进度统计分析资料和报表，掌握施工进度计划的实施情况，监督施工进度计划的执行。

（4）项目监理机构应定期或不定期组织现场进度协调会，以解决施工中存在的进度问题和相互协调配合问题。在会议上检查分析工程进度，通报重大工程变更事项，解决各个施工单位之间以及建设单位与施工单位之间的协调配合问题，督促施工单位落实进度控制措施。

（5）项目监理机构应及时组织工程验收，以保证后续工程的及时施工。

（6）项目监理机构应及时核查施工单位申报的已完工程量及签发工程进度款支付凭证。

（7）项目监理机构应及时整理工程进度资料，并做好监理记录，通过周报、月报，或专题报告的形式，向建设单位汇报工程实际进展情况，提醒业主及时处理需要业主协调解决的问题。

（8）由于施工单位自身的原因所造成的进度拖延称为工期延误；由于非施工单位原因所造成的进度拖延称为工程延期。监理工程师应按照合同的约定，公平公正地处理工程延期和工期延误。

3.3　工程竣工阶段进度控制的内容

（1）项目监理机构应及时审核施工单位申报的初验申请，具备初验条件的，由总监理工程师组织业主、设计、监理、施工等参建单位对工程项目进行初验，并形成书面初验意见，跟踪施工单位按照初验意见要求进行整改。

（2）工程初验合格后，项目监理机构应及时审批施工单位提交的竣工申请报告，并协助建设单位及时组织有关单位和部门进行竣工验收，争取项目早日投入使用。

（3）对照施工总进度计划和实际进度，根据施工过程中有关工程进度问题的原始证据材料，依据施工合同条款，按时处理工期索赔。

（4）及时整理工程进度资料，收集积累原始资料，就工期问题对施工单位的履约情况进行评价，为建设单位提供信息，处理合同纠纷。

（5）工程进度资料应归类、编目、存档，以便在工程竣工后，归入竣工档案备查。

4　施工进度计划审查

4.1　施工进度计划的分类及组成

（1）施工进度计划的分类：工程施工进度计划一般分为三个不同层次，一是按施工承包合同工期控制编制的施工总进度计划；二是按单位工程或按分包单位划分的分目标计划：子项目进度计划和单体进度计划、分部分项工程进度计划等；三是按不同计划期制订的进度计划：年、季、月、周等计划。其中分部分项工程进度计划、月（周）计划也称项目作业计划。

（2）施工进度计划的组成：一般情况下，施工单位报送的施工总进度计划包含在施工组织设计中，但为了便于进度计划的管理，建议要求施工单位单项编制、报审施工总进度计划。其组成：封面、编制说明、计划图等。封面必须由项目经理参与编制并签字、总工程师审批并签署，加盖施工单位法人章；文字编制说明包括编制依据、工期目标、项目划分、搭接关系、起止时间、资源需要量及供应平衡表（资金使用计划、劳动力计划、材料计划、机械计划等）、需要协调配合的条件、进度控制措施等；进度计划图可以用横道图或网络图表示。施工进度计划报审表应按《建设工程监理规范》附录 B.0.12 的要求填写。

4.2　施工进度计划的表示方法

（1）横道图：横道图也称甘特图，是美国人甘特（Gantt）在 20 世纪 20 年代提出的。由于其形象、直观，且易于编制和理解，因而被广泛应用于建设工程进度控制之中。横道图表示方法能明确表示出各分项工作的划分、工作的开始时间和完成时间、工作的持续时间、工作之间的相互衔接关系，以及整个工程项目的开工时间、完工时间和总工期。但也存在以下缺点：

1）不能明确的反映各项工作之间错综复杂的相互关系，在计划实施时，当某些工作的进度提前或拖延时，不能很好分析其对其他工作进度及总工期的影响程度。

2）不能直观显示影响工期的关键工作和关键线路。

3）不能反映出工作所具有的机动时间，无法进行最合理的组织和指挥。

4）不能反映工程费用与工期之间的关系，不便于缩短工期和降低成本。

5）对于大型工程项目，工艺关系复杂，横道图有一定的局限性，很难充分暴露矛盾，计划调整难度大，不利于工程进度的动态控制。

（2）网络图：网络计划技术诞生于 20 世纪 50 年代，为了更加有效的控制工程进度，进度计划需采用网络图表示，可以弥补横道图计划的不足。

1）网络图计划能明确表达各项工作之间的逻辑关系。

2）可以反映影响工期的关键工作和关键线路。

3）能明确各项工作的机动时间。

4）网络计划可以用计算机进行计算、分析处理（优化、调整）。

5）网络计划的缺点主要是不直观明了。

（3）BIM 技术：BIM 技术是目前国际流行、国内正在推广的一种进度控制的最新技术，通过多维立体直观的方法对工程进度实施有效控制（详见新技术新方法章节）。

4.3　施工进度计划审核的主要内容

（1）编制和实施进度计划是施工单位的责任，施工单位之所以将施工进度计划提交给项目监理机构审查，是为了听取项目监理机构的建设性意见。因此，监理工程师对施工进度计划的审查或批准，并不解除施工单位对施工进度计划的任何责任和义务监理工程师审查施工进度计划的主要目的是为了防止施工单位计划不当，为施工单位实施合同规定的进度目标提供帮助。

（2）监理工程师要了解工程项目的规模、工程特点、结构复杂程度及难点，熟悉施工设计图纸，了解工程关键部位的质量要求和特殊工艺技术要求，依据合同条件，结合施工现场条件、施工队伍实力（资质、质量安全保证体系、管理水平和素质、劳动力来源、主要投入的机械设备等），全面分析施工单位报审的施工进度计划的可行性和合理性，提出合理的修改意见。监理审核施工单位报送的施工进度计划的主要内容有：

1）施工进度计划应符合施工合同中工期的约定。

2）阶段性施工进度计划应满足总进度控制目标的要求，阶段性进度计划是为了确保总进度计划的完成，阶段性进度计划更应具有可操作性。

3）分包单位编制的进度计划应与总进度计划目标一致，总承包单位、分包单位编制的各单位（或单项）工程施工进度计划应协调一致，专业分包工程的衔接应合理，进度安排应符合工程项目建设总进度计划中总目标和分目标的要求。

4）在施工进度计划中主要工程项目无遗漏或重复，应满足分批投入试运、分批动用的需要。

5）施工顺序的安排应符合施工工艺要求。

6）施工人员、工程材料、施工机械等资源供应计划应满足施工进度计划的需要，特别是要确保施工高峰期的需要。

7）施工进度计划应符合建设单位提供的资金、施工图纸、施工场地、物资等施工条件。

8）施工进度计划的风险分析及控制措施等。

（3）监理工程师在审查施工单位报审的施工总进度计划和阶段性施工进度计划时，如发现问题，应以监理通知单的方式及时向施工单位提出书面修改意见，要求施工单位限期修改，并对施工单位修改后的进度计划重新进行审查，发现重大问题应及时向建设单位汇报。

4.4 施工进度计划审查程序

（1）督促施工单位在施工合同约定的时间内向项目监理机构提交施工进度计划。

（2）施工单位向监理机构提交《施工进度计划报审表》（省统表 GD 220217）及附件（上期进度计划完成情况及分析、本期进度计划及资源配置计划）后，由专业监理工程师进行审查、总监审批，并签署明确的审查意见后返还施工单位执行。必要时（如进度计划与总工期冲突、施工条件变化、建设单位对工期的调整等）可组织相关单位召开专题会议分析研究协调解决。

（3）如果需要施工单位对进度计划修改或调整的，项目监理机构应在施工进度计划报审表明确提出，并要求施工单位限期完成修改或调整后再报审。

（4）施工总进度计划必须经总监理工程师审核签署并报建设单位批准后实施。

（5）施工进度计划实施前，要求施工单位对进度计划进行交底、落实责任。

（6）经批准的施工进度计划可以作为处理施工单位提出的工程延期或费用索赔的一个重要依据。

5 施工进度计划的检查与调整

5.1 施工进度计划的检查

（1）项目监理机构应以经审核批准的各类施工进度计划为依据对工程实际进度进行严格的检查，获取计划执行情况的各种信息。监理工程师主要通过现场巡视、专项检查、会议等方式检查施工进度计划的执行情况。

（2）进度计划检查的主要内容有：

1）工作量的完成情况，检查形象进度及里程碑，统计现场实际完成的实物工程量，比如混凝土浇筑量、钢结构安装量、幕墙安装面积等，也可以统计完成的工程投资额。监理工程师应按合同要求及时组织对已完分部分项工程的验收，做好现场签证、工程计量工作。

2）工作时间的执行情况，分项工程的工作起止时间、持续时间及工作效率是否满足进度计划的要求。

3）资源的使用情况，资源与进度的匹配情况，劳动力配备、材料供应、资金使用等实物工程量能否满足进度需要。

4）上次检查提出问题的处理情况。

（3）进度检查的时间间隔应视工程进度的实际情况确定，选择每月、半月或每周进行一次，特殊情况下，甚至可能进行每日进度检查。

（4）监理应重点对周计划进行检查，以督促周计划的落实来保障月计划的实现。在每周的监理例会上，承包单位应汇报周计划完成情况，如果进度滞后，应进行原因分析，提出需要协调的问题，制定本周计划，采取追赶进度的措施。会议上要检查上周例会决议事项的执行落实情况，建设单位、监理单位针对施工进度问题，对施工单位提出有关要求，评估进度措施的可行性，并及时协调施工单位需要解决影响进度的问题。周进度计划检查也可以由监理组织各参建单位每周监理例会前一天到施工现场实地对照检查，发现问题，现场及时解决。

（5）月进度计划检查由监理组织每月固定日到施工现场实地对照检查，或月末周例会检查当月计划完成情况，检查每月完成的实物工程量，并与计划完成工程量进行比较；检查每周例会决议事项的完成情况，采取措施的效果。分析偏差原因，采取针对性的措施进行控制。

（6）监理检查发现实际进度严重滞后于计划进度且影响合同工期时，应签发监理通知单，要求施工单位采取调整措施加快施工进度。总监理工程师应向建设单位报告工期延误风险。

（7）在周计划、月计划检查基础上，督促并审核施工单位提交进度报告，其主要内容有：实际进度与计划进度的对比；进度计划的实施问题及原因分析；进度执行对质量、安全和成本等的影响；采取的措施和对未来计划进度的预测；计划调整意见。

5.2　施工进度计划的调整

（1）监理工程师通过对现场实际施工进度检查，及时核查施工单位提交的月度进度统计分析资料和报表，分析施工中各种实际进度的数据，掌握施工进度计划的实施情况。

（2）由于各种因素的影响，实际施工进度很难完全与计划进度一致。项目监理机构可采用前锋线比较法、S曲线比较法和香蕉曲线比较法等比较分析工程施工实际进度与计划进度的偏差，分析造成进度偏差的原因，预测实际进度对工程总工期的影响，督促相关各方采取相应措施调整进度计划，力求总工期目标的实现，并应在监理月报中向建设单位报告工程实际进展情况。

（3）如果实际进度偏差在可控范围内时，进度偏差不出在关键线路上、且偏差不影响后续工作和总工期，原施工总进度计划可不做调整。但可能需要调整分项工程进度计划，督促施工单位采取措施及时纠正存在的偏差。

（4）如果实际进度发生重大偏差，严重滞后于计划进度，进度偏差出在关键线路上，导致合同总工期和重大里程碑工期滞后时，原有计划不能适应实际情况时，为了确保进度控制目标的实现或需要确定新的计划目标，监理应要求施工单位必须对原有施工总进度计划进行调整，以形成新的进度计划，作为进度控制的新依据。

（5）进度计划偏差的调整过程：发现进度偏差－分析产生偏差的原因－分析偏差对后续工作及总工期的影响－确定工期和后续工作的限制条件－采取措施调整进度计划－采取

相应的组织、经济、技术措施实施调整后的进度计划。

（6）进度计划调整原则：施工总进度计划一经审核批准，原则上不允许变更，尤其是总工期和重大里程碑工期不得作推迟调整。除非合同范围（工作内容、工程量增加）有较大的变更，或因不可抗力（如地震、洪水、战争、政策重大变更等）无法履行合同等，由施工单位提出调整施工总进度计划的申请，经监理单位审核、建设单位审批同意后执行。

（7）进度计划调整的申报与审批

1）非关键线路上节点工期（包括一般里程碑工期）延误的调整，由施工单位提出分项进度计划或阶段性进度计划调整的申请，经项目监理机构审核通过，报建设单位审批后执行，或经专题会议通过后执行（形成会议纪要）。调整计划必须付相应的保证措施。这种计划调整原则上不涉及工期和费用索赔。

2）总工期和重大的里程碑工期调整，一般由施工单位提出调整计划的申请，经项目监理机构审核通过，报建设单位审批后执行。总工期和重大的里程碑工期调整一般按承包合同约定会涉及费用索赔，需要经过协商谈判，或签订补充协议。项目监理机构应重点关注论证计划调整后的各种保障措施的可行性。

（8）进度计划调整的内容：进度计划调整的主要内容有：工作内容及工作量、起止时间、工作关系、资源供应、必要的目标调整、保障措施。

（9）进度计划调整方法：进度计划的调整，遵循增加关键线路资源投入、压缩增加费用最少的关键任务、压缩对质量和安全影响不大的工作，优化非关键线路降低资源使用强度的原则，通过阶段动态调整，尽量实现总工期不变和总费用最优目标。

6 施工进度控制措施

6.1 组织措施

（1）建立进度控制管理体系：根据项目规模及特点，在项目监理机构中设立专职或兼职进度控制人员，明确其进度职责分工，在总监理工程师的领导下负责整个项目的进度控制工作，按进度需要调配现场监理人员，确保不因监理的原因而影响施工进度。同时，在项目部建立包括业主、监理、施工、供货等单位的进度控制人员组成的进度控制小组，负责项目进度的管理与协调。

（2）建立工程进度报告制度及进度信息沟通网络。

（3）建立进度计划审核制度，制订程序，提高效率。

（4）建立进度控制检查、分析制度。监理工程师主要通过现场巡视、专项检查、会议等方式检查施工进度计划的执行情况，核查施工人员的数量和专业配套，以及材料、机械设备等资源配置能否满足工程进度需要。获取各种信息，对比分析实际进度与计划的偏差，及时采取纠偏措施。

1）采用以周保月、以月保季、以季保年的循环方式，检查控制进度。重点对周计划进行检查，统计实物完成量，计算周计划完成百分数，并与月计划进行比较，发现进度滞后，分析原因并采取相应补救措施，调整本周形象进度目标，督促施工单位及时调整作业计划和资源配置，力争本周调整后的进度目标实现，确保月进度计划的完成。同样原理检查控制月进度计划，以督促月计划的落实来保障季度计划目标、以控制季计划的落实来保障年度计划目标的实现，最终确保施工总工期目标的实现。

2）加强物资供应计划的检查与控制。要求施工单位制定与施工进度计划相匹配的材料物资供货计划，督促施工单位与材料物资供应商及时签订供应合同。监理工程师应对施工单位的材料物资采购供应计划进行动态管理，检查各施工单位的订货情况，并对进货质量严格把关，确保满足施工进度的需要。当出现下列情况时，应督促相关责任单位采取措施处理：

①资源供应出现中断，供应数量不足或供应时间不能满足要求时；

②由于工程变更引起资源需求的数量和品种变化时，应及时调整资源供应计划；

③当发包人提供的资源供应进度发生变化不能满足施工进度要求时，应敦促发包人执行原计划，并对造成的工期延误及经济损失进行赔偿。

（5）建立进度协调会议制度

1）根据影响进度事项的紧迫性、复杂性和严重程度等，可分别采取口头（电话）提醒、工作联系单，以及专题会议、专题报告等方式协调，其中会议协调效果明显。

2）监理主要通过定期、不定期召开进度协调会，及时协调解决影响进度的问题。中小型工程项目，一般通过召开监理例会来协调进度；而大型项目的进度控制，除监理例会外，还要召开进度专题协调会，施工高峰期，工作量大、交叉作业、矛盾较多，每日召开碰头会及时协调解决存在的问题，督促参建各方采取措施确保进度。

3）施工进度协调会议解决施工中遇到的影响进度的主要问题有：总包与各分包单位之间、分包单位之间的进度协调；工作面交接和成品保护问题；场地与公用设施利用中的矛盾问题；临时断水、断电、断路的影响问题；资源保障问题；外部条件配合问题；设计变更、材料定板、工程款支付等问题。

4）进度专题协调会议都应及时形成会议纪要，作为进度检查监督及处理索赔的依据。

（6）建立图纸审查、工程变更管理制度。

6.2　技术措施

（1）在监理规划中，制定进度控制工作细则，指导监理人员实施进度控制。

（2）做好设计交底和图纸会审工作。施工设计图纸的质量不仅影响施工招标，同时也是施工进度控制的重要影响因素。监理一方面要通过业主提醒设计单位按设计合同约定的进度和质量要求及时提供施工设计图，另一方面要督促做好设计交底和图纸会审工作，使业主代表、监理工程师、施工技术人员正确理解设计主导思想、了解设计构思和技术要求，设计对主要工程材料、构配件和设备的要求，以及质量、安全应特别注意的地方；总监理工程师应组织监理人员熟悉工程设计文件，认真审查图纸，并提出存在的问题；敦促承包商重视图纸会审工作，安排技术人员认真熟悉图纸，了解工程关键部位的质量要求，并关注其对应的进度措施，及时发现设计图纸的"缺、漏、碰、错"的问题，避免施工过程中因设计图纸质量问题而出现大量设计变更，造成施工中出现边施工、边修改设计的局面，减少其拖延进度的可能。

（3）认真审核承包商提交的进度计划，全面分析施工进度计划的可行性，提出合理的修改意见，并要求施工单位限期修改。要求施工单位在进度计划实施前进行交底、落实责任。使承包商能在合理的状态下施工。

（4）监理应重视对施工组织设计和专项施工方案的审查、论证，督促承包商优化施工总平面布置和施工技术方案，采用新材料、新工艺、新技术，依靠先进的施工技术、方法，提高劳动生产率，加快施工进度。

（5）采用网络计划技术、BIM技术等科学方法，对建设工程进度实施动态控制。科学合理配置人、材、物，控制好工序交接，组织流水施工，实行平行、立体交叉作业，保证作业连续、均衡、有节奏，缩短作业时间，减少技术间隔。

（6）督促施工单位制定特殊条件下的施工措施，如夜间施工、雨季施工等。

6.3 经济措施

（1）及时办理工程预付款及工程进度款支付手续。监理要及时核定施工单位的中期完成工作量（包括现场签证、质量验收），加快工程进度款的审核，确保不因监理的原因影响进度款的支付进而影响工程进度，并督促业主对进度款的审批，确保工程进度款能按合同约定程序和时间及时拨付。支付工程进度款后督促施工单位确保满足施工现场资金使用需要，防止备料款或进度款挪作他用。

（2）制订分阶段目标工期奖罚措施。依据施工合同的约定及经批准的进度计划，明确各阶段工期目标，设置若干控制性里程碑（比如基础、±0.00、主体结构封顶、外脚手架拆除、砌筑、水电安装及调试、精装修工程、室外等工程等），制定工程进度分阶段工期目标考核奖罚措施。如承包商未能在相应里程碑目标前完成施工任务，则按延误的天数、相应比率和额度进行罚款，从应付的工程进度款扣取，当然，如果承包商主动采取赶工措施，按期完成了下一个里程碑目标，则退还前期罚款；反之，如承包商能提前完成里程碑目标，则按相应提前天数、相应比率和额度进行奖励，并与当期进度款同时支付，但如果未能实现下一个里程碑目标（调整后），则在当期进度款中扣除前期奖励费用，而且还应按相应约定进行处罚。

（3）支付非承包商原因的赶工费用。施工过程中出现非承包商原因（业主原因、设计原因、不可抗力等）导致工程进度严重滞后，如果业主确定不能调整项目总工期目标，只能压缩后期分阶段进度工期，这样必然倒排工期，要求施工单位赶工。在施工技术和施工组织上采取相应措施，如在可能的情况下，缩短工艺时间、减少技术间歇期（如提高混凝土早期强度等），组织立体交叉作业、水平流水施工、增加工作班次等，施工单位因赶工而增加劳动力、机械设备的投入，提升材料性能等，导致施工单位成本增加。监理应及时审核施工单位申报的费用，协调业主按期支付赶工费用，而有关工期索赔执行合同约定条款。

（4）设立总工期奖罚措施。在施工承包合同中，设立总工期奖罚条款，约定总工期提前或滞后的具体经济奖罚额度及支付条款，以激励施工单位实现项目总工期目标。

（5）加强工期索赔管理，公正合理处理工期延误及工程延期。

1）工期延误：当因施工单位原因出现工程进度滞后时，监理工程师有权要求施工单位采取有效措施加快施工进度，但如果施工单位拒绝整改或整改不力，导致工程延误，影响工程按期竣工时，监理工程师应要求施工单位修改进度计划，经监理、业主审核批准，施工单位按调整后进度计划组织施工。

2）审核批准调整后的进度计划，目的是指导后期合理施工，并不能解除施工单位应承担的工期延误责任，业主有权按合同约定向施工单位提出工期索赔（经济赔偿）。需要说明的是，即使施工单位在后期施工中采取加快进度的措施（如增加劳动力、机械设备等），并按合同工期竣工，也不能向业主申请赶工费用，当然业主也就不能提出工期索赔。

3）工程延期：监理工程师应重视非施工单位原因产生的工程延期，强化预控，提醒并协助建设单位采取措施及时解决影响工期的问题。监理机构应根据合同约定，及时处理施工单位提出的工期索赔，协调业主与施工单位的争议，核定工期和费用索赔。经监理工程师核准的工程延期时间，应纳入合同工期，作为合同工期的一部分，即调整后的合同总工期应等于原定的合同工期加上项目监理机构批准的工程延期时间。常见情况有：

①建设单位未能按专用条款的约定提供图纸及开工条件；

②建设单位的资金及内部审批工作效率的影响，未能按合同约定的日期支付工程预付款、进度款；

③建设单位或设计单位频繁提出工程变更而导致返工或工程量增加；

④建设单位负责供应的材料、设备供货不及时，数量、型号、技术参数与实际所需不符，货物产品质量不合格；材料设备定板滞后；

⑤一周内非承包商原因停水、停电、停气造成停工累计超过 8 小时；

⑥恶劣的气候条件、自然灾害等不可抗力等。

6.4　合同措施

（1）选择适合工程项目的承发包模式，合理确定项目总工期目标。

（2）积极参与工程施工合同的谈判，设定工程进度目标（包括总进度目标和各单项工程进度目标）的经济奖罚条款；同时，设定防止施工单位违法分包和转包工程的具体惩处条款，包括终止承包合同约定。

（3）加强合同管理，保证合同中进度目标的实现。严格按合同的条件对施工进度进行阶段性检查，及时提醒合同双方应履行的责任和义务，及时协调合同执行中的分歧，有效地促进施工单位按期完成合同任务。

（4）严格控制合同变更。

（5）加强风险管理。在合同专用条款中对进度控制风险，特别是恶劣天气、岩土工程条件、节假日、城市道路交通管制等具体情况进行约定，目的是督促施工单位尽可能采取预控措施，同时，提醒业主及时提供条件，减少进度控制风险，避免合同执行中的争议。

7　工程进度控制实例

7.1　工程概况

某工程建筑面积及建筑规模：新建配套用房 A、B 两栋，其中 A 栋共 6 层，地上 5

层，地下 1 层，建筑面积 42140m²；B 栋共 6 层，地上 5 层，地下 1 层，建筑面积 24373m²；两栋总建筑面积 66513m²；工程投资总额：30183 万元人民币。该工程于 2013 年 2 月 17 号开工。基础工程：2 月 18 号开始进行工程桩施工，旋挖桩共 736 根，冲孔桩 20 条，按计划 3 月 15 日前应完成 A 栋的桩基础施工，3 月 25 日前完成 B 栋的桩基础施工。地下室及主体工程：按照后浇带及施工计划安排分为 10 个区段。按计划 4 月 30 日前完成 A 栋±0.00 结构，5 月 9 日前完成 B 栋±0.00。按合同约定：6 月 30 日前完成 A、B 栋结构封顶的节点工期目标，9 月 26 日完成全部室内外装修和机电设备安装整个实体工程目标，再转入大型设备的安装。

7.2 进度计划执行情况分析与处理

前期影响工期的主要因素：旋挖桩机数量和施工人员投入均不能满足计划工期的要求，加上地质条件、施工工艺、现场统筹协调及雷雨天气等影响，使实际进度比计划进度滞后了约 25 天。施工单位向项目监理机构报送了下周（第 7 周）《施工进度计划报审表》（表 3-7-2），并附总进度计划（详见表 3-7-3）、第 7 周（2013 年 3 月 8 日~3 月 14 日）施工进度计划及第 6 周（2013 年 3 月 1 日~3 月 7 日）工作进度情况报表（注：统计表和计划表可合成一张表形如表 3-7-1），要求项目监理机构审查。

监理机构对施工单位实际进度滞后情况进行了分析，并提出进度控制的监理意见，具体内容详见表 3-7-2。

某工程上周进度情况统计及下周工作计划表　　　　　表 3-7-1

区 域		第 6 周（2013 年 3 月 1 日~3 月 7 日）计划完成量	第 6 周实际完成量	按总进度计划阶段计划完成时间	滞后天数	纠偏措施	第 7 周（2013 年 3 月 8 日~3 月 14 日）计划完成量
A 栋	1 区						
	...						
B 栋	1 区						
	...						
	...						
	5 区						
	...						
	1 区						
	...						

施工进度计划报审表 GD 220217—201305 表 3-7-2

单位工程名称	

致：×××＿＿＿＿＿（项目监理机构）

兹上报 2013 年 3 月 8 日至 2013 年 3 月 14 日 ××× 工程施工总（年、季、月、周）进度计划，请予以审查和审批。

附：1. 上周（第 6 周）进度计划完成情况报表（2013 年 3 月 1 日～3 月 7 日）

2. 本周（第 7 周）进度计划（2013 年 3 月 8 日～3 月 14 日）

3. 总进度计划

施工项目经理部（盖章）

项目经理（签字）×××

××年××月××日

审查意见：

按施工方案承诺的桩基础完成时间，上周应至少完成旋挖桩 170 根，但实际完成 85 根，计划完成率为 50%。截至 3 月 7 日，A 栋桩基础仅完成 54%，B 栋桩基础仅完成 8.6%。

根据现场统计，施工现场机械人员配备情况如下：旋挖桩机 7 台，吊车 7 台，挖掘机 7 台，钢筋笼焊接人员 4 人，钢筋笼制作人员 20 人，混凝土工 42 人。

如按施工承诺在 3 月 15 日前完成 A 栋的桩基础施工，3 月 25 日前完成 B 栋的桩基础施工，则从 3 月 9 日开始需每天完成 A 栋旋挖桩 40 根，完成 B 栋旋挖桩 20 根。但按目前施工机械设备及施工人员投入，已难以实现施工承诺的桩基础工期目标。

为确保工程进度，应加大机械设备和施工人员投入，加强现场统筹协调力度，改进施工工艺，并按照承诺的 4 月 30 日前完成 A 栋±0.00 结构，5 月 9 日前完成 B 栋±0.00，6 月 30 日前完成 A、B 栋结构封顶的节点目标。

为此，要求施工单位重新编制下周进度计划，调整总进度计划；以及各类施工人员、机械（含旋挖钻机、塔吊等）投入计划、施工方案及施工材料（含钢材、模板等）的购置、备品备件的保障等保障措施。充分考虑天气因素，确保照常施工。上述计划及方案要求于 3 月 14 日前报至我项目监理机构审批。如未按合同节点工期完成，建设单位将按合同约定予以处罚。

专业监理工程师：（签字）×××

日期：××年×月×日

审核意见：

同意专业监理工程师的审查意见。

项目监理机构：（章）＿＿＿＿＿

总监理工程师：（签字）×××

××年××月××日

注：本表一式三份，监理单位、建设单位和施工单位各一份。

表 3-7-3

某工程项目施工总进度控制计划表

	任务名称	单位	工程量	劳动人数	工期	开始时间	完成时间	前置任务
1	广州***中心工程施工总工期				296个工作日	2013年2月17日	2013年12月9日	
2	主体工程				134个工作日	2013年2月17日	2013年6月30日	
3	A栋主体结构工程				134个工作日	2013年2月17日	2013年6月30日	
4	一、基础工程				58个工作日	2013年2月17日	2013年4月15日	
5	旋挖桩施工				27个工作日	2013年2月17日	2013年3月15日	
24	冲孔桩施工				27个工作日	2013年2月17日	2013年3月15日	
27	承台土方施工(凿桩头、土方开挖)				12个工作日	2013年3月11日	2013年3月22日	
34	承台砖模施工(砌筑、抹灰、防水)				21个工作日	2013年3月11日	2013年3月31日	
41	底板砖模层施工	m³	1400	25人	6个工作日	2013年3月15日	2013年3月20日	
42	底板防水施工	m²	12000	25人	6个工作日	2013年3月16日	2013年3月21日	
43	底板钢筋混凝土施工				28个工作日	2013年3月19日	2013年4月15日	
46	二、±0.000以下结构施工	m²	9000		20个工作日	2013年4月11日	2013年4月30日	
50	三、±0.000以上结构施工				61个工作日	2013年5月1日	2013年6月30日	
51	二层结构施工(首层梁板)	m²	6746		12个工作日	2013年5月1日	2013年5月12日	
55	三层结构施工(二层梁板)	m²	5963.09		12个工作日	2013年5月13日	2013年5月24日	
59	四层结构施工(三层梁板)	m²	7883.19		8个工作日	2013年3月25日	2013年6月1日	
63	五层结构施工(四层梁板)	m²	3857.99		15个工作日	2013年6月2日	2013年6月16日	
67	屋面层结构施工(五层柱、屋面层梁板)	m²	7767.71		14个工作日	2013年6月17日	2013年6月30日	
71	B栋主体结构工程				120个工作日	2013年3月3日	2013年6月30日	
72	一、基础工程				51个工作日	2013年3月3日	2013年4月22日	
73	旋挖工程				22个工作日	2013年3月3日	2013年3月24日	
76	承台土方施工(凿桩头、土方开挖) 共139个承台	m³	500	10人	10个工作日	2013年3月18日	2013年3月27日	
77	承台砖模施工(砌筑、抹灰、防水)	m³	1230	25人	14个工作日	2013年3月20日	2013年4月2日	
78	底板砖模层施工	m³	10200	25人	10个工作日	2013年3月25日	2013年4月3日	
79	底板防水施工	m²	6000	100人	11个工作日	2013年3月26日	2013年4月5日	
80	底板钢筋混凝土施工	m²	7178		25个工作日	2013年3月29日	2013年4月22日	
81	二、±0.000以下结构施工				17个工作日	2013年4月3日	2013年5月19日	
85	三、±0.000以上结构施工				52个工作日	2013年5月10日	2013年6月30日	
106	砌体工程				60个工作日	2013年6月1日	2013年7月30日	
120	屋面工程(找平、防水、保护层)				20个工作日	2013年8月s1日	2013年8月20日	
121	A栋屋面工程	m²	7767.71	30人	20个工作日	2013年8月1日	2013年8月20日	
122	B栋屋面工程	m²	2799.19	30人	20个工作日	2013年8月1日	2013年8月20日	
123	装饰工程				219个工作日	2013年4月26日	2013年11月30日	
156	机电安装工程			200人	169个工作日	2013年4月11日	2013年9月26日	
177	9.26节点总工程完成				0个工作日	2013年9月26日	2013年9月26日	
178	室外工程				162个工作日	2013年6月22日	2013年11月30日	

第四章 工 程 造 价 控 制

1 工程造价与工程项目

1.1 工程造价

工程造价，是指一项工程费用，在这个意义上工程造价与工程投资的概念是一致的。在实际应用中工程造价还可以指工程价格，即为建成一项工程，预计或实际在土地市场、设备市场、技术劳务市场以及承包市场等交易活动中所形成的建筑安装工程价格和建设工程总价格。在工程建设的不同阶段，工程造价具有不同的表现形式，如：投资估算、设计概算、修正概算、施工图预算、合同价格、工程结算、竣工决算等。

工程监理的造价控制主要是在施工阶段对施工承包合同价，即工程建筑安装费用进行控制。为规范工程造价计价行为，《建设工程工程量清单计价规范》GB 50500（下称《清单计价规范》）规定使用国有资金投资的建设工程发承包必须采用工程量清单计价。非国有资金投资的工程建设项目，宜采用工程量清单计价。

1.2 工程项目

工程项目，也称建设工程项目，是指为完成依法立项的新建、改建、扩建的各类工程（土木工程、建筑工程及安装工程等）而进行的、有起止日期的、达到规定要求的一组相互关联的受控活动组成的特定过程，包括策划、勘察、设计、采购、施工、试运行、竣工验收和移交等。

工程项目的造价，在施工阶段都应该根据工程特点将建设项目先进行分解，然后按照分解后的各个细部，依据工程合同、设计图纸、定额以及工程量清单规范，计算出工程中的各个分部工程、分项工程所消耗的人工费、材料费、机械台班费等工程费用，再逐步进行汇总。

《清单计价规范》将工程项目划分为：单项工程、单位工程、分部工程、分项工程。其与《建筑工程施工质量验收统一标准》GB 50300 将建筑工程划分为单位工程、分部工程、分项工程和检验批有所不同。

（1）单项工程：单项工程又称工程项目。是指具有独立的设计文件，竣工后可以独立发挥生产能力或使用效益的工程。如：一个工厂的生产车间、仓库等，学校的教学楼、图书馆等分别都是一个单项工程。对应的单项工程造价为单项工程概（预）算。

（2）单位工程：单位工程是单项工程的组成部分。单位工程是指具有独立的设计文件，能单独施工，并可单独作为成本计算对象的部分，但建成后不能独立发挥生产能力或使用效益的工程。例如生产车间的厂房建筑工程、机械设备安装工程等。对应的单位工程造价为单位工程概（预）算。只要具备独立施工条件并能形成独立使用功能的建筑物及构筑物可以划归为一个单位工程。对于建筑规模较大的单位工程，可将其能形成独立使用功能的部分，作为一个子单位工程。

（3）分部工程：分部工程是单位工程的组成部分。分部工程是按结构部位、路段长度及施工特点或施工任务将单位工程划分为若干分部的工程。例如：按照《清单计价规范》，房屋建筑的分部工程一般分为：土石方工程、桩基工程、砌筑工程、混凝土及钢筋混凝土工程、楼地面装饰工程、天棚工程等分部工程。同样，通用安装工程分为机械设备安装工程、热力设备安装工程、静置设备与工艺金属结构制作安装工程、电气设备安装工程、建筑智能化工程等分部工程。

（4）分项工程：分项工程是分部工程的组成部分。也称为工程定额子目或工程细目。它是将分部工程进一步细分的。一般按照不同的施工方法、材料、工序及路段长度等分部工程划分为若干个分项工程。例如，按照《清单计价规范》现浇混凝土基础可分为：带形基础、独立基础、满堂基础、桩承台基础、设备基础等分项工程。

1.3 工程造价的计算

采用工程量清单计价，建设工程发承包及实施阶段的工程造价由分部分项工程费、措施项目费、其他项目费、规费和税金组成。综合单价是指完成一个规定清单项目所需的人工费、材料和工程设备费、施工机具使用费和企业管理费、利润以及一定范围内的风险费用。风险费用是隐含于已标价工程量清单综合单价中，用于化解发承包双方在工程合同中约定内容和范围内的市场价格波动风险的费用。

在工程量清单计价中，如按分部分项工程单价组成来分，工程量清单计价主要有三种形式：工料单价法；综合单价法；全费用综合单价法。

依据《清单计价规范》规定，分部分项工程量清单应采用综合单价计价。利用综合单价法计价清单项目，再汇总得到工程总造价。

分部分项工程费＝Σ分部分项工程量×分部分项工程综合单价

措施项目费＝Σ措施项目工程量×措施项目综合单价＋单项措施费

其他项目费＝暂列金额＋暂估价＋计日工＋总承包费＋其他

单位工程报价＝分部分项工程费＋措施项目费＋其他项目费＋规费＋税金

单项工程报价＝Σ单位工程报价

总造价＝Σ单项工程报价。

1.4 营改增后工程计价依据调整

（1）经国务院批准，自2016年5月1日起，在全国范围内全面推开营业税改征增值税（以下称营改增）试点，建筑业、房地产业、金融业、生活服务业等全部营业税纳税人，纳入试点范围，由缴纳营业税改为缴纳增值税。

（2）"营改增"即营业税改征增值税，这是我国财税政策继1994年财税政策改革以来最大的政策变动，通过营业税改征增值税，我国的财税政策进一步实现了以流转税、所得税并行的结构向以流转税为主的税收结构的转变。相比于营业税的征收，增值税的征管使企业的税收层层相扣，长远来看有利于减轻企业的税收负担。

（3）广东省住房和城乡建设厅于2016年4月25日根据财政部、国家税务总局《关于全面推开营业税改征增值税试点的通知》（财税〔2016〕36号），依据中华人民共和国住房和城乡建设部办公厅《住房城乡建设部办公厅关于做好建筑业营改增建设工程计价依据调整准备工作的通知》（建办标［2016］4号）和《广东省建设工程造价管理规定》（省政府令第205号）的要求，发布《关于营业税改征增值税后调整广东省建设工程计价依据的通知》（粤建市函［2016］1113号），对现行广东省建设工程计价依据进行了调整，调整包括六方面：调整范围、营改增后工程造价的计算、费用项目组成内容调整、现行计价依据调整、计价程序调整、营改增后计价依据的动态调整。

（4）为适应国家税制改革要求，根据财政部、国家税务总局相关文件精神，建设、施工、监理和造价咨询等单位相关人员应深入了解有关政策，加强学习，进一步提高专业能力和执业水平。

2　工程造价控制内容、职责及程序

2.1　工程造价控制的主要内容

施工阶段工程造价涉及面广、影响因素众多、动态性突出，是工程造价控制的关键环节。施工阶段中工程造价控制的具体工作内容包括：付款控制、变更控制、价格审核、竣工结算等。

（1）对验收合格的工程及时进行计量和定期签发工程款支付证书。

（2）对实际完成量与计划完成量进行比较分析，发现偏差的，督促施工单位采取有效措施进行纠偏，并向建设单位报告。

（3）按规定处理工程变更申请。

（4）及时收集、整理有关工程费用、工期的原始资料，为处理索赔事件提供证据。

（5）按规定程序处理施工单位费用索赔申请。

（6）按规定程序处理工期延期及其他方面的申请。

（7）按合同约定规定及时对施工单位报送的竣工结算工程量或竣工结算进行审核。

（8）协助建设单位处理投标清单外和新增项目的价格确定等事宜。

2.2　各参建单位造价控制职责

（1）施工单位造价控制职责：

1）按施工合同规定、技术规范、建设单位批准的施工图、设计变更、工程签证等，对已完成工程进行计量，并按规定填报工程进度款支付申请表。

2）按施工合同规定及时提供合法、完整、准确、详细的造价控制资料。

3）材料设备供应商及分包单位进度款由总包单位统一填报工程进度款报审表。

4）按规定及时向监理单位申报工程计量与支付申请。

5）建立计量支付、设计变更、工程签证、清单外新增项目单价、清单内主材变更单价换算、乙供材料设备清单及定价等台账。

（2）监理单位造价控制职责：

1）合同价款是施工阶段工程造价控制的目标。建设初期需要对合同价款按设计图纸或合同进行层层分解，拟定分阶段控制目标。

2）资金使用计划的编制。对照施工单位的施工组织设计和进度计划，编制与进度计划相一致的资金使用计划，便于建设单位筹措资金也可以避免不及时付款而引起施工索赔，可以尽可能缩短资金占用从而提高资金的利用率。

3）按施工合同规定，在规定的时限内审核签认施工单位报送的计量支付资料。

4）审核计量支付资料的真实性、完整性、准确性，若施工单位提供的资料不真实、不完整、不准确和不详细，应及时要求施工单位进行更正、补充和完善，对达不到计量支付要求的项目不得计量，及时要求施工单位对计量支付资料补充完善。

5）审核当期完成的工程范围和工程内容及工程量，监督施工单位严格执行施工合同的相关规定，防止出现超计、超付，出具工程款支付证书。

6）建立计量支付、设计变更、工程签证、已标价工程量清单外新增项目单价、已标价工程量清单内主材变更单价换算、乙供材料设备清单及定价等台账，确保台账的各项资料的及时、完整和准确，以及互相一致。

7）收集、整理工程造价管理资料，并归档。

（3）建设单位职责：

1）审批工程计量与支付申请。

2）组织施工单位、监理单位对工程变更增减工程造价进行核对、并确认。

3）组织对新增项目和已标价工程量清单外项目及工程变更项目需定价的乙供材料设备价格进行核对、并确认。

4）建立各类工程造价控制台账，定期组织施工单位、监理单位进行核对和确认。

2.3 工程造价控制程序（详见图 4-2-1）

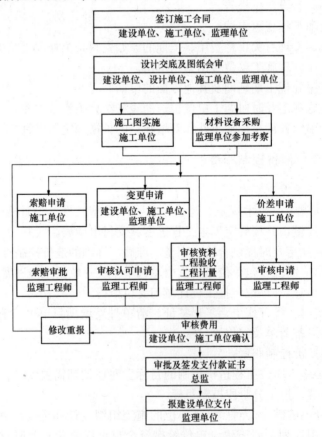

图 4-2-1　工程造价控制流程图

3　工程预付款审查

3.1　工程预付款及其支付

（1）工程预付款又称材料备料款或材料预付款。它是建设单位为了帮助施工单位解决工程施工前期资金紧张的困难而提前给付的一笔款项。工程是否实行预付款，取决于工程性质、承包工程量的大小以及建设单位在招投标文件、合同文件中的规定。

（2）工程实行工程预付款的，合同双方应根据合同通用条款及价款结算办法的有关规定，在合同专用条款中约定并履行。一般建筑工程不应超过工作量（包括水、电、暖）的30％；安装工程不应超过工作量的10％。

（3）实际工作中应注意按合同专用条款执行，包括预付款的金额、履约担保、支付时间和方式及抵扣方式等。如：

1）预付款的金额，预付款以合同金额扣除暂列金额（预留金）和安全防护、文明施工措施费的约定比例支付。安全防护、文明施工措施费的预付款通常另有具体约定。

2）由施工单位提交履约担保（银行保函、担保公司担保、担保金等形式）。

3）工程预付款分期支付，如当提交履约担保、建设单位通知进场后先支付约定金额的50％；当项目具备施工条件，施工单位按监理工程师及建设单位指令进场完成再支付约定金额的50％。

（4）当合同没有约定时，按照财政部、建设部印发的《建设工程价款结算暂行办法》（财建〔2004〕369号）的规定办理：

1）工程预付款的额度：包工包料工程的预付款按合同约定拨付，原则上预付比例不低于合同金额的10％，不高于合同金额的30％，对重大工程项目，按年度工程计划逐年预付。实行工程量清单计价的工程，实体性消耗和非实体性消耗部分应在合同中分别约定预付款比例（或金额）。

2）工程预付款的支付时间：在具备施工条件的前提下，建设单位应在双方签订合同后的1个月内或不迟于约定的开工日期前的7天内预付工程款，建设单位不按约定预付，施工单位应在预付时间到期后10天内向建设单位发出要求预付的通知，建设单位收到通知后仍不按要求预付，施工单位可在发出通知14天后停止施工，建设单位应从约定应付之日起向施工单位支付应付款的利息（利率按同期银行贷款利率计），并承担违约责任。

3）凡是没有签订合同或不具备施工条件的工程，建设单位不得预付工程款，不得以预付款为名转移资金。

3.2　安全文明施工费及其支付

安全文明施工费的内容和范围，应以国家和工程所在地省级建设行政主管部门的规定为准。当合同没有约定时，按照《清单计价规范》规定支付。

（1）建设单位应在工程开工后的28天内预付不低于当年施工进度计划的安全文明施工费总额的60％，其余部分应按照提前安排的原则进行分解，并应与进度款同期支付。

（2）建设单位没有按时支付安全文明施工费的，施工单位可催告建设单位支付；建设单位在付款期满后的 7 天内仍未支付的，若发生安全事故的，建设单位应承担连带责任。

（3）施工单位应对安全文明施工费专款专用，在财务账目中单独列项备查，不得挪作他用，否则建设单位有权要求其限期改正；逾期未改正的，造成的损失和（或）延误的工期由施工单位承担。

3.3 总承包服务费及其支付

总承包服务费系总承包人为配合协调发包人进行的专业工程分包，发包人自行采购的设备、材料等进行保管以及施工现场管理、竣工资料汇总整理等服务所需的费用。按照《清单计价规范》规定：

（1）建设单位应在工程开工后的 28 天内向施工单位预付总承包服务费的 20%，分包进场后，其余部分与进度款同期支付。

（2）建设单位未按合同约定向施工单位支付总承包服务费，总承包施工单位可不履行总包服务义务，由此造成的损失（如有）由建设单位承担。

3.4 工程预付款的抵扣

工程预付款属于预付性质。施工的后期所需材料储备逐步减少，需要以抵充工程价款的方式陆续扣还。预付的工程款在施工合同中应约定扣回方式、时间和比例。常用的扣回方式有以下几种：

（1）在施工单位完成金额累计达到合同总额双方约定一定比例后，采用等比例或等额的方式分期扣回。实际操作中正对工程实际情况处理，如有些工程的工期较短、工程造价较低，就无需分期扣回；有些工程工期较长，如跨年度施工，预付备料款可以不扣或少扣，并于次年按应预付备料款调整，多退少补。具体地说，跨年度工程，预计次年承包工程价值大于或相当于当年承包工程价值时，可以不扣回当年的预付备料款；如小于当年承包工程价值时，应按实际承包工程价值进行调整，在当年扣回部分预付备料款，并将未扣回部分，转入次年，直到竣工年度，再按上述办法扣回。

（2）从未完施工工程尚需的主要材料及构件的价值相当于工程预付款数额时起扣，从每次中间结算工程价款中，按材料及构件的比重抵扣工程预付款，至竣工之前全部扣清。起扣点得计算公式为：$T=P-M/N$。

式中　　T——为起扣点，即工程预付款开始扣回时的累计完成工作量金额；

　　　　P——为承包工程价款总额；

　　　　M——为工程预付款数额；

　　　　N——为主要材料所占比重。

4　工程计量审查

4.1 工程计量的依据

（1）合同文件。

（2）工程量清单及技术规范中相应的计量支付说明。

（3）质量合格证书、设计图纸及说明。

（4）工程变更通知及其修订的工程量清单。

（5）技术规范、规程。

（6）招投标文件。

（7）有关计量的补充协议。

（8）会议纪要。

（9）索赔及金额审批表等。

4.2 工程计量的原则

（1）可以计量的工程量必须是经验收确认合格的工程；隐蔽工程在覆盖前计量应得到确认。

（2）可以计量的工程量应为合同义务过程中实际完成的工程量。

（3）合同清单外合格的工程量纳入计量前必须办理有关审批手续。

（4）如发现工程量清单中漏项、工程量计算偏差以及工程变更引起工程量的增减变化应据实调整，正确计量。

4.3 现场签证、工程变更的计量

（1）现场签证计量是工程造价控制工作的关键非承包商自身原因引起的工程量变化以及费用增减，监理工程师应及时办理现场工程量签证。如果工程质量未达到规定要求或由于自身原因造成返工的工程量，监理工程师不予计量。监理工程师必须杜绝不必要的签证，避免重复支付。

（2）工程变更是指因设计图纸的错、漏、碰、缺，或因对某些部位设计调整及修改，或因施工现场无法实现设计图纸意图而不得不按现场条件组织施工实施等的事件。工程变更包括设计变更、进度计划变更、施工条件变更、工程量变更以及原招标文件和工程量清单中未包括的"新增工程"。其内容包括：

1）增加或减少合同中任何一项工作内容。

2）增加或减少合同中关键项目的工程量超过专用合同条款规定的百分比。

3）取消合同中任何一项工作（但被取消的工作不能转由建设单位或其他承包单位实施）。

4）改变合同中任何一项工作的标准或性质。

5）改变的工程有关部分的标高、基线、位置或尺寸。

6）改变合同中任何一项工程的完工日期或改变已批准的施工顺序。

7）追加为完成工程所需的任何额外工作。

4.4 项目监理机构对工程量审查的重点内容

（1）核查工程量清单中开列的工程量与设计提供的工程量是否一致。

（2）若发现工程量清单中有缺陷、漏项和工程量偏差，提醒施工单位履行合同义务，按设计图纸中的工程量调整。在施工前召开专题会，按施工合同中有关调整约定，对缺项和漏项的工程量以新增工程量给予解决。

（3）审查土方工程量。按照《工程量清单计价规范》规定，如建筑物场地厚度≤±300mm的挖、填、运、找平为平整场地列项，厚度＞±300mm的竖向布置挖土或山坡切土应按挖一般土方列项。又如沟槽、基坑、一般土方的划分为：底宽≤7m，底长＞3倍底宽为沟槽；底长≤3倍底宽、底面积≤150m²为基坑；超出上述范围则为一般土方。为此应严格按合同约定的计算规则，正确区分平整场地、挖地槽、挖地坑、挖土方等工程量的计算。

（4）审查打桩工程量。各种桩径和桩长计算是否正确；桩长如果需要接桩时，接头数计算是否正确。分清是摩擦桩还是端承桩，设计中的端承桩的桩长大部分是估算值，实际施工后，实际终孔是按实际地质条件来决定，因此绝大部分该类桩实际长度是与设计图示长度不一致的，结算时应看清设计图纸要求及单价分析。

（5）审查砖石工程量。墙基和墙身的划分是否符合计算规则。不同厚度的内、外墙是否分别计算，应扣除的门窗洞口及埋入墙体各种钢筋混凝土梁、桩等是否已扣除。不同砂浆强度等级的墙和按立方米或按平方米计算的墙，有无混淆、错算或漏算。

（6）审查混凝土及钢筋混凝土工程量。不同混凝土类别、不同等级是否分别计算，现浇毛石、其他混凝土不同的基础设计是否分别计算；现浇与预制构件是否分别计算；现浇梁、梁与次梁及各种构件计算是否符合计算规则，有无重算或漏算；有筋与无筋构件是否按设计规定分别计算。混凝土及钢筋混凝土按设计图示尺寸以体积计算。不扣除构件内钢筋、预埋铁件所占体积。

（7）审查金属结构工程量。不同钢材品种、规格是否分别计算；按设计图示尺寸以质量计算。金属构件制作工程量多数以吨为单位。按设计图示尺寸以质量计算。不扣除孔眼的质量，焊条、铆钉、螺栓等不需另增加质量。在计算时，型钢按图示尺寸求出长度，再乘每米的重量；钢板要求算出面积，再乘以每平方米的重量。

（8）审查屋面及防水工程量。斜屋面与水平屋面是否分别计算；区分以长度计算还是以展开面积计算。

（9）审查门窗工程量。门窗是否分不同种类，按门、窗洞口面积计算；区分以樘计量，还是按设计图示数量计算以平方米计量。

（10）审查水暖工程量。室内外排水管道、暖气管道的划分是否符合规定；各种管道的程度、口径是否按设计和定额计算；室内给水管道不应扣除阀门、接头零件所占的长度，但应扣除卫生设备（浴盆、卫生盆、冲洗水箱、沐浴器等）本身所附带的管道长度，审查是否符合要求，有无重算；室内排水工程采用承插铸铁管，不应扣除异性管及检查口所占长度，室外排水管是否已扣除了检查井与连接所占的长度；暖气片的数量是否与设计一致。

（11）审查电气照明工程量。灯具的种类、型号、数量是否一致；线路的敷设方法、线材品种等，是否达到设计标准，工程量计算是否正确。

（12）审查设备及其安装工程量。设备的种类、规格、数量是否与设计相符，工程量计算是否正确，有无把不需安装的设备作为安装的设备计算安装工程费用。

4.5 工程量的确认

工程量应当按照相关工程的现行国家计量规范规定的工程量计算规则计算。住建部和国家质检总局2012年12月25日联合发布了相关工程量计算规范，自2013年7月1日起施行。相关工程的工程量计算规范包括九个专业工程：

(1)《房屋建筑与装饰工程计量规范》(GB 50854—2013)

(2)《仿古建筑工程计量规范》(GB 50855—2013)

(3)《通用安装工程计量规范》(GB 50856—2013)

(4)《市政工程计量规范》(GB 50857—2013)

(5)《园林绿化工程计量规范》(GB 50858—2013)

(6)《矿山工程计量规范》(GB 50859—2013)

(7)《构筑物工程计量规范》(GB 50860—2013)

(8)《城市轨道交通工程计量规范》(GB 50861—2013)

(9)《爆破工程计量规范》(GB 50862—2013)。

工程计量可选择按月或按工程形象进度分段计量,具体计量周期在合同中约定。因承包人原因造成的超范围施工或返工的工程量,发包人不予计量。

施工单位应按合同约定,向建设单位或项目监理机构递交已完工程量报告。建设单位或项目监理机构应在合同约定的审核时限按设计图纸核实已完工程量。已完工程量报告应附上历次计量报表、计算过程明细表、钢筋抽料表、隐蔽工程质量确认等支持性材料。

4.6　建立月完成工程量和工作量统计表

建立统计表的目的是便于及时对实际完成量与计划完成量进行比较、分析,判定工程造价是否超差,如果超差则需进行原因分析,制定调整措施,并通过监理月报向建设单位报告。监理人员应在工程开始后,按不同的施工合同根据月支付工程款分别建立台账,做好完成工程量和工作量的统计分析工作。

5　工程进度款支付审查

5.1　工程进度款支付程序

工程进度款支付通常是根据施工实际进度完成的合格工程量,按施工合同约定由施工单位申报,经总监批准后由建设单位支付。其程序是:

(1)施工单位依据施工合同工程计量与支付的约定条款,及时向项目监理机构申报计量与支付申请。

(2)专业监理工程师对施工单位在工程款支付报审表中提交的工程量和支付金额进行复核,确定实际完成的工程量,提出到期应支付给施工单位的金额,并提出相应的支持性材料。

(3)总监对专业监理工程师的审查意见进行审核,签认后报建设单位审批。

(4)总监根据建设单位的审批意见,向施工单位签发工程款支付证书。

5.2　工程进度款支付要求

(1)工程款支付报审表可按合同约定或《监理规范》表 B.0.11、《清单计价规范》附录 K 合同价款支付申请(核准)表的要求填写;工程款支付证书可按合同约定或《监理规范》表 A.0.8、《清单计价规范》附录 K 合同价款支付申请(核准)表的要求填写。

(2)申请工程计量与支付进度款的支持性材料,要列明支持材料明细清单。支持性材料包括由施工单位编制的工程量计算书（含钢筋抽料表）、根据合同约定的施工进度计划、签约合同价和工程量等因素按月进行分解，编制支付分解表等，均应报送项目监理机构计算或确认。

（3）项目监理机构应建立月完成工程量统计表，对实际完成量与计划完成量进行比较分析，发现偏差的，提出调整建议，并在监理月报中向建设单位报告。

（4）工程款支付证书一式四份，由施工单位填报，监理单位、造价咨询单位复核签章后，转交建设单位在规定的时限进行审核支付，审核完成的工程进度款报表交建设单位、监理单位、造价咨询单位、施工单位各存一份。

（5）进度款支付申请包括（但不限于）内容：

1）本周期已完成的工程价款。

2）累计已完成的工程价款。

3）累计已支付的工程价款。

4）本周期已完成计日工金额。

5）应增加和扣减的变更金额。

6）应增加和扣减的索赔金额。

7）应抵扣的质量保证金。

8）根据合同应增加和扣减的其他金额。

9）本付款周期实际应支付的工程价款。

（6）建设单位签发进度款支付证书或临时进度款支付证书，不表明建设单位已同意、批准或接受了施工单位完成的相应部分的工作。

（7）进度付款的修正：在对已签发的进度款支付证书进行阶段汇总和复核中发现错误、遗漏或重复的，建设单位和施工单位均有权提出修正申请。经建设单位和施工单位同意的修正，应在下期进度付款中支付或扣除。

（8）建设单位应将合同价款支付至合同协议书中约定的施工单位账户。

5.3 质量保证金（尾款）的预留

工程项目的发承包双方在工程合同中约定，从应付合同价款中预留，用以保证承包人在缺陷责任期内履行缺陷修复义务的金额。有关质量保证金（尾款）应如何扣留，按《建设工程施工合同（示范文本）（GF-2013-0201）》第15.3.2条，有以下三种方式：

（1）在支付工程进度款时逐次扣留，在此情形下，质量保证金（尾款）的计算基数不包括预付款的支付、扣回以及价格调整的金额。

（2）工程竣工结算时一次性扣留质量保证金（尾款）。

（3）双方约定的其他扣留方式。

除专用合同条款另有约定外，质量保证金（尾款）的扣留原则上采用上述第（1）种方式。

建设单位累计扣留的质量保证金不得超过结算合同价格的5%，如施工单位在建设单位签发竣工付款证书后28天内提交质量保证金保函，建设单位应同时退还扣留的作为质量保证金的工程价款。

按《清单计价规范》第11.3条，有以下三种规定：

（1）施工单位未按照法律法规有关规定和合同约定履行质量保修义务的，建设单位有权从质量保证金中扣留用于质量保修的各项支出。

（2）建设单位应按照合同约定的质量保修金比例从每支付期应支付给施工单位的进度款或结算款中扣留，直到扣留的金额达到质量保证金的金额为止。

（3）在保修责任期终止后的 14 天内，建设单位应将剩余的质量保证金返还给施工单位。剩余质量保证金的返还，并不能免除施工单位按照合同约定应承担的质量保修责任和应履行的质量保修义务。

5.4　1FIDIC 施工条件下建筑安装工程的支付

（1）工程量清单内的支付

1）清单内有具体工程内容、数量、单价的项目，即一般项目。

2）工程数量或工程内容或工程单价不具体的项目：暂定金、暂定数量、计日工等。

3）间接用于工程的项目：履约保证金、工程保险金等。

（2）工程量清单以外的支付

1）动员预付款支付与扣回。

2）材料设备预付款支付与扣回。

3）价格调整支付。

4）工程变更费用支付。

5）索赔金额支付。

6）违约金支付。

7）迟付款利息支付。

8）扣留保留金。

9）合同中止支付。

10）地方政府支付。

（3）工程尾款的最终支付程序

1）工程缺陷责任终止后，施工单位提出最终支付申请。

2）工程师对最终支付申请进行审查的主要内容：

①申请最终支付的总说明。

②申请最终支付的计算方法。

③最终应支付施工单位款项总额。

④最终的结算单包括各项支付款项的汇总表和详细表。

⑤最终凭证，包括计算图表、竣工图等施工技术资料，与支付有关的审批文件、票据、中间计量、中期支付证书等。

⑥确认最终支付的项目与数量，签发最终支付证明。

6　工程变更价款审查

6.1　工程变更的内容

所谓工程变更是指因设计图纸的错、漏、碰、缺，或因对某些部位设计调整及修改，或因施工现场无法实现设计图纸意图而不得不按现场条件组织施工实施等的事件。工程变更包括设计变更、进度计划变更、施工条件变更、工程量变更以及原招标文件和工程量清单中未包括的"新增工程"。其内容包括：

（1）增加或减少合同中任何一项工作内容。

（2）增加或减少合同中关键项目的工程量超过专用合同条款规定的百分比。

（3）取消合同中任何一项工作。

（4）改变合同中任何一项工作的标准或性质。

（5）改变的工程有关部分的标高、基线、位置或尺寸。

（6）改变合同中任何一项工程的完工日期或改变已批准的施工顺序。

（7）追加为完成工程所需的任何额外工作。

6.2　工程变更产生的原因

由于建设工程施工阶段条件复杂，影响的因素较多，工程变更是难以避免的，其产生的主要原因包括：

（1）发包方的原因造成的工程变更。如发包方要求对设计的修改、工程的缩短以及增加合同以外的"新增工程"等。

（2）监理工程师的原因造成的工程变更。工程师可以根据工程的需要对施工工期、施工顺序等提出工程变更。

（3）设计方的原因造成的工程变更。如由于设计深度不够、质量粗糙等导致不能按图施工，不得不进行的设计变更。

（4）自然原因造成的工程变更。如不利的地质条件变化、存在地下管线及障碍物、特殊异常的天气条件以及不可抗力的自然灾害的发生导致的设计变更、附加工作、工期的延误和灾后的修复工程等。

（5）施工单位原因造成的工程变更。一般情况下，施工单位不得对原工程设计进行变更，但施工中施工单位提出的合理化建议，经工程师同意后，可以对原工程设计或施工组织进行变更。

6.3　工程变更的程序

由于工程变更会带来工程造价和工期的变化，为了有效地控制工程造价，无论任何一方提出工程变更，均需由项目监理机构确认并签发工程变更指令。项目监理机构确认工程变更的一般步骤是：提出工程变更→分析提出的工程变更对项目目标的影响→分析有关的合同条款和会议、通信记录→向建设单位提交变更评估报告（初步确定处理变更所需的费用、时间范围和质量要求）→确认工程变更。

（1）建设单位、设计单位提出的工程变更：

施工中建设单位、设计单位需对原工程设计进行变更，根据《建设工程施工合同（示范文本）》的规定，应提前 14 天以书面形式向施工单位发出变更通知。变更超过原设计标准或批准的建设规模时，须经原规划管理部门和其他有关部门重新审查批准，并由原设计单位提供变更的相应图纸和说明。建设单位妥协上述事项后，施工单位根据工程师的变更通知要求进行变更。因变更导致合同价款的增减及造成施工单位的损失，由建设单位承担，延误的工期相应顺延。

合同履行中建设单位要求变更合同工期、工程质量标准等实质性变更，在做出变更之前，建设单位与施工单位应签订补充协议书，作为施工合同的补充文件。

1）建设单位、设计单位提出工程变更意向的，应附必要的施工设计图纸及其说明等资料。施工单位应在收到变更意向书后的约定时间内，向项目监理机构书面提交包括拟实施变更工作的计划、措施、竣工时间、修改内容和所需金额等在内的实施方案。建设单位应在收到实施方案后的约定时间内予以答复；同意施工单位提交的实施方案的，项目监理机构应在收到实施方案后约定时间内发出变更指令。

2）若施工单位收到建设单位、设计单位提出的变更意向书后认为难以实施此项变更的，应立即通知项目监理机构，说明原因并附详细依据。项目监理机构与合同双方当事人协商后确定撤销、改变或不改变原变更意向书。

（2）施工单位提出的工程变更程序：

1）总监组织专业监理工程师审查施工单位提出的工程变更申请，提出审查意见。

2）对涉及工程设计文件修改的工程变更，应由建设单位转交原设计单位修改工程设计文件。必要时，项目监理机构应建议建设单位组织设计、施工等单位召开专题会议，论证工程设计文件的修改方案。

3）总监组织专业监理工程师对工程变更费用及工期影响作出评估。

4）总监组织建设单位、施工单位等共同协商确定工程变更费用及工期变化，会签工程变更单。工程变更单按合同约定的《工程变更单》或《监理规范》表 C.0.2 的要求填写。

5）项目监理机构根据批准的工程变更文件监督施工单位实施工程变更。

（3）由施工条件引起的工程变更原因：

施工条件的变更，往往是指在施工中遇到的现场条件同招标文件中描述的现场条件有本质的差异，或遇到未能预见的不利自然条件（不包括不利的气候条件），使施工单位向建设单位提出施工单价和施工时间的变更要求。如基础开挖时发现招标文件为载明的流沙或淤泥层，地下管线或障碍物，隧洞开挖中发现新的断裂层等。施工单位在施工中遇到这类情况时，要及时向工程师报告。施工条件的变更往往比较复杂，需要特别重视，否则会由此引起索赔的发生。

6.4　工程变更导致合同价款和工期的调整

工程变更应按照施工合同相应条款的约定确定变更的工程价款；影响工期的，工期应相应调整。但由于下列原因引起的变更，施工单位无权要求任何额外或附加的费用，工期不予顺延。

（1）为了便于组织施工而采取的技术措施变更或临时工程变更。

（2）为了施工安全、避免干扰等原因而采取的技术措施变更或临时工程变更。

（3）因施工单位违约、过错或施工单位引起的其他变更。

6.5　工程变更后合同价款的确定

（1）工程变更后合同价款的确定程序（见图 4-6-1）：

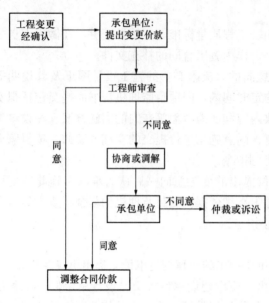

图 4-6-1 工程变更后合同价款的确定流程图

（2）工程变更后合同价款的确定原则：

1）施工中发生工程变更，施工单位按照经建设单位认可的变更设计文件，进行变更施工。其中，政府投资项目重大变更，需按基本建设程序报批后方可施工。

2）施工单位在工程变更确定后约定时间内，提出变更工程价款的报告，经工程师确认建设单位审核同意后调整合同价款。

3）施工单位在确定变更后约定时间内不向工程师提出变更工程价款报告，则建设单位可根据所掌握的资料决定是否调整合同价款和调整的具体金额。重大工程变更设计工程价款变更报告和确认的时限由双方协商确定。

4）收到变更工程价款报告一方，应在收到之日起约定时间内予以确认或提出协商意见，自变更工程价款报告送达之日起约定时间内，对方未确认也未提出协商意见时，视为变更工程价款报告已被确认。

5）处理工程变更价款问题时应注意：

①建设单位不同意施工单位提出的变更价款报告，可以协商或提请有关部门调解。协商或调解不成的，双方可以采用仲裁或向人民法院起诉的方式解决。

②建设单位确认增加的工程变更价款作为追加合同价款，与工程进度款同期支付。

③因施工单位自身原因导致的工程变更，施工单位无权要求追加合同价款。

（3）工程变更后合同价款的确定方法：

1）一般规定

①合同中已有适用于变更工程的价格，按合同已有的价格变更合同价款。

②合同中只有类似于变更工程的价格，可以参照此类价格变更合同价款。

③合同没有适用或类似于变更工程的价格，由施工单位或建设单位提出适当的变更价格，经对方确认后执行。如双方不能达成一致的，双方可提请工程所在地工程造价管理机构进行咨询或按合同约定的争议或纠纷解决程序办理。

2）已标价工程量清单项目或其工程数量发生变化

因工程变更引起已标价工程量清单项目或其工程数量发生变化，《清单计价规范》规定下列调整：

①已标价工程量清单中有适用于变更工程项目的，应采用该项目的单价；但当工程变更导致该清单项目的工程数量发生变化，且工程量偏差超过 15%，此时，调整的原则为：当工程量增加 15% 以上时，其增加部分的工程量的综合单价应予调低；当工程量减少 15% 以上时，减少后剩余部分的工程量的综合单价应予调高。

②已标价工程量清单中没有适用但有类似于变更工程项目的，可在合理范围内参照类

似项目的单价。

③已标价工程量清单中没有适用也没有类似于变更工程项目的，应由施工单位根据变更工程资料、计量规则和计价办法、工程造价管理机构发布的信息价格和施工单位报价浮动率提出变更工程项目的单价，报发包人确认后调整。

招标工程：施工单位报价浮动率 $L=(1-中标价/招标控制价)\times100\%$；

非招标工程：施工单位报价浮动率 $L=(1-报价值/施工图预算)\times100\%$；

④已标价工程量清单中没有适用也没有类似于变更工程项目，且工程造价管理机构发布的信息价格缺价的，应由施工单位根据变更工程资料、计量规则、计价办法和通过市场调查等取得有合法依据的市场价格提出变更工程项目的单价，并应报建设单位确认后调整。

3）工程变更引起施工方案改变

因工程变更引起施工方案改变并使措施项目发生变化时，《清单计价规范》规定下列调整：

①安全文明施工费应按照实际发生变化的措施项目调整，不得浮动。

②采用单价计算的措施项目费，应按照实际发生变化的措施项目按照前述标价工程量清单项目的规定确定单价。

③按总价（或系数）计算的措施项目费，按照实际发生变化的措施项目调整，但应考虑施工单位报价浮动因素。

4）协商单价和价格

协商单价和价格是基于合同中没有或者有但不合适的情况而采取的一种方法。施工单位按照招投标文件及施工合同精神编制单价分析表，经过协商定价，达成一致后可构成新增工程价格。

（4）特殊情况下的工程变更处理

1）工程变更的连锁影响

工程变更可能会引起本合同工程或部分工程的施工组织和进度计划发生实质性变动，以致影响本项目和其他项目的单价或总价，这就是工程变更的连锁影响。如就进度而言，如果关键线路上的工程发生变更，只有影响总工期时（即关键线路发生了改变）才能认为对进度产生实质性的影响。再如对于某些被取消的工程项目，由于摊销在该项目上的费用也随之被取消，这部分费用只能摊销到其他项目单价或总价之中。对于连锁影响，施工单位应有权要求调整受影响项目的单价或总价。

2）可以调整合同单价的原则

具备以下条件时，允许对某一项施工工作规定的费率或价格加以调整：

①此项施工工作实际测量的工程量比工程量表或其他报表中规定的工程量的变动大于合同约定的比例；

②工程量的变更与对该项施工工作规定的具体费率的乘积超过了接受的合同款额的合同约定的比例；

③由此施工工作工程量的变更直接造成该项工作每单位工程量费用的变动超过合同约定的比例。

3）删减原定工作后对施工单位的补偿

建设单位发布删减工作的变更指示后施工单位不再实施部分工作，合同价格中包括的直接费部分没有受到损害，但摊销在该部分的间接费、税金和利润则实际不能合理回收。因此施工单位可以就其损失向项目监理机构发出通知并提供具体的证明资料，项目监理机构与合同双方协商后确定一笔补偿金额加入到合同价内。

（5）工程变更的控制

工程变更的控制是施工阶段控制工程造价的重要内容之一。一般情况下，由于工程变更都会带来合同价的调整，而合同价的调整又是双方利益的焦点。合理地处理好工程变更可以减少不必要的纠纷、保证合同的顺利实施、也是有利于保护施工双方的利益。工程变更也分为主动变更和被动变更。主动变更是指为了改善项目功能、加快建设速度、提高工程质量、降低工程造价而提出的变更。被动变更是指为了纠正人为的失误和自然条件的影响而不得不进行的设计工期等的变更。工程变更控制是指为实现建设项目的目标而对工程变更进行的分析、评价以保证工程变更的合理性。工程变更控制的意义在于能够有效控制不合理变更和工程造价（见图 4-6-2）。

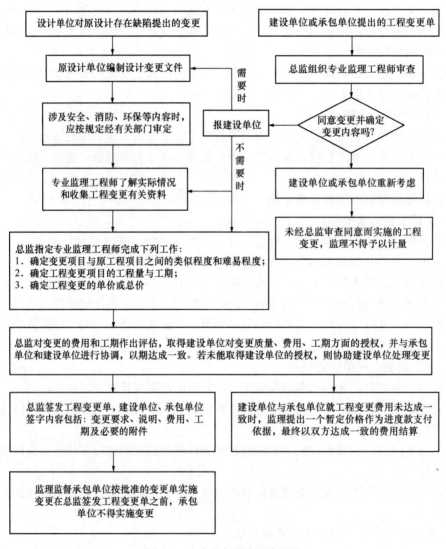

图 4-6-2　工程变更处理流程图

7　现场签证管理

7.1　现场签证定义

现场签证是按照施工承包合同约定，由承发包双方代表就施工过程中涉及承包合同价款之外的责任事件所作的签认证明。即：正式施工图纸上没有的、竣工图纸上不能反映的、施工过程需耗费的人力、材料、机械设备等事件的事实。

7.2　现场签证情形

（1）施工单位需完成合同价款以外的、非施工单位责任事件等的施工项目。

（2）由于施工生产的特殊性，在施工过程中往往会出现一些与合同工程或合同约定不一致或未约定的事项。

（3）施工单位应在现场签证事件发生之前向项目监理机构提出工程现场签证要求或意向。现场签证是工程建设期间的各种因素和条件发生变化的真实记录，也是发包方和承包方在施工合同价款以外施工中的工程量、工程做法等发生变化的实际记录，是工程管理阶段重要的组成部分，它对工程造价产生着重要影响。

（4）现场签证有多种情形，一般包括：

1）发包人的口头指令，需要承包人将其提出，由发包人转换成书面签证。

2）发包人的书面通知如涉及工程实施，需要承包人就完成此通知需要的人工、材料、机械设备等内容向发包人提出，取得发包人的签证确认。

3）合同工程招标工程量清单中已有，但施工中发现与其不符，比如土方类别等，需要承包人及时向发包人提出签证确认，以便调整合同价款。

4）由于发包人原因，未按合同约定提供场地、材料、设备或停水、停电等造成承包人停工，需要承包人及时向发包人提出签证确认，以便计算索赔费用。

5）合同中约定的人工、材料等价格由于市场变化，需要承包人及时向发包人提出人工工日、采购材料数量及单价，以取得发包人的签证确认。

7.3　现场签证的范围

现场签证的范围一般包括：

（1）适用于施工合同范围以外零星工程的确认。

（2）在工程施工过程中发生变更后需要现场确认的工程量。

（3）非承包人原因导致的人工、设备窝工及有关损失。

（4）符合合同约定的非承包人原因引起的工程量或费用增减。

（5）确认修改施工方案引起的工程量或费用增减。

（6）工程变更导致的工程措施费增减等。

7.4　现场签证的程序

（1）承包人应发包人要求完成合同以外的零星项目、非承包人责任事件等工作的，发包人应及时以书面形式向承包人发出指令，并应提供所需的相关资料；承包人在收到指令后，应及时向发包人提出现场签证要求。

（2）承包人应在收到发包人指令后的7天内向发包人提交现场签证报告，发包人应在收到现场签证报告后的48小时内对报告内容进行核实，予以确认或提出修改意见。发包人在收到承包人现场签报告后的48小时内未确认也未提出修改意见的，应视为承包人提交的现场签证报告已被发包人认可。

（3）现场签证的工作如已有相应的计日工单价，现场签证中应列明完成该类项目所需的人工、材料、工程设备和施工机械台班的数量。如现场签证的工作没有相应的计日工单价，应在现场签证报告中列明完成该签证工作所需的人工、材料设备和施工机械台班的数量及单价。

（4）合同工程发生现场签证事项，未经发包人签证确认，承包人便擅自施工的，除非征得发包人书面同意，否则发生的费用应由承包人承担。

（5）现场签证工作完成后的7天内，承包人应按照现场签证内容计算价款，报送发包人确认后，作为增加合同价款，与进度款同期支付。

（6）在施工过程中，当发现合同工程内容因场地条件、地质水文、发包人要求等不一致时，承包人应提供所需的相关资料，并提交发包人签证认可，作为合同价款调整的依据。

7.5　现场签证的计价

（1）现场签证事件内容合同有相应单价或合同中有适用单价的项目时，合同双方当事人仅在现场签证报告中列明完成该类项目所需的人工、材料、工程设备和施工设备机械台班的数量。现场签证事件内容没有相应单价或合同中没有适用单价的项目，合同双方当事人应在现场签证报告中应列明完成这类项目所需的人工、材料、工程设备和施工设备机械台班的数量和单价。

（2）现场签证费用的计价方式两种：

1）第一种是完成合同以外的零星工作时，可按计日工单价计算。此时提交现场签证费用申请时，应包括下列证明材料：

①工作名称、内容和数量。

②投入该工作所有人员的姓名、工种、级别和耗用工时。

③投入该工作的材料类别和数量。

④投入该工作的施工设备型号、台数费耗用台时。

⑤项目监理机构要求提交的其他资料和凭证。

2）第二种是完成其他非承包人责任引起的事件，应按合同约定计算。由于现场签证种类繁多，发承包双方在施工过程中来往信函就责任事件的证明均可视为现场签证，但不是所有的现场签证均可马上算出价款，有的需要经过索赔程序，这时的现场签证仅是索赔的依据，甚至有的现场签证根本不涉及价款。

7.6　现场签证价款的确定

合同履行期间，出现现场签证事件的，合同双方当事人就应及时对现场签证内容所涉及合同价款的调整事项进行平等协商和确定（除专用条款另有约定外，执行工程变更价款确定程序及办法），并作为追加合同价款，按合同约定支付。

7.7 现场签证工作的实施

施工单位应在建设单位确认现场签证报告后，按照现场签证报告的内容（或总监发出的工作指令）及时组织实施相关工作。否则，由此引起的损失或延误的由施工单位承担。实施中做好以下工作。

（1）熟悉合同条款。如：某保障性住房建设项目，约定了不因修改施工方案而调整费用。同时约定工程变更在正负 10％内不予增减工程措施费等。又如：某开发商项目，在合同专用条款约定现场签证工作必须遵守以下七大原则：

1）量价分离的原则。工程量签证要尽可能做到详细。不能笼统含糊其辞，凡明确计算工程量的内容，只能签工程量而不能签人工工日和机械台班数量。

2）实事求是的原则。未经核实不能盲目签证，内容要与实际相符。以证据为准、真实合法，做到有事实依据支持，例如采取现场拍照或录像留底，各方签字确认等方式。

3）现场跟踪原则。为了加强管理，凡是费用超过万元的签证，在费用发生之前，施工单位应与项目监理机构以及造价审核人员一同到现场察看。

4）废料回收原则。凡是拆除中发生的材料或设备需要回收的（不回收的需建设单位注明），应签明回收单位，并有回收单位出具回收证明。

5）及时处理原则。因建设工程周期性长，若待到工程结算时间太长，应避免只靠回忆来进行签证，应该在变更发生之际及时处理。现场签证在施工中应随发生随进行签证，应当做到一次一签证，一事一签证，及时确认。

6）检查重复原则。现场签证内容是否与合同内容重复，避免无效签证的发生。

7）计费方式原则。计费方式参照主合同计费方式，没有的协商处理或仲裁。

（2）进行现场签证时，要关注以下问题：

1）竣工图能体现变更时，设计变更与施工图、竣工图共同构成结算依据不再单独办理签证。

2）时效性问题。应关注变更签证的时效性，避免时隔多日才补办手续，导致现场签证内容与实际不符。如遇到地下障碍物及建好需拆除的并影响造价的工程，必须及时办理签证确认。

3）签证的规范性。现场签证一般情况下需要建设单位、监理单位、施工单位三方共同签字、盖章才能生效。缺少任何一方都属于不规范的签证，不能作为结算的依据。现场签证必须是书面形式，手续要齐全。

4）凡合同清单内或定额中或相关计价文件有明确规定的项目不得签证。必须清楚综合单价的项目特征描述及其组价要素构成（综合单价分析）。

5）现场签证内容应明确，项目要清楚，数量要准确，单价要合理。应在合同中约定的，不能以签证形式出现。例如：人工浮动工资、议价项目、材料价格，当合同中没约定的，应由建设单位、施工单位共同协商以补充协议的形式约定。

6）应在施工组织方案中审批的，列入措施费的，不能做签证处理。例如：临设的布局、塔吊台数、挖土方式、钢筋搭接方式等，这些都应在施工组织方案中严格审查，不能随便做工程签证。

7）土方开挖时的签证：地下障碍物的处理，开挖地基后，如发现古墓、管道、电缆、防空洞等障碍物时，应会同建设单位、项目监理机构做好签证，能以图表示的尽量绘图，否则，用书面表示清楚。

8）工程开工后的签证：工程设计变更给施工单位造成的损失，如施工图纸有误，或开工后设计变更，而施工单位已开工或下料造成的人工、材料、机械费用的损失。

9）工程工期（进度）签证是指项目实施过程中分部分项的实际施工进度、主要材料、设备进退场时间及由于建设单位原因导致的延期开工、暂停施工等，及时办理了签证，可以避免事后扯皮。

7.8 现场签证参考用表

现场签证联系单、现场签证审批表、现场签证记录报审表、现场签证台账等格式参考表 4-7-1～表 4-7-4。

现场签证联系单　　　　　　　　　　　　　　表 4-7-1

工程名称：　　　　　　　　　　　　　　　　　　　　　　　　　　签证编号：

合同名称		合同编号	
施工单位 （盖项目章）	1. 签证内容： 2. 签证原因： 3. 签证费用估算： 4. 工作联系单支持材料目录（支持材料附后）： 经办人：　项目经理：		日期：　年 月 日
监理单位 （盖项目章）	监理单位意见： 经办人：　总监理工程师：		日期：　年 月 日
设计单位 （盖项目章）	设计单位意见： 经办人：　设计负责人：		日期：　年 月 日
建设单位工程 管理部门 （盖章）	工程管理部门意见： 经办人：部门负责人：		日期：　年 月 日
建设单位工程 负责人	负责人：		日期：　年 月 日
备注			

1. 工作联系单支持材料包括：签证内容支持材料、签证原因支持材料、签证费用估算说明及计算过程等。

2. 工作联系单由施工单位呈报一式十份，建设单位工程管理部门留一份、项目监理机构一份、施工单位八份。

3. 签证编号按流水号编写，签证编号在工作联系单、工程量签证表及工程量费用审批表中其编号均需一致。

现场签证审批表

表 4-7-2

工程名称：　　　　　　　　　标段：　　　　　　　　　编号：

施工部位		日期	

致：＿＿＿＿＿＿（发包人全称）

　　根据贵方＿＿＿＿＿（指令人姓名）于＿年＿月＿日下达的口头指令或贵方/监理方于＿年＿月＿日下发的书面通知（编号：＿＿＿＿），我方要求完成此项工作应支付价款金额为：＿（大写）＿＿（小写）＿，请予批准。

　　附件：1. 签证事由及原因

　　　　　2. 附图及计算式

承包人：（章）

造价人员：

承包人代表：

日期：　年　月　日

复核意见：

　　你方提出的此项签证申请经复核：

　　□不同意此项签证，具体意见见附件。

　　□同意此项签证，签证金额的计算，由造价工程师复核。

监理工程师：（签字、项目章）

日期：　年　月　日

复核意见：

　　□此项签证按承包人中标的计日工单价计算，金额为（大写）＿＿＿＿（小写）＿＿＿。

　　□此项签证按承包人中标的计日工单价计算，金额为（大写）＿＿＿＿（小写）＿＿＿。

造价工程师：（签字、项目章）

日期：　年　月　日

审核意见：

　　□ 不同意此项签证。

　　□同意此项签证，价款与本期进度款同期支付。

发包人：（章）

发包人代表：

日期：　年　月　日

注：1. 在选择栏中的□作标识"√"；2. 本表一式四份，由承包人（施工单位）在收到发包人（建设单位或项目监理机构）的口头或书面通知后填写，发包人（建设单位）、监理人（监理单位）、造价咨询人、承包人（施工单位）各存一份；3. 本表是针对现场签证需要价款结算支付的一种，其他内容的签证也可以适用。

现场签证记录报审表 表 4-7-3

工程名称：　　　　　　　　　　编号：　　　　　　日期：　年 月 日

签证事由：					
序号	施工申报签证内容及工程量（含计算式）	计量单位	监理经办人审签	建设单位经办人审签	备注
编制人签名：		监理经办人签名：		建设单位经办人签名：	
		监理计量工程师审签：		建设单位现场负责人审签：	
项目经理签名：		总监审签：		建设单位负责人签名：	

说明：1. 此签证单仅证明现场已发生的事实；2. 涉及费用和工期调整的项目，应以合同约定为依据进行计算，并经工程造价专业监理工程师审签，总监和建设单位审批后，报财厅确认方可支付。

工程签证台账 表 4-7-4

工程名称：　　　　　　　　　　　　　　　　　　　　　　　单位：元

合同名称		施工单位		合同价款					
合同编号		监理单位		签证审定价款合计					
序号	工程签证项目名称	签证编号		费用审核					备注
				施工单位报审费用	监理单位审核费用	建设单位审核费用	财政部门审核费用	合同价款的调整（超过合同价的10%签订补充协议）	
合计									

8 分部分项工程费与相关费用审查

8.1 审查分部分项工程费

分部分项工程费是构成工程造价的主要费用部分，一般占工程总造价的 70%～80%。利用综合单价法计算分部分项工程费需要解决的两个核心问题，即审查各分部分项工程的工程量及其综合单价。

（1）分部分项工程工程量的审查。招标文件中的工程量清单标明的工程量是招标人编制招标控制价和投标人投标报价的共同基础，是工程量清单编制人按施工图和清单工程量计算规则而得到的工程净量。但该工程量通常不能作为施工单位在履行合同义务中的应予完成的实际和准确的工程量，进行结算时的工程量应按发、承包双方在合同中约定应予计量且实际完成的，以实体工程量为准。

（2）综合单价的审查。综合单价应由完成工程量清单中一个规定计量单位项目所需的人工费、材料费、施工机械使用费、企业管理费和利润以及一定范围内的风险费用构成。综合单价的计算通常采用定额组价的方法，即以计价定额为基础进行组合计算。《清单计价规范》与定额的工程量计算规则、计量单位、工程内容不尽相同，其综合单价的计算步骤：

1）确定组合定额子目。

2）计算定额工程量。

3）测算人、材、机消耗量。

4）确定人、材、机单价。

5）计算清单项目的直接工程费：直接工程费＝Σ计价工程量×（Σ人工消耗量×人工单价＋Σ材料消耗量×材料单价＋Σ台班消耗量×台班单价）。

6）计算清单项目的管理费和利润：管理费＝直接工程费×管理费费率；利润＝（直接工程费＋管理费）×利润率。

7）计算清单项目的综合单价：综合单价＝（直接工程费＋管理费＋利润）/清单工程量。

8.2 施工措施费审查的基本内容

措施项目清单应根据相关工程现行国家计量规范的规定编制并应根据拟建工程的实际情况列项。这一部分费用一般占工程总造价的 10%～20%。措施项目是相对于工程实体的分部分项工程项目而言，对实际施工中必须发生的施工准备和施工过程中技术、生活、安全、环境保护等方面的非工程实体项目的总称。按照《清单计价规范》该项费用主要包括：

（1）安全文明施工费（含环境保护、文明施工、安全施工、临时设施）。

（2）夜间施工费、非夜间施工照明。

（3）二次搬运费。

（4）冬雨季施工费。

（5）大型机械设备进出场及安拆费。

（6）施工排水费。

（7）施工降水费。

（8）地上、地下设施，建筑物的临时保护设施费。

（9）已完工程及设备保护费。

（10）脚手架搭拆。

（11）高层施工增加及其他措施项目。

8.3 安全文明施工费审查的基本内容

安全文明施工费（含环境保护、文明施工、安全施工、临时设施）必须专款专用，不得作为竞争性费用。为防止施工单位在工程施工过程中挪作他用，项目监理机构应对此专门审查。按照《清单计价规范》安全文明施工费列为一般措施项目，其工作内容及包含范围主要有：

（1）环境保护：现场施工机械设备降低噪声、防扰民措施费用；水泥和其他易飞扬细颗粒建筑材料密闭存放或采取覆盖措施等费用；工程防扬尘洒水费用；土石方、建渣外运车辆冲洗、防洒漏等费用；现场污染源的控制、生活垃圾清理外运、场地排水排污措施的费用；其他环境保护措施费用。

（2）文明施工："五牌一图"的费用；现场围挡的墙面美化（包括内外粉刷、刷白、标语等）、压顶装饰费用；现场厕所便槽刷白、贴面砖，水泥砂浆地面或地砖费用，建筑物内临时便溺设施费用；其他施工现场临时设施的装饰装修、美化措施费用；现场生活卫生设施费用；符合卫生要求的饮水设备、淋浴、消毒等设施费用；生活用洁净燃料费用；防煤气中毒、防蚊虫叮咬等措施费用；施工现场操作场地的硬化费用；现场绿化费用、治安综合治理费用；现场配备医药保健器材、物品费用和急救人员培训费用；用于现场工人的防暑降温费、电风扇、空调等设备及用电费用；其他文明施工措施费用。

（3）安全施工：安全资料、特殊作业专项方案的编制，安全施工标志的购置及安全宣传的费用；"三宝"（安全帽、安全带、安全网）、"四口"（楼梯口、电梯井口、通道口、预留洞口），"五临边"（阳台围边、楼板围边、屋面围边、槽坑围边、卸料平台两侧），水平防护架、垂直防护架、外架封闭等防护的费用；施工安全用电的费用，包括配电箱三级配电、两级保护装置要求、外电防护措施；起重机、塔吊等起重设备（含井架、门架）及外用电梯的安全防护措施（含警示标志）费用及卸料平台的临边防护、层间安全门、防护棚等设施费用；建筑工地起重机械的检验检测费用；施工机具防护棚及其围栏的安全保护设施费用；施工安全防护通道的费用；工人的安全防护用品、用具购置费用；消防设施与消防器材的配置费用；电气保护、安全照明设施费；其他安全防护措施费用。

（4）临时设施：施工现场采用彩色、定型钢板，砖、混凝土砌块等围挡的安砌、维修、拆除费或摊销费；施工现场临时建筑物、构筑物的搭设、维修、拆除或摊销的费用；如临时宿舍、办公室，食堂、厨房、厕所、诊疗所、临时文化福利用房、临时仓库、加工场、搅拌台、临时简易水塔、水池等。施工现场临时设施的搭设、维修、拆除或摊销的费用。如临时供水管道、临时供电管线、小型临时设施等；施工现场规定范围内临时简易道路铺设，临时排水沟、排水设施安砌、维修、拆除的费用；其他临时设施费搭设、维修、拆除或摊销的费用。

8.4　规费审查的基本内容

规费就是指政府和有关权力部门规定必须缴纳的费用，不得作为竞争性费用。内容如下：

（1）工程排污费：是指施工现场按规定缴纳的工程排污费。

（2）社会保险费（五险，包括养老保险费、失业保险费、医疗保险费、生育保险费、工伤保险费）。

1）养老保险费：是指企业按规定标准为职工缴纳的基本养老保险费。

2）失业保险费：是指企业按照国家规定标准为职工缴纳的失业保险费。

3）医疗保险费：是指企业按照规定标准为职工缴纳的基本医疗保险费。

4）生育保险费：是指企业应当按照国家规定缴纳生育保险费。

5）工伤保险：是指企业应当为全部职工或者雇工缴纳的工伤保险费。

（3）住房公积金：是指企业按规定标准为职工缴纳的住房公积金；

9　索　赔　费　用　审　查

施工索赔是指在施工合同履行过程中对不应由自己承担责任的情况所造成的损失，向合同另一方提出的费用及工期补偿的行为。

9.1　施工单位向建设单位索赔的程序

按《建设工程施工合同（示范文本 GF-2013-0201）》第 19.1 条的规定，施工单位可按以下程序向建设单位提出索赔：

（1）施工单位应在知道或应当知道索赔事件发生后 28 天内，向项目监理机构递交索赔意向通知书，并说明发生索赔事件的事由；施工单位未在前述 28 天内发出索赔意向通知书的，丧失要求追加付款和（或）延长工期的权利。

（2）施工单位应在发出索赔意向通知书后 28 天内，向项目监理机构正式递交索赔报告；索赔报告应详细说明索赔理由以及要求追加的付款金额和（或）延长的工期，并附必要的记录和证明材料。

（3）索赔事件具有持续影响的，施工单位应按合理时间间隔继续递交延续索赔通知，说明持续影响的实际情况和记录，列出累计的追加付款金额和（或）工期延长天数。

（4）在索赔事件影响结束后 28 天内，施工单位应向项目监理机构递交最终索赔报告，说明最终要求索赔的追加付款金额和（或）延长的工期，并附必要的记录和证明材料。

9.2　项目监理机构对施工单位索赔的处理

按照《设工程施工合同（示范文本）（GF-2013-0201）》第 19.2 条规定，项目监理机构按以下程序处理施工单位向建设单位提出的索赔：

（1）项目监理机构应在收到索赔报告后 14 天内完成审查并报送建设单位。项目监理机构对索赔报告存在异议的，有权要求施工单位提交全部原始记录副本。

（2）建设单位应在项目监理机构收到索赔报告或有关索赔的进一步证明材料后的 28 天内，通过项目监理机构向施工单位出具经建设单位签认的索赔处理结果。建设单位逾期答复的，则视为认可施工单位的索赔要求。

（3）施工单位接受索赔处理结果的，索赔款项在当期进度款中进行支付；施工单位不接受索赔处理结果的，按照《设工程施工合同（示范文本）（GF-2013-0201）》第 20 条〔争议解决〕约定处理。

9.3　费用索赔的处理程序

按照《监理规范》的规定，项目监理机构可按下列程序处理施工单位向建设单位提出的费用索赔：

（1）受理施工单位在施工合同约定的期限内提交的费用索赔意向通知书。

（2）收集与索赔有关的资料。

（3）受理施工单位在施工合同约定的期限内提交的费用索赔报审表。

（4）审查费用索赔报审表。需要施工单位进一步提交详细资料时，应在施工合同约定的期限内发出通知。

（5）与建设单位和施工单位协商一致后，在施工合同约定的期限内签发费用索赔报审表，并报建设单位。

（6）当施工单位的费用索赔要求与工程延期要求相关联时，项目监理机构可提出费用索赔和工程延期的综合处理意见，并应与建设单位和施工单位协商。

9.4　索赔意向通知书

在工程实施过程中发生索赔事件后，或者施工单位发现索赔机会后，首先提出索赔意向通知书，这是一封施工单位致项目监理机构和建设单位的信函，即在合同约定时间内向对方表明索赔愿望、要求或者申明保留索赔权利，这是施工索赔工作程序的第一步。应包括以下主要内容：

（1）说明索赔事件的发生时间、地点、简单事实情况描述和发展动态。

（2）索赔依据和理由。

（3）索赔事件的不利影响等。

索赔意向通知书应按《监理规范》表 C.0.3 的要求填写，并加上附件：索赔事件资料。

9.5　项目监理机构处理索赔的资料

项目监理机构处理索赔的过程中，应收集与索赔有关的资料，主要有：

（1）索赔事件发生过程的详细原始资料。

（2）合同约定的原则和证据。

（3）索赔事件的原因、责任的分析材料。

（4）核查索赔事件发生工作量（施工单位、监理单位、建设单位三方共同确认）。

（5）索赔费用计算方法与必备的举证材料。

9.6　索赔报告的审查

项目监理机构收到正式的索赔报告后，要认真地进行研究、分析和审核。首先，研究施工单位提供的索赔证据是否充分，并核查施工同期记录，对索赔事件进行分析和审核；其次依据合同条款，划清责任界限。

索赔报告是索赔材料的正文，其结构一般包含三个主要部分。首先是报告的标题，应概括索赔的核心内容；其次是事实与理由，这部分应该叙述客观事实，合理引用合同规定，建立事实与损失之间的因果关系，说明索赔的合理合法性；最后是损失计算与要求赔偿金额或工期，这部分只需列举各项明细数字及汇总数据即可。

索赔报告审查的基本内容：

（1）索赔事件是否真实、证据是否确凿。索赔针对的事件必须实事求是，有确凿的证据，令对方无可推卸和辩驳。对事件叙述要清楚明确，不应使用"可能"、"也许"等估计猜测性语言。

（2）计算索赔费用是否合理、准确。要将计算的依据、方法、结果详细说明列出。

（3）责任分析是否清楚。一般索赔所针对的事件都是由于非施工单位责任而引起的，因此，在索赔申请报告中必须明确对方负全部责任，而不得用含糊的语言。

（4）是否说明事件的不可预见性和突发性。索赔报告应说明施工单位对它不可能有准备，也无法预防，并且施工单位为了避免和减轻该事件的影响和损失已尽了最大的努力，采取了能够采取的措施。

（5）是否明确阐述由于干扰事件的影响，使施工单位的施工受到严重干扰，并为此增加了支出，拖延了工期，表明干扰事件与索赔有直接的因果关系。

（6）索赔报告中所列举事实、理由、影响等的证明文件和证据是否充分、可靠。

（7）索赔报告中计算书明细是否详尽，这是证实索赔金额的真实性而设置的，为了简明可以大量运用图表。

9.7　索赔费用的审查

（1）审查索赔费用成立的条件：项目监理机构批准施工单位费用索赔应同时满足下列条件：

1）施工单位在施工合同约定的期限内提出费用索赔。

2）索赔事件是因非施工单位原因造成，且符合施工合同约定。

3）索赔事件造成施工单位直接经济损失。

（2）审查索赔费用主要包括的项目：

1）人工费：索赔费用中的人工费主要是指完成合同之外的额外工作所花费的人工费用；由于非承包商责任的工效降低所增加的人工费用；超过法定工作时间的加班费用；法定的人工费增长以及非承包商责任造成的工程延误导致的人员窝工费等。

2）材料费：由于索赔事项材料实际用量超过计划用量而增加的材料费；由于客观原因材料价格大幅度上涨；由于非承包商责任工程延误导致的材料价格上涨；由于非承包商原因致使材料运杂费、材料采购与储存费用的上涨等。

3）施工机械使用费：由于完成额外工作增加的机械使用费；非承包商责任致使的工

效降低而增加的机械使用费；由于建设单位或监理工程师原因造成的机械停工的窝工费。机械台班窝工费的计算，如系租赁设备，一般按实际台班租金加上每台班分摊的机械调进调出费计算；如系承包商自有设备，一般按台班折旧费计算，而不能按全部台班费计算；因台班费中包括了设备使用费。

4）工地管理费：指承包商完成额外工程、索赔事项工作以及工期延长、延误期间的工地管理费。包括管理人员工资、办公费、通讯费，交通费等。在确定分析索赔款时，有时把工地管理费具体又分为可变部分和固定部分。所谓可变部分是指在延期过程中可以调到其他工程部位（或其他工程项目）上去的部分人员和设施；所谓固定部分是指施工期间不易调动的那部分人员或设施。

5）利息：

利息的索赔通常发生于下列情况：

①建设单位拖延支付工程进度款或索赔款，给承包商造成较严重的经济损失，承包商因而提出拖付款的利息索赔。

②由于工程变更和工期延误增加投资的利息。

③施工过程中建设单位错误扣款的利息。

利息的具体利率可采用以下三类情况：

①按当时银行贷款利率。

②按当时的银行透支利率。

③按合同双方协议的利率。

6）总部管理费：指的是工程延误期间所增加的管理费。一般包括总部管理人员工资、办公费用、财务管理费用、通信费用等。这项索赔款的计算，目前没有统一的方法。在国际工程施工索赔中，常用的总部管理费的计算方法有以下几种：

①按照投标书中总部管理费的比例（6%～8%）计算。总部管理费=合同中总部管理费比率（%）×（直接费索赔款额+工地管理费索赔款额等）；

②按照公司总部统一规定的管理费比率计算。总部管理费=公司管理费比率（%）×（直接费索赔款额+工地管理费索赔款额等）；

7）分包费用：索赔款中的分包费用是指分包商的索赔款项，一般也包括人工费、材料费、施工机械使用费等。分包商的索赔款额应如数列入总承包商的索赔款总额以内。

8）利润：对于不同性质的索赔，取得利润索赔的成功率是不同的。一般地说，由于工程范围的变更和施工条件变化引起的索赔，施工单位是可以列入利润的；由于建设单位的原因终止或放弃合同，施工单位也有权获得已完成的工程款以外，还应得到原定比例的利润。而对于工程延误的索赔，由于利润通常是包括在每项实施的工程内容的价格之内的，而延误工期并未影响削减某些项目的实施，而导致利润减少；所以，一般项目监理机构很难同意在延误的费用索赔中加进利润损失。索赔利润的款额计算通常是与原报价单中的利润百分率保持一致。即在索赔款直接费的基础上，乘以原报价单中的利润率，即作为该项索赔款中的利润额。

（3）审查索赔费用不包括的项目：

需要注意的是，施工索赔中以下几项费用是不允许索赔的。

1）施工单位对索赔事项的发生原因负有责任的有关费用。

2）施工单位对索赔事项未采取减轻措施，因而扩大的损失费用。

3）施工单位进行索赔工作的准备费用。

4）索赔款在索赔处理期间的利息。

5）工程有关的保险费用。

（4）审查索赔费用的计算方法：

1）分项法：该方法是按每个索赔事件所引起损失的费用项目分别分析计算索赔值的一种方法。这一方法是在明确责任的前提下，将需索赔的费用分项列出，并提供相应的工程记录、收据、发票等证据资料，这样可以在较短时间内给以分析、核实，确定索赔费用顺利解决索赔事宜。在实际中，绝大多数工程的索赔都采用分项法计算。分项法计算通常分三步：

①分析每个或每类索赔事件所影响的费用项目，不得有遗漏。这些费用项目通常应与合同报价中的费用项目一致。

②计算每个费用项目受索赔事件影响后的数值，通过与合同价中的费用值进行比较即可得到该项费用的索赔值。

③将各费用项目的索赔值汇总，得到总费用索赔值。分项法中索赔费用主要包括该项工程施工过程中所发生的额外人工费、材料费、施工机械使用费、相应的管理费，以及应得的间接费和利润等。由于分项法所依据的是实际发生的成本记录或单据，所以施工过程中，对第一手资料的收集整理就显得非常重要。

2）总费用法：又称总成本法，就是当发生多次索赔事件以后，重新计算出该工程的实际总费用，再从这个实际总费用中减去投标报价时的估算总费用，计算出索赔余额，具体公式是：索赔金额＝实际总费用－投标报价估算总费用。采用总费用法进行索赔时应注意如下几点：

①采用这个方法，往往是由于施工过程上受到严重干扰，造成多个索赔事件混杂在一起，导致难以准确地进行分项记录和收集资料、证据，也不容易分项计算出具体的损失费用，只得采用总费用法进行索赔。

②施工单位报价必须合理，不能是采取低价中标策略后过低的标价。

③该方法要求必须出具足够的证据，证明其全部费用的合理性，否则其索赔款额将不容易被接受。

④有些人对采用总费用法计算索赔费用持批评态度，因为实际发生的总费用中可能包括了施工单位的原因（如施工组织不善、浪费材料等）而增加了的费用，同时投标报价估算的总费用由于想中标而过低。所以这种方法只有在难以按分项法计算索赔费用时，才使用此法。

3）修正总费用法：修正的总费用法是对总费用法的改进，即在总费用计算的原则上，去掉一些不合理的因素，使其更合理。修正的内容如下：

①将计算索赔款的时段局限于受到外界影响的时间，而不是整个施工期。

②只计算受影响时段内的某项工作所受影响的损失，而不是计算该时段内所有施工工作所受的损失。

③与该项工作无关的费用不列入总费用中。

④对投标报价费用重新进行核算：按受影响时段内该项工作的实际单价进行核算，乘

以实际完成的该项工作的工作量，得出调整后的报价费用。按修正后的总费用计算索赔金额的公式如下：

索赔金额＝某项工作调整后的实际总费用－该项工作的报价

用修正的总费用法与总费用法相比，有了实质性的改进，已相当准确地反映出实际增加的费用。

9.8 索赔审查报告的编写

按照《监理规范》规定，施工单位在递交费用索赔报审表 B.0.13 时，应附上索赔金额计算以及证明材料。当总监签发索赔报审表时可附《索赔审查报告》作为支持材料。

《索赔审查报告》内容包括受理索赔的日期，索赔要求、索赔过程，确认的索赔理由及合同依据，批准的索赔额及其计算方法等。

9.9 解决工程价款结算争议的规定

（1）工程垫资的处理：

《最高人民法院关于审理建设工程施工合同纠纷案件适用法律问题的解释》第六条规定：当事人对垫资和垫资利息有约定，承包人请求按照约定返还垫资及其利息的，应予支持，但是约定的利息计算标准高于中国人民银行发布的同期同类贷款利率的部分除外。

当事人对垫资没有约定的，按照工程欠款处理。当事人对垫资利息没有约定，承包人请求支付利息的，不予支持。

（2）欠付工程款的利息支付：

《最高人民法院关于审理建设工程施工合同纠纷案件适用法律问题的解释》十七条、第十八条规定：当事人对欠付工程价款利息计付标准有约定的，按照约定处理；没有约定的，按照中国人民银行发布的同期同类贷款利率计息。

利息从应付工程价款之日计付。当事人对付款时间没有约定或者约定不明的，下列时间视为应付款时间：

1）建设工程已实际交付的，为交付之日。

2）建设工程没有交付的，为提交竣工结算文件之日。

3）建设工程未交付，工程价款也未结算的，为当事人起诉之日。

（3）对工程量有争议的确认：

《最高人民法院关于审理建设工程施工合同纠纷案件适用法律问题的解释》第十九条规定：当事人对工程量有争议的，按照施工过程中形成的签证书面文件确认。承包人能够证明发包人同意其施工，但未能提供签证文件证明工程量发生的，可以按照当事人提供的其他证据确认实际发生的工程量。

（4）视为发包人认可承包人的单方面结算价：

《最高人民法院关于审理建设工程施工合同纠纷案件适用法律问题的解释》第二十条规定：当事人约定，发包人收到竣工结算文件后，在约定期限内不予答复，视为认可竣工结算文件的，按照约定处理。承包人请求按照竣工结算文件结算工程价款的，应予支持。

（5）对黑白合同的效力问题：

《最高人民法院关于审理建设工程施工合同纠纷案件适用法律问题的解释》第二十一

条规定：当事人就同一建设工程另行订立的建设工程施工合同与经过备案的中标合同实质性内容不一致的，应当以备案的中标合同作为结算工程价款的根据。

从目前法律的操作来看，黑白合同肯定是不合法的，如果双方发生合同纠纷，生效的一般都是白合同，即备案以后的合同，私下的承诺应该是无效的。

10 竣工结算款审核

10.1 竣工结算文件的提交与确认

（1）合同工程完工后，施工单位应在提交竣工验收申请前编制完成竣工结算文件，并在提交竣工验收申请的同时向发包人提交竣工结算文件。施工单位未在规定的时间内提交竣工结算文件，经建设单位催促后 14 天内仍未提交或没有明确答复，建设单位有权根据已有资料编制竣工结算文件，作为办理竣工结算和支付结算款的依据，施工单位应予以认可。

（2）建设单位应在收到施工单位提交的竣工结算文件后的 28 天内审核完毕。建设单位经核实，认为施工单位还应进一步补充资料和修改结算文件，应在上述时限内向施工单位提出核实意见，施工单位在收到核实意见后的 14 天内按照建设单位提出的合理要求补充资料，修改竣工结算文件，并再次提交给建设单位复核后批准。双方对复核结果无异议的，应在 7 天内在竣工结算文件上签字确认，竣工结算办理完毕。

（3）建设单位在收到施工单位竣工结算文件后的 28 天内，不审核竣工结算或未提出审核意见的，视为对提交的竣工结算文件已被认可，竣工结算办理完毕。施工单位在收到建设单位提出的核实意见后的 28 天内，不确认也未提出异议的，视为对提出的核实意见已被认可，竣工结算办理完毕。

（4）建设单位委托工程造价咨询人审核竣工结算的，工程造价咨询人应在 28 天内审核完毕，审核结论与施工单位竣工结算文件不一致的，应提交给施工单位复核，施工单位应在 14 天内将同意审核结论或不同意见的说明提交工程造价咨询人，工程造价咨询人收到施工单位提出的异议后，应再次复核，复核无异议的，按《清单计价规范》第 11.1.3 条 1 款规定办理，复核后仍有异议的，按《清单计价规范》第 11.1.3 条 2 款规定办理。施工单位逾期未提出书面异议，视为工程造价咨询人审核的竣工结算文件已经承包人认可。

（5）对建设单位或工程造价咨询单位指派的专业人员与施工单位经审核后无异议的竣工结算文件，除非能提出具体、详细的不同意见，建设单位应在竣工结算文件上签名确认，拒不签认的，施工单位可不交付竣工工程，并有权拒绝与建设单位或其上级部门委托的工程造价咨询人重新核对竣工结算。

（6）施工单位未及时提交竣工结算文件的，建设单位要求交付竣工工程，应当交付；建设单位不要求交付竣工工程，施工单位承担照管所建工程的责任。

（7）建设单位与施工单位双方或一方对工程造价咨询人出具的竣工结算文件有异议时，可向当地工程造价管理机构投诉，申请对其进行执业质量鉴定。工程造价管理机构受理投诉后，应当组织专家对投诉的竣工结算文件进行质量鉴定，并作出鉴定意见。

（8）竣工结算办理完毕，发包人应将竣工结算书报送工程所在地（或有该工程管辖权的行建设单位管部门）工程造价管理机构备案，竣工结算书作为工程竣工验收备案、交付使用的必备文件。

10.2 竣工结算审查程序

项目监理机构应按下列程序进行竣工结算款审核：

（1）专业监理工程师审查施工单位提交的竣工结算款支付申请，提出审查意见。

（2）总监对专业监理工程师的审查意见进行审核，签认后报建设单位审批，同时抄送施工单位，并就工程竣工结算事宜与建设单位、施工单位协商；达成一致意见的，根据建设单位审批意见向施工单位签发竣工结算款支付证书；不能达成一致意见的，应按施工合同约定处理。

（3）工程竣工结算款支付报审表可按合同约定或《监理规范》表 B.0.11、《清单计价规范》附录 K 合同价款支付申请（核准）表的要求填写；工程款支付证书可按合同约定或《监理规范》表 A.0.8、《清单计价规范》附录 K 合同价款支付申请（核准）表的要求填写。

10.3 竣工结算款审查的内容

竣工结算款（合同价格）为发、承包双方依据国家有关法律、法规和标准规定，按照合同约定确定的，包括在履行合同过程中按合同约定进行的工程变更、索赔和合同价款调整，是承包人按合同约定完成了全部承包工作后，发包人应付给承包人的合同总金额。经审查核定的工程竣工结算是核定建设工程造价的依据，也是建设项目验收后编制竣工决算和核定新增固定资产价值的依据。

（1）核对合同条款。核对竣工工程内容是否符合合同条件、是否竣工验收合格，只有按合同要求完成全部工程并验收合格才能列入竣工结算。如有甩项则应由合同当事人签订甩项竣工协议，并在甩项竣工协议中应明确，合同当事人按照《建设工程施工合同（示范文本）》（GF-2013-0201）第 14.1 款（竣工结算申请）及 14.2 款（竣工结算审核）的约定，对已完合格工程进行结算，并支付相应合同价款。

（2）根据合同类型，采用不同的审查方法。如：总价合同、单价合同，成本加酬金合同等不同合同类型。对工程竣工结算进行审核中，若发现合同开口或有漏洞，应请建设单位与施工单位认真研究，明确其结算方法。

（3）核对递交程序和资料的完备性。工程竣工结算资料的递交手续、程序应合法，具有法律效力；同时应完整性、真实性和相符性。项目监理机构应重视组织有关单位参加的第一次结算交底会议。

（4）检查隐蔽验收记录。所有隐蔽工程均需进行验收确认；实行工程监理的项目应经项目监理机构检查确认。手续完整，工程量与竣工图或施工记录一致方可列入结算。

（5）核实工程变更、现场签证、索赔、项目特征描述等按照合同约定可调整合同价款的事项。设计修改变更应由原设计单位出具设计变更通知单和修改图纸，设计、校审人员签字并加盖公章，经建设单位和项目监理机构审查同意；重大设计变更应经原审批部门审批，否则不应列入结算。按《计价清单规范》规定"以下事项发生，发承包双方应当按照合同约定调整合同价款：法律法规变化；工程变更；项目特征不符；工程量清单缺项；工程量偏差；计日工；物价变化；暂估价；不可抗力；提前竣工（赶工补偿）；误期赔偿；索赔；现场签证；暂列金额；发承包双方约定的其他调整事项"。

（6）核实工程量。竣工结算的工程量应依据竣工图、设计变更等进行核算，并按合同约定的计算规则核实工程量。

（7）严格执行单价。结算单价应按合同文件约定的计价定额与计价原则执行。

（8）注意各项费用计取。先审核各项费率、价格指数或换算系数是否正确，价差调整计算是否符合要求，再核实特殊费用和计算程序。要注意各项费用的计取基数，如安装工程间接费等是以人工费为基数。

（9）防止各种计算误差。工程竣工结算子目多、篇幅大，往往有计算误差，应认真核算，防止因计算误差多计或少算。

10.4　竣工结算款的计算审查

工程量清单计价法通常采用单价合同的合同计价方式，竣工结算价款的公式如下：

工程项目竣工结算价＝∑单项工程竣工结算价

单项工程竣工结算价＝∑单位工程竣工结算价

单位工程竣工结算价＝分部分项工程费＋措施项目费＋其他项目费＋规费＋税金

（1）分部分项工程费的计算。分部分项工程费应依据发、承包双方确认的工程量、合同约定的综合单价计算。如发生调整的，以发、承包双方确认的综合单价计算。

（2）措施项目费的计算。措施项目费应依据合同中约定的项目和金额计算，如合同中规定采用综合单价计价的措施项目，应依据发、承包双方确认的工程量和综合单价计算，规定采用"项"计价的措施项目，应依据合同约定的措施项目和金额或发、承包双方确认调整后的措施项目费金额计算。如发生调整的，以发、承包双方确认调整的金额计算。措施项目费中的安全文明施工费应按照国家或省级、行业建设主管部门的规定计算。

（3）其他项目费的计算。办理竣工结算时，其他项目费的计算应按以下要求进行：

1）计日工的费用应按发包人实际签证确认的数量和合同约定的相应单价计算。

2）当暂估价中的材料是招标采购的，其单价按中标价在综合单价中调整。当暂估价中的材料为非招标采购的，其单价按发、承包双方最终确认的单价在综合单价中调整。当暂估价中的专业工程是招标采购的，其金额按中标价计算。当暂估价中的专业工程为非招标采购的，其金额按发、承包双方与分包人最终确认的金额计算。

3）总承包服务费应依据合同约定的金额计算，发、承包双方依据合同约定对总承包服务费进行了调整，应按调整后的金额计算。

4）索赔事件产生的费用在办理竣工结算时应在其他项目费中反映。索赔费用的金额应依据发、承包双方确认的索赔事项和确认的金额计算。

5）现场签证发生的费用在办理竣工结算时应在其他项目费中反映。现场签证费用金额依据发、承包双方签证资料确认的金额计算。

6）合同价款中的暂列金额在用于各项价款调整、索赔与现场签证后，若有余额，则余额归发包人，若出现差额，则由发包人补足并反映在相应的工程价款中。

7）规费和税金的计算。办理竣工结算时，规费和税金应按照合同约定、按照国家或省级、行业建设主管部门规定的计取标准计算。

8）单位工程竣工结算汇总内容可按《清单计价规范》表-07编制。见如下单位工程竣工结算汇总表（营改增后按合同文件及有关计价文件调整）。

10.5 竣工结算款支付

（1）除专用合同条款另有约定外，有关竣工结算款支付按《清单计价规范》规定，施工单位应根据办理的竣工结算文件，向建设单位提交竣工结算款支付申请。该申请应包括下列内容：

1）竣工结算总额。

2）已支付的合同价款。

3）应扣留的质量保证金。

4）应支付的竣工付款金额。

（2）建设单位应在收到施工单位提交竣工结算款支付申请后7天内予以核实，向施工单位签发竣工结算支付证书。

（3）建设单位签发竣工结算支付证书后的14天内，按照竣工结算支付证书列明的金额向施工单位支付结算款。

（4）建设单位未按照《清单计价规范》第12.2.3条规定支付竣工结算款的，施工单位可催告建设单位支付，并有权获得延迟支付的利息。竣工结算支付证书签发后56天内仍未支付的，除法律另有规定外，施工单位可与建设单位协商将该工程折价，也可直接向人民法院申请将该工程依法拍卖。施工单位就该工程折价或拍卖的价款优先受偿。

单位工程竣工结算汇总表

工程名称：　　　　　　　　　　标段：　　　　　　　　　　第　页　共　页

序号	汇总内容	金　额（元）
1	分部分项工程　∑（清单工程量×综合单价）	
1.1		
1.2		
1.3		
2	措施项目	
2.1	其中：安全文明施工费	
3	其他项目	
3.1	其中：计日工	
3.2	其中：总承包服务费	
3.3	索赔与现场签证	
4	规费	
5	税金	
竣工结算总价合计＝1＋2＋3＋4＋5		

注：单项工程也可使用本表划分《清单计价规范》表-07

11 工程造价控制实例

【实例一】

【工程概况】

某股份有限公司厂房工程施工总承包合同价款为1420万元（其中：安全防护、文明施工措施费：77.50万元，余泥渣土运输与排放费用：62.18万元，暂列金额（预留金）：102.73万元），合同总工期为210日历天。工程预付款按合同价[扣除暂列金额（预留金）和安全防护、文明施工措施费]的10%，预付款自支付第一期开始扣，分两期平均扣回。安全防护、文明施工措施费的支付办法及抵扣方式按本省有关规定（该预付款按50%）。

工程承包范围：招标文件图纸所示工程及招标文件条件说明的内容，包括建筑工程、装修装饰工程、电气设备安装工程、给排水工程等。

工程承包方式：固定合同总价，即合同总价包干，承包人以包工、包料、包工期、包质量、包安全、包文明施工、包调试和包联合调试、包工程竣工验收、包消防、人防、环保、环卫、排污申报验收手续办理和开通。办理余泥排放许可，施工许可证，质监、安监、城监等报批手续的形式承包施工。

工程质量合格，工期按合同履行。

工程专用条款约定：

(1) 工程量清单计价表内除桩基础外的所有工程量发生增减变化时，不能计算工程量增减价款调整合同，其工程量增减变化的风险由发包人、承包人各自承担。

桩基础工程，按《静压混凝土预制桩、钻孔桩施工记录表》计算工程量。工程变更工程量，按变更前与变更后工程量之差计算，正的调增工程价款，负的调减合同价款。工程变更价格，分部分项工程项目费：合同中已有适用于变更工程的单价或总价，按合同已有的价格；合同中只有类似于变更工程的单价或总价，可以参照类似价格；合同中没有适用或类似于变更工程的单价或总价，由施工单位依据变更工程资料、计量规则和计价办法、工程造价管理机构发布的参考价格和报价浮动率提出变更工程单价或总价。措施项目费不作调整。

(2) 合同价款的调整因素包括：工程变更；费用索赔事件或发包人负责的其他情况；其他调整因素：钢筋、商品混凝土价差调整。钢筋价差=工程量×（施工期钢筋月平均价格－合同生效当月钢筋价格）；商品混凝土价差=工程量×（施工期商品混凝土月平均价格－合同生效当月商品混凝土价格）。

(3) 进度款支付的约定：按形象进度支付进度款。

形象进度及工程进度款支付表

支付期数	形象进度	累计支付比例
第一期	主体工程封顶后14个工作日内	合同价款55%
第二期	装修工程完工后14个工作日内	合同价款30%
第三期	《竣工验收报告》批准后14个工作日内	合同价款5%
第四期	工程竣工备案验收通过且结算通过发包人审计部门审核后14个工作日内	付至工程结算价的95%

(4) 竣工结算与结算款

结算的程序和时限：工程竣工验收后，承包人提交完整的竣工结算报告和结算资料，发包人在收到经监理单位初审的有关结算资料后 90 天内完成初审，工程竣工备案验收通过且结算通过发包人审计部门审核后 14 个工作日内，付至工程结算价款的 95%。结算审定后，发包人发现工程款超付，则承包人必须在收到发包人的通知后 15 天内无条件退还发包人，若承包人迟延退还工程款，除向发包人退还超付工程款，还应向发包人支付该超付工程款的利息，该利息以银行同期贷款利率的 2 倍计算。

$$竣工结算工程价款总额＝合同价款±钢筋商品混凝土价差±变更工程价款±索赔工程价款±违约金。$$

本工程保留工程总造价的 5% 作为质量保证金。

工程款完成情况：

1) 合同价款：1317.27 万元[已扣减暂列金额(预留金)102.73 万元]

2) 钢筋混凝土价差：－11.03 万元

3) 管桩工程：－31.54 万元

4) 钻孔桩工程：38.46 万元

5) 工程变更工程：3.97 万元

6) 施工现场签证：67.99 万元

7) 索赔，双方均没有提出索赔工程价款

8) 违约金，双方均没有提出违约金事项。

【问题】

(1) 计算工程预付款。

(2) 预付款支付申请审查要点。

(3) 进度款支付申请审查要点。

(4) 承包人以图纸钢筋含量与工程量清单钢筋含量不一致为由提出工程变更价款是否合理，试说明理由及合同价款调整审查的要点。

(5) 竣工结算审查与结算支付要点，计算竣工结算合同价款总额。

【答案】

(1) 工程预付款 $＝(1420.00－77.50－102.73)×10\%＋77.50×50\%＝162.73$ (万元)。

(2) 预付款支付申请审查要点如下：

1) 预付款支付申请是否符合合同约定的条件，即承包人是否按合同约定的期限进场。

2) 预付款支付申请的组织文件是否满足合同约定要求，即承包人是否提供预付款支付申请和预付款保函，预付款保函的金额、格式、期限等是否符合合同约定。

3) 预付款支付申请金额是否与合同约定相符，即安全防护、文明施工措施费单独核算，按当年计划的 50%；按合同约定扣除暂列金额（预留金）等。

4) 监理工程师依据合同约定提出预付款支付申请审查意见，报发包人确认后向发包人发出支付证书，同时抄送承包人。

(3) 工程进度款支付申请审查要点如下：

1）工程进度款支付申请是否符合合同约定的条件，即工程进度是否达到合同约定的形象进度。

2）工程进度款支付申请的组成文件是否满足合同约定要求，即工程进度款支付申请书、工程形象进度确认书等。

3）工程进度款支付申请是否与合同约定相符，即第一期合同价款55％，第二期合同价款30％等。

4）按合同约定扣除预付款。

5）监理工程师依据合同约定提出工程进度款支付申请审查意见，报发包人确认后向发包人发出支付证书，同时抄送承包人。

（4）承包人以图纸钢筋含量与工程量清单钢筋含量不一致为由提出工程变更价款不合理，解释如下：

1）依据前述专用条款约定"工程量清单计价表内除桩基础外的所有工程量发生增减变化时，不能计算工程量增减价款调整合同，其工程量增减变化的风险由发包人、承包人各自承担"。承包人以图纸钢筋含量与工程量清单钢筋含量不一致为由提出的工程变更价款与合同约定不符，不能计算工程变更价款"。审查结果见工程变更价款审查计算表。

2）合同价款调整审查的要点：必须准确掌握合同价款调整因素。本工程的合同价款调整约定因素包括：工程变更；费用索赔事件或发包人负责的其他情况；其他调整因素：钢筋、商品混凝土价差调整。

（5）竣工结算审查与结算支付要点：

1）竣工结算审查，应编写工程竣工结算审查报告。工程竣工结算审查报告构成：

①概述（略）

②审查范围（略）

③审查依据（略）

④审查程序（略）

⑤审查方法（全面审查法）

⑥审查内容：审查工程范围内的钢筋商品混凝土价差工程量及价格、管桩工程、钻孔桩工程、工程变更工程、施工现场签证单工程等，对计价依据合法性及有效性等逐项审查。

⑦审查结果：

竣工结算合同价款总额为

$$1420-102.73-11.03+3.97-31.54+38.46+67.99=1385.12 万元$$

（已扣除暂列金，包含已付工程进度款）

⑧附件（略）

2）结算款支付，承包人应根据办理的竣工结算文件向发包人提交竣工结算款支付申请。申请应包括：

①竣工结算合同价款总额。

②累计已实际支付的合同价款。

③应预留的质量保证金。

④实际应支付的竣工结算款金额。

工程变更价款审查计算表

序号	工程变更项目名称	单位	送审资料			审查结果		
			数量	单价	合价	数量	单价	合价
1	结构图纸增加钢筋							
1.1	地下增加钢筋				336728.93			
1.1.1	圆钢（HRB235）Φ10 内钢筋	t	0.392	5753.11	2255.22		5753.11	
1.1.2	螺纹钢（HRB335）Φ10 内钢筋	t	4.193	5652.36	23700.35		5652.36	
1.1.3	螺纹钢（HRB335）Φ10~25 内钢筋	t	−12.174	5368.51	−65356.24		5368.51	
1.1.4	Ⅲ级钢（HRB400）Φ10~25 内钢筋	t	64.535	5473.01	353200.70		5473.01	
1.1.5	Ⅲ级钢（HRB400）Φ25 外钢筋	t	0.581	5352.24	3109.65		5352.24	
1.1.6	圆钢（HRB335）Φ10 内箍筋	t	−1.387	6114.49	−8480.80		6114.49	
1.1.7	螺纹钢（HRB235）Φ10 内箍筋	t	5.478	6116.36	33505.42		6116.36	
1.1.8	螺纹钢（HRB335）Φ10~25 箍筋	t	−0.947	5496.69	−5205.37		5496.69	

【实例二】

【工程概况】

某单体混凝土的综合楼工程采用工程量清单招标，《招标文件》规定，回填土取土地点由投标单位在距工地 20 公里范围内自定。但由于该施工单位在投标文件中原定的地点 A 处（距工地 10 公里）的回填土质量不满足填土密实度要求，施工单位另外采购了 B 处（距工地 16 公里）符合填土要求的土方。由于填土工程延误，造成了关键线路上地下室底板浇筑工期延后 10 天。在进行地下室大体积混凝土浇筑时，泵送混凝土设备的管道爆裂，处理该事故又延误工期 3 天。进入主体结构施工时，由于建设单位的原因推迟 15 天提交主体结构图纸。工程进展至屋面时遇到 10 级台风袭击，造成停电 5 天无法施工。

【问题】

（1）施工单位提出工期索赔 33 天，是否成立？试说明理由。

（2）由于回填土的供应距离增加，施工单位向项目监理机构呈报了费用索赔申请，将原投标单价的土方单价增加了 10% 以弥补路途增大的成本。该费用索赔是否成立？试说明理由。

（3）施工单位向项目监理机构提出 33 天窝工损失索赔，以上要求是否合理并说明理由？

【答案】

（1）工期索赔 33 天不成立。索赔天数应该 20 天。工期索赔的理由必须是非施工单位自身原因。解释如下：

1）填土质量原因造成的 10 天延误不予赔偿。因为施工单位包工包料以综合单价报价，原材料供应情况是一个有经验的施工单位应该自主合理选择的。

2）泵送混凝土设备出现意外，延误 3 天不予赔偿。因为这属于施工单位应该承担的风险。施工单位必须提供保证正常使用的设备投入施工。

3）建设单位迟交图纸延误的工期 15 天给予赔偿。因为这是建设单位的责任造成的损失。

4）10 级台风造成的工期延误给予赔偿。因为这是施工单位无法预见的自然灾害。

（2）该项费用索赔不成立。施工单位应该对招标文件进行充分理解，对自己的报价完备性负责。解释如下：

1）填土质量是一个有经验的施工单位能够合理预见的。填土质量应符合图纸规范要求。

2）合同文件采用工程量清单综合单价报价，不能因此而改变已报的单价。

3）填土取土地点变化，运距成本加大使其综合单价提高属于施工单位自身应承担的责任。

（3）窝工造成的损失给施工单位带来的是人工和机械费的损失。

1）由于建设单位的原因推迟 15 天提交主体结构图纸造成的窝工可考虑，包括人工费和机械费降效增加费。具体费用按《施工合同》执行。

2）台风引起的窝工属于自然灾害造成的损失。施工单位和建设单位等各自承担自身的窝工损失。

第五章 安全监理工作

1 安全监理工作相关规定

1.1 安全监理工作相关法律

(1)《中华人民共和国安全生产法》(主席令第 13 号 2014 年修改实施)。

(2)《中华人民共和国建筑法》(主席令第 46 号 2011 年修改实施)。

(3)《中华人民共和国消防法》(主席令第 6 号 2009 年修改实施)。

(4)《中华人民共和国特种设备安全法》(主席令第 4 号 2014 年实施)。

(5)《中华人民共和国刑法修正案(六)》(主席令第 51 号 2006 年实施)。

(6)《中华人民共和国突发事件应对法》(主席令第 69 号 2007 年实施)

1.2 安全监理工作相关法规

(1)《建设工程安全生产管理条例》(2004 年国务院第 393 号令):

1) 第 4 条:建设单位、勘察单位、设计单位、施工单位、工程监理单位及其他与建设工程安全生产有关的单位,必须遵守安全生产法律、法规的规定,保证建设工程安全生产,依法承担建设工程安全生产责任。

2) 第 14 条:工程监理单位应当审查施工组织设计中的安全技术措施或者专项施工方案是否符合工程建设强制性标准。工程监理单位在实施监理过程中,发现存在安全事故隐患的,应当要求施工单位整改;情况严重的,应当要求施工单位暂时停止施工,并及时报告建设单位。施工单位拒不整改或者不停止施工的,工程监理单位应当及时向有关主管部门报告。工程监理单位和监理工程师应当按照法律、法规和工程建设强制性标准实施监理,并对建设工程安全生产承担监理责任。

3) 第 26 条:施工单位应当在施工组织设计中编制安全技术措施和施工现场临时用电方案,对下列达到一定规模的危险性较大的分部分项工程编制专项施工方案,并附具安全验算结果,经施工单位技术负责人、总监签字后实施,由专职安全生产管理人员进行现场监督:基坑支护与降水工程;土方开挖工程;模板工程;起重吊装工程;脚手架工程;拆除、爆破工程;国务院建设行政主管部门或者其他有关部门规定的其他危险性较大的工程。对前款所列工程中涉及深基坑、地下暗挖工程、高大模板工程的专项施工方案,施工单位还应当组织专家进行论证、审查。本条第一款规定的达到一定规模的危险性较大工程的标准,由国务院建设行政主管部门会同国务院其他有关部门制定。

4) 第 57 条:违反本条例的规定,工程监理单位有下列行为之一的,责令限期改正;逾期未改正的,责令停业整顿,并处 10 万元以上 30 万元以下的罚款;情节严重的,降低资质等级，直至吊销资质证书；造成重大安全事故，构成犯罪的，对直接责任人员，依照刑法有关规定追究刑事责任；造成损失的，依法承担赔偿责任：

①未对施工组织设计中的安全技术措施或者专项施工方案进行审查的；

②发现安全事故隐患未及时要求施工单位整改或者暂时停止施工的；

③施工单位拒不整改或者不停止施工，未及时向有关主管部门报告的；

④未依照法律、法规和工程建设强制性标准实施监理的。

5）第58条：注册执业人员未执行法律、法规和工程建设强制性标准的，责令停止执业3个月以上1年以下；情节严重的，吊销执业资格证书，5年内不予注册；造成重大安全事故的，终身不予注册；构成犯罪的，依照刑法有关规定追究刑事责任。

（2）《安全生产许可证条例》（2014年修正国务院令第397号）。

（3）《特种设备安全监察条例》（自2009年修正国务院令第373号）。

（4）《生产安全事故报告和调查处理条例》（2007年国务院令第493号）。

（5）《民用爆炸物品安全管理条例》（2014年修正国务院令第466号）。

（6）《危险化学品安全管理条例》（2013修正国务院令第344号）。

（7）《使用有毒物品作业场所劳动保护条例》（2002年国务院令第352号）。

（8）《劳动保障监察条例》（2004年国务院令第423号）。

1.3　安全监理工作相关国家行政规章

（1）住建部《关于落实建设工程安全生产监理责任的若干意见》（建市［2006］248号）对建设工程安全生产的监理工作（简称"安全监理"）的内容、程序、责任和工作要求做了全面具体的规定，其中对安全监理责任规定如下：

1）监理单位应对施工组织设计中的安全技术措施或专项施工方案进行审查，未进行审查的，监理单位应承担《条例》第五十七条规定的法律责任。施工组织设计中的安全技术措施或专项施工方案未经监理单位审查签字认可，施工单位擅自施工的，监理单位应及时下达工程暂停令，并将情况及时书面报告建设单位。监理单位未及时下达工程暂停令并报告的，应承担《条例》第五十七条规定的法律责任。

2）监理单位在监理巡视检查过程中，发现存在安全事故隐患的，应按照有关规定及时下达书面指令要求施工单位进行整改或停止施工。监理单位发现安全事故隐患没有及时下达书面指令要求施工单位进行整改或停止施工的，应承担《条例》第五十七条规定的法律责任。

3）施工单位拒绝按照监理单位的要求进行整改或者停止施工的，监理单位应及时将情况向当地建设主管部门或工程项目的行业主管部门报告。监理单位没有及时报告，应承担《条例》第五十七条规定的法律责任。

4）监理单位未依照法律、法规和工程建设强制性标准实施监理的，应当承担《条例》第五十七条规定的法律责任。

5）监理单位履行了上述规定的四项职责，施工单位未执行监理指令继续施工或发生安全事故的，应依法追究监理单位以外的其他相关单位和人员的法律责任。

（2）住建部《建设单位项目负责人质量安全责任八项规定（试行）》等四个规定的通知（建市［2015］35号）：

1) 建筑工程项目总监理工程师质量安全责任六项规定（试行）：

①项目监理工作实行项目总监负责制。项目总监应当按规定取得注册执业资格；不得违反规定受聘于两个及以上单位从事执业活动。

②项目总监应当在岗履职。应当组织审查施工单位提交的施工组织设计中的安全技术措施或者专项施工方案，并监督施工单位按已批准的施工组织设计中的安全技术措施或者专项施工方案组织施工；应当组织审查施工单位报审的分包单位资格，督促施工单位落实劳务人员持证上岗制度；发现施工单位存在转包和违法分包的，应当及时向建设单位和有关主管部门报告。

③工程监理单位应当选派具备相应资格的监理人员进驻项目现场，项目总监应当组织项目监理人员采取旁站、巡视和平行检验等形式实施工程监理，按照规定对施工单位报审的建筑材料、建筑构配件和设备进行检查，不得将不合格的建筑材料、建筑构配件和设备按合格签字。

④项目总监发现施工单位未按照设计文件施工、违反工程建设强制性标准施工或者发生质量事故的，应当按照建设工程监理规范规定及时签发工程暂停令。

⑤在实施监理过程中，发现存在安全事故隐患的，项目总监应当要求施工单位整改；情况严重的，应当要求施工单位暂时停止施工，并及时报告建设单位；施工单位拒不整改或者不停止施工的，项目总监应当及时向有关主管部门报告，主管部门接到项目总监报告后，应当及时处理。

⑥项目总监应当审查施工单位的竣工申请，并参加建设单位组织的工程竣工验收，不得将不合格工程按照合格签认。

2) 项目总监责任的落实不免除工程监理单位和其他监理人员按照法律法规和监理合同应当承担和履行的相应责任。

3) 建筑工程项目总监理工程师质量安全违法违规行为行政处罚规定：

①项目总监未按规定取得注册执业资格的，按照《注册监理工程师管理规定》第二十九条规定对项目总监实施行政处罚。项目总监违反规定受聘于两个及以上单位并执业的，按照《注册监理工程师管理规定》第三十一条规定对项目总监实施行政处罚。

②项目总监未按规定组织审查施工单位提交的施工组织设计中的安全技术措施或者专项施工方案，按照《建设工程安全生产管理条例》第五十七条规定对监理单位实施行政处罚；按照《建设工程安全生产管理条例》第五十八条规定对项目总监实施行政处罚。

③项目总监未按规定组织项目监理机构人员采取旁站、巡视和平行检验等形式实施监理造成质量事故的，按照《建设工程质量管理条例》第七十二条规定对项目总监实施行政处罚。项目总监将不合格的建筑材料、建筑构配件和设备按合格签字的，按照《建设工程质量管理条例》第六十七条规定对监理单位实施行政处罚；按照《建设工程质量管理条例》第七十三条规定对项目总监实施行政处罚。

④项目总监发现施工单位未按照法律法规以及有关技术标准、设计文件和建设工程承包合同施工未要求施工单位整改，造成质量事故的，按照《建设工程质量管理条例》第七十二条规定对项目总监实施行政处罚。

⑤项目总监发现存在安全事故隐患，未要求施工单位整改；情况严重的，未要求施工单位暂时停止施工，未及时报告建设单位；施工单位拒不整改或者不停止施工的，未及时向

有关主管部门报告的，按照《建设工程安全生产管理条例》第五十七条规定对监理单位实施行政处罚；按照《建设工程安全生产管理条例》第五十八条规定对项目总监实施行政处罚。

⑥项目总监未按规定审查施工单位的竣工申请，未参加建设单位组织的工程竣工验收的，按照《注册监理工程师管理规定》第三十一条规定对项目总监实施行政处罚。项目总监将不合格工程按照合格签认的，按照《建设工程质量管理条例》第六十七条规定对监理单位实施行政处罚；按照《建设工程质量管理条例》第七十三条规定对项目总监实施行政处罚。

（3）发改委《关于加强重大工程安全质量保障措施的通知》（发改投资〔2009〕3183号）：

1）第3节第4条：加强工程监理，减少安全质量隐患。监理单位应认真审查施工组织设计中的安全技术措施，确保专项施工方案符合工程建设强制性标准。要发挥现场监理作用，确保施工的关键部位、关键环节、关键工序监理到位。落实安全监理巡查责任，履行对重大安全隐患和事故的督促整改和报告责任。

2）第4节第1条：严格落实工程安全质量责任制。建设单位对项目建设的安全质量负总责，勘察设计单位对勘察、设计安全质量负责，施工单位对建设工程施工安全质量负责，监理单位对施工安全质量承担监理责任。相关单位违反国家规定，降低工程安全质量标准的，依法追究责任。由此发生的费用由责任单位承担。

3）第4节第2条：严格注册执业人员责任。注册建筑师、勘察设计注册工程师等注册执业人员对其签字的设计文件负责。施工单位确定的工程项目经理、技术负责人和施工管理责任人按照各自职责对施工负责。总监理工程师、监理工程师按各自职责对监理工作负责。造成安全质量事故的，要依法追究有关方面责任。

4）第4节第5条：落实工程质量终身责任制。各参建单位工作人员，以及工程监测、检测、咨询评估及施工图审查等单位工作人员，按各自职责对其经手的工程质量负终身责任。对由于调动工作、退休等原因离开原单位的相关人员，如发现在原单位工作期间违反国家建设工程质量管理有关规定，或未切实履行相应职责，造成重大事故的，应依法追究法律责任。

（4）住建部《危险性较大的分部分项工程安全管理办法》（建质（2009）87号）：

1）第4条：建设单位在申请领取施工许可证或办理安全监督手续时，应当提供危险性较大的分部分项工程清单和安全管理措施。施工单位、监理单位应当建立危险性较大的分部分项工程安全管理制度。

2）第8条：专项方案应当由施工单位技术部门组织本单位施工技术、安全、质量等部门的专业技术人员进行审核。经审核合格的，由施工单位技术负责人签字。实行施工总承包的，专项方案应当由总承包单位技术负责人及相关专业承包单位技术负责人签字。不需专家论证的专项方案，经施工单位审核合格后报监理单位，由项目总监审核签字。

3）第10条：专家组成员应当由5名及以上符合相关专业要求的专家组成，本项目参建各方的人员不得以专家身份参加专家论证会。

4）第12条：需专家论证的专项方案，施工单位应当根据论证报告修改完善专项方案，并经施工单位技术负责人、项目总监、建设单位项目负责人签字后，方可组织实施。

5）第 17 条：对于按规定需要验收的危险性较大的分部分项工程，施工单位、监理单位应当组织有关人员进行验收。验收合格的，经施工单位项目技术负责人及项目总监签字后，方可进入下一道工序。

6）第 18 条：监理单位应当将危险性较大的分部分项工程列入监理规划和监理实施细则，应当针对工程特点、周边环境和施工工艺等，制定安全生产管理的监理工作流程、方法和措施。

7）第 19 条：监理单位应当对专项方案实施情况进行现场监理；对不按专项方案实施的，应当责令整改，施工单位拒不整改的，应当及时向建设单位报告；建设单位接到监理单位报告后，应当立即责令施工单位停工整改；施工单位仍不停工整改的，建设单位应当及时向住房城乡建设主管部门报告。

8）第 23 条：建设单位未按规定提供危险性较大的分部分项工程清单和安全管理措施，未责令施工单位停工整改的，未向住房城乡建设主管部门报告的；施工单位未按规定编制、实施专项方案的；监理单位未按规定审核专项方案或未对危险性较大的分部分项工程实施监理的；住房城乡建设主管部门应当依据有关法律法规予以处罚。

（5）住建部《建筑施工企业主要负责人、项目负责人和专职安全生产管理人员安全生产管理规定》（2014 年建设部第 17 号令）。

（6）住建部《建设工程高大模板支撑系统施工安全监督管理导则》的通知（建质〔2009〕254 号）：

1）2.2.4：施工单位根据专家组的论证报告，对专项施工方案进行修改完善，并经施工单位技术负责人、项目总监理工程师、建设单位项目负责人批准签字后，方可组织实施。

2）2.2.5：监理单位应编制安全监理实施细则，明确对高大模板支撑系统的重点审核内容、检查方法和频率要求。

3）3.3：高大模板支撑系统应在搭设完成后，由项目负责人组织验收，验收人员应包括施工单位和项目两级技术人员、项目安全、质量、施工人员，监理单位的总监和专业监理工程师。验收合格，经施工单位项目技术负责人及项目总监理工程师签字后，方可进入后续工序的施工。

4）4.4.1：混凝土浇筑前，施工单位项目技术负责人、项目总监确认具备混凝土浇筑的安全生产条件后，签署混凝土浇筑令，方可浇筑混凝土。

5）4.5.1：高大模板支撑系统拆除前，项目技术负责人、项目总监应核查混凝土同条件试块强度报告，浇筑混凝土达到拆模强度后方可拆除，并履行拆模审批签字手续。

6）5.2：监理单位对高大模板支撑系统的搭设、拆除及混凝土浇筑实施巡视检查，发现安全隐患应责令整改，对施工单位拒不整改或拒不停止施工的，应当及时向建设单位报告。

（7）住建部《建筑起重机械安全监督管理规定》（建设部令第 166 号）第二十二条规定监理单位应当履行下列安全职责：

1）审核建筑起重机械特种设备制造许可证、产品合格证、制造监督检验证明、备案证明等文件；

2）审核建筑起重机械安装单位、使用单位的资质证书、安全生产许可证和特种作业人员的特种作业操作资格证书；

  3）审核建筑起重机械安装、拆卸工程专项施工方案；

  4）监督安装单位执行建筑起重机械安装、拆卸工程专项施工方案情况；

  5）监督检查建筑起重机械的使用情况；

  6）发现存在生产安全事故隐患的，应当要求安装单位、使用单位限期整改，对安装单位、使用单位拒不整改的，及时向建设单位报告。

  （8）质检总局《特种设备质量监督与安全监察规定》（质检总局令第 13 号）。

  （9）质检总局《特种设备事故报告和调查处理规定》（质检总局令第 115 号）。

  （10）质检总局《起重机械安全监察规定》（质检总局令第 92 号）。

  （11）质检总局《气瓶安全监察规定》（质检总局令第 46 号）。

  （12）质检总局《特种设备作业人员监督管理办法》（质检总局令第 70 号）。

  （13）质检总局《关于修改特种设备作业人员监督管理办法的决定》（质检总局令第 140 号）。

  （14）质检总局《特种设备作业人员作业种类与项目》目录的公告（质检总局 2011 年第 95 号公告）。

  （15）住建部《建筑施工企业安全生产管理机构设置及专职安全生产管理人员配备办法》的通知（建质〔2008〕91 号）。

  （16）住建部《建筑施工特种作业人员管理规定》（建质〔2008〕75 号）。

  （17）住建部《关于进一步规范房屋建筑和市政工程生产安全事故报告和调查处理工作的若干意见》的通知（建质〔2007〕257 号）。

  （18）住建部《房屋市政工程生产安全事故报告和查处工作规程》（建质〔2013〕4 号）：

  1）第三条：根据造成的人员伤亡或者直接经济损失，房屋市政工程生产安全事故分为以下等级：

  ①特别重大事故，是指造成 30 人以上死亡，或者 100 人以上重伤，或者 1 亿元以上直接经济损失的事故；

  ②重大事故，是指造成 10 人以上 30 人以下死亡，或者 50 人以上 100 人以下重伤，或者 5000 万元以上 1 亿元以下直接经济损失的事故；

  ③较大事故，是指造成 3 人以上 10 人以下死亡，或者 10 人以上 50 人以下重伤，或者 1000 万元以上 5000 万元以下直接经济损失的事故；

  ④一般事故，是指造成 3 人以下死亡，或者 10 人以下重伤，或者 100 万元以上 1000 万元以下直接经济损失的事故。

  2）第四条：房屋市政工程生产安全事故的报告，应当及时、准确、完整，任何单位和个人对事故不得迟报、漏报、谎报或者瞒报。房屋市政工程生产安全事故的查处，应当坚持实事求是、尊重科学的原则，及时、准确地查明事故原因，总结事故教训，并对事故责任者依法追究责任。

  （19）最高法院《关于进一步加强危害生产安全刑事案件审判工作的意见》（〔2011〕20 号）相关法律意见：

  1）第 7 条：认定相关人员是否违反有关安全管理规定，应当根据相关法律、行政法规，参照地方性法规、规章及国家标准、行业标准，必要时可参考公认的惯例和生产经营单位制定的安全生产规章制度、操作规程。

2）第8条：多个原因行为导致生产安全事故发生的，在区分直接原因与间接原因的同时，应当根据原因行为在引发事故中所具作用的大小，分清主要原因与次要原因，确认主要责任和次要责任，合理确定罪责。一般情况下，对生产、作业负有组织、指挥或者管理职责的负责人、管理人员、实际控制人、投资人，违反有关安全生产管理规定，对重大生产安全事故的发生起决定性、关键性作用的，应当承担主要责任。对于直接从事生产、作业的人员违反安全管理规定，发生重大生产安全事故的，要综合考虑行为人的从业资格、从业时间、接受安全生产教育培训情况、现场条件、是否受到他人强令作业、生产经营单位执行安全生产规章制度的情况等因素认定责任，不能将直接责任简单等同于主要责任。对于负有安全生产管理、监督职责的工作人员，应根据其岗位职责、履职依据、履职时间等，综合考察工作职责、监管条件、履职能力、履职情况等，合理确定罪责。

（20）建设部《建筑施工企业安全生产许可证管理规定》（建设部令第128号）

（21）住建部《关于土石方、混凝土预制构件等8类专业承包企业申领安全生产许可证事宜的意见》（建办质函〔2015〕269号）。

（22）住建部《关于进一步加强玻璃幕墙安全防护工作的通知》（建标〔2015〕38号）

（23）国务院《突发事件应急预案管理办法》（国办发〔2013〕101号）。

（24）国家安监总局《安全生产违法行为行政处罚办法》（安监总局第15号令2007年实施）。

（25）住建部《房屋建筑和市政基础设施工程施工安全监督规定》的通知（建质〔2014〕153号）。

1.4 安全监理工作相关地方行政规章

（1）广东省《建筑工程安全动态管理办法》（粤建质〔2009〕1号）：

1）第8条：监理企业有下列行为之一的，每检查项次扣5分：

①未设立项目安全生产监理架构的；

②未按规定配备安全生产管理的监理人员的。

2）第9条：监理企业有下列行为之一的，每检查项次扣3分：

①项目监理规划未编制安全生产管理的监理内容的；

②危险性较大的分部分项工程未编制安全生产管理的监理实施细则的；

③未对施工现场进行定期安全检查，并做好检查记录的；

④未对危险性较大工程作业进行专项安全检查，并做好检查记录的；

⑤未对检查发现的安全隐患及时发出整改通知书并跟踪落实的。

3）第19条：监理企业的总监理工程师有下列行为之一的，每检查项次扣5分：

①未按项目监理规划和安全生产管理的监理实施细则实施安全生产管理的监理的；

②未按规定对施工组织设计中安全技术措施及专项施工方案是否符合工程建设强制性标准进行审核、批准的；

③对危险性较大分部分项工程未按规定组织验收的；

④对严重危及工程和人员安全的施工作业和设备使用，或施工现场存在严重安全隐

患，未及时发出停工（停用）指令的；

⑤未按规定审查施工企业资质（含专业承包、劳务分包）、安全生产许可证、"三类人员"考核合格证书和特种作业人员操作资格证的；

⑥安全生产管理的监理资料弄虚作假，与施工现场安全生产状况严重不符的。

4）第20条：监理企业的总监有下列行为之一的，每检查项次扣3分：

①对项目监理机构发出的整改通知书，未跟踪整改落实情况的；

②施工企业对项目监理机构发出的整改通知书拒不整改，未及时向有关主管部门报告的；

③所管理的工程项目在上一级建设行政主管部门安全生产检查中被发出执法建议书或停工整改通知书，且监理人员未履行安全生产管理的监理职责的；

④未按规定审核施工企业安全生产保证体系、安全生产责任制、各项规章制度和安全监管机构建立及人员配备情况的；

⑤未对现场专业监理工程师明确安全管理岗位职责的；

⑥未按规定及时实施阶段安全评价的；

⑦所监理的工程因施工安全原因被建设行政主管部门或安监站责令整改后未督促落实整改措施，并反馈整改情况的；

⑧未对变更后的施工组织设计安全技术措施或专项施工方案进行审核、批准的；

⑨未按规定审核施工企业应急救援预案的；

⑩未按规定使用《广东省建筑施工安全管理资料统一用表》的；

⑪监理周报（月报）未及时、如实反映工地现场重大安全隐患的。

5）第21条：专业监理工程师有下列行为之一的，每检查项次扣5分：

①未按规定对有关的施工安全生产文件实施审查并向总监报告的；

②未按专业分工对施工组织设计中安全技术措施及专项施工方案是否符合工程建设强制性标准进行审查的。

6）第22条：专业监理工程师有下列行为之一的，每检查项次扣3分：

①施工企业对项目监理机构发出的整改通知书拒不整改，未及时向总监报告的；

②未按规定监督施工企业按照施工组织设计中的安全技术措施和专项施工方案组织施工，及时制止违规施工作业的；

③未对危险性较大的分部分项工程和安全事故易发工序进行旁站、巡查，并做好安全检查记录的；

④未按规定核查施工现场施工起重机械、整体提升脚手架、模板等自升式架设设施和安全设施的验收手续的。

7）第23条：专业监理工程师有下列行为之一的，每检查项次扣1分：

①未督促施工企业按规定和标准定期对施工现场进行检查评分和对存在问题做出处理的；

②未按规定检查施工现场各种安全标志和安全防护措施是否符合强制性标准要求的；

③未按专业分工及时参加阶段安全评价的。

（2）《广东省建设工程限制使用竹脚手架管理规定的通知》（粤建管字〔2003〕38号）。第五条：监理单位对违反本规定的行为，应及时给予纠正。对符合本规定允许使用竹脚手架的工程项目，监理单位应严格审核其设计及搭设方案，督促施工单位按要求进行搭设及维护管理。

（3）广东省《危险性较大的分部分项工程安全管理办法》的实施细则（粤建质〔2011〕13号）。

1）第五条：建筑工程实行施工总承包的，专项方案应当由施工总承包企业组织编制。如建筑起重机械安装拆卸、深基坑、附着式升降脚手架、建筑幕墙安装、钢结构（网架、索膜结构）安装、爆破及拆除、预应力、地下暗挖、顶管、水下作业等专业工程实行分包的，其专项方案可由专业承包单位编制。

2）第六条：专项方案编制应当包括以下内容：

①危险性较大的分部分项工程概况、施工平面布置、施工要求和技术保证条件。

②编制所依据的相关法律、法规、规范性文件、技术规范、标准及图纸（国标图集）、施工组织设计等。

③施工进度计划、材料与设备计划。（四）技术参数、工艺流程、施工方法、检查验收等。

④计算书、相关施工图及节点详图。

⑤项目安全管理组织架构（包括相关人员姓名、职务、工作职责及联系电话）、施工安全技术措施、应急救援预案、监测监控措施等。

⑥方案编制、审核人员名单及学历、专业、职称、职务等情况。

⑦工程项目部相关的专职安全生产管理人员、特种作业人员名单及其安全生产考核合格证书、特种作业资格证书。

（4）《广东省建设工程高支撑模板系统施工安全管理办法》（粤建监字〔1998〕27号）。

（5）广东省《关于进一步加强房屋市政工程脚手架支撑体系使用的钢管扣件等构配件管理的通知》（粤建质函〔2011〕796号）。第三条规定各工程监理企业应进一步加强所监理施工现场钢管、扣件及其他构配件使用的管理，督促建筑施工企业按照有关规定、技术标准和规范要求，购买、租赁和使用合格的钢管、扣件及其他构配件，并重点做好以下工作：

1）施工现场每批次进场的钢管、扣件及其他构配件，工程监理企业应对施工企业提交的产品合格证、生产许可证及检验报告进行核查，没有质量证明材料或质量证明材料不齐全的不允许进场使用。

2）扣件进行抽样复试时，应在监理人员见证下取样；在钢管、扣件及其他构配件每次使用前，建筑施工企业按规定进行检查时，应有监理人员旁站监督，检查合格后方可使用，并如实填写相关记录表格。

3）脚手架、支撑体系搭设完毕后，项目总监理工程师和专业监理工程师应按有关规定参加验收，验收合格的，方可进入下一道工序施工。

（6）广东省《关于限制使用人工挖孔桩的通知》（粤建管字〔2003〕49号）：

1）第2节第3条：监理单位必须编写专项监理方案，并严格实行旁站监理；

2）第2节第5条：建设、勘察、设计、施工、监理等有关责任单位（部门）必须承担因挖孔桩施工对周边环境影响而产生一切未能预见风险的相应责任；

3）第 3 节第 3 条：护壁混凝土不得人工拌和，每节护壁均须由监理单位验收。

（7）广东省《关于建立全省建筑施工起重机械登记管理制度的通知》（粤建安字〔2007〕88 号）。

（8）广东省《关于将建筑桩机工、门式起重机司机和安装拆卸工列为建筑施工特种作业工种的通知》（粤建质函〔2010〕451 号）。

（9）广东省《关于将建筑焊工纳入我省建筑施工特种作业人员管理的通知》（粤建质函〔2014〕2542 号）。

（10）《广东省建筑内部装修防火材料见证取样检验程序暂行规定》（广公消〔2006〕141 号）。

（11）广东省《关于加强防火建筑材料监督管理工作的通知》（粤安监〔2005〕217 号）。

（12）《广东省建设厅建筑工程安全防护、文明施工措施费用管理办法》（粤建管字〔2007〕39 号）：

1）第十条：监理单位在实施监理过程中，发现施工单位安全措施费不投入或措施不符合要求，存在安全事故隐患的，应当要求施工单位整改；情况严重的，应当要求施工单位暂时停止施工，并及时报告建设单位。施工单位拒不整改或者不停止施工的，应当及时向建设行政主管部门或其委托的建设工程安全监督机构报告。

2）第十三条：监理单位不按本办法履行安全监理职责的，责令限期改正；逾期未改正的，依照有关法律、法规给予处罚。

3）第十五条：建设、监理、施工单位弄虚作假，骗取安全措施费的，责令限期改正，逾期未改正的，依照有关法律、法规给予处罚。

（13）广东省《关于建筑施工安全生产标准化评定工作实施细则》（粤建质〔2015〕130 号）：

1）第九条：施工企业在将《建筑施工项目安全生产标准化评定申请表》等安全生产标准化自评材料送项目评定主体之前应先送建设单位、监理单位签署审核意见。建设单位、监理单位在收到自评材料后 5 个工作日内，应当结合施工过程中的安全生产管理状况，对施工企业的自评材料进行审核，并在申请表中签署审核意见。

2）第十二条 项目竣工验收前施工企业未提交项目自评材料的，视同项目安全生产标准化评定不合格。

2 安全监理工作内容

2.1 法规规定的安全监理工作内容

国务院令第 393 号 2004 年施行的《建设工程安全生产管理条例》（简称条例）第十四条对安全监理工作内容及要求规定如下：

（1）工程监理单位应当审查施工组织设计中的安全技术措施或者专项施工方案是否符合工程建设强制性标准。

（2）工程监理单位在实施监理过程中，发现存在安全事故隐患的，应当要求施工单位整改；情况严重的，应当要求施工单位暂时停止施工，并及时报告建设单位。

（3）施工单位拒不整改或者不停止施工的，工程监理单位应当及时向有关主管部门报告。

（4）工程监理单位和监理工程师应当按照法律、法规和工程建设强制性标准实施监理，并对建设工程安全生产承担监理责任。

2.2　国家行政主管部门规定的安全监理工作内容

（1）依据住建部《关于落实建设工程安全生产监理责任的若干意见》（建市〔2006〕248号），监理单位应当按照法律、法规和工程建设强制性标准及监理委托合同实施监理，对所监理工程的施工安全生产进行监督检查，建设工程安全监理工作（简称：安全监理）内容及要求做了具体规定：

1）施工准备阶段安全生产管理的监理的主要工作内容：

①监理单位应根据《条例》的规定，按照工程建设强制性标准、《建设工程监理规范》（GB 50319）和相关行业监理规范的要求，编制包括安全生产管理的监理内容的项目监理规划，明确安全生产管理的监理的范围、内容、工作程序和制度措施，以及人员配备计划和职责等。

②对中型及以上项目和《条例》第二十六条规定的危险性较大的分部分项工程，监理单位应当编制监理实施细则。实施细则应当明确安全生产管理的监理的方法、措施和控制要点，以及对施工单位安全技术措施的检查方案。

③审查施工单位编制的施工组织设计中的安全技术措施和危险性较大的分部分项工程安全专项施工方案是否符合工程建设强制性标准要求。审查的主要内容应当包括：a 施工单位编制的地下管线保护措施方案是否符合强制性标准要求；b 基坑支护与降水、土方开挖与边坡防护、模板、起重吊装、脚手架、拆除、爆破等分部分项工程的专项施工方案是否符合强制性标准要求；c 施工现场临时用电施工组织设计或者安全用电技术措施和电气防火措施是否符合强制性标准要求；d 冬季、雨季等季节性施工方案的制定是否符合强制性标准要求；e 施工总平面布置图是否符合安全生产的要求，办公、宿舍、食堂、道路等临时设施设置以及排水、防火措施是否符合强制性标准要求。

④检查施工单位在工程项目上的安全生产规章制度和安全监管机构的建立、健全及专职安全生产管理人员配备情况，督促施工单位检查各分包单位的安全生产规章制度的建立情况。

⑤审查施工单位资质和安全生产许可证是否合法有效。

⑥审查项目经理和专职安全生产管理人员是否具备合法资格，是否与投标文件相一致。

⑦审核特种作业人员的特种作业操作资格证书是否合法有效。

⑧审核施工单位应急救援预案和安全防护措施费用使用计划。

2）施工阶段安全生产管理的监理的主要工作内容

①监督施工单位按照施工组织设计中的安全技术措施和专项施工方案组织施工，及时制止违规施工作业。

②定期巡视检查施工过程中的危险性较大工程作业情况。

③核查施工现场施工起重机械、整体提升脚手架、模板等自升式架设设施和安全设施的验收手续。

④检查施工现场各种安全标志和安全防护措施是否符合强制性标准要求，并检查安全生产费用的使用情况。

⑤督促施工单位进行安全自查工作，并对施工单位自查情况进行抽查，参加建设单位组织的安全生产专项检查。

（2）住建部新闻发言人就《关于落实建设工程安全生产监理责任的若干意见》有关问题答记者问进一步明晰了安全监理工作的内容及要求：

1）记者：监理单位应该如何实施建设工程安全生产管理的监理工作？

新闻发言人：工程监理单位实施建设工程安全生产管理的监理工作概括为四个方面：一是要制定监理规划和实施细则，二是审查全面，三是检查督促到位，四是正确行使停工指令，并及时报告。

《若干意见》要求监理单位，要按照有关要求，编制包括安全生产管理的监理内容的项目监理规划，明确安全生产管理的监理的范围、内容、工作程序和制度措施，以及人员配备计划和职责等；对危险性较大的分部分项工程，监理单位还应当编制监理实施细则。

《若干意见》要求监理单位在施工准备阶段主要做好五个方面的审查、审核工作。一是审查施工单位编制的施工组织设计中的安全技术措施和危险性较大的分部分项工程安全专项施工方案是否符合工程建设强制性标准要求；二是审查施工单位资质和安全生产许可证是否合法有效；三是审查施工单位项目经理和专职安全生产管理人员是否具备合法资格，是否与投标文件相一致；四是审核施工单位的特种作业人员的特种作业操作资格证书是否合法有效；五是审核施工单位应急救援预案和安全防护措施费用使用计划。

《若干意见》要求监理单位在施工准备阶段和施工阶段，主要做好六个方面的检查督促工作。一是要检查施工单位在工程项目上的安全生产规章制度和安全监管机构的建立、健全及专职安全生产管理人员配备情况，督促施工单位检查各分包单位的安全生产规章制度的建立情况；二是定期巡视检查施工过程中的危险性较大工程的作业情况；三是核查施工现场施工起重机械、整体提升脚手架、模板等自升式架设设施和安全设施的验收手续；四是检查施工现场各种安全标志和安全防护措施是否符合强制性标准要求，并检查安全生产费用的使用情况；五是监督施工单位按照施工组织设计中的安全技术措施和专项施工方案组织施工，及时制止违规施工作业；六是督促施工单位进行安全自查工作，并对施工单位自查情况进行抽查。

《若干意见》要求监理单位应对施工现场安全生产情况进行巡视检查，发现存在安全事故隐患，应书面通知施工单位，并督促其立即整改；情况严重的，监理单位应及时下达工程暂停令，要求施工单位停工整改，并同时报告建设单位。施工单位拒不整改或不停工整改的，监理单位应当及时向工程所在地建设主管部门或工程项目的行建设单位管部门报告。

2）记者：如何界定监理单位的安全生产监理责任？

新闻发言人：《条例》第五十七条对监理单位在安全生产中的违法行为的法律责任做了相应的规定。《若干意见》严格依据《条例》的规定，对安全生产监理责任做了详细阐释。为指导监理单位履行好规定的职责，《若干意见》要求监理单位该审查的一定要审查，该检查的一定要检查，该停工的一定要停工，该报告的一定要报告。《若干意见》也明确，监理单位履行了规定的职责，施工单位未执行监理指令继续施工或发生安全事故的，应依法追究监理单位以外的其他相关单位和人员的法律责任。也就是说，监理单位履行了《条例》规定的职责，若再发生安全生产事故，要依法追究其他单位的责任，而不再追究监理企业的法律责任。这样，政府主管部门在处理建设工程安全生产事故时，对监理单位，主要是看其是否履行了《条例》规定的职责。

3）记者：施工单位拒绝按照监理单位的要求进行整改或者停止施工的，监理单位应向那个部门报告，报告的形式有哪些？

新闻发言人：当施工单位拒绝按照监理单位的要求进行整改或者停止施工的，监理单位应及时将情况向当地建设主管部门或工程项目的行建设单位管部门报告。报告有信函、传真和电话等形式，其中以电话形式报告的，应当有通话记录，并及时补充书面报告。

4）记者：落实安全生产监理责任主要采取了哪些措施？

新闻发言人：为落实好安全生产监理责任，《若干意见》要求监理单位一要健全监理单位安全生产管理的监理责任制，二要完善监理单位安全生产管理制度，三要建立监理人员安全生产教育培训制度。通过落实责任制，建立完善制度，促使监理单位做好安全生产管理的监理工作。

2.3 《建设工程监理规范》（GB/T 50319—2013）安全监理工作内容

（1）项目监理机构应根据法律法规、工程建设强制性标准，履行建设工程安全生产管理的监理职责，并将安全生产管理的监理工作内容、方法和措施纳入监理规划及监理实施细则。

（2）项目监理机构应审查施工单位现场安全生产规章制度的建立和实施情况，并应审查施工单位安全生产许可证及施工单位项目经理、专职安全生产管理人员和特种作业人员的资格，同时应核查施工机械和设施的安全许可验收手续。

（3）项目监理机构应审查施工单位报审的专项施工方案，符合要求的，应由总监签认后报建设单位。超过一定规模的危险性较大的分部分项工程的专项施工方案，应检查施工单位组织专家进行论证、审查的情况，以及是否附具安全验算结果。项目监理机构应要求施工单位按已批准的专项施工方案组织施工。专项施工方案需要调整时，施工单位应按程序重新提交项目监理机构审查。

（4）专项施工方案审查应包括下列基本内容：编审程序应符合相关规定；安全技术措施应符合工程建设强制性标准。

（5）专项施工方案报审表应按本规范表 B.0.1 的要求填写。

（6）项目监理机构应巡视检查危险性较大的分部分项工程专项施工方案实施情况。发现未按专项施工方案实施时，应签发监理通知单，要求施工单位按照专项施工方案实施。

（7）项目监理机构在实施监理过程中，发现工程存在安全事故隐患时，应签发监理通知单，要求施工单位整改；情况严重时，应签发工程暂停令，并应及时报告建设单位。施工单位拒不整改或不停止施工时，项目监理机构应及时向有关主管部门报送监理报告。

2.4 《广东省建筑工程安全管理资料统一用表》（2011 版）安全监理工作内容

《广东省建筑工程安全管理资料统一用表》（2011 版）（简称省安全统表）对施工单位和监理单位的建筑工程 施工安全管理工作内容及要求做了具体规定，见表 5-2-1。

2 安全监理工作内容

安全监理工作内容一览表

表 5-2-1

序号	项目安全管理内容及用表	责任单位及人员签名盖章要求 （责任单位：人员/盖章）	监理职责
一	需要监理核查或监督执行类		
1	施工安全管理类		
	工程概况表 GDAQ20101	总包：编制/项目经理	核查
	项目部劳动防护用品发放登记表 GDAQ20113		
	分包方进场登记表 GDAQ20110		
	项目管理人员登记表 GDAQ20103		
	项目安全生产管理人员登记表 GDAQ20104		
	项目安全管理组织机构框架图 GDAQ20102		
	项目安全管理制度汇编 GDAQ3101		
	安全生产责任制考核汇总表（年）GDAQ20202		
	安全生产管理目标考核表（月）GDAQ20203		
	项目特种作业人员登记表 GDAQ20105	总包：专职安全员	核查
	作业人员平安卡办理情况汇总表 GDAQ20106		
	总包安全管理人员签名笔迹备查表 GDAQ20107	总包：安全管理人员	核查
	分包安全管理人员签名笔迹备查表 GDAQ20108	专业：安全管理人员	核查
	施工现场消防重点部位登记表 GDAQ21207	总包：检查负责人/专职安全员	核查
	安全生产管理人员岗位安全责任书 GDAQ20201	总包：责任人	核查
	管理人员安全生产责任制考核表 GDAQ2020201	总包：考核负责人	核查
	安全生产责任制班组考核表 GDAQ2020202		
	项目部安全生产管理目标考核表 GDAQ20204	总包：审批人	核查
2	安全技术交底、安全操作规程类		
	管理人员进场安全交底表 GDAQ20401	总包：交底人/接受人	核查
	分部/分项安全技术交底 GDAQ20402		
	分部/分项安全技术交底汇总表 GDAQ20403		
	各专业工程安全技术交底 GDAQ330101—0911		
	各工种安全操作规程 GDAQ340101—0238	总包/专业：执行	监督
3	安全教育类		
	新工人安全教育汇总表 GDAQ20501	总包：教育人/受教育人	核查
	新工人入场三级安全教育登记表 GDAQ20502		
	公司（第一级）安全教育记录 GDAQ2050201		
	项目部（第二级）安全教育记录 GDAQ2050202		
	班组（第三级）安全教育记录 GDAQ2050203		
	变换工种安全教育登记表 GDAQ20503		
	作业人员安全教育登记表 GDAQ20504		
	管理人员安全教育登记表 GDAQ20505		
	急救人员安全教育登记表 GDAQ20506		
	节后安全教育登记表 GDAQ20507		
	日常安全教育登记表 GDAQ20508		
	应急知识教育登记表 GDAQ20509		

序号	项目安全管理内容及用表	责任单位及人员签名盖章要求 （责任单位：人员/盖章）	监理 职责
4	文明施工类		
	五牌一图 GDAQ21201	总包：编制	核查
	消防安全管理组织机构框架图 GDAQ21202		
	动火作业审批表 GDAQ21203	总包：申请/监护/审批/作业人	核查
	急救人员登记表 GDAQ21204	总包：项目经理/专职安全员	核查
	安全警示标志平面布置图 GDAQ20801	总包：审批人	核查
	厨房工作人员健康证登记表 GDAQ21205	总包：项目经理/专职安全员	核查
5	安全活动记录类		
	班组班前安全活动记录 GDAQ20601	总包：班长/专职安全员	核查
	施工安全日记 GDAQ20602	总包：专职安全员/项目经理	核查
	基坑支护水平位移观测记录表 GDAQ20603	总包：观测人/记录人/审核人	核查
	基坑支护沉降观测记录表 GDAQ20604		
	施工现场临时用电设备明细表 GDAQ20606	总包：电气负责人	核查
	接地电阻测试记录表 GDAQ20607	总包：电工	核查
	电气线路绝缘强度测试记录表 GDAQ20608	总包：测试人	核查
	施工现场临时用电设备检查记录表 GDAQ20609	总包：电气负责人	核查
	安全防护用具检查记录表 GDAQ20610	总包：材料员/专职安全员	核查
	施工机具检查维护保养记录表 GDAQ20611	维保：记录人	核查
	建筑起重机械维护保养记录表 GDAQ20612	维保：维修保养人	核查
	建筑起重机械运行记录 GDAQ20613	使用：司机	核查
6	事故应急救援及调查处理类		
	事故应急救援演练计划 GDAQJ20701	总包：编制	核查
	事故应急救援演练记录 GDAQ320702		
	工程建设质量安全事故快报 GDAQ20703		
	事故调查处理有关文件汇总 GDAQ20704		
	意外伤害保险登记表 GDAQ20705		
7	安全防护用具管理类		
	安全防护用具进场查验登记表 GDAQ2090101	总包：材料员/专职安全员	核查
	机械设备进场查验登记表 GDAQ2090102		
	施工机具及配件进场查验登记表 GDAQ2090103		
	安全带检验报告 GDAQ21301	检测：检验专用章/检验人	核查
	安全帽检验报告 GDAQ21302		
	安全网检验报告 GDAQ21303		
	钢管脚手架（对接）扣件检验报告 GDAQ21304		
	钢管脚手架（旋转）扣件检验报告 GDAQ21305		
	钢管脚手架（直角）扣件检验报告 GDAQ21306		
	门式钢管脚手架（门架）检验报告 GDAQ21307		
	门式钢管脚手架（底座）检验报告 GDAQ21308		
	碗扣式钢管脚手架检验报告 GDAQ21309		

序号	项目安全管理内容及用表	责任单位及人员签名盖章要求 （责任单位：人员/盖章）	监理职责
8	施工设备管理类		
	施工升降机安装检验评定报告 GDAQ21310 塔式起重机安装检验评定报告 GDAQ21311 物料提升机安装检验评定报告 GDAQ21312 高处作业吊篮检测报告 GDAQ2131 桥（门）式起重机检验报告 GDAQ21314	检测：检验专用章/检验人	核查
	施工升降机备案申报表 GDAQ21001 塔式起重机备案申报表 GDAQ21002 门式起重机备案申报表 GDAQ21003 物料提升机备案申报表 GDAQ21004 起重机械备案申报材料清单 GDAQ21005	申报单位：编制 备案单位：负责人签批	核查
	施工升降机使用登记牌 GDAQ21009 塔式起重机使用登记牌 GDAQ21010 门式起重机使用登记牌 GDAQ21011 物料提升机使用登记牌 GDAQ21012 办理使用登记牌材料清单 GDAQ21013	使用单位：编报； 签发单位：盖章	核查
	施工升降机安装自检表 GDAQ209010801 施工升降机附着自检表 GDAQ209010802 塔式起重机安装自检表 GDAQ209010803 塔式起重机附着自检表 GDAQ209010804 物料提升机安装自检表 GDAQ209010805 架桥机安装自检表 GDAQ209010806 桥/门式起重机安装自检表 GDAQ209010807	安装：专业技术人员	核查
	施工升降机定期自检表 GDAQ209010901 塔式起重机定期自检表 GDAQ209010902 物料提升机定期自检表 GDAQ209010903 架桥机定期自检表 GDAQ209010904 桥/门式起重机定期自检表 GDAQ209010905	使用：项目经理/安全员/专职设备员	核查
9	安全检查类		
	项目部安全隐患整改记录表 GDAQ2030201	总包：整改责任人/专职安全员/复查人	核查
	停工通知书（公司对项目）GDAQ2030202	总包：检查人/签收人	核查
	复工申请书（项目部报公司）GDAQ2030203	总包：项目经理/批复人	核查

序号	项目安全管理内容及用表	责任单位及人员签名盖章要求（责任单位：人员/盖章）	监理职责
二	需要监理参加审查签名类		
1	安全技术管理		
	安全文明施工措施费用使用计划 GDAQ20109	总包：项目经理； 监理：专监/总监	审查
	危险性较大分部分项工程汇总表 GDAQ20111	总包：项目经理； 监理：专监	审查
	超过一定规模分部分项工程汇总表 GDAQ20112		
	（总包）安全专项施工方案 GDAQ21101	总包：公章/企业技术负责人	审查
	（分包）安全专项施工方案 GDAQ21102	专业/总包：公章/企业技术负责人；	审查
	安全专项施工方案报审表 GDAQ21103	总包：项目章/项目经理； 监理：专监/总监	审查
2	安全检查评分（JGJ59—2011）		
	建筑施工安全检查评分汇总表（表A）	总包：检查人/项目经理； 监理：专监/总监	参加
	安全管理检查用表（表B.1） 文明施工检查用表（表B.2） 扣件式钢管脚手检查用表（表B.3） 悬挑式脚手架检查用表（表B.4） 门式钢管脚手架检查用表（表B.5） 碗扣式钢管脚手检查用表（表B.6） 附着式升降脚手架检查用表（表B.7） 承插型盘扣式钢管支架检查用表（表B.8） 高处作业吊篮检查用表（表B.9） 满堂脚手架检查用表（表B.10） 基坑支护、土方作业检查用表（表B.11） 模板支架检查用表（表B.12） "三宝四口"及临边防护检查用表（表B.13） 施工用电检查用表（表B.14） 物料提升机检查用表（表B.15） 施工升降机检查用表（表B.16） 塔式起重机检查用表（表B.17） 起重吊装检查用表（表B.18） 施工机具检查用表（表B.19）	总包：检查人； 监理：专监	参加

序号	项目安全管理内容及用表	责任单位及人员签名盖章要求 （责任单位：人员/盖章）	监理职责
三	需要监理参建签名验收类		
1	安全防护工程		
	气体检测记录 GDAQ20605	总包：检测人； 监理：专监	见证
	施工现场安全警示标志检查表 GDAQ20802	总包：检查人； 监理：专监	验收
	模板拆除审批表 GDAQ21104	总包：申请人/项目总工；监理：专监	审批
	扣件式钢管脚手架基础验收表 GDAQ209020101 门式钢管脚手架基础验收表 GDAQ209020102 扣件式钢管脚手架验收表 GDAQ209020103 门型脚手架验收表 GDAQ209020104 悬挑式脚手架验收表 GDAQ209020105 吊篮脚手架验收表 GDAQ209020106 附着式提升脚手架验收表 GDAQ209020107 卸料平台验收表 GDAQ209020 混凝土模板工程验收表 GDAQ2090202 临边洞口防护验收表 GDAQ2090203 施工现场临时用电验收表 GDAQ2090204 人工挖孔桩防护验收表 GDAQ2090205 施工现场消防设施验收表 GDAQ21206	总包、专业：方案编制人/项目总工/项目经理 监理：专监/总监	验收
	基坑支护/开挖/降水工程验收表 GDAQ2090206	设计/勘察/监测：项目经理； 总包、专业：方案编制人/项目总工/项目经理 监理：专监/总监	验收
2	施工设备安装、拆卸工程		
	建筑起重机械基础验收表 GDAQ2090105	总包、专业：方案编制人/项目总工/项目经理 监理：专监/总监	
	建筑起重机械安装验收表 GDAQ2090104 施工升降机附着验收表 GDAQ2090106 塔式起重机附着验收记录表 GDAQ2090107	总包、使用、安装：专业技术人员/项目总工/项目经理 产权/租赁：负责人； 监理：专监/总监	验收
	安装塔式起重机安全条件确认表 GDAQ21008	使用/安装：项目经理； 监理：总监	验收
	建筑起重机械安装（拆卸）告知表 GDAQ21006	产权：负责人； 总包/使用：项目经理； 监理：总监；受理：负责人	确认

续表

序号	项目安全管理内容及用表	责任单位及人员签名盖章要求 （责任单位：人员/盖章）	监理 职责
四	监理单位用表		
	安全监理方案 GDAQ4201	监理：企业技术负责人/盖公司公章	编制
	安全监理实施细则 GDAQ4202	监理：编制人/总监/盖项目章	编制
	监理单位管理人员签名笔迹备查表 GDAQ4301	监理：监理员/专监/总监/盖公司章	编制
	安全会议纪要 GDAQ4302	监理：记录人	编制
	安全监理危险源控制表 GDAQ4303	监理：安全监理员/总监	编制
	安全监理工作联系单 GDAQ4304	监理：总监	签发
	安全监理日志 GDAQ4305	监理：安全监理员/总监	记录
	施工安全监理周报（报安全监督站）GDAQ4306	监理：总监	上报
	起重机械安装/拆卸旁站监理记录表 GDAQ4307 危险性较大工程旁站监理记录表 GDAQ4308	总包/使用/安装：专职安全员； 拆卸：项目经理； 监理：监理人员/总监	记录
	安全隐患整改通知（监理对施工）GDAQ4309 暂时停止施工通知（监理对施工）GDAQ4311	监理：总监； 总包：签收人	签发
	安全隐患整改通知回复（施工报监理）GDAQ4310 复工申请（施工报监理）GDAQ4312	总包：项目经理； 监理：专监/总监	复查
	安全监理重大情况报告 GDAQ4313	监理：盖公司章； 安监：签收人签名	上报
	安全专项施工方案报审表 GDAQ21103	总包：项目经理； 监理：专监/总监	审查
	安全专项施工方案专家论证审查表 GDAQ4314	总包/专业：项目经理/企业技术负责人； 监理：专监/总监	列席
	安全措施费用使用计划报审表 GDAQ4315 （总包，分包）安全管理体系报审表 GDAQ4316 防护用具、设备、器材报审表 GDAQ4317	总包：项目经理/盖项目章； 监理：专监/总监	审查
	建设工程施工安全评价书 GDAQ4318	监理：专监/总监/盖公司章 安监：监督员/站负责人	编写

3 安全监理工作制度

3.1 安全监理工作制度制定的基本原则

（1）监理单位法定代表人应对本企业监理工程项目的安全生产管理的监理全面负责。项目总监要对工程项目的安全监理负总责，并根据工程项目特点，建立健全项目监理机构安全监理制度，明确监理人员的安全监理职责，并组织执行。

（2）项目监理机构安全监理制度应满足相关法律法规的基本要求。

（3）项目监理机构要建立全员参加安全监理工作的管理体系，确保安全监理制度的有效执行。

（4）有一定规模的建设项目，应设置安全监理组及选配综合能力强的、有资格的监理人员作为项目专职安全监理员，协助项目总监做好安全监理工作。

（5）专（兼）职安全监理人员协助项目总监具体负责对工地定期（如每周一次较全面的系统性安全检查）和不定期的（专项的针对性安全检查）安全检查工作，负责做好安全检查记录，对检查发现的重大安全隐患报告项目总监签发安全隐患整改指令或工程暂停令，并跟踪督促落实和整改复查。

（6）其他专业监理工程师和监理员负责做好自身专业区域施工安全的日常巡视检查和现场旁站监督，发现施工单位不按照批准的施工方案施工、违规违章作业、安全管理人员不到位、无证上岗等安全隐患要时，应立即下达口头指令给予制止，制止无效或存在重大安全隐患应及时报告项目总监处理，并在监理日记中进行备忘。

3.2　项目监理机构应制定的安全监理工作制度

（1）安全监理岗位责任制度。

（2）安全监理交底与教育培训制度。

（3）安全专项施工方案审查审批制度。

（4）安全日常巡视检查制度。

（5）定期安全检查制度。

（6）专项（不定期）安全检查制度。

（7）安全隐患检查处理制度。

（8）安全隐患跟踪督促落实整改及复查制度。

（9）安全评价制度。

（10）安全会议制度。

（11）安全资料管理制度等。

3.3　监理单位及其法定代表人安全监理岗位职责

（1）贯彻落实国家、省、市有关安全生产、文明施工的法律、法规和规定，制定公司关于安全生产管理的监理工作的管理规定、规章制度和工作程序，建立和健全安全生产管理的监理组织、安全生产管理的监理制度和安全生产管理的监理责任制；法定代表人应对本企业监理工程项目的安全生产管理的监理全面负责。并通过完善监理单位安全生产管理的监理制度来履行职责。

（2）法定代表人应按照国家规定建立和实行项目总监负责制。并按照投标时的承诺及监理合同配置监理人员和设备仪器。

（3）公司技术负责人对项目监理机构上报的监理规划、安全生产管理的监理工作方案及时给予批复。

（4）公司安全负责人或公司技术负责人对项目监理机构总监上报的《重大安全隐患报告》要及时审核，并确定是否上报安全监督机构。

3.4 项目监理组织机构安全监理职责

（1）建立和健全项目监理机构的安全监理组织架构、安全监理制度和安全监理责任制；协助监理单位检查并完善监理合同中的安全监理工作责任条款。

（2）编制包括安全监理工作内容的项目监理规划或安全监理方案。

（3）编制危险性较大的分部分项工程安全监理实施细则。

（4）审查审核施工单位编制的施工组织设计中的安全技术措施和危险性较大的分部分项工程安全专项施工方案。

（5）审查审核应急救援预案和安全防护措施费用使用计划。

（6）审查审核施工单位项目安全管理体系、安全管理制度、安全管理机构及人员配置。并督促施工单位检查各分包单位的安全生产规章制度的建立情况。

（7）审查施工单位（包括分包单位）资质和安全生产许可证是否合法有效。

（8）审查项目经理和专职安全生产管理人员是否具备合法资格，是否与投标文件相一致。

（9）审核特种作业人员的特种作业操作资格证书是否合法有效。

（10）核查作业人员安全生产技术培训教育、购买意外保险、平安卡办理等情况。

（11）审核安全措施费用的列支及使用情况等。

（12）对施工安全实施定期安全检查。

（13）对危险性较大的分部分项工程施工过程实施现场监理和专项安全检查。

（14）按规定对关键部位、关键工序和容易发生安全事故的高危环节实施旁站监理，并做好安全生产管理的监理日记及相关记录。

（15）督促并参与安全措施工程的验收。

（16）检查施工现场各种安全标志和安全防护措施是否符合强制性标准要求。

（17）完善安全会议制度。

（18）督促并参与施工安全检查评分。

（19）定期或不定期向公司、建设单位报告安全监理工作情况；及时、如实向公司、有关部门报告安全事故，积极配合、协助安全事故的调查和处理；

（20）经常组织本项目监理机构人员学习有关安全生产管理的监理的法律、法规、规范、标准和规定，不断提高安全生产管理的监理的水平。

（21）按照广东省建设厅《关于建立建设工程质量安全生产管理的监理工作报告制度的通知》的规定要求，及时、如实地向工程所在地相关部门提交安全生产管理的监理信息报告和安全生产管理的监理工作总结。

（22）按《广东省建筑施工安全管理资料统一用表》的规定和公司要求，建立安全监理专门档案，做好安全监理资料的及时收集和规范化管理，并指定专人负责的档案管理。

（23）工程竣工后，将有关安全监理的文件资料、验收记录、监理规划、监理实施细则、监理月报、监理会议纪要及相关书面通知等按规定立卷归档并移交。

3.5 总监安全监理岗位职责

（1）总监对项目施工安全监理负总责，当总监不在项目时，总监应委托其他监理人员履行总监授权范围内的安全监理职责。

（2）确定项目监理机构的安全监理组织架构及安全监理岗位设置。

（3）制定项目监理机构安全监理制度。

（4）负责对项目监理机构监理人员的安全监理教育和交底。

（5）主持编制安全监理方案，审批安全监理实施细则。

（6）组织安排和督促监理人员做好安全巡视检查和现场监理工作。

（7）主持编写安全监理月报，安全监理专题报告和安全监理工作总结。

（8）主持审查施工组织设计中的安全技术措施、专项施工方案和应急救援措施。

（9）组织安全定期安全检查、专项安全检查和阶段性安全检查评价。

（10）组织对安全措施工程的验收。

（11）签发安全隐患限期整改指令和停工整改指令。

（12）对政府主管部门或质量安全监督机构等部门发出的安全隐患整改通知书，督促施工单位按要求完成整改，并在规定时限内把落实整改复查情况反馈给相关部门。

（13）组织审查施工单位的安全生产许可证、安全管理人员和特种人员持证上岗情况等。

（14）按规定对安全文明施工措施费用的列支和使用的审查批准。

（15）组织安全专题会议。

（16）按规定建立安全监理档案。

3.6　总监代表安全监理岗位职责

（1）根据总监委托及授权，代表总监履行安全监理的职责和权力，完成总监指定或交办的安全监理工作。

（2）总监不在项目时，行使总监授予的安全监理职权。

（3）对重大安全事项的处理要及时向总监报告。

3.7　专职（兼）职安全监理员安全监理岗位职责

（1）在总监的领导下，协助总监具体负责项目监理机构的安全监理工作，并对总监负责。

（2）具体负责定期安全检查、专项（不定期）安全检查和安全检查评分工作，并做好安全检查记录。

（3）每日对工地施工安全进行全面巡视检查，并就巡查情况及时向总监报告。

（4）发现施工单位不按照批准的施工方案施工、违规违章作业、安全管理人员不到位、无证上岗等安全隐患要时，应立即下达口头指令给予制止，制止无效或存在重大安全隐患应及时报告项目总监处理，并在监理日记中进行备忘。

（5）对总监或行政主管部门下发的安全整改指令或停工整改指令跟踪督促落实和复查，并及时向总监报告。

（6）根据总监指令，参与安全监理方案和安全监理实施细则的编写。

（7）根据总监指令，参与施工组织设计中的安全技术措施、安全专项施工方案、应急救援预案等安全技术文件和安全管理文件的审查。

（8）协助总监检查施工单位安全防护、文明施工措施费用的使用情况。

（9）协助总监处理施工现场安全事故中涉及的监理工作。

（10）做好安全监理日记。

（11）管理安全监理资料。

3.8 专业监理工程师安全监理岗位职责

（1）在总监领导下，参与项目监理机构的安全监理工作，对本岗位专业区域范围内的施工安全承担监理责任。

（2）在施工期间，坚守工作岗位认真履行安全监理岗位职责。

（3）参与编制安全监理规划，负责编制安全监理实施细则等。

（4）负责审查施工组织设计或安全专项施工方案，并提出专业审查意见，并监督施工单位按照审定的施工组织设计或安全专项施工方案进行施工。

（5）按照总监指令，参加定期安全检查、专项安全检查和安全检查评价等安全监理活动。

（6）做好对负责的专业区域施工安全的日常巡视检查，及时向总监报告施工安全状况及问题，并做好安全监理日记。

（7）负责对本专业危险性较大分部分项工程施工过程实施现场监理或旁站监理，并做好安全旁站记录。

（8）参加并具体负责对本专业危险性较大分部分项工程的验收工作。

（9）发现施工单位不按照批准的施工方案施工、违规违章作业、安全管理人员不到位、无证上岗等安全隐患要时，应立即下达口头指令给予制止，制止无效或存在重大安全隐患应及时报告项目总监处理，并在监理日记中进行备忘。

（10）对总监或行政主管部门下发的安全整改指令或停工整改指令跟踪督促落实和复查，并及时向总监报告。

（11）提供与本职责有关的安全监理资料，协助资料员做好安全监理资料的收集、汇总及整理。

（12）对不履行安全监理职责或不称职的监理员及时向总监提出调整建议。

3.9 监理员安全监理岗位职责

（1）在总监领导下和专业监理工程师指导下，履行本岗位安全监理职责。

（2）按照总监指令，参加定期安全检查、专项安全检查和安全检查评价等安全监理活动。

（3）做好对负责的专业区域施工安全的日常巡视检查，及时向专业监理工程师或总监报告施工安全状况及问题，并做好安全监理日记。

（4）做好对本专业危险性较大分部分项工程施工过程实施现场监理或旁站监理，并做好安全旁站记录。

（5）发现施工单位不按照批准的施工方案施工、违规违章作业、安全管理人员不到位、无证上岗等安全隐患要时，应立即下达口头指令给予制止，制止无效或存在重大安全隐患应及时报告专业监理工程师或总监处理，并在监理日记中进行备忘。

（6）协助资料员做好安全监理资料的收集、汇总及整理。

3.10　资料员安全生产管理的监理岗位职责

（1）负责项目监理机构安全监理资料的收发、归类、标识、台账、建档等工作。
（2）负责项目监理机构检测仪器设备、防护用品等登记、分发和保管。
（3）建立安全监理文件资料和工程信息的电脑查阅系统。
（4）收集、整理安全生监理资料并归档。
（5）完成总监交办的其他工作。

4　施工安全管理体系的审查

4.1　施工安全管理体系的内容及报审程序

（1）施工单位应建立健全施工安全管理体系，并在进场后、开工前向监理机构报审，其内容包括：

1）安全生产许可证；
2）安全方针、目标和计划；
3）项目安全管理制度；
4）项目安全生产管理人员登记表；
5）项目安全管理组织机构框架图；
6）项目特种作业人员登记表；
7）建筑起重机械进场计划；
8）作业人员平安卡办理情况汇总表等。

（2）总承包单位项目经理部依照《施工单位（总包/分包）安全管理体系报审表》（省安全统表 GDAQ4316）格式及附件资料要求，并经项目经理签名和盖项目章后报监理机构审查。

（3）总监安排专业监理工程师进行审查后报总监审核，并在报审表中签署审查意见。不符合要求时返还总承包单位补充完善后重新报审。

4.2　安全生产许可证的审查要点

（1）建筑施工企业必须依法取得安全生产许可证，在资质等级许可的范围内承揽工程。

（2）核查施工单位营业执照、企业资质等级证书必须在规定的资质范围内进行经营活动，不得超范围经营。要注意是否弄虚作假、超资质经营、冒名挂靠等情况。

（3）核查分包单位是否有不良安全生产记录，资质等级证书与分包工程的内容和范围是否符合。

（4）建筑施工企业未取得安全生产许可证的，不得从事建筑施工活动。监理机构要核查施工单位是否取得安全生产许可证并在 3 年有效期内和未被扣证，有无转让、冒用或使用伪造、过期安全生产许可证等情况。

4.3 安全方针、目标和计划审查要点

（1）要贯彻"安全第一、预防为主、综合治理"的安全生产方针。

（2）安全管理目标应包括生产安全事故控制指标、安全生产隐患治理目标，以及安全生产、文明施工管理目标等。

（3）安全管理目标应予量化。

（4）安全管理目标应分解到各管理层及相关职能部门，并制定相应的保证措施。

（5）应进行安全目标定期进行考核。

（6）施工单位应编制《施工现场安全生产保证计划》（省安全统表 GDAQ1105），并按照《施工现场安全生产保证计划评审记录表》（省安全统表 GDAQ1106）完成内部评审。施工现场安全生产保证计划内容应包括：工程概况及风险源分析；安全管理目标及考核；施工安全部署；安全管理组织及责任体系；安全管理制度；安全确保措施；分包安全管理、安全应急预案和相关附图表等。

4.4 项目安全管理制度审查要点

（1）项目安全管理制度的建立和制定应符合以下基本要求：

1）应符合《施工企业安全生产管理规范》GB 50656、《建筑施工企业主要负责人、项目负责人和专职安全生产管理人员安全生产管理规定》（建设部令第 17 号 2014 年实施）和《建筑施工安全检查标准》（JGJ 59）等规定要求。

2）坚持"管生产必须管安全"的原则：施工组织者应承担施工安全责任，并落实到每个员工的岗位责任制上。

3）坚持"五同时"原则：生产必须安全，安全服务生产。施工单位要把施工管理和安全管理结合起来同时管理，把安全工作落实到每一个施工组织管理环节中，实现对施工安全的全过程控制。安全保证措施与工程同步推进。

4）坚持"五定"原则：施工单位对检查存在的安全隐患要做到定整改责任人、定整改措施、定整改完成时间、定整改完成人、定整改验收人。

5）坚持"四不放过"原则：对施工过程中发生的不安全事件或事故，必须坚持原因分析不清楚不放过，责任人和员工没受到教育不放过，事故隐患不整改不放过，事故责任人没受到处理不放过的原则。

6）项目监理机构应对施工单位安全管理管理制度的建立及执行情况实施专项检查，并形成专项检查记录，对检查存在的问题要及时签发安全隐患限期整改指令。

（2）施工单位应制定以下项目安全管理制度

1）安全生产管理岗位责任制度：

①施工企业主要负责人应当与项目负责人签订安全生产责任书，确定项目安全生产考核目标、奖惩措施，以及企业为项目提供的安全管理和技术保障措施。

②项目负责人对本项目安全生产管理全面负责，应当建立项目安全生产管理体系，明确项目管理人员安全职责，落实安全生产管理制度，确保项目安全生产费用有效使用。

③项目负责人应当按规定实施项目安全生产管理，监控危险性较大分部分项工程，及时排查处理施工现场安全事故隐患，隐患排查处理情况应当记入项目安全管理档案；发

生事故时，应当按规定及时报告并开展现场救援。

④ 工程项目实行总承包的，总承包企业应当与分包企业签订安全生产协议，明确双方安全生产责任。总承包企业项目负责人应当定期考核分包企业安全生产管理情况。

⑤ 应建立以项目经理为第一责任人的各级管理人员安全生产责任制，明确施工企业各类人员的安全职责：包括企业负责人、项目负责人、生产、技术、材料管理负责人和管理人员、专职安全员、施工员、班组长和其他岗位人员的安全职责。安全生产责任制应经责任人签字确认。

⑥ 项目专职安全生产管理人员应当每天在施工现场开展安全检查，现场监督危险性较大的分部分项工程安全专项施工方案实施。对检查中发现的安全事故隐患，应当立即处理；不能处理的，应当及时报告项目负责人和企业安全生产管理机构。项目负责人应当及时处理。检查及处理情况应当记入项目安全管理档案。专职安全员负责对安全生产进行现场监督检查，发现安全事故隐患，应当及时向项目负责人和工程项目安全生产管理机构报告；对违章指挥、违章操作的，应当立即制止。

⑦ 危险性较大的分部分项工程施工时，应当安排专职安全生产管理人员现场监督。

2）安全教育培训制度

① 建筑施工企业应当建立安全生产教育培训制度，制定年度培训计划，每年对"安管人员"进行培训和考核，考核不合格的，不得上岗。培训情况应当记入企业安全生产教育培训档案。

② 当施工人员入场时，项目经理部应组织进行以国家安全法律法规、企业安全制度、施工现场安全管理规定及各工种安全技术操作规程为主要内容的三级安全教育培训和考核；

③ 当施工人员变换工种或采用新技术、新工艺、新设备、新材料施工时，应进行安全教育培训；施工管理人员、专职安全员每年度应进行安全教育培训和考核；

④ 项目监理机构应抽查施工单位安全教育记录或参加监督施工单位组织的安全教育培训，对检查发现的问题要及时签发安全隐患通知单。

3）安全技术交底制度

① 施工安全技术交底是预防安全事故最低廉最有效的措施之一。因此，项目负责人组织安排技术人员，在施工前，对有关安全施工的技术要求向施工作业班组、作业人员做出详细交底。

② 安全技术交底应结合施工作业场所状况、特点、工序，对危险因素、专项施工方案、规范标准、操作规程和应急措施进行全面交底；安全技术交底应由交底人、被交底人、专职安全员进行签字确认。

③ 项目监理机构应抽查施工单位安全技术交底记录或参加监督施工单位组织的安全技术交底会议，对检查发现的问题要及时签发安全隐患通知单。

4）安全检查和改进制度

① 依据《建筑施工企业安全生产管理规范》GB 50656规定，施工单位工程项目部应制定每日日常安全巡查、专项安全检查、季节性安全检查、定期安全检查、不定期安全抽查、安全检查评价等施工安全检查制度。每日日常安全巡查由专职安全员具体负责，定期安全检查、不定期安全检查、专项安全检查、季节性安全检查、不定期安全抽查和安全检

查评价应由项目经理负责组织实施。

② 专职安全员具体负责对施工动态实施每日日常安全巡查，发现违章指挥、违章作业行为应立即制止，对发现的安全隐患在《施工安全日记》（GDAQ20602）中明确整改责任人、定整改措施、定整改完成时间、定整改完成人、定整改验收人等，并报告项目经理定期审阅签名后监督执行。监理机构通过定期不定期抽查《施工安全日记》，督促施工单位安全管理规范有效执行，预防施工单位自查自纠安全管理制度流于形式。

③ 总承包工程项目部应组织对各分包单位施工安全实施每周安全检查。

④ 总承包工程项目部依照《建筑施工安全检查标准》（JGJ 59），每月至少进行一次对施工安全的全面定量检查。

⑤ 施工单位既是施工安全管理的执行者也是施工安全管理的管理者，其安全管理制度的建立及运行效果是保证施工安全的最全面、最直接、最有效的基础保证。所以，施工单位的安全管理及检查要贯彻在施工过程每一个环节。要应作为安全监理的重要工作，特别在工程开工的前期，监理机构应通过各种监控手段，督促施工单位安全隐患自查自纠检查制度能尽快的有效运行及发挥作用。监理机构应定期不定期的审阅施工单位《安全检查和整改记录表》（GDAQ1301）和《项目部安全检查及隐患整改记录表》（GDAQ2030201），如果发现施工单位自查自纠制度未执行或执行不力，监理机构应签发安全隐患整改指令或停工整改指令。

⑥ 对项目经理和主要安全管理人员不能认真履行安全管理职责的情况，监理机构应按照重大安全隐患进行处理，并对不能有效履行安全管理职责的管理人员，总监有权使用安全隐患通知单予以更换，对拒不整改的可上报安全监督站处理。

⑦ 项目监理机构通过查阅施工单位的安全检查记录及整改落实情况，采取各种措施，监督施工单位使这一重要安全管理手段能有效发挥作用。

5）分包单位安全管理制度

① 实行施工总承包的，由总承包单位对施工现场的安全生产负总责。分包单位应当服从总承包单位的安全生产管理，分包单位不服从管理导致生产安全事故的，由分包单位承担主要责任。

② 总包单位应对承揽分包工程的分包单位进行资质、安全生产许可证和相关人员安全生产资格的审查。

③ 当总包单位与分包单位签订分包合同时，应签订安全生产协议书，明确双方的安全责任。

④ 分包单位应按规定建立安全机构，配备专职安全员。

⑤ 项目监理机构应抽查分包单位资质和人员资格，以及与总包签订的施工安全协议书及执行情况，对总包以包代管的情况要签发安全隐患整改通知。

⑥ 施工单位应当为施工现场从事危险作业的人员办理意外伤害保险。意外伤害保险费由施工单位支付。实行施工总承包的，由总承包单位支付意外伤害保险费，意外伤害保险期限自建设工程开工之日起至竣工验收合格止。

6）安全生产条件所需资金投入管理制度。

7）安全生产规章制度和操作规程。

8）安全生产技术管理制度。

9）施工现场安全管理制度。

10）施工设施、设备及临时建（构）筑物的安全管理制度。

11）分包、劳务、供应商安全生产管理制度。

12）安全考核和奖惩制度。

13）班前安全活动制度。

14）消防责任制度和动火三级审批制度。

15）治安保卫制度。

16）安全事故应急救援制度等。

4.5 项目安全管理组织架构及人员配置的审查要点

（1）工程项目部应依据《施工企业安全生产管理规范》GB 50656、《建筑施工企业主要负责人、项目负责人和专职安全生产管理人员安全生产管理规定》（建设部令第 17 号 2014 年实施）、承包合同和工程安全管理情况，设置项目安全生产管理机构，配备安全管理人员，明确项目管理人员的安全管理职责等。监理机构对其进行核查，并形成记录。

（2）施工企业应建立以项目经理为首的项目安全生产领导小组，小组成员由项目经理、项目技术负责人、专职安全员、施工员及各工种班组长组成。实行施工总承包的项目，专业承包企业和劳务分包企业应纳入总包单位安全管理体系统一管理，项目安全生产领导小组应由总承包企业、专业承包企业和劳务分包企业的项目经理、项目技术负责人和专职安全生产管理人员共同组成。

（3）项目经理及主要管理人员必须和投标时一致，且必须到岗；项目经理在同一时期只能承担一个工程项目的管理工作；项目经理必须经行建设单位管部门培训考核合格，除具有建造师资格证外，同时应持有安全员 B 证，方可持证上岗。

（4）项目专职安全管理人员必须经行建设单位管部门培训考核合格，取得安全员 C 证，方可持证上岗，配置数量应符合下列规定：

1）总承包单位项目专职安全员配备数量：

① 建筑或装修工程：1 万 m² 以下工程不少于 1 人；

② 建筑或装修工程：1～5 万 m² 工程不少于 2 人；

③ 建筑或装修工程：5 万 m² 及以上工程不少于 3 人；

④ 土木工程、线路管道、设备安装工程：5000 万元以下工程不少于 1 人；

⑤ 土木工程、线路管道、设备安装工程：；5000 万～1 亿元工程不少于 2 人；

⑥ 土木工程、线路管道、设备安装工程：1 亿元及以上工程不少于 3 人。

2）专业承包单位项目专职安全员配置数量：

① 一个项目至少配备 1 人；

② 根据所承担的分部分项工程的工程量和施工危险程度增加。

3）劳务分包单位项目专职安全生产管理人员配置数量：

① 施工人员在 50 人以下的，应当配备 1 名；

② 施工人员在 50～200 人的，应当配备 2 名；

③ 施工人员在 200 人及以上的，应当配备 3 名；

④ 根据分部分项工程施工危险实际情况增加，但不少于施工人员总数的 5‰。

（5）项目监理机构定期抽查施工单位《项目管理人员登记表》（GDAQ20103）、《项目安全管理人员登记表》（GDAQ20104），并进行身份及资料核对。如果检查发现项目经理及主要管理人员名实不符或不具备资格上岗或不能履行安全管理职责的情况，应该按照安全隐患进行处理，即签发安全隐患通知单或停工令，并抄报建设单位，情况严重的可向安全监督站进行报告处理。

4.6 特种作业人员持证上岗的审查要点

（1）建筑施工特种作业人员是指在房屋建筑和市政工程施工活动中，从事可能对本人、他人及周围设施造成重大危害作业的人员。如垂直运输机械作业人员、起重机械安装拆卸工、爆破作业人员、起重信号司索工、起重机械司机、登高架设作业人员、建筑电工、架子工、高处作业吊篮安装拆卸工和经省级以上人民政府认定的其他特种作业人员。

（2）建筑电工、建筑架子工（P 普通脚手架；F 附着升降脚手架）、建筑起重信号司索工、建筑起重机械司机（TSW）、筑起重机械安装拆卸工（TSW）、处作业吊篮安装拆卸工等特殊工种必须持有建设行政主管部门颁发的资格证后，方可上岗作业。焊工、爆破作业人员、驾工（如铲车、挖掘机）等必须持有安监局等部门颁发的特殊工种资格证后，方可上岗作业。

（3）项目监理机构应对施工单位《项目特殊作业人员登记》（省安全统表GDAQ20105）及证件资料进行核查，并在施工现场进行核查核对。如果发现名实不符或不具备资格上岗的情况，应该按照安全隐患进行处理，即签发安全隐患通知单或停工整改指令。

4.7 施工作业人员资格审查要点

（1）所以施工作业人员必须经过三级教育方可上岗。

（2）作业人员进入新的岗位或者新的施工现场前，应当接受安全生产教育培训，未经教育培训或者教育培训考核不合格的人员，不得上岗作业。

（3）施工单位在采用新技术、新工艺、新设备、新材料时，应当对作业人员进行相应的安全生产教育培训。

（4）施工单位应当为施工现场从事危险作业的人员办理意外伤害保险。意外伤害保险费由施工单位支付。实行施工总承包的，由总承包单位支付意外伤害保险费。意外伤害保险期限自建设工程开工之日起至竣工验收合格止。

4.8 建筑施工起重机械设备进场审查要点

（1）施工单位采购、租赁的安全防护用具、机械设备、施工机具及配件，应当具有生产（制造）许可证、产品合格证，并在进入施工现场前进行查验。施工现场的安全防护用具、机械设备、施工机具及配件必须由专人管理，定期进行检查、维修和保养，建立相应的资料档案，并按照国家有关规定及时报废。

（2）施工单位在使用施工起重机械和整体提升脚手架、模板等自升式架设设施前，应当组织有关单位进行验收，也可以委托具有相应资质的检验检测机构进行验收；使用承租的机械设备和施工机具及配件的，由施工总承包单位、分包单位、出租单位和安装单位共同进行验收。验收合格的方可使用。《特种设备安全监察条例》规定的施工起重机械，在验收前应当经有相应资质的检验检测机构监督检验合格。施工单位应当自施工起重机械和整体提升脚手架、模板等自升式架设设施验收合格之日起 30 日内，向建设行政主管部门或者其他有关部门登记。登记标志应当置于或者附着于该设备的显著位置。

（3）提供机械设备和配件的单位，应当按照安全施工的要求配备齐全有效的保险、限位等安全设施和装置。

（4）出租的机械设备和施工机具及配件，应当具有生产（制造）许可证、产品合格证。出租单位应当对出租的机械设备和施工机具及配件的安全性能进行检测，在签订租赁协议时，应当出具检测合格证明。禁止出租检测不合格的机械设备和施工机具及配件。

（5）在施工现场安装、拆卸施工起重机械和整体提升脚手架、模板等自升式架设设施，必须由具有相应资质的单位承担。安装、拆卸施工起重机械和整体提升脚手架、模板等自升式架设设施，应当编制拆装方案、制定安全施工措施，并由专业技术人员现场监督。施工起重机械和整体提升脚手架、模板等自升式架设设施安装完毕后，安装单位应当自检，出具自检合格证明，并向施工单位进行安全使用说明，办理验收手续并签字。

（6）施工起重机械和整体提升脚手架、模板等自升式架设设施的使用达到国家规定的检验检测期限的，必须经具有专业资质的检验检测机构检测。经检测不合格的，不得继续使用。

（7）检验检测机构对检测合格的施工起重机械和整体提升脚手架、模板等自升式架设设施，应当出具安全合格证明文件，并对检测结果负责。

5 危险性较大的分部分项工程专项施工方案报审

5.1 危险性较大的分部分项工程的划分

（1）危险性较大的分部分项工程的定义：依据住建部《危险性较大的分部分项工程安全管理办法》（建质［2009］87 号），危险性较大的分部分项工程是指建筑工程在施工过程中存在的、可能导致作业人员群死群伤或造成重大不良社会影响的分部分项工程。

（2）危险性较大的分部分项工程的划分：依照住建部《危险性较大的分部分项工程安全管理办法》（建质［2009］87 号），危险性较大的分部分项工程按照工程专业不同划分为七大类别，依照其规模大小及危险程度不同划分为三个等级（参见表5-5-1）。其安全管理基本要求如下：

1）超过一定规模的危险性较大的分部分项工程在施工前，施工单位需编报安全专项施工方案并须经专家论证，监理单位须编制安全监理实施细则；施工过程中，施工单位必须派专人（安全管理人员）全程现场旁站监管，项目监理机构需派监理人员实施现场监理

（住建部要求）或旁站监理（广东省要求）。

2）危险性较大的分部分项工程在施工前，施工单位必须编报安全专项施工方案、监理单位须编制安全监理实施细则；而施工过程中，施工单位必须派专人（安全管理人员）全程现场旁站监管、项目监理机构需派监理人员实施现场监理（住建部要求）或旁站监理（广东省要求）。

3）未列入建质〔2009〕87号文及表5-5-1中的其他一般施工安全措施工程，在施工前，施工单位应在施工组织设计中的安全技术措施一章中明确安全管理要求或编制安全管理专项方案，项目监理机构应在监理规划或安全监理方案中明确安全监理措施；施工过程，纳入施工单位施工安全管理体系实施管理，重点做好每日安全自查自纠制度的落实，项目监理机构重点做好日常巡视检查等安全监理工作。

危险性较大的分部分项工程类别及等级划分一览表　　　　表 5-5-1

类别 \ 等级		危险性较大的	超过一定规模的危险性较大的
一、基坑支护、降水工程	各类	开挖深度≥3m	≥5m
	地质条件和周边环境复杂	开挖深度<3m	<5m
二、土方开挖工程		开挖深度≥3m	≥5m
三、模板工程及支撑体系	工具式的模板工程	各类（大模板/滑膜等）	滑膜/爬模/飞模
	混凝土模板支撑工程 — 搭设高度	≥5m	≥8m
	混凝土模板支撑工程 — 搭设跨度	≥10m	≥18m
	混凝土模板支撑工程 — 施工总荷载	≥10kN/m²	≥15kN/m²
	混凝土模板支撑工程 — 集中线荷载	≥15kN/m²	≥20kN/m²
	钢结构安装满堂红承重支撑体系	单点集中荷载≥700kg	≥700kg
四、起重吊装及安装拆卸工程	采用非常规起重设备、方法	单件起重≥10kN	≥100kN
	采用起重设备安装的工程	各类	≥300kN
	起重机械设备自身 — 安装	各类	起重≥300kN
	起重机械设备自身 — 拆卸	各类	内爬式≥200m
五、脚手架工程	落地式钢管架工程	高度≥24m	≥50m
	附着式和分片式整体提升架	各类	提升高度≥150m
	悬挑式脚手架	各类	高度≥20m
	吊篮脚手架	各类	/
	自制卸料、移动操作平台	各类	/
	新型、异型脚手架	各类	/
六、拆除、爆破工程	建筑物、构筑物拆除工程	各类	易发有毒有害气体/粉尘扩散/易燃易爆事故；影响行人安全/交通/电力/通信设施；历史文化控制范围工程
	采用爆破拆除的工程		各类

类别 \ 等级		危险性较大的	超过一定规模的 危险性较大的
七、其他工程	建筑幕墙安装工程	各类	施工高度≥50m
	钢结构安装工程	各类	跨度≥36m
	网架和索膜结构安装工程	各类	跨度≥60m
	人工挖孔桩工程	各类	深度≥16m
	地下暗挖、顶管、水下工程	/	各类
	预应力工程	各类	/
	采用新技术、新工艺、新材料、新设备和尚技术标准的工程	/	各类

5.2 危险性较大的分部分项工程专项施工方案编制范围及内容

（1）住建部建质〔2009〕87 号《危险性较大的分部分项工程安全管理办法》中规定的七大类危险性较大的分部分项工程和超过一定规模的危险性较大的分部分项工程在事前，施工单位必须编报专项施工方案。

（2）建筑工程实行施工总承包的，安全专项施工方案应当由施工总承包企业组织编制，而建筑起重机械安装拆卸工程、基坑工程、附着式升降脚手架工程、建筑幕墙安装工程、钢结构（网架、索膜结构）安装工程、爆破及拆除工程、预应力工程、地下暗挖工程、顶管工程、水下作业工程等专业工程实行分包的，其安全专项施工方案可由专业承包单位编制。

（3）依据广东省《危险性较大的分部分项工程安全管理办法》的实施细则（粤建质〔2011〕13 号）规定，安全专项施工方案的内容应包括：

1）工程概况、施工平面布置、施工要求和技术保证条件；

2）编制所依据：相关法律、法规、技术规范、标准及图纸、施工组织设计等；

3）施工进度计划、材料与设备计划；

4）技术参数、工艺流程、施工方法、检查验收等；

5）设计计算书及相关施工图及节点详图；

6）项目安全管理组织架构及人员配置（姓名、电话、分工等）；

7）施工安全技术措施、应急救援预案、监测监控措施等；

8）方案编审人员名单及学历、专业、职称、职务等情况；

9）项目部安全管理人员、特种作业人员名单及资格证书。

5.3 其他安全类专项施工方案编制范围及内容

（1）《条例》第四十九条规定：施工单位应当根据建设工程施工的特点、范围，对施工现场易发生重大事故的部位、环节进行监控，制定施工现场生产安全事故应急救援预案。实行施工总承包的，由总承包单位统一组织编制建设工程生产安全事故应急救援预案。依据《生产安全事故应急预案管理办法》（安监总局令第 88 号 2016 年实施）应急预案应包括以下内容：

1）施工现场危险源辨识；

2）应急组织机构及其职责；

3）应急响应及信息报告；

4）应急处置措施和注意事项；

5）应急保障措施等。

（2）《建设工程施工现场消防安全技术规范》（GB 50720）第6.1.5条规定：施工单位应编制施工现场防火技术方案，内容应包括：

1）施工现场重大火灾危险源辨识；

2）施工现场防火技术措施；

3）临时消防设施、临时疏散设施配备；

4）临时消防设施和消防警示标识布置图。

（3）《建设工程施工现场消防安全技术规范》（GB 50720）第6.1.6条规定：施工单位应编制施工现场灭火及应急疏散预案，内容应包括：

1）应急灭火处置机构及各级人员应急处置职责；

2）报警、接警处置的程序和通讯联络的方式；

3）扑救初起火灾的程序和措施；

4）应急疏散及救援的程序和措施。

（4）《施工现场临时用电安全技术规范》（JGJ 46）规定，施工现场临时用电设备在5台及以上或设备总容量在50kW及以上者应编制临时用电组织设计，内容包括：

1）现场勘测；

2）确定电源进线、变电所或配电室、配电装置、用电设备位置及线路走向；

3）进行负荷计算及选择变压器；

4）设计配电系统、设计配电线路，选择导线或电缆；

5）设计配电装置，选择电器；

6）设计接地装置、防雷装置；

7）绘制临时用电工程图纸（用电平面图、配电装置布置图、配电系统接线图、接地装置图）；

8）确定防护措施、安全用电措施和电气防火措施。

（5）项目总监认为工程施工存在其他危险性大的分部分项工程，可以下达安全监理指令，要求施工单位增加编报安全专项施工方案。如：施工场地地下管线保护专项施工方案、安全文明创优专项施工方案等。

5.4 危险性较大的分部分项工程专项施工方案的编报程序

（1）危险性较大的分部分项工程或超过一定规模的危险性较大的分部分项工程安全专项施工方案的编报程序应符合住建部建质〔2009〕87号《危险性较大的分部分项工程安全管理办法》和广东省《危险性较大的分部分项工程安全管理办法》的实施细则（粤建质〔2011〕13号）的规定。

（2）危险性较大的分部分项工程或超过一定规模的危险性较大的分部分项工程在开工

前，施工单位必须完成安全专项施工方案的编报、审查、审核和审批。

（3）安全专项施工方案应由施工单位项目经理部技术负责人负责组织编制，由施工单位技术部门组织本企业施工技术、安全、质量等部门的专业技术人员进行审核，由施工单位企业技术负责人审批签名，并盖企业法人公章。实行施工总承包的工程，安全专项施工方案应由施工总承包企业组织编制。而建筑起重机械安装拆卸工程、基坑工程、附着式升降脚手架工程、建筑幕墙安装工程、钢结构（网架、索膜结构）安装工程、爆破及拆除工程、预应力工程、地下暗挖工程、顶管工程、水下作业工程等专业工程实行分包的，其安全专项施工方案可由专业承包单位负责编制。

（4）由施工总承包单位负责编制的危险性较大的分部分项工程安全专项施工方案，依照《安全专项施工方案》（安全省统表 GDAQ21101）封面格式，并必须经施工总承包单位企业技术负责人审批签名、盖总承包单位企业法人公章后，由总承包单位项目经理部依照《安全专项施工方案报审表》（安全省统表 GDAQ21103）或《施工组织设计/（专项）施工方案报审表》（监理规范 B.0.1 表）格式填写、项目经理签名和盖项目章后报项目监理机构审查，未满足上述条件监理机构不能给予批准。

（5）由专业承包单位负责编制的危险性较大的分部分项工程专项施工方案，依照《专业承包工程安全专项施工方案》（省安全统表 GDAQ21102）封面格式必须经专业承包单位企业技术负责人审批签名、盖专业承包单位企业法人公章后，报施工总承包单位审查，并必须经施工总承包单位企业技术负责人审批签名、盖总承包单位企业法人公章后，由总承包单位项目经理部依照《安全专项施工方案报审表》（省安全统表 GDAQ21103）或《施工组织设计/（专项）施工方案报审表》（监理规范 B.0.1 表）格式填写、项目经理签名和盖项目章后报项目监理机构审查，未满足上述条件监理机构不能给予批准。

（6）超过一定规模的危险性较大的分部分项工程专项施工方案，在报监理机构审查前，应当由施工企业组织召开专家论证会，实行施工总承包的工程，由施工总承包单位组织召开专家论证会，并由专家组提交论证报告。如果专家论证报告结论为不通过的，施工单位须重新编制和重新组织专家论证，如果论证结论为修改后通过的，施工单位须依照专家论证报告意见进行修改完善后，由总承包单位项目经理部将安全专项施工方案、《专家论证审查表》（省安全统表 GDAQ4314）、《安全专项施工方案报审表》（省安全统表 GDAQ21103）及修改相关材料一并报目监理机构审查、审核，并必须经建设单位项目负责人审批通过、签名及盖建设单位企业法人公章后方可实施。

（7）超过一定规模的危险性较大的分部分项工程专项方案专家论证要求：

1）专家论证会参加单位及人员包括：专家组成员；建设单位项目负责人或技术负责人；监理单位项目总监理工程师及相关人员；施工单位分管安全的负责人、技术负责人、项目负责人、项目技术负责人、专项方案编制人员、项目专职安全生产管理人员。根据需要邀请勘察设计单位项目技术负责人及相关人员参加。

2）专家组成员要求：人数不少于 5 名（项目参建各方的人员不得以专家身份参加专家论证会）。

3）专家资格要求：从事专业工作 15 年以上或具有丰富的专业经验，具有高级专业技术职称。

4）专家论证的主要内容：专项方案内容是否完整、可行；专项方案计算书和验算依据是否符合有关标准规范；安全施工的基本条件是否满足现场实际情况。

5）专项方案经论证后，专家组应当提交论证审查报告，对论证的内容提出明确的意见，并在论证报告上签字，该报告作为专项方案修改完善的指导意见。

6）专项方案经论证后需做重大修改的，施工单位应当按照论证报告修改，并重新组织专家进行论证。

（8）经项目监理机构和建设单位审查未通过的安全专项施工方案，施工单位应按照审查意见修改完善后依照程序重新报审。

（9）施工单位应当严格按照专项方案组织施工，不得擅自修改、调整专项方案，如因设计、结构、外部环境等因素发生变化确需修改的，修改后的专项方案应当重新报审；而对于超过一定规模的危险性较大工程的专项方案，施工单位应当重新组织专家进行论证。

5.5　危险性较大的分部分项工程专项施工方案的审查、审核和审批

（1）项目监理机构应按照合同或会议约定的时间，由总监负责安排相关专业监理工程师对安全专项施工方案进行专业性及可行性审查，并在方案报审表中签署审查意见后，报总监签署审核意见。

（2）危险性较大的分部分项工程专项施工方案经监理机构审查后，如果需要补充修改的，项目监理机构必须及时将审查意见及报审资料返还施工单位进行补充修改，施工单位补充修改后按照规定程序重新向监理机构报审；如果审查通过的返还施工单位按照批准的方案组织实施，并同时报建设单位一份备查。但超过一定规模的危险性较大的分部分项工程专项施工方案经监理机构审查通过后，还必须报建设单位审批同意后方可实施。

（3）安全专项施工方案专业监理工程师审查要点：

1）编制及报审程序、签名盖章等是否符合规定要求（见本章4.3条）；

2）是否依照本工程设计和工程实际情况编制具有针对性；

3）编制内容及深度要能满足指导施工班组的施工作业需要而具有实操性（见本章4.2）；

4）所采用的施工方案或施工方法或施工工艺是否合理、先进和可行；

5）设计计算是否有误，有无满足施工要求的施工图及构造大样图等；

6）所制定的施工安全管理措施和施工安全技术保证措施是否全面、有效和可靠；

7）需组织专家论证的，是否按照专家论证报告意见进行补充修改；

8）是否有违反相关法律、法规和工程建设强制性标准的内容，以及强制性标准规定要求是否在方案中得到落实。

（4）安全专项施工方案总监审核要点：

1）对专业监理工程师的审查意见的完整性、正确性进行复核；

2）对方案实施的建设程序合法性、报批程序合法性、合同约定条款一致性，以及施工内外部条件等进行审核；

3）是否需要经建设单位批准后才能实施等。

6 危险性较大的分部分项工程施工过程监管要求

6.1 危险性较大的分项分部工程施工过程施工单位监管要求

（1）施工企业应当严格按照专项方案组织施工，不得擅自修改、调整专项方案。

（2）危险性较大的分部分项工程应当按有关规定在施工现场明显位置进行公示，公示内容包括：危险性较大的分部分项工程的名称、部位、施工期限、施工负责人、安全监控责任人、质量监控责任人和投诉举报电话等。

（3）专项方案实施前，编制人员或项目技术负责人应当向项目部的相关负责人、专职安全员等现场管理人员和作业人员进行安全技术交底。

（4）施工企业应当指定专人对专项方案实施情况进行现场监督和按规定进行监测。发现不按照专项方案施工的，应当要求其立即整改；发现有危及人身安全紧急情况的，应当组织作业人员撤离危险区域。

（5）施工企业技术负责人或其分支机构技术负责人应当定期巡查专项方案实施情况，做好巡查记录，对存在问题提出整改意见，并建立巡查档案。

6.2 危险性较大的分项分部工程施工过程监理单位监管要求

（1）监理企业应当将危险性较大的分部分项工程列入监理规划和监理实施细则，针对工程特点、周边环境和施工工艺等，制定安全监理工作流程、方法和措施。

（2）监理企业应当对专项方案实施情况进行现场监理。对不按专项方案实施的，应当要求施工单位整改，施工企业拒不整改的，应当及时向建设单位报告；建设单位接到监理企业报告后，应当立即责令施工企业停工整改；施工企业仍不停工整改的，建设单位应当及时向住房城乡建设行政主管部门或施工安全监督机构报告。

（3）对按规定需要验收的危险性较大的分部分项工程，施工企业、监理企业应当组织项目负责人、专项方案编制人、项目技术负责人、总监理工程师、专业监理工程师等有关人员进行验收。验收合格的，经项目技术负责人及项目总监理工程师签字后，方可进入下一道工序。

7 安全监理检查及隐患处理

7.1 安全监理检查工作的基本要求

（1）安全监理检查工作要认真贯彻《安全生产法》：安全生产工作应当以人为本，坚持安全发展，坚持安全第一、预防为主、综合治理的方针。一是要通过理顺、控制施工单位安全管理人员及安全管理理念，达到控制施工安全的目的。因此，对施工单位安全管理人员管理理念、履职情况和作业人员违规违章不安全行为作为安全监理工作的首要重点，特别是在开工前期，监理机构通过策划组织一系列的宣传、沟通、学习、事件分析等活动，在项目建立起一种正确的安全管理思想、责任到人的管理状态和安全第一的施工氛围；二是要以预防为主。安全监理工作要始终走在施工的前面，抓好施工前的安全技术准备工作、安全管理标准的宣贯工作、施工安全交底工作，并监督落实好施工前的各项安全措施等；三是要履行好施工过程的各项安全检查、旁站、验收等监理职责，发现问题及时向施工单位发出整改指令并督促落实。

（2）安全监理工作是一种监督管理行为，监理人员应做到："问题要看到，看到要说到，说道要写到，写到要跟到"。监理人员要能够及时、全面、准确的评判安全风险及存在安全隐患，对检查发现的违规违章行为或安全隐患应立即向施工单位及安全管理人员下达口头指令，对不执行口头指令或较大、重大安全隐患应下达书面整改指令，并对下达的整改指令要跟踪督促落实。

（3）安全监理工作也是一项专业技术服务工作，并要承担安全监理法律责任，因此，安全监理工作执业行为要规范，判定安全隐患及签发整改指令必须有根有据、客观准确，处理安全隐患必须按规定程序，所有安全检查及隐患处理应有书面资料给予支持。

7.2　日常安全巡视检查及隐患处理

（1）依据建设部《关于落实建设工程安全生产监理责任的若干意见》（建市〔2006〕248号）规定：监理单位应监督施工单位按照施工组织设计中的安全技术措施和专项施工方案组织施工，及时制止违规施工作业。

（2）依据《广东省住房和城乡建设厅建筑工程安全生产动态管理办法》（粤建质〔2009〕1号）第二十二条规定：专业监理工程师应对危险性较大的分部分项工程和安全事故易发工序进行巡查，并做好安全检查记录。

（3）项目总监负责制定日常安全巡视检查监理制度，明确监理人员日常安全巡视检查的岗位职责及要求。项目监理机构各专业监理工程师和监理员除对自己负责的专业区域的工程质量监管的同时，应对其施工安全情况同时实施日常巡视检查，而专职安全监理员应对施工现场实施全面的日常安全巡视检查，并做好日常安全巡视检查记录。

（4）日常安全巡视检查的工作重点是施工现场、施工过程，具体应包括：施工过程是否存在违反施工安全管理条例的违规违法行为；施工单位特别是总承包单位安全管理人员是否在现场监管；是否存在无方案冒险施工或不按照方案施工的行为；是否有违反相关施工安全技术规范特别是强制性标准的情况；特殊工种是否持证上岗人证合一等。

（5）监理人员在日常安全巡视检查中发现有违规违章作业情况的，应立即下达口头指令予以制止，并通知施工单位管理人员安排整改。如果制止无效或存在较大安全隐患的，应及时报告总监处理，总监应及时签发安全隐患整改通知单或停工整改通知单。

（6）专业监理工程和监理员应将日常安全巡查情况在《安全监理日记》（省安全统表GDAQ4305）中记录备忘，并交总监签阅；专职安全监理员应做好日常安全巡视检查记录（无规定格式，可参照表5-7-1）。

7.3　安全现场监理（旁站）及隐患处理

（1）依据建设部《危险性较大的分部分项工程安全管理办法》（建质〔2009〕87号）第十九条规定：监理单位应当对危险性较大的分部分项工程安全专项施工方案实施情况进行现场监理；对不按安全专项施工方案实施的，应当责令整改，施工单位拒不整改的，应当及时向建设单位报告；建设单位接到监理单位报告后，应当立即责令施工单位停工整改；施工单位仍不停工整改的，建设单位应当及时向住房城乡建设主管部门报告。

（2）依据《广东省住房和城乡建设厅建筑工程安全生产动态管理办法》（粤建质〔2009〕1号）第二十二条规定：专业监理工程师应对危险性较大的分部分项工程和安全事故易发工序进行旁站。

（3）安全现场监理（或旁站）工作的主要依据是批准的安全专项施工方案和相关的施工安全技术规范。其工作重点：一是对施工前安全准备条件和安全保证措施落实情况进行全面核查，不具备安全施工条件的不允许开工，如果施工单位强行冒险违规施工应立即报告总监并签发停工令；二是对施工过程中是否按照专项施工方案执行情况实施全过程旁站监督，对不按批准的专项施工方案施工的违规行为给予制止，制止无效应立即报告总监处理并签发停工整改指令。三是旁站监理人员应按照《建筑施工起重机械安装/拆卸旁站监理记录表》（省安全统表GDAQ4307）或《危险项较大分部分项工程旁站监理记录表》（省安全统表GDAQ4308）格式及要求做好旁站记录。

（4）大型建筑施工机械设备（如：塔吊、施工电梯、施工吊篮等）安装或拆除工程施工安全现场监理（或旁站）工作重点：

1）安装或拆卸前必须核查以下施工准备情况：

① 是否已履行监理报审手续；

② 是否已办理告知手续；

③ 总承包单位专职安全员是否到位；

④ 使用单位专职设备管理人员和专职安全员是否到位；

⑤ 安装或拆卸单位专业技术负责人、专职安全人员是否到位；

⑥ 安装或拆卸单位是否做了施工安全交底；

⑦ 安装或拆卸单位的特殊工种是否与方案配置相符、证书与人员是否相符；

⑧ 安装或拆卸准备工作是否符合专项施工方案要求；

⑨ 是否落实了安装或拆卸应急救援预案措施；

⑩ 安装或拆卸作业警戒区的设立与警戒人员是否到位。

2）安装或拆卸作业过程是否按照专项施工方案执行。

（5）其他危险项较大分部分项工程（如：基坑支护、高支模、脚手架、人工挖孔桩、爆破拆除工程等）施工安全现场监理（或旁站）工作重点：

1）开工前必须核查以下施工准备情况：

① 是否已履行监理报审手续；

② 总承包单位专职安全员是否到位；

③ 专业承包单位专职安全生产管理人员到位情况；

④ 是否做了施工安全交底；

⑤ 特殊工种是否与方案配置相符、证书与人员是否相符；

⑥ 施工准备工作是否符合专项施工方案要求；

⑦ 是否落实了施工应急救援预案措施；

⑧ 施工作业警戒区的设立与警戒人员是否到位。

2）施工过程是否按照专项施工方案执行。

7.4 定期安全检查及隐患处理

（1）依据建设部《关于落实建设工程安全生产监理责任的若干意见》（建市［2006］248号）规定，监理单位应定期巡视检查危险性较大工程作业情况。

（2）定期安全检查就是监理机构组织对施工现场一个周期内的安全隐患整改落实情况及安全现状，特别是危险性较大分部分项工程施工安全状况所进行的一次全面检查。

（3）总监负责制定项目定期安全检查制度并组织实施。且应通知施工单位项目经理、专职安全员、建设单位代表等相关安全管理人员参加，由专职安全监理员做好检查记录及照片资料。

（4）定期安全检查的周期应根据工程施工安全管理情况及需要，由监理单位、施工单位和建设单位共同协商确定，一般房屋建筑工程应每周定期检查一次。

（5）定期安全检查的范围包括施工安全管理状况和施工现场全面的安全现状等。检查内容应包括违法违规行为、违反安全技术规范及强制性标准、无方案或不按照安全专项施工方案冒险施工作业等全方位检查。

（6）定期安全检查工作的主要依据是：《建设工程安全生产管理条例》、《建筑施工安全检查标准》（JGJ 59）及相关的施工安全技术规范、施工组织设计、安全专项施工方案等。

（7）《条例》所规定的施工单位下列十七中违规违法行为应作为定期安全检查的必查项目：

1）未设立安全生产管理机构、配备专职安全生产管理人员或者分部分项工程施工时无专职安全生产管理人员现场监督的；

2）施工单位的主要负责人、项目负责人、专职安全生产管理人员、作业人员或者特种作业人员，未经安全教育培训或者经考核不合格即从事相关工作的；

3）未在施工现场的危险部位设置明显的安全警示标志，或者未按照国家有关规定在施工现场设置消防通道、消防水源、配备消防设施和灭火器材的；

4）未向作业人员提供安全防护用具和安全防护服装的；

5）未按规定在施工起重机械和整体提升脚手架、模板等自升式架设设施验收合格后登记的；

6）使用国家明令淘汰、禁止使用的危及施工安全的工艺、设备、材料的；

7）施工单位挪用列入建设工程概算的安全生产作业环境及安全施工措施所需费用的；

8）施工前未对有关安全施工的技术要求做出详细说明的；

9）未根据不同施工阶段和周围环境及季节、气候的变化，在施工现场采取相应的安全施工措施，或者在城市市区内的建设工程的施工现场未实行封闭围挡的；

10）在尚未竣工的建筑物内设置员工集体宿舍的；

11）施工现场临时搭建的建筑物不符合安全使用要求的；

12）未对可能造成损害的毗邻建筑物、构筑物和地下管线等采取专项防护措施的；

13）安全防护用具、机械设备、施工机具及配件在进入施工现场前未经查验或者查验不合格即投入使用的；

14）使用未经验收或验收不合格的起重机械和整体提升脚手架、模板等自升式架设设

施的;

15）委托不具有相应资质的单位承担施工安装、拆卸施工起重机械和整体提升脚手架、模板等自升式架设设施的;

16）在施工组织设计中未编制安全技术措施、未按规定编制安全专项施工方案的;

17）主要负责人、项目负责人、作业人员不服管理、违反规章制度和操作规程冒险作业。

（8）定期安全检查结束后，总监应向参加巡视检查的各单位及人员通报本次检查的情况和存在的主要安全隐患及整改要求，并由专职安全监理员整理书面定期安全检查记录表经总监审核签名后发相关单位。对检查发现的较大、重大安全隐患或反复出现的安全隐患总监应签发安全隐患整改指令或停工整改指令。

（9）定期安全检查记录表无规定格式，监理机构可自行设计，也可参考表 5-7-1 格式。

监理单位（定期/专项）安全检查记录表　　　　　表 5-7-1

编号：×××

序号	安全隐患描述	隐患部位	责任单位	处理意见
巡查人员	施工单位：	填表人		
	建设单位：	总　　监		
	监理单位：	日　　期		

注：附巡检查照片资料；本表各参加单位各一份。

7.5　专项安全检查及隐患处理

（1）依据建设部《关于落实建设工程安全生产监理责任的若干意见》（建市〔2006〕248 号）：监理单位应督促施工单位进行安全自查工作，并对施工单位自查情况进行抽查，参加建设单位组织的安全生产专项检查。

（2）依据《广东省住房和城乡建设厅建筑工程安全生产动态管理办法》（粤建质〔2009〕1 号）第九条规定：监理企业应对危险性较大工程作业进行专项安全检查，并做好检查记录。

（3）项目总监负责制定项目专项安全检查制度，并根据施工安全状况及需要，不定期适时组织安排具有针对性的安全专项检查，并通知相关单位及相关专业人员参加，并由专职安全监理员或专业监理工程师做好检查记录。

（4）专项安全检查范围包括施工安全管理和施工过程两大方面。通常情况下，针对施工单位安全自查自纠制度执行不力、以包代管、持证上岗等安全管理混乱情况可安排专项安全检查，或对危险性较大的分部分项工程施工过程安排专项安全检查，或针对某专项安全措施工程（如：场地布置、临电、临边防护、警示标志设置、易燃易爆品存放、临时消防系统等）安排专项安全检查，或针对安全隐患整改落实不力并反复出现安排专项安全检查，或工地发生了安全事件后安排专项安全检查，或针对台风季节、暴雨季节、节假日、政府检查等情况安排专项安全检查等。

（5）专项安全检查工作的主要依据是批准的安全专项施工方案和相关的施工安全技术规范。

（6）专项安全检查结束后，组织者（项目总监或专业监理工程师）应向参加专项安全检查的各单位及人员通报本次检查情况和存在的主要安全隐患及整改要求，并由专职安全监理员或专业监理工程师整理书面专项安全检查记录经总监审核签名后发相关单位。对专项安全检查发现的较大、重大安全隐患总监应签发安全隐患整改指令或停工整改指令。

（7）专项安全检查记录表无规定格式，监理机构可自行设计，也可参考表 5-7-1 格式。

7.6 施工安全检查评定

（1）施工安全检查评定的依据主要包括：《建筑施工安全检查标准》（JGJ 59）及相关的法律法规、规程规范；施工组织设计和安全专项施工方案；施工单位安全管理标准；施工现场安全实际状况等，

（2）施工安全检查评定的频次：依据《施工企业安全生产管理规范》（GB 50656），总承包工程项目部依照《建筑施工安全检查标准》每月至少进行一次全面定量安全检查。

（3）依据《广东省住房和城乡建设厅建筑工程安全生产动态管理办法》（粤建质〔2009〕1号）规定：监理企业的总监理工程师应按规定及时实施阶段安全评价。

（4）依据《建筑施工安全检查评分汇总表》（省安全统表 GDAQ2030101）及分表格式，专业监理工程师应督促并参加总承包单位组织的每月一次的施工安全检查评定工作，并对其评分结果审查签名后报总监审核签名确认。

（5）安全检查评分应注意的事项：

1）《建筑施工安全检查标准》（JGJ 59）将施工安全检查项目划分为：安全管理（10分）、文明施工（15分）、脚手架（10分）（扣件式、悬挑式、门式钢管架、碗扣式钢管架、附着式升降架、承插型盘扣式钢管架、高处作业吊篮、满堂式）、基坑工程（10分）、模板支架（10分）、高处作业（10分）、施工用电（10分）、物料提升机和施工升降机（10分）、塔式起重机和起重吊装（10分）、施工机具（5分）共十个分项（满分为100分）。

2）每个分项满分为100分，在十个分项中，除高处作业和施工机具分项检查评分表中未设保证项目外，其余八分项均划分为保证项目满分60分、一般项目满分40分。其中，保证项目应全数检查。

3）当分项检查评分中，如果保证项目中有一项未得分（0分）或保证项目小计得分不足40分，此分项检查评分表不应得分（0分）。

4）如果在检查评分中有尚未实施的分项时，应按照缺项处理。即将存在的分项实际得分合计除以存在分项的满分合计，再乘以100换算成相对的百分值，为最终总得分。

5）对包含多个专业分项的分项，如脚手架、脚手架物料提升机和施工升降机、塔式

起重机和起重吊装，分项得分应为其包含的多个专业分项评分的加权平均值。

6）施工安全检查评定结论划分为优良、合格、不合格三个等级。优良为分项检查评分表无零分且总得分 80 分及以上；合格为分项检查评分表无零分且总得应在 80 分以下，70 分及以上；不合格为总得不足 70 分或当有一分项得零分时。

（6）安全检查评分结果的处理

1）安全检查评分就是对工地施工安全状况的一次全面"体检"评价，总监应根据安全检查评分结构，及时召开安全检查评分专题会议，就施工安全情况进行全面总结和分析评价，对下阶段（下月）安全管理工作作出安排和提出要求，并形成会议纪要。

2）当安全检查评定的等级为不合格时，监理机构应签发安全隐患整改指令要求施工单位限期整改直至达到合格。对检查发现的较大安全隐患应及时签发安全隐患整改指令，重大安全隐患应签发停工整改指令。

3）对安全检查评定结果应报建设单位，并在定期上报表中向安监站如实上报。

8　安全设施的检查验收

8.1　须办理验收手续的安全设施工程

（1）依据住建部《危险性较大的分部分项工程安全管理办法》（建质［2009］87 号）第十七条：对于按规定需要验收的危险性较大的分部分项工程，施工单位、监理单位应当组织有关人员进行验收。验收合格的，经施工单位项目技术负责人及项目总监理工程师签字后，方可进入下一道工序。

（2）依据住建部《关于落实建设工程安全生产监理责任的若干意见》（建市［2006］248 号）：监理单位应核查施工现场施工起重机械、整体提升脚手架、模板等自升式架设设施和安全设施的验收手续。

（3）依据广东省住房和城乡建设厅关于《危险性较大的分部分项工程安全管理办法》的实施细则（粤建质〔2011〕13 号）第十九条：对按规定需要验收的危险性较大的分部分项工程，施工企业、监理企业应当组织项目负责人、专项方案编制人、项目技术负责人、总监理工程师、专业监理工程师等有关人员进行验收。验收合格的，经项目技术负责人及项目总监理工程师签字后，方可进入下一道工序。

（4）《广东省建筑施工安全管理资料统一用表》（2011 年版）对下列安全设施工程规定了验收表，并须项目监理机构专业监理工程师和项目总监验收签名：

1）《建筑起重机械基础验收表》（GDAQ2090104）；

2）《建筑起重机械安装验收表》（GDAQ2090105）；

3）《施工升降机附着（加节）验收表》（GDAQ2090106）；

4）《塔式起重机附着验收表》（GDAQ2090107）；

5）《扣件式钢管脚手架基础架验收表》（GDAQ209020101）；

6）《扣件式钢管脚手架验收表》（GDAQ209020103）；

7）《门式钢管脚手架基础验收表》（GDAQ209020102）；

8）《门式钢管脚手架验收表》（GDAQ209020104）；

9)《悬挑式脚手架验收表》(GDAQ209020105);

10)《吊篮脚手架验收表》(GDAQ209020106);

11)《附着式整体和分片提升脚手架验收表》(GDAQ209020107);

12)《混凝土模板工程验收表》(GDAQ2090202);

13)《临边洞口防护验收表》(GDAQ2090203);

14)《施工现场临时用电验收表》(GDAQ2090204);

15)《人工挖孔桩防护验收表》(GDAQ2090205);

16)《基坑支护、开挖及降水工程验收表》(GDAQ2090206);

17)《卸料平台验收表》(GDAQ20902070);

18)《施工现场消防设施验收表》(GDAQ21206)。

8.2　安全设施验收要求

(1) 安全设施相关材料、构配件、设备进场验收要求:

1)《建设工程安全生产管理条例》第三十四条和第六十五条规定:施工单位采购、租赁的安全防护用具、机械设备、施工机具及配件,应当具有生产(制造)许可证、产品合格证,并在进入施工现场前进行查验。安全防护用具、机械设备、施工机具及配件在进入施工现场前未经查验或者查验不合格不得投入使用。

2)《条例》第十五条规定:为建设工程提供机械设备和配件的单位,应当按照安全施工的要求配备齐全有效的保险、限位等安全设施和装置。

3)《条例》第十六条规定:出租的机械设备和施工机具及配件,应当具有生产(制造)许可证、产品合格证。出租单位应当对出租的机械设备和施工机具及配件的安全性能进行检测,在签订租赁协议时,应当出具检测合格证明。禁止出租检测不合格的机械设备和施工机具及配件。

4) 广东省住建厅《关于进一步加强房屋市政工程脚手架支撑体系使用的钢管扣件等构配件管理的通知》(粤建质函〔2011〕796号)对施工用钢管、扣件等构配件进场验收和见证抽样送检规定如下:

① 在采购或租赁钢管、扣件及其他构配件时,要与生产或租赁单位签订产品质量保证协议,查验其生产厂家的生产许可证(或租赁单位的工商营业执照),产品的出厂合格证明、法定检测机构出具的检验报告等资料,监理机构须进行核查,凡没有质量证明材料或质量证明材料不齐全的,不得进入工地现场。

② 钢管、扣件及其他构配件进场使用前,施工单位应逐个挑选,有裂缝、变形、螺栓出现滑丝的严禁使用。监理人员旁站监督,检查合格后方可使用,并如实填写相关记录表格。施工现场应建立钢管、扣件及其他构配件的使用台账,详细记录其来源、数量、使用次数、使用部位和质量检验等情况,防止未经检验或检验不合格的扣件在施工中使用。要严格报废制度,凡有严重锈蚀、变形、出现裂纹及其他不符合标准情况的产品必须作废处理,严禁再度使用,并录入使用台账备查。

③ 扣件进入施工现场时,应在监理人员见证下取样复试,抽检数量和技术性能应符合现行国家标准的规定。

④ 在钢管脚手架、支撑体系搭设过程中,对安装后的扣件螺栓拧紧扭力矩应采用扭

力扳手抽查，保证扣件螺栓拧紧扭力矩不小于40N·m，且不大于65N·m，抽样检查数量和质量判定标准应符合《建筑施工扣件式钢管脚手架安全技术规范》（JGJ 130）8.2.5的规定。

5）项目监理机构应督促施工单位对所有进场的安全防护用具、设备和器材进行进场验收，督促施工单位填写《安全防护用具/设备/器材报审表》（GDAQ4317）报项目监理机构审查。专业监理工程师负责审查施工单位的报验资料，主要核查其规格型号、生产许可证、产品合格证、检验报告等。并对实物数量、观感、编号、规格、品牌与申报资料比对，提出审查意见，并报项目总监审核批准。施工单位应做好《安全防护用具进场查验登记表》（GDAQ2090101）、《机械（电气）设备进场查验登记表》（GDAQ2090102）和《施工机具及构配件进场查验登记表》（GDAQ2090103）。

（2）安全设施工程施工验收要求：

1）《条例》第十七条规定：在施工现场安装、拆卸施工起重机械和整体提升脚手架、模板等自升式架设设施，必须由具有相应资质的单位承担。施工起重机械和整体提升脚手架、模板等自升式架设设施安装完毕后，安装单位应当自检，出具自检合格证明，并向施工单位进行安全使用说明，办理验收手续并签字。安全设施工程施工验收应依据相关的法律、法规、施工安全技术规范、批准的施工安全专项方案等规定的方法、程序及标准进行。

2）《条例》第十八条规定：施工起重机械和整体提升脚手架、模板等自升式架设设施的使用达到国家规定的检验检测期限的，必须经具有专业资质的检验检测机构检测。经检测不合格的，不得继续使用。

3）《条例》第三十五条规定：施工单位在使用施工起重机械和整体提升脚手架、模板等自升式架设设施前，应当组织有关单位进行验收，也可以委托具有相应资质的检验检测机构进行验收；使用承租的机械设备和施工机具及配件的，由施工总承包单位、分包单位、出租单位和安装单位共同进行验收。验收合格的方可使用。《特种设备安全监察条例》规定的施工起重机械，在验收前应当经有相应资质的检验检测机构监督检验合格。

4）安全设施工程的隐蔽工程及重要工序应按照规定办理隐蔽验收或中间验收，验收符合隐蔽条件方可继续施工。按规定需要经第三方检测机构检测的，监理机构在验收前，必须核查相关检测报告，检测报告结论必须合格，且检查报告中需要整改的事项已经整改到位。

5）大型施工机械设备安装工程（如塔吊、施工电梯等）要分别对其基础工程和安装工程组织验收；而其他安全防护措施工程（如外脚手架、临电、模板工程等）根据工程进展及使用要求分阶段组织验收。

6）大型施工机械设备安装工程安装完成后，由总包单位项目经理负责组织专业安装单位、使用单位、设备产权（或出租）单位共同验收，总包单位和使用单位的专业技术人员、项目技术负责人和项目负责人，专业安装单位的专项方案编制人、专业技术人员和项目负责人，设备产权（或出租）单位企业负责人须参加验收及签名确认，并盖各单位法人公章。而其他安全防护措施工程由总包单位项目经理负责组织专业承包单位共同验收，总包单位和专业承包单位专项方案编制人、项目技术负责人和项目负责人须参加验收及签名确认，并盖项目章。

7）施工单位自检验收合格后，形成书面验收表（见省安全统表），报监理机构申请验收，总监应及时组织安排专业监理工程师和安全监理员，会同施工单位一起对其进行检查验收，验收合格方可进入下道工序或投入使用。凡经监理验收后不达标的不得进入下道工序施工或投入使用，且总监应及时签发限期整改指令或停工整改指令，施工单位整改完成并自检合格后重新报验。

9 安全隐患整改指令签发及处理

9.1 安全隐患整改指令的签发

（1）监理人员在日常安全巡视检查或安全现场监理（旁站）中，发现施工单位违规、违章作业等安全隐患应立即向安全管理人员下达口头整改指令予以制止，情况严重的应下达口头停工指令，并监督其落实整改。如果制止无效应及时报告总监签发安全隐患整改书面指令。

（2）监理机构在定期安全检查、专项安全检查、阶段性安全检查评分、安全设施工程验收等安全监理活动中，对需要一定时限整改的一般性安全隐患或反复出现的较小的安全隐患或口头整改指令无效的安全隐患，总监应及时向施工单位签发《安全隐患整改通知》（省安全统表 GDAQ4309），情况严重的应签发《暂时停止施工通知》 （省安全统表 GDAQ4311）。

（3）法律（建筑法、安全生产法）、法规（安全生产管理条例）和建设工程强制性标准（施工安全技术规范中黑体字印刷的条款）均具有法律效率，是安全监理的首要重点监管职责，因此，施工单位存在上述违规违法情况，项目监理机构必须签发安全隐患整改书面指令。

（4）按照法律法规规定，总承包单位对项目施工安全负总责，其他所有分包单位必须与总承包单位签订安全管理协议并纳入总承包单位安全管理体系由总承包单位统一管理。因此，安全监理工作必须与总承包单位对接处理，而不能直接对接分包单位，即关于分包单位的所有安全管理相关文件、安全隐患整改指令的收发和安全检查等工作均应经总承包单位。

（5）对不符合安全标准的安全防护用品、安全措施工程所用的重要材料、安全装置不达标的施工机械，总监应及时签发《暂时停止（使用）施工通知》。

（6）对施工单位违法建法规、或未编报安全专项施工方案冒险施工、或不按照批准的安全专项施工方案组织施工、或危险性较大的分部分项工程未经监理机构检查验收合格擅自进入下道工序施工、或严重的违规违章作业、或不符合安全要求的施工机械设备等情况严重的重大安全隐患，总监应及时签发《暂时停止施工（停用）通知》GDAQ4311 要求其停工限期整改。

（7）如果施工单位安全管理混乱，工地安全隐患涉及范围广泛、问题较多，安全隐患反复出现等情况，造成工地施工安全管理处于不可控状态，总监应签发《暂时停止施工通知》全面停工整改。

（8）对施工单位拒绝项目监理机构的安全监督管理行为、或对项目监理机构签发的限期安全隐患整改通知拒不整改等情况，项目监理机构可签发《暂时停止施工通知》（GDAQ4311）要求其停工限期整改。

（9）按照规定，总监签发的安全《暂时停止施工通知》应同时报建设单位。

（10）一般性的安全隐患总监应签发限期整改《安全隐患整改通知》（见表5-9-1实例），如涉及合同及经济处罚的安全隐患整改通知应报送建设单位。

（11）项目监理机构签发安全隐患整改书面指令时，应对隐患的部位、责任单位、隐患的性质、隐患的现状、违规判定及依据、隐患的整改时间及要求等内容要描述清晰准确、用词严谨，判定隐患有根有据，而不能凭感觉、拍脑袋、模棱两可、含混不清。并附上相应的隐患现状照片资料，便于施工单位对隐患的辨识及安排落实。如《安全隐患整改通知》书写实例（见表5-9-1）：第（1）条安全隐患的部位（4♯塔吊安装）、问题（未派专职安全管理员现场全程旁站监督）、依据（建质［2009］87号）、责任单位（总包）、整改要求（当日）、处理措施（拟罚款）等几要素描述清晰、准确。但第（2）条隐患的部位（钢筋加工场一般不是唯一的，不准确）、问题（二、三级电箱混乱使用，电缆拖地严重描述不准确不规范，在临电规范中没有二、三级电箱概念，只有总配电箱、分配电箱和开关箱，且没有说明电箱编号和混乱使用具体情况。另外，拖地电缆的类别、位置、数量、隐患判定等描述不清，依据临电规范在特殊施工阶段电源线可以沿地敷设但应采取保护措施）。

9.2 安全隐患整改指令的处理

（1）专业监理工程和专职安全监理员须对总监签发的《安全隐患整改通知》（表5-9-1）或《暂时停止施工通知》（表5-9-5）实施跟踪落实整改，并于整改完成期限督促施工单位向监理机构申报《安全隐患整改回复》（GDAQ4310）（见表5-9-4）或《复工申请》（GDAQ4312）（见表5-9-6实例），且对其进行逐项复查，签署复查意见后报总监签署处理意见。

（2）经复查，如果施工单位没有按照总监签发的《安全隐患整改通知》要求做实质性的整改，工地仍然存在较大或重大安全隐患，总监应再次签发附带经济处罚的安全隐患整改通知（见表5-9-2实例）。但罚款不是目的，是手段。因此，罚款数额应依据施工承包合同及施工安全管理协议书等相关经济处罚条款确定，罚款是否执行在指令中设定整改条件于在整改到期后根据复查情况确定。

（3）如果监理对施工单位实施了罚款措施，安全隐患仍然得不到实质性的整改，总监可以安全管理管理不力依据施工安全管理规定、合同文件和施工单位安全管理岗位责任制度等，签发附带撤换相关安全管理人员的《安全隐患整改通知》（见表5-9-3实例）。但撤换相关安全管理人员应慎重，在签发前最好与施工单位和建设单位负责人进行沟通达成共识。

（4）施工单位对总监签发的《安全隐患整改通知》或《暂时停止施工通知》拒不整改，即拒绝行为或监理机构采取了各种监理手段都无法解决工地存在重大安全隐患时，总监应及时起草《安全监理重大情况报告》（GDAQ4313）（表5-9-7实例），并报请监理公司及负责人审批并盖公司法人公章后上报安全监督站进行处理。

（5）监理机构对安全监督站签发的安全整改指令要督促施工单位落实整改，并如期如实督促施工单位回复。

安全隐患整改通知   表 5-9-1

工程名称：×××   编号：GDAQ4309-×××

致：×××   公司×××项目经理部（承包单位）

经检查发现，施工现场存在下列安全隐患：

　　（1）4#塔吊安装过程总包单位未派专职安全管理员现场全程旁站监督，违反《危险性较大的分部分项工程管理办》（建质〔2009〕87号）的规定。

　　（2）钢筋加工场二、三级电箱混乱使用，电缆拖地严重。

　　（3）负二层通风空调专业承包单位气焊作业未办理动火审批动火，气焊作业人员无证上岗。

　　（4）塔楼首层高支模实测步距1.6m，大于专项施工方案1.4m要求。

　　上述安全隐患第（1）、（3）条在接到本通知当天整改完成；第（2）、（4）安全隐患须于2012年5月19日17时前完成整改；整改完成自检合格后及时书面回复我部复查。

　　附件：安全隐患照片资料
　　抄送：×××地产公司

项目监理机构：（章）＿＿＿＿＿＿＿

总监理工程师：（签名）＿＿＿＿＿＿

签 发 日 期：＿＿＿＿＿＿＿＿＿＿

签 收 人：（签名）＿＿＿＿＿＿

签收日期：＿＿＿＿＿＿＿＿＿＿

安全隐患整改通知

表 5-9-2

工程名称：×××

编号：GDAQ4309-×××

致：×××   公司   ×××项目经理部（承包单位）

2008 年 2 月 21 日上午，我监理部组织的每周安全检查中发现你部对我部于 2 月 18 日发出的《安全隐患整改通知单》018 号安全隐患没有全面落实整改，工地仍然存在如下重大安全隐患：

（1）5♯楼 20 层外脚手架搭设高度低于作业面，且作业层没有按照规定设置踢脚板和防护栏杆；

（2）5♯楼进入施工作业区的人行通道没有按照规定搭设防护棚；

（3）5♯楼外脚手架上下人员的施工楼梯均未按施工方案搭设。

鉴于 5♯楼施工存在高处作业人员发生坠落和坠物伤人的重大安全隐患，现要求你部在上述重大安全隐患未整改到位前停止 5♯楼相关区域的施工作业，并于 2008 年 2 月 12 日 17 时前完成整改，并自检合格后书面回复我部复查。

我部依照施工承包合同文件中的《施工现场管理规定》第十九条、二十七条和三十条规定将扣除违约金人民币 1.20 万元，如果复查后没有实质性落实整改，我部将依据本通知及复查结论签发《违约金扣单》。

附件：安全隐患照片资料
抄报：×××地产公司

项目监理机构：（章）
总监理工程师：（签名）
签发日期：

签 收 人：（签名）
签收日期：

安全隐患整改通知 表 5-9-3

工程名称：××× 编号：GDAQ4309-×××

致：×××　　　　　公司　×××项目经理部（承包单位）

　　你部对我监理部多次签发的《安全隐患整改通知单》指出的安全隐患整改要求无动于衷，也不予回复，工地安全管理混乱，也已发生几起不安全事件。经调查了解，主要是项目安全部在接到我部签发的安全隐患整改指令后，没有及时上传（项目经理）和下达（施工班组），未按照规定执行安全自查自纠"三定一落实"制度，安全部管理人员不能有效履行自己的安全管理岗位职责，造成工地施工安全管理脱节和处于失控状态。根据施工安全管理相关规定及安全管理岗位责任制度，并与建设单位项目负责人协商同意，现通知你部对本项目安全主任陈××予以撤换，并于×××年××月××日前完成整改。

　　抄报：×××地产公司（甲方）
　　抄送：×××施工单位（公司总部）

项目监理机构：（章）　　　　　

总监理工程师：（签名）　　　　　

签 发 日 期：　　　　　　　

签 收 人：（签名）　　　　
签收日期：　　　　　　

428

安全隐患整改通知回复 表 5-9-4

工程名称：×××　　　　　　　　　　　　　　　　编号：GDAQ4310-×××

致：×××　　　　　　项目监理部

　　我方接到编号为 GDAQ4309-××× 的安全隐患整改通知后，已按要求完成了＿＿＿＿＿＿＿＿＿工作，现报上，请予以复查。

　　附件：1. 整改情况文字资料
　　　　　2. 整改后的照片资料

总承包单位：(章)＿＿＿＿＿＿
项目负责人：(签名)＿＿＿＿＿
日期：＿＿＿＿＿＿＿＿

专业监理工程师复查意见：

　　经复查，安全隐患第（1）、（3）、（4）项整改到位，符合要求；隐患第（2）项基本整改到位，需进一步完善；隐患第（5）项未整改。

专业监理工程师：(签名)＿＿＿＿＿＿
日期：＿＿＿＿＿＿＿＿

总监理工程师意见：

　　鉴于第（5）项安全隐患较为重大，我部再次签发整改指令限期整改，并依照承包合同相关条款给予经济处罚。

项目监理机构：(章)＿＿＿＿＿＿
总监理工程师：(签名)＿＿＿＿＿＿
日期：＿＿＿＿＿＿＿＿

暂时停止施工通知 　　　　　　　　　　　　　　　　　表 5-9-5

工程名称：×××　　　　　　　　　　　　　　　　　编号：GDAQ4311-×××

致：×××　　　　　　公司×××　　　　项目经理部

　　鉴于你部对监理部及业主项目部多次提出的安全隐患整改事项不能有效整改落实，现场施工安全管理混乱。主要存在外架搭设不及时、不规范；塔吊吊物坠落；人员安全通道防护缺失；高处作业及临边防护安全措施不足；模板支撑体系不按专项施工方案搭设等重大安全隐患（详见《安全隐患整改通知单》GDAQ4309-×××）。工地随时有可能发生群死群伤重大安全事故。为此，依据安全管理相关规定和合同中的施工安全协议书《施工现场管理规定》第三十六条规定，现通知你部于 2008 年 4 月 28 日 7：00 起，除裙楼工程及塔楼主体安全隐患整改内容外，工地所有施工暂停工，集中精力对工地施工安全措施进行一次全面的排查整改。并于 4 月 30 日 22：00 前完成全面整改，自检合格后报我部复查。

　　此次停工所造成的工期延误及相关责任由施工单位承担。

　　建设单位和施工单位如有异议，请在接到本停工令 24h 内书面通知我监理部。

报报：×××房产开发公司（建设单位）

　　　　　　　　　　　　　　　　　　　　　　　　　　项目监理机构：（章）＿＿＿＿＿＿

　　　　　　　　　　　　　　　　　　　　　　　　　　总监理工程师：（签名）＿＿＿＿＿＿

　　　　　　　　　　　　　　　　　　　　　　　　　　签发日期：＿＿＿＿＿＿＿＿

复工申请

表 5-9-6

工程名称：×××   编号：GDAQ4312-×××

致：×××_____项目监理部
根据___年_月_日贵单位发出的《暂时停止施工通知》（编号：GDAQ4311-×××）要求，工程现已整改完毕，具备复工条件，特此申请复工，请核查并签发复工审查意见。 附件：1. 整改情况文字资料   2. 整改后的照片资料   <div align="right">总承包单位：（章）_____ 项目负责人：(签名)_____ 日期：_____</div>
专业监理工程师审查意见： 经复查，施工单位已按照我部签发的《暂时停止施工通知》（编号：××××）整改完成，并具备了复工条件。   <div align="right">专业监理工程师：(签名)_____ 日期：_____</div>
总监理工程师审核意见： 同意复工。   <div align="right">项目监理机构：_____（章）_____ 总监理工程师：_____(签名)_____ 日期：_____</div>

431

安全监理重大情况报告

表 5-9-7

工程名称：×××

编号：GDAQ4313-×××

致：×××××××   安全监督站：

  由×××××××公司承包施工的×××××工程，存在下列严重安全事故隐患：

  （1）施工单位安全自查自纠制度没有发挥作用，对安监站和我监理部签发的安全隐患整改指令未有效的落实，工地安全管理混乱是目前工地存在的最大安全隐患之一。

  （2）中心塔楼首层高大模板工程安全专项施工方案未审批就擅自施工，已搭设的模板支撑体系存在违反模板技术规范强制性标准等严重安全隐患，且不执行监理停工指令仍冒险作业。

  （3）中心塔楼6♯塔吊未经监理验收，未经第三方检测就违规投入使用，且拒不执行监理的停用指令；

  （4）3♯裙楼已施工到12层，但外脚手架搭设一直严重滞后作业层，造成作业面临边防护缺失，随时有可能发生人员坠落和高空坠物伤人的安全事故，我部多次发出整改指令未整改落实。

  我单位已于2010年10月11日前多次发出（✓）《安全隐患整改通知》编号：××××/（✓）《暂时停工（停用）通知》编号：××××，但施工单位拒不（✓）整改/（✓）停工。

  特此报告。

监理单位：（公章）_____

日期：_____

签收日期：_____ 签收人：（签名）_____

10　安全监理报告制度

10.1　安全监理定期报告

（1）按照规定，监理机构定期将工地安全状况按照规定格式填写后向安监站进行报告。

（2）《施工安全监理报告》的上报周期以当地建设行政主管部门规定执行。

（3）《施工安全监理报告》可直接送达或发传真或发电子邮件。

（4）《施工安全监理报告》必须如实填写，不得作假或隐瞒不报，其格式参见表 5-10-1。

施工安全监理周（月）报　　　　　　表 5-10-1
（报建设工程安全监督站）

项目监理机构（章）：　　　　　　日期：　　　　　编号：GDAQ4306-×××

安监登记号		安监监督员	
项目名称		项目总监	
建设单位		项目负责人	
施工单位		项目经理	
施工单位安全管理架构及履行职责情况	施工单位（总包、分包）安全管理架构和专职安全员的到位及履职情况		
各特种作业持证上岗的基本情况	特种作业人员是否持证上岗、特种作业人员的配备能否满足施工的需要		
项目监理定期安全检查评分结果	项目监理机构依照《建筑施工安全检查标准》每月一次对施工现场的安全检查评分结果		
施工单位执行安监站安全隐患整改指令的情况	施工单位执行安监站安全隐患整改指令的情况		
监理机构责令整改安全隐患及跟踪整改情况	监理机构何时就何问题责令整改安全隐患的《监理工程师通知单》或整改通知书，及对安全隐患整改的跟踪情况		
本周各重点安全专项的安全状况（基坑/塔吊/挖孔桩/高支模）	深基坑：开挖深度及进度，监测结构变形情况 塔吊：安装使用、顶升、拆卸情况及装拆资质情况 挖孔桩：使用手续、现场安全检查情况 高支模：方案审批、搭设监管、检测、验收		
其他项目的安全状况	主要反映"施工用电、各种建筑机械使用、外脚手架、模板工程、四口和临边防护、起重吊装"等方面存在的问题		

10.2 突发事件的监理快报要求

(1) 当施工现场发生下列突发问题时，监理机构应立即采用《监理快报》的形式向业主项目负责人报告：

1) 施工单位违反规定使用不符合规定的施工设备、安全防护设施，又不能有效制止的；

2) 施工单位使用未经审查批准的或不按经审查批准的施工设计文件或专项安全方案施工，或有其他违法、违章行为，又不能有效制止的；

3) 发现施工单位有违反相关法律、法规或者强制性技术标准规定，又不能有效制止的；

4) 现场监理无法处理的其他施工安全隐患问题；

5) 施工现场发生重大安全事故的。

(2)《监理快报》由项目总监签名，并经监理公司负责人审批盖公司法人公章后，报业主，其格式参见表5-10-2：

监理快报

表 5-10-2

（报业主项目经理）

编号：

项目名称					
监理单位		项目总监		联系电话	
建设单位		项目负责人		联系电话	
施工单位		项目经理		联系电话	
报告事项详述					
监理部已经采取的措施（附相关函件或统一用表）					
提出处理建议					
其他应说明的情况					
				项目总监：(签名并加盖执业章)	
监理单位：(公章) _____				日期：_____	

11　安全设施工程检查技术要点

11.1　施工场地布置安全检查技术要点

（1）施工场地布置安全检查的主要依据

1)《建筑工程施工现场环境与卫生标准》（JGJ 146）；

2)《建设工程施工现场消防安全技术规范》（GB 50720）；

3)《安全标志及其使用导则》（GB 2894）；

4)《建筑施工安全检查标准》（JGJ 59）；

5) 批准的施工组织设计和专项施工方案；

6) 批准的安全警示标志平面布置图。

（2）施工场地布置安全检查技术要点

1) 施工现场应实行封闭管理，并应采用硬质围挡。市区主要路段的施工现场围挡高度不应低于 2.5m，一般路段围挡高度不应低于 1.8m，围挡应牢固、稳定、整洁。距离交通路口 20m 范围内占据道路施工设置的围挡，其 0.8m 以上部分应采用通透性围挡，并应采取交通疏导和警示措施。

2) 施工现场出入口应标有企业名称或企业标识。主要出入口明显处应设置工程概况牌，施工现场大门内应有施工现场总平面图和安全管理、环境保护与绿色施工、消防保卫等制度牌和宣传栏。

3) 施工现场临时设施、临时道路的设置应科学合理，并应符合安全、消防、节能、环保等有关规定。施工区、材料加工区及存放区应与办公、生活区划分清楚，并应采取相应的隔离措施。生活与生产用房与施工建筑物的安全距离为活动板房不小于 7m。主体结构内不得作宿舍或办公室。

4) 易燃易爆危险品库房与在建工程的防火间距不应小于 15m，可燃材料堆场及其加工场、固定动火作业场与在建工程的防火间距不应小于 10m，其他临时用房、临时设施与在建工程的防火间距不应小于 6m（强条）。

5) 消防车道设置要求：施工现场出入口的设置应满足消防车通行的要求，并宜布置在不同方向，其数量不宜少于 2 个，当确有困难只能设置 1 个出入口时，应在施工现场内设置满足消防车通行的环形道路。施工现场内应设置临时消防车道，临时消防车道与在建工程、临时用房、可燃材料堆场及其加工场的距离，不宜小于 5m，且不宜大于 40m；施工现场周边道路满足消防车通行及灭火救援要求时，施工现场内可不设置临时消防车道。临时消防车道的净宽度和净空高度均不应小于 4m。隔墙应从楼地面基层隔断至顶板基层底面（强条）。

6) 临时用房和临时设施的布置的防火间距应满足现场消防技术规范 GB 50720（3.2.2）的规定。当办公用房、宿舍成组布置时，每组临时用房的栋数不应超过 10 栋，组与组之间的防火间距不应小于 8m；组内临时用房之间的防火间距不应小于 3.5m；当建筑物构件燃烧性能等级应为 A 级时，其防火间距可减少到 3m。

7) 宿舍、办公用房建筑构件的燃烧性能等级应为 A 级，当采用金属夹芯板材时，其芯材的燃烧性能等级应为 A 级；建筑层数不应超过 3 层，每层建筑面积不应大于 $300\,\text{m}^2$；层数为 3 层或每层建筑面积大于 $200\,\text{m}^2$ 时，应设置不少于 2 部疏散楼梯，房间疏散门至疏散楼梯的最大距离不应大于 25m；单面布置用房时，疏散走道的净宽度不应小于 1.0m；双面布置用房时，疏散走道的净宽度不应小于 1.5m；疏散楼梯的净宽度不应小于疏散走道的净宽度；宿舍房间的建筑面积不应大于 $30\,\text{m}^2$，其他房间的建筑面积不宜超过 $100\,\text{m}^2$。房间内任一点至最近疏散门的距离不应大于 15m，房门的净宽度不应小于 0.8m，房间建筑面积超过 $50\,\text{m}^2$ 时，房门的净宽度不应小于 1.2m。

8）既有建筑进行扩建、改建施工时，必须明确划分施工区和非施工区。施工区不得营业、使用和居住；非施工区继续营业、使用和居住时，应符合下列规定：施工区和非施工区之间应采用不开设门、窗、洞口的耐火极限不低于 3h 的不燃烧体隔墙进行防火分隔。非施工区内的消防设施应完好和有效，疏散通道应保持畅通，并应落实日常值班及消防安全管理制度（强条）。

9）外脚手架搭设不应影响安全疏散、消防车正常通行及灭火救援操作，外脚手架搭设长度不应超过该建筑物外立面周长的 1/2（强条）。

10）施工现场的消火栓泵应采用专用消防配电线路。专用消防配电线路应自施工现场总配电箱的总断路器上断接入，且应保持不间断供电（强条）。

11）临时用房的临时室外消防用水量不应小于表 5-11-1 的规定（强条）。在建工程的临时室外消防用水量不应小于表 5-11-2 的规定（强条）。在建工程的临时室内消防用水量不应小于表 5-11-3 的规定（强条）。

临时用房的临时室外消防用水量　　　　　　　　　　表 5-11-1

临时用房的建筑面积之和	火灾延续时间（h）	消火栓用水量（L/s）	每支水枪最小流量（L/s）
$1000\,\text{m}^2<$面积$\leqslant5000\,\text{m}^2$	1	10	5
面积$>5000\,\text{m}^2$		15	5

在建工程的临时室外消防用水量　　　　　　　　　　表 5-11-2

在建工程（单体）体积	火灾延续时间（h）	消火栓用水量（L/s）	每支水枪最小流量（L/s）
$10000\,\text{m}^3<$体积$\leqslant30000\,\text{m}^3$	1	15	5
体积$>30000\,\text{m}^3$	2	20	5

在建工程的临时室内消防用水量　　　　　　　　　　表 5-11-3

建筑高度、在建工程体积（单体）	火灾延续时间（h）	消火栓用水量（L/s）	每支水枪最小流量（L/s）
24m<建筑高度≤50m 或 $30000\,\text{m}^3<$体积$\leqslant50000\,\text{m}^3$	1	10	5
建筑高度>50m 或体积$>50000\,\text{m}^3$	1	15	5

12）用于在建工程的保温、防水、装饰及防腐等材料的燃烧性能等级应符合设计要求（强条）。

13）室内使用油漆及其有机溶剂、乙二胺、冷底子油等易挥发产生易燃气体的物资作业时，应保持良好通风，作业场所严禁明火，并应避免产生静电（强条）。

14）施工现场用火，应符合下列要求：焊接、切割、烘烤或加热等动火作业前，应对作业现场的可燃物进行清理；作业现场及其附近无法移走的可燃物应采用不燃材料对其覆盖或隔离。裸露的可燃材料上严禁直接进行动火作业。具有火灾、爆炸危险的场所严禁明火（强条）。

15）储装气体的罐瓶及其附件应合格、完好和有效；严禁使用减压器及其他附件缺损的氧气瓶，严禁使用乙炔专用减压器、回火防止器及其他附件缺损的乙炔瓶（强条）。

16）高压架空电线下不得修建任何临时建筑设施，临时建筑设施与高压架空电线路边线的最小安全距离须满足相关规定要求。

17）食堂应设置在远离厕所、垃圾站、有毒有害场所等有污染源的地方。厨房距厕所30m以上，距作业场区20m；食堂制作间、锅炉房、可燃材料库房及易燃易爆危险品库房等应采用单层建筑，应与宿舍和办公用房分别设置，并应按相关规定保持安全距离。临时用房内设置的食堂、库房和会议室应设在首层。食堂应取得相关部门颁发的许可证，并应悬挂在制作间醒目位置。炊事人员必须经体检合格并持证上岗。

18）施工现场生活区宿舍、休息室必须设置可开启外窗，床铺不应超过2层，不得使用通铺（强条）。

19）施工现场应该禁止吸烟防止发生危险，应该按照工程情况设置固定的吸烟室或吸烟处，要求有烟缸或水盆，吸烟室应远离危险区并设必要的灭火器材。禁止流动吸烟。

20）建筑物内垃圾应采用容器或搭设专用封闭式垃圾道的方式清运，严禁凌空抛掷（强条）。

21）施工现场严禁焚烧各类废弃物（强条）。

22）施工现场的主要道路应进行硬化处理。裸露的场地和堆放的土方应采取覆盖、固化或绿化等措施（强条）。

23）依据《建设工程安全生产管理条例》第二十八条的规定：施工现场入口处、施工起重机械、临时用电设施、脚手架、出入通道口、楼梯口、电梯井口、孔洞口、桥梁口、隧道口、基坑边沿、爆破物及有害气体和液体存放处等属于危险部位，应当设置明显的安全警示标志。安全警示标志必须符合《安全标志及其使用导则》（GB 2894）的规定。

11.2　施工现场临时用电安全检查技术要点

（1）施工现场临时用电安全检查的主要依据

1）《施工现场临时用电安全技术规范》（JGJ 46）；

2）《建设工程施工现场供用电安全规范》（GB 50194）；

3）《施工现场机械设备检查技术规程》（JGJ 160）；

4）《建筑施工安全检查标准》（JGJ 59）；

5）批准的临时用电施工组织设计和专项施工方案。

（2）施工现场临时用电安全检查技术要点

1）施工现场的用电线路、用电设施的安装和使用必须符合安装规范和安全操作规程，并按照已获得审批的施工组织设计进行架设，严禁任意拉线接电。监理检查抓住两个重点：一是检查两级漏电保护是否按规范设置并有效；二是检查专用保护零线（PE线）是否按照规定接到用电设备外壳。

2）施工现场应建立"三级配电、两级漏电保护和一机一箱一闸一漏"的 TN-S 三相五线制接零保护供电系统。"三级配电"是指，用电设备的电必须由总配电箱供到分配电箱再经开关箱最后供给设备。因此，用电设备直接接入总配电箱或分配电箱都是违规的。"两级漏电保护"是指分别在总配电箱和开关箱各安设一级漏电保护器。"一机一箱一闸一漏"是指，一台用电设备必须配置一个专用开关箱，开关箱中必须最少要设置一个隔离开关和一个漏电保护器。

3）总配电箱中漏电保护器的额定漏电动作电流应大于 30mA，额定漏电动作时间应大于 0.1s，但其额定漏电动作电流与额定漏电动作时间的乘积不应大于 30mA·s（强条）。

4）开关箱中的漏电保护器的额定漏电动作电流不应大于 30mA，额定漏电动作时间不应大于 0.1s，使用于潮湿或有腐蚀介质场所的漏电保护器应采用防溅型产品，其额定漏电动作电流不应大于 15mA，额定漏电动作时间不应大于 0.1s（强条）。

5）严禁用同一个开关电器直接控制二台及二台以上用电设备（含插座）（强条）。

6）应使用三级标准电箱，不允许使用木质电箱和金属外壳木质底板电箱。配电箱的电器安装板上必须分设 N 线端子板和 PE 线端子板。N 线端子板必须与金属电器安装板绝缘；PE 线端子板必须与金属电器安装板做电气连接。进出线中的 N 线必须通过 N 线端子板连接；PE 线必须通过 PE 线端子板连接（强条）。

7）分配电箱与开关箱的距离不得超过 30m。开关箱与其控制的固定式用电设备的水平距离不宜超过 3m。

8）在进入工地总配电箱的漏电保护器后的任何地方，工作零线 N（蓝色）不得再做任何接地，且不得与专用保护零线 PE 线（绿黄双色线）有任何的电气连接；

9）专用保护零线严禁穿过漏电保护器，而工作零线必须穿过漏电保护器。

10）设备外壳接地端子必须与专用保护零线连接，且必须专用，不得多台串接。

11）专用保护零线 PE 线上严禁装设开关或熔断器等，严禁通过工作电流，且严禁断线（强条）。

12）PE 线在系统的始端、中部和末端，应有不少于三处的重复接地，每一处的接地电阻应不大于 10Ω。一般应在设备比较集中的地方：如搅拌机棚、钢筋加工区、塔吊、外用电梯、物料提升机等处再作重复接地。

13）临电系统的 PE 线的截面不小于零线的截面，与设备相连的 PE 线应为不小于 2.5mm² 的绝缘多股铜线。

14）电缆必须包含全部工作芯线、淡蓝色的工作零线（N）和绿黄双色的专用保护零线（PE），且 PE 线和 N 线必须使用规定的颜色，不得混用；开关箱至总箱的电缆应采用埋地或架空敷设，严禁沿地面明设（强条）。

15）当施工现场使用柴油发电机组供电时，应符合下列规定：

① 室外使用的柴油发电机组应搭设防护棚；

② 柴油发电机组及其控制、配电、修理室等的设置应保证电气安全距离和满足防火要求；

③ 柴油发电机组排烟管道应伸出室外，且严禁在室内和排烟管道附近存放贮油桶；

④ 柴油发电机组电源必须与外电线路电源连锁，严禁与外电线路并列运行（强条）；

⑤ 当2台及2台以上发电机组并列运行时，必须装设同步装置，并应在机组同步后再向负载供电；

⑥ 柴油发电机组供电系统及接地系统应独立设置，并应按照《施工现场临时用电安全技术规范》JGJ 46 规定，建立独立的 TN-S 三相五线制临时供电系统。（强条）

16）在下列情况下的照明系统应使用安全电压的电源：

① 照明供电宜设专用回路，灯具金属外壳必须保护接零，单相回路照明开关箱内必须装设漏电保护器，必须设有保证施工安全要求的夜间照明。当室外灯具距地面低于3m，室内灯具距地面低于2.5m时，应采用36V供电；

② 使用手持照明灯具的电压不超过36V；

③ 隧道、人防工程电源电压应不大于36V（强条）；

④ 在潮湿和易触及带电体场所的电源电压不得大于24V（强条）；

⑤ 在特别潮湿场所和金属容器内工作时，照明电源电压不得大于12V（强条）。

17）施工现场和临时生活区的高度在20m及以上的井字架、脚手架、正在施工的建筑物以及塔式起重机、机具、烟囱、水塔等设施，均应装设防雷保护，做防雷接地机械上的电气设备，所连接的PE线必须同时做重复接地，同一台机械电气设备的重复接地和机械的防雷接地可共用同一接地体，但接地电阻应符合重复接地电阻值（保护零线接地电阻不大于10Ω）的要求（强条）。

11.3 脚手架工程安全检查技术要点

（1）脚手架工程安全检查的主要依据

1）《建筑施工门式钢管脚手架安全技术规范》（JGJ 128）；

2）《建筑施工工具式脚手架安全技术规范》（JGJ 202）；

3）《建筑施工扣件式钢管脚手架安全技术规范》（JGJ 130）；

4）《建筑施工承插型盘扣式钢管支架安全技术规程》（JGJ 231）；

5）《龙门架及井架物料提升机安全技术规范》（JGJ 88）；

6）《建筑施工塔式起重机安装、使用、拆卸安全技术规程》（JGJ 196）；

7）《建筑施工碗扣式钢管脚手架安全技术规范》（JGJ 166）；

8）《液压升降整体脚手架安全技术规程》（JGJ 183）；

9）《附着升降脚手架管理暂行规定》建建〔2000〕230号；

10）《建筑施工木脚手架安全技术规范》（JGJ 164）；

11）《广东省建设工程限制使用竹脚手架管理规定的通知》（粤建管字〔2003〕38号）；

12）《建筑施工安全检查标准》（JGJ 59）；

13）批准的《脚手架专项施工方案》等。

（2）扣件式钢管脚手架工程安全检查技术要点

1）单排脚手架搭设高度不应超过24m，双排脚手架搭设高度不应超过50m。高度超过50m的双排脚手架搭设应采用分段搭设等措施。

2）严禁将直径48mm和51mm的钢管混用；严禁钢管和竹竿混用；严禁钢管上打孔；旧扣件使用前应进行质量检查，有裂缝、变形的严禁使用，出现滑丝的螺栓必须更换。

3）脚手架必须设置纵、横向扫地杆。纵向扫地杆应采用直角扣件固定在距底座上皮不大于 200mm 处的立杆上。横向扫地杆亦应采用直角扣件固定在紧靠纵向扫地杆下方的立杆上。

4）当脚手架立杆基础不在同一高度上时，必须将高处的纵向扫地杆向低处延长两跨与立杆固定，高低差不应大于 1m，靠边坡上方的立杆轴线到边坡的距离不应小于 500mm（强条）。

5）主节点必须设置一根横向水平杆，用直角扣件扣接且严禁拆除（强条）。

6）开口型脚手架的两端必须设置连墙件，连墙件的垂直间距不应大于建筑物的层高，并不应大于 4m（两步）（强条）。对高度 24m 以上的双排脚手架，必须采用刚性连墙件与建筑物可靠连接，连墙件应靠近主节点设置，距主节点的距离不大于 300mm，要与内外立杆同时连接，轴向力要在 10kN 以上，必须采用双扣件与结构连接。

7）高度超过在 24m 及以上的双排脚手架，应在脚手架外侧整个长度和高度上连续设置剪刀撑。高度在 24m 以下的单、双排脚手架，均必须在外侧、转角及中间间隔不超过 15m 的立面上的两端各设置一道剪刀撑，并由底至顶连续设置（强条）。

8）钢管上严禁打孔（强条）。

9）当脚手架基础下有设备基础、管沟时，在脚手架使用过程中不应开挖，否则必须采取加固措施（强条）。

10）脚手架不能与卸料平台连接；主节点处必须设置一根横向水平杆，用直角扣件扣接且严禁拆除；立杆接长除顶层顶步外，其余各层各步接头必须采用对接。

11）一字型、开口型双排脚手架的两端均必须设置横向斜撑（强条）。

12）高度在 24m 以上的封闭型双排脚手架，除拐角应设置横向斜撑外，中间应每隔 6m 跨距设置一道。

13）剪刀撑、横向斜撑搭设应随立杆、纵向和横向水平杆等同步搭设，不得滞后安装；脚手架必须配合施工进度搭设，一次搭设高度不应超过相邻连墙件以上两步，如果超过相邻连墙杆以上两步，无法设置连墙件时，应采取撑拉固定等措施与建筑结构拉结。脚手架连墙杆安装应符合下列规定：连墙件的安装应随脚手架同步进行，不得滞后安装；当单、双排脚手架施工操作层高出相邻连墙件以上两步时，应采取确保脚手架稳定的临时拉结措施，直到上一层连墙件安装完毕后再根据情况拆除。

14）脚手架拆除作业必须由上而下逐层进行，严禁上下同时作业；连墙件必须随脚手架逐层拆除，严禁先将连墙件整层或数层拆除后再拆脚手架，分段拆除高差不应大于两步，如高差大于两步，应增设连墙件加固（强条）。

15）卸料时各构配件严禁抛掷至地面（强条）。

16）扣件式钢管脚手架安装与拆除必须是经考核合格的专业架子工，架子工应持证上岗（强条）。

17）可调托撑抗压承载力设计值不应小于 40kN，支托板厚不应小于 5mm（强条）。

18）单排、双排与满堂脚手架立杆接长除顶层顶步外，其余各层步接头必须采用对接扣件连接（强条）。

19）扣件进入施工现场应检查产品合格证，并进行抽样复试，技术性能应符合现行国家标准《钢管脚手架扣件》GB 15831 的规定。扣件使用前应逐个挑选，有裂缝、变形、螺栓出现滑丝的严禁使用（强条）。

20）作业层上的施工荷载应符合设计要求，不得超载。不得将模板支架、缆风绳、泵送混凝土和砂浆的输送管等固定在脚手架架体上；严禁悬挂起重设备，严禁拆除或移动架体上安全防护措施（强条）。

21）满堂支撑架顶部的实际荷载不得超过设计规定（强条）。

22）在脚手架使用期间，严禁拆除下列杆件：主节点处的纵、横向水平杆，纵、横向扫地杆、连墙件（强条）。

23）脚手板应铺设牢靠、严实，并用安全网双层兜底。施工层以下每隔 10m 应用安全网封闭。

（3）门式钢管脚手架工程安全检查技术要点

1）落地门式钢管脚手架的搭设高度除应满足设计计算条件外，不宜超过《建筑施工门式钢管脚手架安全技术规范》（JGJ 128）中表 5.1.3 的规定。

2）门架及其配件的性能、质量及规格的表述方法应符合现行行业标准《门式钢管脚手架》（JG 13）的规定。

3）加固杆钢管应符合现行符合现行国家标准《直缝电焊钢管》GB/T 13793 或《低压流体输送用焊接钢管》（GB/T 3091）中的规定的普通钢管，其材质应符合现行国家标准《碳素结构钢》（GB/T 700）中的 Q235A 钢的规定。宜采用直径 $\Phi42\times2.5$mm 的钢管，也可采用直径 $\Phi48\times3.5$mm 的钢管相应的扣件规格也应分别为 $\Phi42$mm、$\Phi48$mm 或 $\Phi42$mm/$\Phi48$mm。

4）施工现场使用的门架与配件应具有产品合格证，应标志清晰，并应符合下列要求：门架与配件表面应平直光滑，焊缝应饱满，不应有裂缝、开焊焊缝错位、硬弯、凹痕、毛刺、锁柱弯曲等缺陷；门架与配件表面应涂刷防锈漆或镀锌。门式脚手架与模板支架搭设的技术要求、允许偏差及检验方法，应符合规范规定。

5）上、下榀门架的组装必须设置连接棒，连接棒与门架立杆配合间隙不应大于 2mm。门式脚手架或模板支架应设置锁臂，当采用插销式或弹销式连接件时，可不设锁臂。

6）不同型号的门架与配件严禁混合使用（强条）。

7）门式脚手架作业层应连续满铺与门架配套的挂扣式脚手架板，并应有防止脚手板松动或脱落的措施。当脚手板上有孔洞时，孔洞的内切圆直径不应大于 25mm。

8）底部门架的立杆下端宜设置固定底座。可调底座和可调托座的调节螺杆直径不应小于 35mm，可调底座的调节螺杆伸出长度不应大于 200mm。

9）在门式脚手架的转角处或开口型脚手架端部，必须增设连墙件，连墙件的垂直间距不应大于建筑物的层高，且不大于 4m（强条）。

10）门式脚手架与模板支架的地基承载力应根据《建筑施工门式钢管脚手架安全技术规范》（JGJ 128）第 5.6 节的规定经计算确定，在搭设时，根据不同地基土质和搭设高度条件，应符合表 6.8.1 的规定。

11）门式脚手架与模板支架的搭设场地必须平整坚实，回填土地面必须分层回填，逐层夯实，场地排水应顺畅，不应积水（强条）。

12）门式脚手架剪刀撑的设置应符合下列规定：

① 门式脚手架剪刀撑的搭设高度当在 24m 及以下时，在脚手架的转角处、两端及中间间隔不超过 15m 的全外侧立面上必须各设置一道剪刀撑，并由底至顶连续设置；

② 当脚手架搭设高度超过 24m 时，在脚手架全外侧立面上必须设置连续剪刀撑；

③ 对于悬挑脚手架，在脚手架外侧立面上必须设置连续剪刀撑（强条）。

13）门式脚手架与模板支架的搭设程序应符合下列规定：

① 门式脚手架的搭设应与施工进度同步，一次搭设高度不宜超过最上层连墙杆件两步，且自由高度不大于 4m；

② 满堂脚手架和模板支架应采用逐列、逐排和逐层的方法搭设；

③ 门架的组装应自一端向另一端延伸，应自下而上按步架设，并应逐层改变搭设方向；不应自两端相向搭设或自中间向两端搭设；

④ 每搭设完两步门架后，应校验门架的水平度及立杆的垂直度。

14）搭设门架及配件除应符合《建筑施工门式钢管脚手架安全技术规范》（JGJ 128）第 6 章的规定外，尚应符合下列要求：

① 交叉支撑、脚手板应与门架同时安装；

② 连接门架的锁臂、挂钩必须处于锁住状态；

③ 钢梯的设置应符合专项施工方案组装布置图的要求，底层钢梯底部应加设钢管并应采用扣件扣紧在门架立杆上；

④ 在施工作业层外侧周边应设置 180mm 高的挡脚板和两道栏杆，上道栏杆高度应为 1.2m，下道栏杆应居中设置。挡脚板和栏杆均应设置在门架立杆的内侧。

15）加固杆的搭设除应符合《建筑施工门式钢管脚手架安全技术规范》（JGJ 128）第 6.3 节和第 6.9 节～6.11 节的规定外，尚应符合下列要求：

① 水平加固杆、剪刀撑等加固杆必须与门架同步搭设；

② 水平加固杆应设于门架立杆内侧，剪刀撑应设于门架外侧。

16）门式脚手架连墙件的安装必须符合下列规定：

① 连墙件的安装必须随脚手架搭设同步进行，严禁滞后安装（强条）；

② 当脚手架操作层高出相邻连墙件以上两步时，在连墙件安装完毕前必须采用确保脚手架稳定的临时拉结措施（强条）。

17）脚手架的拆除应按拆除方案施工，并应在拆除前做好下列准备工作：

① 应对将拆除的架体进行拆除前的检查；

② 根据拆除前的检查结果补充完善拆除方案；

③ 清除架体上的材料、杂物及作业面的障碍物。

18）拆除作业必须符合下列规定：

① 架体的拆除应从上而下逐层进行，严禁上、下同时作业（强条）。

② 同一层的加固杆必须按先上后下、先外后内的顺序进行拆除（强条）。

③ 连墙件必须随脚手架逐层拆除，严禁先将连墙件整层或数层拆除后再拆除架体。拆除作业过程中，当架体的自由高度大于两步时，必须加临时拉结（强条）。

④ 连接门架的剪刀撑等加固件必须在拆卸到该门架时拆除（强条）。

19）拆除连接部件时，应先将止退装置旋转至开启位置，然后拆除，不得硬拉，严禁敲击。拆除作业过程中，严禁使用手锤等硬物击打、撬别。

20）当门式脚手架需分段拆除时，架体不拆除部分的两端应按《建筑施工门式钢管脚手架安全技术规范》（JGJ 128）第 6.5.3 条的规定采取加固措施后拆除。

21）门架与配件应采用机械或人工运至地面，严禁抛投（强条）。

22）搭拆门式脚手架或模板支架应由专业架子工担任，并应按住房和城乡建设部特种作业人员考核管理规定考核合格，持证上岗。上岗人员应定期进行体检，凡不适合登高作业者，不得上架操作。

23）搭拆脚手架时，施工作业层应铺设脚手板，操作人员应站在临时设施的脚手板上进行作业，并按规定使用安全防护用品，穿防滑鞋。

24）门式脚手架与模板支架作业层上严禁超载（强条）。

25）严禁将模板支架、缆风绳、混凝土泵管、卸料平台等固定在门式脚手架上（强条）。

26）在门式脚手架使用期间，脚手架基础附近严禁进行挖掘作业（强条）。

27）满堂脚手架与模板支架的交叉支撑和加固件，在施工期间禁止拆除（强条）。

28）门式脚手架在使用期间，不应拆除加固杆、连墙件、转角处连接杆、通道口斜撑等加固件。

29）在门式脚手架或模板支架上进行电、气焊作业时，必须有防火措施和专人看护（强条）。

30）搭拆门式脚手架或模板支架作业时，必须设置警戒线、警戒标志，并应派专人看守，严禁非作业人员入内（强条）。

11.4 高大模板工程安全检查技术要点

（1）高大模板工程安全检查的主要依据

1）批准的《高支模安全专项施工方案》；

2）《建筑施工安全检查标准》（JGJ 59）；

3）《建筑施工门式钢管脚手架安全技术规范》（JGJ 128）；

4）《建筑施工工具式脚手架安全技术规范》（JGJ 202）；

5）《建筑施工扣件式钢管脚手架安全技术规范》（JGJ 130）；

6）《建筑施工承插型盘扣式钢管支架安全技术规程》（JGJ 231）；

7）《建筑施工碗扣式钢管脚手架安全技术规程》（JGJ 166）；

8）《建筑施工大模板技术规程》（JGJ 74）；

9）《建筑施工模板安全技术规范》（JGJ 162）；

10）《钢管满堂支架预压技术规程》（JGJ/T 194）；

11）《关于进一步加强房屋市政工程脚手架支撑体系使用的钢管扣件等构配件管理的通知》（粤建质函〔2011〕796 号）等。

（2）高大模板工程施工作业人员资格要求

1）搭拆门式脚手架或模板支架应由专业架子工担任，并应按住房和城乡建设部特种作业人员考核管理规定考核合格，持证上岗。上岗人员应定期进行体检，凡不适合登高作业者，不得上架操作。

2）项目工程技术负责人或方案编制人员应当根据专项施工方案和有关规范、标准的要求，对现场管理人员、操作班组、作业人员进行安全技术交底，并履行签字手续。

3）作业人员应严格按规范、专项施工方案和安全技术交底书的要求进行操作。搭拆脚手架时，施工作业层应铺设脚手板，操作人员应站在临时设施的脚手板上进行作业，并按规定使用安全防护用品，穿防滑鞋。

（3）高大模板工程材料准备要求

1）由工程项目部负责安全质量的部门负责支架结构材料验收、抽检和检测（复核：产品合格证、生产许可证、检测报告）。（钢管应采用《直缝电焊钢管》（GB/T 13793）或《低压流体输送用焊接钢管》（GB/T 3091）中规定的 Q235 普通钢管；扣件应采用可锻铸铁或铸钢，其质量和性能应符合现行国家标准《钢管脚手架扣件》（GB 15831）的规定；顶托、底座等构配件除有特殊要求外，其材质应符合现行国家标准《碳素结构钢》（GB/T 700）的规定。立杆、立杆连接套管、可调底座、可调托座、调位螺母、套扣和水平杆端接头宜采用 Q235B 钢材，水平杆可采用 Q235A 钢材。）

2）所有用于支架系统的材料，使用前需进行认真的检查，构配件的外观质量应符合下列要求：钢管应无裂纹、凹陷、锈蚀，两端面应平整；焊缝应平整光滑，不得有漏焊、焊穿、裂纹和夹渣等缺陷。禁止将严重变形、损伤或锈蚀严重的材料投入施工中。对同一批次使用的材料，应核对其尺寸规格是否相同（特别是门式架，不同的厂家产生的规格可能有出入），切不可将不同规格的材料混合使用，以防因此降低材料的承载能力。

（4）高大模板工程地基基础要求

1）脚手架地基与基础的施工，必须根据脚手架所承受荷载、搭设高度、搭设场地土质情况与现行国家标准《建筑地基基础工程施工质量验收规范》（GB 50202）的有关规定进行。地基承载力必须满足设计荷载的要求，并应通过试验确定。

2）在施工过程中，对不能满足承载力要求的地基，应进行平整压实，必要时还需作特殊加固处理。压实填土地基应符合现行国家标准《建筑地基基础设计规范》（GB 50007）的相关规定；灰土地基应符合现行国家标准《建筑地基基础工程施工质量验收规范》（GB 50202）的有关规定进行。

3）对吸水性较强的土质，面层宜增加一层透水性低的硬壳层，可采用石屑稳定土盖面，面层设置一定纵横坡度。

4）门式脚手架底部门架的立杆下端宜设置固定底座，并符合《建筑施工门式钢管脚手架安全技术规范》（JGJ 128）中的 6.8.1 条规定。扣件式钢管脚手架作立柱支撑时，每根立柱底部应设置底座或垫板，垫板应采用长度不少于 2 跨、厚度不小于 50mm、宽度不小于 200mm 的木垫板。承插型套扣式钢管脚手架立杆底部应设置可调底座，地基应采取压实、铺设块石或浇筑混凝土垫层等加固措施，防止不均匀沉陷，也可在立杆底部垫设垫板，垫板的长度不宜少于 2 跨。立杆垫板或底座底面标高宜高于自然地坪50～100mm。

5）地基支承面外应设排水边沟，防止积水影响土质，降低地基的承载力。

（5）高大模板工程支撑体系搭设要求

1）对支架系统承重杆件、连接件等材料的产品合格证、生产许可证、检测报告等进行核验和现场检查，对所有承重杆件的外观质量进行全数检查，发现质量不符合标准、情况严重的，要进行100%的检验。并按规定对扣件、门架、门架配件等进行抽样检测（由监理见证取样）。承插型套扣式钢管脚手架的构配件检查与验收规定按照《建筑施工承插型盘扣式钢管支架安全技术规程》（JGJ 231）的第9.2条要求进行，主要构配件的材质及制作符合本规程的第3.2条要求。

2）对于高大模板支撑体系，其高度与宽度相比大于两倍的独立支撑系统，应加设保证整体稳定的构造措施。当采用门式脚手架时，模板支架的高宽比不大于4，搭设高度不宜超过24m；扣件式钢管满堂脚手架的高宽比不大于3，搭设高度不宜超过36m，当高宽比大于2时，应在架体的外侧四周和内部水平间隔6～9m，水平间隔4～6m设置连墙件与结构拉结，当无法设置连墙件时，应采取设置钢丝绳张拉固定等措施；模板支撑架的高宽比不宜大于3，当高宽比大于3时，在架体的周边和内部以计算确定水平间隔及竖向间隔距离，且设置连墙件与建筑结构拉结；当无法设置连墙件时，应设置钢丝绳张拉固定等措施。

3）支撑系统立柱接长严禁搭接，扣件式钢管脚手架的立杆必须采用对接扣件连接，相邻两个立杆的对接接头不得在同一步距内且不小于500mm高差；严禁将上段钢管立柱与下段钢管立柱错开固定在水平拉杆上。承插型套扣式钢管脚手架的立杆应采用连接套管连接，在同一水平高度内相邻立杆连接位置宜错开，错开高度不宜小于600mm，当立杆基础不在同一高度上时，应综合考虑配架组合或采用扣件式钢管杆件连接搭设。

4）当采用扣件式钢管作立柱支撑时，在距地面200mm处沿纵横向设置水平扫地杆，在可调支托底部立杆顶部、每一步距处应设置纵横向水平拉杆；当层高在8～20m时，在最顶步距两个水平拉杆间增加一道纵横向水平拉杆；当层高大于20m时，在最顶两个步距间增加二道纵横向水平拉杆。所有水平拉杆端部应与四周建筑物顶紧顶牢。无处可顶时，应在水平拉杆的端部和中部设置竖向连续式剪刀撑。梁模板支撑架体与楼板模板支撑架体宜采用水平杆连接，当采用钢管连接时，应用直角扣件固定在梁模板支撑架与楼板模板支撑架的水平杆上，且不应小于2跨。

5）当采用扣件式钢管作立柱支撑时，满堂红模板和共享空间模板支架立柱，在外侧周边应设置由下至上的竖向连续式剪刀撑；中间在纵横向每隔10m左右设由下至上的竖向连续式剪刀撑，其宽度宜为4～6m，并在剪刀撑部位的顶部和扫地杆处设置水平剪刀撑。剪刀撑杆件的底部应与地面顶紧，夹角宜为45°～60°。当建筑层高在8～20m时，除满足上述规定外，还应在纵横向相邻的两竖向连续式剪刀撑之间增加之字形斜撑，在有水平剪刀撑的部位应在每个剪刀撑中间处增加一道水平剪刀撑。当建筑层高超过20m时，在满足以上规定的基础上，应将所有之字形斜撑改为连续竖向剪刀撑。

6）当采用承插型套扣式钢管作立柱支撑时，高大模板支撑系统的构造要点如下：

① 高大模板支撑系统的构造要求除满足《建筑施工承插型盘扣式钢管支架安全技术规程》（JGJ 231）的相关规定外，尚应满足8.2.2～8.2.5条的规定。

② 立杆的纵横水平杆间距、步距应根据受力计算确定，并满足套扣水平杆、立杆的模数关系，步距不宜大于1.2m，且顶层水平杆与底模距离不应大于650mm。

③ 同一区域的立杆纵向间距应成倍数关系，并按照先主梁、再次梁、后楼板的顺序排列，使梁板架体通过水平杆纵横拉结形成整体，模数不匹配位置应确保水平杆两端延伸至少扣接两根套扣立杆（图5-11-1）。

④ 当架体高度大于8m时，高大模板支撑系统的顶层水平杆步距宜比中间标准步距

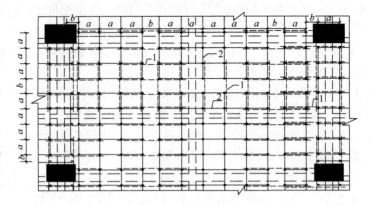

图 5-11-1　立杆平面布置

1—扣件水平杆；2—套扣横杆；

a—模数间距；b—不合模数间距

缩小一个套扣间距，当架体高度大于 20m 时，顶层两步水平杆均宜缩小一个套扣间距。

⑤ 高大模板支撑系统的水平拉杆应按水平间距 6～9m，竖向每隔 2～3m 与周边结构墙柱、梁采取抱箍、顶紧等措施，加强抗倾覆能力（图 5-11-2）。

7）模板支撑系统应为独立的系统，作业层上的施工荷载应符合设计要求，不得超载。不得将模板支架、缆风绳、泵送混凝土和砂浆的输送管等固定在脚手架架体上；严禁悬挂起重设备，严禁拆除或移动架体上安全防护措施（强条）。

8）支架系统的安装要确保其垂直度符合要求，慎防因支架倾斜过大造成支架系统的不稳。连续搭设高大模板支撑系统时，应分析多层楼板间荷载传递对架体和楼板结构的承载力要求，计算确定支承楼板的层数，并宜使上下楼层架体立杆保持在同一垂直线上，以便荷载能安全地向下传递，保证支承层的承载力满足要求。支承层架体拆除要考虑上层荷载的影响，必要时要保留部分支顶后拆或加设回头顶等措施。

9）模板支撑架立杆顶层水平杆至模板支撑点的高度不应大于 650mm，丝杆外露长度不应大于 400mm，可调托座插入立杆长度不应小于 150mm（图 5-11-3）。

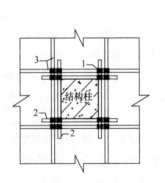

图 5-11-2　水平杆抱箍
示意图

1—扣件；2—水平短杆；

3—套扣横杆（或扣件横杆）

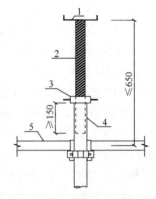

图 5-11-3　可调托座伸出顶层
水平杆的悬臂长度

1—可调托座；2—螺杆；3—调位螺母；

4—立杆；5—水平杆

10）可调螺杆顶层水平杆至模板支撑点的高度不应大于 650mm（图 5-11-4）。

11）模板支撑架可调底座调节丝杆外露长度不宜大于 200mm，最底层水平杆离地高度不应大于 500mm。

12）采用钢管扣件搭设高大模板支撑系统时，还应对扣件螺栓的紧固力矩进行抽查，抽查数量应符合《建筑施工扣件式钢管脚手架安全技术规范》（JGJ 130）的规定，对梁底扣件应进行 100％紧固检查。

13）要使用钢立柱，立杆 2m 高度的垂直允许偏差为 15mm；立杆可调节高度不超过 300mm；立杆上部自由高度不大于 750mm。

（6）高大模板工程支撑体系验收要求

1）高大模板支撑系统搭设前，应由项目技术负责人组织对需要处理或加固的地基、基础进行验收，并留存记录。验收合格后，项目技术负责人及项目总监签字。模板支撑架及脚手架立杆基础验收合格后，应按专项施工方案的要求进行放线、定位，方可搭设。

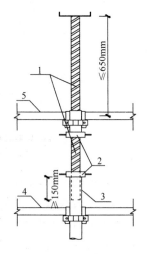

图 5-11-4　可调螺杆伸出顶层水平杆的悬臂长度
1—螺杆；2—调位螺母；
3—立杆；4—水平杆；
5—水平钢龙骨

2）对进入现场的模板支撑架及脚手架构配件的检查与验收应符合下列规定：

① 应有钢管脚手架产品标识及产品质量合格证；

② 应有钢管脚手架产品主要技术参数及产品使用说明书；

③ 钢管表面应平直光滑，不应有裂缝、结疤、分层、错位、硬弯、毛刺、压痕和深的划道；

④ 钢管外径及壁厚偏差，应符合《建筑工程大模板技术规程》（JGJ 74）规程表 3.2.2 的规定；

⑤ 钢管应涂有防锈漆。

3）在施工现场每使用一个安装拆除周期，应对钢管脚手架构配件采用目测、尺量的方法检查一次。锈蚀深度检查时，应在锈蚀严重的钢管中抽取三根，在每根锈蚀严重的部位横向截断取样检查，当锈蚀深度超过规定值时不得使用。

4）套扣高度及厚度偏差，应符合本规程表 3.2.2 的规定。

5）水平杆端接头厚度及长度偏差，应符合本规程表 3.2.2 的规定。

6）可调螺杆的检查应符合下列规定：

① 应有产品质量合格证和质量检验报告；

② 托座板厚不应小于 6mm，变形不应大于 1mm；

③ 严禁使用有裂缝的托座、底座、调位螺母等。

7）高大模板支撑系统的结构材料应按以上 2）～ 6）条要求进行验收、抽检和检测，并留存记录、资料。

8）搭设前，对模板支撑架和脚手架的地基与基础应进行检查，经验收合格后方可搭设。

9）承插型套扣式钢管脚手架每搭设完 6～8m 高度、搭设完毕后；满堂脚手架、模板支撑架每搭设 4 步高度、搭设完毕，应对搭设质量及安全进行一次检查，经检验合格后方可交付使用或继续搭设。

10）在模板支撑架和脚手架搭设质量验收时，应具备《建筑施工承插型盘扣式钢管支架安全技术规程》(JGJ 231) 第 9.3.3 条规定的文件。

11）模板支撑架和脚手架分项工程的验收，除应坚持验收文件外，还应对搭设质量进行现场核验，在对搭设质量进行全面检查的基础上，对《建筑施工承插型盘扣式钢管支架安全技术规程》(JGJ 231) 第 9.3.4 条规定的项目应进行重点检验。

12）模板支撑架和双排脚手架验收后应形成记录，记录表应符合本规程附录 C 的要求。

13）严禁在模板支撑架和脚手架基础开挖深度影响范围内进行挖掘作业（强条）。

14）高大模板支撑系统应在搭设完成后，由项目负责人组织验收，验收人员应包括施工单位和项目两级技术人员、项目安全、质量、施工人员，监理单位的总监和专业监理工程师。验收合格，经施工单位项目技术负责人及项目总监签字后，方可进入后续工序的施工。

15）施工单位在自检自验合格的基础上申报《混凝土模板工程验收表》GDAQ2090202，专监和总监共同参与验收及确认，验收合格方可浇筑混凝土（广州市规定经专家论证的危险项较大分部分项工程验收时必须通知专家参与验收及签名确认）。如果验收不合格，监理应认真全面填写验收意见及验收结论，并及时返还施工单位落实整改后，重新报验。直至合格方可进入下道工序施工。如果验收发现存在重大安全隐患，总监还应及时签发停工整改指令，在未整改到位并经监理验收合格前，不允许浇筑混凝土。

（7）高大模板工程混凝土浇捣要求

1）混凝土浇筑前，施工单位项目技术负责人、项目总监确认具备混凝土浇筑的安全生产条件后，签署混凝土浇筑令，方可浇筑混凝土。

2）框架结构中，柱和梁板的混凝土浇筑顺序，应按先浇筑柱混凝土，后浇筑梁板混凝土的顺序进行。浇筑过程应符合专项施工方案要求，并确保支撑系统受力均匀，避免引起高大模板支撑系统的失稳倾斜。

3）满堂脚手架与模板支撑架在施加荷载或浇筑混凝土时，应设专人看护检查，发现异常情况应及时处理。

（8）高大模板工程拆除管理要求

1）高大模板支撑系统施工和拆除前，应由项目技术负责人对操作队伍进行搭设方法、拆除方法的安全技术交底，安全技术交底应具有时效性、针对性。混凝土未达到规定强度或超设计荷载时，提前拆模必须经计算和技术主管同意；高大模板支撑系统拆除前，项目技术负责人、项目总监应核查混凝土同条件试块强度报告，浇筑混凝土达到拆模强度后方可拆除，并履行拆模审批签字手续。

2）模板支撑架和脚手架在拆除前，应检查架体构造、连墙件设置、节点连接，当发现有连墙件、剪刀撑等加固杆件缺少、架体倾斜失稳或立杆悬空情况时，对架体应先行加固后再拆除。

3）模板支撑架和脚手架在拆除前，应检查架体各部位的连接构造、加固件的设置，应明确拆除顺序和拆除方法。

4）在拆除作业前，对拆除作业场地及周围环境应进行检查，拆除作业区内应无障碍物，作业场地临近的输电线路等设施应采取防护措施。

5）高大模板支撑系统的拆除作业必须自上而下逐层进行，严禁上下层同时拆除作业，分段拆除的高度不应大于两层。设有附墙连接的模板支撑系统，附墙连接必须随支撑架体逐层拆除，严禁先将附墙连接全部或数层拆除后再拆支撑架体。

6）拆除的架体构件应安全地传递至地面，严禁抛掷（强条）。并按规格分类均匀堆放。

7）高大模板支撑系统搭设和拆除过程中，地面应设置围栏和警戒标志，并派专人看守，严禁非操作人员进入作业范围。

11.5 施工现场防火及消防系统安全检查技术要点

（1）施工现场防火及消防系统安全检查的主要依据

1）《建设工程施工现场消防安全技术规范》（GB 50720）；

2）《建筑灭火器配置设计规范》（GB 50140）；

3）《建筑灭火器配置验收及检查规范》（GB 50444）；

4）《建设工程施工现场供用电安全规范》（GB 50194）；

5）《建筑施工安全检查标准》（JGJ 59）；

6）批准的《工地临时消防系统专项施工方案》。

（2）施工现场易燃易爆物品储存及管理要求

1）施工现场不应设立易燃易爆物品仓库，如工程确需存放易燃易爆物品，总量不超过8小时需要量，由施工单位消防责任人或保卫部门审批。

2）易燃易爆物品仓库必须设专人看管，严格执行收发、回仓登记手续。使用易燃易爆物品，实行限额领料并保存领料记录；严禁携带手提电话机、对讲机或非防爆灯具进入易燃易爆物品仓库。

3）易燃易爆物品严禁露天存放。严禁将化学性质或防护、灭火方法相抵触的化学易燃易爆物品在同一仓库内存放。在使用化学易燃易爆物品场所，严禁动火作业，禁止在作业场所内分装、调料。

4）严禁使用乙炔发生器，氧气和乙炔气瓶要分仓独立存放；作业时乙炔气瓶应直立放置，不得暴晒，要使用防止回火阀装置，与氧气瓶应保持不少于5m距离，与明火距离不少于10m，使用完毕要归仓存放。

5）易燃易爆物品仓库应当远离其他临时建筑，易燃易爆物品仓库的照明必须使用防爆灯具、电路、开关、设备；凡能够产生静电引起爆炸或火灾的设备容器，必须设置消除静电的装置。

6）严格控制使用液化石油气，确需使用时要严格落实安全措施，安装减压装置，并必须经施工现场消防安全责任人书面批准。

7）用于在建工程的保温、防水、装饰及防腐等材料的燃烧性能等级应符合设计要求。（强条）

8）室内使用油漆及其有机溶剂、乙二胺、冷底子油等易挥发产生易燃气体的物资作业时，应保持良好通风，作业场所严禁明火，并应避免产生静电（强条）。

9）人员密集场所室内装修、装饰，应当按照消防技术标准要求，使用不燃、难燃材料。室内装修防火材料应当按照国家消防技术标准的要求进行见证取样和抽样检验。

（3）施工现场动火作业管理要求

1）建设工程施工现场动火作业应当严格执行审批制度，应经书面审批同意，做好安全交底，告知消防安全检查员后才能动火，动火人员需持证上岗。

2）高空焊、割作业时要有专人监护，必须落实防止焊渣飞溅、切割物下跌的安全措施，作业区内应放置合适的灭火器材。

3）焊接、切割、烘烤或加热等动火作业前，应对作业现场的可燃物进行清理；作业现场及附近无法移走的可燃物对其覆盖或隔离（强条）。

4）裸露的可燃材料上严禁直接进行动火作业。（强条）

5）焊接、切割、烘烤或加热等动火作业，应配备灭火器材，并设动火监护人进行现场监护，每个动火作业点均应设置一个监护人。

6）五级（含五级）以上风力时，应停止焊接、切割等室外动火作业。

7）动火人员和作业范围的消防安全负责人，在动火后，应彻底清理现场火种，才能离开现场；施工现场存放和使用易燃易爆物品的场所（如油漆间、液化气间等），严禁明火。具有火灾、爆炸危险的场所严禁明火（强条）。

8）冬季风大物燥，施工现场采用明火极易引起火灾。因此，施工现场不应采取明火取暖。

9）厨房操作间炉灶使用完毕后，应将炉火熄灭，排油烟机及油烟管道应定期清理油垢。

10）气焊作业基本要求：

① 各种气瓶要用标准色；未安装减压器的氧气瓶严禁使用；氧气瓶应有防震圈和防护帽，可以卧放，但不得倒置，阀表要齐全；乙炔瓶必须安装回火防止阀。

② 氧气橡胶软管应为耐腐蚀助燃管，颜色为蓝色，压力 1500kPa；乙炔为红色，压力为 300kPa；

③ 乙炔瓶必须立放，不允许卧放或暴晒使用，瓶体温度不超过 41℃。氧气瓶与乙炔瓶的使用安全间距不得少于 5m；气瓶与明火、焊点距离不少于 10m 或少于 10m 设有隔离措施的。

④ 氧气瓶和乙炔瓶都不能用光，氧气瓶余压 0.1～0.2MPa，乙炔瓶余压 0.05MPa。

⑤ 工作结束，要关好阀门，拧好安全罩，清场、灭绝火种。

⑥ 乙炔瓶存储超过 5 瓶要有单独的储存间，室温不超过 30℃；超过 20 瓶应建仓库。

（4）施工现场灭火器材和应急照明的配置要求

1）在易燃易爆危险品存放及使用场所、动火作业场所、可燃材料存放加工及使用场所、厨房操作间、锅炉房、发电机房、变配电房、设备用房、办公用房、宿舍、其他具有火灾危险的场所应配置灭火器（强条）。

2）灭火器的最低配置标准应符合《施工现场消防技术规范》（GB 50720）（5.2.2）的规定。（强条）

3）灭火器的配置数量应按照《建筑灭火器配置设计规范》（GB 50140）经计算确定，且每个场所的灭火器数量不应少于 2 具（强条）。

4）灭火器配置应符合下列要求：

① 灭火器的选择、配置、设置应符合现行国家标准《建筑灭火器配置设计规范》（GB 50140）的要求（强条）。

② 动火作业场所、易燃材料使用场所，灭火器数量应按现行国家标准《建筑灭火器配置设计规范》（GB 50140）规定数量的 2.0 倍进行配置（强条）。

③ 可燃材料使用场所，灭火器数量应按现行国家标准《建筑灭火器配置设计规范》（GB 50140）规定数量的 1.5 倍进行配置（强条）。

5）施工现场的下列场所应配备临时应急照明：自备发电机房及变、配电房；水泵房；无天然采光的作业场所及疏散通道；高度超过 100m 的在建工程的室内疏散通道；发生火灾时仍需坚持工作的其他场所等。

（5）施工现场临时消防系统设置要求

1）室外临时消防给水系统设置要求：

① 施工现场或其附近应设置稳定、可靠的水源，并应能满足施工现场临时消防用水的需要。消防水源可采用市政给水管网或天然水源。当采用天然水源时，应采取措施确保冰冻季节、枯水期最低水位时顺利取水，并满足临时消防用水量的要求。临时消防用水量应为临时室外消防用水量与临时室内消防用水量之和。临时室外消防用水量应按临时用房和在建工程的临时室外消防用水量的较大者确定，施工现场火灾次数可按同时发生 1 次确定。

② 临时用房建筑面积之和大于 1000m² 或在建工程单体体积大于 10000m³ 时，应设置临时室外消防给水系统。当施工现场处于市政消火栓 150m 保护范围内且市政消火栓的数量满足室外消防用水量要求时，可不设置临时室外消防给水系统；当外部消防水源不能满足施工现场的临时消防用水量要求时，应在施工现场设置临时贮水池。临时贮水池宜设置在便于消防车取水的部位，其有效容积不应小于施工现场火灾延续时间内一次灭火的全部消防用水量。

③ 临时消防用水量按照《施工现场消防技术规范》（GB 50720）（5.3.5 和 5.3.6）执行。

④ 临时室外消防给水干管的管径应依据施工现场临时消防用水量和干管内水流计算速度进行计算确定，且不应小于 $DN100$。

⑤ 室外消火栓应沿在建工程、临时用房及可燃材料堆场及其加工场均匀布置，距在建工程、临时用房及可燃材料堆场及其加工场的外边线不应小于 5m，室外消火栓的间距不应大于 120m，室外消火栓的最大保护半径不应大于 150m；施工现场的消火栓泵应采用专用消防配电线路。专用消防配电线路应自施工现场总配电箱的总断路器上端接入，且应保持不间断供电。

2）室内临时消防给水系统设置要求：

① 建筑高度大于 24m 或单体体积超过 30000m³ 的在建工程，应设置临时室内消防给水系统；消防竖管的设置位置应便于消防人员操作，其数量不应少于 2 根，当结构封顶时，应将消防竖管设置成环状。

② 消防竖管的管径应根据在建工程临时消防用水量、竖管内水流计算速度进行计算确定，且不应小于 $DN100$。

③ 室内消防给水系统应设消防水泵接合器，消防水泵接合器应设置在室外便于消防车取水的部位，与室外消火栓或消防水池取水口的距离宜为 15～40m。

④ 各结构层均应设置室内消火栓接口及消防软管接口，消火栓接口及软管接口应设置在位置明显且易于操作的部位，消火栓接口的前端应设置截止阀；消火栓接口或软管接口的间距，多层建筑不大于 50m，高层建筑不大于 30m。

⑤ 结构施工完毕的每层楼梯处应设置消防水枪、水带及软管，且每个设置点不少于 2 套。

⑥ 高度超过 100m 的在建工程，应在适当楼层增设临时中转水池及加压水泵。中转水池的有效容积满足 2 支消防水枪（进水口径 50mm，喷嘴口径 19mm）同时工作不少于 15min 要求，且不应少于 10m³，上下两个中转水池的高差不宜超过 100m。

⑦ 临时消防给水系统的给水压力应满足消防水枪充实水柱长度不小于 10m 的要求；给水压力不能满足要求时，应设置消火栓泵，消火栓泵不应少于 2 台，且应互为备用；消火栓泵宜设置自动启动装置。

⑧ 施工现场临时消防给水系统应与施工现场生产、生活给水系统合并设置，但应设置将生产、生活用水转为消防用水的应急阀门。应急阀门不应超过 2 个，且应设置在易于操作的场所，并设置明显标识。

⑨ 严寒和寒冷地区的现场临时消防给水系统，应采取防冻措施。

（6）施工现场防火及消防系统的检查验收

1）施工单位申报《消防设施验收表》（GDAQ21206），专业监理工程师和项目总监共同参与验收及确认，验收合格方可投入使用。专业监理工程师和项目总监可以参与其验收。

2）总监根据工程进展情况适时安排阶段检查。施工单位将验收合格及安全负责人签字确认的资料报总监或专业监理工程师审查。

3）施工单位要定期对工地存有易燃易爆品的管理与使用情况进行检查，监理机构也要注意对易燃易爆品的使用管理的检查。

4）施工现场的消防安全责任人应根据施工现场特点，组织制定实施施工现场消防安全岗位职责和各项消防安全管理制度及各保障消防安全的操作规程，制定施工现场消防安全措施及消防设施平面布置图，建立消防安全应急救援系统，组织编制消防应急救援预案和消防应急救援演练。定期研究和落实施工现场消防隐患的整改措施，组织消防安全宣传教育和检查，落实各项消防安全措施费用的有效使用，及时、如实报告消防安全事故。项目监理机构要督促施工单位做好消防救援演练。

5）施工单位（会同有关单位）对工地临时消防系统验收合格后，应报请当地消防管理部门审查或验收。

11.6 高处作业防护工程安全检查技术要点

（1）高处作业防护工程安全检查的主要依据

1）《建筑施工高处作业安全技术规范》（JGJ 80）；

2）《安全网》（GB 5725）；

3）《高处作业分级》（GB/T 3608）

　　4)《建筑施工安全检查标准》(JGJ 59);

　　5)《建筑工程预防高处坠落事故若干规定》2003年和《建筑工程预防坍塌事故若干规定的通知》建质[2003]82号;

　　6)批准的施工组织设计和《预防高处坠落事故的专项施工方案》。

　　(2)高处作业防护工程安全检查技术要点

　　1)坠落高度基准面2m及以上进行临边作业时,应在临空一侧设置防护栏杆,并应采用密目式安全立网或工具式栏板封闭(强条)。

　　2)在雨、霜、雾、雪等天气进行高处作业时,应采取防滑、防冻措施,并应及时清除作业面上的水、冰、雪、霜。当遇有6级以上强风、浓雾、沙尘暴等恶劣气候,不得进行露天攀登与悬空高处作业。暴风雪及台风暴雨后,应对高处作业安全设施进行检查,当发现有松动、变形、损坏或脱落等现象时,应立即修理完善,维修合格后再使用。

　　3)防护棚搭设与拆除时,应设警戒区,并应派专人监护,严禁上下同时拆除。

　　4)建筑物外围边沿处,应采用密目式安全立网进行全封闭,有外脚手架的工程,密目式安全立网应设置在脚手架外侧立杆上,并与脚手杆紧密连接;没有外脚手架的工程,应采用密目式安全立网将临边全封闭。

　　5)分层施工的楼梯口、楼梯平台和梯段边,应安装防护栏杆;外设楼梯口、楼梯平台和梯段边还应采用密目式安全立网封闭。

　　6)施工升降机、龙门架和井架物料提升机等各类垂直运输设备设施与建筑物间设置的通道平台两侧边,应设置防护栏杆、挡脚板,并应采用密目式安全立网或工具式栏板封闭。

　　7)各类垂直运输接料平台口应设置高度不低于1.80m的楼层防护门,并应设置防外开装置;多笼井架物料提升机通道中间,应分别设置隔离设施。

　　8)临边防护栏杆必须符合下列要求:

　　①临边作业的防护栏杆应由横杆、立杆及不低于180mm高的挡脚板组成,并应符合下列规定:ⓐ防护栏杆应为两道横杆,上杆距地面高度应为1.2m,下杆应在上杆和挡脚板中间设置。当防护栏杆高度大于1.2m时,应增设横杆,横杆间距不应大于600mm;ⓑ防护栏杆立杆间距不应大于2m。

　　②防护栏杆立杆底端应固定牢固,并应符合下列规定:ⓐ当在基坑四周土体上固定时,应采用预埋或打入方式固定。当基坑周边采用板桩时,如用钢管做立杆,钢管立杆应设置在板桩外侧;ⓑ当采用木立杆时,预埋件应与木杆件连接牢固。ⓒ防护栏杆杆件的规格及连接,应符合下列规定:当采用钢管作为防护栏杆杆件时,横杆及栏杆立杆应采用脚手钢管,并应采用扣件、焊接、定型套管等方式进行连接固定;当采用原木作为防护栏杆杆件时,杉木杆稍径不应小于80mm,红松、落叶松稍径不应小于70mm;栏杆立杆木杆稍径不应小于70mm,并应采用8号镀锌铁丝或回火铁丝进行绑扎,绑扎应牢固紧密,不得出现泻滑现象。用过的铁丝不得重复使用;当采用其他型材作防护栏杆杆件时,应选用与脚手钢管材质强度相当规格的材料,并应采用螺栓、销轴或焊接等方式进行连接固定。ⓓ栏杆立杆和横杆的设置、固定及连接,应确保防护栏杆在上下横杆和立杆任何处,均能承受任何方向的最小1kN外力作用,当栏杆所处位置有发生人群拥挤、车辆冲击和物件碰撞等可能时,应加大横杆截面或加密立杆间距。

③ 防护栏杆应张挂密目式安全立网。安全网搭设应牢固、严密，完整有效，易于拆卸。安全网的支撑架应具有足够的强度和稳定性（强条）。

④ 防护栏杆的设计应符合《建筑施工高处作业安全技术规范》（JGJ 80）附录 A 的规定。

9）洞口高处作业必须按下列规定设置防护设施：

① 在洞口作业时，应采取防坠落措施，并应符合下列规定：ⓐ当垂直洞口短边边长小于 500mm 时，应采取封堵措施；当垂直洞口短边边长大于或等于 500mm 时，应在临空一侧设置高度不小于 1.2m 的防护栏杆，并应采用密目式安全立网或工具式栏板封闭，设置挡脚板；ⓑ当非垂直洞口短边尺寸为 25～500mm 时，应采用承载力满足使用要求的盖板覆盖，盖板四周搁置应均衡，且应防止盖板移位；ⓒ当非垂直洞口短边边长为 500～1500mm 时，应采用专项设计盖板覆盖，并应采取固定措施；ⓓ当非垂直洞口短边长大于或等于 1500mm 时，应在洞口作业侧设置高度不小于 1.2m 的防护栏杆，并应采用密目式安全立网或工具式栏板封闭；洞口应采用安全平网封闭。

② 电梯井口应设置防护门，其高度不应小于 1.5m，防护门底端距地面高度不应大于 50mm，并应设置挡脚板。在进入电梯安装施工工序之前，井道内应每隔 10m 且不大于 2 层加设一道水平安全网。电梯井内的施工层上部，应设置隔离防护设施。

③ 边长不大于 500mm 洞口所加盖板，应能承受不小于 $1.1kN/m^2$ 的荷载。

④ 施工现场通道附近的洞口、坑、沟、槽、高处临边等危险作业处，除应悬挂安全警示标志外，夜间应设灯光警示。

⑤ 墙面等处落地的竖向洞口、窗台高度低于 800mm 的竖向洞口及框架结构在浇筑完混凝土没有砌筑墙体时的洞口，应按临边防护要求设置防护栏杆。

10）单梯不得垫高使用，使用时应与水平面成 75°夹角，踏步不得缺失，其间距宜为 300mm。当梯子需接长使用时，应有可靠的连接措施，接头不得超过 1 处。连接后梯梁的强度，不应低于单梯梯梁的强度。

11）固定式直梯应采用金属材料制成，梯子内侧净宽应为 400～600mm，固定直梯的支撑应采用不小于 L70×6 的角钢，埋设与焊接应牢固。直梯顶端的踏棍应与攀登的顶面齐平，并应加设 1.05～1.5m 高的扶手。使用固定式直梯进行攀登作业时，攀登高度宜为 5m，且不超过 10m。当攀登高度超过 3m 时，宜加设护笼，超过 8m 时，应设置梯间平台。

12）施工组织设计或施工技术方案中应明确施工中使用的登高和攀登设施，人员登高应借助建筑结构或脚手架的上下通道、梯子及其他攀登设施和用具。不得两人同时在梯子上作业。在通道处使用梯子作业时，应有专人监护或设置围栏。脚手架操作层上不得使用梯子进行作业。

13）构件吊装和管道安装时的悬空作业应符合下列规定：

① 钢结构吊装，构件宜在地面组装，安全设施应一并设置。吊装时，应在作业层下方设置一道水平安全网；

② 吊装钢筋混凝土屋架、梁、柱等大型构件前，应在构件上预先设置登高通道、操作立足点等安全设施；

③ 在高空安装大模板、吊装第一块预制构件或单独的大中型预制构件时，应站在作

业平台上操作;

④ 当吊装作业利用吊车梁等构件作为水平通道时,临空面的一侧应设置连续的栏杆等防护措施。当采用钢索做安全绳时,钢索的一端应采用花篮螺栓收紧;当采用钢丝绳做安全绳时,绳的自然下垂度不应大于绳长的 1/20,并应控制在 100mm 以内;

⑤ 钢结构安装施工宜在施工层搭设水平通道,水平通道两侧应设置防护栏杆,当利用钢梁作为水平通道时,应在钢梁一侧设置连续的安全绳,安全绳宜采用钢丝绳;

⑥ 钢结构、管道等安装施工的安全防护设施宜采用标准化、定型化产品。

14) 严禁在未固定、无防护设施的构件及管道上作业或通行(强条)。

15) 悬挑式操作平台的设置应符合下列规定:①操作平台的搁置点、拉结点、支撑点应设置在稳定的主体结构上,且应可靠连接;②严禁将操作平台设置在临时设施上;③操作平台的结构应稳定可靠,承载力应符合设计要求。

16) 施工现场立体交叉作业时,下层作业的位置,应处于坠落半径之外,坠落半径见《建筑施工高处作业安全技术规范》(JGJ 80—2016) 表 7.0.1 的规定,模板、脚手架等拆除作业应适当增大坠落半径。当达不到规定时,应设置安全防护棚,下方应设置警戒隔离区。施工现场人员进出的通道口应搭设防护棚。处于起重设备的起重机臂回转范围之内的通道,顶部应搭设防护棚。操作平台内侧通道的上下方应设置阻挡物体坠落的隔离防护措施。防护棚的顶棚使用竹笆或胶合板搭设时,应采用双层搭设,间距不应小于 700mm;当使用木板时,可采用单层搭设,木板厚度不应小于 50mm,或可采用与木板等强度的其他材料搭设。防护棚的长度应根据建筑物高度与可能坠落半径确定。当建筑物高度大于 24m、并采用木板搭设时,应搭设双层防护棚,两层防护棚的间距不应小于 700mm。防护棚的架体构造 (JGJ 80—2016 图 7.0.7)、搭设与材质应符合设计要求。悬挑式防护棚悬挑杆的一端应与建筑物结构可靠连接,并应符合《建筑施工高处作业安全技术规范》(JGJ 80—2016) 第 6.4 节的规定。不得在防护棚棚顶堆放物料。

17) 脚手架外侧应采用密目式安全网做全封闭,不得留有空隙。密目式安全网应可靠固定在架体上。作业层脚手板与建筑物之间的空隙大于 15cm 时应作全封闭,防止人员和物料坠落。作业人员上下应有专用通道,不得攀爬架体。

18) 施工单位进行屋面卷材防水层施工时,屋面周围应设置符合要求的防护栏杆。屋面上的孔洞应加盖封严,短边尺寸大于 15m 时,孔洞周边也应设置符合要求的防护栏杆,底部加设安全平网。在坡度较大的屋面作业时,应采取专门的安全措施。

19) 采用平网防护时,严禁使用密目式安全立网代替平网使用(强条)。

20) 高处作业前,应由项目分管负责人组织有关部门对安全防护设施进行验收,经验收合格签字后,方可作业。安全防护设施应做到定型化、工具化,防护栏杆以黄黑(或红白)相间的条纹标示,盖件等以黄(或红)色标示。需要临时拆除或变动安全设施的,应经项目分管负责人审批签字,并组织有关部门验收,经验收合格签字后,方可实施。

(3) 高处作业防护工程验收要求

1) 项目监理机构应督促施工单位对所有进场的安全防护用具、设备和器材进行进场验收,填写《安全防护用具/设备/器材报审表》(GDAQ4317)报项目监理机构审查。

2) 专业监理工程师负责审查施工单位的报验资料,主要是查验出厂的及抽检的合格证明材料,并可对实物数量、观感、编号、规格、品牌与申报资料比对,提出审查意见,并报总监审核批准。

3）监理人员还应按照有关规定，对施工所用的安全带、安全网、安全帽、扣件、门架、门架底座等材料要进行见证抽样送检，检测合格并办理准用证后方可用于施工。

4）施工单位申报《临边洞口防护验收表》（GDAQ209020203），专监和总监共同参与验收及确认，验收合格方可投入使用。

5）总监根据工程进展情况适时安排阶段性验收。

11.7　人工挖孔桩工程安全检查技术要点

（1）人工挖孔桩工程安全检查的主要依据

1）《建筑桩基技术规范》（JGJ 94）；

2）《建筑施工高处作业安全技术规范》（JGJ 80）；

3）《施工现场临时用电安全技术规范》（JGJ 46）；

4）《建设工程施工现场供用电安全规范》（GB 50194）；

5）《建筑施工安全检查标准》（JGJ 59）；

6）批准的《人工挖孔桩施工专项施工方案》；

7）广东省《关于限制使用人工挖孔灌注桩的通知》（粤建管字〔2003〕49号）；

8）住建部《建筑工程预防高处坠落事故若干规定》和《建筑工程预防坍塌事故若干规定》的通知（建质〔2003〕82号）。

（2）人工挖孔桩工程施工安全检查技术要点

1）下列情况限制使用人工挖孔桩：

① 地基土中分布有厚度超过2m的流塑状泥或厚度超过4m的软塑状土；

② 地下水位以下有层厚超过2m的松散、稍密的砂层或层厚超过3m的中密、密实砂层；

③ 熔岩地区；

④ 有涌水的地质断裂带；

⑤ 地下水丰富，采取措施后仍无法避免边抽水边作业；

⑥ 高压缩性人工杂填土厚度超过5m；

⑦ 工作面3m以下土层中有腐殖质有机物、煤层等可能存在有毒气体的土层；

⑧ 孔深超过25m或桩径小于1.2m；

⑨ 没有可靠的安全措施，可能对周围建（构）筑物、道路、管线等造成危害。

2）护壁必须由设计单位设计，护壁厚度不得小于150mm，护壁混凝土强度等级不得低于C20，采用混凝土护壁时，每天掘进深度不得大于1m。护壁混凝土不得人工拌和，每节护壁均须由监理单位验收。

3）施工单位须编制专项施工方案，开挖深度超过16m的专项施工方案须经专家论证，并按照规定上报主管部门批准。监理单位必须编写（监理细则）专项监理方案，并严格实行旁站监理。

4）孔内作业时，上下井必须有可靠安全保障措施，严禁乘坐吊桶上下，孔内必须设置应急软爬梯供人员上下，使用的电葫芦、吊笼等应安全可靠并配有自动卡紧保险装置不得使用麻绳和尼龙绳吊挂或脚踏井壁凸缘上下。电葫芦宜用按钮式开关，使用前必须检验其安全起吊能力。

5）每日开工前必须检测井下的有毒、有害气体，并应有足够的安全防范措施。当桩孔开挖深度超过 10m 时，应有专门向井下送风的设备，风量不宜少于 25L/s。

6）施工中应有可靠通风措施，同时应配备有毒气检验测仪器，定时（每天入井孔前要进行一次检测）进行气体检测；监理对《气体检测记录》（GDAQ20605）见证签字。

7）挖出的土石方应及时运离孔口，不得堆放在孔口四周 1m 范围内，机动车辆的通行不得对井壁的安全造成影响。

8）第一节井圈护壁应符合下列规定：①井圈中心线与设计轴线的偏差不得大于 20mm；②井圈顶面应比场地高出 100～150mm，壁厚应比下面井壁厚度增加 100～150mm。当非垂直洞口短边边长为 500～1500mm 时，应采用专项设计盖板覆盖，并应采取固定措施；当非垂直洞口短边长大于或等于 1500mm 时，应在洞口作业侧设置高度不小于 1.2m 的防护栏杆，并应采用密目式安全立网或工具式栏板封闭；洞口应采用安全平网封闭（强条）。

9）孔口和孔壁附着物（包括不到孔底的钢筋笼、串筒、钢爬梯、水管风管等）必须固定牢靠。

10）井孔内抽水作业时，人员必须升井。

11）需配备通信设备（如对讲机）保证上下通信畅顺。

12）施工现场的一切电源、电路的安装和拆除必须遵守现行行业标准《建设工程施工现场供用电安全规范》（GB 50194）的规定。

13）对周围建（构）筑物、道路、管线等应定期进行变形观测，并做好记录。发现异常情况，必须立即停止作业，并采取相应的补救措施。

14）工程桩应进行承载力和桩身质量检验。

（3）人工挖孔桩工程验收要求

1）入井孔前要进行气体检测，监理对《气体检测记录》（GDAQ20605）见证签字；

2）爆破施工需要办理相关手续；

3）施工单位申报《人工挖孔桩防护验收表》（GDAQ209020205），专监和总监共同参与验收及确认，验收合格方可入井作业；

4）按井孔验收。

11.8 深基坑支护工程安全检查技术要点

（1）深基坑工程安全检查的主要依据

1）《建筑基坑支护技术规程》（JGJ 120）；

2）《建筑基坑工程监测技术规范》（GB 50497）；

3）《建筑边坡工程技术规范》（GB 50330）；

4）《岩土锚杆与喷射混凝土支护工程技术规范》（GB 50086）；

5）《建筑桩基技术规范》（JGJ 94）；

6）《爆破安全规程》（GB 6722）；

7）《建筑施工土石方工程安全技术规范》（JGJ 180）；

8）《建筑施工安全检查标准》（JGJ 59）；

9）基坑支护工程设计文件；

10）基坑支护及土方开挖专项施工方案。

（2）深基坑工程安全检查技术要点

1）基坑支护应满足下列功能要求：

① 保证基坑周边建（构）物、地下管网、道路的安全和正常使用；

② 保证主体地下结构的施工空间（强条）。建筑边坡工程的设计使用年限不应低于被保护的建（构）物设计使用年限（强条）。

2）边坡支护结构设计应进行下列计算和验算：

① 支护结构及其基础的抗压、抗弯、抗剪、局部抗压承载力的计算；支护结构基础的地基承载力计算；

② 锚杆锚固的抗拔承载力及锚杆杆体抗拉承载力的计算；

③ 支护结构稳定性验算（强条）。

3）深基坑设计文件、专项施工方案和专项监测方案须经专家论证审查后方可实施。

4）未按规定开展基坑支护结构质量检测的基坑工程，不得进行基坑开挖。未按规定委托进行开挖监测的基坑工程，因开挖造成环境破坏等各种损失，建设单位及监理单位应负相应责任。

5）安全等级为一级、二级的支护结构：在基坑开挖过程与支护结构使用期内，必须进行支护结构的水平位移监测和基坑开挖影响范围内建（构）筑物、地面的沉降监测（强条）。边坡塌滑区有重要建（构）筑物的一级边坡工程施工时必须对坡顶水平位移、垂直位移、地表、地表裂缝和坡顶建（构）筑物变形进行监测（强条）。

6）审查施工承包单位编制的深基坑施工专项安全施工方案及相应的应急救援预案，开挖深度大于等于5m、或开挖深度小于5m但现场地质情况和周围环境较复杂的基坑工程以及其他需要监测的基坑工程应实施基坑工程监测。属于超过5m的深基坑开挖与支护工程，方案必须组织专家进行论证。发现与法律、法规及安全强制性标准不符之处，应书面要求施工承包单位整改或调整。

7）监测单位应严格实施监测方案。当基坑工程设计或施工有重大变更时，监测单位应与委托方及相关单位研究并及时调整监测方案。监测单位应及时处理、分析监测数据，并将监测结果和评价及时向建设方及相关单位作信息反馈，当监测数据达到监测报警值时必须立即通报建设方及相关单位。督促承包商按照安全专项施工方案及应急救援预案的要求，落实深基坑工程各工序及关键部位的安全防护措施，同时加强监理旁站，巡视的检查力度，定期组织有关各单位参加的安全检查，发现违章冒险作业要责令其停止作业，发现安全事故隐患要责令其停止施工，并报告建设单位，施工单位拒不整改或不停止施工的，监理将及时向建设主管部门报告。

8）支护结构采用土钉墙、锚杆、腰梁、支撑等结构型式时，必须等结构的强度达到开挖时的设计要求后才可开挖下一层土方，严禁提前开挖。施工过程中，严禁各种机械碰撞支撑、腰梁、锚杆、降水井等基坑支护结构物，不得在上面放置或悬挂重物（强条）。当基坑开挖面上方的锚杆、土钉、支撑未达到设计要求时，严禁向下超挖土方（强条）。采用锚杆或支撑的支护结构，在未达到设计规定的拆除条件时，严禁拆除锚杆或支撑（强条）。基坑周边施工材料、设施或车辆荷载严禁超过设计要求的地面荷载限值（强条）。岩石边坡开挖爆破施工应采取边坡及邻近建（构）筑物震害的工程措施（强条）。

9）基坑开挖过程中，应及时、定时对基坑边坡及周边环境进行巡视，随时检查边坡位移（土体裂缝）、边坡倾斜、土体及周边道路沉陷或隆起、支护结构变形、地下水涌出、管线开裂、不明气体冒出和基坑防护栏杆的安全性等。开挖中如发现古墓、古物、地下管线或其他不能辨认的异物及液体、气体等异常情况时，严禁擅自挖掘，应立即停止作业，及时向上级及相关部门报告，待相关部门进行处理后，方可继续开挖。当基坑开挖过程中出现边坡位移过大、地表出现明显裂缝或沉陷等情况时，须及时停止作业并尽快通知设计等有关人员进行处理；出现边坡塌方等险情或险情征兆时，须及时停止作业，组织撤离危险区域并对险情区域回填，并尽快通知设计等有关人员进行研究处理。

10）边坡开挖施工阶段不利工况稳定性不能满足要求时，应采取相应的处理或加固措施。开挖至设计坡面及坡脚后，应及时进行支护施工，尽量减少暴露时间。坡面暴露时间应按支护设计要求及边坡稳定性要求严格控制。稳定性较差的土石方工程开挖不宜在雨季进行，暴雨前应采取必要的临时防塌方措施。

11）除基坑支护设计要求允许外，基坑边 1m 范围内不得堆土、堆料、放置机具。

12）土方开挖前，应查清周边环境，如建筑物、市政管线、道路、地下水等情况；应将开挖范围内的各种管线迁移、拆除，或采取可靠保护措施。

13）基坑土方开挖应按设计和施工方案要求分层、分段、均衡开挖，并贯彻先锚固（支撑）后开挖、边开挖边监测、边开挖边防护的原则。严禁超深挖土。边坡土石方开挖应自上而下分层实施，严禁随意开挖坡脚。一次开挖高度不宜过高，软土边坡不宜超过 1m。

14）支护结构采用土钉墙、锚杆、腰梁、支撑等结构型式时，必须等结构的强度达到开挖时的设计要求后才可开挖下一层土方，严禁提前开挖。施工过程中，严禁各种机械碰撞支撑、腰梁、锚杆、降水井等基坑支护结构物，不得在上面放置或悬挂重物（强条）。

（3）深基坑支护工程检查验收要求

1）基坑支护桩、止水桩、支撑结构、锚索、边坡及喷锚、土方等工程，须办理隐蔽验收和分部分项验收手续。

2）基坑工程所用的材料要按照规定进行抽样送检。

3）项目监理机构要按照规定及规范标准对基坑支护工程基坑支护工程进行隐蔽验收、分项分部工程验收和阶段性验收。建设单位应委托第三方对支护工程质量进行检测，检测合格并出具报告后，施工单位申报《基坑工程验收表》（省统表 GDAQ209020206），经专监和总监共同参与验收及确认，验收合格方可开挖土方。

4）开挖深度大于等于 5m、或开挖深度小于 5m 但现场地质情况和周围环境较复杂的基坑工程以及其他需要监测的基坑工程应实施基坑工程监测。基坑工程施工前，应由建设方委托具备相应资质的第三方对基坑工程实施现场监测。监测单位应编制监测方案，监测方案须经建设方、设计方、监理等认可，必要时还需与基坑周边环境涉及的有关管理单位协商一致后方可实施。

11.9　施工起重机械设备安装拆除工程安全检查技术要点

（1）施工起重机械设备安装拆除工程安全检查的主要依据

1）《起重设备安装工程施工及验收规范》(GB 50278)；

2）《建筑施工塔式起重机安装、使用、拆卸安全技术规程》(JGJ 196)；

3）《建筑施工升降机安装、使用、拆卸安全技术规程》(JGJ 215)；

4）《塔式起重机混凝土基础工程技术规程》(JGJ/T 187)；

5）《塔式起重机安全规程》(GB 5144)；

6）《龙门架及井架物料提升机安全技术规范》(JGJ 88)；

7）《施工现场机械设备检查技术规范》(JGJ 160)；

8）《施工现场安全防护用具及机械设备使用监督管理规定》(建建〔1998〕164号)；

9）《建筑起重机械安全监督管理规定》(建设部 166号令)；

10）《建筑起重机械备案登记办法》(建质〔2008〕76号)；

11）《关于加强建筑施工起重机械安全监督管理的通知》(粤建管字〔2003〕101号)；

12）《建筑施工安全检查标准》(JGJ 59)；

13）批准的基础专项施工方案和安装拆除专项施工方案。

（2）施工机械设备安装拆除工程安全管理基本要求

1）出租、安装、使用单位应当按规定提交建筑起重机械备案登记资料，并对所提供资料的真实性负责。县级以上地方人民政府建设主管部门应当建立建筑起重机械备案登记诚信考核制度。

2）建筑起重机械出租单位或者自购建筑起重机械使用单位（以下简称"产权单位"）在建筑起重机械首次出租或安装前，应当向本单位工商注册所在地县级以上地方人民政府建设主管部门（以下简称"设备备案机关"）办理备案。

3）设备备案机关应当自收到产权单位提交的备案资料之日起7个工作日内，对符合备案条件且资料齐全的建筑起重机械进行编号，向产权单位核发建筑起重机械备案证明。建筑起重机械备案编号规则见《建筑起重机械备案登记办法》的通知（建质〔2008〕76号附件一）。

4）从事建筑工地的塔吊、外用电梯、物料提升机械等建筑施工起重机检测业务的机构，必须经地级以上市建设行政主管部门验证合格并登记备案后方可继续从事该项检测工作。凡属以上设备进入施工现场必须经有相应资质的检测机构检测合格，核发"安全准用证"后方可运行使用；对初次使用及超过设计使用年限的塔吊、外用电梯、物料提升机必须按照有关规定进行强制检测，符合标准的方可使用。禁止使用不合格或原报废设备。起重机械的登记备案及"安全准用证"发放的具体工作可委托施工安全监督机构开展。

5）向建筑施工企业或者施工现场销售安全防护用具及机械设备的单位，应当提供检测合格证明及下列资料：

①产品的生产许可证（指实行生产许可证的产品）和出厂产品合格证；

②产品的有关技术标准、规范；

③产品的有关图纸及技术资料；

④产品的技术性能、安全防护装置的说明。

6）从事建筑起重机械安装、拆卸活动的单位（以下简称"安装单位"）办理建筑起重机械安装（拆卸）告知手续前，应当将以下资料报送施工总承包单位、监理单位审核：

① 建筑起重机械备案证明；

② 安装单位资质证书、安全生产许可证副本；

③ 安装单位特种作业人员证书；

④ 建筑起重机械安装（拆卸）工程专项施工方案；

⑤ 安装单位与使用单位签订的安装（拆卸）合同及安装单位与施工总承包单位签订的安全协议书；

⑥ 安装单位负责建筑起重机械安装（拆卸）工程专职安全生产管理人员、专业技术人员名单；

⑦ 建筑起重机械安装（拆卸）工程生产安全事故应急救援预案；

⑧ 辅助起重机械资料及其特种作业人员证书；

⑨ 施工总承包单位、监理单位要求的其他资料。

7）施工总承包单位、监理单位应当在收到安装单位提交的齐全有效的资料之日起 2 个工作日内审核完毕并签署意见。

8）安装单位应当在建筑起重机械安装（拆卸）前 2 个工作日内通过书面形式、传真或者计算机信息系统告知工程所在地县级以上地方人民政府建设主管部门，同时按规定提交经施工总承包单位、监理单位审核合格的有关资料。

9）建筑起重机械使用单位在建筑起重机械安装验收合格之日起 30 日内，向工程所在地县级以上地方人民政府建设主管部门（以下简称"使用登记机关"）办理使用登记。

10）使用单位在办理建筑起重机械使用登记时，应当向使用登记机关提交下列资料：

① 建筑起重机械备案证明；

② 建筑起重机械租赁合同；

③ 建筑起重机械检验检测报告和安装验收资料；

④ 使用单位特种作业人员资格证书；

⑤ 建筑起重机械维护保养等管理制度；

⑥ 建筑起重机械生产安全事故应急救援预案；

⑦ 使用登记机关规定的其他资料。

11）使用登记机关应当自收到使用单位提交的资料之日起 7 个工作日内，对于符合登记条件且资料齐全的建筑起重机械核发建筑起重机械使用登记证明。登记标志置于或者附着于该设备的显著位置。

12）施工单位申报《建筑起重机械基础验收表》（GDAQ2090104）、《建筑起重机械安装验收表》（GDAQ2090105）、《塔式起重机附着验收表》（GDAQ2090107）、《施工升降机附着（加节）验收表》（GDAQ2090106）等验收表，专监和总监共同参与验收及确认，验收合格方可投入使用。

13）监理单位应当履行下列安全职责：

① 审核建筑起重机械特种设备制造许可证、产品合格证、制造监督检验证明、备案证明等文件；

② 审核建筑起重机械安装单位、使用单位的资质证书、安全生产许可证和特种作业人员的特种作业操作资格证书；

③ 审核建筑起重机械安装、拆卸工程专项施工方案；

④ 监督安装单位执行建筑起重机械安装、拆卸工程专项施工方案情况；

⑤ 监督检查建筑起重机械的使用情况；

⑥ 发现存在生产安全事故隐患的，应当要求安装单位、使用单位限期整改，对安装单位、使用单位拒不整改的，及时向建设单位报告。

（3）塔式起重机安装拆除工程安全检查技术要点

1）塔式起重机安装、拆卸前，应编制专项施工方案，指导作业人员实施安装、拆卸作业。专项施工方案应根据塔式起重机使用说明书和作业场地的实际情况编制，并应符合国家现行相关标准的规定。专项施工方案应由本单位技术、安全、设备等部门审核、技术负责人审核后，经监理单位批准实施。

2）塔式起重机安装、拆卸作业应配备下列人员：

① 持有安全生产考核合格证书的项目负责人和安全负责人、机械管理人员；

② 具有建筑施工特种作业操作资格证书的建筑起重机械安装拆卸工、起重司机、起重信号工、司索工等特种作业操作人员。

3）发现有下列情况之一的，塔式起重机严禁使用：

① 国家明令淘汰的产品；

② 超过规定的使用年限经评估不合格的产品；

③ 不符合国家现行相关标准的产品；

④ 没有完整安全技术档案的产品。（强条）

4）当多台塔式起重机在同一施工现场交叉作业时，应编制专项方案，并应采取防碰撞的安全措施。任意两台塔式起重机之间的最小架设距离应符合下列规定：

① 低位塔式起重机的起重臂端部与另一台塔式起重机的塔身之间的距离不得小于 2m；

② 高位塔式起重机的最低位置的部件（或吊钩升至最高点或平衡重的最低部位）与低位塔式起重机中处于最高位置部件之间的垂直距离不得小于 2m。（强条）

5）塔式起重机在安装前和使用过程中，发现有下列情况之一的，不得安装和使用：

① 结构件上有可见裂纹和严重锈蚀的；

② 主要受力构件存在塑性变形的；

③ 连接件存在严重磨损和塑性变形的；

④ 钢丝绳达到报废标准的；

⑤ 安全装置不齐全或失效的。（强条）

6）塔式起重机安装、拆卸单位必须具有从事塔式起重机安装、拆卸业务的资质。塔式起重机安装、拆卸单位必须具备安全管理保证体系，有健全的安全管理制度。塔式起重机安装前，必须经维修保养，并应进行全面的检查，确认合格后方可安装。

7）塔式起重机的基础及其地基承载力应符合使用说明书的要求和设计图纸的要求。安装前应对基础进行验收，合格后方可安装。基础周围应有排水设施。当塔式起重机使用时，附着装置的设置和自由端高度等应符合使用说明书的规定。当附着水平距离，附着间距等不满足使用说明书时，应进行设计计算，绘制制作图和编写说明。

8）混凝土基础应符合下列要求：

① 混凝土基础应能承受工作状态和非工作状态下的最大载荷，并应满足塔机抗倾翻稳定性的要求。

② 对混凝土基础的抗倾翻稳定性计算及地面压应力的计算应符合《塔式起重机混凝土基础工程技术规程》（JGJ/T 187）的规定及《塔式起重机》（GB/T 5031）中的规定。

③ 使用单位应根据塔机原制造商提供的载荷参数设计制造混凝土基础。

④ 若采用塔机原制造商推荐的混凝土基础，固定支腿、预埋节和地脚螺栓应按原制造商规定的方法使用。

9）塔式起重机的塔机的安全装置必须齐全，并按程序进行调试合格。连接件及其防松脱件严禁用其他代用品代用。连接件及其防松脱件使用力矩扳手或专用工具紧固连接螺栓（强条）。

10）塔式起重机使用前，应对起重司机、起重信号工、司索工等作业人员进行安全技术交底（强条）。

11）塔式起重机的力矩限制器、重量限制器、变幅限位器、行走限位器、高度限位器等安全保护装置不得随意调整和拆除，严禁用限位装置代替操纵机构（强条）。

12）《塔式起重机安全规程》（GB 5144）标准的 3.7、4.1、4.2.1、4.2.2.1、4.2.2.3、4.3、4.4、4.5、4.6.7、4.7.4、4.8、5.2.1、5.2.4、5.3.1、5.4.1、5.5.2、5.6.1、5.6.2、6.3.3.2、7.1、7.2、7.3、7.3.1、7.3.2、7.4、8.3.3、8.5.1、10.6 b)、10.8e)、10.9、11.1 为推荐性的，其余为强制性的。

13）安装所用的钢丝绳、卡环、吊钩和辅助支架等起重机具均应符合《建筑施工塔式起重机安装、使用、拆卸安全技术规程》（JGJ 196）第 6 章的规定，并经检查合格后方可使用。

14）电气设备应使用说明书的要求进行安装，安装所用的电源线路应符合现行行业标准《施工现场临时用电安全技术规范》JGJ 46 的要求。

15）塔式起重机安装后，安装单位自检，检测机构检测合格后，由总承包单位组织出租、安装、使用、监理等单位进行验收，并按《建筑施工塔式起重机安装、使用、拆卸安全技术规程》（JGJ 196）附录 B 填写验收表，合格后方可使用。塔式起重机停用 6 个月以上，在复工前，应按《建筑施工塔式起重机安装、使用、拆卸安全技术规程》（JGJ 196）附录 B 重新进行验收，合格后方可使用。

16）塔式起重机起吊作业按《建筑施工塔式起重机安装、使用、拆卸安全技术规程》（JGJ 196）第 4 章的相关规定执行。

17）作业中遇突发故障，应采取措施将重物降落到安全地点，严禁起吊重物长时间悬挂在空中。

18）塔式起重机不得起吊重量超过额定载荷的吊物，且不得起吊重量不明的吊物。在吊物载荷达到额定载荷的 90% 时，应先将吊物吊离地面 200～500mm 后，检查机械状况、制动性能、物件绑扎情况等，确认无误后方可起吊。对有晃动的物件，必须拴拉溜绳使之稳固。

19）在安装起重设备的电动葫芦时，连接运行小车两墙板的螺柱上的螺母必须拧紧，螺母的锁件必须装配正确（强条）。

20）安装起重设备、安装挠性提升构件时，必须符合以下规定：

① 压板固定钢丝绳时，压板应无错位、无松动。

② 楔块固定钢丝绳时，钢丝绳贴紧楔块的圆弧段应楔紧、无松动。

③ 钢丝绳在出、入导绳装置时应无卡阻；放出的钢丝绳应无打旋、无碰触。

④ 吊钩在下限位置时，除固定绳尾的圈数外，卷筒上的钢丝绳不应少于2圈。

⑤ 起升用钢丝绳应用无编制接长的接头。当采用其他方法接长时，接头的连接强度不应小于钢丝绳破断拉力的90%。

⑥ 起重链条经过链轮或导链架时应自由无卡链和爬链。（强条）

21）对大型、特殊、复杂的起重设备的吊装或在特殊、复杂环境下的起重设备的吊装，必须制定完善的吊装方案。当利用建筑结构作为吊装的重要承力点时，必须进行结构的承载核算，并经原设计单位书面同意（强条）。

22）当起重机需带载行走时，载荷不得超过允许起重量的70%，行走道路应坚实平整，重物应在起重机正前方向，重物离地面不得大于500mm，并应拴好拉绳，缓慢行驶。严禁长距离带载行驶。行走式塔式起重机停止作业时，应锁紧夹轨器。

23）夜间施工应有足够照明，照明的安装应符合现行行业标准《施工现场临时用电安全技术规范》（JGJ 46）的要求。塔机应有良好的照明。照明的供电不受停机影响。固定式照明装置的电源电压不应超过220V，严禁用金属结构作为照明线路的回路。可携式照明装置的电源电压不应超过48V，交流供电的严禁使用自耦变压器。司机室内照明照度不应低于30lx。电气室及机务专用电梯的照明照度不应低于5lx。塔顶高度大于30m且高于周围建筑物的塔机，应在塔顶和臂架端部安装红色障碍指示灯，该指示灯的供电不应受停机的影响。快装式塔机在拖行时应装有直流24V的示宽灯、高度指示灯、长度指示灯、转向指示灯及刹车灯。在司机室内明显位置应装有总电源开合状况的指示信号。安全装置的指示信号或声响报警信号应设置在司机和有关人员视力、听力可及的地方。

24）塔式起重机拆卸时应先降节、后拆除附着装置（强条）。

25）塔机金属结构、轨道、所有电气设备的金属外壳、金属线管、安全照明的变压器低压侧等均应可靠接地，接地电阻不大于4Ω。重复接地电阻不大于10Ω。接地装置的选择和安装应符合电气安全的有关要求。

（4）施工电梯安装拆除工程安全检查技术要点

1）施工电梯（施工升降机）安装单位应具备建设行政主管部门颁发的起重设备安装工程专业承包资质和建筑施工企业安全生产许可证。

2）施工升降机安装、拆卸项目应配备与承担项目相适应的专业安装作业人员以及专业安装技术人员。施工升降机的安装拆卸工、电工、司机等应具有建筑施工特种作业操作资格证书。

3）施工升降机使用单位应与安装单位签订施工升降机安装、拆卸合同，明确双方的安全生产责任。实行施工总承包的，施工总承包单位应与安装单位签订施工升降机安装、拆卸工程安全协议书。

4）施工升降机应具有特种设备制造许可证、产品合格证、使用说明书、起重机械制造监督检验证书，并已在产权单位工商注册所在地县级以上建行政主部门备案登记。

5）施工升降机安装作业前，安装单位应编制施工升降机安装、拆卸工程专项施工方案，由安装单位技术负责人批准后，报送施工总承包单位或使用单位、监理单位审核，并告知工程所在地县级以上建设行政主管部门。

6）施工升降机的类型、型号和数量应能满足施工现场货物尺寸、运载重量、运载频率和使用高度等方面的要求。

7）当利用辅助起重设备安装、拆卸施工升降机时，应对辅助设备设置位置、锚固方法和基础承载能力等进行设计和验算。

8）施工升降机安装、拆卸工程专项施工方案应根据使用说明书的要求、作业场地及周边环境的实际情况、施工升降机使用要求等编制。当安装、拆卸过程中专项施工方案发生变更时，应按程序更新对方案进行审批，未经审批不得继续进行安装、拆卸作业。

9）有下列情况之一的施工升降机不得安装使用：

① 属国家明令淘汰或禁止使用的；

② 超过由安全技术标准或制造厂家规定使用年限的；

③ 经检验达不到安全技术标准规定的；

④ 无完整安全技术档案的；

⑤ 无齐全有效的安全保护装置的（强条）。

10）施工升降机必须安装防坠安全器，防坠安全器应在一年有效标定期内使用，严禁施工升降机使用超过有效标定期的防坠安全器（强条）。

11）施工升降机应安装超载保护装置，超载保护装置在载荷达到额定载重量的110％前应能中止吊笼启动，在齿轮齿条式载人施工升降机载荷达到额定载重量的90％时应能给出报警信号。

12）附墙架附着点处的建筑结构承载力应满足施工升降机使用说明书的要求，施工升降机的附墙架形式、附着高度、垂直间距、附着点水平距离、附墙架与水平面之间的夹角、导轨架自由端高度和导轨架与主体结构间水平距离等均应符合使用说明书的要求。当附墙架不能满足施工现场要求时，应对附墙架另行设计，附墙架的设计应满足构件刚度、强度、稳定性等要求，制作应满足设计要求。在施工升降机使用期限内，非标准构件的设计计算书、图纸、施工升降机安装工程专项施工方案及相关资料应在工地存档。

13）基础顶埋件、连接构件的设计、制作应符合使用说明书的要求。

14）安装前应做好施工升降机的保养工作。

15）安装作业时必须将按钮盒或操作盒移至吊笼顶部操作。当导轨架或附墙架上有人员作业时，严禁开动施工升降机（强条）。

16）施工升降机安装完毕且经调试后，安装单位应按《建筑施工升降机安装、使用、拆卸安全技术规程》（JGJ 215）附录B及使用说明书的有关要求对安装质量进行自检，并应向使用单位进行安全使用说明。安装单位自检合格后，应经有相应资质的检验检测机构监督检验。检验合格后，使用单位应组织租赁单位、安装单位和监理单位等进行验收。实行施工总承包的，应由施工总承包单位组织验收。施工升降机安装验收应按《建筑施工升降机安装、使用、拆卸安全技术规程》（JGJ 215）附录C进行。严禁使用未经验收或验收不合格的施工升降机。使用单位应自施工升降机安装验收合格之日起30日内，将施工升降机安装验收资料、施工升降机安全管理制度、特种作业人员名单等，向工程所在地县级以上建设行政主管部门办理使用登记备案。安装自检表、检测报告和验收记录等应纳入设备档案。

17）当建筑物超过 2 层时，施工升降机地面通道上方应搭设防护棚。当建筑物高度超过 24m 时，应设置双层防护棚。

18）严禁用行程限位开关作为停止运行的控制开关。

19）层门门栓宜设置在靠施工升降机一侧，且层门应处于常闭状态。未经施工升降机司机许可，不得启闭层门。施工升降机使用过程中，运载物料的尺寸不应超过吊笼的界限。

20）作业结束后应将施工升降机返回最底层停放，将各控制开关拨到零位，切断电源，锁好开关箱、吊笼门和地面防护围栏门。

21）进料口门的开启高度不应小于 1.8m，强度应符合《龙门架及井架物料提升机安全技术规范》（JGJ 88）第 4.1.8 条的规定；进料口门应装有电气安全开关，吊笼应在进料口门关闭后才能启动。

（5）物料提升机安装拆除工程安全检查技术要点

1）龙门架及井架物料提升机简称物料提升机。物料提升机的出租、安装、使用单位应当按规定提交建筑起重机械备案登记资料，并对所提供资料的真实性负责。县级以上地方人民政府建设主管部门应当建立建筑起重机械备案登记诚信考核制度。使用登记机关应当自收到使用单位提交的资料之日起 7 个工作日内，对于符合登记条件且资料齐全的建筑起重机械核发建筑起重机械使用登记证明。登记标志置于或者附着于该设备的显著位置。物料提升机的可靠性指标应符合现行国家标准《吊笼有垂直导向的人货两用施工升降机》（GB 26557）的规定。用于物料提升机的材料、钢丝绳及配套零部件产品应有出厂合格证。起重量限制器、防坠安全器应经型式检验合格。

2）安装、拆除物料提升机的单位应具备下列条件：

① 安装、拆除单位应具有起重机械安拆资质及安全生产许可证。

② 安装、拆除作业人员必须经专门培训，取得特种作业资格证（强条）。

③ 物料提升机安装后，安装单位自检，检测机构检测合格后，由总承包单位组织出租、安装、使用、监理等单位进行验收，并按《龙门架及井架物料提升机安全技术规范》（JGJ 88）进行验收，合格后方可使用。

3）物料提升机传动系统应设常闭式制动器，其额定制动力矩不应低于作业时额定力矩的 1.5 倍。不得采用带式制动器。物料提升机额定起重量不宜超过 160kN；安装高度不宜超过 30m。当安装高度超过 30m 时，物料提升机除应具有起重量限制、防坠保护、停层及限位功能外，尚应符合下列规定：

① 吊笼应有自动停层功能，停层后吊笼底板与停层平台的垂直高度偏差不应超过 30mm；

② 防坠安全器应为渐进式；

③ 应具有自升降安拆功能；

④ 应具有语音及影像信号。

4）物料提升机的标志应齐全，其附属设备、备件及专用工具、技术文件均应与制造商的装箱单相符。

5）物料提升机应设置标牌，且应标明产品名称和型号、主要性能参数、出厂编号、制造商名称和产品制造日期。

6）当物料提升机安装高度大于或等于 30m 时，不得使用缆风绳（强条）。当荷载达到额定起重量的 90% 时，起重量限制器应发出警示信号；当荷载达到额定起重量的 110% 时，起重量限制器应切断上升主电路电源（强条）。

7）物料提升机地面进料口设置应符合下列规定：

① 物料提升机地面进料口应设置防护围栏。

② 围栏高度不应小于 1.8m，围栏立面可采用网板结构，强度应符合本规范第 4.1.8 条的规定。

③ 进料口门的开启高度不应小于 1.8m，强度应符合《龙门架及井架物料提升机安全技术规范》（JGJ 88）第 4.1.8 条的规定。

④ 进料口门应装有电气安全开关，吊笼应在进料口门关闭后才能启动。

8）物料提升机停层平台设置应符合下列规定：

① 停层平台的搭设应符合现行行业标准《建筑施工扣件式　钢管脚手架安全技术规范》（JGJ 130）及其他相关标准的规定，并应能承受 3kN/m² 的荷载。

② 停层平台外边缘与吊笼门外缘的水平距离不宜大于 100mm，与外脚手架外侧立杆（当无外脚手架时与建筑结构外墙）的水平距离不宜小于 1m。

③ 停层平台两侧的防护栏杆、挡脚板应符合《龙门架及井架物料提升机安全技术规范》（JGJ 88）第 3.0.5 条的规定。

④ 停层平台门应采用工具式、定型化，强度应符合《龙门架及井架物料提升机安全技术规范》（JGJ 88）第 4.1.8 条的规定。

⑤ 停层平台门的高度不宜小于 1.8m，宽度与吊笼门宽度差不应大于 200mm，并应安装在台口外边缘处，与台口外边缘的水平距离不应大于 200mm。

⑥ 停层平台门下边缘以上 180mm 内应采用厚度不小于 1.5mm 钢板封闭，与台口上表面的垂直距离不宜大于 20mm。

⑦ 停层平台门应向停层平台内侧开启，并应处于常闭状态。

⑧ 停层进料口防护棚应设在提升机地面进料口上方，其长度不应小于 3m，宽度应大于吊笼宽度。顶部强度应符合《龙门架及井架物料提升机安全技术规范》（JGJ 88）第 4.1.8 条的规定，可采用厚度不小于 50mm 的木板搭设。

9）卷扬机操作棚应采用定型化、装配式，且应具有防雨功能。操作棚应有足够的操作空间。顶部强度应符合《龙门架及井架物料提升机安全技术规范》（JGJ 88）第 4.1.8 条的规定。

10）物料提升机必须由取得特种作业操作证的人员操作。物料提升机严禁载人。物料应在吊笼内均匀分布，不应过度偏载。当吊笼提升钢丝绳断绳时，防坠安全器应制停带有额定起重量的吊笼，且不应造成结构损坏。自升平台应采用渐进式防坠安全器。（强条）

11）物料提升机在大雨、大雾、风速 13m/s 及以上大风等恶劣天气时，必须停止运行。作业结束后，应将吊笼返回最底层停放，控制开关应扳至零位，并应切断电源，锁好开关箱。

12 安全生产事故调查及处理

12.1 安全生产事故等级划分

根据国务院 493 号令自 2007 年 6 月 1 日起施行的《生产安全事故报告和调查处理条例》和《房屋市政工程生产安全事故报告和查处工作规程》（建质〔2013〕4 号）规定，安全事故划分为四个等级：

(1) 特别重大事故，是指造成 30 人以上死亡，或者 100 人以上重伤，或者 1 亿元以上直接经济损失的事故；

(2) 重大事故，是指造成 10 人以上 30 人以下死亡，或者 50 人以上 100 人以下重伤，或者 5000 万元以上 1 亿元以下直接经济损失的事故；

(3) 较大事故，是指造成 3 人以上 10 人以下死亡，或者 10 人以上 50 人以下重伤，或者 1000 万元以上 5000 万元以下直接经济损失的事故；

(4) 一般事故，是指造成 3 人以下死亡，或者 10 人以下重伤，或者 100 万元以上 1000 万元以下直接经济损失的事故。

本等级划分所称的"以上"包括本数，所称的"以下"不包括本数。

12.2 安全事故报告时限

(1) 特别重大、重大、较大事故逐级上报至住房和城乡建设主管部门，一般事故逐级上报至省级住房和城乡建设主管部门。必要时，住房城乡建设主管部门可以越级上报事故情况。

(2) 住房和城乡建设主管部门应当在特别重大和重大事故发生后 4 小时内，向国务院上报事故情况。

(3) 省级住房和城乡建设主管部门应当在特别重大、重大事故或者可能演化为特别重大、重大的事故发生后 3 小时内，向住房城乡建设主管部门上报事故情况。

(4) 较大事故、一般事故发生后，住房和城乡建设主管部门每级上报事故情况的时间不得超过 2 小时。

省级住房和城乡建设主管部门应当通过传真向住房和城乡建设主管部门书面上报特别重大、重大、较大事故情况。特殊情形下确实不能按时书面上报的，可先电话报告，了解核实情况后及时书面上报。住房和城乡建设主管部门对特别重大、重大、较大事故进行全国通报。

事故报告后出现新情况，以及事故发生之日起 30 日内伤亡人数发生变化的，住房和城乡建设主管部门应当及时补报。

12.3 安全事故报告内容

(1) 事故的发生时间、地点和工程项目名称；

(2) 事故已经造成或者可能造成的伤亡人数（包括下落不明人数）；

(3) 事故工程项目的建设单位及项目负责人、施工单位及其法定代表人和项目经理、监理单位及其法定代表人和项目总监；

（4）事故的简要经过和初步原因；

（5）其他应当报告的情况。

12.4　安全事故调查及处理

（1）住房和城乡建设主管部门应当积极参加事故调查工作，应当选派具有事故调查所需要的知识和专长，并与所调查的事故没有直接利害关系的人员参加事故调查工作。参加事故调查工作的人员应当诚信公正、恪尽职守，遵守事故调查组的纪律。

（2）住房和城乡建设主管部门应当按照有关人民政府对事故调查报告的批复，依照法律法规，对事故责任企业实施吊销资质证书或者降低资质等级、吊销或者暂扣安全生产许可证、责令停业整顿、罚款等处罚，对事故责任人员实施吊销执业资格注册证书或者责令停止执业、吊销或者暂扣安全生产考核合格证书、罚款等处罚。

（3）对事故责任企业或者人员的处罚权限在上级住房和城乡建设主管部门的，当地住房和城乡建设主管部门应当在收到有关人民政府对事故调查报告的批复后 15 日内，逐级将事故调查报告（附具有关证据材料）、有关人民政府批复文件、本部门处罚建议等材料报送至有处罚权限的住房城乡建设主管部门。接收到材料的住房和城乡建设主管部门应当按照有关人民政府对事故调查报告的批复，依照法律法规，对事故责任企业或者人员实施处罚，并向报送材料的住房城乡建设主管部门反馈处罚情况。

（4）对事故责任企业或者人员的处罚权限在其他省级住房和城乡建设主管部门的，事故发生地省级住房城乡建设主管部门应当将事故调查报告（附具有关证据材料）、有关人民政府批复文件、本部门处罚建议等材料转送至有处罚权限的其他省级住房城乡建设主管部门，同时抄报住房和城乡建设主管部门。接收到材料的其他省级住房和城乡建设主管部门应当按照有关人民政府对事故调查报告的批复，依照法律法规，对事故责任企业或者人员实施处罚，并向转送材料的事故发生地省级住房城乡建设主管部门反馈处罚情况，同时抄报国务院住房城乡建设主管部门。

（5）住房城乡建设主管部门应当按照规定，对下级住房城乡建设主管部门的房屋市政工程生产安全事故查处工作进行督办。国务院住房城乡建设主管部门对重大、较大事故查处工作进行督办，省级住房城乡建设主管部门对一般事故查处工作进行督办。住房城乡建设主管部门应当对发生事故的企业和工程项目吸取事故教训、落实防范和整改措施的情况进行监督检查。住房城乡建设主管部门应当及时向社会公布事故责任企业和人员的处罚情况，接受社会监督。

（6）对于经调查认定为非生产安全事故的，住房城乡建设主管部门应当在事故性质认定后 10 日内，向上级住房城乡建设主管部门报送有关材料。

（7）省级住房城乡建设主管部门应当按照规定，通过"全国房屋市政工程生产安全事故信息报送及统计分析系统"及时、全面、准确地报送事故简要信息、事故调查信息和事故处罚信息。

（8）住房城乡建设主管部门应当定期总结分析事故报告和查处工作，并将有关情况报送上级住房城乡建设主管部门。国务院住房城乡建设主管部门定期对事故报告和查处工作进行通报。

12.5 安全事故应急救援

（1）施工单位应当根据建设工程施工的特点、范围，对施工现场易发生重大事故的部位、环节进行监控，制定《施工现场应急救援预案》GDAQ3210，并报项目监理机构审查审批。实行施工总承包的，由总承包单位统一组织编制建设工程生产安全事故应急救援预案，工程总承包单位和分包单位按照应急救援预案，各自建立应急救援组织或者配备应急救援人员，配备救援器材、设备，并定期组织演练。

（2）项目监理机构应定期检查施工单位应急救援组织及应急救援人员配置及到岗情况和查施工单位应急救援器材、设备和物资的配置及存放情况。

（3）督促施工单位定期组织安全事故演练。

（4）施工单位发生生产安全事故，应当按照国家有关伤亡事故报告和调查处理的规定，及时、如实地向负责安全生产监督管理的部门、建设行政主管部门或者其他有关部门报告；特种设备发生事故的，还应当同时向特种设备安全监督管理部门报告。接到报告的部门应当按照国家有关规定，如实上报。

（5）实行施工总承包的建设工程，由总承包单位负责上报事故。

（6）发生生产安全事故后，施工单位应当采取措施防止事故扩大，保护事故现场。需要移动现场物品时，应当做出标记和书面记录，妥善保管有关证物。

（7）事故发生后，事故现场有关人员应当立即向本单位负责人报告；单位负责人接到报告后，应当于1小时内向事故发生地县级以上人民政府安全生产监督管理部门和负有安全生产监督管理职责的有关部门报告。情况紧急时，事故现场有关人员可以直接向事故发生地县级以上人民政府安全生产监督管理部门和负有安全生产监督管理职责的有关部门报告。

（8）安全生产监督管理部门和负有安全生产监督管理职责的有关部门接到事故报告后，应当依照下列规定上报事故情况，并通知公安机关、劳动保障行政部门、工会和人民检察院：特别重大事故、重大事故逐级上报至国务院安全生产监督管理部门和负有安全生产监督管理职责的有关部门；较大事故逐级上报至省、自治区、直辖市人民政府安全生产监督管理部门和负有安全生产监督管理职责的有关部门；一般事故上报至设区的市级人民政府安全生产监督管理部门和负有安全生产监督管理职责的有关部门。

（9）安全生产监督管理部门和负有安全生产监督管理职责的有关部门逐级上报事故情况，每级上报的时间不得超过2小时。

（10）事故发生单位负责人接到事故报告后，应当立即启动事故相应应急预案，或者采取有效措施，组织抢救，防止事故扩大，减少人员伤亡和财产损失。

（11）事故发生地有关地方人民政府、安全生产监督管理部门和负有安全生产监督管理职责的有关部门接到事故报告后，其负责人应当立即赶赴事故现场，组织事故救援。

（12）事故发生后，有关单位和人员应当妥善保护事故现场以及相关证据，任何单位和个人不得破坏事故现场、毁灭相关证据。因抢救人员、防止事故扩大以及疏通交通等原因，需要移动事故现场物件的，应当做出标志，绘制现场简图并做出书面记录，妥善保存现场重要痕迹、物证。

（13）事故发生地公安机关根据事故的情况，对涉嫌犯罪的，应当依法立案侦查，采取强制措施和侦查措施。犯罪嫌疑人逃匿的，公安机关应当迅速追捕归案。

（14）特别重大事故由国务院或者国务院授权有关部门组织事故调查组进行调查。重大事故、较大事故、一般事故分别由事故发生地省级人民政府、设区的市级人民政府、县级人民政府负责调查。省级人民政府、设区的市级人民政府、县级人民政府可以直接组织事故调查组进行调查，也可以授权或者委托有关部门组织事故调查组进行调查。未造成人员伤亡的一般事故，县级人民政府也可以委托事故发生单位组织事故调查组进行调查。

（15）为发生事故的单位提供虚假证明的中介机构，由有关部门依法暂扣或者吊销其有关证照及其相关人员的执业资格；构成犯罪的，依法追究刑事责任。

（16）事故发生后隐瞒不报、谎报、故意拖延报告期限的，故意破坏现场的，阻碍调查工作正常进行的，无正当理由拒绝调查组查询或者拒绝提供与事故有关情况、资料的，以及提供伪证的，由其所在单位或上级主管部门按有关规定给予行政处分；构成犯罪的，由司法机关依法追究刑事责任。

13　施工安全生产事故典型实例分析

【实例一】 北京筏板基础钢筋体系发生坍塌事故

【事故概况】

2014年12月29日8时20分许，由北京建工一建工程建设有限公司总承包、安阳诚成建设劳务有限责任公司劳务分包、北京华清科技工程管理有限公司监理的北京市海淀区清华大学附属中学体育馆及宿舍楼工程工地，作业人员在基坑内绑扎钢筋过程中，因施工方安阳诚成建筑劳务有限责任公司施工人员违规施工，筏板基础钢筋体系发生坍塌，造成10人死亡、4人受伤。

事故调查组查明，未按照方案要求堆放物料、制作和布置马凳，马凳与钢筋未形成完整的结构体系，致使基础底板钢筋整体坍塌，是导致事故发生的直接原因。施工时违反《钢筋施工方案》第7.7条规定，将整捆钢筋物料直接堆放在上层钢筋网上，施工现场堆料过多，且局部过于集中，导致马凳立筋失稳，产生过大的水平位移，进而引起立筋上、下焊接处断裂，致使基础底板钢筋整体坍塌。

经事故调查组认定，该起事故是一起重大生产安全责任事故。参建方的施工方11人、监理方4人，因重大责任事故罪被海淀法院判处3至6年的有期徒刑。

【监理的法律责任及处罚】

（1）郝××总监：（北京华清科技公司副总经理兼该项目总监理工程师）未组织安排审查劳务分包合同，与张××（清华附中工程项目执行总监）对施工单位长期未按照施工方案实施阀板基础钢筋作业的行为监督检查不到位，对钢筋施工的交底、专职安全员配备工作、备案项目经理长期不在岗的情况未进行监督。田××（清华附中工程项目土建兼安全监理工程师）对施工现场《钢筋施工方案》未交底的情况未进行监督。田××、耿××（土建监理工程师）对作业人员长期未按照方案实施阀板基础钢筋作业的行为巡视检查不到位。张××、田××、耿××作为工程现场监理人员，对2014年12月28日至29日施工单位违规吊运钢筋物料的事实监管失控。

（2）给予监理单位北京华清技科公司 200 万元罚款，吊销其房屋建筑工程监理甲级资质，郝××总监判有期徒刑 5 年；张××执行总监判有期徒刑 4 年 6 个月；田××土建监理工程师判有期徒刑 4 年；耿××土建监理工程师判有期徒刑 3 年缓刑 3 年。一审判决后，监理人员都提出了上诉，2016 年 5 月份进行了二审，结果是：维持原判！为终审判决！

【监理应汲取的教训】

（1）监理应及时督促施工单位申报分包单位（包括劳务分包单位）资质报审表及资料并审查，具有资质和符合工程分包条件的予以审批。

（2）监理应对施工单位管理人员（特别是备案项目经理、安全员）资格及到岗等情况进行专项检查，并形成记录。监理对施工单位项目经理及主要管理人员名实不符的情况应签发安全隐患整改通知，并抄报建设单位，必要时抄送安全监督管理部门及建设行政主管部门，在安全生产管理的监理周报中如实上报。

（3）监理员或专监对分管的专业区域的施工安全做好日常巡查或旁站监督，对发现的违规违章作业或不按方案组织施工等情况要予以制止，对发现的安全隐患要及时向总监报告处理，并写进安全生产管理的监理日记。另外，一些小的安全隐患也可引发大的安全事故，因此，项目监理机构最好做到安全隐患整改指令对工地存在的安全隐患全面覆盖，不要心存侥幸。

【实例二】 深圳渣土受纳场发生滑坡事故

【事故概况】

2015 年 12 月 20 日，位于深圳市光明新区的红坳渣土受纳场发生滑坡事故，造成 73 人死亡，4 人下落不明，17 人受伤（重伤 3 人，轻伤 14 人），33 栋建筑物（厂房 24 栋、宿舍楼 3 栋，私宅 6 栋）被损毁、掩埋，90 家企业生产受影响，涉及员工 4630 人。事故造成直接经济损失为 8.81 亿元。

依据有关法律法规并经国务院批准，成立国务院广东深圳光明新区渣土受纳场"12·20"特别重大滑坡事故调查组。调查组由安全监管总局、公安部、监察部、国土资源部、住房城乡建设部、全国总工会和广东省人民政府等有关方面组成，邀请最高人民检察院派员参加，并聘请规划设计、环境监测、岩土力学、固体废弃物和法律等方面专家参与事故调查工作。

调查组查明，事故直接原因是：红坳受纳场没有建设有效的导排水系统，受纳场内积水未能导出排泄，致使堆填的渣土含水过饱和，形成底部软弱滑动带；严重超量超高堆填加载，下滑推力逐渐增大、稳定性降低，导致渣土失稳滑出，体积庞大的高势能滑坡体形成了巨大的冲击力，加之事发前险情处置错误，造成重大人员伤亡和财产损失。国务院调查组认定，这起事故是一起特别重大生产安全责任事故。

【相关单位的法律责任及处罚】

调查认定，深圳市绿威公司为红坳受纳场运营服务项目的中标企业，违法将全部运营服务项目整体转包给深圳市益相龙公司。深圳市益相龙公司未经正规勘察和设计，违法违规组织红坳受纳场建设施工；现场作业管理混乱，违法违规开展红坳受纳场运营；无视受纳场安全风险，对事故征兆和险情处置错误。与益相龙公司有债务关系的林敏武、王明斌等人通过债权换股权的形式实际参与红坳受纳场项目运营。两家公司和实际参与运营者都是事故责任主体。

调查认定，深圳市和光明新区党委政府未认真贯彻执行党和国家有关安全生产政策方针和法律法规，违法违规推动渣土受纳场建设，对有关部门存在的问题失察失管；深圳市城市管理、建设、环保、水务、规划国土等部门单位违法违规审批许可，未按规定履行日常监管职责，未有效整治和排除群众反映的红坳受纳场存在的安全隐患；广东华玺建筑设计有限公司在未经任何设计、计算和校审的情况下出具红坳受纳场施工设计图纸并伪造出图时间，从中牟利。

调查组对110名责任人员提出了处理意见。其中，司法机关已采取刑事强制措施的53人，包括：公安机关依法立案侦查并采取刑事强制措施的企业和中介机构人员34名，检察机关立案侦查并采取刑事强制措施的涉嫌职务犯罪人员19名。调查组另对57名相关责任人员提出了处理意见：建议对深圳市委市政府2名现任负责人和1名原负责人等49名责任人员给予党纪政纪处分，其中厅局级11人、县处级27人、科级及以下11人；建议对深圳市委、市政府主要负责人等2名责任人员进行通报批评，对深圳市有关部门的6名责任人员进行诫勉谈话。调查组还建议责成广东省政府向国务院做出深刻检查，责成深圳市委、市政府向广东省委、省政府做出深刻检查。

调查组建议，依法吊销深圳市益相龙公司有关证照并处罚款，企业主要负责人终身不得担任本行业生产经营单位的主要负责人；依法吊销绿威物业管理有限公司营业执照，没收违法所得并处罚款。对广东华玺建筑设计有限公司给予没收违法所得、罚款、吊销相关资质等行政处罚。

【应汲取的教训】

事故暴露出5个方面的问题和教训：一是涉事企业无视法律法规，建设运营管理极其混乱；二是地方政府未依法行政，安全发展理念不牢固；三是有关部门违法违规审批，日常监管缺失；四是建筑垃圾处理需进一步规范，中介服务机构违法违规；五是漠视隐患举报查处，整改情况弄虚作假。

针对上述问题，调查组提出了8个方面的防范措施和建议：一是牢固树立安全发展理念，建立健全安全生产责任体系；二是严格落实安全生产主体责任，夯实安全生产基础；三是加强城市安全管理，强化风险管控意识；四是增强依法行政意识，不断提高城市管理水平；五是加强城市建筑垃圾收纳场管理，建立健全标准规范和管理制度；六是加强应急管理工作，全面提升应急管理能力；七是加强中介服务机构监管，规范中介技术服务行为；八是加强事故隐患排查治理和举报查处工作，切实做到全过程闭环管理。

【实例三】上海某商住楼整体倾倒事故

【事故概况】

2009年6月27日，上海某商住楼北侧在短时间内堆土过高约10米，南侧的地下车库基坑正在开挖深达4.6米，大楼两侧压力差使土体水平位移，过大的水平力超过了桩基的抗侧能力，导致在建13层7号楼整体倾倒，1人死亡，经济损失1900多万元。建设、施工、监理共6人构成重大责任事故罪，分别判处有期徒刑3～5年。

【监理的法律责任及处罚】

(1) 项目总监对建设方违规发包土方工程疏于审查;

(2) 对项目经理名实不符的违规情况审查不严;

(3) 对违规开挖、堆土提出异议未果后,未能有效制止。

(4) 项目总监负有未尽监理职责的责任,判有期徒刑3年。

【监理应汲取的教训】

(1) 监理应督促施工单位申报分包单位资质报审表及资料,并审查,具有资质和符合工程分包条件的予以审批;

(2) 监理应对施工单位管理人员资格及到岗等情况进行专项检查,并形成记录。监理对施工单位项目经理及主要管理人员名实不符的情况应签发安全隐患整改通知,并抄报建设单位,在安全生产管理的监理周报中如实上报。

(3) 监理及时发现工地存在的安全隐患并不难,但在处理隐患中,更多的顾及了各方的关系问题,对隐患的严重性及风险估计不足、心存侥幸,因而,往往没有按照规定程序进行处理。事故一旦发生就付出沉痛的代价。

【实例四】 广西某大学图书馆高大模板工程发生坍塌事故

【事故概况】

2007年2月,广东省＊＊公司施工的广西某大学图书馆二期工程24m高演讲厅高大模板工程发生坍塌,造成7人死亡、7人受伤的重大安全事故。

【监理的法律责任及处罚】

(1) 总监同时担任了7个项目总监,土建专业监理工程师和监理员无证上岗。

(2) 高支模专项施工方案未经专家评审和未经企业技术负责人签批的情况下,专业监理工程师签署"同意按此方案施工",总监签名批准。

(3) 高大模板搭设完成后没按照规定组织验收。

(4) 监理员发现了未按施工方案要求搭设等问题,但没有向总监汇报和采取强制性措施制止,也没有向上级部门汇报。

(5) 监理公司15万罚款,吊销总监注册资格终身不予注册并罚款3万元,专业监理工程师罚款4.5万元。

【监理应汲取的教训】

(1) 按照规定一个总监只能同时担任三个项目总监。

(2) 本案高支模属于超过一定规模的危险性较大的分项分部工程专项方案,项目监理机构必须督促施工单位组织专家进行论证,并按专业意见修改完善后,经企业技术负责人审批签名、盖法人公章后方可报监理审查审批。专业监理工程师的主要职责是对专项方案的可行性进行技术性审查,因此,专监就专项方案的编制内容完整性、深度及针对性、设计计算的正确性、施工工艺的合理性、安全技术保障措施的可行性、有无违背强制性标准等方面进行审查及签署相应的审查意见,而无权"同意按此方案施工"。总监应对专项方案及专监的审查意见进行审核,对专项方案进行审批。

(3) 高支模支撑体系未经监理组织验收或验收不合格,不允许进入下道工序混凝土浇捣。施工单位擅自违规浇捣混凝土,监理应及时给予制止并签发停工令或上报安全监督站。

（4）监理员对违规违章作业要进行制止，并将情况及时报告总监处理，口头报告后并应认真写入安全生产管理的监理日记进行备忘，以便可追溯。安全生产管理的监理日记应记录安全隐患情况、所采取的措施及效果，以及建议总监如何处理等。紧急情况可直接上报监理单位或安全监督机构处理。

【实例五】深圳某工地拆卸塔吊倒塌事故

【事故概况】

2007年11月3日，深圳某工地在安排拆卸工地3号塔吊第7个标准节的过程中，因拆装工人违规操作，致使塔吊驾驶室脱落，造成3死7伤，直接经济损失94.6万元的较大安全事故。

【监理的法律责任及处罚】

项目总监尹××在塔吊拆卸前虽对某建筑公司报送来的10个操作工人的证件进行了查看，但在具体拆卸时未进行人证核对，导致被掉包，任凭没有操作证件的工人实施高危险性工作，同时也未指派监理人员进行现场监理。法院认为：被告人总监尹××，在塔吊拆卸施工中，未尽到审核监理的职责，审查塔吊拆卸方案时未核实施工人员名单及资格，轻信施工人员能够避免危险发生，造成施工单位使用多名无资格工人从事高空危险作业，也是发生事故的重要原因之一。依据刑法134条，其行为已构成重大责任事故罪，判处有期徒刑1年缓刑2年。

【监理应汲取的教训】

（1）施工单位管理人员和特殊工种人员无证上岗、人证不符的情况非常普遍，监理机构除应对人员资格证件进行审查外，在施工过程中，要进行针对性的专项安全检查，并形成记录，对项目经理、安全员等重要的安全管理人不到位或特殊工种无证上岗问题，要按照重大安全隐患进行处理，即签发安全隐患整改指令，情况严重的应发停工整改指令甚至上报安全监督机构处理等监理措施。

（2）按照规定，总监应建立健全安全生产管理的监理机构及安全生产管理的监理制度，明确每一位监理人员的安全生产管理的监理岗位职责。本案塔吊拆装属危险性较大的施工作业，总监应安排监理人员进行巡视检查。

【实例六】广东省汕尾市某银行综合楼高支模坍塌事故

【事故概况】

2011年11月22日15时57分，广东省汕尾市某银行汕尾市分行综合楼，建至9层时，中庭5～9层发生坍塌，造成6死7伤，直接经济损失约1000万元。事故直接原因：高支模支撑体系搭设不符合要求；高支模支撑体系构造存在严重缺陷；高支模脚手架部分钢管壁厚尺寸和抗拉强度不合格，部分钢管脚手架扣件扭转刚度和扭转力矩不合格；高支模支撑体系先因梁下支撑节点扣件抗滑承载力严重不足而引起扣件滑脱破坏，又因板下支撑主楞抗弯强度及支撑立杆稳定性承载应力值大大超过设计标准值，部分钢管壁厚尺寸、抗拉强度不合格，部分钢管脚手架扣件扭转刚度和扭力矩不合格，再加上高支模支撑体系搭设构造上存在严重的缺陷。故而，当梁底支撑节点扣件滑脱破坏坍塌瞬间，板下支撑体系也受梁坍塌水平拉力作用同时瞬间整体失稳坍塌破坏，是造成事故发生的直接原因。事故间接原因：

（1）汕头市某建筑工程总公司违法将支模支架的搭设分包给没有资质的个人，施工组织管理、现场技术管理以及用人管理混乱，管理人员未到位，施工人员缺乏培训教育，未履行安全生产主体责任，安全管理失去有效控制。

（2）深圳市某建设监理有限公司没有高支模工程监理的内容，未按国家有关规定编制《高支模监理实施细则》，没有按照监理职责落实监理责任。

（3）某银行汕尾市分行在原批准立项建设逾期的情况下，未报发改部门重新核准就动工建设，没有按要求提供由施工企业编制组织设计高支模工程等危险性较大的专项安全设计方案等资料，报备手续、流程不规范。

（4）市城区建筑工程质量安全监督站没有按规定对危险性较大的高支模工程作业项目是否编制专项安全设计方案进行监督检查；没有及时发现并监督施工单位、监理单位落实工程危险性较大的专项施工方案备案工作。

（5）市城区住房和城乡建设部门对施工方案、项目部经理、监理单位、监理人员的资质审查不认真，审核程序不规范，对招投标手续备案把关不严；对施工过程中检查不深入、不到位，检查指导不力。本事故是一起较大生产安全责任事故，共有5个责任单位、相关28名事故责任人被处理。

【监理的法律责任及处罚】

（1）深圳市＊＊监理公司：没有高支模工程监理的内容，未按国家有关规定编制《高支模监理实施细则》，没有按照监理职责落实监理责任，依法对企业处45万元罚款和停业整顿的行政处罚；公司总经理阮＊＊，负重大责任，依法追究法律责任，并对监理工程师资格做出处理。

（2）汕尾市＊＊工程咨询公司：法定代表人唐＊＊＊，负重大责任，事故发生后逃匿，追捕归案，依法追究法律责任；专业监理工程师郑＊＊＊，负有直接责任，依法追究法律责任。工作人员何＊＊，负直接责任，依法追究法律责任。

【监理应汲取的教训】

（1）建设单位未完善报建手续，未提供符合要求的施工图，施工单位未按规定编报《高支模安全专项施工方案》，施工单位无方案属于重大安全隐患，施工监理机构应签发工程暂停令，并将建质〔2009〕87号《危险性较大的分部分项工程安全管理办法》和广东省粤建质〔2011〕13号《危险性较大的分部分项工程安全管理办法实施细则》作为附件抄送施工单位执行。

（2）在实际工程管理中，往往建设单位方为了工期在不具备施工条件的情况下，要求施工单位赶工，施工方在建设单位的施压下会迎合建设单位冒险蛮干，监理不配合建设单位就会面临监理收费困难和业务难以拓展等问题，配合建设单位违规赶工就要承担如本案的法律风险。为此，监理机构及人员对安全生产管理的监理执业风险要进行评估，不要心存侥幸，将"安全第一，预防为主"贯彻到执业全过程，做好自我保护。认真按照安全生产管理的监理相关规定程序及要求处理施工安全问题，并注意做到：一是，该说的要说到（对建设单位或施工单位的违规情况一定要表明正确的态度，不要因说了没人听而不说）；二是，该写的要写到（对安全问题的处理过程一定要有书面文件，如监理日志、安全旁站记录、安全检查记录、会议纪要、监理指令等,都是安全事故调查处理的重要依据);三是,该签的要发到(对专项施工方案等要及时审查并签发处理意见;对工地存在的安全隐患要用书面签发整改指令及按照规定程序处理,不管是否有用);四是,发到的要跟到(对发出的监理指令最少要有一次的复查跟踪处理并形成书面记录)。

(3)高支模工程必须按照批准的专项施工方案搭设,所用材料应复检合格方可使用,在浇捣混凝土前监理机构应督促施工单位办理验收手续。实际上,高支模搭设及钢管、扣件材料材质往往达不到要求,施工单位自检自验容易走过场,监理要严格检查验收,对不符合要求的,签署不合格意见,并签发安全隐患整改通知,必要时签发停工整改指令。

(4)安全就是效益。该案监理人员不仅要付出刑事判罚的代价,对监理企业也是致命的。因此,安全生产管理的监理应作为监理公司、项目监理机构和每一位监理人员的重要工作来做。

从上述案例中监理承担的法律责任来看,安全生产管理的监理工作要抓住三大重点:一是预防群死群伤较大及以上安全事故的发生,火灾、塔吊、施工电梯、高支模、深基坑、临电等易发生群死群伤事故,也会造成严重的社会影响。一旦发生,监理将面临刑事责任。二是按照法律法规规定,认真履行安全生产管理的监理工作职责,并经得起检查。三是加大对施工单位安全生产管理的监管力度,强化施工单位自身对施工安全的严格管理是保证施工安全最基本、最关键的保证,监理人员要督促施工单位安全管理人员到位、安全管理工作到位。

第六章 工程合同管理

1 工程合同及类别

1.1 工程合同的作用

（1）依据《合同法》第八条规定："依法成立的合同，对当事人具有法律约束力。当事人应当按照约定履行自己的义务，不得擅自变更或者解除合同。依法成立的合同，受法律保护。"依法成立的工程合同，受法律保护。

（2）工程合同是建设工程监理工作的主要依据，是建设工程项目管理组织协调的主要依据，是建设工程质量、进度、造价控制的主要依据，是解决工程合同争议的主要依据。

1.2 工程合同的类别

工程合同是指建设工程从前期工作的工程技术咨询，到竣工验收后交付使用，整个过程涉及建设工程合同、技术合同、买卖合同及其他合同（租赁合同、借款合同、运输合同、承揽合同等）等合同的统称。依据《合同法》第二百六十九条规定："建设工程合同是承包人进行工程建设，发包人支付价款的合同。建设工程合同包括工程勘察、设计、施工合同。"《建筑法》第二十四条规定："提倡对建筑工程实行总承包，禁止将建筑工程肢解发包。建筑工程的发包单位可以将建筑工程的勘察、设计、施工、设备采购一并发包给一个工程总承包单位，也可以将建筑工程勘察、设计、施工、设备采购的一项或者多项发包给一个工程总承包单位；但是，不得将应当由一个承包单位完成的建筑工程肢解成若干部分发包给几个承包单位。"施工合同按照承包范围可分为建设工程施工合同、建设工程总承包合同（设计＋采购＋施工 Engineer-Procure-Construct，简称 EPC 交钥匙模式）、BT 项目合同（建造＋移交 Build -Transfer，简称 BT）、BOT 项目合同（建造＋运营＋移交 Build-Operate-Transfer，简称 BOT）、PPP 项目合同（政府和社会资本合作 Public-Private Partnership，以下简称 PPP）。

（1）总承包合同：建设工程总承包合同是指发包人将工程的设计、采购和施工一并依法发包给具有相应承包资质的承包人而签订的合同（简称 EPC 交钥匙模式）。住建部颁布了《建设项目工程总承包合同示范文本（试行）》（GF2011-0216）。

（2）施工合同：是指发包人仅将工程施工依法发包给具有相应施工资质的承包人所签订的合同。即由发包人提供设计文件，由承包人按照发包人提供的设计文件组织施工。施工合同是目前运用最广泛的施工发承包模式。住建部颁布了《建设工程施工合同示范文本》（GF—2013—0201）。

（3）专业分包合同：是指建设单位或施工总承包企业将专业工程发包给具有专业承包

资质的企业所签订的合同。住建部《建设工程施工专业分包合同（示范文本）》（GF—2003—0213）由协议书、通用条款和专用条款三部分组成，共计38条。住建部2014年发布了《建设工程施工专业分包合同（示范文本）》（GF2014—0213）征求意见稿。

（4）劳务分包合同：是指施工总承包企业或施工专业承包企业将劳务作业依法分包给具有相应劳务资质的劳务分包单位所签订的合同。住建部《建设工程施工劳务分包（示范文本）》（GF2003—0214）共计35条，对劳务分包管理及当事人的权利义务做出了明确划分。2014年发布了《建设工程施工劳务分包（示范文本）》（GF—2014—0214）征求意见稿。

（5）技术合同：《合同法》第三百二十二条规定："技术合同是当事人就技术开发、转让、咨询或者服务订立的确立相互之间权利和义务的合同。"在建设工程领域，技术合同主要有：建设工程咨询合同，建设工程监理合同，建设工程造价咨询合同，施工图审查合同，材料设备检测检验合同，工程建设项目招标代理合同等。住建部颁布了《建设工程监理合同（示范文本）》（GF2012—0202）。

（6）买卖合同：《合同法》第一百三十条规定："买卖合同是出卖人转移标的物的所有权于买受人，买受人支付价款的合同。"建设工程材料设备采购供应所签订的合同，就是买卖合同。

（7）其他合同：

① 租赁合同：是指出租人将租赁物交付承租人使用、收益，承租人支付租金合同。建设工程比较常见的临时场地租赁，机械设备租赁，房屋租赁等。

② 借款合同：《合同法》第一百九十六条规定："借款合同是借款人向贷款人借款，到期返还借款并支付利息的合同。"建设工程资金通过借款方式筹措，需要签订借款合同。

③ 运输合同：是指承运人将旅客或者货物从起运地点运输到约定地点，旅客、托运人或者收货人支付票款或者运输费用的合同。

④ 承揽合同：是指承揽人按照定作人的要求完成工作，交付工作成果，定作人给付报酬的合同。承揽包括加工、定作、修理、复制、测试、检验等工作。建设工程的非标设备，预埋件等，通常采用承揽的方式获得。

⑤ 建设工程还涉及保险合同，土地使用权出让合同，土地使用权转让合同，融资租赁合同，供用电、水、气、热合同，保管合同，仓储合同等。

2　合同台账建立与动态管理

2.1　合同台账的建立

（1）建立合同档案管理制度：合同在实施过程中，合同当事人及关系人会形成大量的往来函件，建立合同实施动态收发函件登记表，目的是依据合同约定的时效、程序及时准确地进行处理函件事宜，保护当事人及关系人的合同权利不因时效过期、程序不当等遭受损害。

1）建立合同档案文件的形成、积累、整理、归档、借阅管理规定。

2）监理人应设立专职人员负责合同管理工作。具体负责合同文件收取、发放、整理、归档、借阅登记等工作。

3）建立合同管理文档系统。建立与之相适应的编码系统和文档系统，将各种合同资料能方便的进行保存与查询。

4）建立合同文件沟通方式。发包人、承包人、供应商、监理工程师、分包人、设计人等之间的有关合同的文件沟通都应以书面形式进行。

5）合同档案由封面、目录、借阅登记表、合同文件四部分组成。

6）合同实施收发函件登记：

① 序号按收发函时间顺序登记，收发函日期是确定合同时效起始时间的依据；办函期限依据合同约定的期限，明确函件办结最终日期。

② 所有的函件都有收函人、发函人或者抄送人，通过收发函件的单位，确定其合同关系及有关约定的时效、程序。

③ 办理函事宜的结果确认相关方有没有异议。

（2）建立合同台账

1）在建设工程施工阶段，相关各方所签订的合同数量较多，而且在合同的执行过程中，有关条件及合同内容也可能会发生变更，因此，为了有效地进行合同管理，项目监理机构首先应建立合同台账。项目监理机构应收集齐全涉及工程建设的各类合同，并保存副本或复印件。

2）建立合同台账，首先要全面了解各类合同的基本内容，合同管理要点，执行程序等，然后进行分类。把合同执行过程中的所有信息全部记录在案，如合同的基本概况、开工、竣工日期、合同造价、支付方式、结算要求、质量标准、工程变更、隐蔽工程、现场签证、材料设备供货、合同变更、多方来往信函等事项，用表格的形式动态地记录下来。合同台账格式参考实例见下表 6-2-1、表 6-2-2 和表 6-2-3。

3）建立合同管理台账时应注意：

① 建立时要分好类，可按专业分类，如工程、咨询服务、材料设备供货等；

② 要事先制作模板，分总台账和明细统计表；

③ 由专人负责跟踪进行动态填写和登记，同时要有专人进行检查、审核填写结果；

④ 要定期对台账分析、研究，发现问题及时解决，推动合同管理系统化、规范化。

2.2 合同执行情况的动态管理

（1）合同时效管理

1）合同时效是指在合同约定的期限内能够发生效用的合同权利。民事诉讼时效是指权利人经过法定期限不行使自己的权利，依法律规定其胜诉权便归于消灭的制度。《民法通则》第一百三十五条规定："向人民法院请求保护民事权利的诉讼时效期间为二年，法律另有规定的除外。"

2）建设工程合同对合同权利主张或行使合同权力，一般会约定期限，超过约定期限视同放弃合同权利主张，或者放弃行使合同权力。

3）《通用条款》7.1.2 施工组织设计的提交和修改："除专用合同条款另有约定外，承包人应在合同签订后 14 天内，但至迟不得晚于第 7.3.2 项〔开工通知〕载明的开工日期前 7 天，向监理人提交详细的施工组织设计，并由监理人报送发包人。除专用合同条款另有约定外，发包人和监理人应在监理人收到施工组织设计后 7 天内确认或提出修改意见。"

表 6-2-1

×××项目合同管理台账（工程类）

序号	合同号	合同名称	合同种类	承接单位	工期管理							合同金额	工程款支付情况			工程范围	
					合同工期	计划开工时间	开工令	实际开工时间	合同完工日期	实际完工日期	工期延期批复		付款方式	请款记录	已支付工程款（%）	现场负责人	主要施工范围

续表 6-2-1

×××项目合同管理台账（工程类）

对外来往函件	工程过程管理与影像记录			施工图纸签发	设计变更管理	技术联系单管理	工程资料管理			保修年限	保修截止日期	违约处罚	备注
	安全文明施工管理	质量管理	进度管理				施工方案报审情况	工程签证管理	竣工资料报审情况				

表 6-2-2

×××项目合同管理台账（咨询类）

序号	合同号	合同名称	承接单位	工期管理						请款情况			工程资料管理		违约处罚	备注
				合同工期（天）	计划开工时间	开工通知	实际完工日期	合同完工日期	工期延期批复	合同金额	付款方式	已支付工程款（%）	对外来往函件	施工方案报审		

表 6-2-3

×××项目合同管理台账（供货类）

序号	合同名称	合同种类	供货单位	工期管理						
				合同工期（天）	计划开工时间	供货通知	实际开工时间	合同完工日期	实际完工日期	工期延期批复（天）

续表 6-2-3

×××项目合同管理台账（供货类）

工程范围						工程资料管理				违约处罚	备注
合同金额	已支付工程款（%）	付款方式	现场负责人	主要施工范围	对外来往函件	施工样板报审情况	施工方案报审情况	竣工资料报审情况	保修期		

4)《通用条款》10.4.2 变更估价程序："承包人应在收到变更指示后 14 天内，向监理人提交变更估价申请。监理人应在收到承包人提交的变更估价申请后 7 天内审查完毕并报送发包人，监理人对变更估价申请有异议，通知承包人修改后重新提交。发包人应在承包人提交变更估价申请后 14 天内审批完毕。发包人逾期未完成审批或未提出异议的，视为认可承包人提交的变更估价申请。"

（2）合同程序管理

1）合同程序是指按合同约定的时序进行合同权利主张，或者行使合同约定的权力。法律程序是指人们遵循法定的时限和时序并按照法定的方式和关系进行法律行为。不同的法律行为具有不同的法律程序，如民事诉讼，须遵循法律规定的民事诉讼程序；行政诉讼，须遵循法律规定的行政诉讼程序；申请仲裁，须遵循法律规定的仲裁程序。

2）施工合同有关工程质量、工期和进度、变更、索赔、竣工验收等，都有明确的工作程序约定，施工合同当事人及监理人，应当按施工合同约定的程序开展工作。

3）隐蔽工程检查程序。《通用条款》5.3.2 检查程序："除专用合同条款另有约定外，工程隐蔽部位经承包人自检确认具备覆盖条件的，承包人应在共同检查前 48 小时书面通知监理人检查，通知中应载明隐蔽检查的内容、时间和地点，并应附有自检记录和必要的检查资料。监理人应按时到场并对隐蔽工程及其施工工艺、材料和工程设备进行检查。经监理人检查确认质量符合隐蔽要求，并在验收记录上签字后，承包人才能进行覆盖。经监理人检查质量不合格的，承包人应在监理人指示的时间内完成修复，并由监理人重新检查，由此增加的费用和（或）延误的工期由承包人承担。"

4）开工通知发放程序。《通用条款》7.3.2 开工通知："发包人应按照法律规定获得工程施工所需的许可。经发包人同意后，监理人发出的开工通知应符合法律规定。监理人应在计划开工日期 7 天前向承包人发出开工通知，工期自开工通知中载明的开工日期起算。除专用合同条款另有约定外，因发包人原因造成监理人未能在计划开工日期之日起 90 天内发出开工通知的，承包人有权提出价格调整要求，或者解除合同。发包人应当承担由此增加的费用和（或）延误的工期，并向承包人支付合理利润。"开工通知发放的前置条件是发包人按照法律规定获得了工程施工所需的许可。

（3）合同履约管理

1）合同履约的检查：合同执行过程中，监理机构应加强对合同的履约检查，根据合同条件检查各方履行合同责任义务的情况。监理机构对承包方的合同履约检查主要是检查承包人履行合同义务的行为及其结果是否符合合同规定的要求。检查可分为预防性检查、见证性检查和结果检查。

① 预防性检查：一般是指实施某项义务之前的检查，如供应人、承包人的权利能力和行为能力的审查、质量保证能力的检查、特殊操作人员资格的审查、对制造单位或施工单位的组织方案、施工方案、工艺方案、材料或设备入库（或入场）前的检查等。

② 见证性检查：一般是指实施某项义务过程中的检查，如重点环节、关键工序、隐蔽工程质量、制造或施工过程中各项记录、报告等的检查、签证及进度情况的检查等。

③ 结果检查：一般是指完成某项义务后的检查，如设备出厂前的质量检查、包装运输条件检查、分部分项工程或全部工程完工时的质量检查、工程量的核实等。

2）合同履约的评价分析：检查的目的是及时发现实际与计划或合同约定之间是否存在偏差，得出符合要求或不符合要求的两种结果的信息。针对检查的结果，监理机构还应进行分析评价，对不符合要求的行为和结果提出解决方案。分析评价过程如下：

① 对合同履行状况的分析评价。根据检查的情况和结果，对照合同约定的内容，如实物质量、项目进度、费用的支出等，对合同履行状况做出阶段性评价，提出有待解决的问题。

② 对产生的问题和偏差逐一分析原因。

③ 对产生的问题和偏差进行预测分析，即对这些问题和偏差对项目计划目标和对其他相关合同履行的影响程度进行分析，如果有影响但影响程度不大，则应提出局部补救措施，而对影响程度大（如进度节点、费用增加等），则应提出调控措施，如目标修改、计划调整等。

④ 对产生的问题和偏差逐一分析责任。

3）合同履约情况告知：及时、真实、准确、完整地将已经履行的义务告知对方当事人及关系人，这是沟通管理的有效手段。其作用：

① 一方已经按合同约定履行义务，并让对方当事人及关系人知道，能有效地促成对方当事人及关系人履行合同义务，否则，违约将失去抗辩权。

② 一方已经按合同约定履行义务，并让对方当事人及关系人知道，能够形成比较完整的合同文件资料，在处理争议时，作为履约证据，会处于有利地位。

（4）施工合同的管理

施工合同是发包人与承包人就完成具体工程项目工作内容，确定双方权利、义务和责任的协议，是合同双方进行建设工程质量管理、进度管理、费用管理的主要依据，同时也是监理工程师对工程项目实施监督管理的主要依据。监理工程师所有监理活动都必须围绕施工合同展开。合同管理是实现监理目标控制的重要手段，因此，从某种意义上说，工程监理就是对施工合同的监督管理。进行施工合同管理时，监理工程师应注意做好以下几个方面的工作。

1）协助业主进行合同策划、合同签订：监理工程师应在合同策划、合同签订阶段协助业主确定合同类型、确定重要合同条款，确保合同条件完备，不出现漏洞、二义性和矛盾性。找出合同之间责、权、利的交叉或脱节问题，事先对其分析、协商，形成责、权、利的补充来避免合同纠纷。

2）研究合同文件，预防合同纠纷：监理工程师应认真研究施工合同文件，找出合同体系文件间的矛盾和歧义。如合同通用条件和专用条件之间的差异，技术规范与施工图之间的不同、遗漏或矛盾等，应以书面形式做出合理解释，通知业主和承包人，避免产生合同纠纷。

3）细化落实合同事件：施工合同履行是所有的合同事件完成而履行完成的。监理工程师应要求施工方在编制工程计划时同时编制合同事件表，落实责任，安排工作，以便进行合同管理；在工程实施过程中监理工程师应按合同事件表进行监督、控制、处理合同事务。重点是那些存在违约和变更的合同事件，对于正常的合同事件只要进行统计，而有违约行为或工程变更的那些事件，则应按照合同规定进行管理。

4）加强工程变更管理：由于工程工期长，影响因素多，因此使得施工合同也具有履行时间长、涵盖的内容多、不可预见因素多、涉及面广等特点。随着工程进展，事先无法预料的情况逐渐暴露，工程变更不可避免；同样，工程内容、质量要求或工程数量上有所改变。变更对工程费用、工期产生影响，监理工程师应以严谨的工作态度按合同条款规定实施工程变更管理，就工程变更所引起的费用增减或工期变化与业主和承包人协商，确定变更费用及工期。

5）索赔事件处理：在合同履行阶段，监理工程师应及时提醒建设单位正确履行自己的职责，如按合同规定时限完成场地和图纸移交；测量控制点数据移交；合同规定应由业主提供的临时用地和便道使用权等手续的办理；及时合理办理工程变更手续；计划资金及时到位等，以避免承包商的索赔。同时，监理工程师应严格依据合同条件，根据实际情况公正处理索赔事件。监理工程师收到索赔意向通知后，立即收集、研究有关文件、资料和记录；收到索赔报告后，应对索赔报告进行审查，并在合同规定的期限内做出答复。对于持续进行的索赔事件，监理工程师不断收到阶段性索赔报告，在索赔事件终了后规定的时间内给予答复。对于一般情况的索赔，监理工程师可以直接进行审核报建设单位审批；对于复杂的索赔，监理工程师应成立评估小组进行调查并出具报告和处理意见后报建设单位审批。

6）完善合同履行的信息管理：合同履行的效果是通过信息反馈，很大程度上取决于信息的全面性、可靠性。每个岗位都有责任收集本岗位职责范围内的合同方面信息，汇总后进行合同信息分类、处理，删除错误信息，更正有偏差信息，以便将准确的合同信息传递给责任人；责任人对合同信息应进行分析，进行有针对性的合同管理。

3 合同变更管理

3.1 工程变更的提出

工程变更是指建设工程施工合同文件内容发生的变更。常见的工程变更方式：施工图纸设计变更或修改，工程范围、工程内容、质量标准、工期调整，材料设备规格型号、品牌变更，当事人责任转换等。

（1）施工合同中约定变更的范围：

1）增加或减少合同中任何工作，或追加额外的工作。

2）取消合同中任何工作，但转由他人实施的工作除外。

3）改变合同中任何工作的质量标准或其他特性。

4）改变工程的基线、标高、位置和尺寸。

5）改变工程的时间安排或实施顺序。

（2）工程变更权限及程序：

1）发包人和监理人均可以提出工程变更。

2）工程变更指示均通过监理人发出，监理人发出变更指示前应征得发包人同意。承包人收到经发包人签认的变更指示后，方可实施变更。未经许可承包人不得擅自对工程的任何部分进行变更。

3）发包人提出变更的，应通过监理人向承包人发出变更指示，变更指示应说明计划变更的工程范围和变更的内容。

4）监理人提出变更建议的，需要向发包人以书面形式提出变更计划，说明计划变更工程范围和变更的内容、理由，以及实施该变更对合同价格和工期的影响。发包人同意变更的，由监理人向承包人发出变更指示。发包人不同意变更的，监理人无权擅自发出变更指示。

5）承包人收到监理人下达的变更指示后，认为不能执行的，应立即提出不能执行该变更指示的理由。承包人认为可以执行变更的，应当书面说明实施该变更指示对合同价格和工期的影响，且合同当事人应当按照合同约定确定变更价格。

3.2　工程变更的审批

（1）总监理工程师组织专业监理工程师审查施工单位提出的变更申请，提出审查意见。对涉及工程设计文件修改的工程变更，应由建设单位转交原设计单位修改工程设计文件。必要时，项目监理机构应组织建设、设计、施工等单位召开专题会议，论证工程设计文件的修改方案。

（2）工程变更容易引争议的是变更前的施工状态，如变更部位的施工情况，变更部位材料设备采购情况。为了减少工程变更引起的争议，在工程变更确定前，确定变更部位的施工状态、材料设备采购情况，为计算工程变更价格和工期提供依据。

（3）总监理工程师根据实际情况、工程变更文件和其他有关资料，在专业监理工程师对下列内容进行分析的基础上，对工程变更费用及工期影响做出评估：

1）工程变更引起的增减工程量：施工前变更工程量为同一项目内容变更后的工程量（按图纸上标注的范围计算）减去变更前的工程量（按图纸上标注的范围计算）的差，正数时该项目工程量增加，负数时该项目工程量减少；施工后变更工程量由两部分组成，一是已经施工部分的工程量，通过现场测量的方法计算实际施工工程量；二是按施工前工程变更工程量计算方法计算变更工程量。

2）工程变更引起的费用变化：已标价工程量清单或预算书有相同项目的，按照相同项目单价认定；已标价工程量清单或预算书中无相同项目，但有类似项目的，参照类似项目的单价认定；变更导致实际完成的变更工程量与已标价工程量清单或预算书中列明的该项目工程量的变化幅度超过15%的，或已标价工程量清单或预算书中无相同项目及类似项目单价的，按照合理的成本与利润构成的原则，由合同当事人商定或确定变更工作的单价。

3）工程变更对工期变化：因工程变更引起工期变化的，合同当事人均可要求调整合同工期，由合同当事人按照商定或确定的方式并参考工程所在地的工期定额标准确定增减工期天数。

（4）总监理工程师组织建设单位、施工单位等共同协商确定工程变更费用及工期变化，会签工程变更单。

（5）项目监理机构根据批准的工程变更文件监督施工单位实施工程变更。

（6）无总监理工程师或其代表签发的设计变更令，施工单位不得做任何工程设计和变更，否则监理工程师可不予计量和支付。

（7）项目监理机构应对建设单位要求的工程变更提出评估意见。

3.3 监理处理工程变更应满足的要求

（1）项目监理机构处理工程变更应取得建设单位授权。

（2）建设单位与施工单位未能就工程变更费用达成协议时，项目监理机构应提出一个暂定价格并经建设单位同意，作为临时支付工程款的依据。工程变更款项最终结算时，应以建设单位与施工单位达成的协议为依据。

4 合同争议处理

4.1 施工合同争议

（1）合同工程内容争议及处理

1）工程内容争议：是指施工合同价格所包含的工程内容争议。引起争议的原因主要有施工合同工程内容约定的条款不清晰，或者施工合同不同的文件表述的工程内容出现不一致，或合同当事人对施工合同工程内容约定的条款含义出现不同的理解。施工合同工程内容约定条款争议内容：

① 工程内容包含了图纸等设计文件所示的工程项目和工程数量，通常所指的按图纸包干。这种约定方式比较容易出现争议，原因是图纸所示的工程内容与工程量清单所示的工程内容不一致时，会引起不同的理解。

② 工程内容包含了工程量清单上所示的工程项目和对应的工程数量，通常所指的按工程量清单包干。这种约定方式比较少出现争议。

③ 工程内容包含了施工合同文件约定的工程项目和工程数量。这种约定方式容易因合同文件内容不一致产生争议。

④ 分项工程所包含的工程内容因计价方式与分项工程内容的对应关系约定不明确，或者不清晰，或者合同文件内容不一致引起的争议。

2）工程内容争议处理：工程内容与工程价格关系密切，是工程价格计价的基础。工程内容出现争议时，应当根据不同的计价方式区别进行解决。

① 单价合同：定额计价的工程内容，重点做好施工过程中工程内容的确认工作，使其套用定额子目有据可依。工程量清单计价的工程内容，重点做好工程量清单计价表的项目名称工作内容与实际施工工作内容是否存在差异，如果存在差异应及时调整。如土（石）方回填项目，粒径要求：综合考虑。粒径要求综合考虑在确定合同价格时有没有依据，或者施工组织设计有没有具体的体现，否则，就容易引起争议。

② 总价合同：应当从合同价格与工程内容直接形成对应关系上，确定合同价格包含的工程内容。施工合同协议书一般都有工程内容的约定条款。当合同文件的工程内容出现不一致时，应遵循合同文件解释顺序进行处理。

③ 成本加酬金合同：成本计算，重点是做好工程项目的成本确定方法，保证计算的成本与实际成本不存在太大的差异。

（2）合同工程范围争议及处理办法

1）工程承包范围的争议：引起争议的原因主要有施工合同工程承包范围约定的条款

不清晰，或合同当事人对施工合同工程承包范围约定的条款含义出现不同的理解。施工合同工程承包范围约定的条款内容包括：

① 施工合同图纸结合文字说明表示；

② 施工合同工程量清单结合文字说明表示；

③ 施工合同图纸与施工合同工程量清单结合文字说明表示。

④ 专业工程范围引起争议的原因主要有专业工程管理系统构成的划分标准不一致，或产生接驳位置工程内容重叠或缺失。项目工程往往由若干专业工程组成。而有的专业工程系统本身涉及几个管理单位，如建筑电气设备安装工程，由变配电和用电设备两部分组成，其变配电工程一般由电力部分负责管理，其工程范围由电力部门确定；用电设备由权属人负责管理，其工程范围由权属人确定。两者之间确定的工程范围有时出现重叠，有时会出现缺失。再如消防工程与给水工程、电气设备工程的工程范围，有时出现重叠，有时会出现缺失等。

2）工程范围争议的处理应遵循合同约定

① 施工合同在履行过程中，当发生工程承包范围的争议时的处理程序：首先，要弄清楚工程承包范围争议的原因，是因对施工合同工程承包范围约定理解不一致产生的争议，还是因施工合同对工程承包范围没有明确的约定，或者约定不清晰产生的争议；其次，根据工程承包范围争议的原因区别处理。

② 施工合同工程承包范围约定明确，由于理解不一致产生争议，组织争议方共同商讨施工合同约定，达成共识。某商住楼项目，曾出现电梯大堂装修承包范围争议。承包人认为，施工合同工程量清单没有电梯大堂装修工程项目，主张电梯大堂不属于施工合同工程承包范围。发包人认为，工程承包范围是施工图所示的范围，按图施工、按图验收。（施工合同协议书第二条约定："承包范围：本合同图纸清单所示的工程范围及工程内容与合同文件约定的承包内容。"）经过几次会议商讨，达成"按图施工、按图验收"的共识。

③ 施工合同没有约定工程承包范围，或者约定不清晰，应从合同价格形成过程分析工程承包范围。一般的施工合同价格在形成过程中，都会形成合同价格与工程承包范围的对应关系，从合同价格对应关系确定工程承包范围。

④ 施工合同在履行过程中，当发生专业工程承包范围的争议时，处理程序：首先，要确定专业工程管理单位及管理单位管理系统范围和专业工程承包范围出现争议的原因。其次，根据专业工程承包范围争议的原因区别处理。专业工程之间交叉产生的工程承包范围争议，应遵循专业工程管理系统的完整性。

4.2 合同争议处理方法

（1）当合同发生争议后，监理工程师应以调解人的身份主动组织双方协商解决争议，运用工程技术、工程管理、工程合同等专业优势，寻找争议原点，简化争议内容；防止争议衍生出新的争议。

（2）由于业主和施工承包方站在各自的立场上，对合同条款理解的角度不同，同时由于合同条款不够严谨及原定的条件发生变化等，在合同履行过程中可能会发生合同争议。此时作为第三方的监理工程师的职责是尽快化解分歧，不使这些分歧久拖不决以致影响合同正常履行。

（3）处理办法包括和解、调解、争议评审、仲裁或诉讼等，尽量选用低成本的解决方式。

（4）找准争议起因，简化争议内容。争议一般呈现出起因、过程、结果状态。争议解决的重点应放在争议起因上，尽量简化争议内容。很多看起来很复杂的争议，经过分解后，争议的起因却显得非常简单。

（5）要注意平时与业主和施工承包方建立良好的工作关系，在他们双方发生合同争议时，能在一个平和的气氛中接受调解。

（6）要熟悉施工合同的条款及相关的法律、法规、规范，要了解分歧产生的具体原因，做到心中有数对症下药，有理有据地化解双方争议。通过正确处理合同争议纠纷，树立监理这一特殊身份的工作形象，既让业主放心又让承包商心服口服。

（7）要公平公正，是业主的原因不偏袒；是承包商的原因不姑息。

（8）要注意工作方法，要防止事态扩大，致使双方无路可退，一时不能解决的不妨先放一放，冷处理，要避免争议扩大化、复杂化，防止争议衍生出新的争议。

（9）有的当事人为了尽快解决争议，或者为了达到争议的目的，采取违约的方式要挟对方接受自己的主张，结果，争议不但没有解决，而且衍生出新的争议，导致争议扩大化、复杂化。承包人通常采取停工的方式要求发包人接受自己争议解决主张；发包人通常采取拒付工程款，或者发出停工令，甚至威胁解除合同的方式要求承包人接受自己争议解决主张。

（10）调解结束各方当事人达成一致后要及时形成文字，如会谈纪要、补充协议等。

（11）合同实施过程中，若施工承包单位违约，监理工程师应及时向施工承包单位发出书面警告，并限期改正。若是业主违约，施工承包单位应及时向监理工程师发出通知要求，若业主仍不采取措施纠正其违约行为，施工承包单位有权降低施工速度或停工，所造成的损失由业主承担。

4.3　施工合同争议处理程序（见图6-4-1）

（1）了解合同争议情况；

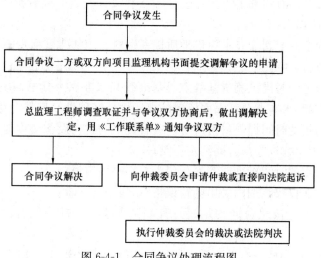

图 6-4-1　合同争议处理流程图

（2）及时与合同争议双方进行磋商；

（3）提出处理方案后，由总监理工程师进行协调；

（4）当双方未能达成一致时，总监理工程师应提出处理合同争议的意见；

（5）项目监理机构在施工合同争议处理过程中，对未达到施工合同约定的暂停履行合同条件的，应要求施工合同双方继续履行合同；

（6）在施工合同争议的仲裁或诉讼过程中，项目监理机构可按仲裁机关或法院要求提供与争议有关的证据。

5 工 程 索 赔 管 理

5.1 工程索赔及索赔事件种类

（1）索赔也称权利主张，是指合同当事人一方不是自己的原因，就额外的费用和工期向合同当事人另一方提出补偿要求。索赔的目的是合同当事人为了实现额外增加的费用和工期得到补偿。索赔是合同当事人共同享有的权利，在施工合同的当事人中，承包人可以提出索赔要求，发包人也可以提出索赔要求。

（2）工程索赔管理是指当索赔事件发生时，提出索赔要求的当事人和处理索赔关系人按照合同约定的索赔程序和损失计算方法确定额外增加的费用和工期。

（3）合同责任缺失引起的索赔事件：合同责任缺失是指合同当事人一方或关系人履行合同约定的责任不正确，或者不完全，导致合同当事人另一方额外增加了费用或者工期。比较常见的合同责任缺失现象有：

1）未按合同约定的时间和要求提供施工场地、施工条件，或者提供的施工场地不能满足施工要求；

2）未按法律规定办理由发包人办理的许可、批准或备案，包括但不限于建设用地规划许可证、建设工程规划许可证、建设工程施工许可证、施工所需临时用水、临时用电、中断道路交通、临时占用土地等许可和批准；

3）未按合同约定的时间和要求提供设计图纸和设计资料，或者提供的设计图纸和设计资料不能满足施工需求；

4）未按合同约定的时间和要求提供地质勘察资料、相邻建筑物及构筑物、地下工程、地下管线等基础资料；

5）未按合同约定的时提供测量基准点、基准线和水准点及其书面资料，或者提供的测量基准点、基准线和水准点及其书面资料的真实性、准确性和完整性存在问题；

6）未按合同约定的时间提供材料设备，或者提供的材料设备交货地点、价格、种类、规格型号、质量等级、数量等与合同约定不符；

7）未按合同约定的时间批准或答复承包人提出书面申请；

8）发包人代表在授权范围内做出的错误指示；

9）发包人代表不能按照合同约定履行其职责及义务，并导致合同无法继续正常履行的；

10）发包人拒绝签收另一方送达至送达地点和指定接收人的来往信函等。

（4）承包人常见的合同责任缺失现象：

1）承包人在收到发包人提供的图纸后，发现图纸存在差错、遗漏或缺陷的，未按合同约定及时通知监理人；

2）未按合同的约定的时间和要求提供应当由承包人编制的与工程施工有关的文件；

3）未按合同约定保存一套完整的图纸和承包人文件，供发包人、监理人及有关人员进行工程检查时使用；

4）未按规定上报施工现场发掘的所有文物、古迹以及具有地质研究或考古价值的其他遗迹、化石、钱币或物品等；

5）未经发包人书面同意，承包人为了合同以外的目的而复制、使用含有知识产权的文件或将之提供给任何第三方；

6）未按合同约定的时间和要求办理法律规定应由承包人办理的许可和批准；

7）未按法律规定和合同约定完成工程，保修期内承担保修义务；

8）未按法律规定和合同约定采取施工安全和环境保护措施，办理工伤保险；

9）未按合同约定的工作内容和施工进度要求，编制施工组织设计和施工措施计划；

10）占用或使用他人的施工场地，影响他人作业或生活的；

11）未按合同约定负责施工场地及其周边环境与生态的保护工作；

12）未按合同约定采取施工安全措施；

13）未按合同约定支付的各项价款专用于合同工程；

14）未按照法律规定和合同约定编制竣工资料；

15）未按合同约定复核发包人提供的测量基准点、基准线和水准点及其书面资料，或者复核发现发包人提供的测量基准点、基准线和水准点及其书面资料存在错误或疏漏的，未及时通知监理人；

16）承包人拒绝签收另一方送达至送达地点和指定接收人的来往信函等。

（5）监理人常见的合同责任缺失现象：

1）收到承包人有关图纸存在差错、遗漏或缺陷的通知后，未按合同约定的时间和程序报送给发包人；

2）收到承包人文件后未按合同约定的期限内审查完毕；

3）未按合同约定对工程施工相关事项进行检查、查验、审核、验收，并签发相关指示；或者在授权范围内做出的错误指示；

4）监理人的检查和检验影响施工正常进行的，且经检查检验合格的；

5）监理人未按时到场并对隐蔽工程及其施工工艺、材料和工程设备进行检查；

6）监理人未通知承包人清点发包人供应的材料和工程设备；

7）监理人未禁止不合格的材料和工程设备进入现场；

8）监理人拒绝签收合同当事人送达至送达地点和指定接收人的来往信等。

（6）合同内容缺陷引起的索赔事件：合同内容是由系列文件构成，且文件形成的时间、单位不同，容易产生合同内容不一致、表述不清晰，或者不完整等缺陷。

1）合同协议书、中标通知书、投标函及附录、合同专用条款、合同通用条款、技术标准规范、图纸、工程量清单计价表等文件合同计价方式、工程内容、工程承包范围、工程质量标准、工期等内容表述不一致，或者相互矛盾；

  2）合同内容对合同当事人的责任和权利约定不明确；

  3）合同内容对工程总包与分包的责任和权利约定不明确；

  4）技术标准规范不能满足法律法规的要求；

  5）图纸不能满足施工需求；

  6）工程量清单计价表的工程项目、工程内容与实际施工状态不符；

  7）合同内容没有约定材料设备品牌、质量等级；

  8）合同内容对违约责任约定不明确等。

  （7）基础资料有误引起的索赔事件：建设工程的基础资料主要包括水文地质资料、地形地貌资料、地下工程资料、地下管线资料、基准点等。基础资料是施工设计、施工组织设计的依据，也是确定合同价格的依据，当基础资料有误，导致额度增加费用和工期，提出索赔容易成立。

  （8）合同调整引起的索赔事件：合同在履行过程中，受经济和社会环境的影响，项目产品方案发生了变化，需要对技术方案、设备方案、工程方案进行调整，导致合同约定的工程内容、工程承包范围、工程质量标准、工期、合同价格需进行相应地调整。因合同调整导致费用和工期的变化，为此提出索赔要求。合同调整一般需当事人协商一致，涉及费用和工期调整，应是合同调整的组成部分。

  （9）设计变更引起的索赔事件：设计变更一般通过工程变更程序解决，但当设计变更引起工程承包范围、工程内容发生较大幅度变动，工程变更程序不能完成解决额外增加的费用和工期，需要通过索赔过程解决。如建筑工程设计变更结构型式，由钢筋混凝土结构变更成钢结构，为钢筋混凝土结构施工准备的材料、机械、人工等费用难以在钢结构中体现，此部分额外增加有费用符合索赔约定的事件。

  （10）不利物质条件引起的索赔事件：不利物质条件是指有经验的承包人在施工现场遇到的不可预见的自然物质条件、非自然的物质障碍和污染物，包括地表以下物质条件和水文条件以及专用合同条款约定的其他情形。在工期管理中涉及该事件。该事件的出现，除了工期之外，还有可能涉及处理不利物质条件的费用，该费用符合索赔约定的事件。

  （11）异常恶劣的气候条件引起的索赔事件：异常恶劣的气候条件是指在施工过程中遇到的，有经验的承包人在签订合同时不可预见的，对合同履行造成实质性影响的，但尚未构成不可抗力事件的恶劣气候条件。在工期管理中涉及该事件。该事件的出现，除了工期之外，还有可能涉及异常恶劣的气候条件的费用，该费用符合索赔约定的事件。

  （12）国家政策法规变化引起的索赔事件：基准日期：招标发包的工程以投标截止日前28天的日期为基准日期，直接发包的工程以合同签订日前28天的日期为基准日期。基准日期后出现国家政策法规变化，如施工现场安全文明生产设施标准的变化，夜间施工时间的调整，技术标准规范的修改等，导致增加额外费用和工期的，符合索赔约定的事件。

  （13）市场物价大幅波动引起的索赔事件：基准日期后，建设市场人工、材料设备、机械使用费等发生大幅波动，导致工程造价的大幅度变动，该费用符合索赔约定的事件。

（14）国际汇率大幅波动引起的索赔事件：基准日期后，国际汇率大幅波动，导致工程造价的大幅度变动，该费用符合索赔约定的事件。

（15）不可抗力事件出现引起的索赔事件：不可抗力是指合同当事人在签订合同时不可预见，在合同履行过程中不可避免且不能克服的自然灾害和社会性突发事件，如地震、海啸、瘟疫、骚乱、戒严、暴动、战争和专用合同条款中约定的其他情形。不可抗力发生后，发包人和承包人应收集证明不可抗力发生及不可抗力造成损失的证据，并及时认真统计所造成的损失。

5.2　索赔程序

（1）承包人向发包人索赔的程序

1）承包人应在知道或应当知道索赔事件发生后28天内，向监理人递交索赔意向通知书，并说明发生索赔事件的事由；承包人未在前述28天内发出索赔意向通知书的，丧失要求追加付款和（或）延长工期的权利；

2）承包人应在发出索赔意向通知书后28天内，向监理人正式递交索赔报告；索赔报告应详细说明索赔理由以及要求追加的付款金额和（或）延长的工期，并附必要的记录和证明材料；

3）索赔事件具有持续影响的，承包人应按合理时间间隔继续递交延续索赔通知，说明持续影响的实际情况和记录，列出累计的追加付款金额和（或）工期延长天数；

4）在索赔事件影响结束后28天内，承包人应向监理人递交最终索赔报告，说明最终要求索赔的追加付款金额和（或）延长的工期，并附必要的记录和证明材料。

（2）发包人向承包人索赔的程序

1）发包人应在知道或应当知道索赔事件发生后28天内通过监理人向承包人提出索赔意向通知书，发包人未在前述28天内发出索赔意向通知书的，丧失要求赔付金额和（或）延长缺陷责任期的权利；

2）发包人应在发出索赔意向通知书后28天内，通过监理人向承包人正式递交索赔报告。

5.3　索赔处理程序

（1）承包人向发包人的索赔处理程序

1）监理人应在收到索赔报告后14天内完成审查并报送发包人。监理人对索赔报告存在异议的，有权要求承包人提交全部原始记录副本；

2）发包人应在监理人收到索赔报告或有关索赔的进一步证明材料后的28天内，由监理人向承包人出具经发包人签认的索赔处理结果。发包人逾期答复的，则视为认可承包人的索赔要求；

3）承包人接受索赔处理结果的，索赔款项在当期进度款中进行支付；承包人不接受索赔处理结果的，按照争议解决约定处理。

（2）发包人向承包人的索赔处理程序

1）承包人收到发包人提交的索赔报告后，应及时审查索赔报告的内容、查验发包人证明材料；

2）承包人应在收到索赔报告或有关索赔的进一步证明材料后 28 天内，将索赔处理结果答复发包人。如果承包人未在上述期限内作出答复的，则视为对发包人索赔要求的认可；

3）承包人接受索赔处理结果的，发包人可从应支付给承包人的合同价款中扣除赔付的金额或延长缺陷责任期；发包人不接受索赔处理结果的，按争议解决约定处理。

5.4　索赔时限

1）索赔时限是合同工程承包范围提出索赔申请的期限。

2）承包人按竣工结算审核约定接收竣工付款证书后，应被视为已无权再提出在工程接收证书颁发前所发生的任何索赔。

3）承包人按最终结清提交的最终结清申请单中，只限于提出工程接收证书颁发后发生的索赔。提出索赔的期限自接受最终结清证书时终止。

5.5　索赔报告

索赔文件一般由索赔信、索赔报告、索赔证据三部分组成。索赔信是写给负责索赔处理的人或机构，索赔报告是对索赔事件发生至结束产生影响的分析论证，索赔证据用于证明索赔报告的内容。当索赔事件结束后，应编写索赔报告提交给监理工程师。编写索赔报告是索赔的关键步骤。索赔报告一般包括以下内容：

（1）索赔报告题目：因为什么事件的发生提出索赔。如地质勘察报告揭示的土方类别与实际施工的土方类别不一致，导致土方施工的费用和工期发生较大幅度的变化，索赔题目：关于土方类别发生变化的索赔报告。

（2）索赔事件描述：叙述事件的起因（如施工图设计、施工组织设计依据的地质勘察报告），事件经过（土方施工现场情况），事件过程中合同当事人及关系人（监理人、勘察人）的活动情况，确认地质勘察报告揭示的土方类别与现在施工的土方类别不一致。事件经过是索赔证据形成、固定、归集过程，其及时性、有效性、客观性、准确性对索赔是否成功具有决定性作用。

（3）索赔理由陈述：说明事件发生后，其产生的影响，依据合同约定，或者法律法规规定明确责任人。如土方类别发生变化，是地质勘察报告不准确引起的，其产生的结果依据合同约定，应由提供地质勘察报告的发包人承担。明确事件的责任人是索赔的难点，需要熟悉合同文件内容及法律法规，引用合同及法律法规具体条款内容，证明事件发生及其产生的影响与责任人存在关联性。

（4）索赔的影响：叙述事件发生后对工程费用和工期产生的影响，分析影响过程和影响因素，详细计算事件结束后产生的额外费用和工期。

（5）索赔结论：根据详细计算事件所产生的额外费用和工期，提出具体量化的索赔要求。

6　合同管理案例

【案例一】

【工程概况】

某工程下部为钢筋混凝土基础，上面安装设备。建设单位分别与土建、安装单位签订了基础、设备安装工程施工合同。两个承包商都编制了相互协调的进度计划。进度计划已得到批准。基础施工完毕，设备安装单位按计划将材料及设备运进现场，准备施工。经检测发现有近1/8的设备预埋螺栓位置偏移过大，无法安装设备，须返工处理。安装工作因基础返工而受到影响，安装单位提出索赔要求。

【问题】

（1）安装单位的损失应由谁负责？为什么？

（2）安装单位提出索赔要求，项目监理机构应如何处理？

（3）项目监理机构如何处理本工程的质量问题？

【答案】

（1）本题中安装单位的损失应由建设单位负责。理由：安装单位与建设单位之间具有合同关系，建设单位没有能够按照合同约定提供安装单位施工工作条件，使得安装工作不能够按照计划进行，建设单位应承担由此引起的损失。而安装单位与土建施工单位之间没有合同关系，虽然安装工作受阻是由于土建施工单位施工质量问题引起的，但不能直接向土建施工单位索赔。建设单位可以根据合同规定，再向土建施工单位提出赔偿要求。

（2）对于安装单位提出的索赔要求，项目监理机构应该按照如下程序处理：

1）审核安装单位的索赔申请。

2）进行调查、取证。

3）判定索赔成立的原则，审查索赔成立条件，确定索赔是否成立。

4）分清责任，认可合理的索赔额。

5）与施工单位协商补偿额。

6）提出自己的"索赔处理决定"。

7）签发索赔报告，并将处理意见抄送建设单位批准。

8）若批准额度超过项目监理机构权限，应报请建设单位批准。

9）若建设单位提出对土建施工单位的索赔，项目监理机构应提供土建施工单位违约证明。

（3）对于地脚螺栓偏移的质量问题，项目监理机构应首先判断其严重程度，此质量问题为可以通过返修或返工弥补的质量问题，应向土建施工单位发出《监理通知单》责成施工单位写出质量问题调查报告，提出处理方案，填写《监理通知回复单》报项目监理机构审核后，批复承包单位处理，施工单位处理过程中项目监理机构监督检查施工处理情况，处理完成后，应进行检查验收，合格后，组织办理移交，交由安装单位进行安装作业。

【案例二】

【工程概况】

某施工单位承揽了一项综合办公楼的总承包工程，在施工过程中发生了如下事件。

事件1：施工单位与某材料供应商所签订的材料供应合同中未明确材料的供应时间。急需材料时，施工单位要求材料供应商马上将所需材料运抵施工现场，遭到材料供应商的拒绝，两天后才将材料运到施工现场。

事件2：某设备供应商由于进行设备调试，超过合同约定的期限交付施工单位订购的设备，恰好此时该设备的价格下降，施工单位按下降后的价格支付给设备供应商，设备供应商要求以原价执行，双方产生争执。

事件3：施工单位与某施工机械租赁公司签订的租赁合同约定的期限已到，施工单位将租赁的机械交还租赁公司并交付租赁费，此时，双方签订的合同终止。

事件4：该施工单位与某分包单位所签订的合同中明确规定要降低分包工程的质量，从而减少分包单位的合同价格，为施工单位创造更高的利润。

【问题】

（1）事件1中材料供应商的做法是否正确？为什么？

（2）根据事件1，你认为合同当事人在约定合同内容时应包括哪些方面的条款？

（3）事件2中施工单位的做法是否正确？为什么？

（4）事件3中合同终止的原因是什么？除此之外，还有什么情况可以使合同的权利义务终止？

（5）事件4中合同当事人签订的合同是否有效？

（6）在什么情况下可导致合同无效？

【答案】

（1）事件1中材料供应商的做法正确。理由是：当履行期限不明确的，债务人可以随时履行，债权人也可以随时要求履行，但应当给对方必要的准备时间。

（2）合同当事人在约定合同内容时，应包括以下条款：当事人的名称或者姓名和住所；标的；数量；质量；价款或者报酬；履行期限、地点和方式；违约责任；解决争议的方法。

（3）事件2中施工单位的做法是正确的。理由：逾期交付标的物的，遇价格上涨时，按照原价格执行；价格下降时，按照新价格执行。

（4）事件3中合同终止的原因是债务已经按照约定履行。可以使合同终止的情况还包括：合同解除；债务相互抵消；债权人依法将标的物提存；债权人免除债务；债权债务同归于一人；法律规定或者当事人约定终止的其他情形。

（5）事件4中合同当事人签订的合同无效。

（6）下列情况可导致合同无效：

1）一方以欺诈、胁迫的手段订立，损害国家利益的合同。

2）恶意串通，损害国家、集体或者第三人利益的合同。

3）以合法形式掩盖非法目的的合同。

4）损害社会公共利益的合同。

5）违反法律、行政法规的强制性规定的合同。

【案例三】

【工程概况】

某监理单位承担了某工业项目的施工监理工作。经过招标，建设单位选择了甲、乙施工单位分别承担A、B标段工程的施工，并按照《建设工程施工合同（示范文本）》分别和甲、乙施工单位签订了施工合同。建设单位与乙施工单位在合同中约定，B标段所需的部分设备由建设单位负责采购。乙施工单位按照正常的程序将B标段的安装工程分包给丙施工单位。在施工过程中，发生了如下事件：

事件1：建设单位在采购B标段的锅炉设备时，设备生产厂商提出由自己的施工队伍进行安装更能保证质量，建设单位便与设备生产厂商签订了供货和安装合同并通知了项目监理机构和乙施工单位。

事件2：总监根据现场反馈信息及质量记录分析，对A标段某部位隐蔽工程的质量有怀疑，随即指令甲施工单位暂停施工，并要求剥离检验。甲施工单位称：该部位隐蔽工程已经专业监理工程师验收，若剥离检验，项目监理机构需赔偿由此造成的损失并相应延长工期。

事件3：专业监理工程师对B标段进场的配电设备进行检验时，发现由建设单位采购的某设备不合格，建设单位对该设备进行了更换，从而导致丙施工单位停工。因此，丙施工单位致函项目监理机构，要求补偿其被迫停工所遭受的损失并延长工期。

【问题】

（1）在事件1中，建设单位将设备交由厂商安装的做法是否正确？为什么？

（2）在事件1中，若乙施工单位同意由该设备生产厂商的施工队伍安装该设备，项目监理机构应该如何处理？

（3）在事件2中，总监的做法是否正确？为什么？试分析剥离检验的可能结果及总监相应的处理方法。

（4）在事件3中，丙施工单位的索赔要求是否应该向项目监理机构提出？为什么？对该索赔事件应如何应处理。

【答案】

（1）不正确，因为违反了合同约定。

（2）项目监理机构应该对厂商的资质进行审查，若符合要求，可以由该厂安装。如乙单位接受该厂作为其分包单位，项目监理机构应协助建设单位变更与设备厂的合同，如乙单位接受厂商直接从建设单位承包，项目监理机构应该协助建设单位变更与乙单位的合同；如不符合要求，项目监理机构应该拒绝由该厂商施工。

（3）总监的做法是正确的。无论项目监理机构是否参加了验收，当项目监理机构对某部分的工程质量有怀疑，均可要求施工单位对已经隐蔽的工程进行重新检验。重新检验质量合格，建设单位承担由此发生的全部追加合同价格，赔偿施工单位的损失，并相应顺延工期；检验不合格，施工单位承担发生的全部费用，工期不予顺延。

（4）不应该，因为建设单位和丙施工单位没有合同关系。该索赔按一下程序处理：

1）丙向乙提出索赔，乙向项目监理机构提交索赔意向书。

2）项目监理机构收集与索赔有关的资料。

3）项目监理机构受理乙单位提交的索赔报告。

4）总监对索赔报告进行审查，初步确定费用额度和延期时间，与乙施工单位和建设单位协商。

5）总监对索赔费用和工程延期提出审查意见，报建设单位审批。

【案例四】

【工程概况】

项目基本情况：某大学科技交流中心建设项目，建筑面积约43674m²，是用于会议、学术交流的综合性大楼，涉及专业范围包括土建、装修、给排水、电气照明、高低压系统、应急照明系统、消防系统、空调系统、弱电系统（包括监控、停车场系统、背景音乐、智能控制系统等）、市政道路及配套设备等等，计划竣工时间约为2013年4月。施工过程中发生如下事件：

【事件 1：材料、设备品牌变更问题】

施工单位提出招标文件和合同约定的钢筋品牌（广钢、韶钢）种类过少，无法采购或采购数量不足以达到厂家生产要求，厂家不生产；而通过经销商进行采购的钢材从质量上与从厂家直接进货的质量有差距，因而提出增加一个萍钢钢筋作为采购品牌。

【事件 1 处理】

项目监理机构首先要求施工单位按规定程序报送变更材料设备审核表，并附变更品牌质量等级和性能技术依据及变更预算书。然后监理人员从品牌的供货情况、品牌的档次出发，认为品牌不宜调整，理由是：

（1）经咨询经销商，广钢、韶钢的供货不存在排期和起订量的问题，已将联系方式和了解情况提供相关单位；

（2）广钢、韶钢如果没有 Φ8 的三级钢，监理单位曾建议在不更换品牌的情况下，可以咨询设计单位是否可以修改设计，用 Φ10 代替 Φ8 的钢筋；

（3）施工单位现在需明确提出，除了 Φ8 的三级钢未能及时采购外，是否还有其他规格的钢材无法采购，如有应立即提出来以利工程顺利进行；

（4）经销商采购的质量无法保证质量的说法没有确切的证据；

（5）经了解，萍钢与合同内推荐品牌的钢筋存在档次的差别。

【事件 1 分析】

在施工阶段，施工单位常以各种理由要求变更材料和设备的品牌，但往往会出现变更后的材料或设备品牌单价调增或单价不变而品质降低，因此，项目监理机构应认真进行市场调查、仔细分析，然后再签下具体审核意见。

【事件 2：工程签证问题】

在基坑土方开挖阶段，施工单位提出目前外运土方距离已经超出清单项目中所设置的 30km，达到 53km，要求签证调整综合单价，从而调整造价。

【事件 2 处理】

项目监理机构首先要求施工单位按规定的工程现场签证流程报送签证单并附各种证明文件及预算书。然后监理人员跟车到余泥排放场实测到土方运距为 45km。最后监理人员依据合同，认为土方运距的变化导致增加的费用，不能调增。理由是：

（1）本工程招标文件专用条款 13.10.3.8 规定：实测土方运距如果小于 30km，则土方运距按实测运距结算；土方运距超过 30km，则由投标单位综合考虑，含入报价中；

（2）投标文件中的余泥渣土运输与排放方案承诺了排放点为合法排放的"某地"，即投标单位在投标时就已经考虑了排放地点与排放距离，相应费用应该考虑在投标报价中，施工阶段不应该再提出调增费用。

【事件 2 分析】

如果是在现场各方根据实际情况决定的工程变更，应先由施工、设计、监理、建设等单位相关人员会签"工程变更单"，监理人员才能签证变更工程量。监理人员要注意及时收集现场原始资料，以保证资料的真实准确性，并按程序处理现场签证资料（签证原因及内容、图纸文件、工程量计算、费用报价、附图及照片）。项目监理机构要认真审查工程变更、签证和工程价格调整的真实性、合理性、是否有合同依据、是否性价比最高，并做好工程变更签证台账，进行实时更新，动态掌握工程总造价，使总造价不超过控制目标。

【事件3：设计变更、索赔和反索赔问题】

在本工程地下室基坑支护结构做完后进行抽芯检测结果发现：基坑北边的格构式深层搅拌桩强度达不到设计要求。为此设计提出设计变更：要对基坑北边的基坑支护结构再加喷锚进行加固，为此需增加造价8万元。施工单位以地质因素影响为由，提出该增加的费用应由建设单位承担。而建设单位认为该设计变更是由于施工单位的施工质量出问题而产生，故增加费用应由施工单位承担。

【事件3处理】

首先要求有关单位按规定工程变更流程，报送工程变更单，并附各种证明文件及预算书。然后向建设单位汇报并提出自己的分析意见：项目监理机构多次在例会上和文字报告中指出施工单位深层搅拌桩机钻杆下沉和提升的速度过快超过施工方案规定的速度，属违规施工操作行为，但未得到施工单位的整改与回应，故造成此次质量问题，这个因素造成的部分加固费用应由施工单位承担；同时，也确实由于该段岩层埋深过浅与地质勘探报告有出入，客观造成挡土桩伸入基坑的深度不够，也需要补强，这个因素造成的部分加固费用应由建设单位承担。后经建设单位与施工单位协商，结果是加固费用两家各自承担一半。

【事件3分析】

施工单位在施工过程中，总会出现一些不规范的行为以降低施工成本，项目监理机构在工作上必须十分严谨与慎重，项目监理机构需严格督促施工单位按图和按审批过的施工方案施工，按规定使用合格、规范的材料，加强施工过程质量控制工作，对违规作业和影响工程质量的操作要加以制止，情况严重时要报告建设单位，并签发停工令。因施工单位原因造成的工程变更应由施工单位承担增加的费用；而非施工单位的原因造成工程变更增加的费用，并且在合同允许的范围内，应由建设单位承担。项目监理机构应协助建设单位统筹安排好施工生产，提前做好图纸会审，减少工程变更的发生，并严格按工程变更审核程序审查工程变更，建立好工程变更台账，以做到造价可控。

第七章 信息及资料管理

1 监理信息管理

1.1 信息管理概述

（1）信息管理概念：所谓信息管理是指在开展建设监理工作过程中对信息的收集、加工、整理、储存、传递与应用等一系列工作的总称。

（2）信息管理目的：信息管理是监理工作的一项重要内容，贯穿于监理工作的全过程。信息管理的目的是通过有组织的信息交流，使有关人员能及时、准确地获得相应的信息，作为分析、判断、控制、决策的依据，也为工程建成后的运行、管理、缺陷修复积累资料。

（3）信息管理工作原则：标准化原则；有效性原则；定量化原则；时效性原则；高效处理原则；可预见原则。

（4）信息管理的内容：一般包括收集、加工、传输、存储、检索和应用。

1）收集：收集是指对工作中原始信息的收集，是很重要的基础工作。

2）加工：信息加工是信息处理的基本内容，其目的是通过加工为工作提供有用的信息。

3）传输：传输是指信息借助于一定的载体在监理工作的各参加部门、各单位之间的传输。通过传输，形成各种信息流，畅通的信息流是工作顺利进行的重要保证。

4）存储：存储是指对处理后的信息的存储。凡需要存储的信息，必须按规定进行分类，按工程信息编码建档存储。

5）检索：监理工作中既然存储了大量的信息，为了查找方便，就需要拟定一套科学的、迅速查找的方法和手段，这就称之为信息的检索。已存储的信息，应管理有序，便于检索。

6）应用：是指将信息按照需要编印成各类数据、报表和文件格式，以纸质或电子文档形式加以呈现，以供管理工作中使用。

1.2 监理信息管理基本要求

（1）监理信息管理的意义

监理信息管理是建设项目监理"三控两管一协调"，并履行建设工程安全生产管理的法定职责的重要内容之一，随着建设监理业务规范化管理的不断加强和细化，监理市场环境竞争的激烈，监理信息管理（以下简称：信息管理）的作用显得越来越重要。管好用好监理信息，能够促进监理业务经营和现场监理工作的开展，对监理工作管理水平和业务技能的提高具有推动作用。

（2）监理信息管理任务

1）组织项目基本情况信息的收集并系统化，编制项目信息管理实施细则或手册。

2）明确项目报告、报表及各种资料的规定，例如文件资料的格式、表式、内容、数据结构及字体字号等要求。

3）按照项目监理工作过程建立项目监理信息系统流程，在实际工作中保证这个系统正常运行，并控制信息流。

4）信息管理资料的档案管理。

（3）监理信息管理的收集要求

1）及时收集不同来源的监理信息。监理信息来源可包括文件、档案、监理报表及计算机辅助文档等四方面。

① 文件信息主要是在工程建设过程中，上级有关部门的文件、工程前期有关文件、设计变更及工程内部文件。

② 档案信息主要是在各种文件办理完成后，根据其特征、相互联系和保存价值等分类整理，根据文件的作者、内容、时间和形成的自然规律等特征组卷。

③ 监理报表信息主要有开工用报表、监理工程师巡视记录表、质量管理用报表、安全管理用报表、计量与支付用报表及工程进度用表。这些表格是监理工作常用报表，反映了监理工作的开展及工程进展情况，应注意报表信息的收集和整理。

④ 计算机辅助文档主要是监理机构书面发出的会议纪要、通知、联系单、函告，监理业务开展过程形成的监理日记、月报、专题报告、监理报表、影像、总结及工程质量评估报告等以电子文件形式存在、储存的各种文档资料。

2）保证收集到的监理信息的质量。信息管理工作的质量好坏，很大程度上取决于原始资料的全面性和可靠性。因此，建立一套完善的信息采集制度是极其必要的。信息的收集工作必须把握信息来源，做到收集及时、准确。

（4）建立监理信息管理制度和纪律

1）送往建设单位及有关部门（包括通过建设单位送往设计及外部相关方）的文件，应有签收记录。对于重要的文件资料应做书面备份。

2）送往施工单位的文件，必须由施工单位专管人员或领导签收。

3）以《工作联系单》形式送往建设单位、设计单位或施工单位的非正式文件，用于对某些局部、具体事项进行协调，提请注意或要求了解、要求配合等用途。

4）项目监理机构的所有正式发出文件须在总监（或总监代表）审查批准后，由项目监理机构办公室负责传递、登记和发送（见表7-1-1）；所有正式收到的文件都必须经监理机构专人签收，并统一填写文件处理流程卡，按职责和流程处理。对于重要的文件资料应做书面备份。为了便于专业人员查找，文件资料要分类合理和有序存放，文件资料的来源、日期、去向要有管理记录，形成一种系统性的管理方式。

5）各单位不负有信息管理职能的个人或业务部门之间传递的信息，不能视为代表单位的正式传输信息。紧急情况或特殊情况下，必须立即由个人或各单位业务部门间直接传输信息时，事后应尽快按正常程序正式传递该信息。

文件审批表 表 7-1-1

编号：

来文单位				成文日期	
文件名称					
文件编号			收文人	收到日期	
主题词				份　数	
监理机构负责人处理意见	转发	□建设单位　□总承包　□设计　□专业施工　□其他			
		负责人签名：		日期：	
文件处理情况					
		承办人：　　　　　　　日期：			

6）除合同文件有专门规定或建设单位另有指示外，建设单位各部门对施工单位有关质量的指示、规定和要求等，都应经由项目监理机构转发至施工单位；除合同文件有专门规定或建设单位另有指示外，同理，施工单位向建设单位报送的有关工程质量的文件、报表和要求，都须经项目监理机构审核，并转发，一般情况不得跨越。

7）项目监理机构在收到建设单位转发的设计文件后，应尽快指派监理人员先按照程序进行审核后，并将审核意见上报建设单位。

8）对于工程质量事故或质量缺陷，施工单位、设计单位、建设单位和项目监理机构的四方中，不管谁先发现，都不得隐瞒，应尽快通知其他各方。不管何种原因造成质量事故或质量缺陷，施工单位应尽快提出事故或缺陷情况报告，为事故类型、原因的分析判断，处理措施研究提供信息。

9）施工单位报送的施工组织设计、各种报告、文函及各种报表等，应严格按照合同要求及监理细则以及建设单位的规定、通知等文件的要求整理、编制各种文件、资料要全面、清晰和准确。若文件资料编制粗糙、资料不全，信息不准或重要内容欠缺的，监理单位有权要求补充、增加信息数量，直至将其退回，重新报送。

10）监理人员应准确、及时做好监理日志、现场值班各种监理记录，全面收集现场环境条件下施工单位资源投入（注意各级责任人员在岗情况）、设备运行情况、施工中存在的问题以及可能影响施工质量、进度、造价的其他事项等信息，并做好必要的分析、加工、交流和存储工作。

（5）监理信息管理岗位职责

1）总监（或总监代表）职责：

① 项目监理机构工程信息资料管理实行总监负责制，主持制定监理信息管理工作

制度。

② 对工程施工监理过程的相关内、外部文件和技术规范、规定、标准等技术文件、资料以及工程施工监理资料的形成、收集、整理、归档过程中资料的及时性、真实性、完整性、准确性、有效性和追溯性负责，并按要求规定签署意见。

③ 对监理信息资料管理过程中存在的问题认真予以解决处置。

2）监理人员职责：

① 监理人员遵守项目监理机构监理信息管理工作制度。

② 在总监的分工授权下，对本专业监理资料的形成、收集、审核过程中的资料及时性、真实性、完整性、准确性、有效性和追溯性负责，并按规定签署意见。

③ 与此同时接受并积极配合资料管理专职人员（或兼职人员）对资料管理按要求规定的核查过程中，所要求由监理人员应提交的资料类别和时限，以及改正和完善的工作意见。

3）资料管理员的职责：

① 负责设计图纸（含：工程变更、交底、洽商等工程施工作法依据类文件、资料）及时按规定要求登录、管理，并按专业发放，完善签收手续；

② 负责项目监理机构监理用仪器、设备、工具用具和技术书籍（规范、规程、标准、图集等）以及办公、生活设施、设备的领用登记、监督保管和工程监理结束后的归还手续；

③ 负责项目监理机构监理过程中，内、外部文件、资料的管理、登记和按总监意图的分发、传递、签发、收签及保存归档工作；

④ 负责工程施工监理资料按规定要求进行收集、整理和审核，并对资料形成的及时性、完整性、有效性和追溯性审查并负责，督促其资料要真实可靠；

⑤ 了解和掌握工程状况以及月进度部位，监督工程资料与实际部位同步；

⑥ 对信息资料的过程管理存在问题处置困难时，应向总监（总监代表）报告或建议；

⑦ 负责施工过程监理资料按规定进行归类、汇总、编辑、分档和保管；

⑧ 负责建立监理信息资料借阅、归还保管制度，并完善签字手续；

⑨ 负责工程监理资料于监理工作结束后，按规定要求进行归档整理，并移交建设单位和公司，且完善移交接受签字手续；

⑩ 负责项目监理机构日常文印和总监分派的其他工作。

1.3 监理信息的整理、保存和归档

（1）监理信息的整理、立卷和归档，是在总监（总监代表）领导下，由监理人员执行。建设单位有要求的还应接受其管理。

（2）归档信息的范围、内容和分类整理、立卷，以及签字、盖章等手续，应严格按照建设单位有关规定和监理细则执行。

（3）监理信息是工程建设的重要资料，它的收集、积累、整理、立卷是与项目建设同步进行，必须严格防止损毁涂改、泄密等，不允许有虚假现象发生。

（4）凡需要立卷、归档的各种监理信息，都应做到书写材料优良、字迹清楚、数据准确、图像清晰、信息载体能够长期保存。

1.4　监理信息管理工作方法及措施

（1）完善组织，挑选业务素质高、责任心强的信息管理人员。

（2）制定监理信息资料管理制度，并在总监的统一指导下，认真的组织实施。

（3）保证信息管理资源投入。项目监理机构应配备电脑、电话、打印机、数码相机、资料柜等信息管理办公设施设备，并开通互联网，充分利用网络资源加快信息传递，为建设监理业务顺利开展服务。

（4）督促各有关单位做好信息管理工作，严格收发文制度，确保工程的各种指令得以完整、准确、及时地执行，确保工程竣工资料符合规范及工程备案验收的有关规定。

（5）对工程项目所有的信息文件资料进行统一分类编号，进行系统管理。

（6）加强现场信息管理业务培训工作，不断提高信息管理人员业务水平。

（7）项目监理机构自身所形成的工程监理信息资料，统一使用格式化表式，规范化记录和填写。对填写和记录的内容以及用语的规范化、标准化和及时性、签字手续等，总监采用定期和不定期地检查或抽查，对存在问题及时予以纠正，问题较多或重复性出现的提出批评，直至依情节采取必要的行政或经济处责措施。

（8）信息管理员除认真做好按规定检索整理、分类立档、存放保管等工作外，在了解和掌握工程部位进展的基础上，督促和指导各监理专业人员信息资料的及时形成、收集、审核和签署，并且具有完整、齐全和准确、有效。当有问题难于妥善解决时，及时回报总监，总监应予以支持并出面协调解决。

（9）项目监理机构于第一次工地例会监理交底时，同时交代监理信息资料管理制度和资料运行传递工序以及各相关工序报审时限的规定及要求。

（10）项目监理机构各监理人员在过程中严格工序报审附件材料审核，对其材料的齐全、完整性和准确有效性以及手续完善性等存在问题时，不予签许，并要求其补充、修正至合格，方可通过。

（11）专业监理人员严格工程资料提交报审、报验同工序施工部位的同步性。凡未完善程序所应提交的相关呈报资料和未经监理检查签字核准，坚决不允许进入后工序施工作业。

（12）严格各相关分部工程备案验收和有关竣工工程验收资料填报内容的齐全、完善和签字手续后，逐级呈报签字盖章的程序。凡需监理单位签字盖章的地基与基础、主体结构、建筑节能等分部工程备案验收评估报告和人防、消防、电梯、工程竣工的竣工验收报告，其内容及相关数据不完善的，不予核定签字盖章；而工程竣工验收报告的各责任主体单位签字盖章须在程序验收通过后，才可予以办理。

（13）确保工程信息管理的准确性。"差之毫厘，谬以千里"，工程中也是如此，所以在语言文字上要一字不差。总监在批复和发文时要慎之又慎，否则将造成大错。为避免建设单位损失，准确无误是信息传递的一个根本前提。各方在文件传递之前，要进行仔细的审阅，项目监理机构要求各专业监理人员要认真斟酌，信息管理人员要认真打印，不得有遗漏和疏忽，思想上重视是准确无误的根本前提。

（14）确保工程信息管理的时效性。工程信息的时效性要及时在施工过程中体现出来，工程信息资料的收集要求监理人员在施工监理过程中与工程施工同步收集工程施工过程中形成的各类与工程建设有关的信息资料，以期达到事前控制、过程控制的目的。无论事前、事中和事后都必须及时，要及时发现问题，及时反馈问题，及时解决问题，使工程施工按照一个正确的方向进行。这样就是一个及时发现、迅速解决信息的过程。

1.5 监理业务信息化管理

（1）利用计算机技术，做好监理信息的辅助管理：

1）根据施工任务，项目监理机构配备必要的专职（或兼职）信息员和计算机管理员，保证计算机辅助系统能发挥正常效能。按有关要求，信息员应在规定的日期、时间以前，把从施工现场收集到的规定信息、内容，输入建设单位计算机网络，为领导了解情况、分析问题和决策判断提供参考资料。

2）为提高监理计算机辅助管理水平，根据监理工作需要，配备适当数量的计算机和辅助设备，以及必要的支持软件，以形成监理机构内部的信息管理网络，并与建设单位的网络系统连接。

3）把整个项目作为一个系统加以处理，将项目中各项任务的各阶段和先后顺序，通过网络计划形式对整个系统统筹规划，并区分轻重缓急，对资源（人力、机械、材料、财力等）进行合理的安排和有效地加以利用，指导承包商以最少的时间和资源消耗来实现整个系统的预期目标，以取得良好的经济效益。

4）项目监理机构配备高配置的计算机，并使用有关应用软件，对日常监理（三控制、三管理、一协调）工作进行全面的管理，做到科学化、制度化、规范化和现代化，大大减轻监理工程师处理日常琐碎事务的压力，提高工作效率。相信通过这些现代软件的辅助，我司在本项目中将为建设单位提供更完善、更高水平、更优质的监理服务。

5）通过利用计算机局辅助管理，使工地现场各类信息、文件和资料能够第一时间传送至建设单位、承包商及监理公司等各部门，保证各有关单位沟通方式的多样化和沟通渠道的畅通。

6）利用信息管理应用软件，强化监理信息管理工作：在监理信息管理工作中，充分利用软件开发公司所开发的监理软件，如：项目管理软件、OA 系统软件、财务管理软件、造价咨询软件等，加快监理信息传递及处理，有利于节省监理人力资源，提高监理工作效率。

（2）利用现代信息管理手段，提高监理信息管理效率和水平

监理单位应积极创造条件，提高监理技术含量和投入，利用互联网技术和相关监理项目管理软件，强化监理信息流管理，保证监理信息及时、有效传递和处理。必须认识到信息和网络不仅是重要的战略资源，也是最重要的竞争方式和竞争手段。监理工作的信息化，一是产品生产过程信息化，包括计算机辅助设计（CAD）、计算机辅助制造（CAM）、计算机辅助工艺编制（CAPP），也就是说从产品的设计、工艺编制到制造过程全部数字化。二是过程信息化，包括办公自动化（OA）、材料需求计划（MRP）、监理单位资源计划（ERP）、MIS、决策支持系统（DSS）、专家系统（E5）等。三是柔性制造系统（FRP）、数据政府（NC）和加工中心（MC）。四是检验（CAI）、测试（CAT）、质量控制的信息化。五是计算机集成制造系统（CIMS）。六是互联网和内部网相互连接形成一个网络系统。信息化将带来以下 10 个方面的重大变化，监理行业应该牢牢把握住才行。

1）信息化将带来产业结构的巨大变化，表现在：在现代信息技术基础上产生了一大批以往产业革命时期所没有的新兴产业；传统产业体系步入衰退，利用信息技术对其改造，成为传统产业获得尊重的出路；服务业的发展使其越来越在国民经济中占主导地位。

2）信息化将带来生产要素结构与管理形式的变化，现代社会中，生产要素结构中的知识与技术的作用大大增强，已经成为第一生产力，而物质资料与资本的作用相对减弱。

3）信息化将加速经济国际化进程，一方面表现在现代信息技术本身发展的国际化，另一方面表现在现代信息技术对整个经济国际化的推动。

4）信息化将导致社会结构的变化，表现在城市化的分散趋向，家庭社会职能的强化，职业结构中知识与高技术化职业增多，工作方式与生活方式的变化等。

5）信息化将监理单位管理实现信息化、网络化、个性化、知识与柔性管理。

6）信息化将技术向着数字化、智能化、知识化、可视化、柔性化发展。

7）信息化将产品呈现智能化、特色化、个性化、艺术化和市场周期短的特点。

8）信息化将市场呈现全球化、网络化、无国界化与变化快的特点。

9）在就业方面，从事信息、知识生产的劳动者就业率高，体力劳动者的失业率提高，监理单位文化是创新、合作与学习。

10）经济增长的源泉是知识和信息，是专业化的人力资本。

（3）监理单位信息化建设应抓好的工作

监理行业的信息化建设在不知不觉已开始，但存在着诸如信息观念滞后，认识不足，信息化投入低，没有对信息资源进行开发利用，对信息技术的应用欠缺，基础设施建设相对落后，再加上从事信息和计算机人才相对缺乏（计算机操作与应用水平相对低下），制约了监理单位信息化建设步伐的进一步加快。在信息化发展的大背景下，物质资源的重要性已让位于信息资源，谁拥有准确、及时、可靠、全面的信息，谁就占有市场的主动权。根据住房和城乡建设部《关于印发 2016—2020 年建筑业信息化发展纲要的通知》（建质函〔2016〕183 号）（详见本节后面附件）要求，"十三五"时期，全面提高建筑业信息化水平，着力增强 BIM、大数据、智能化、移动通信、云计算、物联网等信息技术集成应用能力，建筑业数字化、网络化、智能化取得突破性进展，初步建成一体化行业监管和服务平台，数据资源利用水平和信息服务能力明显提升，形成一批具有较强信息技术创新能力和信息化应用达到国际先进水平的建筑企业及具有关键自主知识产权的建筑业信息技术企业。

建筑企业应积极探索"互联网＋"形势下管理、生产的新模式，深入研究 BIM、物联网等技术的创新应用，创新商业模式，增强核心竞争力，实现跨越式发展。因此，监理企业应该加强以下几方面的信息化建设工作：

1）加强信息基础设施建设工作。在继续做好互联网维护及深化工作，加快互联网＋开发建设，开展大数据、云计算、物联网、智能化技术应用。在硬件设施建设上，重点是维护工作，必要时增加设备。围绕监理单位业务、开发需要和面向市场服务，全面提高信息服务水平，特别是在互联网上，作好信息收集、发布，开发和利用工作。在资源开发中，抓紧商品市场数据库、监理单位内外信息数据库等，不断丰富网上信息资源，稳步推进"电子商务"工程，重新整合现有网站，做好网站推广与监理单位形象推广（实际上，网站推广已包含监理单位形象推广）。

2）加强用信息技术改造传统作业，积极推进监理单位信息化建设工作。监理单位将计算机辅助设计（CAD）、计算机辅助制造（CAM）、监理单位资源管理系统（ERP）、计算机工业控制和质量控制、网络技术等先进技术应用到生产经营中，用信息化推动监理单位生产经营管理的现代化。监理单位的信息系统建设以适应变革为主要目标来确定系统的结构、功能和资源配置。主要包括以下内容：① 注意信息系统的发展与监理单位改革和发展相匹配，将信息系统的开发置于改革的大背景下实施；② 加强信息资源的基础工作，为监理单位信息化创造良好的外部环境；③ 注重信息系统的动态开发，即注意了解外部环境和用户需求的变化，建立信息齐全、数据准确、适应与跟踪能力强的信息系统。

3）普及项目管理信息系统，开展施工阶段的 BIM 基础应用。有条件的监理企业应研究 BIM 应用条件下的施工监理模式和协同工作机制，建立基于 BIM 的项目监理信息系统。

4）应与社会公众领域的信息化工作相联系。不要违反有关互联网法律法规，与当地文教，行政等部门保持联系，从中得知最新信息。

总之，伴随着知识经济、全球一体化及监理单位的生存与发展，监理单位产业不断拓展，进一步提高信息化认识，加快信息化建设步伐已成为必然，只要我们转变观念，提高对信息化建设的重视度，以管理信息化为主导（领导层），以实现监理单位信息化为基础，以实现监理单位产品走向世界为目标，一定会使监理单位有着灿烂的明天。

1.6 住建部《建筑业信息化发展纲要的通知》（建质函〔2016〕183 号）

（1）指导思想：贯彻党的十八大以来、国务院推进信息化发展相关精神，落实创新、协调、绿色、开放、共享的发展理念及国家大数据战略、"互联网＋"行动等相关要求，实施《国家信息化发展战略纲要》，增强建筑业信息化发展能力，优化建筑业信息化发展环境，加快推动信息技术与建筑业发展深度融合，充分发挥信息化的引领和支撑作用，塑造建筑业新业态。

（2）发展目标："十三五"时期，全面提高建筑业信息化水平，着力增强 BIM、大数据、智能化、移动通信、云计算、物联网等信息技术集成应用能力，建筑业数字化、网络化、智能化取得突破性进展，初步建成一体化行业监管和服务平台，数据资源利用水平和信息服务能力明显提升，形成一批具有较强信息技术创新能力和信息化应用达到国际先进水平的建筑企业及具有关键自主知识产权的建筑业信息技术企业。

（3）主要任务

1）勘察设计类企业：

① 推进信息技术与企业管理深度融合。进一步完善并集成企业运营管理信息系统、生产经营管理信息系统，实现企业管理信息系统的升级换代。深度融合 BIM、大数据、智能化、移动通信、云计算等信息技术，实现 BIM 与企业管理信息系统的一体化应用，促进企业设计水平和管理水平的提高。

② 加快 BIM 普及应用，实现勘察设计技术升级。在工程项目勘察中，推进基于 BIM 进行数值模拟、空间分析和可视化表达，研究构建支持异构数据和多种采集方式的工程勘察信息数据库，实现工程勘察信息的有效传递和共享。在工程项目策划、规划及监测中，集成应用 BIM、GIS、物联网等技术，对相关方案及结果进行模拟分析及可视化展示。在

工程项目设计中，普及应用 BIM 进行设计方案的性能和功能模拟分析、优化、绘图、审查，以及成果交付和可视化沟通，提高设计质量。推广基于 BIM 的协同设计，开展多专业间的数据共享和协同，优化设计流程，提高设计质量和效率。研究开发基于 BIM 的集成设计系统及协同工作系统，实现建筑、结构、水暖电等专业的信息集成与共享。

③ 强化企业知识管理，支撑智慧企业建设。研究改进勘察设计信息资源的获取和表达方式，探索知识管理和发展模式，建立勘察设计知识管理信息系统。不断开发勘察设计信息资源，完善知识库，实现知识的共享，充分挖掘和利用知识的价值，支撑智慧企业建设。

2）施工类企业：

① 加强信息化基础设施建设。建立满足企业多层级管理需求的数据中心，可采用私有云、公有云或混合云等方式。在施工现场建设互联网基础设施，广泛使用无线网络及移动终端，实现项目现场与企业管理的互联互通强化信息安全，完善信息化运维管理体系，保障设施及系统稳定可靠运行。

② 推进管理信息系统升级换代。普及项目管理信息系统，开展施工阶段的 BIM 基础应用。有条件的企业应研究 BIM 应用条件下的施工管理模式和协同工作机制，建立基于 BIM 的项目管理信息系统。推进企业管理信息系统建设。完善并集成项目管理、人力资源管理、财务资金管理、劳务管理、物资材料管理等信息系统，实现企业管理与主营业务的信息化。有条件的企业应推进企业管理信息系统中项目业务管理和财务管理的深度集成，实现业务财务管理一体化。推动基于移动通信、互联网的施工阶段多参与方协同工作系统的应用，实现企业与项目其他参与方的信息沟通和数据共享。注重推进企业知识管理信息系统、商业智能和决策支持系统的应用，有条件的企业应探索大数据技术的集成应用，支撑智慧企业建设。

③ 拓展管理信息系统新功能。研究建立风险管理信息系统，提高企业风险管控能力。建立并完善电子商务系统，或利用第三方电子商务系统，开展物资设备采购和劳务分包，降低成本。开展 BIM 与物联网、云计算、3S 等技术在施工过程中的集成应用研究，建立施工现场管理信息系统，创新施工管理模式和手段。

3）工程总承包类企业：

① 优化工程总承包项目信息化管理，提升集成应用水平。进一步优化工程总承包项目管理组织架构、工作流程及信息流，持续完善项目资源分解结构和编码体系。深化应用估算、投标报价、费用控制及计划进度控制等信息系统，逐步建立适应国际工程的估算、报价、费用及进度管控体系。继续完善商务管理、资金管理、财务管理、风险管理及电子商务等信息系统，提升成本管理和风险管控水平。利用新技术提升并深化应用项目管理信息系统，实现设计管理、采购管理、施工管理、企业管理等信息系统的集成及应用。探索 PPP 等工程总承包项目的信息化管理模式，研究建立相应的管理信息系统。

② 推进"互联网＋"协同工作模式，实现全过程信息化。研究"互联网＋"环境下的工程总承包项目多参与方协同工作模式，建立并应用基于互联网的协同工作系统，实现工程项目多参与方之间的高效协同与信息共享。研究制定工程总承包项目基于 BIM 的多参与方成果交付标准，实现从设计、施工到运行维护阶段的数字化交付和全生命期信息共享。

4）建筑市场监管：

① 深化行业诚信管理信息化。研究建立基于互联网的建筑企业、从业人员基本信息及诚信信息的共享模式与方法。完善行业诚信管理信息系统，实现企业、从业人员诚信信息和项目信息的集成化信息服务。

② 加强电子招投标的应用。应用大数据技术识别围标、串标等不规范行为，保障招投标过程的公正、公平。

③ 推进信息技术在劳务实名制管理中应用。应用物联网、大数据和基于位置的服务（LBS）等技术建立全国建筑工人信息管理平台，并与诚信管理信息系统进行对接，实现深层次的劳务人员信息共享。推进人脸识别、指纹识别、虹膜识别等技术在工程现场劳务人员管理中的应用，与工程现场劳务人员安全、职业健康、培训等信息联动。

5）工程建设监管：

① 建立完善数字化成果交付体系。建立设计成果数字化交付、审查及存档系统，推进基于二维图的、探索基于 BIM 的数字化成果交付、审查和存档管理。开展白图代蓝图和数字化审图试点、示范工作。完善工程竣工备案管理信息系统，探索基于 BIM 的工程竣工备案模式。

② 加强信息技术在工程质量安全管理中的应用。构建基于 BIM、大数据、智能化、移动通讯、云计算等技术的工程质量、安全监管模式与机制。建立完善工程项目质量监管信息系统，对工程实体质量和工程建设、勘察、设计、施工、监理和质量检测单位的质量行为监管信息进行采集，实现工程竣工验收备案、建筑工程五方责任主体项目负责人等信息共享，保障数据可追溯，提高工程质量监管水平。建立完善建筑施工安全监管信息系统，对工程现场人员、机械设备、临时设施等安全信息进行采集和汇总分析，实现施工企业、人员、项目等安全监管信息互联共享，提高施工安全监管水平。

③ 推进信息技术在工程现场环境、能耗监测和建筑垃圾管理中的应用。研究探索基于物联网、大数据等技术的环境、能耗监测模式，探索建立环境、能耗分析的动态监控系统，实现对工程现场空气、粉尘、用水、用电等的实时监测。建立建筑垃圾综合管理信息系统，实现项目建筑垃圾的申报、识别、计量、跟踪、结算等数据的实时监控，提升绿色建造水平。

6）重点工程信息化：大力推进 BIM、GIS 等技术在综合管廊建设中的应用，建立综合管廊集成管理信息系统，逐步形成智能化城市综合管廊运营服务能力。在海绵城市建设中积极应用 BIM、虚拟现实等技术开展规划、设计，探索基于云计算、大数据等的运营管理，并示范应用。加快 BIM 技术在城市轨道交通工程设计、施工中的应用，推动各参建方共享多维建筑信息模型进行工程管理。在"一带一路"重点工程中应用 BIM 进行建设，探索云计算、大数据、GIS 等技术的应用。

7）建筑产业现代化：加强信息技术在装配式建筑中的应用，推进基于 BIM 的建筑工程设计、生产、运输、装配及全生命期管理，促进工业化建造。建立基于 BIM、物联网等技术的云服务平台，实现产业链各参与方之间在各阶段、各环节的协同工作。

8）行业信息共享与服务：研究建立工程建设信息公开系统，为行业和公众提供地质勘察、环境及能耗监测等信息服务，提高行业公共信息利用水平。建立完善工程项目数字化档案管理信息系统，转变档案管理服务模式，推进可公开的档案信息共享。

（4）专项信息技术应用

1）大数据技术：研究建立建筑业大数据应用框架，统筹政务数据资源和社会数据资源，建设大数据应用系统，推进公共数据资源向社会开放。汇聚整合和分析建筑企业、项目、从业人员和信用信息等相关大数据，探索大数据在建筑业创新应用，推进数据资产管理，充分利用大数据价值。建立安全保障体系，规范大数据采集、传输、存储、应用等各环节安全保障措施。

2）云计算技术：积极利用云计算技术改造提升现有电子政务信息系统、企业信息系统及软硬件资源，降低信息化成本。挖掘云计算技术在工程建设管理及设施运行监控等方面应用潜力。

3）物联网技术：结合建筑业发展需求，加强低成本、低功耗、智能化传感器及相关设备的研发，实现物联网核心芯片、仪器仪表、配套软件等在建筑业的集成应用。开展传感器、高速移动通信、无线射频、近场通信及二维码识别等物联网技术与工程项目管理信息系统的集成应用研究，开展示范应用。

4）3D打印技术：积极开展建筑业3D打印设备及材料的研究。结合BIM技术应用，探索3D打印技术运用于建筑部品、构件生产，开展示范应用。

5）智能化技术：开展智能机器人、智能穿戴设备、手持智能终端设备、智能监测设备、3D扫描等设备在施工过程中的应用研究，提升施工质量和效率，降低安全风险。探索智能化技术与大数据、移动通信、云计算、物联网等信息技术在建筑业中的集成应用，促进智慧建造和智慧企业发展。

（5）信息化标准

1）强化建筑行业信息化标准顶层设计，继续完善建筑业行业与企业信息化标准体系，结合BIM等新技术应用，重点完善建筑工程勘察设计、施工、运维全生命期的信息化标准体系，为信息资源共享和深度挖掘奠定基础。

2）加快相关信息化标准的编制，重点编制和完善建筑行业及企业信息化相关的编码、数据交换、文档及图档交付等基础数据和通用标准。继续推进BIM技术应用标准的编制工作，结合物联网、云计算、大数据等新技术在建筑行业的应用，研究制定相关标准。

（6）保障措施

1）加强组织领导，完善配套政策，加快推进建筑业信息化：各级城乡建设行政主管部门要制定本地区"十三五"建筑业信息化发展目标和措施，加快完善相关配套政策措施，形成信息化推进工作机制，落实信息化建设专项经费保障。探索建立信息化条件下的电子招投标、数字化交付和电子签章等相关制度。建立信息化专家委员会及专家库，充分发挥专家作用，建立产学研用相结合的建筑业信息化创新体系，加强信息技术与建筑业结合的专项应用研究、建筑业信息化软科学研究。开展建筑业信息化示范工程，根据国家"双创"工程，开展基于"互联网+"的建筑业信息化创新创业示范。

2）大力增强建筑企业信息化能力：企业应制定企业信息化发展目标及配套管理制度，加强信息化在企业标准化管理中的带动作用。鼓励企业建立首席信息官（CIO）制度，按营业收入一定比例投入信息化建设，开辟投融资渠道，保证建设和运行的资金投入。注重引进BIM等信息技术专业人才，培育精通信息技术和业务的复合型人才，强化各类人员信息技术应用培训，提高全员信息化应用能力。大型企业要积极探索开发自有平台，瞄准国际前沿，加强信息化关键技术应用攻关，推动行业信息化发展。

3）强化信息化安全建设：各级城乡建设行政主管部门和广大企业要提高信息安全意识，建立健全信息安全保障体系，重视数据资产管理，积极开展信息系统安全等级保护工作，提高信息安全水平。

2 监理文件资料管理

2.1 监理文件资料定义

（1）监理文件资料：《建设工程文件归档规范》（GB/T 50328）、《建筑工程资料管理规程》（JGJ/T 185）对监理文件资料的表述为：工程监理单位在履行建设工程监理合同过程中形成或获取的，以一定形式记录、保存的文件资料。

（2）监理文件资料管理：监理文件资料的收集、填写、编制、审核、审批、整理、组卷、移交及归档工作的统称，简称监理文件资料管理。

2.2 监理文件资料一般规定

（1）项目监理机构应建立和完善信息管理制度，设专人管理监理文件资料。

（2）监理人员应如实记录监理工作，及时、准确、完整传递信息，按规定汇总整理、分类归档监理文件资料。

（3）监理单位应按规定编制和移交监理档案，并根据工程特点和有关规定，合理确定监理单位档案保存期限。

2.3 监理文件资料的主要内容与分类

（1）《监理规范》规定的监理文件资料应包括以下主要内容：

1）勘察设计文件、建设工程监理合同及其他合同文件；

2）监理规划、监理实施细则；

3）设计交底和图纸会审会议纪要；

4）施工组织设计、（专项）施工方案、施工进度计划报审文件资料；

5）分包单位资格报审文件资料；

6）施工控制测量成果报验文件资料；

7）总监任命书、工程开工令、暂停令、复工令，工程开工或复工报审文件资料；

8）工程材料、构配件、设备报验文件资料；

9）见证取样和平行检验文件资料；

10）工程质量检查报验资料及工程有关验收资料；

11）工程变更、费用索赔及工程延期文件资料；

12）工程计量、工程款支付文件资料；

13）监理通知单、工作联系单与监理报告；

14）第一次工地会议、监理例会、专题会议等会议纪要；

15）监理月报、监理日志、旁站记录；

16）工程质量或生产安全事故处理文件资料；

17）工程质量评估报告及竣工验收监理文件资料；

18）监理工作总结。

（2）常用监理文件资料的分类方法

各监理单位应根据国家及省市的规定和要求，结合监理单位自身情况对现场项目监理文件资料进行管理和分类，也可参考按以下 A、B、C、D、E、F、G、H……字母编号方法进行分类和存档。

1）A 类：质量控制

A-01　施工组织设计（方案）报审表

A-02　施工单位管理架构资质报审表

A-03　分包单位资格报审表

A-04　工作联系单

A-05　不合格项通知单

A-06　监理通知单/回复单

A-07　监理机构审查表

A-08　材料/构配件/设备报审表

A-09　模板安装工程报审表

A-10　模板拆除工程报审表

A-11　钢筋工程报审表

A-12　防水工程报审表

A-13　混凝土工程浇灌审批表

A-14　_____工程报验表

A-15　施工测量放线报验单

A-16　图纸会审记录

A-17　工程变更图纸

A-18　见证送检报告

A-19　监理规划

A-20　监理细则、方案

A-21　监理月报

A-22　监理例会纪要

A-23　专题会议纪要

A-24　监理日志

A-25　工程创优资料

A-26　工程质量保修资料

A-27　工程质量快报等

2）B 类：进度控制

B-01　工程开工/复工报审表

B-02　施工进度计划（调整）报审表

B-03　工程暂停令

B-04 工程开工/复工令

B-05 施工单位周报

B-06 施工单位月报等

3）C类：投资控制

C-01 工程款支付证书

C-02 施工签证单

C-03 费用索赔申请表

C-04 费用索赔审批表

C-05 乙供材料（设备）选用/变更审批表

C-06 工程变更费用报审表

C-07 新增综合单价表

C-08 预算审查意见

C-09 工程竣工结算审核意见书等

4）D类：安全管理

D-01 安全监理法规文件资料

D-02 三级安全教育

D-03 施工安全评分表

D-04 施工机械（特种设备）报验资料

D-05 安全技术交底

D-06 特种作业上岗证、平安卡

D-07 重大危险源辨析及巡查资料

D-08 安全监理内部会议、培训资料

D-09 安全监理巡查表

D-10 每周安全联合巡查

D-11 监理单位巡查评分表

D-12 安全监理资料用表：

D-12-01 监理单位安全监理责任制 GDAQ4101

D-12-02 监理单位安全管理制度 GDAQ4102

D-12-03 监理单位安全教育培训制度 GDAQ4103

D-12-04 安全监理规划/方案 GDAQ4201

D-12-05 安全监理实施细则 GDAQ4202

D-12-06 监理单位管理人员签名笔迹备查表 GDAQ4301

D-12-07 安全会议纪要 GDAQ4302

D-12-08 安全监理危险源控制表 GDAQ4303

D-12-09 安全监理工作联系单 GDAQ4304

D-12-10 安全监理日志 GDAQ4305

D-12-11 施工安全监理周报 GDAQ4306

D-12-12 建筑施工起重机械安装/拆卸旁站监理记录表 GDAQ4307

D-12-13 危险性较大的分部分项工程旁站监理记录表 GDAQ4308

D-12-14　安全隐患整改通知 GDAQ4309

D-12-15　安全隐患整改通知回复 GDAQ4310

D-12-16　暂时停止施工通知 GDAQ4311

D-12-17　复工申请表 GDAQ4312

D-12-18　安全监理重大情况报告 GDAQ4313

D-12-19　安全专项施工方案报审表 GDAQ21103

D-12-20　危险性较大分部分项工程专项施工方案专家论证审查表 GDAQ4314

D-12-21　安全防护、文明施工措施费用使用计划报审表 GDAQ4315

D-12-22　施工单位（总包/分包）安全管理体系报审表 GDAQ4316

D-12-23　施工安全防护用具、设备、器材报审表 GDAQ4317

D-12-24　建设工程施工安全评价书 GDAQ4318

D-13　危险性较大分部分项工程报验资料等

5）E 类：合同管理

E-01　合同管理台账

E-02　监理酬金申请表

E-03　工程临时延期申请表

E-04　工程临时延期审批表

E-05　工程最终延期审批表

E-06　工、料、机动态报表

E-07　合同争议处理意见书

E-08　工程竣工移交证书等

6）F 类：信息管理

F-01　工程建设法定程序文件清单

F-02　监理人员资历资料

F-03　监理工作程序、制度及常用表格

F-04　施工机械进场报审表

F-05　监理单位来往文函

F-06　监理单位监理信息化文件

F-07　收发文登记本

F-08　传阅文件表

F-09　旁站记录

F-10　监理日志

F-11　工程质量评估报告

F-12　监理工作总结

F-13　监理声像资料等

7）G 类：组织协调

G-01　建设单位来文、函件

G-02　设计单位来文、函件、施工图纸

G-03　施工单位来文、函件

G-04　其他单位文件

G-05　招标文件

G-06　投标文件

G-07　勘察报告

G-08　第三方工程检测报告

G-09　工程质量安全监督机构文件

G-10　建筑节能监理评估报告

8）H类：项目监理机构管理

H-1　总监任命通知书

H-2　项目监理机构印章使用授权书

H-3　项目监理机构设置通知书

H-4　项目监理机构监理人员调整通知书

H-5　项目监理机构监理人员执业资质证复印件

H-6　监理单位营业执照及资质证书复印件

H-7　监理办公设备、设施及检测试验仪器清单

H-8　项目监理机构考勤表

H-8　项目监理机构内部会议记录及监理工作交底资料

H-9　监理单位业务管理部门巡查、检查资料

H-10　监理单位发布实行的规章制度、规定、通知、要求等文件

2.4　监理文件资料常用表式

（1）《监理规范》中载明的 A（工程监理单位用表）、B（施工单位报审/验用表）、C（通用表）三类共 25 个监理基本表式。其中，A 类表是工程监理单位对外签发的监理文件或监理工作控制记录用表，共有 8 个表式；B 类表由施工单位填写后报工程监理单位或建设单位审批或验收用表，共有 14 个表式；C 类表是工程参建各方的通用表，共有 3 个表式。其《建设工程监理基本表式》如下：

1）附录 A：工程监理单位用表：

表 A.0.1　总监任命书

表 A.0.2　工程开工令

表 A.0.3　监理通知

表 A.0.4　监理报告

表 A.0.5　工程暂停令

表 A.0.6　旁站记录

表 A.0.7　工程复工令

表 A.0.8　工程款支付证书

2）附录 B：施工单位报审、报验用表：

表 B.0.1　施工组织设计、（专项）施工方案报审表

表 B.0.2　工程开工报审表

表 B.0.3　工程复工报审表

表 B.0.4　分包单位资格报审表

表 B.0.5　施工控制测量成果报验表

表 B.0.6　工程材料、构配件、设备报审表

表 B.0.7　_____报审、报验表

表 B.0.8　分部工程报验表

表 B.0.9　监理通知回复单

表 B.0.10　单位工程竣工验收报审表

表 B.0.11　工程款支付报审表

表 B.0.12　施工进度计划报审表

表 B.0.13　费用索赔报审表

表 B.0.14　工程临时/最终延期报审表

3）附录 C：通用表

表 C.0.1　工作联系单

表 C.0.2　工程变更单

表 C.0.3　索赔意向通知书

（2）《广东省建筑工程竣工验收技术资料统一用表》（2016 版）中所列的监理单位用表共有 24 个表式，不仅涵盖了新修订的《建设工程监理规范》25 个基本表式，也基本涵盖了建设工程施工实施阶段监理工作用表需要，符合广东省实际情况。其中第二章工程质量监理表格（B 类表）（供参考）目录如下：

1）法定代表人授权书

2）工程质量终身责任承诺书

3）总监理工程师任命书

4）项目监理机构印章使用授权书

5）项目监理机构驻场监理人员通知书

6）项目监理机构监理人员调整通知书

7）监理规划

8）（专业工程名称）监理实施细则

9）工程开工令

10）监理通知

11）工程质量问题报告

12）工程暂停令

13）旁站记录

14）平行检查记录

15）巡视（巡查）记录

16）巡视（巡查）巡查整改通知书

17）巡视（巡查）整改通知回复单

18）工程复工令

19）会议纪要

20）监理月报

21) 监理工作总结

22) 工程质量评估报告

23) 监理通知回复单

24) 监理工作联系单

（3）《广东省建筑工程竣工验收技术资料省统一用表》（2016 年版）中第九章单位工程竣工验收及备案文件（E 类表）（供参考）

1) 单位（子单位）工程竣工报告

2) 单位（子单位）工程质量控制资料核查记录

3) 单位（子单位）工程涉及安全、节能、环境保护和主要使用功能的分部工程检验资料核查及主要功能抽查记录

4) 单位（子单位）工程观感质量检查记录

5) 住宅工程质量分户验收汇总表

6) 已按合同约定支付工程款证明文件

7) 勘察文件质量检查报告

8) 设计文件质量检查报告

9) 单位工程质量评估报告

10) 建筑工程质量保修书

11) 单位（子单位）工程预验收质量问题整改报告核查表

12) 建设主管部门及工程质量监督机构责令整改报告核查表

13) 单位工程（子单位）质量竣工验收记录

14) 单位工程（子单位）竣工验收报告

15) 单位工程竣工验收法定文件核查表

16) 单位工程（子单位）竣工验收备案表

17) 市政基础设施的有关质量检测和功能性试验资料

18) 规划验收合格证

19) 消防验收合格意见书或备案文件

20) 环保验收认可文件或者准许使用文件

21) 住宅质量保证书

22) 住宅使用说明书

23) 法规、规章规定必须提供的其他文件

24) 单位工程竣工验收备案法定文件核查表

（4）《广东省建筑施工安全管理资料统一用表》（2011 年版）中所列的监理单位安全监理工作用表共有 23 个表式，其使用见第五章内容，此处不再赘述。

2.5 监理文件资料归档与移交

（1）《建设工程文件归档规范》（GB/T 50328）对监理文件资料归档范围和保管期限规定如下：

类别	归档文件	保存单位				
		建设单位	设计单位	施工单位	监理单位	城建档案馆
B1	监理管理文件					
1	监理规划	▲			▲	▲
2	监理实施细则	▲		△	▲	▲
3	监理月报	△			▲	
4	监理会议纪要	▲		△	▲	
5	监理工作日志				▲	
6	监理工作总结				▲	▲
7	工作联系单	▲		△	△	
8	监理工程师通知	▲		△	△	△
9	监理工程师通知回复单	▲		△	△	△
10	工程暂停令	▲		△	△	▲
11	工程复工报审表	▲		▲	▲	▲
B2	进度控制文件					
1	工程开工报审表	▲		▲	▲	▲
2	施工进度计划报审表	▲		△	△	
B3	质量控制文件					
1	质量事故报告及处理资料	▲		▲	▲	▲
2	旁站监理记录	△		△	▲	
3	见证取样和送检人员备案表	▲		▲	▲	
4	见证记录	▲		▲	▲	
5	工程技术文件报审表			△		
B4	造价控制文件					
1	工程款支付	▲		△	△	
2	工程款支付证书	▲		△	△	
3	工程变更费用报审表	▲		△	△	
4	费用索赔申请表	▲		△	△	
5	费用索赔审批表	▲		△	△	
B5	工期管理文件					
1	工期延期申请表	▲		▲	▲	▲
2	工期延期审批表	▲			▲	▲
B6	监理验收文件					
1	竣工移交证书	▲		▲	▲	▲
2	监理资料移交书	▲			▲	
	合计	24 (2)		21 (14)	26 (10)	12 (2)

注：表中符号"▲"表示必须归档保存；"△"表示选择性归档保存。

以上 26 种监理文件资料中有 24 种资料都要移交给建设单位存档（纸质和电子文件），监理单位要存档的有 26 种，城建档案馆存档的有 12 种（包括纸质和电子文件）。

（2）根据《监理规范》第七章监理文件资料管理的要求，项目监理机构应建立完善监理文件资料管理制度，设专人管理监理文件资料，应及时、准确、完整地收集、整理、编制、传递监理文件资料。应采用计算机技术进行监理文件资料管理，实现监理文件资料管理的科学化、程序化、规范化。及时整理、分类汇总监理文件资料，按规定组卷，形成监理档案。

（3）工程监理单位应根据工程特点和有关规定，保存监理档案，并向有关单位、部门移交需要存档的监理文件资料。

（4）建立健全文件、函件、图纸、技术资料的登记、处理、归档与借阅制度。文件发送与接收由现场监理机构（资料管理组）统一负责，并要求收文单位签收。存档文件由监理信息资料员负责管理，不得随意存放，凡需查阅，办理有关手续，用后还原。

（5）工程开工前总监应与建设单位、设计、施工单位，对资料的分类、格式（包括用纸尺寸）、份数以及移交达成一致意见。

（6）监理文件资料的送达时间以各单位负责人或指定签收人的签收时间为准。设计、施工单位对收到监理文件资料有异议，可于接到该资料的 7 日内，向项目监理机构提出要求确认或要求变更的申请。

（7）项目总监定期对监理文件资料管理工作进行检查，公司每半年也应组织一次对项目监理机构"一体化"管理体系执行情况的检查，对存在问题下发整改通知单，限期整改。

（8）"一体化"管理体系运行中产生的记录由内审组保存，并每年年底整理归档交投标人档案室保存。项目监理机构撤销前，应整理本项目有关监理文件资料，填报《工程文件档案移交清单》，交监理单位业务管理部归档。

（9）为保证监理文件资料的完整性和系统性，要求监理人员平常就要注意监理文件资料的收集、整理，移交和管理。监理人员离开工地时不得带走监理文件资料，也不得违背监理合同中关于保守工程秘密的规定。

（10）监理文件资料应在各阶段监理工作结束后及时整理归档，按《建设工程文件归档规范（GB/T 50328)》、《电子文件归档与管理规范》(GB/T 18894) 和《建设电子文件与电子档案管理规范（CJJ/T 117)》及当地建设工程质量监督机构、城市建设档案管理部门有关规定进行档案的编制及保存。档案资料应列明事件、题目、来源、概要、经办人、结果或其他情况，尽量做好内容和形式的统一。

（11）在工程完成并经过竣工验收后，项目监理机构应按监理合同规定，向建设单位移交监理文件资料。工程竣工存档资料应与建设单位取得共识，以使资料管理符合有关规定和要求.移交监理文件资料要登记造册、逐项清点、逐项签收，并在《监理文件资料移交清单》上完善经办人签名和移交、接收单位盖章手续。

（12）工程竣工验收合格后，项目监理机构应整理本项目相关的监理文件资料，对照当地城建档案管理部门有关规定，对遗失、破损的工程文件逐一登记说明，形成《监理文件资料移交清单》，交当地城建档案管理部门验收，取得《监理文件资料移交合格证明表》，连同工程竣工验收报告、备案验收证明等移交给监理单位资料室存档保存。

（13）《建筑工程施工技术资料编制指南（2012年版）》（广州市建设工程质量监督站主编）、《广州市建设工程档案编制指南（2009版）》（广州市城市建设档案馆主编）的相关规定（仅适用于广州地区的建设工程，其他地方应执行当地建设行政主管部门的专门规定）

1）归档的时间：

① 根据建设程序和工程特点，归档可以分阶段分期进行，也可以在单位或分部工程通过验收后进行。

② 勘察、设计单位应当在任务完成时，施工、监理单位应当在工程竣工验收前，将各自形成的有关工程档案向建设单位归档。

③ 勘察、设计、施工单位在收齐工程文件并整理立卷后，建设单位、监理单位应根据广州市城市建设档案馆（以下简称市城建档案馆）的要求对文件完整、准确、系统情况进行审查。审查合格后向建设单位移交。

2）归档的套数：工程档案不少于两套，一套由建设单位保管，一套（原件）移交市城建档案馆。勘察、设计、施工、监理等单位向建设单位移交档案时，应编制移交清单，双方签字、盖章后方可交接。凡设计、施工及监理单位需要向本单位归档的文件，应按国家有关规定单独立卷归档。

3）文字材料厚度不超过3厘米，图纸厚度不超过4厘米；印刷成册的工程文件保持原状。

4）案卷的排列：卷内文件必须按规定附录A《广州市建筑工程档案移交内容一览表》所附各类别的《卷内目录》表格内容的顺序排列，图纸按专业图纸目录顺序排列。

5）移交广州市城建档案馆相关表格如下：

建设工程监理文件资料交城市档案卷内目录

申请单位（盖章）：

卷　内　目　录
（建筑工程）　　　　　　卷号

工程名称：　　　　　　　　　　　　　　　　　　共　　页　第　　页

序号	文件编号	责任者	文 件 题 名	日期	页次	备注
			监理文件			
1			监理规划			
2			监理实施细则			
3			监理月报中的有关质量问题			
4			监理会议纪要中的有关质量问题			
5			工程开工/复工报审表			
6			工程开工/复工及暂停令			
7			不合格项目通知			
8			工程质量事故报告及处理意见			
9			工程竣工结算审核意见书			
10			工程延期报告及审批			
11			合同争议、违约报告及处理意见			
12			合同变更材料			
13			工程监理竣工总结			
14			工程质量评估报告			

广州市城市建设档案馆、广州地区建设工程质量安全监督站制　　　　　　　　　　监理文件1-1

附录 A　广州市建筑工程档案移交内容一览表

分　工			案卷内容（标题）		《卷内目录》表格编号
由建设单位汇总交市城建档案馆	由建设单位按项目立卷	工程准备阶段文件	立项文件、建设用地、征地、拆迁文件		准备文件 2-1～2-2
			勘察、测绘、设计文件		
			招投标、合同文件、开工审批文件		
	由监理单位按单位工程立卷		监理文件		监理文件 1-1
	由施工单位按分部工程立案	施工文件	验收记录 施工技术管理记录 产品质量证明文件 检验报告 施工记录 检测报告 工程安全和功能检验记录	建筑工程综合管理记录	建筑工程综 1-1
				地基与基础工程施工及验收记录	基础 11-1～11-11
				主体结构工程施工及验收记录	主体 11-1～11-11
				建筑装饰装修工程施工及验收记录	建筑装饰装修 5-1～5-5
				建筑屋面工程施工及验收记录	建筑屋面 2-1～2-2
				建筑设备安装工程施工及验收记录	安装工程综 1-1
				建筑给水、排水及采暖工程施工及验收记录	给排水及采暖 3-1～3-3
				建筑电气工程施工及验收记录	电气 3-1～3-5
				智能建筑工程施工及验收记录	智能 2-1～2-2
				通风与空调工程施工及验收记录	通风与空调 4-1～4-4
				电梯工程施工及验收记录	电梯 1-1
				建筑节能工程施工及验收记录	节能 4-1～4-4
				其他专业工程施工及验收记录	消防等独立专业施工参照相应分部的内容组卷
			一、综合竣工图　三、专业竣工图 二、室外专业竣工图　建筑竣工图 室外给水工程竣工图　结构竣工图 室外排水工程竣工图　钢结构竣工图 室外电力工程竣工图　幕墙工程竣工图 室外电讯工程竣工图　二次装修工程竣工图 室外燃气工程竣工图　给排水工程竣工图 室外道路工程竣工图　电气工程竣工图 室外绿化工程竣工图　消防工程竣工图 室外其他工程竣工图　智能工程竣工图 通风工程竣工图 空调工程竣工图 燃气工程竣工图 电梯工程竣工图 其他工程竣工图		
	由建设单位按单位工程立卷		竣工验收文件		验收文件 2-1～2-2
	由建设单位、施工单位立卷		声像档案（照片、录音、录像、光盘、磁盘）		按照有关声像档案编制规范组卷

广州市城市建设档案馆制

建设工程档案预验收申请表

申请单位（盖章）： 项目代号：

建设项目名称		建设工程规划许可证号	
单位工程名称		建设位置	
		建设规模	
施工单位意见			
监理单位意见			
建设单位意见			
档案数量	总计　卷，其中：　文字　卷，图纸　卷，磁盘　张，照片　张，录像　盒。		
联系人		电　话	
市城建档案馆验收意见			

经办人： 科长：

填报日期： 年 月 日

办理建设工程竣工验收备案需提交的资料

序号	材料名称	份数	材料形式	备注
1	建设工程竣工验收备案表	6	原件	该表在广州城市建设网"监理单位网上申报系统"进行网上申报后的打印件
2	建设工程施工许可证	1	复印件（核对原件）	
3	施工图设计文件审查意见	1	复印件（核对原件）	
4	建设工程竣工验收报告	1	原件	
5	工程施工质量验收申请表	1	原件	
6	工程质量评估报告	1	原件	
7	勘察文件质量检查报告	1	原件	
8	设计文件质量检查报告	1	原件	
9	单位（子单位）工程质量验收记录	1	原件	
10	市政基础设施的有关质量检测和功能性试验资料（例如：桥梁工程的动、静载试验报告；市政供水工程的水压试验验收报告）	1	复印件（核对原件）	依照标准、规范需要实施该项目工程内容的，提供
11	建设工程质量验收监督意见书	1	建设工程	
12	建设工程规划许可证及规划验收合格证	1	复印件（核对原件）	

序号	材料名称	份数	材料形式	备注
13	建设工程消防验收合格意见书或已进行建设工程竣工验收消防备案的证明	1	复印件（核对原件）	已进行建设工程竣工验收消防备案的证明可以是在广东公安消防网上进行查询的打印件（必须包含备案编号），并加盖建设单位印章
14	环境保护验收意见	1	复印件（核对原件）	
15	建设工程竣工验收档案认可书	1	复印件（核对原件）	
16	工程质量保修书	1	原件	
17	住宅质量保证书和住宅使用说明书	1	复印件（核对原件）	属于商品住宅工程的，提供
18	人防工程验收证明	1	复印件（核对原件）	有该项工程内容的，提供
19	单位工程施工安全评级书	1	复印件（核对原件）	
20	中标通知书（设计、监理、施工）	1	复印件（核对原件）	必须招标的工程，提供
21	建设施工合同	1	复印件（核对原件）	
22	燃气工程验收文件	1	复印件（核对原件）	有该项工程内容的，提供
23	电梯安装分部工程质量验收证书	1	原件	有该项工程内容的，提供
24	室内环境污染物检测报告	1	复印件（核对原件）	依照标准、规范需要实施该项目工程内容的，提供
25	工程款已按合同支付的证明（建设单位、施工单位双方法人签字并加盖公章）、工程款支付清单及相应发票	1	依照标准、规范需要实施该项目工程内容的，要提供	
26	预拌砂浆使用报告、预拌砂浆购销合同、有效发票、厂家的产品检测报告和出厂合格证书	1	使用报告为原件，其余为复印件（核对原件）	许可现场搅拌混凝土的工程、按照设计不使用砂浆的工程以及2008年9月10日前竣工验收的工程，可以不提交预拌砂浆购销合同、有效发票、厂家的产品检测报告和出厂合格证书。2008年9月10日后竣工验收的工程，未按规定使用预拌砂浆的，暂时可以提交预拌砂浆使用报告、市散装水泥办发出的责令改正决定书和建设单位、施工单位使用预拌砂浆保证书

该表摘自广州市建设工程质量监督站主编的《建筑工程施工技术资料编制指南（2012年版）》

第八章 沟 通 与 协 调

1 沟通与协调概述

1.1 沟通与协调的基本概念

(1) 建设工程项目管理的八大要素包括范围、时间、成本、质量、人力、风险、采购和沟通。工程项目管理离不开沟通，沟通是工程项目管理的本质，沟通渗透于工程项目管理的各个方面。

(2) 著名组织管理学家巴纳德认为"沟通是把一个组织中的成员联系在一起，以实现共同目标的手段"。

(3) 沟通是实现协调目的重要过程（沟通：原意是指开沟以使两水相通，后泛指使两方相连，也指疏通彼此的意见），沟通是指通过信息交流与传递，使人与人之间、组织与组织之间对工程建设目标达成共同认识。

(4) 协调是指在沟通的基础上，以一定的组织形式、手段和方法，对项目管理中产生的关系进行疏通，对产生的干扰和障碍予以排除的过程，使人或组织的关系与行为趋于和谐，从而实现工程建设目标的管理活动。

(5) 沟通与协调就是通过信息交流与传递，使人与人之间、组织与组织之间对工程建设目标达成共同认识，使人或组织的关系与行为趋于和谐，从而实现工程建设目标的管理活动。组织与协调的作用就是围绕实现项目的各项目标，以合同管理为基础，组织协调各参建单位、相邻单位、政府部门全力配合项目的实施，以形成高效的建设团队，共同努力去实现工程建设目标。

1.2 沟通与协调的作用

(1) 一个建设工程项目的建成，是多方建设主体参与者共同努力的结果。在整个建设过程中，由于参建各方承担任务、责任的不同，利益目标的不同，势必存在着单位间、人员间的矛盾，存在着各自为政的趋势，相互推诿的现象。建设工程又是一个开放的系统，需要主动从外部获取大量的能量、物质和信息，在取得的过程中，就可能存在着阻力和障碍。因此，有关各方都需要做大量的组织协调工作，以化解和消除建设过程中产生的各种不利因素。

(2) 通过有效的组织协调，使影响项目目标实现的各方主体化解矛盾，消除障碍，有机配合，使建设工程项目能够顺利实施和运行。在建设工程监理中，要保证项目的参与者各方围绕建设工程积极开展工作，使项目目标顺利实现，组织协调工作十分重要，也最为困难，是监理工作能否取得良好成效的关键。只有通过积极的组织协调才能实现整个系统全面协调控制的目的，达到预期目标。为此，必须十分重视组织协调管理，以发挥参建各方系统的整体功能。

（3）沟通与协调是最为重要的监理工作手段，并贯穿施工管理全范围、全过程，而且要面对目前不完善的建筑市场，有业主追求进度牺牲质量、有的施工单位追求效益偷工减料冒险作业、有的项目违规挂靠以包代管等施工管理现状，监理机构如何监督好施工单位令行禁止，又能得到业主和政府部门的认可，达到以少胜多、控制全局的管理效果，仅仅依靠监理人员的认真旁站、巡视检查、严格验收等是远远不够的，解决这一问题的关键在于沟通与协调的能力及效果。

（4）沟通与协调是一种主动控制手段，特别是监理机构通过与施工单位管理人员进行良好的沟通，树立施工单位管理人员正确的项目管理理念，从而达到通过协调施工单位管理者的行为实现对施工安全、质量、进度和造价控制的目的。普林斯大学人事档案调查结果：一个人的智慧、技术和经验仅占其成功的 25%，而良好的沟通占成功的 75%；哈佛大学调查统计结果显示：解聘员工 82% 是因为沟通不良；美国钢铁大王卡耐基说过成功 70% 的因素是沟通，沟通技巧决定你的成就大小。因此，监理人员不仅要有扎实的专业技术人员水平，更要具备良好的沟通与协调能力。

1.3 沟通与协调的现状及问题

（1）沟通与协调是监理行业乃至监理人员的软肋，大部分监理人员是工程类专业，没有经过沟通与协调的专业培训及技能学习（沟通与协调涉及管理学、心理学、行为科学），监理人员的沟通与协调多数依靠自身的经验及综合能力，但属于业余水平。

（2）监理机构通常侧重于专业技术问题的处理，而忽视了内部的沟通与协调，监理人员职责不清，自由发挥，配合脱节，不能形成合力，管理效率低下，甚至影响到参建单位的管理效率。

（3）监理机构对项目组织间的沟通与协调不策划、随意性大、盲目性突出，方法简单、目标不明确、效果不理想。没有认真思考如何通过沟通与协调得到业主和政府主管部门的认可和支持，如何通过沟通与协调让施工单位令行禁止提高执行力。监理在项目管理中的监督主导地位无法确立，监理成为项目管理的随从者、被动者，管理地位低下，执行力不够，管理价值不高，甚至失控。

1.4 沟通与协调的基本原则

（1）原则性：项目监理机构开展沟通与协调工作时应坚持原则，实事求是。坚持原则就是严格遵守和执行相关法律、法规、规范规程、设计和合同等规定，在这个原则指导下，才能正确地协调处理施工过程中出现的各种问题。

（2）灵活性：沟通与协调工作不仅是方法和技术问题，还是语言艺术、感情交流、坦诚沟通和用权适度等软管理手段的综合运用；同时，由于建设项目的复杂性，在协调质量、造价、进度、安全生产等目标之间的矛盾时，在某些特殊情况下，如果只强调原则性，可能缺乏可行性和操作性，导致项目无法推进，此时，通过对项目目标、现场条件、风险、可行性等因素进行综合评估，在兼顾项目目标的前提下，寻求合适的解决方案，推进项目顺利施工。

（3）公正性："守法、诚信、公正、科学"是监理工作的执业准则，监理机构作为独立开展监督与咨询服务工作的第三方，在协调参建各方的合法权益时，应站在客观公正的立场上，既不偏袒建设单位的权益，又不损害其他参建各方的正当权益。只有这样才能顺利开展组织协调工作，推动工程顺利进行。

（4）针对性：在协调过程中，针对工程存在的主要问题，分析产生的原因，抓住主要矛盾，采取行之有效的方法，对症下药，各个击破。如果不分主次，不抓重点，事无巨细，四处出击，反而事倍功半，协调效果并不明显。

（5）全员性：在协调过程中，信息资源是共享的，信息传递是通畅的，整个项目监理机构是协作配合、全员参与的。对某一方面的协调信息，全体监理人员都应该是知情的，这样才能随时把握工程进展动态，避免因信息不对称，做出错误决策，下发错误指令。

（6）统一性：质量、造价、进度、安全生产是对立统一的辩证关系，在沟通与协调过程中，不能片面强调某一方面的重要性而不兼顾其余，要用系统的观点和方法处理质量、造价、进度、安全生产之间的矛盾和冲突，使四者的利益能够统筹兼顾，使四者的工作能够协同开展。

2 沟通与协调的方法

项目监理机构沟通与协调方法按照形式可分为当面沟通与协调和书面沟通与协调，按照项目组织可分为内部沟通与协调和外部沟通与协调，按照环境可分为正式沟通与协调和非正式沟通与协调。

2.1 当面沟通与协调方法

（1）会议沟通与协调法：监理机构通过召开第一次工地会议、监理例会、专题会议等（详见第一章）对相关问题进行沟通与协调。会前要全面了解掌握施工现状及存在的问题做好充分的准备，会中要抓住重点和重要事项，对达成的共识要明确落实要求。

（2）约谈沟通与协调方法：不适宜通过会议协调的事项，也可采用交谈方法协调解决。交谈方式包括当面交谈和电话交谈两种，也包括监理人员下达口头指令。监理人员在交谈协调中要注意尊重对方，认真听取对方的意见，处理问题要实事求是，以理服人，不夸大也不隐瞒，更不能发出违法、违规的语言及口头指令等。由于交谈本身不具有合同效力，因此对交谈中确定的重要事项或争议问题根据需要采用适当的书面形式给予确认。

（3）访问沟通与协调方法：访问法主要用于外部协调中，有走访和邀访两种形式。走访是指监理人员对与工程施工有关的政府部门、公共事业机构、新闻媒介或工程毗邻单位等进行访问，向他们解释工程的情况，了解他们的意见。邀访是指监理人员邀请上述各单位（包括建设单位）代表到施工现场对工程进行指导性巡视，了解现场工作。因为在多数情况下，这些相关方并不了解工程，不清楚现场的实际情况，如果进行一些不恰当的干预，会对工程产生不利影响。这个时候，采用访问法是一个相当有效的协调方法。

（4）联谊沟通与协调方法：项目监理机构可邀请建设单位、施工单位、勘察设计单位、主管部门等相关单位代表参加监理单位举办的茶话会、总结表彰会、专题培训讲座、项目文体活动等联谊活动，使相关单位了解监理单位的企业文化和价值观，联络感情，增进友谊，为开展监理工作建立和谐的人脉关系。

2.2 书面沟通与协调方法

当采用会议或交谈协调不适宜时，就会用到书面协调的方法。书面协调方法的特点是具有合同效力。其具体包括以下形式：

（1）监理机构通过对施工单位申报的各类施工管理技术文件，如施工组织设计、专项施工方案、质量安全管理体系、验收文件、进度计划、进度款申请报告、工程签证、专题报告等进行审查、审核或验收，并签署审查意见返还施工单位执行；

（2）监理机构通过编制监理规划、监理细则和其他管理方案等并签发相关单位；

（3）监理机构与建设单位及其他参建单位通过函件、联系单进行的书面沟通；

（4）监理机构通过检查记录表、旁站记录表、监理报表、监理报告、监理日记等与相关单位进行书面沟通；

（5）监理机构通过下达监理书面指令及对监理指令的复查书面确认等与施工单位进行书面协调；

（6）通过工地会议形成的会议纪要与各方进行书面协调；

（7）对交谈沟通与协调过程中或监理下达的口头指令等根据需要进行书面确认的协调方式。

3 沟通与协调的内容及要求

施工阶段的沟通与协调不仅涉及建设单位、施工单位、监理单位、勘察设计单位、检测单位、监测单位、供应商、质量安全政府监督机构等项目内部参建单位的协调，也包括外部相关的政府部门、金融组织、社会团体、服务单位、新闻媒体以及周边建筑设施单位、群众等的协调。项目组织协调工作包括人际关系的协调、组织关系的协调、供求关系的协调、配合关系的协调、约束关系的协调等。

3.1 与建设单位的沟通与协调

正确理解建设单位对建设项目总目标和分目标的要求；正确把握建设单位对监理的授权范围和内容；在授权范围内大胆决策；在授权范围之外的不擅自越权，只建议不决策；重大问题及时向建设单位报告；在工作中尽量取得建设单位的支持和理解；对建设单位不合理决策尽量在监理和建设单位范围内进行沟通，利用适当时机、采取适当方式加以说明和解释，不主动激化矛盾，尽量达成共识，不能达成共识的原则性问题用书面方式说明原委，提醒建设单位，尽量避免发生误解，并保护自己，使建设工程顺利实施。处理好与建设单位各个职能部门的关系，加强沟通，尽量做到意见一致、对施工方的命令一致。

（1）加强与建设单位领导及驻场代表的联系，尊重建设单位合法合理的意见和要求；与建设单位建立和谐的工作关系，取得建设单位对监理工作的理解和支持；

（2）熟悉监理合同的内容，理解项目总目标，掌握建设单位的建设意图和对监理机构的工作要求；

（3）作为沟通与协调的枢纽，监理机构应主动与建设单位协商，其工作指令、设计变更、图纸等信息传递应通过监理机构传达、发放，保证施工过程中信息管理路径的唯一性，提升沟通与协调的效率；

（4）涉及建设单位与施工单位之间有关合同的变更，监理机构不要擅自决定，必须通过建设单位同意后再实施；

（5）坚持原则和立场，当建设单位不听取正确的监理意见，坚持不正当的行为时，项目总监应通过个别交谈、向上一层级领导汇报等方式解决，不应采取强硬和对抗的行为，可通过发出工作备忘录，记录备案，明确责任；

（6）与业主方建立定期和不定期的请示、汇报沟通机制，及时协调处理有关问题；

（7）向业主提交的报告、发文等均应经应通过项目总监审核批准并加盖项目部公章后才能发出，以保证传递信息的完整、统一。发文应有专门立档的签收记录表和有关人员签字；

（8）及时收集业主的反馈意见，对业主的投诉和不满应及时向主管领导和总经理汇报，并做出相应处理。

3.2　与勘察设计单位的沟通与协调

（1）监理机构就有关设计图纸问题与勘察设计文件单位的沟通应会同建设单位或通过建设单位进行；

（2）开工前组织设计单位进行设计交底和图纸会审，理解设计意图和技术难点，图纸上的错、漏、碰、缺等问题应在开工前解决；施工过程中应按图施工，若发现存在设计问题，监理机构应及时通过建设单位向设计单位反映，要求设计单位修改或优化图纸，以免造成更大的损失；

（3）在施工过程中邀请设计单位参加分部工程验收，并签署验收意见；工程竣工后，邀请设计单位参加竣工验收，并签署验收意见；

（4）针对施工过程中出现较大的技术、质量问题，邀请设计单位参加技术、质量专题会议。由项目总监主持会议，监理机构提供相关资料、图片，施工单位汇报施工情况及技术困难，提出施工方案，由设计人员审批或提出解决方案，监理机构整理技术论证专题会议纪要并组织参会人员和单位签字盖章；

（5）发生质量事故时，听取设计单位的处理意见或建议；

（6）当监理机构掌握比原设计更先进的新技术、新工艺、新材料、新结构、新设备时，要主动向建设单位建议，支持设计单位技术创新。

3.3　与施工单位的沟通与协调

监理工作是建设领域的一项高尚的工作，关系到各方利益，监理人员任何的不规范行为，不仅损害了自身形象，还会直接影响其是否公正公开地处理正常事务，严重者还会对国家利益造成重大危害。因此，监理人员恪守职业道德，保持廉洁奉公，规范执业，为人正直、秉公办事是与施工单位进行有效沟通与协调的基石。同时，与施工单位沟通与协调中要以人为本，注意方式方法，不能粗暴教条。

（1）项目监理机构与施工单位之间是监理与被监理关系，项目总监和项目经理之间，专业监理工程师、监理员与施工单位各级技术管理人员之间应互相尊重，互相支持，加强联系，保持正常的工作关系。

（2）监理单位与被监理单位是建设市场主体之间的平等关系，这在理论上是正确的、合理的，在实践中更是行之有效的。实践证明，与施工单位平等相待、相互尊重，能有助于消除某些施工方人员对监理的抵制情绪。

（3）态度明确，立场坚定：对于个别素质低下、唯利是图的施工人员或单位，尽管监理人员从各方面做到以诚相待、苦口婆心，甚至是仁至义尽，但仍我行我素、偷工减料、野蛮施工，这种情况，监理人员必须态度明确，立场坚定，措施有力，处理果断，必要时汇报政府有关部门，取得其有力支持。

（4）监理人员要规范执业，项目监理机构应坚持原则，实事求是，严格按照设计、规范和合同规定，正确处理施工过程中的质量、进度、造价、合同、安全、资料等问题；涉及施工单位的合法权益时，监理机构应站在客观公正的立场上，不损害施工单位的正当权益；监理人员不允许降低管理标准，同时不能随意提高管理标准。

（5）熟悉施工合同内容，掌握建设单位对施工单位的工作要求，领会合同相关条款精神，正确处理工程量签证、工期签证和施工索赔等事宜。

（6）建立监理工作制度与工作流程，要求施工单位的原材料进场报验、隐蔽工程验收、分部分项工程验收、竣工验收和施工组织总设计、专项施工（安全）方案报审等工作，严格按照监理工作制度与工作流程执行。

（7）作为沟通与协调的枢纽，要求施工单位的各种申请、报批等相关信息应通过监理机构上报建设单位，保证施工过程中信息管理路径的唯一性，提升沟通与协调的效率。

（8）在施工过程中，不符合设计要求或施工规范的质量问题，监理机构不予验收，并要求施工单位必须整改；若沟通与协调无效，施工单位拒不整改，监理机构可根据监理合同、监理规范、相关法律法规签发工程暂停令（《监理规范》表 A.0.5）或监理报告（《监理规范》表 A.0.4）。

3.4　与检测监测机构的沟通与协调

（1）与工程质量检测机构的沟通与协调：项目监理机构应上报见证员资料给工程质量检测机构备案，见证员在现场见证取样、封样、送样（全程监控）、交样，并及时拿取检测报告。对不合格材料或产品，见证员要督促承包商或供应商办理退场手续，退场时要拍照见证。

（2）与桩基检测机构的沟通与协调：项目监理机构根据桩基检测方案和检测报告，进行桩基质量事后控制，针对Ⅲ、Ⅳ类桩基质量问题，要求桩基承包商提出处理方案并由设计人员审核，建设单位批准，桩基承包商整改，项目监理机构旁站监理，桩基检测机构复检。

（3）与基坑监测机构的沟通与协调：项目监理机构根据基坑监测方案（基坑设计单位提供）和监测报告（基坑监测机构提供），动态观察基坑周边检测点的水平位移、沉降、裂缝、地下水位等变化情况，有异常变化立即与基坑监测机构取得联系，加密监测频率，并及时给建设单位提供监测报告并提出处理建议和意见，做到信息化施工。

3.5　与质量安全监督机构的沟通与协调

项目监理机构与工程质量安全监督机构之间是配合与监督的关系，项目监理机构应在项目总监的领导下认真学习并执行监督机构发布的对工程质量安全的监督文件；项目总监应与本工程的质量安全监督员加强联系，密切配合；项目监理机构应及时、如实地向监督机构反馈工程中存在的问题和隐患；项目监理机构应充分利用监督机构对施工单位的监督强制作用，完成工程的质量控制和安全生产管理工作。项目监理机构可通过以下方法与工程质量安全监督机构沟通与协调：

（1）质量、安全周（月）报：项目监理机构每周按时向工程质量安全监督站的管理系统上传电子版的项目质量、安全周（月）报，及时向主管部门汇报质量、安全生产管理工作。

（2）混凝土动态申报（广州地区特别规定）：现场浇筑完混凝土后五日内要及时登录工程质量安全监督机构的混凝土质量管理系统，进行动态申报，不能遗漏。

（3）监理报告（《监理规范》表A.0.4）：项目监理机构在实施监理过程中，发现工程存在安全事故隐患，发出监理通知单（《监理规范》表A.0.3）或工程暂停令（《监理规范》表A.0.5）后，施工单位拒不整改或者不停工时，应当采用监理报告（表A.0.4）向工程质量安全监督机构报告。紧急情况下，项目监理机构可先通过电话、信息或电子邮件方式向工程质量安全监督报告报告，事后以书面形式将监理报告（《监理规范》表A.0.4）送达工程质量安全监督机构，同时抄报建设单位和监理单位。

（4）工程存在安全事故隐患是指：基坑坍塌，模板、脚手架支撑倒塌，大型机械设备倾倒，严重影响和危及周边（房屋、道路）环境，易燃易爆恶性事故，人员伤亡等。监理报告（《监理规范》表A.0.4）应附相应监理通知单（《监理规范》表A.0.3）或工程暂停令（《监理规范》表A.0.5）等证明监理人员已履行安全生产管理职责的相关文件资料。

（5）专题讲座，宣贯行业政策、法规

（6）国家、行业或者地方建设主管部门颁布新政策、新法规后，监理单位宜邀请当地工程质量安全监督机构的领导到公司进行专题讲座，宣贯行业新政策、新法规。

（7）及时参加质量安全工作会议：项目监理机构接到辖区工程质量安全监督机构的会议通知后，项目总监及相关监理人员应积极主动参加会议并及时向参建各方传达落实会议内容。

（8）主动配合检查：当工程质量安全监督机构的领导或工作人员到工地检查工作时，项目监理人员要和建设单位、施工单位人员一起主动配合检查，介绍工程施工情况。对监督机构提出的质量安全问题实事求是地回答，不要隐瞒或争辩。

（9）及时督促施工单位回复质量安全监督机构下发的工程质量、安全隐患整改通知书对质量安全监督机构下发的工程质量、安全隐患整改通知书要签收，并及时通知、督促施工单位整改。问题整改完毕后，经检查合格，项目监理机构应及时对施工单位上报的工程质量、安全隐患整改回复单签署监理意见，并要求施工单位附相关整改资料或整改前后照片，上报质量安全监督机构。

3.6 与政府相关部门的沟通与协调

根据我国行业管理的规定、法规、法律，政府的各行业主管部门（如发改委、规委、土地局、园林局、交通局、供电局、电信局、建委、消防局、人防办、节水办、街道等），均会对项目的实施行使不同的审批权或管理权，如何能与政府的各行业主管部门进行充分、有效的组织协调，将直接影响项目建设各项目标的实现。根据以往与政府主管部门组织协调工作的经验，我认为，重点应注意以下几点：

（1）应充分了解、掌握政府各行业主管部门的法律、法规、规定的要求和相应办事程序，在沟通前应提前做好相应的准备工作（如：文件、资料和要回答的问题），做到"心中有数"。

（2）充分尊重政府行业主管部门的办事程序、要求，必要时先进行事先沟通，决不能"顶撞"和敷衍。

（3）发挥不同人员的相应业绩关系和特长，不同的政府主管部门由不同的专人负责协调，以保持稳定的沟通渠道和良好的协调效果。

3.7 项目监理机构内部的沟通与协调

（1）项目监理机构内部人际关系的协调：项目监理机构是由人组成的工作体系，工作效率很大程度上取决于人际关系的协调程度，项目总监应首先抓好人际关系的协调，激励项目监理机构成员。项目监理机构内部人际关系的协调可从以下几方面进行：

1）在人员安排上要量才录用；

2）在工作委任上要职责分明；

3）在成绩评价上要实事求是；

4）在矛盾调解上要恰到好处。

（2）项目监理机构内部组织关系的协调：项目监理机构是由若干部门（专业组）组成的工作体系，每个部门（专业组）都有自己的目标和任务。每个子系统（部门、专业组）都应从建设工程的整体利益出发，理解和履行自己的职责，使整个系统处于有序的良性状态。项目监理机构内部组织关系的协调可从以下几方面进行：

1）在目标分解的基础上设置组织机构；

2）明确规定每个部门（专业组）的职能划分、工作目标、职责和权限；

3）约定各个部门（专业组）在工作中的相互关系；

4）建立信息沟通制度；

5）及时消除工作中的矛盾或冲突。

（3）项目监理机构内部需求关系的协调：建设工程监理实施中有人员需求、试验设备需求、材料需求等，而资源是有限的，因此，内部需求平衡至关重要。项目监理机构内部需求关系的协调可从以下几方面进行：

1）对监理设备、材料的平衡；

2）对监理人员的平衡。

4　沟通与协调实例

【案例一】 项目监理机构与建设单位的沟通与协调实例

【背景资料】

某房地产项目分一区和二区两个标段，分别办理两个施工许可证。其中一区桩基较少且先施工完成，二区桩基较多后施工完成。2012 年 8 月，一区桩基的验收资料准备齐全，项目监理机构准备下午召开一区桩基分部工程验收会议，并通知了建设、施工（总包）、桩基（分包）、设计、勘察、质监等单位相关人员参加会议。在会议即将召开前，负责桩基施工的项目经理利用建设单位赶进度的心理，给建设单位工程部经理打电话说在一区桩基的验收会议上把二区的桩基也顺便验收，并说他们已经把二区桩基验收资料准备齐全。建设单位工程部经理由于不太了解桩基验收资料和现场桩基处理情况，觉得如果两区桩基一起验收还会加快总包的施工进度，就答应了。于是，建设单位工程部经理就通知现场项目监理机构，说下午召开的是一、二区的桩基验收会议，让项目总监主持下午的桩基验收会议。

实际上，一区的桩基验收资料齐全，现场桩基已经完成，且有问题的桩基也已经处理完毕，具备召开桩基分部工程验收会议的条件。而二区的桩基验收资料，尚未提供正式的低应变和钻芯检测报告，一桩一组的混凝土 28 天标养试件强度报告也未提供（因建设单位欠工程质量检测中心的费用）。另外，在现场尚存在个别桩位偏移超限、桩头钢筋的锚固长度不足等问题。以上问题不处理，二区桩基分部工程是不具备验收条件的。

【问题】

针对上述情况，项目监理机构如何与建设单位进行沟通与协调？

【分析】

根据背景资料可以看出，项目监理机构在与建设单位的沟通与协调过程中，应考虑以下内容：

（1）加强与建设单位领导及驻场代表的联系，尊重建设单位合法合理的意见和要求；与建设单位建立和谐的工作关系，取得建设单位对监理工作的理解和支持；

（2）熟悉监理合同的内容，理解项目总目标，掌握建设单位的建设意图和对监理机构的工作要求；

（3）作为沟通与协调的枢纽，监理机构应主动与建设单位协商，其工作指令、设计变更、图纸等信息传递应通过监理机构传达、发放，保证施工过程中信息管理路径的唯一性，提升沟通与协调的效率；

（4）坚持原则和立场，当建设单位不听取正确的监理意见，坚持不正当的行为时，项目总监应通过个别交谈或向上一层级领导汇报等方式解决，不应采取强硬和对抗的行为，可通过发出工作备忘录，记录备案，明确责任。

【解决方案】

结合本案，项目监理机构可采取交谈法和会议协调法，与建设单位解决协调问题。

（1）交谈法

项目总监得知此事之后，立即与建设单位工程部经理进行沟通，从桩基验收资料准备和现场桩基处理两个方面，汇报二区桩基的真实情况：一区的桩基验收资料齐全，现场桩基已经完成，且有问题的桩基也已经处理完毕，具备召开桩基分部工程验收会议的条件。而二区的桩基验收资料，尚未提供正式的低应变和钻芯检测报告，一桩一组的混凝土 28 天标养试件强度报告也未提供（因建设单位欠工程质量检测中心的费用）。另外，在现场尚存在个别桩位偏移超限、桩头钢筋的锚固长度不足等问题。以上问题不处理，二区桩基分部工程是不具备验收条件的，建议建设单位暂时不能验收二区桩基。

建设单位工程部经理听完项目总监介绍后，觉得合情合理，同意项目总监意见。在取得建设单位支持后，项目总监又与桩基项目经理沟通，解释二区桩基暂时不能验收的原因。在客观事实及项目监理机构与建设单位达成共识的前提下，桩基项目经理只能接受项目总监的建议。

（2）会议协调法

下午，项目总监顺利主持完成一区桩基分部工程验收会议，并在会议结尾要求桩基承包商，抓紧完善二区桩基验收资料，尽快处理现场存在问题的桩基，并上报完整的验收资料给项目监理机构预审，争取早日进行二区桩基分部工程验收。

这样处理，建设单位认为项目监理机构掌握现场情况，熟悉业务流程，工作认真负责。在尊重事实的基础上，项目总监动之以情，晓之以理，既没有损害桩基施工单位的利益，又给他们提出抓紧进行二区桩基验收的要求，客观上是在帮助他们尽快开展二区桩基验收工作，推动施工进度。一场桩基验收会议，既解决了一区桩基分部工程验收问题，又布置了二区桩基分部工程验收的工作，使建设单位和桩基施工单位都比较满意，可谓一箭双雕。

【总结】

由于房地产项目受开盘销售日期的限制，建设单位一般都比较关注工程进度，所以项目监理机构与建设单位的沟通与协调工作，最终都集中在进度问题上。质量、造价、进度、是既统一又对立的辩证关系，不能为了盲目赶进度牺牲质量，如果存在质量隐患，反而是欲速则不达。当遇到进度与质量矛盾的情况时，由于建设单位的领导不太了解现场质量细节，所以常常采用情况介绍法先与领导进行个别沟通，当与建设单位领导达成共识时，再在会议上向建设单位和施工单位宣布项目监理机构的决定。

既讲究沟通与协调的艺术，又要坚持原则和立场，当建设单位不听取正确的监理意见，坚持不正当的行为时，项目总监应通过个别交谈或向上一层级领导汇报等方式解决，不应采取强硬和对抗的行为，可采用书面协调法，通过发出工作备忘录，记录备案，明确双方责任。

【案例二】项目监理机构与施工单位的沟通与协调实例

【背景资料】

某房地产项目正在浇筑四层柱和五层梁板混凝土，监理员在旁站中发现承包商误将梁板混凝土（强度等级为 C30）浇到柱模里（柱混凝土强度等级为 C35），专业监理工程师和监理员立即上前责令混凝土班组停止浇筑，但混凝土班组不听劝告，继续施工。专业监理工程师马上联系项目经理，责令停止浇筑。停止浇筑时，该柱混凝土已浇筑半柱高。此时，项目经理和专业监理工程师协商改浇 C35 混凝土，并请求专监不要把此事向建设单位工程部经理汇报。专业监理工程师看到承包商已经改换 C35 混凝土，觉得项目经理的态度也很诚恳，就默认继续施工。建设单位工程部两位实习生听说此事后，立即向工程部经理汇报，大致内容是四层柱混凝土浇错了，监理人员和施工单位隐瞒不报，想"私了"。工程部经理闻讯立即通知项目总监召开专题会议处理此事。

【问题】

针对上述情况，项目监理机构如何与施工单位进行沟通与协调？

【分析】

根据背景资料可以看出，项目监理机构在与施工单位的沟通与协调过程中，应考虑以下内容：

(1) 项目监理机构应坚持原则，实事求是，严格按照设计、规范和合同规定，正确处理施工过程中的质量、造价、进度、合同、安全生产、文件资料等问题；

(2) 作为沟通与协调的枢纽，要求施工单位的各种申请、报批等相关信息应通过监理机构上报建设单位，保证施工过程中信息管理路径的唯一性，提升沟通与协调的效率；

(3) 在施工过程中，不符合设计要求或施工规范的质量问题，项目监理机构不予验收，并要求施工单位必须整改；若沟通与协调无效，施工单位拒不整改，项目监理机构可根据监理合同、监理规范、相关法律法规签发监理通知单（《监理规范》表 A.0.3）、工程暂停令（《监理规范》表 A.0.5）或监理报告（《监理规范》表 A.0.4）。

【解决方案】

就本案而言，可采用会议协调法和书面协调法与施工单位解决协调问题。

(1) 会议协调法

项目总监立即召集建设单位、监理人员和施工单位召开专题会议，在专题会议上，项目总监肯定现场监理人员能够发现问题，并责令承包商停止浇筑柱混凝土，但是有两个地方做的不妥，日后需要改进。

首先，发现质量问题后，要第一时间向项目总监和建设单位代表（包括建设单位的工程师或工程部经理）汇报，简要说明事由和目前状况，要让建设单位有知情权。否则，会导致监理工作更加被动。

其次，停止施工单位浇筑混凝土后，能否改浇 C35 混凝土或者采取其他办法，这是一个质量事故的处理方案问题，不能由施工单位擅自决定。此时现场监理人员的正确做法是先暂停浇筑混凝土，请求项目总监如何处理，等待项目总监和建设单位工程部经理沟通后的处理决定。

最后，针对当前的状况，项目总监向建设单位详细阐述对这根"问题柱"的处理意见，要求施工单位提交处理方案，由设计单位审核。该处理方案得到建设单位的认可。

(2) 书面协调法

根据会议协调内容，项目监理机构要求施工单位提交书面处理方案，如下：处理方案内容如下：

1) 考虑工期及成本，暂定不拆除该柱，在该柱木模板四周包裹塑料薄膜一道洒水养护 28d，确保柱混凝土强度的正常发育和增长。

2) 柱养护到 28d 后，用回弹仪对该柱上、中、下部位进行回弹检测，观察柱实体回弹强度是否达到设计强度等级 C35。同时，进行步骤 3。

3）设置 C30 混凝土同条件养护试件 3 组，养护到 28d，送到当地检测中心进行试验，根据试验结果，判断该柱实体混凝土强度是否达到设计强度等级 C35。（此步骤基于：混凝土施工配比强度＝混凝土设计强度＋1.645 标准差）

4）若步骤 2 和步骤 3 的检测结果均能达到该柱混凝土设计强度等级 C35，则可判定通过挖掘材料潜力，柱混凝土强度等级满足要求。

5）若步骤 2 和步骤 3 的检测结果不能同时满足该柱混凝土设计强度等级 C35，则必须采取步骤 6 进行检测。

6）钻孔抽芯。在该柱上、中、下部分，分别进行钻孔抽芯检测，根据检测结果进行判断。若检测结果达到柱混凝土设计强度等级 C35，则可判定柱混凝土强度等级满足要求。否则，采取步骤 7 进行验算。

7）设计挖潜。由结构设计人员按照混凝土实际强度对该柱进行强度储备验算，若设计强度储备满足要求，则可判定柱承载力满足设计要求，该柱可以使用。否则，采取加固。

8）加固。通过计算，用环氧树脂在柱四周粘贴角钢和钢板进行加固。

【总结】

（1）在这次质量事故的处理过程中，项目总监及时召开技术专题会议，能够熟练把握事故处理流程和方法，向建设单位提出合理的处理建议，并要求施工单位提交处理方案，由设计单位审核，妥善处理质量事故。按照该处理方案，后来实施证明，既未影响工期，又未增大处理成本，得到建设单位和施工单位认可。

（2）对质量事故的处理，通常采取会议协调法和书面协调法。

（3）工地上发生质量问题后，监理人员要第一时间向项目总监和建设单位汇报，要确保项目总监和建设单位代表的知情权。

【案例三】 项目监理机构与设计单位的沟通与协调实例

【背景资料】

监理员小 H 在某住宅楼工地巡视现场时发现四层、五层阳台挑板根部上表面出现裂缝，挑板出现下沉。监理员小 H 立即向项目总监汇报此事，项目总监得知此事后，立即组织施工人员、建设单位现场代表、专业监理工程师踏勘现场并采取紧急处理措施，防止事态进一步恶化。经现场考察调研发现，五层阳台挑板为上午刚刚浇完，尚未终凝，四层阳台挑板下部支撑全部拆除，并支撑着五层挑板脚手架，承受五层阳台挑板自重。四层阳台混凝土龄期仅四天，由于气温较低，混凝土强度增长较慢，达不到悬挑构件混凝土强度100％的拆模条件。但施工单位为了加快模板周转，未向监理机构上报拆模申请，擅自拆模，导致四层阳台挑板开裂下沉，五层阳台挑板跟随下沉。

通过研究图纸发现，该阳台板完全采用悬臂板结构，阳台板两侧未设挑梁，反而在阳台板外侧设置 600 高的封口梁，起装饰作用。

【问题】

针对上述情况，项目监理机构如何与设计单位进行沟通与协调？

【分析】

根据背景资料可以看出，项目监理机构与设计单位在沟通与协调过程中，应考虑以下内容：

（1）施工过程中若发现存在设计问题，监理机构应及时通过建设单位向设计单位反映，要求设计单位修改或优化图纸，以免造成更大的损失；

（2）针对施工过程中出现较大的技术、质量问题，邀请设计单位参加技术、质量专题会议，由项目总监主持会议，监理机构提供相关资料、图片；施工单位汇报施工情况及技术困难，提出施工方案，由设计人员审批或提出解决方案；监理机构整理技术论证专题会议纪要并组织参会人员和单位签字盖章；

（3）发生质量事故时，听取设计单位的处理意见或建议。

【解决方案】

针对上述协调内容，项目监理机构可采用情况介绍法和书面协调法与设计单位协调解决问题。项目总监当场责令施工单位立即凿除五层阳台挑板混凝土进行卸荷，同时回顶四层阳台挑板，防止阳台进一步下沉，同时，通知建设单位、施工单位和设计单位召开专题会议。

在专题会议上，设计单位 L 工程师根据凿除后的五层阳台挑板面筋位置认为设计本身不存在问题，主要原因是施工单位在浇筑阳台混凝土时把挑板面筋踩塌到中和轴以下部位，导致面筋不再受力，故而引发下沉。施工单位认为该阳台悬挑板设计不妥，应该考虑施工现场实际情况，建议在挑板两边各加一条挑梁，把原挑板改为单向板受力，而且本小区其他阳台也是按挑梁方案设计的。监理机构也倾向这种方案，但设计单位 L 工程师坚决不同意加挑梁方案，维持原设计方案不变，并在会议上要求监理单位加强旁站监理，确保面筋不被踩塌。在这种僵持局面下，项目总监采用情况介绍法和书面协调法解决问题。

（1）情况介绍法：项目总监耐心地陈述了本工程的施工特点，当前的施工管理水平和挑板设计存在的客观隐患：工期紧，施工进度快，大部分混凝土都赶在夜间浇筑；气温较低，混凝土强度增长慢；面筋踩塌是常见质量通病，可以通过设计手段避免，比如采用增加挑梁方案。

（2）书面协调法：经过建设、监理、施工三方多番论证，设计单位最终同意增加挑梁方案，并由设计单位出具书面设计变更。对已经施工的四层、五层阳台挑板凿掉混凝土，按照设计变更方案重新施工。

【总结】

监理员在巡视现场时发现的异常现象要在第一时间向项目总监汇报，不要滞留信息，影响项目总监决策。项目总监在收到质量问题的汇报后要第一时间组织施工单位踏勘现场，采取应急方案防止事态进一步恶化。组织施工单位进行原因分析，及时向建设单位汇报事由经过，并经建设单位通知设计单位参加由项目监理机构主持的质量专题会议。

尊重设计单位的意见，就本案而言，设计单位的意见本身没有错（因为原设计配筋满足要求），但是并没有综合考虑现场条件制约，算不上优秀的设计。项目总监通过针对现场具体情况的介绍，以理服人，最终说服设计单位同意设计优化，达到了设计变更的目的。

第九章 绿 色 施 工

1 绿 色 施 工 概 述

1.1 绿色施工基本概念

（1）绿色施工是指在保证质量、安全等基本要求的前提下，通过科学管理和技术进步，最大限度地节约资源，减少对环境负面影响，实现"四节一环保"（节能、节材、节水、节地和环境保护）的建筑工程施工活动。

（2）绿色施工管理就是在施工阶段，通过切实有效的管理体系和管理制度，严格按照建设工程规划、设计要求，采取有效的技术措施，全面贯彻落实国家关于资源节约和环境保护的政策，最大限度节约资源，减少能源消耗，降低施工活动对环境造成的不利影响，提高施工人员的职业健康安全水平，保护施工人员的安全与健康，实现可持续发展的施工技术。

（3）随着国家可持续发展战略的推广，建筑业的可持续发展也越来越受到社会各界的重视，绿色建筑、绿色施工就成为我国建筑业落实可持续发展战略的重要内容和手段之一。因此，绿色施工管理也必将成为我们监理行业重要的工作内容。当前承包商采用绿色施工技术或施工方法，经济效果并不明显。很多情况下，由于绿色施工被局限在封闭施工、减少噪声扰民、减少环境污染、清洁运输等目的，通常要求增加一定的设施或人员投入，或需要调整施工作业时间，如无声振捣，现代化隔离防护等绿色施工技术应用，这些都会带来成本的增加。而一些节水节电等绿色施工措施投入大于所获得的经济效益，因此，要真正实现绿色施工，任重道远。

1.2 绿色施工管理内容

开展绿色施工示范工程活动应遵循培育样板工程、强化过程控制、严格检查验收等原则进行。

绿色施工总体框架由施工管理、环境保护、节材与材料资源利用、节水与水资源利用、节能与能源利用、节地与施工用地保护六个方面组成。绿色施工除了文明施工、封闭施工、减少噪声扰民、减少环境污染、清洁运输等外，还包括减少场地干扰、尊重基地环境，结合气候施工，节约水、电、材料等资源或能源，环保健康的施工工艺，减少填埋废弃物的数量，以及实施科学管理、保证施工质量等。

施工阶段绿色施工应对施工策划、材料采购、现场施工、工程验收等各阶段进行控制，加强对整个施工过程的管理和监督，施工阶段绿色施工管理内容主要包括组织管理、规划管理、实施管理、评价管理和人员安全与健康管理五个方面：

（1）组织管理：建立绿色施工管理体系，并制定相应的管理制度与目标；项目经理为绿色施工第一责任人，负责绿色施工的组织实施及目标实现，并指定绿色施工管理人员和监督人员。

（2）规划管理：编制绿色施工方案。该方案应在施工组织设计中独立成章，并按有关规定进行审批。

（3）实施管理：施工过程实施动态管理，加强对施工策划、施工准备、材料采购、现场施工、工程验收等各阶段的管理和监督；结合工程项目的特点，有针对性地对绿色施工作相应的宣传，通过宣传营造绿色施工的氛围；定期对职工进行绿色施工知识培训，增强职工绿色施工意识。

（4）评价管理：对绿色施工的效果及采用的新技术、新设备、新材料与新工艺，进行自评估；成立专家评估小组，对绿色施工方案、实施过程至项目竣工，进行综合评估。

（5）人员安全与健康管理：制订施工防尘、防毒、防辐射等职业危害的措施，保障施工人员的长期职业健康；合理布置施工场地，保护生活及办公区不受施工活动的有害影响。施工现场建立卫生急救、保健防疫制度，在安全事故和疾病疫情出现时提供及时救助；提供卫生、健康的工作与生活环境，加强对施工人员的住宿、膳食、饮用水等生活与环境卫生等管理，明显改善施工人员的生活条件。

1.3 绿色施工管理职责

（1）建设单位应履行下列职责：

1）在编制工程概算和招标文件时，应明确绿色施工的要求，并提供包括场地、环境、工期、资金等方面的条件保障。

2）应向施工单位提供建设工程绿色施工的设计文件、产品要求等相关资料，保证资料的真实性和完整性。

3）应建立工程项目绿色施工的协调机制。

（2）设计单位应履行下列职责：

1）应按国家现行有关标准和建设单位的要求进行工程的绿色设计。

2）应协助、支持、配合施工单位做好建筑工程绿色施工的有关设计工作。

（3）监理单位应履行下列职责：

1）应对建筑工程绿色施工承担监理责任。

2）应审查绿色施工组织设计、绿色施工方案或绿色施工专项方案，并在实施过程中做好监督检查工作。

（4）施工单位应履行下列职责：

1）施工单位是建筑工程绿色施工的实施主体，应组织绿色施工的全面实施。

2）实行总承包管理的建设工程，总承包单位应对绿色施工负总责。

3）总承包单位应对专业承包单位的绿色施工实施进行管理，专业承包单位应对工程承包范围的绿色施工负责。

4）施工单位应建立以项目经理为第一责任人的绿色施工管理体系，制定绿色施工管理制度，负责绿色施工的组织实施，进行绿色施工教育培训，定期开展自检、联检和评价工作。

5) 绿色施工组织设计、绿色施工方案或绿色施工专项方案编制前，应进行绿色施工影响因素分析，并据此制定实施对策和绿色施工评价方案。

6) 应做好施工协同，加强施工管理，协商确定工期。

7) 施工现场应建立机械设备保养、限额领料、建筑垃圾再利用的台账和清单。工程材料和机械设备的存放、运输应制定保护措施。

8) 施工单位应强化技术管理，绿色施工过程技术资料应收集和归档。

9) 施工单位应根据绿色施工要求，对传统施工工艺进行改进。

10) 施工单位应建立不符合绿色施工要求的施工工艺、设备和材料的限制、淘汰等制度。

11) 应按现行国家标准《建筑工程绿色施工评价标准》GB/T50640 的规定对施工现场绿色施工实施情况进行评价，并根据绿色施工评价情况，采取改进措施。

12) 施工单位应按照国家法律、法规的有关要求，制定施工现场环境保护和人员安全等突发事件的应急预案。

1.4 绿色施工管理的主要法规依据

(1)《建筑工程绿色施工规范》(GB/T 50905)

(2)《绿色施工导则》(建设部建质［2007］223 号)

(3)《建筑工程绿色施工评价标准》(GB/T 50640)

(4)《工程施工废弃物再生利用技术规范》(GB/T 50743)

(5)《建筑施工场界环境噪声排放标准》(GB 12523)

(6)《污水排入城镇下水道水质标准》CJ 343

(7)《建筑施工场界环境噪声排放标准》(GB 12523)

(8)《污水综合排放标准》(GB 8978)

(9)《民用建筑工程室内环境污染控制规范》(GB 50325)

(10)《建筑施工现场环境与卫生标准》(JGJ 146)

(11)《建筑拆除工程安全技术规范》(JGJ 147)

(12)《混凝土结构工程施工质量验收规范》(GB 50204)

(13)《全国建筑业绿色施工示范工程管理办法（试行）》(中建协〔2010〕15 号)

(14)《全国建筑业绿色施工示范工程实施细则（试行）》(中建协绿〔2015〕12 号)

(15)《全国建筑业绿色施工示范工程申报与验收指南》(中建协 2012 年)

(16)《广东省建筑业绿色施工示范工程管理办法》（试行）的通知（粤建协〔2014〕56 号)

2 绿色施工检查评价

2.1 绿色施工检查评价的基本规定

(1) 绿色施工评价依据：《建筑工程绿色施工评价标准》(GB/T 50640)。

(2) 绿色施工评价应以建筑工程施工过程为对象进行评价。

（3）绿色施工项目应符合以下基本规定：

1）建立绿色施工管理体系和管理制度，实施目标管理。

2）根据绿色施工要求进行图纸会审和深化设计。

3）施工组织设计及施工方案应有专门的绿色施工章节，绿色施工目标明确，内容应涵盖"四节一环保"要求。

4）工程技术交底应包含绿色施工内容。

5）采用符合绿色施工要求的新材料、新工艺、新技术、新机具进行施工。

6）建立绿色施工培训制度，并有实施记录。

7）根据检查情况，制定持续改进措施。

8）采集和保存过程管理资料、见证资料和自检评价记录等绿色施工资料。

9）在评价过程中，应采集反映绿色施工水平的典型图片或影像资料。

（4）发生下列事故之一，不得评为绿色施工合格项目：

1）发生安全生产死亡责任事故。

2）发生重大质量事故，并造成严重影响。

3）发生群体传染病、食物中毒等责任事故。

4）施工中因"四节一环保"问题被政府管理部门处罚。

5）违反国家有关"四节一环保"的法律法规，造成严重社会影响。

6）施工扰民造成严重社会影响。

2.2 绿色施工评价框架体系

（1）评价阶段宜按地基与基础工程、结构工程、装饰装修与机电安装工程进行。

（2）建筑工程绿色施工应根据环境保护、节材与材料资源利用、节水与水资源利用、节能与能源利用和节地与土地资源保护五个要素进行评价。

（3）评价要素应由控制项、一般项、优选项三类评价指标组成。

（4）评价等级应分为不合格、合格和优良。

（5）绿色施工评价框架体系应由评价阶段、评价要素、评价指标、评价等级构成。

2.3 绿色施工评价方法

（1）绿色施工项目自评价次数每月不少于 1 次，且每阶段不应少于 1 次。

（2）评价方法：

1）控制项指标必须全部满足；评价方法应符合表 9-2-1 的规定；

控制项评价方法　　　　　　　　　　　　　　表 9-2-1

评分要求	结论	说明
措施到位，全部满足考评指标要求	符合要求	进入评分流程
措施不到位，不满足考评指标要求	不符合要求	一票否决，为非绿色施工项目

2）一般项指标应根据实际发生项执行的情况计分，评价方法符合表 9-2-2 的规定；

3）优选项指标应根据实际发生项执行情况加分，评价方法应符合表 9-2-3 的规定：

2 绿色施工检查评价

一般项计分标准   表 9-2-2

评分要求	评分
措施到位，满足考评指标要求	2
措施基本到位，部分满足考评指标要求	1
措施不到位，不满足考评指标要求	0

优选项加分标准   表 9-2-3

评分要求	评分
措施到位，满足考评指标要求	1
措施基本到位，部分满足考评指标要求	0.5
措施不到位，不满足考评指标要求	0

（3）要素评价得分应符合下列规定：

1）一般项得分按百分制折算，并按下式进行计算：

$$A = \frac{B}{C} \times 100$$

式中　A—折算分；B—实际发生项条目实得分之和；C—实际发生项条目应得分之和。

2）优选项计分应按照优选项实际发生条目加分求和 D；

3）要素评价得分：要素评价得分 F＝一般项折算分 A＋优选项加分 D。

（4）批次评价得分应符合下列规定：

1）批次评价应按表 9-2-4 的规定进行要素权重确定；

2）批次评价得分 $E = \Sigma$（要素评价得分 $F \times$ 权重系数）。

批次评价要素权重系数   表 9-2-4

评价要素	地基与基础、结构工程、装饰装修与机电安装
环境保护	0.3
节材与材料资源利用	0.2
节水与水资源利用	0.2
节能与能源利用	0.2
节地与施工用地保护	0.1

（5）阶段评价得分：

$$G = \frac{\Sigma 批次评价得分 E}{评价批次数}$$

（6）单位工程绿色评价得分应符合下列规定：

1）单位工程评价应按表 9-2-5 的规定进行要素权重确定；

2）单位工程评价得分 $W = \Sigma$ 阶段评价得分 $G \times$ 权重系数。

单位工程要素权重系数表   表 9-2-5

评价阶段	权重系数
地基与基础	0.3
结构工程	0.5
装饰装修与机电安装	0.2

（7）单位工程绿色施工等级应按下列规定进行判定：

1）有下列情况之一者为不合格：①控制项不满足要求；②单位工程总得分 $W < 60$ 分；③结构工程阶段得分 < 60 分。

2）满足以下条件者为合格：①控制箱全部满足要求；②单位工程总得分 60 分 $\leqslant W < 80$ 分，结构工程得分 $\geqslant 60$ 分；③至少每个评价要素各有一项优选项得分，优选项总分 $\geqslant 5$。

3）满足以下条件者为优良：①控制项全部满足要求；②单位工程总得分 $W \geqslant 80$ 分，结构工程得分 $\geqslant 80$ 分；③至少每个评价要素中有两项优选项得分。优选项总分 $\geqslant 10$。

2.4　评价组织和程序

（1）评价组织

1）单位工程绿色施工评价应由建设单位组织，项目施工单位和监理单位参加，评价结果应由建设、监理、施工单位三方签认。

2）单位工程施工阶段评价应由监理单位组织，项目建设单位和施工单位参加，评价结果应由建设、监理、施工单位三方签认。

3）单位工程施工批次评价应由施工单位组织，项目建设单位和监理单位参加，评价结果应由建设、监理、施工单位三方签认。

4）企业应进行绿色施工的随机检查，并对绿色施工目标的完成情况进行评估。

5）项目部会同建设和监理单位应根据绿色施工情况，制定改进措施，由项目部实施该进。

6）项目部应接受建设单位、政府主管部门及其委托单位的绿色施工检查。

（2）评价程序

1）单位工程绿色施工评价应在批次评价和阶段评价的基础上进行。

2）单位工程绿色施工评价应由施工单位书面申请，在工程竣工验收前进行评价。

3）单位工程绿色施工评价应检查相关技术和管理资料，并应听取施工单位《绿色施工总体情况报告》，综合确定绿色施工评价等级。

4）单位工程绿色施工评价结果应在有关部门备案。

（3）评价资料：绿色施工评价资料应按规定存档，所有评价表编号均应按时间顺序的流水号排列，单位工程绿色施工评价资料应包括：

1）绿色施工组织设计专门章节，施工方案的绿色要求、技术交底及实施记录。

2）绿色施工要素评价表应按《建筑工程绿色施工评价标准》（GB/T 50640）表 11.3.1-1 的格式进行填写。

3）绿色施工批次评价汇总表应按《建筑工程绿色施工评价标准》（GB/T 50640）表 11.3.1-2 的格式进行填写。

4）绿色施工阶段评价汇总表应按《建筑工程绿色施工评价标准》（GB/T 50640）表 11.3.1-3 的格式进行填写。

5）反映绿色施工要求的图纸会审记录。

6）单位工程绿色施工评价汇总表应按《建筑工程绿色施工评价标准》（GB/T 50640）表 11.3.1-4 的格式进行填写。

7) 单位工程绿色施工总体情况总结。

8) 单位工程绿色施工相关方验收及确认表。

9) 反映评价要素水平的图片或影响资料。

3 绿色施工监理要点

3.1 组织管理要求

（1）施工单位必须建立绿色施工管理体系，并制定相应的管理制度与目标。

（2）施工单位派驻现场的项目经理为绿色施工第一责任人，负责绿色施工的组织实施及目标实现，并指定绿色施工管理人员和监督人员。

3.2 施工规划管理要求

（1）施工单位必须编制单独的绿色施工方案，并按有关规定进行审批。

（2）监理应对绿色施工方案进行审查，其内容应包括：

1) 环境保护措施，制定环境管理计划及应急救援预案，采取有效措施，降低环境负荷，保护地下设施和文物等资源。

2) 节材措施，在保证工程安全与质量的前提下，制定节材措施。如进行施工方案的节材优化，建筑垃圾减量化，尽量利用可循环材料等。

3) 节水措施，根据工程所在地的水资源状况，制定节水措施。

4) 节能措施，进行施工节能策划，确定目标，制定节能措施。

5) 节地与施工用地保护措施，制定临时用地指标、施工总平面布置规划及临时用地节地措施等。

3.3 施工实施过程的管理要求

（1）施工单位必须按照绿色施工的要求对整个施工过程实施动态管理，加强对施工策划、施工准备、材料采购、现场施工、工程验收等各阶段的管理和监督。

（2）施工单位应结合工程项目的特点，有针对性地对绿色施工作相应的宣传，通过宣传营造绿色施工的氛围。

（3）施工单位必须定期对职工进行绿色施工知识培训，增强职工绿色施工意识。

（4）项目监理机构应严格按照绿色建筑设计内容、绿色施工方案编制绿色建筑监理细则和实施监理。

3.4 施工人员安全与健康管理的要求

（1）施工单位必须制定施工防尘、防毒等职业危害的措施，保障施工人员的长期职业健康。

（2）施工单位必须合理布置施工场地，保护生活及办公区不受施工活动的有害影响。施工现场建立卫生急救、保健防疫制度，在安全事故和疾病疫情出现时提供及时救助。

（3）施工单位必须提供卫生、健康的工作与生活环境，加强对施工人员的住宿、膳食、饮用水等生活与环境卫生等管理，明显改善施工人员的生活条件。

3.5 扬尘控制的要求

（1）运送土方、垃圾、设备及建筑材料时，必须做到不污损场外道路。对于运输容易散落、飞扬、流漏的物料的车辆，必须采取措施封闭严密，保证车辆清洁。施工现场出口应设置洗车槽。

（2）土方作业阶段，必须采取洒水、覆盖等措施，达到作业区目测扬尘高度小于1.5m，不扩散到场区外。

（3）施工阶段，作业区目测扬尘高度小于0.5m。对易产生扬尘的堆放材料应采取覆盖措施；对粉末状材料应封闭存放；场区内可能引起扬尘的材料及建筑垃圾搬运应有降尘措施，如覆盖、洒水等；浇筑混凝土前清理灰尘和垃圾时尽量使用吸尘器，避免使用吹风器等易产生扬尘的设备；机械剔凿作业时可用局部遮挡、掩盖、水淋等防护措施；清理高处建筑垃圾时，应搭设封闭性临时专用道或采用容器吊运。

（4）施工现场非作业区达到目测无扬尘的要求。对现场易飞扬物质采取有效措施，如洒水、地面硬化、围挡、密网覆盖、封闭等，防止扬尘产生。

（5）构筑物机械拆除前，做好扬尘控制计划。可采取清理积尘、拆除体洒水、设置隔挡等措施。

3.6 噪声与振动控制的要求

（1）现场噪声排放不得超过国家标准《建筑施工场界环境噪声排放标准》（GB 12523）的规定。

（2）在施工场界对噪声进行实时监测与控制。监测方法执行国家标准《建筑施工场界环境噪声排放标准》（GB 12523）。

（3）使用低噪声、低振动的机具，采取隔音与隔振措施，避免或减少施工噪声和振动。

3.7 光污染控制的要求

（1）施工单位必须尽量避免或减少施工过程中的光污染。夜间室外照明灯加设灯罩，透光方向集中在施工范围。

（2）电焊作业采取遮挡措施，避免电焊弧光外泄。

3.8 水污染控制的要求

（1）施工现场污水排放应达到国家标准《污水综合排放标准》（GB 8978）的要求。

（2）在施工现场应针对不同的污水，设置相应的处理设施，如沉淀池、隔油池、化粪池等。

（3）污水排放应委托有资质的单位进行废水水质检测，提供相应的污水检测报告。

（4）保护地下水环境。采用隔水性能好的边坡支护技术。

（5）对于化学品等有毒材料、油料的储存地，应有严格的隔水层设计，做好渗漏液收集和处理。

3.9　土壤保护的要求

（1）施工单位必须保护地表环境，防止土壤侵蚀、流失。因施工造成的裸土，及时种植速生草种，以减少土壤侵蚀；应采取设置地表排水系统、稳定斜坡、植被覆盖等措施，减少土壤流失。

（2）沉淀池、隔油池、化粪池等不发生堵塞、渗漏、溢出等现象。及时清掏各类池内沉淀物，并委托有资质的单位清运。

（3）对于有毒有害废弃物如电池、墨盒、油漆、涂料等应回收后交有资质的单位处理，不能作为建筑垃圾外运，避免污染土壤和地下水。

（4）施工后应恢复施工活动破坏的植被（一般指临时占地内）。与当地园林、环保部门或当地植物研究机构进行合作，在先前开发地区种植当地或其他合适的植物，以恢复剩余空地地貌或科学绿化，补救施工活动中人为破坏植被和地貌造成的土壤侵蚀。

3.10　建筑垃圾控制的要求

（1）施工单位必须制定建筑垃圾减量化计划，每万平方米的建筑垃圾不宜超过400吨。

（2）施工单位必须加强建筑垃圾的回收再利用，力争建筑垃圾的再利用和回收率达到30%，建筑物拆除产生的废弃物的再利用和回收率大于40%。对于碎石类、土石方类建筑垃圾，可采用地基填埋、铺路等方式提高再利用率，力争再利用率大于50%。

（3）施工现场生活区设置封闭式垃圾容器，施工场地生活垃圾实行袋装化，及时清运。对建筑垃圾进行分类，并收集到现场封闭式垃圾站，集中运出。

3.11　地下设施、文物和资源保护的要求

（1）施工前应调查清楚地下各种设施，做好保护计划，保证施工场地周边的各类管道、管线、建筑物、构筑物的安全运行。

（2）施工过程中一旦发现文物，立即停止施工，保护现场并通报文物部门并协助做好工作。

（3）避让、保护施工场区及周边的古树名木。

3.12　节材措施的要求

（1）图纸会审时，施工单位应关注节材与材料资源利用的相关内容，达到材料损耗率比定额损耗率降低30%。

（2）根据施工进度、库存情况等合理安排材料的采购、进场时间和批次，减少库存。

（3）现场材料堆放有序。储存环境适宜，措施得当。保管制度健全，责任落实。

（4）材料运输工具适宜，装卸方法得当，防止损坏和遗洒。根据现场平面布置情况就近卸载，避免和减少二次搬运。

（5）采取技术和管理措施提高模板、脚手架等的周转次数。

（6）优化安装工程的预留、预埋、管线路径等方案。

（7）应就地取材，施工现场500公里以内生产的建筑材料用量占建筑材料总重量的

70%以上。

3.13 结构材料的要求

（1）施工单位应使用预拌混凝土和商品砂浆。准确计算采购数量、供应频率、施工速度等，在施工过程中动态控制。

（2）施工单位应该优化钢筋配料和钢构件下料方案。钢筋及钢结构制作前应对下料单及样品进行复核，无误后方可批量下料。

3.14 围护材料的要求

（1）门窗、屋面、外墙等围护结构选用耐候性及耐久性良好的材料，施工确保密封性、防水性和保温隔热性。

（2）门窗采用密封性、保温隔热性能、隔声性能良好的型材和玻璃等材料。

（3）屋面材料、外墙材料具有良好的防水性能和保温隔热性能。

（4）当屋面或墙体等部位采用基层加设保温隔热系统的方式施工时，应选择高效节能、耐久性好的保温隔热材料，以减小保温隔热层的厚度及材料用量。

（5）屋面或墙体等部位的保温隔热系统采用专用的配套材料，以加强各层次之间的粘结或连接强度，确保系统的安全性和耐久性。

（6）根据建筑物的实际特点，优选屋面或外墙的保温隔热材料系统和施工方式，例如保温板粘贴、保温板干挂、聚氨酯硬泡喷涂、保温浆料涂抹等，以保证保温隔热效果，并减少材料浪费。

（7）加强保温隔热系统与围护结构的节点处理，尽量降低热桥效应。针对建筑物的不同部位保温隔热特点，选用不同的保温隔热材料及系统，以做到经济适用。

3.15 装饰装修材料的要求

（1）贴面类材料在施工前，应进行总体排版策划，减少非整块材的数量。

（2）采用非木质的新材料或人造板材代替木质板材。

（3）防水卷材、壁纸、油漆及各类涂料基层必须符合要求，避免起皮、脱落。各类油漆及粘结剂应随用随开启，不用时及时封闭。

（4）幕墙及各类预留预埋应与结构施工同步。

（5）木制品及木装饰用料、玻璃等各类板材等宜在工厂采购或定制。

（6）采用自粘类片材，减少现场液态粘结剂的使用量。

3.16 周转材料的要求

（1）应选用耐用、维护与拆卸方便的周转材料和机具。

（2）优先选用制作、安装、拆除一体化的专业队伍进行模板工程施工。

（3）模板应以节约自然资源为原则，推广使用定型钢模、钢框竹模、竹胶板。

（4）施工前应对模板工程的方案进行优化。多层、高层建筑使用可重复利用的模板体系，模板支撑宜采用工具式支撑。

（5）优化外脚手架方案。

(6) 推广采用外墙保温板替代混凝土施工模板的技术。

(7) 现场办公和生活用房采用周转式活动房。

3.17 提高用水效率的要求

(1) 施工中采用先进的节水施工工艺。

(2) 施工现场喷洒路面、绿化浇灌宜使用雨水和天然水源。现场搅拌用水、养护用水应采取有效的节水措施，严禁无措施浇水养护混凝土。

(3) 施工现场供水管网应根据用水量设计布置，管径合理、管路简捷，采取有效措施减少管网和用水器具的漏损。

(4) 现场机具、设备、车辆冲洗用水必须设立循环用水装置。施工现场办公区、生活区的生活用水采用节水系统和节水器具，提高节水器具配置比率。项目临时用水应使用节水型产品，安装计量装置，采取针对性的节水措施。

(5) 施工现场应建立可再利用水的收集处理系统，使水资源得到梯级循环利用。

(6) 施工现场分别对生活用水与工程用水确定用水定额指标，并分别计量管理。

(7) 本工程的不同单项工程、不同标段、不同分包生活区，凡具备条件的应分别计量用水量。在签订不同标段分包或劳务合同时，将节水定额指标纳入合同条款，进行计量考核。

(8) 对混凝土搅拌站点等用水集中的区域和工艺点进行专项计量考核。施工现场建立雨水、中水或可再利用水的搜集利用系统。

3.18 非传统水源利用的要求

(1) 优先采用中水搅拌、中水养护，有条件的地区和工程应收集雨水养护。

(2) 处于基坑降水阶段的工地，宜优先采用地下水作为混凝土搅拌用水、养护用水、冲洗用水和部分生活用水。

(3) 现场机具、设备、车辆冲洗、喷洒路面、绿化浇灌等用水，优先采用非传统水源，尽量不使用市政自来水。

(4) 施工现场应建立雨水收集利用系统，充分收集自然降水用于施工和生活中适宜的部位。

(5) 力争施工中非传统水源和循环水的再利用量大于30%。

3.19 用水安全的要求

在非传统水源和现场循环再利用水的使用过程中，应制定有效的水质检测与卫生保障措施，确保避免对人体健康、工程质量以及周围环境产生不良影响。

3.20 节能措施的要求

(1) 制订合理施工能耗指标，提高施工能源利用率。

(2) 优先使用国家、行业推荐的节能、高效、环保的施工设备和机具，如选用变频技术的节能施工设备等。

(3) 施工现场分别设定生产、生活、办公和施工设备的用电控制指标，定期进行计量、核算、对比分析，并有预防与纠正措施。

（4）在施工组织设计中，合理安排施工顺序、工作面，以减少作业区域的机具数量，相邻作业区充分利用共有的机具资源。安排施工工艺时，应优先考虑耗用电能的或其他能耗较少的施工工艺。避免设备额定功率远大于使用功率或超负荷使用设备的现象。

（5）根据当地气候和自然资源条件，充分利用太阳能、地热等可再生能源。

3.21 机械设备与机具的要求

（1）建立施工机械设备管理制度，开展用电、用油计量，完善设备档案，及时做好维修保养工作，使机械设备保持低耗、高效的状态。

（2）选择功率与负载相匹配的施工机械设备，避免大功率施工机械设备低负载长时间运行。机电安装可采用节电型机械设备，如逆变式电焊机和能耗低、效率高的手持电动工具等，以利节电。机械设备宜使用节能型油料添加剂，在可能的情况下，考虑回收利用，节约油量。

（3）合理安排工序，提高各种机械的使用率和满载率，降低各种设备的单位耗能。

3.22 生产、生活及办公临时设施的要求

（1）利用场地自然条件，合理设计生产、生活及办公临时设施的体形、朝向、间距和窗墙面积比，使其获得良好的日照、通风和采光。南方地区可根据需要在其外墙窗设遮阳设施。

（2）临时设施宜采用节能材料，墙体、屋面使用隔热性能好的材料，减少夏天空调、冬天取暖设备的使用时间及耗能量。

（3）合理配置采暖、空调、风扇数量，规定使用时间，实行分段分时使用，节约用电。

3.23 施工用电及照明的要求

（1）临时用电优先选用节能电线和节能灯具，临电线路合理设计、布置，临电设备宜采用自动控制装置。采用声控、光控等节能照明灯具。

（2）照明设计以满足最低照度为原则，照度不应超过最低照度的20%。

3.24 临时用地指标的要求

（1）根据施工规模及现场条件等因素合理确定临时设施，如临时加工厂、现场作业棚及材料堆场、办公生活设施等的占地指标。临时设施的占地面积应按用地指标所需的最低面积设计。

（2）要求平面布置合理、紧凑，在满足环境、职业健康与安全及文明施工要求的前提下尽可能减少废弃地和死角，临时设施占地面积有效利用率大于90%。

3.25 临时用地保护的要求

（1）应对深基坑施工方案进行优化，减少土方开挖和回填量，最大限度地减少对土地的扰动，保护周边自然生态环境。

（2）利用和保护施工用地范围内原有绿色植被。

3.26　施工总平面布置的要求

（1）施工总平面布置应做到科学、合理，充分利用原有建筑物、构筑物、道路、管线为施工服务。

（2）施工现场搅拌站、仓库、加工厂、作业棚、材料堆场等布置应尽量靠近已有交通线路或即将修建的正式或临时交通线路，缩短运输距离。

（3）临时办公和生活用房应采用经济、美观、占地面积小、对周边地貌环境影响较小，且适合于施工平面布置动态调整的多层轻钢活动板房等标准化装配式结构。生活区与生产区应分开布置，并设置标准的分隔设施。

（4）施工现场道路按照永久道路和临时道路相结合的原则布置（永临结合）。施工现场内形成环形通路，减少道路占用土地。

3.27　广东省绿色施工控制标准见表 9-3-1：

广东省绿色施工控制标准一览表

表 9-3-1

控制要素	状　态	控制目标值
目测扬尘高度	土方作业阶段	小于 1.5m
	结构施工安装 装饰装修阶段	小于 0.5m
裸露土处置	3个月内	采用密目网或彩布进行覆盖、压实、洒水等降尘措施
	3个月以上	采用临时绿化或者铺装
建筑垃圾		每万平方米不宜超过 400 吨
		再利用和回收率达到 30%
环境噪声排放	昼间	不应超过 70dB（A）
	夜间	不应超过 55dB（A）
拆除产生的废弃物		再利用和回收率大于 40%
有毒有害废弃物的分类		应达到 100%
当地建筑材料		占该类型建筑材料总费用的 80% 以上
临时围挡材料的可重复使用率		达到 70%
土石方类建筑垃圾		力争再利用率大于 50%
材料损耗率		比定额损耗率降低 30%
节水器具配置率		应达到 100%
夜间室外照明		夜间 22 时至次日 6 时应当停止使用强照光源
施工能耗		20kg/m²
施工用水量		1—2 立方/m²
混凝土损耗		3%
钢材损耗		2%～4.5%
木材损耗		0.005 立方/m²

控制要素	状 态	控制目标值
建筑垃圾		$30\sim40kg/m^2$
装修垃圾		$2t/户$
用电量		$11kWh/m^2$
施工"四新"技术和信息技术		建筑工业化和 PC 产业化施工及加强信息技术应用 BIM 技术、建筑业 10 项推广应用新技术

4 绿色施工示范工程申报

4.1 申报国家绿色施工示范工程

申报全国绿色施工示范工程须按照国家《建筑业绿色施工示范工程管理办法（试行）》（中建协〔2010〕15 号）和《全国建筑业绿色施工示范工程实施细则（试行）》（中建协绿〔2015〕12 号）要求办理：

（1）绿色施工示范工程的申报条件：

1）申报工程应是建设、设计、施工、监理等相关单位共同参与的建筑面积原则上 5 万平方米以上的房屋建筑工程（特殊情况下建筑面积不小于 3 万平方米，偏远地区可适当放宽）；市政、交通等其他工程项目合同额不低于 1.5 亿元人民币。

2）申报工程应是开工手续齐全，投资到位，绿色施工的实施能得到建设、设计、施工、监理等相关单位的支持与配合。

3）申报工程的绿色施工策划文件应齐全，申报手续应在工程中标或基础施工阶段完成。

4）申报工程的绿色施工目标应达到优良等级；并应列为省（部）级绿色施工示范工程。

5）申报工程应明确各种资源和环境保护的具体目标。

（2）绿色施工示范工程的申报程序：

1）绿色施工示范工程申报资料应由省市行业协会或国资委管理的建筑企业集中申报，受理单位为中国建筑业协会绿色施工分会。

2）申报资料应包括《全国建筑业绿色施工示范工程申报表》及《绿色施工策划文件》，并同时提交电子版和一份纸质资料。

3）申报时间为每年三季度。

4）每批示范工程数量一般不超过 300 项，各省市行业协会或国资委管理的建筑企业应在指标限额内申报。

（3）绿色施工示范工程申请过程检查的条件：

1）地基与基础工程施工 50％以后，主体结构施工 70％之前的工程。

2）绿色施工示范工程企业应向各省市行业协会或国资委管理的建筑企业提出过程检查申请，并填写《绿色施工示范工程检查成果量化统计表》。

3）过程检查应按《建筑工程绿色施工评价标准》（GB/T 50640）进行。

4）绿色施工示范工程过程检查应采用委托检查、绿色施工分会组织检查等两种方式进行。

5）绿色施工示范工程过程检查应达到《建筑工程绿色施工评价标准》规定的优良等级，并应对绿色施工技术创新与创效情况进行考核。

6）中国建筑业协会绿色施工分会应对采取委托检查的绿色施工示范工程，按总量20%～30%的比例进行抽查。抽查结果与申报检查情况差别较大时，应对相应组织单位综合情况进行评估，并对相应地区（单位）绿色施工示范工程重新组织检查。

7）绿色施工示范工程过程检查未能通过的项目，限期整改，经复检仍不通过者取消绿色施工示范工程。

4.2 申报广东省绿色施工示范工程

申报广东省绿色施工示范工程须按照《广东省建筑业绿色施工示范工程管理办法》（试行）的通知（粤建协〔2014〕56 号）要求办理。绿色施工示范工程（检查/验收）参考用表如下：

"基本规定"检查表

附表 1

序号/工程名称			工程所在地	
施工单位名称			检查专家/组长签字	
施工阶段			检查日期	
标准编号	基本内容		判定方法	结论
3.0.2	绿色施工项目应符合以下规定		措施到位，全部满足《基本内容》要求时，进入"四节一环保"的要素评价流程；否则，为非绿色施工项目	
1	建立绿色施工管理体系和管理制度，实施目标管理			
2	根据绿色施工要求进行图纸会审和深化设计			
3	施工组织设计即施工方案应有专门的绿色施工章节，绿色施工目标明确，内容应涵盖"四节一环保"要求			
4	工程技术交底应包含绿色施工内容			
5	采用符合绿色施工要求的新材料、新技术、新工艺、新机具进行施工			
6	建立绿色施工培训制度，并有实施记录			
7	根据检查情况，制定持续改进措施			
8	采集和保存过程管理资料，见证资料和自检评价记录等绿色施工资料			
9	在评价过程中，应采集反映绿色施工水平的典型图片或影像资料			
3.0.3	发生下列事故之一，不得评为绿色施工合格项目		"全部未发生"即没有发生任何一项事故，全部满足要求时，进入"四节一环保"的要素评价流程；否则，为非绿色施工项目	
1	发生安全生产死亡事故			
2	发生重大质量事故，并造成严重影响			
3	发生群体传染病、食物中毒等责任事故			
4	施工中因"四节一环保"问题被政府管理部门处罚			
5	违反国家有关"四节一环保"的法律法规，造成严重社会影响			
6	施工扰民造成严重社会影响			

注：符合"√"；不符合"×"；没有发生"未发生"。

环境保护要素评价表

附表 2-1

序号/工程名称		工程所在地	
施工单位名称		检查专家/组长签字	
施工阶段		检查日期	

		标准编号及要求	评价标准	结论	
控制项		5.1.1 现场施工标牌应包括环境保护内容	措施到位，全部满足要求，进入一般项和优选项评价流程；否则，为非绿色施工要素		
		5.1.2 施工现场应在醒目位置设环境保护标识			
		5.1.3 施工现场的文物古迹和古树名木应采取有效保护措施			
		5.1.4 现场食堂应有卫生许可证，炊事员应持有效健康证明			

		标准编号及要求	计分标准	应得分	实得分
一般项		**5.2.1 资源保护应符合下列规定**	每一条目得分据现场实际，在0～2分之间选择：①措施到位，满足考评指标要求。得分：2.0 ②措施基本到位，部分满足考评指标要求。得分：1.0 ③措施不到位，不满足考评指标要求。得分：0		
		1 应保护场地四周原有地下水形态，减少抽取地下水		2	
		2 危险品、化学品存放处及污物排放应采取隔离措施		2	
		5.2.2 人员健康应符合下列规定			
		1 施工作业区和生活办公区应分开布置，生活设施应远离有毒有害物质		2	
		2 生活区应有专人负责，应有消暑或保暖措施		2	
		3 现场工人劳动强度和工作时间应符合现行国家标准《工作场所物理因素测量 第10部分：体力劳动强度分级》GBZ/T 189.10 的有关规定		2	
		4 从事有毒、有害、有刺激性气味和强光、强噪声施工的人员应佩戴与其相应的防护器具		2	
		5 深井、密闭环境、防水和室内装修施工应有自然通风或临时通风设施		2	
		6 现场危险设备、地段、有毒物品存放地应配置醒目安全标志，施工应采取有效防毒、防污、防尘、防潮、通风等措施，应加强人员健康管理		2	
		7 厕所、卫生设施、排水沟及阴暗潮湿地带应定期消毒		2	
		8 食堂各类器具应清洁，个人卫生、操作行为应规范		2	
		5.2.3 扬尘控制应符合下列规定			
		1 现场应建立洒水清扫制度，配备洒水设备，并应有专人负责		2	
		2 对裸露地面、集中堆放的土方应采取抑尘措施		2	

	标准编号及要求	计分标准	应得分	实得分
	3 运送土方、渣土等易产生扬尘的车辆应采取封闭或遮盖措施		2	
	4 现场进出口应设冲洗池和吸湿垫，应保持进出现场车辆清洁		2	
	5 易飞扬和细颗粒建筑材料应封闭存放，余料应及时回收		2	
	6 易产生扬尘的施工作业应采取遮挡、抑尘等措施		2	
	7 拆除爆破作业应有降尘措施		2	
	8 高空垃圾清运应采用封闭式管道或垂直运输机械完成		2	
	9 现场使用散装水泥、预拌砂浆应有密闭防尘措施		2	
	5.2.4 废气排放控制应符合下列规定			
	1 进出场车辆及机械设备废气排放应符合国家年检要求		2	
	2 不应使用煤作为现场生活的燃料	每一条目得分据现场实际，在 0～2 分之间选择： ① 措施到位，满足考评指标要求。 得分：2.0 ② 措施基本到位，部分满足考评指标要求。 得分：1.0 ③ 措施不到位，不满足考评指标要求。 得分：0	2	
一般项	3 电焊烟气的排放应符合现行国家标准《大气污染物综合排放标准》GB 16297 的规定		2	
	4 不应在现场燃烧废弃物		2	
	5.2.5 建筑垃圾处置应符合下列规定			
	1 建筑垃圾应分类收集、集中堆放		2	
	2 废电池、废墨盒等有毒有害的废弃物应封闭回收，不应混放		2	
	3 有毒有害废物分类率应达到100%		2	
	4 垃圾桶应分为可回收利用与不可回收利用两类，应定期清运		2	
	5 建筑垃圾回收利用率应达到30%		2	
	6 碎石和土石方类等应用作地基和路基回填材料		2	
	5.2.6 污水排放应符合下列规定			
	1 现场道路和材料堆放场地周边应设排水沟		2	
	2 工程污水和试验室养护用水应经处理达标后排入市政污水管道		2	
	3 现场厕所应设置化粪池，化粪池应定期清理		2	
	4 工地厨房应设隔油池，应定期清理		2	
	5 雨水、污水应分流排放		2	
	5.2.7 光污染应符合下列规定			
	1 夜间焊接作业时，应采取挡光措施		2	
	2 工地设置大型照明灯具时，应有防止强光线外泄的措施		2	

续表

	标准编号及要求	计分标准	应得分	实得分
一般项	**5.2.8 噪声控制应符合下列规定**	每一条目得分据现场实际，在0~2分之间选择： ① 措施到位，满足考评指标要求。得分：2.0 ② 措施基本到位，部分满足考评指标要求。得分：1.0 ③ 措施不到位，不满足考评指标要求，得分：0		
	1 应采用先进机械、低噪声设备进行施工，机械、设备应定期保养维护		2	
	2 产生噪声较大的机械设备，应尽量远离施工现场办公区、生活区和周边住宅区		2	
	3 混凝土输送泵、电锯房等应设有吸音降噪屏或其他降噪措施		2	
	4 夜间施工噪声声强值应符合国家有关规定		2	
	5 吊装作业指挥应使用对讲机传达指令		2	
	5.2.9 施工现场应设置连续、密闭能有效隔绝各类污染的围挡		2	
	5.2.10 施工中，开挖土方应合理回填利用		2	
	标准编号及要求	计分标准	应得分	实得分
优选项	5.3.1 施工作业面应设置隔音设施	每一条目得分据现场实际，在0~1分之间选择： ① 措施到位，满足考评指标要求。得分：1.0 ② 措施基本到位，部分满足考评指标要求。得分：0.5 ③ 措施不到位，不满足考评指标要求。得分：0	1	
			1	
	5.3.2 现场应设置可移动环保厕所，并应定期清运、消毒		1	
			1	
	5.3.3 现场应设噪声监测点，并应实施动态监测		1	
	5.3.4 现场应有医务室，人员健康应急预案应完善		1	
	5.3.5 施工应采取基坑封闭降水措施		1	
	5.3.6 现场应采用喷雾设备降尘			
	5.3.7 建筑垃圾回收利用率应达到50%			
	5.3.8 工程污水应采取去泥沙、除油污、分解有机物、沉淀过滤、酸碱中和等处理方式，实现达标排放		1	
评价结果	一般项得分 $A=(B/C)\times100=$ 式中：A—折算分 B—实际发生项条目实得分之和 C—实际发生项条目应得分之和 优选项得分 $D=$ 式中：D—优选项实际发生条目加分之和 要素评价得分 $F=$ 式中：$F=$一般项得分 $A+$ 优选项得分			

节材与材料资源利用要素评价表

附表 2-2

序号/工程名称		工程所在地	
施工单位名称		检查专家/组长签字	
施工阶段		检查日期	

	标准编号及要求	评价标准	结论	
控制项	6.1.1 应根据就地取材的原则进行材料选择并有实施记录	措施到位，全部满足要求，进入一般项和优选项评价流程；否则，为非绿色施工要素		
	6.1.2 应有健全的机械保养、限额领料、建筑垃圾再生利用等制度			

	标准编号及要求	计分标准	应得分	实得分
一般项	**6.2.1 材料的选择应符合下列规定**	每一条目得分据现场实际，在0~2分之间选择： ④措施到位，满足考评指标要求。得分：2.0 ⑤措施基本到位，部分满足考评指标要求。得分：1.0 ⑥措施不到位，不满足考评指标要求。得分：0		
	1 施工应选用绿色、环保材料		2	
	2 临建设施应采用可拆迁、可回收材料		2	
	3 应利用粉煤灰、矿渣、外加剂等新材料降低混凝土和砂浆中的水泥用量；粉煤灰、矿渣、外加剂等新材料掺量应按供货单位推荐掺量、使用要求、施工条件、原材料等因素通过试验确定		2	
	6.2.2 材料节约应符合下列规定			
	1 应采用管件合一的脚手架和支撑体系		2	
	2 应采用工具式模板和新型模板材料，如铝合金、塑料、玻璃钢和其他可再生材质的大模板和钢框镶边模板		2	
	3 材料运输方法应科学，应降低运输损耗率		2	
	4 应优化线材下料方案		2	
	5 面材、块材镶贴，应做到预先总体排版		2	
	6 应因地制宜，采用新技术、新工艺、新设备、新材料		2	
	7 应提高模板、脚手架体系的周转率		2	
	6.2.3 资源再生利用应符合下列规定			
	1 建筑余料应合理使用		2	
	2 板材、块材等下脚料和撒落混凝土及砂浆应科学利用		2	
	3 临建设施应充分利用既有建筑物、市政设施和周边道路		2	
	4 现场办公用纸应分类摆放，纸张应两面使用，废纸应回收		2	

续表

	标准编号及要求	计分标准	应得分	实得分
优选项	6.3.1 应编制材料计划,应合理使用材料	每一条目得分据现场实际,在0～1分之间选择: ④ 措施到位,满足考评指标要求。得分:1.0 ⑤ 措施基本到位,部分满足考评指标要求。得分:0.5 ⑥ 措施不到位,不满足考评指标要求。得分:0	1	
	6.3.2 应采用建筑配件整体化或建筑构件装配化安装的施工方法		1	
	6.3.3 主体结构施工应选择自动提升、顶升模架或工作平台		1	
	6.3.4 建筑材料包装物回收率应达到100%		1	
	6.3.5 现场应使用预拌砂浆		1	
	6.3.6 水平承重模板应采用早拆支撑体系		1	
	6.3.7 现场临建设施、安全防护设施应定型化、工具化、标准化		1	
评价结果	一般项得分 $A=(B/C)\times100=$ 式中:A—折算分 　　　B—实际发生项条目实得分之和 　　　C—实际发生项条目应得分之和 优选项得分 $D=$ 式中:D—优选项实际发生条目加分之和 要素评价得分 $F=$ 式中:$F=$ 一般项得分 $A+$优选项得分 D			

节水与水资源利用要素评价表　　　　　　　　　　附表 2-3

序号/工程名称			工程所在地	
施工单位名称			检查专家/组长签字	
施工阶段			检查日期	

	标准编号及要求	评价标准	结论	
控制项	7.1.1 签订标段分包或劳务合同时,应将节水指标纳入合同条款	措施到位,全部满足要求,进入一般项和优选项评价流程;否则,为非绿色施工要素		
	7.1.2 应有计量考核记录			

	标准编号及要求	计分标准	应得分	实得分
一般项	**7.2.1 节约用水应符合下列规定**	每一条目得分据现场实际,在0～2分之间选择: ⑦ 措施到位,满足考评指标要求。得分:2.0 ⑧ 措施基本到位,部分满足考评指标要求。得分:1.0 ⑨ 措施不到位,不满足考评指标要求。得分:0		
	1 应根据工程特点,制定用水定额		2	
	2 施工现场供、排水系统应合理适用		2	
	3 施工现场办公区、生活区的生活用水应采用节水器具,节水器具配置率应达到100%		2	
	4 施工现场的生活用水与工程用水应分别计量		2	
	5 施工中应采用先进的节水施工工艺		2	
	6 混凝土养护和砂浆搅拌用水应合理,应有节水措施		2	
	7 管网和用水器具不应有渗漏		2	
	7.2.2 水资源的利用应符合下列规定			
	1 基坑降水应储存使用		2	
	2 冲洗现场机具、设备、车辆用水,应设立循环用水装置		2	

续表

	标准编号及要求		计分标准	应得分	实得分
优选项	7.3.1 施工现场应建立基坑降水再利用的收集处理系统		每一条目得分据现场实际，在0~1分之间选择： ⑦ 措施到位，满足考评指标要求。得分：1.0 ⑧ 措施基本到位，部分满足考评指标要求。得分：0.5 ⑨ 措施不到位，不满足考评指标要求。得分：0	1	
	7.3.2 施工现场应有雨水收集利用的设施			1	
	7.3.3 喷洒路面、绿化浇灌不应使用自来水			1	
	7.3.4 生活、生产污水应处理并使用			1	
	7.3.5 现场应使用经检验合格的非传统水源			1	
评价结果	一般项得分 $A＝（B/C）\times100＝$ 式中：A—折算分 B—实际发生项条目实得分之和 C—实际发生项条目应得分之和 优选项得分 $D＝$ 式中：D—优选项实际发生条目加分之和 要素评价得分 $F＝$ 式中：$F＝$一般项得分 $A＋$优选项分 D				

节能和能源利用要素评价表 附表2-4

序号/工程名称		工程所在地	
施工单位名称		检查专家/组长签字	
施工阶段		检查日期	

	标准编号及要求	评价标准	结论	
控制项	8.1.1 对施工现场的生产、生活、办公和主要耗能施工设备应设有节能的控制措施	措施到位，全部满足要求，进入一般项和优选项评价流程；否则，为非绿色施工要素		
	8.1.2 对主要耗能施工设备应定期进行耗能计量核算			
	8.1.3 国家、行业、地方政府明令淘汰的施工设备、机具和产品不应使用			

	标准编号及要求	计分标准	应得分	实得分
一般项	8.2.1 临时用电设施应符合下列规定	每一条目得分据现场实际，在0~2分之间选择： ⑩ 措施到位，满足考评指标要求。得分：2.0 ⑪ 措施基本到位，部分满足考评指标要求。得分：1.0 ⑫ 措施不到位，不满足考评指标要求。得分：0		
	1 应采用节能型设施		2	
	2 临时用电应设置合理，管理制度应齐全并应落实到位		2	
	3 现场照明设计应符合现行标准《施工现场临时用电安全技术规范》JGJ 46 的规定		2	
	8.2.2 机械设备应符合下列规定			
	1 应采用能源利用效率高的施工机械设备		2	
	2 施工机具资源应共享		2	
	3 应定期监控重点耗能设备的能源利用情况，并有记录		2	
	4 应建立设备技术档案，并应定期进行设备维护、保养		2	

续表

	标准编号及要求	计分标准	应得分	实得分
一般项	**8.2.3 临时设施应符合下列规定**	每一条目得分据现场实际,在0~2分之间选择: ⑩ 措施到位,满足考评指标要求。得分:2.0 ⑪ 措施基本到位,部分满足考评指标要求。得分:1.0 ⑫ 措施不到位,不满足考评指标要求。得分:0		
	1 施工临时设施应结合日照和风向等自然条件,合理采用自然采光、通风和外窗遮阳设施		2	
	2 临时施工用房应使用热工性能达标的复合墙体和屋面板,顶棚宜采用吊顶		2	
	8.2.4 材料运输与施工应符合下列规定			
	1 建筑材料的选用应缩短运输距离,减少能源消耗		2	
	2 应采用能耗少的施工工艺		2	
	3 应合理安排施工工序和施工进度		2	
	4 应尽量减少夜间作业和冬期施工的时间		2	
	标准编号及要求	计分标准	应得分	实得分
优选项	8.3.1 根据当地气候和自然资源条件,应合理利用太阳能或其他可再生能源	每一条目得分据现场实际,在0~1分之间选择: ⑩ 措施到位,满足考评指标要求。得分:1.0 ⑪ 措施基本到位,部分满足考评指标要求。得分:0.5 ⑫ 措施不到位,不满足考评指标要求。得分:0	1	
	8.3.2 临时用电设备应采用自动控制装置		1	
	8.3.3 使用的施工设备和机具应符合国家、行业有关节能、高效、环保的规定		1	
	8.3.4 办公、生活和施工现场,采用节能照明灯具的数量应大于80%		1	
	8.3.5 办公、生活和施工现场用电应分别计量		1	
评价结果	一般项得分 $A＝(B/C)×100＝$ 式中:A—折算分 　　　B—实际发生项条目实得分之和 　　　C—实际发生项条目应得分之和 优选项得分 $D＝$ 式中:D—优选项实际发生条目加分之和 要素评价得分 $F＝$ 式中:$F＝$一般项得分 A＋优选项得分 D			

节地与土地资源利用要素评价表

附表 2-5

<table>
<tr><td colspan="2">序号/工程名称</td><td></td><td>工程所在地</td><td colspan="2"></td></tr>
<tr><td colspan="2">施工单位名称</td><td></td><td>检查专家/组长签字</td><td colspan="2"></td></tr>
<tr><td colspan="2">施工阶段</td><td></td><td>检查日期</td><td colspan="2"></td></tr>
<tr><td rowspan="4">控制项</td><td colspan="2">标准编号及要求</td><td>评价标准</td><td colspan="2">结论</td></tr>
<tr><td colspan="2">9.1.1　施工场地布置应合理并应实施动态管理</td><td rowspan="3">措施到位，全部满足要求，进入一般项和优选项评价流程；否则，为非绿色施工要素</td><td colspan="2" rowspan="3"></td></tr>
<tr><td colspan="2">9.1.2　施工临时用地应有审批用地手续</td></tr>
<tr><td colspan="2">9.1.3　施工单位应充分了解施工现场及毗邻区域内人文景观保护要求、工程地质情况及基础设施管线分布情况，制定相应保护措施，并应报请相关方核准</td></tr>
<tr><td rowspan="12">一般项</td><td colspan="2">标准编号及要求</td><td>计分标准</td><td>应得分</td><td>实得分</td></tr>
<tr><td colspan="2">9.2.1　节约用地应符合下列规定</td><td rowspan="11">每一条目得分据现场实际，在0—2分之间选择：
⑬措施到位，满足考评指标要求。得分：2.0
⑭措施基本到位，部分满足考评指标要求。得分：1.0
⑮措施不到位，不满足考评指标要求。得分：0</td><td></td><td></td></tr>
<tr><td colspan="2">1　施工总平面布置应紧凑，并应尽量减少占地</td><td>2</td><td></td></tr>
<tr><td colspan="2">2　应在经批准的临时用地范围内组织施工</td><td>2</td><td></td></tr>
<tr><td colspan="2">3　应根据现场条件，合理设计场内交通道路</td><td>2</td><td></td></tr>
<tr><td colspan="2">4　施工现场临时道路布置应与原有及永久道路兼顾考虑，并应充分利用拟建道路为施工服务</td><td>2</td><td></td></tr>
<tr><td colspan="2">5　应采用商品混凝土</td><td>2</td><td></td></tr>
<tr><td colspan="2">9.2.2　保护用地应符合下列规定</td><td></td><td></td></tr>
<tr><td colspan="2">1　应采取防止水土流失的措施</td><td>2</td><td></td></tr>
<tr><td colspan="2">2　应充分利用山地、荒地作为取、弃土场的用地</td><td>2</td><td></td></tr>
<tr><td colspan="2">3　施工后应恢复植被</td><td>2</td><td></td></tr>
<tr><td colspan="2">4　应对深基坑施工方案进行优化，并应减少土方开挖和回填量，保护用地</td><td>2</td><td></td></tr>
<tr><td colspan="2">5　在生态脆弱的地区施工完成后，应进行地貌复原</td><td>2</td><td></td></tr>
<tr><td rowspan="6">优选项</td><td colspan="2">标准编号及要求</td><td>计分标准</td><td>应得分</td><td>实得分</td></tr>
<tr><td colspan="2">9.3.1　临时办公和生活用房应采用结构可靠的多层轻钢活动板房、钢骨架多层水泥活动板房等可重复使用的装配式结构</td><td rowspan="5">每一条目得分据现场实际，在0—1分之间选择：
⑬措施到位，满足考评指标要求。得分：1.0
⑭措施基本到位，部分满足考评指标要求。得分：0.5
⑮措施不到位，不满足考评指标要求。得分：0</td><td>1</td><td></td></tr>
<tr><td colspan="2">9.3.2　对施工中发现的地下文物资源，应进行有效保护，处理措施恰当</td><td>1</td><td></td></tr>
<tr><td colspan="2">9.3.3　地下水位控制应对相邻地表和建筑物无有害影响</td><td>1</td><td></td></tr>
<tr><td colspan="2">9.3.4　钢筋加工应配送化，构件制作应工厂化</td><td>1</td><td></td></tr>
<tr><td colspan="2">9.3.5　施工总平面布置应能充分利用和保护原有建筑物、构筑物、道路和管线等，职工宿舍应满足 $2m^2$/人的使用面积要求</td><td>1</td><td></td></tr>
<tr><td rowspan="6">评价结果</td><td colspan="5">一般项得分 $A=(B/C)×100=$
式中：A—折算分　B—实际发生项条目实得分之和　C—实际发生条目应得分之和
优选项得分 $D=$
式中：D—优选项实际发生条目加分之和
要素评价得分 $F=$
式中：$F=$一般项得分 A+优选项得分 D</td></tr>
</table>

绿色施工技术创新考核

序	评价指标	条文说明	类别	评分范围	得分
1.1	示范工程是否采用了有利于绿色施工开展的新技术，新工艺，新材料，新设备	为基础性评价，强调了两个方面： 一是是否采用了新技术、新工艺、新材料、新设备；二是采用的新技术、新工艺、新材料、新设备是否有利于绿色施工的开展	一般项	0—2	
1.2	示范工程是否采用了自主创新绿色施工技术及方法	为在1.1项要求的基础上考查示范工程是否有自主创新绿色施工技术及方法。本条着重强调创新内容	一般项	0—2	
1.3	示范工程的创新绿色技术及方法，是否能达到预期效果并具有推广应用的价值	为在1.2项要求的基础上考查示范工程创新的绿色技术及方法是否达到了预期效果，同时该创新点是否可以进行推广而不仅仅是针对该示范工程才有效。本条着重强调创新成效	一般项	0—2	
1.4	示范工程是否在主体施工阶段采用了工厂化生产的预制混凝土、钢筋等构配件	考查示范工程的工业化生产程度，尤其强调在主体施工阶段的预制混凝土、配送钢筋等构配件的工厂化生产。非主体施工阶段应用的工厂化预制构配件可根据实际情况酌情考虑	一般项	0—2	
1.5	示范工程是否完成了设计方案中有关节能环保的内容，并达到设计要求	为基础性评价，强调施工与设计的衔接。尤其是针对节能设计的内容，施工中应予以重视，进行施工方案的深化设计，完成效果达到设计中有关节能环保的要求	一般项	0—2	
1.6	示范工程是否也同时为绿色建筑并符合绿色建筑的相关要求	为对工程整体性的评价，是一个提倡性指标。绿色施工虽可以独立完成，但如从设计、施工、使用全过程按照绿色节能的要求进行，则绿色施工不是孤立的，而是存在于一个完整的体系之内的，更具有其运用的价值和意义	一般项	0—2	
得分＝一般项折算分＝（实际发生项条目实得分之和/实际发生项条目应得分之和）×100＝					

绿色施工成效考核

根据《全国建筑业绿色施工示范工程成果量化统计表》的统计情况进行评价

序	评价指标	条文说明	类别	评分范围	得分
2.1	示范工程的环境保护的完成情况与目标值相比，成效如何	根据《全国建筑业绿色施工示范工程成果量化统计表》的统计情况，对比目标值和实际完成值。探讨其对环境保护、节材、节水、节能、节地各项指标完成的突出之处和不足之处	一般项	0—2	
2.2	示范工程的节材与材料资源利用的完成情况与目标值相比，成效如何		一般项	0—2	
2.3	示范工程的节水与水资源利用的完成情况与目标值相比，成效如何		一般项	0—2	
2.4	示范工程的节能与能源利用的完成情况与目标值相比，成效如何		一般项	0—2	
2.5	示范工程的节地与土地资源利用的完成情况与目标值相比，成效如何		一般项	0—2	
2.6	示范工程的绿色施工的经济效益的完成情况与目标值相比，成效如何	经济效益的核算分为两个方面：一是实施绿色施工的增加的成本，包括一次性损耗成本（如管理成本、检测成本等，需全部计入成本）和多次使用成本（如各种节能设备等，需按折旧部分计入成本）；二是实施绿色施工的节约成本，按照环境保护、节材、节水、节能、节地各项节约值综合计算	一般项	0—2	
2.7	示范工程的绿色施工的社会效益的成效如何	社会效益重点考虑：绿色施工的宣传情况及反响；项目部一线工人对绿色施工的认同情况；周边居民和住户对绿色施工的反响；（总）公司对项目绿色施工的支持情况等	一般项	0—2	
2.8	示范工程填写的《全国建筑业绿色施工示范工程成果量化统计表》是否真实可信，并为今后行业相关标准的建立具有重要参考价值	为可信度考查。需经由现场查看各项台账和器械记录进行综合评判	一般项	0—2	
得分＝一般项折算分＝（实际发生项条目实得分之和/实际发生项条目应得分之和）×100＝					

第十章　设备采购与监造

1　设备采购与监造工作计划编写

1.1　工作计划的编制依据

（1）工程建设项目有关的法律、法规；

（2）设备工程有关的标准、规范、规程；

（3）工程项目建设总进度计划；

（4）工程建设项目相关的合同文件；

（5）项目的施工图设计文件及相关设备设计文件及技术要求。

1.2　工作计划的编制内容

工作计划应明确项目监理机构的目标，确定具体的监理工作制度、内容、程序、方法和措施，并具有指导性和针对性。且内容应包括：

（1）项目及设备概况；

（2）监理工作范围、内容、工作目标；

（3）监理工作依据；

（4）设备采购与设备监造的工作程序；

（5）人员配备及进场计划、监理人员岗位职责；

（6）建立项目监理机构的质量管理体系；

（7）设备采购与设备监造的方法和手段；

（8）设备采购与设备监造的进度安排。

2　设备采购招标的组织

设备制造单位是关系产品质量最关键的因素，所有设计要求都要通过设备制造单位来实现。对设备制造单位进行优选，能够有效地保证产品质量和降低监造成本，因此必须对购优选设备制造单位高度重视。

2.1　设备采购的监理工作要求

（1）设备采购前期准备的服务：项目监理机构按工程设计文件对设备采购管理进行策划。依据监理规范要求，应协助建设单位编制设备采购方案，报建设单位审批并实施。项目监理机构应熟悉和掌握设计文件及拟采购的设备的各项技术要求、技术说明和有关标准，并应制订相应的采购监理管理制度、工作程序及相关的表格、详细的材料设备采购计划，明确材料设备采购产品的名称、类别、型号、规格、等级、数量。

（2）设备采购过程的服务：应编制合格供应商名单，建立设备制造单位档案，进行产品价格比较，为建设单位提供综合评价意见，协助建设单位选择设备制造单位。当采用招标方式时，项目监理机构应协助建设单位按照有关规定组织设备采购招标。当采用其他招标方式进行设备采购时，项目监理机构应协助建设单位进行询价，协助建设单位组建相关的技术、商务小组，参与比价、议价与设备制造单位谈判，编制谈判要点文件，提供相关的技术参数和资料，确定采购购入条件与支付条件。

（3）合同管理的服务：项目监理机构应协助建设单位进行设备采购合同谈判、签订设备采购合同。督促合同履行情况，发生异常情况及时向业主反映，并提出处理意见和建议供建设单位选择。项目监理机构应协助建设单位处理因账目或其他问题引起争议、分歧与索赔，提供相关的资料和数据；若需仲裁，协助建设单位为任何法律行动制备支持文件。

（4）进度管理的服务：项目监理机构应督促材料设备采购工作按计划实施。

（5）设备采购验收工作：项目监理机构应根据采购合同检查交付的产品和质量证明资料，填写产品交验记录。核对到货数量和规格型号是否一致、检查到货外观包装质量、参加开箱检查、保存采购更改记录和付款记录并及时呈报建设单位，对于设备采购、运输进口产品，项目监理机构应按国家规定和国际惯例查核报关、商检及保险等手续。符合条件的产品，才可办理接收手续。对采购的产品存在漏、缺、损、残等不合格状态，应予以记录，并按规定处置。

2.2 设备采购方案的内容

项目监理机构应协助建设单位编制设备采购方案，设备采购方案应包含下列内容：
（1）采购原则，拟采购的设备应完全符合设计要求和有关标准。
（2）采购的范围和内容：监理工程师根据图纸等资料审核或编制工程设备汇总表。
（3）设备采购的方式和程序。
（4）编制采购进度计划、估价表和采购的资金使用计划。

2.3 设备采购的形式

设备采购分为招标、其他方式两种形式。需要招标采购的设备可采用通过公共资源交易中心进行招标采购（公开招标、邀请招标）或政府采购（公开招标、邀请招标、竞争性谈判、单一来源采购、询价）。

（1）公开招标

根据《广东省实施〈中华人民共和国招标投标法〉办法》的规定，需要公开招标的货物采购限额管理，满足下列规定之一的需要公开招标：

1）使用财政性资金采购货物，批量货物价值三十万元人民币以上，单项货物价值十万元人民币以上的；

2）使用国有资金采购关系社会公共利益、公众安全的货物，货物价值五十万元人民币以上的；

3）在项目可行性报告审批文件中有专门的招标方式核准书，可按核准书中核准方式进行招标。

（2）邀请招标

1）广东省实施《中华人民共和国招标投标法》办法第十二条规定：必须进行招标的项目符合下列条件而不适宜公开招标的，经批准，实行邀请招标：

（a）技术要求复杂，或者有特殊的专业要求的；

（b）公开招标所需费用和时间与项目价值不相称，不符合经济合理性要求的；

（c）受自然资源或者环境条件限制的；

（d）法律、行政法规或者国务院另有规定的。

2）实行邀请招标的项目，市、县管项目经上一级项目审批部门核准，广州、深圳市管项目经市人民政府批准，省管项目经项目审批部门核准，省重点建设项目经省人民政府批准，国家重点建设项目经国家发展计划部门批准，政府采购货物和服务项目经地级以上市人民政府采购监督管理部门批准。

3）根据《中华人民共和国政府采购法》的规定：符合下列情形之一的货物或者服务，可以依法采用邀请招标方式采购：

（a）具有特殊性，只能从有限范围的供应商处采购的；

（b）采用公开招标方式的费用占政府采购项目总价值的比例过大的。

监理工作内容与上节相同并增加：参与建设单位的考察调研，提出意见或建议，协助建设单位拟定考察结论。

（3）竞争性谈判

《中华人民共和国政府采购法》的规定：符合下列情形之一的货物或者服务，可以依照本法采用竞争性谈判方式采购：

1）招标后没有供应商投标或者没有合格标的或者重新招标未能成立的；

2）技术复杂或者性质特殊，不能确定详细规格或者具体要求的；

3）采用招标所需时间不能满足用户紧急需要的；

4）不能事先计算出价格总额的。

（4）单一来源采购

根据《中华人民共和国政府采购法》的规定：符合下列情形之一的货物或者服务，可以依照本法采用单一来源方式采购：

1）只能从唯一供应商处采购的；

2）发生了不可预见的紧急情况不能从其他供应商处采购的；

3）必须保证原有采购项目一致性或者服务配套的要求，需要继续从原供应商处添购，且添购资金总额不超过原合同采购金额百分之十的。

采取单一来源方式采购的，采购人与供应商应当遵循依法规定的原则，在保证采购项目质量和双方商定合理价格的基础上进行采购。

（5）询价：采购的货物规格、标准统一、现货货源充足且价格变化幅度小的政府采购项目，可以依法采用询价方式采购。

2.4 设备采购文件资料的主要内容

（1）建设工程监理合同及设备采购合同；

（2）设备采购招投标文件；

（3）工程设计文件和图纸；

（4）市场调查、考察报告；

（5）设备采购方案；

（6）设备采购工作总结。

3 非招标设备采购的询价

建设单位直接采购设备的，项目监理机构应根据建设单位在建设工程监理合同中委托的内容和要求，积极协助建设单位做好设备采购和设备制造单位的评审。

3.1 询价的基本原则

（1）合理性原则。采用货比三家的办法，至少具备三家报价。

（2）可比性原则。是设备采购特别重要的一个原则，因为设备包含的零配件、材料数量很多，产品的技术参数完全一致是比较困难的。询价时一定要考虑性能差别对工程项目的影响和价格的影响。

（3）时效性原则。应取得商家的最新报价，报价时要明确有效期。

（4）参照性原则。可参照同类已审工程的价格。

（5）准确性原则。由于材料设备价格受市场诸多因素影响，定价时应加强沟通协调能力，存在较大争议时应集体讨论确定。

3.2 询价方式方法

在设备采购准备阶段，项目监理机构应协助建设单位对拟采购的设备价格进行摸底，然后结合采购设备的特点、要求，确定设备采购的招标控制价。

（1）电话询价。其优点是：方便快捷、节省审计时间，费用成本低；其缺点是：得到价格信息准确度不高，没有实质的证据。

（2）网络询价。其优点是：过程与电话询价类似，但可以将网络资料打印作为辅助证据；其缺点是：网上商品良莠不齐、虚假信息较多，查得结果多也只能用来参考。

（3）实地询价。其优点是：价格信息依据充分，价格信息较为准确；其缺点是：有些材料设备生产厂家比较少，选择范围小，找寻时间长，成本费用较高。

（4）同行询价：其优点是价格信息较真实，缺点是价格信息依据不够充分。

（5）参考已完项目：利用自己公司和政府采购的资源，查阅已经招标的、已结算的相关设备价格，或相近设备进行推算。

3.3 询价的监理工作内容

（1）准备工作：专业监理工程师应熟悉和掌握设计文件中设备的各项要求、技术说明和规范标准。充分与设计单位沟通，对项目使用功能、设计深度、具体做法等要有明确要求，对采用的设备技术参数、规格、档次、主要特征等要进行详细描述，增强询价工作的针对性、准确性。

（2）设立询价小组：项目监理机构应协助建设单位成立专门的询价小组，并委派有专业知识的监理人员配合建设单位，了解设备的技术要求，市场供货情况，熟悉合同条件及采购程序。

（3）协助确定投标设备制造单位名单：项目监理机构应协助建设单位对预选设备制造单位进行考察，对预选设备制造单位的设备生产能力、设备生产水平、设备供货能力、供应商的财务状况、信誉等进行评价，并编写考察报告，并协助确定投标设备制造单位名单。

（4）协助制定询价文件：确定评标条件，考虑报价的合理性、设备的先进性、可靠性、制造质量、使用寿命和维修的难易及备件的供应、交货时间、安装调试时间、运输条件，以及投标单位的生产管理、技术管理、质量管理、企业信誉、执行合同能力等。

（5）协助确定招标控制价：按照上述原则和方法，充分掌握设备应有的价格，并能完整地反映主要材料设备的市场价格信息。

（6）确定中标供应商：项目监理机构应参与谈判前准备工作，并成立技术谈判组和商务谈判组，确定谈判成员名单及职责分工，明确工作纪律。询价小组对技术、商务投标文件进行评审，按评标条件进行评标，确定中标供应商。项目监理机构应在谈判工作结束后，应及时编写谈判报告，准备合同文件。

（7）合同谈判：项目监理机构应协助建设单位进行设备采购合同谈判，并应协助签订设备采购合同。

4　设备监造的范围

设备监造是指项目监理机构按照建设工程监理合同和设备采购合同约定，对设备制造过程进行的监督检查活动。

4.1　设备监造的规范

设备监造应遵守除了建设工程监理规范中第九章专门对设备监造规定外，亦要按照《设备工程监理规范》（GB/T 26429—2010）、《电力设备用户监造技术导则》电力设备用户监造技术导则（DL/T 586—2008）、《石油化工建设工程项目监理规范》（SH/T 9303—2004）、《水利工程设备制造监理规定》（水建管〔2001〕217号）等规范的规定进行监理。

4.2　设备监造的范围

设备监造主要指对建筑设备类的电梯、大型空调设备、高低压设备等监造，对于钢结构、拼装式建筑等监造可参考设备监造进行监理。其他行业需要设备监理的按照《质检总局发展改革委工业和信息化部关于加强重大设备监理工作的通知》（国质检质联〔2014〕60号）目录进行监理，国家鼓励实施设备监理的重大设备目录见表10-4-1。

4 设备监造的范围

实施设备监理的重大设备目录   表 10-4-1

行业	设备专业	重大设备或关键设备	说明
一 冶 金 工 业	炼铁	高炉设备	1200m³ 以上高炉设备，主要包括：高炉炉体、供料设备、上料设备、炉顶设备、炉前设备、热风炉设备
		烧结设备	180m² 以上烧结设备，主要包括：烧结机、破碎机、混合机、环冷机、制粒机、鼓风机
		球团设备	年产 120 万吨以上球团设备，主要包括：回转窑、链蓖机、环冷机、鼓风机
		焦化设备	炭化室高度 6m 以上焦化及化产回收设备，主要包括：推焦车、拦焦车、电机车、装煤除尘车、焦炉设备、干熄焦设备、化产设备
	炼钢	转炉炼钢设备	120 吨以上转炉炼钢设备，主要包括：转炉本体、转炉倾动、混铁车、烟气除尘、起重机
		电炉炼钢设备	电炉 100t（合金钢 50t）以上及与其配套的精炼设备，主要包括：电炉炉体、炉体倾动、电极装置、起重机、电控系统
		连铸设备	板坯宽度 1200mm 以上连铸机组设备；大型方坯、矩形坯和异形坯连铸机组
	轧钢	中厚板轧机机组	2800mm 及以上中厚板轧机设备，主要包括：加热炉、轧机
		板材热轧机机组	1450mm 及以上板材热轧设备，主要包括：加热炉、初轧机（粗轧机）、精轧机、矫直机、剪切机、起重机
		板材冷轧机机组	1200mm 及以上板材热轧设备，主要包括：酸洗设备、连轧机、退火设备、平整机、热镀锌设备、剪切机、开卷机和卷取机、起重机
	矿山	采矿设备	主要包括：采掘机、支架、钻机、输送机、提升机
	有色冶金	火法冶金设备	铜、镍、铅锌、铝 10 万 t/a 及以上或镍 5 万 t/a 及以上设备，主要包括：冶金炉窑设备、余热利用设备、烟气处理设备、浇铸设备、配套电气设备
		湿法冶金设备	铜、铅锌、铝 10 万 t/a 及以上或镍 5 万 t/a 及以上设备，主要包括：电解设备、压滤设备、换热设备、阴阳极制备设备、配套电气设备
		金属加工设备	铝 2 万 t/a、铜 3 万 t/a 及以上设备，包括：熔铸设备、轧制设备、矫直设备、成型设备
二 煤 炭 工 业	井工矿山	采掘系统	主要包括：采煤机、掘锚一体机、液压支架、钻机、掘进机、可伸缩胶带输送机、刮板输送机
		运输系统	主要包括：胶带输送机、井下运输车
		提升系统	主要包括：矿井提升机、罐笼、箕斗、主斜井提升胶带输送机
		通风系统	主要包括：空压机、主扇风机
	洗选煤	原煤准备设备	主要包括：破碎机、筛分机
		洗选煤设备	主要包括：跳汰机、浮选机、重介分选机、浓缩机

行业	设备专业	重大设备或关键设备	说明
二煤炭工业	露天矿山	剥离设备	主要包括：堆取料机、皮带运输机
		采煤设备	主要包括：露天矿用电铲、钻机
		运输系统	主要包括：露天矿用卡车
	煤炭深加工及综合利用	煤焦化设备	主要包括：推拦焦车、捣固机、熄焦装置
		煤气化设备	主要包括：磨煤机、煤浆泵、气化炉、破渣机、锁渣罐、洗涤塔、煤气冷却器、闪蒸塔
		煤液化设备	主要包括：加氢稳定装置、加氢改质装置、轻烃回收装置、制氢装置等
		煤矸石电厂设备	主要包括：发电机、汽轮机、锅炉、磨煤机、凝汽器、加热器
		煤伴生资源设备	主要包括：用于瓦斯抽采的煤气压缩机、罗茨鼓风机及真空泵
三石油和化学工业	炼油	常减压设备	规模1000万t/a以上的常压蒸馏、减压蒸馏装置。主要包括有加热炉、常压蒸馏塔、减压蒸馏塔等
		催化设备	规模150万t/a以上。主要包括：再生器、塔器、空冷器、余热锅炉、主风机、增压机、富气压缩机、烟气轮机等
		加氢设备	规模150万t/a以上。主要包括：离心压缩机、汽轮机、加氢反应器、高压分离器、加热炉、余热锅炉等
		重整设备	规模100万t/a以上。主要包括：重整反应器、预加氢反应器、加热炉、高压分离器、塔器、循环氢压缩机等
		焦化设备	规模80万t/a以上。主要包括：焦炭塔、分馏塔、加热炉、余热锅炉、气压机、汽轮机等
		油气储运设备	主要包括：储罐、气柜、油气回收装置、压缩机、火炬、场站设备等
	乙烯	乙烯设备	规模80万t/a以上。主要包括：低温塔器、裂解炉、急冷废锅、裂解气压缩机、丙烯压缩机、乙烯压缩机、冷箱、球罐等
		聚乙烯设备	规模20万t/a以上。主要包括：高压反应器、压缩机、高低压分离器、旋风分离器等
		聚丙烯设备	规模47万t/a以上。主要包括：预聚反应器、环管反应器、聚合反应器等
	化工	有机化工生产设备	规模5万t/a以上，主要包括：甲醇合成塔、氧化反应器、精馏塔、压缩机等
	化纤	精对苯二甲酸设备	规模100万t/a以上。主要包括：PTA蒸汽管干燥机、氧化反应器、过滤机、空气压缩机、尾气膨胀机、汽轮机、离心机等
		聚酯设备	规模20万t/a以上。主要包括：聚酯立式反应器、聚酯卧式反应器、刮板冷凝器等
		丙烯腈设备	规模20万t/a以上。主要包括：丙烯腈反应器、旋风分离器、塔器等
		己内酰胺设备	规模10万吨/年以上。主要包括：流化床反应器、固定床反应器等

续表

行业	设备专业	重大设备或关键设备	说明
三 石油和化学工业	化肥	合成氨设备	规模 30 万 t/a 以上。主要包括：氨合成塔、变换炉、空分冷箱、造气炉、原料气压缩、合成气压缩机等
		尿素设备	规模 52 万 t/a 以上。主要包括：尿素合成塔、汽提塔、高压冷凝器、高压洗涤器、CO_2 压缩机、高压甲胺泵等
		磷酸成套设备	规模 12 万 t/a 以上。主要包括：电除雾器、水合塔、旋风分离器、尾气风机等
		复合肥成套设备	规模 24 万 t/a 以上。主要包括：搅拌设备、混合设备、造粒设备、包装设备等
		氯化钾成套设备	规模 10 万 t/a 以上。主要包括：结晶器、浓缩设备、喷雾干燥设备等
	制酸	硫酸成套设备	规模 30 万 t/a 以上。主要包括：焙烧炉、废热锅炉、电除尘器、旋风分离器、塔器、酸冷器、离心风机等
		硝酸成套设备	规模 27 万 t/a 以上。主要包括：硝酸吸收塔、氧化炉、废热锅炉等
	陆地油气田开采	钻机	主要包括：井架、底座、转盘、提升设备、钻井液循环系统、控制系统等
		修井机	主要包括：井架、提升设备、载车、控制系统等
		压裂设备	主要包括：压裂车、混砂车、管汇车、仪表车等
		井控设备	主要包括：防喷器及防喷器控制装置
	油气输送	长输管道	主要包括：输送管道、储罐及场站设备
		长输管道防腐	主要包括：输送管道、储罐及场站设备
四 电力工业	火电设备	热力系统	单机容量 300MW 及以上燃煤机组或 9E 级及以上燃气机组，主要包括锅炉、余热锅炉（特指燃气机组）、汽轮机及调速系统、燃气轮机（特指燃气机组）、汽轮发电机及励磁系统、磨煤机、引风机、送风机、一次风机、给水泵、给水泵小汽机、凝汽器（或空冷岛换热管组）、除氧器及水箱、高压加热器、低压加热器、凝结水泵等
		供水系统	单机容量 300MW 及以上燃煤机组或 9E 级及以上燃气机组，主要包括循环水泵等
		电气系统	单机容量 300MW 及以上燃煤机组或 9E 级及以上燃气机组，主要包括主变压器、高压厂用变压器、启动/备用变压器、断路器和组合电器（GIS）等
		热工控制系统	单机容量 300MW 及以上燃煤机组或 9E 级及以上燃气机组，主要包括监测/控制/保护装置及计算机监控系统等

续表

行业	设备专业	重大设备或关键设备	说明
四电力工业	水电设备	机电设备	总装机容量 50MW 及以上工程，主要包括水轮机及调速系统、水轮发电机及励磁系统、厂房桥式起重机、主变压器及厂用变压器、断路器、组合电器（GIS）、监测/控制/保护装置及计算机监控系统等
		金属结构设备	总装机容量 50MW 及以上工程，主要包括船闸/升船机等通航设备、大型闸门及启闭设备等
	风电设备	风力发电机组	单机 1.5MW 及以上容量或总装机 30MW 及以上工程，主要包括主机、塔架、主变压器、风机变压器等
	输变电设备	交流输变电工程设备	220kV 及以上电压等级变压器、电抗器、组合电器（GIS）；500kV 及以上断路器、串补设备；750kV 及以上互感器、隔离开关、避雷器；220kV 及以上电力电缆
		直流输变电工程设备	换流变、换流阀、平波电抗器、控制保护装置，交流滤波器场设备；直流避雷器，直流测量装置，直流开关，直流滤波器等直流场设备。换流站内交流主设备监理范围同"交流输变电工程设备"
		装置性材料	500kV 及以上电压等级工程的铁塔、导地线、光缆
	核电站设备	核岛系统设备	反应堆及反应堆中相关设备；反应堆冷却剂系统设备；专设安全设施设备；核辅助系统设备；核级仪控、电气和通信设备；核燃料贮存和装卸设备；其他系统设备
		常规岛系统设备	汽轮机；发电机；主要辅助设备
		核电站配套设施	化学制水、海水系统；制氧、压缩空气系统；核废料处理系统
五水利工程	水资源设备	金属结构及永久设备；起重设备；清淤、灌排及污水、污物处理设备	含输送金属管道、大功率水泵、各类启闭机及闸阀、拍门、拦污栅、清淤机械、起重设备、供配电及自控等设备，以及可用于数据传送的监测系统
六环保工程	城镇污水处理设备	城镇污水处理系统总成设备	单系列日处理能力为 10 万 t 及以上，主要包括：初级处理设备、中后期处理设备、污泥处理设备和配套设备
		城镇污水资源化回用处理系统总成设备（中水回用）	单系列日处理能力为 10 万 t 及以上，主要包括：再生水机械过滤设备、膜分离设备、杀菌消毒设备、恒压供水设备等
	城镇垃圾处理设备	垃圾焚烧处理系统总成设备	单台焚烧设备的日处理能力为 100t 及以上，主要包括：垃圾焚烧炉、尾气净化系统、分拣与进料系统、发电成套设备和沥滤液处理成套设备等
		垃圾堆肥处理系统总成设备	单条生产线的日处理能力为 150t 及以上，主要包括：垃圾分拣与进料系统、沥滤液处理成套设备、好氧堆肥机械与堆肥仓成套设备和复合有机肥制备成套设备等

续表

行业	设备专业	重大设备或关键设备	说明
六环保工程	工业废水治理设备	工业园区污水处理系统总成设备（包括大型工业废水处理站成套设备）	单系列日处理能力为 5 万 t 及以上，主要包括：初级处理设备，中后期处理设备、污泥处理设备和配套设备
	工业废气治理设备	烟气净化处理系统总成设备	主要包括：烟气除尘成套设备、脱硫成套设备、脱硝成套设备、洗脱液净化处理成套设备等
七港口工程	散货码头	散货码头设备	卸船机；装船机；堆取料机
	集装箱码头	集装箱码头设备	岸边集装箱起重机；集装箱轨道式起重机；轮胎式集装箱龙门起重机
	件杂货码头	件杂货码头设备	门座式起重机；桥式起重机；轮胎式起重机
八铁道和城市轨道交通	车辆	城市轨道交通电动客车	规模：一条地铁线路所需的全部车辆
		铁路动车组	规模：一条高铁线路所需的全部车辆
	通信和信号	列车自动控制系统（ATC）	包括列车自动驾驶（ATO）、列车自动防护（ATP）、列车自动监控（ATS）、计算机联锁
		综合调度系统设备	城市轨道交通控制中心（OCC）、铁路列车调度指挥系统（TDCS）
		专用通信设备	包括传输、专用、无线、视频监控、公务、广播、时钟等
	电力和牵引供电	电力供电设备	
		电力调度自动化系统设备	
		接触网设备	
		牵引变电系统设备	牵引变电所设备
九热力及燃气	热力及燃气工程	热力及燃气工程设备	气源厂及管、站；气罐（柜）；热力厂；供热管线

5 设备监造的主要工作

设备制造过程的质量监控包括四部分：设备制造过程的监督和检验；设备的装配和整机性能检测；设备出厂的质量控制；质量记录资料的监控。

5.1　设备监造的工作内容

（1）项目总监应参加建设单位组织的设备制造图纸的设计交底。

（2）项目总监应组织专业监理工程师编制《设备监造方案》，经监理单位技术负责人审核批准后在设备制造开始前报送建设单位备案。

（3）项目监理机构应检查设备制造单位的质量管理体系、设备制造生产计划和工艺方案，提出监理审查意见。符合要求后予以签署，并报建设单位。

（4）项目监理机构应核查制造单位分包方的资质情况、实际生产能力和质量管理体系是否符合设备供货合同的要求。

（5）项目监理机构应审查设备制造的检验计划和检验要求，并应确认各阶段的检验时间、内容、方法、标准，以及检测手段、检测设备和仪器，对设备制造过程中拟采用的新技术、新材料、新工艺的鉴定书和试验报告进行审查，并签署意见。

（6）项目监理机构应审核制造设备的原材料、外购配套件、元器件、标准件，以及胚料的证明文件及检验报告。

（7）项目监理机构应对设备制造过程进行监督和检查，对主要及关键零部件的制造工序应进行抽检。专业监理工程师应审查关键零件的生产工艺设备、操作规程和相关生产人员的上岗资格，并对设备制造和装配场所的环境进行检查。

（8）项目监理机构应要求设备制造单位按批准的检验计划和检验要求进行设备制造过程的检验工作，并应做好检验记录。不符合质量要求时，应要求设备制造单位进行整改、返修或返工。当发生质量失控或重大质量事故时，应由项目总监理工程师签发暂停令，提出处理意见，并应及时报告建设单位。

（9）项目监理机构应对检查和监督设备的装配过程，符合要求后予以签认。

（10）在设备制造过程中如需要对设备的原设计进行变更时，项目监理机构应审核设计变更，并应协调处理因变更引起的费用和工期的调整，同时应报建设单位批准。

（11）项目监理机构应参加设备整机性能检测、调试和出厂验收，符合要求后予以签认。

（12）在设备运往现场前，项目监理机构应检查设备制造单位对待运设备采取的防护和包装措施，并应检查是否符合运输、装卸、储存、安装的要求，以及随机文件、装箱单和附件是否齐全。

（13）专业监理工程师应按设备制造合同的约定审查设备制造单位提交的付款申请，提出审查意见，并应由项目总监理工程师审核后签发支付证书。

（14）定期向委托人提供监造工作简报，通报设备在制造过程中加工、试验、总装以及生产进度等情况。

（15）项目监理机构应对设备制造单位提出的索赔文件提出意见后报建设单位。

（16）专业监理工程师应审查设备制造单位报送的结算文件，提出审查意见，并应由项目总监签署意见后报建设单位。

（17）设备监造工作结束后，编写设备监造工作总结，整理监造工作的有关资料、记录等文件，一并提交给委托人。

5.2　设备监造方案的编制

项目总监应组织专业监理工程师编制设备监造方案，经监理单位技术负责人审核批准后，在设备制造之前报送建设单位，监造方案应包括以下内容：

(1) 监造的设备概况。

(2) 监造工作的目标、范围及内容。

(3) 监造工作依据。

(4) 监造监理工作的程序、制度、方法和措施。

(5) 设置设备监造的质量控制点：确定文件见证点、现场见证点和停止见证点等监理控制点和方式。

(6) 项目监理机构、监理人员组成、设施装备及其他资源配备。

5.3　设备监造质量控制方式

(1) 驻厂监造：监理人员直接进入设备制造单位的制造现场，成立相应的设备监造项目监理机构，编制监造方案，实施设备制造全过程的质量监控。

(2) 巡回监控：监理人员根据设备制造计划及生产工艺安排，当设备制造进入某一特定部位或某一阶段，监理人员对完成的零件、半成品的质量进行复核性检验，参加整机装配及整机出厂前的检查验收，检查设备包装、运输的质量措施。在设备制造过程中，监理人员要定期及不定期的到制造现场，检查了解设备制造过程的质量状况，发现问题及时处理。

(3) 质量控制点监控：针对影响设备制造质量的诸多因素，设置质量控制点，做好预控及技术复核，实现制造质量的控制。

5.4　设备监造质量控制手段

(1) 巡回检查：指监理人员对制造、运输、安装调试工程情况有目的的巡视检查。

(2) 抽查检查：对设备的制造、运输、安装调试过程进行抽检，或100%检查。

(3) 报验检查：设备制造单位对必验项目自检合格后，以书面形式报项目监理机构，监理人员对其进行检查和签证。

(4) 旁站监督：监理人员对重要制造过程、设备重要部件装配过程和主要结构的调试过程实施旁站检查和监督。

(5) 跟踪检查：跟踪检查主要设备、关键零部件、关键工序的质量是否符合设计图纸和标准的要求，对于设备主体结构制造和设备安装以驻厂跟踪监理为主。

(6) 审核：对设备制造单位资格、人员资格和设计、制造和安装调试方案审查。

5.5　设备监造质量控制点的设置

质量控制点的设置，主要针对设备质量有明显影响的重要工序环节、设备的主要关键部件、加工制造的薄弱环节及易产生质量缺陷的工艺过程进行质量控制的手段。

(1) 文件见证R点：监理人员审查设备制造单位提供的文件。内容包括原材料、元器件、外购外协件的质量证明文件、施工组织设计、技术方案、人员资质证明、进度计划制造过程中的检验、试验记录等。

（2）现场见证 W 点：监理人员对复杂的关键工序、测试、试验要求（如焊接、表面准备、发运前检查等）进行旁站监造，制造单位应提前通知监理人员，监理人员在约定的时间内到达现场进行见证和监造，现场见证项目应有监理人员在场对制造单位的试验、检验等过程进行现场监督检查。

（3）停止待检 H 点：指重要工序节点、隐蔽工程、关键的试验验收点或不可重复试验验收点，通常是针对"特殊过程"而言，该过程或工序质量不易或不能通过其后的检验和试验而得到充分验证，因此应设置停止待检点。如：材料复验、第一条纵缝组对、尺寸检查、整机性能检测、水压前验收等，停止待检项目必须有监理人员参加，现场检验签证后方能转入下道工序。

文件见证点（R 点）是伴随着设备制造过程中质量记录的产生而产生，并由监理人员及时记录的文件见证资料，随时可能发生。现场见证 W 点、停止待检 H 点是有预定见证日期的，在预定见证日期以前设备制造单位应通知监理人员。如设备制造单位未按规定提前通知，致使监理人员不能如期参加现场见证，监造人员有权要求重新见证。监造人员未按规定程序提出变更见证时间而又未能在规定时间参加见证时，制造单位将认为监理人员放弃监造，可进行下道工序。W 点则转为 R 点见证，但 H 点没有监理机构书面意见时，制造单位不得自行转入下道工序，应与监理机构联系商定更改见证日期。如更改时间后，监理人员未按时到达，即 H 点可转为 R 点随后进行见证。监理人员在收到设备制造单位见证通知后，应及时参加见证。监理人员应按照作业次序及时进行测量检查，以确定阶段成果是否符合相关的质量标准。对于 W 点或 H 点要防止跳过检查，特别是停止待检 H 点。

（4）监理人员见证记录可参照下表 10-5-1。

见证情况记录表（参考）　　　　　　　　　　　　　表 10-5-1

编号：

项目名称：		被监理单位	
见证内容			
见证方式	□文件见证　　□现场见证　　□停工待检点见证□		
见证时间	年　月　日	地点	
监理依据/见证依据	见证情况：		
结论/意见：			
		项目监理机构：	
见证人：		日　期：	
年　月　日	年　月　日	年　月　日	年　月　日

5.6 对关键零部件制造质量监理工作要点

对关键零部件制造质量的监控，首先应判别零部件关键性等级，以便在监造过程中采取不同的监理手段。关键性等级划分是一种用于评定设备零部件重要性的评估方法，它从设计成熟性、故障后果、产品特性、制造复杂性等方面评估设备零部件的关键级别。关键性等级划分通常由设计人员按产品质量特性划分的，并列出清单作为设计文件。如果设计文件中没有清单，项目监理机构应协助建设单位、设计人员按特定的程序进行评估，评估结果形成设备关键性等级划分清单。可以根据设备关键性级别进行重点针对性管理，从而在整体质量可接受的条件下，有效降低监造成本。

监理工作要点：

（1）项目监理机构应按照设备关键性级别清单的等级划分设置监理质量控制点和抽检频次。

（2）监理人员检查制造单位的工序，检验程序是否正常。

（3）监理人员应检查责任检验员是否到位。

（4）项目监理机构应检查是否严格执行首检制度，自检、互检、抽检是否按程序进行。

（5）监理人员应检查设备制造单位是否按程序做好零件进出仓库的记录工作。

（6）监理人员应关键零件是否按规定进行编号标识，关键项目实测记录应归档保存管理，以便查阅。

（7）项目监理机构应检查制造单位的不合格品控制是否正常。

5.7 对原材料、主要配套件、外构件、外协件质量监控的监理工作要点

（1）专业监理工程师应核查供货商是否符合合同规定，是否经建设单位批准。

（2）专业监理工程师应审查原材料、配套件、外构件、外协件的质量证明文件及检验报告，应检查采购的技术文件是否满足设计技术文件的要求，核对型号、名称、规格、精度等级加工要求。

（3）专业监理工程师应审查原材料进货、制造加工、组装、中间产品试验、强度试验、严密性试验、整机性能试验、包装直至完成出厂的检验计划与检验要求，此外，应对检验的时间、内容、方法、标准以及检测手段、检测设备等一起进行审查。

（4）专业监理工程师应逐项核对材料型号、炉号、规格尺寸与材质证明原件等，审核是否符合施工图的规定，并审核材质证明原件所列化学成份及机械性能是否符合相应国家标准或规范的要求。

（5）专业监理工程师应检查制造单位的物资采购程序运转是否正常。

（6）项目监理机构应审查分包采购计划、采购规范、采购合同以及对分包结果质量验收进行见证和检查，必要时视分包的重要程度对分包过程进行连续或不连续的质量见证、监督和检查，评审是否满足质量及进度要求。

（7）专业监理工程师应检查外协件单位是否按合同条件进行验收，外协件进厂后还应填写入库单，经外协检查员确认后方可入库或转入下一道工序。

（8）专业监理工程师应检查"紧急放行"程序是否符合规定。在采购中因故不能及时提供，而生产中又急需该物资，应按规定办理代用手续，经建设单位代表同意并签字，可

按"紧急放行"原则处理,但还须在外购件上做好标识,并在入库单上予以备注记录。

5.8 特殊过程质量控制的监理工作要点

常见的特殊过程有 3 种情况:对形成的设备是否合格不易或不能经济地进行验证的过程;当生产和服务提供过程的输出不能由后续的监视或测量加以验证的过程;仅在设备使用或服务已交付之后问题才显现的过程。特殊过程的特点是:既重要又不易测,操作时需要特殊技巧,工序完成后不能充分验证其结果。为确保特殊过程质量受控,项目监理机构要做好以下工作:

(1)项目监理机构应协助建设单位对特殊过程进行评审、制定准则。

(2)项目监理机构应设置质量控制点,从工序流程分析入手,找出各环节影响质量的主要因素,研究评判标准,配合适当手段,进行工序过程的系统性控制,对关键环节"点面结合",实行重点控制。

(3)项目监理机构应对特殊工序的质量以加强过程控制为主,辅以必要的较多次工序检验。专业监理工程师当发现工序异常时,则应采取必要的纠正措施,必要时可临时停产,直至查明工序原因后再恢复生产。

(4)项目监理机构应加强设备制造单位的工艺方法的审核,根据产品的工艺特点,加强工艺方法的实验验证,制定明确的技术和管理文件,严格控制影响工艺的各种因素,使工序处于受控状态。

(5)专业监理工程师对特殊工艺所使用的材料和工具等实行严格控制,采用先进的检测技术,进行快速、准确的检验和调整。

(6)项目监理机构督促设备制造单位对特殊工序操作检验人员进行技术培训和资格考核。

(7)项目监理机构应及时做好过程运行的记录。

5.9 设备的制造、装配过程及整机性能检测的监理工作要点

(1)专业监理工程师应对加工作业条件的监控:加工制造作业条件,包括加工前制定工艺卡片,工艺流程和工艺要求、对操作者的技术交底,加工设备的完好情况及精度,加工制造车间的环境,生产调度的安排,作业管理等,做好这些方面的控制,就为加工制造打下了一个好的基础。

(2)专业监理工程师应对工序产品的检查与检测的监控:设备制造涉及诸多工艺过程或不同工艺,一般设备要经过铸造、锻造、机械加工、热处理、焊接、连接、机组装配等工序。控制零件加工制造中每道工序的加工制造质量是零件制造的基本要求,也是设备整体制造的基本要求和保障。所以在每道工序中都要进行加工质量的检验,检验是对零件制造质量的质量特性进行监测、监察、试验和计算,并将检验结果与设计图纸或者工艺流程规定的数据进行比较,判断质量特性的符合性,从而判断零件的合格性,为每道工序把好关。同时,零件检验还要及时汇总和分析质量信息,为采取纠正措施提供依据。因此,检验是保证零件加工质量和设备制造质量的重要措施和手段。

(3)专业监理工程师应对产品制造和装配工序进行监督检查:包括监督零件加工制造是否按规程规定、加工零件制造是否经检验合格后才转入下一道工序、关键零件的关键工

序以及其检验是否严格执行图纸及工艺的规定。检查要包括监督下道工序交接着交检、车间或工厂之间的专业之间的专业检查及监理工程师的抽检、复检或检查。

（4）专业监理工程师监督设备制造单位对零件半成品制成品进行保护，对已做好的合格的零部件做好存储保管防止遭受污染、锈蚀及控制系统的失灵，避免备件配件的损失。

（5）项目监理机构应对设备装配的整个过程进行监控，检查传动件的装配质量、零部件的组对尺寸偏差。

（6）专业监理工程师督促设备制造单位严格按照不合格控制程序进行管理，在设备检验过程中发现不合格品时，应做好不合格品的标识、记录、评价、隔离和处置，并向有关部门报告；对有争议的不合格设备的评价和处置，必要时要会同有关部门一道作出决定。专业监理工程师还要关注不合格项的后续活动安排的控制。

（7）项目监理机构应审核设备制造单位的整机性能检测计划。在设备制造单位先行检验合格的基础上，建设单位组织有关项目部门、设计、检验、监理等专业人员参加整机性能检测的检查，整机性能检测主要内容：整体尺寸、强度试验、运动件的运动精度、动平衡试验、抗震试验、超速试验等。检测参加人员应对设备分别进行现场抽查检测和验收资料审查，经讨论后形成会议纪要，记录遗留问题、解决措施及验收结论。

5.10 设备出厂质量控制的监理工作要点

设备出厂质量控制通过对设备设计、制造和检验全过程验收来实现，其监理工作要点是：

（1）项目监理机构应对待出厂设备与设计图纸、文件与技术协议书要求的差异进行复核，主要制造工艺与设计技术要求的差异进行复核。

（2）项目监理机构应对关键原材料和元器件质量文件进行复核，包括主要关键原材料、协作件、配套元器件的质保书和进厂复验报告中的数据与设计要求的一致性。

（3）项目监理机构应对关键零部件和组件的检验、试验报告和记录以及关键的工艺试验报告与检验、试验记录和复核。

（4）项目监理机构应对最重要点和重要点的设备零、部、组件的加工质量特性参数试验，工艺过程的监视和相关记录的核对。

（5）项目监理机构应对检查完工设备的外观、接口尺寸、油漆、充氮、防护、包装和装箱等质量。

（6）专业监理工程师应清点设备、配件和备件备品，确认供货范围完整性。

（7）专业监理工程师应对复核合同规定的交付图纸、文件、资料、手册、完工文件的完整性和正确性。

（8）专业监理工程师应检查和确认包装、发运与运输是否满足设备采购合同的要求。

（9）项目总监应签署见证/验收文件。

5.11 设备交货验收监理工作要点

（1）设备交货验收包括设备制造现场验收和设备施工现场验收。

（2）合同中明确需要进行设备制造现场验收时，设备出厂验收合格后，项目总监应通知工程项目建设单位。建设单位应组织设备制造单位、设备监造机构、设计单位、工程项目施工监理机构对交货设备在监造现场进行验收，验收合格后方可将设备运输到施工现场。

（3）施工现场验收是设备运输到达施工现场后，建设单位应组织有关人员按规定要求进行验收。此项工作一般分为进场和安装前两段进行，即进场后对设备包装物的外观检查，要求按进货检验程序规定实施；设备安装前的存放、开箱检查要求按设备存放、开箱检查规定实施。

5.12　设备监造的文件资料应包括下列主要内容

（1）建设工程监理合同及设备采购合同。

（2）设备监造工作计划。

（3）设备制造工艺方案报审资料。

（4）设备制造的检验计划和检验要求。

（5）分包单位资格报审资料。

（6）原材料、零配件的检验报告。

（7）工程暂停令、开工或复工报审资料。

（8）检验记录及试验报告。

（9）变更资料。

（10）会议纪要。

（11）来往函件。

（12）监理通知单与工作联系单。

（13）监理日志。

（14）监理月报。

（15）质量事故处理文件。

（16）索赔文件。

（17）设备验收文件。

（18）设备交接文件。

（19）支付证书和设备制造结算审核文件。

（20）设备监造工作总结。

第十一章　监理用表填写实例

如何规范使用及填写监理用表是监理人员规范执业的基本要求，也是项目监理机构的重要工作内容之一。监理用表的使用及填写应符合《建设工程监理规范》（GB/T 50319—2013）、《建设工程文件归档规范》（GB/T 50328—2014）、《建筑工程资料管理规程》（JGJT 185—2009）、《建设电子文件与电子档案管理规范》（CJJ/T 117—2007）、国家档案局发布的《电子文件的移交与接收办法》、《城建档案业务管理规范》（CJJ/T 158—2011）、《建设电子元数据标准》（CJJ/T 187—2012），以及当地政府的相关规定要求。

我省以行政发文强制规定，房屋建筑工程质量管理及验收必须按照《广东省房屋建筑工程竣工验收技术资料统一用表》（2016 年版）规定表式执行，房屋建筑工程施工安全管理必须按照《广东省建筑施工安全管理资料统一用表》（2011 年版）执行。省统一用表是工程质量、安全管理的最低要求，其规定的表格及工作内容必须做，不得删减。但考虑到各地方实际情况的不同，以及相关法规、规范的修改，可根据实际需要增加表格。

本章就《广东省房屋建筑工程竣工验收技术资料统一用表》（2016 年版）中所列监理用表（27 个）和《建设工程监理规范》（GB/T 50319—2013）所列出的监理用表（25 个）目录和填写内容进行实例展示。而《广东省建筑施工安全管理资料统一用表》（2011 年版）只列出监理用表目录，其填写内容实例见第五章内容。同时，《建筑工程施工质量验收统一标准》（GB 50300—2013）相关附表填写实例进行了解读。这些监理常用表格填写实例仅供大家参考。

1　监理用表目录

1.1　《广东省房屋建筑工程竣工验收技术资料统一用表》（2016 年版）工程质量监理用表目录

（1）法定代表人授权书（GD-B1-21）

（2）工程质量终身责任承诺书（GD-B1-22）

（3）总监理工程师任命书（GD-B1-23）

（4）项目监理机构印章使用授权书（GD-B1-24）

（5）项目监理机构驻场监理人员通知书（GD-B1-25）

（6）项目监理机构监理人员调整通知书（GD-B1-26）

（7）监理规划（GD-B1-27）

（8）监理实施细则（GD-B1-28）

（9）工程开工令（GD-B1-29）

（10）监理通知单（GD-B1-210）

（11）工程质量问题报告（GD-B1-211）

（12）工程暂停令（GD-B1-212）

（13）旁站记录（GD-B1-213）

（14）平行检查记录（GD-B1-214）

（15）巡视记录（GD-B1-215）

（16）巡查整改通知书（GD-B1-216）

（17）巡查整改通知回复单（GD-B1-217）

（18）工程复工令（GD-B1-218）

（19）会议纪要（GD-B1-219）

（20）监理月报（GD-B1-220）

（21）监理工作总结（GD-B1-221）

（22）房屋建筑工程质量评估报告（GD-B1-222）

（23）监理通知回复单（GD-B1-223）

（24）监理工作联系单（GD-B1-224）

（25）工程材料、构配件、设备报审表（GD-B1-225）

（26）工程竣工报验单（GD-B1-226）

（27）混凝土工程浇灌审批表（GD-B1-227）

1.2　《建设工程监理规范》（GB/T 50319—2013）监理用表目录

（1）表 A.0.1 总监理工程师任命书

（2）表 A.0.2 工程开工令

（3）表 A.0.3 监理通知单

（4）表 A.0.4 监理报告

（5）表 A.0.5 工程暂停令

（6）表 A.0.6 旁站记录

（7）表 A.0.7 工程复工令

（8）表 A.0.8 工程款支付证书

（9）表 B.0.1 施工组织设计/（专项）施工方案报审表

（10）表 B.0.2 开工报审表

（11）表 B.0.3 复工报审表

（12）表 B.0.4 分包单位资格报审表

（13）表 B.0.5 施工控制测量成果报验表

（14）表 B.0.6 工程材料/构配件/设备报审表

（15）表 B.0.7 _____报审/验表

（16）表 B.0.8 分部工程报验表

（17）表 B.0.9 监理通知回复单

（18）表 B.0.10 单位工程竣工验收报审表

（19）表 B.0.11 工程款支付报审表

（20）表 B.0.12 施工进度计划报审表

（21）表 B.0.13 费用索赔报审表

（22）表 B.0.14 工程临时/最终延期报审表

（23）表 C.0.1 工作联系单

（24）表 C.0.2 工程变更单

（25）表 C.0.3 索赔意向通知书

1.3 《广东省建筑工程安全管理资料统一用表》（2011 版）安全监理用表目录

（1）安全监理方案 GDAQ4201

（2）安全监理实施细则 GDAQ4202

（3）监理单位管理人员签名笔迹备查表 GDAQ4301

（4）安全会议纪要 GDAQ4302

（5）安全监理危险源控制表 GDAQ4303

（6）安全监理工作联系单 GDAQ4304

（7）安全监理日志 GDAQ4305

（8）施工安全监理周报（报安全监督站）GDAQ4306

（9）起重机械安装/拆卸旁站监理记录表 GDAQ4307

（10）危险性较大工程旁站监理记录表 GDAQ4308

（11）安全隐患整改通知（监理对施工）GDAQ4309

（12）暂时停止施工通知（监理对施工）GDAQ4311

（13）安全隐患整改通知回复（施工报监理）GDAQ4310

（14）复工申请（施工报监理）GDAQ4312

（15）安全监理重大情况报告 GDAQ4313

（16）安全专项施工方案报审表 GDAQ21103

（17）安全专项施工方案专家论证审查表 GDAQ4314

（18）安全措施费用使用计划报审表 GDAQ4315

（19）（总包，分包）安全管理体系报审表 GDAQ4316

（20）防护用具、设备、器材报审表 GDAQ4317

（21）建设工程施工安全评价书 GDAQ4318

2 监理用表填写实例

2.1 《广东省房屋建筑工程竣工验收技术资料统一用表》（2016 年版）工程质量监理用表填写实例

法定代表人授权书

GD-B1-21-□□□

　　兹授权我单位　张××（姓名）　担任　×××新城　工程项目的监理项目负责人（总监理工程师），对该工程项目的监理工作实施组织管理，依据国家有关法律法规及标准规范履行职责，并依法对设计使用年限内的工程质量承担相应终身责任。

　　本授权书自授权之日起生效。

被授权人基本情况			
姓　名	张××	身份证号	37010219781022632x
注册执业资格	注册监理工程师	注册执业证号	44106103
被授权人签字：　张××			

授权单位：（盖章）＿＿＿＿＿＿＿＿

法定代表人：（签字）　李××　

授权日期：　×××　年　××　月　××　日

　　注：本授权书一式四份，一份在建设工程办理建设工程监督手续时时提交建设主管部门，一份交于项目建设单位负责人保存待建设工程竣工验收合格备案后与档案资料一并交城建档案管理部门存档，一份保存于授权单位备查，一份由被授权人自行保存。

584

工程质量终身责任承诺书

GD-B1-22-□□□

本人受　×××工程项目管理有限公司　单位（法定代表人李××）授权，担任　　　兴国新城　　　工程项目的监理项目负责人（总监理工程师），对该工程项目的工作实施组织管理。本人承诺严格依据国家有关法律法规及标准规范履行职责，并对设计使用年限内的工程质量承担相应终身责任。

承诺人签字：　　　张××　　　

身份证号：　××××××　

注册执业资格：　×××　

注册执业证号：　×××　

签字日期：×××年××月××日

注：本承诺书一式四份，一份在建设工程办理建设工程监督手续时时提交建设主管部门，一份交于项目建设单位负责人保存待建设工程竣工验收合格备案后与档案资料一并交城建档案管理部门存档，一份保存于授权单位备查，一份由承诺人自行保存。

总监理工程师任命书

工程名称：_____ GD-B1-23-□□□

致：___×××新城建设投资股份公司___（建设单位）

兹任命___张××___（注册监理工程师注册号：___44106103___）为我单位___×××新城工程___项目总监理工程师，负责履行建设工程监理合同、主持项目监理机构工作。

监理单位：_(盖章)_____

法定代表人：_(签名) ×××_____

日期：_××××年××月××日_____

注：本表一式三份，项目监理机构、建设单位、施工单位各存一份。

项目监理机构印章使用授权书

GD-B1-24-□□□

致：×××新城建设投资股份公司 （建设单位）

一、现授权总监理工程师　张××　同志在　　　×××新城　　　工程中使用　"××工程项目管理有限公司项目监理部"　印章（如下图）。

二、授权期限：从贵单位收到本授权书之日起至监理合同及监理业务完成终止之日止。

三、印章使用范围：所有应由监理审核签认的工程资料和来往文件。

1. 监理合同履行期间，授权人更换项目总监理工程师的，被授权人在本授权书上的授权行为在贵单位收到授权人更换项目总监理工程师通知之日起自行终止，由新任项目总监理工程师自动履行本授权书的权利和义务，本公司不再另行通知。

2. 在递交贵单位的需加需盖本授权书印章的文件，还应有（总）监理工程师签字方可生效；仅加盖印章无（总）监理工程师签字的无效。

3. 总监理工程师代表、专业监理工程师在监理合同履行过程中使用该印章，必须有总监理工程师的授权，且不得超越书规定的使用范围，超越授权书的规定范围使用无效。

4. 除《开工报告》、《设计图纸会审记录》、《专项工程验收记录》系列表、《分部（子分部）质量验收记录》系列表、《工程验收及备案文件资料》系列表由企业法人出具的文件资料及现行法律法规规定要盖法人章的均盖"企业公章"外，其他均加盖"项目章"也为有效文函。

项目印章样板	

監理单位：(公章)　　　　　　　　　　

定代表人：(签字) ×××　　　　　

日期：××××年××月××日　　　

报：建设单位、工程质量、安全监督机构各1份

项目监理机构驻场监理人员通知单

工程名称：　　　　　　　　　　　　　　　　　　　GD-B1-25-□□□

致：　　×××新城建设投资股份公司　　　（建设单位）
　　现发出本项目监理机构驻场人员名单及其专业分工，若有异议，请于接到本通知3天告知本项目监理机构。
　　附件：监理组织架构成员资格证明

项目监理机构：(项目章)　　　　　　　
总监理工程师：(签名) ×××　　　　
日期：××××年××月××日

抄送：(仅此表)(承包单位项目经理部)

姓　名	专业分工	职　务	执业岗位证书号/	签　名

项目监理机构监理人员调整通知书

工程名称： GD-B1-26-□□□

致：×××新城建设投资股份公司（建设单位）

因现场监理工作需要，现对本项目监理机构驻场监理人员作如下调整，特此通知。

附件：调整人员资格证明

项目监理机构：（盖项目章）
总监理工程师：（签字）×××
日期：××年××月××日

抄送：（仅此表）（承包单位项目经理部）

<table>
<tr><td rowspan="4">调整前</td><td>姓名</td><td>专业分工</td><td colspan="3">调整原因</td></tr>
<tr><td>×××</td><td>土建专业监理</td><td colspan="3">该同志擅长监理工作的桩基工程已完成，需调入2位擅长钢筋混凝土主体结构工程监理业务的土建监理工程师</td></tr>
<tr><td>×××</td><td>前期报建</td><td colspan="3">项目报建工作已完成，需调入擅长安全监理人员</td></tr>
<tr><td></td><td></td><td colspan="3"></td></tr>
<tr><td rowspan="9">调整后</td><td>姓名</td><td>专业分工</td><td>职务</td><td>执业/岗位证书号</td><td>签名</td></tr>
<tr><td>×××</td><td>安全监理</td><td>工程师</td><td>××××××</td><td>×××</td></tr>
<tr><td>×××</td><td>土建专业监理</td><td>工程师</td><td>××××××</td><td>×××</td></tr>
<tr><td>×××</td><td>土建专业监理</td><td>工程师</td><td>××××××</td><td>×××</td></tr>
<tr><td></td><td></td><td></td><td></td><td></td></tr>
<tr><td></td><td></td><td></td><td></td><td></td></tr>
<tr><td></td><td></td><td></td><td></td><td></td></tr>
<tr><td></td><td></td><td></td><td></td><td></td></tr>
<tr><td></td><td></td><td></td><td></td><td></td></tr>
</table>

监理规划封面格式

GD-B1-27-□□□

（工程项目名称）

监　理　规　划

编写：(签名)

总监理工程师：(签名)

审批：(企业技术负责人签名)

监理单位：(盖公章)

××××年××月××日

监理实施细则封面格式

GD-B1-28-□□□

（工程名称）
（专业工程名称）

监理实施细则

编写：（专业监理工程师签名）

审核：（总监理工程师签名）

审批：（企业技术负责人签名）

（监理单位名称打印、盖公章）

×××年××月××日

工程开工令

工程名称：　　　　　　　　　　　　　　　　　　　　GD-B1-29-□□□

致：×××新城工程总承包施工项目经理部（施工单位）

　　经审查，本工程已具备施工合同约定的开工条件，现同意你方开始施工，开工日期为：×××年××月××日。

　　附件：工程开工报审表

项目监理机构：(盖章)　　　　　　　　

总监理工程师：(签字、加盖执业印章) ×××

日期：××年××月××日　　　　　

注：本表一式三份，项目监理机构、建设单位、施工单位各一份。

监 理 通 知 单

工程名称：　　　　　　　　　　　　　　　　　　　　GD-B1-210-□□□

致：×××新城工程总承包施工项目经理部（施工单位）

事由：拆除基坑支护内支撑梁作业前必须履行报批手续事宜

内容：贵部于××××年××月××日安排打凿拆除××施工区域基坑支护内支撑梁时，该区域负一层楼板混凝土浇捣结束才第四天，正值冬季其强度远未达到拆除要求的设计强度，因基坑支护内支撑梁的拆除而会引起基坑变形。若变形严重，则极容易造成该区域负一层楼板混凝土破坏，故要求贵部立即对此种混凝土未达龄期而要拆除基坑支护内支撑梁的施工作业必须履行报批手续，严禁未经总监批准而擅自进行实质性拆除作业行为。我部申明拆除基坑支护内支撑梁的施工作业必须具备如下条件，即：

（1）混凝土同条件留置的试块经现场监理人员见证取样送检，其试压强度达到设计文件规定的内支撑梁实质性拆除强度；

（2）按附表《拆除基坑支护内支撑梁报批表》格式及时履行向我监理机构填表报批手续。

同时要求：在××施工区和××施工区负一层楼板混凝土浇捣时，除按验收规范和广州市建设工程质量监督管理规定留足试块外，对同标号同一时间段完成的负一层楼板混凝土，要多留三组同条件试块的留置工作。拆除作业前后除第三方要对基坑变形加密观测外，施工单位也要自行独立并加强进行基坑变形观测工作，要进行信息化管理，用数据说话，按科学方法组织施工。实质性拆除顺序建议先从跨度小的支撑梁开始。

接通知后，请立即进行整改，并于××年××月××日中午前，把整改情况回复我部。

附件：《拆除基坑支护内支撑梁报批表》

项目监理机构：（盖章）　　　　　　　　

总/专业监理工程师：（签字）×××　　　

日　　期：××年××月××日傍晚

注：本表一式三份，项目监理机构、建设单位、施工单位各一份。

附件：拆除基坑支护内支撑梁报批表（参考空白表）

拆除基坑支护内支撑梁报批表

工程名称：　　　　　　　　　　　　　　　　　　　　　　　　　　自编号：

致：　×××新城工程项目监理部　（项目监理机构）

　　我单位于×× 年×月×日已完成了×××工程×区负一层楼板的混凝土浇捣工作，该板混凝土设计强度等级为C35。我项目部于×× 年×月×日经对该区负一层楼板留置的同条件混凝土试块××组送广州市越秀区建筑工程质量监督检测室进行混凝土抗压强度试验，试验结果为××，已达到设计强度（××）的×××%，满足基坑支护内支撑梁实质性拆除时其混凝土强度的设计要求。现申请该区基坑支护内支撑梁实质性拆除施工作业，请予以审查和批复。

　　附件：1. 该××区混凝土同条件试块的抗压强度检测报告；
　　　　　2. 设计院答复的基坑支护内支撑梁拆除时其混凝土强度的设计要求。

施工单位：（盖章）　　　　　　　

项目技术负责人：　　　　　　　　

项目经理：　　　　　　　　

日　　期：　　　　　　　　

监理审批意见：

项目监理机构：（盖章）　　　　　　　

专业监理工程师：　　　　　　　　

总监理工程师：　　　　　　　　

日　　期：　　　　　　　　

　　注：本表一式6份，项目监理机构、建设单位、工程质量、安全监督机构、总承包施工单位及专业施工单位各存1份。

工程质量问题报告

工程名称：
GD-B1-211-□□□

致：×××市建设局、×××市建设工程质安站、×××新城工程建设办（主管部门）
　　由　　×××　建设公司　（施工单位）施工的地下室地板及承台外防水工程未按照设计图纸要求施工，且未经监理机构验收同意擅自隐蔽进入下道工序施工（工程部位），存在工程质量问题。我方已于××年××月××日年发出编号为×××的《工程暂停令》（或《监理通知》）。但施工单位未停工（或整改）。
　　特此报告。
　　附件：1. GD-B1-212-□□□工程暂停令（或×××监理通知单）
　　　　　2. 其他

项目监理机构：（盖章）_____
总监理工程师：（签字）_____
日期：××年××月××日

注：本表一式四份，主管部门、建设单位、工程监理单位、项目监理机构各一份。

工程暂停令

工程名称： <u>　　　　　　　　　　</u>　　　　　　　　　　　　　GD-B1-212-□□□

致：<u>×××新城工程总承包施工项目经理部</u>（施工项目经理部）

由于<u>3区地下室地板及承台外防水工程未按照设计图纸要求施工，也未经监理机构验收同意擅自隐蔽进入下道</u><u>工序，部分承台已完成混凝土浇筑</u>原因，现通知你方必须于<u>2016 年 8 月 1 日 18 时</u>起暂停<u>本工程 3 区地板及承台的</u><u>防水和结构施工</u> 部位（工序）施工，并按照下述要求做好后续工作。要求：

（1）对已经浇筑混凝土的承台和已铺设钢筋的地板的防水工程实施剥离检查；

（2）根据剥离检查情况实施整改，并经监理验收合格后，向我部提出复工申请，经核查具备复工条件方可复工；

（3）本次整改所造成的一切费用及相关责任由施工单位承担。

项目监理机构：（盖章）<u>　　　　　　　　</u>

总监理工程师：（签字、加盖执业印章）×××

日　　期：<u>2016 年 8 月 1 日 17 时整</u>

注：本表一式三份，项目监理机构、建设单位、施工单位各一份。

旁 站 记 录

工程名称：　　　　　　　　　　　　　　　　　　　　　　　　GD-B1-213-□□□

旁站的关键部位、关键工序	地下室施工一、二区底板基础垫层C20混凝土约300m³浇捣。	施工单位	×××建设公司
旁站开始时间	2015年8月22日12：30	旁站结束时间	2015年8月22日18：30

旁站的关键部位、关键工序施工情况：

　　本日12：30～18：00时期间开展地下室施工一、二区底板基础垫层C20商品混凝土（约300m³）浇捣施工，C20商品混凝土配合比已于日前报经专业监理工程师核对，现场泵送商品混凝土资料齐全，其送料单载明出厂时间、配合比及坍落度符合要求，运输、泵送及现场振捣符合规定和要求，垫层几何尺寸和厚度符合设计要求，施工顺序和工艺符合施工方案，浇筑过程正常，按经批准的本工程《混凝土标准养护和同条件试块留置方案》现场留设混凝土标准养护试块三组共9块。现场施工技术负责人×××，施工员×××，质检员×××，作业班组施工人员12，无其他异常情况发生。

　　1. 检查了混凝土浇筑施工前的现场准备工作、安全交底及措施落实工作。

　　2. 督促现场施工员对进场泵送混凝土坍落度随机抽测工作。

　　3. 垫层几何尺寸及120mm厚度的控制。

　　4. 混凝土浇捣密实度及初凝时间的控制。

　　5. 混凝土标准养护试块随机取样留置见证。

发现的问题及处理情况：

　　1. 发现个别部位在混凝土浇筑过程中有漏振和垫层厚度负偏差过大情况。

　　2. 旁站人员当场指出个别部位在混凝土浇筑过程中有漏振和垫层厚度负偏差过大情况后，施工人员立即当场改正了此种现象。

　　3. 建议往后现场浇捣混凝土施工时增加辅工人手，准备好吸尘器，及时复原被踩扁的绑扎钢筋，梁柱节点内模板锯末、积水等及时清除干净后方可浇灌混凝土。

　　　　　　　　　　　　　　　　　　　　　　旁站监理人员：＿＿（签字）×××＿＿

　　　　　　　　　　　　　　　　　　　　　　日期：××××年××月××日

注：本表一式一份，项目监理机构留存。

平行检查记录

GD-B1-214-□□□

工程名称		检查地点	3#钢筋加工场
检查时间	年　月　日	检查方法	观察、力矩扳手
检查部位	旋挖桩23#钢筋笼制作直螺纹机械连接	检查人员	
检查依据	钢筋机械连接技术规程 JGJ 107—2010		

检查记录：
1. 钢筋和钢筋机械接头的牌号、规格和数量符合要求，并已按规定见证抽样并提交了合格检验报告。
2. 搭接区域内接头位置、数量符合要求；共有直螺纹机械连接接头86个。
3. 接头面积百分率未超过50％的规定；
4. 机械连接安装后的外露螺纹全数观察检查，均为未超过2p；
5. 机械连接安装后抽取10％、9个接头使用力矩扳手进行拧紧扭矩校核，其中4个拧紧扭矩值不合格，超过被校核接头数的5％，要求重新拧紧接头后再校核全部合格。

检查结论：

　　经检查☑是/否□符合设计和验收规范的要求。

处理记录：
　　无

　　填报说明：项目监理机构根据工程监理规划及监理实施细则，对工程关键控制点及隐蔽工程进行检查时填写。本表一式一份，项目监理机构留存。

巡　视　记　录

工程名称：　　　　　　　　　　　　　　　　　　　　　GD-B1-215-□□□

巡视的工程部位	基坑土方开挖	施工单位	××建筑工程有限公司
巡视时间	2016 年 5 月 15 日 9 时至 2016 年 5 月 15 日 11 时		

巡视内容：

□1. 施工单位是否按工程设计文件、工程建设标准和批准的施工组织设计、（专项）施工方案组织施工。

□2. 使用的工程材料、构配件和设备是否经过取样合格

□3. 施工现场管理人员，特别是施工质量管理人员是否到位

□4. 特种作业人员是否持证上岗

□5. 其他情况

巡视的问题处理：

巡视监理人员：（签字）＿＿＿＿＿＿＿

日期：＿＿＿年＿＿＿月＿＿＿日

注：本表一式一份，项目监理机构留存。

巡查整改通知书

工程名称： GD-B1-216-□□□

致：××工程监理有限公司××工程项目监理部（项目监理机构）

一、经对___年___月___日《巡查整改通知书》中提出的整改要求落实情况进行复查，_____条已整改完成，仍有第_____条尚未整改完成，要求继续限在___天内整改完成。

二、经对你项目监理机构的<u>××工程地下室Ⅰ区负一层楼的梁板钢筋制安工程</u>进行了巡查工作，发现施工现场存在如下问题：

1. 梁模板内有短木、夹板废料等杂物未清除；

2. 梁底和部分板底保护层用塑料垫块间隔过大；

3. 梁端箍筋间距没有按设计图纸要求加密排布；

4. 部分柱头梁端交叉处的加密箍筋未能在梁筋落入梁模时及时跟进布置；

5. 悬臂及临边洞口安全防护措施未搭设，存在安全生产隐患。

6. 有的专业监理工程师桌面上的相关施工单位报审表已收到 7 天了，未能及时办理。

三、整改要求：

请你项目监理机构在<u>7</u>天内整改完毕（其中，对第<u>5</u>条应立即采取相应措施），并及时向公司主管部门提交书面整改报告。(盖公司主管部门章)

项目监理机构签收人：_____ 签收日期：××年×月×日	巡查人：_____ 巡查日期：××年×月×日

注：此表一式二份，监理单位主管部、项目监理机构各存一份。

巡视检查整改通知书回复单

工程名称： GD-B1-217-□□□

致：××建筑工程监理有限公司管理部（公司主管部门）

　　对公司×××部于××年××月××日提出的《巡查整改通知书》（编号：×××），我项目部已按规定要求进行了整改和完善，现将整改完成情况回复如下：

序号	存在问题	整改结果	前后对比图片或所采取的整改措施
1	梁模板内有短木、夹板废料等杂物未清除；	清除干净	略
2	梁底和部分板底保护层用塑料垫块间隔过大；	补充塑料垫块，确保可靠	略
3	梁端箍筋间距没有按设计图纸要求加密排布；	按设计要求进行加密	略
4	部分柱头梁端交叉处的加密箍筋未能在梁筋落入梁模时及时跟进布置；	梁筋落入梁模时，随落下及时安装加密箍筋	略
5	悬臂及临边洞口安全防护措施未搭设，存在安全生产隐患。	增加人员完善搭设安全防护措施	略
6	有的专业监理工程师桌面上的相关施工单位报审表已收到7天了，未能及时办理。	立即责成×××监理工程师完成其业务工作，我们将举一反三，防范再发生类似问题。	

以上存在的问题已经整改完毕，请予复查，特此回复。

项目监理部：（盖章）＿＿＿＿＿

项目总监：（签字）×××

日期：××年×月×日

注：此表一式二份，监理单位主管部门、项目监理机构各存一份。

工程复工令

工程名称：　　　　　　　　　　　　　　　　　　　　　　　GD-B1-218-□□□

致：×××新城工程总承包施工项目经理部（施工项目经理部）

　　我方发出的编号为＿＿×××＿＿停工令，要求暂停＿＿＿＿×××＿＿＿＿＿部位（工序）施工，经查已具备复工条件。经建设单位同意，现通知你方于×××××年××月××日××时起恢复施工。

　　附件：《工程复工报审表》（编号：××××）

项目监理机构：（盖章）＿＿＿＿＿＿＿＿＿＿

总监理工程师：（签字、加盖执业印章）×××

日　期：＿＿××年××月××日＿＿

注：本表一式三份，项目监理机构、建设单位、施工单位各一份。

602

监理周例会会议纪要

GD-B1-219-□□□

单位（子单位）工程名称	佛山××广场项目	施工阶段	中心岛地下室结构施工

各与会单位：

现将 监理周例会（第207周）会议纪要印发给你们，请查收。如有不同意见，请于收到本纪要后24小时内书面向我项目监理机构提出，否则视为各方认同纪要中所有内容，对与会各方均有约束力。

附件：会议纪要共9页，其中正文共8页，签到表1页。

项目监理机构：（项目章）＿＿＿＿＿＿

日期：×××年××月××日

会议地点	总包单位工地会议室	会议时间	×××年××月××日
组织单位	××××监理公司	主持人	×××
会议议题	监理周例会		
参加单位	参加会议人员		
××××置业公司（建设单位）	薛××、刘××、徐××、王××		
××××工程公司（总包单位）	王××、姚××、肖××、程××、谢××、陈××		
××××钢构有限公司（专业分包）	肖××、张××		
××人防工程有限公司（专业分包）	李××		
××××勘察设计院（基坑监测）	梁××		
××××工程勘察院（地铁监测）	黄××		
××××工程建设监理公司	杜××、谢××、周××、吴××、林××、冯××		

监理周例会（第 178 周）会议纪要（正文）

一、本周联合检查发现的主要问题及整改要求

序号	周联合检查发现的主要问题	责任单位	整改要求及措施
一	施工安全方面		
1	现场排水系统不完善，6/12 区边坡脚积水	总包	清排积水、尽快完善排水系统
2	3 区现场使用拖线插板	总包	不得使用拖线插板
3	4# 塔吊下钢筋加工场无安全防护棚	总包	必须搭设双层防护廊或拆除
6	抗浮锚杆班组钢筋加工场两名电焊工无证上岗	总包	特殊工种必须持证上岗
7	A 栋塔吊基础施工开挖深度超过 6 米无分级放坡	总包	尽量整改
8	东区地下室模板支撑用扣件扭力抽测合格率仅 20%	总包	专人监督，全部重新拧紧再测
二	施工质量方面		
1	东南侧锚杆用钢筋和 3 区套筒连接钢筋头未打磨	总包	钢筋头必须打磨，报监理确认
2	3 区底板局部钢筋接头在同一连接范围内	总包	钢筋接头错开，不得大于 50%

二、上周例会确定事项落实情况

序号	上周例会确定事项	完成时间	责任单位	落实情况	原因分析及处理意见
1	4# 钢筋加工场的拆除	4 月 10 日前	总包	跟进中	—
2	现场临时用电安全管理专题会	4 月 7 日	监理	完成	
3	样板引用方案的上报	4 月 10 日前	总包	编制中	周三前上报
4	南区排水系统的完善	4 月底前	总包	满足施工	继续完善
5	基坑安全通道施工的落实	4 月底前	总包	搭设中	抓紧落实
6	临电安全专题会	4 月 5 日	监理	完成	

三、上周进度计划执行情况监理分析

序号	工程项目	计划完成	实际完成	完成比例	计划执行情况分析
1	中心岛土方挖运	35000m³	7202m³	21%	累计 58.51 万方。因政府停工令白天不允许出土
2	12 剖第 1 级边坡喷混凝土（含台阶）	4 月 10 日	完成	100%	—
3	3 区底板防水施工、钢筋绑扎	4 月 10 日	已完成	100%	—
4	8/9 区锚杆施工（80 条）	4 月 10 日	已完成	100%	—
5	2 区承台砖膜砌筑及土方回填	4 月 10 日	基本完成	76%	—
6	4 区土方开挖，承台垫层浇筑	4 月 10 日	已完成	100%	—

四、上周施工质量主要问题及整改要求

序号	质量情况及问题	整改要求
1	总包专职质量员仅1人 质量管理人员不足	周末前增补到3人
2	基坑东区15-14段二级护坡喷射的混凝土面厚度抽查2个点不合格	复喷处理
3	2区底板8♯、23♯承台桩头防水未做已开始钢筋绑扎	拆除钢筋，不做防水
4	3区地下室首层板梁套筒连接扭力抽测合格率55%	全部重新拧紧后监理复测

五、上周施工安全主要问题及整改要求

序号	安全状况及存在问题	整改要求及措施
1	专职安员配备不足，特种作业人员证件未报审	本周5前增补上报
2	锚杆班组两名电焊工无证上岗	清退现场
3	施工现场电缆线拖地情况较多	拖地电缆要有保护措施
4	6区、12区第2级边坡脚泡水未及时抽排	逐步完善抽排水系统，清排积水
5	6、12、18区护坡施工还没对基坑支护安全造成威胁	增加劳动力，月底必须完成

六、各参建单位代表主要意见

1. ××××局总包单位

（1）姚××（生产经理）

1）上周完成情况：

➢ 上周实际出土量因政府环境治理发停工令，白天无法进行土方外运响导致进度滞后，本周实际出土7202m³，累积58.51万方；

➢ 3区底板防水施工、钢筋绑扎已完成，比甲方计划安排滞后一天；

➢ 2区坑中坑大承台砖胎膜砌筑，外侧土方回填已基本完成；

➢ 12剖面第一级边坡喷混凝土（含台阶）已按计划完成；

➢ 4区坑中坑土方开挖，承台垫层浇筑已完成；

➢ 8/9区锚杆施工（80条）已完成。

2）下周主要工作安排：

➢ 土方的持续开挖，挖机4台，运输车辆日均30辆；

➢ 4月12日完成2区坑中坑大承台防水施工；

➢ 3区负二层板钢管架搭设；

➢ 2区坑中坑大承台防水施工计划于本周内完成；

➢ 8/9区锚杆施工（150条）；

➢ 4区坑中坑大承台砖胎膜砌筑。

（2）肖××（技术部）

➢ 希望业主加快图纸问题解决速度，楼梯图纸尽快下发。

（3）陈××（设备安装部）

➢ 防雷检测手册遗失，希望甲方尽快处理这件事情；

➢ 希望业主尽快下发预留洞相关图纸。

（4）王××（项目经理）

➢ 因设计图纸变更，结构防水须重新组价，希望业主尽快确定防水独立费。

2. ××××钢构专业分包单位（张××）

➢ 1区、5区深化图纸已上报业主，请业主尽快协调设计审批核定；

➢ 逆作区钢结构第三方检测事宜请甲方尽快确认。

3. 基坑第三方监测单位：梁志恒（××有色勘察院）

➢ 基坑监测每三天监测一次，监测数据均属正常状态。

➢ 水位7个监测点水位持续缓慢下降。

➢ 新设的4个管线监测点跟上周对比没有多大的变化。

➢ 基坑周边新闻中心的主体及楼梯监测数据正常。

4. ××监理：杜××（项目总监）

（1）上周例会确定的事项落实情况：

➢ 上周监理组织召开了针对施工现场临时用电的安全专项检查和专题会，效果不错，为落实的下周一之前全部整改到位，作为下周二联合检查的重点；

➢ 南区排水系统正在完善，但排水能力不够，特别注意4区坑中坑的应急排水措施落实；

➢ 4♯塔吊下的临时钢筋加工场尽快拆除迁移，并落实基坑安全通道；

➢ 样板先行已纳入新的省统表质量验收必须程序，其资料要求归档，因此，质量样板专项方案尽快编报；

➢ 上周安排事项完成率50%，执行力不高，总包单位要抓紧落实。

（2）施工管理方面：

➢ 本周完成了项目第一块3区底板结构的施工，具有标志性意义。三局项目团队克服了很多困难，顾大局，对你们辛勤的努力给予肯定，希望再接再厉；

➢ 年前年后这段时间，设计供图及技术协调工作卓有成效，但设计供图仍然严重制约现场 的推进，特别是各专业图纸不能同时提供或设计滞后，会造成成本风险、质量返工风险和进度损失及索赔的发生，请业主充分考虑，进一步加大协调力度；

➢ 钢构已经开始加工制作，但设计深化图纸尚未得到设计院审定，钢构第三方检查单位还未招标确定，请业主要抓紧协调；

➢ 地下室结构施工图已发总包单位，要求总包组织人员抓紧审图及图纸会审，下下周五前完成设计交底和图纸会审；

➢ 结构施工已涉及预埋预留问题，三局负责统筹协调各分包单位做好综合管线布设深化图纸，业主协调相关专业分包单位配合；

➢ 所有分包单位进场须与总包签订安全管理协议，纳入总包统一管理，总包要履行好总协调职责；总包下周将包括分包在内的项目管理组织架构及人员配置报监理审查；

> 工程已全面动工，总包单位项目经理要到位或尽快办理变更手续，质量部、安全部和技术部管理人员均不能满足要求，尽快增补。

（3）施工安全方面：

> 预报近期有中到大雨，总包准备大的排水泵，做好 4 区坑中坑应急抽排，以防不测，同时，全速加快 4 区坑中坑的施工，必须在下周二完成其承台混凝土浇筑；

> 2 区及 4 区坑中坑设计院提供的图纸无法实施，现场三方签字确认的设计方案已经实施，总包单位下周二前按照实际施工情况完成坑中坑的施工图设计并上报甲方由设计院确认作为验收和计量依据；

> 南区中心岛至少须增加两台配电箱，下周一前安装到位；

> 护坡施工过于缓慢，不仅制约中心岛结构施工推进，也涉及基坑安全，所以必须加快施工速度，月底必须全部完成；

> 西南角基坑边大量堆放进场的钢筋，存在安全问题，基坑 2 米范围内不允许堆放材料；

> 1♯塔吊基础开挖土坡高达 6 米未采取任何安全防护措施，要分层放坡并落实防护措施；

> 项目三位一体的安全领导小组已经成立，下周起，每周二 9：00 进行安全质量大检查，由安全组长周工具体负责组织，业主、总包、监理项目负责人要参加。

（4）质量方面：

> 3 区地下室地板施工质量总体评价还是可以的，但细部存在一些问题，如桩头部位的防水处理、套筒机械连接钢筋头打磨问题等，希望总包单位做好质量交底工作，严格按设计图纸和规范标准施工。

> 按照新的质量验收统一标准和新的省质量统表要求，检验批验收前必须先完成工序实物样板的制作和验收、隐蔽工程质量检查记录、施工记录并须监理签证确认纳入验收归档资料，要求总包单位及各个分包单位在月底前全面按照新的规定要求做好质量管理及验收，资料不得后补和代签名，我们监理不予配合做假资料，由此造成最终项目验收困难由责任单位自己负责。

> 按照甲方要求，结构楼层楼板面按结构移交不需要批荡、抹灰和找平，因此，施工单位要严格控制好楼板的模板刚度、高度、起拱、平整度，否则造成的二次找平相关费用由施工单位承担；

> 加强柱位放线及测量复核，严格控制好柱子模板的搭设质量及验收，以确保柱的混凝土结构质量、位置及垂直度；

> 4 月份我们监理再次组织召开《2016 版省质量统表使用》宣贯专题会议，要求业主、监理、总包及各分包单位质量管理人员，包括施工员、工长、质量员、技术负责人、项目经理等相关人员必须参加。

（5）进度方面：

> 目前影响现场进度有序推进的主要原因是土方外运滞后及制约，昨天建设局来工地又再次下发了停工令，并要对施工单位和监理单位进行诚信扣分，希望总包单位加强内外部的协调，白天不能出土，但夜间要延长出土时间，最少到夜里 2 点；

➤ 业主持续协调加快供图，尽快确定钢构第三方检测单位和专业分包单位进场。

5. 建设单位（××××置业公司）

（1）王××（工程部材料组）

➤ 进场的防水材料还未送检；

➤ 要求在材料使用过程中进行自查自检；

➤ 钢构预留的样品要送甲方进行封样；

➤ 进场材料相关证明稍微滞后，尽快上报，完善资料的闭合。

（2）刘××（工程部土建组）

➤ 现场加工区域灭火器配备不足；

➤ 止水钢板现场的焊接方式是对接焊接，焊头不饱满，做法应该是搭接双面焊；

➤ 底板完成后的厚度与内墙钢筋保护层厚度不一致；

➤ 墙与墙搭接位置钢筋锚固长度不够，要按规范要求施工。

（3）刘××（工程部机电组）

➤ 现场二级配电箱未做重复接地，要求尽快落实该项工作；

➤ 配电箱编号还是不够完善，尽快落实；

➤ 防雷接地完成后，有关2016版省统表的填写还是有问题的，要尽快解决。

（4）徐××（成本部）

➤ 王经理刚刚提出的防水材料独立费及签证问题再沟通；

➤ 测量这块监理要留意一下。

（5）薛××（工程部经理）

➤ 虽然现场底板工作面施工已展开，但还是不符合原计划要求，中心岛原计划5月底完成±0.000标高以下的施工的，进度这块是主线，王经理主要推动进度这块，我方问题我方尽快解决，近期会把图纸会审问题尽快解决；

➤ 监理把每个区的进展情况每天汇报给我方；

➤ 材料验收甲方要参与，所有材料验收、隐蔽验收必须通知及时我方；

➤ 现场必须按图施工，总包单位图纸到位后尽快消化，必须书面提出图纸问题；

➤ 基坑安全通道尽快落实；

➤ 现场安全文明施工要落实，比如现场的防尘问题。

七、需协调的问题及答复意见

序号	需协调问题	计划完成时间	责任单位	答复意见
1	防水独立费价格的确认	尽快	业主	本月底前处理
2	地下室正式蓝图全套下发	尽快	业主	争取本月中解决
3	钢结构深化图纸确认，影响制作安排	尽快	业主	已报设计审核，尽快
4	甲方协调钢结构第三方检测单位进场	尽快	业主	立即启动招标
5	人防图纸（建筑、结构）的下发	尽快	业主	尽快解决
6	前期遗留商务问题的推进	尽快	业主	月底总部派人商谈

八、本周例会确定事项及要求

序号	本周会议确定事项	完成时间	责任单位
1	4#钢筋加工场的拆除及转移	4月18日前	总包
2	坑中坑承台混凝土浇筑施工	4月18日前	总包
3	2、4区坑中坑图纸的绘制	4月18日前	总包
4	《2016版省统表使用》宣贯专题会议	4月中下旬	监理
5	基坑安全通道施工的落实	4月18日前	总包
6	安全质量大检查,各方项目负责人必须参加	4月18日	监理

××××工程监理有限公司

××××广场项目监理部

总监签发：　杜××

2017年4月13日

记录整理：×××

抄报：××××置业有限公司　　　　　　　　抄送：××局集团有限公司

监理月报封面格式

GD-B1-220-□□□

（工程名称打印）

监 理 月 报

第___期

___年___月___日 至___年___月___日

总监理工程师：（签名）_____

签发日期：_____年__月__日_____

（监理单位名称打印）
（项目监理机构名称打印、盖项目章）

监理工作总结封面格式

GD-B1-221-□□□

（工程名称）

监理工作总结

（＿＿年＿月＿日　至＿＿年＿月＿日）

（监理单位名称打印、盖公章）

（　）年（　）月（　）日

广州××地产公司××新城E2街区

监理工作总结

一、工程概况

本工程位于广州市天河区五山路华南农业大学实验农场地段，由广州××地产开发有限公司投资开发。建设工程规划许可证编号：穗规建证〔2008〕326。本工程总用地面积50249m²，建筑面积200405m²，其中地上146321m²；10栋高层住宅楼，分南北两排布局：南排为A1、A2栋，B1、B2、B3栋（30层）；北排为C1（26层）、C2（29层）、C3（30层）栋，D1、D2栋（30层）；地下三层，地下主要功能为车库、设备房、人防等。框架剪力墙结构，抗震设防烈度7度，耐火等级地上为Ⅰ级，设计使用年限50年。土建工程合同造价约2.6亿。

本工程主要参建单位如下：

设计单位：广东省×××建工设计院；

勘察单位：广东省×××工程勘察院；

审图机构：广州市×××设计院工程技术咨询中心；

质量监督：广州市×××建设工程质量监督站；

安全监督：广州市×××建设工程安全监督站；

检测单位：广州×××建设工程质量安全检测中心有限公司（监督抽检）、广州市×××材料检测有限公司、广州×××工程质量安全检测中心；

施工总包单位：中国建筑第八工程局有限公司；

专业分包单位：广州市×××机电安装有限公司、×××建设集团有限责任公司及茂名市×××建筑工程总公司等；

工程监理单位：广州市东建工程建设监理有限公司。

二、监理组织机构及监理人员

本工程监理机构设置有：地质及测量专业组、土建专业组、装饰装修专业组、安装专业组、园建专业组、综合组；人员配置包括：总监、总监代表、专业监理工程师、造价工程师、监理员、资料员等；所有监理人员全部持有监理上岗培训证书，专业包括工程地质、地测量、工民建、机电安装、装修、造价、市政园林等，项目监理团队专业齐全、知识层次结构合理，整体素质较高；检测仪器主要有：全站仪、经纬仪、扭力扳手、量尺、综合检测包、混凝土回弹仪等。

三、监理合同履行情况

1. 本工程按监理合同约定的范围实施监理，主要包括：基坑工程、桩基础工程、土建工程、机电安装工程、精装修工程、市政园林工程、生活垃圾回收及处理系统工程等。项目监理部依照监理合同全面优质履约，以主人翁的姿态，以事前预控为主线，以过程控制为基础，规范执业专业服务，圆满完成了施工阶段的监理任务，全面实现了业主拟定的质量、进度等各项管理目标。

2. 根据委托监理合同，及时监督、检查建设施工合同的履行情况。总监组织全体监理人员认真学习合同文件，对合同条款按专业、岗位进行分解，即将合同履行监督的内容、方法和职责落实到每一个人、每一个岗位。

3. 严格进行以下报审程序：如工程开工报审、施工组织设计（方案）报审、分包单位资格报审等。在监理工作中，及时预测和发现和解决问题，评估和处理了多项索赔与反索赔事件。

4. 明确信息来源、传递、处理方式。监理部一进场就对总包、分包等相关单位进行工作交底，明确资料传递流程。工程资料应执行工程合同的有关条款，执行 2003 年省质量统一用表、安全统表，及业主内部表格，做到报表格式化、标准化，施工过程资料应与工程实体同步。归档立卷严格按照市档案管理规定。

5. 督促施工单位建立内部管理台账。由专职资料员完成，如原材料进场、材料报板报验、见证送检复验等质保资料台账。

6. 我司于 2008 年 12 月派驻监理部进场，展开汇景新城 E2 街区住宅楼工程施工阶段的监理工作，历时近 3 年，如期按合同、勘察设计文件、规范标准完成监理工作，并全面竣工交付业主。本工程 2010 年获评"广州市建设项目结构优良样板工程"，2009 年评为"广州市安全文明施工优良工地"称号，并作为市质监站样板示范工地供同行参观学习。监理工作赢得了建设主管部门和业主的高度评价。

四、施工质量监理工作

1. 建立完善的质量管理体系及制度：检查督促施工单位建立完善的项目质量管理体系及制度，明确质量责任到岗、到人，认真执行质量自检、互检和专检制度和自查自纠制度，严格执行质量验收标准及程序。同时，监理组织建立了业主、监理和施工单位各方质量管理人员参加的三位一体集成化的项目质量管理领导小组，在管理上为质量保证及创优提供了组织保障，统一质量管理标准，共同完成对质量的管控，实现了质量高标准、高效率管理。另外还建立了每周红旗谱劳动竞赛奖励活动，并将安全和质量列为评比的先决条件及一票复决权。

2. 质量控制、技术先行：每个分项分部工程在开工前，施工单位必须编制专项施工方案，监理单位编制以质量控制为中心的针对性监理实施细则，明确每道工序的质量控制标准、检查方法、检测验证手段、责任单位及责任人等等，并组织各方质量管理人员及施工人员进行学习讨论，达成共识、统一标准及要求，所有的技术文件按照创市优标准制定。本项目共完成审查施工组织设计和专项施工方案约 90 份，监理机构编制分项分部工程质量控制标准及监理细则约 56 分。

3. 预防控制、样板先行：本项目样板先行不走过程、不做样子，实打实的执行好样板先行这一质量预控手段，并把样板先行作为工程质量控制及验收的必须程序。从桩基础开始、主体结构的模板、钢筋制安、混凝土、砌体、防水，直到装饰装修阶段的每个关键工序都全面推行样板先行，以制作现场工序实物样板为主，样板墙和样板间为辅相结合，达到事先统一工艺质量标准、做法，事中先样板验收后展开施工。

4. 严把材料质量关：所有材料，特别是钢筋和混凝土等涉及安全的重要材料，必经三方共同验收确认方可进场，并严格按照规定在施工现场见证抽样送检，坚持先检后用原则，对不合格的材料在监理监督下清退现场，杜绝了不合格的材料用于本工程。本项目共完成见证取样送检约 590 批次。同时，监理对重要的工程实体质量如混凝土等实施了平行检验，共完成平行检验及记录 120 份。

5. 强化过程质量管控：将质量验收及工作重点前移到检验批之前，强化对工序施工过程和隐蔽工程的质量检查验收及记录，确保了检验批质量评判及验收走过程。对关键部位和关键工序实施全过程的现场跟班监督或旁站监理。本项目共签发监理工程师通知单 170 份，监理工程联系单 48 份，旁站记录 350 份，组织监理周例会 160 次，质量专题会议 36 次。

五、工程投资控制工作

1. 重视交底，明确计量与支付程序：监理部进场后，编制《计量与支付实施细则》，进一步明确工程量计算书格式内容，细化签证文件等必备的计量支持材料，组织相关施工单位学习，提高效率。工作中坚持科学、独立、公正的原则，严格按照合同文件等有关计价文件要求，确保计量与支付工作质量如期完成。

2. 加大工程变更签证的审核力度：针对费用变更，事先明确签证单内容须包括：签证项目、签证依据、计算过程和结果，必要时应包括实测数据和示意图、相片等应提交的支持材料。本工程变更洽商能及时与业主、施工单位协商，达成一致意见。既维护了建设单位的合法权益，又不损害施工单位的利益。

3. 严格执行监理部三级审核制度：坚持现场监理员、计量专业监理工程师，总监审核批准的逐级审查程序。

4. 强化造价动态管理：针对本工程工期长，受价格变动等不可预见因素及装修阶段变更多等特点，按照合同条款及时调整合同总价，严格工程月进度计量和工程预付款、进度月付款、保留金、完工结算等工程款支付的审核，共完成进度计量支付 368 份，现场签证 183 份。审查签署达到了准确、可靠、及时的要求。

六、施工进度控制工作

1. 开工前，监理协调组织业主、施工单位共同编制了《项目管理策划书》，推行三位一体的集成化管理模式，将三方管理人员集成为一个项目管理团队，统一了"细节成就品质、执着成就理念、和谐创造共赢"的项目管理共识，优势互补，齐抓共管，目标一致，齐心协力，高效执行。为项目管理奠定了基础。

2. 抓节点目标工期：通过审查总包、分包等施工单位施工组织设计（方案），明确各主要工序、关键节点目标的合理的施工工期。根据本工程的特点，着重审查、完善修改了工程总体进度控制计划并按周计划进度进行目标分解，并每周通过实际完成工程量与计划完成工程量的对照检查，进行偏差分析，同时督促施工单位根据施工周进度计划合理调配劳动力及材料进场计划，根据实际状况调整施工组织计划。

3. 深入现场，与各方沟通：本工程不但具有合同标段复杂、施工界面交叉，甲供料单位多，而且业主内部有一套管理制度，对质量、工期要求特别高等特点，组织协调难度相当大，为此，监理部制定了针对性措施和采取了有效方法，深入现场，及时发现问题及时与各方沟通，抓中间交接工作，及时协调处理施工过程中出现的各种施工界面间的衔接问题，建立了工序间、施工单位间的中间书面交接管理制度，较好地解决了交叉作业责任不清导致扯皮现象的发生。

4. 本项目重要节点工期目标和总工期目标全面实现。重要节点工期完成情况如下：

➤ 2008 年 12 月 2 日：取得《施工许可证》，基坑开工；

> 2009 年 1 月 5 日：基础桩工程开工；
> 2009 年 2 月 10 日：总承包开工典礼；
> 2009 年 3 月 4 日：基坑支护提前 36 天完工；
> 2009 年 3 月 5 日：总承包正式开工（计划总工期 750 日历天）；
> 2009 年 3 月 18 日：桩基础提前 8 天完工；
> 2009 年 5 月 25 日：塔楼±0 以下结构提前 36 日历天完成；
> 2009 年 10 月 12 日：比计划提前 18 天完成塔楼 2/3 节点；
> 2009 年 12 月 11 日：主体结构封顶仪式，比计划提前 30 天完成；
> 2010 年 5 月 20 日主体结构分部完成质监站质量验收登记表；
> 2011 年 3 月 10 日精装修完成；
> 2010 年 10 月 25 日：33 台电梯完成专业检测验收；
> 2011 年 10 月 18 日：消防专项验收；
> 2011 年 10 月 26 日：市安全监督站出具安全评价书；
> 2011 年 10 月 27 日：节能专项验收；
> 2011 年 11 月：人防专项验收；
> 2011 年 11 月：竣工备案资料整理、分户验收、综合验收。

七、安全文明施工监理工作

1. 全面贯彻安全第一、施工必须安全、安全服务施工的安全管理理念，督促施工单位建立完善的安全管理体系及制度，特别是安全隐患自查自纠制度和岗位责任制度。同时规定，所有进场的分包单位必须纳入总包单位统一管理，严格执行安全管理程序、制度、标准，坚持安全设施必须与主体工程同时设计、同时施工、同时投入生产和使用的安全管理原则。项目建立了业主、施工和监理共同参加构成的安全管理领导小组。

2. 对危险性较大的安全措施工程按照规定在施工前必须编报安全专项施工方案和安全监理实施细则，并在开工前由监理组织各方进行宣讲、学习和交底，把要求说在事前，避免施工单位习惯性冒险作业、习惯性违规违章行为。并参与见证施工单位的内部安全交底工作，防患于未然。

3. 建立了日常安全监理巡查制度、每周定期安全联检制度、不定期的专项安全检查制度、安全措施过程验收制度、安全旁站制度、每周安全会议制度等，对施工过程实施全方位、全过程、无死角的管控，以及对工地每周一次的定期安全文明施工联合大检查制度，检查监督安全内容和措施的落实情况，并且对存在的问题分别以发出监理通知单、口头通知和会议提出等不同方式要求整改。本项目共发出安全隐患整改通知书157 份、暂停工整改指令 3 份、安全旁站记录 21 份、安全措施工程验收记录 36 份。

4. 本项目施工中未发生任何不安全事件和安全事故，安全监理工作得到了安监站的多次表扬，并获评"2009 年度广州市安全文明施工优良工地"光荣称号。

八、结束语

历时 3 年的努力与期盼，汇景新城 E2 街区住宅楼工程如期、安全、顺利的全面完工，成功实现了业主精品工程、高档社区、豪宅标杆的项目管理定位。该工程符合我国现行法律、法规、工程建设标准、设计文件和施工合同要求，工程质量验收合格，并获得广州市结构样板和广州市安全文明样板工地的双优佳绩。这不仅见证了项目监理团队人员严谨的工作态度、规范的执业水平和诚信的服务能力，也凝聚了参建各方辛勤的付出和智慧。在此，向广州市安全监督站、质量监督站和各参建单位对我监理工作的指导、支持、理解、配合和帮助表示衷心的感谢。

广州市××工程监理有限公司

佛山××广场项目监理部

总监签发：＿＿×××＿＿

×××年××月××日

质量评估报告封面格式

GD-B1-222-□□□

房屋建筑工程质量评估报告

（＿＿＿年＿＿月＿＿日 至＿＿＿＿年＿＿月＿＿日）

单位工程名称：＿＿＿＿＿＿＿＿＿＿＿＿

监 理 单 位：（公章）＿＿＿＿＿＿＿

发 出 日 期：＿＿＿＿＿＿＿＿＿＿＿

监理通知回复单

工程名称：   GD-B1-223-□□□

致： <u>×××新城工程项目监理部</u> （项目监理机构）

    我方接到编号为 <u>GD-B1-210-□□□</u> 的监理通知单后，已按要求完成了相关工作，请予以复查。

附件：

工程质量整改情况说明：

（1）我部已停止了对××区内支撑梁两条长大梁的打凿拆除工作，现按××总监意见，从短支撑（里面）往长支撑（外面）逐条打凿；

（2）我部对该部位混凝土浇捣施工时，已按相关规定留置负一层梁板混凝土抗压试件外，另外增加多留几组试件，并采取技术措施将混凝土提高了一个级别和采用早强剂的措施；在支撑梁拆除前，将送试验室进行抗压试验，并按要求规范填写《拆除基坑支护内支撑梁报批表》，报送监理单位审批；

（3）在支撑梁拆除施工过程中，我部将加强进行基坑变形观测工作，确保基坑的稳定、安全。

施工单位：（盖章）

项目经理：×××

日期：××年×月×日

复查意见：

    经现场检查，施工单位于××年××月27日傍晚接到项目总监签发的编号：××××的《监理通知》后立即停止了内支撑大梁拆除施工。按要求待××区负一层梁板混凝土强度等级达到70%的设计强度等级后方可申报拆除手续，并填报《拆除基坑支护内支撑梁报批表》经项目总监批准后，才安排作业班组进行内支撑大梁拆除施工。

项目监理机构：（盖章）

总/专业监理工程师：（签字）×××

日期：××年×月×日

注：本表一式三份，项目监理机构、建设单位、施工单位各一份。

监理工作联系单

工程名称：　　　　　　　　　　　　　　　　　GD-B1-224-□□□

致：广州×××房地产实业开发有限公司、×××建筑工程、广东×××混凝土有限公司、广州市×××材料检验有限公司 　　事由：关于使用"广州市混凝土质量追踪及动态监管系统"事宜 　　内容：按照市城乡建设委《关于推广使用广州市混凝土质量追踪和动态监管系统的通知》（穗建质〔2010〕25号）、《关于广州市混凝土质量追踪及动态监管系统使用情况的通报》（穗建质〔2010〕648号）的规定，本工程已经纳入到"广州市混凝土质量追踪及动态监管系统"，现将系统使用相关规定和信息告知如下： 　　一."广州市混凝土质量追踪及动态监管系统"网址：http：//hnt.gzcl.gov.cn/login.aspx。本工程质监监督号为 sza2010040051，系统登录用户名，业主单位：szjl256-js 初始密码 123456，施工单位：szjl256-sg 初始密码 123456。 　　二、请施工单位立即按照相关规定和要求上报商品混凝土供应厂家，第三方材料检测单位，并将本工程质监监督号转达商品混凝土厂家、第三方材料检测单位，积极协调上述单位做好混凝土资料的上网工作。 　　三、请施工单位积极准备，按照相关规定要求做好混凝土进场后的坍落度检测工作。 　　四、按文件规定，本工程全部质量信息都必须上报"广州市混凝土质量追踪及动态监管系统"，包括涉及质量的：监理工程师通知单，监理工作联系单，工程暂停令，监理快报，监理月报等文件。现要求施工单位接到上述通知文件后立即落实及时回复关闭。 　　五、定于××年×月×日今天下午3点在工地会议室召开专题会，各方人员参加。   　　　　　　　　　　　　　　　　　　　　　　　发文单位：（盖章） 　　　　　　　　　　　　　　　　　　　　　　　负责人：＿＿×＿＿×＿＿×＿＿ 　　　　　　　　　　　　　　　　　　　　　　　日期：××年××月××日

工程材料、构配件、设备报审表

GD-B1-225-□□□

单位（子单位）工程名称	

致：×××新城工程项目监理部（项目监理机构）

我方于××年××月××日进场的工程材料/构配件/设备数量如下（见附件）。现将质量证明文件及结果上报，拟用于下述部位_____×××× _____。

请予以审查。

附件：1. 工程材料/构配件/设备数量清单（包括名称、来源和产地、用途、规格）

2. 质量证明文件（产品合格证、产品使用说明书、试验报告等）

3. 自检结果

施工单位：（盖章）_____

项目经理：×××_____

日期：××年12月22日

进场前审查意见：

本次申报的《工程材料/构配件/设备报审表》中载明的材料/构配件/设备的名称、来源和产地、用途、规格符合投标文件及《本工程建筑材料（含构配件及设备）看样定板管理办法》的规定，提供并加盖施工单位公章的《出厂质量证明文件》和建筑节能、绿色环保及消防等技术性能指标符合设计文件及相关技术规范的要求，同意其采购进场。

项目监理机构：（盖章）_____

专业监理工程师：（签字）×××_____

日期：××年×月×日

使用前审查意见：

本次进场的工程材料/构配件/设备已按现行有关规定进行现场见证取样送检（或复检），其检测试验结果报告符合设计文件及相关技术规范的要求，同意其使用其申报的部位。

项目监理机构：（盖章）_____

专业监理工程师：（签字）×××_____

日期：××年×月×日

附件：施工单位报送见证取样送检（或复检）、监督抽检等试验结果报告。

工程竣工报验单

GD-B1-226-□□□

单位（子单位）工程名称	

致：×××新城工程项目监理部_____（项目监理机构）

我方已按合同要求完成了_____×××_____工程，经自检合格，请予以检查和验收。

请予以审查。

施工单位：（盖章）_____

项目经理：×××_____

日期：××年 12 月 22 日

审查意见：

经验收，该工程

1. 符合□不符合□我国现行法律、法规要求；

2. 符合□不符合□我国现行工程建设标准；

3. 符合□不符合□设计文件要求；

4. 符合□不符合□施工合同要求。

综上所述，该工程验收合格/不合格，可以/不可以组织正式验收。

项目监理机构：（盖章）_____

总监理工程师：（签字）×××_____

日期：××年×月×日

审查意见：

建设单位：（项目盖章）_____

项目负责人：（签字）×××_____

日期：××年×月×日

混凝土工程浇灌审批表

GD-B1-227-□□□

单位（子单位）工程名称	

致：×××新城工程项目监理部 　　　　　　（项目监理机构）

下列工程（部位）的模板、钢筋工程等已施工完毕，经自检符合技术规范及设计要求，并请准予浇筑混凝土。

附件：1. 混凝土的配合比

　　　2. 建筑材料报审表

施工单位：（盖章） 　　　　　　

项目经理：×××　　　　　

日期：××年 12 月 22 日

工程或部位名称	混凝土强度等级	备　注

混凝土开始浇筑时间：××××年××月××日××时

预计浇筑结束时间：××××年××月××日××时

项目监理机构审查意见：

项目监理机构：（盖章） 　　　　　　

专业监理工程师：（签字）×××　　　

总监理工程师：（签字）×××　　　

日期：××年×月×日

2.2 《建设工程监理规范》(GB/T 50319—2013) 监理用表填写实例

B.0.1 施工组织设计/(专项)施工方案报审表

工程名称： 编号：

致：×××新城工程项目监理部（项目监理机构） 我方已完成×××新城 工程施工组织设计/(专项)施工方案的编制和审批，请予以审查。 附件：□✓施工组织设计 6 份 　　　□ 专项施工方案 　　　□ 施工方案 <div align="right">施工单位：(盖章)　　　　　 项目经理：×××　　　　　 日期：××年×月×日</div>
审查意见 　　经审查该施工组织设计符合有关规范标准和图纸及合同要求，部分需修改、补充和完善的内容详见附件《监理机构审查表》（编号：××××）中提出的事项，经补充和完善后同意再报总监审批（超过一定规模的危险性较大分部分项工程须经建设单位负责人审批），并按经批准的施工组织设计实施。 <div align="right">专业监理工程师：　×××　　 日期：××年×月×日</div>
审核意见 　　同意专业监理工程师的审查意见；涉及工程质量和施工安全的关键工序、重要部位和高危作业等，总施工单位、专业分包单位的项目部负责人、安全主任、技术负责人及质量安全管理人员必须亲自把关，只有自检合格并申报验收合格后，方能进入下道工序施工；严格按照经审查批准的本《施组（方案）》组织施工，确保符合国家工程建设标准强制性条文的要求，确保本工程安全和质量万无一失。同时，此施工组织设计及专项（高危作业）施工方案的批准，不涉及工程造价的变化。 <div align="right">项目监理机构：(盖章)　　　　　 总监理工程师：(签字、加盖执业印章)××× 日期：　××年×月×日</div>
审批意见（仅对超过一定规模危险性较大分部分项工程专项方案） <div align="right">建设单位：(盖章)　　　　　 建设单位代表：(签名)××× 日期：××年×月×日</div>

注：本表一式 6 份，项目监理机构、建设单位各存 1 份，施工单位存 4 份。

B.0.2 工程开工报审表

工程名称： 编号：

致：×××新城工程项目建设办（建设单位）

×××新城工程项目监理部（项目监理机构）

我方承担的 ××× 新城工程 ，已完成相关施工准备工作，已具备开工条件，特申请于××年×月×日为开工日期，请予以审批。

附件：1. 工程建设前期法定建设程序检查表

2. 施工现场质量管理检查记录

3. 单位工程开工申请报告

4. 项目监理机构要求的其他文件

施工单位：（盖章）

项目经理：×××

日期：××年×月×日

审核意见：

① 拟开工项目施工单位资质、招投标文件、中标文件、施工合同齐全。

② 拟开工项目的施工图纸已通过审图机构专门审查，建筑节能、消防、人防、防雷、绿色环保等专项审查手续备案工作已办理；施工图纸已进行会审，并经设计、建设单位确认。

③ 拟开工项目施工组织设计（或施工方案）已报审并得到批准，现场质量管理体系已建立，专业技术管理人员配备符合要求。

④ 拟开工项目使用的材料、构（配）件、设备的订货（供货）计划已编制并落实，第三方检测方案已制定，施工机械设备（机具）、工具、计量器具配备满足要求。

⑤ 施工现场管理权使用权已办理移交给施工单位手续，现场四通一平（水电路网络及场地平整）工作已具备。

⑥ 工程质量和安全生产监督手续也已办理完毕。

⑦ 施工前符合相关的法规要求，本工程施工许可证都已颁发并领取。

综合以上因素，本项目施工准备工作已基本就绪，具备施工条件，满足开工要求，同意本工程于××年×月×日为正式开工日。

附件：×××新城项目《工程开工令》。

项目监理机构：（盖章）

总监理工程师：（签字、加盖执业印章）×××

日期：××年×月×日

审批意见

同意开工，本工程正式开工日期确定为：××年×月×日。

建设单位：（盖章）

建设单位代表：（签名）×××

日期：××年×月×日

注：本表一式8份，项目监理机构、建设单位、质安监督站各存1份，施工单位存4份。

B.0.3 工程复工报审表

工程名称： 编号：

致：×××新城工程项目监理部（项目监理机构）
编号为×××《工程暂停令》所停工的×××新城工程所有施工部位，已满足复工条件，我方申请于××年12月23日7时起复工，请予以审批。 附件：证明文件资料   施工单位：（盖章） 项目经理：××× 日期：××年 12 月 22 日
审核意见 经审查复核，我部签发的《工程暂停令》（编号为 ××××）要求×××新城工程所有施工部位实施暂停施工的因素，经过施工单位项目部组织力量的整改和完善已经全部消除，已具备复工条件，同意本工程所有施工部位于××年12月23日7时起全面复工。复工日定为××年 12 月 23 日，请建设单位领导予以审批。   项目监理机构：（盖章） 总监理工程师：（签字）××× 日期：××年 12 月 22 日
审批意见 同意本工程于××年12月23日7时起全面复工，复工日定为××年12月23日，请施工单位加大人、材、物及机械设备等资源的投入，科学组织施工，确保工程计划目标的实现。   建设单位：（盖章） 建设单位代表：（签名）××× 日期：××年 12 月 22 日

注：本表一式 6 份，项目监理机构、建设单位各存 1 份，施工单位存 4 份。

B.0.4 分包单位资格报审表

工程名称：　　　　　　　　　　　　　　　　　　　　编号：

致：×××新城工程项目监理部（项目监理机构）

致：×××新城工程项目监理部（项目监理机构）

经考察，我方认为拟选择的××工业设备安装公司（分包单位）具有承担下列工程的施工或安装资质和能力，可以保证本工程按本《施工合同》第××条款的约定进行施工/安装。请予以审查。

分包工程名称（部位）	分包工程量	分包工程合同额	分包工程占全部工程
通风空调安装专业	45000m²	953 万元	2.40 %
消防工程安装专业	45000m²	636 万元	1.60 %
电气工程安装专业	45000m²	1567 万元	3.90 %
合　计		3156 万元	7.90 %

附件：1. 分包单位资质材料；

2. 分包单位类似专业工程业绩材料；

3. 分包单位拟投入的人员资质、业绩及管理能力等情况（含专职管理、特种作业人员上岗证件）；

4. 总包对分包单位管理架构、管理制度。

施工单位：（盖章）

项目经理：×××

日期：××年12月22日

审查意见

经审查××工业设备安装公司具有工业设备安装专业一级总承包及施工资质，符合本次申报的三个专业工程的安装施工能力，请总监审批。

专业监理工程师：　×××

日期：××年×月×日

审核意见

同意由××工业设备安装公司承担×××新城项目的通风空调、消防及电气三个专业工程分包施工的安装单位。

项目监理机构：（盖章）

总监理工程师：（签字）×××

日期：××年×月×日

注：本表一式6份，项目监理机构、建设单位各存1份，施工单位存4份。

626

B.0.5 施工控制测量成果报验单

工程名称： 编号：

致：×××新城工程项目监理部（项目监理机构）
 	
我方已完成×××新城项目工程原地貌标高和建筑红线的施工控制测量，经自检合格，请予以查验。
 	
   附件：1. 测量人员资质及编号　8　页
        2. 测量设备鉴定证书编号　3　页
        3. 放样的依据材料　2　页
        4. 测量成果表（内业计算书、测量仪器、测工岗位证书号）　3　页
 	
<div align="right">施工项目经理部：（盖章）＿＿＿＿
项目技术负责人：（签字）×××
日期：××年×月×日</div>

审查意见   经设计、监理和建设单位现场代表于××年××月××日至××月××日对施工方申报的《×××新城项目工程原地貌标高和建筑红线测量成果》进行了现场复测核验，其测量成果符合设计图纸及规划局放线要求，符合相关测量规范要求的精度，放线结果正确，现场检验合格，同意向市国土规划部门申报施工放线核准手续，申领到《×××市建设工程放线记录册》后，即可进行下道工序的施工。 <div align="right">项目监理机构：（盖章）＿＿＿＿ 专业监理工程师：（签字）××× 日期：××年×月×日</div>

注：本表一式6份，项目监理机构、建设单位各存1份，施工单位存4份。

B.0.6 工程材料/构配件/设备报审表

工程名称： 编号：

致：×××新城工程项目监理部（项目监理机构）
于××年××月××日进场的拟用于工程地基与基础、主体结构部位的<u>工程材料/构配件/设备</u>数量如下（见<u>附件</u>），经我方检验合格，现将相关资料报上，请予以审查。 　　附件：1. 工程材料/构配件/设备数量清单（包括名称、来源和产地、用途、规格） 　　　　　2. 质量证明文件（产品合格证、产品使用说明书、试验报告等） 　　　　　3. 自检结果   　　　　　　　　　　　　　　　　　　　　　施工单位：<u>（盖章）</u> 　　　　　　　　　　　　　　　　　　　　　项目经理：<u>×××</u> 　　　　　　　　　　　　　　　　　　　　　日　期：<u>××年 12 月 22 日</u>
进场前审查意见： 　　本次申报的《工程材料/构配件/设备报审表》中载明的材料/构配件/设备的名称、来源和产地、用途、规格符合投标文件及《本工程建筑材料（含构配件及设备）看样定板管理办法》的规定，提供并加盖施工单位公章的《出厂质量证明文件》和建筑节能、绿色环保及消防等技术性能指标符合设计文件及相关技术规范的要求，同意其采购进场。   　　　　　　　　　　　　　　　　　　　　　项目监理机构：<u>（盖章）</u> 　　　　　　　　　　　　　　　　　　　　　专业监理工程师：<u>（签字）×××</u> 　　　　　　　　　　　　　　　　　　　　　日　期：<u>××年×月×日</u>
使用前审查意见： 　　本次进场的工程材料/构配件/设备已按现行有关规定进行现场见证取样送检（或复检），其检测试验结果报告符合设计文件及相关技术规范的要求，同意其使用其申报的部位。   　　　　　　　　　　　　　　　　　　　　　项目监理机构：<u>（盖章）</u> 　　　　　　　　　　　　　　　　　　　　　专业监理工程师：<u>（签字）×××</u> 　　　　　　　　　　　　　　　　　　　　　日　期：<u>××年×月×日</u> 　　附件：施工单位报送见证取样送检（或复检）、监督抽检等试验结果报告。

　　注：本表一式 6 份，项目监理机构、建设单位各存 1 份，施工单位存 4 份。

B.0.7 _____ 报审、报验表

工程名称： 编号：

致：×××新城工程项目监理部（项目监理机构）

我方已完成____地下室负二层东1区桩承台和底板的钢筋工程安装施工____工作，经自检合格，请予以审查或验收。

附件：□ 隐蔽工程质量检验资料

□✓地下室负二层东1区桩承台和底板钢筋安装工程检验批质量验收记录表

□ 分项工程质量检验资料

□ 施工实验室证明资料

施工项目经理部：（盖章）_____

项目经理或项目技术负责人：（签字）×××

日期：××年×月×日

审查或验收意见：

施工方申报部位的钢筋安装工程已施工完成，自检合格并填写了《地下室负二层东1区桩承台和底板钢筋安装工程检验批质量验收记录》，我项目监理部于××××年×月×日×时至××时，由×××专业监理工程师组织设计、建设单位现场代表并邀请本项目质量监督机构相关人员对施工方申报部位的钢筋安装工程隐蔽和检验批施工质量进行现场验收工作。验收结论为：施工方申报部位的钢筋安装工程符合设计要求及规范规定，验收合格，同意该申报部位可以进行下道工序的施工。

项目监理机构：（盖章）_____

专业监理工程师：（签字）×××

日期：××年×月×日

注：本表一式6份，项目监理机构、建设单位各存1份、施工单位各存4份。

B.0.8　分部工程报验表

工程名称：　　　　　　　　　　　　　　　　　　　　　　　编号：

致：×××新城工程项目监理部（项目监理机构） 　　我方已完成　　　×××新城项目A栋±0.00以下地下结构　　　分部工程，经自检合格，请予以验收。 　　附件：□✓分部工程所含分项目工程质量检验及验收资料 　　　　　□✓分部工程含分项目工程质量控制资料 　　　　　□✓有关安全、节能、环境保护和主要使用功能的抽样检验结果（检测）报告   　　　　　　　　　　　　　　　　　　　　　　　施工项目经理部：（盖章）　　　　　 　　　　　　　　　　　　　　　　　　　　　　　项目技术负责人：（签字）××× 　　　　　　　　　　　　　　　　　　　　　　　日　期：××年×月×日
验收意见： 　　经查验×××综合楼项目±0.00以下地下结构分部工程，施工单位已完成设计和合同约定的各项内容，已完成自验收工作且自验收中发现的存在问题已整改，工程质量及资料整理符合有关法律、法规、标准、规范及《×省建筑工程竣工验收技术资料统一用表》的有关规定，同意该于××年×月×日在工地会议室和工程实体现场由×××总监组织地下结构（含防水工程）分部工程施工质量验收工作。地下室侧墙水泥基防水层和地下室顶板卷材防水层及其回填土施工，因不具备施工条件，不列入本次中间验收内容。请做好该分部工程的中间验收准备。   　　　　　　　　　　　　　　　　　　　　　　　专业监理工程师：　×××　　　 　　　　　　　　　　　　　　　　　　　　　　　日　期：××年×月×日
验收意见： 　　××年×月×日在工地会议室和工程实体现场由×××总监主持，组织参建单位项目负责人、技术负责人和技术人员对本综合楼工程的地下结构（含防水工程）分部工程施工质量进行了中间验收工作。经验收组查验资料和工程实体施工质量，验收组认为该地下结构分部工程所含的隐蔽工程、工序交验、检验批及其分项工程划分明确，能反映施工过程质量状况，且符合设计文件和施工合同及现行建设工程施工质量验收规范的规定，施工质量合格；结构实体质量抽芯检验、试块（件）试验、原材料现场见证送检及抽测资料（包括土壤氡浓度检测报告、混凝土试块（件）检测报告、钢筋力学及化学性能检测报告、钢筋机械接头检测报告、脚手架用钢管检测报告、加气混凝土砌块力学和节能性能检测报告等）符合设计要求；该地下结构工程施工质量过程记录清楚、真实，工程技术验收资料整理完毕、分类有序、符合要求；除地下室侧墙水泥基防水层、地下室顶板卷材防水层及其回填土施工、1号车道，因不具备施工条件尚未施工，作为甩项外，该地下结构工程已按施工图纸和建设工程施工合同内容施工完毕。该地下结构工程质量控制资料具有完整的施工操作依据和质量检查记录，有关安全、节能、环境保护和主要使用功能的检验和检测结果符合相应规定，所含分项工程和检验批工程合格率100%，观感质量为好，该分部工程质量评价合格，验收通过，同意进行下道工序的施工。   　　　　　　　　　　　　　　　　　　　　　　　项目监理机构：（盖章）　　　　　 　　　　　　　　　　　　　　　　　　　　　　　总监理工程师：（签字）×××　 　　　　　　　　　　　　　　　　　　　　　　　日　期：××年×月×日

　　注：本表一式6份，项目监理机构、建设单位各存1份，施工单位存4份。

B.0.9 监理通知回复单

工程名称： 编号：

致：　×××新城工程项目监理部　 （项目监理机构）

　　我方接到《监理通知》（编号为 ×××）后，已按要求完成了　关于××区内支撑大梁拆除的整改　 工作，请予以复查。

　　附件：情况说明

　　（1）我部已停止了对××区内支撑梁两条长大梁的打凿拆除工作，现按××总监意见，从短支撑（里面）往长支撑（外面）逐条打凿；

　　（2）我部对该部位混凝土浇捣施工时，已按相关规定留置负一层梁板混凝土抗压试件外，另外增加多留几组试件，并采取技术措施将混凝土提高了一个级别和采用早强剂的措施；在支撑梁拆除前，将送试验室进行抗压试验，并按要求规范填写《拆除基坑支护内支撑梁报批表》，报送监理单位审批；

　　（3）在支撑梁拆除施工过程中，我部将加强进行基坑变形观测工作，确保基坑的稳定、安全。

施工单位：（盖章）

项目经理：　×××

日期：××年×月×日

复查意见：

　　经现场检查，施工单位于××年××月 27 日傍晚接到项目总监签发的编号：××××的《 监理通知》后立即停止了内支撑大梁拆除施工。按要求待××区负一层梁板混凝土强度等级达到 70％的设计强度等级后方可申报拆除手续，并填报《拆除基坑支护内支撑梁报批表》经项目总监批准后，才安排作业班组进行内支撑大梁拆除施工。

项目监理机构：（盖章）

总/专业监理工程师：（签字）×××

日期：××年×月×日

注：本表一式 6 份，工程质量、安全监督机构、建设、监理、设计及施工单位各存 1 份。

B.0.10 单位工程竣工验收报审表

工程名称： 编号：

致：<u>×××新城工程项目监理部</u>（项目监理机构）

我方已按施工合同要求完成 <u>×××新城工程项目 A、B、C、D、E 共五栋</u> 单位工程，经自检合格，现将有关资料报上，请予以验收。

　　附件：1. 单位工程质量验收报告

　　　　　2. 单位工程所含分部工程质量检验及验收资料

　　　　　3. 单位工程所含分部工程质量控制资料

　　　　　4. 单位工程有关安全、节能、环境保护和主要使用功能的抽样检验结果（检测）报告

　　　　　5. 单位工程预验收工作中提出需整改和完善的事项完成整改情况一览表

　　　　　6. 单位工程竣工验收技术资料一式 5 套，共 60 册，分 6 箱放置

施工单位：（盖章）

项目经理： ×××

日期： ××年×月×日

预验收意见：

　　经预验收，该工程：

　　1. 符合我国现行法律、法规要求；

　　2. 符合我国现行工程建设标准；

　　3. 符合设计文件要求；

　　4. 符合施工合同要求。

综上所述，该申请竣工验收的各单位工程中，施工单位对各单位工程预验收工作中提出需整改和完善的事项已完成整改工作，经我部重新复查工程质量合格，同意请兴国新城建设办择时组织本项目共五栋单位工程的正式竣工验收工作。

项目监理机构：（盖章）

总监理工程师：（签字、盖执业印章）×××

日期： ××年×月×日

注：本表一式 6 份，项目监理机构、建设单位各存 1 份，施工单位存 4 份。

B.0.11　工程款支付报审表

工程名称：　　　　　　　　　　　　　　　　　　　　编号：

致：×××新城工程项目监理部　（项目监理机构）

　　我方已完成了兴国新城工程±0.00以上全部钢筋混凝土结构工程的施工和其分部工程施工质量中间验收工作，按施工合同的规定，建设单位应在2015年12月10日前支付该项工程款共（大写）陆佰肆拾肆万叁仟壹佰玖拾叁元伍角伍分（小写：6443193.55元），现将有关资料及《兴国新城工程款支付申请表》（GD 2202024—08）报上，请予以审核并开具《工程款支付证书》。

　　附件：1. 已完成工程量报表；

　　　　　2. 计算书；

　　　　　3. 工程款支付汇总表；

　　　　　4. 相应的支持性证明文件和资料。

施工单位：（盖章）　　　　　　

项目经理：　×××　　　　　

日期：　××年×月×日

审查意见：

　　1. 经审核施工单位应得款为：（大写）伍佰玖拾零万叁仟柒佰伍拾贰元伍角伍分（¥5903752.55元）。

　　2. 本期应扣款为：（大写）肆拾万（¥400000.00元）。

　　3. 本期应付款为：（大写）伍佰伍拾零万叁仟柒佰伍拾贰元伍角伍分（¥5503752.55元）。

　　附件：《工程款支付证书》（编号：××××）及相应支持性资料

专业监理工程师：　　×××　　

日期：××年×月×日

审核意见：

　　同意计量专业监理工程师的审查意见，同意本期应付给施工单位工程款为：（大写）伍佰伍拾零万叁仟柒佰伍拾贰元伍角伍分（¥5503752.55元）。

项目监理机构：（盖章）　　　　　

总监理工程师：（签字、盖执业印章）×××

日期：　　××年×月×日　　

审批意见：

　　同意本期应付给施工单位工程款为：（大写）伍佰伍拾零万叁仟柒佰伍拾贰元伍角伍分（¥5503752.55元）。

建设单位：（盖章）　　　　　

建设单位代表：（签名）×××　

日期：××年12月22日

注：本表一式3份，项目监理机构、建设单位、施工单位各1份；工程竣工结算报审时本表一式4份，项目监理机构、建设单位各1份、施工单位2份。

B. 0. 12 施工进度计划报审表

工程名称：   编号：

致：×××新城工程项目监理部   （项目监理机构） 　　我方根据施工合同的有关规定，已完成　×××新城　工程总控制性年度施工总进度网络计划图的编制工作，并经我单位技术负责人审查批准，请予以审查。 　　附件：1. 本工程总控制性年度施工总进度网络计划图 　　　　　2. 本项目里程碑节点进度横道图、劳动力计划、材料计划、资金计划、施工机械设备计划等   施工单位：（盖章）　　　　 项目经理：×××　　　　　 日期：××年×月×日
审查意见： 　　同意按本次申报的工程总控制性年度施工总进度网络计划图及项目里程碑节点进度横道图组织施工，近期应按××年×月×日召开的工期协调会议纪要要求加大人、材、物及管理等资源的投入，确保里程碑节点工期如期实现，保证工程总控制性年度施工进度计划的圆满实现。   专业监理工程师：　×××　　 日期：××年×月×日
审核意见： 　　同意批准本次申报的工程总控制性年度施工总进度计划，确保里程碑节点工期如期实现。   项目监理机构：（盖章）　　　　 总监理工程师：（签字）×××　 日期：××年×月×日

注：本表一式 6 份，项目监理机构、建设单位各存 1 份，施工单位存 4 份。

B.0.13 费用索赔报审表

工程名称： 编号：

致：×××新城工程项目监理部 （项目监理机构）

根据施工合同 ××× 条款的规定，由于 建设单位对××综合楼所有配电箱选用品牌最终确定时间拖延 50 天，导致各类配电箱采购进场时间延误，不能满足现场配电箱的预埋箱体施工进度需要，造成窝工 30 个工日等 原因，我方申请索赔金额（大写）： 壹仟柒佰肆拾元整 ，请予批准。

附件：1. 索赔的金额计算：30 工日×58.00 元/工日＝1740 元人工费用（壹仟柒佰肆拾元整）。

2. 证明材料：（1）《费用索赔报告》（6 页）。（2）《××综合楼工程配电箱选样定板确认报审表》收发记录（1 页）。（3）配电箱订货合同（4 页）。

索赔的详细理由及经过：按照贵办于××年×月×日下发的《××综合楼工程乙供材料选样定板管理办法》和施工承包合同相关条款规定，我项目部于 90 天前已向项目监理机构申报《××综合楼工程配电箱选样定板确认报审表》，监理方已于 85 天前签署意见并由我部材料员直接送达贵办收发员签收。但贵办未能及时签批，拖延至 35 天前才批复给我项目部，造成订货延期 50 天，不能按经批准的施工计划及时进货到工地，造成窝工损失 30 个工日。

施工单位：（盖章）

项目经理：×××

日期：××年×月×日

审核意见：

☑不同意此项索赔。□ 同意此项索赔，金额（大写） 。☑不同意索赔的理由：

根据施工合同条款×× 条的规定，你方提出的有关建设单位对××综合楼所有配电箱选用品终确定时间拖延 50 天，导致各类配电箱采购进场时间延误，不能满足现场配电箱的预埋箱体施工进度需要，造成窝工 30 个工日等原因而造成窝工损失，并提出索赔金额（大写） 壹仟柒佰肆拾元整（￥1740 元）的索赔申请，我方审核后不同意此项索赔，理由是：由于建设单位最终确定选用的××综合楼配电箱品牌为本工程招投标文件所列出的三个品牌范围内的厂商之一，作为施工单位不管建设单位选择原招投标文件所列范围内的哪个品牌配电箱，都应早有材料采购计划和意向，尽管建设单位最终确认意见反馈是延迟约有 50 天时间，但还有一个月的订货期，且本综合楼所用配电箱是常用产品》。另外，负责施工的班组在配电箱未到工地期间，还有大量墙面管线开槽埋设工作可安排作业，没有实际上窝工现象发生，故本次费用索赔不成立。

附件：□ 索赔审查报告

项目监理机构：（盖章）

专业监理工程师：

总监理工程师：（签字、盖执业印章）××

日期： ××年×月×日

审批意见：

同意监理机构的审批意见。

建设单位：（盖章）

建设单位代表：（签名）×××

日期：××年12 月 22 日

B.0.14　工程临时/最终延期报审表

工程名称：　　　　　　　　　　　　　　　　　　　　　　　　　　编号：

致：　×××新城工程项目监理部　（项目监理机构）

　　根据施工合同　　　　　×××　　　　　条款，由于　　经建设单位盖章确认的设计单位提出《设计变更单》（编号：×××）要求，此项内容属工程量清单外新增加项目且影响关键工序施工时间的调整　原因，我方申请工期□临时/√最终延期10个日历天，请予批准。

　　附件：

　　1. 工期延期的依据及工期计算：（此处省略）；合同竣工日期：××年5月10日，申请延长竣工日期为：××年5月20日 。

　　2. 证明材料：《设计变更单》（编号：×××）

施工单位：（盖章）　　　　　　

项目经理：×××　　　　　　

日期：××年×月×日　　

审核意见：

　　☑同意工期临时/☑最终延长工期10（日历天）。工程竣工日期从施工合同约定的　××年5月10日　延迟到××年5月20日 。

　　□不同意延长工期，请按约定竣工日期组织施工。

项目监理机构：（盖章）　　　　　　　

总监理工程师：（签字、盖执业印章）×××

日期：　　××年×月×日　　　

审批意见：

　　同意监理机构审批意见，同意工期最终延长工期10个日历天。工程竣工日期从施工合同约定的××年5月10日延迟到××年5月20日。

建设单位：（盖章）　　　　　　

建设单位代表：（签名）×××　　

日期：××年××月××日　　

注：本表一式6份，项目监理机构、建设单位各存1份，施工单位存4份。

B.0.14a 工程临时延期审批表

工程名称： 编号：

致：×××新城工程项目监理部 （项目监理机构）
根据施工合同条款　11.1.2 及 13　条规定，我方对你方提出的　《×××新城工程临时延期申请》（第 E04-001 号）要求延长工期 6 个　日历天的要求，经过审核评估： 　　☑暂时同意工期延长　3 个　日历天。使竣工日期（包括已指令延长的工期）从原来的×× 年　5　月　20　日延迟到××年5 月23 日。请你方执行。 　　□不同意延长工期，请按约定竣工日期组织施工。 　　说明： 　　我部于 2016 年 8 月 1 日 17 时签发的《工程暂停令》（编写：××××）明确要求你项目部执行广州市政府的决定，即从 8 月 2 日 0 时起至 8 月 4 日止，兴国新城工程启动防台风 I 级应急响应，必须于 2016 年 8 月 1 日 18 时起至 8 月 4 日台风"妮妲"来袭期间，对本工程的所有施工部位（工序）实施暂停施工。此次台风"妮妲"正面来袭而引起的停工，属于不可抗力因素，根据合同约定同意延长工期 3 天。 　　　　　　　　　　　　　　　　　　　项目监理机构：（盖章） 　　　　　　　　　　　　　　　　　　　总监理工程师：（签字）××× 　　　　　　　　　　　　　　　　　　　日期：×× 年 × 月 × 日
审批意见： 　　同意监理机构审批意见，本工程竣工日期从原来的 ×× 年 5 月 20 日延迟到 ×× 年 5 月 23 日。 　　　　　　　　　　　　　　　　　　　建设单位：（盖章） 　　　　　　　　　　　　　　　　　　　建设单位代表：（签名）××× 　　　　　　　　　　　　　　　　　　　日期：××年××月××日

注：本表一式 6 份，项目监理机构、建设单位各存 1 份，施工单位存 4 份。

B. 0. 14b 工程最终延期审批表

工程名称： 　　　　　　　　　　　　　　　　　　　　　　　　　编号：

致：×××新城工程项目监理部 （项目监理机构）

　　根据施工合同条款 　　×××　　 条的规定，我方对你方提出的×××新城《工程延期申请》（编号：×××
×） 要求最终延长工期 27个 日历天的要求，经过审核评估：

　　☑同意竣工工期延长 23个 日历天。使竣工日期（包括已指令延长的工期）从原来的××年5月10日延迟到
××年6月3日。请你方执行。

　　□不同意延长工期，请按约定竣工日期组织施工。

　　说明：

　　根据本工程自开工以来，由于现场地质情况特殊（岩溶岩洞处理）、建设单位对某些部位使用功能的调整、设
计图纸的完善及台风"妮妲"等非施工方原因造成工期延长，汇总历次我部审批并经建设单位批准的《工程临时延
期审批表》内容，结合影响关键线路的分析，同意最终延期工期为23日历天，竣工日期（包括已指令延长的工期）
从原来的 ××年5月10日延迟到 ××年6月3日。

项目监理机构：（盖章）

总监理工程师：（签字）×××

日期：××年×月×日

审批意见：

　　同意监理机构审批意见，本工程竣工日期从原来的 ×××年5月10日延迟到 ×××年6月3日。

建设单位：（盖章）

建设单位代表：（签名）×××

日期：××年××月××日

　　注：本表一式6份，项目监理机构、建设单位各存1份，施工单位存4份。

C.0.1 工作联系单

工程名称： 编号：

致： <u>×××新城工程总承包施工项目部</u>

事由：注意栏杆下料时预留足够长度的事

内容：×××新城项目各单位工程的室内外楼梯及栏杆安装将全面铺开，为保证其室内外楼梯及栏杆高度满足相关规范强制性条文的要求，我项目监理机构曾于×年×月××日第××次工地例会上专门就栏杆（护栏）高度进行了解读。今天我们再次重申如下，希望总承包和专业施工单位狠抓落实，栏杆（护栏）高度在材料制作时就要考虑预留地面装饰层的厚度，严格按规范和设计图纸组织楼梯及栏杆（护栏）安装施工，确保安装牢固和高度满足要求。

1. 栏杆（护栏）高度计算（测量）示意图：

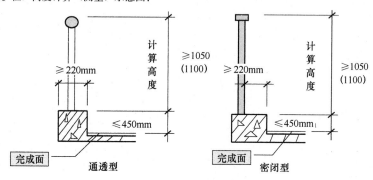

栏杆高度计算（测量）示意图

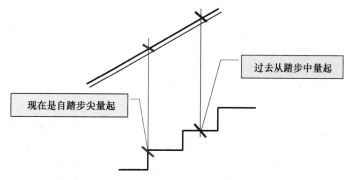

栏河高度，指施工完成后的净高度，自踏步前缘线量起

2. 技术要求：

(1) 外窗窗台距楼面、地面的净高低于0.90m时，应有防护设施。注意：窗外有阳台或平台时可不受此限制；窗台的净高或防护栏杆的高度均应从可踏面起算，保证净高0.90m。

(2) 栏杆必须采用防止少年儿童攀爬的构造；对于采用水平杆件的栏杆或花式栏杆应设防攀爬措施（金属密网、安全玻璃等）。

(3) 六层及六层以下住宅的阳台、外廊、内天井及上人屋面等临空处栏杆净高不应低于1.05m，七层及七层以上其净高不应低于1.10m。栏杆高度应从楼地面或屋面至栏杆扶手顶面垂直高度计算，如底部有宽度大于或等于0.22m，且高度低于或等于0.45m的可踏部位，应从可踏部位顶面起计算（见上图）。

(4) 防护栏杆的垂直杆件间净距不应大于0.11m，正偏差应不大于3mm。

(5) 护栏玻璃应使用公称厚度不小于12mm的钢化玻璃或钢化夹层玻璃。当护栏一侧距楼地面高度为5m及以上时，应使用钢化夹层玻璃。安全玻璃必须有3C安全标识。

3. 施工注意事项:

(1) 认真审查图纸,必须按规范要求设置护栏,不得遗漏。

(2) 施工总承包必须对栏杆专业分包单位制作及安装栏杆的质量进行过程管理。

(3) 栏杆施工必须坚持样板领路。在样板中重点注意栏杆的形式(是否横向设置杆件)、杆件间距、栏杆高度、栏板玻璃(是否为安全玻璃、是否应为钢化夹层玻璃)等。

(4) 楼梯转角休息平台处必须留设大于 100 高的挡水线。

(5) 按各专业施工质量验收规范和省市建筑工程质量通病防治要求,及时做好施工过程质量管理、工序交接验收和完工自验收工作。

发文单位:(盖章)

负责人:＿＿×＿×＿×＿＿

日期:××年××月××日

分发:建设单位、设计单位各 1 份

C.0.2 工程变更单

工程名称： 　　　　　　　　　　　　　　　　　　　　　　　　编号：

致：×××新城工程建设办

　　由于＿＿＿＿＿为增强基础底板防水功能，保证不渗漏，便于现场施工操作等＿＿＿＿＿原因，兹提出＿将原设计2 厚的水泥基防水层改为二层SPS卷材防水层，纵横粘贴的《设计变更单》（具体内容见附件）工程变更，请予以 审批。

附件：

☑ 变更内容

☑ 变更设计图

☑ 相关会议纪要

□ 其他。

变更提出单位：（盖章）＿＿＿＿＿＿

负责人：（签字）× × ×

日期：× ×年×月×日

工程量增/减	无。
费用增/减	每平方米增加单方造价伍元，合计增加造价陆万元整（结算按独立费计算）。
工期变化	提前五天。

一致意见：

　　同意此项工程变更，有利于现场施工操作，保证防水施工质量。

项目经理部：（盖章）＿＿＿＿＿＿ 项目经理：（签字）× × × 日期：× ×年×月×日	设计单位：（盖章）＿＿＿＿＿＿ 设计负责人：（签字）× × × 日期：× ×年×月×日
项目监理机构：（盖章）＿＿＿＿＿＿ 总监理工程师：（签字）× × × 日期：× ×年×月×日	建设单位：（盖章）＿＿＿＿＿＿ 负责人：（签字）× × × 日期：× ×年×月×日

注：本表一式7份，建设、设计单位、项目监理机构各存1份，施工单位存4份。

C.0.3 索赔意向通知书

工程名称： 编号：

致：×××新城工程建设办、×××新城工程项目监理部

　　根据施工合同___×××___条款约定，由于发生了___建设单位对××综合楼所有配电箱选用品牌最终确定时间拖延 50 天，导致各类配电箱采购进场时间延误，不能满足现场配电箱的预埋箱体施工进度需要，造成窝工 30 个工日等___事件，且该事件的发生非我方原因所致。为此，我方向___建设___单位提出索赔___金额（大写）：壹仟柒佰肆拾元整___要求。请予以批准。

　　附件：

　　(1)《费用索赔报告》(6 页)。

　　(2)《××综合楼工程配电箱选样定板确认报审表》收发记录（1 页）。

　　(3) 配电箱订货合同（4 页）。

　　(4) 索赔的详细理由及经过：

　　按照贵办于××年×月×日下发的《××综合楼工程乙供材料选样定板管理办法》和施工承包合同相关条款规定，我项目部于 90 天前已向项目监理机构申报《××综合楼工程配电箱选样定板确认报审表》，监理方已于 85 天前签署意见并由我部材料员直接送达贵办收发员签收。但贵办未能及时签批，拖延至 35 天前才批复给我项目部，造成订货延期 50 天，不能按经批准的施工计划及时进货到工地，造成窝工损失 30 个工日。

　　(5) 索赔的金额计算：

　　30 工日×58.00 元/工日＝1740 元人工费用，大写金额：壹仟柒佰肆拾元整。

项目经理部：(盖章)_____

项目经理：(签字) × × ×

日期：××年×月×日

　　注：本表一式 4 份，建设单位、设计单位、项目监理机构、施工单位各 1 份。

2.3 《建筑工程施工质量验收统一标准》(GB 50300—2013 年版) 相关附表填写实例

（注意：本填写实例仅供参考。如果广东省及各地方建设行政主管部门对该相关附表格式和填写内容另有规定和要求的，遵从其最新规定及要求。）

表 A　施工现场质量管理检查记录

开工日期：××××年××月××日

工程名称	××综合楼工程		施工许可证号		××××××
建设单位	××筹建办		项目负责人		×××
设计单位	××设计院		项目负责人		×××
监理单位	××监理公司		总监理工程师		×××
施工单位	××建筑总公司	项目负责人	×××	项目技术负责人	×××

序号	项　目	主要内容
1	项目部质量管理体系	① 质量例会制度；② 设计交底会制度；③ 岗前培训制度；④ 技术交底制；⑤ 自检及交接检制度；⑥ 挂牌制度等。
2	现场质量责任制	① 岗位责任制；② 月评比及奖罚制度；③ 质量问题自查自纠制度；④ 质量与经济挂勾及处罚制度。
3	主要专业工种操作上岗证书	质量员、测量工、钢筋工、起重工、电焊工、电工、架子工证。
4	分包单位管理制度	分包单位管理制度较齐全、有效。
5	施工图审查及会审记录	审查报告及审查批准书号：××××，具有图纸会审记录。
6	地质勘察资料	地质勘探报告书、超前钻资料。
7	施工技术标准	有水泥、钢筋、混凝土、防水、电线、钢管等30多种。
8	施工组织设计、施工方案编制及审批	施工组织设计、施工方案编审、批准手续及签章齐全。
9	物资采购管理制度	建筑材料、构配件及设备、产品、器具采购管理等制度。
10	施工设施和机械设备管理制度	具有建筑施工机械及设备管理制度。
11	计量设备配备	计量设备配备满足需要，保管、使用、有效期等管理制度。
12	检测试验管理制度	钢材、砂、石、水泥、混凝土、玻璃、线缆、水管检测制度。
13	工程质量检查验收制度	原材料、构配件及设备、产品、器具、工序、隐蔽工程、检验批、分项、分部及单位工程施工质量检查及验收制度。

自检结果： 　　现场质量管理制度齐全，满足本工程施工需要，符合投标文件承诺和现场项目管理要求。	检查结论： 　　施工现场质量管理制度较齐全、有效，符合投标文件承诺，满足施工现场质量管理需要。
施工单位项目负责人：(签名) ××× 　　　　　　　　　　日期：×××年××月××日	总监理工程师：(签名) ××× 　　　　　　　　日期：×××年××月××日

表E 填充墙砌体工程检验批质量验收记录

编号：砌体0003

单位（子单位）工程名称	××综合楼工程	分部（子分部）工程名称	主体结构（砌体结构）	分项工程名称	填充墙砌体
施工单位	××建筑总公司	项目负责人	×××	检验批容量	每层3个 总共30个
分包单位	××专业施工公司	分包单位项目负责人	×××	检验批部位	一层墙①至⑨轴
施工依据	设计文件，施工图纸，《砌体结构工程施工质量验收规范》（GB 50203—2011）	验收依据	《砌体结构工程施工质量验收规范》（GB 50203—2011）及本企业标准。		

		验收项目	设计要求及规范规定	最小/实际抽样数	施工单位检查记录	监理单位验收记录
主控项目	1	块材强度等级	设计要求：MU10	2/10	符合要求	符合要求
	2	砂浆强度等级	设计要求：M5	2/10	符合要求	符合要求
	3	砂浆饱满度	≥85%	5/30	95 98 91 / 94% 90% / 94 91% 89 / 100 100 100 / 90% 96 93 / 85 95% 99 / 93%	80 90 100 / 99 90% 91 / 95% 91% 96 / 87 91% 96 / 88 91% 93 / 95% 100 99 / 85 96% 99 / 93%
一般项目	1	轴线位移	≤10mm	5/30	5 4 6 3 4 6 5 3 2 2	4 2 3 3 2 4 5 6 7 5
	2	垂直度（每层）≤3m	≤5mm	5/30		
		>3m	≤10mm	5/30	4 3 4 5 5 4 3 3 2	3 3 4 5 5 3 2 4 4 3
	3	表面平整度	≤7mm	5/30	6 5 4 3 3 2 5 7 ⑧	5 4 3 4 5 6 7 6 5
	4	门窗洞口高宽（后塞口）	±5mm	5/30	3 4 5 ⚠ 4 3 3 −5 4 3	4 −3 3 5 −3 2 −4 5 5 4
	5	窗口偏移	20mm	5/30	18 13 12 14 10 9 5 9 4	15 14 10 11 15 17 20 ⚠ 12 15
	6	无混砌现象	砌体不应与其他块材混砌（第9.1.8条）	5/30	√√√√√√√√√√	√√√√√√√√√√
	7	拉结钢筋	埋置长度，竖向偏差间距不应超过一皮砖（第9.2.2,9.3.2条）	5/30	√√√√√√√√√√	√√√√√√√√√√
	8	搭砌长度	第9.3.4条	5/30	√√√√√√√√√√	√√√√√√√√√√
	9	灰缝厚度、宽度	小型砌块8~12mm	5/30	√√√√√√√√√√	√√√√√√√√√√

施工单位检查结果	经我部专业工长和质检员现场自检和自验收，本检验批施工质量的主控项目全部合格，一般项目满足规范规定要求，施工质量自检合格，请予验收。 专业工长：（签名）××× 　　　　　　　　质量检查员：（签名）××× 日期：×××年××月×日 　　　　　　　　日期：×××年××月×日
监理单位验收结论	经专业监理工程师现场验收，本填充墙砌体工程的检验批施工质量，符合设计文件和验收规范规定，施工质量经建设、设计和监理方现场代表验收合格，准予进行下道工序施工。 专业监理工程师：（签名）××× 日期：×××年××月×日

表E 附 件 表

编号：0003附表

序号	附件名称	附件编号
1	加气混凝土砌块（600×300×200）出厂合格证	填
3	加气混凝土砌块产品性能（含节能）检测报告	写
3	加气混凝土砌块进场见证取样送检试验报告	实
4	水泥产品合格证、出厂检验报告	际
5	水泥进场复验报告	编
6	砂浆配合比	号
7	砂浆试块强度报告单（28天后补填）	…

施工单位填写人：（签名）×××

日期：×××年××月×日

注：此表附在表E后面，主要填写表E有直接关系的，能说明表E对应内容事实的有关技术资料的名称与编号，便于检查、追索。

表F 模板制安工程 分项工程质量验收记录

编号：模板0007

单位（子单位） 工程名称	×××综合楼工程		分部（子分部） 工程名称		地基与基础		
分项工程名称	模板工程		检验批数量		70个		
施工单位	×××建筑总公司		项目负责人	×××	项目技术 负责人		×××
分包单位	×××专业施工公司		分包单位 项目负责人	×××	分包内容		模板制安
序号	检验批	检验批 容量	部位/区段	施工单位检查结果		监理单位验收结论	
1	基础垫层 模板安装	6	地下负二层 A×①～⑨轴	满足验收规范要求，质量合格		符合规范规定，质量合格	
2	基础垫层 模板拆除	6	同上	满足验收规范要求，质量合格		符合规范规定，质量合格	
3	基础柱、 墙模板安装	3	同上	满足验收规范要求，质量合格		符合规范规定，质量合格	
4	基础柱、 墙模板拆除	3	同上	满足验收规范要求，质量合格		符合规范规定，质量合格	
5	基础梁板 楼梯模板安装	3	同上	满足验收规范要求，质量合格		符合规范规定，质量合格	
6	基础梁板 楼梯模板拆除	3	同上	满足验收规范要求，质量合格		符合规范规定，质量合格	
施工 单位 检查 结果	本模板制安分项目工程施工质量符合设计文件要求，满足验收规范规定，施工质量合格，请予以对该分项工程组织验收。 项目专业技术负责人：（签名） 日期：×××年××月××日						
监理 单位 验收 结论	经现场组织验收，本模板制安分项目工程施工质量符合设计文件和验收规范要求，该分项工程施工质量合格。 专业监理工程师： 日期：×××年××月××日						

表G　主体结构分部工程验收记录

编号：003

单位（子单位）工程名称	×××综合楼	子分部工程数量	3	分项工程数量	5
施工单位	×××建筑总公司	项目负责人	×××	技术（质量）负责人	×××
分包单位	×××专业施工公司	分包单位负责人	×××	分包内容	主体结构、铝合金结构

序号	子分部工程名称	分项工程名称	检验批数量	施工单位检查结果	监理单位验收意见
1	混凝土结构	模板工程	36	符合规定，质量合格	符合要求，质量合格
2	混凝土结构	钢筋工程	36	符合规定，质量合格	符合要求，质量合格
3	混凝土结构	现浇结构	36	符合规定，质量合格	符合要求，质量合格
4	砌体结构	填充墙砌体	30	符合规定，质量合格	符合要求，质量合格
5	铝合金结构	铝合金幕墙结构安装	8	符合规定，质量合格	符合要求，质量合格
质量控制资料主要使用功能的抽查结果整理情况				已整理完毕、完整	完整、已装订成册
安全、节能、环境保护和主要使用功能的检验资料整理情况				齐全、符合规定	符合要求
主要使用功能的抽查结果整理情况				齐全、符合规定	符合要求
观感质量验收				符合要求，观感质量为好	符合要求

综合验收结论	经组织验收，本主体结构分部工程施工质量按照《建筑工程施工质量验收统一标准》、《混凝土结构工程施工质量验收规范》、《砌体工程施工质量验收规范》、《建筑节能工程施工质量验收规范》、《建设工程文件归档整理规范》等现行验收规范的规定和对已整理的工程技术资料汇总统计表明：原材料、试件、试块检测试验结果合格率为100%；隐蔽工程、工序检验、检验批（共146个）合格率为100%；建筑节能指标现场取样送检试验结果符合设计和专业验收规范要求；5个分项工程全部合格，其合格率为100%；观感质量为好。故该项目主体结构分部工程施工质量合格，可以进行后续工程的施工并早日向××市质监站完成该项目主体结构分部工程中间验收备案工作。对××市墙改办巡查工地时发出的需整改的问题，施工责任单位应抓紧完成整改工作，并及时把整改处理情况向墙改办、质监站、筹建办和监理机构书面专题回复。 　　希望××建筑总公司和参建单位继续发扬成绩，精心筹划、精心组织，精心施工，切实履行职责，抓好对存在问题的整改工作，本着科学、认真、严谨、务实的工作作风，为最优地实现本项目工程质量、安全、进度、投资和廉洁目标而继续努力奋斗。

分包施工单位	施工单位	勘察单位	设计单位	监理单位
（公章）	（公章）	（公章）	（公章）	（公章）
项目负责人： 年 月 日	项目负责人： 年 月 日	项目负责人： 年 月 日	项目负责人： 年 月 日	总监理工程师： 年 月 日

注：1. 地基与基础分部工程的验收应由施工、勘察、设计单位项目负责人和总监理工程师参加并签字。2. 分部工程的验收由施工、设计单位项目负责人和总监理工程师参加并签字。

表 H. 0. 1-1　单位工程质量竣工验收记录

工程名称	×××综合办公楼	结构类型	框　剪	层数/建筑面积	10/18000m²
施工单位	×××建筑总公司	技术负责人	×××	开工日期	××××
项目负责人	×××	项目技术负责人	×××	竣工日期	××××

序号	项　目	验收记录 （施工单位填写）	验收结论 （监理单位填写）
1	分部工程验收	共10分部，经查10分部，符合设计及标准规定10分部。	质量合格，符合要求
2	质量控制 资料核查	共247项，经审查符合设计及标准规定247项。	资料完整，符合要求
3	安全、节能、环境保护和主要使用功能的检验、核查及抽查结果	共核查87项，符合规定87项，共抽查38项，符合规定38项，经返工处理符合要求2项。	符合设计和规范要求
4	观感质量验收	共抽查35项，符合规定35项，不符合规定0项，观感质量为好。	符合设计和规范要求
综合验收结论		符合设计和规范要求，单位工程质量合格，观感质量为"好"。	

参加验收单位	建设单位	监理单位	施工单位	设计单位	勘察单位
	（公章） 单位（项目） 负责人（签名）： 年 月 日	（公章） 单位（项目） 负责人（签名）： 年 月 日	（公章） 单位（项目） 负责人（签名）： 年 月 日	（公章） 单位（项目） 负责人（签名）： 年 月 日	（公章） 总监理工程师 （签名）： 年 月 日

注：单位工程竣工验收时，验收签字人员应由相应单位的法人代表书面授权。

表 H.0.1-2 单位工程质量控制资料核查记录

编号：002

工程名称		×××综合办公楼		施工单位		×××建筑总公司		
序号	项目	资 料 名 称	份数	施工单位		监理单位		
				核查意见	核查人	核查意见	核查人	
1	建筑与结构	图纸会审记录、设计变更通知单、工程洽商记录、竣工图	27					
2		工程定位测量、放线记录	20					
3		原材料出厂合格证书及进场检验、试验报告	130					
4		施工试验报告及见证检测报告	120					
5		隐蔽工程验收记录	46					
6		施工记录	200					
7		地基、基础、主体结构检验及抽样检测资料	8					
8		分项、分部工程质量验收记录	48					
9		工程质量事故调查处理资料	1					
10		新技术论证、备案及施工记录	0					
1	给水排水与供暖	图纸会审记录、设计变更通知单、工程洽商记录、竣工图	6					
2		原材料出厂合格证书及进场检验、试验报告	20					
3		管道、设备强度试验、严密性试验记录	10					
4		隐蔽工程验收记录	20					
5		系统清洗、灌水、通水、通球试验记录	12					
6		施工记录	130					
7		分项、分部工程质量验收记录	18					
8		新技术论证、备案及施工记录	1					
1	通风与空调	图纸会审记录、设计变更通知单、工程洽商记录、竣工图	8					
2		原材料出厂合格证书及进场检验、试验报告	24					
3		制冷、空调、水管道强度试验、严密性试验记录	36					
4		隐蔽工程验收记录	25					
5		制冷设备运行调试记录	16					
6		通风、空调系统调试记录	16					
7		施工记录	130					
8		分项、分部工程质量验收记录	20					
9		新技术论证、备案及施工记录	0					

续表 H.0.1.1-2

工程名称		×××综合办公楼		施工单位	×××建筑总公司			
序号	项目	资料名称	份数		施工单位		监理单位	
					核查意见	核查人	核查意见	核查人
1	建筑电气	图纸会审记录、设计变更通知单、工程洽商记录、竣工图	9		×××	×××	×××	×××
2		原材料出厂合格证书及进场检验、试验报告	8		×××	×××	×××	×××
3		设备调试记录	3		×××	×××	×××	×××
4		接地、绝缘电阻测试记录	6		×××	×××	×××	×××
5		隐蔽工程验收记录	12		×××	×××	×××	×××
6		施工记录	130		×××	×××	×××	×××
7		分项、分部工程质量验收记录	16		×××	×××	×××	×××
8		新技术论证、备案及施工记录	0		×××	×××	×××	×××
1	智能建筑	图纸会审记录、设计变更通知单、工程洽商记录、竣工图	9		×××	×××	×××	×××
2		原材料出厂合格证书及进场检验、试验报告	7		×××	×××	×××	×××
3		隐蔽工程验收记录	12		×××	×××	×××	×××
4		施工记录	110		×××	×××	×××	×××
5		系统功能测定及设备调试记录	9		×××	×××	×××	×××
6		系统技术、操作和维护手册	6		×××	×××	×××	×××
7		系统管理、操作人员培训记录	6		×××	×××	×××	×××
8		系统检测报告	6		×××	×××	×××	×××
9		分项、分部工程质量验收记录	12		×××	×××	×××	×××
10		新技术论证、备案及施工记录	0		×××	×××	×××	×××
1	建筑节能	图纸会审、设计变更、洽商记录、竣工图及设计说明	9		×××	×××	×××	×××
2		原材料、设备出厂合格证及进场检、试验报告	26		×××	×××	×××	×××
3		隐蔽工程验收记录	24		×××	×××	×××	×××
4		施工记录	150		×××	×××	×××	×××
5		外墙、外窗节能检验报告	16		×××	×××	×××	×××
6		设备系统节能检测报告	6		×××	×××	×××	×××
7		分项、分部工程质量验收记录	6		×××	×××	×××	×××
8		新技术论证、备案及施工记录	0		×××	×××	×××	×××
1	电梯	图纸会审记录、设计变更通知单、工程洽商记录、竣工图	4		×××	×××	×××	×××
2		设备出厂合格证书及开箱检验记录	8		×××	×××	×××	×××
3		隐蔽工程验收记录	9		×××	×××	×××	×××
4		施工记录	70		×××	×××	×××	×××
5		接地、绝缘电阻试验记录	8		×××	×××	×××	×××
6		负荷试验、安全装置检查记录	6		×××	×××	×××	×××
7		分项、分部工程质量验收记录	6		×××	×××	×××	×××
8		新技术论证、备案及施工记录	0		×××	×××	×××	×××

结论：本工程质量控制资料经验收组核查，认为资料完整，符合要求。

施工单位项目负责人：×××

日期：　年　月　日

总监理工程师：×××

日期：　年　月　日

表 H.0.1-3　单位工程安全和功能检验资料核查及主要功能抽查记录

工程名称		×××综合办公楼		施工单位		×××建筑总公司		
序号	项目	安全和功能检查项目	份数	核查意见	核查人	核查意见	核查人	
1	建筑与结构	地基承载力检验报告	6	×××	×××	×××	×××	
2		桩基承载力检验报告	30	×××	×××	×××	×××	
3		混凝土强度试验报告	44	×××	×××	×××	×××	
4		砂浆强度试验报告	30	×××	×××	×××	×××	
5		主体结构尺寸、位置抽查记录	24	×××	×××	×××	×××	
6		建筑物垂直度、标高、全高测量记录	14	×××	×××	×××	×××	
7		屋面淋水或蓄水试验记录	4	×××	×××	×××	×××	
8		地下室防水效果检查记录	6	×××	×××	×××	×××	
9		有防水要求的地面蓄水试验记录	12	×××	×××	×××	×××	
10		抽气（风）道检查记录	6	×××	×××	×××	×××	
11		外窗气密性、水密性、耐风压检测报告	3	×××	×××	×××	×××	
12		幕墙气密性、水密性、耐风压检测报告	3	×××	×××	×××	×××	
13		建筑物沉降观测测量记录	26	×××	×××	×××	×××	
14		节能、保温测试记录	3	×××	×××	×××	×××	
15		室内环境检测报告	3	×××	×××	×××	×××	
16		土壤氡气浓度检测报告	3	×××	×××	×××	×××	
1	给水排水与供暖	给水管道通水试验记录	10	×××	×××	×××	×××	
2		暖气管道、散热器压力试验记录	5	×××	×××	×××	×××	
3		卫生器具满水试验记录	10	×××	×××	×××	×××	
4		消防管道、燃气管压力试验记录	10	×××	×××	×××	×××	
5		排水干管通球试验记录	20	×××	×××	×××	×××	
6		报警联动测试记录	6	×××	×××	×××	×××	
1	通风与空调	通风、空调系统试运行记录	10	×××	×××	×××	×××	
2		风量、温度测试记录	10	×××	×××	×××	×××	
3		空气能量回收装置测试记录	10	×××	×××	×××	×××	
4		洁净室洁净度测试记录	3	×××	×××	×××	×××	
5		制冷机组试运行调试记录	3	×××	×××	×××	×××	
1	建筑电气	建筑照明通电试运行记录	12	×××	×××	×××	×××	
2		灯具牢固装置及悬吊装置的载荷强度试验记录	26	×××	×××	×××	×××	
3		绝缘电阻测试记录	8	×××	×××	×××	×××	
4		剩余电流动作保护器测试记录	9	×××	×××	×××	×××	
5		应急电源装置应急持续供电记录	10	×××	×××	×××	×××	
6		接地电阻测试记录	8	×××	×××	×××	×××	
7		接地故障回路阻抗测试记录	10	×××	×××	×××	×××	
1	智能建筑	系统试运行记录	8	×××	×××	×××	×××	
2		系统电源及接地检测报告	6	×××	×××	×××	×××	
3		系统接地检测报告	6	×××	×××	×××	×××	
1	建筑节能	外墙节能构造检查记录或热工性能检验报告	4	×××	×××	×××	×××	
2		设备系统节能性能检查记录	3	×××	×××	×××	×××	
1	电梯	运行记录	18	×××	×××	×××	×××	
2		安全装置检测报告	6	×××	×××	×××	×××	

结论：本工程安全和功能核查及主要功能抽查项目和资料经验收组核查，认为资料完整，符合要求。

施工单位项目负责人：×××　　　　　　　　总监理工程师：×××

　　　　　年　月　日　　　　　　　　　　　　　　年　月　日

注：抽查项目由验收组协商确定。

表 H.0.1-4 单位工程观感质量检查记录

工程名称		×××综合办公楼		施工单位	×××建筑总公司
序号		项 目	抽 查 质 量 状 况		质量评价
1	建筑与结构	主体结构外观	共检查30点，好28点，一般2点，差0点		好
2		室外墙面	共检查8点，好8点，一般0点，差0点		好
3		变形缝、雨水管	共检查16点，好15点，一般1点，差0点		好
4		屋面	共检查6点，好6点，一般0点，差0点		好
5		室内墙面	共检查120点，好117点，一般3点，差0点		好
6		室内顶棚	共检查120点，好116点，一般4点，差0点		好
7		室内地面	共检查20点，好19点，一般1点，差0点		好
8		楼梯、踏步、护栏	共检查20点，好18点，一般2点，差0点		好
9		门窗	共检查30点，好27点，一般3点，差0点		好
10		雨罩、台阶、坡道、散水	共检查12点，好11点，一般1点，差0点		好
1	给排水与供暖	管道接口、坡度、支架	共检查30点，好26点，一般4点，差0点		好
2		卫生器具、支架、阀门	共检查24点，好22点，一般2点，差0点		好
3		检查口、扫除口、地漏	共检查36点，好24点，一般2点，差0点		好
4		散热器、支架	共检查20点，好19点，一般1点，差0点		好
1	通风与空调	风管、支架	共检查20点，好18点，一般2点，差0点		好
2		风口、风阀	共检查30点，好29点，一般1点，差0点		好
3		风机、空调设备	共检查7点，好7点，一般0点，差0点		好
4		管道、阀门、支架	共检查20点，好17点，一般3点，差0点		好
5		水泵、冷却塔	共检查6点，好6点，一般0点，差0点		好
6		绝热	共检查13点，好12点，一般1点，差一点		好
1	建筑电气	配电箱、盘、板、接线盒	共检查30点，好31点，一般2点，差0点		好
2		设备器具、开关、插座	共检查60点，好56点，一般3点，差1点		好
3		防雷、接地、防火	共检查12点，好12点，一般0点，差0点		好
1	智能建筑	机房设备安装及布局	共检查6点，好6点，一般0点，差0点		好
2		现场设备安装	共检查30点，好28点，一般2点，差0点		好
1	电梯	运行、平层、开关门	共检查12点，好11点，一般1点，差0点		好
2		层门、信号系统	共检查10点，好10点，一般0点，差0点		好
3		机房	共检查4点，好4点，一般0点，差0点		好
	观感质量综合评价		好		

结论：
经过验收组成员对工程现场观感质量的观测和检测，一致认为本工程观感质量符合要求，认定等级为"好"。

施工单位项目负责人：×××　　　　　　　　　　　总监理工程师：×××
　　　　　　　　　　年　月　日　　　　　　　　　　　　　　　年　月　日

注：1 对质量评价为差的项目应进行返修。2 观感质量检查的原始记录应作为本表附件。

第十二章　新技术在工程建设中的应用

1　BIM 在工程项目管理中的应用

1.1　BIM 技术概述及发展现状

1.1.1　BIM 技术概述

建筑信息模型（Building Information Modeling，简称 BIM）是对建设项目进行设计、施工、运营和过程管理等全生命周期中的应用数字模型。1999 年，乔治亚理工大学的 Chuck Eastman 教授将"建筑描述系统"发展为"建筑产品模型"（Building Product Model）。2002 年，Autodesk 收购三维建模软件公司 Revit technology，首次将 Building Information Modeling 的首字母联起来使用，成为今天众所周知的"BIM"。

1.1.2　BIM 技术发展现状

BIM 技术的研究经历了三大发展阶段：萌芽阶段、产生阶段和发展阶段。BIM 理念的启蒙，受到了 1973 年全球石油危机的影响，美国全行业需要考虑提高行业效益的问题，1975 年"BIM 之父"Eastman 教授在其研究的课题"Building Description System"中提出"a computer-based description of-a building"，以便于实现建筑工程的可视化和量化分析，提高工程建设效率。随后，各国专家（包括美国、英国、新加坡、日本、韩国及中国等）都进行 BIM 团队建设及相关研究。

中国香港房屋署自 2006 年起，已率先试用建筑信息模型。为了成功地推行 BIM，中国香港房屋署自行订立 BIM 标准、用户指南、组建资料库等设计指引和参考。这些资料有效地为模型建立、管理档案，以及用户之间的沟通创造了良好的环境。2009 年 11 月，中国香港房屋署发布了 BIM 应用标准。中国香港房屋署署长提出，在 2014～2015 年该项技术将覆盖中国香港房屋署的所有项目。

早在 2007 年，中国台湾当地大学与 Autodesk 签订了产学研合作协议，重点研究建筑信息模型（BIM）及动态工程模型设计。2009 年，中国台湾大学土木工程系成立了"工程信息仿真与管理研究中心"，并与淡江大学工程法律研究发展中心合作出版了《工程项目应用建筑信息模型之契约模板》。中国台湾地区，高雄应用科技大学土木系也于 2011 年成立了工程资讯整合与模拟（BIM）研究中心。

中国台湾有几家公转民的大型工程顾问公司与工程公司，由于一直承接政府大型公共建设，财力雄厚、兵多将广，对于 BIM 有一定的研究并有大量的成功案例。2010 年元旦，中国台湾世曦工程顾问公司成立 BIM 整合中心，2011 年 9 月中兴工程顾问股份公司成立 3D/BIM 中心，此外亚新工程顾问股份有限公司也成立了 BIM 管理及工程整合中心。对于新建的公共建筑和公有建筑，工程发包监督都受政府的公共工程委员会管辖，则要求在设计阶段与施工阶段都借助 BIM 完成相应的工作。

2011 年 5 月，住建部发布的《2011～2015 建筑业信息化发展纲要》中，明确指出：在施工阶段开展 BIM 技术的研究与应用，推进 BIM 技术从设计阶段向施工阶段的应用延伸，降低信息传递过程中的衰减；研究基于 BIM 技术的 4D 项目管理信息系统在大型复杂工程施工过程中的应用，实现对建筑工程有效的可视化管理等。

2012 年 1 月，住建部"关于印发 2012 年工程建设标准规范制订修订计划的通知"宣告了中国 BIM 标准制定工作的正式启动。其中包含五项 BIM 相关标准：《建筑工程信息模型应用统一标准》、《建筑工程信息模型存储标准》、《建筑工程设计信息模型交付标准》、《建筑工程设计信息模型分类和编码标准》、《制造工业工程设计信息模型应用标准》。其中《建筑工程信息模型应用统一标准》的编制采取了"千人千标准"的模式，联合国内研究单位、院校、企业、软件开发商共同承担 BIM 标准的研究。至此，工程建设行业的 BIM 热度日益高涨。

前期一些大学和科研院所在 BIM 的科研方面也做了很多探索和研究。随着企业各界对 BIM 的重视，对大学的 BIM 人才培养需求渐起。部分院校成立了 BIM 方向的人才培养。

2010 年与 2011 年，中国房地产业协会商业地产专业委员会、中国建筑业协会工程建设质量管理分会、中国建筑学会工程管理研究分会、中国土木工程学会计算机应用分会分别组织并发布了《中国商业地产 BIM 应用研究报告 2010》和《中国工程建设 BIM 应用研究报告 2011》。虽然样本量不多，但一定程度上反映了 BIM 在我国工程建设行业的发展现状。根据两届的报告，关于 BIM 的知晓程度从 2010 年的 60% 提升至 2011 年的 87%，2011 年至今，大部分单位表示已经愿意使用 BIM 相关软件，而设计单位使用居多。

在过去的几年时间里，BIM 技术在我国工程建设领域得到了快速发展，从 BIM 技术实践中可以看出，BIM 技术提升了施工项目精细化管理和控制水平，最终实现智慧建造。同时在实现整个工程生命周期信息化的过程中，具有无可比拟的优势。

当前，BIM 技术已被国际公认为建筑业发展的革命性技术，它的全面应用，将对建筑业的科技进步产生无可估量的影响。通过统一的 BIM 模型中实现实时、准确的信息共享，实现不同阶段、不同参与方、不同应用软件间的协同，可以比传统方式更有效地提升工作效率。不同参与者站在各自的角度对 BIM 的价值也有不同程度的认识，见图 12-1-1。

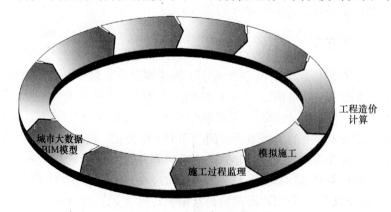

图 12-1-1　BIM 技术价值应用

1.1.3 BIM 技术的应用价值

（1）BIM 技术对业主、监理公司在工程项目管理中的影响及价值

首先，在项目开始前期根据初步设计图纸或已经完成的施工图建立 BIM 模型，保证 BIM 与所提供的资料一致，三维虚拟技术可以帮助业主更容易发现对后期管理有影响的各类问题，如结构专业与机电专业的碰撞问题，地下车库出入口处净高未达到功能要求等，并及时与设计或相关部门沟通协调改正。其次，在过程中制定进度计划，将进度计划载入 BIM 系统中保证颗粒细度满足构件级的结构化数据库的有效建立，并根据实际进度调整时间变化。过程中的变更、签证等根据合同要求进行调整，一般针对固定总价合同和固定单价合同的模式有不同的要求。待到竣工结算的时候确定最终的竣工 BIM 模型以保证结算工作的准确性、合理性、有效性。

（2）BIM 对设计方在项目管理中的影响和价值

BIM 支持建筑师和其他专业设计工程师在实际建造前使用数字设计信息分析和了解项目性能，具有以下优势：

1）通过 BIM 技术建筑师和设计师可以同时制定多个设计方案，对各个设计方案进行环境、能耗、防火等多项专项模拟，并通过 BIM 技术可以形象、直观的与业主进行沟通，帮助业主进行制定更明智决策；

2）设计人员和监理工程师通过 BIM 技术可以对项目成本进行快速概算，并根据所得信息对细节设计方案进行优化调整，在满足使用功能前提下，可以很好地实现限额设计。

（3）BIM 对施工方在施工管理中的影响和价值

1）施工单位利用 BIM 可以有效实现自身在工程项目施工管理中的多维控制，可以根据多套标准和评价体系对项目数据进行拆分、组合、合理利用。

2）根据现场资料创建合约类的 BIM 模型，以确保 BIM 可以真实合理的表达施工单位与业主相关承建的内容，合理进行施工进度计划。

3）在施工成本部分利用 BIM 进行自身成本的有效控制，根据自身施工方案和资料进行施工 BIM 的创建，同时根据项目实施情况进行模型的动态调整，并根据 BIM 的数据进行分析统计确保材料计划的控制、限额领料、施工组织部署、施工产值统计等工作的准确进行。

4）BIM 的关联数据库为当前国内现行合同模式下的项目数据分析统计提供了保证，保证了各项数据的汇总统计，对管理进行支撑等。

1.2 BIM 技术在工程项目管理中的应用

工程建设项目的参与方主要包括建设单位、勘察单位、设计单位、施工单位、监理单位、咨询单位、材料供应商、设备供应商等，目前项目各方间的信息传递主要是通过二维图纸、资料、文件、会议等不同的方式点对点来实现。随着项目的复杂程度日益提高，这种交叉沟通交流的方式已经无法满足各参与方之间的顺畅的协同，项目各方之间的信息不畅会导致项目协同效率低、错误多，从而提高了项目成本。建筑信息模型作为一个建筑信息的集成体，可以很好地在项目各方之间传递信息，降低成本，达到精细化管理效果，从而发挥出 BIM 管理技术的重要作用、创造更大的价值。

1.2.1　BIM 在决策阶段的应用

决策阶段的各项技术经济指标的确定，对该项目投资控制会有较大影响，特别是建设标准水平的确定、建设地点的选择、工艺的评选，设备选用等，直接关系到项目投资的成败。据有关资料统以、在项目建设各大阶段中，投资决策阶段影响工程造价的程度最高。高达 80%～90%。因此，决策阶段项目决策的内容是项目管理的关键环节之一。

建设单位在决策阶段可以根据不同的项目方案建立初步的建筑信息模型，BIM 数据模型的建立，结合可视化技术、虚拟建造等功能，为项目的模拟决策提供了基础。根据 BIM 模型数据，可以调用与拟建项目相似工程的造价数据，如该地区的人、材、机价格等，也可以输出已完类似工程每平方米造价，高效准确地估算出规划项目的总投资额，为投资决策提供准确依据。同时，将模型与财务分析工具集成，修改不同方案的模型参数，实时获取各项目方案的投资收益指标信息，提高决策阶段项目预测水平，帮助建设单位进行决策。

1.2.2　BIM 在设计阶段的应用

在项目投资决策后，设计阶段就成为项目工程项目管理控制的关键环节之一，它对工程建设项目的工期、造价、质量及建成后能否发挥较好的经济效益都起着决定性的作用。据有关资料统计，设计阶段影响工程造价的程度达到了 35%～75%。因此，提高设计质量、优化设计方案对于工程项目管理具有关键的影响。

设计阶段包括初步设计、扩初设计和施工图设计几个阶段。在设计阶段，通过 BIM 技术对设计方案优选或限额设计，实现对项目管理的有效控制。

在建设项目实施过程中，经常会出现因为设计各专业间的不协调、设计单位与施工单位的不协调、业主与设计单位的不协调等问题产生的设计变更，对项目管理造成不利影响。2010 年《中国商业地产 BIM 应用研究报告》通过调查问卷发现，77% 的设计企业遭遇因图纸不清或混乱而造成项目或投资损失，其中有 10% 的企业认为该损失可达项目建造投资的 10% 以上，43% 的施工企业遭遇过招标图纸中存在重大错误，改正成本超过 100万元。通过应用 BIM 建筑信息模型，项目各方都可以在实际实施之前发现问题及时修改，使设计变更大大减少，专业协调大大改善，有利于项目管理。

BIM 在设计变更管理中最大的价值，不是梳理清楚变更的流程，而是最大限度地减少设计变更、从源头减少因变更带来的工期和成本的增加。美国斯坦福大学整合设施工程中心（CIFE）根据对 32 个项目的统计分析总结了使用 BIM 技术后产生的效果，认为它可以消除 40% 预算外变更。即从源头上减少变更的发生。可视化建筑信息模型更容易在形成施工图前修改完善，设计师直接用三维设计可以更容易发现错误，修改也更容易，三维可视化模型能够准确地再现各专业系统的空间布局、管线走向，专业冲突一览无遗，提高设计深度，实现三维校审，大大减少"错、碰、漏、缺"现象，在设计成果交付前消除设计错误可以减少设计变更。而传统的二维设计"错、碰、漏、缺"几乎是不可避免的。

利用 BIM 技术，可以把各专业整合到统一平台，进行三维碰撞检查，可以发现大量设计错误和不合理之处，为项目造价管理提供有效支撑。当然碰撞检查不单单用于施工阶段的图纸会审，在项目的方案设计、扩初设计和施工图设计中，建设单位与设计公司已经可以利用 BIM 技术进行多次的图纸审查。通过集成建筑模型、结构模型、机电模型等，在统一的三维环境中，自动建设各构件的碰撞，并进行标识和统计，提高设计质量，通过及早发现和解决冲突，最大限度减少施工过程中的变更，减少返工。

1.2.3 BIM 在招投标和签订合同价阶段的应用

BIM 技术的推广应用，将是对招标投标程序的一次革新。建设各方可以根据设计单位提供的富含丰富数据信息的 BIM 模型快速短时间内抽调出工程量信息，结合项目具体特征编制准确的工程量清单，有效地避免漏项和错算等情况，最大限度减少施工阶段因工程量问题而引发的纠纷。在招投标过程中，建设单位也可以将拟建项目 BIM 模型以招标文件的形式发放给投标单位，以方便施工单位利用设计模型，快速获取正确的工程量信息，与招标文件的工程量清单比较，可以制定更好的投标策略。

在招标阶段，各专业的 BIM 模型建立或应用是 BIM 技术的重要基础工作。BIM 模型建立的质量和效率直接影响后续应用的成效。模型的建立主要有三种途径：

（1）直接按照施工图纸重新建立 BIM 模型，这也是最基础最常用的方式。

（2）如果可以得到二维施工图的 AutoCAD 格式的电子文件，利用软件提供的识图转图的功能，将 dwg 二维图转成以 BIM 模型。

（3）复用和导入设计软件提供的 BIM 模型，生成 BIM 算量模型。这是从整个 BIM 流程来看最合理的方式，可以避免重新建模所带来的大量手工工作及可能产生的错误。

在签订合同价阶段，BIM 模型与合同对应，为承发包双方建立了一个与合同价对应的基准模型，它是项目实施过程中合同变更的基准。

1.2.4 B1M 在项目管理阶段的应用

在合同签订后，BIM 模型记录了各种信息，并提供给合作各方工程师在项目管理中应用。结合施工进度数据，根据施工现场实际情况进行有效的项目管理。

（1）基于 BIM 的 5D 计划管理

建筑信息模型的 5D 应用是指建筑二维数字模型结合项目建设进度时间轴与投资控制的应用模式，即 3D 模型＋进度时间＋费用的应用模式。在该模式下，建筑信息模型集成了建设项目所有的几何、物理、性能、成本、管理等信息，在应用方面为建设项目各方提供了施工计划与投资控制的所有数据，项目各方人员在正式施工之前就可以通过建筑信息模型确定不同时间节点的施工进度和施工成本，可以直观地按月、按周、按日观看到项目的具体实施情况并得到该时间节点的所有数据，方便项目的实时修改调整，实现限额领料施工，最大的体现精细化管理的效果。

1）基于 5D 实现资金计划管理和优化。无论业主方、监理单位，还是施工单位都需要预计产值和资金需求计划，基于 BIM 5D 管理软件可以快速测算项目造价，并且可以用于项目前期预算以及项目最终结算。在 BIM 5D 软件中，将进度时间参数加载到 BIM 模型把造价与进度关联，软件可以实现不同维度（空间、时间、工序）的管理，根据时间节点或者工程节点的设置，软件可以自动输出详细的计划。

2）利用 5D 模型可以方便快捷地进行施工进度模拟和资源优化、在 BIM 5D 软件中，施工进度计划绑定预算模型之后，基于 BIM 模型的参数化特性，以及施工进度计划与预算信息的关联关系，当工程管理人员在软件中选择不同施工进度计划项时，BIM 5D 软件可以自动关联快速计算出不同阶段的人工、材料、机械设备和资金等的资源需用量计划。在此基础上，工程监理人员通过 BIM 5D 软件中的模型科学合理安排施工进度，结合软件提供的模型以所见即所得的方式，进行施工流水段划分和调整，并组织安排专业队伍连续或交叉作业，流水施工，使工序衔接合理紧密，避免窝工现象，既能提高工程质量，保证施工安全，又可以降低工程成本。

3）实际工程中，基于 BIM 平台的 5D 施工资源动态管理可以应用于项目全过程管理。5D 模型是在 3D 模型的基础上建立该工程的明细清单，并与进度工序（WBS）节点关联，建立全面的动态信息数据、形成 5D 模型。在计划阶段，项目监理人员可通过 BIM 5D 软件，在设计模型中增加进度和造价信息，然后进行施工模拟软件内置优化算法，反复进行资源模拟，最终根据模拟参数设置范围，使得不同施工期内的人材机需求量达到均衡，避免资源发生大起大落的同时，BIM 5D 软件根据优化结果，自动生成资金、材料、劳动力等资源计划，也可生成指定日期的材料使用周计划，包括每项材料的名称、单价、计划用量、费用等信息在施工过程中通过模型中自动生成不同周期内平均人材机需用量，指标编制资源需用计划。自动统计任意进度工序（WBS）节点在指定时间段内的工程量以及相应的人力、材料、机械预算用量和实际用量，并可进行人力、材料、机械预算用量、实际进度预算用量和实际消耗量的 3 项数据对比分析和超预算预警提示。方便地查询分部分项工程费、措施项目费及其他项目费等具体明细。

4）基于 5D 模型实现项目精细化管理，包括建筑工程施工资源的动态管理和进度投资管理，BIM 5D 软件提供针对时下进度相关的工程量及资源、成本进行动态查询和统计分析。根据管理需要，自动生成不同阶段、不同流水段、不同分部分项的成本数据，有助于管理人员全面把握工程的实施和进展，及时发现和解决施工资源与成本控制出现的矛盾和冲突，最终有效减少工程超预算，保障资源供给，提高施工项目管理水平和成本控制能力。例如，BIM 5D 软件通过显示某流水段在同样时间段内的计划进度和成本、实际进度和成本等对比，及其进度控制偏差和投资控制偏差分析报表。

（2）基于 BIM 的进度管理（图 12-1-2）

我国现行工程进度款结算有多种方式，如按月结算、竣工结算、分段结算等。施工企业根据实际完成工程量，向业主提供已完成工程量报表和工程价款结算账单，经由业主造价顾问和监理工程师确认，收取当月工程进度价款。

BIM 技术的应用为我们带来了便利。BIM 5D 可以将时间与模型进行关联，根据所涉及的时间段如月度、季度，软件可以自动统计该时间段内容的工程量汇总并形成进度造价文件，为工程进度计量和支付工作提供技术支持。

（3）基于 BIM 的工程变更管理

随着工程项目规模和复杂度的不断增大，施工过程中的变更的有效管理越来越迫切。施工过程中反复变更导致工期和成本的增加，而变更管理不善导致进一步的变更，使得成本和工期目标处于失控状态。利用 BIM 技术可以最大限度地减少设计变更，并且在设计阶段、施工阶段各个阶段，以及各参建方共同参与进行多次的三维碰撞检查和图纸审核，尽可能从变更产生的源头减少变更。

（4）基于 BIM 的签证索赔管理

在实际的工程管理中，签证、索赔的真实性、有效性、必要性的复核常常也是一项较为困难的事，人为干扰大。

在工程建设中只有规范并加强现场签证的管理，采取事前控制的手段并提高现场签证的质量，才能更好地管理项目，保证建设单位的资金得以高效地利用，发挥最大的投资

进度管理信息（建筑构件）	材料管理信息（品牌　　　　）
计划开始、结束时间	材料厂家二维码管理
实际开始、结束时间	材料招标计划
计划工期、实际工期	材料进场及拼装计划
进度工程量、进度造价	材料节能环保研究

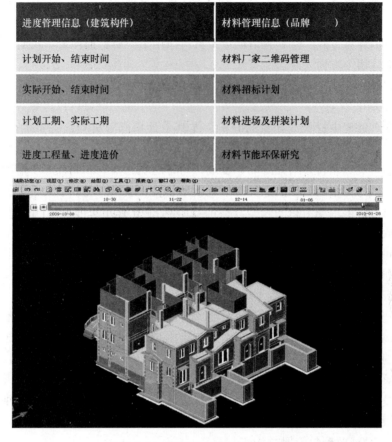

图 12-1-2　模型与监理进度动态管理

效益。

对于签证内容的审核，可以利用在 BIM 5D 软件中实现模型与现场实际情况进行对比分析。通过虚拟三维的模拟掌握实际偏差情况，从而确认签证内容的合理性。同时根据变更情况，利用基于 BIM 的变更算量软件对模型进行直接调整，软件可以自动、精确的计算变更工程量，从而确定签证产生的工作量，根据对构件数据的拆分、组合、汇总确定工程量和所产生的费用。很显然利用 BIM 的可视化和强大的计算能力进行签证管理的应用，可以更快速高效、准确处理变更签证，减少争议。

（5）基于 BIM 的质量管理

在项目施工质量管理中，材料费在工程项目管理成本中往往占据了很大的比重，一般占整个预算费用达到 70%左右，占直接费更是高达 80%左右。因此，材料成本的控制是工程成本控制的重中之重。材料消耗量是指在施工过程中用于工程实体中的材料耗用总量。由净用量与损耗量两部分组成：材料消耗量＝材料净用量＋材料损耗量。其中材料净用量是指直接用于建筑和安装工程的材料，一般是按图纸计算出的工程量为计算依据；材料损耗量是指在施工过程中不可避免的施工废料或材料损耗。材料的消耗量的测算分为三种：

1）工程量。无论是清单计价还是定额计价，无论是招标单位还是投标单位，无论为成本测算还是成本控制，都需要进行工程量的计算和复核。

2）分析量。分析工程量实际上就是一个分析其材料消耗量的过程，前面我们已经讲过材料消耗量的计算方式——材料消耗量＝材料净用量＋材料损耗量，我们在分析材料消耗量也就是从这两个方面入手。

3）实际量。指工程中实际消耗的材料用量，因为材料质量、管理因素会造成与分析量存在一定的差异。

在施工管理过程中材料消耗量的分析，尤其是计划部分材料消耗量的分析是一大难题。目前材料、设备、机械租赁、人工与单项分包等过程中成本拆分困难，无法和招投标阶段进行对比，等到项目快结束阶段才发现，为时已晚。基于 BIM 的 5D 施工管理软件将模型与工程图纸等详细的工程信息资料集成，是建筑的虚拟体现。形成一个包含成本、进度、材料、设备等多维度信息的模型。目前，BIM 的精度可以达到构件级，可快速准确分析工程量数据，再结合相应的定额或消耗量分析系统就可以确定不同构件、不同流水段、不同时间节点的材料计划和目标结果。结合 BIM 技术，施工单位可以让材料采购计划、进场计划、消耗控制的流程更加优化，并且有精确控制能力。并对材料计划、采购、出入库等进行有效管控。

目前，施工管理中的限额领料流程、手续等制度虽然健全，但是效果并不理想，原因就在配发材料时，由于时间有限及参考数据查询困难，审核人员无法判断报送的领料单上的每项工作消耗的数量是否合理，只能凭主管经验和少量数据大概估计。随着 BIM 技术的成熟，审核人员可以调用 BIM 数据库中同类项目的大量详细的历史数据，利用 BIM 5D软件的多维模拟施工计算，快速、准确地拆分、汇总并输出任一细部工作的消耗量标准，真正实现了限额领料的初衷。

（6）基于 BIM 的分包管理

项目实施经常按施工段、按区域进行施工或与分包。限额领料、与分包单位结算和控制分包项目质量、进度与成本。这就需要从三个维度（时间、空间区域、工序）进行分析，因此要求管理者能快速高效拆分管理范围及相关数据，传统的手工计算难以支撑如此大的工作量。传统模式的分包管理常存在以下问题：一是无法快速准确分派任务，数据混乱、重复派工；二是管理不及时、不准确；三是分包结算争议多等。

BIM 对于分包管理起到了重要作用，强大的三维可视化表现力可以对工程的各种情况进行提前预警，使项目参建方提前对各类问题进行沟通和协调，在分包管理时可以从项目整体管控的角度出发，对分包进行管理，同时给予综合的协调支持。

1）基于 BIM 的派工单管理：基于 BIM 技术的派工单管理系统可以快速准确分析出按进度计划进行的工程量清单，提供准确的用工计划，同时系统不会重复派工，控制漏派工，实现基于准确数据的派工管理。派工单与 BIM 关联后，在可视化的 BIM 图形中，按区域开出派工单，系统自动区分和控制是否已派过，减少了差错。

2）分包结算和分包成本控制：作为施工单位，需要与下游分包单位进行结算。在这个过程中施工单位的角色成为甲方，供应商或分包方成为乙方。传统管理模式下，由于施工过程中人工、材料、机械的组织形式与传统造价理论中的定额或清单模式的组织形式存在差异。在工程量的计算方面，分包计算方式与定额或清单中的工程量计算规则不同。双方结算单价的依据与一般预结算不同。对这些规则的调整，以及准确价格数据的获取，传统模式主要依据造价管理人员的经验与市场的不成文规则，常常成为成本管控的盲区或灰色地带。根据分包合同的要求，建立分包合同清单与 BIM 模型的关系，明确分包范围和分包工程量清单，按照合同要求进行过程算量，为分包结算提供支撑。

（7）基于 BIM 在竣工结算中的管理

竣工阶段的竣工验收、竣工结算以及竣工决算，直接关系到建设单位与承包单位之间的利益关系。关系到建设工程项目工程造价的实际结果。竣工阶段管理工作的主要内容是确定建设工程项目最终的实际造价，即竣工结算价格和竣工决算价格，编制竣工决算文件，办理项目的资产移交。这也是确定单项工程最终造价、考核承包企业经济效益以及编制竣工决算的依据。

基于 BIM 的结算管理不但提高工程量计算的效率和准确性，对于结算资料的完备性和规范性还具有很大的作用。在项目管理过程中，BIM 模型数据库也不断修改完善，模型相关的合同、设计变更、现场签证、计量支付、材料管理等信息也不断录入与更新，到竣工结算时，其信息量已完全可以表达竣工工程实体。BIM 模型的准确性和过程记录完备性有助于提高了结算的效率，同时 BIM 可视化的功能可以随时查看三维变更模型，并直接调用变更前后的模型进行对比分析，避免在进行结算时描述不清楚而导致索赔难度增加，减少双方的扯皮，加快结算和审核速度。

1.2.5 BIM 在企业级数据库中的应用

建筑行业其实是一个大数据行业，掌握数据能力强的企业，将产生极大的竞争优势，并一定会是一种核心竞争力。建筑行业正逐步进入数据时代。一个工程项目，哪怕是简单的工程，要真正实现精细化的管理，都会有海量的数据产生，都需要计算处理、共享和应用。这些数据包括工程设计、成本、质量、安全、材料、分包和供应、支付和收入等，传统的管理技术手段为手工方法，即使是简单的工程都不可能满足项目全过程精细化管理的要求，大型复杂工程差距更大。行业内大量项目实现承包制，企业数据能力严重不足是最主要的关系。长期以来企业在数据能力方面难以提升与工程行业的本质有关，数据量大、复杂度高，传统的管理技术确实难以胜任。但企业要突破项目精细化管理和实现企业集约化管理，数据能力是无法回避的第一个关口，必须全力加以突破。

BIM 技术将整个工程全生命周期的所有信息和数据，创建成一个多维度结构化的数据库，这样计算处理、共享和应用这些数据，几乎可以实现实时化，甚至实现基于互联网的报表数据和图形数据共享，对项目全过程精细化管理的数据支撑条件得以完全解决。企业级项目数据库建设也成为可能，从而为企业级集约化管理创造条件。

（1）随着 BIM 技术的深入和推广，BIM 技术在项目不同阶段、不同业务的应用也会产生包括大量的数据，这些数据具有以下特点：

1）BIM 技术在工程中的应用是不同参与方、不同业务、不同软件之间的协同应用，只有这样才能发挥 BIM 技术的最大价值。因此这些模型数据需要基于统一的标准进行存储和共享，需要一致的模型服务器支持。

2）BIM 技术最直接的价值是生产效率的提升，在不同的业务中会产生技术型数据。同时，为提升管理效率，还有很对管理系统，例如项目管理系统，这些管理系统在解决管理流程、协同的同时，需要准确 BIM 数据作为支撑，而 BIM 数据支撑管理系统需要数据交换平台完成，因此需要统一的模型服务器作为数据中转站。

3) BIM 技术的基础是三维模型，三维模型必将带来海量的数据。首先，海量数据需要有结构合理、扩展性好的数据库存储；其次，这些数据想要发挥更大的价值，就需要经过分析，抽取和分析才能形成有意义的知识，如模型库、价格信息库，造价指标库等；从这两方面来讲，必须要建立统一的 BIM 模型服务器。

（2）BIM 模型服务器提供了每个具体工程海量数据创建、承载、管理、共享的平台。企业将每个工程 BIM 模型以及模型附带的信息集成在一个数据库中，即形成了企业级的 BIM 数据库。BIM 数据库可承载工程全生命周期几乎所有的工程信息，并且能建立起 4D（3D 实体＋1D 时间）关联关系数据库，这样的技术平台将真正带来项目管理的革命。基于 BIM 的企业级 BIM 数据库的创建完全改变了企业对项目的传统管理模式，通过建立 BIM 关联数据库，可以实现如下价值：

1) 支撑项目各条线及时准确获取管理所需数据，数据精度达到构件级；

2) 各项目范围内快速统计分析管理所需数据，实现单项目和多项目的多算对比；

3) 实现企业总部对各管理部门对各项目基础数据的协同和共享；

4) 大大加强总部对各项目数据（信息）对称能力和掌控能力；

5) 为 ERP 提供准确基础数据，提升 ERP 系统价值。

（3）由于 BIM 数据具有复杂性、多样性和动态等特点，建立基于 BIM 的企业级数据库是一项周期长、范围广、数量大的工作，一般应用在以下几个方面：

1) 量和价的数据创建。管理人员通过使用基于 BIM 技术的工程量计算软件，导入设计模型，加入相关算量信息，建立算量模型。BIM 工程量计算软件可以快速实现工程量的计算。根据工程计算结果，管理人员通过软件内置定额库进行工程组价工作，可以快速创建造价数据，最终形成管理模型。

2) 数据集中管理。BIM 模型不仅仅是进行工程预算工程，更重要的价值在于能够支撑后续的过程管理。因此，管理人员应将包含成本信息的 BIM 模型软件通过接口上传到 BIM 模型服务器，并使用模型服务器客户端软件，通过模型服务器内置的分析程序会自动对文件进行解析，将海量的成本数据进行分类和整理，形成一个多维度的管理业务时，系统将从模型服务器中提取 BIM 技术数据发送给不同的人。总经理可以看到项目资金使用情况、项目经理可以看到指标信息、材料员查询下月材料使用量，不同的人各取所需，共同受益。从而对建筑企业的成本精细化管控和信息化建设产生重大作用。

3) BIM 数据协同。通过 BIM 数据分析系统的两个客户端：管理驾驶舱（MC）和 BIM 浏览器（BE），所有管理人员可以随时随地根据时间、工序、区域等多个维度查询单项目的实物量数据。在项目管理中，是使材料计划、成本核算、资源调配计划、产值统计（进度款审核）等方面及时准确的获得基础数据的支持。

4) 企业构件库管理。企业能够定制各种类型工程的 BIM 构件库，便于在建模的时候快速引用。不仅能提高建模效率，而且规范了企业的 BIM 制作标准。

5) 工程资料库管理。工程管理数据的积累是对工程建设过程中历史经验的总结，它是支持企业工程管理工作可持续发展和不断优化的一项基础性工作。基于 BIM 集成平台的数据挖掘与分析能力，在工程管理相关信息库的基础下，对各类工程信息的进行及时、准确的收集，形成可靠的经验资料，指导后续的工程。

6) 案例工程库的建立。企业做过的历史工程，以 BIM 模型为载体，形成案例工程库累积起来，便于项目管理经验积累，有利于今后进行参考和复用，实现企业内部共享。

（4）今后可以通过 BIM 数据提高管理的效能。项目管理系统主要包含四个方面的应用。

1）管理协同平台，这是属于基础性平台，它提供了支撑项目管理系统运行的权限管理、工作流管理、组织机构、数据交换等支撑性业务，其中数据交换起到了与 BIM 集成平台之间的数据获取、提交、转换的功能，是 BIM 集成应用的关键接口。

2）项目管理业务系统。主要包括投标管理、合同管理、材料管理、分包管理等业务。基于统一的组织结构、流程和权限，这些业务子系统实现了对过程控制和管理。例如，通过合同管理，实现了计量支付、分包结算、工程变更、竣工结算的管理业务。通过材料管理，实现了需求计划、采购计划和现场出入库的管理，有效控制了材料的浪费。同时，这些业务模块通过项目管理协同平台及时获取基于 BIM 的信息，对业务运行提供了数据保障。

3）成本管理系统。成本管理是项目管理的核心，项目管理业务模块数据和 BIM 应用数据将会最终进入成本管理系统，并形成最终的动态成本分析结果，及时发现成本偏差并采取措施纠正。

4）建立 BIM 管理体系。BIM 技术只有跟企业管理相结合起来才能真正应用，并且发挥巨大价值。BIM 的应用不是简单工具软件的操作，它涉及企业各部门、各岗位，涉及公司管理的流程，涉及人才梯队的培养和考核，它需要配套制度的保障，需要软硬件环境的支持。因此企业引入 BIM，不是采购几套软件就完事了，需要通过聘请专业 BIM 团队，开展 BIM 项目试点，以企业 BIM 中心为基础，结合企业自身情况，建立适合企业的 BIM 管理体系。

（5）BIM 能够作为一种项目交付方法，将建设工程项目中的人员、系统、业务结构和事件全部集成到一个流程中。在该流程中，所有参与者将充分发挥自己的智慧和才华，在设计、监理和施工等所有阶段优化项目成效、为业主增加价值、减少浪费并最大限度提高效率。通过采用该流程，建筑师、工程师、承包商和业主能够创建协调一致的数字设计信息与文档。能够实现建立在共同利益目标的前提下的高效协作团队，更有利于参建各方应用 BIM 技术手段和发挥 BIM 技术的价值。

总之，随着 BIM 技术在工程管理管理中的不断深入应用，必然会带来管理历史性的革命，也将会带来管理工作方式的根本性变化。未来的工程项目管理必将是全过程、精细化、低成本、高效透明的管理。

1.3 BIM 在工程项目管理中应用案例

【案例一】某学院教学楼项目实现精细化管理

【工程概况】

某学院教学楼项目总建筑面积为 25700m²，5 层，20.7m 高。于 2016 年 3 月 17 日开工，2016 年 9 月 30 日竣工验收。

【BIM 建模】

建模的第一步工作就是选择建模精确度。选用过程中做了如下综合分析：

（1）设计院的 BIM 设计模型。设计院提供的 Revit 模型在设计施工管理方面相当出色，但是这个设计模型汇总统计的工程量无法达到项目管理的要求，原因是 Revit 软件本身并没有工程量清单、定额计算规则设置，构件之间的扣减关系不明确，这就造成了工程量结果不准确。

（2）BIM 算量软件建立模型。国内现有的 BIM 算量软件经过多年发展，已经很成熟、很专业。建立模型比较理想的是能够实现设计软件与算量软件的数据接口。

（3）业主最终确定使用 Revit 软件重新建模，进行项目管理的模式。

1）建立钢筋模型。在钢筋算量软件中设置楼层、标高、抗震等级、混凝土强度等级以及其他相应属性；对照施工图纸，通过 CAD 导入 BIM 算量软件识别生成图元，或是通过构件点、线、面的绘图布置生成图元；在 BIM 算量软件输入各类构件的属性；最后合并工程，把普通层和设备层三维模型进行合并。

2）建立结构及建筑装饰模型。使用 Revit 软件平台模型数据是共享的，利用软件添加建筑、装饰构件，完成建筑装饰工程模型完成。

【BIM 模型应用】

（1）材料过程控制。利用 BIM 技术 5D 关联数据库快速、准确获得过程中工程基础数据拆分实物量，随时为采购计划的制定提供及时、准确的数据支撑，同时限额领料流程有据可循，为避免飞单等现场管理情况提供审核基础。

（2）进度款项确认。根据 BIM 技术 5D 关联数据库、合同和图纸等相关要求设定相应参数快速、准确获得进度工程量。利用 BIM 技术 5D 关联数据库与三维图形确定相关参数区域，框图出价。过程中实现过程三算对比，月度产值核算，月进度控制。（图 12-1-3、图 12-1-4）

图 12-1-3

图 12-1-4

（3）变更管理。传统的成本核算方法中，一旦发生设计变更，造价工程师需要对比不同版次图纸检查核对设计变更，重新查找手算列表，找出影响工程量的计算式，过程缓慢，可靠性不强。BIM 算量软件直接在模型修改图元属性、位置、做法，利用"BIM 变更软件"直观地显示变更结果，同时也为将来结算做好了数据记录。软件自动生成变更前后两份文件，对每次设计变更的 BIM 文件进行编号，可以进行方便查找以及资料存档。同时，针对每一次设计变更可以进行投资估算，投资估算反映设计变更发生的费用，让业主清楚了解投资金额与合同金额动态增减情况，从而决定是否对设计变更发出正式工程指令，或进行进一步优化。

可以看到，BIM 不仅是一种技术能力，还应上升到行业发展战略层面的考量，用于提升企业现代化管理水平以及企业核心竞争力。BIM 势必改变我们未来的造价模式，引领造价行业的发展。

（4）虚拟施工指导（图 12-1-5）：

1）辅助图纸技术问题交底：BIM 模型建立的过程，就是图纸问题，疑问发现的过程，三维状态下可以轻易发现工程问题。

2）设计问题整理（碰撞检查）（图 12-1-6）：传统二维平面下，很难判断出

图 12-1-5

三维空间环境下的综合碰撞情况，施工时如未发现该类问题，会引发返工和延误工期的情况。通过各专业 BIM 三维模型碰撞检查，发现设计与图纸中存在的问题，包括不同系统管件碰撞、梁与门窗碰撞、结构与安装管道碰撞等，根据变更条件进行 BIM 维护，对施工设计问题提前反应，避免返工与延误工期。经过简单测算，如果这些碰撞点不提前消除，可能会造成巨大的成本损失及工期延误。正是利用 BIM 技术的碰撞检测功能，使得施工进度得以保证，避免材料浪费。

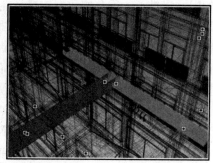

图 12-1-6 管道碰撞检测

3）三维技术交底：BIM 团队在进行施工前技术交底时，采用了利用 BIM 三维模型投放于大屏幕的交底方式。BIM 三维模型所带来的好处是可对施工重点、难点、工艺复杂的施工区域进行可视化预演，通过多角度全方位对模型的查看使交底过程效率更高，也更便于工人理解。项目经理说使用 BIM 技术进行技术交底后，返工率比起以往有了很大的改善，从而对材料的损耗及工期的保证有非常大的意义。

4）施工进度模拟及施工动画：将深化 BIM 模型导入到 PDS 系统，实现项目部共享与应用，解决了过去项目部基层人员与管理人员之间、项目部与公司总部之间信息不对称的难题。根据该项目 BIM 模型在创建过程中发现的各种项目特点，及时与各相关负责人员进行多方位沟通，最后基于由完成的 BIM 模型进行动画展示。充分反映了该项目的施工特点，让各级主管部门领导、业主、监理及相关人员充分了解到该项目独特的施工工艺以及利用信息化手段管理工程项目的优势。主要表现为工程简介、施工总平面策划、施工

施工动画

组织及方案策划、施工质量、安全、文明控制、特殊工艺工法流程展示、施工过程等方面。

（5）工程资料管理

通过动态进度情况，进行实时的质量、安全检查跟踪，并可以附上表单，作为竣工归案的电子资料。在该项目 BIM 实施过程中建立了 BIM 资料管理模型，共集成了近 1600 份资料。

【应用成效和价值】

（1）对于 BIM 技术在项目上的应用，尤其是在建造阶段的应用，可以快速、准确地获取工程管理所需的各种基础数据，为管理者及时制订合理决策给予巨大帮助。同时，项目各管理部门的协同、共享、合作效率进一步提高。

（2）BIM 技术的虚拟三维模型和 5D 关联数据库为项目工程进度保证，工程成本控制，工程质量控制，工程难点提前反映等提供了帮助。另外，BIM 技术、互联网技术的结合同样使总部决策者与项目部的信息对称，可以及时、准确的确定指令，减少了沟通的成本，实现项目精细化管理，成就了企业与项目部的双赢。BIM 技术为解决建筑企业利润低下的问题提供了大后台的数据支撑，提高了项目管理部门的水平。

（3）在项目上实现了全过程的精细化管理，其中包括提供量、价结算控制线以减少少算漏算错算，提供多专业碰撞检查报告，全过程无缝周期三算对比，虚拟化施工流程减少施工差错，材料采购指导和限额领料流程实施，钢筋下料的优化，实时进度控制，资料库存档支持等。除此之外，使总部拥有企业级的项目群集中管理能力，提升各部门工作效率。

（4）公司内项目上全员全过程利用 BIM 技术进行管理，实施的效果还是非常令人满意的。在项目级，BIM 技术的全面应用给项目的精细化管理带来质的飞跃，特别是在材料控制上大大提升了对进出库材料的管理，统一进行限额领料，避免材料的浪费和减少二次搬运的费用。在设计图纸检查方面，BIM 技术也发挥着非常大的作用，该项目机电安装专业发现的碰撞点总共 390 处，有效地避免了在施工过程中因碰撞导致的材料和工期的损失，以往我们拿着深化图纸做安装，经常会遇到各种碰撞情况，无论对工期还是成本影响都非常大。项目使用 BIM 技术，彻底解决了施工过程中的碰撞问题，在实际施工前对可能发生的碰撞部位已经做到心里有底，减少了很多返工工作。在施工过程中存在许多重点、难点及存在各种安全、质量隐患的区域，对这部分区域的班组技术交底也是难上加难，由于工人的自身水平不高，要完全理解项目组的意图还是非常困难的，通过 BIM 的虚拟施工指导，在三维模式下进行交底，即直观又非常便于理解，提高交底效率，减少因交底不明确所产生的错误而返工的现象。在工程实施的全过程中，利用 BIM 技术，利用构件级的基础数据，进行三算对比，及时查找出工程实施过程中所发生的问题，合理科学的管控成本。

（5）在企业里，通过 BIM 系统的部署，使企业总部有了掌控项目的能力。上下级获取数据的能力对等，而且总部可以随时随地地查看全国各地项目部工程的基础数据，实现快速协同和精细化管理。

（6）在环境效益上，BIM 技术的引入能在很多方面为绿色建造提供技术支撑。当前的复杂工程设计，设计师、施工方、监理工程师都无法面对二维的蓝图将涉及的冲突问题进行一一查清。实际上，几乎所有的大大小小工程都会因碰撞而返工，重新设计和重新施工。返工产生的材料损失、机械台班的损失和窝工引起的资源消耗是巨大的。利用 BIM 创建好的模型可自动检查分析碰撞打架情况，甚至是软碰撞情况，提供碰撞报告，从根本上杜绝因碰撞引发的资源浪费、能耗和工期损失。再者，利用 BIM 技术，进行精确断料、装饰块体的排版、模板的木工翻样，进行优化下料，可大量减少废料与材料损耗。利用 BIM 技术共享的效果可做得很好，项目协同能力提高，加快了工期推进，降低了资源消耗。

（7）BIM 技术的整体理念非常符合我们建筑行业，建筑行业要真正实现信息化系统的应用，BIM 是其中不可缺少的一个环节，建筑业信息化也只有通过 BIM 才能真正发挥实效和效益。

【案例二】BIM 技术在某监理项目管理中的应用

【项目概况】

某项目建筑面积为 301858.43m²（地下 93733.89m²、地上 208124.54m²），总高 63.2m，分为 3 个区段，地下 2 层和地上 23 层，总投资约 15 亿。功能定位为商业综合体，包括办公、公寓、五星级酒店和配套设施，主题商业，观光和文化休闲娱乐以及特色会议设施。项目投资大，造型独特、体量大、参建各方众多，项目统筹难度大，合同标段多。项目运行管理复杂，海量信息共享传递难。项目建设周期较长，成本合同管控难度大。创新技术大量应用，进度质量控制要求高。迫切利用以 BIM 技术为核心的信息化手段提高生产效率和管理效益。

【BIM 应用内容】

在该项目中，建设方、造价咨询、总承包、专业分包等多家参与企业均应用了 BIM 技术，通过模型中共享的数据，实现工程量自动统计，减少人员手动算量的时间，计算出来的工程量结果也更加精确，有效实现精细化管理（图 12-1-7）。

（1）BIM 建模（图 12-1-8）：

1）设计院的 BIM 设计模型统计工程量。设计院提供的 Revit 模型在设计施工管理方面相当出色，但是这个设计模型汇总统计的工程量无法达到现场施工的要求，原因是 Revit 软件本身并没有工程量清单和定额计算规则等设置，这就造成了工程量结果与现场统计不符。

2）传统手算列表算量。在传统模式下，手算列计算式和汇总计算是相当繁重的工作，当发现错误时修改起来更是麻烦。在施工过程中，遇到工程变更时，需

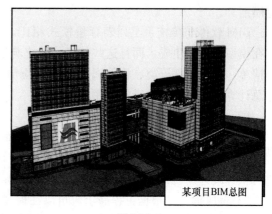

某项目BIM总图

图 12-1-7

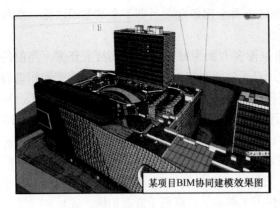

某项目BIM协同建模效果图

图 12-1-8

要调整计算书，比较复杂、费时。例如，在钢筋工程的手算一直都是煞费功夫的事情，除了反复翻阅图纸外，要不断地翻图集，查看钢筋锚固，搭接长度，钢筋节点，还要计算不同类型的接头数量。另外，由于工程中数据相互关联，修改一个数据往往导致上百个数据的调整。工程量的最后汇总容易出错，这是需要非常小心，反复核算，很是耗时费力。从该项目本身来看，项目建筑面积大，构件种类及数量繁多，各种构件之间的扣减关系错综复杂，功能房间做法各异，手算列表分类汇总麻烦；项目建设周期长，待到项目最终结算时，重新拿出计算书、计算稿，需要重新找思路，找记忆。

3）BIM算量软件统计算量。国内造价行业现有的BIM算量软件经过多年发展，已经很成熟、很专业。利用BIM软件进行建模，建模工作按照专业和楼层进行分工，然后分专业进行建模：

（a）建立结构及钢筋模型。在钢筋算量软件中设置楼层、标高、抗震等级、混凝土强度等级以及其他相应属性；对照施工图纸，通过CAD导入BIM算量软件识别生成图元，或是通过构件点、线、面的绘图布置生成图元；在BIM算量软件输入各类构件的属性；最后合并工程，把普通层和设备层三维模型进行合并。

（b）建立建筑装饰模型。BIM算量软件平台模型数据是共享的，利用软件把钢筋工程模型导入土建工程模块，在土建工程界面添加建筑、装饰构件，完成建筑装饰工程模型完成。①设置项目属性。在钢筋算量软件中设置项目的楼层、所用钢筋规格等信息。②分量协作创建钢筋模型。项目的普通层及设备层模型分别由不同工程师负责。③模型合并。利用钢筋软件的工程合并功能，对普通层与设备层进行检查、合并钢筋模型。④模型共享，数据转换。在建模软件中，利用钢筋工程导入功能，可以直接导入钢筋模型，不需要重复录入项目楼层等设置信息，钢筋工程中建立的结构构件也可以重复使用。⑤增加建筑构件。在结构模型的基础上，添加混凝土构件、建筑墙体、门窗、装饰构件，创建完整土建模型。

BIM软件与传统手工列表算量模式相比，算量所需构件的名称、属性和工程量都可以在模型中直接生成，而且这些信息将始终与设计保持一致，只需选择计算规则，根据合同清单，设置构件分类、构件属性以及对应清单子目，BIM算量软件按照设置形式自动汇总计算，结果直观，直接使用。

（2）BIM模型应用

1）工程指标生成。在模型中布置"建筑面积"构件，软件通过汇总计算，自动生成混凝土、模板、砌体、装饰等常用指标。利用软件提供的汇总计算功能，可以对建筑面积进行快速统计。统计完成后，可以在软件中统计混凝土标号等指标。

2）标段拆分。根据工程需求，可以在模型中任意设定标段、区域、界面，分别汇总计算，满足工程的需求。该项目中，地下室可以作为一个整体独立工程，同时按照分包界面的要求，分为主楼和裙楼分别进行工程数量统计。可以利用算量软件的界面划分功能，对模型进行切分。

3）钢结构 BIM 模型应用。对于钢结构这种需要在立体空间中进行布置的结构类型，钢结构三维模型比二维图纸能够更形象、更直观的表达结构类型。三维模型表现了墙钢板、钢立柱、钢骨连梁、楼面钢梁、巨形柱、桁架组合在一起的空间形状，形象直观地反映了各连接节点的情况，从 BIM 模型中可以提取钢板型钢的规格、厚度、长度、宽度，可以准确及时地统计钢结构的重量。BIM 模型的精细模型中包含了结构构件如钢板规格、厚度、长度、宽度等详细信息，可以进行进一步的统计、套接清单，形成钢结钩的工程量。BIM 软件把抽象、孤立的信息组合成可视化 3D 模型，把复杂劲性、非劲性钢结构工程直观呈现，通过模型能够快速提取算量需要材质、规格、厚度、长度、宽度、重量等数据，做到精细管理，不仅节约人力成本、时间成本，而且还提高了工作效率。

4）中期付款。随着项目开展，涉及的分包工程也越来越多，快速高效审理中期付款月报，是项目节约时间的关键工作。我们充分利用 BIM 软件技术特点，根据工程监理审定批复的工程形象进度，在 BIM 软件里输出工程量，快速审核施工单位工程进度产值。在与施工单位阶段对量过程中，利用 BIM 算量软件三维可视化、三维自动化扣减精准的能力，可以有效防止施工单位错报、虚报工程量。

5）变更管理。传统的成本核算方法中，一旦发生设计变更，监理工程师需要对比不同版次图纸检查核对设计变更，重新查找手算列表，找出影响工程量的计算式，过程缓慢，可靠性不强。BIM 算量软件直接在模型修改图元属性、位置、做法，利用"BIM 变更软件"直观地显示变更结果，同时也为将来结算做好了数据记录。软件自动生成变更前后两份文件，对每次设计变更的 BIM 文件进行编号，可以进行方便查找以及资料存档。同时，针对每一次设计变更可以进行投资估算，投资估算反映设计变更发生的费用，让业主清楚了解投资金额与合同金额动态增减情况，从而决定是否对设计变更发出正式工程指令，或进行进一步优化。

可以看到，BIM 不仅是一种技术能力，还应上升到行业发展战略层面的考量，用于提升企业现代化管理水平以及企业核心竞争力。BIM 势必改变我们未来的工程管理模式，引领建筑行业的发展。

【应用成效和体会】

在该项目中，BIM 的软件应用在项目前期阶段、中期阶段、设计更变管理以及将来的竣工阶段等环节。基于 BIM 技术把庞大的专业信息数据、计算结果进行系统化管理，让各专业工程三维可视化、

某项目BIM模型精细部位

图 12-1-9

形象化、直观化，将各环节、各工种有机结合，创造了协同工作的平台。

BIM 是一种技术，是种理念，需要更多的政府部门、业主、设计公司来推动 BIM 的发展，BIM 面向的不仅仅是异形、复杂项目，还应该面向量大面广的常规建筑，这需要更多的研究机构加强 BIM 数据标准、信息共享与数据转换等关键技术研究，实让 BIM 技

术在我国建设领域中发挥更大的作用。

2　绿　色　建　筑

2.1　绿色建筑的概念

绿色建筑是指在建筑的全寿命周期内，因地制宜，通过技术进步和科学管理，最大限度地节约资源（节能、节地、节水、节材）、保护环境和减少污染，为人们提供健康、适用和高效的使用空间及与自然和谐共生的建筑。是指人们为提供健康、舒适、安全的居住、工作和活动的空间，同时在建筑全生命周期（物料生产、建筑规划、设计、施工、运营维护及拆除过程）中实现高效率地利用资料（能源、土地、水资源、材料），最低限度影响环境的建筑物。

2.2　绿色建筑发展现状

2.2.1　全国绿色建筑发展及现状

（1）我国自 2008 年 4 月开展绿色建筑评价标识工作以来，截至 2015 年 12 月 10 日住建部发布的绿色建筑评价标识项目公告全国绿色建筑标识项目累计总数已有 3636 项，其中 2015 年新增 1098 项，创历年同期新高。

（2）从历年统计数据可以看出，绿色建筑评价标识项目数量逐年递增，且高星级项目数量逐年增长比较明显，未来随着全国各地绿色建筑强制规定和政策的出台，绿色建筑将成为设计必选项，未来几年全国绿色建筑标识项目数量将有大幅度的增长。

（3）绿色建筑评价标识按照评价阶段分布如下：其中设计标识 3435 项，占比 94.5%，运行标识 201 项，占比 5.5%，目前国内绿色建筑设计评价标识仍然占较高比例，未来，随着各地鼓励政策的出台，将有越来越多的绿色建筑项目朝着绿色建筑运行标识目标行进。

（4）全国绿色建筑评价标识按照星级分布如下：一星级总计 1444 项，占比 39.7%；二星级总计 1478 项，占比 40.6%；三星级总计 714 项，占总比 19.6%，二星级以上的高星级项目超过 60%。

（5）全国绿色建筑标识项目按照建筑类型分布如下：住宅建筑共计 1766 项，占比 48.6%；公共建筑共计 1840 项，占比 50.6%；工业建筑共计 30 项，占比 0.8%，目前全国绿色工业建筑项目较少，2015 年新增工业建筑仅 7 项。

（6）绿色建筑标识项目按地域分布如下：江苏、广东、山东、上海、河北省分列前五，占全国项目总数近半。

2.2.2　广东省建筑节能和绿色建筑发展成效

（1）建设管理体制和制度不断完善：各市设置了专门的建筑节能管理机构，并成立建筑节能工作协调小组，不断完善建筑节能与绿色建筑管理机构和人员配置。大部分地市能够按照国家及我省建筑节能与绿色建筑工作部署，细化分解工作目标，加强建筑节能与绿色建筑考核，定期组织开展节能专项检查，对违法违规行为进行处理，保障了工作任务的落实。省市先后出台了系列标准和技术导则，积极推动建筑节能与绿色建筑新技术应用，其中省住房城乡建设厅出台了《广东省绿色住区评价标准》，征集并发布了第三批《广东省绿色低碳建筑技术与产品目录》；深圳市发布了《深圳市 2015 年度建设工程新技术推广应用目录》；东莞市出台了《东莞市民用建筑空气源热泵热水系统应用技术导则》（试行）等，佛山南海万达广场等 10 个项目成功申报省建筑业新技术应用示范工程。

（2）严格执行强制性标准：截至 2015 年 11 月，我省累计抽查工程项目 979 次，建筑面积达到 3857 万 m^2，对违反相关标准的 38 个项目下发了执法建议书，占全部检查项目的 3.9%。各地通过加强验收环节把关，严格落实建筑节能强制性标准，全省新建建筑节能竣工验收执行率达到 100%，新增节能建筑面积 12220 万 m^2，可形成约 110 万吨标准煤的节能能力。

（3）绿色建筑首次实现地区全覆盖：本年度省市共安排节能专项资金约 8800 万支持建筑节能与绿色建筑发展，各市针对性出台了发展建筑节能与绿色建筑的实施细则，广州、深圳、佛山等市工作推进成效显著，珠海、中山、河源等市也积极发展绿色建筑。截至 2015 年 11 月，我省新增绿色建筑评价标识项目 223 个，建筑面积 2423 万 m^2，各地认定绿色建筑项目 143 项，面积 562 万 m^2。"十二五"以来，我省累计绿色建筑评价标识项目 539 项，建筑面积 6112 万 m^2，各地累计认定绿色建筑项目 182 项，面积 756 万 m^2。全省超额完成 2015 年发展 1800 万 m^2、"十二五"发展 4000 万 m^2 的绿色建筑任务目标。粤东西北部分从未获得绿色建筑标识的地市也实现了零的突破，绿色建筑首次实现全省地级市以上全覆盖。

（4）既有建筑节能监测及改造成效显著：截至 2015 年 11 月，全省共完成国家机关办公建筑、大型公共建筑和中小型公共建筑能耗统计 21472 栋，审计 121 栋次，能耗公示 1709 栋次，对 82 栋建筑进行了能耗动态监测。全省通过住房城乡建设部民用建筑能耗统计报送系统报送有效电耗数据的民用建筑总面积约 14643 万 m^2，总耗电量 107 亿 kWh，民用建筑年平均单位面积耗电量 73.3kWh/（$m^2 \cdot a$）。各地以公共建筑为重点推进建筑节能改造，广州、深圳、佛山、东莞、中山、韶关等市改造工作进展较好。2015 年全省完成既有建筑节能改造 342 万 m^2，"十二五"累计完成既有建筑节能改造超过 2050 万 m^2。

（5）可再生能源应用保持良好态势：截至 2015 年底，我省新增太阳能光热应用建筑面积 1047 万 m^2，新增太阳能光电建筑应用装机容量 142MW。梅州市、蕉岭县、揭西县大力推进国家级可再生能源建筑应用示范市、县建设工作，已竣工面积达 610 万 m^2。

（6）"禁实限粘"工作扎实推进：我省认真贯彻落实国家发改委关于"禁实限粘"的相关要求，完成了国家第二批（鹤山市等 6 个县级市和广宁县等 12 个县城）"城市限粘"及"县城禁实"任务，并加强督促各地落实建制镇以上城市规划区禁止使用实心黏土砖。据不完全统计，截至 2015 年 11 月，我省新型墙材应用总量超过 150 亿块标准砖，超过我省墙体材料应用总量的 97%，折合节约能源 93 万吨标准煤，减排二氧化碳 247 万吨。

（7）建筑节能宣传不断强化：各地市高度重视宣传工作，通过互联网、报刊等传媒介质加大针对性强、影响面广的活动策划，整合户外宣传载体，形成了多渠道、立体化的宣传态势，积极组织各有关单位开展培训，有力地推进了建筑节能法规宣传。

2.2.3 广东省绿色建筑发展存在的主要问题

（1）绿色建筑区域发展不平衡：虽然我省提前超额完成绿色建筑发展目标，但是截至2015年11月，仍有部分地市没有完成2015年、"十二五"绿色建筑发展任务目标。汕头、韶关、河源、惠州、江门、阳江、湛江、茂名、肇庆、潮州、揭阳、云浮等12个城市未完成2015年我省绿色建筑建设任务；汕头、韶关、河源、惠州、阳江、湛江、茂名、肇庆、潮州、揭阳、云浮等11个城市未完成"十二五"绿色建筑发展任务目标；粤东西北地区在建筑节能与绿色建筑技术研究开发、规划、设计、检测等方面的技术支撑能力相对薄弱。

（2）新建建筑执行节能强制性标准仍有不到位情况：部分地区施工图审查机构对建筑节能部分把关不严，现场施工设计变更手续普遍不严谨，建筑节能施工专项方案内容空洞，建筑节能监理实施细则的编制审批程序不符合要求，工地现场质量控制资料编制、收集、整理、归档水平低，资料的完整性、真实性、同步性、有效性差的问题比较普遍，建筑节能检测水平有待进一步提高。今年9月至11月现场督查发现，惠州市大隆财富广场项目幕墙材料、扣件未送检即实施幕墙安装工程；汕尾市海丰县2014年度公共租赁房建设项目A栋项目未按现行有效的标准《夏热冬暖地区居住建筑节能设计标准》进行设计，未对配电与照明节能工程分项中的电线（电缆）截面和每芯导体电阻值进行见证取样送检。

（3）建筑节能与绿色建筑实施能力有待加强：一是由于绿色低碳发展难以形成短期经济效益和政绩效应，部分地区政府认识不够、重视不够、落实不够，在绿色建筑和建筑节能推广方面缺乏动力；二是由于目前建筑节能推进仍以政府为主，市场作用发挥不明显，民用建筑能效测评、第三方节能量评估、建筑节能服务公司等市场力量发育不足，难以适应市场机制推进建筑节能的要求；三是部分地方资金投入不够，尤其是粤东、西、北地区对建筑节能与绿色建筑发展方面投入普遍不足，严重制约建筑节能与绿色建筑的深入开展。

2.2.4 广东省绿色建筑下一步工作意见

（1）完善建筑节能与绿色建筑政策和技术标准体系：研究推进绿色建筑省级条例立法工作，加快推进《广东省绿色建筑设计标准》编制和《广东省绿色建筑评价标准》修订工作；研究完善财政支持建筑节能与绿色建筑政策，鼓励各地制订实施绿色建筑容积率奖励政策，支持有条件的地市在设定土地使用权和出让规划条件时明确绿色建筑比例；完善绿色建筑评价制度，逐步推进绿色建筑标识实施第三方评价；完善建筑节能与绿色建筑相关技术导则，推进绿色设计、绿色施工、绿色建材在工程建设领域的广泛应用。

（2）大力推行广东绿色建设发展模式：结合广东实际，在城市、乡村、建筑和基础设施等建设各方面，建立可考核评价、多要素的广东绿色建设体系，确立涵盖立项、规划、选址、设计、施工、运营管理、改造等建设全过程的绿色建设发展制度，大力开展绿色城市、绿色乡村、绿色基础设施、绿色建筑、绿色建材、海绵城市、建筑垃圾处理、城市综合管廊等建设管理工作，积极推行广东绿色建设发展模式。

（3）加大绿色建筑推广力度：加强绿色建筑工程质量管理，不断提高运行阶段绿色建筑比重；严格落实新建保障性住房、大型公共建筑和政府投资公益性建筑执行绿色建筑标准，鼓励有条件地区推进绿色生态城区建设，区域性、规模化发展绿色建筑；支持各地开展建筑节能与绿色建筑设计咨询、产品部品检测、单体建筑第三方评价、区域规划工作能力，促进绿色建筑区域协调发展；结合《住房城乡建设部关于印发被动式超低能耗绿色建筑技术导则（试行）（居住建筑）的通知》，积极开展超低能耗绿色建筑试点示范。

（4）实施新建建筑能效提升计划：新建建筑严格执行工程建设节能强制性标准，进一步完善工程建设各环节的节能强制性标准执行制度。在设计、竣工验收阶段建筑节能标准执行率达到100%的基础上，进一步完善新建建筑在规划、设计、施工、竣工验收等环节的节能监管机制，加强县区一级建筑节能监管力度，制定实施更高的建筑节能标准，推进基于能源、水资源消耗等总量和强度双控行动。继续推进规划用地用电指标约束性试点，强化建筑节能的源头把关。

（5）深入推动既有建筑节能改造：加强建筑能耗监测平台建设，逐步将教育、医疗、科研、交通、文化、商业等主要公共领域的建筑纳入公共建筑节能监管体系；完善民用建筑能效测评标识运作机制，研究各类公共建筑的能耗定额标准，以宾馆、商场为重点，逐步实施建筑能耗定额管理制度；大力推进城市降温活动，鼓励在农村危房改造、棚户改造、城市更新改造过程中同步推进建筑节能改造，充分发挥市场机制作用，切实降低既有建筑的能耗水平。

（6）积极推动可再生能源建筑应用：加快制定可再生能源在建筑中应用的相关设计、施工、验收标准或技术导则，研究建立多手段、市场化运作的可再生能源建筑应用机制，积极推进可再生能源在建筑中的规模化应用，拓展可再生能源建筑应用领域，重点推进太阳能技术在建筑中的应用；继续推进梅州等地的国家级可再生能源建筑应用示范市（县）建设工作，积极推动可再生能源建筑应用集中连片推广。

（7）继续深入推进我省"禁实限粘"工作：在完成国家第一、第二批"限粘"城市和"禁实"县城名单地区基础上，指导和督促各市落实建制镇以上行政区内禁止使用实心黏土砖，逐步推进城市城区禁止使用黏土制品工作。推广应用蒸压加气混凝土砌块、建筑墙板等新墙材，鼓励科研单位和生产企业开展绿色建材的研究和生产，淘汰不符合节能标准的各类产品，加大力度推广应用安全耐久、节能环保、施工便利的绿色建材。

（8）严格目标责任考核：各地、各有关部门要加强组织领导，明确工作责任，依法严格查处各类违法违规行为，切实抓好建筑节能与绿色建筑发展工作。省住房和城乡建设厅将建筑节能与绿色建筑实施情况纳入省节能减排等已有的相关考评体系，对各地建筑节能与绿色建筑推进情况予以通报。

2.3 与绿色建筑相关国家、行业或协会标准目录

（1）国家、行业或协会标准：

1）《绿色建筑评价标准》（GB/T 50378—2014）

2）《绿色工业建筑评价标准》（GB/T 50878—2013）

3）《绿色办公建筑评价标准》（GB/T 50908—2013）

4）《建筑工程绿色施工评价标准》（GB/T 50640—2010）

5）《绿色医院建筑评价标准》（CSUS/GBC 2—2011）

6）《绿色校园评价标准》（CSUS/GBC 04—2013）

7）《绿色保障性住房技术导则》（试行）

8）《城市照明节能评价标准》（JGJ/T 307—2013）

9）《绿色建筑检测技术标准》（CSUS/GBC 05—2014）

10）《绿色生态城区评价标准》在编

11）《既有建筑改造绿色评价标准》在编

（2）相关地方标准：

1）广东省《广东省绿色建筑评价标准》（DBJ/T 15—83—2011）

2）上海市《上海市工程建设规范绿色建筑评价标准》（DG/TJ 08—2090—2012）

3）北京市《绿色建筑评价标准》（DB11T 825—2011）

4）天津市《天津市绿色建筑评价标》（DB/T 29—204—2010）

5）河北省《绿色建筑评价标准》（DB13（J）/T 113—2010，J11753—2010）

6）辽宁省《绿色建筑评价标准》（DB21/T 2017—2012）

7）江苏省《江苏省绿色建筑评价标准》（DGJ32/TJ 76—2009）

8）浙江省《绿色建筑评价标准》（DB33/T 1039—2007）

9）福建省《福建省绿色建筑评价标准》（DBJ/T 13—118—2010，J11573—2010）

10）江西省《江西省绿色建筑评价标准》（DB36/J 001—2010，J11591—2010）

11）山东省《绿色建筑评价标准》（DBJ/T 14—082—2012，J11957—2011）

12）河南省《河南省绿色建筑评价标准》（DBJ41/T 109—2011）

13）湖北省《湖北省绿色建筑评价标准》（试行）

14）湖南省《湖南省绿色建筑评价标准》（DB13（J）/T 113—2010）

15）海南省《海南省绿色建筑评价标准》（DBJ 46—024—2012）

16）四川省《绿色建筑评价标准》（DBJ51/T 009—2012）

17）贵州省《绿色建筑评价标准》（试行）（DBJ52/T 065—2013）

18）云南省《绿色建筑评价标准》（DBJ53/T—49—2013）

19）陕西省《绿色建筑评价标准实施细则》

20）甘肃省《绿色建筑评价标准》（DB62/T 25—3064—2013）

21）广西壮族自治区《绿色建筑评价标准》（DB45/T 567—2009）

22）宁夏回族自治区《绿色建筑评价标准》（DB64/T 954—2014）

23）香港《绿色建筑评价标准（香港版）》（CSUS/GBC 1—2010）

24）台湾省 2004 年起实行绿色建筑法制化

（3）绿色建筑评价标识项目评价工作依据：

1）《绿色建筑评价标识管理办法》（建科［2007］206 号）

2）《绿色建筑评价标准》（GB/T 50378—2006）

3）《绿色建筑评价技术细则》（建科［2007］205 号）

4）《绿色建筑评价技术细则补充说明（规划设计部分）》（建科［2008］113 号）

5）《绿色建筑评价技术细则补充说明（运行使用部分）》（建科函［2009］235 号）

6）《绿色工业建筑评价导则》（建科［2010］131 号）

3　建筑节能新技术开发应用

3.1　建筑节能低碳减排新技术概述

理想的节能建筑应在最少的能量消耗下满足以下三点，一是能够在不同季节、不同区域控制接收或阻止太阳辐射；二是能够在不同季节保持室内的舒适性；三是能够使室内实现必要的通风换气。目前，建筑节能的途径主要包括：尽量减少不可再生能源的消耗，提高能源的使用效率；减少建筑围护结构的能量损失；降低建筑设施运行的能耗。在这三个方面，高新技术起着决定性的作用。当然建筑节能也采用一些传统技术，但这些传统技术是在先进的试验论证和科学的理论分析的基础上才能用于现代化的建筑中。

（1）减少能源消耗，提高能源的使用效率

为了维持居住空间的环境质量，在寒冷的季节需要取暖以提高室内的温度，在炎热的季节需要制冷以降低室内的温度，干燥时需要加湿，潮湿时需要抽湿，而这些往往都需要消耗能源才能实现。从节能的角度讲，应提高供暖（制冷）系统的效率，它包括设备本身的效率、管网传送的效率、用户端的计量以及室内环境的控制装置的效率等。这些都要求相应的行业在设计、安装、运行质量、节能系统调节、设备材料以及经营管理模式等方面采用高新技术。如目前在供暖系统节能方面就有三种新技术：

1）利用计算机、平衡阀及其专用智能仪表对管网流量进行合理分配，既改善了供暖质量，又节约了能源；

2）在用户散热器上安设热量分配表和温度调节阀，用户可根据需要消耗和控制热能，以达到舒适和节能的双重效果；

3）采用新型的保温材料包敷送暖管道，以减少管道的热损失。近年来低温地板辐射技术已被证明节能效果比较好，它是采用交联聚乙烯（PEX）管作为通水管，用特殊方式双向循环盘于地面层内，冬天向管内供低温热水（地热、太阳能或各种低温余热提供）；夏天输入冷水可降低地表温度（目前国内只用于供暖）；该技术与对流散热为主的散热器相比，具有室内温度分布均匀、舒适、节能、易计量、维护方便等优点。

（2）减少建筑围护结构的能量损失

建筑物围护结构的能量损失主要来自三部分：外墙、门窗、屋顶。这三部分的节能技术是各国建筑界都非常关注的。主要发展方向是，开发高效、经济的保温、隔热材料和切实可行的构造技术，以提高围护结构的保温、隔热性能和密闭性能。

1）外墙节能技术。就墙体节能而言，传统的用重质单一材料增加墙体厚度来达到保温的做法已不能适应节能和环保的要求，而复合墙体越来越成为墙体的主流。复合墙体一般用块体材料或钢筋混凝土作为承重结构，与保温隔热材料复合，或在框架结构中用薄壁材料加以保温、隔热材料作为墙体。目前建筑用保温、隔热材料主要有岩棉、矿渣棉、玻璃棉、聚苯乙烯泡沫、膨胀珍珠岩、膨胀蛭石、加气混凝土及胶粉聚苯颗粒浆料发泡水泥保温板等。这些材料的生产、制作都需要采用特殊的工艺、特殊的设备，而不是传统技术所能及的。值得一提的是胶粉聚苯颗粒浆料，它是将胶粉料和聚苯颗粒轻骨料加水搅拌成浆料，抹于墙体外表面，形成无空腔保温层。聚苯颗粒骨料是采用回收的废聚苯板经粉碎制成，而胶粉料掺有大量的粉煤灰，这是一种废物利用、节能环保的材料。墙体的复合技术有内附保温层、外附保温层和夹心保温层三种。中国采用夹心保温作法的较多；在欧洲各国，大多采用外附发泡聚苯板的做法，在德国，外保温建筑占建筑总量的80%，而其中70%均采用泡沫聚苯板。

2）门窗节能技术。门窗具有采光、通风和围护的作用，还在建筑艺术处理上起着很重要的作用。然而门窗又是最容易造成能量损失的部位。为了增大采光通风面积或表现现代建筑的性格特征，建筑物的门窗面积越来越大，更有全玻璃的幕墙建筑。这就对外维护结构的节能提出了更高的要求。

目前，对门窗的节能处理主要是改善材料的保温隔热性能和提高门窗的密闭性能。从门窗材料来看，近些年出现了铝合金断热型材、铝木复合型材、钢塑整体挤出型材、塑木复合型材以及 UPVC 塑料型材等一些技术含量较高的节能产品。其中使用较广的是 UPVC 塑料型材，它所使用的原料是高分子材料——硬质聚氯乙烯。它不仅生产过程中能耗少、无污染，而且材料导热系数小，多腔体结构密封性好，因而保温隔热性能好。UPVC 塑料门窗在欧洲各国已经采用多年，在德国塑料门窗已经占了50%。

中国20世纪90年代以后塑料门窗用量不断增大，正逐渐取代钢、铝合金等能耗大的材料。为了解决大面积玻璃造成能量损失过大的问题，人们运用了高新技术，将普通玻璃加工成中空玻璃，镀贴膜玻璃（包括反射玻璃、吸热玻璃）高强度 LOW2E 防火玻璃（高强度低辐射镀膜防火玻璃）、采用磁控真空溅射方法镀制含金属银层的玻璃以及最特别的智能玻璃。智能玻璃能感知外界光的变化并做出反应，它有两类，一类是光致变色玻璃，在光照射时，玻璃会感光变暗，光线不易透过；停止光照射时，玻璃复明，光线可以透过。在太阳光强烈时，可以阻隔太阳辐射热；天阴时，玻璃变亮，太阳光又能进入室内。另一类是电致变色玻璃，在两片玻璃上镀有导电膜及变色物质，通过调节电压，促使变色物质变色，调整射入的太阳光（但因其生产成本高，现在还不能实际使用），这些玻璃都有很好的节能效果。

3）屋顶节能技术。屋顶的保温、隔热是围护结构节能的重点之一。在寒冷的地区屋顶设保温层，以阻止室内热量散失；在炎热的地区屋顶设置隔热降温层以阻止太阳的辐射热传至室内；而在冬冷夏热地区（黄河至长江流域），建筑节能则要冬、夏兼顾。保温常用的技术措施是在屋顶防水层下设置导热系数小的轻质材料用作保温，如膨胀珍珠岩、玻璃棉等（此为正铺法）；也可在屋面防水层以上设置聚苯乙烯泡沫（此为倒铺法）。在英国有另外一种保温层做法是，采用回收废纸制成纸纤维，这种纸纤维生产能耗极小，保温性能优良，纸纤维经过硼砂阻燃处理，也能防火。施工时，先将屋顶的钉层夹层，再将纸纤维喷吹入内，形成保温层。屋顶隔热降温的方法有：架空通风、屋顶蓄水或定时喷水、屋顶绿化等。以上做法都能不同程度地满足屋顶节能的要求，但目前最受推崇的是利用智能技术、生态技术来实现建筑节能的愿望，如太阳能集热屋顶和可控制的通风屋顶等。

（3）降低建筑设施运行的能耗

采暖、制冷和照明是建筑能耗的主要部分，降低这部分能耗将对节能起着重要的作用，在这方面一些成功的技术措施很有借鉴价值，如英国建筑研究院（英文缩写：BRE）的节能办公楼便是一例。办公楼在建筑围护方面采用了先进的节能控制系统，建筑内部采用通透式夹层，以便于自然通风；通过建筑物背面的格子窗进风，建筑物正面顶部墙上的格子窗排风，形成贯穿建筑物的自然通风。办公楼使用的是高效能冷热锅炉和常规锅炉，两种锅炉由计算机系统控制交替使用。通过埋置于地板内的采暖和制冷管道系统调节室温。该建筑还采用了地板下输入冷水通过散热器制冷的技术，通过在车库下面的深井用水泵从地下抽取冷水进入散热器，再由建筑物旁的另一回水井回灌。为了减少人工照明，办公楼采用了全方位组合型采光、照明系统，由建筑管理系统控制；每一单元都有日光，使用者和管理者通过检测器对系统遥控；在 100 座的演讲大厅，设置有两种形式的照明系统，允许有 0～100% 的亮度，采用节能型管型荧光灯和白炽灯，使每个观众都能享有同样良好的视觉效果和适宜的温度。

（4）新能源的开发利用

在节约不可再生能源的同时，人类还在寻求开发利用新能源以适应人口增加和能源枯竭的现实，这是历史赋予现代人的使命，而新能源有效地开发利用必定要以高科技为依托。如开发利用太阳能、风能、潮汐能、水力、地热及其他可再生的自然界能源，必须借助于先进的技术手段，并且要不断地完善和提高，以达到更有效地利用这些能源。如人们在建筑上不仅能利用太阳能采暖，太阳能热水器还能将太阳能转化为电能，并且将光电产品与建筑构件合为一体，如光电屋面板、光电外墙板、光电遮阳板、光电窗间墙、光电天窗以及光电玻璃幕墙等，使耗能变成产能。

1）外墙保温及饰面系统（EIFS）。该系统是在 20 世纪 70 年代末的最后一次能源危机时期出现的，最先应用于商业建筑，随后开始了在民用建筑中的应用。今天，EIFS 系统在商业建筑外墙使用中占 17.0%，在民用建筑外墙使用中占 3.5%，并且在民用建筑中的使用正以每年 17.0%～18.0% 的速度增长。此系统是多层复合的外墙保温系统，在民用建筑和商业建筑中都可以应用。ELFS 系统包括以下几部分：主体部分是由聚苯乙烯泡沫塑料制成的保温板，一般是 30～120mm 厚，该部分以合成黏结剂或机械方式固定于建筑外墙；中间部分是持久的、防水的聚合物砂浆基层，此基层主要用于保温板上，以玻璃纤维网来增强并传达外力的作用；最外面部分是美观持久的表面覆盖层。为了防褪色、防裂，覆盖层材料一般采用丙烯酸共聚物涂料技术，此种涂料有多种颜色和质地可以选用，具有很强的耐久性和耐腐蚀能力。

2）建筑保温绝热板系统（SIPS）。此材料可用于民用建筑和商业建筑，是高性能的墙体、楼板和屋面材料。板材的中间是聚苯乙烯泡沫或聚亚氨脂泡沫夹心层，一般 120～240mm 厚，两面根据需要可采用不同的平板面层，例如，在房屋建筑中两面可以采用工程化的胶合板类木制产品。用此材料建成的建筑具有强度高、保温效果好、造价低、施工简单、节约能源、保护环境的特点。SIPS 一般 1.2m 宽，最大可以做到 8m 长，尺寸成系列化，很多工厂还可以根据工程需要按照实际尺寸定制，成套供应，承建商只需在工地现场进行组装即可，真正实现了住宅生产的产业化。

3）隔热水泥模板外墙系统（ICFS）。该产品是一种绝缘模板系统，主要由循环利用的聚苯乙烯泡沫塑料和水泥类的胶凝材料制成模板，用于现场浇筑混凝土墙或基础。施工时在模板内部水平或垂直配筋，墙体建成后，该绝缘模板将作为永久墙体的一部分，形成在墙体外部和内部同时保温绝热的混凝土墙体。混凝土墙面外包的模板材料满足了建筑外墙所需的保温、隔声、防火等要求。

（5）建筑整体及外部环境的节能改造

建筑整体及外部环境设计是在分析建筑周围气候环境条件的基础上，通过选址、规划、外部环境和体型朝向等设计，使建筑获得一个良好的外部微气候环境，达到节能的目的。

1）合理选址

建筑选址主要是根据当地的气候、土质、水质、地形及周围环境条件等因素的综合状况来确定。建筑设计中，既要使建筑在其整个生命周期中保持适宜的微气候环境，为建筑节能创造条件，同时又要不破坏整体生态环境的平衡。

2）合理的外部环境设计

在建筑场址确定之后，应研究其微气候特征。根据建筑功能的需求，应通过合理的外部环境设计来改善既有的微气候环境，创造建筑节能的有利环境，主要方法为：①在建筑周围布置树木、植被，既能有效地遮挡风沙、净化空气，还能遮阳、降噪；②创造人工自然环境，如在建筑附近设置水面，利用水来平衡环境温度、降风沙及收集雨水等。

3）合理的规划和体型设计

合理的建筑规划和体型设计能有效地适应恶劣的微气候环境。它包括对建筑整体体量、建筑体型及建筑形体组合、建筑日照及朝向等方面的确定。像蒙古包的圆形平面，圆锥形屋顶能有效地适应草原的恶劣气候，起到减少建筑的散热面积、抵抗风沙的效果；对于沿海湿热地区，引入自然通风对节能非常重要，在规划布局上，可以通过建筑的向阳面和背阴面形成不同的气压，即使在无风时也能形成通风，在建筑体型设计上形成风洞，使自然风在其中回旋，得到良好的通风效果，从而达到节能的目的。日照及朝向选择的原则是冬季能获得足够的日照并避开主导风向，夏季能利用自然通风并尽量减少太阳辐射。然而建筑的朝向、方位以及建筑总平面的设计应考虑多方面的因素，建筑受到社会历史文化、地形、城市规划、道路、环境等条件的制约，要想使建筑物的朝向同时满足夏季防热和冬季保温通常是困难的，因此，只能权衡各个因素之间的得失，找到一个平衡点，选择出适合这一地区气候环境的最佳朝向和较好朝向。

3.2　建筑节能技术开发应用

（1）合理的建筑布局能够大幅降低建筑使用过程中的能耗

在一栋建筑的规模、功能、区域确定了以后，建筑外形和朝向对建筑能耗将有重大影响。一般认为，建筑体形系数与单位建筑面积对应的外表面积的大小成正比关系，合理的建筑布局可以降低采暖空调系统的电力使用载荷。从热力学与空气动力学的角度出发，较小的体形系数与较小的外部负荷呈现正比关系。而用途为住宅的建筑物外部负荷不稳定其对能量消耗占主要因素。而对运动场馆、影院等大型公共用途的建筑物而言，其内部的发热量要远远高于外部的发热量，所以在设计中较大的体形系数更加有利于散热。也就是说普通住宅与大型的公共建筑由于用途不一样，其发热量影响因素也不一样，从节能的角度出发，其体形系数的设计要求是相反的。

（2）建筑物进行外墙保温能够大幅降低建筑使用过程中的能耗

对建筑物进行外墙保温是一项能够大幅提高热工性能的绿色节能工程。其外墙保温材料的铺设厚度与其保温效果呈现正比例关系。外墙保温工艺的广泛应用不但可以在寒冷的冬季有效地避免室内温度的快速流失，而且在炎热的夏季还可以有效地避免由于太阳光辐射而导致的外墙温度升高进而带动室内温度的上升，从而减小了空调等制冷设备的工作载荷。这样一来，通过铺设建筑物外墙保温层不但使夏季的隔热性能得到提升还使得冬季的保温性能得以加强。这样就减轻了冬季供暖压力和夏季的降温电力载荷，从而使得建筑物的能耗得到降低。所以，从考虑降低能耗的角度来看，我们应该大力推广建筑物外墙保温工艺与技术进行广泛的实施。

（3）对室内环境进行系统控制以达到综合性系统节能的目的

绿色建筑的一大特点就是综合利用空气处理、尽可能地多采用自然光、优化完善自然通风设计等诸多综合系统，整体性多方位地进行优化与系统整合。将多方面的使用功能有机地进行整合与优化完善，科学系统地从整体上降低建筑物的能耗。在整体性综合控制当中暖通系统占有极其重要的作用，因为一般的建筑当中暖通系统占其总能耗百分比高达50%以上。对建筑物的暖通系统进行科学、合理的优化和有机的整合具有极其重要的意义。而要降低暖通系统的能耗，首当其冲就是要从优化暖通系统的设计入手，其节能成败的关键因素是对暖通系统的自动控制。而从当前的暖通空调系统优化设计方案实施效果来看，节能效率最高的基本上都是采用集散控制技术的绿色建筑系统，一般地，整个暖通空调系统的节能效率最高可达30%左右。

（4）充分利用洁净丰富的太阳能天然能源

就目前而言，太阳能为目前已开发的绿色能源中最重要的能源，是取之不尽、用之不竭、广泛存在的天然能源，其具有极为洁净和廉价等诸多显著优点。目前，在住宅建筑中太阳能的利用主要有太阳能空调、太阳能热水器和太阳能电池。对于我国而言太阳能资源相对还是十分丰富的，浙江地区年平均日照时数为 1710~2100 小时。这为我国开发利用洁净的太阳能资源提供了良好的条件。现在制约着太阳能利用的最大因素在于其能量转换率过低，但是从发展的角度来看，随着科学技术的进步，太阳能利用的范围将会更广，能量转换效率将会更高。

（5）引入中水系统，对水资源进行合理的开发及使用避免浪费

我国的年平均年水资源总量为 28124 亿 m^3，年平均人均水资源占有量仅有 2200m^3，年平均人均水资源占有量仅为世界年平均人均水资源占有量的四分之一。中国属于被联合国列为水资源紧缺的国家之一。在正常生活中使用量占 95% 的洗涤及排污用水使用的都是饮用水，这就造成了极大的浪费。而饮用水的处理要求极高，但是使用量只占 5%。引入中水系统后 95% 的非饮用水（浇灌、洗涤、冲刷）将不再使用饮用水，并且经过简单处理后即可循环使用，这样极大地节约了对饮用水的浪费性使用，减少了水处理成本，从而实现节能降耗的目标。

（6）应用昼光照明技术降低照明能耗

在建筑的能耗排行中，建筑照明是排名前列的选项。在一些商业性质的建筑物中，建筑照明所消耗的电量有时候可以占到总耗电量的30%以上。而且由于照明发光制热的因素，在一些需要降低环境温度的区域空间里，因为照明制热的原因还导致制冷系统载荷的被动性加大。昼光照明就是将日光引入建筑内部，并将其按照一定的方式分配，以提供比人工光源更理想和质量更好的照明。昼光照明减少了电力光源的需要量，减少了电力消耗与环境污染。研究证明，昼光照明能够形成比人工照明系统更为健康和更兴奋的环境，可

以使工作效率提高 15%。昼光照明还能够改变光的强度、颜色和视觉，有助于提高工作效率和学习效率，广泛应用于绿色建筑中。

3.3 建筑节能技术路线及改进措施

（1）设计方法

建筑节能设计的重要性建筑节能设计是全面的建筑节能中一个很重要的环节，有利于从源头上杜绝能源的消耗。建筑整体及外部环境设计是在分析建筑周围气候环境条件的基础上，通过选址、规划、外部环境和体型朝向等设计，使建筑获得一个良好的外部微气候环境，达到节能的目的。

（2）合理选址

建筑选址主要是根据当地的气候、土质、水质、地形及周围环境条件等因素的综合状况来确定。建筑设计中，既要使建筑在其整个生命周期中保持适宜的微气候环境，为建筑节能创造条件，同时又要不破坏整体生态环境的平衡。

（3）合理的外部环境设计

在建筑位址确定之后，应研究其微气候特征。根据建筑功能的需求，应通过合理的外部环境设计来改善既有的微气候环境，创造建筑节能的有利环境，主要方法为：①在建筑周围布置树木、植被，既能有效地遮挡风沙、净化空气，还能遮阳、降噪；②创造人工自然环境，如在建筑附近设置水面，利用水来平衡环境温度、降风沙及收集雨水等。

（4）合理的规划和体型设计

合理的建筑规划和体型设计能有效地适应恶劣的微气候环境，它包括对建筑整体体量、建筑体型及建筑形体组合、建筑日照及朝向等方面的确定。像蒙古包的圆形平面，圆锥形屋顶能有效地适应草原的恶劣气候，起到减少建筑的散热面积、抵抗风沙的效果；对于沿海湿热地区，引入自然通风对节能非常重要，在规划布局上，可以通过建筑的向阳面和背阴面形成不同的气压，即使在无风时也能形成通风，在建筑体型设计上形成风洞，使自然风在其中回旋，得到良好的通风效果，从而达到节能的目的。

（5）屋顶的节能设计

屋顶是建筑物与室外大气接触的一个重要部分，主要节能措施为：①采用坡屋顶；②加强屋面保温措施；③根据需要设置保温隔热屋面。

（6）楼板层的节能设计

利用其结构中空空间，以及对楼板吊顶造型加以设计。如将循环水管布置在其中，夏季可以利用冷水循环降低室内温度，冬季利用热水循环取暖。

（7）建筑外围护墙体的节能设计

墙体的节能设计除了适应气候条件做好保温、防潮、隔热等措施以外，还应体现在能够改善微气候环境条件的特殊构造上，如寒冷地区的夹心墙体设计、被动式太阳房中各种蓄热墙体（如水墙）设计、巴格达地区为了适应当地干热气候条件在墙体中的风口设计等。

（8）建筑门窗的节能设计

据统计资料，在我国既有的高耗能建筑有 40%的耗能是通过门窗散失的。因此，解决好门窗节能的问题相当重要。

(9) 建筑物围护结构细部的节能设计

细部的节能设计对于建筑物的整体节能也非常重要，应从以下各部位着手：①热桥部位应采取可靠的保温与"断桥"措施；②外墙出挑构件及附墙部件，如阳台、雨罩、靠外墙阳台栏板、空调室外机搁板、附壁柱、凸窗、装饰线等均应采取隔断热桥和保温措施；③窗口外侧四周墙面，应进行保温处理；④门、窗框与墙体之间的缝隙，应采用高效保温材料填堵；⑤门、窗框四周与抹灰层之间的缝隙，宜采用保温材料和嵌缝密封膏密封，避免不同材料界面开裂，影响门、窗的热工性能；⑥采用全玻璃幕墙时，隔墙、楼板或梁与幕墙之间的间隙，应填充保温材料。

(10) 合理的建筑空间设计

合理的空间设计是在充分满足建筑使用功能要求的前提下，对建筑空间进行合理分隔（平面分隔和竖向分隔），以改善室内保温、通风、采光等微气候条件，达到节能目的。

3.4 积极采用低碳减排节能材料，重视节能建筑设备的开发

(1) 节能墙体的应用

我国传统围护结构墙多为无机材料组成，如砖石砌体、混凝土、水泥砂浆等，如今为了节能保温的需要，引入了大量有机保温材料如模塑聚苯乙烯泡沫板、挤塑聚苯乙烯泡沫板、硬泡聚氨酯等，因为这些有机保温材料的保温性能要比传统墙体材料的保温性能强，所以有机保温材料在建筑围护结构节能中广泛应用，形成了一种无机材料与有机材料复合墙体。这样就对施工工艺提出了新的要求。典型的保温墙体，是有机与无机材料相间复合而成，而这种墙体除传统的承重、隔声要求外，还增加了保温隔热的要求。要求无机材料和有机材料组合成一个整体，在自然环境中能共同作用，因此对组成墙体的材料性能及施工工艺有了新的要求。

最新发明的新型环保阻燃蜂窝复合墙体材料是利用煤渣、水稻秸秆等废料生产而来，其是将废料同水泥、粘合剂经过混合搅拌压缩而成，该种节能砖既减少了废物排放又能实现清洁生产，同时其具有能耗低、重量轻、所需钢筋水泥量小等优点而具有广阔的发展前景。

防裂性是墙体保温工程要解决的关键技术之一，因为一旦保温层、抗裂防护层发生开裂，墙体保温性能就会发生很大改变，非但满足不了节能要求，甚至还会危及墙体的安全。影响抗裂的因素很多，由抹面砂浆与增强网构成的抗裂防护层对整个系统的抗裂性能起着较关键的作用。抹面砂浆的柔韧极限拉伸变形应大于最不利情况下的自身变形（干缩变形、化学变形、湿度变形、温度变形）及基层变形之和，从而保证抗裂防护层抗裂性要求。复合在抹面砂浆中的增强网（如玻纤网格布），一方面能够有效地增加抗裂防护层的拉伸强度，另一方面由于能有效分散应力，可以将原本可能产生的较宽裂缝（有害裂缝）分散成许多较细裂缝（无害裂缝），从而形成其抗裂作用。表面涂塑材质及涂塑量对玻纤网格布的早期耐碱性具有较重要的意义，而玻纤品种对长期耐碱性具有决定意义。

(2) 节能门窗的应用

门窗是建筑物内外进行能量交换的主要通道，因此门窗的节能对整体建筑节能具有很大意义，建筑门窗的节能除了从提高玻璃和框扇本身的热工性能和尽量使用中空玻璃并保

证中空玻璃的密闭性外，还应该从玻璃和边框接缝以及门窗框扇搭接处的严密程度着手，因为各搭接处严密才能保证空气流通量的减少。门窗节能从设计、施工、材料等方面应做到门窗安装必须采用预留洞口的施工工艺，严禁采用边安装边砌口或先安装后砌口，根据门窗不同材质来决定采用焊接、膨胀螺栓等工艺进行门窗固定，无论采用何种工艺均应保证其安装牢固，设计时应尽量增加其开启缝隙的搭接量从而减少开启缝隙宽度，根据门窗材质选用各种密封条进行密封，保证外窗的气密性，对金属框门窗在保证足够空间的条件下采用塑料、橡胶等隔热材料进行断桥处理，断桥的长度及宽度均应保证，并应保证其在安装配件时不破坏断桥，外门窗四周与墙体连接处缝隙采用聚苯板或聚氨酯等材料嵌填而不得采用水泥砂浆嵌填，以保证其严密性等。

（3）节能屋面的应用

通常屋面保温是将容重低、导热系数小，吸水率低，有一定强度的保温材料设置在防水层和屋面板之间，按此种正铺法，可选择的保温材料很多，板块状有加气混凝土块、水泥或沥青珍珠岩板、水泥聚苯板、水泥蛭石板、聚苯乙烯板、各种轻骨料混凝土板等，散料加水泥等胶结料现场浇注的有珍珠岩、蛭石、陶粒、浮石、废聚苯粒、炉渣等，采用松散料直接或袋装设置在尖顶屋面下或吊顶上部的有膨胀珍珠岩、玻璃棉、岩棉、废聚苯粒等，现场发泡浇注的有硬质聚氯脂泡沫塑料和粉煤灰、水泥为主料的泡沫混凝土等。反铺法主要将防水层置于保温层以下，可有效保护防水层，方便施工检修，但由于造价较高，住宅建筑尚未大量使用。

（4）其他方面的节能应用

现代建筑中主体材料主要为钢筋混凝土结构及钢结构等，针对钢筋混凝土结构而言提高其强度和耐久性延长建筑物使用寿命则是节能的重要途径。因此新建的绿色建筑应采用高耐久性的高性能混凝土为出发点，试验证明，6层以上的钢混结构中受力钢筋使用HRB400级或以上钢筋、混凝土竖向承重结构采用C50或以上等级的混凝土，建筑物的强度、耐久性及使用寿命可大幅度提高，钢结构由于具备自重轻、高强度、施工取土量少等系列优点，同时使用钢结构有利于环境保护并且其建筑材料回收率高。因此，在今后建筑中应广泛采用钢结构而取代原来的钢混结构。

在夏季较热的地区采用建筑遮阳的方式，同样能达到建筑节能的目的，而且是一个自然降低能耗的、经济实用且效益又不错的好方法。在设计遮阳时应根据地区的气候特点和房间的使用要求以及窗口所在朝向把遮阳做成永久性或临时性的遮阳装置。永久性的即是在窗口设置各种形式的遮阳板，设施中，按其构件能否活动或拆卸，又可分为固定式或活动式两种。活动式的遮阳可视一年中季节的变化、一天中时间的变化和天空的阴暗情况，任意调节遮阳板的角度。在寒冷季节，为了避免遮挡阳光，争取日照，这种遮阳设施灵活性大，还可以拆除。遮阳措施也可以采用各种热反射玻璃如镀膜玻璃、阳光控制膜、低发射率膜玻璃等，因此近年来在国内外建筑中普遍采用。

太阳能作为无污染、无止尽能源近年来在建筑物中得到越来越广泛的应用，总的来讲，其在建筑节能中的应用主要包括太阳热能应用和光电应用两方面。

3.5　建筑节能低碳减排新材料新技术应用实例

（1）建筑围护结构主要节能技术

1）建筑外墙保温技术

（a）外墙自保温系统：适用于节能要求不高的建筑。

（b）外墙夹芯保温系统：适用于低层小型建筑。

（c）外墙内保温系统：适用于独户墙体节能改造（图 12-3-2）。

（d）外墙外保温系统：效果最优，适用于各类新建建筑以及旧楼改造（图 12-3-1）。

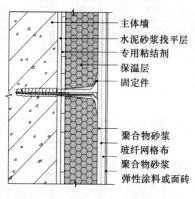

图 12-3-1　外墙外保温

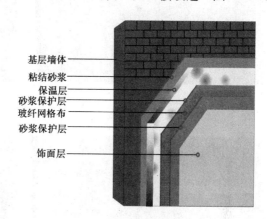

图 12-3-2　外墙内保温

2）墙体（材料）节能技术

外墙节能意义重大：外墙占全部围护面积的 60％以上，其能耗占建筑物总能耗的 40％。我国建筑材料行业流行着 3 个 70％的说法，即房建材料的 70％是墙体材料；墙体材料的 70％是实心黏土砖；而建筑行业节能的 70％有赖于墙体材料的改革。这种说法一方面是国内墙材应用的真实写照，另一方面也说明墙材革新有着巨大的潜力，"绿色建材"是当今世界各国发展方向。

我国的墙体材料改革已经历了 10 多个年头，但与工业发达国家相比，相对落后 40～50 年。主要表现在：产品档次低、企业规模小、工艺装备落后、配套能力差。新型墙体材料主要是非黏土砖、建筑砌块及建筑板材，实际上，新型墙材已经出现了几十年，由于这些材料我国没有普遍使用，仍然被称作新型墙体材料，其特点是轻质、高强、保温、隔热、节土、节能、利废、无污染、可改善建筑功能、可循环利用、高效、绿色环保以及复合型新型墙体材料是发展趋势，有利于提高外墙夏季隔热效果的措施：外表面涂刷浅色涂料；提高墙体的 D 值；外墙内侧采用重质材料。

新型墙材节能技术主要有混凝土砌块、灰砂砖、纸面石膏板、加气混凝土、复合轻质板以下五大类：

（a）混凝土砌块：在美国和日本，建筑砌块已成为墙体材料的主要产品，分别占墙体材料总量的 34％和 33％。欧洲国家中，混凝土砌块的用量占墙体材料的比例约在 10％～30％之间。各种规格、品种颜色配套齐全，并制定了完善的混凝土砌块产品标准、应用标准和施工规范等（图 12-3-3）。

（b）灰砂砖（图 12-3-4）：产品种类很多，从小型砖到大型砌块。灰砂砖以空心制品为主，实心砖产量很小。灰砂砌块均为凹槽连接，具有很好的结构稳定性。德国是灰砂砖生产和使用量较大的国家，灰砂砖产量较大的国家还有俄罗斯、波兰和其他东欧国家。

图 12-3-3　混凝土砌块

图 12-3-4　灰砂砖

图 12-3-5　纸面石膏板

（c）纸面石膏板（图 12-3-5）：美国是纸面石膏板最大生产国，目前年产量已超过 20 亿 m^2。日本，目前年产量为 6 亿 m^2。其他产量较大的有加拿大、法国、德国、俄罗斯等。在石膏原料方面，近年来，用工业废石膏生产石膏板和石膏砌块发展迅速。

（d）加气混凝土（图 12-3-6）：俄罗斯是加气混凝土生产和用量最大的国家，其次是德国、日本和一些东欧国家。在原料方面，加大了对粉煤灰、炉渣、工业废石膏、废石英砂和高效发泡剂的利用。法国、瑞典和芬兰已将密度小于 $300kg/m^3$ 的产品投入市场，产品具有较低的吸水率和良好的保温性能。

（e）复合轻质板（图 12-3-7）：包括玻璃纤维增强水泥（GRC）板、石棉水泥板、硅钙板与各种保温材料复合而成的复合板，金属面复合板、钢丝网架聚苯乙烯夹芯板等。复合轻质板是目前世界各国大力发展的一种新型墙体材料。优点：集承重、防火、防潮、隔

图 12-3-6 加气混凝土

声、保温、隔热于一体。法国的复合外墙板占全部预制外墙板的比例是 90％，英国是 34％，美国是 40％。

图 12-3-7 复合轻质板

（f）复合外墙技术（图 12-3-8）：复合墙体是在墙体主结构上增加一层或多层保温材料形成内保温、夹心保温和外保温复合墙体，其保温隔热性能好，能保护主体结构，延长

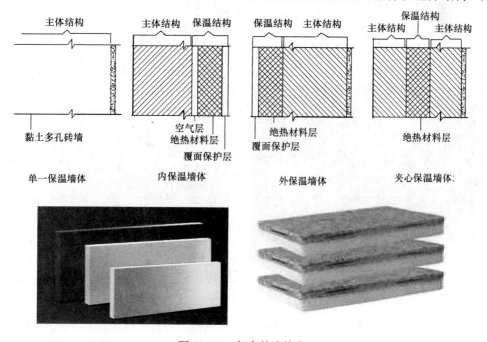

图 12-3-8 复合外墙技术

建筑物使用寿命，保温层不占室内使用面积，不影响室内装修和设施安装复合墙体。A级无机保温材料有岩棉、泡沫玻璃，缺点导热系数不够好，岩棉很容易变形；B1、B2级保温材料有改性酚醛、EPS聚苯板和XPS挤塑板。

膨胀聚苯板与混凝土一次现浇外墙外保温系统，用于多层和高层民用建筑现浇混凝土结构外墙外保温工程；膨胀聚苯板薄抹灰外墙外保温系统，用于民用建筑混凝土或砌体外墙外保温工程；机械固定钢丝网架膨胀聚苯板外墙外保温系统，用于民用建筑混凝土或砌块外墙外保温工程；胶粉聚苯颗粒外墙外保温系统，适用于寒冷地区、夏热冬冷和夏热冬暖地区民用建筑的混凝土或砌体外墙外保温工程；现浇混凝土复合无网聚苯板胶粉聚苯颗粒找平外保温工法适用于多层、高层建筑现浇钢筋混凝土剪力墙结构外墙保温工程和大模板施工的工程。

3）屋面节能技术：倒置型保温屋面（保温层置于放水层之上）（图12-3-9）；生态型隔热屋面（蓄水、植被、绿化）（图12-3-10）；通风隔热屋面（架空大阶砖、五角隔热砖）。

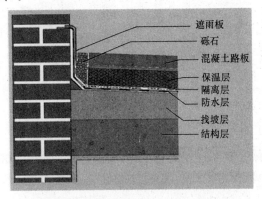

图12-3-9a　倒置型保温屋面结构

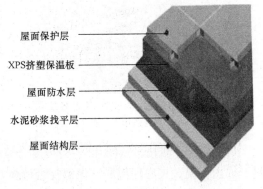

图12-3-9b　倒置式屋面构造图

图12-3-10a　生态型屋面

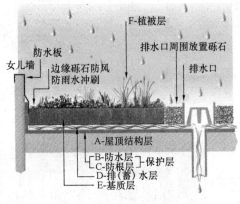

图12-3-10b　种植屋面基本构造

4）建筑遮阳技术（图12-3-11）：外窗固定式遮阳、活动式遮阳技术；屋顶构架遮阳、绿化遮阳技术；墙面专用遮阳构件技术等。

图 12-3-11　建筑外窗固定遮阳和活动遮阳

奥运村住宅卧室及卫生间中，广泛使用了百叶中空玻璃。百叶中空玻璃是在中空玻璃内置百叶，可实现百叶的升降、翻转，结构合理，操作简便。具有良好的遮阳性能，提高了中空玻璃保温性能，改善了室内光环境，广泛适用于节能型建筑门窗。

深圳会议展览中心是世界上单片叶片最大、使用面积最大的遮阳百叶项目，已于 2004 年 5 月建成应用。其单片百叶尺寸为 6m×1.3m，叶片投影总面积超过 50000m²，为可调节式遮阳百叶。

5）门窗节能技术

（a）门窗节能的意义：门窗（幕墙）是建筑物热交换、热传导最活跃、最敏感的部位，是墙体热损失的 5～6 倍，约占建筑围护结构能耗的 40%。

（b）外窗的节能措施：采用热阻大的玻璃和窗框窗扇材料；降低东、西向外窗玻璃的遮阳系数；提高外窗的气密性等，具体有：

➢ 尽量减少门窗的面积（北向≤25%，南向≤25%，东西向≤30%）

➢ 选择适宜的窗型（平开窗、推拉窗、固定窗、悬窗）

➢ 增设门窗保温隔热层（空气隔热层、窗户框料、气密性）

> 注意玻璃的选材（吸热玻璃、反射玻璃、贴膜玻璃）
> 设置遮阳设施（外廊、阳台、挑檐、遮阳板、热反射窗帘）
> 门窗的制造材料：从单一的木、钢、铝合金等发展到了复合材料，如铝合金——木材复合、铝合金——塑料复合、玻璃钢等
> 节能门窗：PVC 塑料门窗、铝木复合门窗、铝塑复合门窗、玻璃钢门窗等
> 节能玻璃：中空玻璃、热反射玻璃、太阳能玻璃、吸热玻璃、电致变色玻璃、玻璃替代品（聚碳酸酯板）

（c）断桥铝合金窗（节能型材）（图 12-3-12）：技术特点是隔热铝合金门窗的原理在铝型材中间穿入隔热条，将铝型材断开形成断桥，有效阻止热量的传导。隔热铝合金型材门窗的热传导性比非隔热铝合金型材门窗降低 40%～70%。

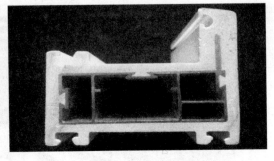

图 12-3-12a　断桥铝塑共挤型材—K2.0　　　　图 12-3-12b　铝塑共挤型材—K2.5

（d）中空玻璃：国家体育馆外围护玻璃幕墙玻璃分为两种方式，西、北立面采用以乳白色双层玻璃内填白色 30 厚挤塑板玻璃幕墙为主（传热系数控制在 0.8 以内），Low-E 中空玻璃幕墙为辅；东、南立面采用 Low-E 中空玻璃（传热系数控制在 2.0 以内）。

（e）热反射镀膜玻璃（图 12-3-13）：在玻璃表面镀金属或金属化合物膜，使玻璃呈现丰富色彩并具有新的光、热性能。在夏季光照强的地区，热反射玻璃的隔热作用十分明显，可有效衰减进入室内的太阳热辐射。但在无阳光的环境中，如夜晚或阴雨天气，其隔热作用与白玻璃无异。从节能的角度来看它不适用于寒冷地区，因为这些地区需要阳光进入室内采暖。

（f）镀膜低辐射玻璃（图 12-3-14）：又称 low-E 玻璃，是表面镀上拥有极低表面辐射率的金属或其他化合物组成的多层膜层的特种玻璃。Low-E 玻璃将是未来节能玻璃的主

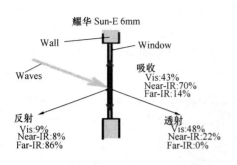

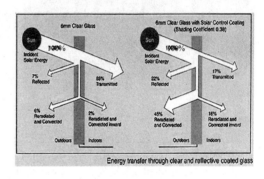

图 12-3-13

要应用品种。高透型 Low-E 玻璃，对以采暖为主的北方地区极为适用。遮阳型 Low-E 玻璃，对以空调制冷的南方地区极为适用（表 12-3-1）。

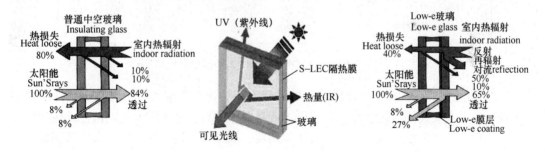

图 12-3-14　Low-E 玻璃窗隔热示意图

几种玻璃的主要光热参数表　　　　　　　　　　　　表 12-3-1

玻璃名称	玻璃种类、结构	透光率（%）	遮阳系数 Sc	传热系数（w/m²℃）	
				U 冬	U 夏
透明中空玻璃	6C＋12A＋6C	81	0.87	2.75	3.09
热反射镀膜玻璃	6CTS140＋12A＋6C	37	0.44	2.58	3.04
高透型 Low-E 玻璃	6CES11＋12A＋6C	73	0.61	1.79	1.89
遮阳型 Low-E 玻璃	6CEB12＋12A＋6C	39	0.31	1.66	1.70

e）吸热玻璃（图 12-3-15）：也称有色玻璃，能吸收大量红外线辐射能、并保持较高

689

可见光透过率。在玻璃表面镀金属或金属化合物膜，使玻璃呈现丰富色彩并具有新的光、热性能。生产吸热玻璃的方法有两种（图 12-3-16）：一是在普通钠钙硅酸盐玻璃的原料中加入一定量的有吸热性能的着色剂；另一种是在平板玻璃表面喷镀一层或多层金属或金属氧化物薄膜而制成。

图 12-3-15　吸热玻璃

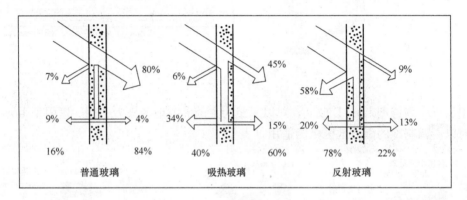

图 12-3-16　透过不同玻璃的太阳能辐射量

　　f）太阳能玻璃：又称光伏玻璃，是指用于太阳能光伏发电和太阳能光热组件的封装或盖板玻璃，主要使用太阳能超白压花玻璃或超白浮法玻璃。太阳能玻璃被广泛应用于太阳能生态建筑、太阳能光伏产业、太阳能集热器、制冷与空调、太阳能热发电等领域。作为新型节能环保类建材，太阳能玻璃有着巨大的应用潜力。目前我国的产能已经跃居世界第一位，但在核心技术层面，我国与欧美等发达国家还有一定的差距。

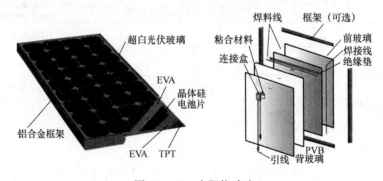

图 12-3-17　太阳能玻璃

　　g）电致变色玻璃：（图 12-3-18）。

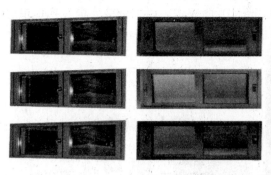

图 12-3-18　电致变色玻璃

　　h）玻璃替代品（图 12-3-19）（聚碳酸酯板—PC 板）：又称 PC 板、耐力板、阳光板，俗称"防弹胶"，属于热塑性工程塑料，是具有最大冲击强度的韧性板材。透光性好、强度高、抗冲击、重量轻、耐老化、易施工，而且隔热、隔声、防紫外线、阻燃。

图 12-3-19

　　（2）太阳能光热系统开发应用

　　太阳能供暖利用太阳能转化为热能，通过集热设备采集太阳光的热量，再通过热导循环系统将热量导入至换热中心，然后将热水导入地板采暖系统，通过电子控制仪器控制室内水温。在阴雨雪天气系统自动切换至燃气锅炉辅助加热让冬天的太阳能供暖得以完美的实现。春夏秋季可以利用太阳能集热装置生产大量的免费热水。

　　1）太阳能热水器（图 12-3-20）：技术性需要：太阳能热水器技术成熟，但成本较高，目前在高层住宅中多在政府支持项目中采用，商品住宅

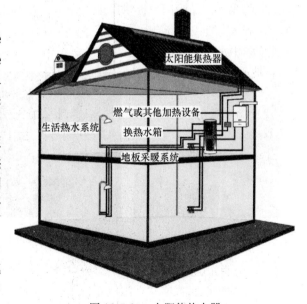

图 12-3-20　太阳能热水器

中采用较少，建议可部分采用太阳能热水器（如高层区或大户型部分 10% 的户型），以达

到绿色建筑认证中"可再生能源占建筑耗能5%以上"的最低标准。

2) 公共区域太阳能照明：采用太阳能光伏照明技术，以太阳能光电转换提供电能，供庭院灯、草坪灯、楼道灯等进行照明（图12-3-21）。

图 12-3-21　公共区域太阳能照明

3) 风光互补照明系统（图12-3-22）：

（a）风光互补发电充分利用了风能和太阳能两种资源时间、空间上的互补特性。风光互补路灯系统不需挖沟埋线、不需要输变电设备、不消耗市电、安装任意、维护费用低、低压无触电危险、使用的是洁净可再生能源，是典型的环保节能高科技产品，它代表着未来城市道路照明的发展方向。

（b）广州市地处亚热带，有着丰富的风能和太阳能资源，夏季的光照时间长强度高而冬季的风很大，风能和太阳能的时间、空间互补性很强。在白云机场货站等地方的周边开阔区域为安装风光互补路灯提供了极好的自然条件。

（c）太阳能光伏发电系统在城市中有着非常广泛的应用领域，在不同的场合都可以有不同规模的光伏产品为用户提供节能、高效、便利的服务，也为城市、建筑增添新亮点。主要应用于太阳能交通标识、太阳能道灯、太阳能庭院灯、草坪灯、太阳能信息发布屏、太阳能应急电源、太阳能喷泉。

图 12-3-22　风光互补路灯

4) 太阳能光电系统（图12-3-23）："太阳墙系统"可将 50%～80% 的太阳辐射能量转化为可用的热能。普通"太阳墙系统"可将空气加热至高于环境温度 15℃ 至 35℃。加玻璃的系统可提升温度高达 60℃。太阳墙由集热和气流输送两部分系统组成。集热系统为垂直墙板，一般为金属板材，覆于建筑外墙的外侧，上面开有小孔，与墙体的间距一般

200mm 左右。气流输送系统包括风机和管道。

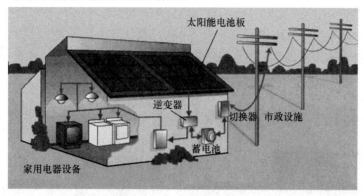

图 12-3-23 太阳能光电系统

（3）建筑电气节能技术开发应用

1）暖通空调系统的自动控制。

2）照明系统节能设计：充分利用天然光源；高效的照明控制系统设计；科学合理地利用太阳能照明技术与产品。

3）供配电系统节能设计。

4）绿色照明——LED 的应用：LED 属半导体发光器件，具有光效高、工作电压低、耗电少、体积小、可平面封装、易于开发轻薄型产品、结构坚固且寿命很长等特点。

5）用光导管进行自然采光（图 12-3-24）

图 12-3-24 用光导管自然采光

适用范围：家庭照明、别墅、车库；大型商场、医院、养老院；厂房、仓库、办公楼、会议室；学校教室、博物馆、体育场馆；危险产地照明、地下室照明；水产养殖、科学研究等。

（4）地源热泵系统开发应用

原理：以岩土体为冷热源，由水源热泵机组、地埋管换热系统、建筑物内系统组成的供热空调系统（图12-3-25）。

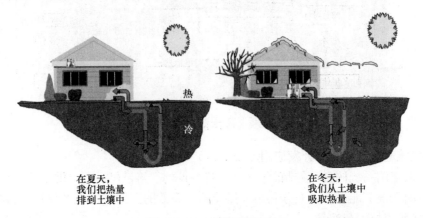

图 12-3-25　地源热泵系统

1）水环热泵系统（图 12-3-26）

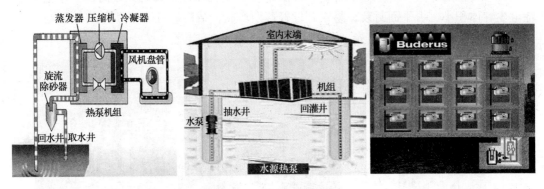

图 12-3-26　水环、热泵系统

水环热泵系统是一种能将建筑物内部余热加以回收利用的分散式空调系统。它利用建筑内区的余热弥补外区的热量损失，从而达到节能目的。此系统通常以锅炉和冷却塔为备用冷、热源，可同时为建筑物提供采暖和空调。也可使用其他低品位能源作为辅助热源，如地热水、工业废水、太阳能等。

地下水源热泵系统：地下水源热泵利用地下水或土壤进行冷热交换来作为水源热泵的冷热源，冬季把地能中的热量"取"出来，供给室内采暖，此时地能为"热源"；夏季把室内热量取出来，释放到地下水或土壤中，此时地能为"冷源"。

2）地表水式水源热泵系统（图 12-3-27）

利用湖水、河水等地表水，消耗部分电能，冬季把水中的低品位能量"取"出来，供给室内采暖或空调；夏季，把室内的热量取出来释放到水中，达到空调的目的，同时可"免费"为用户加热部分生活热水。

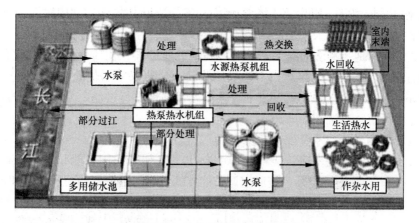

图 12-3-27　地表水式水源热泵系统

3）地下环路式水源热泵系统（图 12-3-28）

使用在地下盘管中循环流动的水为冷（热）源的机组供热采暖（供冷）。

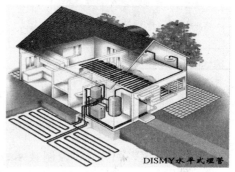

图 12-3-28　地下环路式水源热泵系统

（5）建筑节水节能技术开发应用

1）新型节水器具、设备的应用：使用新型管材和阀门；使用节水型卫生器具、配水器具。

2）合理开发利用水资源，采取分质供水：中水回用；雨水利用；分质供水。

3）科学设计，加强管理和计量：选用合理设计参数；热水供应采用循环系统；合理分区，减少超压出流；设置水表计量，避免管网漏损。

4）真空节水技术。

5）雨水和污水的回收利用。

6）采用节水器具、设备和系统。节水器具主要包括节水龙头、节水淋浴设备、节水型便器、管道节水，目前市场上节水器具供应丰富，基本不增加成本。精装修项目，建议采用。

7）雨水收集：优点是可节约超过 50% 的饮用水，补充地下水资源，保护环境，缓解城市市政管网压力，减轻城市洪水威胁，更少的雨水到污水处理厂，耐用的系统，成本低；主要组成包括屋面或路面排水系统，检查井系统，过滤装置，雨水收集箱，二次回抽装置（水泵单元）。

8）中水系统：中水的供水水质介于上水和下水之间，故称为"中水"。以生活污水、设备冷却水排水或其他废水为水源，经过适当的处理以后，再回用于建筑或居住小区作为浇洒道路、浇洒绿地、冲洗等杂用水，这种供水工程叫作中水工程。中水回收利用存在规模经济的问题，规模较小的建筑，不建议回收使用。建议采用优质杂排水（空调系统排水、洗浴排水等）作为水源，通过成本较低的人工湿地进行过滤，用于小区的绿化用水、景观用水、小区道路清洗和消防用水。

（6）暖通空调节能技术及设备开发应用

用于暖通空调的能耗占建筑能耗的 30％～50％。如果采用节能技术，现有暖通空调系统可以完全节能 20％～50％。暖通空调节能技术有房间空调器的节能技术和蓄能技术。

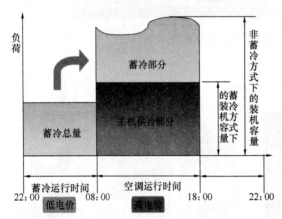

图 12-3-29　中央空调水（冰）蓄冷系统

（a）中央空调水（冰）蓄冷系统（图 12-3-29）：水（冰）蓄冷技术是利用夜间廉价低谷电，全部或部分制出建筑物日间所需冷量，将冷量以低温冷水（冰）的方式蓄存起来，在白天高峰电价时段，制冷机组停机或部分开启，其余部分用夜间蓄存的冷量来满足，从而达到"移峰填谷"、降低电力设备和制冷设备的装机容量、为用户节省运行费用的目的。

（b）余热回收技术（图 12-3-30）：a）可再生能源在建筑用能领域的应用技术；b）VRV、VWV 和 VAV 控制技术；c）热电冷联供技术；d）吊顶冷辐射技术；e）温湿度独立控制空调系统：温度、湿度分别独立处理，可实现精确控制，处理效率高，能耗低。

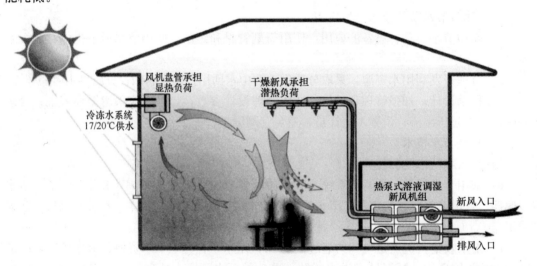

图 12-3-30　余热回收技术

参 考 文 献

[1] 中国建设监理协会. 建设工程合同管理. 中国建筑工业出版社，2013.
[2] 中国建设监理协会. 建设工程监理概论. 知识产权出版社，2009.
[3] 中国建设监理协会. 建筑工程投资控制. 知识产权出版社，2005.
[4] 中国建设监理协会. 建筑工程质量控制. 知识产权出版社，2005.
[5] 中国建设监理协会. 建设工程监理案例分析. 知识产权出版社，2005.
[6] 丁士昭. 建设工程经济. 北京：中国建筑工业出版社，2011.
[7] 马虎臣、马振川. 建筑施工质量控制技术. 北京：中国建筑工业出版社，2007.
[8] 何辉、吴瑛. 建筑工程计价. 杭州：浙江人民出版社.
[9] 巢慧军. 建筑工程施工阶段测量的监理要点. 学术期刊，2004.
[10] 桑希海. 如何控制钢筋混凝土质量通病. 学术期刊，2012.
[11] 周慧玲. 谈工程造价的预结算审核. 学术期刊，2008.
[12] 李昱. 浅析建设工程监理进度控制. 学术期刊，2003.
[13] 梅钰. 如何承担监理的安全责任. 学术期刊，2005.
[14] 高惠. 浅谈监理企业如何对安全生产进行监督与管理. 学术期刊，2012.
[15] 田禾. 绿色施工方法在工程建设中的应用. 学术期刊，2009.
[16] 李凤. 建筑节能与高新技术. 学术期刊，2004.
[17] 肖锋. 浅析建筑施工节能技术的应用. 学术期刊，2012.
[18] 彭巨光. 现代设备工程监理方法研究. 学位论文，2005.
[19] 黄乾. 谈工程监理信息的管理，学术期刊，2001.
[20] 建筑施工手册(第五版)编写组. 建筑施工手册(第五版). 北京：中国建筑工业出版社，2012.